国家级自然保护区
遥感监测图集

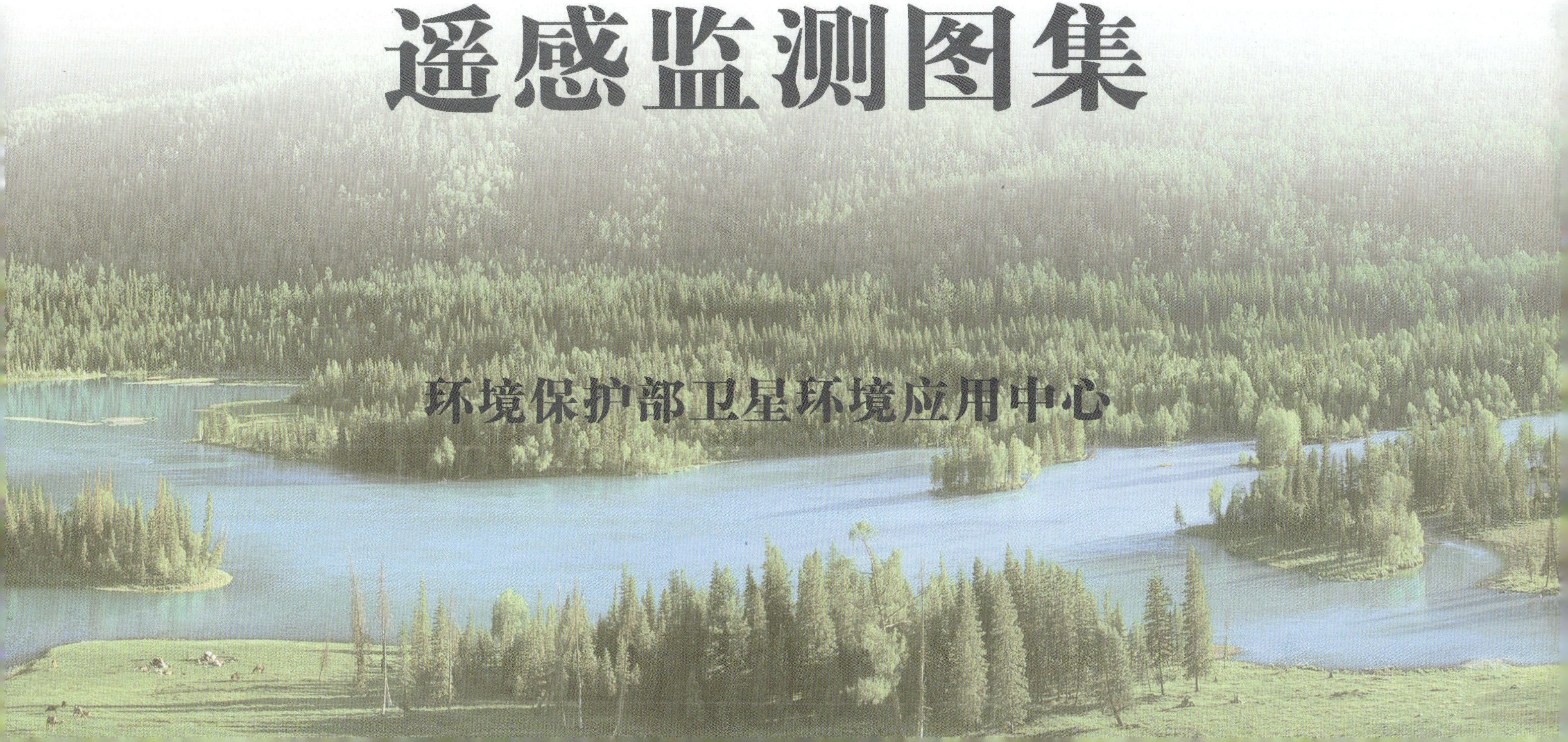

环境保护部卫星环境应用中心

图书在版编目（CIP）数据

国家级自然保护区遥感监测图集 / 环境保护部卫星环境应用中心编著. -- 北京 : 测绘出版社, 2014.4
ISBN 978-7-5030-3322-3

Ⅰ. ①国… Ⅱ. ①王… Ⅲ. ①自然保护区—遥感图像—中国—图集 Ⅳ. ①S759.992-64

中国版本图书馆CIP数据核字（2013）第295289号

责任编辑：左　伟
编　　辑：王俊友　纪　勇
审　　校：相远红　张万春
复　　审：陈　瑶　李红梅
地图制作：王晓艳　关金星　徐新华
装帧设计：杨晓明
出版审订：杨洪泉

编　　著　环境保护部卫星环境应用中心
出版发行　测绘出版社
社　　址　北京市西城区三里河路50号　　邮　　编　100045
网　　址　www.chinasmp.com
印　　刷　中国人民解放军第1206工厂　　经　　销　新华书店
成品规格　285mm×210mm　　印　　张　23.25
版　　次　2014年4月第1版　　印　　次　2014年4月第1次印刷
印　　数　0001—2000　　定　　价　368.00元
书　　号　ISBN 978-7-5030-3322-3/P·698
审 图 号　GS(2013)2853号

《国家级自然保护区遥感监测图集》编纂委员会

主　　任：吴国增

副 主 任：王　桥　李京荣

委　　员：王昌佐　许全文　申文明　杨一鹏　张　峰　厉　青　吴传庆

主　　编：王　桥

副 主 编：王昌佐　刘晓曼

主要作者：王　桥　王昌佐　刘晓曼　万华伟　李　静　高彦华　屈　冉　肖　桐　刘慧明　侯　鹏

杨海军　洪运富　孙中平　付　卓　肖如宁　王　欣　肖惠珍

本图集由环境保护部“全国生态环境十年变化（2000 － 2010 年）遥感调查与评估”和“自然保护区综合监管”项目资助。

前　　言

自然保护区是对有代表性的自然生态系统、珍稀濒危野生动植物物种的天然集中分布区、有特殊意义的自然遗迹等保护对象所在的陆地、陆地水体或者海域，依法划出一定面积予以特殊保护和管理的区域。其中在国内外有典型意义、在科学上有重大国际影响或者有特殊科学研究价值的自然保护区，列为国家级自然保护区。截至2012年底，全国已建立自然保护区2669个，总面积约14979万公顷，陆地自然保护区面积约占国土面积的14.94%，其中，国家级自然保护区363处。

我国自然保护区地域分布广、覆盖范围大、类型多样、面临各种人类干扰，传统的地面调查等手段难以对自然保护区进行全面监管。而遥感技术具有的实时性、客观性和宏观性等特点，能与地面调查优势互补，为全国自然保护区的综合监管提供有效的技术支撑。

本图集由王桥担任主编。具体分工为：江西、浙江由王桥编制；海南、宁夏由王昌佐编制；河南、新疆和西藏由刘晓曼编制；山西、内蒙古和天津由万华伟编制；上海、黑龙江和青海由李静编制；云南、贵州和山东由高彦华编制；湖北、湖南和安徽由屈冉编制；辽宁、吉林和江苏由肖桐编制；河北、福建由刘慧明编制；广东、广西由侯鹏编制；陕西由杨海军编制；四川由洪运富编制；甘肃由孙中平编制；重庆由付卓编制；北京由肖如宁编制。刘晓曼、王欣、肖惠珍负责图集的数据收集和处理工作。本图集由王昌佐、刘晓曼统稿，王桥定稿。

本图集中的国家级自然保护区边界和功能分区由南京环境科学研究所提供，特此感谢。

由于时间和编制水平有限，本图集在图像选取和内容编制等方面还存在一些不足，敬请读者批评指正。

编者

2013年8月

CONTENTS 目录

目录 CONTENTS

CONTENTS 目录

目录 CONTENTS

北京市 百花山国家级自然保护区

百花山国家级自然保护区位于北京市门头沟区境内，总面积21 743公顷，建于1985年，2008年晋升为国家级，主要保护对象为温带次生林，属于森林生态系统类型自然保护区。该保护区是北京市面积最大的高等植物和珍稀野生动物自然保护区，素有华北“天然动植物园”之称。

北京
百花山
国家级自然保护区

百花山国家级自然保护区遥感影像图

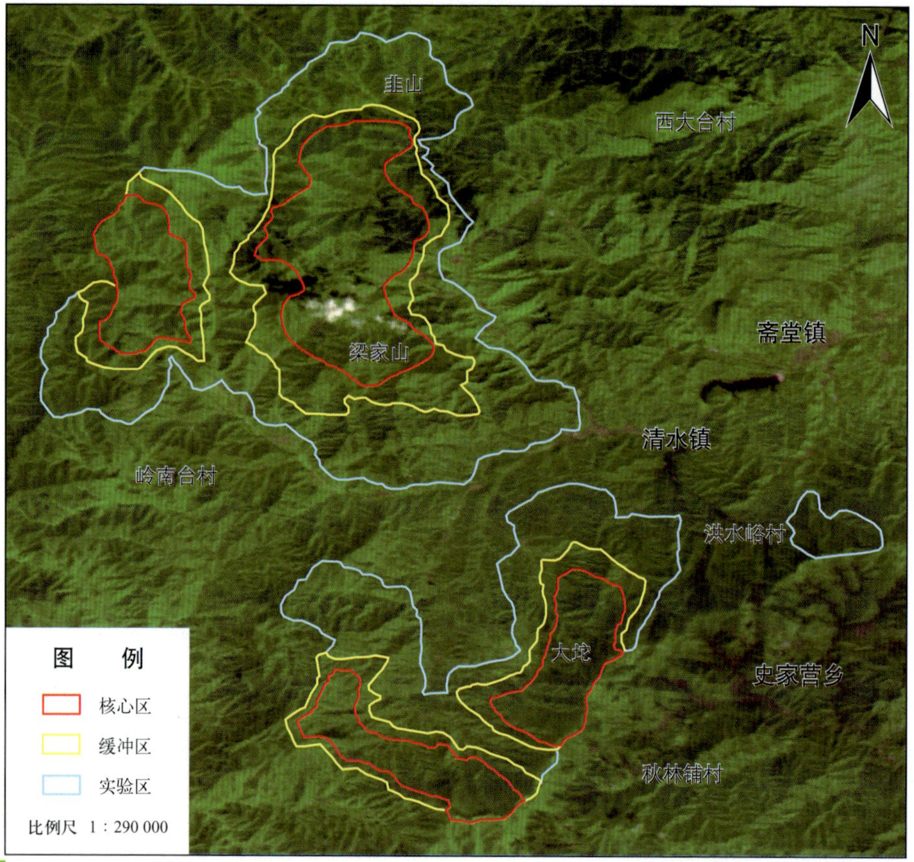
N
韭山
西大台村
梁家山
斋堂镇
清水镇
岭南台村
洪水峪村
大蛇
史家营乡
秋林铺村
图 例
核心区
缓冲区
实验区
比例尺 1：290 000

影像获取时间：2010年

百花山国家级自然保护区生态系统类型图

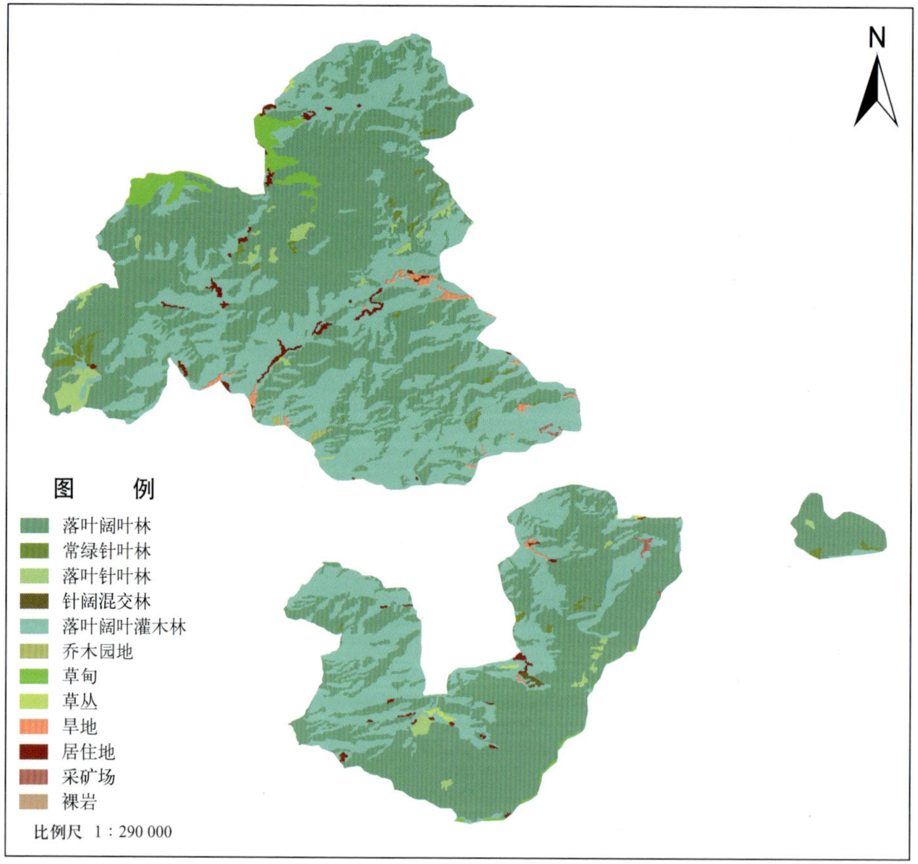
N
图 例
落叶阔叶林
常绿针叶林
落叶针叶林
针阔混交林
落叶阔叶灌木林
乔木园地
草甸
草丛
旱地
居住地
采矿场
裸岩
比例尺 1：290 000

解译参考影像时间：2010年

松山国家级自然保护区遥感影像图

N
阎家坪村
西大庄科村
图 例
核心区
缓冲区
实验区
比例尺 1 : 87 000

影像获取时间：2010 年

松山国家级自然保护区生态系统类型图

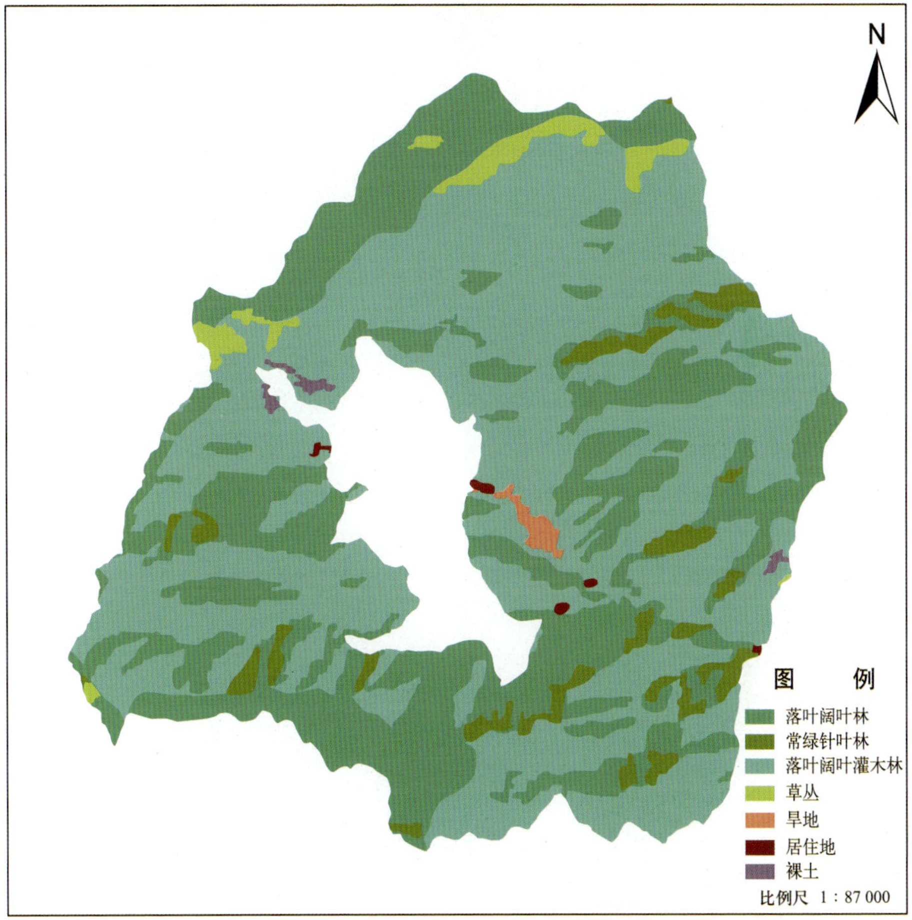
N
图 例
落叶阔叶林
常绿针叶林
落叶阔叶灌木林
草丛
旱地
居住地
裸土
比例尺 1 : 87 000

解译参考影像时间：2010 年

松山
国家级自然保护区
北京

松山国家级自然保护区位于北京市延庆县海坨山南麓，总面积 4 660 公顷，建于 1985 年，1986 年晋升为国家级，主要保护对象为温带森林和野生动植物，属于森林生态系统类型自然保护区。该保护区共有种子植物 600 多种，高等动物 70 多种，其中国家重点保护野生动物有金钱豹、斑羚等。

天津市 古海岸与湿地国家级自然保护区

古海岸与湿地国家级自然保护区遥感影像图

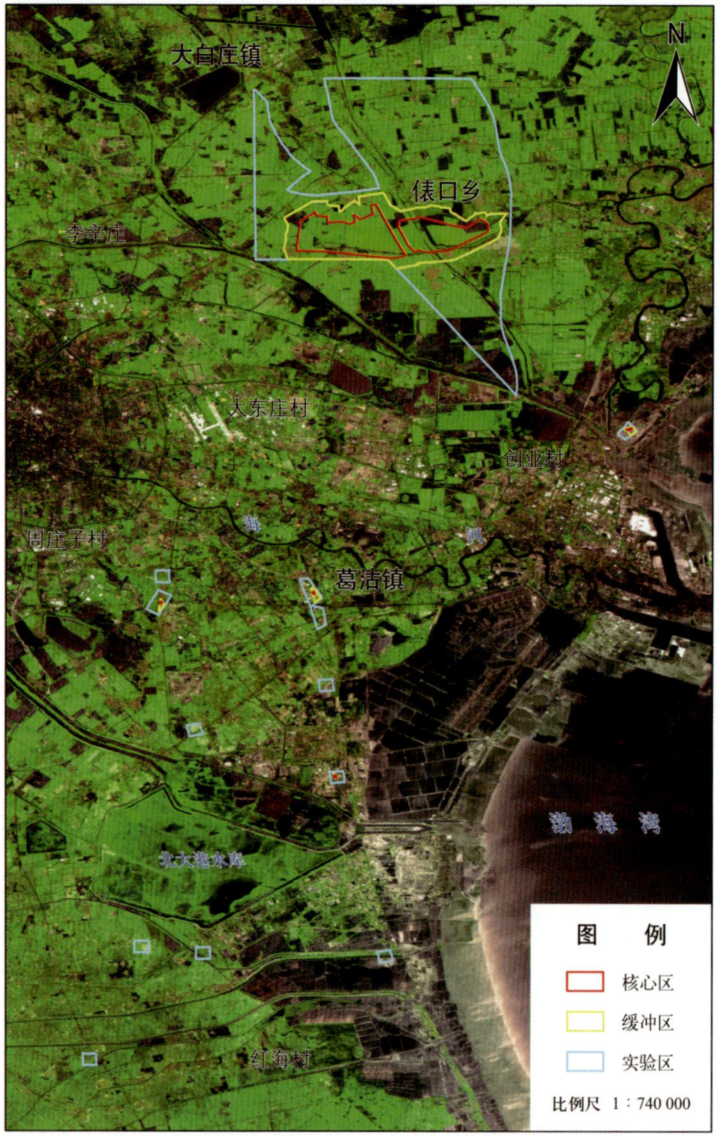
N
大自庄镇
俵口乡
李辛庄
大东庄村
创业村
周庄子村
葛沽镇
渤海湾
北大港水库
红海村
图例
核心区
缓冲区
实验区
比例尺 1：740 000

影像获取时间：2010 年

古海岸与湿地国家级自然保护区生态系统类型图

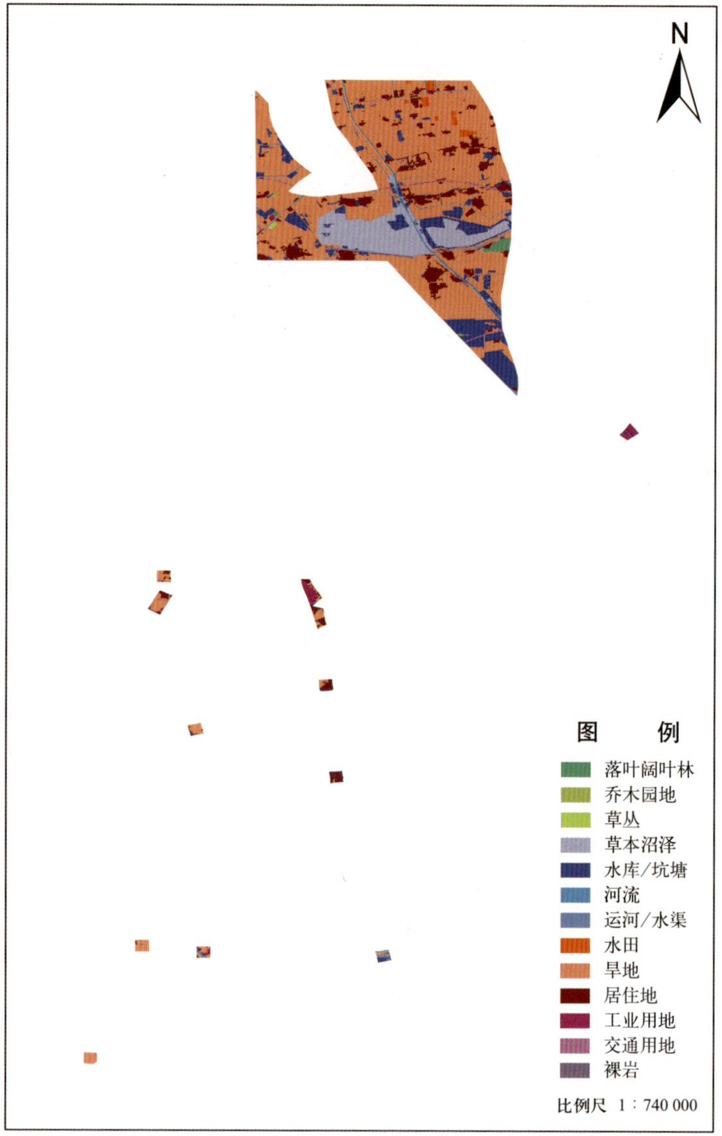
N
图例
落叶阔叶林
乔木园地
草丛
草本沼泽
水库/坑塘
河流
运河/水渠
水田
旱地
居住地
工业用地
交通用地
裸岩
比例尺 1：740 000

解译参考影像时间：2010 年

天津
古海岸与湿地
国家级自然保护区

古海岸与湿地国家级自然保护区，位于天津市滨海新区、宁河县以及东丽区、津南区境内，总面积 35 913 公顷，建于 1984 年，1992 年晋升为国家级，主要保护对象为贝壳堤、牡蛎滩古海岸遗迹、滨海湿地，属于古生物遗迹类型自然保护区。该保护区牡蛎滩规模大、出露好、连续性强、序列清晰。该保护区的建立对研究海陆变迁和滨海湿地生态系统具有重要意义。

蓟县中上元古界地层剖面国家级自然保护区

蓟县中上元古界地层剖面国家级自然保护区遥感影像图

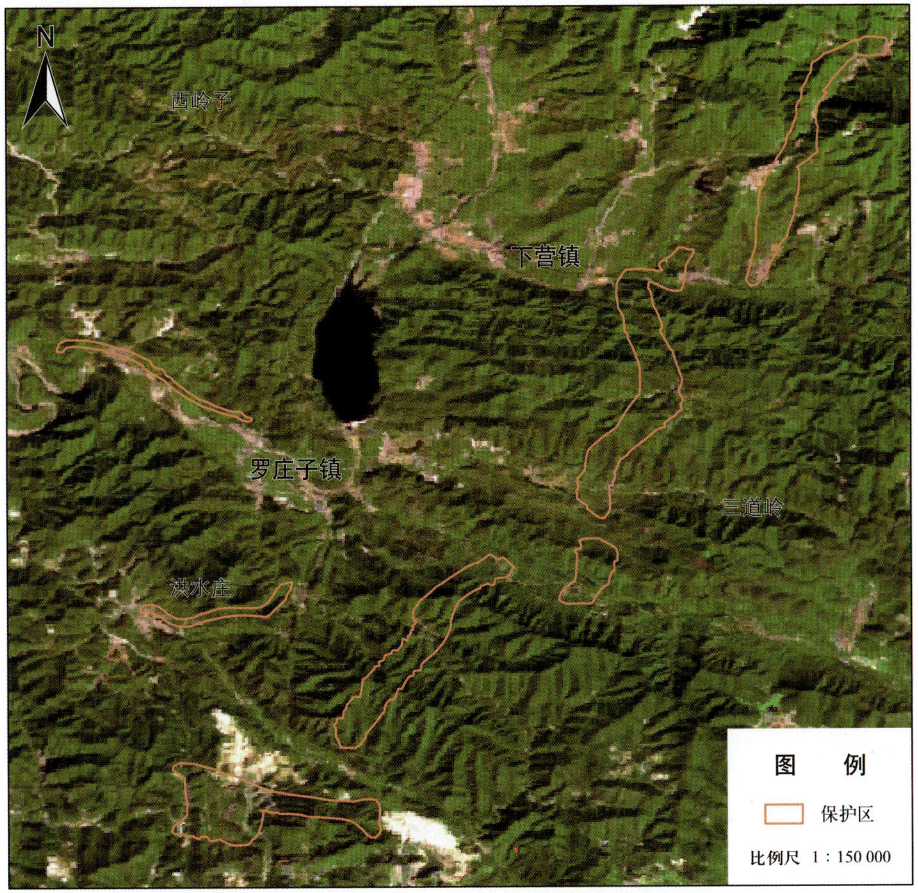
N
西岭子
下营镇
罗庄子镇
三道岭
洪水庄
图 例
保护区
比例尺 1∶150 000

影像获取时间：2010 年

蓟县中上元古界地层剖面国家级自然保护区生态系统类型图

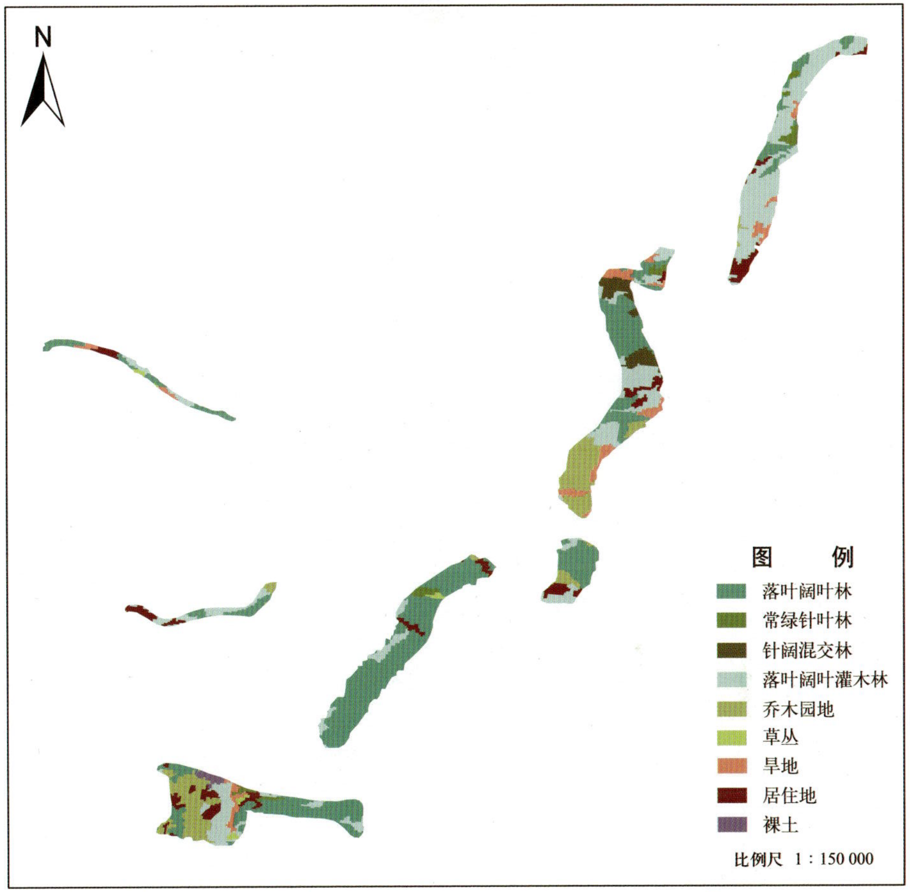
N
图 例
落叶阔叶林
常绿针叶林
针阔混交林
落叶阔叶灌木林
乔木园地
草丛
旱地
居住地
裸土
比例尺 1∶150 000

解译参考影像时间：2010 年

蓟县中上元古界地层剖面
国家级自然保护区
天津

蓟县中上元古界地层剖面国家级自然保护区位于天津市蓟县，在蓟县北部山区，总面积 900 公顷，1984 年经国务院批准成立，主要保护对象为中上元古界地质剖面，属于地质遗迹类型自然保护区。该保护区是我国第一个国家级地质剖面的自然保护区，下设陈列馆，集地学资料、学术研究、自然景观于一体，填补了我国此类自然保护区的空白。

八仙山国家级自然保护区

八仙山
国家级自然保护区
天津

八仙山国家级自然保护区位于天津市蓟县境内，总面积 1 049 公顷，建于 1984 年，1995 年晋升为国家级，主要保护对象为次生森林生态系统，属于森林生态系统类型。该保护区生物种类丰富，种群结构完整。高等植物 89 科 362 种，脊椎动物 172 种，对研究华北地区森林演替规律和维护当地的生态平衡具有重要意义。

八仙山国家级自然保护区遥感影像图

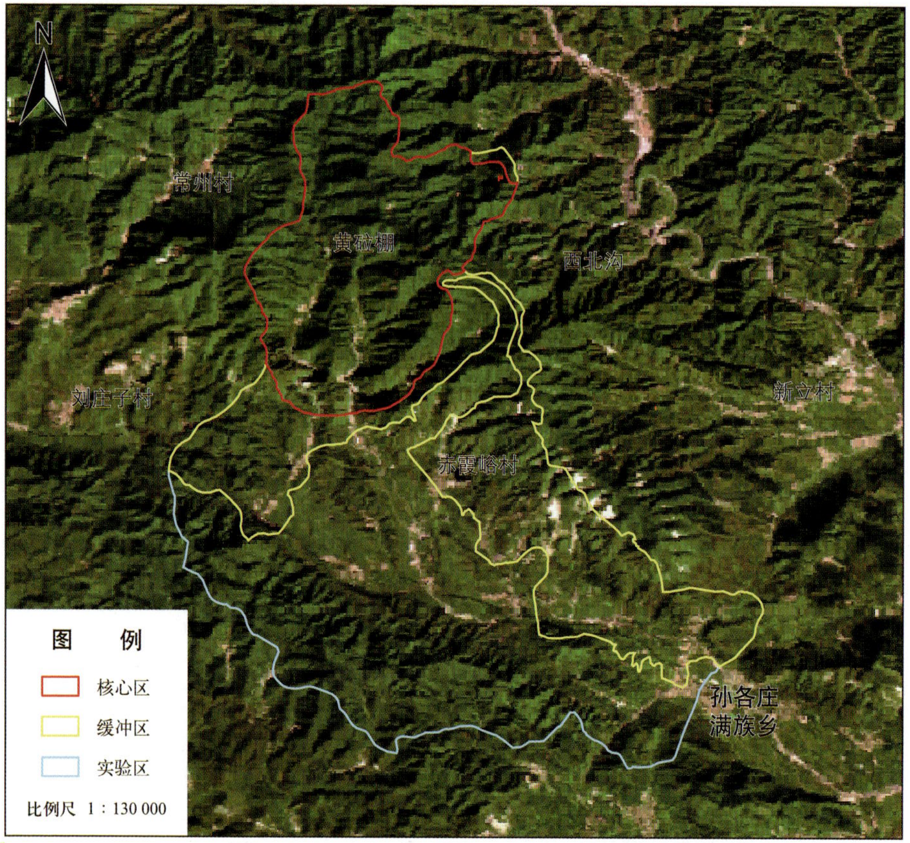
N
常州村
黄花棚
西北沟
刘庄子村
新立村
赤霞峪村
孙各庄
满族乡
图 例
核心区
缓冲区
实验区
比例尺 1：130 000

影像获取时间：2010 年

八仙山国家级自然保护区生态系统类型图

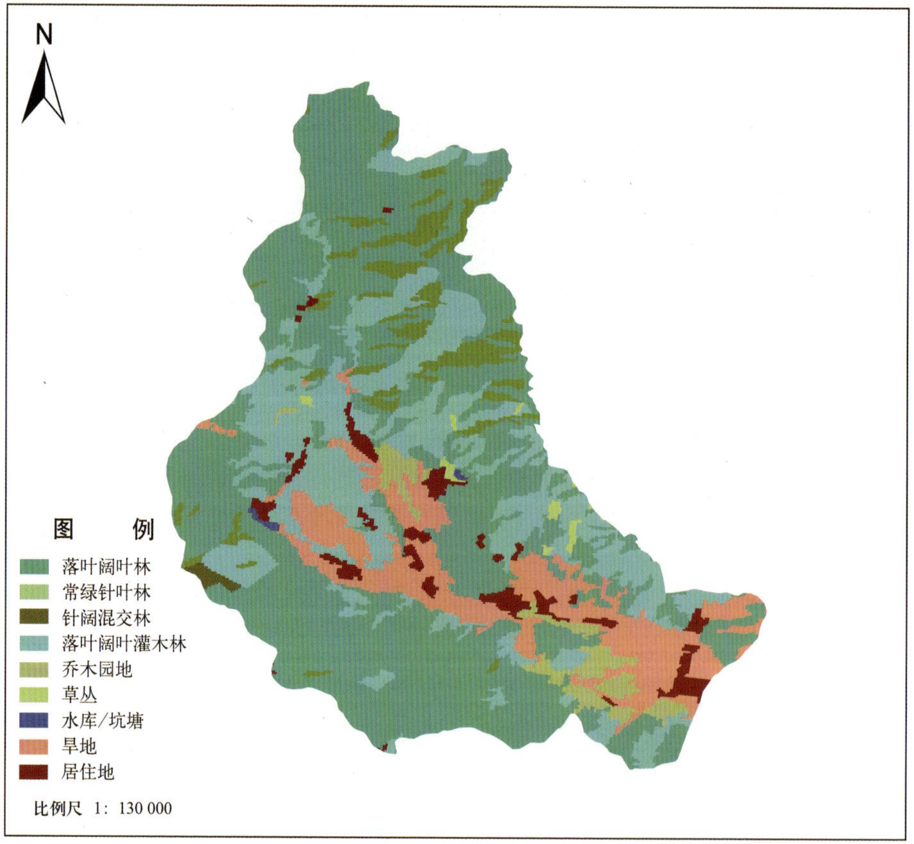
N
图 例
落叶阔叶林
常绿针叶林
针阔混交林
落叶阔叶灌木林
乔木园地
草丛
水库/坑塘
旱地
居住地
比例尺 1：130 000

解译参考影像时间：2010 年

驼梁国家级自然保护区遥感影像图

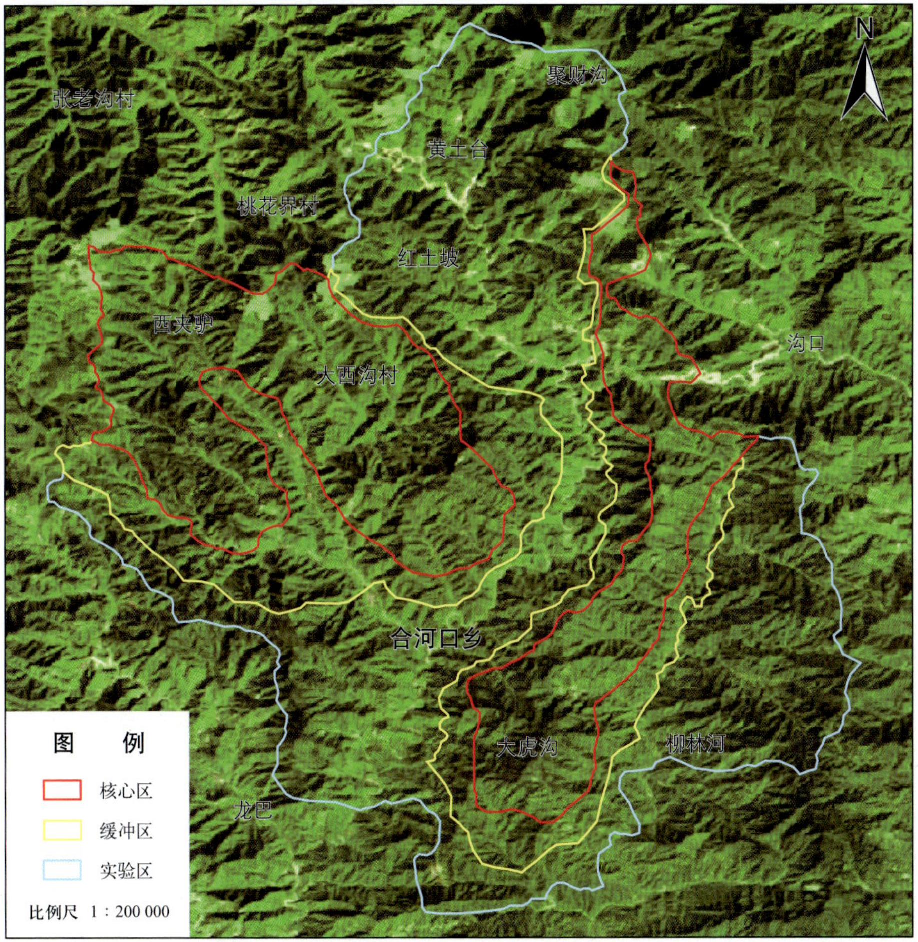
N
张老沟村
聚财沟
黄土台
桃花界村
红土坡
西夹驴
大西沟村
沟口
合河口乡
大虎沟
柳林河
龙巴
图 例
核心区
缓冲区
实验区
比例尺 1 : 200 000

影像获取时间：2010 年

驼梁国家级自然保护区生态系统类型图

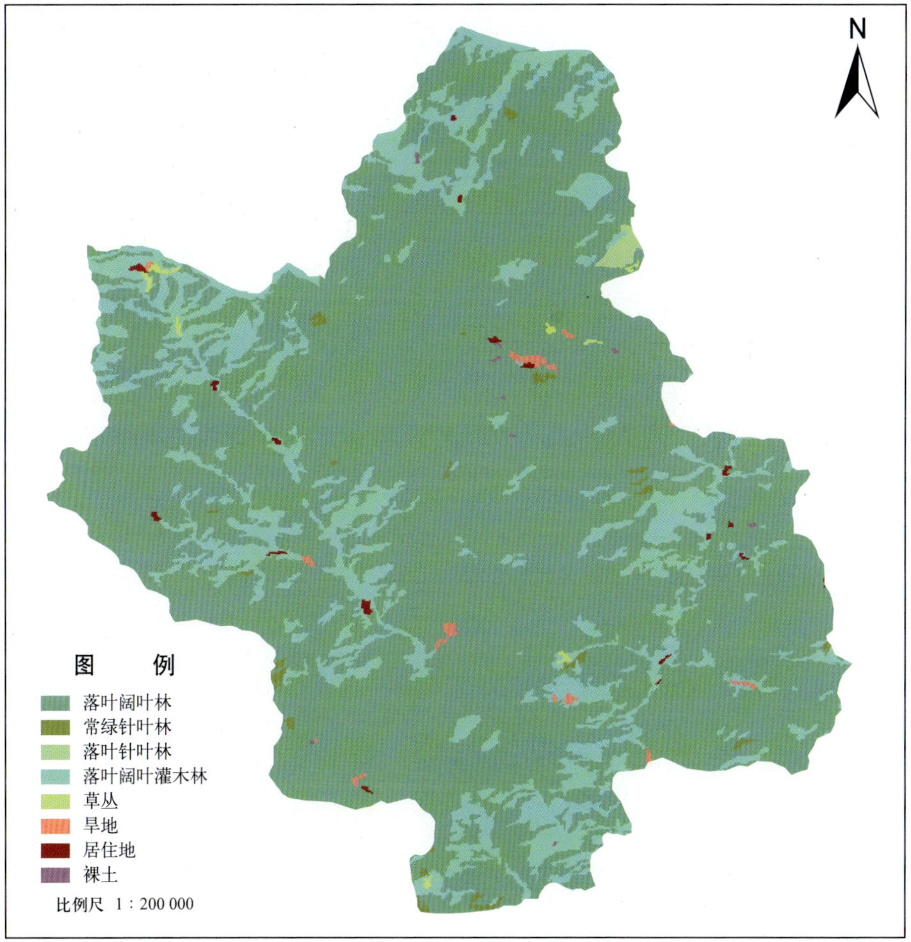
N
图 例
落叶阔叶林
常绿针叶林
落叶针叶林
落叶阔叶灌木林
草丛
旱地
居住地
裸土
比例尺 1 : 200 000

解译参考影像时间：2010 年

驼梁国家级自然保护区位于河北省石家庄市平山县境内，总面积 21 311 公顷，建于 2001 年，2011 年晋升为国家级，主要保护对象为森林生态系统。该保护区是太行山中段生物多样性最丰富、最具代表性的典型区域，植被覆盖率达 98%，涉及 102 科、686 个高等树种，保护区内水资源丰富，是滹沱河支流卸甲河、柳林河的发源地。

驼梁
国家级自然保护区
石家庄

河北省 昌黎黄金海岸国家级自然保护区

昌黎黄金海岸国家级自然保护区遥感影像图

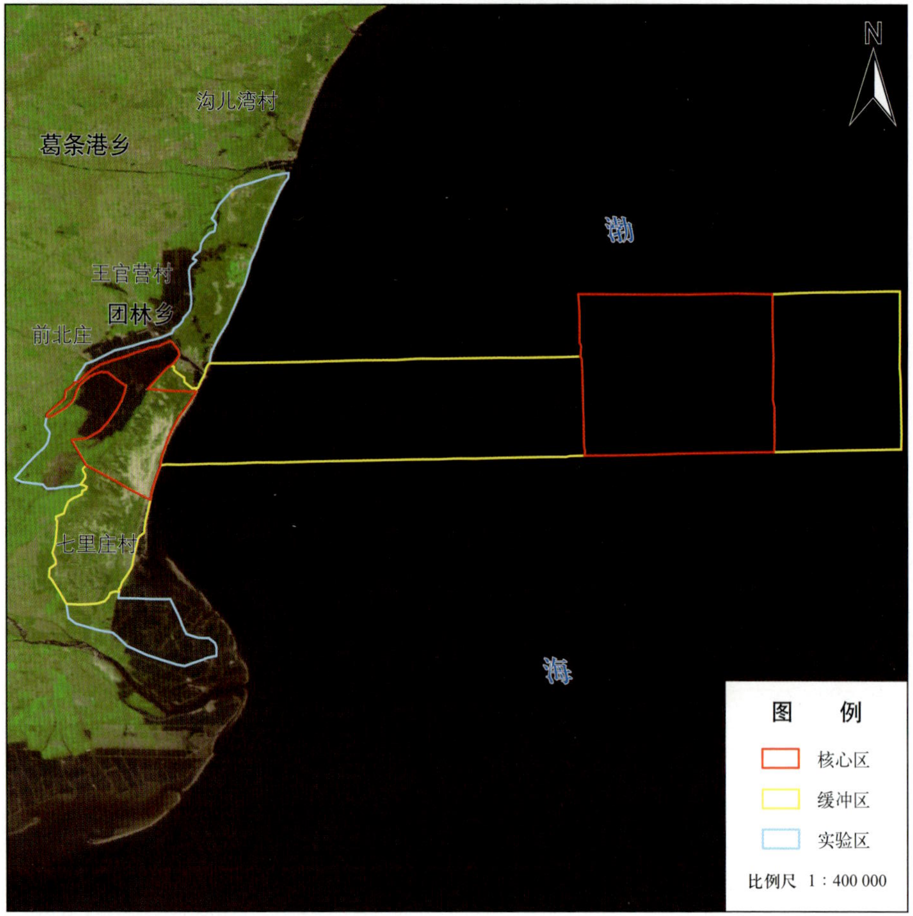

沟儿湾村
葛条港乡
王官营村
团林乡
前北庄
七里庄村
渤
海
N
图例
核心区
缓冲区
实验区
比例尺 1：400 000

影像获取时间：2010 年

昌黎黄金海岸国家级自然保护区生态系统类型图

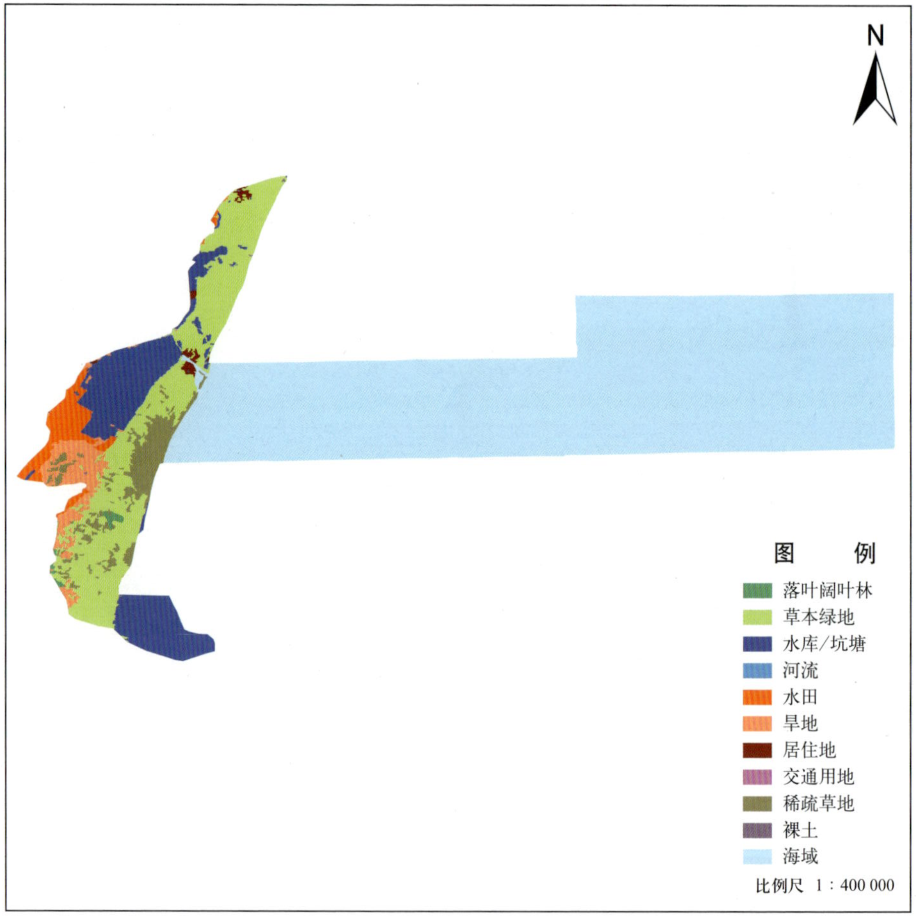

N
图例
落叶阔叶林
草本绿地
水库/坑塘
河流
水田
旱地
居住地
交通用地
稀疏草地
裸土
海域
比例尺 1：400 000

解译参考影像时间：2010 年

昌黎黄金海岸国家级自然保护区位于河北省秦皇岛市昌黎县沿海，分陆域和海域两部分，总面积 30 000 公顷，1990 年经国务院批准成立，主要保护对象为海滩及近海生态系统，属于海洋海岸类型的自然保护区。该保护区拥有研究海洋动力过程和海陆变化的典型岸段，具有重要的生态价值、科研价值和观赏价值。

昌黎黄金海岸
国家级自然保护区
石家庄

柳江盆地地质遗迹国家级自然保护区遥感影像图

驻操营镇
善家峪
房庄村
刘家房村
赵家峪村
沙河寨
山羊寨村
潘庄村
拦马庄村
八岭沟村
N
图 例
核心区
缓冲区
实验区
比例尺 1 : 160 000

影像获取时间：2010 年

柳江盆地地质遗迹国家级自然保护区生态系统类型图

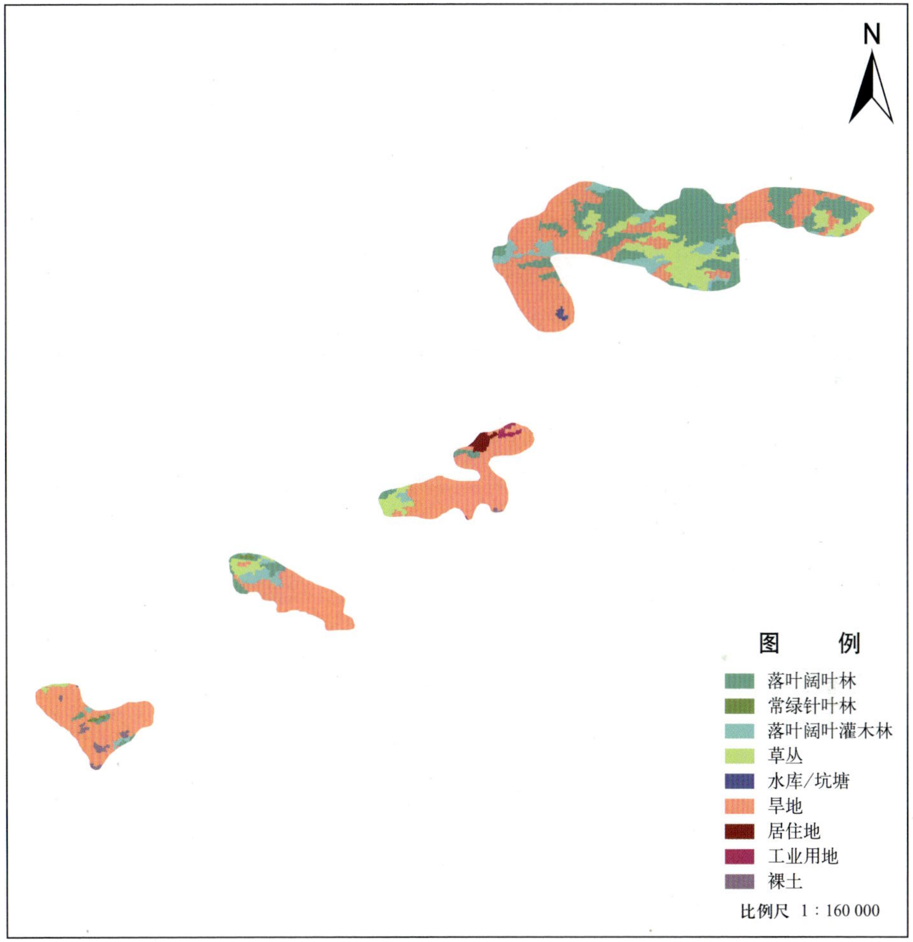
N
图 例
落叶阔叶林
常绿针叶林
落叶阔叶灌木林
草丛
水库/坑塘
旱地
居住地
工业用地
裸土
比例尺 1 : 160 000

解译参考影像时间：2010 年

柳江盆地地质遗迹国家级自然保护区位于河北省秦皇岛市抚宁县境内，总面积 1 395 公顷，建于 1999 年，2005 年晋升为国家级，主要保护对象为标准地质剖面、典型地质构造等地质遗迹。该保护区荟萃了中国北方 20 多亿年以来各个地质历史时期形成的 24 个组级地层单位、六大地壳不整合面和多种典型地质构造和地貌。

柳江盆地地质遗迹国家级自然保护区
石家庄

河北省 青崖寨国家级自然保护区

青崖寨国家级自然保护区遥感影像图

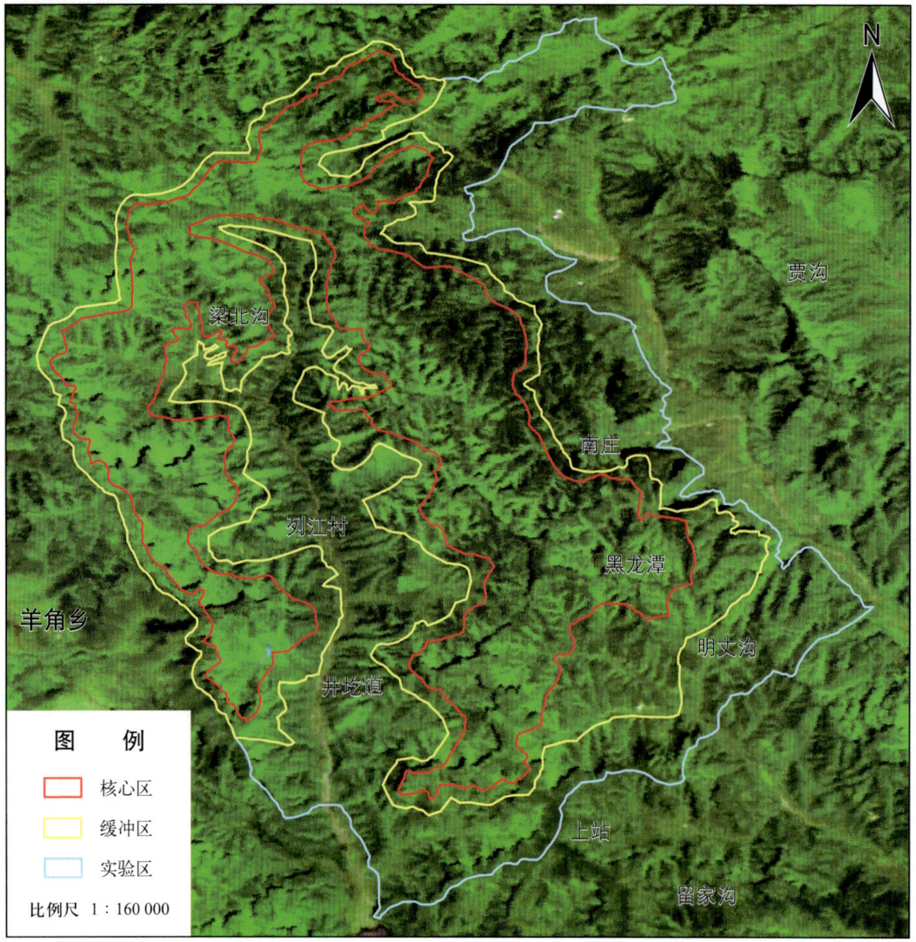
N
梁北沟
贾沟
南庄
列江村
黑龙潭
羊角乡
明文沟
井圪道
上站
留家沟
图 例
核心区
缓冲区
实验区
比例尺 1：160 000

影像获取时间：2010 年

青崖寨国家级自然保护区生态系统类型图

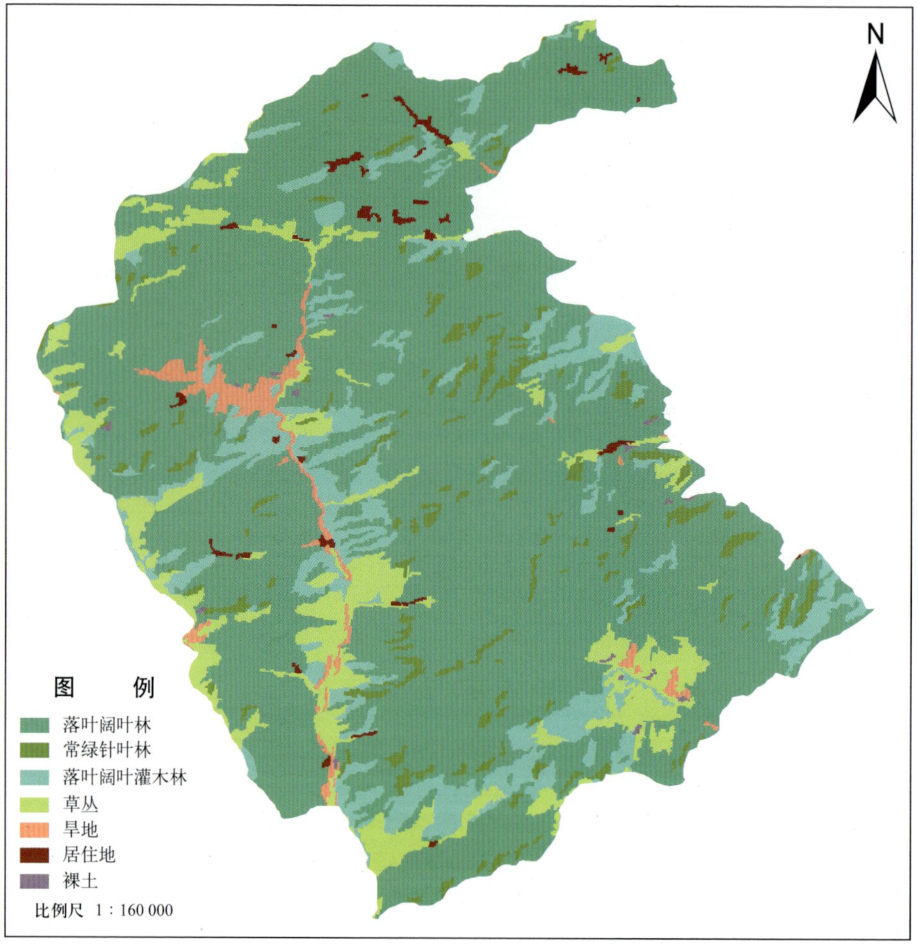
N
图 例
落叶阔叶林
常绿针叶林
落叶阔叶灌木林
草丛
旱地
居住地
裸土
比例尺 1：160 000

解译参考影像时间：2010 年

青崖寨国家级自然保护区位于河北省武安市西北部，属太行山南段，总面积 15 164 公顷，建于 2006 年，2012 年晋升为国家级，主要保护对象为森林及野生珍稀动植物，属于森林生态系统类型的自然保护区。该保护区是南北植物分布的交汇和生物多样性较为丰富的地区，在这里发现过珍稀濒危植物"缘毛太行花"，而且数量稀少，青崖寨也是第三纪孑遗植物领春木分布的北界。

石家庄
青崖寨
国家级自然保护区

小五台山国家级自然保护区遥感影像图

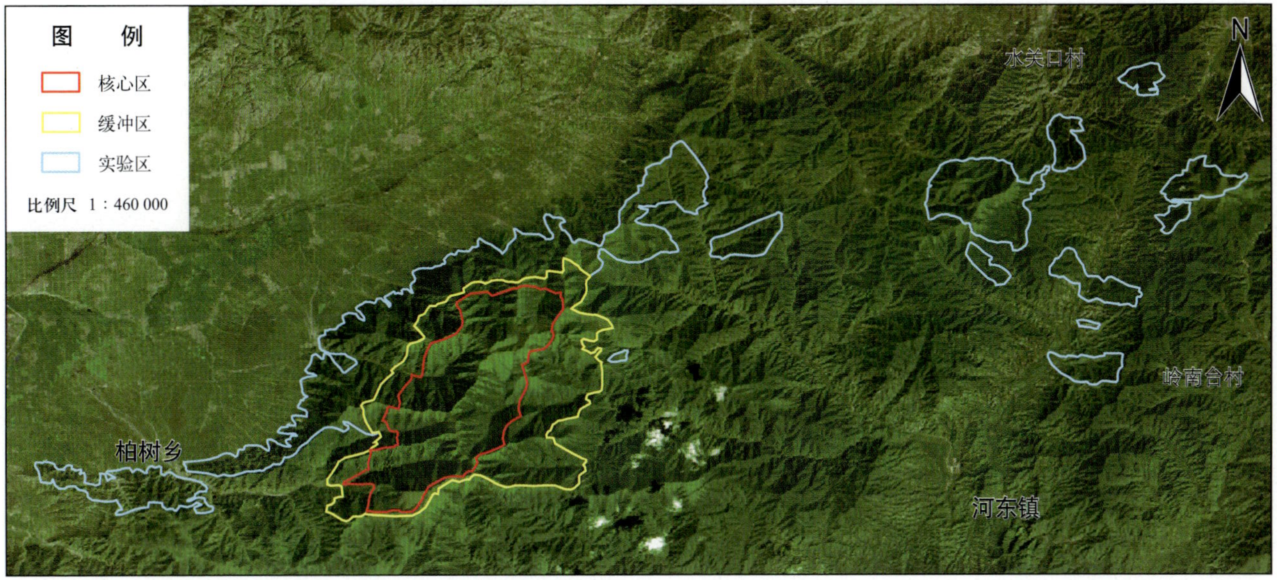
图 例
核心区
缓冲区
实验区
比例尺 1 : 460 000
N
水关口村
岭南台村
柏树乡
河东镇

影像获取时间：2010 年

小五台山国家级自然保护区生态系统类型图

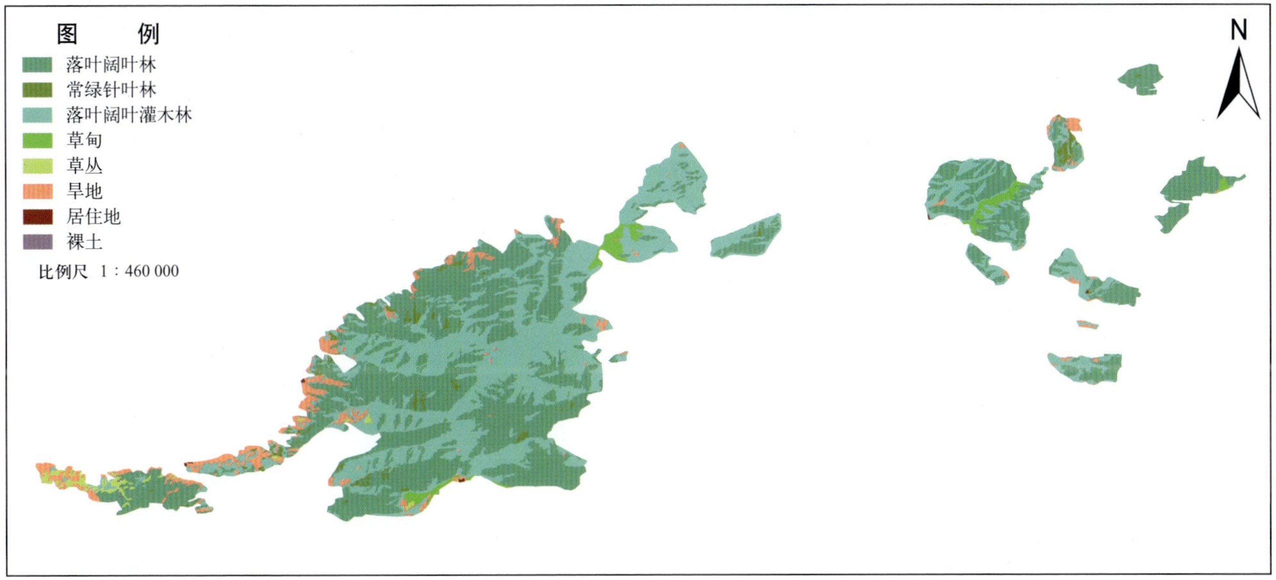
图 例
落叶阔叶林
常绿针叶林
落叶阔叶灌木林
草甸
草丛
旱地
居住地
裸土
比例尺 1 : 460 000
N

解译参考影像时间：2010 年

小五台山国家级自然保护区位于河北省张家口市的蔚县和涿鹿两县境内，东与北京市门头沟区和河北省保定市的涞水县接壤，东西长 60 千米，南北宽 28 千米，总面积 21 833 公顷，建于 1983 年，2002 年晋升为国家级，主要保护对象为天然针阔混交林、亚高山灌丛和草甸为主的温带森林生态系统以及国家一级重点保护动物褐马鸡，属于森林生态系统类型的自然保护区。

小五台山
国家级自然保护区
石家庄

泥河湾国家级自然保护区遥感影像图

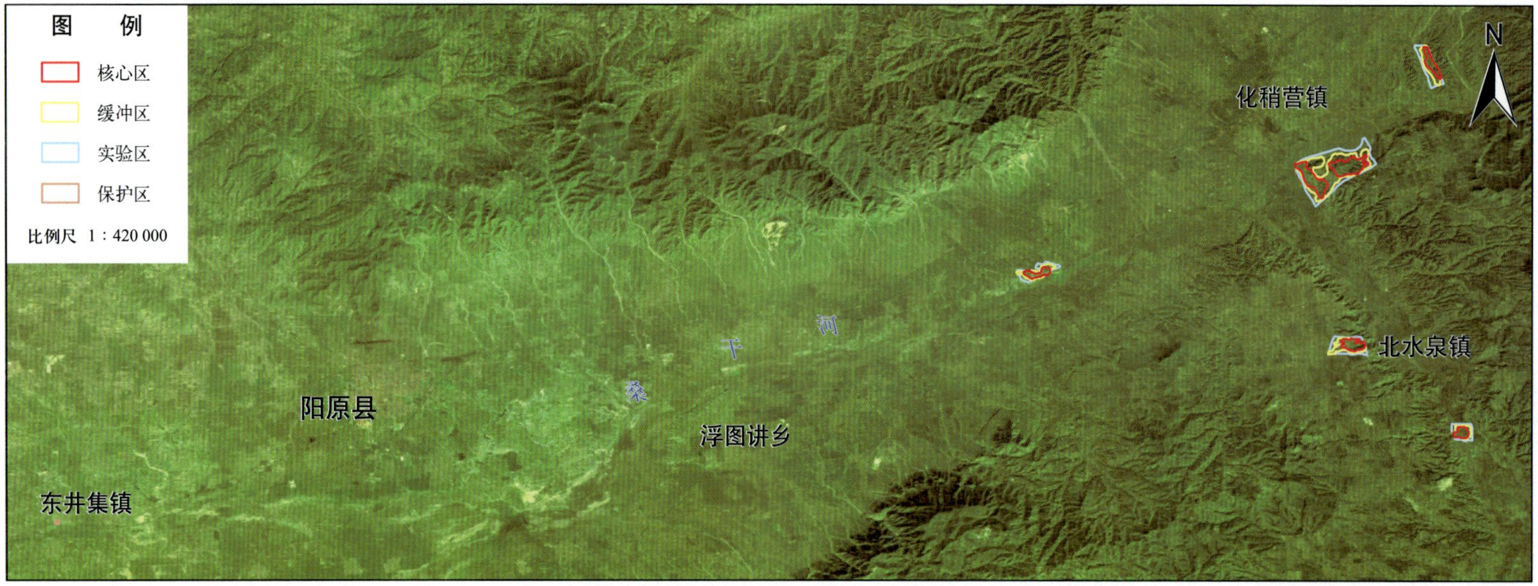
图　例
核心区
缓冲区
实验区
保护区
比例尺 1 : 420 000
N
化稍营镇
北水泉镇
阳原县
浮图讲乡
东井集镇
桑
干
河

影像获取时间：2010 年

泥河湾国家级自然保护区生态系统类型图

图　例
草丛
旱地
居住地
交通用地
裸土
比例尺 1 : 420 000
N

解译参考影像时间：2010 年

泥河湾国家级自然保护区位于河北省张家口市阳原县和蔚县以及山西省的大同市境内，总面积 1 015 公顷，建于 1997 年，2002 年晋升为国家级，主要保护对象为新生代沉积地层，属于地质遗迹类型的自然保护区。该保护区内有 200 万至 300 万年前的第四纪标准地层，埋藏着丰富的哺乳动物化石和大量旧石器时代考古遗迹，是世界上绝无仅有的早更新世石器时代的遗地，它的考察发掘，被评为中国 20 世纪 100 项考古重大发现之一。

泥河湾
国家级自然保护区
石家庄

大海陀国家级自然保护区遥感影像图

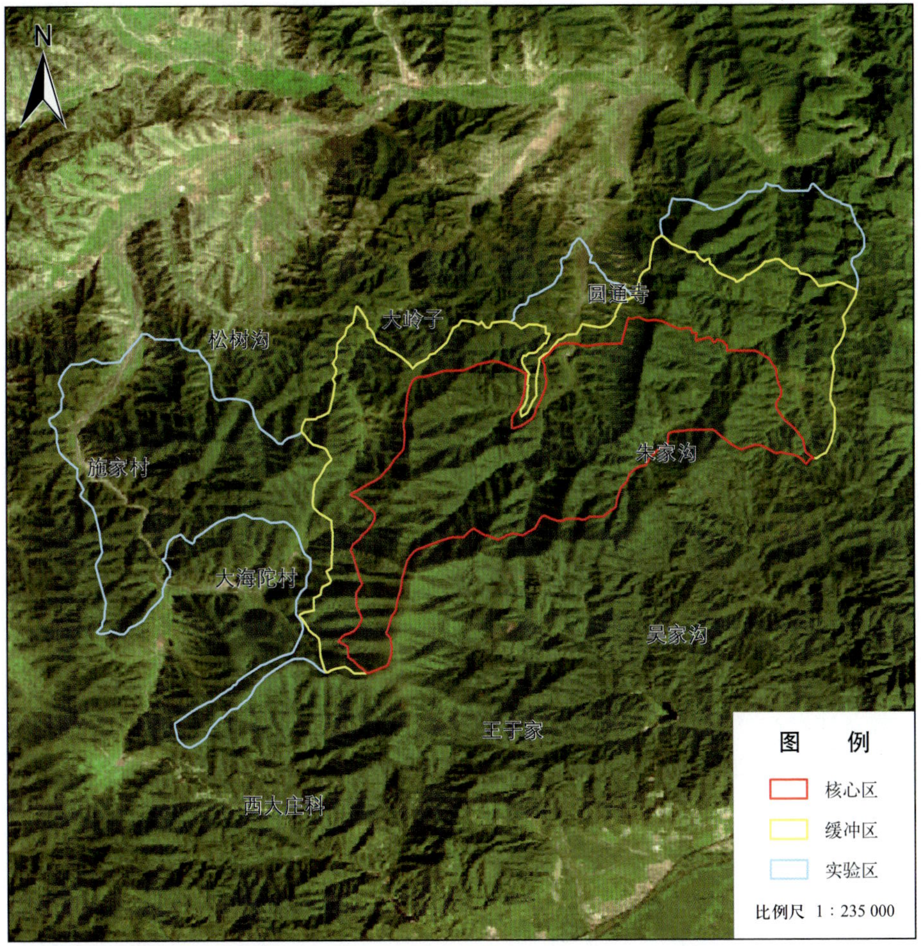
N
松树沟
大岭子
圆通寺
施家村
朱家沟
大海陀村
吴家沟
王子家
西大庄科
图例
核心区
缓冲区
实验区
比例尺 1：235 000

影像获取时间：2010 年

大海陀国家级自然保护区生态系统类型图

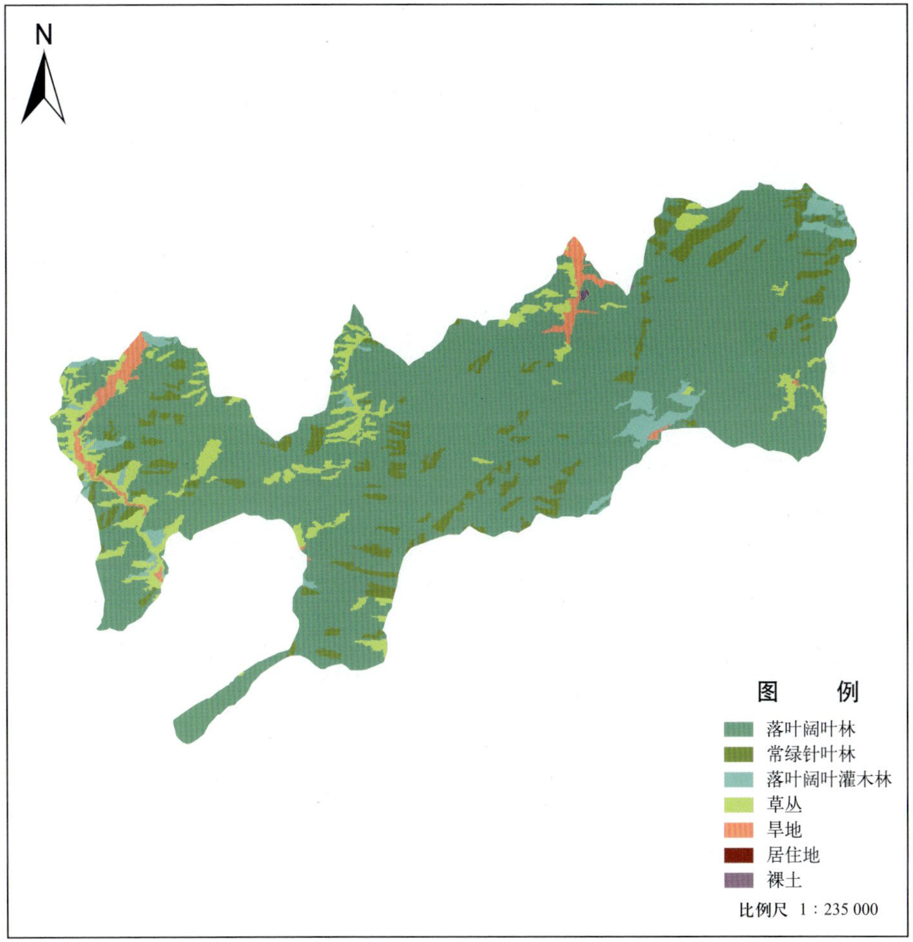
N
图例
落叶阔叶林
常绿针叶林
落叶阔叶灌木林
草丛
旱地
居住地
裸土
比例尺 1：235 000

解译参考影像时间：2010 年

大海陀国家级自然保护区位于河北省张家口市赤城县西南，总面积 11 225 公顷，建于 1999 年，2003 年晋升为国家级，主要保护对象为森林生态系统。该保护区内有各种动植物 1 300 多种，其中被列为国家重点保护的鸟类有 17 种。同时，该保护区内还有兽类 29 种，其中金钱豹、斑羚等都属珍稀野生动物。保护区在我国华北地区植被垂直地带性和生物地理区系等方面具有典型性和代表性。

大海陀
国家级自然保护区
石家庄

雾灵山国家级自然保护区

雾灵山国家级自然保护区遥感影像图

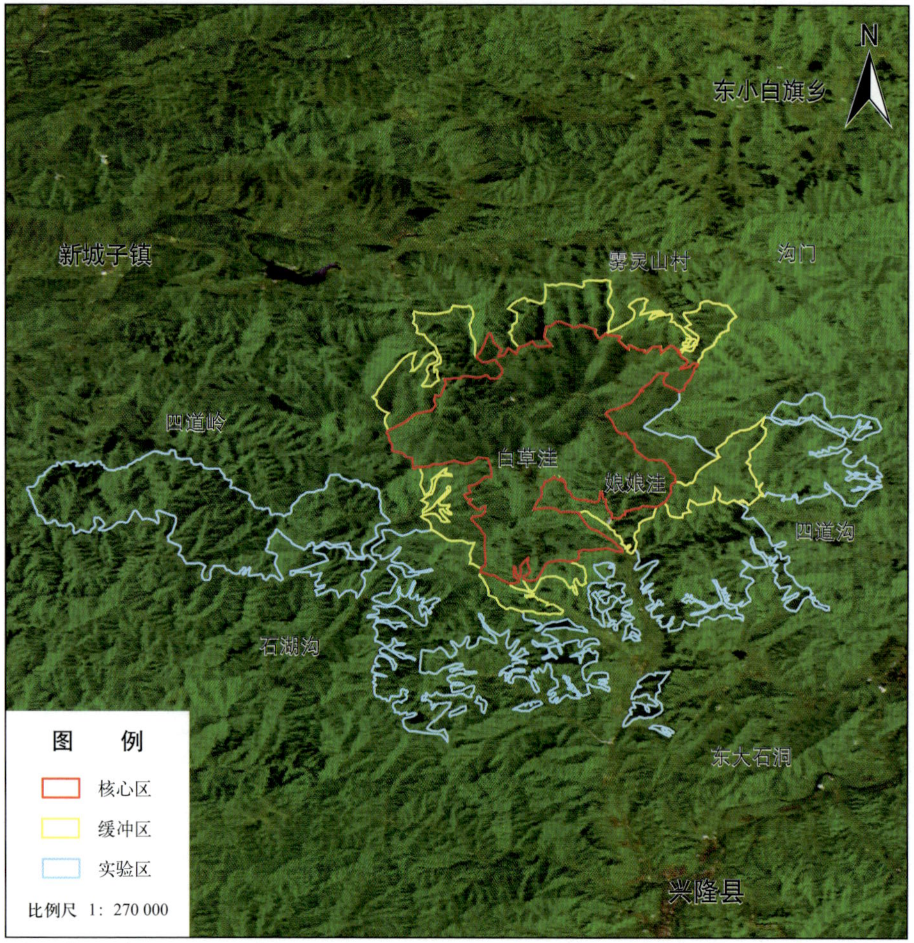
N
东小白旗乡
新城子镇
雾灵山村
沟门
四道岭
白草洼
娘娘洼
四道沟
石湖沟
东大石洞
兴隆县
图 例
核心区
缓冲区
实验区
比例尺 1：270 000

影像获取时间：2010 年

雾灵山国家级自然保护区生态系统类型图

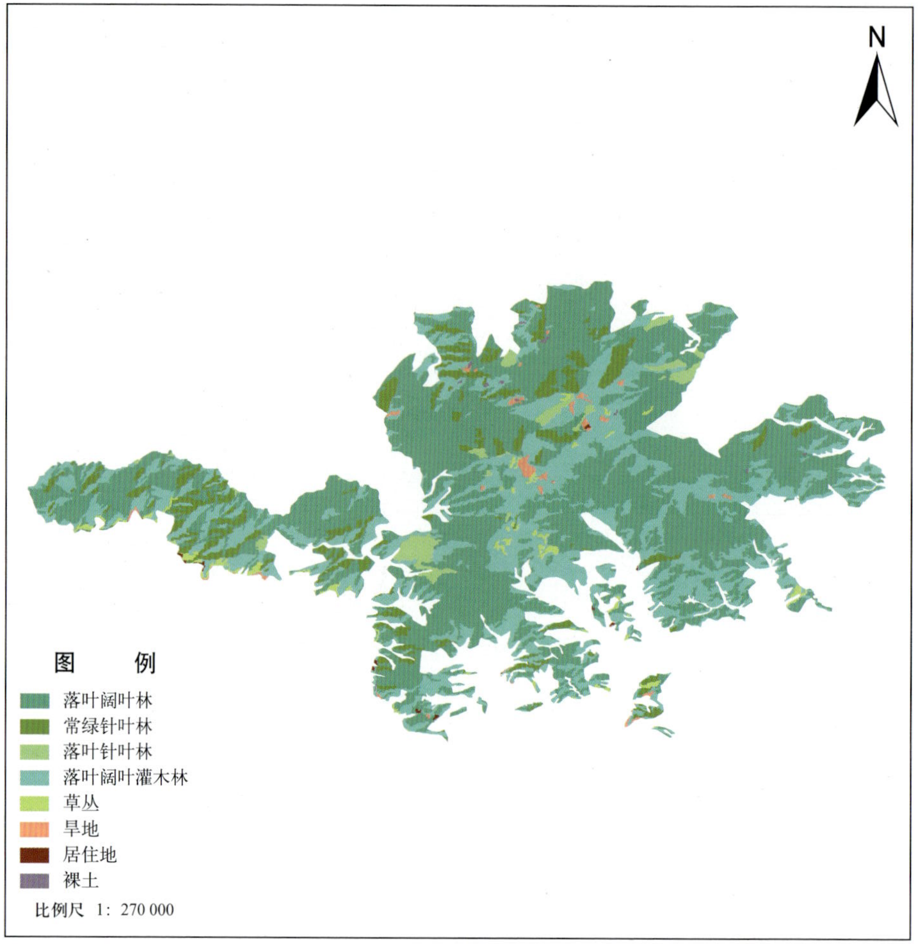
N
图 例
落叶阔叶林
常绿针叶林
落叶针叶林
落叶阔叶灌木林
草丛
旱地
居住地
裸土
比例尺 1：270 000

解译参考影像时间：2010 年

雾灵山国家级自然保护区位于河北省承德市兴隆县北部，总面积 14 247 公顷，建于 1983 年，1988 年晋升为国家级，主要保护对象为温带森林、猕猴分布北限，属森林生态系统类型自然保护区。该保护区内物种资源丰富，森林覆盖率达 80.3%，有高等植物 168 科 665 属 1 870 种，中国珍稀濒危保护植物 10 种，野生陆生脊椎动物 56 科 119 属 173 种，其中国家一级保护动物 2 种，国家二级保护动物 18 种。

雾灵山
国家级自然保护区
石家庄

茅荆坝国家级自然保护区遥感影像图

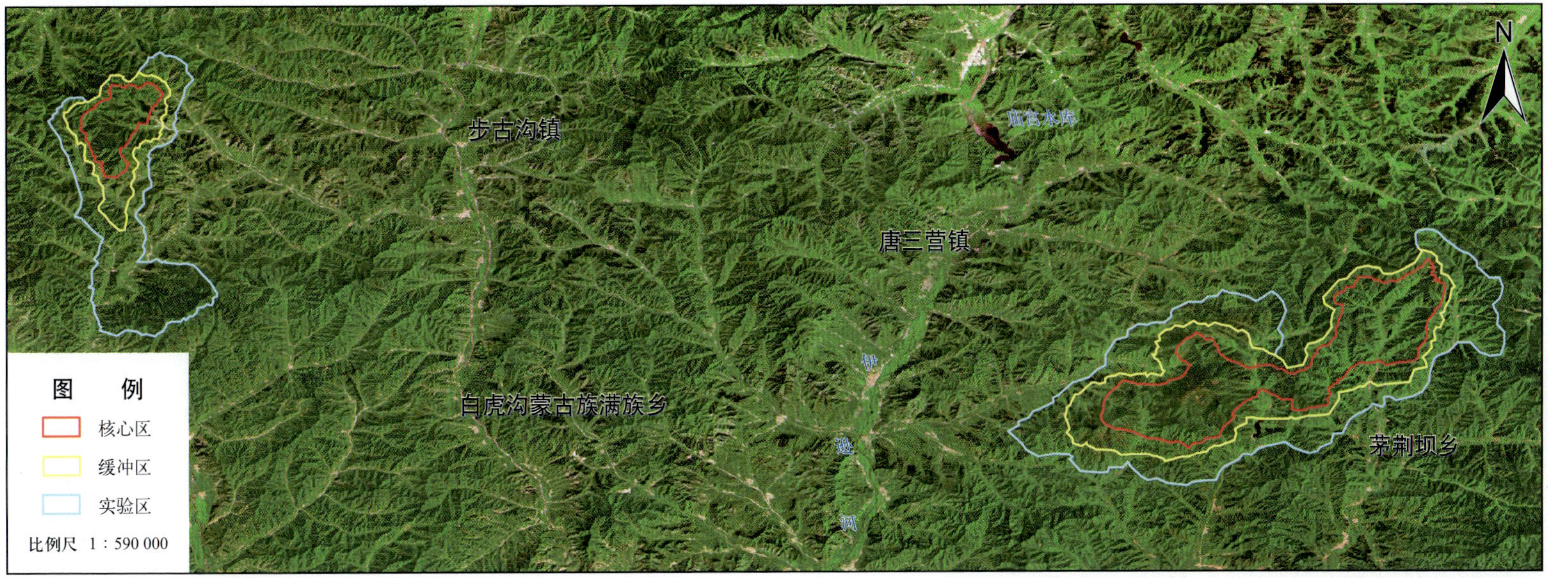
N
步古沟镇
唐三营镇
白虎沟蒙古族满族乡
茅荆坝乡
图 例
核心区
缓冲区
实验区
比例尺 1：590 000

影像获取时间：2010 年

茅荆坝国家级自然保护区生态系统类型图

N
图 例
落叶阔叶林
常绿针叶林
落叶针叶林
落叶阔叶灌木林
草丛
水库/坑塘
旱地
居住地
裸土
沙漠/沙地
比例尺 1：590 000

解译参考影像时间：2010 年

茅荆坝国家级自然保护区位于河北省承德市隆化县境内，总面积 40 038 公顷，建于 2002 年，2008 年晋升为国家级，主要保护对象为森林生态系统和野生动物，属于森林生态系统类型的自然保护区。该保护区内有丰富的动植物资源和水资源，对于维护区域生态平衡、涵养和增加水源起到了重大作用，是京津地区生态安全的重要绿色屏障。

茅荆坝
国家级自然保护区
石家庄

河北省 围场红松洼国家级自然保护区

围场红松洼
国家级自然保护区
石家庄

围场红松洼国家级自然保护区位于河北省承德市围场满族蒙古族自治县境内，总面积 19 333 公顷，建于 1994 年，1998 年晋升为国家级，主要保护对象为草原生态系统，属于草原草甸类型的自然保护区。该保护区内红松洼面积 110 万亩，草原面积 20 万亩，森林覆盖率高达 78%，是北方较大的草原风景区。

围场红松洼国家级自然保护区遥感影像图

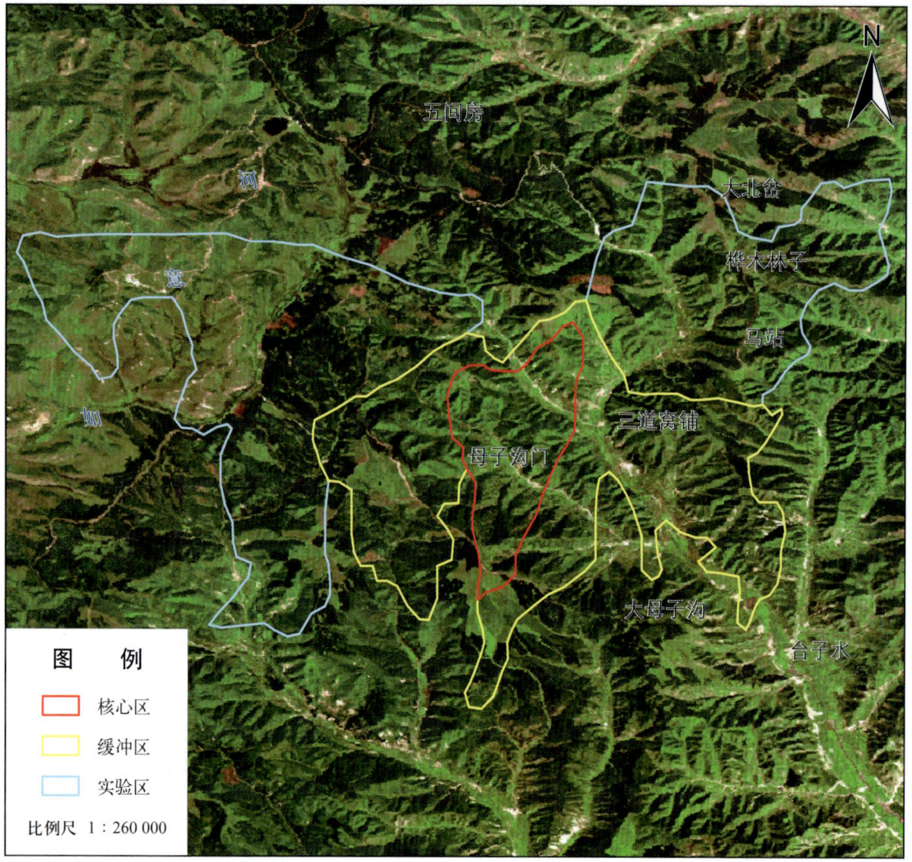

N
五间房
河
道
如
大北岔
桦木林子
马站
三道窝铺
母子沟门
大母子沟
合子水
图 例
核心区
缓冲区
实验区
比例尺 1：260 000

影像获取时间：2010 年

围场红松洼国家级自然保护区生态系统类型图

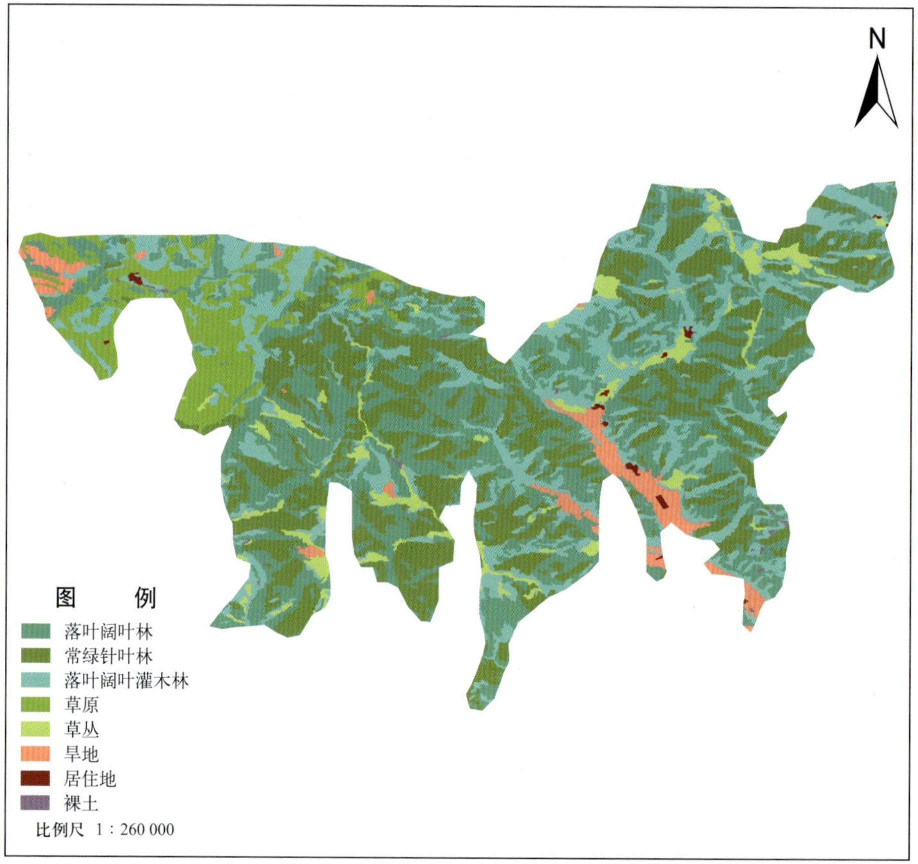

N
图 例
落叶阔叶林
常绿针叶林
落叶阔叶灌木林
草原
草丛
旱地
居住地
裸土
比例尺 1：260 000

解译参考影像时间：2010 年

塞罕坝国家级自然保护区

塞罕坝国家级自然保护区遥感影像图

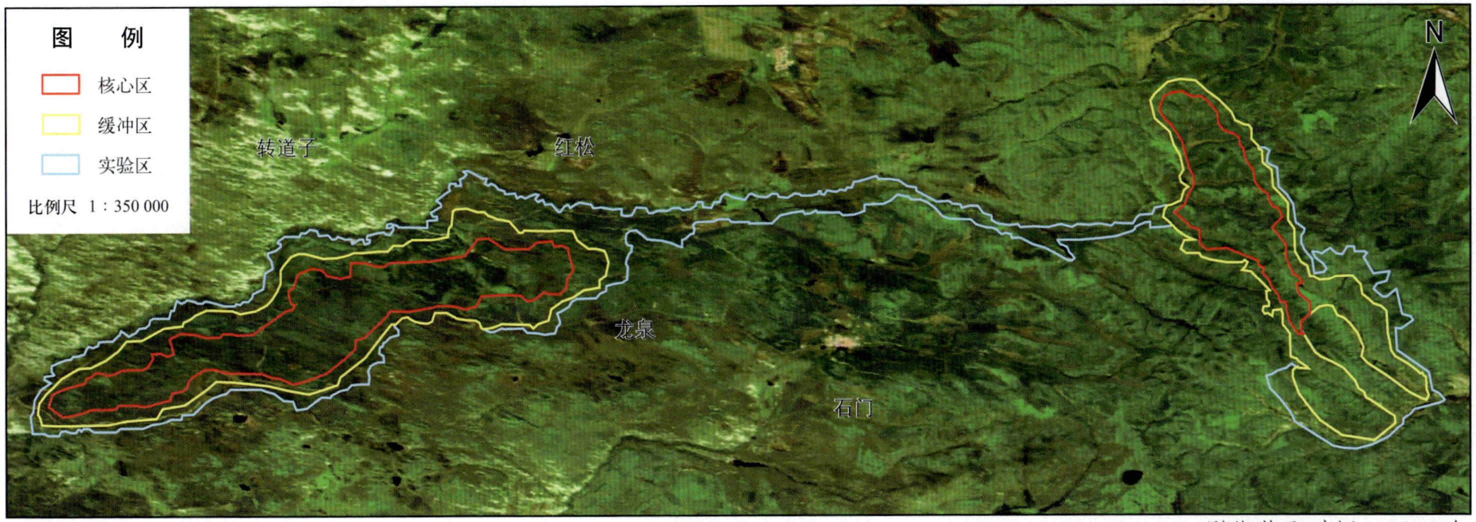
图例
核心区
缓冲区
实验区
比例尺 1：350 000
N
转道子
红松
龙泉
石门

影像获取时间：2010 年

塞罕坝国家级自然保护区生态系统类型图

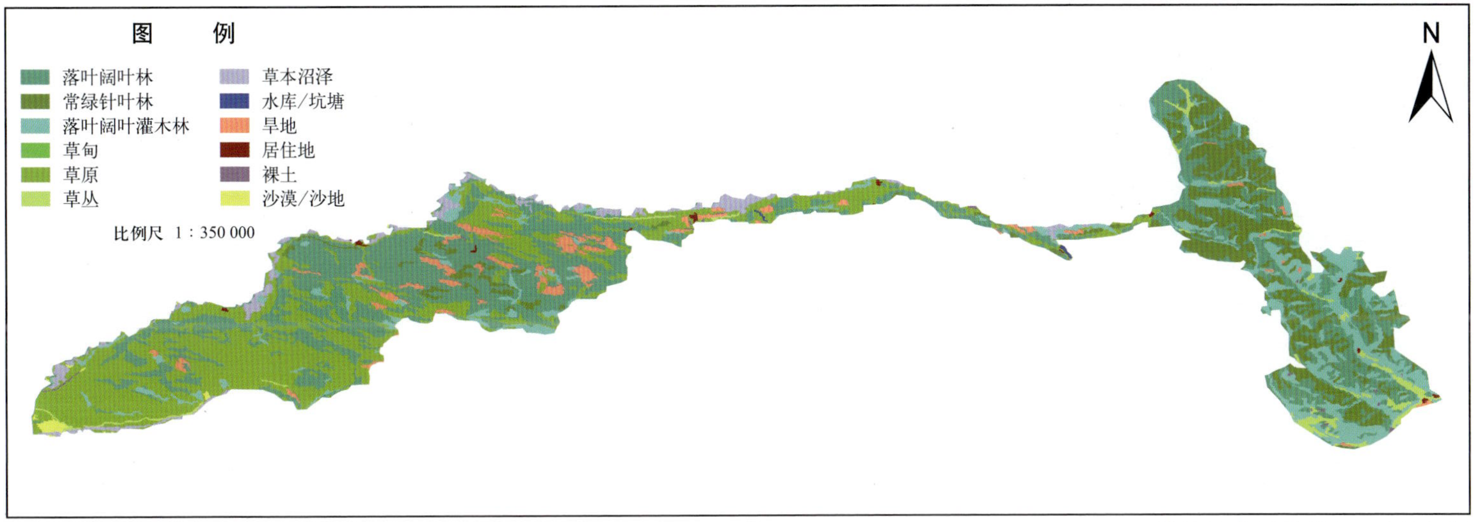
图例
落叶阔叶林
常绿针叶林
落叶阔叶灌木林
草甸
草原
草丛
草本沼泽
水库/坑塘
旱地
居住地
裸土
沙漠/沙地
比例尺 1：350 000
N

解译参考影像时间：2010 年

塞罕坝国家级自然保护区位于河北省承德市围场满族蒙古族自治县境内，保护区总面积20 030公顷，建于2001年，2007年晋升为国家级，主要保护对象为森林草原交错带生态系统。该保护区是三北防护林环北京、天津区段的主要组成部分，森林覆盖率80.74%，它阻滞了浑善达克沙地南移，孕育了滦河、辽河水源，是京津乃至整个华北地区阻沙源、保水源的重要绿色生态屏障，对保护该地区森林及动植物资源、维护京津及华北地区生态安全意义重大。

塞罕坝
国家级自然保护区
石家庄

滦河上游国家级自然保护区

滦河上游国家级自然保护区遥感影像图

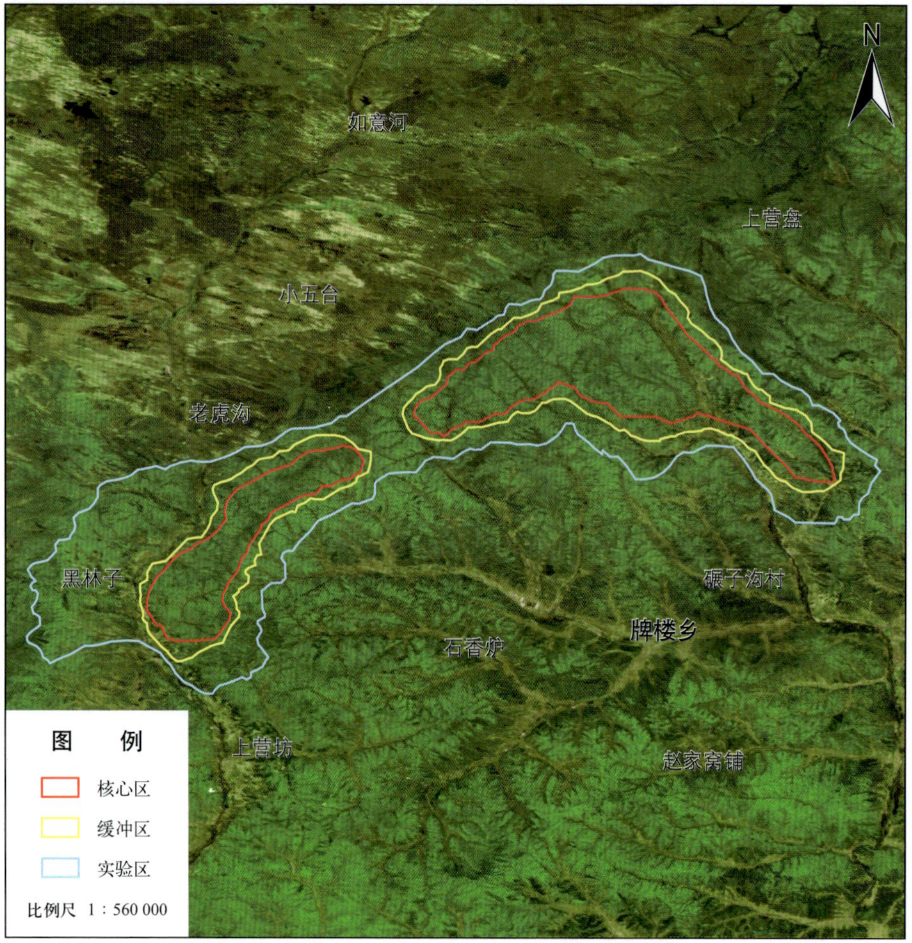
N
如意河
上营盘
小五台
老虎沟
黑林子
碾子沟村
牌楼乡
石香炉
上营坊
赵家窝铺
图 例
核心区
缓冲区
实验区
比例尺 1 : 560 000

影像获取时间：2010 年

滦河上游国家级自然保护区生态系统类型图

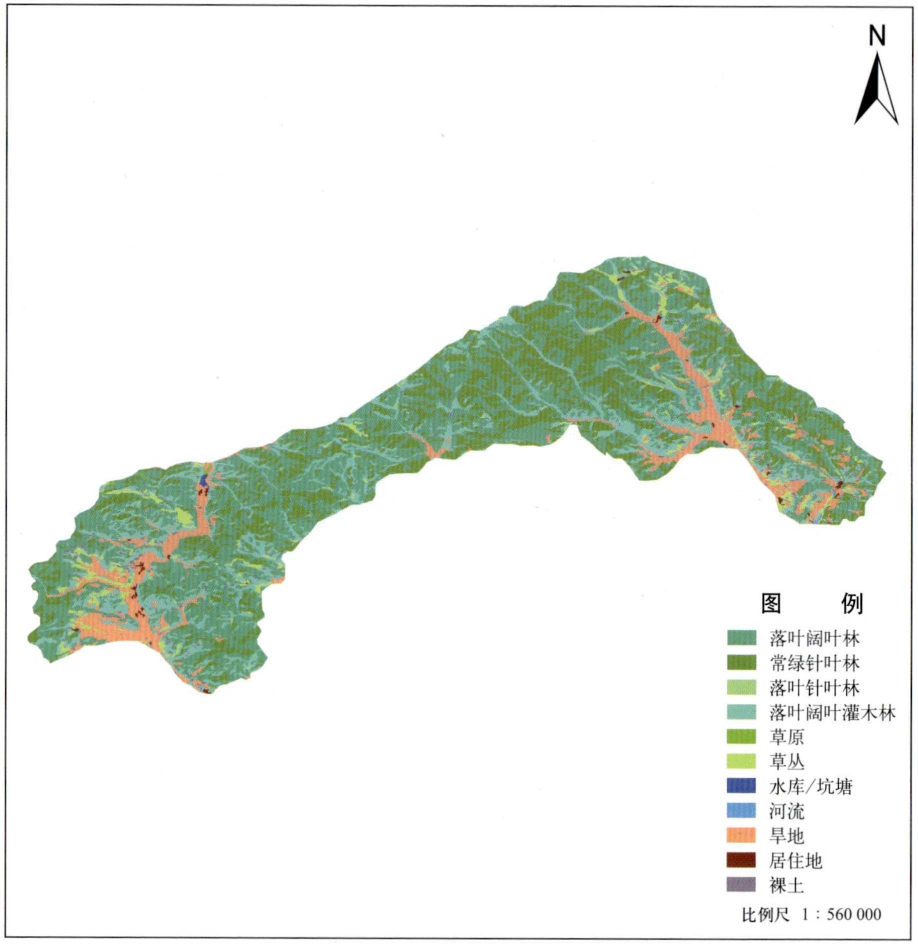
N
图 例
落叶阔叶林
常绿针叶林
落叶针叶林
落叶阔叶灌木林
草原
草丛
水库/坑塘
河流
旱地
居住地
裸土
比例尺 1 : 560 000

解译参考影像时间：2010 年

滦河上游国家级自然保护区地处阴山、大兴安岭、燕山余脉的汇接地带，位于河北省承德市围场满族蒙古族自治县境内，总面积 50 637 公顷，建于 2002 年，2007 年晋升为国家级，主要保护对象为滦河上游的自然生态环境、森林生态系统和野生动物，属于森林生态系统类型的自然保护区。该保护区是迄今为止该省规模最大的森林和野生动物类型自然保护区，它的建立填补了河北省大型自然保护区的空白。

滦河上游
国家级自然保护区
石家庄

衡水湖国家级自然保护区遥感影像图

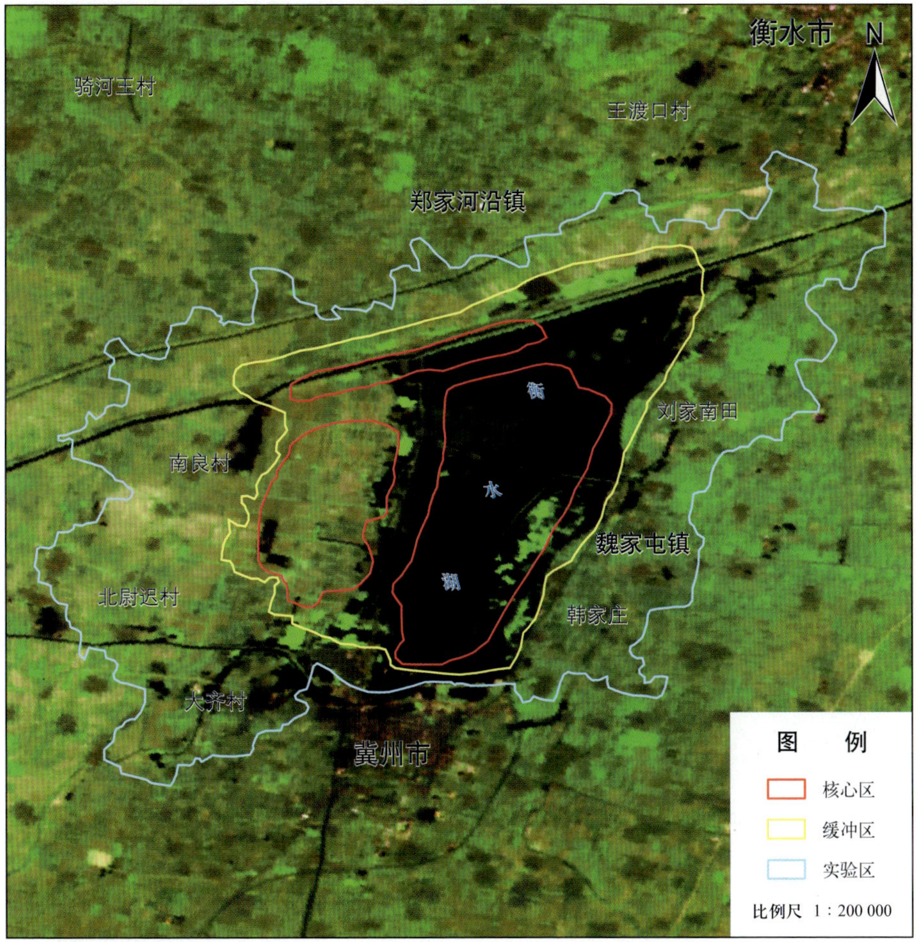
衡水市
N
骑河王村
王渡口村
郑家河沿镇
刘家南田
南良村
衡
水
湖
魏家屯镇
北尉迟村
韩家庄
大齐村
冀州市
图例
核心区
缓冲区
实验区
比例尺 1∶200 000

影像获取时间：2010 年

衡水湖国家级自然保护区生态系统类型图

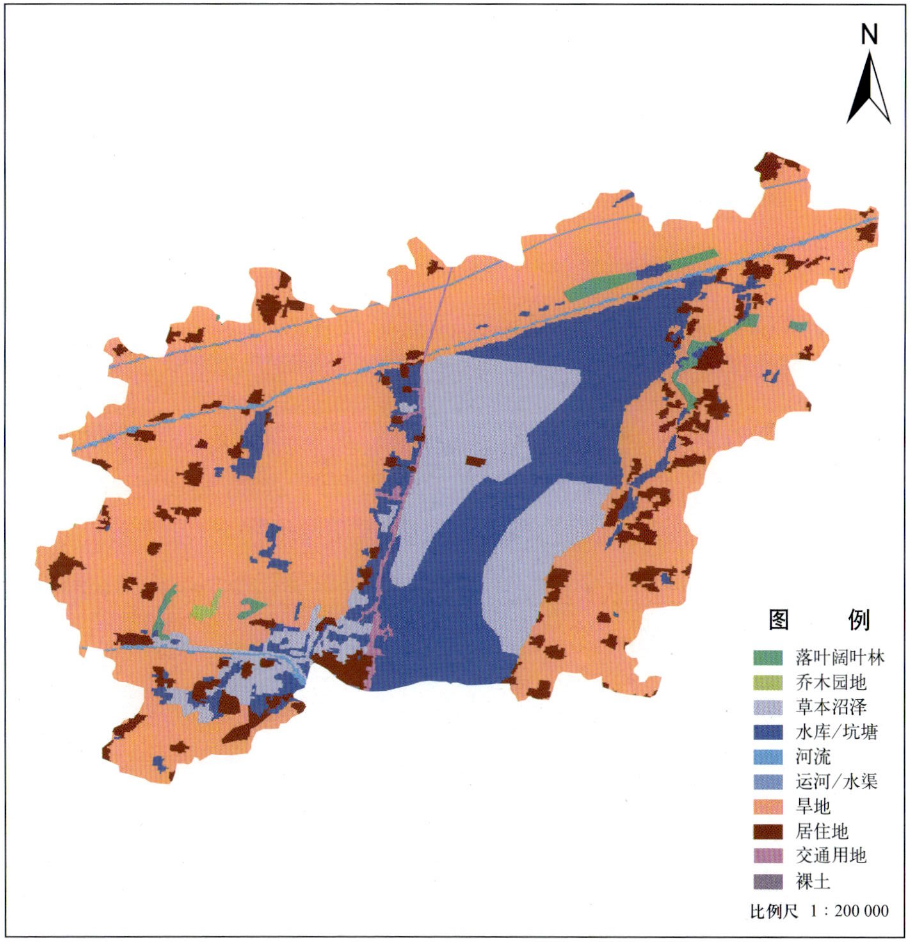
N
图例
落叶阔叶林
乔木园地
草本沼泽
水库/坑塘
河流
运河/水渠
旱地
居住地
交通用地
裸土
比例尺 1∶200 000

解译参考影像时间：2010 年

衡水湖国家级自然保护区位于河北省衡水市桃城区、冀州市、枣强县之间的三角地带，总面积 17 135 公顷，建于 2000 年，2003 年晋升为国家级，主要保护对象为湿地生态系统及鸟类，属于内陆湿地类型的自然保护区。该保护物种丰富，是北温带动植物聚集地。

石家庄
衡水湖
国家级自然保护区

阳城蟒河猕猴国家级自然保护区

阳城蟒河猕猴国家级自然保护区位于山西省晋城市阳城县境内，总面积 5 600 公顷，建于 1983 年，1998 年晋升为国家级，主要保护对象为猕猴等珍稀野生动物和亚热带植被，属于森林和野生动物类型的自然保护区。该保护区东西长 15 千米，南北宽 9 千米，享有“山西省动植物资源宝库”美称。秀美别致的自然景观被誉为“华北一绝，山西桂林”。

太原
阳城蟒河猕猴
国家级自然保护区

阳城蟒河猕猴国家级自然保护区遥感影像图

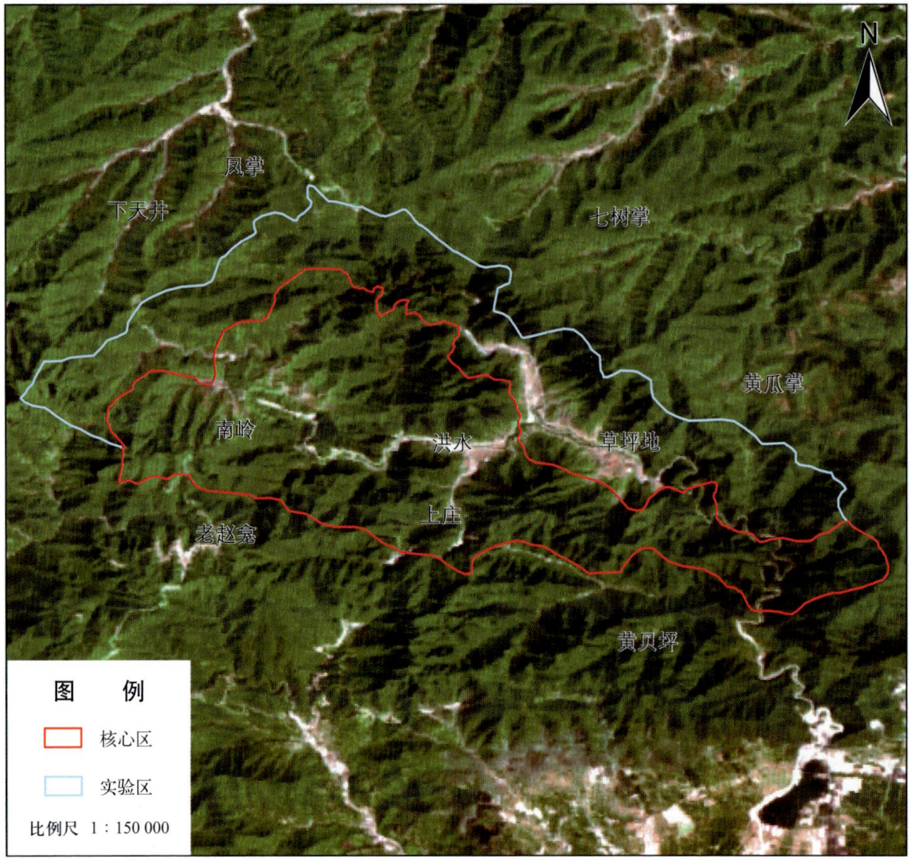
N
凤掌
下天井
七树掌
黄瓜掌
南岭
洪水
草坪地
上庄
老赵兖
黄贝坪
图 例
核心区
实验区
比例尺 1 : 150 000

影像获取时间：2010 年

阳城蟒河猕猴国家级自然保护区生态系统类型图

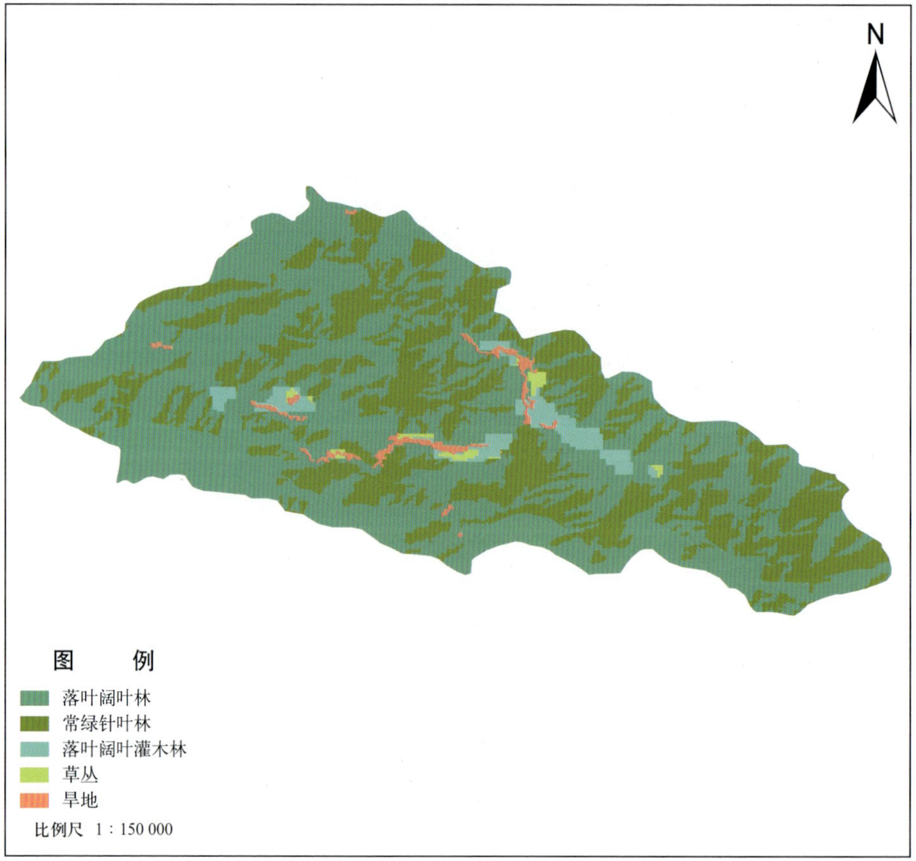
N
图 例
落叶阔叶林
常绿针叶林
落叶阔叶灌木林
草丛
旱地
比例尺 1 : 150 000

解译参考影像时间：2010 年

历山国家级自然保护区遥感影像图

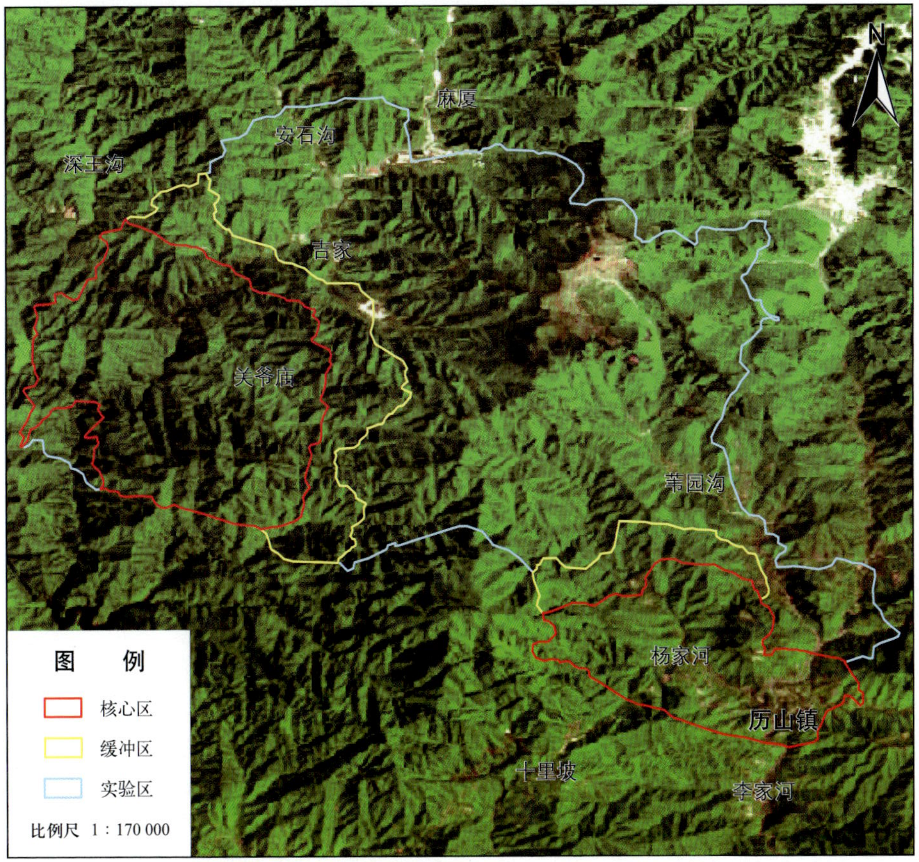
N
麻厦
安石沟
深王沟
吉家
关爷庙
苇园沟
杨家河
历山镇
十里坡
李家河
图 例
核心区
缓冲区
实验区
比例尺 1：170 000

影像获取时间：2010 年

历山国家级自然保护区生态系统类型图

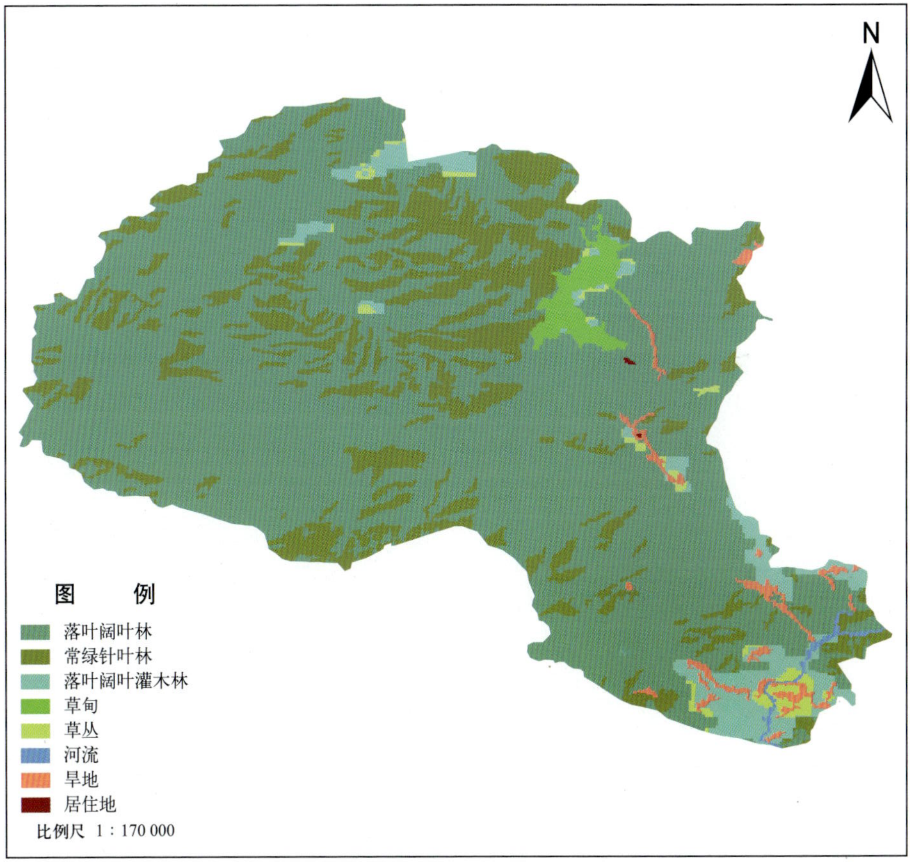
N
图 例
落叶阔叶林
常绿针叶林
落叶阔叶灌木林
草甸
草丛
河流
旱地
居住地
比例尺 1：170 000

解译参考影像时间：2010 年

历山国家级自然保护区位于山西省南部中条山脉的东段，地处运城、晋城、临汾三市的毗邻地区，总面积 24 800 公顷，建于 1983 年，1988 年晋升为国家级，主要保护对象为森林植被及金钱豹、金雕等野生动物，属于森林生态系统类型的自然保护区。该保护区地处亚热带向暖温带过渡地带，区内气候温暖，雨量充沛，自然条件优越。

太原
历山
国家级自然保护区

芦芽山国家级自然保护区

芦芽山
国家级自然保护区
太原

芦芽山国家级自然保护区地处山西省忻州市，宁武、五寨、岢岚三县交界处，总面积21 453公顷，建于1980年，1997晋升为国家级，主要保护对象为褐马鸡及华北落叶松、云杉次生林等森林生态系统，属于野生动物类型的自然保护区。该保护区地形复杂，沟壑纵横，水源丰富，是汾河和涟河的发源地。

芦芽山国家级自然保护区遥感影像图

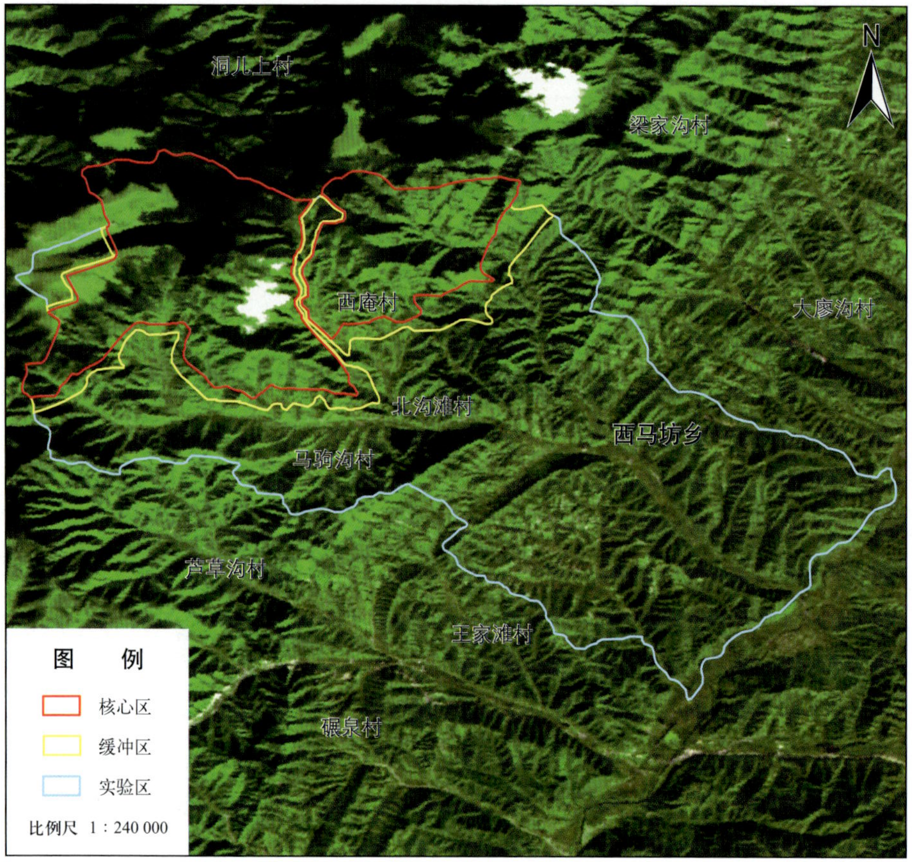
N
洞儿上村
梁家沟村
西庵村
大廖沟村
北沟滩村
西马坊乡
马跑沟村
芦草沟村
王家滩村
碾泉村
图 例
核心区
缓冲区
实验区
比例尺 1：240 000

影像获取时间：2010年

芦芽山国家级自然保护区生态系统类型图

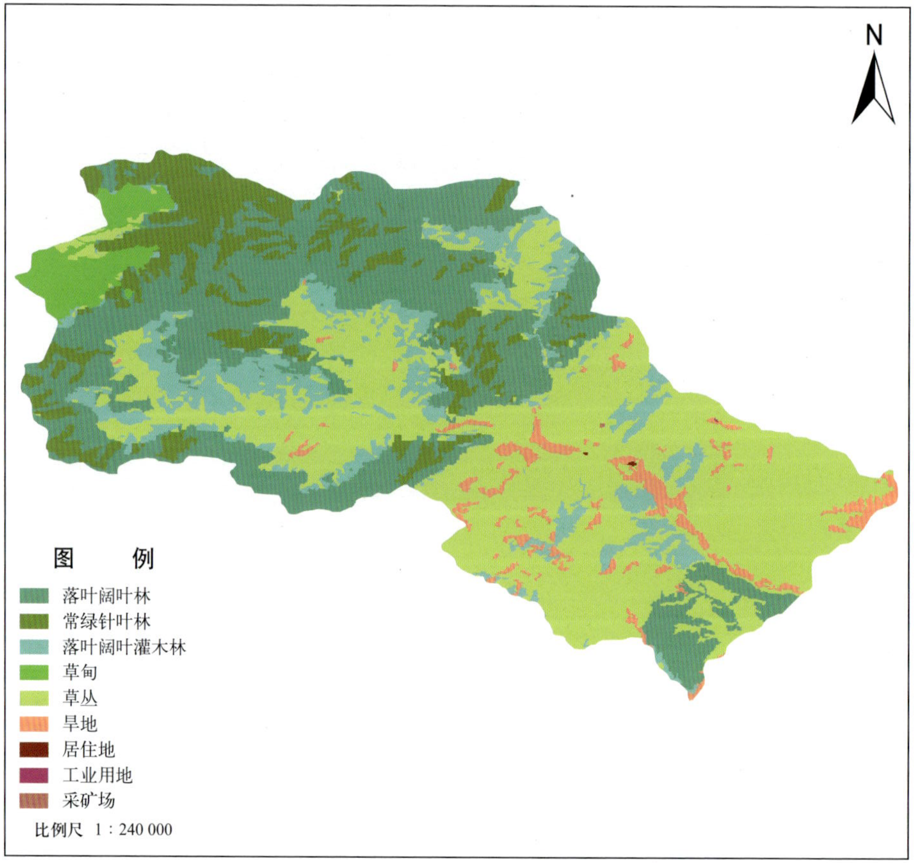
N
图 例
落叶阔叶林
常绿针叶林
落叶阔叶灌木林
草甸
草丛
旱地
居住地
工业用地
采矿场
比例尺 1：240 000

解译参考影像时间：2010年

五鹿山国家级自然保护区遥感影像图

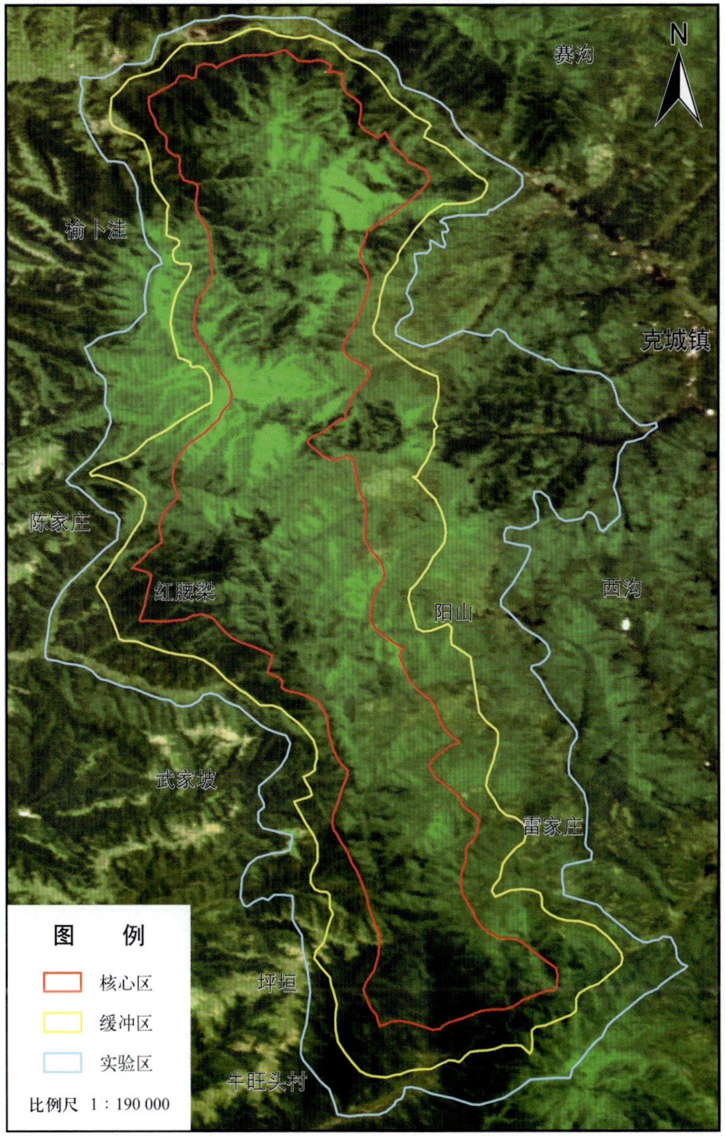
赛沟
榆卜洼
克城镇
陈家庄
红腰梁
阳山
西沟
武家坡
雷家庄
坪垣
牛旺头村
N
图例
核心区
缓冲区
实验区
比例尺 1：190 000

影像获取时间：2010 年

五鹿山国家级自然保护区生态系统类型图

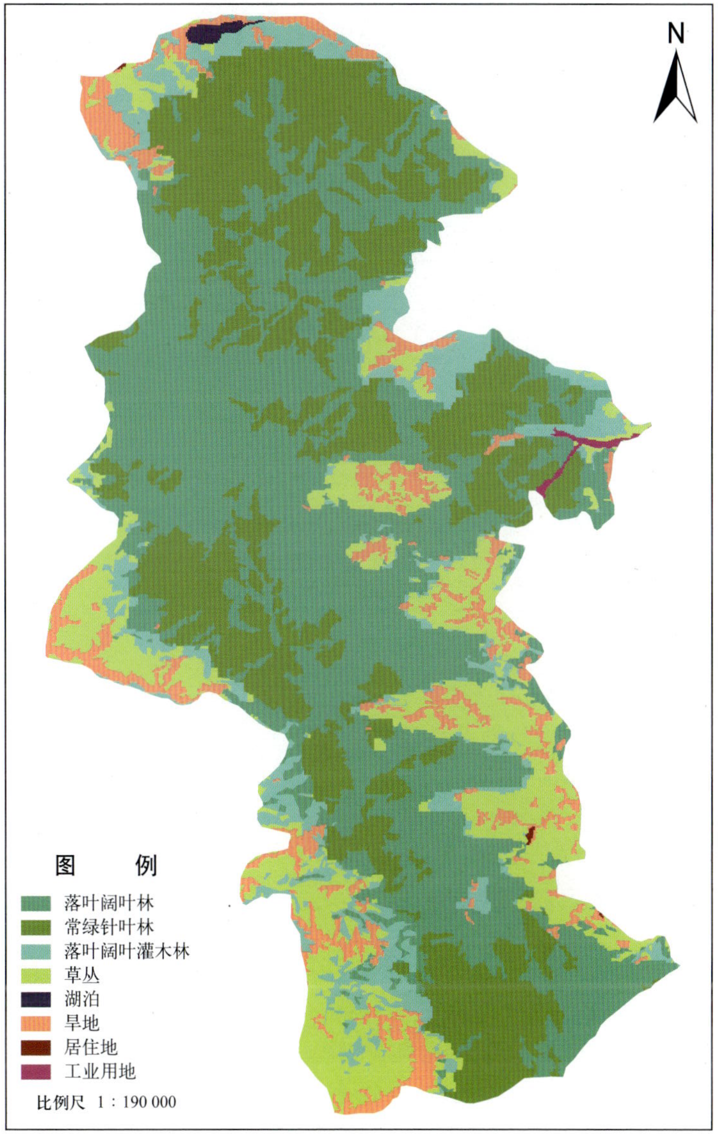
N
图例
落叶阔叶林
常绿针叶林
落叶阔叶灌木林
草丛
湖泊
旱地
居住地
工业用地
比例尺 1：190 000

解译参考影像时间：2010 年

五鹿山国家级自然保护区位于山西省临汾市蒲县、隰县境内，地处吕梁山脉南端，总面积 20 617 公顷，建于 1993 年，2006 年晋升为国家级，主要保护对象为褐马鸡及其森林生态环境，属野生动物类型的自然保护区。该保护区森林覆盖率 68%，有高等植物 965 种，动物 409 种，其中国家级保护动物 30 余种，濒危动物物种有金钱豹、黑鹳、游隼、灰背隼等。

太原
五鹿山
国家级自然保护区

庞泉沟国家级自然保护区遥感影像图

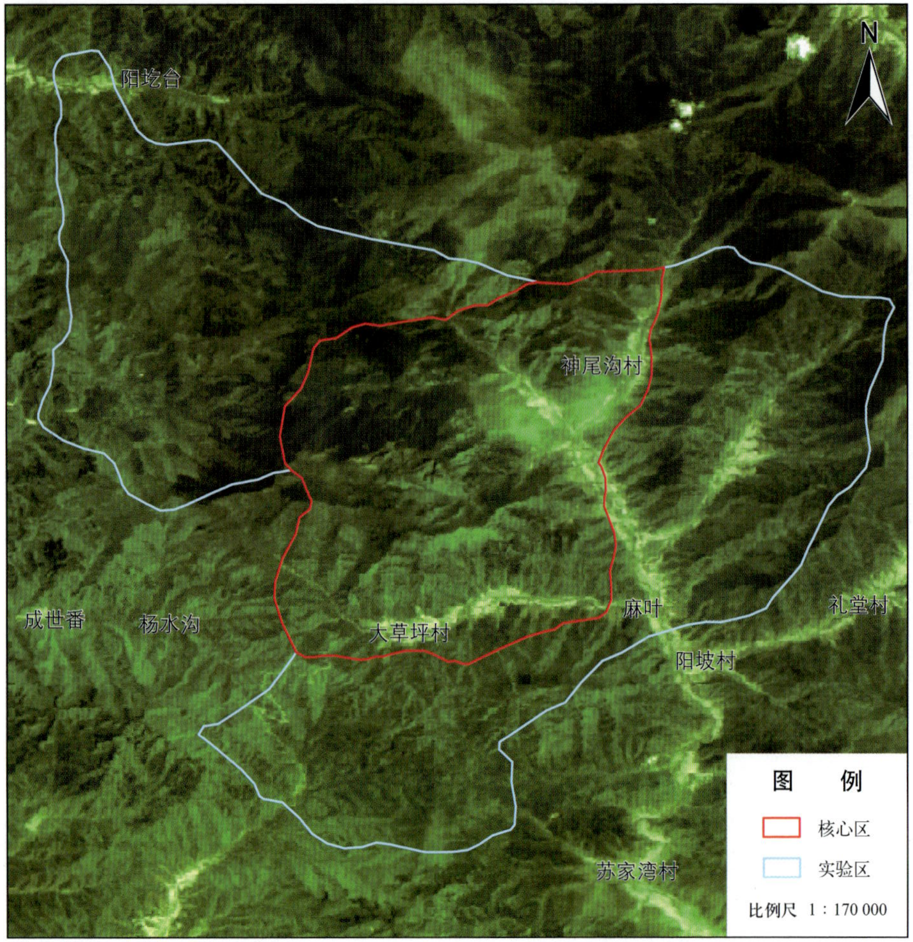
N
阳圪台
神尾沟村
成世番
杨水沟
大草坪村
麻叶
礼堂村
阳坡村
苏家湾村
图 例
核心区
实验区
比例尺 1：170 000

影像获取时间：2010 年

庞泉沟国家级自然保护区生态系统类型图

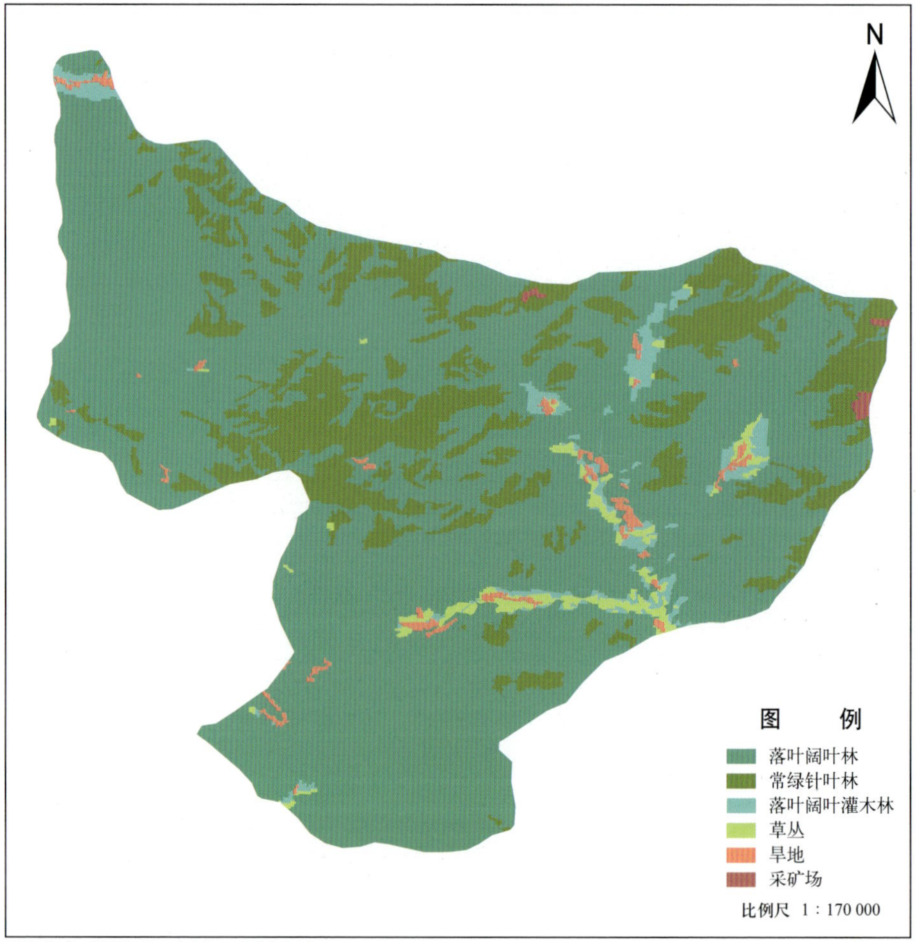
N
图 例
落叶阔叶林
常绿针叶林
落叶阔叶灌木林
草丛
旱地
采矿场
比例尺 1：170 000

解译参考影像时间：2010 年

庞泉沟国家级自然保护区地处吕梁山脉中段，位于山西省吕梁市交城县西北部和方山县东北部交界处，总面积 10 466 公顷，建于 1980 年，1986 年晋升为国家级，主要保护对象为褐马鸡及华北落叶松、云杉等森林生态系统，属野生动植物类型自然保护区。该保护区南北长 15 千米，东西宽 14.5 千米，区内森林覆盖率达 74%。

庞泉沟
国家级自然保护区
太原

黑茶山国家级自然保护区遥感影像图

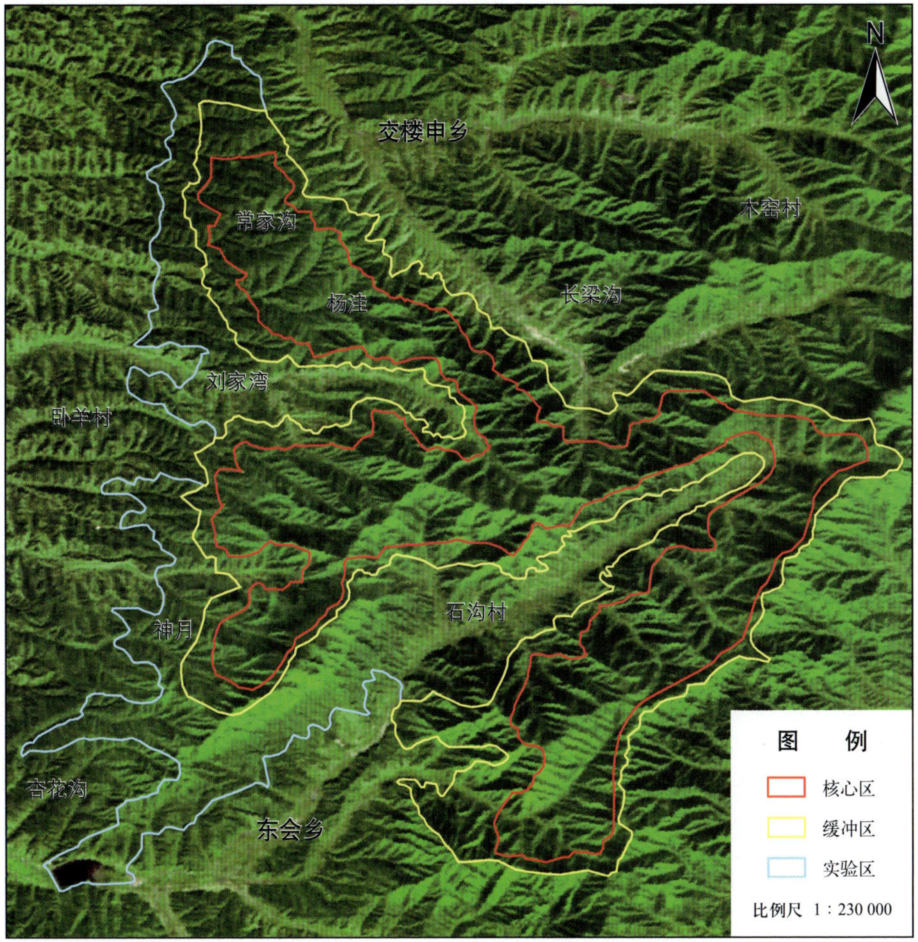
N
交楼申乡
木窑村
常家沟
杨洼
长梁沟
刘家湾
卧羊村
石沟村
神月
杏花沟
东会乡
图 例
核心区
缓冲区
实验区
比例尺 1 : 230 000

影像获取时间：2010 年

黑茶山国家级自然保护区生态系统类型图

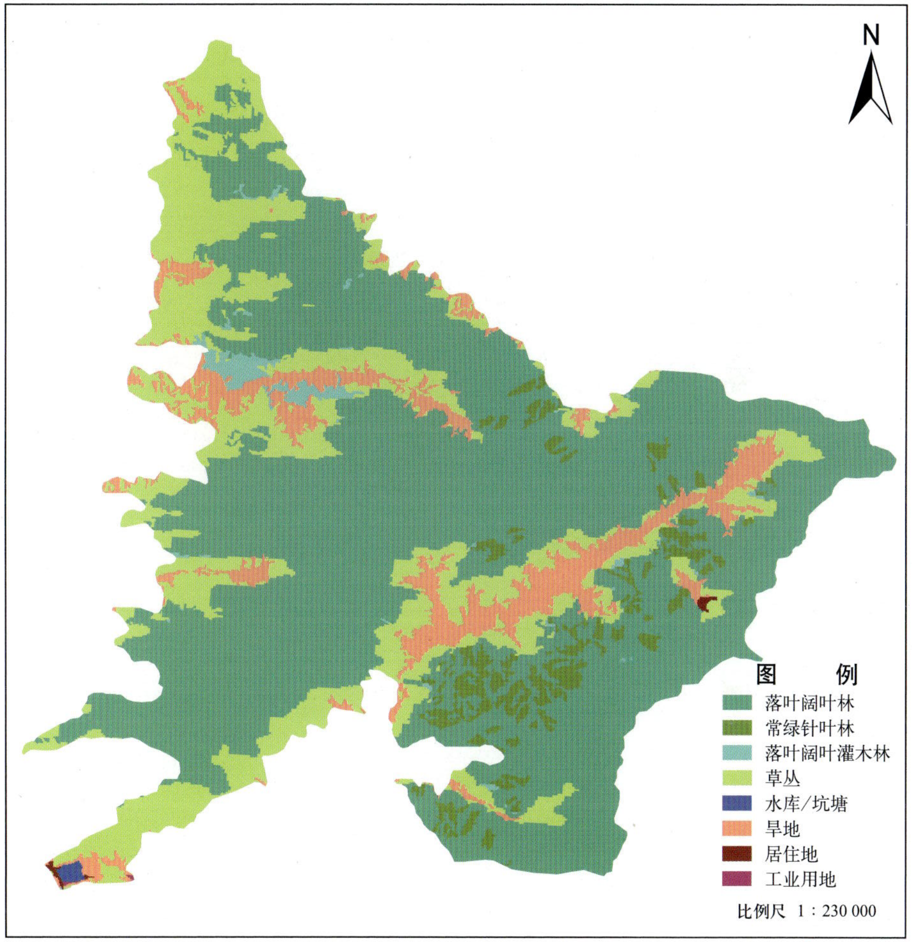
N
图 例
落叶阔叶林
常绿针叶林
落叶阔叶灌木林
草丛
水库/坑塘
旱地
居住地
工业用地
比例尺 1 : 230 000

解译参考影像时间：2010 年

黑茶山国家级自然保护区位于山西省吕梁市兴县境内，呈南北延伸之势，屹立于吕梁山脉中北部，总面积 24 415 公顷，建于 2002 年，2012 年晋升为国家级，主要保护对象为森林生态系统及褐马鸡，属于森林生态系统类型自然保护区。该保护区山势雄奇峻伟，松柏苍翠，以山高林密、气候变化莫测而闻名，四季景色各异，林间百鸟争鸣，有褐马鸡、金钱豹、麝、山狍等珍稀动物。

黑茶山
国家级自然保护区
太原

大青山国家级自然保护区遥感影像图

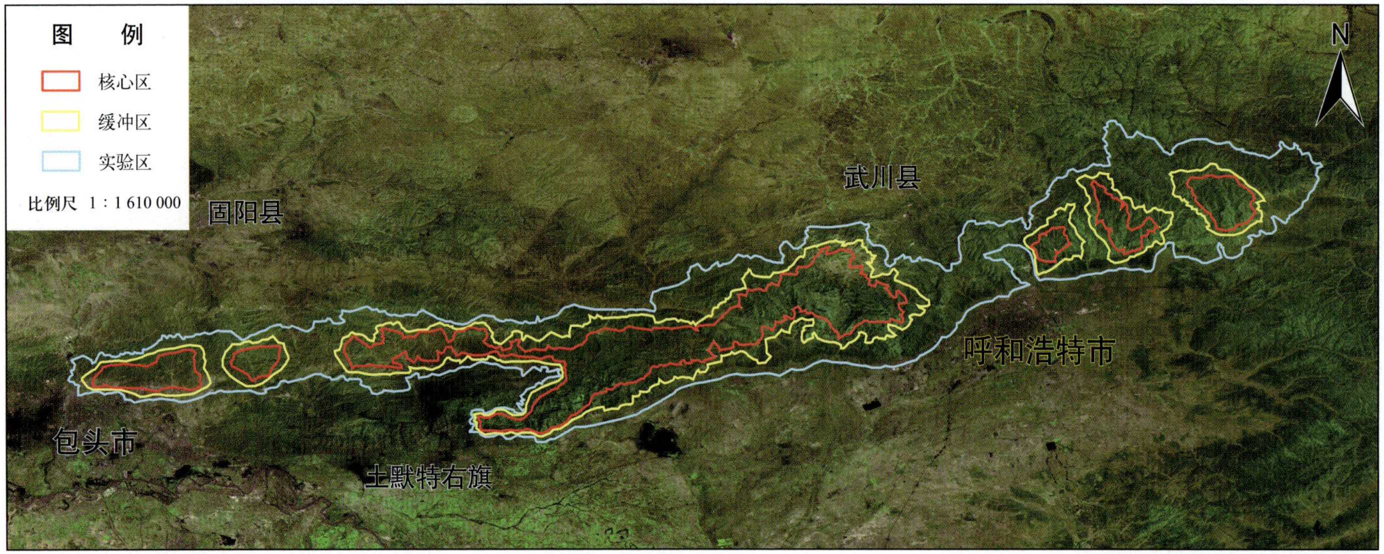
图 例
核心区
缓冲区
实验区
比例尺 1：1 610 000
N
固阳县
武川县
呼和浩特市
包头市
土默特右旗

影像获取时间：2010 年

大青山国家级自然保护区位于内蒙古自治区呼和浩特市、包头市、乌兰察布市境内，是阴山山脉的主体组成部分，总面积 388 577 公顷，建于 1996 年，2008 年晋升为国家级，主要保护对象为森林生态系统。该保护区地势复杂，物种丰富，栖息着大量的珍稀野生动植物。

大青山国家级自然保护区生态系统类型图

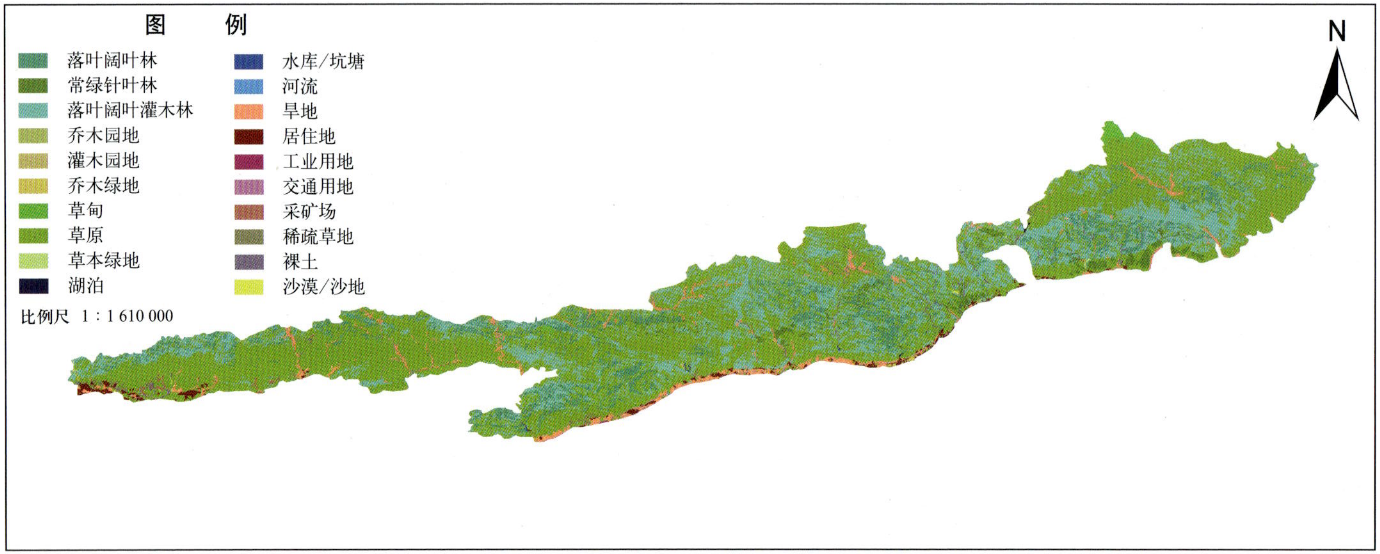
图 例
落叶阔叶林
常绿针叶林
落叶阔叶灌木林
乔木园地
灌木园地
乔木绿地
草甸
草原
草本绿地
湖泊
水库/坑塘
河流
旱地
居住地
工业用地
交通用地
采矿场
稀疏草地
裸土
沙漠/沙地
比例尺 1：1 610 000
N

解译参考影像时间：2010 年

大青山
国家级自然保护区
呼和浩特

高格斯台罕乌拉国家级自然保护区遥感影像图

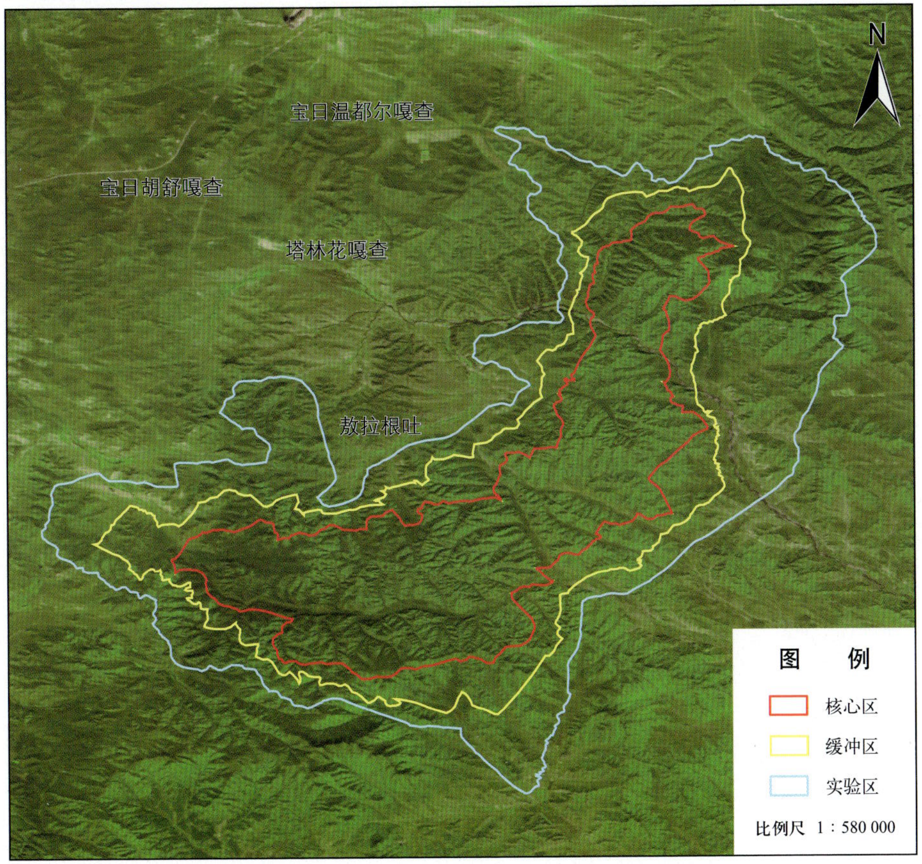
N
宝日温都尔嘎查
宝日胡舒嘎查
塔林花嘎查
敖拉根吐
图例
核心区
缓冲区
实验区
比例尺 1 : 580 000

影像获取时间：2010 年

高格斯台罕乌拉国家级自然保护区生态系统类型图

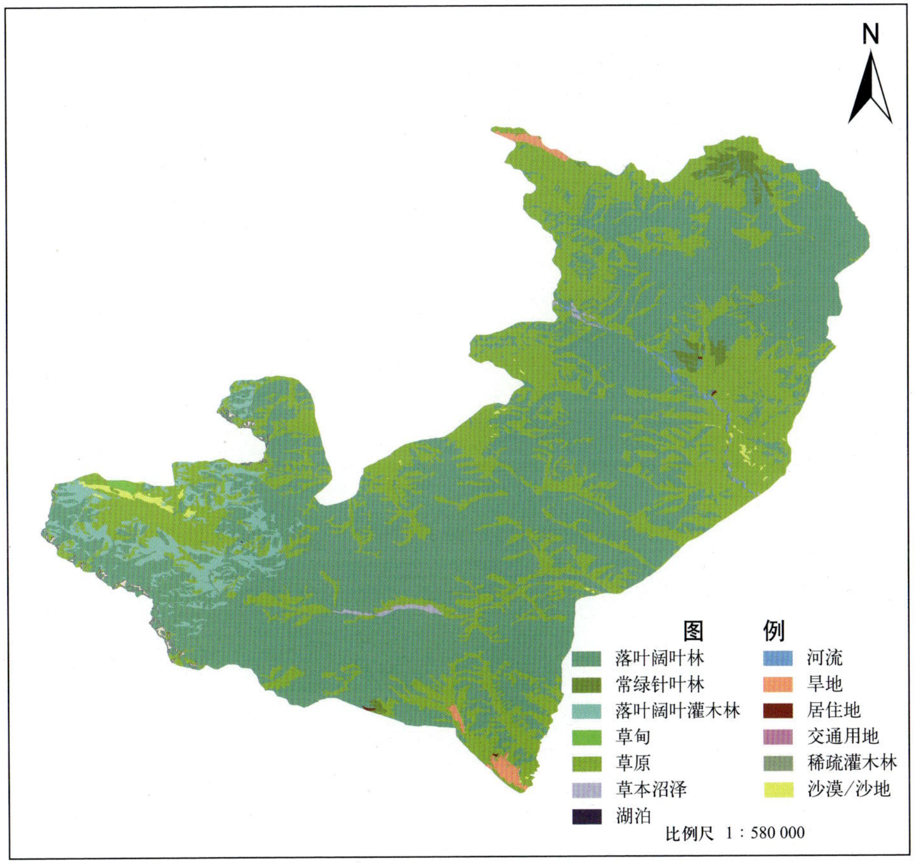
N
图例
落叶阔叶林
常绿针叶林
落叶阔叶灌木林
草甸
草原
草本沼泽
湖泊
河流
旱地
居住地
交通用地
稀疏灌木林
沙漠/沙地
比例尺 1 : 580 000

解译参考影像时间：2010 年

高格斯台罕乌拉国家级自然保护区位于内蒙古自治区赤峰市阿鲁科尔沁旗境内，总面积 106 284 公顷，建于 1997 年，2010 年晋升为国家级，主要保护对象为森林、草原、湿地生态系统及珍稀动物，属于森林生态系统类型的自然保护区。该保护区是我国重要的生物资源基因库，具有较强的典型性、稀有性、濒危性和代表性。

高格斯台罕乌拉
国家级自然保护区
呼和浩特

阿鲁科尔沁国家级自然保护区

阿鲁科尔沁国家级自然保护区遥感影像图

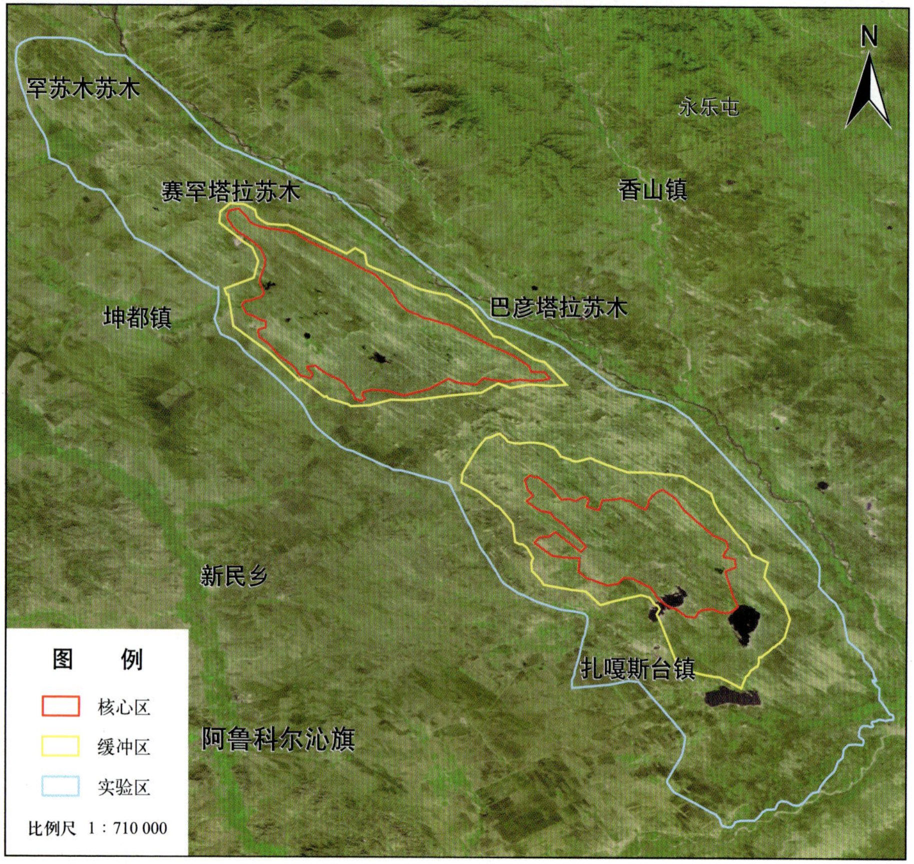
N
罕苏木苏木
永乐屯
赛罕塔拉苏木
香山镇
坤都镇
巴彦塔拉苏木
新民乡
扎嘎斯台镇
阿鲁科尔沁旗
图 例
核心区
缓冲区
实验区
比例尺 1 : 710 000

影像获取时间：2010 年

阿鲁科尔沁国家级自然保护区生态系统类型图

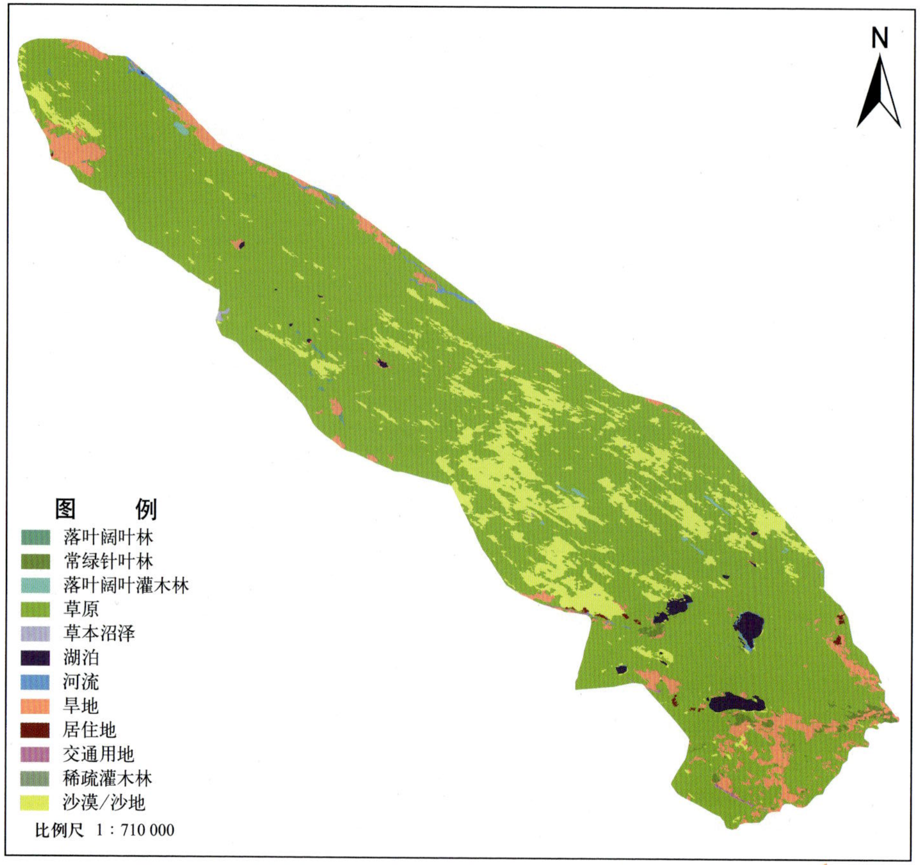
N
图 例
落叶阔叶林
常绿针叶林
落叶阔叶灌木林
草原
草本沼泽
湖泊
河流
旱地
居住地
交通用地
稀疏灌木林
沙漠/沙地
比例尺 1 : 710 000

解译参考影像时间：2011 年

阿鲁科尔沁国家级自然保护区位于内蒙古自治区赤峰市阿鲁科尔沁旗，总面积 136 794 公顷，建于 1985 年，1995 年晋升为国家级，主要保护对象为草原、湿地及珍稀鸟类，属于草原草甸生态系统类型自然保护区。该保护内有国家一类保护珍禽白鹳、黑鹳、丹顶鹤、白鹤、白鸠鹤、大鸨、金雕 7 种。该保护区榆树天然次生林、西伯利亚杏、灌丛化草原和低湿地草甸植被镶嵌分布，构成了典型的科尔沁草原自然景观。

阿鲁科尔沁
国家级自然保护区
呼和浩特

赛罕乌拉国家级自然保护区遥感影像图

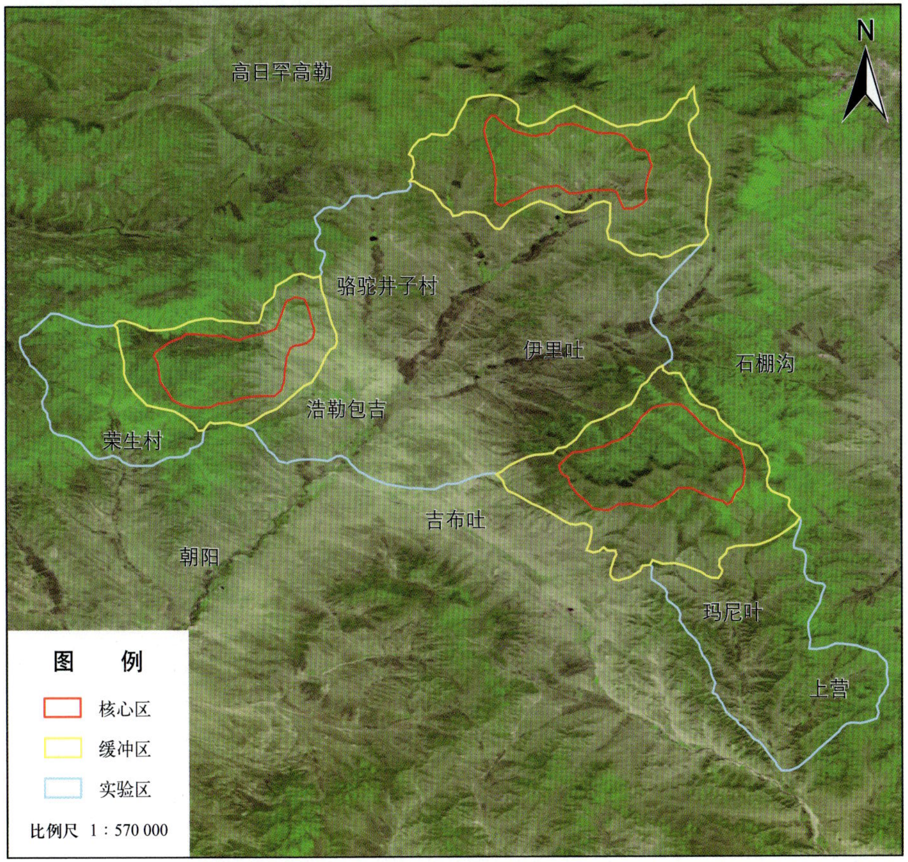
N
高日罕高勒
骆驼井子村
伊里吐
石棚沟
浩勒包吉
荣生村
吉布吐
朝阳
玛尼吐
上营
图 例
核心区
缓冲区
实验区
比例尺 1：570 000

影像获取时间：2010 年

赛罕乌拉国家级自然保护区生态系统类型图

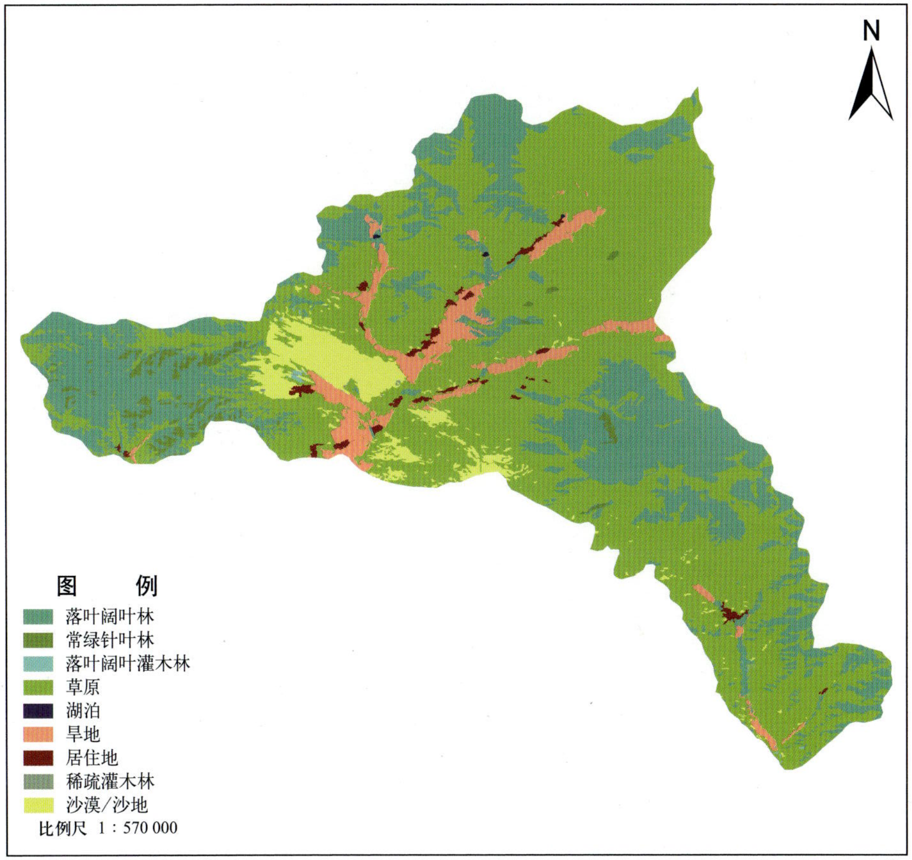
N
图 例
落叶阔叶林
常绿针叶林
落叶阔叶灌木林
草原
湖泊
旱地
居住地
稀疏灌木林
沙漠/沙地
比例尺 1：570 000

解译参考影像时间：2010 年

赛罕乌拉
国家级自然保护区
呼和浩特

赛罕乌拉国家级自然保护区位于内蒙古自治区赤峰市巴林左旗境内，总面积 100 400 公顷，建于 1997 年，2000 年晋升为国家级，2001 年加入世界生物圈保护区。主要保护对象为森林、草原、湿地等多样生态系统和珍稀濒危野生动植物及其环境，该保护区内有 6 个植被型、36 个群系、近千种野生植物，有鸟类 151 种、野生哺乳动物 37 种。

白音敖包国家级自然保护区

白音敖包国家级自然保护区遥感影像图

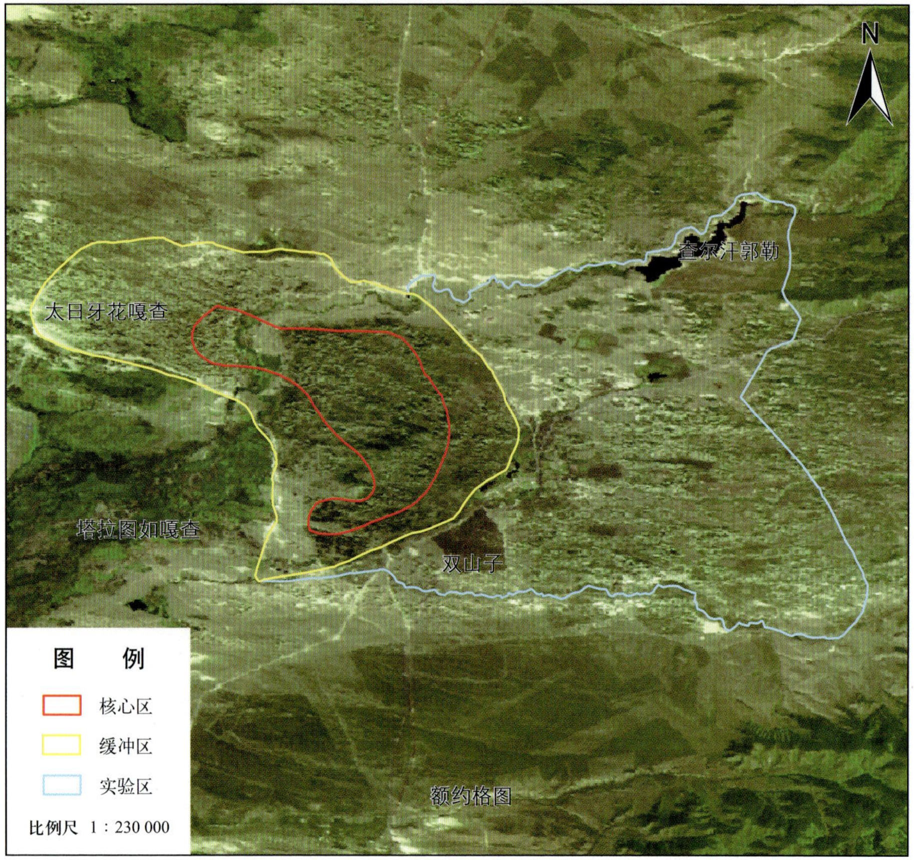
N
大日牙花嘎查
查尔汗郭勒
塔拉图如嘎查
双山子
额约格图
图 例
核心区
缓冲区
实验区
比例尺 1 : 230 000

影像获取时间：2010 年

白音敖包国家级自然保护区生态系统类型图

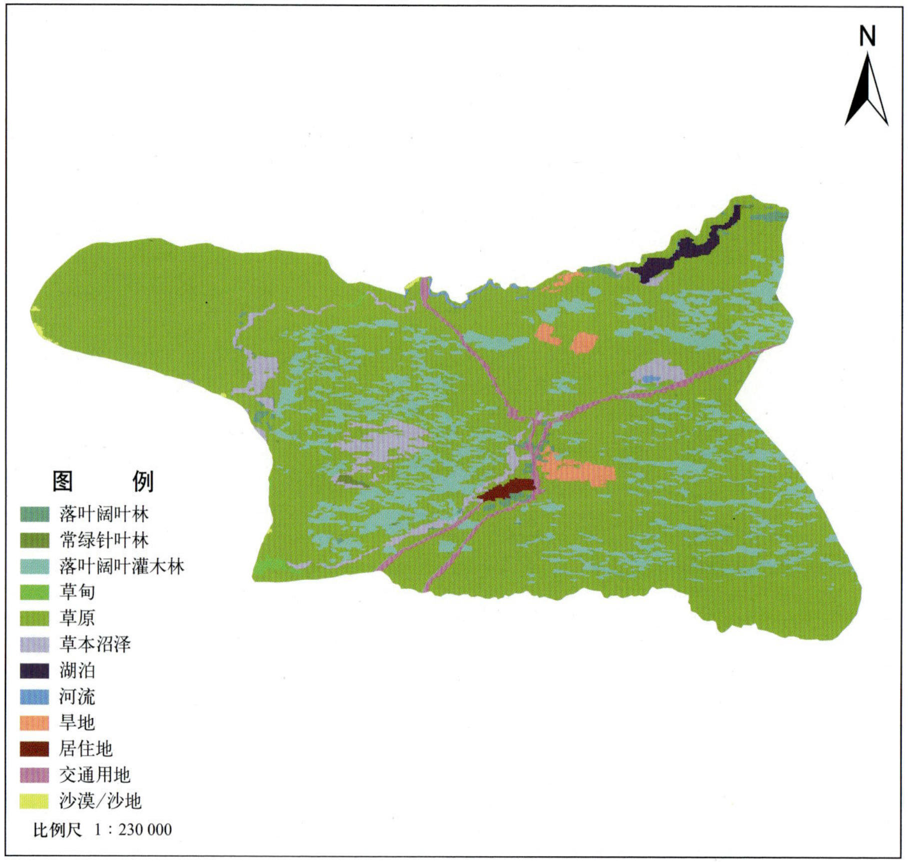
N
图 例
落叶阔叶林
常绿针叶林
落叶阔叶灌木林
草甸
草原
草本沼泽
湖泊
河流
旱地
居住地
交通用地
沙漠/沙地
比例尺 1 : 230 000

解译参考影像时间：2010 年

白音敖包国家级自然保护区位于内蒙古自治区赤峰市克什克腾旗西北部，总面积 13 862 公顷，建于 1979 年，2000 年晋升为国家级，主要保护对象为沙地云杉林，属于森林生态系统类型的自然保护区。该保护区内的沙地云杉林是世界上非常特殊的森林类型，是长期自然历史发展和现代自然条件综合作用下形成的特有树种。

白音敖包
国家级自然保护区
呼和浩特

达里诺尔国家级自然保护区遥感影像图

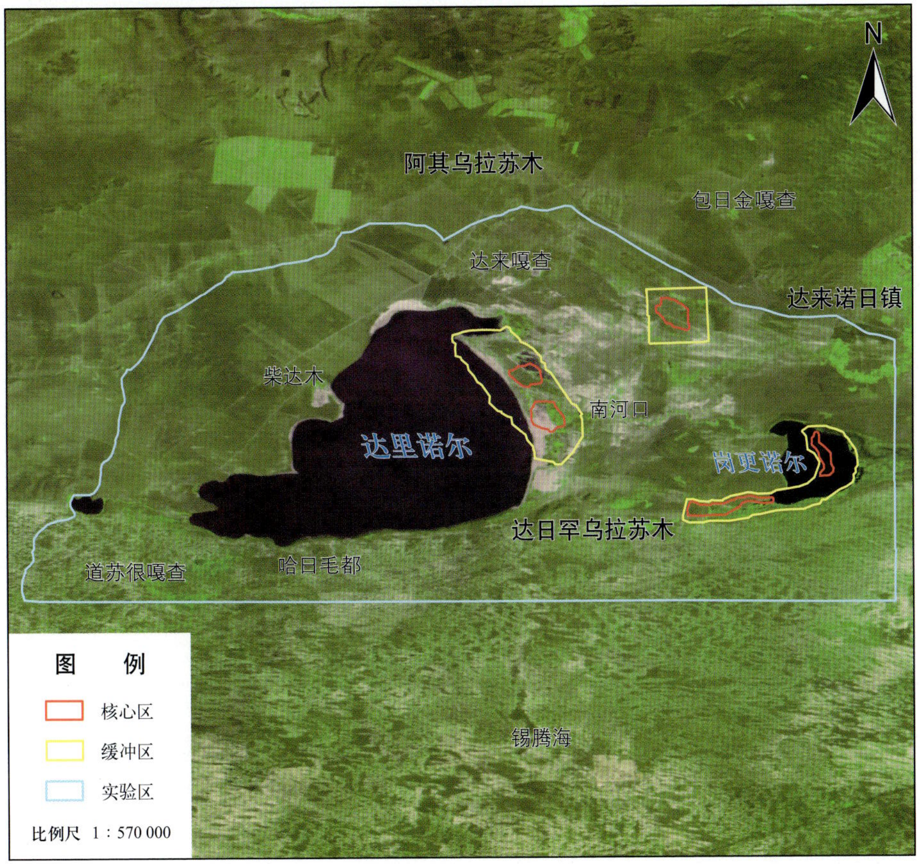
N
阿其乌拉苏木
包日金嘎查
达来嘎查
达来诺日镇
柴达木
南河口
达里诺尔
岗更诺尔
达日罕乌拉苏木
道苏很嘎查
哈日毛都
锡腾海
图 例
核心区
缓冲区
实验区
比例尺 1：570 000

影像获取时间：2010 年

达里诺尔国家级自然保护区生态系统类型图

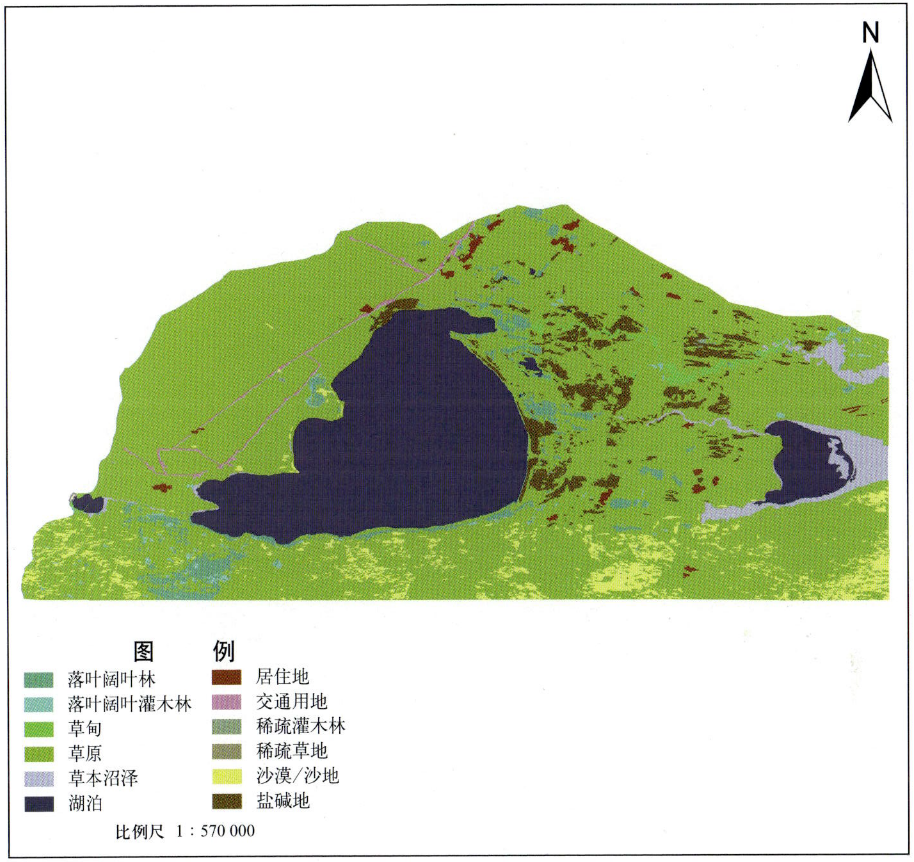
N
图 例
落叶阔叶林
落叶阔叶灌木林
草甸
草原
草本沼泽
湖泊
居住地
交通用地
稀疏灌木林
稀疏草地
沙漠/沙地
盐碱地
比例尺 1：570 000

解译参考影像时间：2010 年

达里诺尔国家级自然保护区位于内蒙古自治区赤峰市克什克腾旗的西部，总面积 119 413 公顷，建于 1988 年，同年晋升为国家级，主要保护对象为珍稀鸟类及其生存环境，属于野生动物类型的自然保护区。该保护区是中国北方重要的候鸟迁徙通道，也是候鸟重要的集散地之一。

达里诺尔
国家级自然保护区
呼和浩特

黑里河国家级自然保护区

黑里河国家级自然保护区遥感影像图

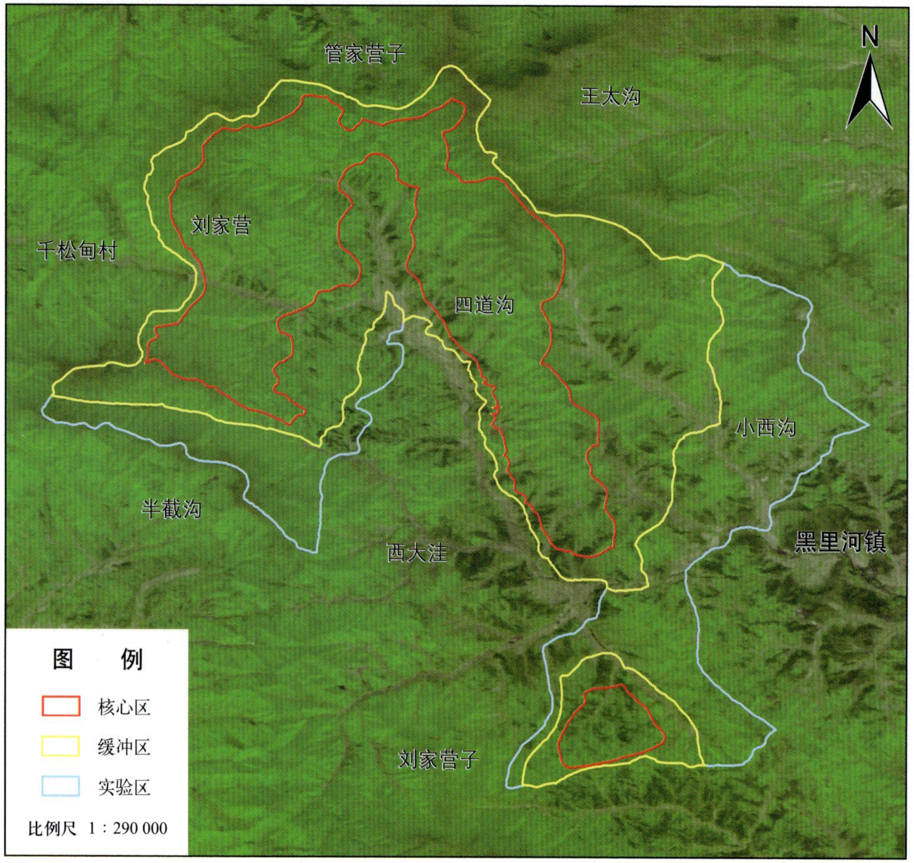
N
管家营子
王太沟
刘家营
千松甸村
四道沟
小西沟
半截沟
西大洼
黑里河镇
刘家营子
图例
核心区
缓冲区
实验区
比例尺 1 : 290 000

影像获取时间：2010 年

黑里河国家级自然保护区生态系统类型图

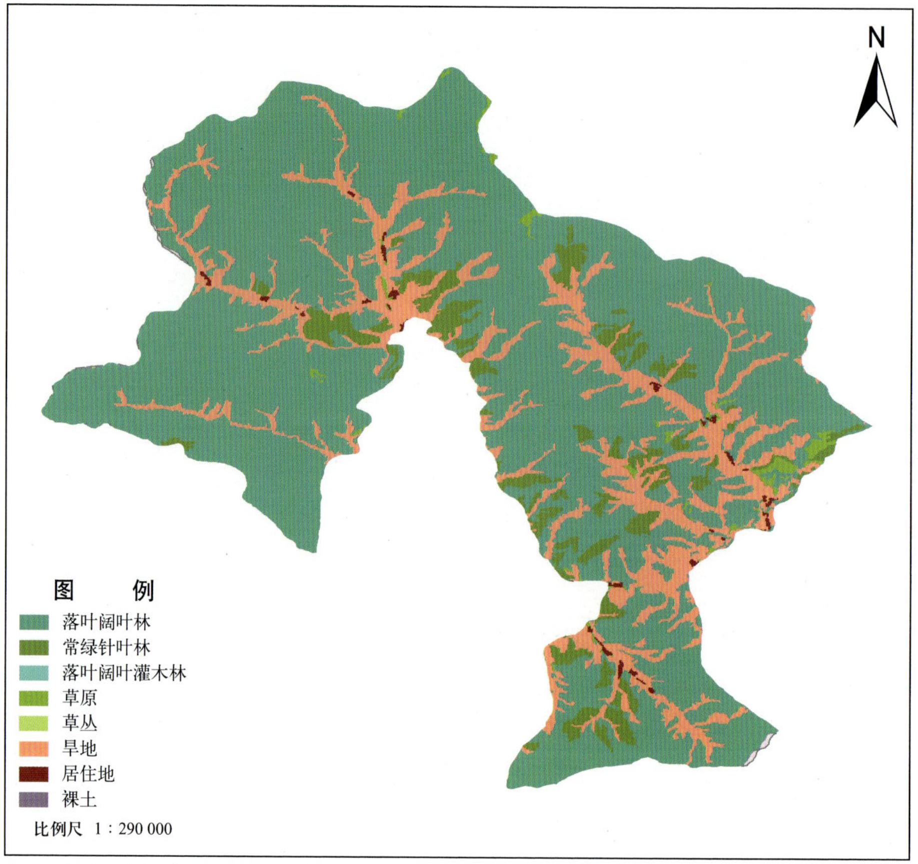
N
图例
落叶阔叶林
常绿针叶林
落叶阔叶灌木林
草原
草丛
旱地
居住地
裸土
比例尺 1 : 290 000

解译参考影像时间：2010 年

黑里河国家级自然保护区位于内蒙古自治区赤峰市宁城县西部，总面积 27 638 公顷，建于 1996 年，2003 年晋升为国家级，主要保护对象是森林生态系统。该保护区处于东北针阔混交林向华北落叶阔叶林的过渡地带，是燕山山地生物多样性的典型地段和物种资源的“基因库”。

黑里河
国家级自然保护区
呼和浩特

大黑山国家级自然保护区遥感影像图

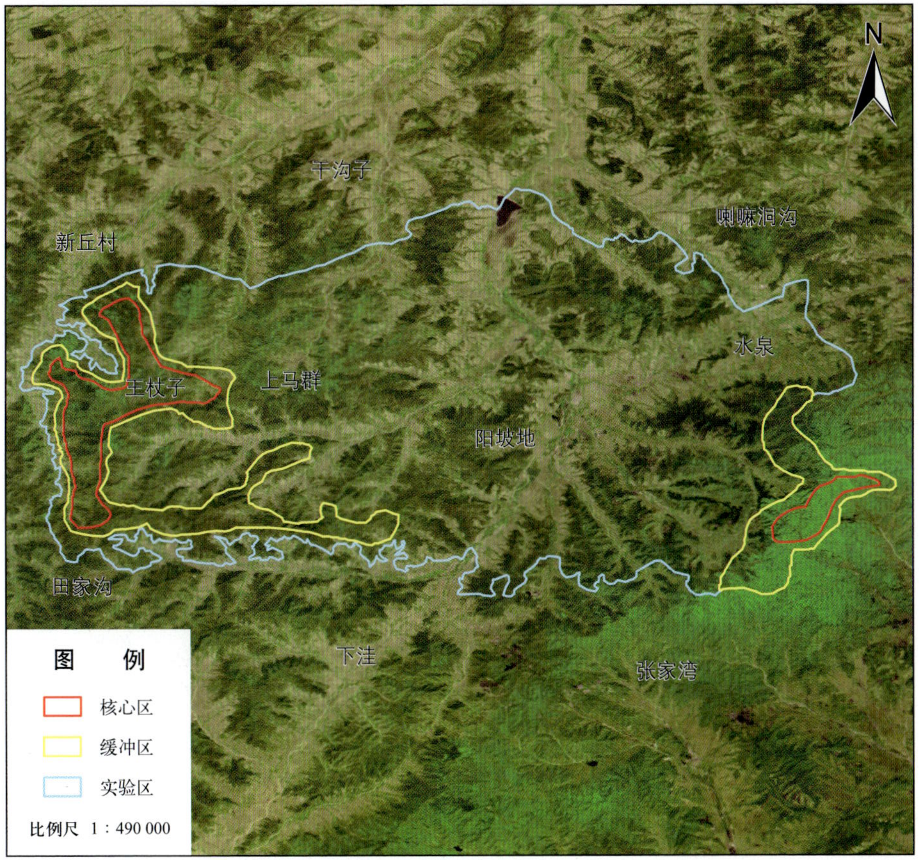
N
干沟子
喇嘛洞沟
新丘村
水泉
王杖子
上马群
阳坡地
田家沟
下洼
张家湾
图 例
核心区
缓冲区
实验区
比例尺 1：490 000

影像获取时间：2010 年

大黑山国家级自然保护区生态系统类型图

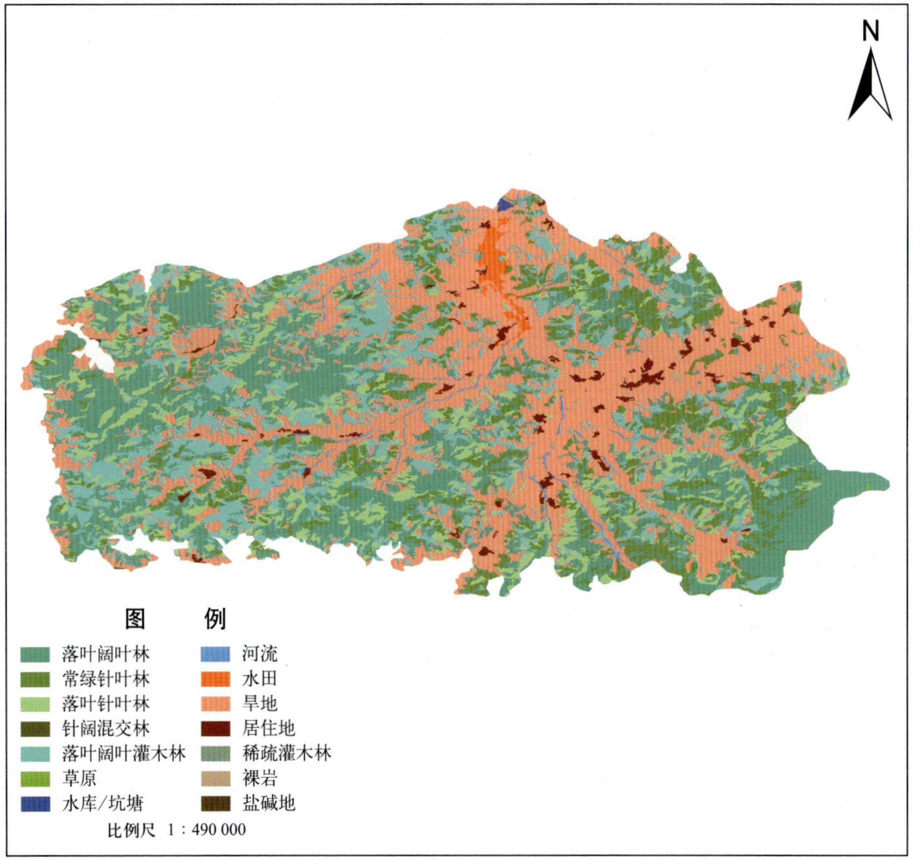
N
图 例
落叶阔叶林
常绿针叶林
落叶针叶林
针阔混交林
落叶阔叶灌木林
草原
水库/坑塘
河流
水田
旱地
居住地
稀疏灌木林
裸岩
盐碱地
比例尺 1：490 000

解译参考影像时间：2010 年

大黑山国家级自然保护区位于内蒙古自治区赤峰市敖汉旗东南，燕山山脉努鲁尔虎山中东部，总面积 86 799 公顷，建于 1996 年，2001 年晋升为国家级，主要保护对象为天然阔叶林，属于森林生态系统类型的自然保护区。该保护区是阻止科尔沁沙地南侵的天然生态屏障，是内蒙古高原与松辽平原毗邻的自然环境转换带，更是环境演化的敏感区，也是华北、东北、蒙新动物区系的过渡地带。

大黑山
国家级自然保护区
呼和浩特

大青沟国家级自然保护区

大青沟国家级自然保护区遥感影像图

大青沟
苏古嘎
稿头沟
莲花吐
N
图　例
核心区
缓冲区
实验区
比例尺 1：130 000

影像获取时间：2010 年

大青沟国家级自然保护区生态系统类型图

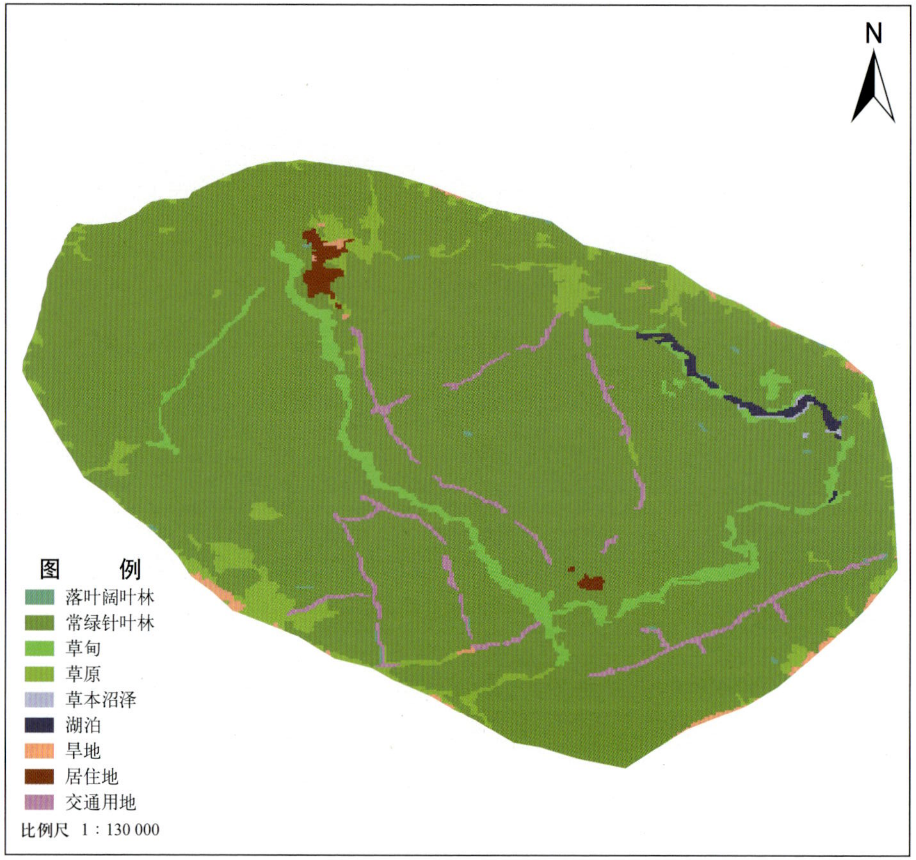
N
图　例
落叶阔叶林
常绿针叶林
草甸
草原
草本沼泽
湖泊
旱地
居住地
交通用地
比例尺 1：130 000

解译参考影像时间：2010 年

大青沟国家级自然保护区位于内蒙古自治区通辽市科尔沁左翼后旗境内，总面积 8 183 公顷，建于 1980 年，1988 年晋升为国家级，主要保护对象为沙地原生森林生态系统和天然阔叶林。该保护区分布着蒙古、华北、长白山三个区系的植被，这里地形复杂、森林茂密、树种繁多、水资源丰富、保存着较为丰富的野生动植物资源，是目前唯一保存完好的沙区原生林。

大青沟
国家级自然保护区
呼和浩特

鄂尔多斯遗鸥国家级自然保护区遥感影像图

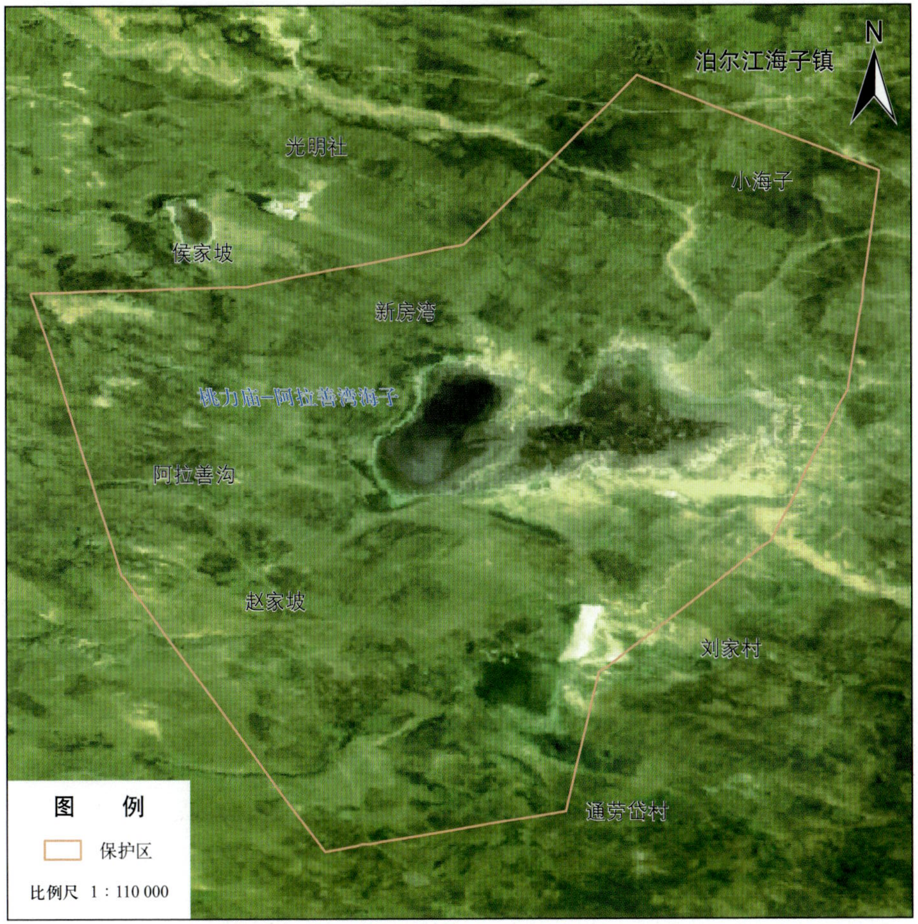
N
泊尔江海子镇
光明社
小海子
侯家坡
新庙湾
桃力庙—阿拉善湾海子
阿拉善沟
赵家坡
刘家村
通劳岱村
图 例
保护区
比例尺 1：110 000

影像获取时间：2010 年

鄂尔多斯遗鸥国家级自然保护区生态系统类型图

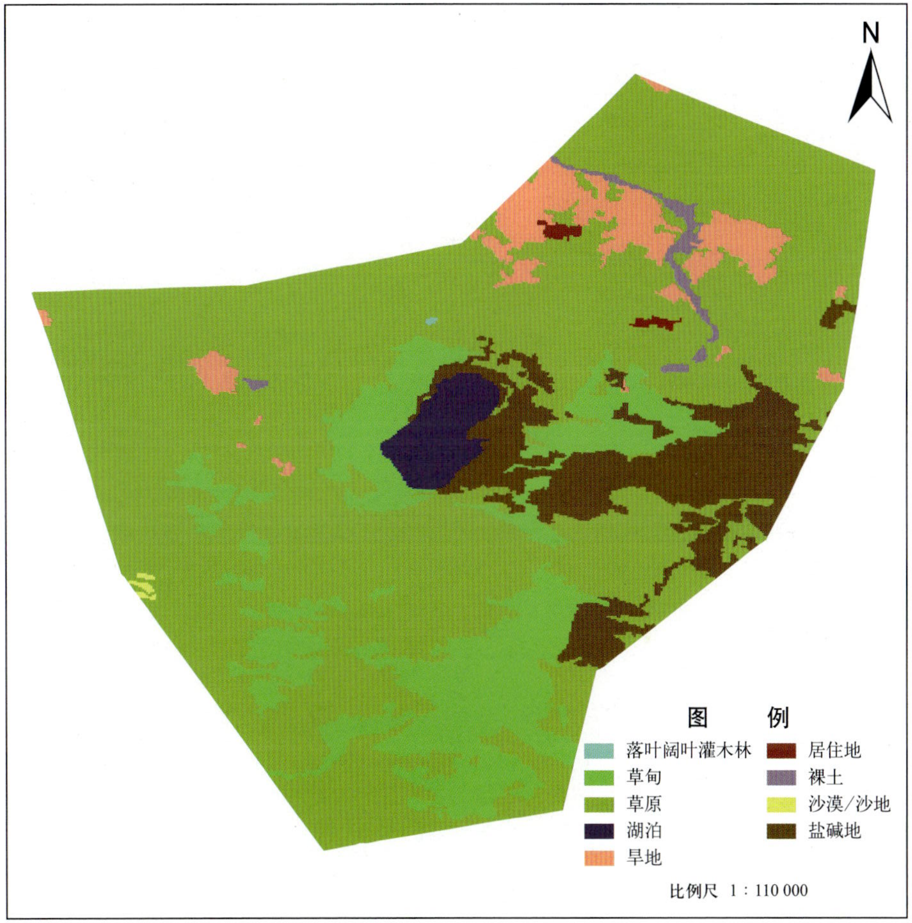
N
图 例
落叶阔叶灌木林
草甸
草原
湖泊
旱地
居住地
裸土
沙漠/沙地
盐碱地
比例尺 1：110 000

解译参考影像时间：2011 年

鄂尔多斯遗鸥国家级自然保护区地处内蒙古自治区鄂尔多斯市中部的东胜区和伊金霍洛旗境内，总面积 14 770 公顷，建于 1998 年，2001 年晋升为国家级，主要保护对象为遗鸥及湿地生态系统，属于野生动物类型自然保护区。该保护区有湿地鸟类共 83 种，遗鸥数量最多时达到 16 000 只，约占自然界遗鸥总数量的 60%，繁殖巢数最多达到 3 600 余个，区内承载了繁殖种群中 90% 以上的遗鸥个体。

呼和浩特
鄂尔多斯遗鸥
国家级自然保护区

鄂托克恐龙遗迹化石国家级自然保护区

鄂托克恐龙遗迹化石国家级自然保护区遥感影像图

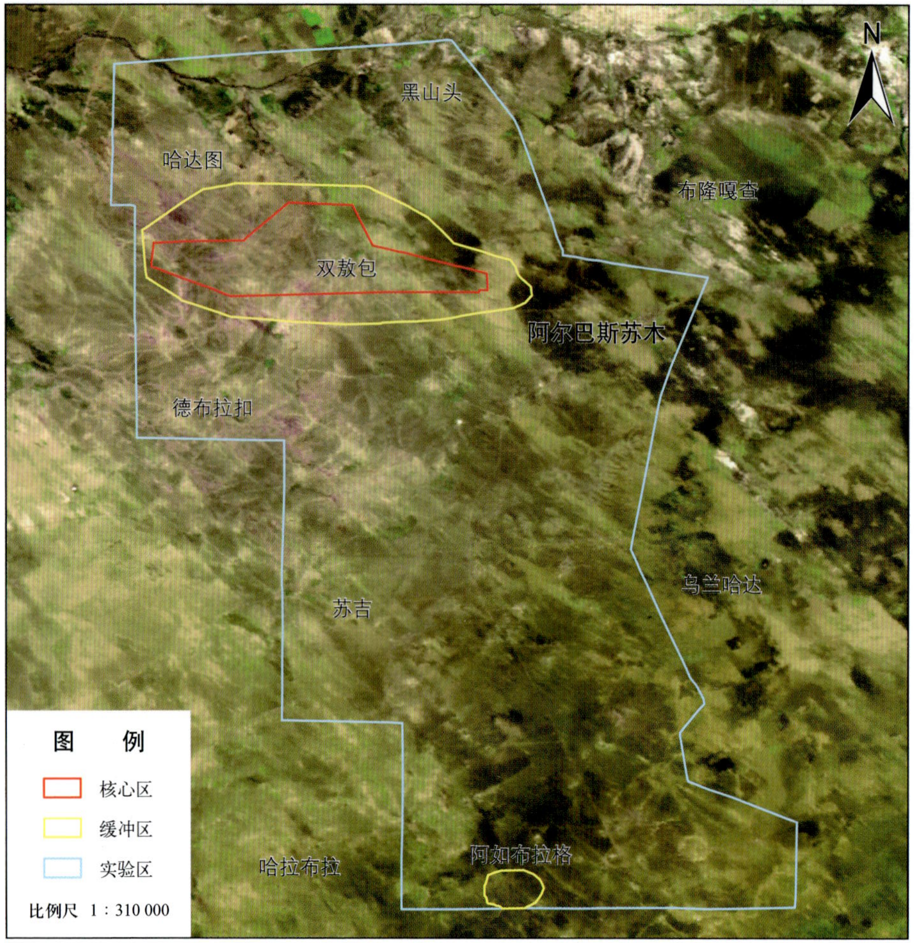
N
黑山头
哈达图
布隆嘎查
双敖包
阿尔巴斯苏木
德布拉扣
乌兰哈达
苏吉
哈拉布拉
阿如布拉格
图例
核心区
缓冲区
实验区
比例尺 1∶310 000

影像获取时间：2010 年

鄂托克恐龙遗迹化石国家级自然保护区生态系统类型图

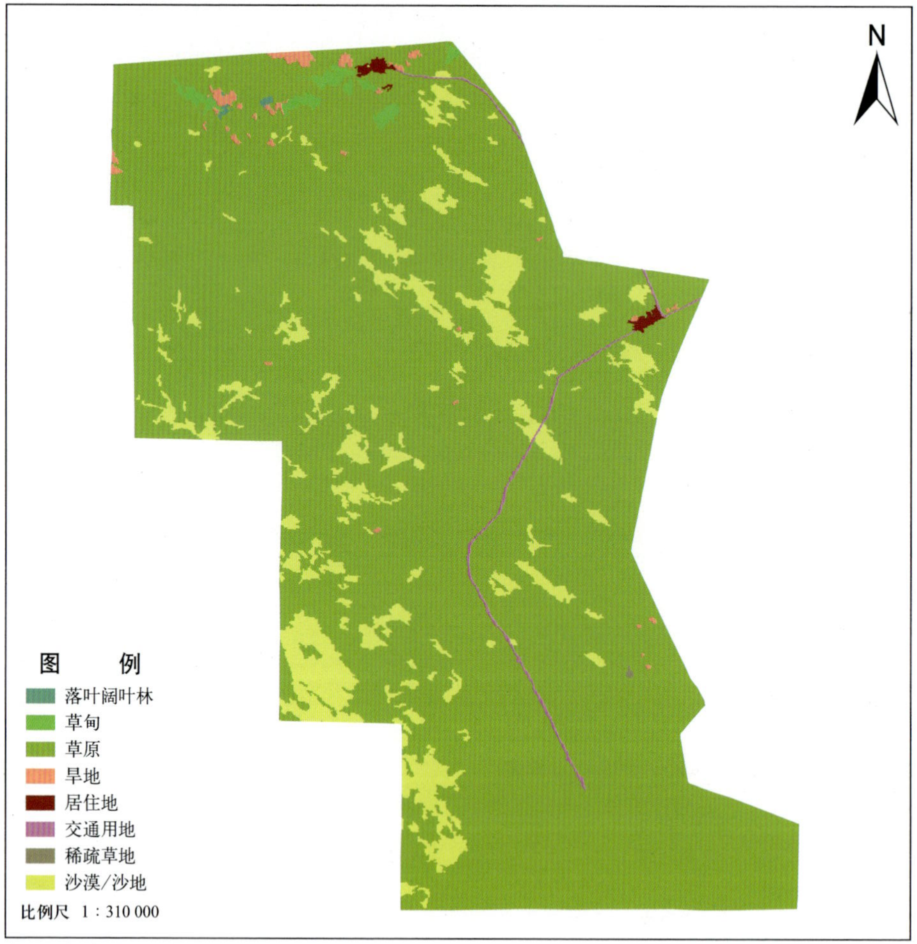
N
图例
落叶阔叶林
草甸
草原
旱地
居住地
交通用地
稀疏草地
沙漠/沙地
比例尺 1∶310 000

解译参考影像时间：2011 年

鄂托克恐龙遗迹化石国家级自然保护区位于内蒙古自治区鄂尔多斯市鄂托克旗境内，总面积 46 410 公顷，建于 1998 年，2007 年晋升为国家级，主要保护对象为区内分布广泛的多种类型的恐龙足迹化石，属于古生物遗迹类型自然保护区。区内化石种类之多、数量之大、分布面积之广，在国内外实属罕见。

呼和浩特
鄂托克恐龙遗迹化石
国家级自然保护区

西鄂尔多斯国家级自然保护区遥感影像图

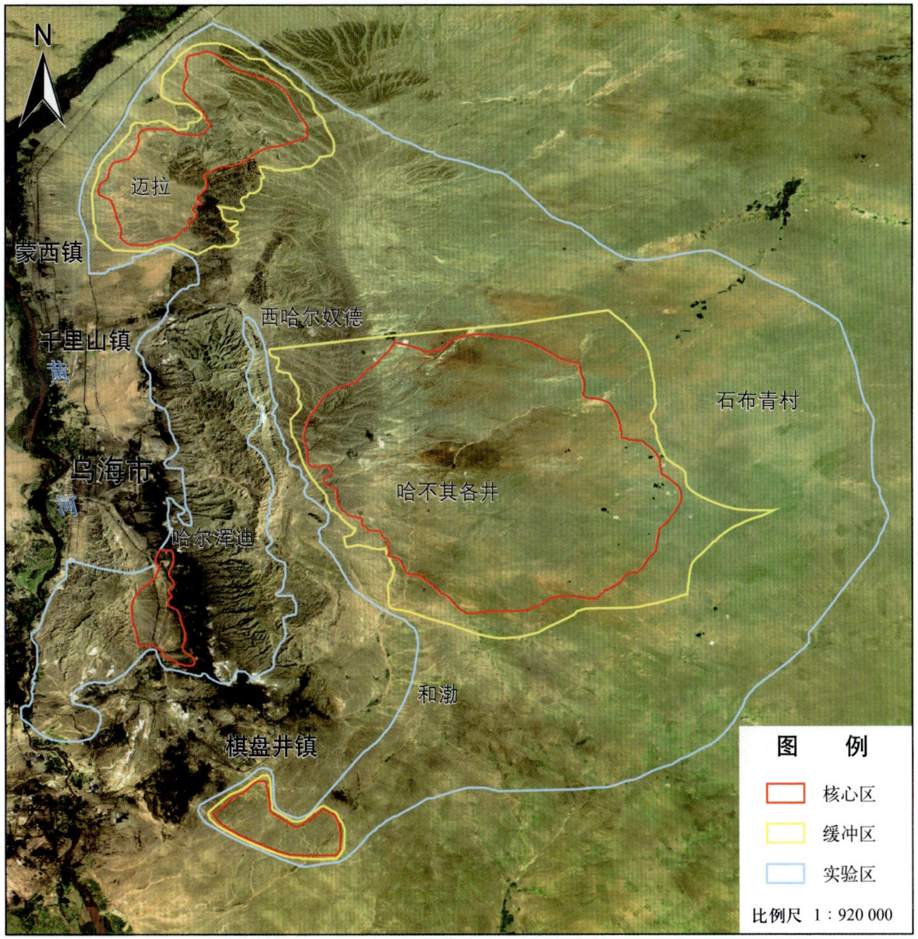
N
迈拉
蒙西镇
西哈尔奴德
千里山镇
黄
乌海市
河
哈尔浑迪
哈不其各井
石布青村
和渤
棋盘井镇
图 例
核心区
缓冲区
实验区
比例尺 1 : 920 000

影像获取时间：2010 年

西鄂尔多斯国家级自然保护区生态系统类型图

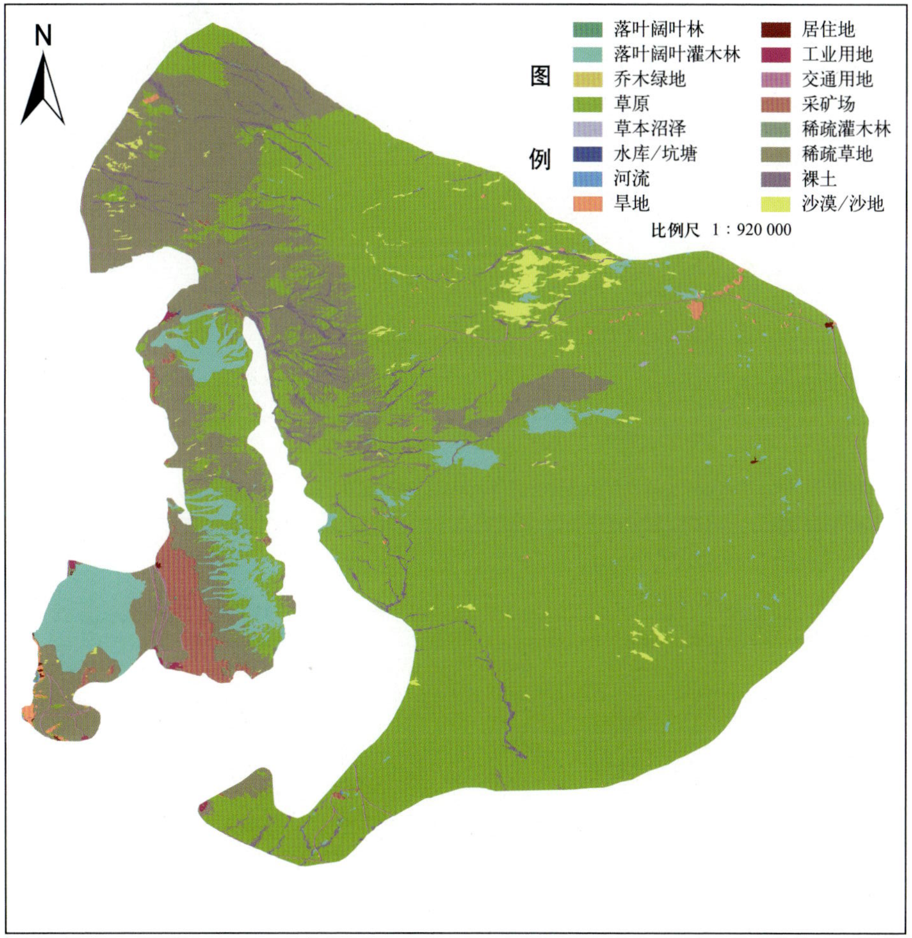
N
图例
落叶阔叶林
落叶阔叶灌木林
乔木绿地
草原
草本沼泽
水库/坑塘
河流
旱地
居住地
工业用地
交通用地
采矿场
稀疏灌木林
稀疏草地
裸土
沙漠/沙地
比例尺 1 : 920 000

解译参考影像时间：2010 年

西鄂尔多斯国家级自然保护区位于内蒙古自治区鄂尔多斯市鄂托克旗和乌海市境内，总面积 474 688 公顷，建于 1995 年，1997 年晋升为国家级，主要保护对象为四合木等濒危植物及荒漠生态系统，属于野生植物类型自然保护区。该保护区内现已查明高等植物 335 种，其中特有古老残遗种及其他濒危植物有 72 种，占全部植物种数的 21.79%，国家重点保护的野生植物有 7 种。

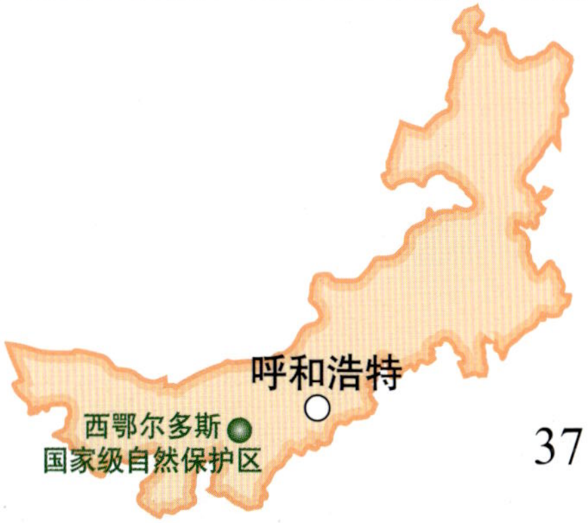
呼和浩特
西鄂尔多斯
国家级自然保护区

红花尔基樟子松林国家级自然保护区

红花尔基樟子松林国家级自然保护区遥感影像图

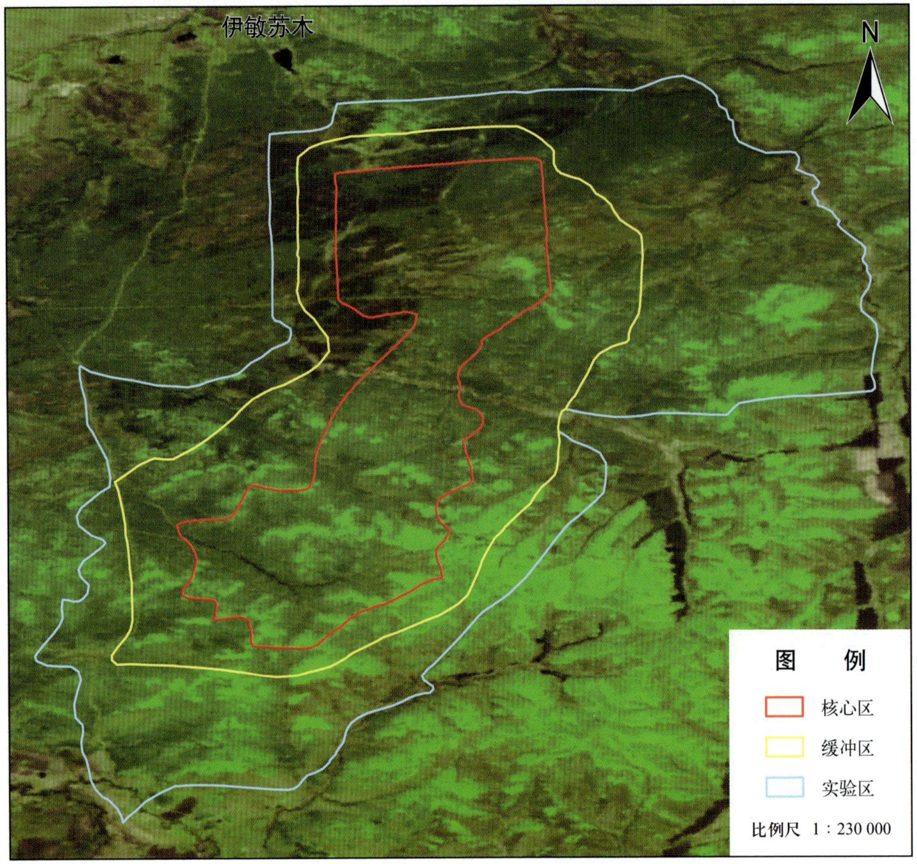
伊敏苏木
N
图　例
核心区
缓冲区
实验区
比例尺　1：230 000

影像获取时间：2010 年

红花尔基樟子松林国家级自然保护区生态系统类型图

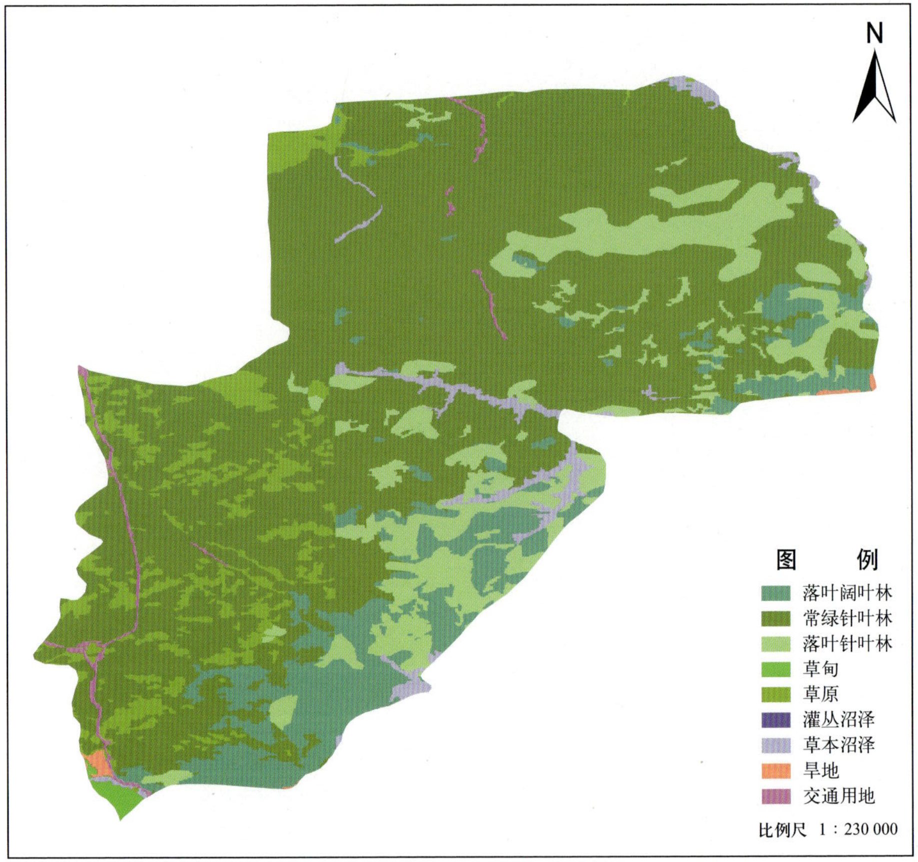
N
图　例
落叶阔叶林
常绿针叶林
落叶针叶林
草甸
草原
灌丛沼泽
草本沼泽
旱地
交通用地
比例尺　1：230 000

解译参考影像时间：2011 年

红花尔基樟子松林
国家级自然保护区
呼和浩特

红花尔基樟子松林国家级自然保护区位于内蒙古自治区呼伦贝尔市鄂温克族自治旗境内，总面积 20 085 公顷，建于 1998 年，2003 年晋升为国家级，主要保护对象为樟子松林，属于森林生态系统类型的自然保护区。该保护区内物种资源丰富，动植物种类繁多，有较高的保护利用价值。

辉河国家级自然保护区遥感影像图

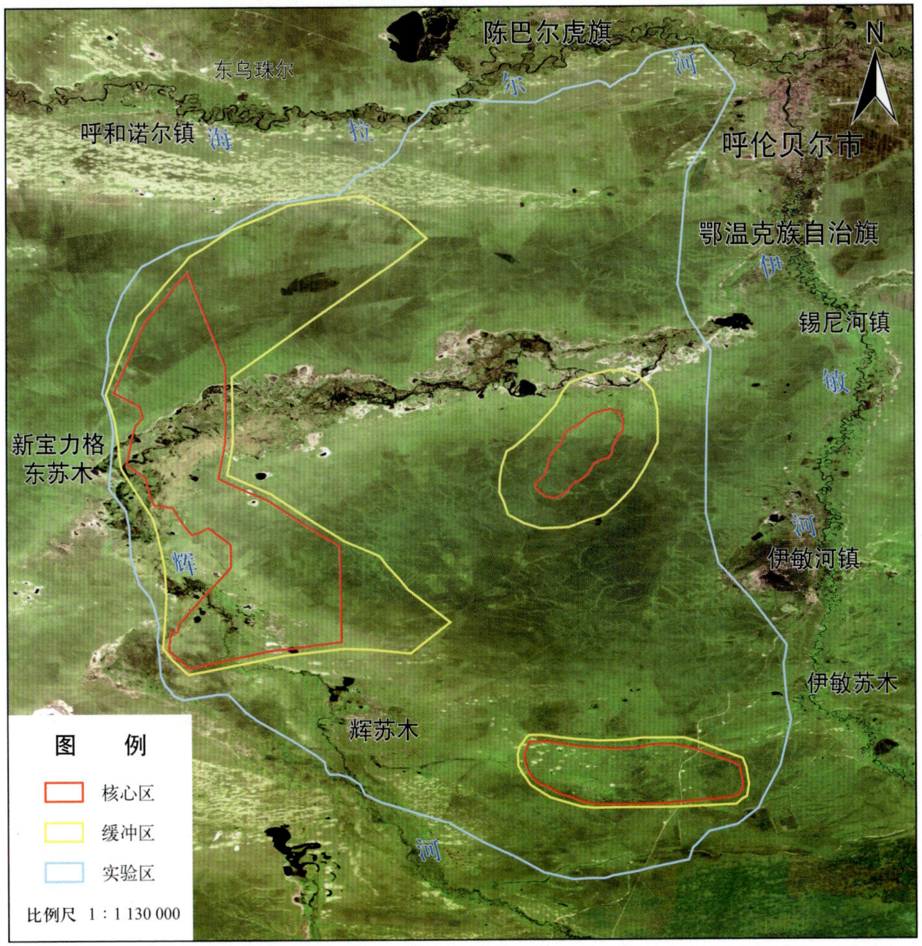
陈巴尔虎旗
东乌珠尔
呼和诺尔镇
海
拉
尔
河
呼伦贝尔市
鄂温克族自治旗
伊
锡尼河镇
敏
河
伊敏河镇
伊敏苏木
新宝力格
东苏木
辉
辉苏木
河
N
图 例
核心区
缓冲区
实验区
比例尺 1：1 130 000

影像获取时间：2010 年

辉河国家级自然保护区生态系统类型图

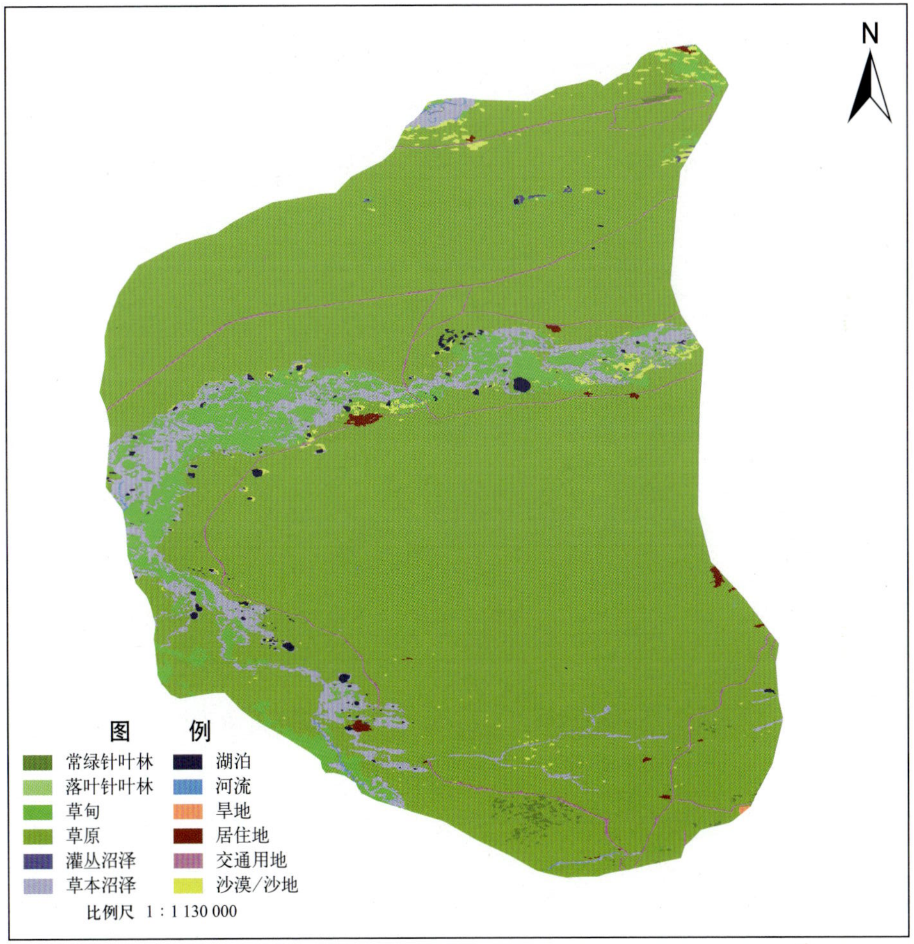
N
图 例
常绿针叶林
落叶针叶林
草甸
草原
灌丛沼泽
草本沼泽
湖泊
河流
旱地
居住地
交通用地
沙漠/沙地
比例尺 1：1 130 000

解译参考影像时间：2011 年

辉河国家级自然保护区位于内蒙古自治区呼伦贝尔市西南部鄂温克族自治旗境内，总面积 346 848 公顷，建于 1997 年，2002 年晋升为国家级，主要保护对象为湿地生态系统及珍禽、草原，属于内陆湿地类型的自然保护区。该保护区境内的湿地对维护区域生态平衡起到了重要作用，是众多珍稀濒危鸟类生息繁衍的理想环境。

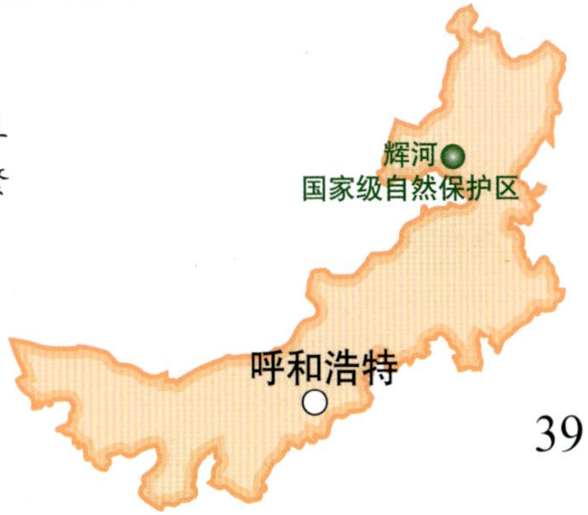
辉河
国家级自然保护区
呼和浩特

达赉湖国家级自然保护区遥感影像图

呼伦镇
嵯岗镇
额和敦乌拉
呼伦湖
（达赉湖）
吉布胡郎图苏木
新巴尔虎右旗
阿木古郎宝力格
新巴尔虎左旗
贝尔苏木
贝尔湖
N
图 例
核心区
缓冲区
实验区
比例尺 1∶1 490 000

影像获取时间：2010 年

达赉湖国家级自然保护区生态系统类型图

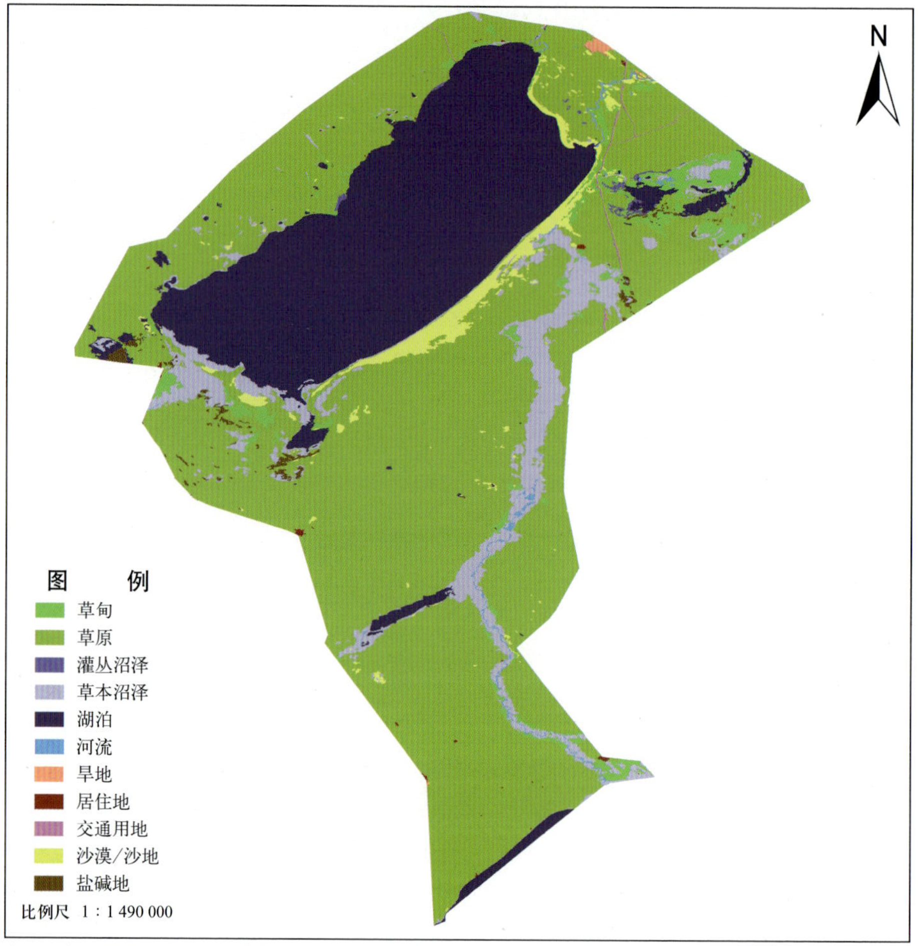
N
图 例
草甸
草原
灌丛沼泽
草本沼泽
湖泊
河流
旱地
居住地
交通用地
沙漠/沙地
盐碱地
比例尺 1∶1 490 000

解译参考影像时间：2010 年

达赉湖国家级自然保护区位于内蒙古自治区呼伦贝尔市境内，跨新巴尔虎右旗、新巴尔虎左旗、满洲里市区域，总面积 740 000 公顷，建于 1986 年，1992 年晋升为国家级，主要保护对象为湖泊湿地草原及野生动物，属于内陆湿地生态系统类型的自然保护区。该保护区的建立对中国草原地区生物多样性和自然生态环境的保护起到了重要作用。

达赉湖国家级自然保护区
呼和浩特

额尔古纳国家级自然保护区遥感影像图

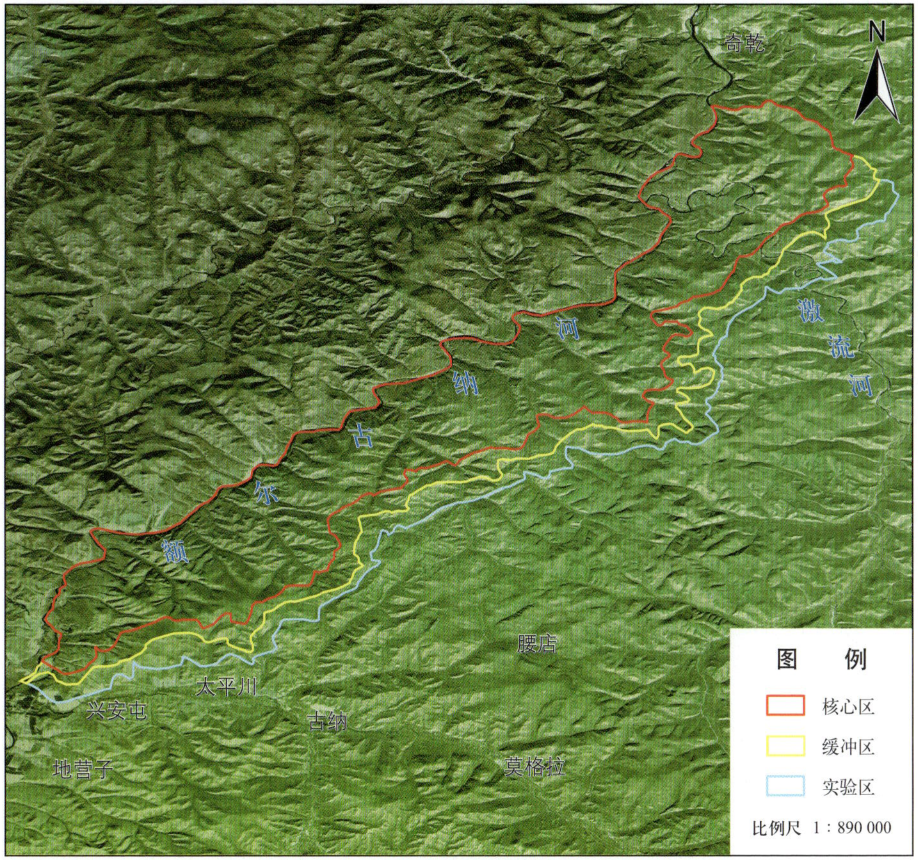
N
奇乾
额
尔
古
纳
河
激
流
河
腰店
太平川
兴安屯
古纳
地营子
莫格拉
图 例
核心区
缓冲区
实验区
比例尺 1：890 000

影像获取时间：2010 年

额尔古纳国家级自然保护区生态系统类型图

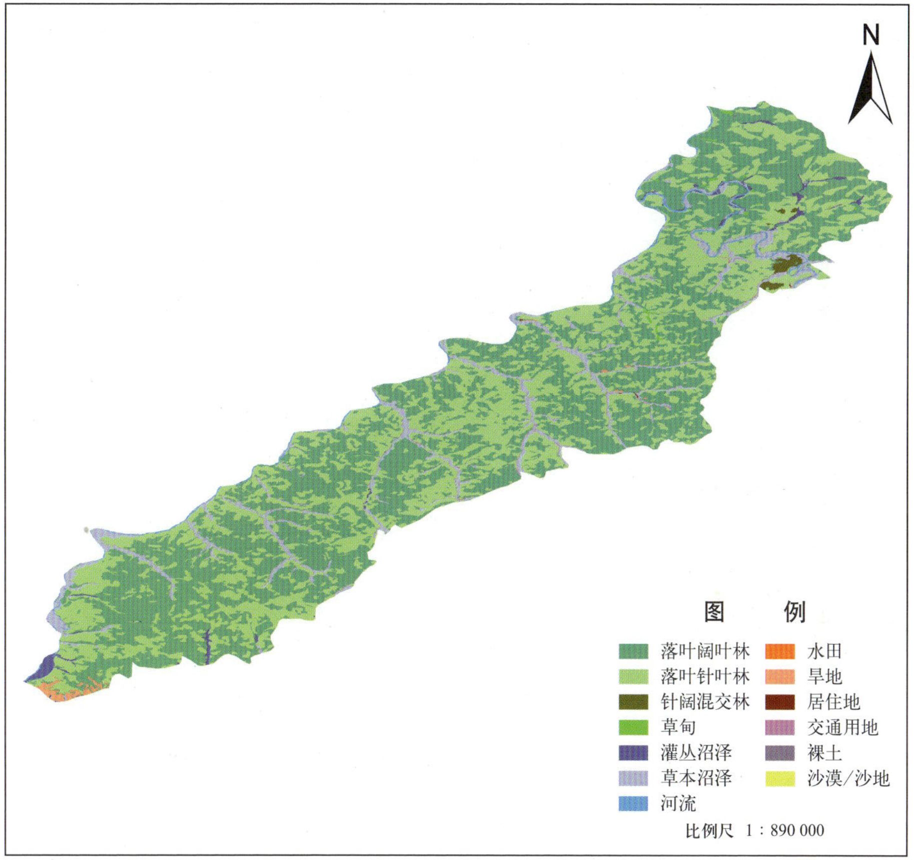
N
图 例
落叶阔叶林
落叶针叶林
针阔混交林
草甸
灌丛沼泽
草本沼泽
河流
水田
旱地
居住地
交通用地
裸土
沙漠/沙地
比例尺 1：890 000

解译参考影像时间：2010 年

额尔古纳
国家级自然保护区
呼和浩特

额尔古纳国家级自然保护区位于内蒙古自治区额尔古纳市境内，在大兴安岭西北坡，总面积 124 527 公顷，建于 1998 年，2006 年晋升为国家级，主要保护对象为原始寒温带针叶林，属于森林生态系统类型的自然保护区。该保护区森林植被类型独特，具有重要的科研价值。

大兴安岭汗马国家级自然保护区

大兴安岭汗马国家级自然保护区遥感影像图

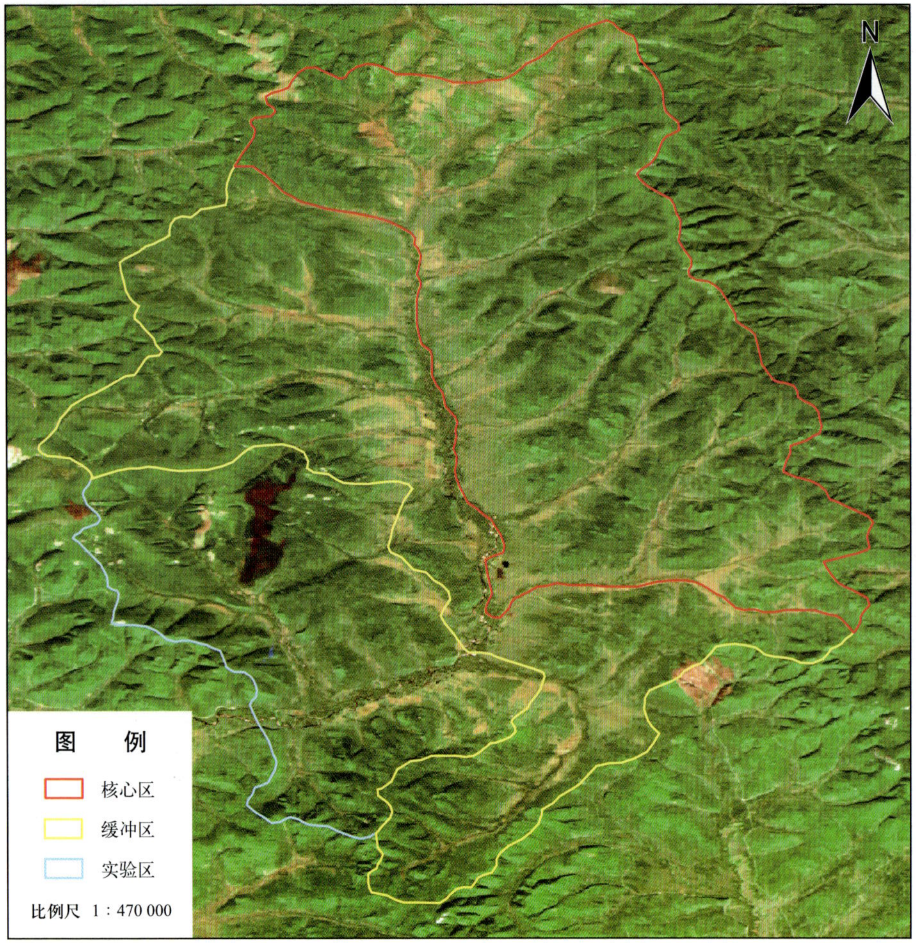
N
图 例
核心区
缓冲区
实验区
比例尺 1：470 000

影像获取时间：2010 年

大兴安岭汗马国家级自然保护区生态系统类型图

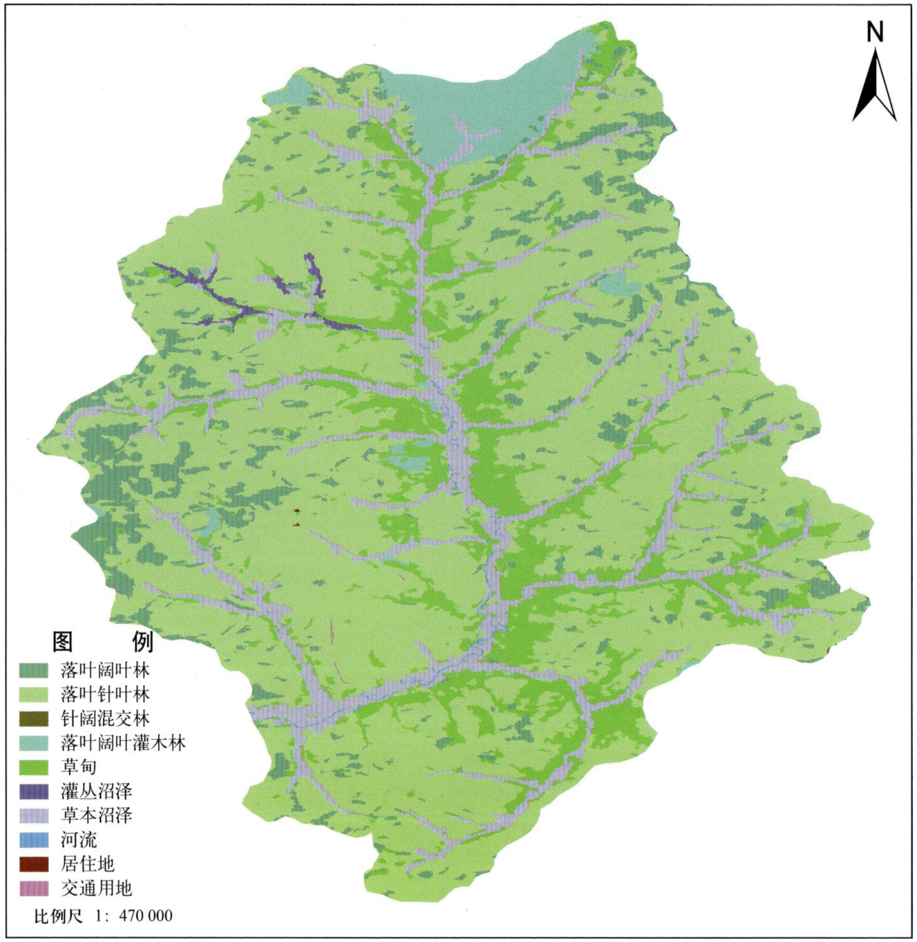
N
图 例
落叶阔叶林
落叶针叶林
针阔混交林
落叶阔叶灌木林
草甸
灌丛沼泽
草本沼泽
河流
居住地
交通用地
比例尺 1：470 000

解译参考影像时间：2011 年

大兴安岭汗马
国家级自然保护区
呼和浩特

大兴安岭汗马自然保护区位于内蒙古自治区根河市，总面积 107 348 公顷，建于 1979 年，1996 年晋升为国家级，主要保护对象为寒温带苔原山地明亮针叶林，属于森林生态系统类型自然保护区。该保护区内森林覆盖率高达 88.4%，珍稀动植物众多，在兽类和鱼类保护领域中均具有重要意义。

哈腾套海国家级自然保护区遥感影像图

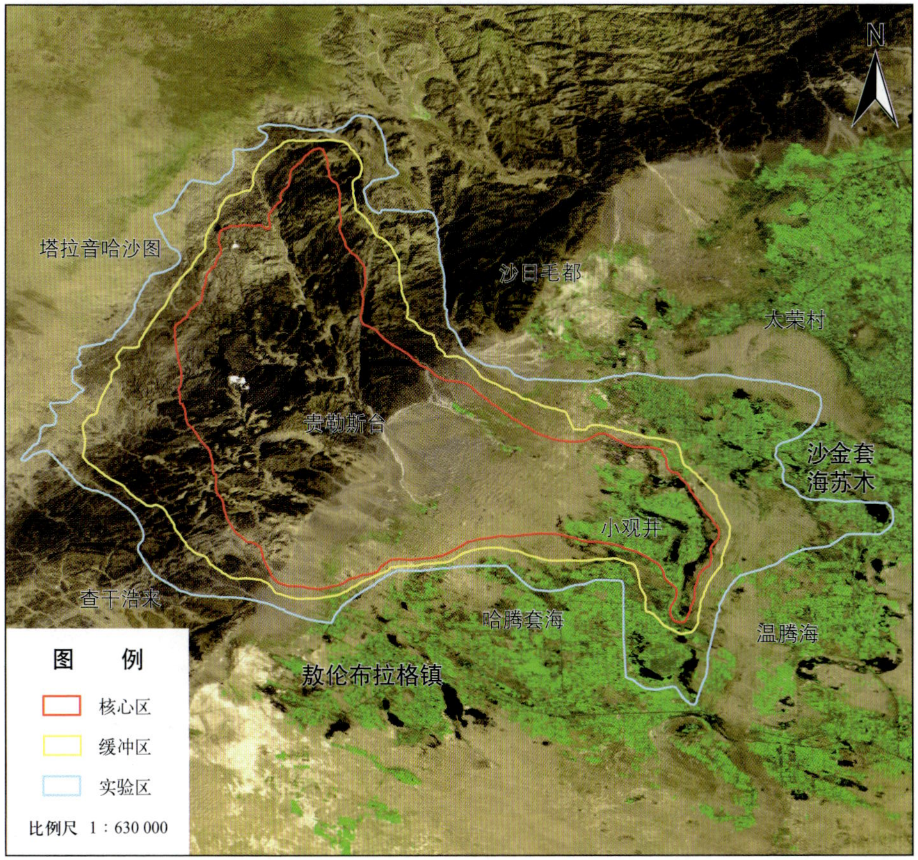
N
塔拉音哈沙图
沙日毛都
太荣村
贵勒斯台
沙金套
海苏木
小观井
查干浩来
哈腾套海
温腾海
敖伦布拉格镇
图例
核心区
缓冲区
实验区
比例尺 1∶630 000

影像获取时间：2010 年

哈腾套海国家级自然保护区生态系统类型图

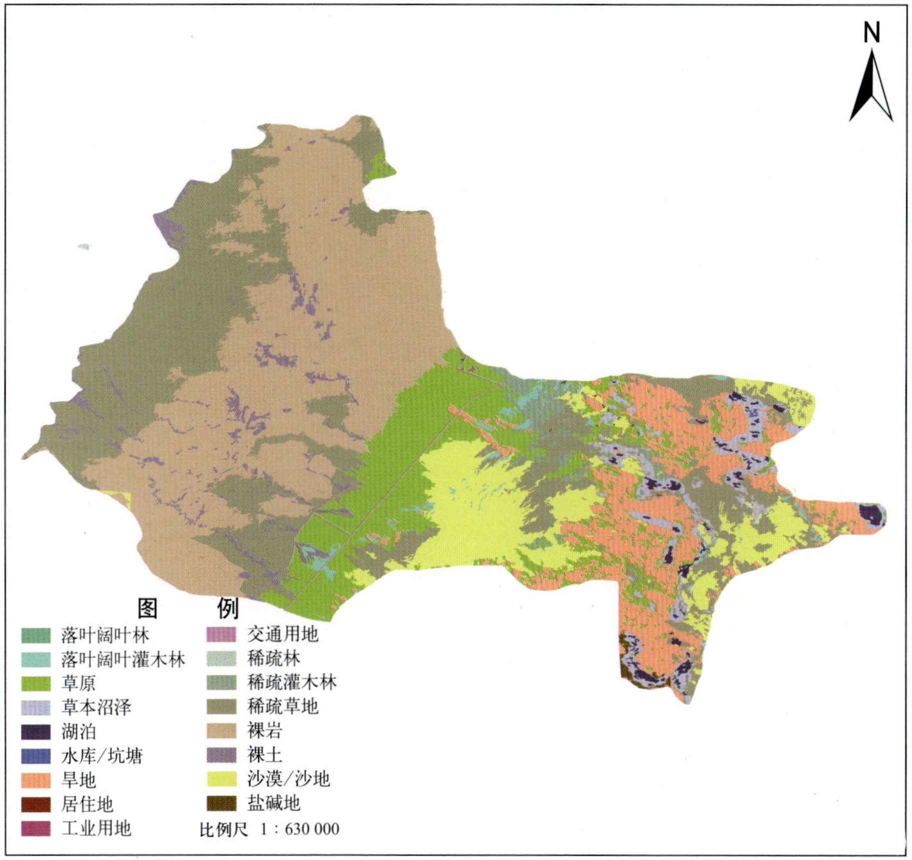
N
图例
落叶阔叶林
落叶阔叶灌木林
草原
草本沼泽
湖泊
水库/坑塘
旱地
居住地
工业用地
交通用地
稀疏林
稀疏灌木林
稀疏草地
裸岩
裸土
沙漠/沙地
盐碱地
比例尺 1∶630 000

解译参考影像时间：2010 年

哈腾套海
国家级自然保护区
呼和浩特

哈腾套海国家级自然保护区位于内蒙古自治区巴彦淖尔市磴口县西北部的乌兰布和沙漠的东北缘，总面积 123 600 公顷，建于 1995 年，2005 年晋升为国家级，主要保护对象为绵刺及荒漠草原、湿地生态系统，属于荒漠生态类型的自然保护区。该保护区内动植物物种多样，其中国家重点保护野生植物有 6 种，濒危保护植物总面积 15 500 公顷。

乌拉特梭梭林－蒙古野驴国家级自然保护区

乌拉特梭梭林－蒙古野驴国家级自然保护区遥感影像图

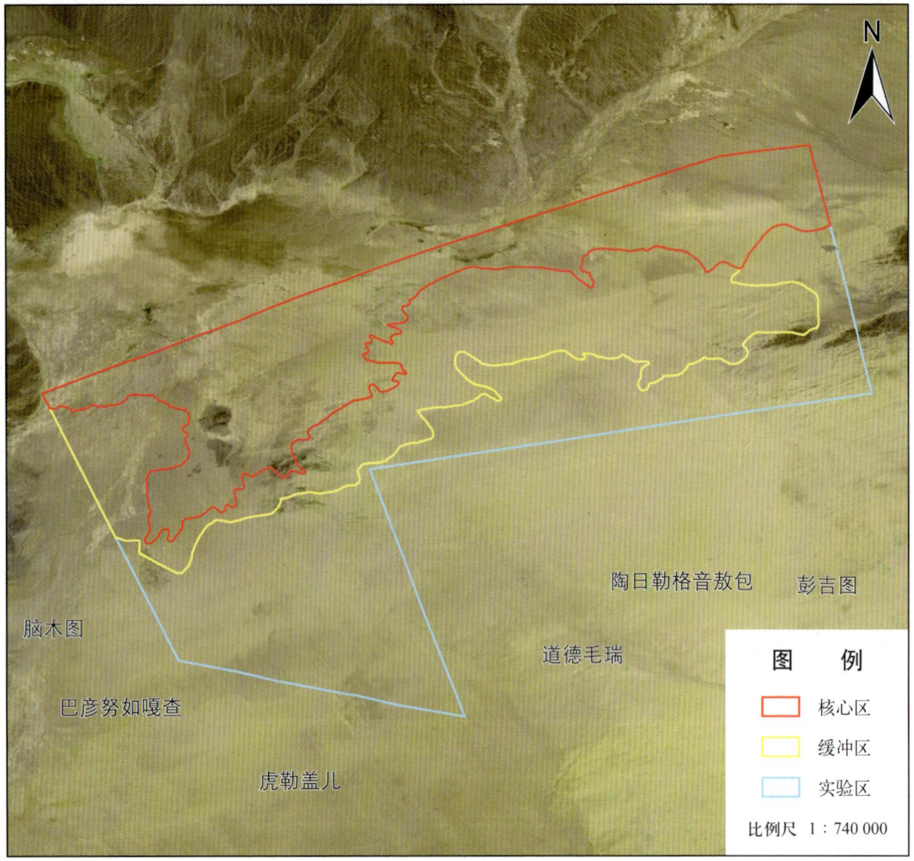
N
脑木图
巴彦努如嘎查
虎勒盖儿
道德毛瑞
陶日勒格音敖包
彭吉图
图例
核心区
缓冲区
实验区
比例尺 1∶740 000

影像获取时间：2010 年

乌拉特梭梭林－蒙古野驴国家级自然保护区生态系统类型图

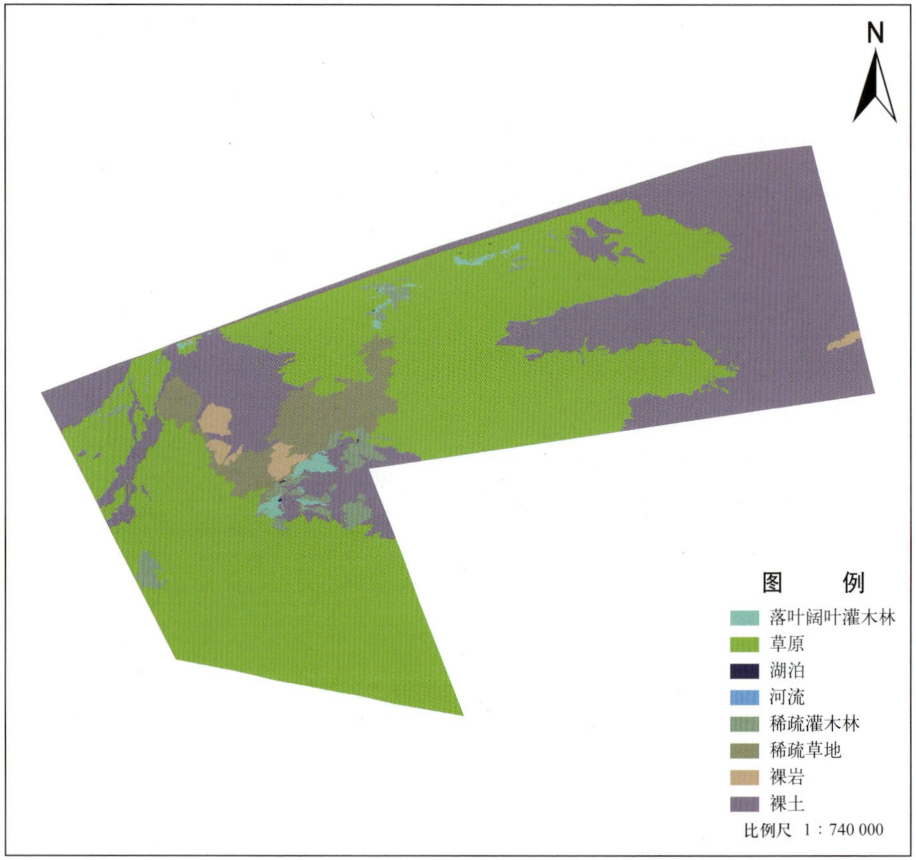
N
图例
落叶阔叶灌木林
草原
湖泊
河流
稀疏灌木林
稀疏草地
裸岩
裸土
比例尺 1∶740 000

解译参考影像时间：2011 年

乌拉特梭梭林－蒙古野驴国家级自然保护区位于内蒙古自治区巴彦淖尔市乌拉特中旗和乌拉特后旗境内，总面积 68 000 公顷，建于 1985 年，2001 年晋升为国家级，主要保护对象为梭梭林、蒙古野驴及荒漠生态系统，属于荒漠生态系统类型的自然保护区。该保护区内珍稀濒危野生植物有裸果木、绵刺、革苞菊；国家一级保护动物有蒙古野驴、北山羊、大鸨、波斑鸨、金雕。

乌拉特梭梭林－蒙古野驴
国家级自然保护区
呼和浩特

科尔沁国家级自然保护区遥感影像图

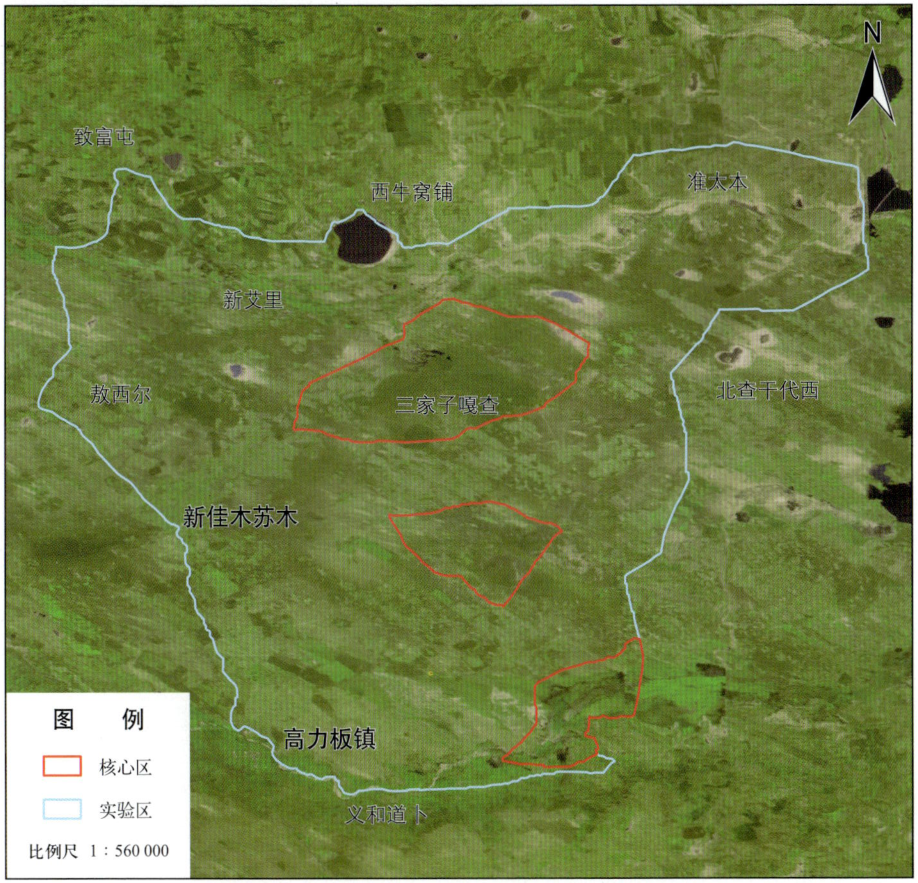
N
致富屯
西牛窝铺
准大本
新艾里
敖西尔
三家子嘎查
北查干代西
新佳木苏木
高力板镇
义和道卜
图 例
核心区
实验区
比例尺 1：560 000

影像获取时间：2010 年

科尔沁国家级自然保护区生态系统类型图

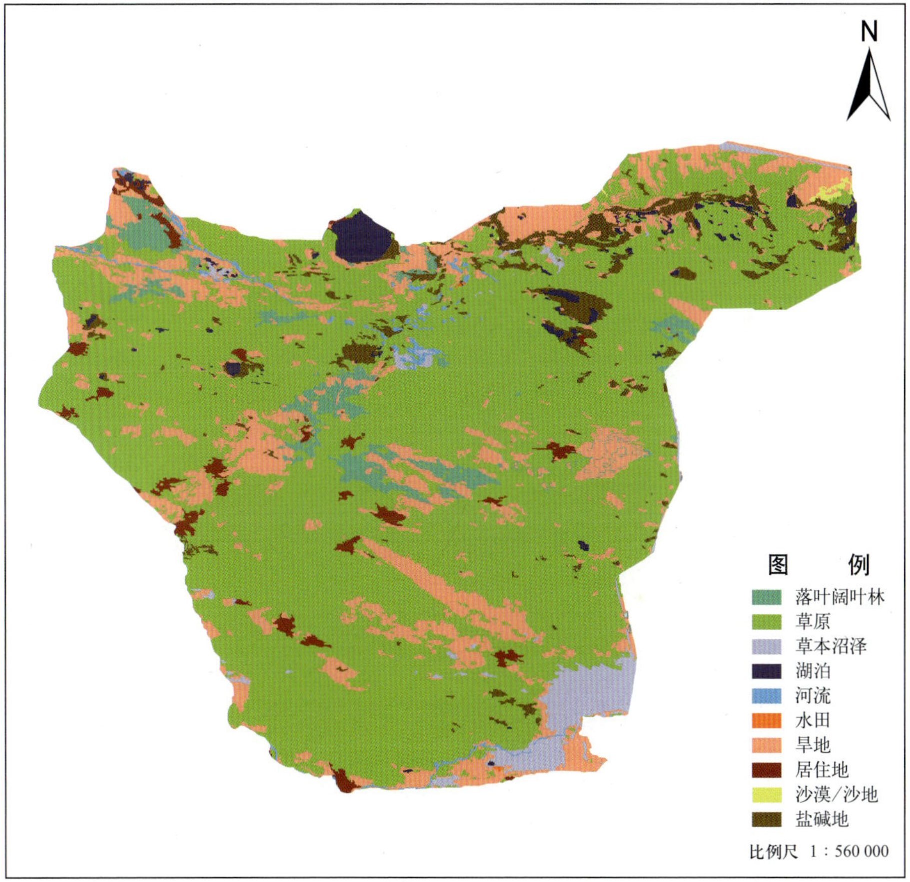
N
图 例
落叶阔叶林
草原
草本沼泽
湖泊
河流
水田
旱地
居住地
沙漠/沙地
盐碱地
比例尺 1：560 000

解译参考影像时间：2011 年

科尔沁国家级自然保护区位于内蒙古自治区兴安盟科尔沁右翼中旗境内，保护区北靠兴安盟突泉县，东与吉林省向海国家级自然保护区相邻，南以霍林河为边界，西距科尔沁右翼中旗政府所在地巴彦呼舒镇27千米，总面积126 987公顷，建于1985年，1995年晋升为国家级，主要保护对象为湿地珍禽、灌丛及疏林草原，属于野生动物类型自然保护区。

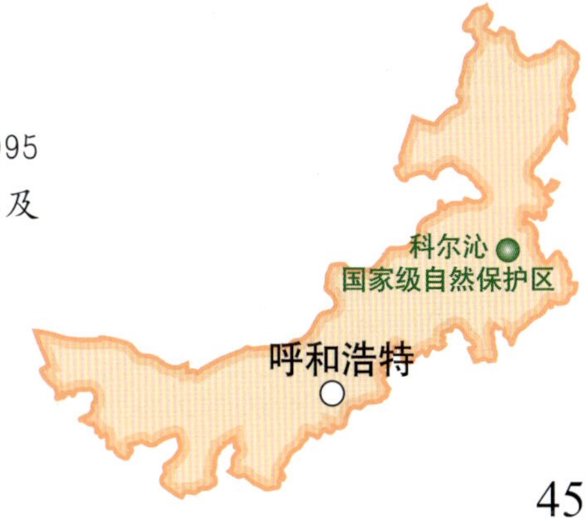
科尔沁
国家级自然保护区
呼和浩特

图牧吉国家级自然保护区

图牧吉国家级自然保护区位于内蒙古自治区兴安盟扎赉特旗的南端，东与黑龙江省泰来县接壤，西与兴安盟科尔沁右翼前旗毗连，南与吉林省镇赉县相望，北与扎赉特旗小城子为邻，总面积94 830公顷，建于1996年，2002年晋升为国家级，主要保护对象为大鸨等珍禽及草原、湿地生态系统，属于野生动物类型自然保护区。

图牧吉
国家级自然保护区
呼和浩特

图牧吉国家级自然保护区遥感影像图

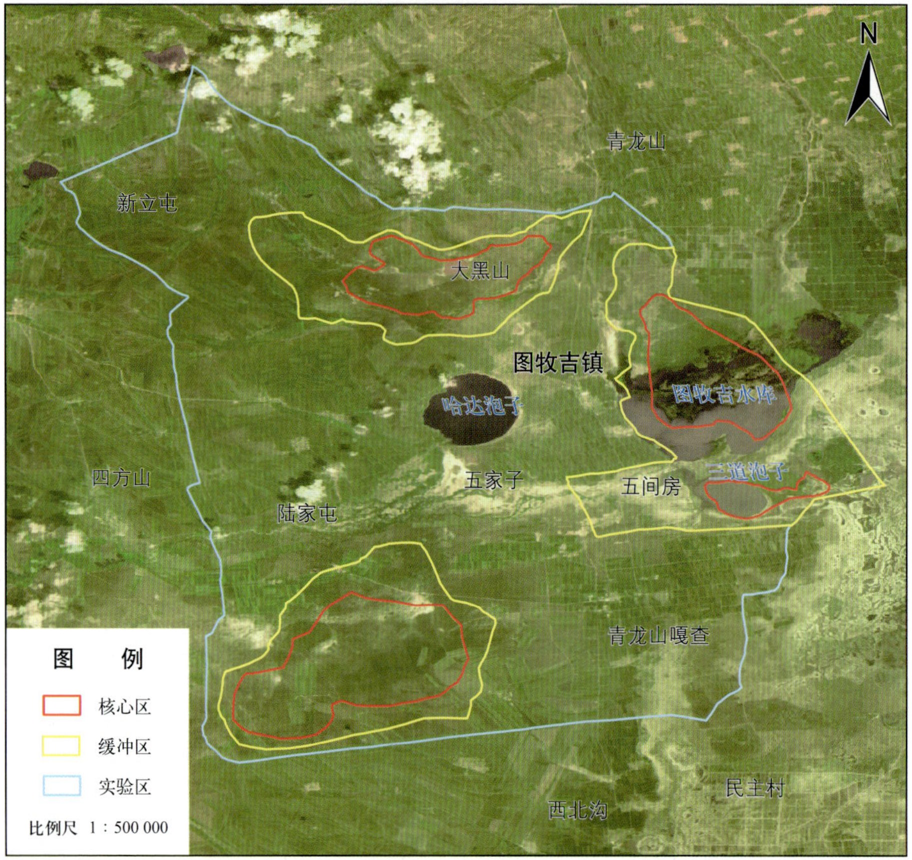
N
青龙山
新立屯
大黑山
图牧吉镇
图牧吉水库
哈达泡子
四方山
五家子
五间房
三道泡子
陆家屯
青龙山嘎查
民主村
西北沟
图例
核心区
缓冲区
实验区
比例尺 1：500 000

影像获取时间：2010年

图牧吉国家级自然保护区生态系统类型图

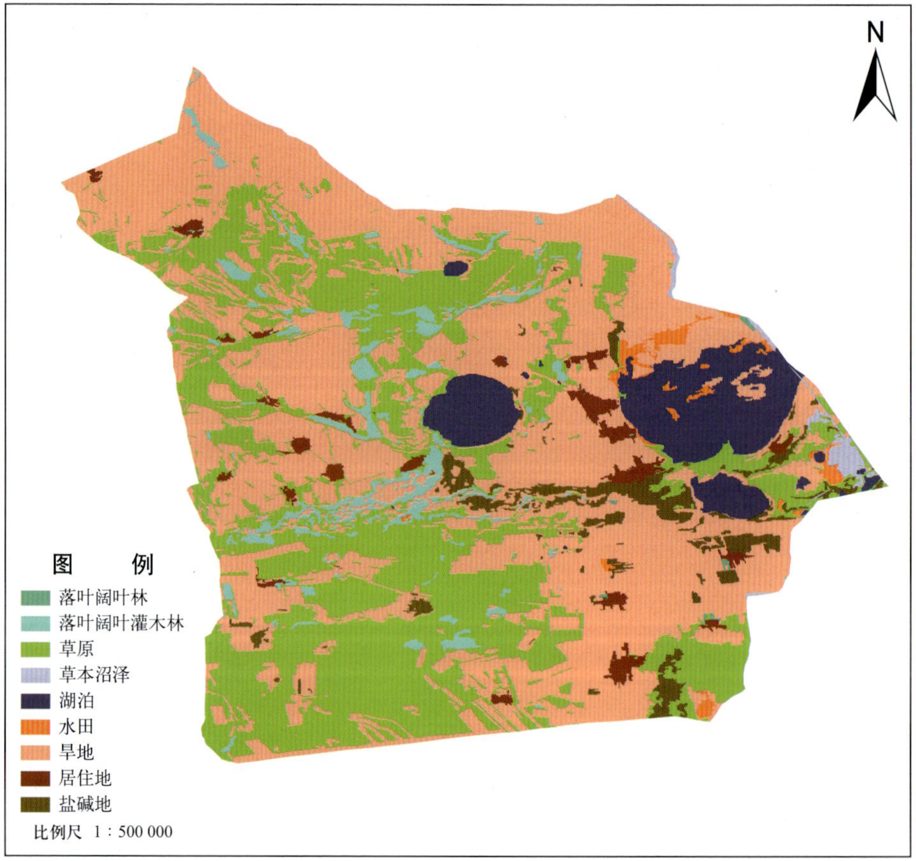
N
图例
落叶阔叶林
落叶阔叶灌木林
草原
草本沼泽
湖泊
水田
旱地
居住地
盐碱地
比例尺 1：500 000

解译参考影像时间：2010年

锡林郭勒草原国家级自然保护区遥感影像图

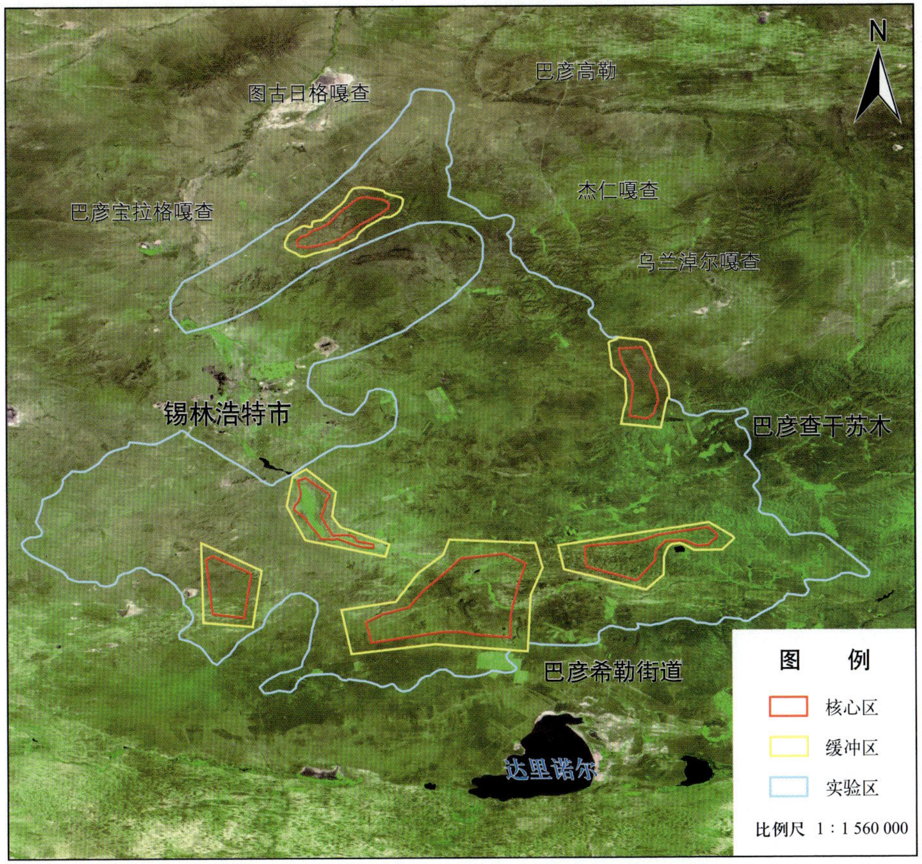
N
巴彦高勒
图古日格嘎查
巴彦宝拉格嘎查
杰仁嘎查
乌兰淖尔嘎查
锡林浩特市
巴彦查干苏木
巴彦希勒街道
达里诺尔
图 例
核心区
缓冲区
实验区
比例尺 1∶1 560 000

影像获取时间：2010 年

锡林郭勒草原国家级自然保护区生态系统类型图

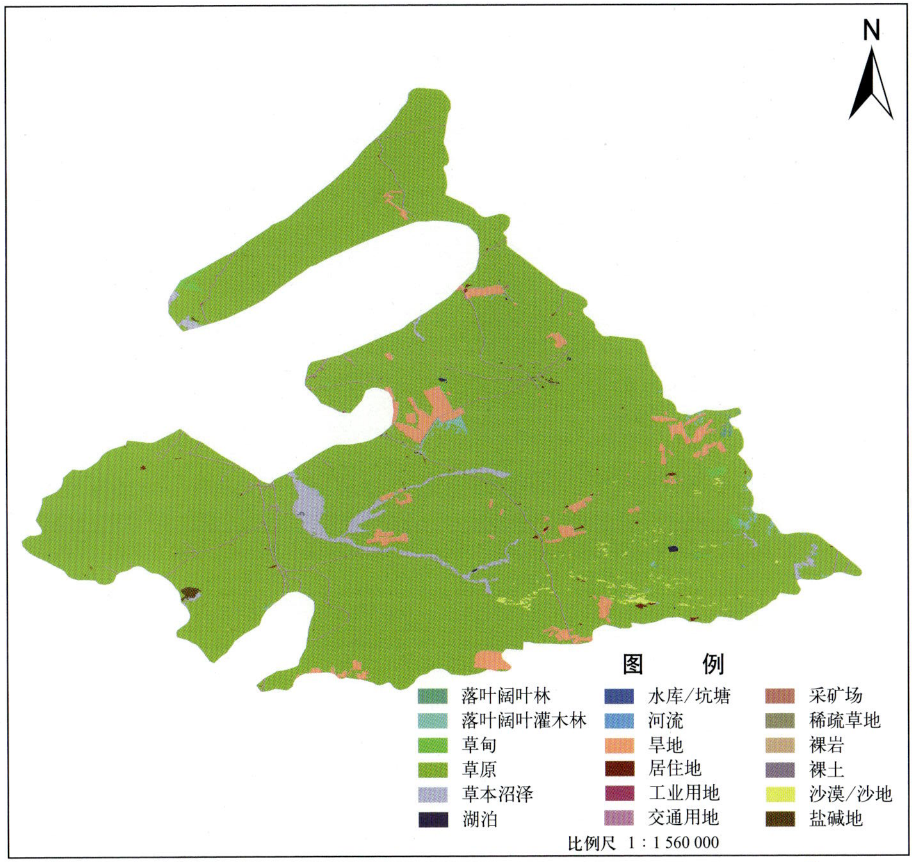
N
图 例
落叶阔叶林
落叶阔叶灌木林
草甸
草原
草本沼泽
湖泊
水库/坑塘
河流
旱地
居住地
工业用地
交通用地
采矿场
稀疏草地
裸岩
裸土
沙漠/沙地
盐碱地
比例尺 1∶1 560 000

解译参考影像时间：2011 年

锡林郭勒草原
国家级自然保护区
呼和浩特

锡林郭勒草原国家级自然保护区位于内蒙古自治区锡林浩特市境内，总面积 580 000 公顷，建于 1985 年，1997 年晋升为国家级，主要保护对象为草甸草原、沙地疏林，属于草甸草原类型的自然保护区。1987 年“联合国教科文组织人与生物圈计划”将锡林郭勒草原自然保护区纳入国际生物圈网络。1993 年成为“中国人与生物圈委员会”网络成员。2004 年成为“中国生物多样性保护基金会”自然保护区委员会成员。

古日格斯台国家级自然保护区

古日格斯台国家级自然保护区遥感影像图

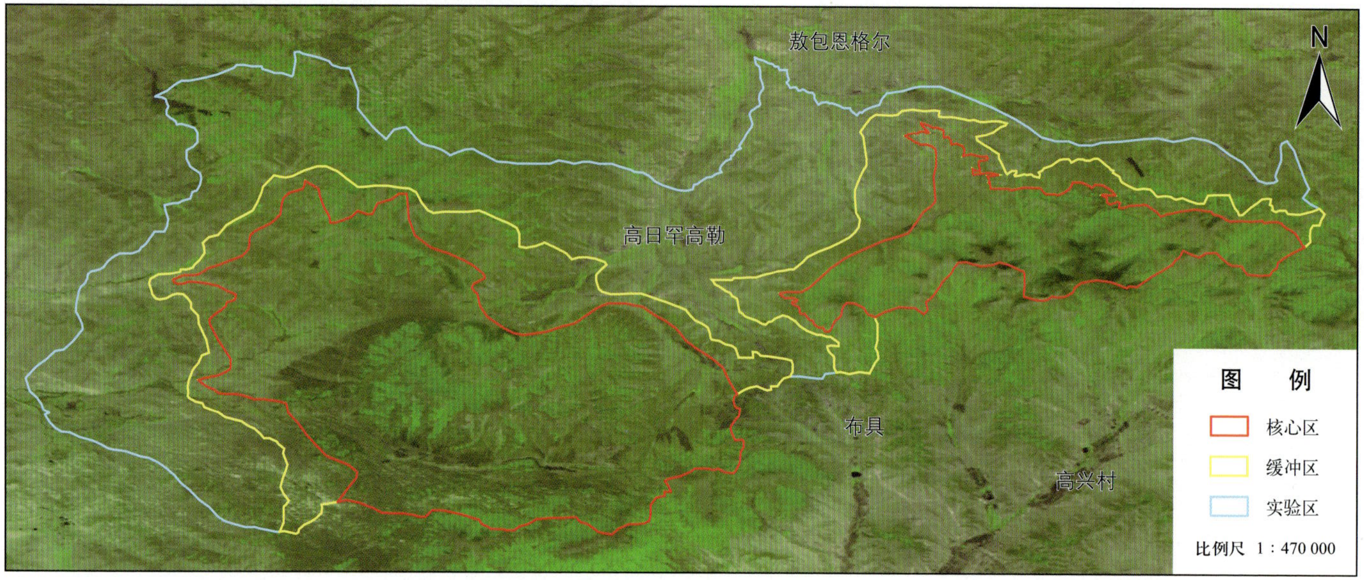
敖包恩格尔
高日罕高勒
布具
高兴村
N
图例
核心区
缓冲区
实验区
比例尺 1：470 000

影像获取时间：2010 年

古日格斯台国家级自然保护区生态系统类型图

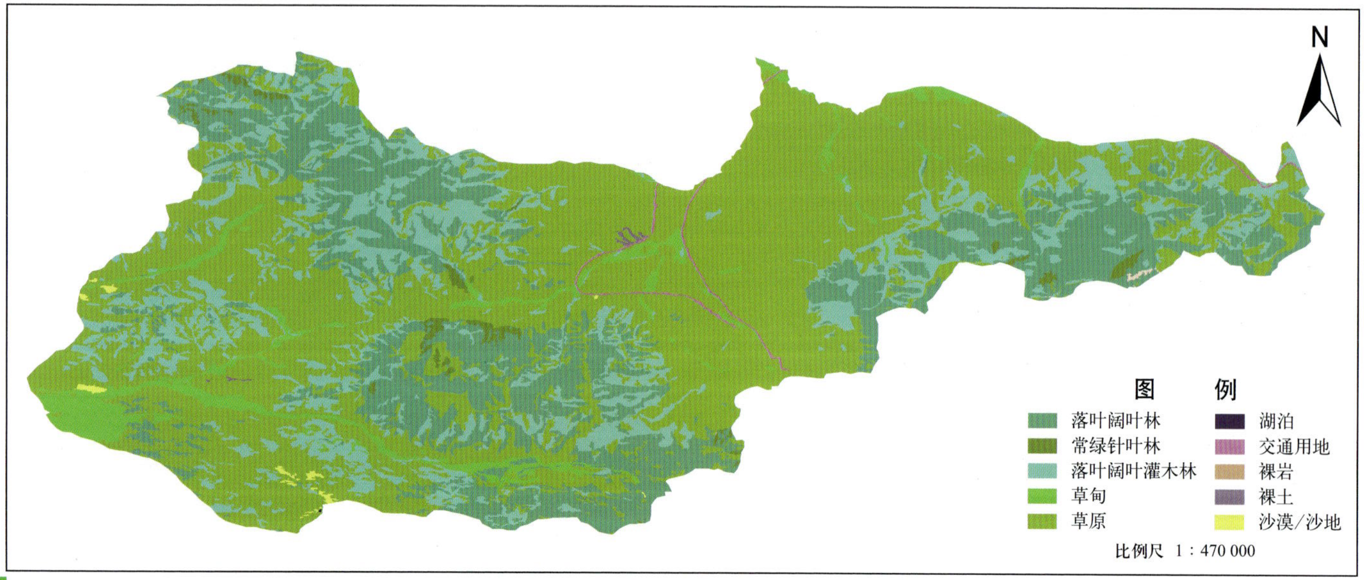
N
图例
落叶阔叶林
常绿针叶林
落叶阔叶灌木林
草甸
草原
湖泊
交通用地
裸岩
裸土
沙漠/沙地
比例尺 1：470 000

解译参考影像时间：2010 年

古日格斯台
国家级自然保护区
呼和浩特

古日格斯台国家级自然保护区位于内蒙古自治区锡林郭勒盟西乌珠穆沁旗境内，地跨太本林场、迪彦林场，东北部与本旗的巴彦花镇相邻，西部以巴拉嘎尔高勒镇为界，南与内蒙古塞罕乌拉国家级保护区、乌兰坝—石硼沟保护区相连，总面积 98 931 公顷，建于 1998 年，2010 年晋升为国家级，主要保护对象为森林、草原生态系统和野生动植物，属于森林生态系统类型自然保护区。

贺兰山国家级自然保护区遥感影像图

N
干树湾
土圈
黄土梁子
阿拉善左旗
插旗口
深沟
上寺铺
银川市
草滩
图 例
核心区
缓冲区
实验区
比例尺 1：610 000

影像获取时间：2010 年

贺兰山国家级自然保护区生态系统类型图

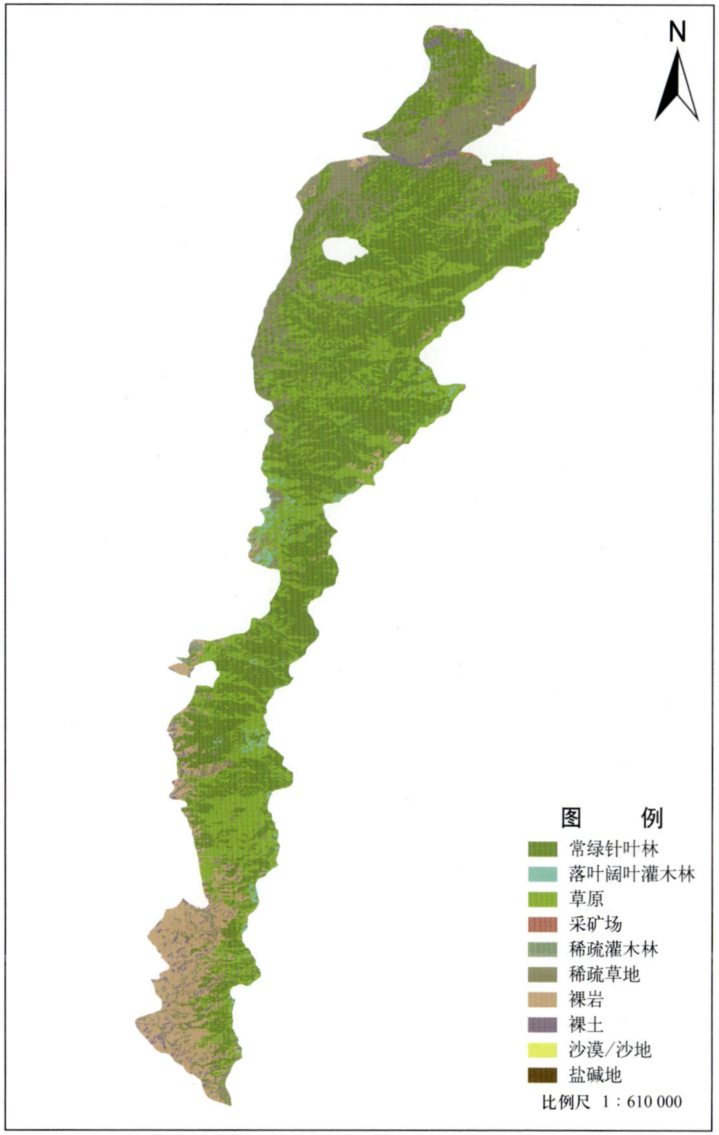
N
图 例
常绿针叶林
落叶阔叶灌木林
草原
采矿场
稀疏灌木林
稀疏草地
裸岩
裸土
沙漠/沙地
盐碱地
比例尺 1：610 000

解译参考影像时间：2010 年

贺兰山国家级自然保护区位于内蒙古自治区阿拉善盟阿拉善左旗境内，地处宁夏回族自治区与内蒙古自治区交界处，总面积 67 711 公顷，建于 1992 年，同年晋升为国家级，主要保护对象为水源涵养林、野生动植物，属于森林生态系统类型自然保护区。

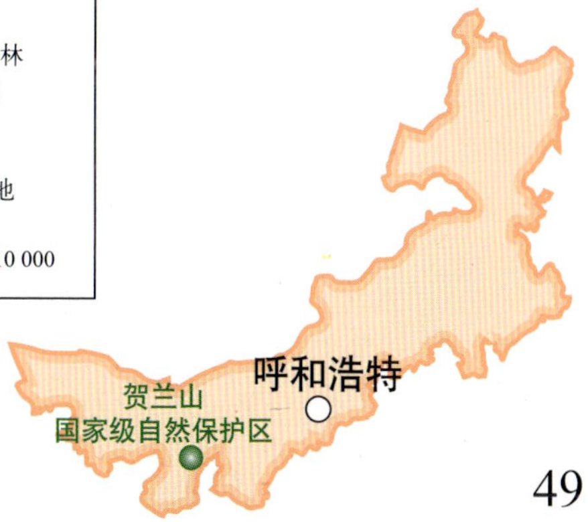
呼和浩特
贺兰山
国家级自然保护区

额济纳胡杨林国家级自然保护区

额济纳胡杨林国家级自然保护区遥感影像图

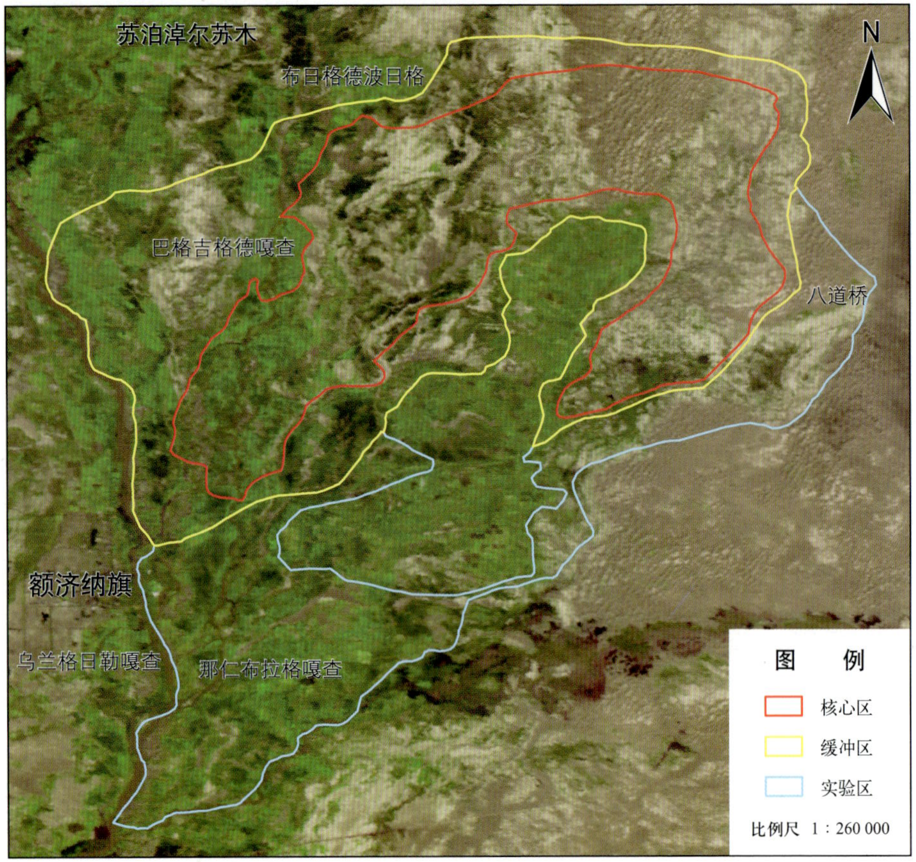
苏泊淖尔苏木
布日格德波日格
巴格吉格德嘎查
八道桥
额济纳旗
乌兰格日勒嘎查
那仁布拉格嘎查
N
图 例
核心区
缓冲区
实验区
比例尺 1 : 260 000

影像获取时间：2010 年

额济纳胡杨林国家级自然保护区生态系统类型图

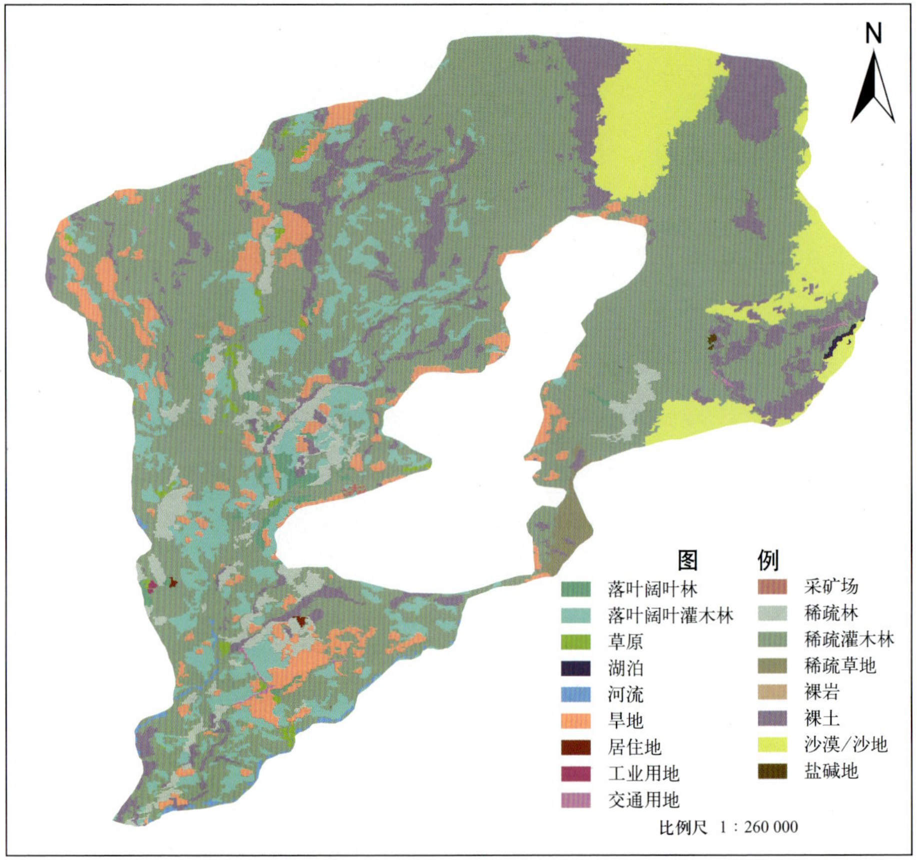
N
图 例
落叶阔叶林
落叶阔叶灌木林
草原
湖泊
河流
旱地
居住地
工业用地
交通用地
采矿场
稀疏林
稀疏灌木林
稀疏草地
裸岩
裸土
沙漠/沙地
盐碱地
比例尺 1 : 260 000

解译参考影像时间：2011 年

额济纳胡杨林国家级自然保护区位于内蒙古自治区阿拉善盟额济纳旗的中心地带—额济纳绿洲，总面积 26 253 公顷，建于 1986 年，2003 年晋升为国家级，主要保护对象为胡杨林及荒漠生态系统，属荒漠生态类型自然保护区。该保护区内物种资源丰富，国家一级保护野生动物 6 种，为蒙古野驴、野马、野骆驼、胡兀鹫、雪豹、波斑鸨，国家二级保护野生动物有漠猎、猞猁、鹅喉羚、白琵鹭、疣鼻天鹅、白额鸭、苍鹰等 33 种。

额济纳胡杨林
国家级自然保护区
呼和浩特

大连斑海豹国家级自然保护区遥感影像图

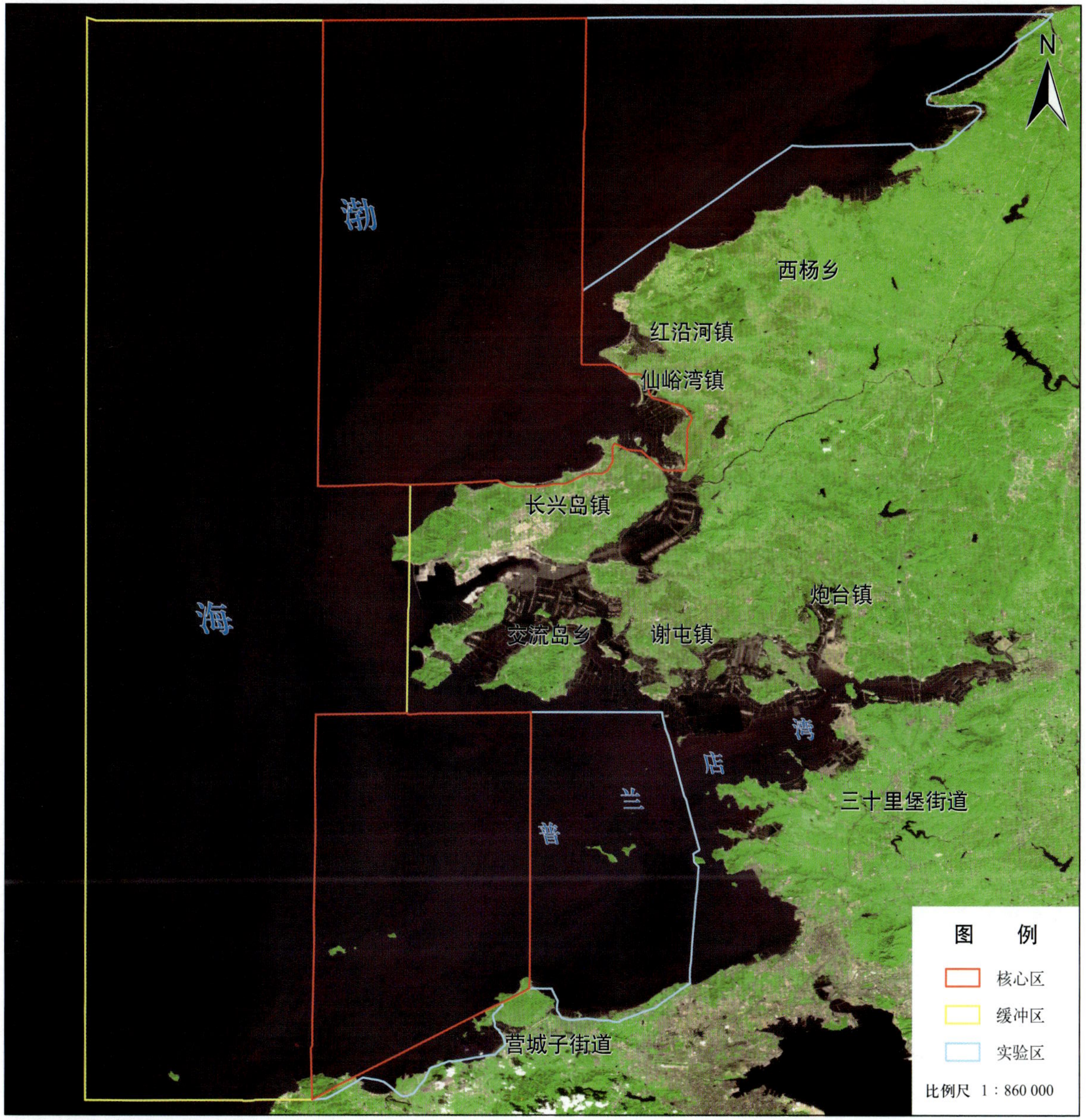
N
渤
海
西杨乡
红沿河镇
仙峪湾镇
长兴岛镇
炮台镇
交流岛乡
谢屯镇
湾
店
兰
普
三十里堡街道
营城子街道
图 例
核心区
缓冲区
实验区
比例尺 1：860 000

影像获取时间：2010 年

大连斑海豹国家级自然保护区位于辽宁省大连市旅顺口区境内，总面积 672 275 公顷，建于 1992 年，1997 年晋升为国家级，主要保护对象为斑海豹及其生态环境，属于野生动物类型的自然保护区。该保护区是我国唯一的一处国家级斑海豹自然保护区，是斑海豹在西太平洋最南端的一个繁殖区，也是中国海域唯一的繁殖区。

沈阳
大连斑海豹
国家级自然保护区

蛇岛－老铁山国家级自然保护区

蛇岛－老铁山国家级自然保护区遥感影像图

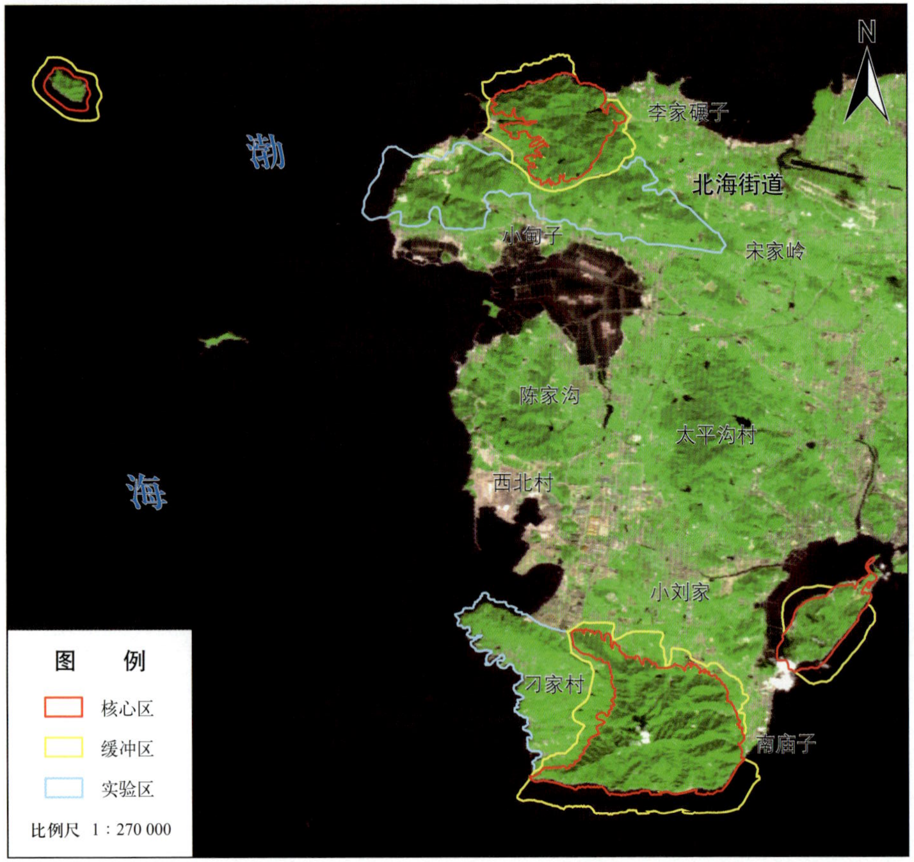
N
李家磺子
北海街道
渤
小甸子
宋家岭
陈家沟
太平沟村
西北村
海
小刘家
刁家村
南庙子
图例
核心区
缓冲区
实验区
比例尺 1 : 270 000

影像获取时间：2010 年

蛇岛－老铁山国家级自然保护区生态系统类型图

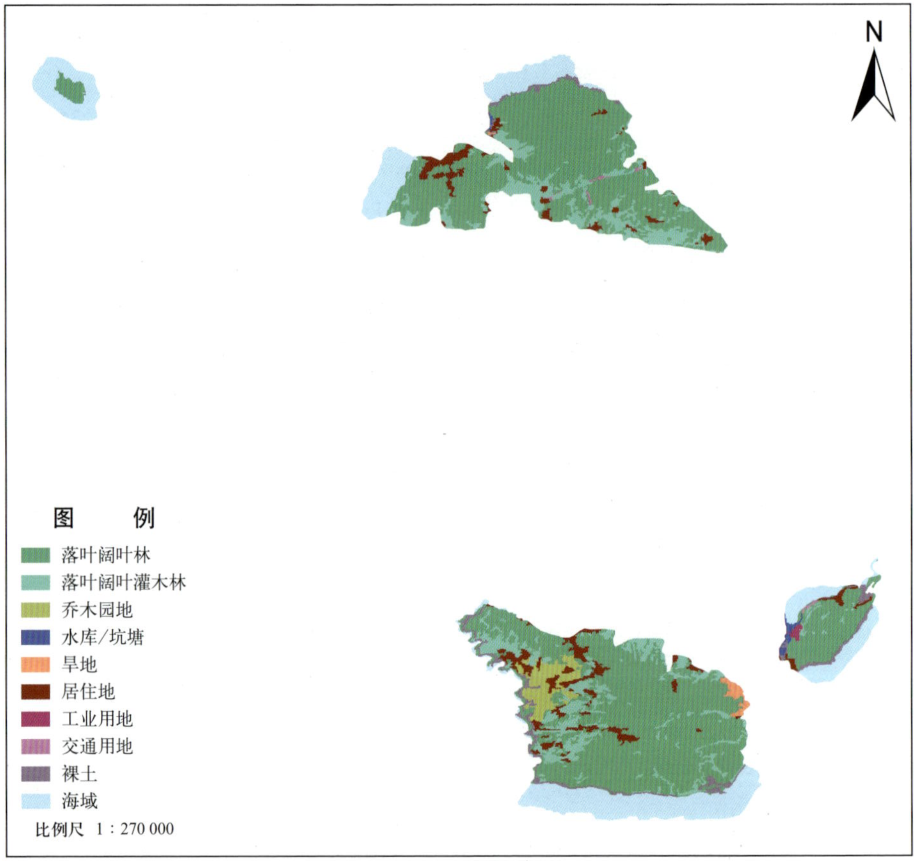
N
图例
落叶阔叶林
落叶阔叶灌木林
乔木园地
水库/坑塘
旱地
居住地
工业用地
交通用地
裸土
海域
比例尺 1 : 270 000

解译参考影像时间：2011 年

蛇岛－老铁山国家级自然保护区位于辽东半岛南端，大连市旅顺口区西部，保护区由蛇岛和老铁山地区两部分组成，总面积 9 072 公顷，建于 1980 年，主要保护对象为蛇岛蝮蛇和候鸟及其生态环境，属于野生动物类型的自然保护区。该保护区内的蝮蛇是我国宝贵的野生动物资源，它在医药和科学研究上具有重要价值。1993 年被纳入“中国生物圈保护区网络”。

沈阳
蛇岛－老铁山
国家级自然保护区

成山头海滨地貌国家级自然保护区

成山头海滨地貌国家级自然保护区遥感影像图

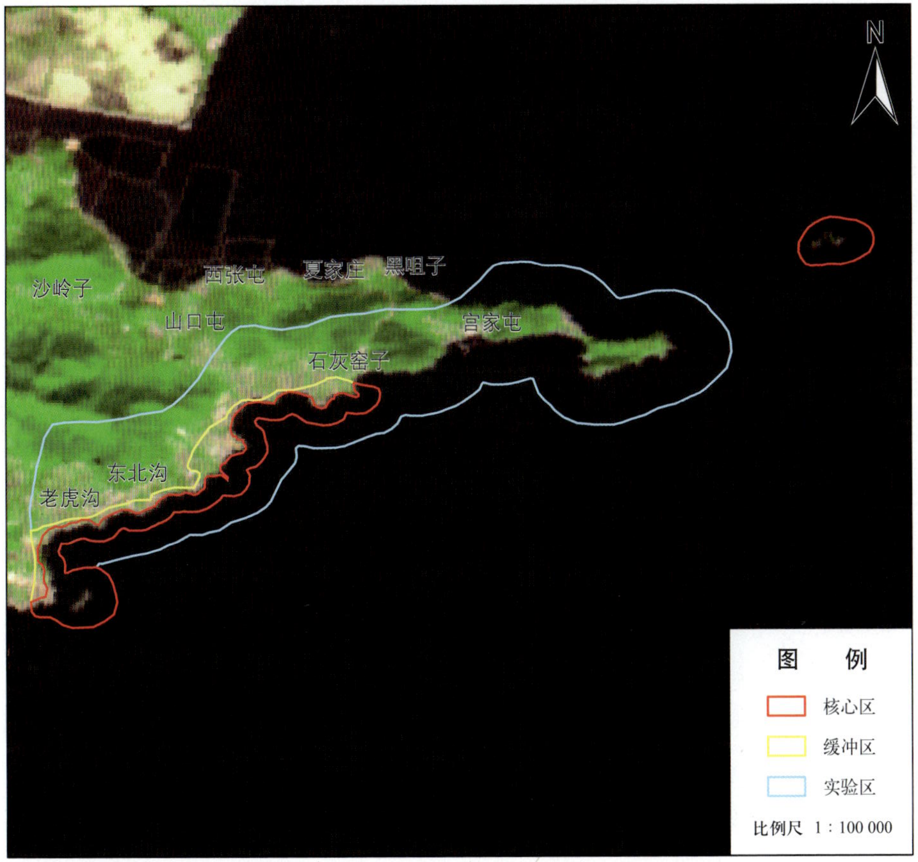
N
沙岭子
西张屯
夏家庄
黑咀子
山口屯
宫家屯
石灰窑子
东北沟
老虎沟
图 例
核心区
缓冲区
实验区
比例尺 1 : 100 000

影像获取时间：2010 年

成山头海滨地貌国家级自然保护区生态系统类型图

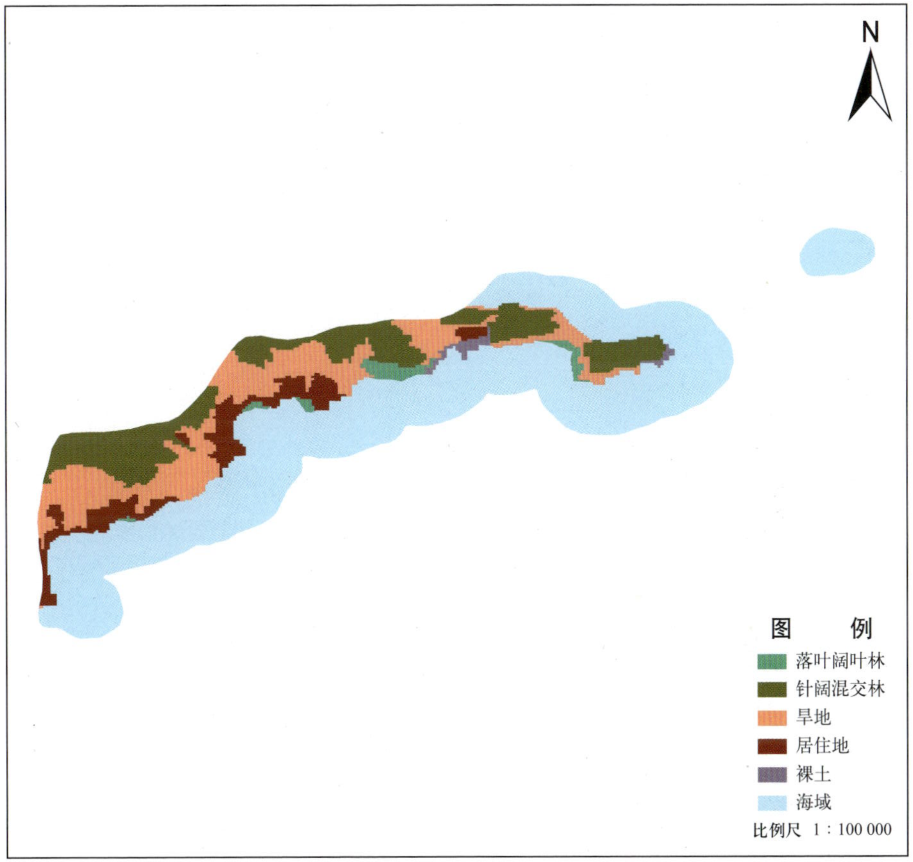
N
图 例
落叶阔叶林
针阔混交林
旱地
居住地
裸土
海域
比例尺 1 : 100 000

解译参考影像时间：2011 年

沈阳
成山头海滨地貌
国家级自然保护区

成山头海滨地貌国家级自然保护区位于辽宁省大连市东南沿海，总面积 1 350 公顷，建于 1989 年，2001 年晋升为国家级，主要保护对象为地质遗迹、海滨喀斯特地貌及珍稀鸟类，属于地质遗迹类型的自然保护区。每年冬季有众多的大天鹅等珍稀鸟类来此越冬栖息，该保护区因此成为世界上四大天鹅栖息地之一，被誉为“东方天鹅王国”。

仙人洞国家级自然保护区

仙人洞国家级自然保护区遥感影像图

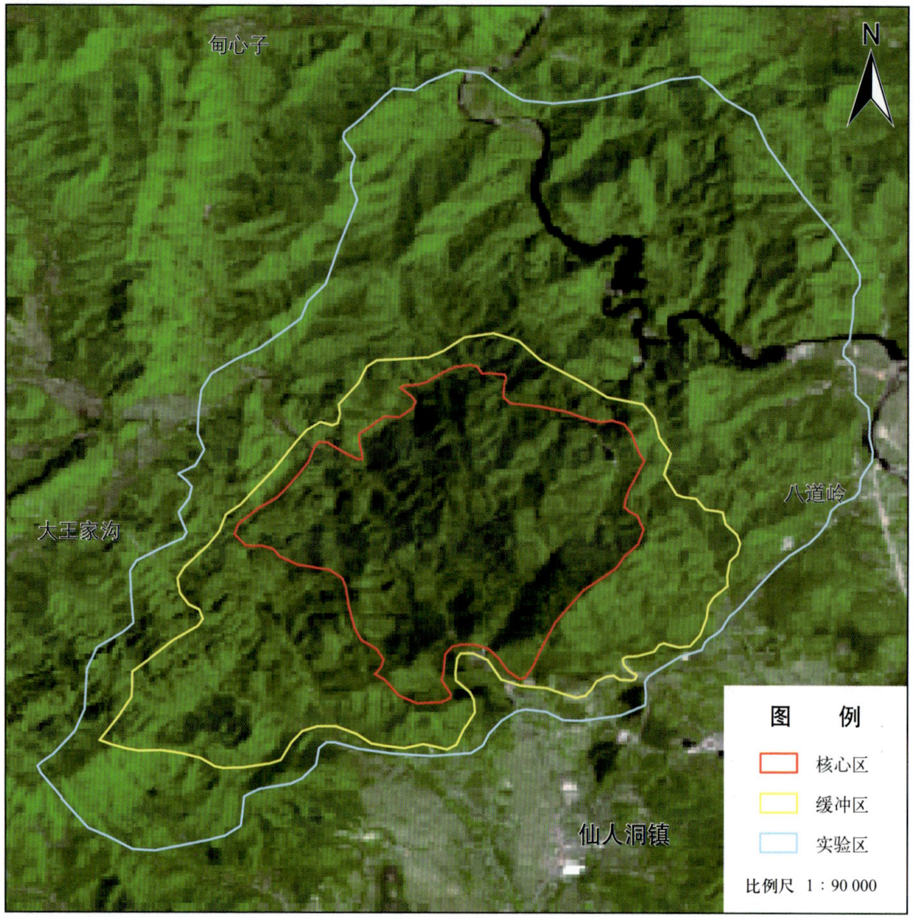
甸心子
N
大王家沟
八道岭
仙人洞镇
图 例
核心区
缓冲区
实验区
比例尺 1：90 000

影像获取时间：2010 年

仙人洞国家级自然保护区生态系统类型图

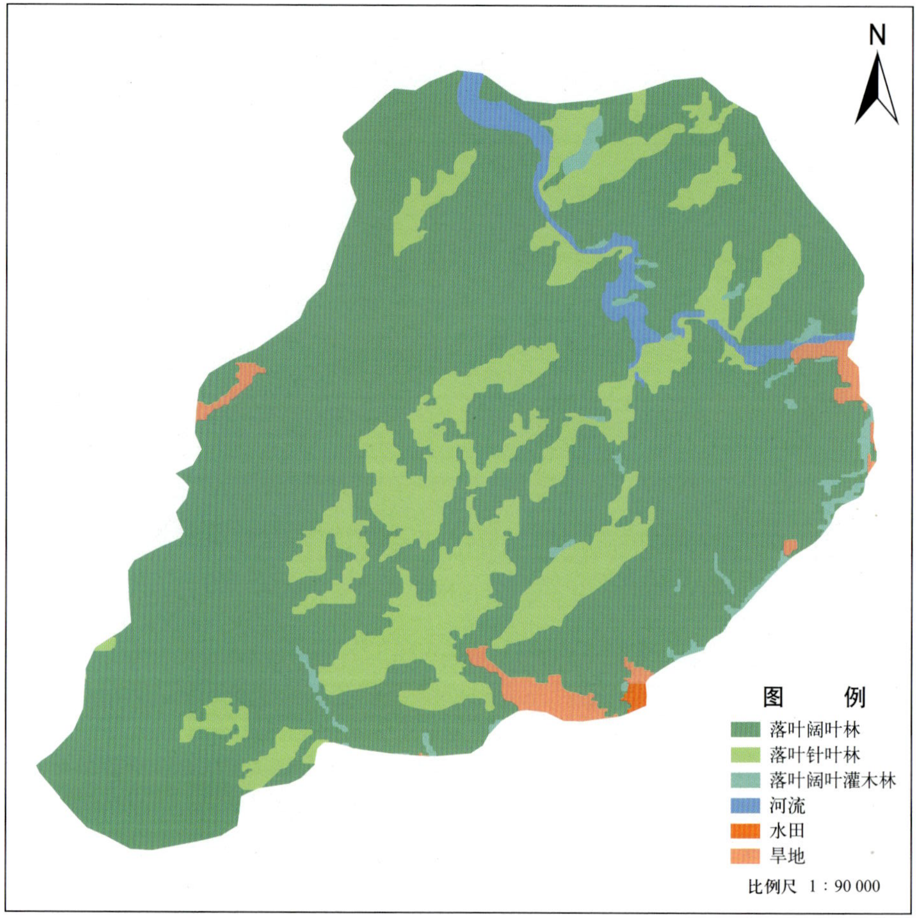
N
图 例
落叶阔叶林
落叶针叶林
落叶阔叶灌木林
河流
水田
旱地
比例尺 1：90 000

解译参考影像时间：2011 年

仙人洞国家级自然保护区位于辽宁省庄河市仙人洞镇，总面积 3 575 公顷，建于 1981 年，1992 年晋升为国家级，主要保护对象为赤松－栎林生态系统及珍稀动植物，属于森林生态系统类型的自然保护区。该保护区内山势险峻、峰峦起伏，分布有大面积的前震旦系假岩溶地貌景观。

沈阳
仙人洞
国家级自然保护区

桓仁老秃顶子国家级自然保护区遥感影像图

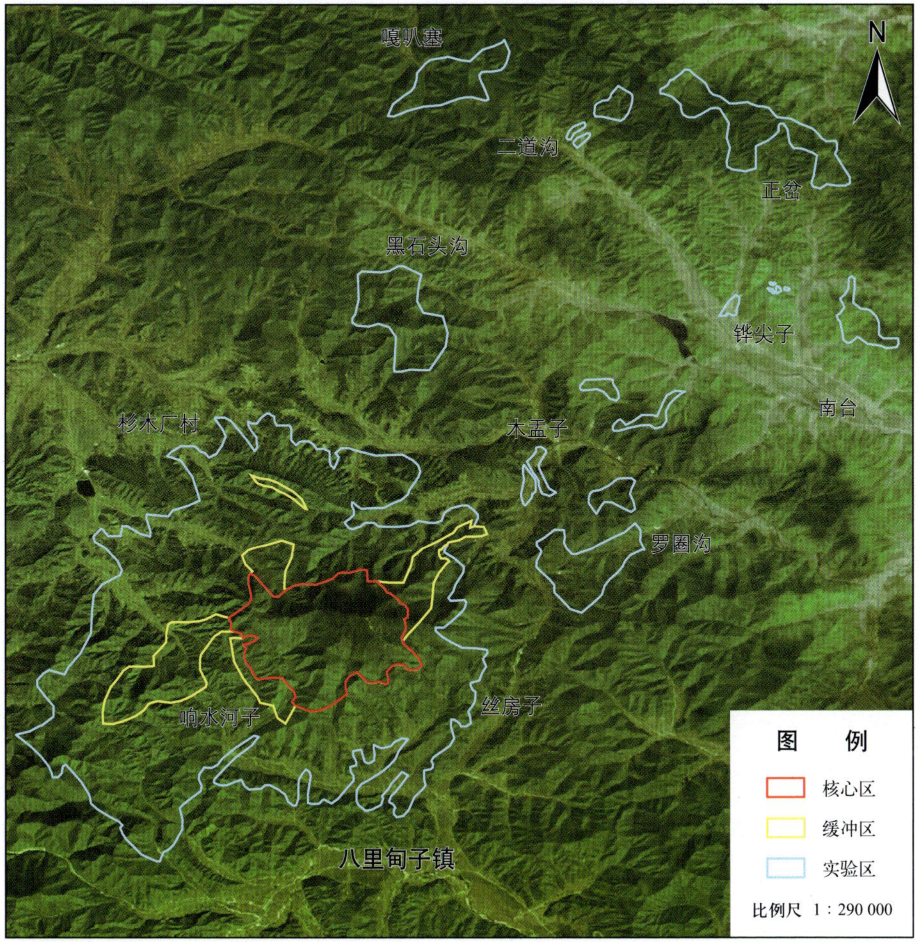
N
嘎叭塞
二道沟
正岔
黑石头沟
铧尖子
南台
杉木厂村
木盂子
罗圈沟
响水河子
丝房子
八里甸子镇
图 例
核心区
缓冲区
实验区
比例尺 1：290 000

影像获取时间：2010 年

桓仁老秃顶子国家级自然保护区生态系统类型图

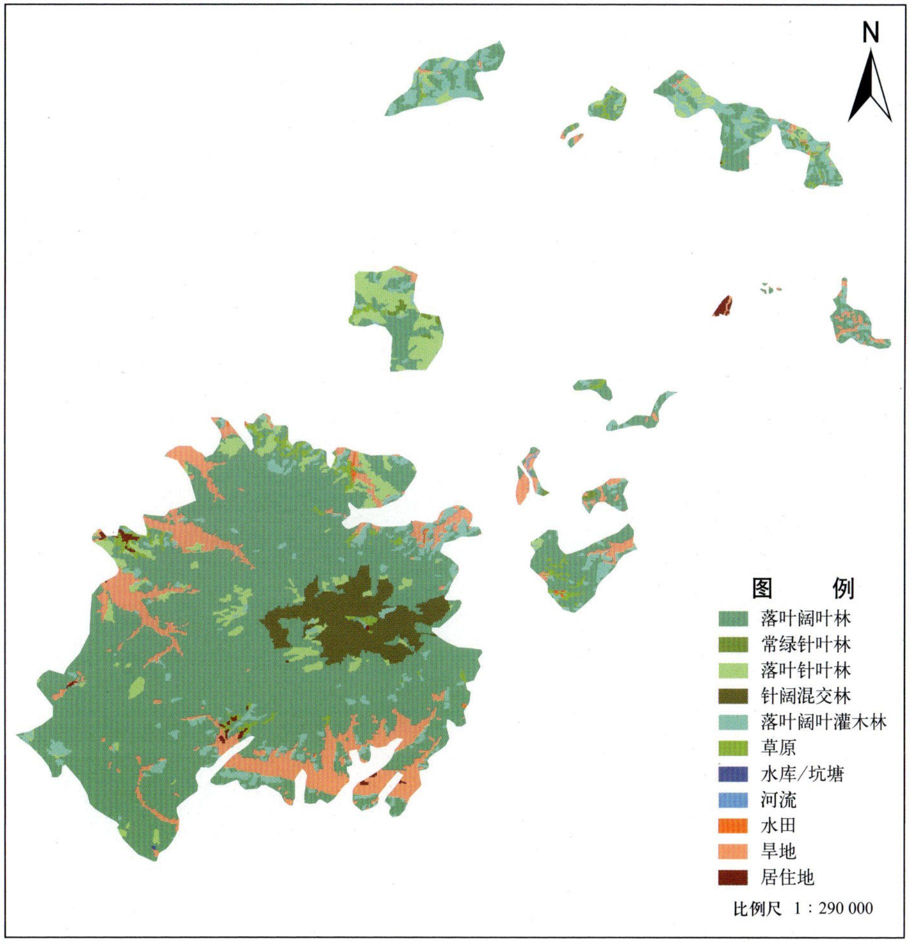
N
图 例
落叶阔叶林
常绿针叶林
落叶针叶林
针阔混交林
落叶阔叶灌木林
草原
水库/坑塘
河流
水田
旱地
居住地
比例尺 1：290 000

解译参考影像时间：2011 年

桓仁老秃顶子国家级自然保护区位于辽宁省本溪市桓仁满族自治县、新宾满族自治县境内，总面积 15 219 公顷，建于 1981 年，1998 年晋升为国家级，主要保护对象为长白植物区系森林及人参等珍稀物种，属于森林生态系统类型的自然保护区。该保护区由最高峰老秃顶子山放射成三条河流分别注入浑江、太子河，最高峰老秃顶子海拔 1 376 米，素有“辽宁屋脊”之称。

沈阳
桓仁老秃顶子
国家级自然保护区

丹东鸭绿江口湿地国家级自然保护区

丹东鸭绿江口湿地国家级自然保护区遥感影像图

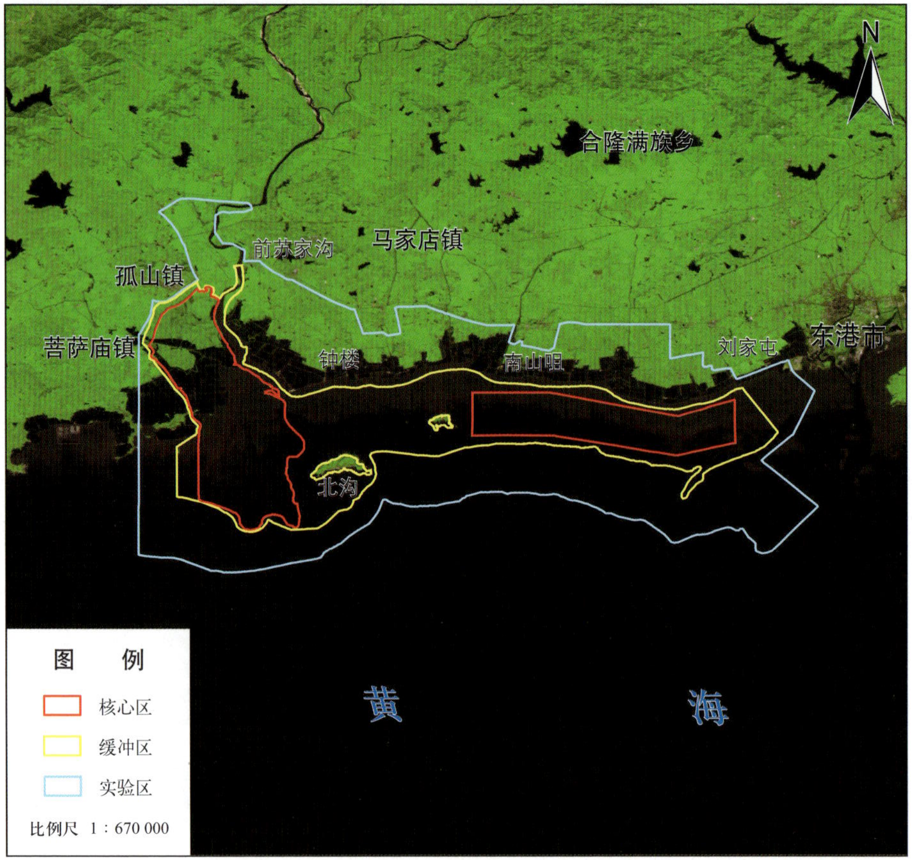
合隆满族乡
马家店镇
前苏家沟
孤山镇
菩萨庙镇
钟楼
南山咀
刘家屯
东港市
北沟
黄
海
N
图 例
核心区
缓冲区
实验区
比例尺 1 : 670 000

影像获取时间：2010 年

丹东鸭绿江口湿地国家级自然保护区生态系统类型图

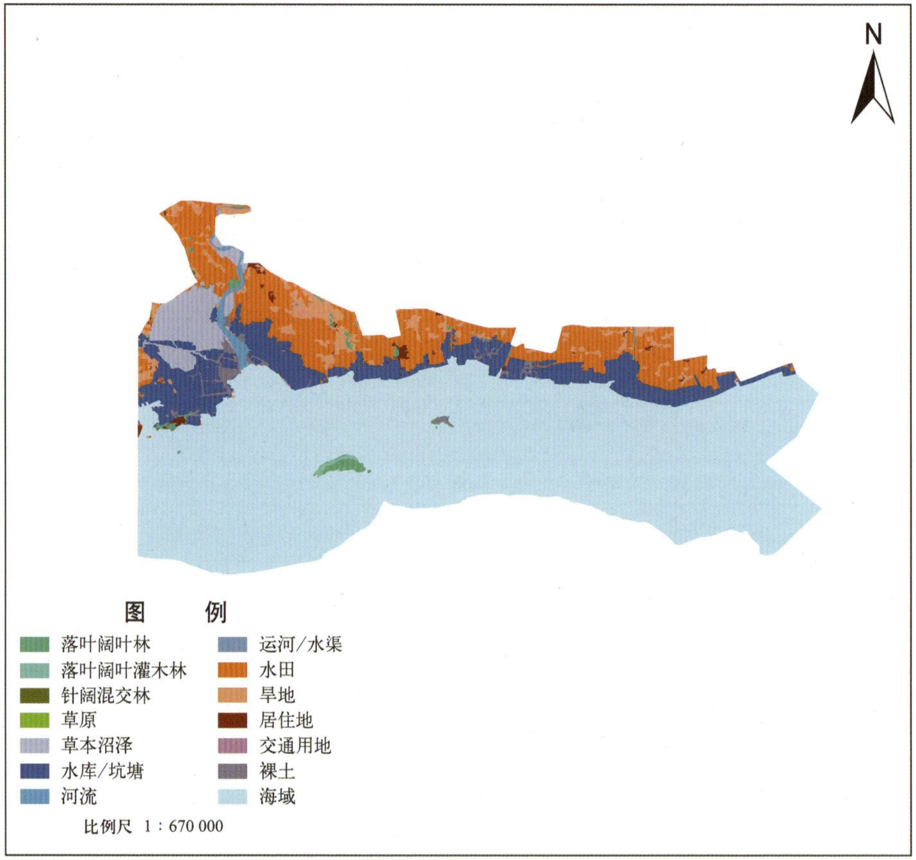
N
图 例
落叶阔叶林
落叶阔叶灌木林
针阔混交林
草原
草本沼泽
水库/坑塘
河流
运河/水渠
水田
旱地
居住地
交通用地
裸土
海域
比例尺 1 : 670 000

解译参考影像时间：2011 年

丹东鸭绿江口湿地国家级自然保护区位于辽宁省东港市境内，总面积 101 000 公顷，建于 1987 年，1997 年晋升为国家级，主要保护对象为沿海滩涂湿地及珍稀水禽，属于海洋海岸生态系统类型的自然保护区。该保护区的建立，为全球提供了一个永久性的滨海湿地生态环境的天然本底和野生生物的基因库，具有重要的经济、社会和环境价值。

沈阳
丹东鸭绿江口湿地
国家级自然保护区

白石砬子国家级自然保护区遥感影像图

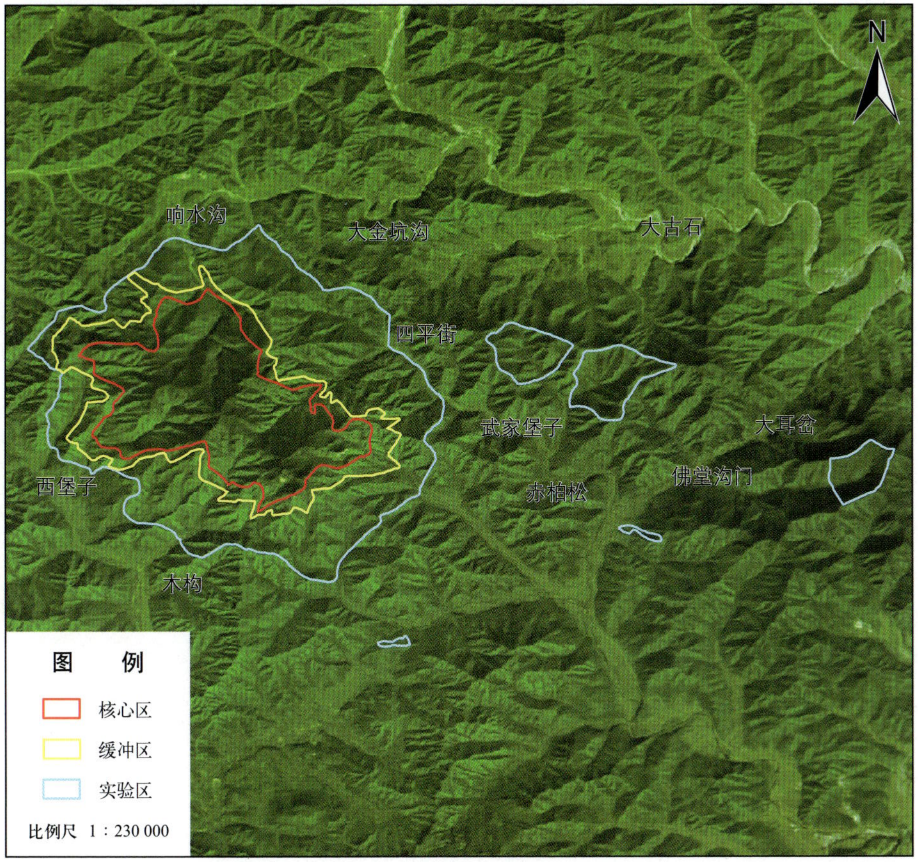
N
响水沟
大金坑沟
大古石
四平街
武家堡子
大耳瓮
佛堂沟门
赤柏松
西堡子
木构
图 例
核心区
缓冲区
实验区
比例尺 1：230 000

影像获取时间：2010 年

白石砬子国家级自然保护区生态系统类型图

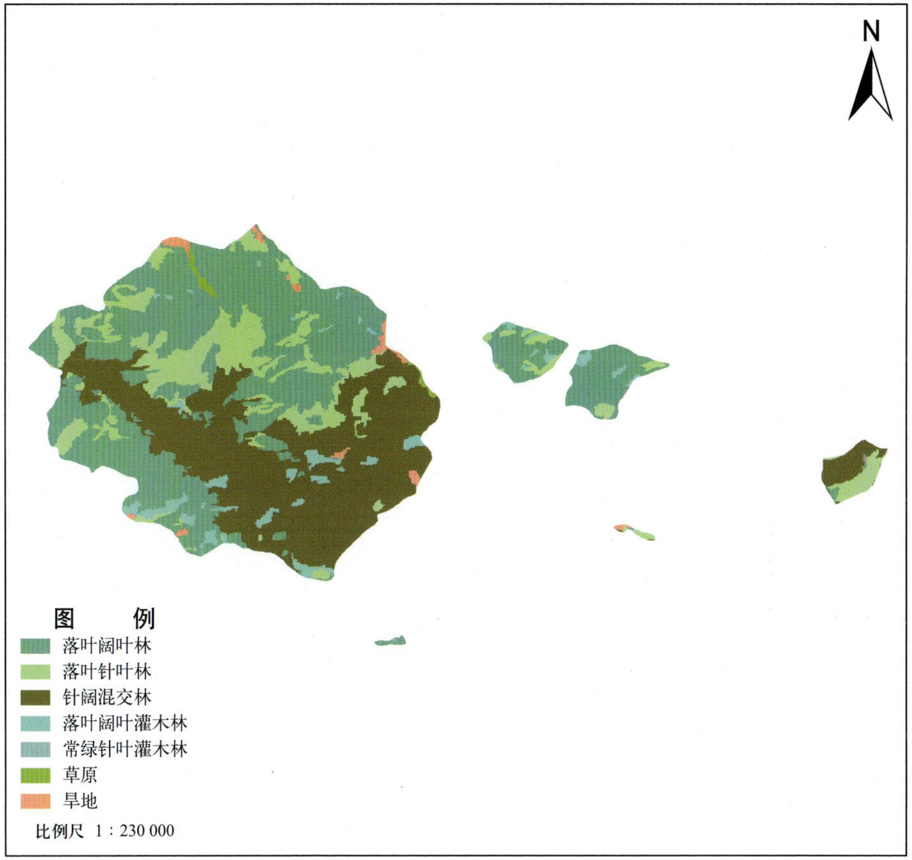
N
图 例
落叶阔叶林
落叶针叶林
针阔混交林
落叶阔叶灌木林
常绿针叶灌木林
草原
旱地
比例尺 1：230 000

解译参考影像时间：2011 年

沈阳
白石砬子
国家级自然保护区

白石砬子国家级自然保护区位于辽宁省丹东市宽甸满族自治县境内，总面积 7 467 公顷，建于 1981 年，1988 年晋升为国家级，主要保护对象为原生型红松针阔混交林，属于森林生态系统类型的自然保护区。该保护区内分布着较完整的大面积天然红松阔叶混交林，森林植被的原生性、生态类型和物种的多样性、分布的地带性都非常典型。

医巫闾山国家级自然保护区

医巫闾山国家级自然保护区遥感影像图

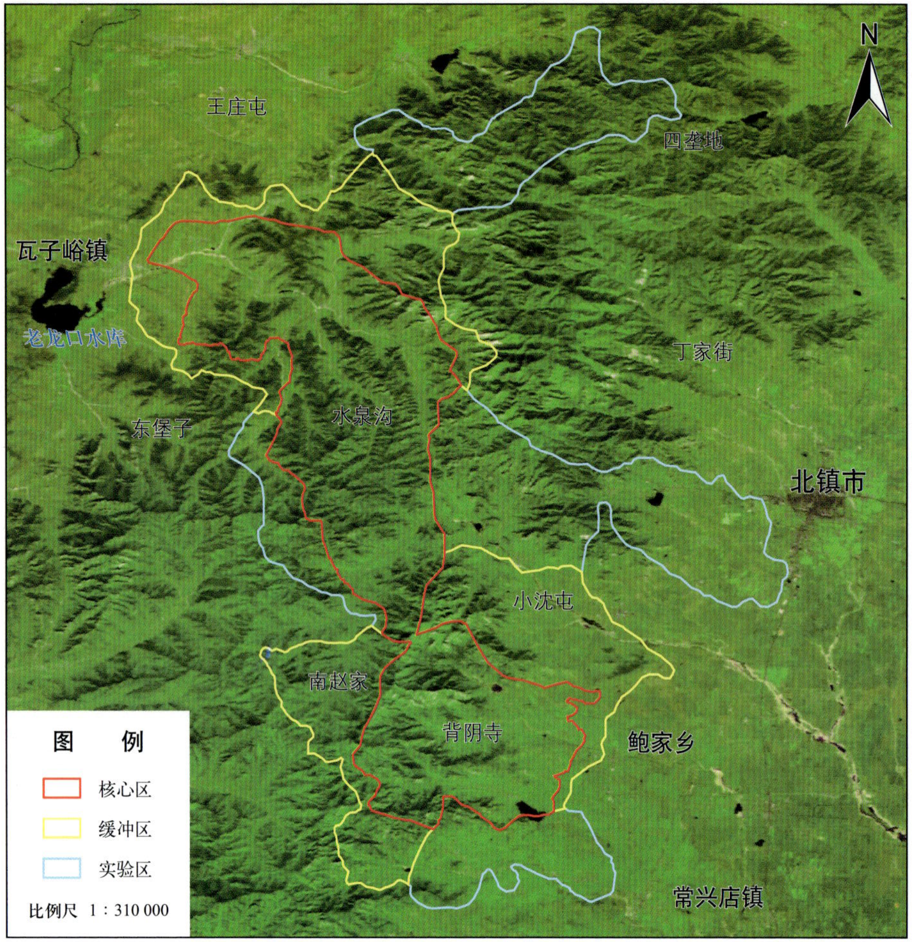
N
王庄屯
四垄地
瓦子峪镇
老龙口水库
丁家街
东堡子
水泉沟
北镇市
小沈屯
南赵家
背阴寺
鲍家乡
常兴店镇
图 例
核心区
缓冲区
实验区
比例尺 1 : 310 000

影像获取时间：2010 年

医巫闾山国家级自然保护区生态系统类型图

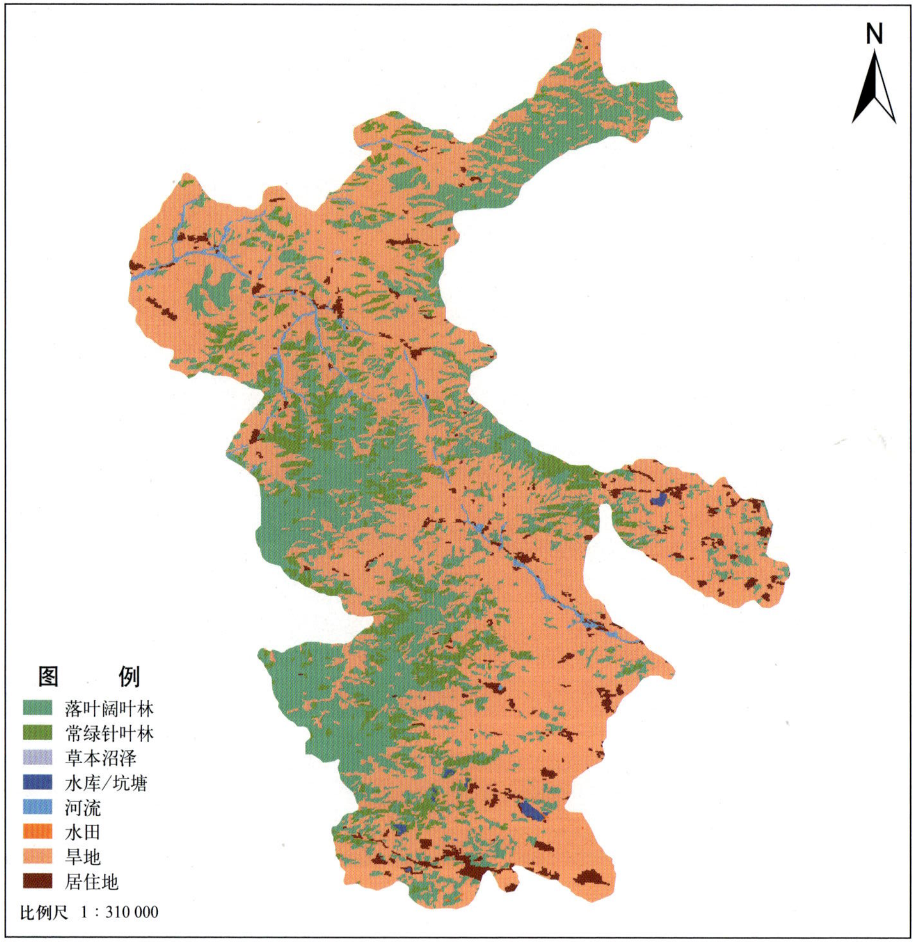
N
图 例
落叶阔叶林
常绿针叶林
草本沼泽
水库/坑塘
河流
水田
旱地
居住地
比例尺 1 : 310 000

解译参考影像时间：2011 年

医巫闾山国家级自然保护区位于辽宁省西部北镇市、义县交界处，属阴山山脉的余脉，总面积 11 459 公顷，建于 1981 年，1986 年晋升为国家级，主要保护对象为天然油松林、华北植物区系针阔混交林，属于森林生态系统类型的自然保护区。该保护区的建立对研究油松林及针阔叶混交林的演替规律具有重要价值。

沈阳
医巫闾山
国家级自然保护区

海棠山国家级自然保护区遥感影像图

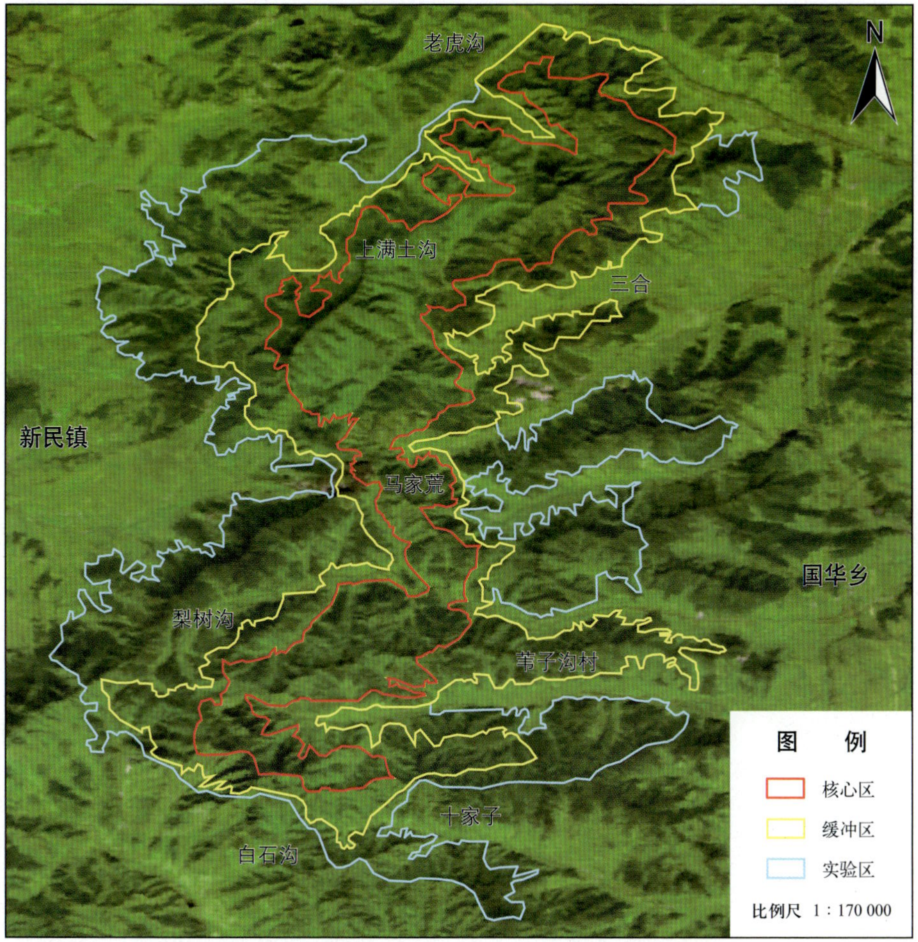
N
老虎沟
上满土沟
三合
新民镇
马家荒
国华乡
梨树沟
苇子沟村
十家子
白石沟
图 例
核心区
缓冲区
实验区
比例尺 1：170 000

影像获取时间：2010 年

海棠山国家级自然保护区生态系统类型图

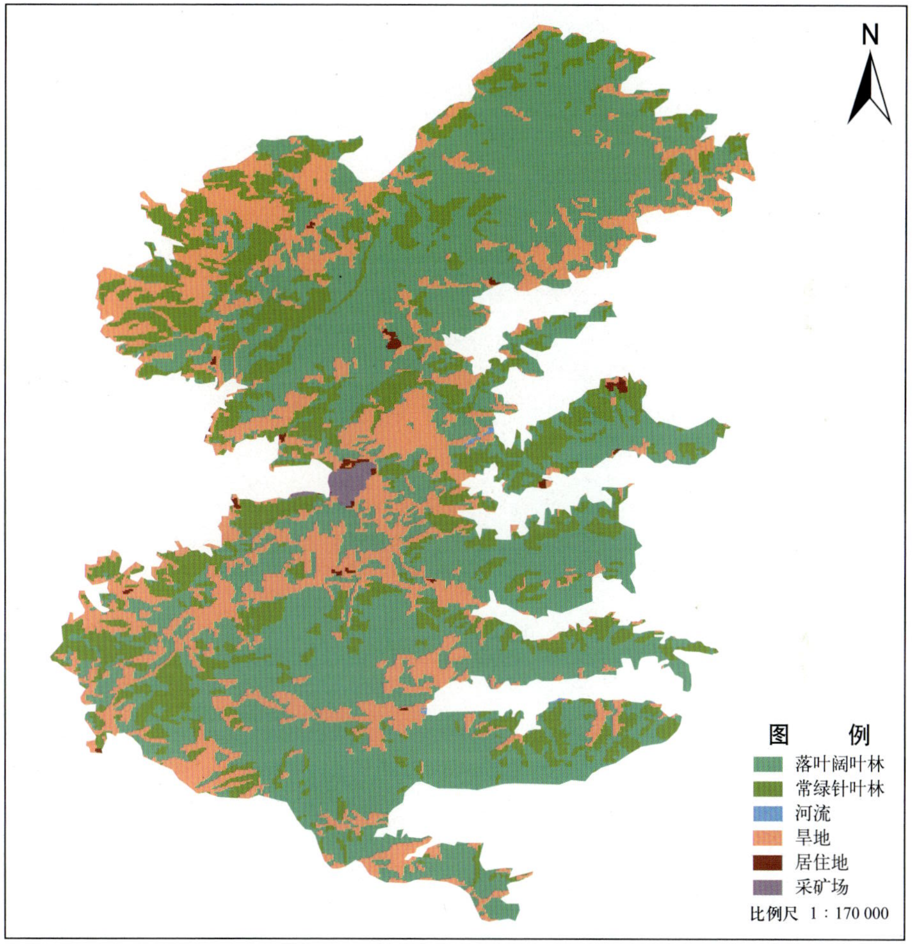
N
图 例
落叶阔叶林
常绿针叶林
河流
旱地
居住地
采矿场
比例尺 1：170 000

解译参考影像时间：2010 年

海棠山国家级自然保护区位于辽宁省阜新市阜新蒙古族自治县境内，科尔沁沙地南缘，总面积 11 003 公顷，建于 1986 年，2007 年晋升为国家级，主要保护对象为森林生态系统。该保护区地处我国一级生态敏感带上，位于荒漠化向外扩展的前沿，是辽西保存较好、森林生态类型最完整、生物多样性最丰富的天然林区，被称为辽西的“绿色明珠”，是蒙古高原到辽河平原最后一道天然屏障。

沈阳
海棠山
国家级自然保护区

章古台国家级自然保护区遥感影像图

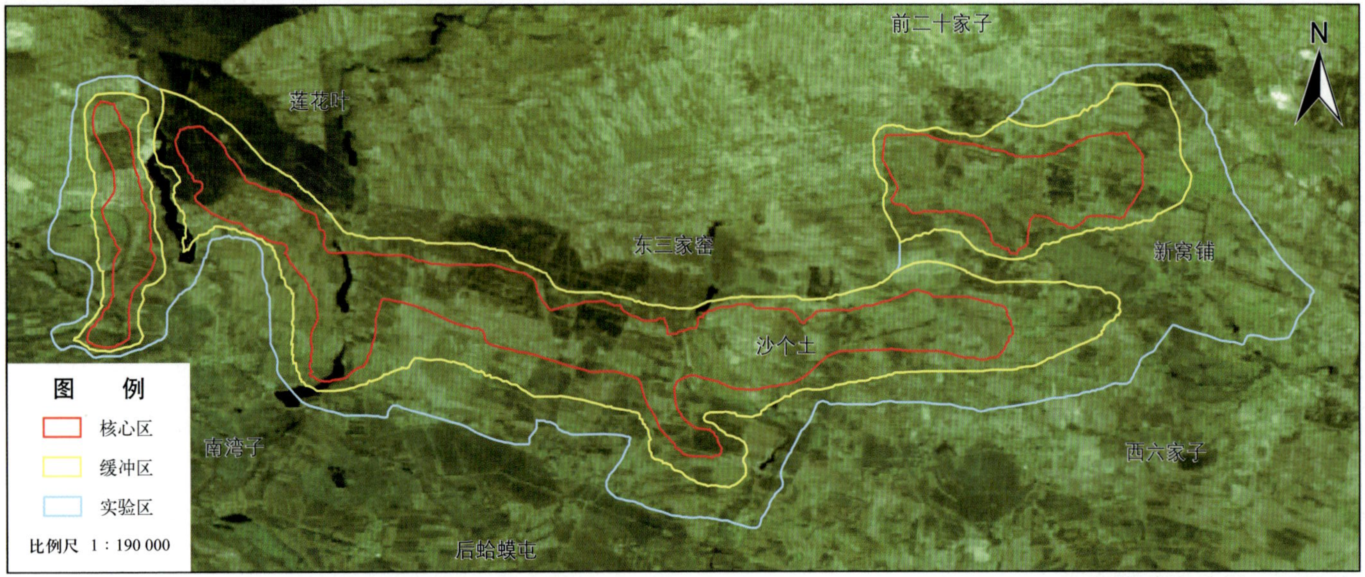
前二十家子
莲花叶
东三家窑
新窝铺
沙个土
南湾子
西六家子
后蛤蟆屯
N
图 例
核心区
缓冲区
实验区
比例尺 1：190 000

影像获取时间：2010 年

章古台国家级自然保护区生态系统类型图

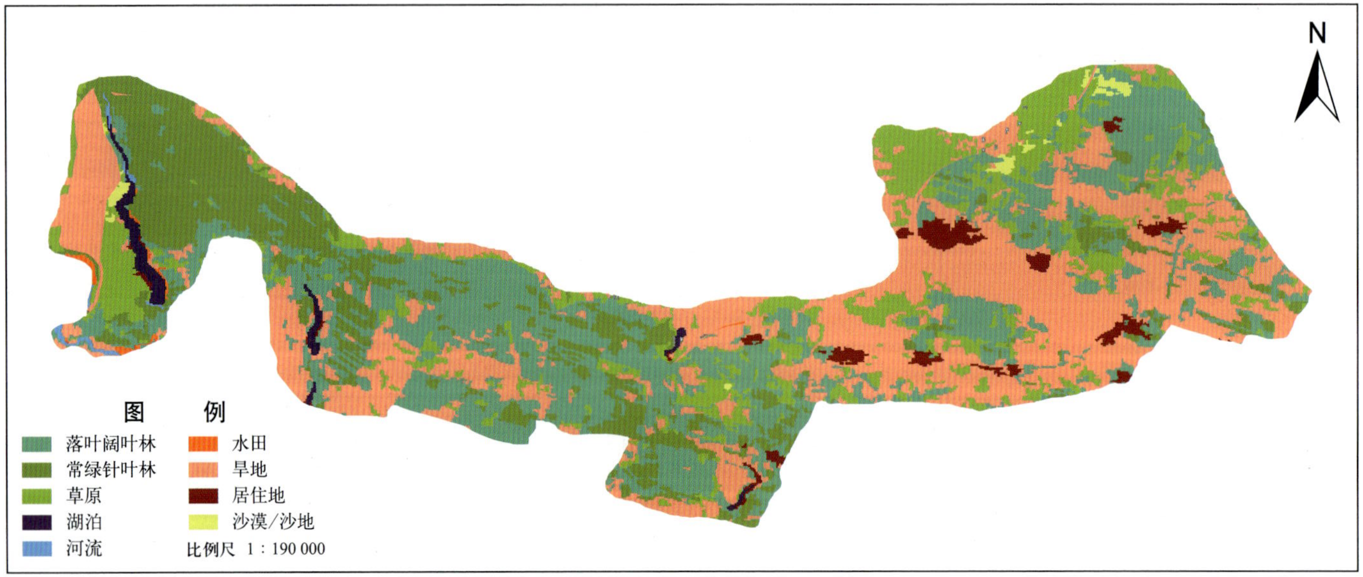
N
图 例
落叶阔叶林
常绿针叶林
草原
湖泊
河流
水田
旱地
居住地
沙漠/沙地
比例尺 1：190 000

解译参考影像时间：2011 年

章古台国家级自然保护区位于辽宁省阜新市彰武县章古台镇境内，地处科尔沁沙地东南边缘，总面积10 200公顷，建于1986年，2012年晋升为国家级，主要保护对象为沙地森林生态系统。该保护区是防止科尔沁沙地南侵、保护辽河平原、辽河中部城市群生态安全的重要屏障。

章古台
国家级自然保护区
沈阳

双台河口国家级自然保护区

双台河口国家级自然保护区遥感影像图

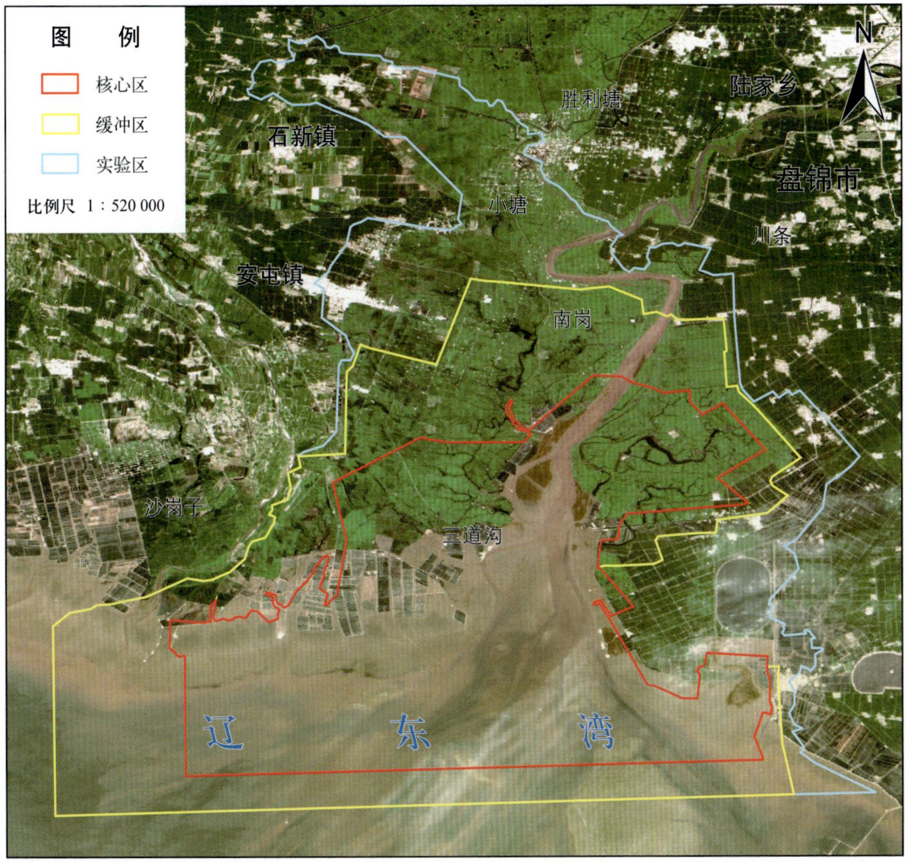
图 例
核心区
缓冲区
实验区
比例尺 1：520 000
N
石新镇
胜利塘
陆家乡
盘锦市
小塘
川条
安屯镇
南岗
沙岗子
三道沟
辽
东
湾

影像获取时间：2010 年

双台河口国家级自然保护区生态系统类型图

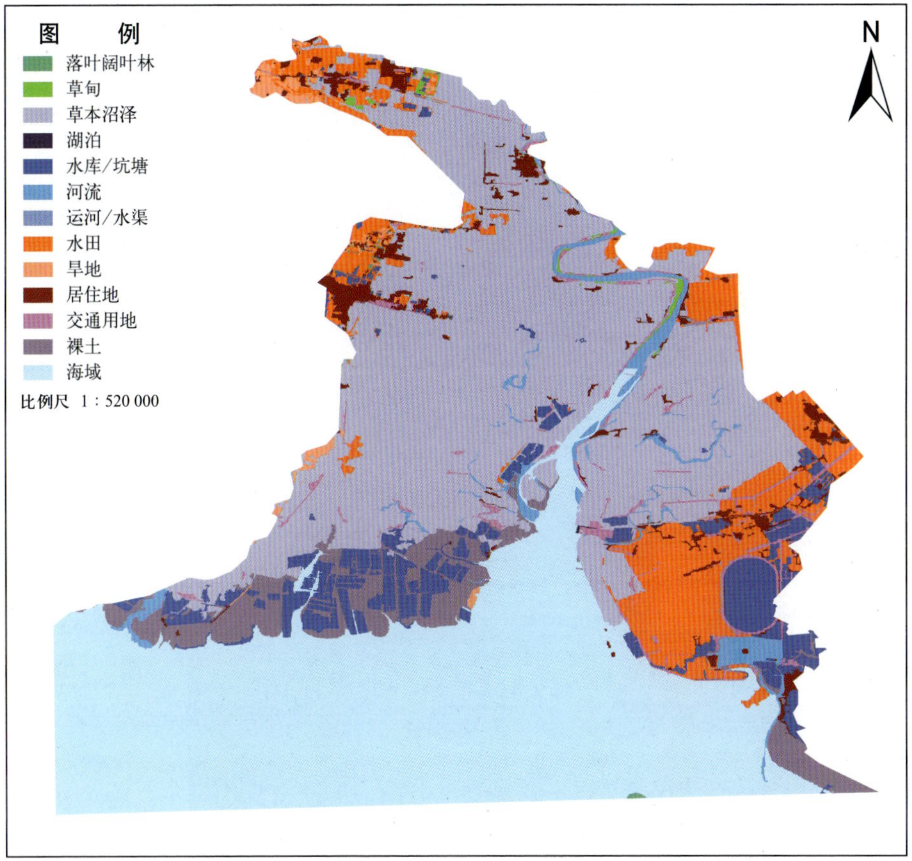
图 例
落叶阔叶林
草甸
草本沼泽
湖泊
水库/坑塘
河流
运河/水渠
水田
旱地
居住地
交通用地
裸土
海域
比例尺 1：520 000
N

解译参考影像时间：2010 年

沈阳
双台河口
国家级自然保护区

双台河口国家级自然保护区位于辽宁省盘锦市滨海地区，总面积 128 000 公顷，建于 1985 年，1988 年晋升为国家级，主要保护对象为丹顶鹤、黑嘴鸥等珍稀水禽及沿海湿地生态系统，属于野生动物类型的自然保护区。该保护区内生物资源极其丰富，仅鸟类就有 191 种，其中属国家重点保护动物有丹顶鹤、白鹤、白鹳、黑鹳等 28 种，是多种水禽的繁殖地、越冬地和众多迁徙鸟类的驿站。

努鲁儿虎山国家级自然保护区

努鲁儿虎山国家级自然保护区遥感影像图

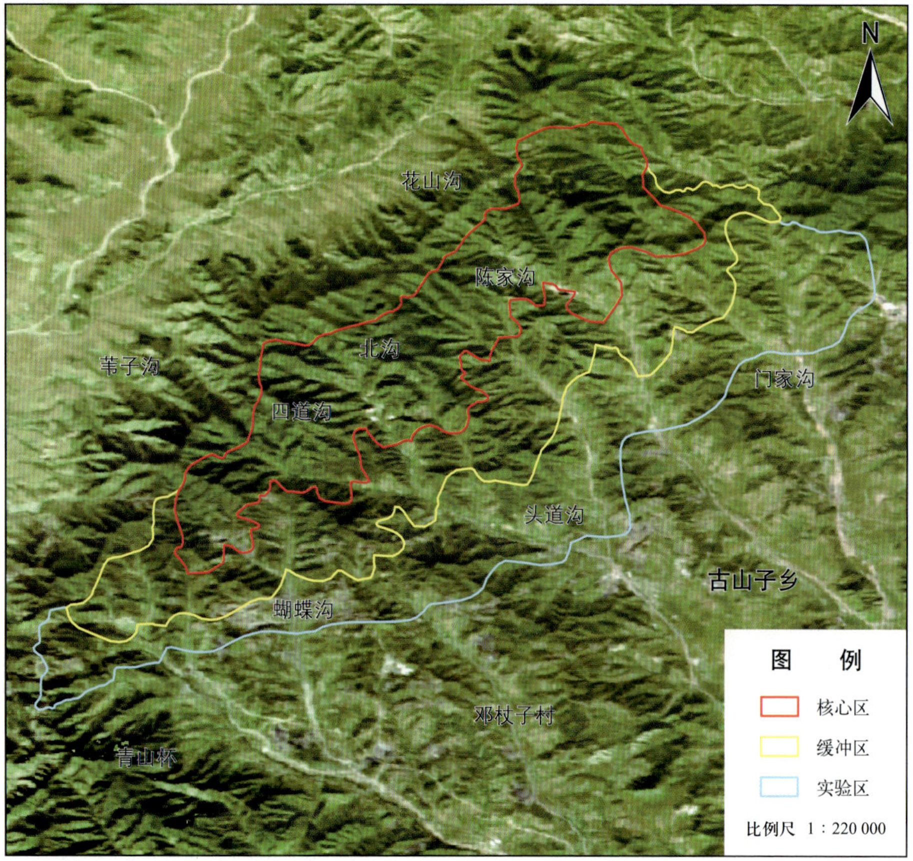
N
花山沟
陈家沟
北沟
苇子沟
四道沟
门家沟
头道沟
古山子乡
蝴蝶沟
邓杖子村
青山杯
图　例
核心区
缓冲区
实验区
比例尺　1 : 220 000

影像获取时间：2010 年

努鲁儿虎山国家级自然保护区生态系统类型图

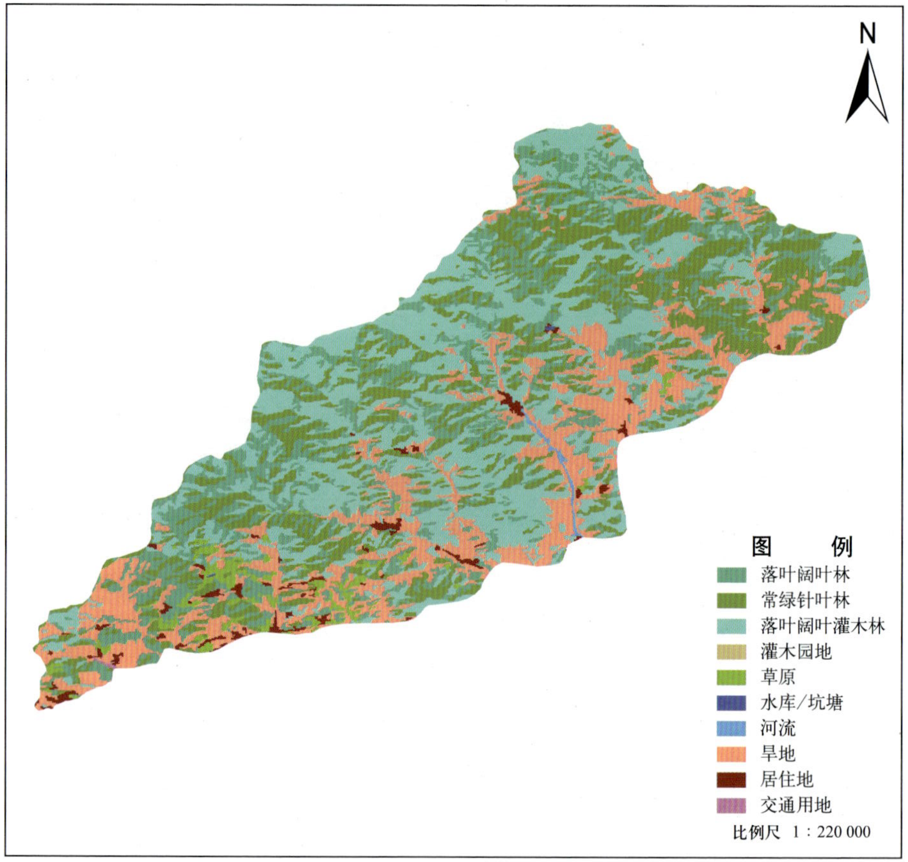
N
图　例
落叶阔叶林
常绿针叶林
落叶阔叶灌木林
灌木园地
草原
水库/坑塘
河流
旱地
居住地
交通用地
比例尺　1 : 220 000

解译参考影像时间：2010 年

沈阳
努鲁儿虎山
国家级自然保护区

努鲁儿虎山国家级自然保护区位于辽宁省朝阳市朝阳县北部与内蒙古自治区交界处，总面积 13 832 公顷，建于 2000 年，2006 年晋升为国家级，主要保护对象为华北、内蒙生物系交汇地带的森林生态系统。该保护区有辽西水土流失严重地区保存下来最完整的天然林区。

北票鸟化石国家级自然保护区遥感影像图

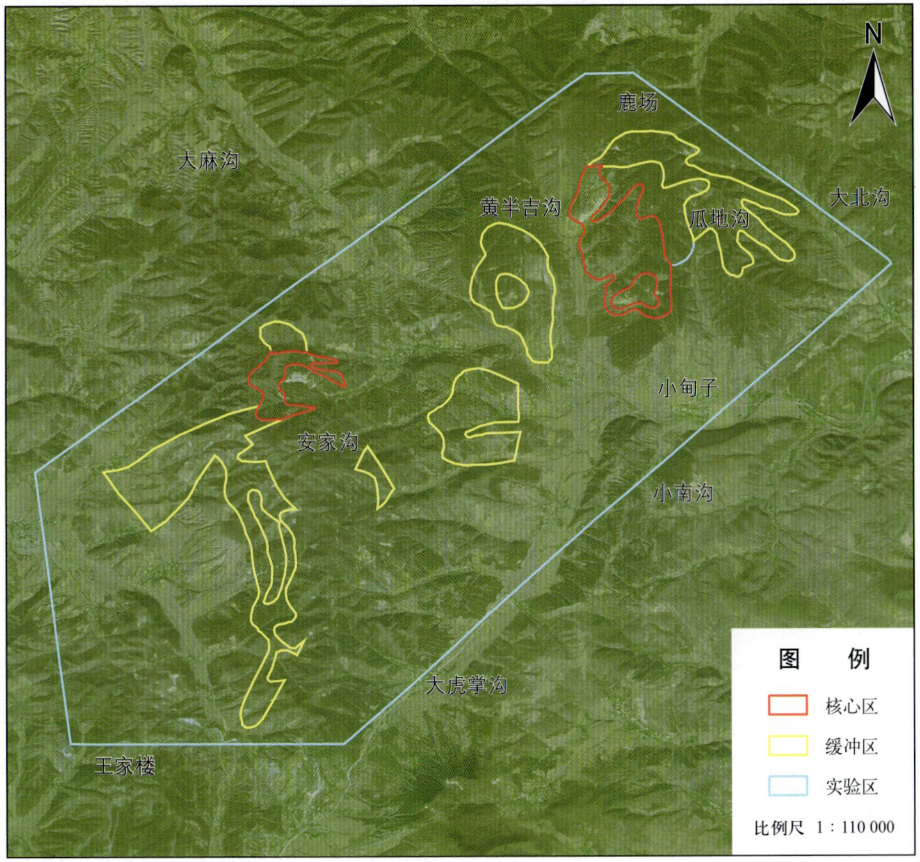
N
鹿场
大麻沟
黄半吉沟
瓜地沟
大北沟
小甸子
安家沟
小南沟
大虎掌沟
王家楼
图例
核心区
缓冲区
实验区
比例尺 1 : 110 000

影像获取时间：2010 年

北票鸟化石国家级自然保护区生态系统类型图

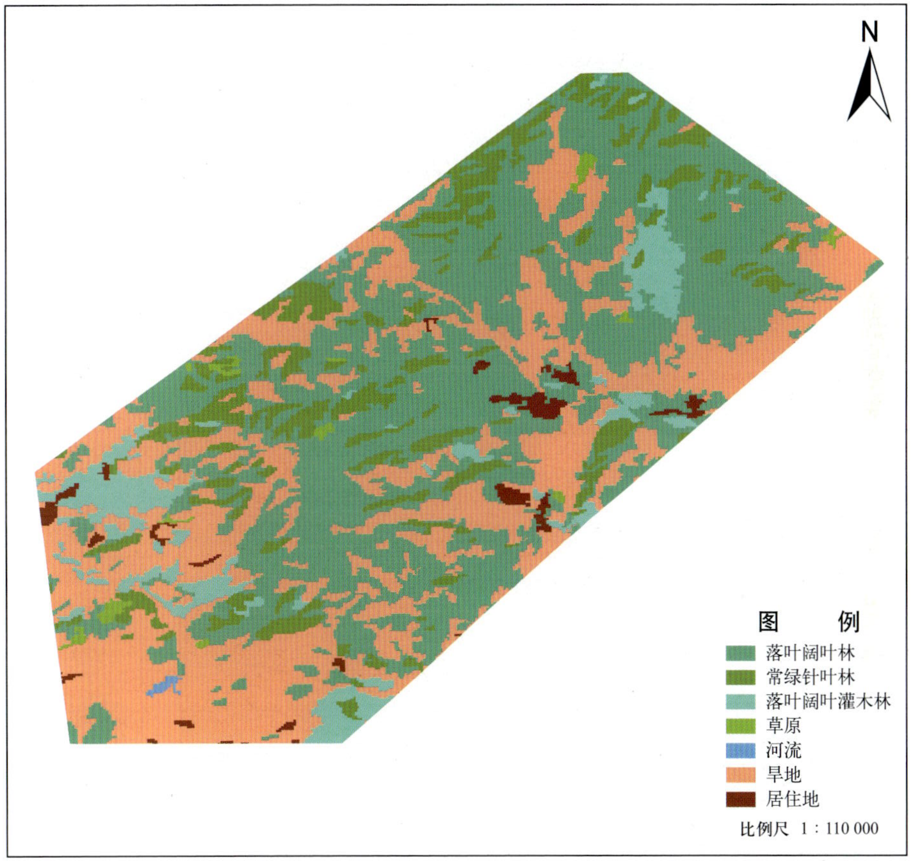
N
图例
落叶阔叶林
常绿针叶林
落叶阔叶灌木林
草原
河流
旱地
居住地
比例尺 1 : 110 000

解译参考影像时间：2011 年

沈阳
北票鸟化石
国家级自然保护区

北票鸟化石国家级自然保护区位于辽宁省北票市境内，总面积 4 630 公顷，建于 1997 年，1998 年晋升为国家级，主要保护对象为中生代晚期鸟化石等古生物化石群，属于古生物遗迹类型的自然保护区，该保护区内化石资源十分丰富，是辽宁省唯一的一个古生物国家级自然保护区。

白狼山国家级自然保护区

白狼山国家级自然保护区遥感影像图

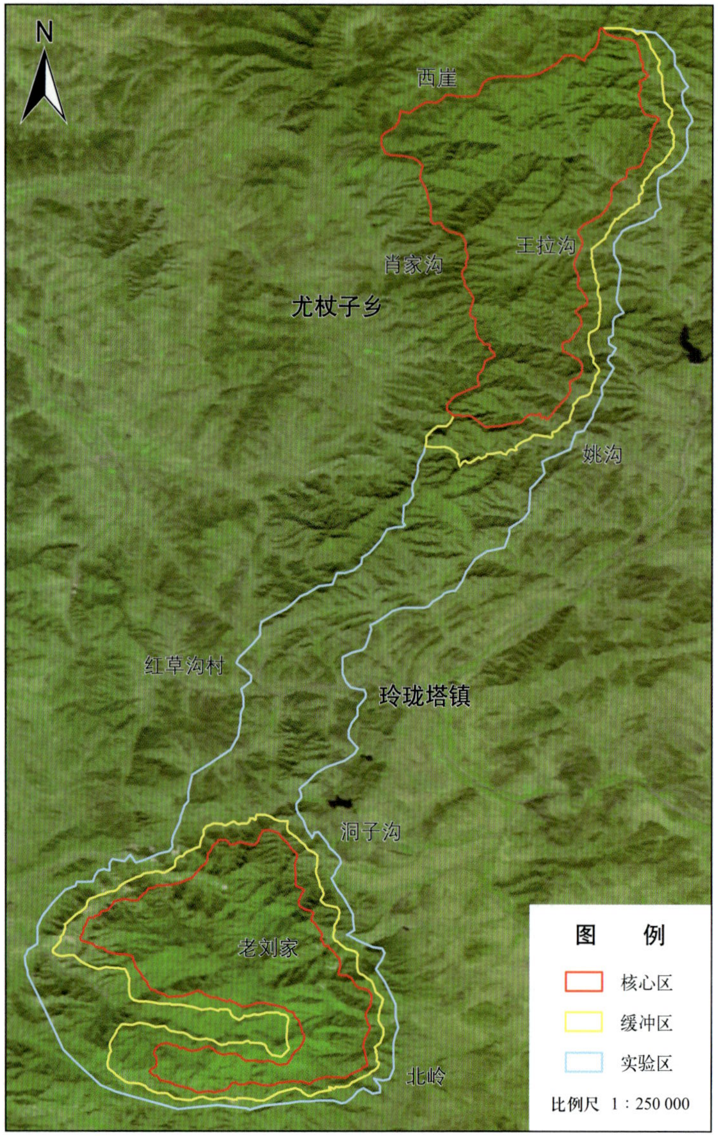
N
西崖
王拉沟
肖家沟
尤杖子乡
姚沟
红草沟村
玲珑塔镇
洞子沟
老刘家
北岭
图例
核心区
缓冲区
实验区
比例尺 1 : 250 000

影像获取时间：2010 年

白狼山国家级自然保护区生态系统类型图

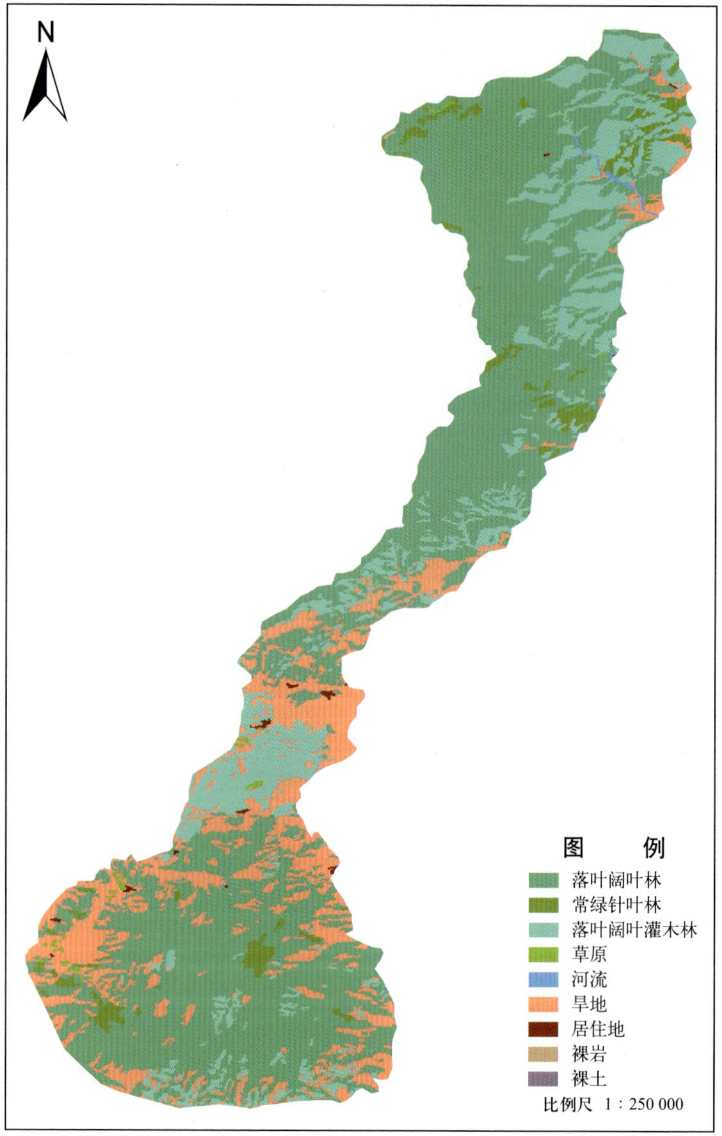
N
图例
落叶阔叶林
常绿针叶林
落叶阔叶灌木林
草原
河流
旱地
居住地
裸岩
裸土
比例尺 1 : 250 000

解译参考影像时间：2011 年

沈阳
白狼山
国家级自然保护区

白狼山国家级自然保护区位于辽宁省葫芦岛市建昌县境内，保护区呈西南向东北方向走向，为狭长形，形状呈纺锤状，总面积 17 440 公顷，建于 2001 年，2011 年晋升为国家级，主要保护对象为华北植物区系北缘森林生态系统，属于森林生态系统的自然保护区。

波罗湖国家级自然保护区遥感影像图

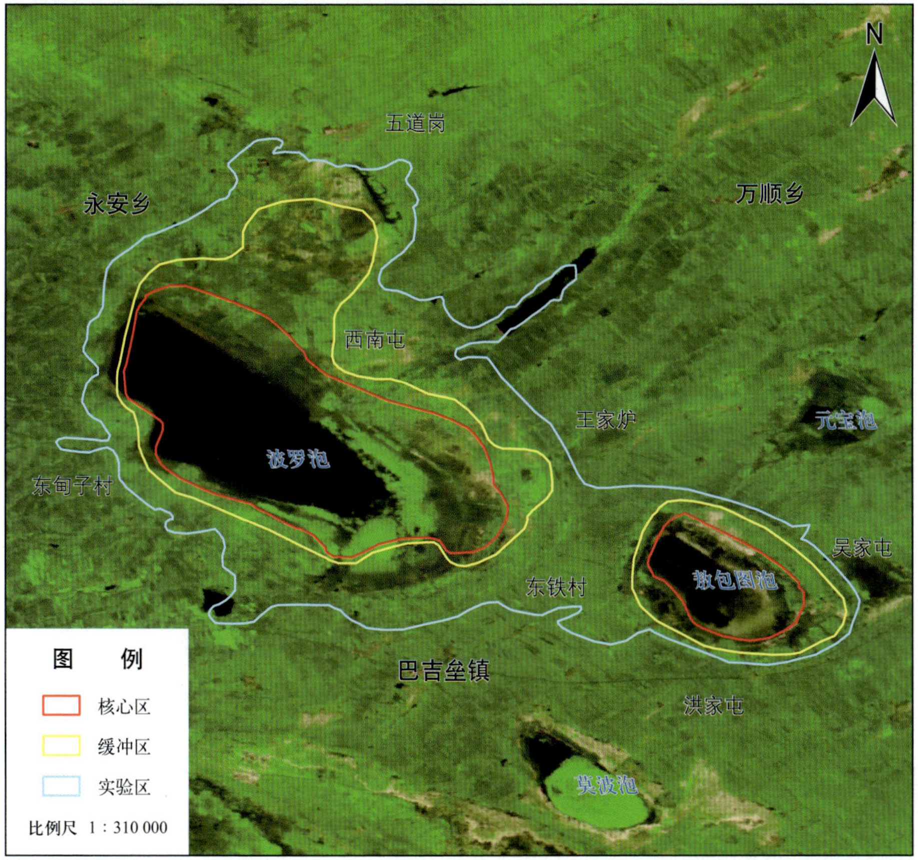
N
五道岗
永安乡
万顺乡
西南屯
王家炉
元宝泡
波罗泡
东甸子村
吴家屯
东铁村
敖包图泡
巴吉垒镇
洪家屯
莫波泡
图 例
核心区
缓冲区
实验区
比例尺 1 : 310 000

影像获取时间：2010 年

波罗湖国家级自然保护区生态系统类型图

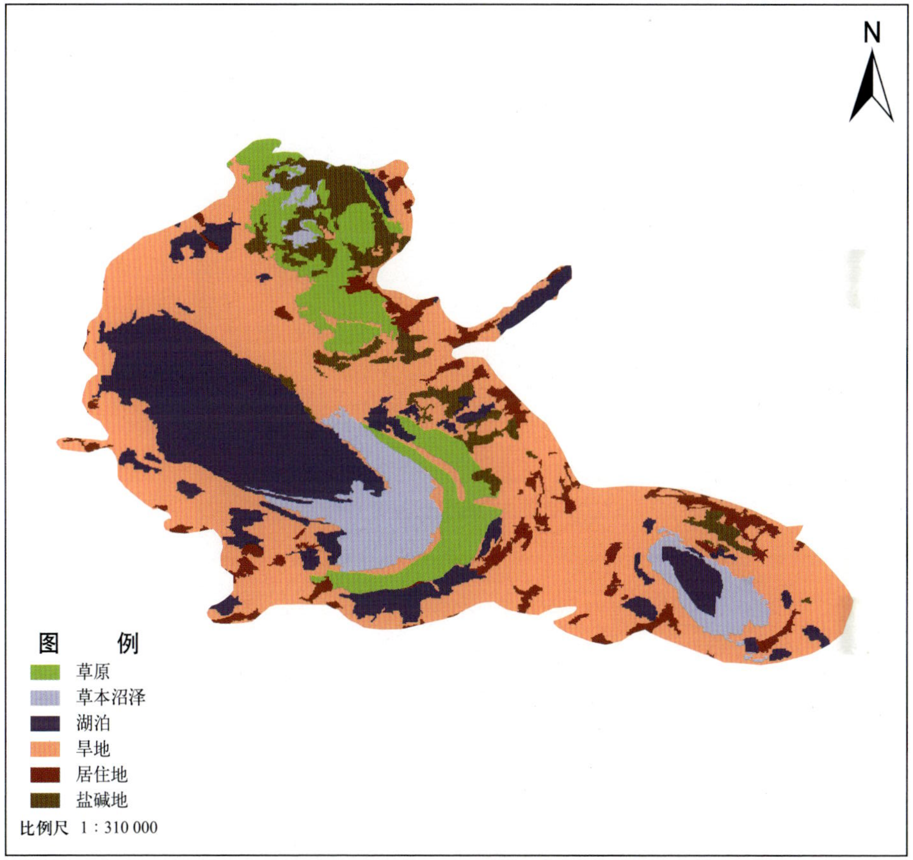
N
图 例
草原
草本沼泽
湖泊
旱地
居住地
盐碱地
比例尺 1 : 310 000

解译参考影像时间：2011 年

波罗湖
国家级自然保护区
长春

波罗湖国家级自然保护区位于吉林省长春市农安县西部，总面积24 915公顷，建于2004年，2009年晋升为国家级，主要保护对象为湿地生态系统及鹤、鹳类珍稀濒危鸟类，属于内陆湿地类型的自然保护区。波罗湖被誉为“长春天然的肺叶”，是长春市最大的淡水湖泊，吉林省的第三大泡塘，也是吉林省中部唯一的大块自然湿地。

松花江三湖国家级自然保护区遥感影像图

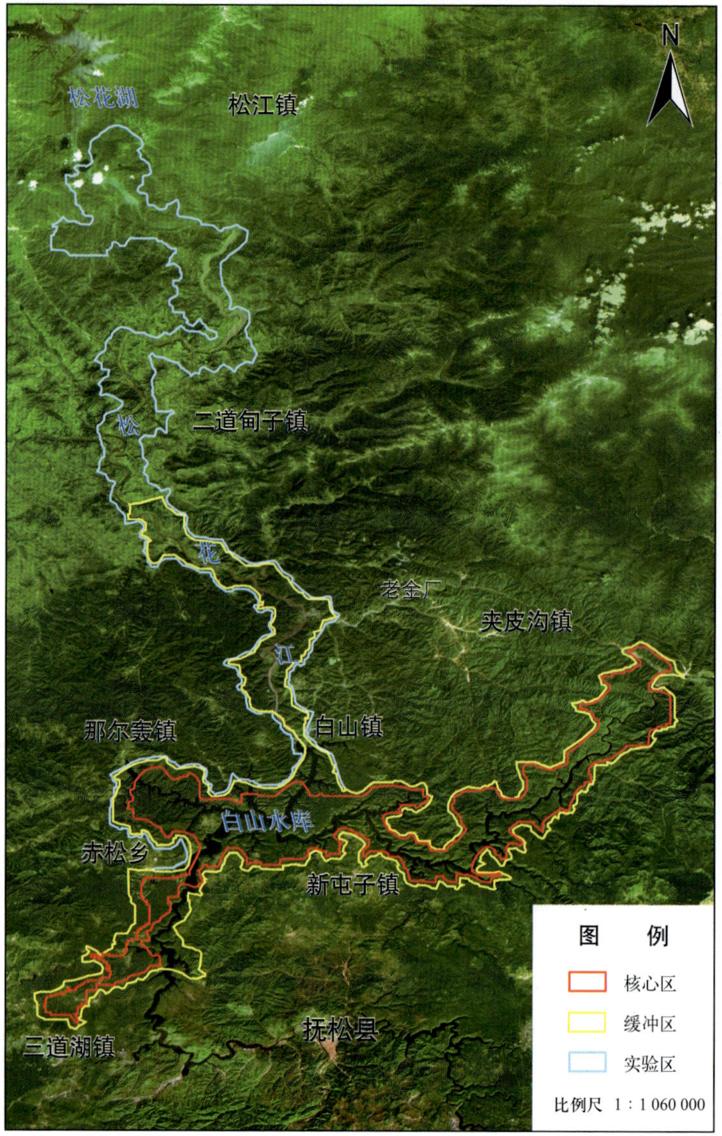
松花湖
松江镇
松
二道甸子镇
花
老金厂
夹皮沟镇
江
白山镇
那尔轰镇
白山水库
赤松乡
新屯子镇
三道湖镇
抚松县
N
图 例
核心区
缓冲区
实验区
比例尺 1 : 1 060 000

影像获取时间：2010 年

松花江三湖国家级自然保护区生态系统类型图

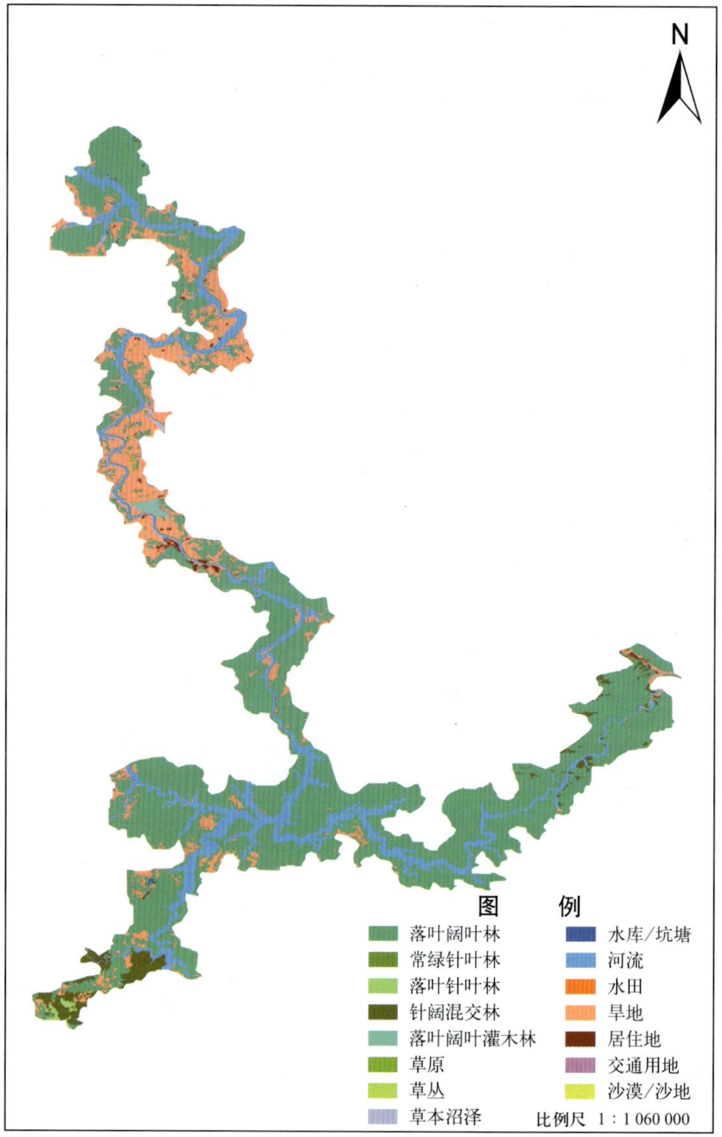
N
图 例
落叶阔叶林
常绿针叶林
落叶针叶林
针阔混交林
落叶阔叶灌木林
草原
草丛
草本沼泽
水库/坑塘
河流
水田
旱地
居住地
交通用地
沙漠/沙地
比例尺 1 : 1 060 000

解译参考影像时间：2010 年

长春
松花江三湖
国家级自然保护区

松花江三湖国家级自然保护区位于吉林省吉林市境内，因内有松花湖、红石湖、白山湖三大湖泊而得名，总面积 115 253 公顷，建于 1990 年，2010 年晋升为国家级，主要保护对象为森林及水域生态系统，属于森林生态系统类型的自然保护区。该保护区内生态系统的组成成分与结构极为复杂，类型多样，生态资源极为丰富，是东北地区重要的物种基因库。

伊通火山群国家级自然保护区遥感影像图

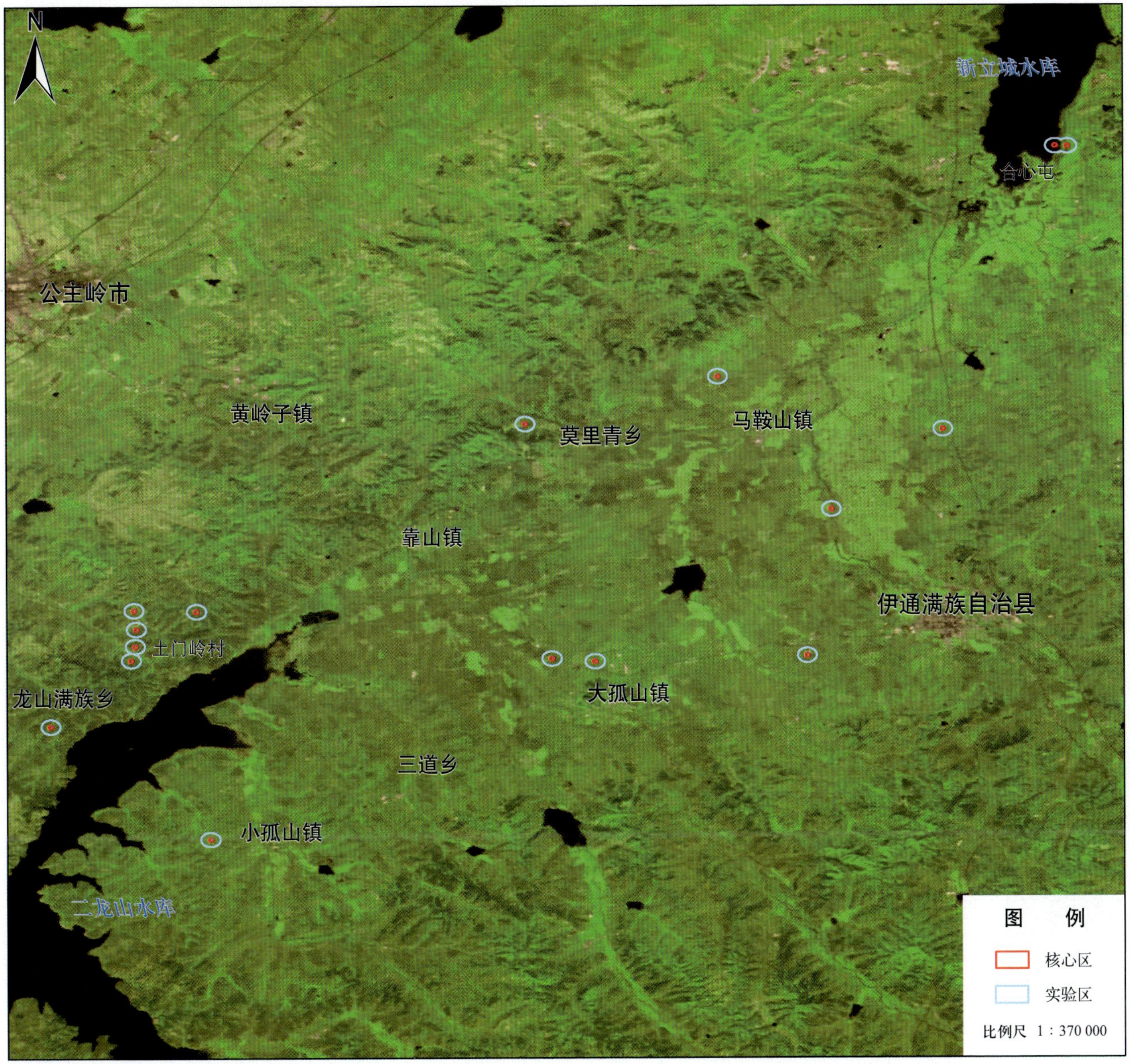
N
新立城水库
合心屯
公主岭市
黄岭子镇
莫里青乡
马鞍山镇
靠山镇
伊通满族自治县
土门岭村
龙山满族乡
大孤山镇
三道乡
小孤山镇
二龙山水库
图 例
核心区
实验区
比例尺 1：370 000

影像获取时间：2010 年

伊通火山群国家级自然保护区位于吉林省四平市伊通满族自治县境内，总面积765公顷，建于1983年，1992年晋升为国家级，主要保护对象为基性玄武岩“侵出式”火山地质遗迹和火山景观，属于地质遗迹类型的自然保护区。该火山群典型、独特的“侵出式”火山属国内唯一，在国际上也属罕见，具有重要的科学价值和观赏价值。

长春
伊通火山群
国家级自然保护区

龙湾国家级自然保护区

龙湾国家级自然保护区位于吉林省长白山北麓龙岗山脉中段、通化市辉南县境内，总面积15 061公顷，建于1991年，2003年晋升为国家级，主要保护对象为以火山地貌为基础形成的湿地、森林生态系统及火山湖泊，属于内陆湿地类型的自然保护区。该保护区湿地类型多样，在我国湿地资源中非常独特，具有很高的科研价值。

长春
龙湾
国家级自然保护区

龙湾国家级自然保护区遥感影像图

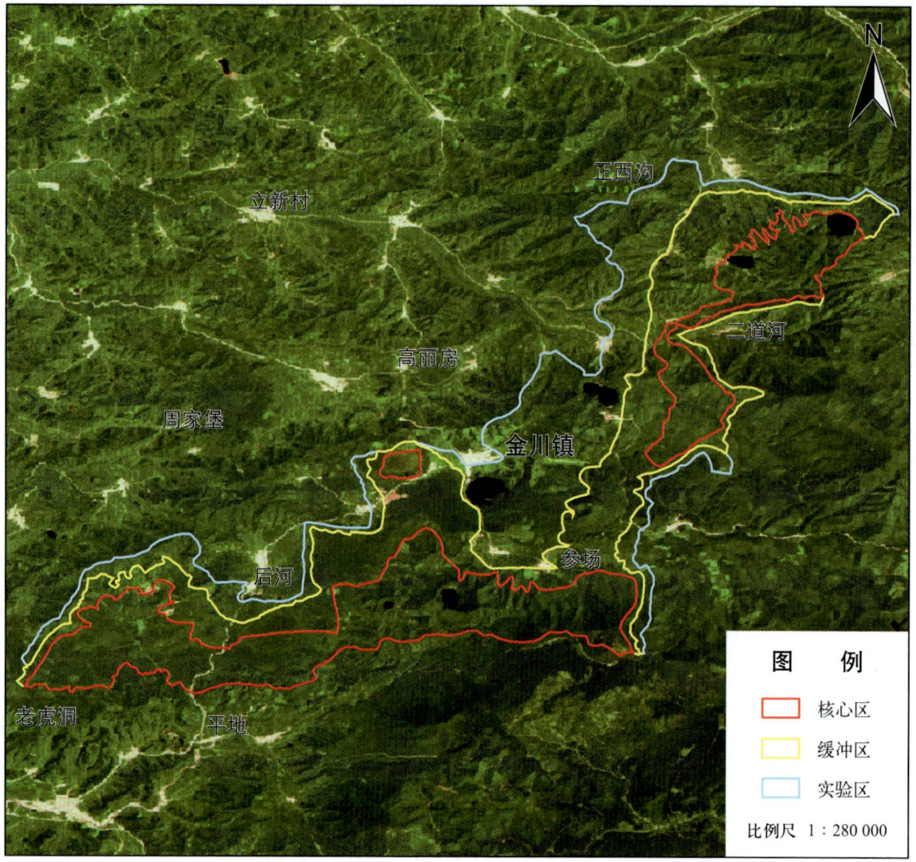
N
立新村
正西沟
二道河
高丽房
周家堡
金川镇
参场
后河
老虎洞
平地
图 例
核心区
缓冲区
实验区
比例尺 1：280 000

影像获取时间：2010年

龙湾国家级自然保护区生态系统类型图

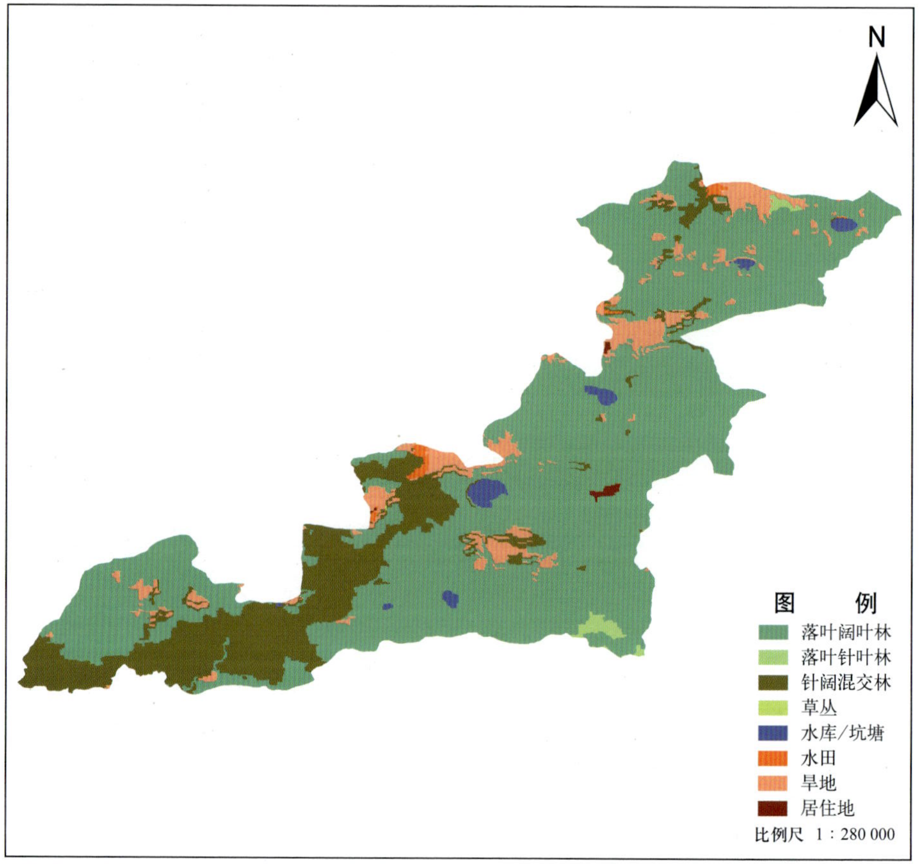
N
图 例
落叶阔叶林
落叶针叶林
针阔混交林
草丛
水库/坑塘
水田
旱地
居住地
比例尺 1：280 000

解译参考影像时间：2011年

哈泥国家级自然保护区遥感影像图

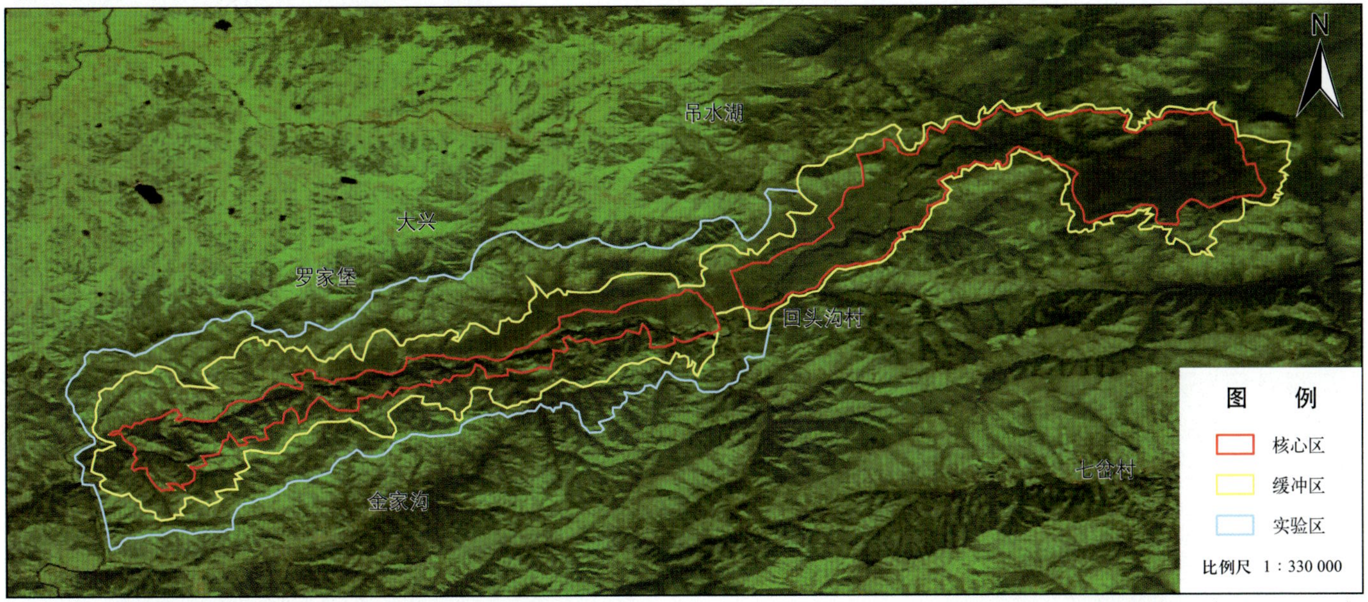
N
吊水湖
大兴
罗家堡
回头沟村
七台村
金家沟
图 例
核心区
缓冲区
实验区
比例尺 1 : 330 000

影像获取时间：2010 年

哈泥国家级自然保护区生态系统类型图

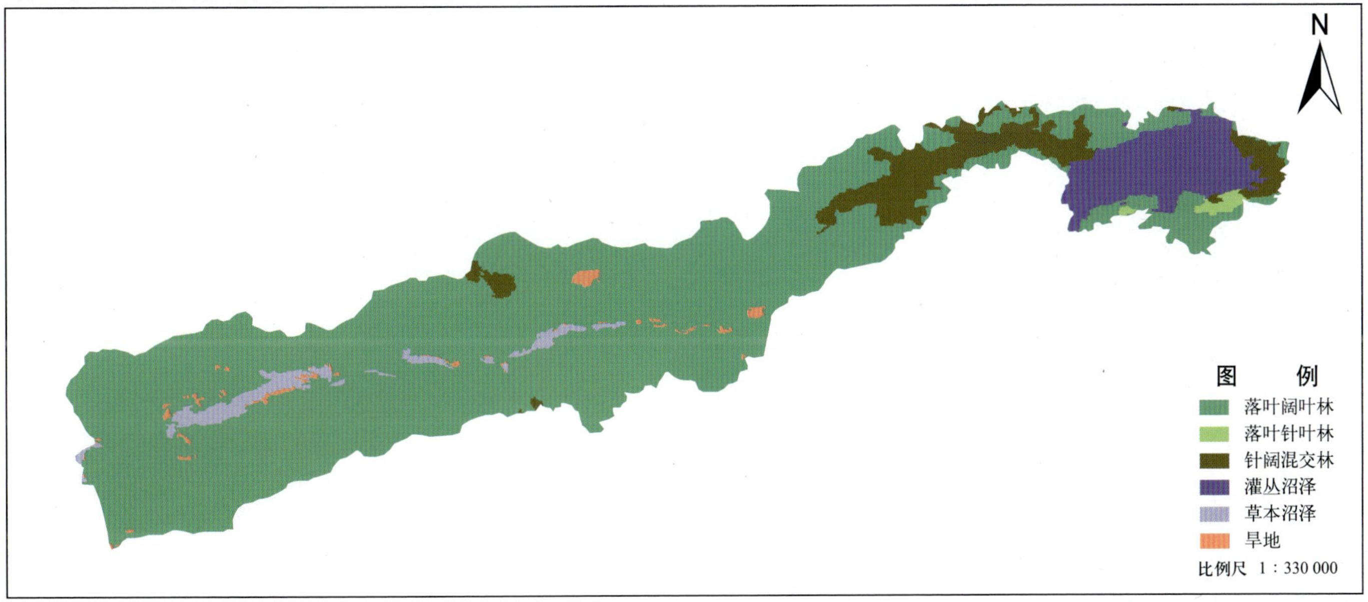
N
图 例
落叶阔叶林
落叶针叶林
针阔混交林
灌丛沼泽
草本沼泽
旱地
比例尺 1 : 330 000

解译参考影像时间：2011 年

哈泥国家级自然保护区位于吉林省通化市柳河县东南，总面积22 230 公顷，建于1991 年，2009 年晋升为国家级，主要保护对象为沼泽湿地生态系统，属于内陆湿地类型的自然保护区。该保护区有中国罕见的东北高山湿地。

长春
哈泥
国家级自然保护区

靖宇国家级自然保护区

长春
靖宇
国家级自然保护区

靖宇国家级自然保护区位于吉林省白山市靖宇县西南部，总面积15 038公顷，建于2002年，2012年晋升为国家级，主要保护对象为火山群地质遗迹，属于地质遗迹型自然保护区。该保护区内火山地貌形态齐全，类型多样且规模巨大，形态保存完好，观赏性强，具有很高的科学研究价值，并具有一定的典型性、稀有性和代表性。

靖宇国家级自然保护区遥感影像图

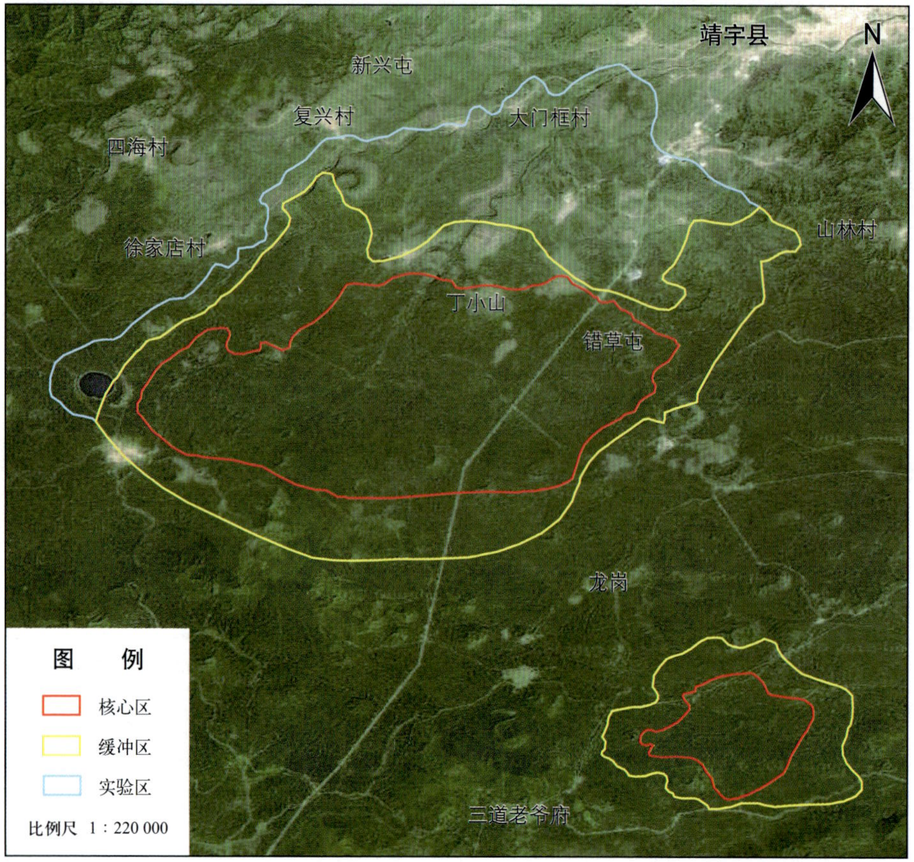
靖宇县
N
新兴屯
复兴村
大门框村
四海村
徐家店村
山林村
丁小山
错草屯
龙岗
三道老爷府
图 例
核心区
缓冲区
实验区
比例尺 1 : 220 000

影像获取时间：2010年

靖宇国家级自然保护区生态系统类型图

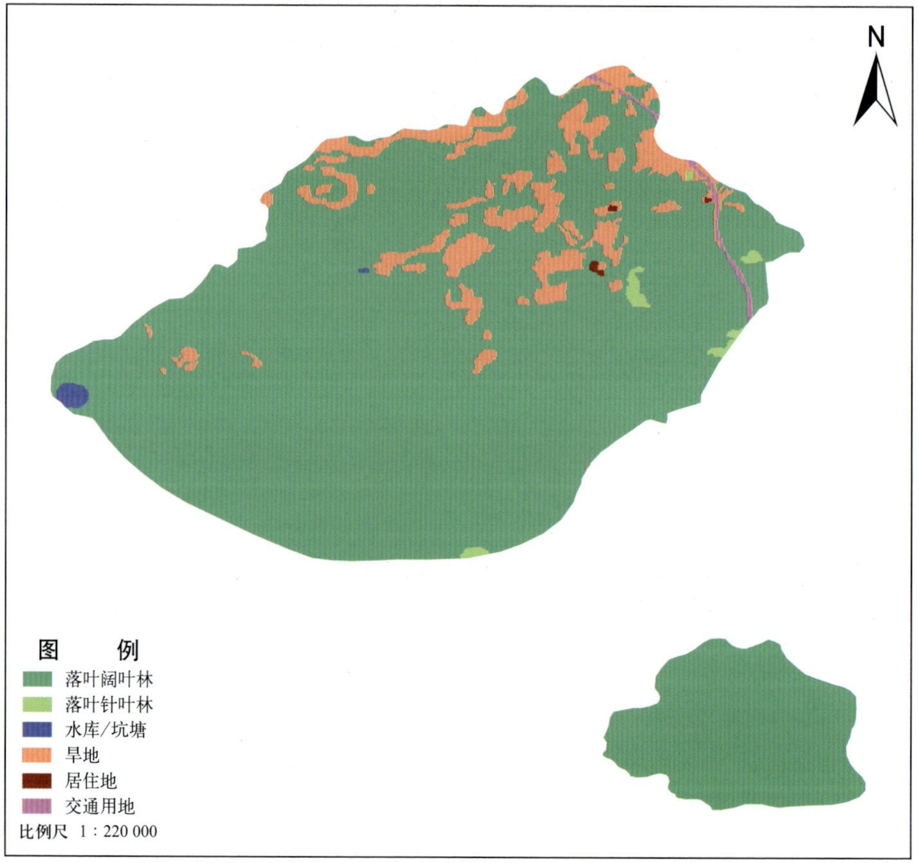
N
图 例
落叶阔叶林
落叶针叶林
水库/坑塘
旱地
居住地
交通用地
比例尺 1 : 220 000

解译参考影像时间：2011年

鸭绿江上游国家级自然保护区遥感影像图

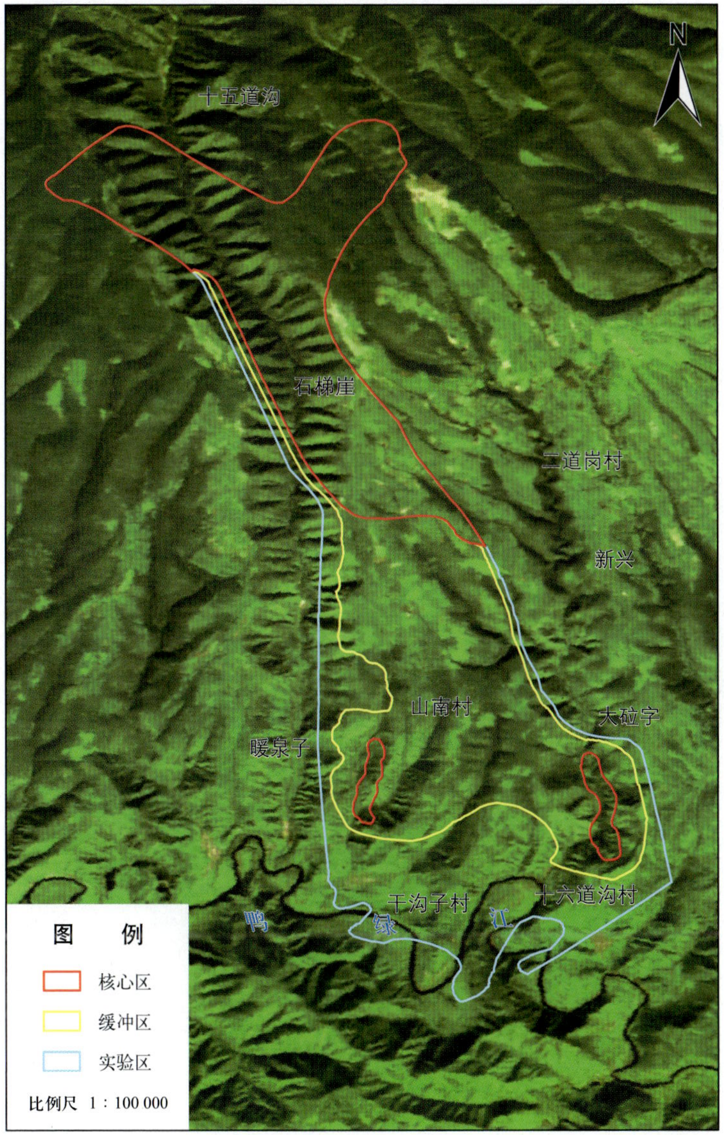
N
十五道沟
石梯崖
二道岗村
新兴
山南村
太粒子
暖泉子
干沟子村
十六道沟村
鸭
绿
江
图 例
核心区
缓冲区
实验区
比例尺 1 : 100 000

影像获取时间：2010 年

鸭绿江上游国家级自然保护区生态系统类型图

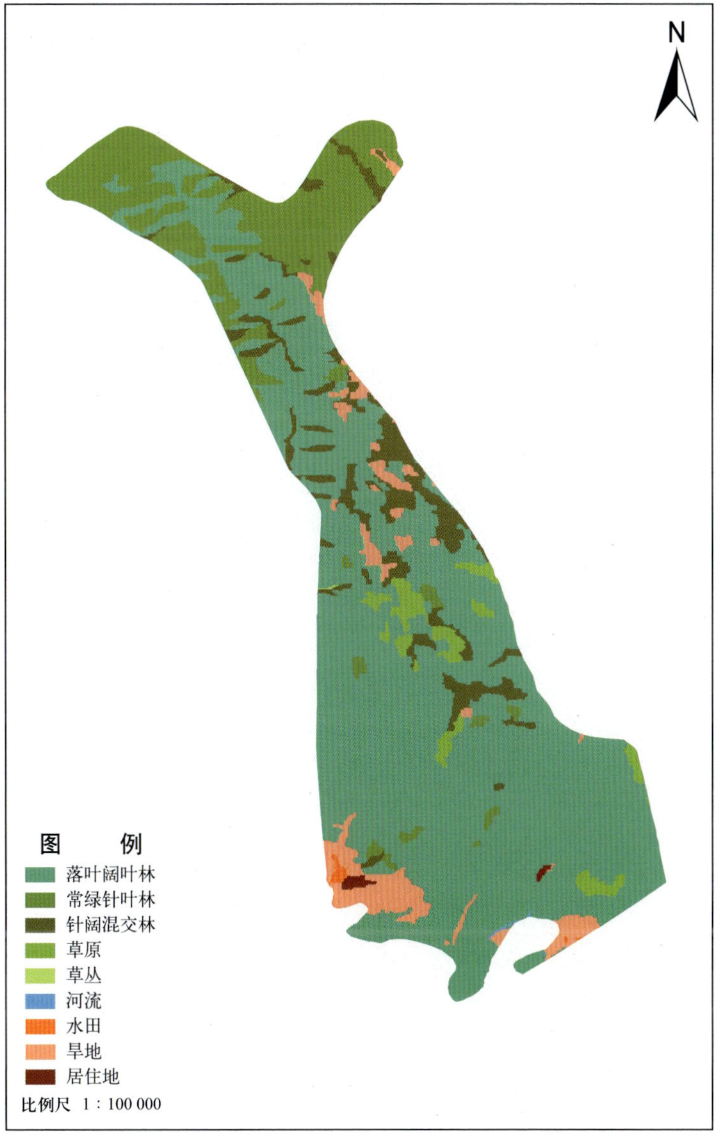
N
图 例
落叶阔叶林
常绿针叶林
针阔混交林
草原
草丛
河流
水田
旱地
居住地
比例尺 1 : 100 000

解译参考影像时间：2011 年

长春
鸭绿江上游
国家级自然保护区

鸭绿江上游国家级自然保护区位于吉林省东南部中朝边界鸭绿江上游，白山市长白朝鲜族自治县中部、长白山南麓，总面积 20 306 公顷，建于 1996 年，2003 年晋升为国家级，主要保护对象为珍稀冷水性鱼类及其生态环境，属于野生动物类型的自然保护区。该保护区内物种资源丰富，植物区系以长白山植物区系为主，共有高等植物 73 科 208 属 305 种，高等动物 147 种，其中国家重点保护的动物有 25 种。

查干湖国家级自然保护区

查干湖
国家级自然保护区
长春

查干湖国家级自然保护区位于吉林省松原市前郭尔罗斯蒙古族自治县、乾安县及大安市境内，总面积 50 684 公顷，建于 1986 年，2007 年晋升为国家级，主要保护对象为湿地生态系统及珍稀鸟类，属于内陆湿地类型的自然保护区。该保护区内动植物资源丰富，在 239 种鸟类中有国家一、二级保护鸟类 43 种。

查干湖国家级自然保护区遥感影像图

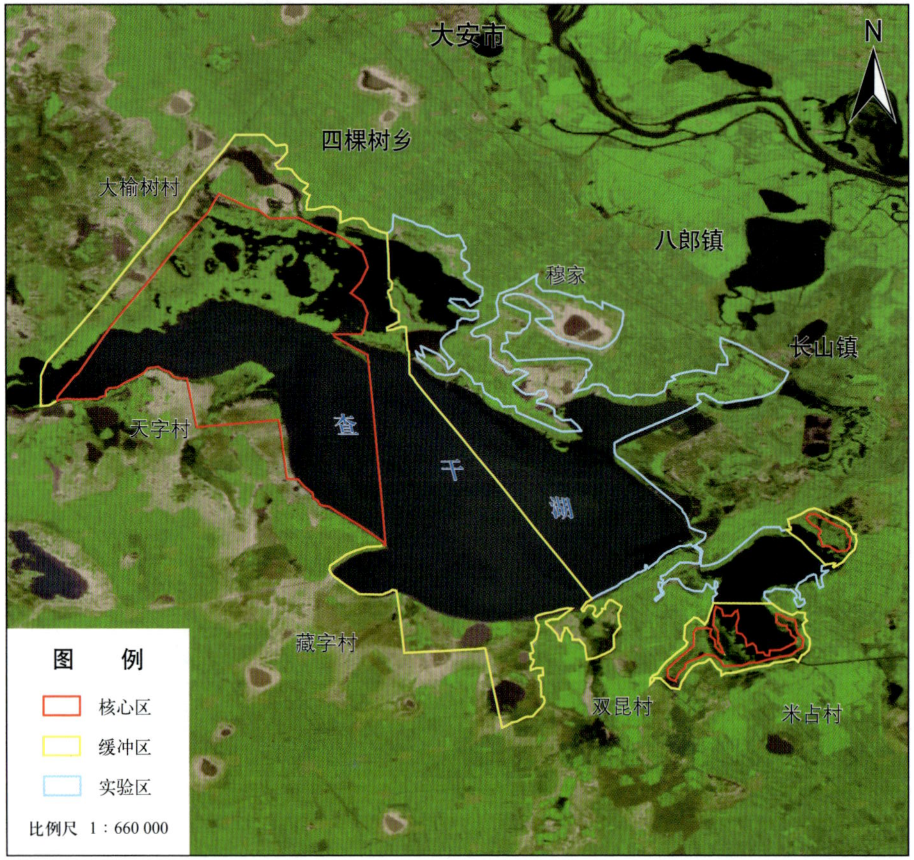
N
大安市
四棵树乡
大榆树村
八郎镇
穆家
长山镇
天字村
查
干
湖
藏字村
双昆村
米占村
图 例
核心区
缓冲区
实验区
比例尺 1 : 660 000

影像获取时间：2010 年

查干湖国家级自然保护区生态系统类型图

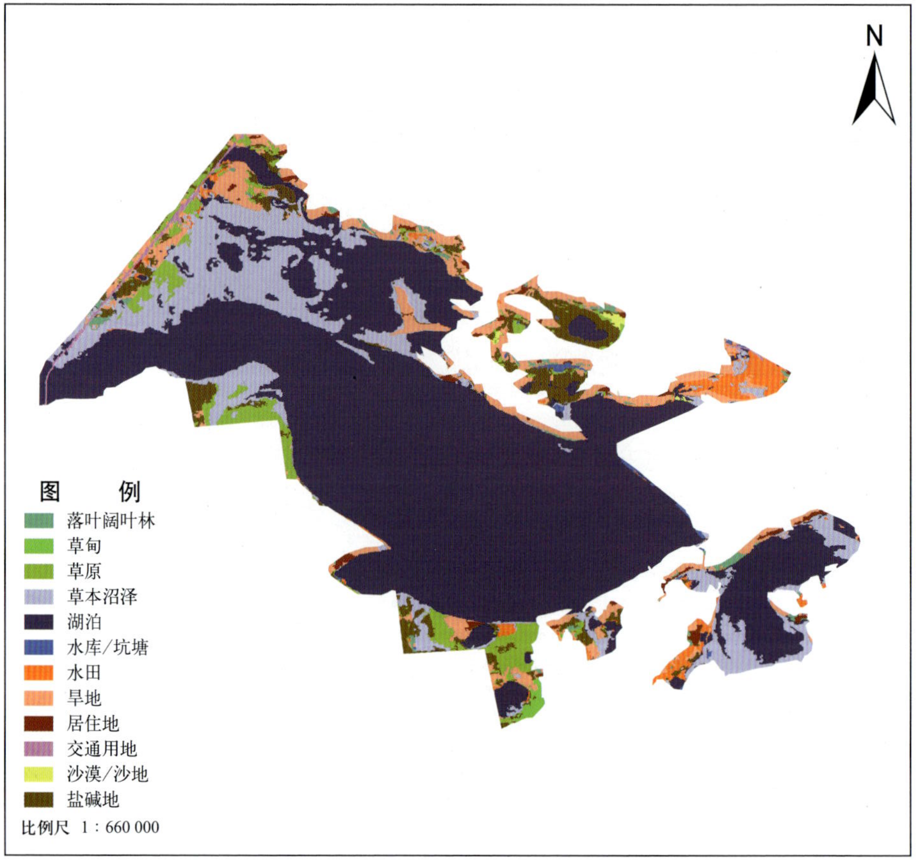
N
图 例
落叶阔叶林
草甸
草原
草本沼泽
湖泊
水库/坑塘
水田
旱地
居住地
交通用地
沙漠/沙地
盐碱地
比例尺 1 : 660 000

解译参考影像时间：2011 年

大布苏国家级自然保护区遥感影像图

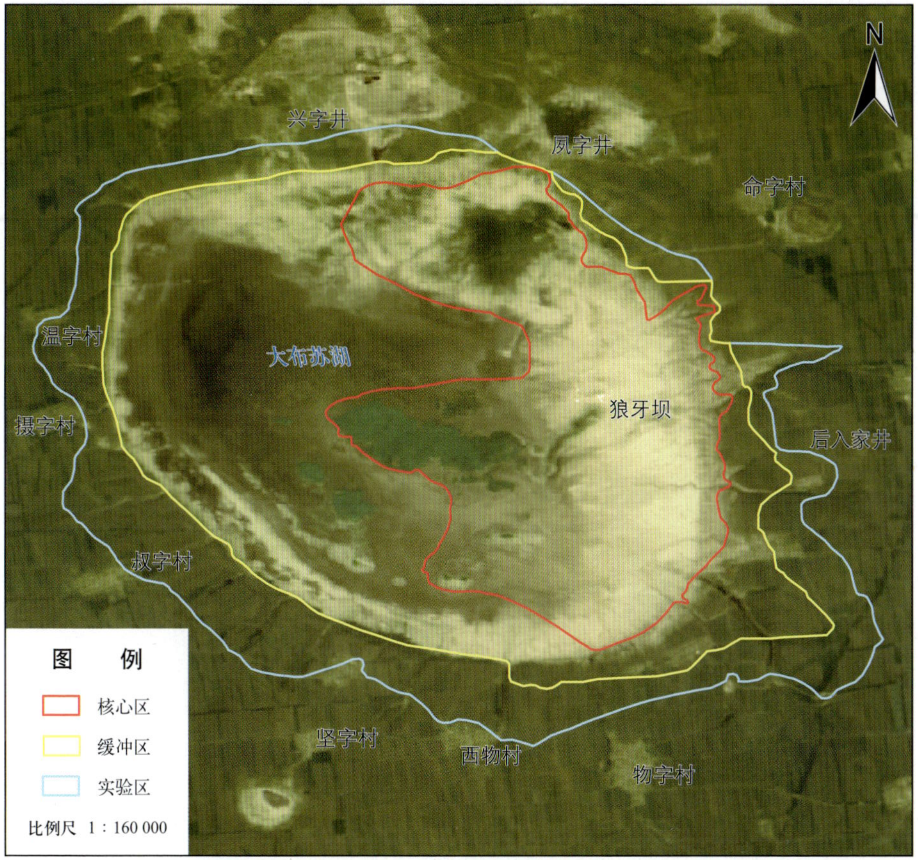
N
兴字井
夙字井
命字村
温字村
大布苏湖
狼牙坝
摄字村
后入家井
叔字村
坚字村
西物村
物字村
图 例
核心区
缓冲区
实验区
比例尺 1：160 000

影像获取时间：2010 年

大布苏国家级自然保护区生态系统类型图

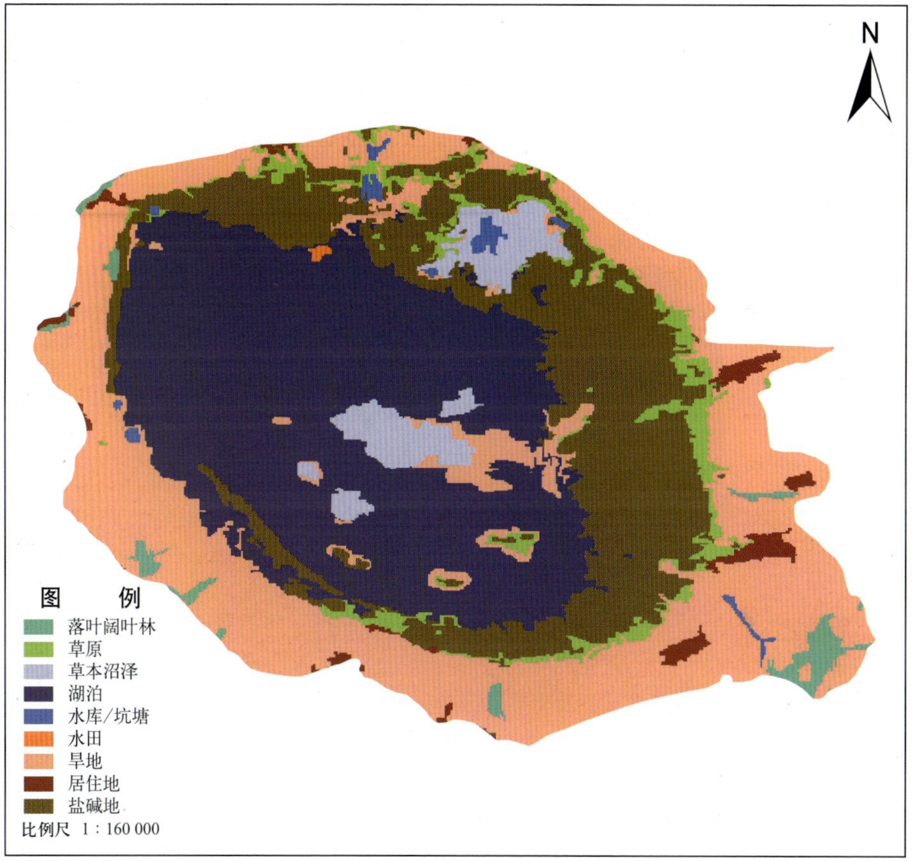
N
图 例
落叶阔叶林
草原
草本沼泽
湖泊
水库/坑塘
水田
旱地
居住地
盐碱地
比例尺 1：160 000

解译参考影像时间：2011 年

大布苏
国家级自然保护区
长春

大布苏国家级自然保护区位于吉林省松原市乾安县西南部，处在松辽平原西部沉降带中心，嫩江与辽河之间广大闭流区中，总面积 11 000 公顷，建于 1993 年，2005 年晋升为国家级，主要保护对象为泥林、古生物化石及湿地生态系统，属于地质遗迹类型的自然保护区。被称为聚宝盆的大布苏湖地区，自然资源非常丰富。

莫莫格国家级自然保护区

莫莫格
国家级自然保护区
长春

莫莫格国家级自然保护区位于吉林省白城市镇赉县，嫩江与洮儿河交汇处，东与黑龙江省隔江相望，北与内蒙古自治区毗邻，总面积144 000公顷，建于1981年，1997年晋升为国家级，主要保护对象为珍稀水禽、鹤、鹳类野生动植物及湿地生态系统，属于内陆湿地生态系统类型的自然保护区。该保护区内河流纵横、湖泡洼地星罗棋布，生态环境复杂多样，是科尔沁草原上的一颗璀璨明珠。

莫莫格国家级自然保护区遥感影像图

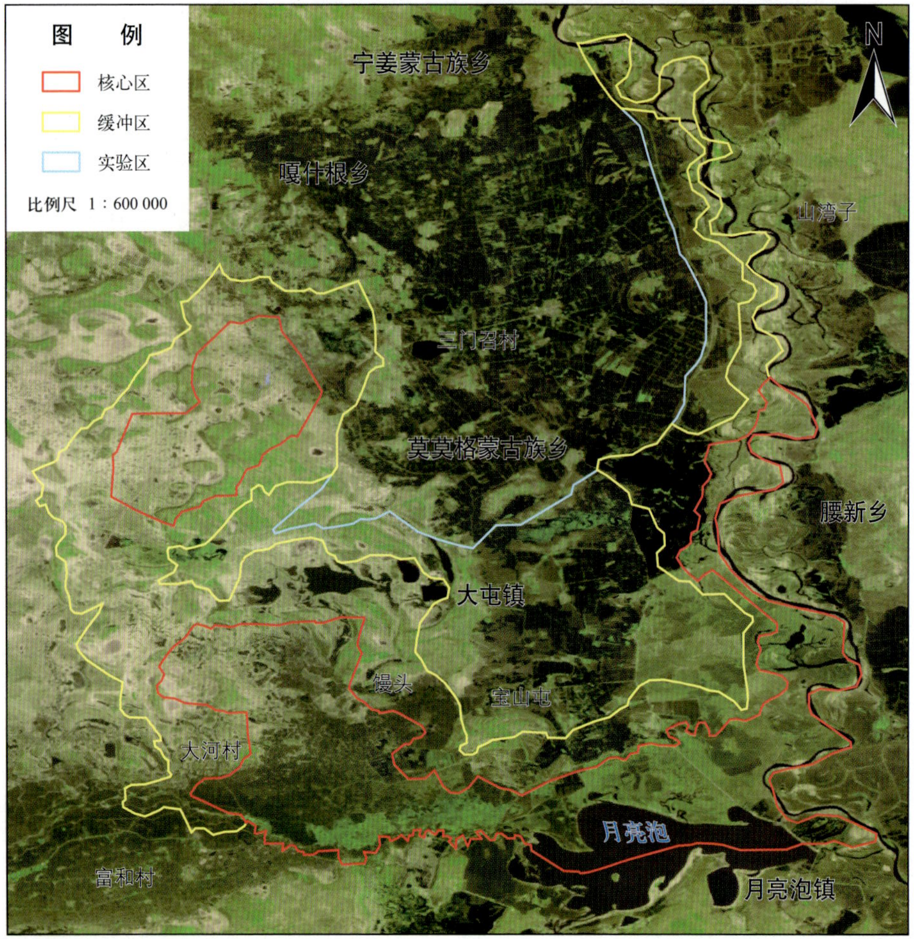
图 例
核心区
缓冲区
实验区
比例尺 1：600 000
N
宁姜蒙古族乡
嘎什根乡
山湾子
三门召村
莫莫格蒙古族乡
腰新乡
大屯镇
馒头
宝山屯
大河村
月亮泡
富和村
月亮泡镇

影像获取时间：2010年

莫莫格国家级自然保护区生态系统类型图

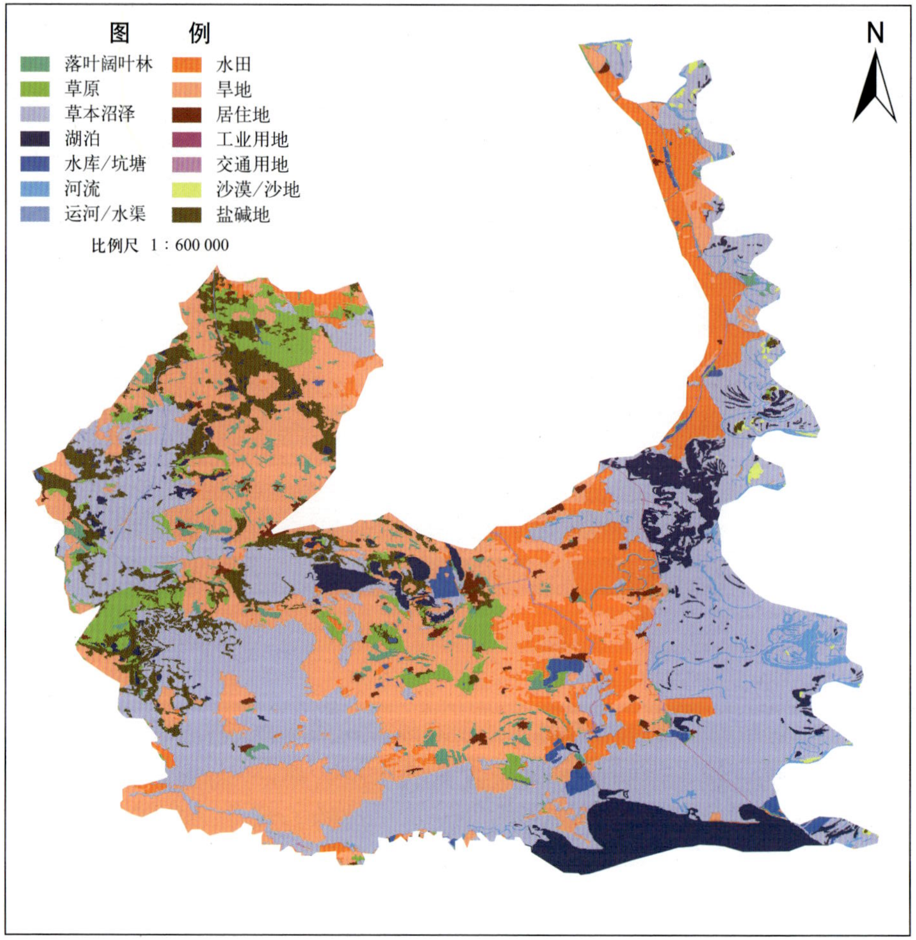
图 例
落叶阔叶林
草原
草本沼泽
湖泊
水库/坑塘
河流
运河/水渠
水田
旱地
居住地
工业用地
交通用地
沙漠/沙地
盐碱地
比例尺 1：600 000
N

解译参考影像时间：2011年

向海国家级自然保护区遥感影像图

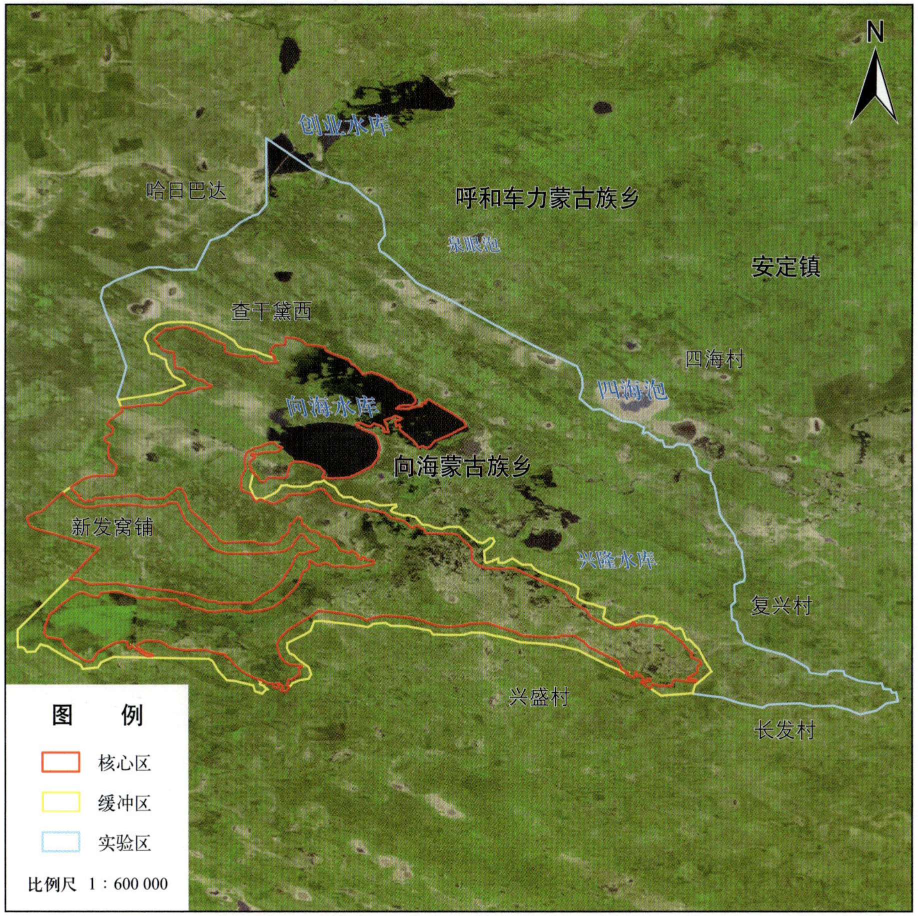
N
创业水库
哈日巴达
呼和车力蒙古族乡
泉眼泡
安定镇
查干黛西
四海村
四海泡
向海水库
向海蒙古族乡
新发窝铺
兴隆水库
复兴村
兴盛村
长发村
图例
核心区
缓冲区
实验区
比例尺 1：600 000

影像获取时间：2010 年

向海国家级自然保护区生态系统类型图

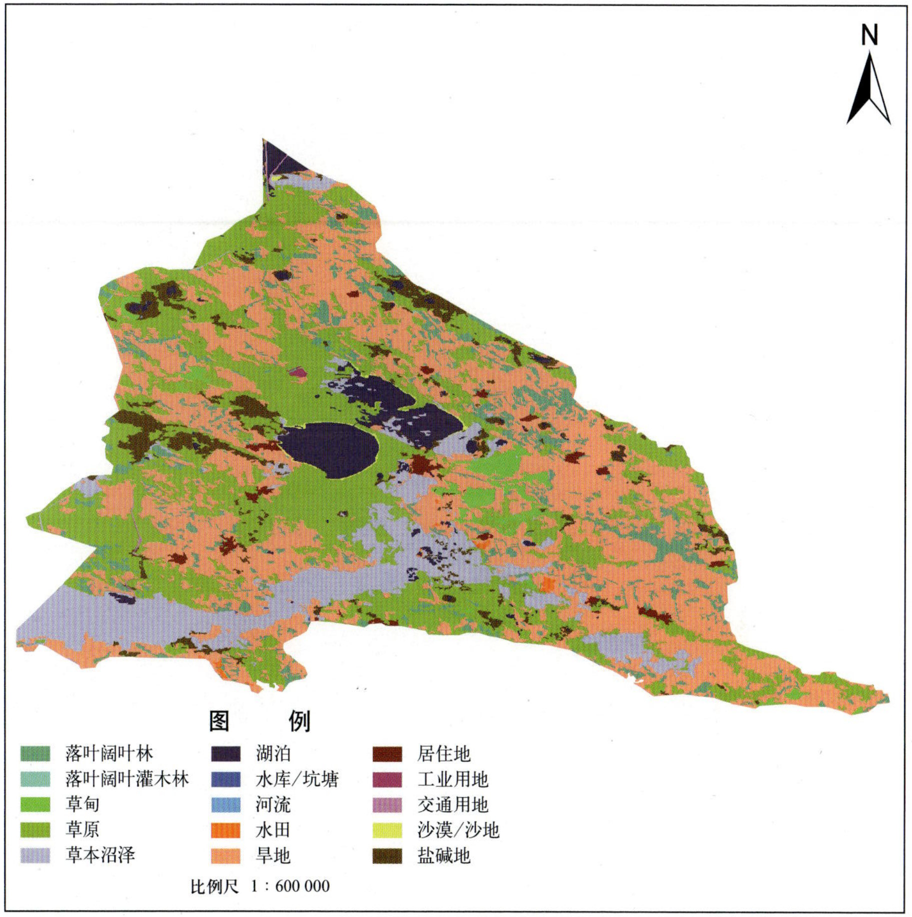
N
图例
落叶阔叶林
落叶阔叶灌木林
草甸
草原
草本沼泽
湖泊
水库/坑塘
河流
水田
旱地
居住地
工业用地
交通用地
沙漠/沙地
盐碱地
比例尺 1：600 000

解译参考影像时间：2011 年

向海
国家级自然保护区
长春

向海国家级自然保护区位于吉林省白城市通榆县境内，科尔沁草原中部，西与内蒙古自治区科尔沁右翼中旗接壤，北与洮南市相邻，总面积 105 467 公顷，建于 1981 年，1986 年晋升为国家级，1992 年被列入《世界重要湿地名录》，主要保护对象为丹顶鹤等珍稀水禽、蒙古黄榆等稀有动植物及湿地水域生态系统，属于内陆湿地类型的自然保护区。

黄泥河国家级自然保护区

黄泥河国家级自然保护区遥感影像图

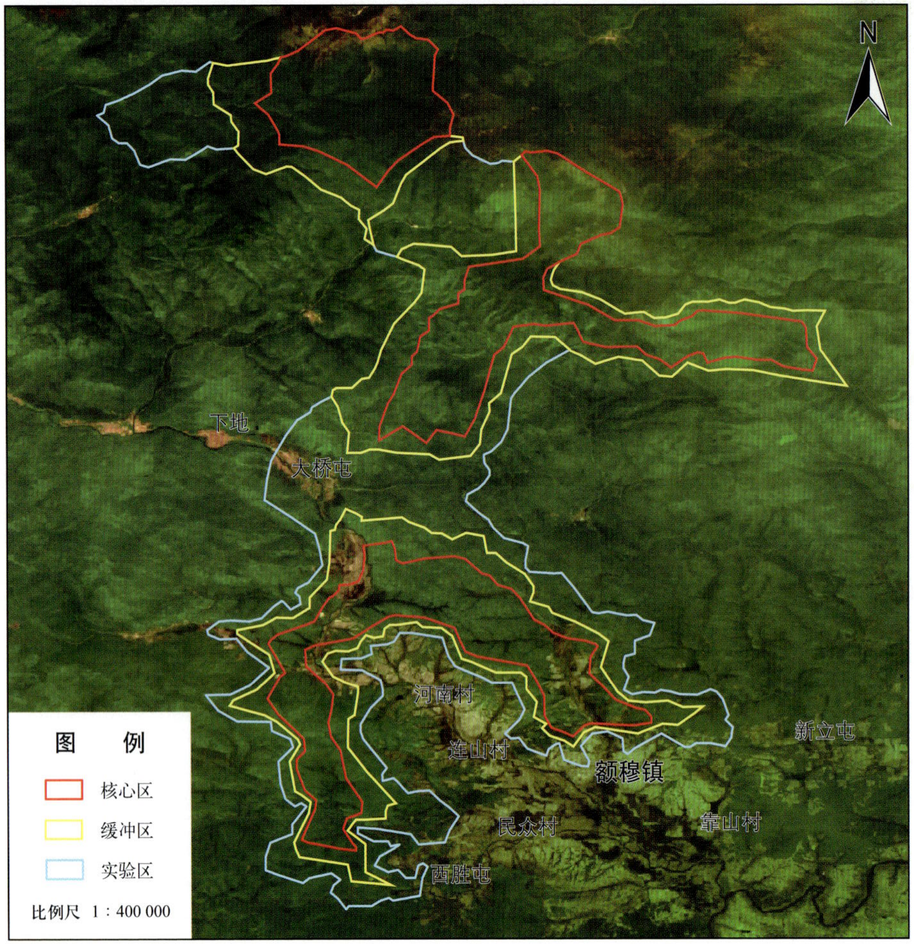
N
下地
大桥屯
河南村
连山村
额穆镇
民众村
靠山村
西胜屯
新立屯
图例
核心区
缓冲区
实验区
比例尺 1∶400 000

影像获取时间：2010 年

黄泥河国家级自然保护区生态系统类型图

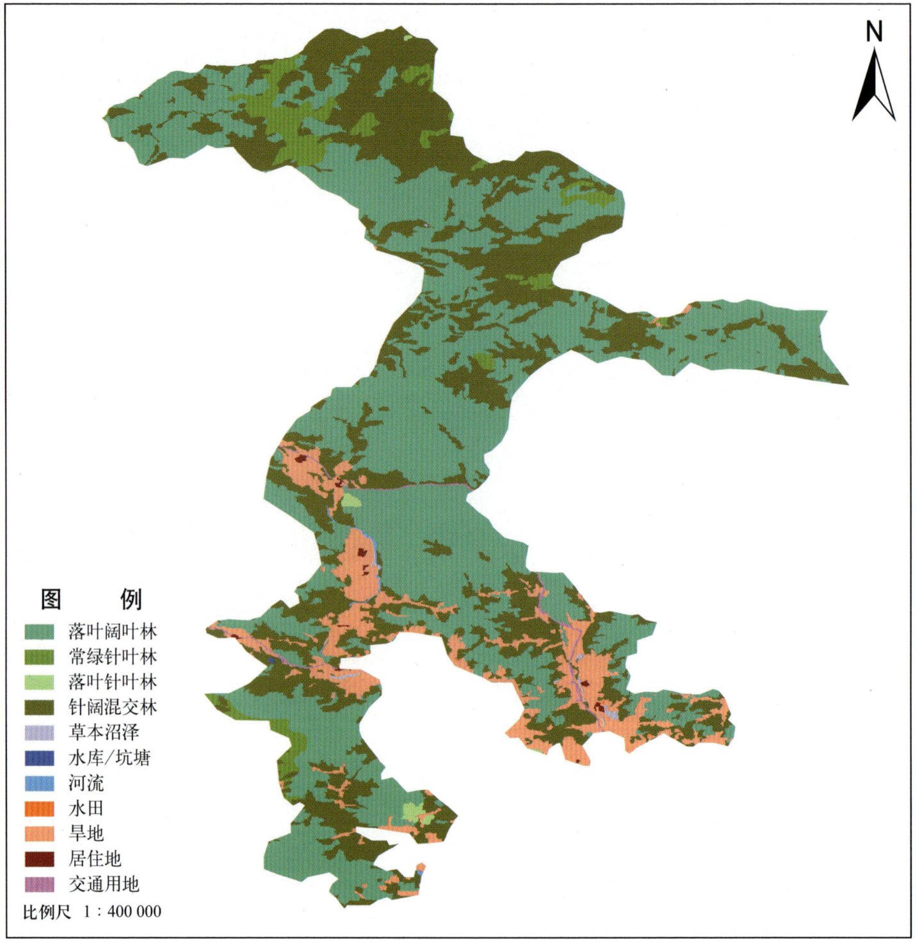
N
图例
落叶阔叶林
常绿针叶林
落叶针叶林
针阔混交林
草本沼泽
水库/坑塘
河流
水田
旱地
居住地
交通用地
比例尺 1∶400 000

解译参考影像时间：2011 年

长春
黄泥河
国家级自然保护区

黄泥河国家级自然保护区位于吉林省延边朝鲜族自治州敦化市的北部，总面积 41 583 公顷，建于 2000 年，2012 年晋升为国家级，主要保护对象为北温带森林生态系统及多种珍稀濒危野生动植物，属于森林生态系统类型的自然保护区。该保护区森林面积大、林相保存完好、原生性强、生物资源丰富，是多种珍稀濒危生物的栖息地。

雁鸣湖国家级自然保护区遥感影像图

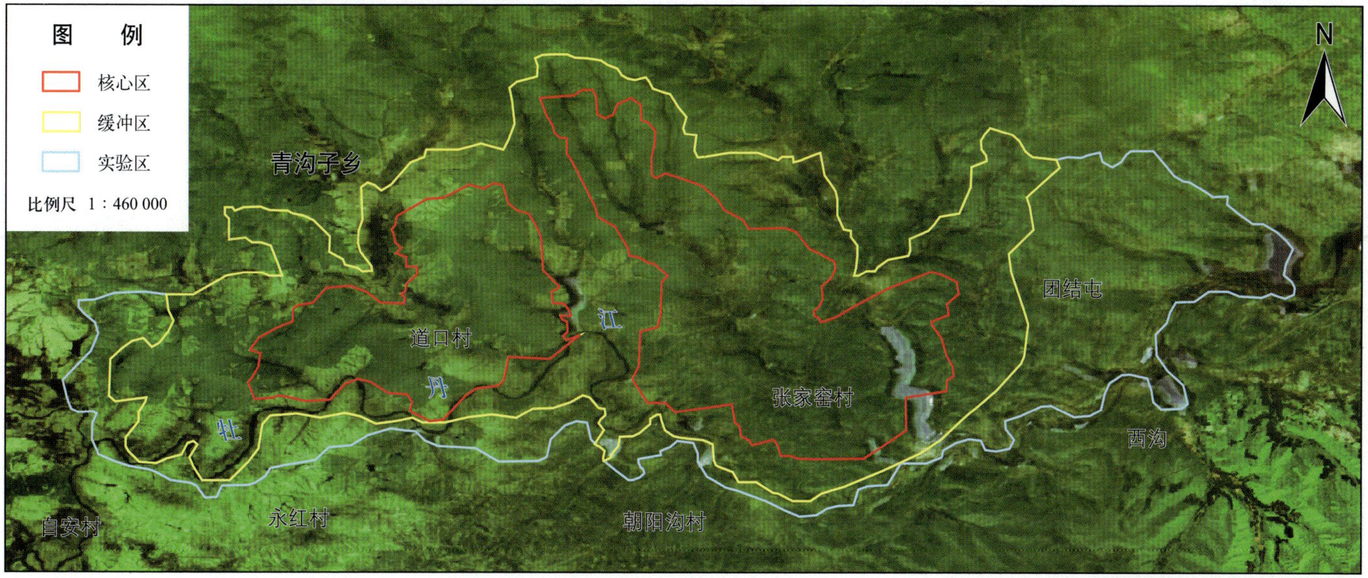
图例
核心区
缓冲区
实验区
比例尺 1 : 460 000
N
青沟子乡
道口村
江
丹
牡
张家窑村
团结屯
西沟
自安村
永红村
朝阳沟村

影像获取时间：2010 年

雁鸣湖国家级自然保护区生态系统类型图

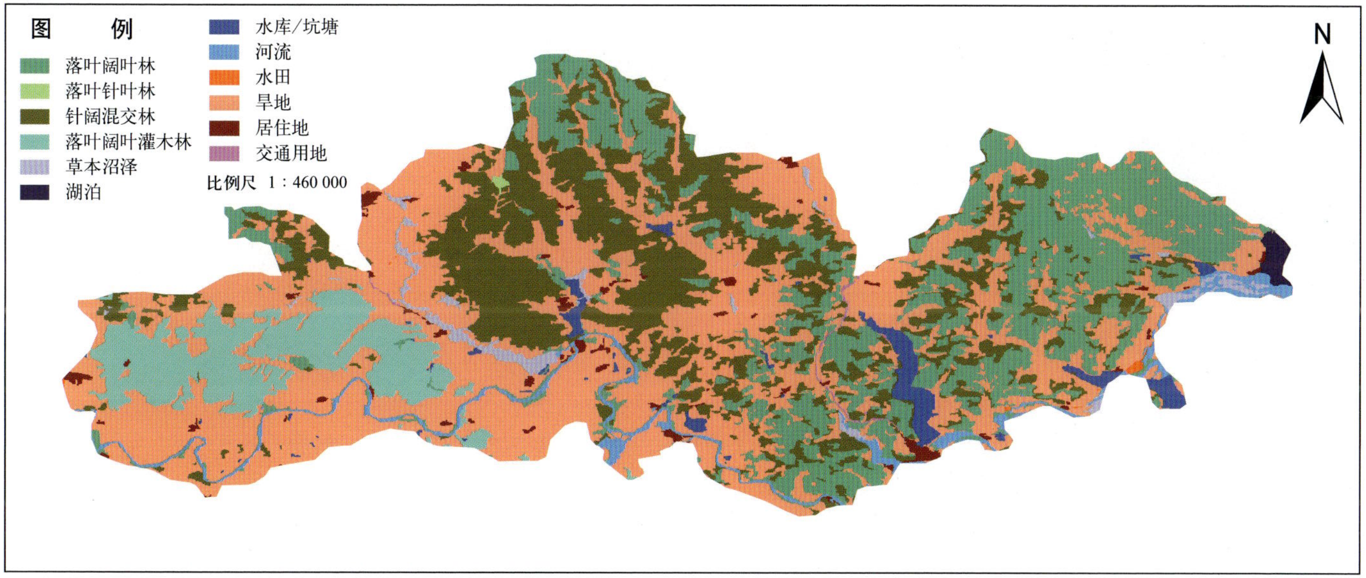
图例
落叶阔叶林
落叶针叶林
针阔混交林
落叶阔叶灌木林
草本沼泽
湖泊
水库/坑塘
河流
水田
旱地
居住地
交通用地
比例尺 1 : 460 000
N

解译参考影像时间：2010 年

雁鸣湖国家级自然保护区位于吉林省延边朝鲜族自治州敦化市境内，地处长白山脉张广才岭南麓，总面积 53 940 公顷，建于 1991 年，2007 年晋升为国家级，主要保护对象为湿地生态系统，属于内陆湿地类型的自然保护区。

长春
雁鸣湖
国家级自然保护区

珲春东北虎国家级自然保护区

珲春东北虎国家级自然保护区遥感影像图

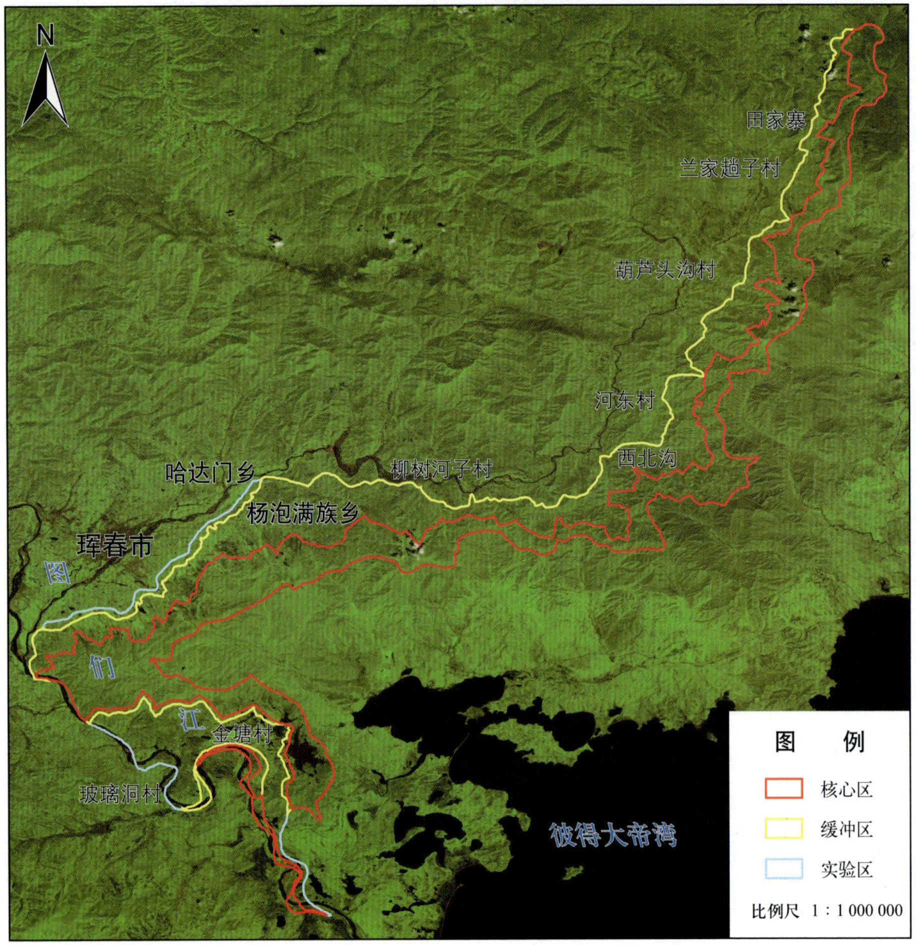
N
田家寨
兰家趟子村
葫芦头沟村
河东村
西北沟
柳树河子村
哈达门乡
杨泡满族乡
珲春市
图
们
江
金塘村
玻璃洞村
彼得大帝湾
图 例
核心区
缓冲区
实验区
比例尺 1：1 000 000

影像获取时间：2010 年

珲春东北虎国家级自然保护区生态系统类型图

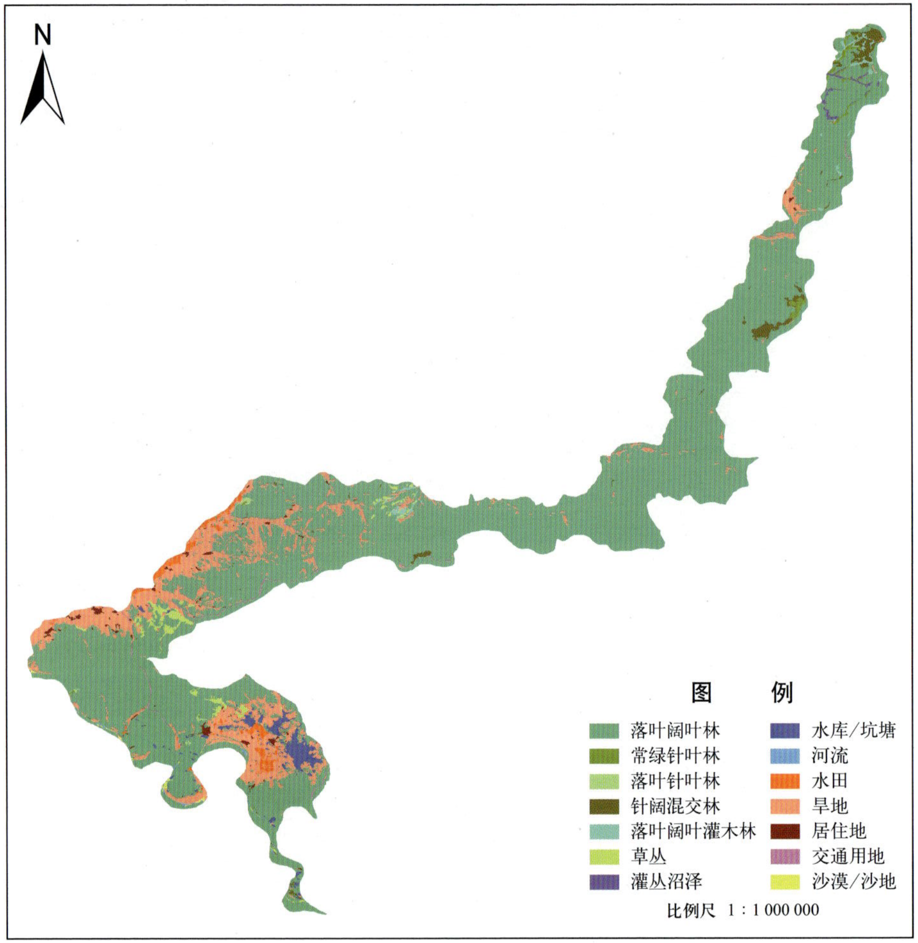
N
图 例
落叶阔叶林
常绿针叶林
落叶针叶林
针阔混交林
落叶阔叶灌木林
草丛
灌丛沼泽
水库/坑塘
河流
水田
旱地
居住地
交通用地
沙漠/沙地
比例尺 1：1 000 000

解译参考影像时间：2011 年

珲春东北虎国家级自然保护区位于吉林省延边朝鲜族自治州东部，中、俄、朝三国交界地带，总面积108 700 公顷，建于2001 年，2005 年晋升为国家级，主要保护对象为国际濒危物种、国家一级重点保护野生动物东北虎、远东豹及其生存环境，属于野生动物类型的自然保护区。

长春
珲春东北虎
国家级自然保护区

天佛指山国家级自然保护区遥感影像图

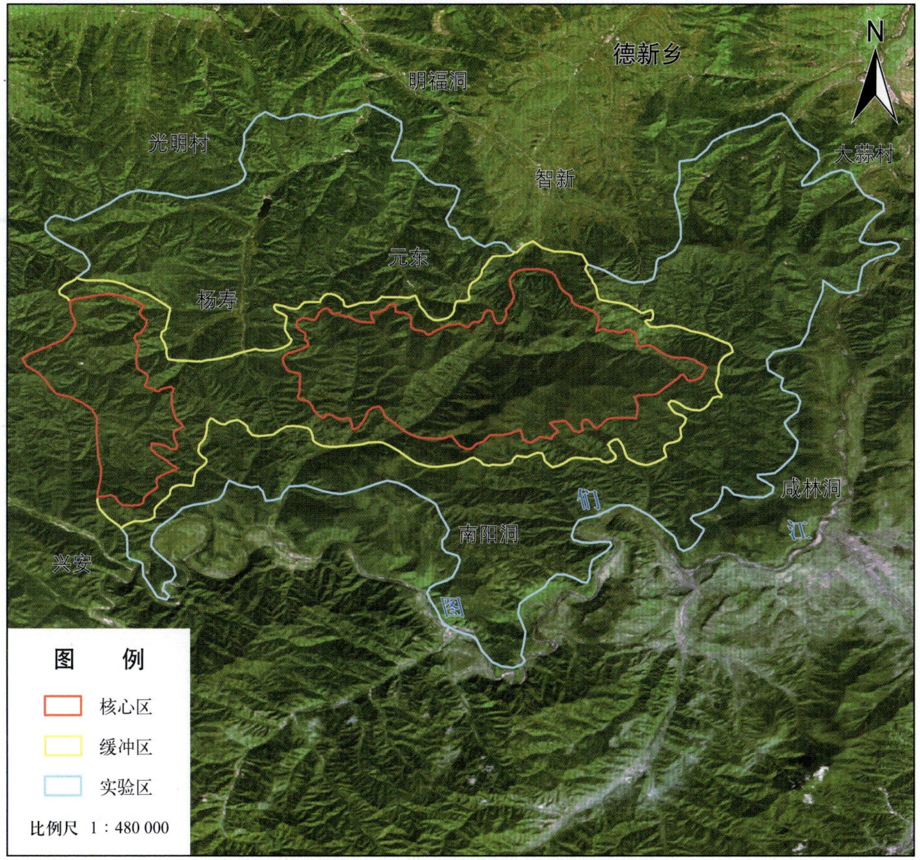
N
德新乡
明福洞
光明村
智新
大蒜村
元东
杨寿
咸林洞
们
南阳洞
江
兴安
图
图　例
核心区
缓冲区
实验区
比例尺　1：480 000

影像获取时间：2010 年

天佛指山国家级自然保护区生态系统类型图

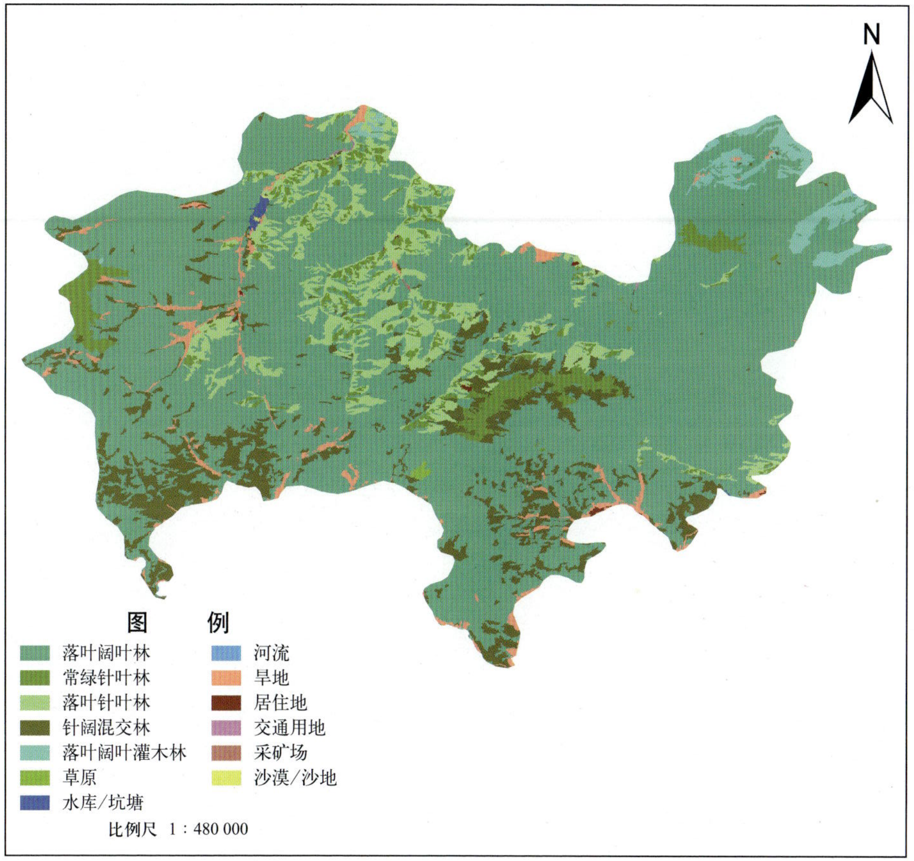
N
图　例
落叶阔叶林
常绿针叶林
落叶针叶林
针阔混交林
落叶阔叶灌木林
草原
水库/坑塘
河流
旱地
居住地
交通用地
采矿场
沙漠/沙地
比例尺　1：480 000

解译参考影像时间：2011 年

长春
天佛指山
国家级自然保护区

天佛指山国家级自然保护区位于吉林省延边朝鲜族自治州龙井市区域内，总面积 77 317 公顷，建于 1996 年，2002 年晋升为国家级，主要保护对象为松茸、赤松及森林生态系统，属于森林生态系统类型的自然保护区。该保护区是中国第一个珍贵食用菌类的自然保护区，是中国唯一旨在保护松茸及其生态系统的国家级自然保护区，区内自然资源十分丰富。

长白山国家级自然保护区遥感影像图

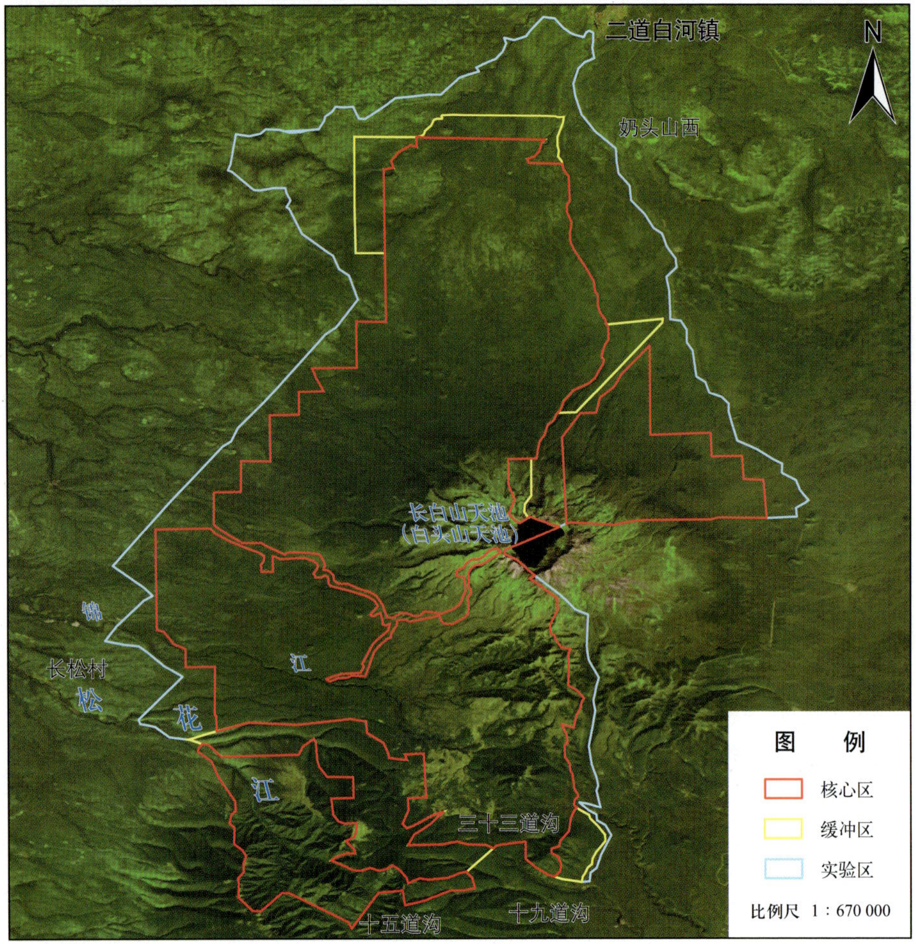
二道白河镇
N
奶头山西
长白山天池
（白头山天池）
松
长松村
松
花
江
江
三十三道沟
十五道沟
十九道沟
图 例
核心区
缓冲区
实验区
比例尺 1 : 670 000

影像获取时间：2010 年

长白山国家级自然保护区生态系统类型图

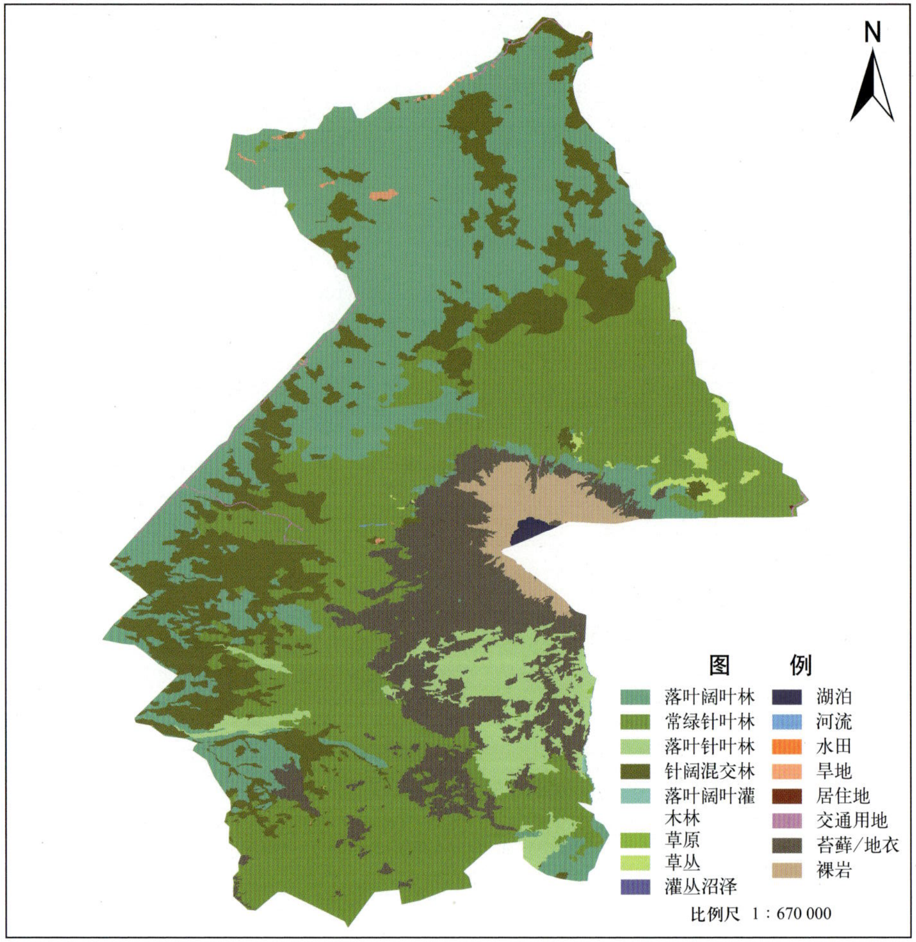
N
图 例
落叶阔叶林
常绿针叶林
落叶针叶林
针阔混交林
落叶阔叶灌木林
草原
草丛
灌丛沼泽
湖泊
河流
水田
旱地
居住地
交通用地
苔藓/地衣
裸岩
比例尺 1 : 670 000

解译参考影像时间：2011 年

长白山国家级自然保护区位于吉林省延边朝鲜族自治州安图县及白山市抚松县、长白朝鲜族自治县三县交界处，总面积 196 465 公顷，建于 1960 年，1980 年加入联合国教科文组织国际“人与生物圈”保护区网，1986 年晋升为国家级，主要保护对象为火山地貌景观和森林生态系统，属于森林生态系统类型的自然保护区。该保护区内分布有野生植物 2 277 种，野生动物 1 225 种，其中东北虎、梅花鹿、中华秋沙鸭、人参等动植物是国家重点保护的物种。

长春
长白山
国家级自然保护区

扎龙国家级自然保护区遥感影像图

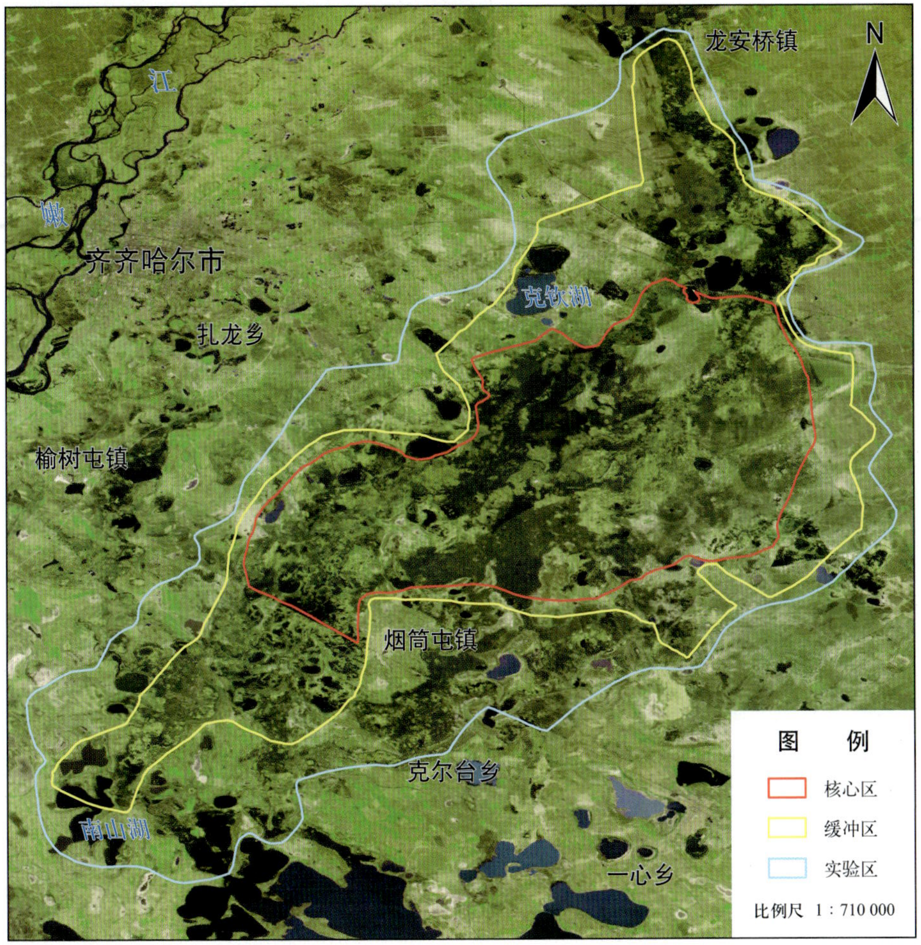
龙安桥镇
N
江
嫩
齐齐哈尔市
克钦湖
扎龙乡
榆树屯镇
烟筒屯镇
克尔台乡
南山湖
一心乡
图 例
核心区
缓冲区
实验区
比例尺 1：710 000

影像获取时间：2010 年

扎龙国家级自然保护区生态系统类型图

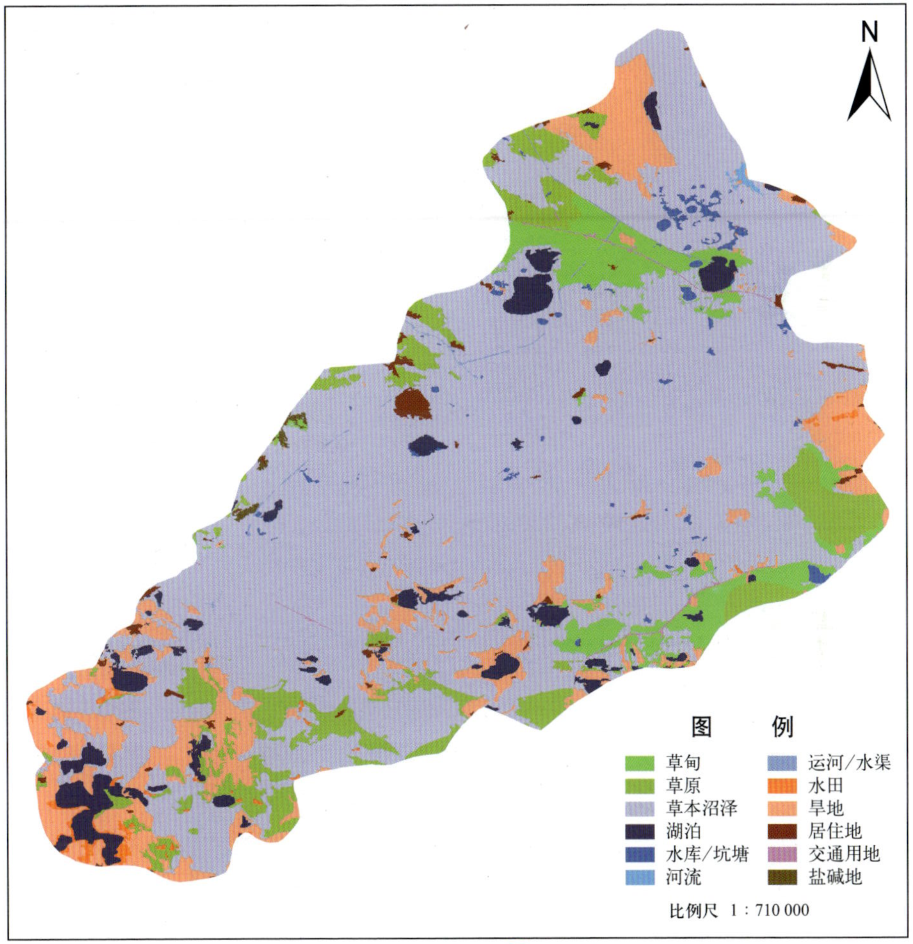
N
图 例
草甸
草原
草本沼泽
湖泊
水库/坑塘
河流
运河/水渠
水田
旱地
居住地
交通用地
盐碱地
比例尺 1：710 000

解译参考影像时间：2010 年

扎龙
国家级自然保护区
哈尔滨

扎龙国家级自然保护区位于黑龙江省齐齐哈尔市、大庆市境内，总面积210 000公顷，建于1979年，1987年晋升为国家级，主要保护对象为丹顶鹤等珍禽及湿地生态系统，属于野生动物类型的自然保护区。该保护区有中国北方同纬度地区中保留最完整、最原始、最开阔的湿地生态系统。

凤凰山国家级自然保护区遥感影像图

N
和平村
林安村
新乐村
新城村
西山屯
高家村
大石桥屯
前卫村
边疆村
五排村
图 例
核心区
缓冲区
实验区
比例尺 1 : 320 000

影像获取时间：2010 年

凤凰山国家级自然保护区生态系统类型图

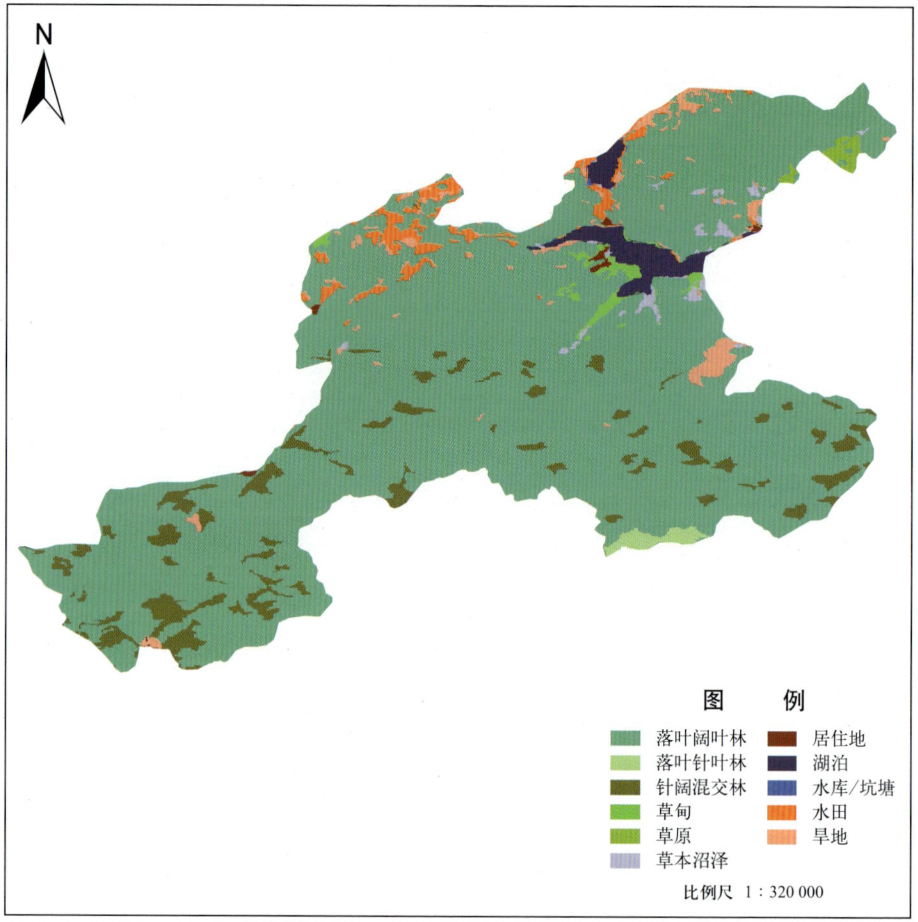
N
图 例
落叶阔叶林
落叶针叶林
针阔混交林
草甸
草原
草本沼泽
居住地
湖泊
水库/坑塘
水田
旱地
比例尺 1 : 320 000

解译参考影像时间：2010 年

凤凰山国家级自然保护区位于黑龙江省鸡西市鸡东县境内，总面积 26 570 公顷，建于 1989 年，2006 年晋升为国家级，主要保护对象为兴凯松林、东北红豆杉、松茸等野生动植物及森林生态系统。该保护区有高等植物 900 多种，既有长白植物区系成份，又有华北植物区系成份，其中国家保护植物有人参、核桃楸、黄檗等，野生动物等 170 多种，国家级保护动物有鸢、红隼、白尾海雕、灰背隼、白头鹤等 19 种。

哈尔滨
凤凰山
国家级自然保护区

东方红湿地国家级自然保护区遥感影像图

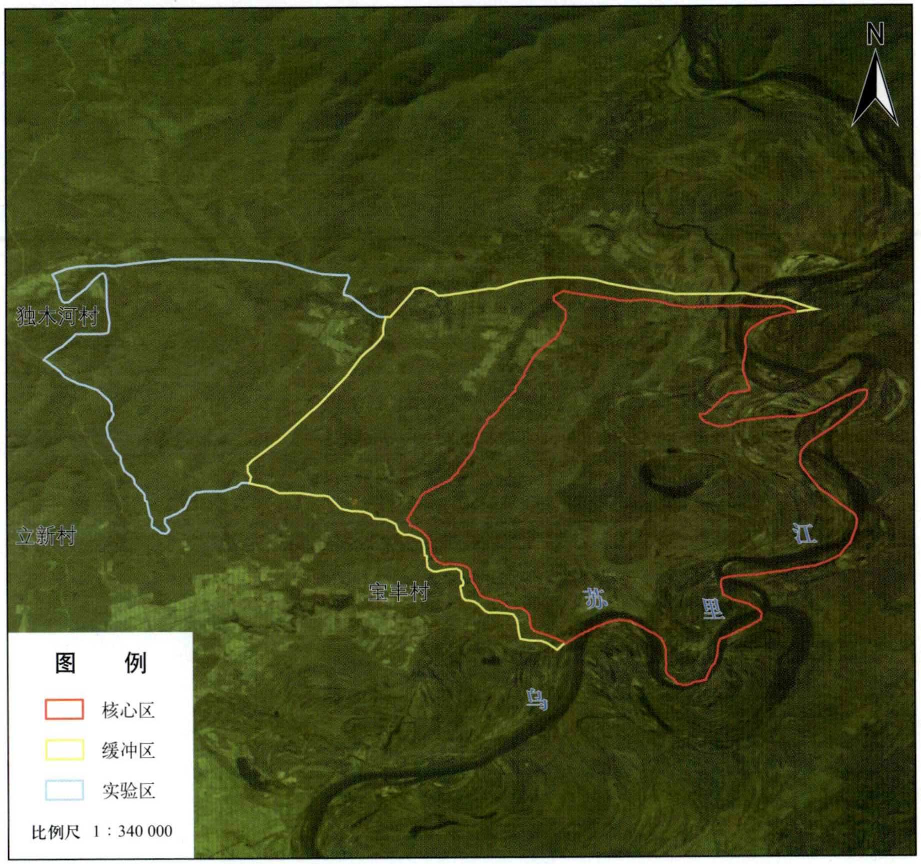
N
独木河村
立新村
宝丰村
乌
苏
里
江
图 例
核心区
缓冲区
实验区
比例尺 1∶340 000

影像获取时间：2010 年

东方红湿地国家级自然保护区生态系统类型图

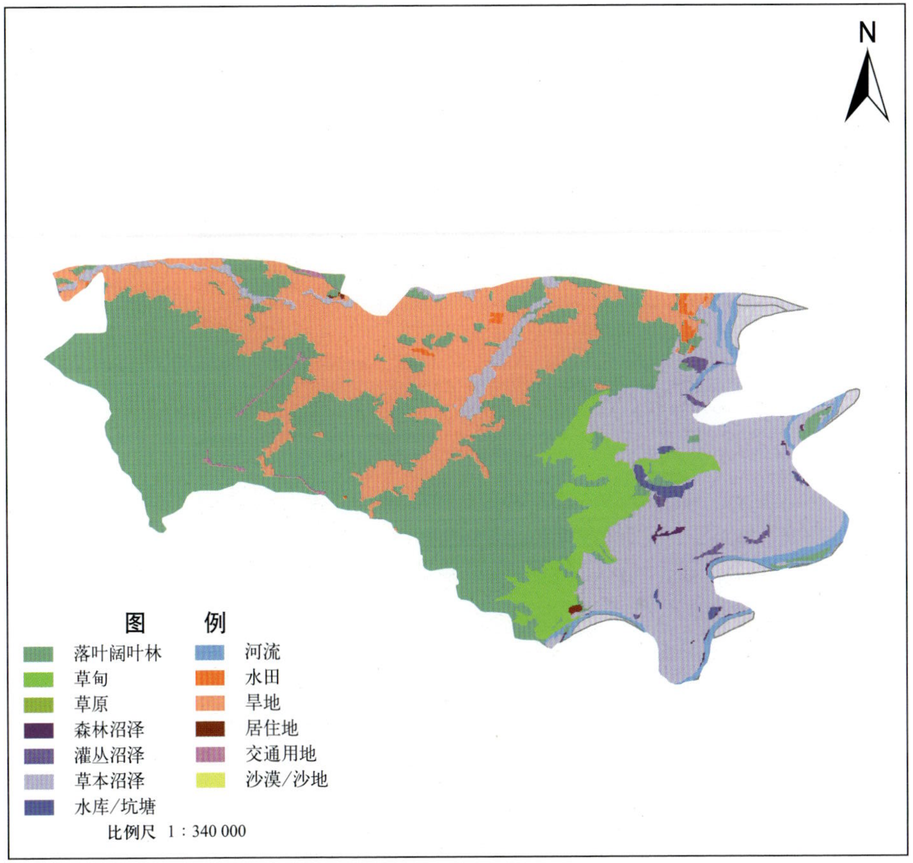
N
图 例
落叶阔叶林
草甸
草原
森林沼泽
灌丛沼泽
草本沼泽
水库/坑塘
河流
水田
旱地
居住地
交通用地
沙漠/沙地
比例尺 1∶340 000

解译参考影像时间：2010 年

东方红湿地
国家级自然保护区
哈尔滨

东方红湿地国家级自然保护区位于黑龙江省虎林市，南临三小公路小木河口，北至大塔山林场北部场界，西靠虎饶公路，东隔乌苏里江与俄罗斯相望，总面积31 516公顷，建于2005年，2009年晋升为国家级，主要保护对象为湿地生态系统和国家级重点保护动植物物种及其栖息地，属于内陆湿地类型的自然保护区。

珍宝岛湿地国家级自然保护区

珍宝岛湿地国家级自然保护区遥感影像图

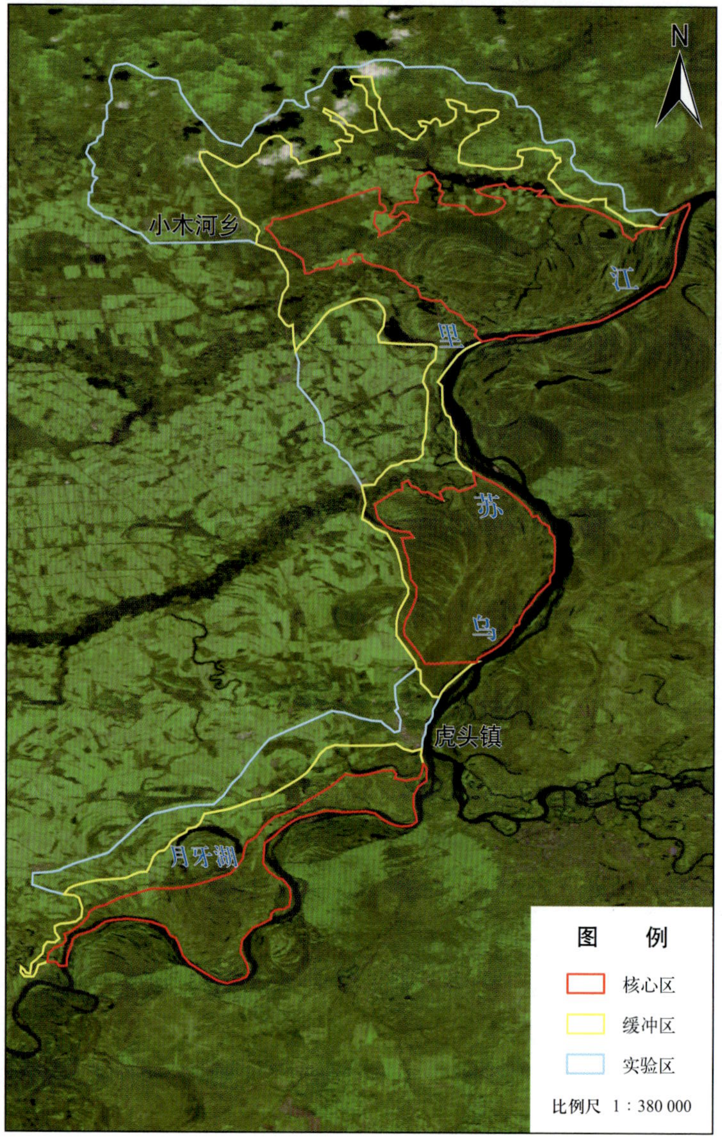
N
小木河乡
江
里
苏
乌
虎头镇
月牙湖
图 例
核心区
缓冲区
实验区
比例尺 1：380 000

影像获取时间：2010 年

珍宝岛湿地国家级自然保护区生态系统类型图

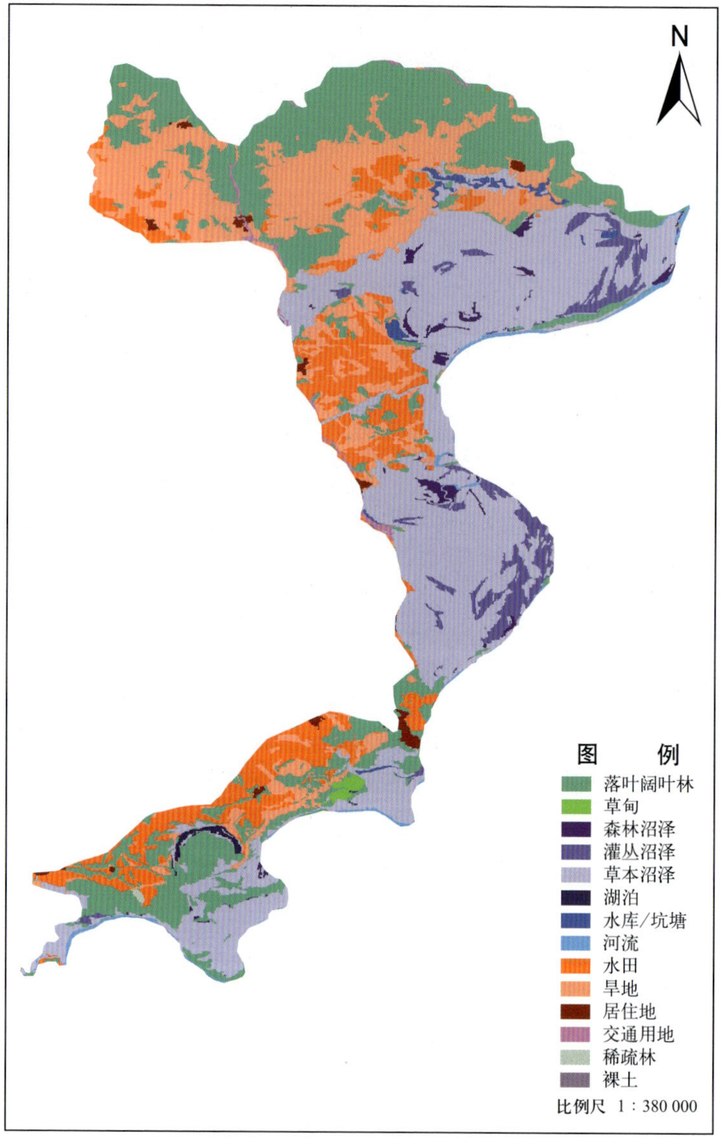
N
图 例
落叶阔叶林
草甸
森林沼泽
灌丛沼泽
草本沼泽
湖泊
水库/坑塘
河流
水田
旱地
居住地
交通用地
稀疏林
裸土
比例尺 1：380 000

解译参考影像时间：2010 年

珍宝岛湿地
国家级自然保护区
哈尔滨

珍宝岛湿地国家级自然保护区位于黑龙江省虎林市境内，总面积 44 364 公顷，建于 2002 年，2004 年晋升为国家级，主要保护对象为湿地生态系统和珍稀濒危动植物，属于内陆湿地类型的自然保护区。

兴凯湖国家级自然保护区遥感影像图

虎林市
N
杨岗镇
穆
棱
河
杨木乡
柳毛乡
利民村
板面村
兴凯湖乡
承紫河乡
白鱼湾乡
兴
凯
湖
图 例
核心区
实验区
比例尺 1：1 080 000

影像获取时间：2010 年

兴凯湖国家级自然保护区生态系统类型图

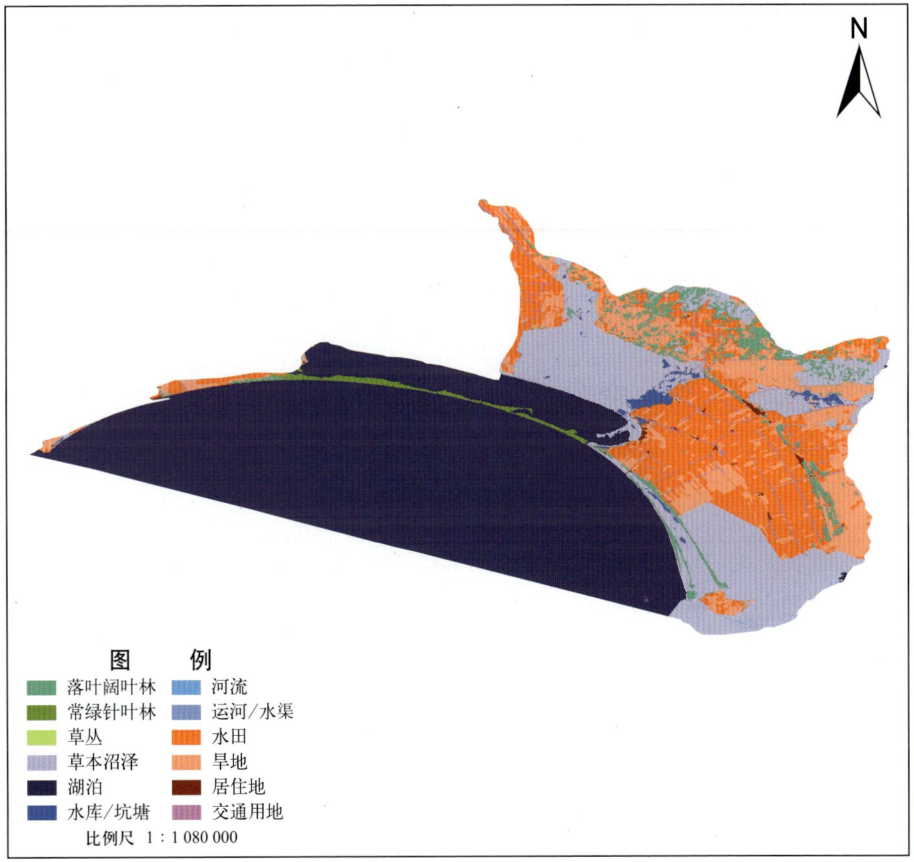
N
图 例
落叶阔叶林
常绿针叶林
草丛
草本沼泽
湖泊
水库/坑塘
河流
运河/水渠
水田
旱地
居住地
交通用地
比例尺 1：1 080 000

解译参考影像时间：2010 年

兴凯湖
国家级自然保护区
哈尔滨

兴凯湖国家级自然保护区位于黑龙江省密山市东南部，总面积 222 488 公顷，建于 1986 年，1994 年晋升为国家级，主要保护对象为湿地生态系统及丹顶鹤等珍稀鸟类，属于内陆湿地类型的自然保护区。该保护区与俄罗斯一侧的湿地相连，地理位置独特，在国际上具有重要意义。

宝清七星河国家级自然保护区

宝清七星河国家级自然保护区遥感影像图

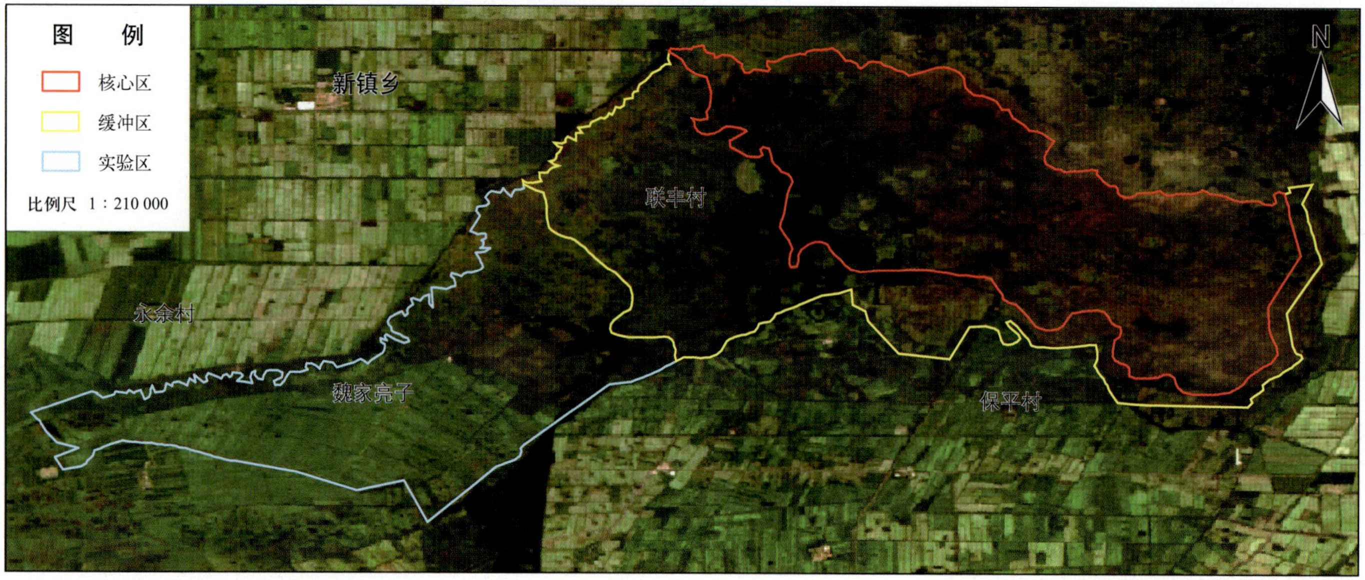
图 例
核心区
缓冲区
实验区
比例尺 1∶210 000
新镇乡
联丰村
永余村
魏家亮子
保平村
N

影像获取时间：2010 年

宝清七星河国家级自然保护区生态系统类型图

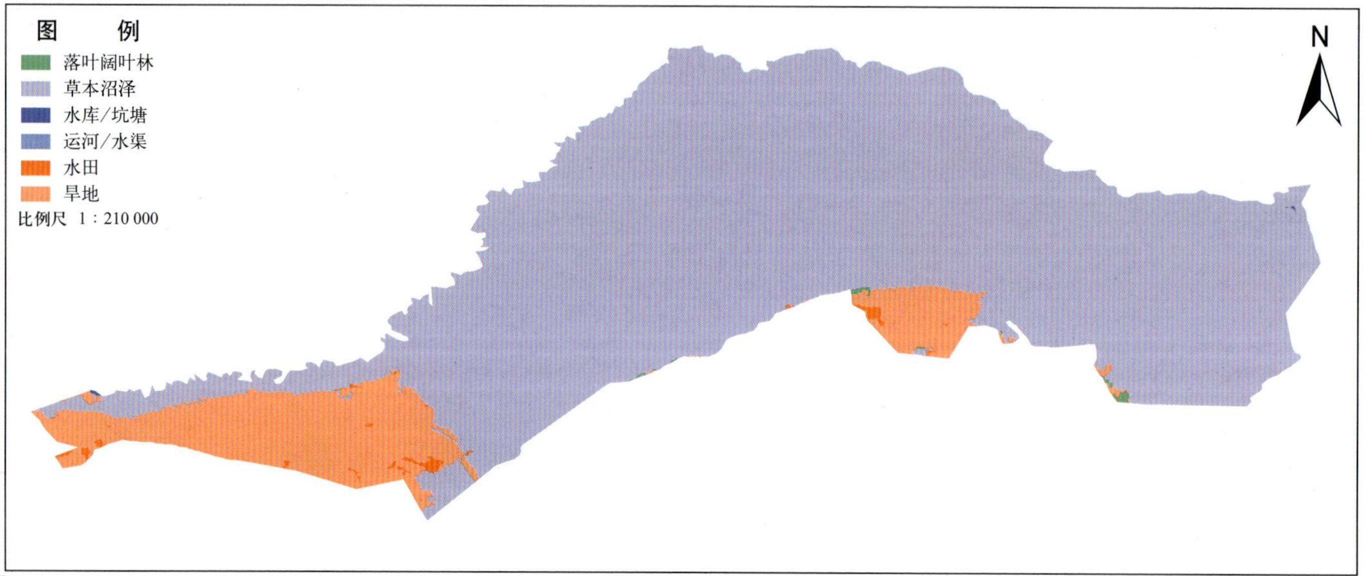
图 例
落叶阔叶林
草本沼泽
水库/坑塘
运河/水渠
水田
旱地
比例尺 1∶210 000
N

解译参考影像时间：2011 年

宝清七星河国家级自然保护区位于黑龙江省双鸭山市宝清县、友谊县和富锦市等交界处，总面积 20 000 公顷，建于 1991 年，2000 年晋升为国家级，主要保护对象为湿地生态系统及其珍稀水禽，属于内陆湿地类型的自然保护区。该保护区内以芦苇、沼泽为主，有草甸、湿地草甸、浅水沼泽、深水沼泽，水域等三江平原上较典型的各种不同类型的湿地生态景观，是同类型湿地中保存最齐全、完好的原始湿地之一，是三江平原原始景观的缩影。

宝清七星河
国家级自然保护区
哈尔滨

饶河东北黑蜂国家级自然保护区遥感影像图

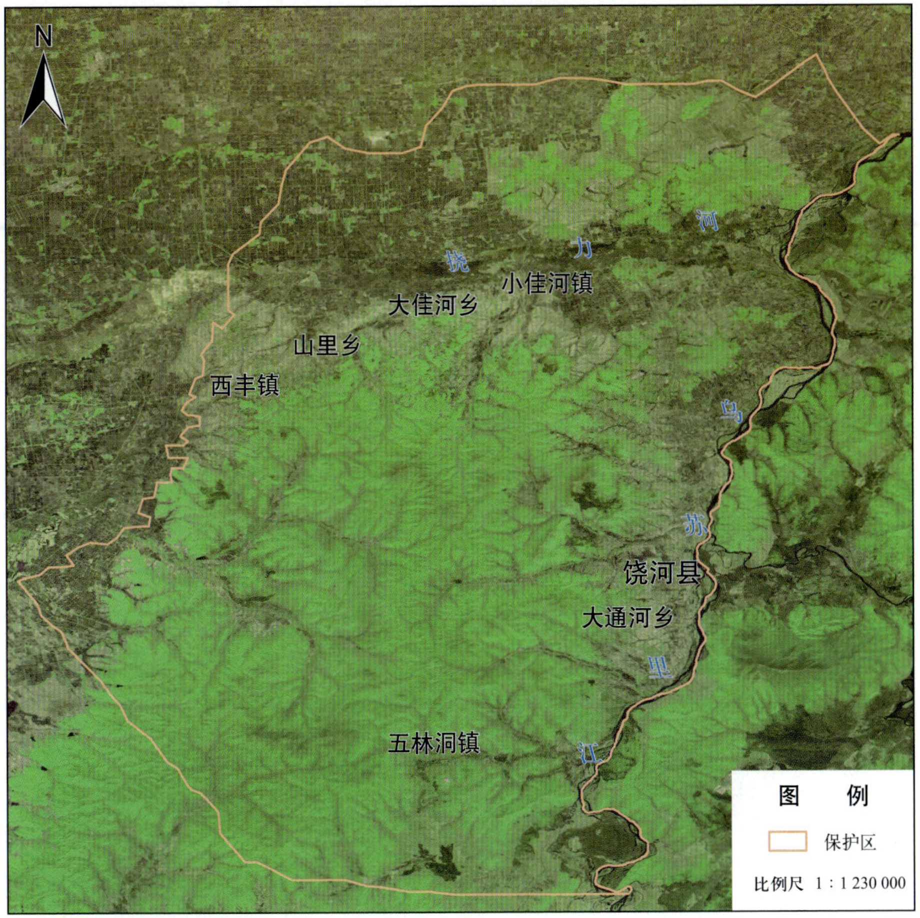
N
挠
力
河
小佳河镇
大佳河乡
山里乡
西丰镇
乌
苏
饶河县
大通河乡
里
江
五林洞镇
图 例
保护区
比例尺 1:1 230 000

影像获取时间：2010 年

饶河东北黑蜂国家级自然保护区生态系统类型图

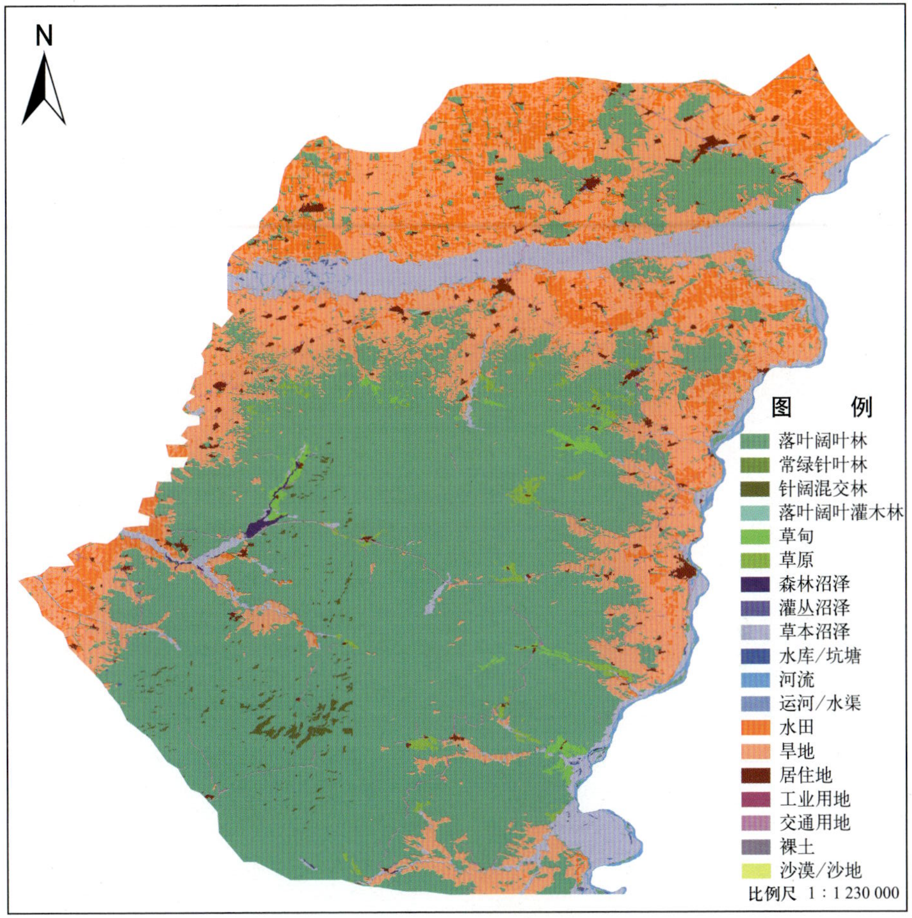
N
图 例
落叶阔叶林
常绿针叶林
针阔混交林
落叶阔叶灌木林
草甸
草原
森林沼泽
灌丛沼泽
草本沼泽
水库/坑塘
河流
运河/水渠
水田
旱地
居住地
工业用地
交通用地
裸土
沙漠/沙地
比例尺 1:1 230 000

解译参考影像时间：2011 年

饶河东北黑蜂
国家级自然保护区
哈尔滨

饶河东北黑蜂国家级自然保护区位于黑龙江省双鸭山市饶河县境内，总面积 270 000 公顷，建于 1980 年，1997 年晋升为国家级，主要保护对象为东北黑蜂蜂种及椴树和毛水苏等蜜源植物，属于野生动物类型的自然保护区。该保护区是东北黑蜂发源地，现有东北黑蜂原种 6 000 余群，是保护东北黑蜂基因库的最佳环境。此外，保护区还拥有东北虎及数量较多的马鹿、黑熊等野生动物，具有较高的保护价值。

友好国家级自然保护区

友好
国家级自然保护区
哈尔滨

友好国家级自然保护区位于黑龙江省伊春市友好区，小兴安岭山脉中段，总面积 60 687 公顷，建于 2005 年，2012 年晋升为国家级，主要保护对象为森林、沼泽生态系统及珍稀动植物，属于内陆湿地类型的自然保护区。该保护区内森林茂密，河流纵横，湿地面积广阔，生态系统保存完好，在提高水源涵养、控制水土流失、防止干旱和洪涝灾害、调节气候等方面具有非常重要的意义和科学价值。

友好国家级自然保护区遥感影像图

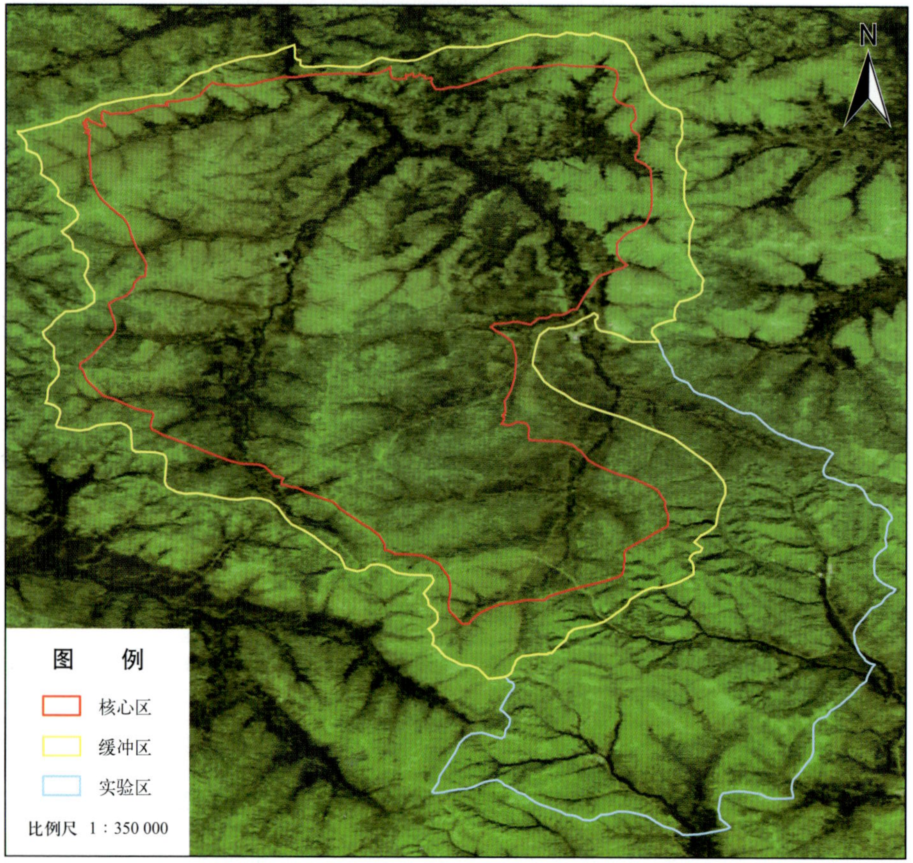
N
图 例
核心区
缓冲区
实验区
比例尺 1 : 350 000

影像获取时间：2010 年

友好国家级自然保护区生态系统类型图

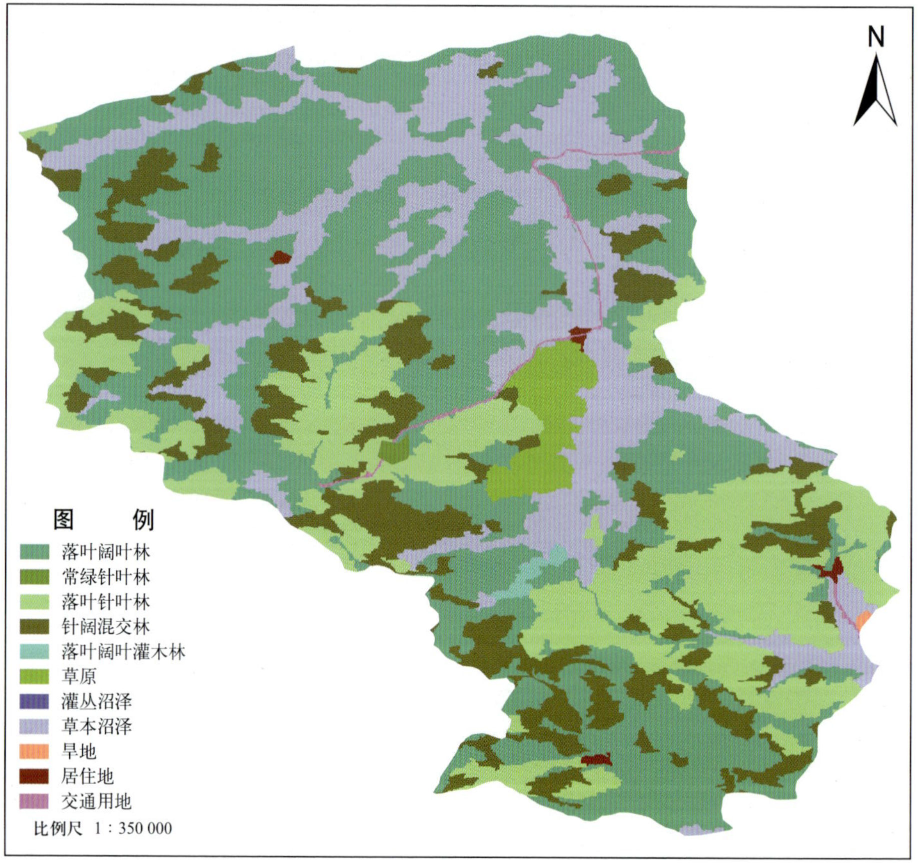
N
图 例
落叶阔叶林
常绿针叶林
落叶针叶林
针阔混交林
落叶阔叶灌木林
草原
灌丛沼泽
草本沼泽
旱地
居住地
交通用地
比例尺 1 : 350 000

解译参考影像时间：2010 年

新青白头鹤国家级自然保护区遥感影像图

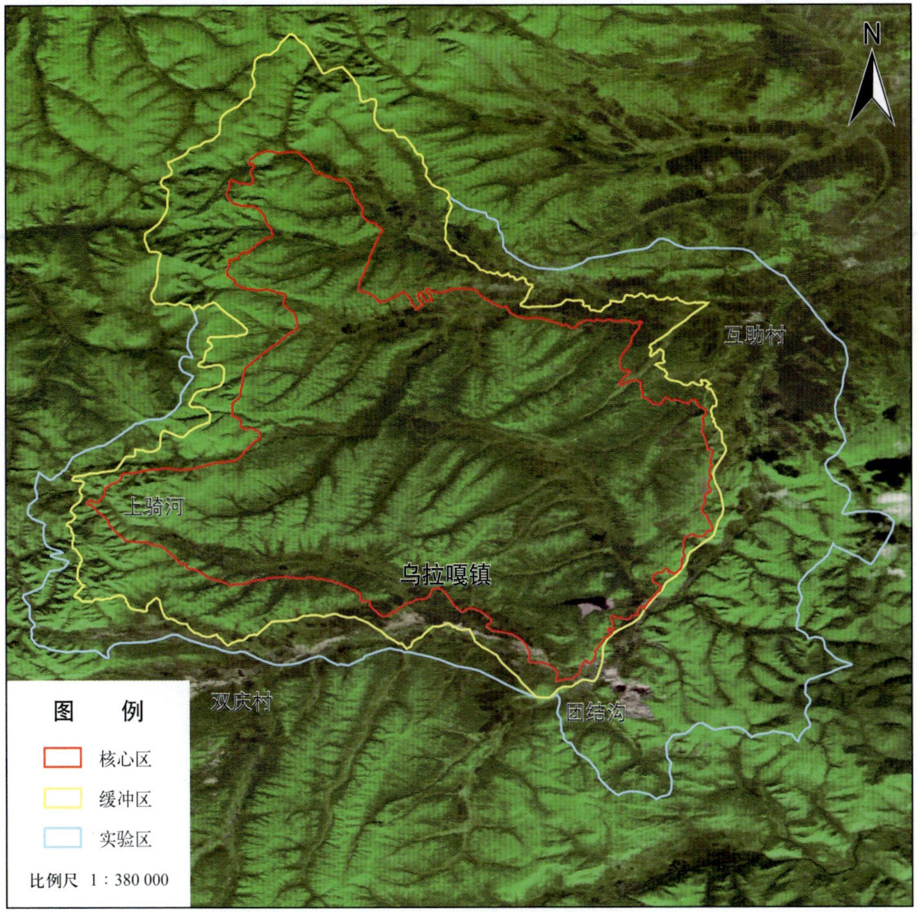
N
互助村
上骑河
乌拉嘎镇
双庆村
团结沟
图 例
核心区
缓冲区
实验区
比例尺 1：380 000

影像获取时间：2010 年

新青白头鹤国家级自然保护区生态系统类型图

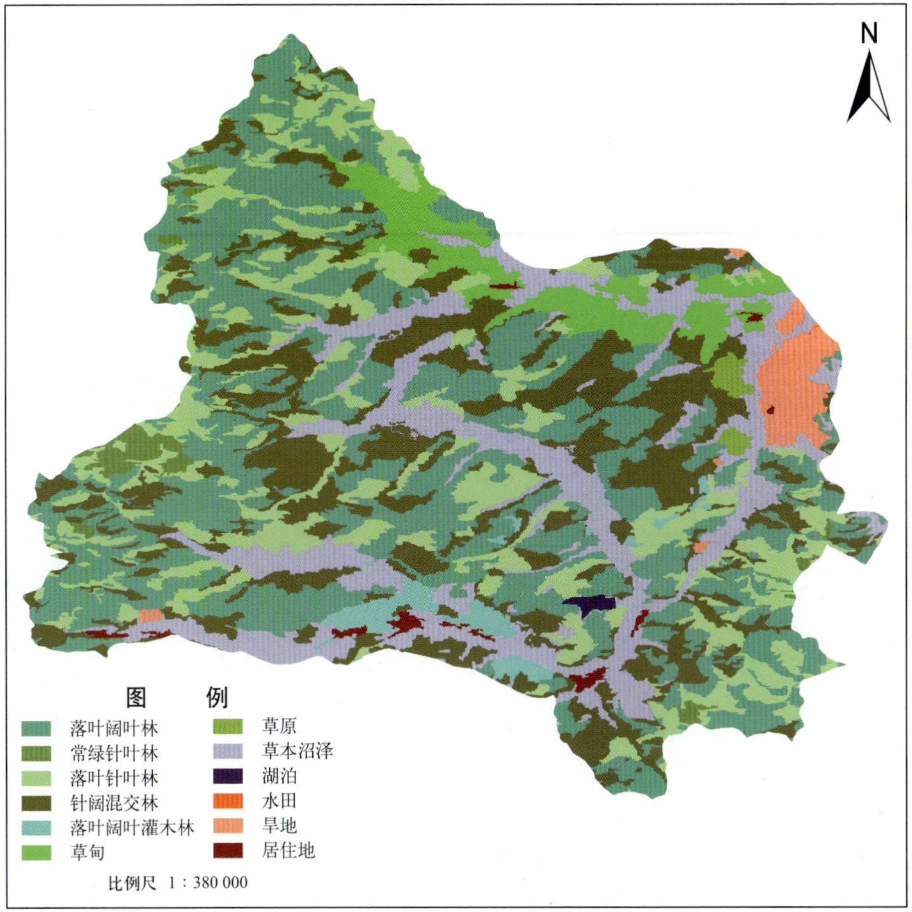
N
图 例
落叶阔叶林
常绿针叶林
落叶针叶林
针阔混交林
落叶阔叶灌木林
草甸
草原
草本沼泽
湖泊
水田
旱地
居住地
比例尺 1：380 000

解译参考影像时间：2010 年

新青白头鹤
国家级自然保护区
哈尔滨

新青白头鹤国家级自然保护区位于黑龙江省伊春市新青区，总面积 62 567 公顷，建于 2004 年，2011 年晋升为国家级，主要保护对象为白头鹤、驼鹿等珍稀动物及北温带森林生态系统和湿地生态系统，属于野生动物类型的自然保护区。新青区被誉为“中国白头鹤之乡”，是国家一级重点保护鸟类白头鹤重要繁殖地。

丰林国家级自然保护区

丰林国家级自然保护区位于黑龙江省伊春市境内，总面积 18 400 公顷，建于 1958 年，1988 年晋升为国家级，主要保护对象为以红松为主的北温带针阔叶混交林生态系统和珍稀野生动物植物资源，属森林生态系统类型自然保护区。该保护区于 1993 年加入“中国人与生物圈网络”，1997 年被联合国教科文组织纳入“世界生物圈保护区网络”，是联合国开发计划署森林可持续经营能力建设、研究与推广项目示范区，也是黑龙江省加入世界生物圈网络最早的保护区。

丰林
国家级自然保护区
哈尔滨

丰林国家级自然保护区遥感影像图

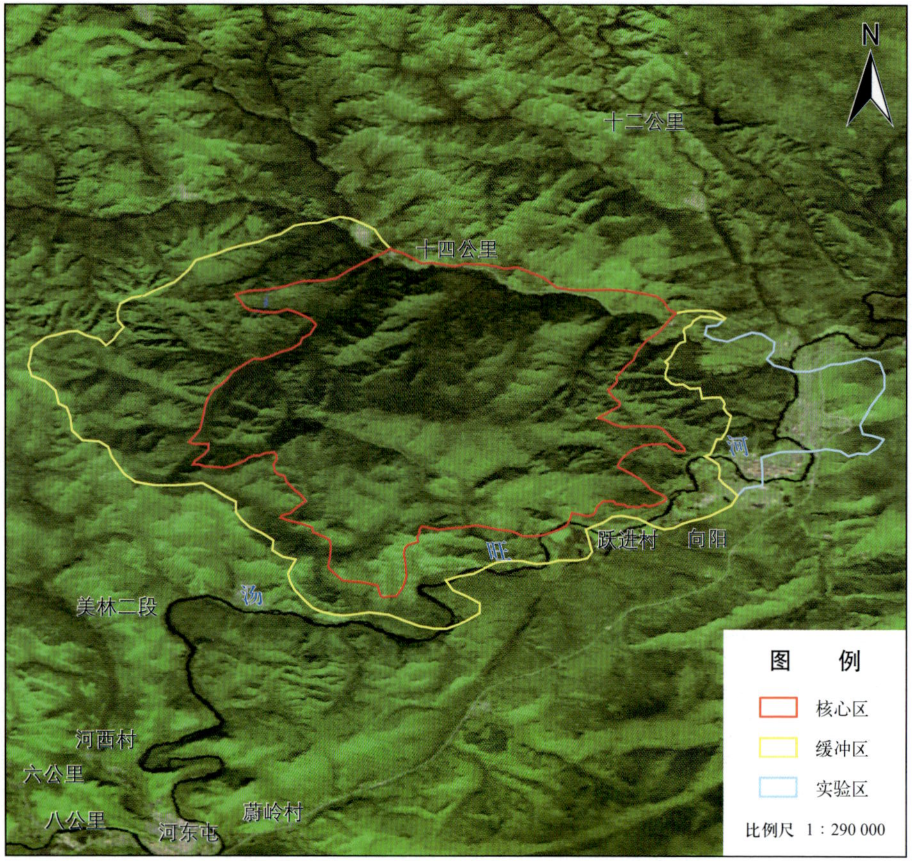
N
十二公里
十四公里
河
跃进村
向阳
旺
汤
美林二段
河西村
六公里
八公里
河东屯
蔚岭村
图　例
核心区
缓冲区
实验区
比例尺 1 : 290 000

影像获取时间：2010 年

丰林国家级自然保护区生态系统类型图

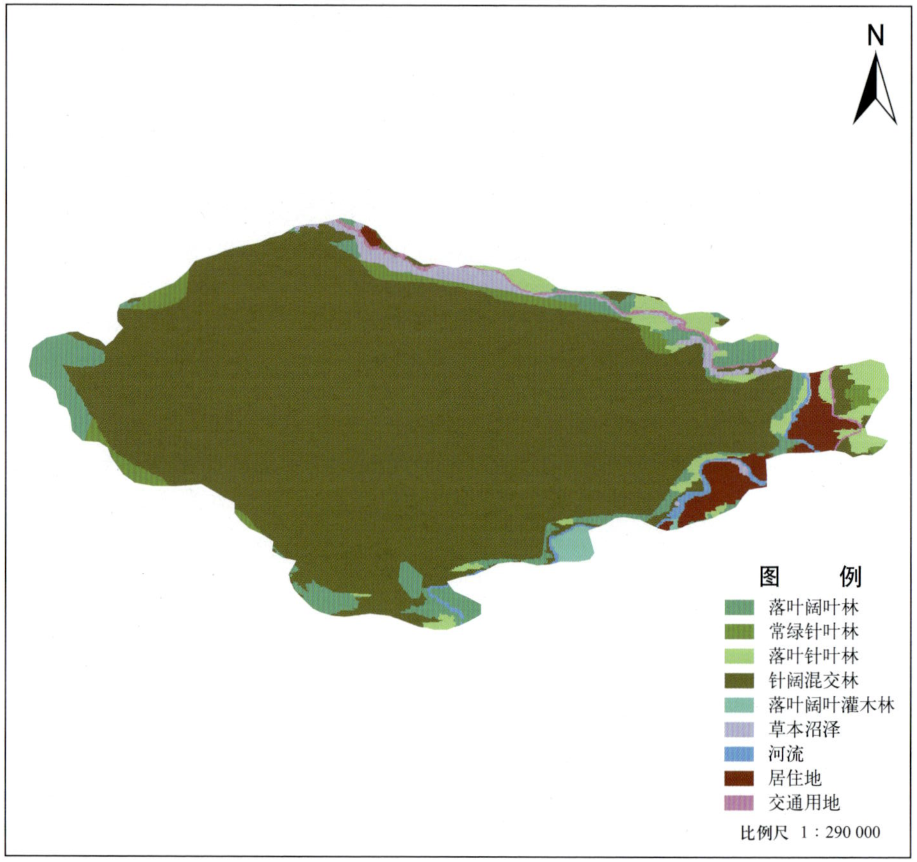
N
图　例
落叶阔叶林
常绿针叶林
落叶针叶林
针阔混交林
落叶阔叶灌木林
草本沼泽
河流
居住地
交通用地
比例尺 1 : 290 000

解译参考影像时间：2011 年

凉水国家级自然保护区遥感影像图

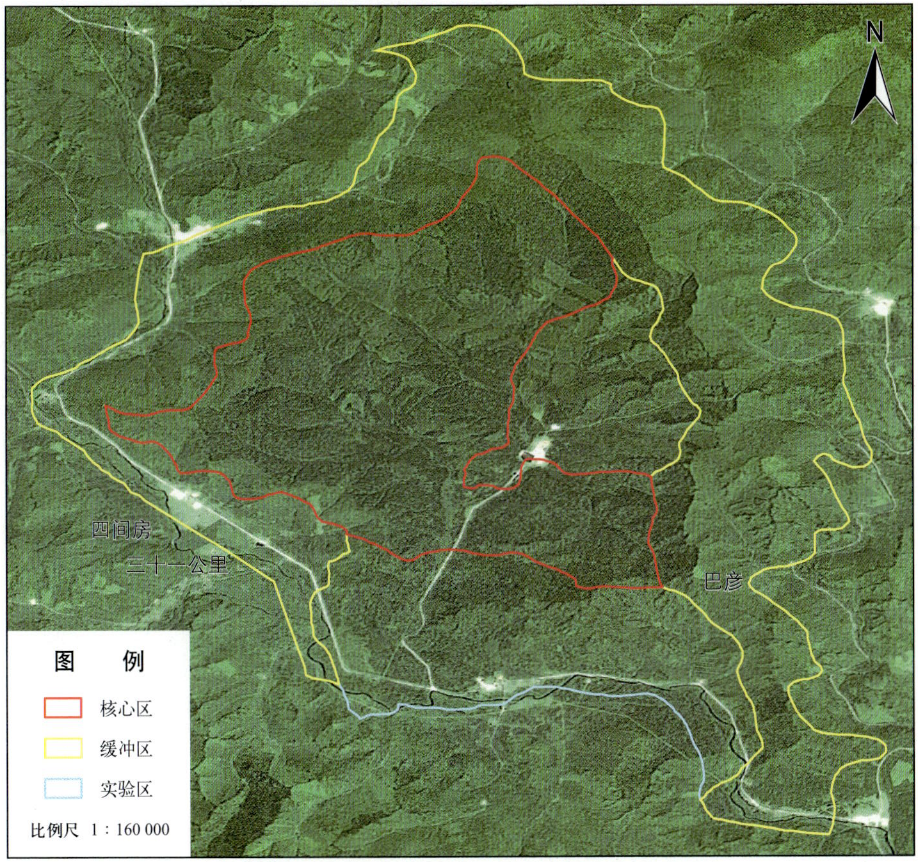
N
四间房
三十一公里
巴彦
图 例
核心区
缓冲区
实验区
比例尺 1：160 000

影像获取时间：2010 年

凉水国家级自然保护区生态系统类型图

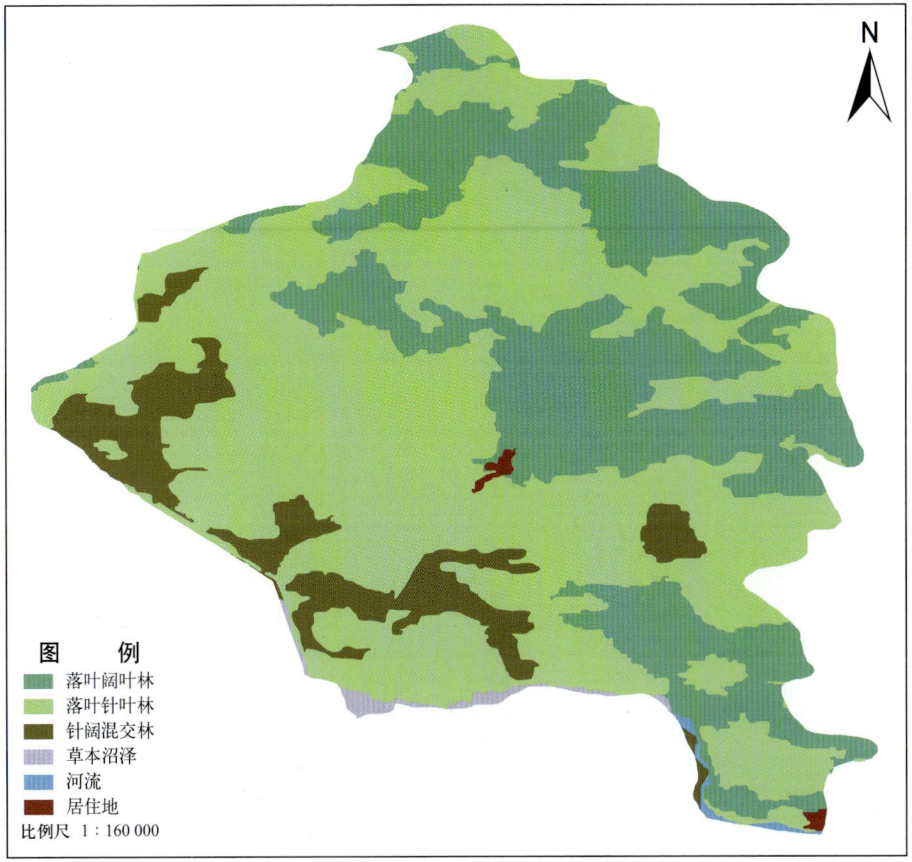
N
图 例
落叶阔叶林
落叶针叶林
针阔混交林
草本沼泽
河流
居住地
比例尺 1：160 000

解译参考影像时间：2011 年

凉水
国家级自然保护区
哈尔滨

凉水国家级自然保护区位于黑龙江省伊春市带岭区境内，总面积 12 133 公顷，建于 1980 年，1997 年晋升为国家级，主要保护对象为以红松为主的温带针阔叶混交林及其生态系统，属于森林生态系统类型的自然保护区。该保护区是我国东北边陲小兴安岭山脉的中南段镶嵌着一颗璀璨的绿色明珠，被誉为“红松故乡”和“天然生物实验室”。

乌伊岭国家级自然保护区

乌伊岭
国家级自然保护区
哈尔滨

乌伊岭国家级自然保护区位于黑龙江省伊春市乌伊岭区境内，总面积 43 824 公顷，建于 1999 年，2007 年晋升为国家级，主要保护对象为温带森林生态系统、沼泽湿地生态系统，属于内陆湿地类型的自然保护区。该保护区地理位置十分独特，是中国高纬度有代表性、典型性和稀有性的林间湿地自然保护区。

乌伊岭国家级自然保护区遥感影像图

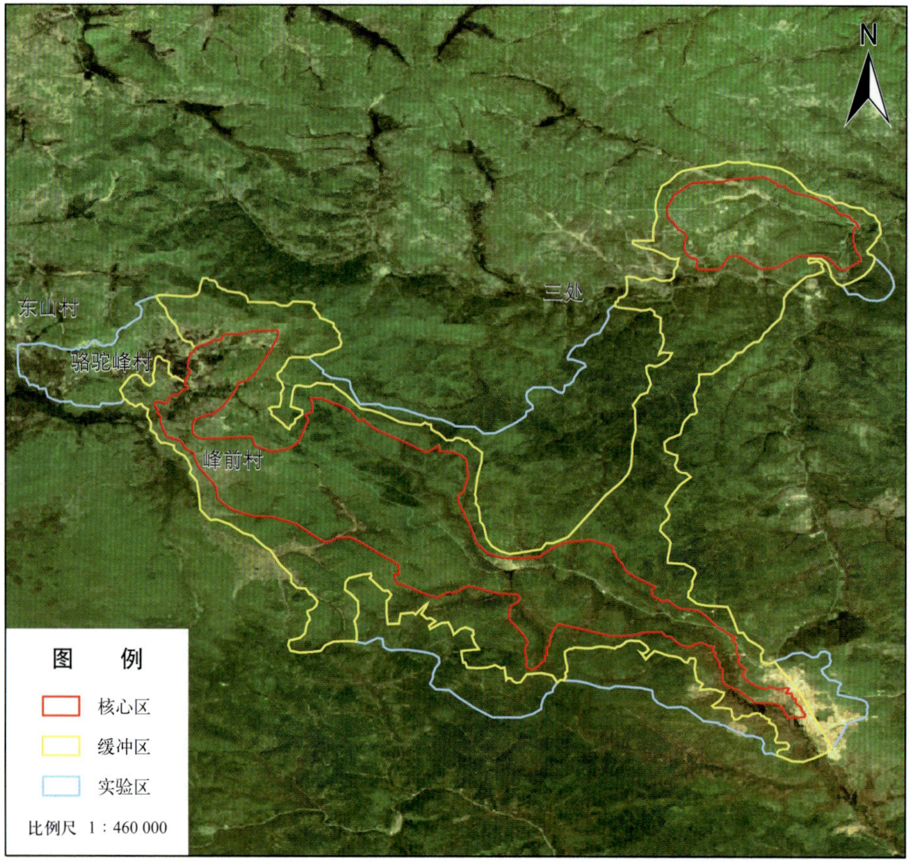
N
东山村
骆驼峰村
峰前村
三处
图 例
核心区
缓冲区
实验区
比例尺 1 : 460 000

影像获取时间：2010 年

乌伊岭国家级自然保护区生态系统类型图

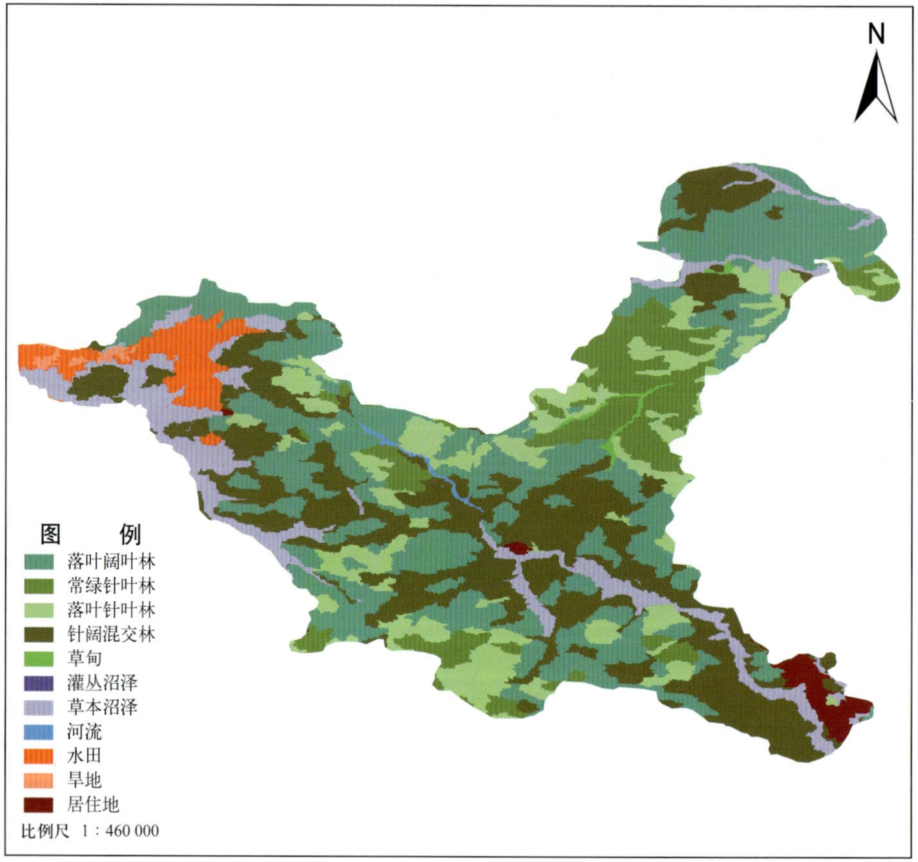
N
图 例
落叶阔叶林
常绿针叶林
落叶针叶林
针阔混交林
草甸
灌丛沼泽
草本沼泽
河流
水田
旱地
居住地
比例尺 1 : 460 000

解译参考影像时间：2011 年

红星湿地国家级自然保护区遥感影像图

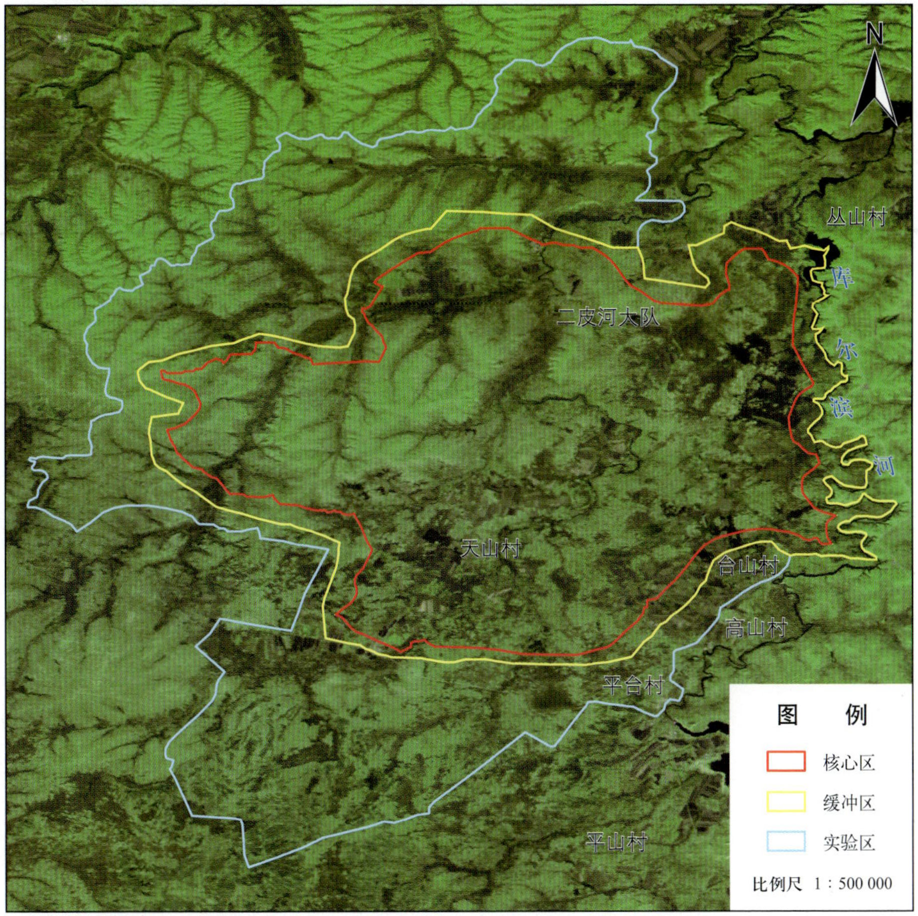
N
丛山村
库
尔
滨
河
二皮河大队
天山村
合山村
高山村
平台村
平山村
图 例
核心区
缓冲区
实验区
比例尺 1：500 000

影像获取时间：2010 年

红星湿地国家级自然保护区生态系统类型图

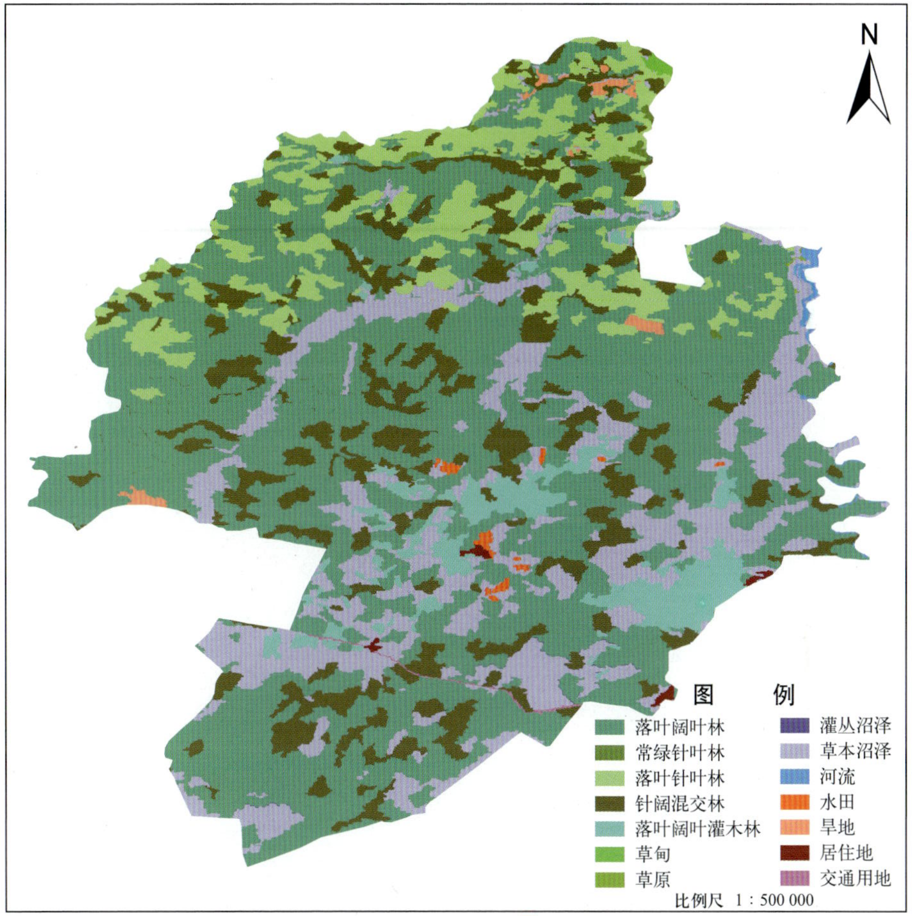
N
图 例
落叶阔叶林
常绿针叶林
落叶针叶林
针阔混交林
落叶阔叶灌木林
草甸
草原
灌丛沼泽
草本沼泽
河流
水田
旱地
居住地
交通用地
比例尺 1：500 000

解译参考影像时间：2011 年

红星湿地
国家级自然保护区
哈尔滨

红星湿地国家级自然保护区位于黑龙江省伊春市境内，总面积 111 995 公顷，建于 2004 年，2008 年晋升为国家级，主要保护对象为温带森林湿地生态系统、珍稀野生动植物和湿地生物多样性，属于内陆湿地类型的自然保护区。该保护区内有 7 种湿地类型，是北方森林湿地生态系统的典型代表，也是迄今为止，我国开发最晚、人为破坏及污染程度最低、森林湿地生态系统保持最完整的地区之一。

三江国家级自然保护区

三江
国家级自然保护区
哈尔滨

三江国家级自然保护区位于黑龙江省佳木斯市抚远县和同江市境内，总面积 198 089 公顷，建于 1994 年，2000 年晋升为国家级，2002 年被列入《国际重要湿地名录》，同年被批准加入国际鹤类保护网络。主要保护对象为湿地生态系统及东方白鹳等珍禽，属于内陆湿地类型的自然保护区。该保护区是全球少见的淡水沼泽湿地之一。

三江国家级自然保护区遥感影像图

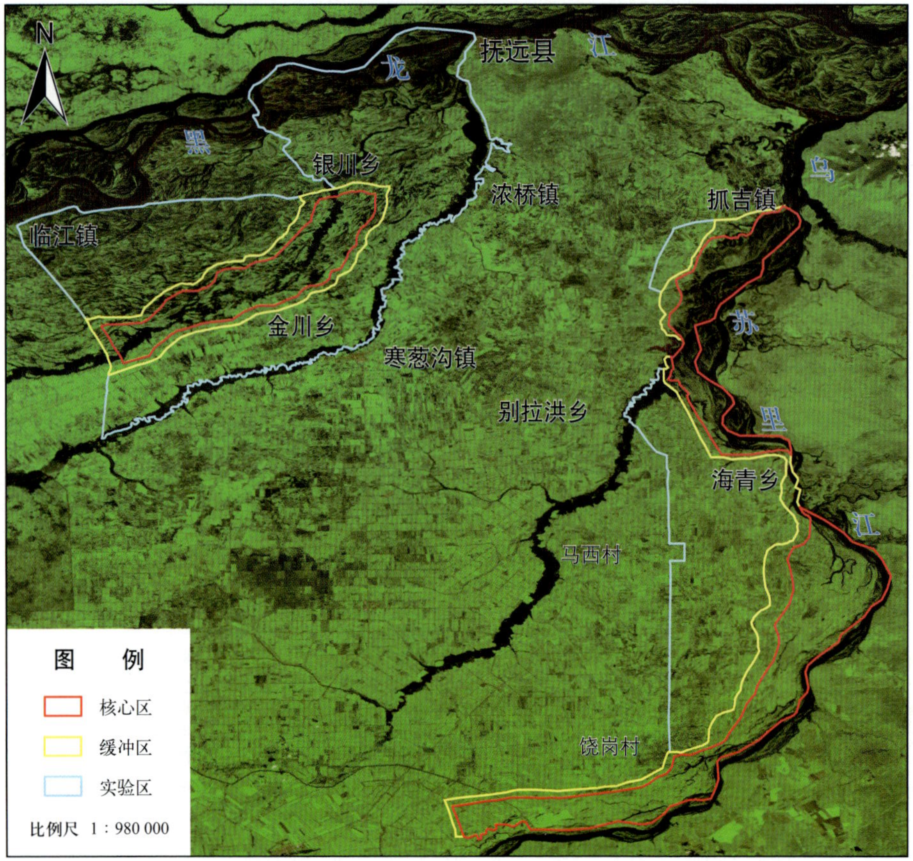
N
抚远县
黑
龙
江
乌
苏
里
江
银川乡
浓桥镇
抓吉镇
临江镇
金川乡
寒葱沟镇
别拉洪乡
海青乡
马西村
饶岗村
图 例
核心区
缓冲区
实验区
比例尺 1 : 980 000

影像获取时间：2010 年

三江国家级自然保护区生态系统类型图

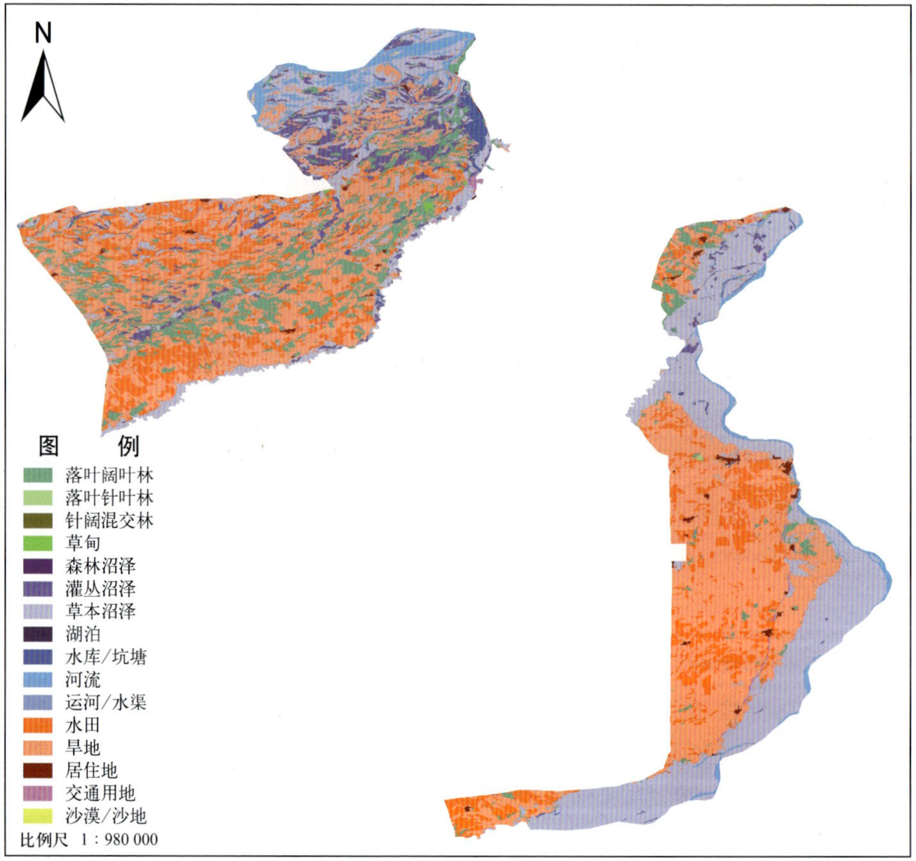
N
图 例
落叶阔叶林
落叶针叶林
针阔混交林
草甸
森林沼泽
灌丛沼泽
草本沼泽
湖泊
水库/坑塘
河流
运河/水渠
水田
旱地
居住地
交通用地
沙漠/沙地
比例尺 1 : 980 000

解译参考影像时间：2011 年

洪河国家级自然保护区遥感影像图

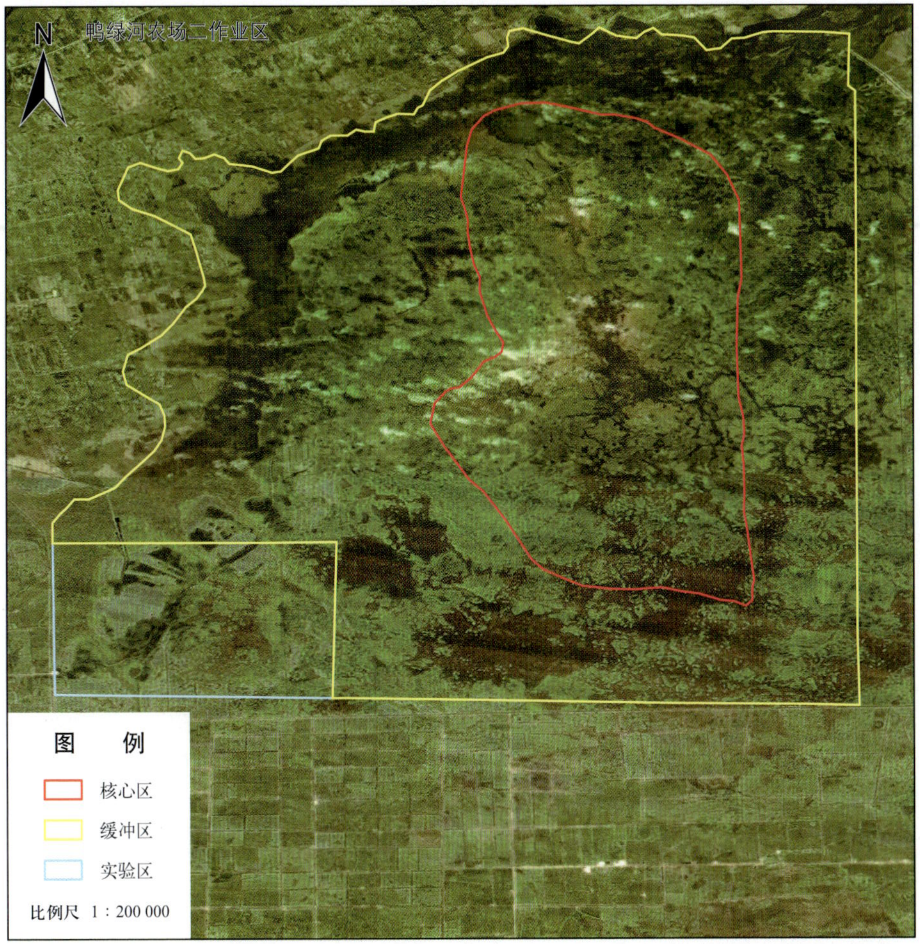
N
鸭绿河农场二作业区
图 例
核心区
缓冲区
实验区
比例尺 1：200 000

影像获取时间：2010 年

洪河国家级自然保护区生态系统类型图

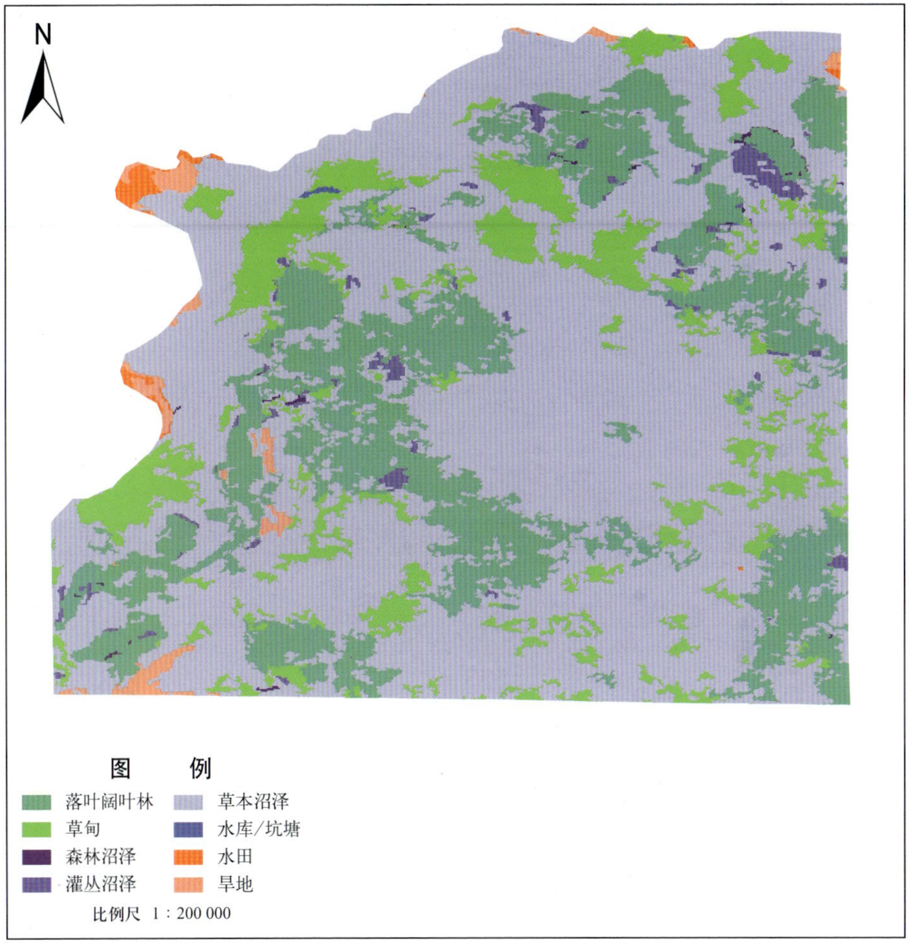
N
图 例
落叶阔叶林
草甸
森林沼泽
灌丛沼泽
草本沼泽
水库/坑塘
水田
旱地
比例尺 1：200 000

解译参考影像时间：2011 年

洪河国家级自然保护区位于黑龙江省三江平原腹地，同江市与佳木斯市抚远县交界处，总面积 21 835 公顷，建于 1984 年，1996 年晋升为国家级，主要保护对象为沼泽湿地生态系统及丹顶鹤、白鹤、白头鹤等珍禽，属于内陆湿地类型的自然保护区。该保护区内的植被保持原始状态，以草本沼泽植被和水生植被为主，间有岛状林分布。该保护区的建立，对保护三江平原沼泽湿地珍禽有非常重要的意义。

洪河
国家级自然保护区
哈尔滨

八岔岛国家级自然保护区遥感影像图

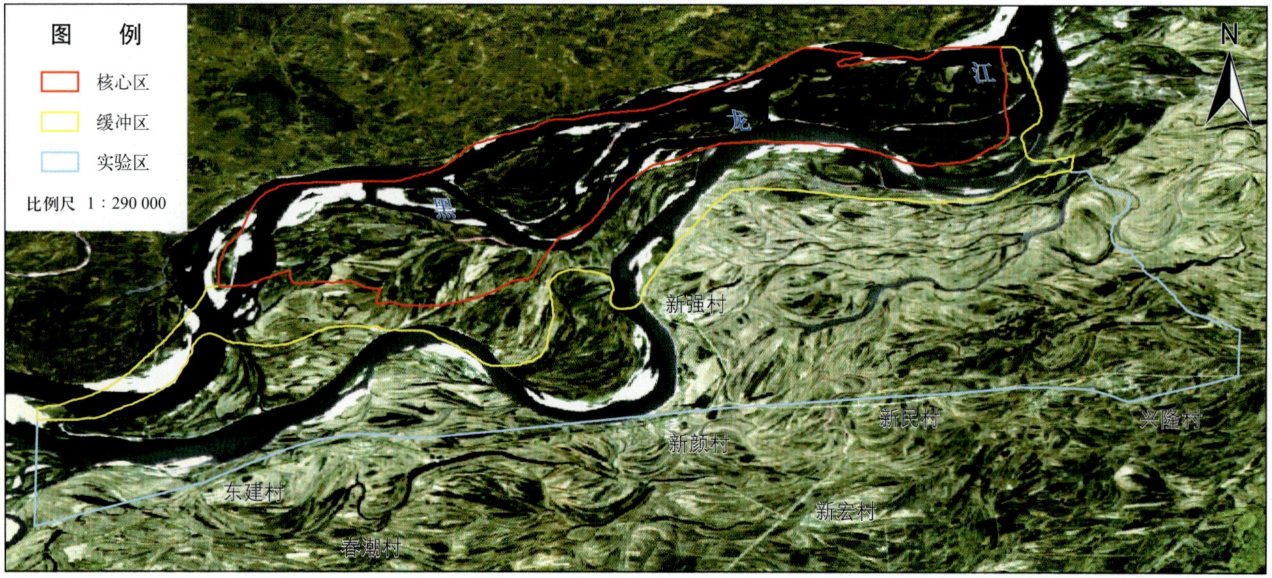
图 例
核心区
缓冲区
实验区
比例尺 1：290 000
N
江
龙
黑
新强村
新民村
兴隆村
新颜村
东建村
新宏村
春湖村

影像获取时间：2010 年

八岔岛国家级自然保护区生态系统类型图

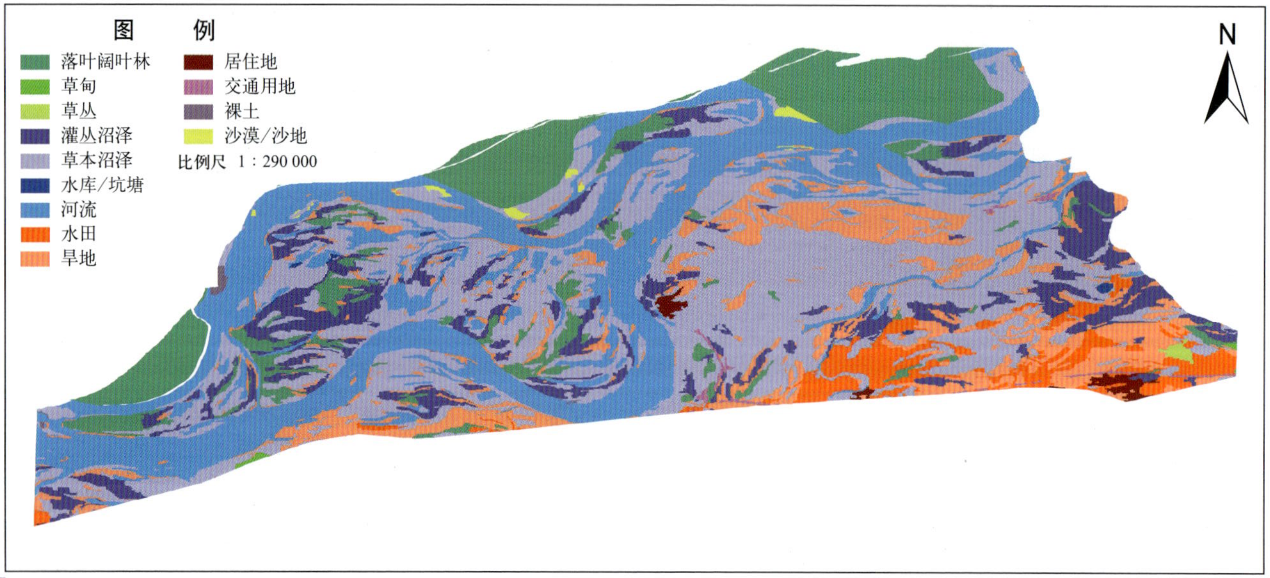
图 例
落叶阔叶林
草甸
草丛
灌丛沼泽
草本沼泽
水库/坑塘
河流
水田
旱地
居住地
交通用地
裸土
沙漠/沙地
比例尺 1：290 000
N

解译参考影像时间：2010 年

八岔岛
国家级自然保护区
哈尔滨

八岔岛国家级自然保护区位于黑龙江省同江市东北部，由黑瞎子岛、男女岛等几个岛屿和黑龙江部分水域及三角泡等组成，总面积 32 014 公顷，建于 1999 年，2003 年晋升为国家级，主要保护对象为湿地水域生态系统及珍稀动物，属内地湿地类型的自然保护区。该保护区内有野生动物 200 余种，国家级保护动物有黑熊、鹿、黑琴鸟等。

挠力河国家级自然保护区遥感影像图

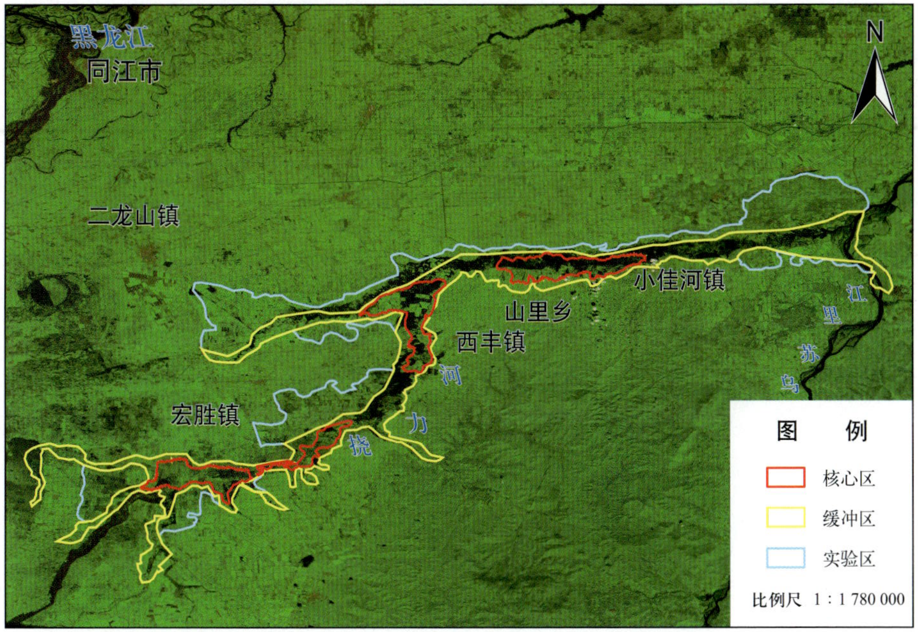
黑龙江
同江市
二龙山镇
小佳河镇
山里乡
西丰镇
宏胜镇
乌苏里江
挠力河
N
图例
核心区
缓冲区
实验区
比例尺 1：1 780 000

影像获取时间：2010 年

挠力河国家级自然保护区生态系统类型图

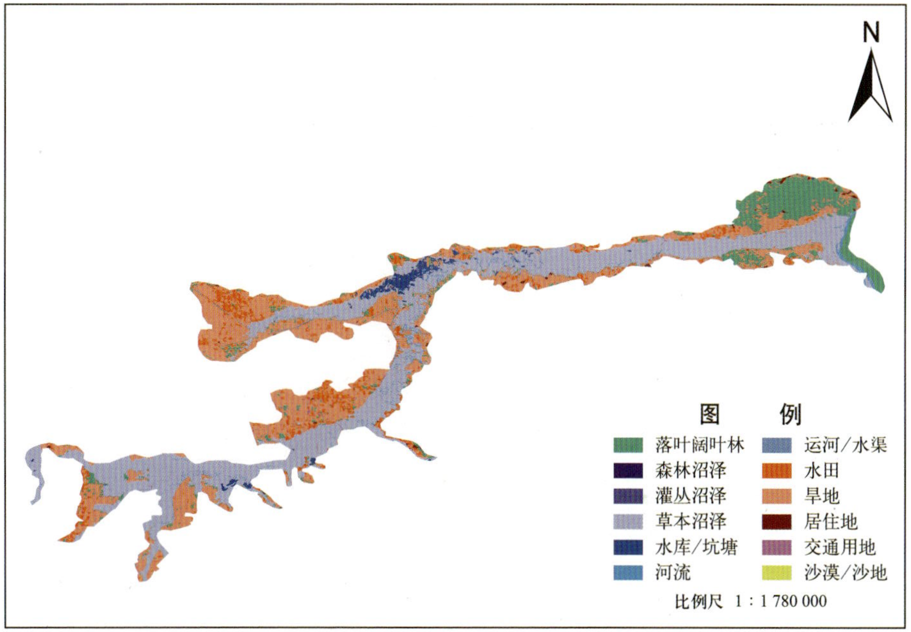
N
图例
落叶阔叶林
森林沼泽
灌丛沼泽
草本沼泽
水库/坑塘
河流
运河/水渠
水田
旱地
居住地
交通用地
沙漠/沙地
比例尺 1：1 780 000

解译参考影像时间：2010 年

挠力河
国家级自然保护区
哈尔滨

挠力河国家级自然保护区位于黑龙江省佳木斯市富锦市、抚远县以及双鸭山市宝清县、饶河县境内，总面积 160 595 公顷，建于 1998 年，2002 年晋升为国家级，主要保护对象为沼泽湿地生态系统及水禽，属于内陆湿地类型自然保护区。该保护区是欧亚大陆野生动物的必经之地，其生态系统多样性、景观多样性和物种多样性极为丰富，是国内乃至世界上不可多得的湿地生态系统。

黑龙江省 牡丹峰国家级自然保护区

哈尔滨
牡丹峰
国家级自然保护区

牡丹峰国家级自然保护区位于黑龙江省牡丹江市东南郊，老爷岭北部，总面积 19 648 公顷，建于 1981 年，1994 年晋升为国家级，主要保护对象为原始森林，属于森林生态类型的自然保护区。该保护区内有植物 988 种，脊椎动物 150 余种，其中东北虎、马鹿等为国家重点保护野生动物。

牡丹峰国家级自然保护区遥感影像图

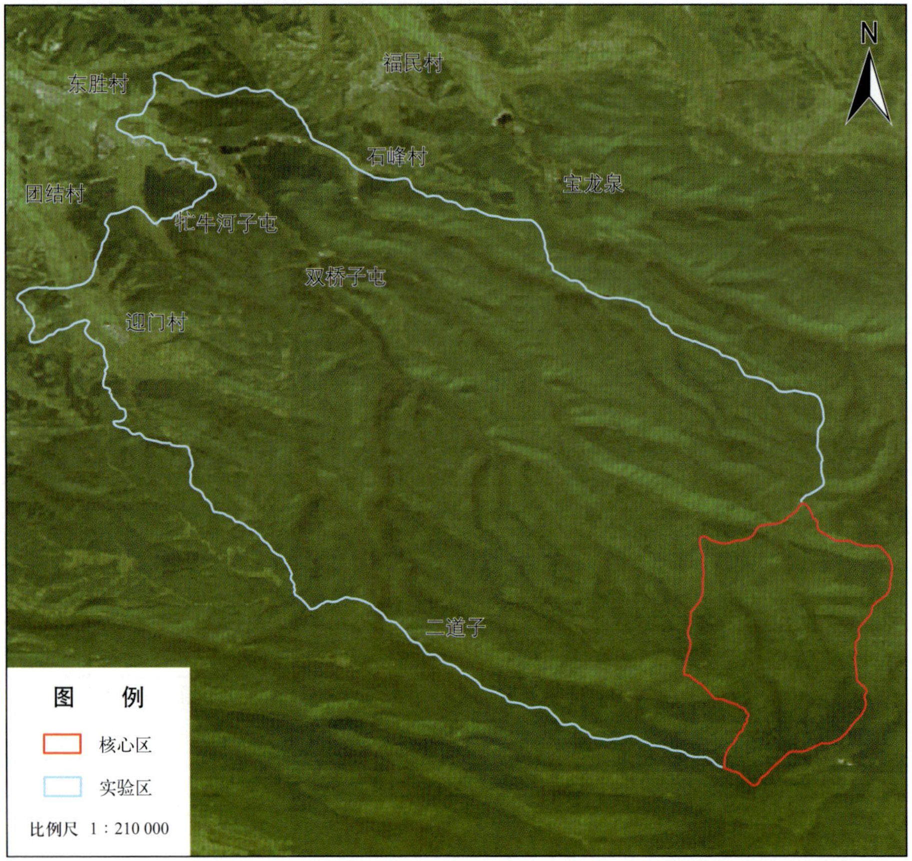
N
福民村
东胜村
石峰村
宝龙泉
团结村
忙牛河子屯
双桥子屯
迎门村
二道子
图 例
核心区
实验区
比例尺 1 : 210 000

影像获取时间：2010 年

牡丹峰国家级自然保护区生态系统类型图

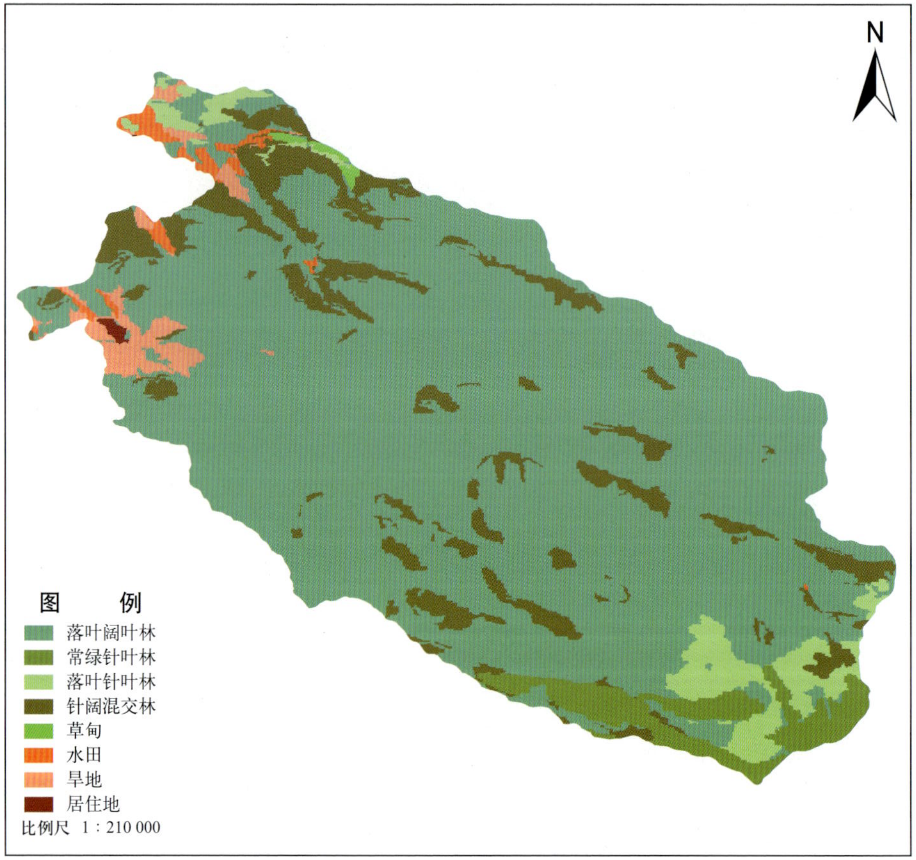
N
图 例
落叶阔叶林
常绿针叶林
落叶针叶林
针阔混交林
草甸
水田
旱地
居住地
比例尺 1 : 210 000

解译参考影像时间：2010 年

小北湖国家级自然保护区遥感影像图

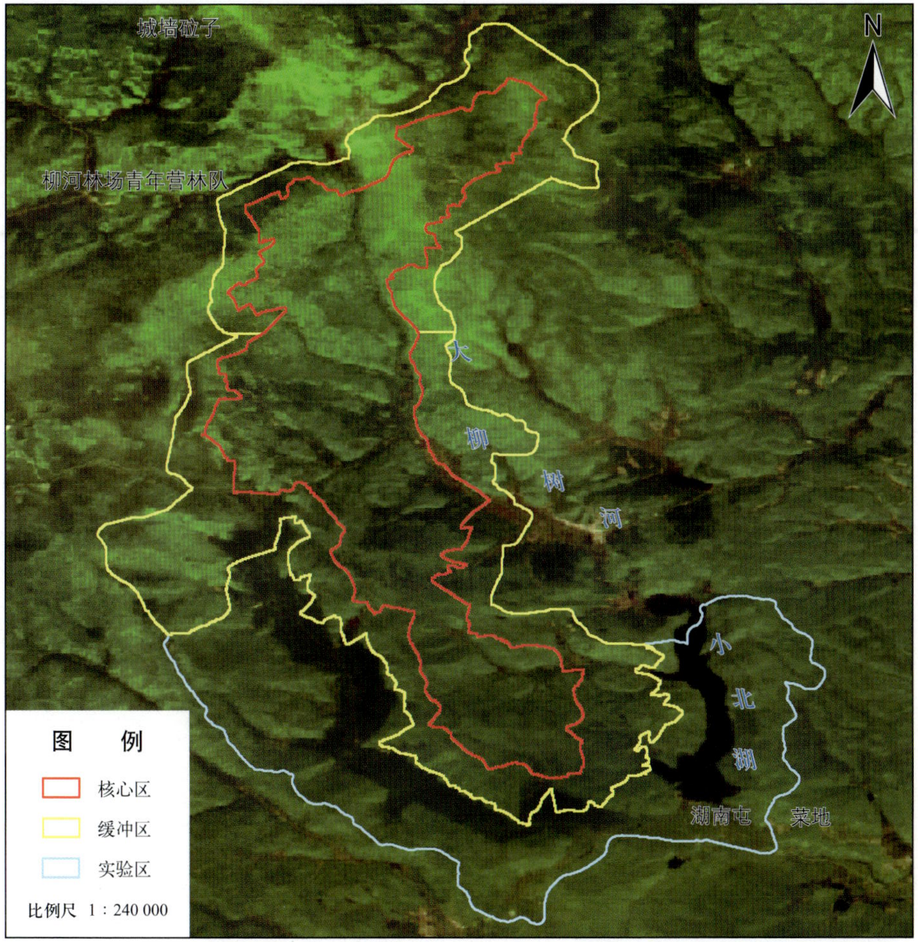
城墙砬子
柳河林场青年营林队
N
大
柳
树
河
小
北
湖
湖南屯
菜地
图 例
核心区
缓冲区
实验区
比例尺 1：240 000

影像获取时间：2010 年

小北湖国家级自然保护区生态系统类型图

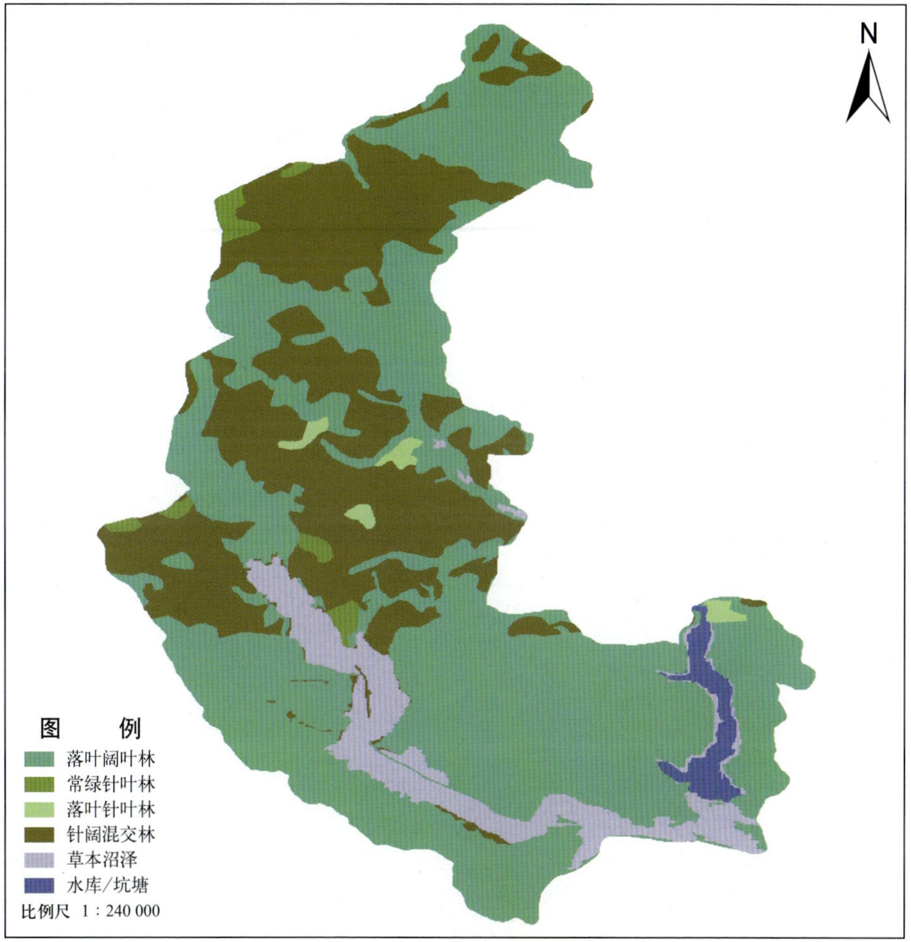
N
图 例
落叶阔叶林
常绿针叶林
落叶针叶林
针阔混交林
草本沼泽
水库/坑塘
比例尺 1：240 000

解译参考影像时间：2010 年

哈尔滨
小北湖
国家级自然保护区

小北湖国家级自然保护区位于黑龙江省牡丹江市南部宁安市小北湖林场境内，总面积 20 834 公顷，建于 2006 年，2012 年晋升为国家级，主要保护对象为红松林生态系统及原麝、紫貂等珍稀动植物，属于森林生态系统类型的自然保护区。该保护区是牡丹江上游重要的火山地貌湿地生态系统，具有涵养水源、保持水土的生态功能，是鱼类、两栖类、水鸟的栖息地和迁徙停歇地。

穆棱东北红豆杉国家级自然保护区

哈尔滨
穆棱东北红豆杉
国家级自然保护区

穆棱东北红豆杉国家级自然保护区地处黑龙江省东南部穆棱市境内，长白山脉北端，小兴安岭南麓，总面积 35 648 公顷，建于 2006 年，2009 年晋升为国家级，主要保护对象为东北红豆杉及其森林生态系统，属于野生植物类型的自然保护区。该保护区内集中生长着 16 万余株东北红豆杉，是迄今已发现的东北林区中面积最大、保存最完好的野生东北红豆杉集中分布区。

穆棱东北红豆杉国家级自然保护区遥感影像图

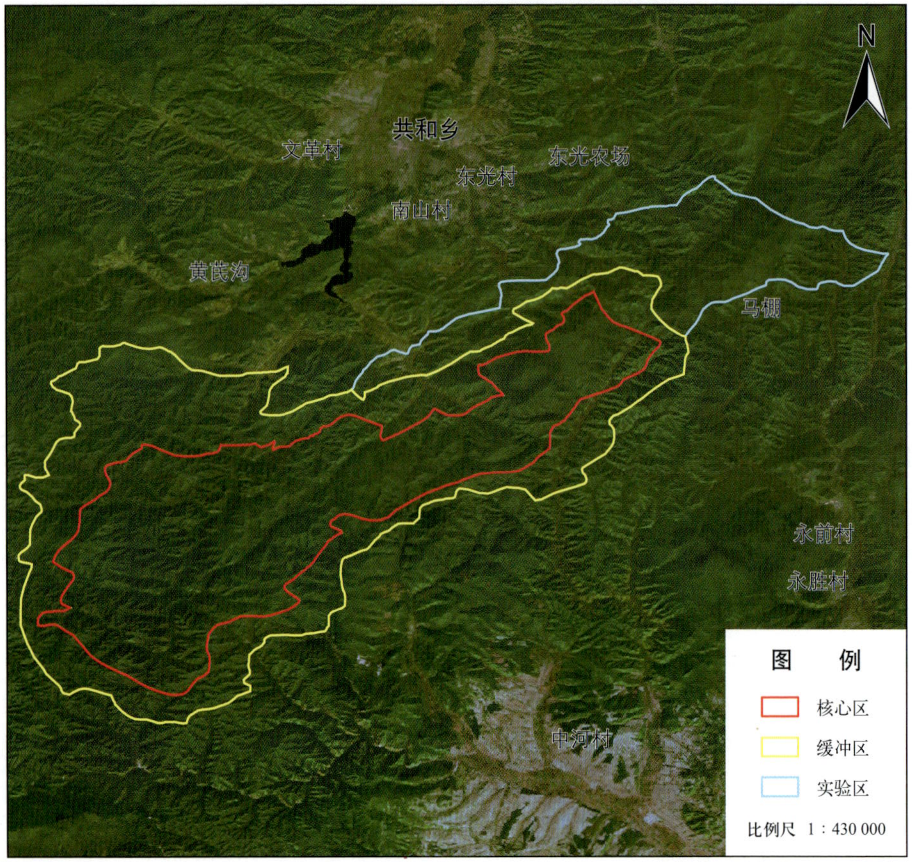

N
共和乡
文革村
东光村
东光农场
南山村
黄芪沟
马棚
永前村
永胜村
中河村
图 例
核心区
缓冲区
实验区
比例尺 1 : 430 000

影像获取时间：2010 年

穆棱东北红豆杉国家级自然保护区生态系统类型图

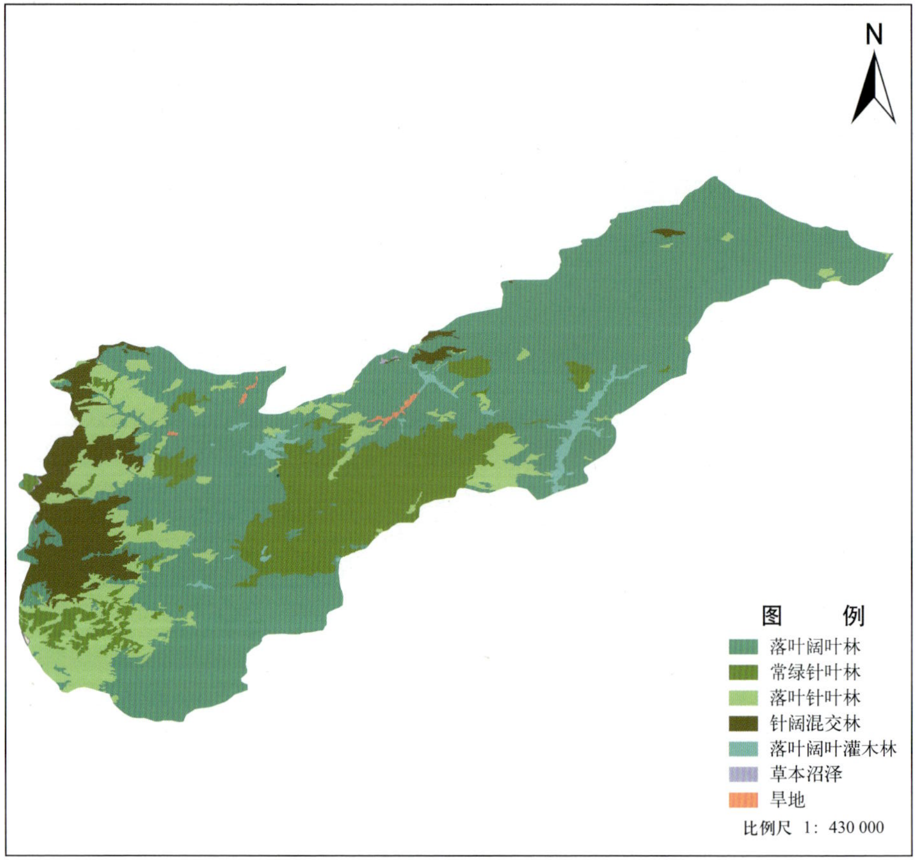

N
图 例
落叶阔叶林
常绿针叶林
落叶针叶林
针阔混交林
落叶阔叶灌木林
草本沼泽
旱地
比例尺 1: 430 000

解译参考影像时间：2011 年

胜山国家级自然保护区遥感影像图

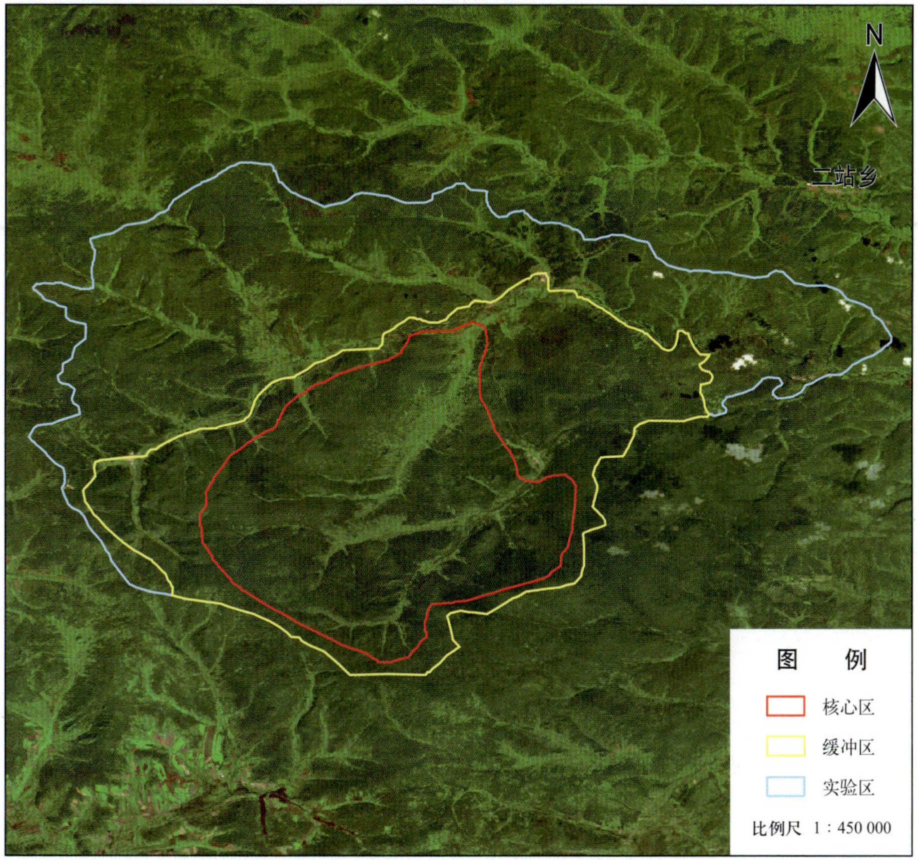
N
二站乡
图 例
核心区
缓冲区
实验区
比例尺 1 : 450 000

影像获取时间：2010 年

胜山国家级自然保护区生态系统类型图

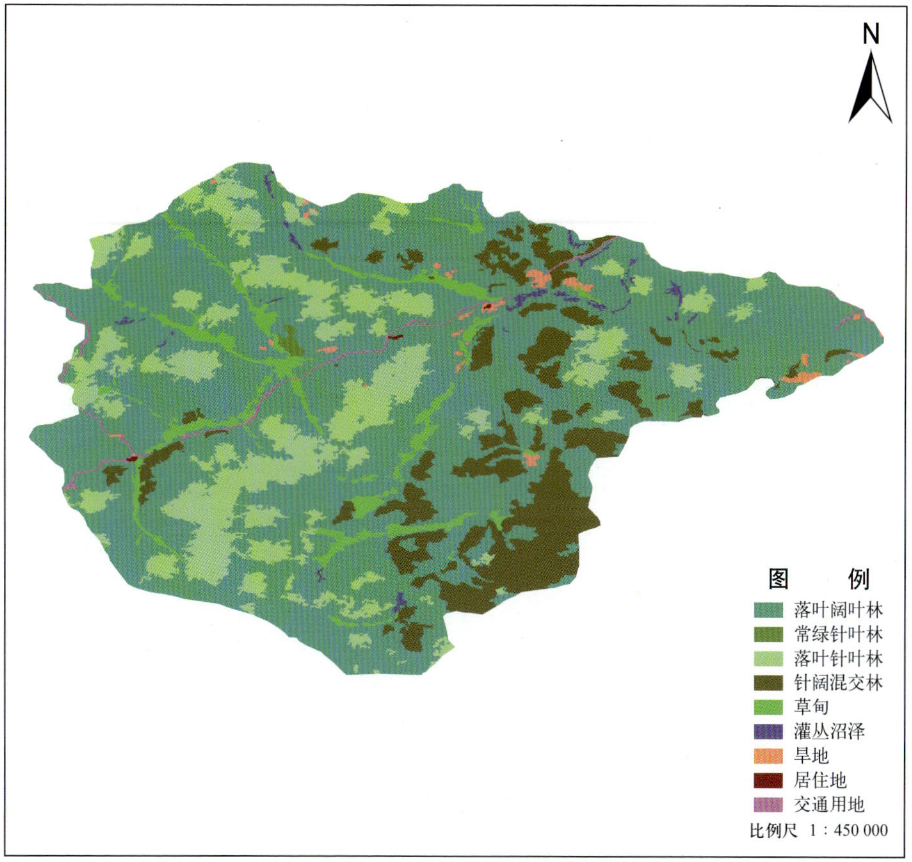
N
图 例
落叶阔叶林
常绿针叶林
落叶针叶林
针阔混交林
草甸
灌丛沼泽
旱地
居住地
交通用地
比例尺 1 : 450 000

解译参考影像时间：2011 年

胜山
国家级自然保护区
哈尔滨

胜山国家级自然保护区位于黑龙江省黑河市爱辉区境内，小兴安岭西北坡，毗邻大兴安岭林区，为大、小兴安岭交错过渡地带，总面积 60 000 公顷，建于 2003 年，2007 年晋升为国家级，主要保护对象为我国最北端的温带森林生态系统和红松、驼鹿等珍稀濒危动植物，属于森林生态系统类型的自然保护区。该保护区是黑龙江省小兴安岭林区温带森林生态系统保存比较完整、典型的自然保护区。

黑龙江省 五大连池国家级自然保护区

五大连池
国家级自然保护区
哈尔滨

五大连池国家级自然保护区位于黑龙江省五大连池市境内，总面积100 800公顷，建于1980年，1996年晋升为国家级，主要保护对象为火山地质遗迹及矿泉水资源，属于地质遗迹类型的自然保护区。该保护区内分布着14座因火山喷发而形成的火山锥体和800多平方千米的熔岩台地以及5个串珠状火山堰塞湖，在火山喷溢而形成的玄武岩地上，遗留了类型极其丰富的微地貌景观。

五大连池国家级自然保护区遥感影像图

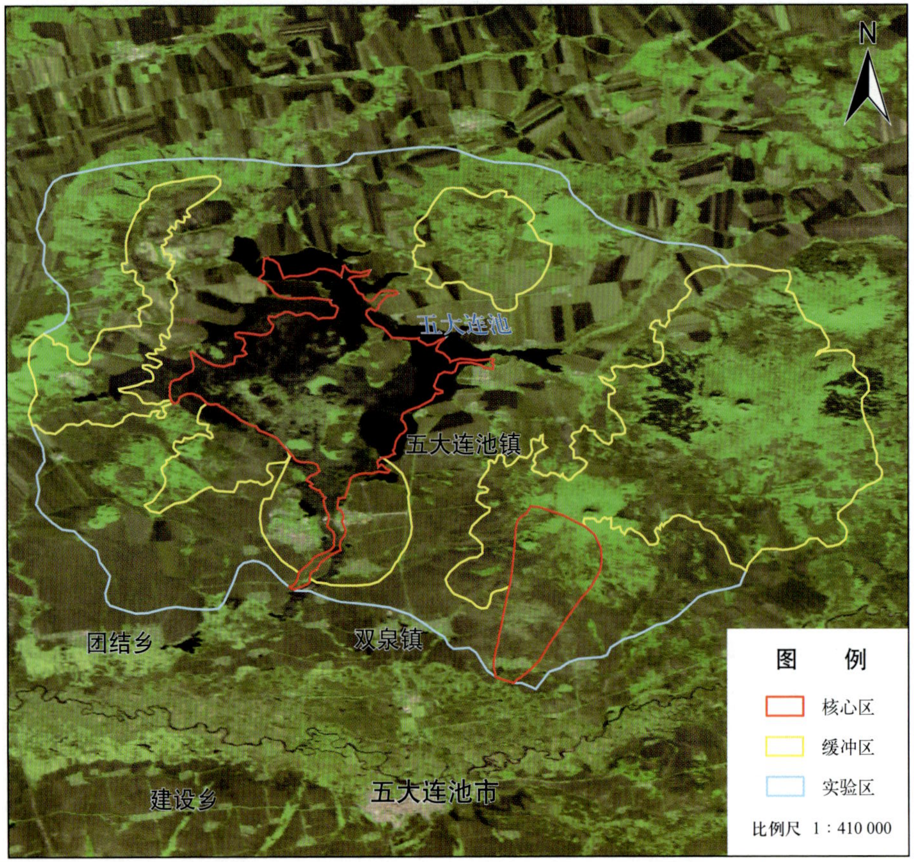
N
五大连池
五大连池镇
团结乡
双泉镇
建设乡
五大连池市
图 例
核心区
缓冲区
实验区
比例尺 1：410 000

影像获取时间：2010年

五大连池国家级自然保护区生态系统类型图

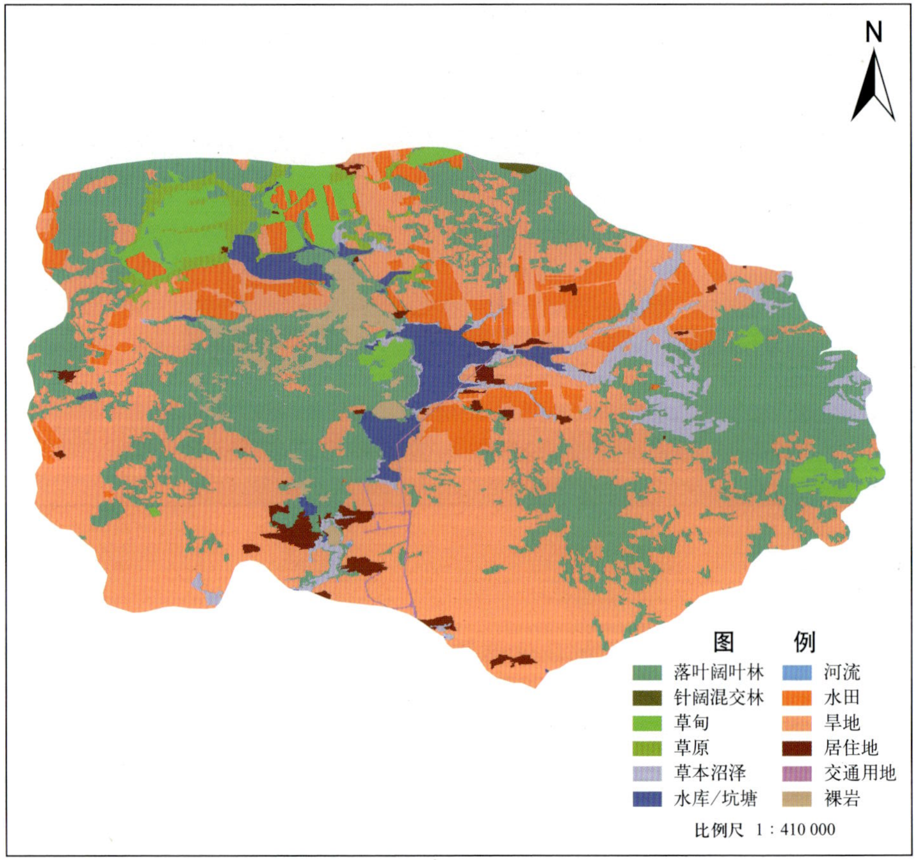
N
图 例
落叶阔叶林
针阔混交林
草甸
草原
草本沼泽
水库/坑塘
河流
水田
旱地
居住地
交通用地
裸岩
比例尺 1：410 000

解译参考影像时间：2011年

大沾河湿地国家级自然保护区遥感影像图

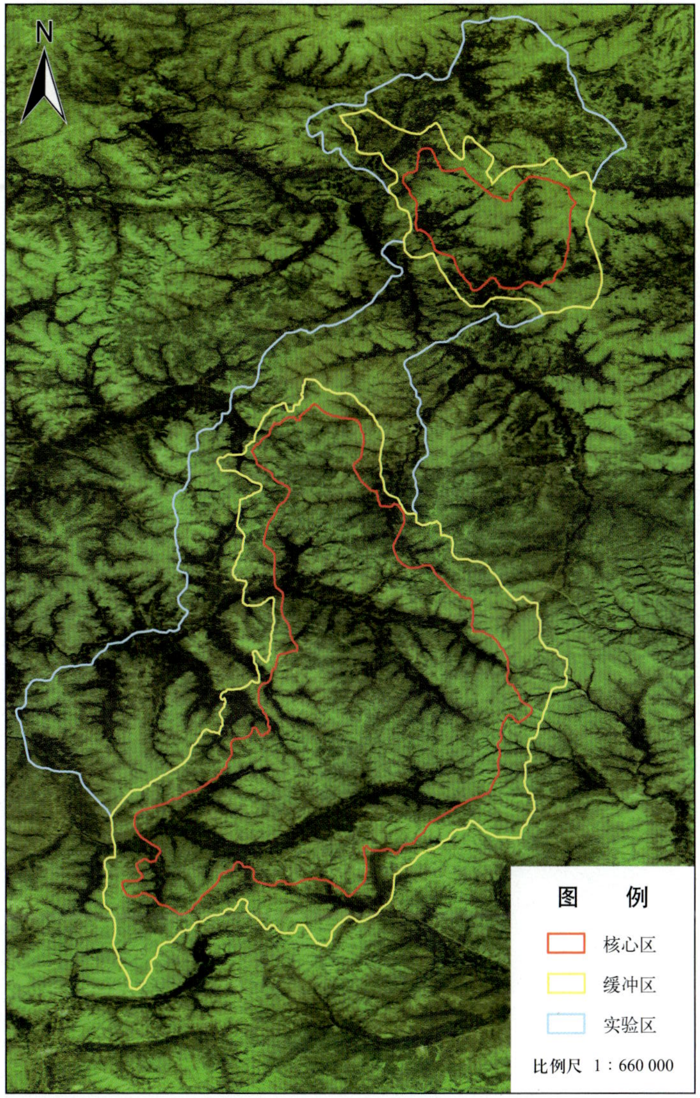
N
图 例
核心区
缓冲区
实验区
比例尺 1：660 000

影像获取时间：2010 年

大沾河湿地国家级自然保护区生态系统类型图

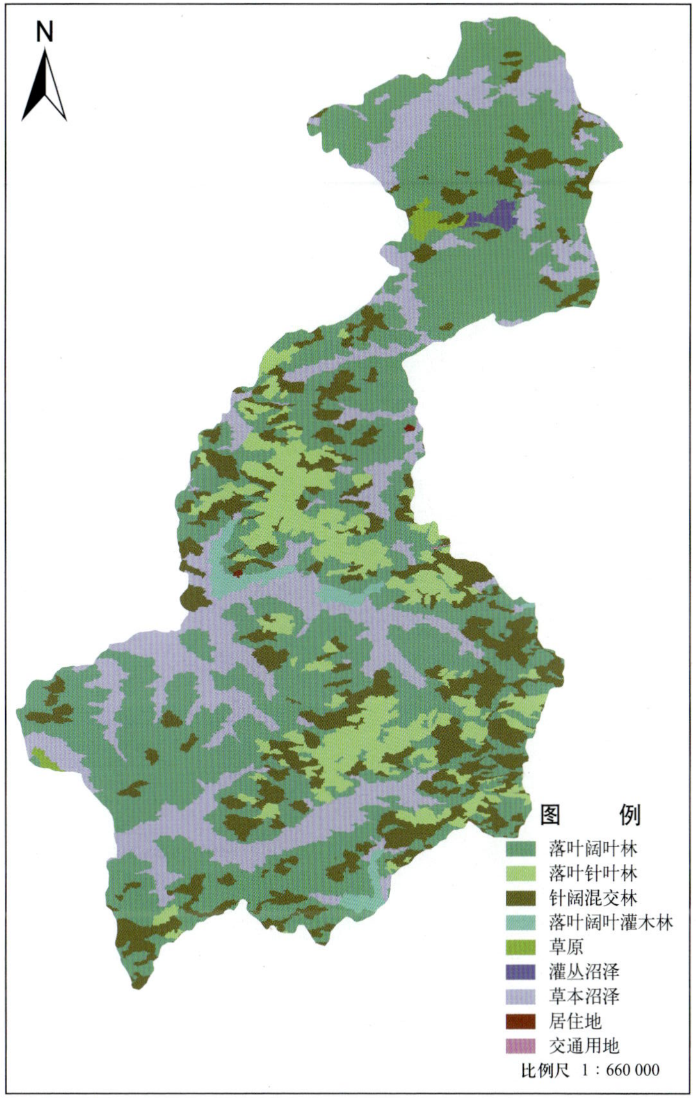
N
图 例
落叶阔叶林
落叶针叶林
针阔混交林
落叶阔叶灌木林
草原
灌丛沼泽
草本沼泽
居住地
交通用地
比例尺 1：660 000

解译参考影像时间：2010 年

大沾河湿地国家级自然保护区位于黑龙江省小兴安岭北麓的大沾河上游，总面积 211 618 公顷，建于 2006 年，2009 年晋升为国家级，主要保护对象为小兴安岭林区森林湿地生态系统、白头鹤等水禽及其栖息地和温带森林生态系统，属于内陆湿地类型的自然保护区。该保护区是我国小兴安岭林区类型齐全、分布集中、面积最大的典型森林湿地生态系统自然保护区。

大沾河湿地
国家级自然保护区
哈尔滨

绰纳河国家级自然保护区

绰纳河
国家级自然保护区
哈尔滨

绰纳河国家级自然保护区位于黑龙江省大兴安岭地区呼玛县境内，大兴安岭东缘，总面积105 580公顷，建于2005年，2012年晋升为国家级，主要保护对象为寒温带针叶林与温带针阔叶混交林，属于内陆湿地类型的自然保护区。该保护区内森林与湿地生态系统融为一体，分布着国家重点保护野生生物1 663种。

绰纳河国家级自然保护区遥感影像图

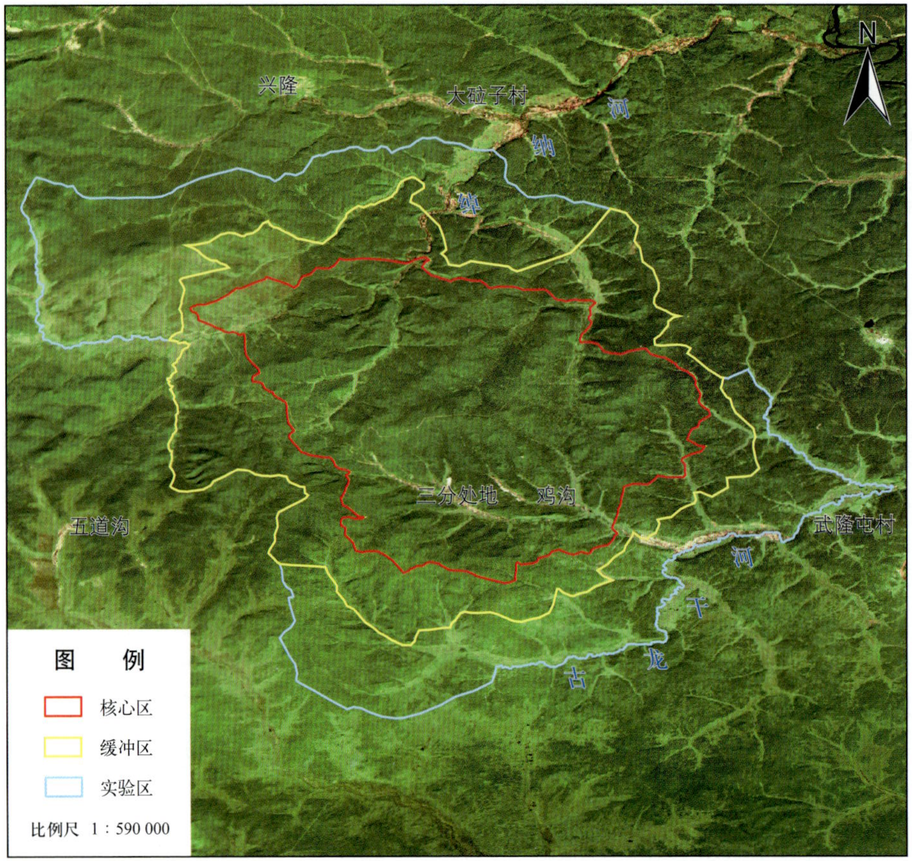
N
兴隆
大砬子村
绰
纳
河
三分处地
鸡沟
五道沟
武隆屯村
古
龙
干
河
图 例
核心区
缓冲区
实验区
比例尺 1 : 590 000

影像获取时间：2010年

绰纳河国家级自然保护区生态系统类型图

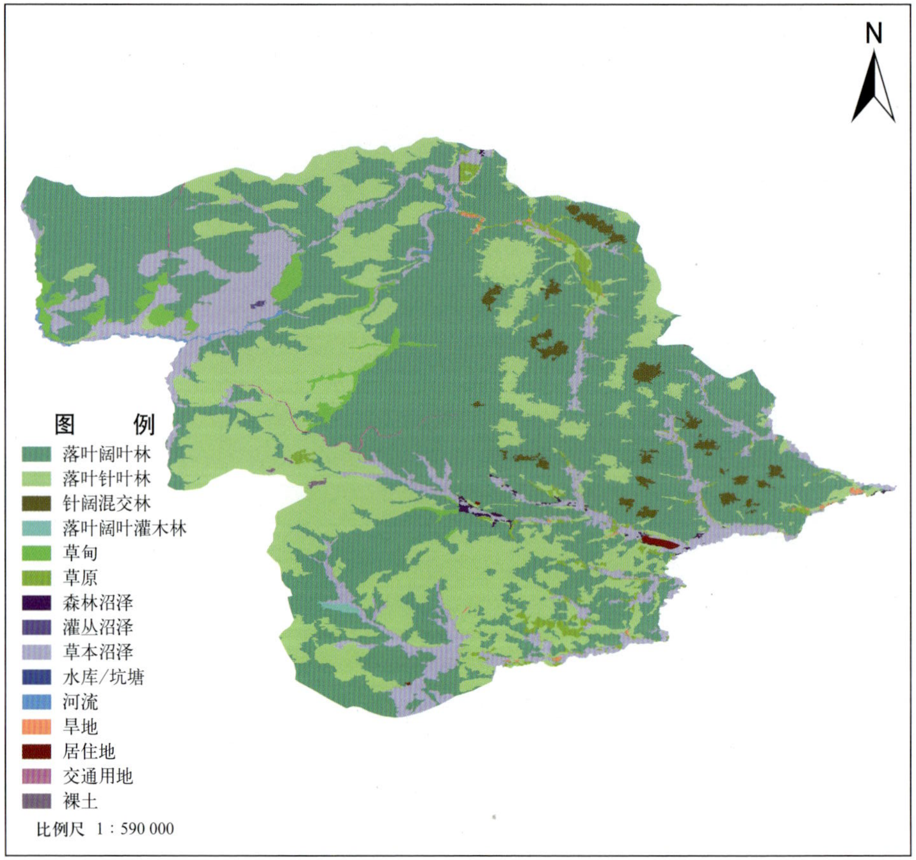
N
图 例
落叶阔叶林
落叶针叶林
针阔混交林
落叶阔叶灌木林
草甸
草原
森林沼泽
灌丛沼泽
草本沼泽
水库/坑塘
河流
旱地
居住地
交通用地
裸土
比例尺 1 : 590 000

解译参考影像时间：2010年

多布库尔国家级自然保护区遥感影像图

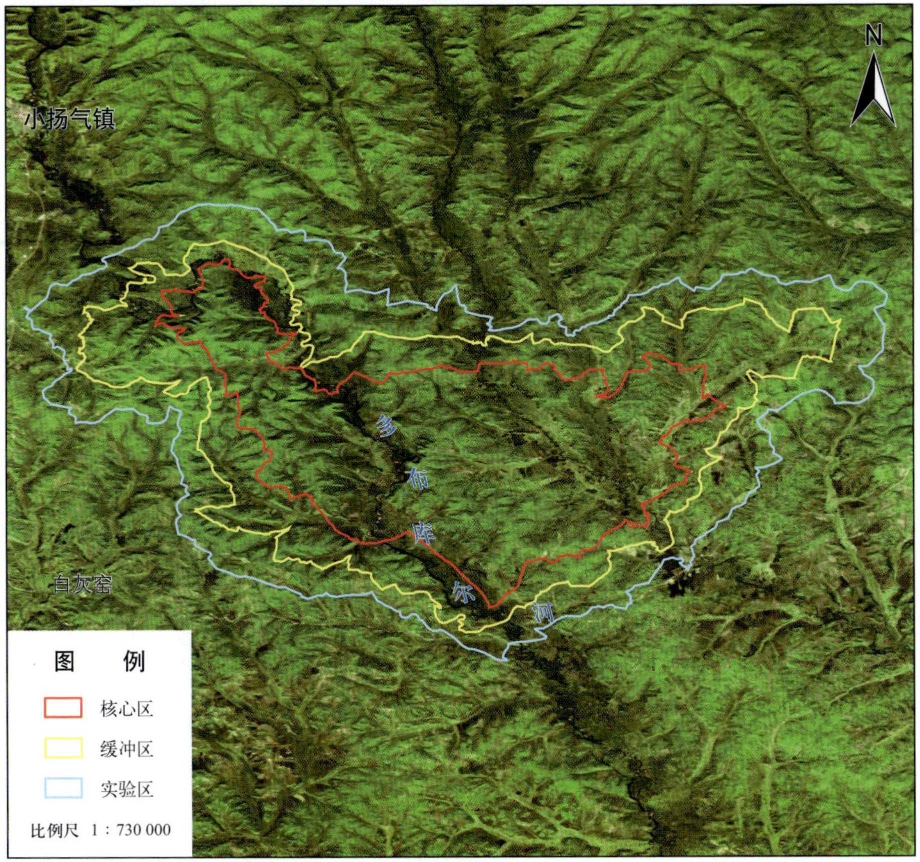
N
小扬气镇
白灰窑
多布库尔河
图例
核心区
缓冲区
实验区
比例尺 1：730 000

影像获取时间：2010 年

多布库尔国家级自然保护区生态系统类型图

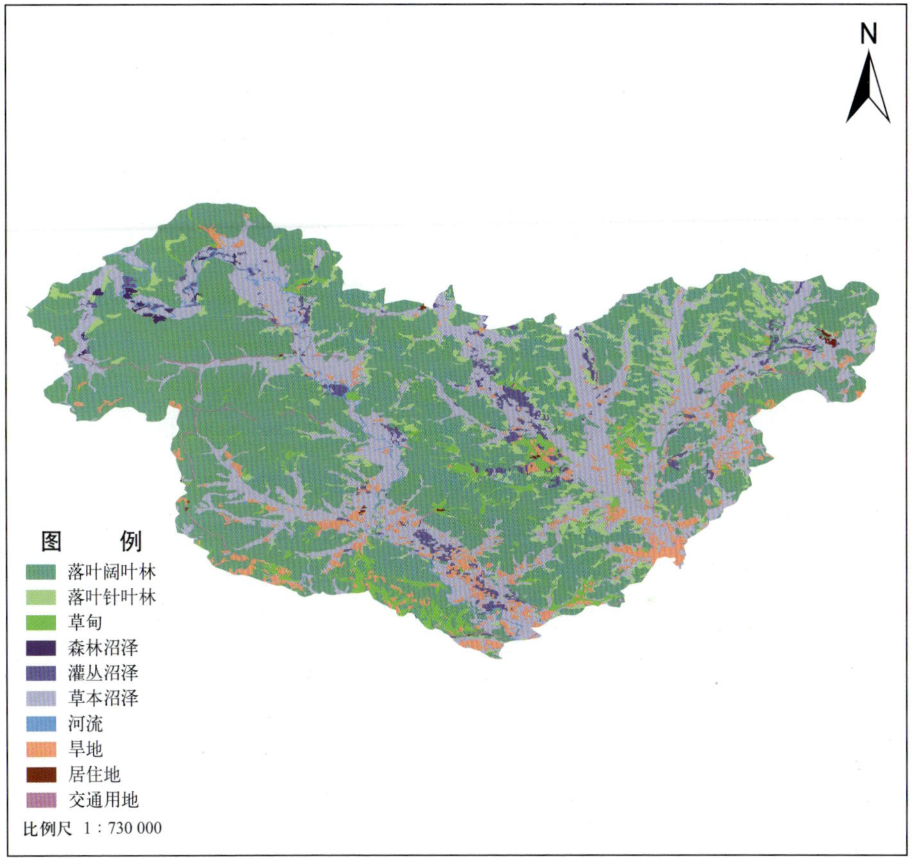
N
图例
落叶阔叶林
落叶针叶林
草甸
森林沼泽
灌丛沼泽
草本沼泽
河流
旱地
居住地
交通用地
比例尺 1：730 000

解译参考影像时间：2010 年

多布库尔
国家级自然保护区
哈尔滨

多布库尔国家级自然保护区位于黑龙江省大兴安岭东部林区的东南部，总面积 128 959 公顷，建于 2006 年，2012 年晋升为国家级，主要保护对象为寒温带湿地生态系统及野生动植物，属内陆湿地类型的自然保护区。该保护区集生物多样性保护、科学研究、宣传教育、生态旅游和可持续利用等多功能于一体。

呼中国家级自然保护区

呼中国家级自然保护区遥感影像图

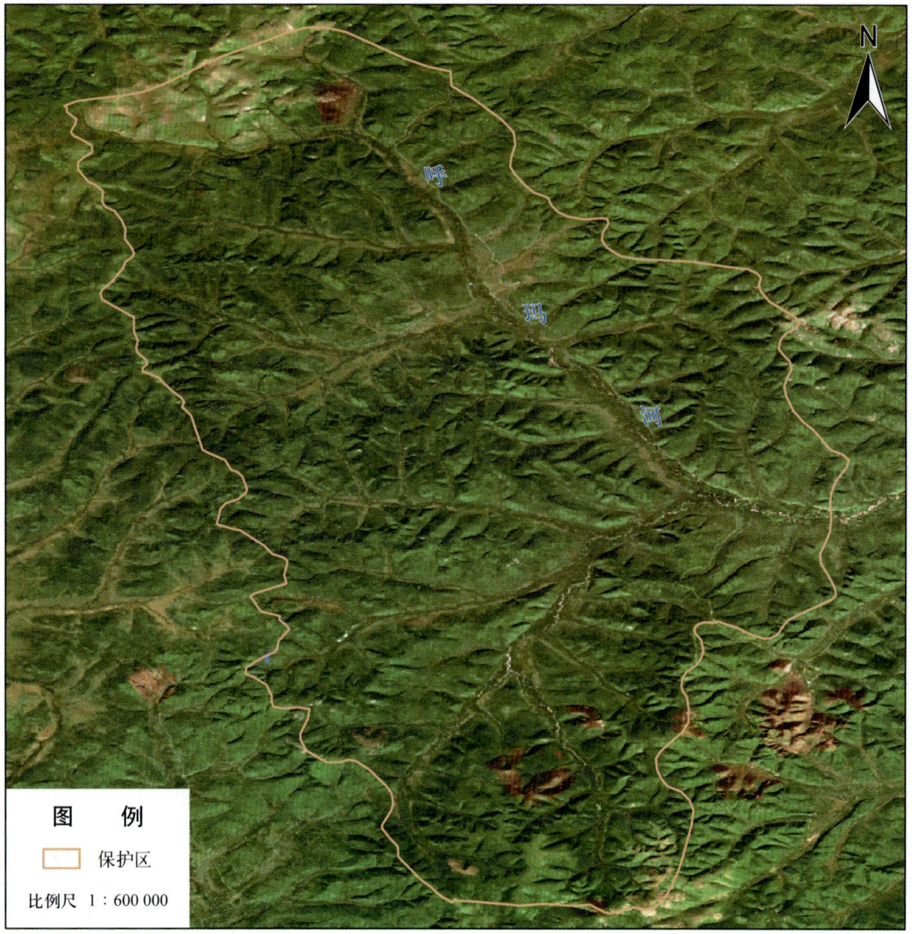

N
呼
玛
河
图 例
保护区
比例尺 1：600 000

影像获取时间：2010 年

呼中国家级自然保护区生态系统类型图

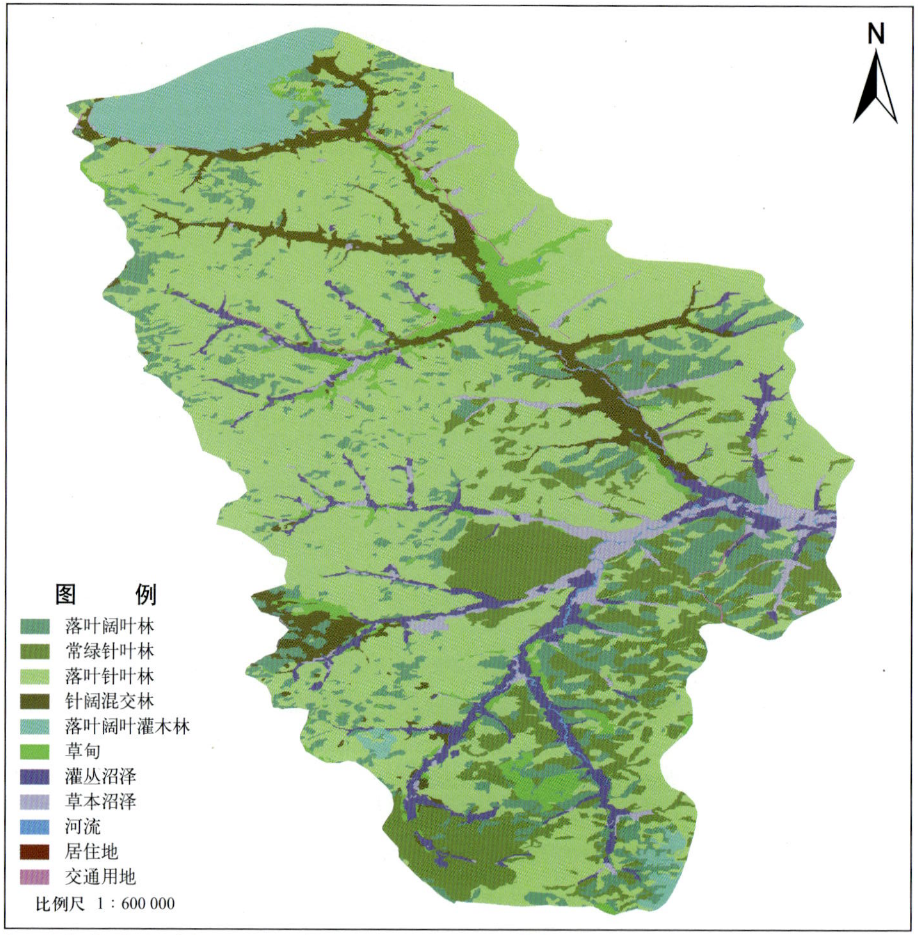

N
图 例
落叶阔叶林
常绿针叶林
落叶针叶林
针阔混交林
落叶阔叶灌木林
草甸
灌丛沼泽
草本沼泽
河流
居住地
交通用地
比例尺 1：600 000

解译参考影像时间：2011 年

呼中国家级自然保护区
哈尔滨

呼中国家级自然保护区位于黑龙江省大兴安岭地区呼玛县境内，总面积 167 213 公顷，建于 1984 年，1986 年晋升为国家级，主要保护对象为寒温带针叶落叶林生态系统及野生动植物，属于森林生态系统类型的自然保护区。该保护区地处大兴安岭中部，气候具明显的大陆性特点，为欧亚大陆多年冻土的南缘。植被为寒温带针叶林，是中国唯一保存较完整的寒温带针叶林，主要树种为兴安落叶松和樟子松。

南瓮河国家级自然保护区遥感影像图

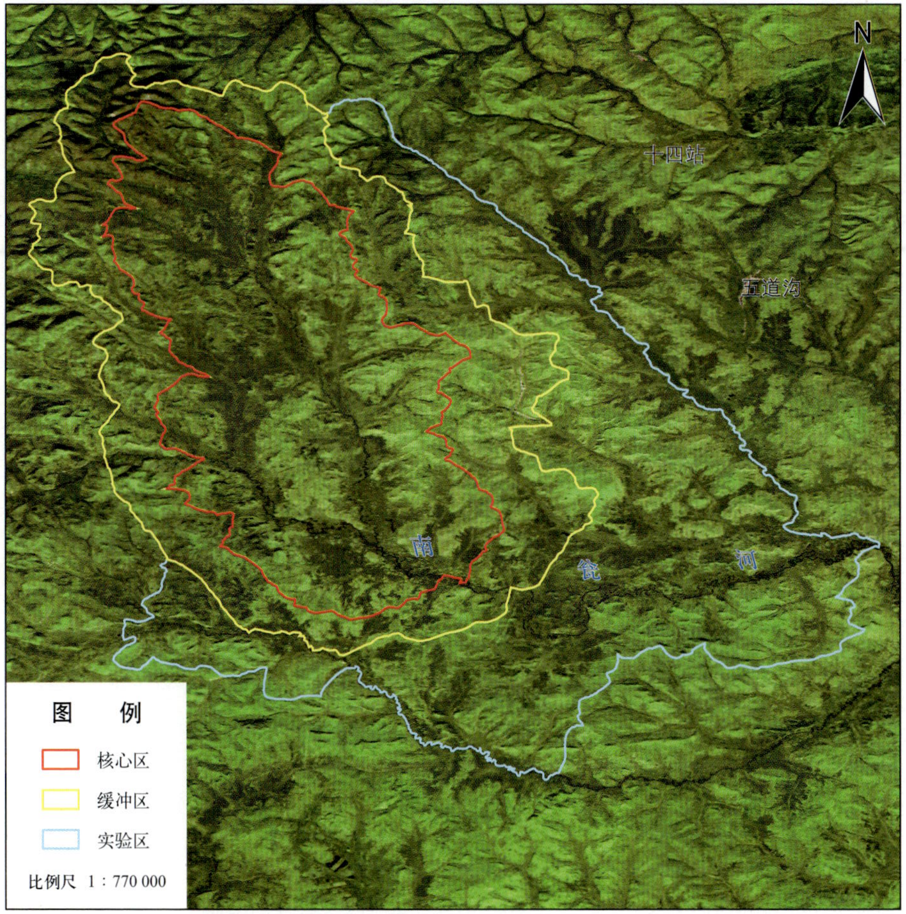
N
十四站
五道沟
南
瓮
河
图 例
核心区
缓冲区
实验区
比例尺 1：770 000

影像获取时间：2010 年

南瓮河国家级自然保护区生态系统类型图

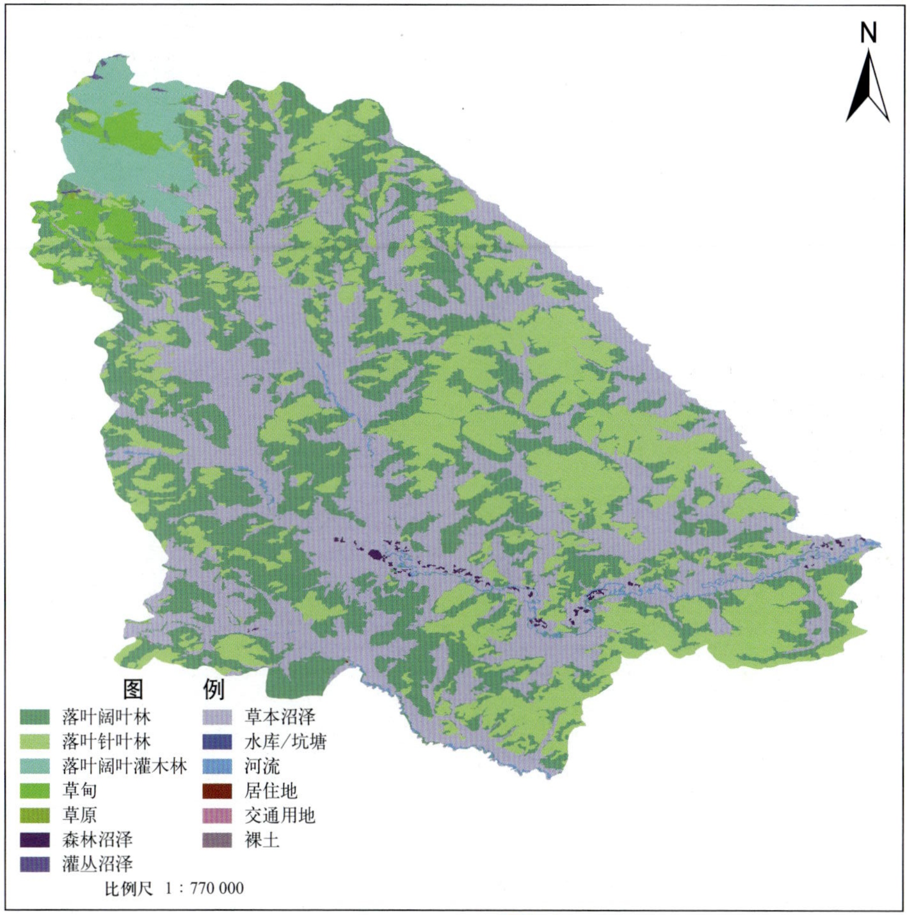
N
图 例
落叶阔叶林
落叶针叶林
落叶阔叶灌木林
草甸
草原
森林沼泽
灌丛沼泽
草本沼泽
水库/坑塘
河流
居住地
交通用地
裸土
比例尺 1：770 000

解译参考影像时间：2010 年

南瓮河
国家级自然保护区
哈尔滨

南瓮河国家级自然保护区位于大兴安岭东部林区，伊勒呼里山南麓，总面积 229 523 公顷，建于 1999 年，2003 年晋升为国家级，主要保护对象为区内的森林、沼泽、草甸和水域生态系统以及珍稀动植物，属于内陆湿地生态系统类型的自然保护区。该保护区保存了完整的原始森林湿地生态系统，有原始森林、沼泽、草甸、湖泊、溪流、河川、冰雪等景观，是东北地区最大的森林湿地自然保护区。

黑龙江省 双河国家级自然保护区

双河
国家级自然保护区
哈尔滨

双河国家级自然保护区位于黑龙江省大兴安岭地区塔河县境内，诺敏河南，总面积 88 849 公顷，建于 2005 年，2008 年晋升为国家级，主要保护对象为寒温带森林生态系统、森林沼泽生态系统及濒危物种，属于森林生态系统类型的自然保护区。该保护区功能完善、类型独特，融自然保护、科学研究、资源可持续利用、生态旅游为一体。

双河国家级自然保护区遥感影像图

N
黑
龙
江
打鱼队
双合站
安罗卡
王八湾
绥安站村
图 例
核心区
缓冲区
实验区
比例尺 1 : 610 000

影像获取时间：2010 年

双河国家级自然保护区生态系统类型图

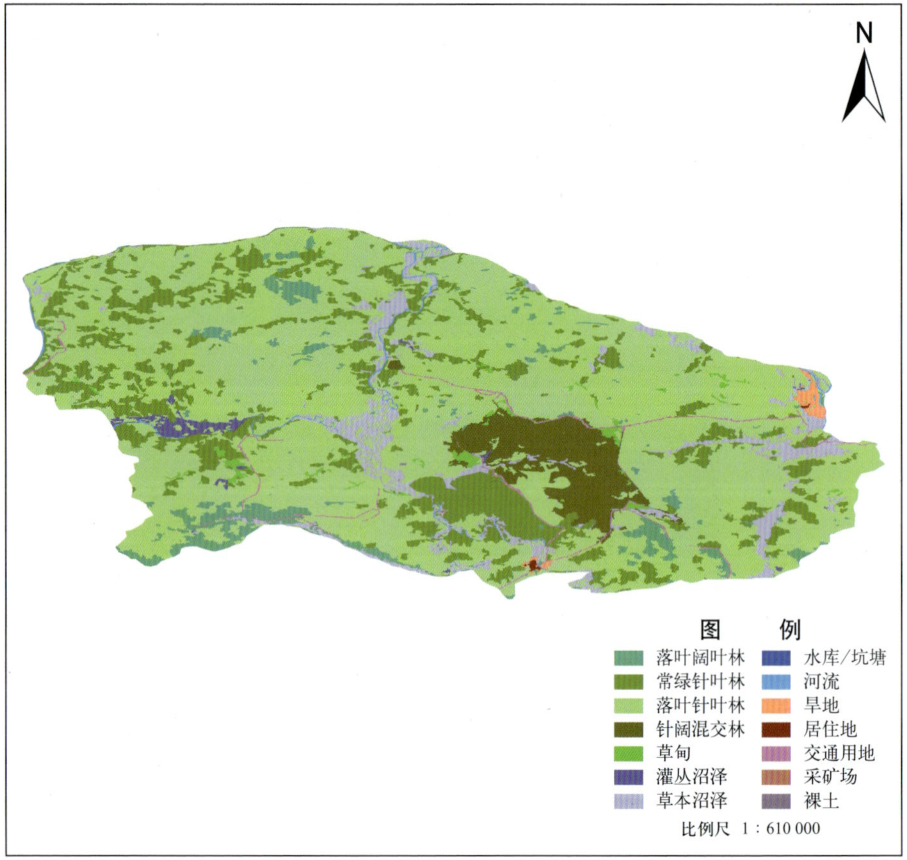
N
图 例
落叶阔叶林
常绿针叶林
落叶针叶林
针阔混交林
草甸
灌丛沼泽
草本沼泽
水库/坑塘
河流
旱地
居住地
交通用地
采矿场
裸土
比例尺 1 : 610 000

解译参考影像时间：2010 年

九段沙湿地国家级自然保护区遥感影像图

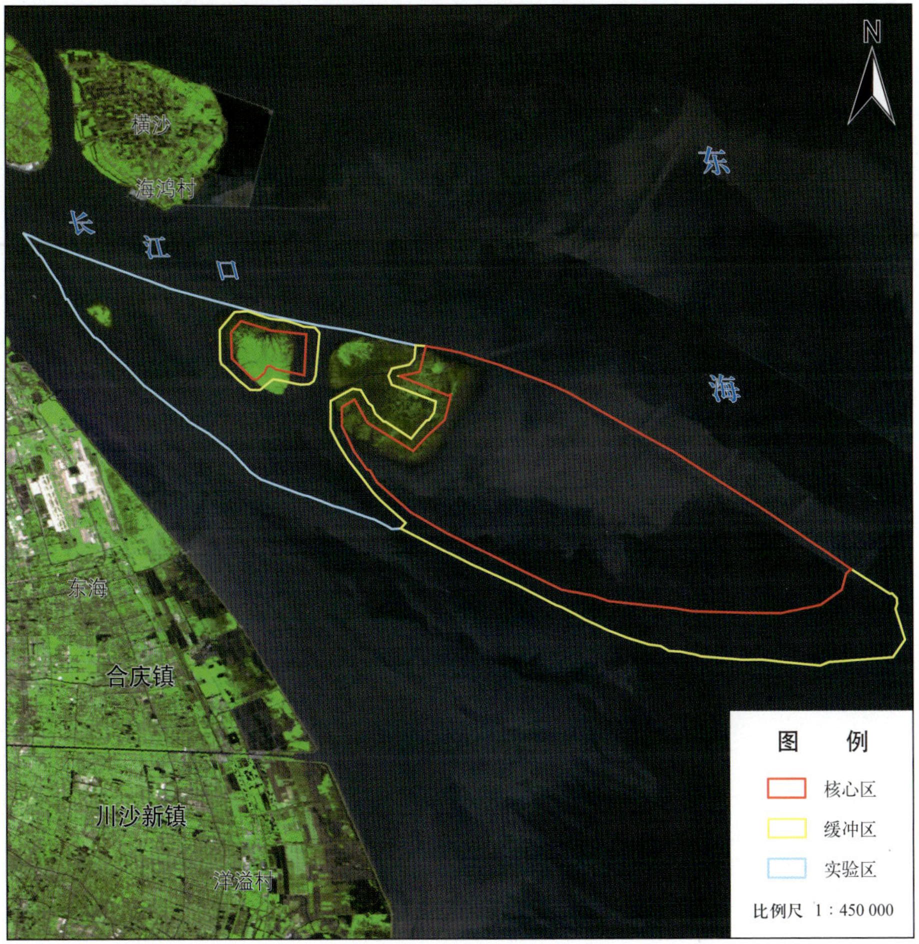
N
横沙
海鸿村
长 江 口
东
海
东海
合庆镇
川沙新镇
洋溢村
图 例
核心区
缓冲区
实验区
比例尺 1：450 000

影像获取时间：2010 年

九段沙湿地国家级自然保护区生态系统类型图

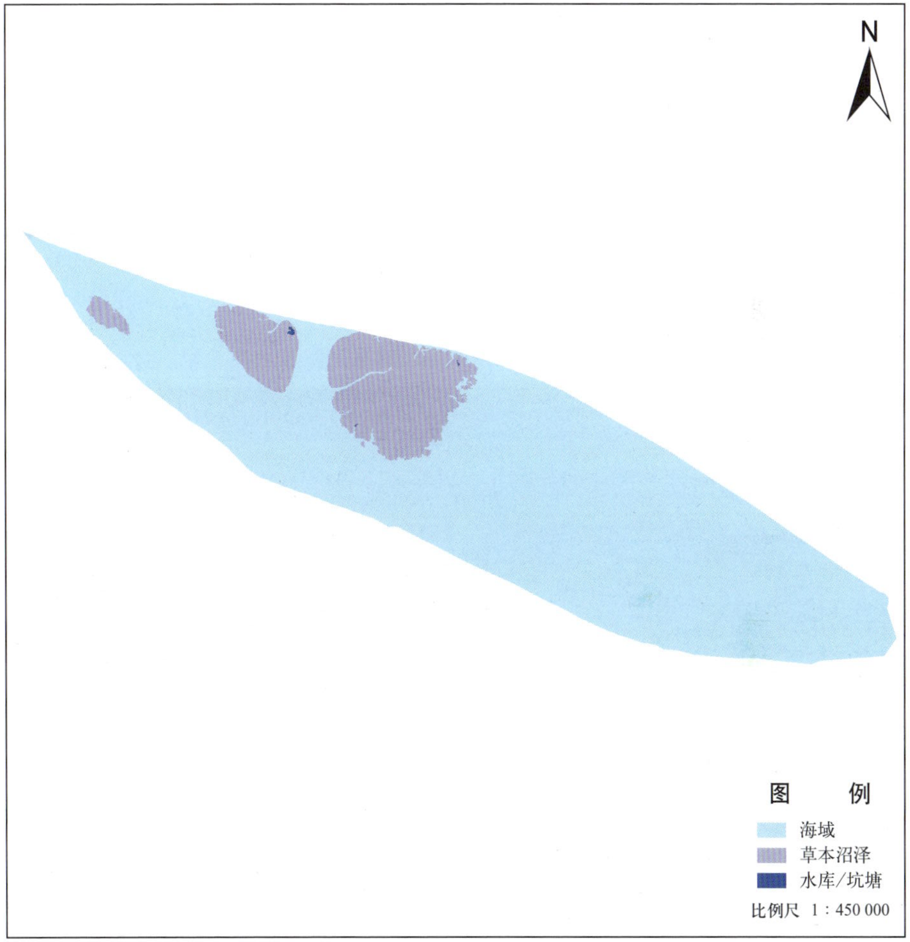
N
图 例
海域
草本沼泽
水库/坑塘
比例尺 1：450 000

解译参考影像时间：2010 年

九段沙湿地国家级自然保护区位于上海市浦东新区境内，由上沙、中沙、下沙、江亚南沙及附近浅水水域组成，东濒东海，西接长江，西南、西北分别与浦东和横沙岛隔水相望，总面积 42 020 公顷，建于 2000 年，2005 年晋升为国家级，主要保护对象为河口沙洲地貌和鸟类等，属于内陆湿地类型的自然保护区。

九段沙湿地
国家级自然保护区
上海市

崇明东滩鸟类国家级自然保护区

崇明东滩鸟类
国家级自然保护区
上海市

崇明东滩鸟类国家级自然保护区位于上海市崇明岛东端的崇明东滩，总面积24 155公顷，建于1998年，2005年晋升为国家级，主要保护对象为候鸟及湿地生态系统，属于野生动物类型的自然保护区。该保护区内沼生植被繁茂，底栖动物种类丰富，是亚太地区春秋季节候鸟迁徙的停歇地和驿站，也是候鸟的重要越冬地。

崇明东滩鸟类国家级自然保护区遥感影像图

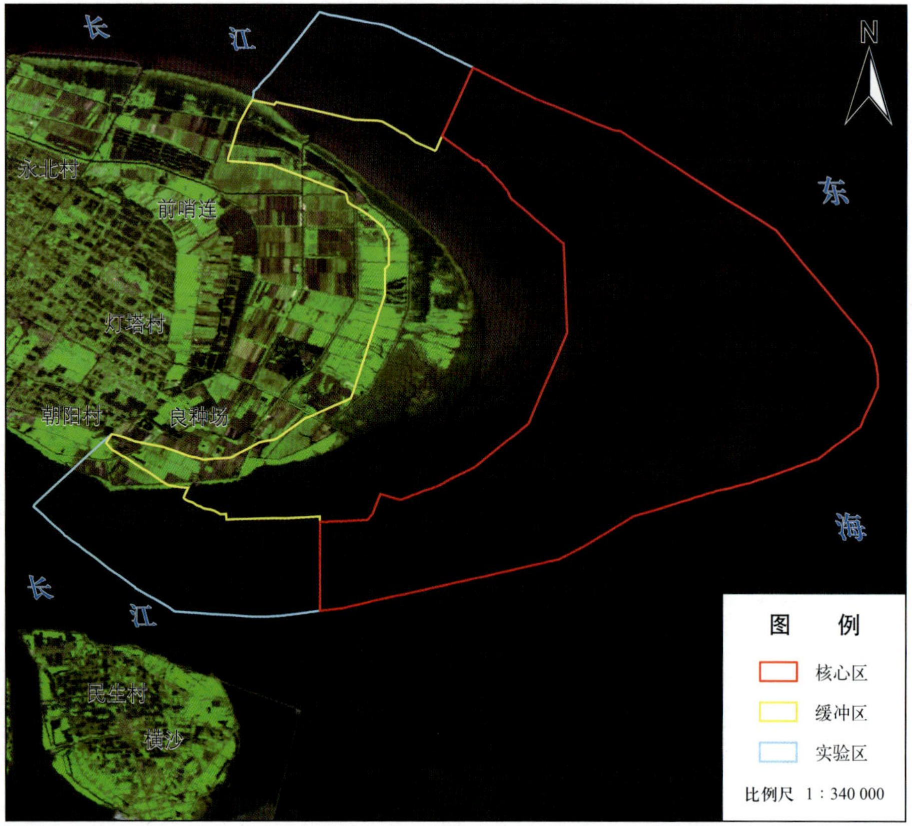
长
江
东
海
长
江
永北村
前哨连
灯塔村
朝阳村
良种场
民生村
横沙
N
图 例
核心区
缓冲区
实验区
比例尺 1 : 340 000

影像获取时间：2010年

崇明东滩鸟类国家级自然保护区生态系统类型图

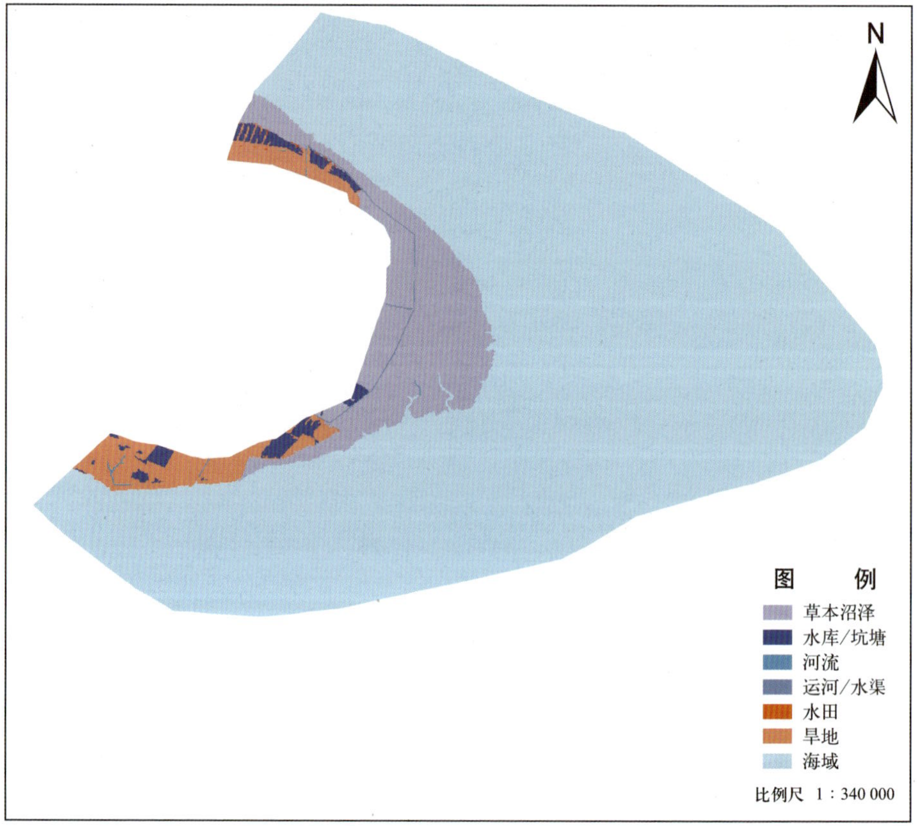
N
图 例
草本沼泽
水库/坑塘
河流
运河/水渠
水田
旱地
海域
比例尺 1 : 340 000

解译参考影像时间：2011年

盐城湿地珍禽国家级自然保护区遥感影像图

N
陈家港镇
滨海港镇
临海镇
射阳县
黄尖镇
三龙镇
盐城市
大丰市
草庙镇
东台市
新曹
图 例
核心区
缓冲区
实验区
比例尺 1：1 700 000

影像获取时间：2010 年

盐城湿地珍禽国家级自然保护区生态系统类型图

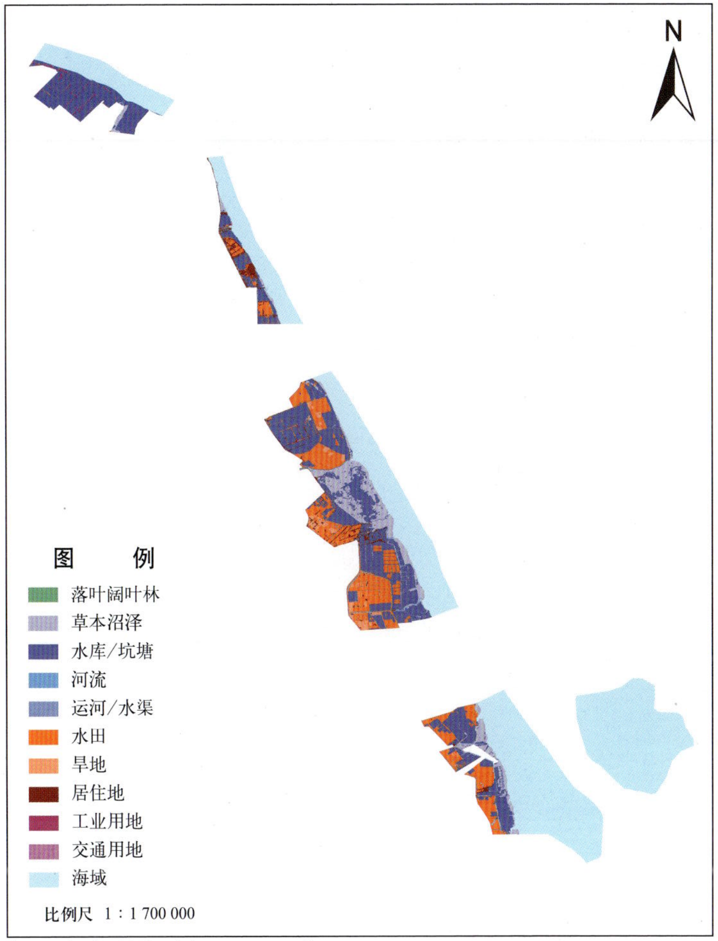
N
图 例
落叶阔叶林
草本沼泽
水库/坑塘
河流
运河/水渠
水田
旱地
居住地
工业用地
交通用地
海域
比例尺 1：1 700 000

解译参考影像时间：2010 年

盐城湿地珍禽
国家级自然保护区
南京

盐城湿地珍禽国家级自然保护区位于江苏省盐城市，地跨响水县、滨海县、射阳县、大丰市、东台市，总面积 284 179 公顷，建于 1983 年，1992 年晋升为国家级，同时被联合国教科文组织接纳为“国际生物圈保护区网络”成员，1996 年被纳入东北亚鹤类保护网络，2002 年被列入《国际重要湿地名录》，主要保护对象是丹顶鹤等珍禽及沿海滩涂湿地生态系统，属于野生动物类型的自然保护区。

大丰麋鹿国家级自然保护区

大丰麋鹿国家级自然保护区遥感影像图

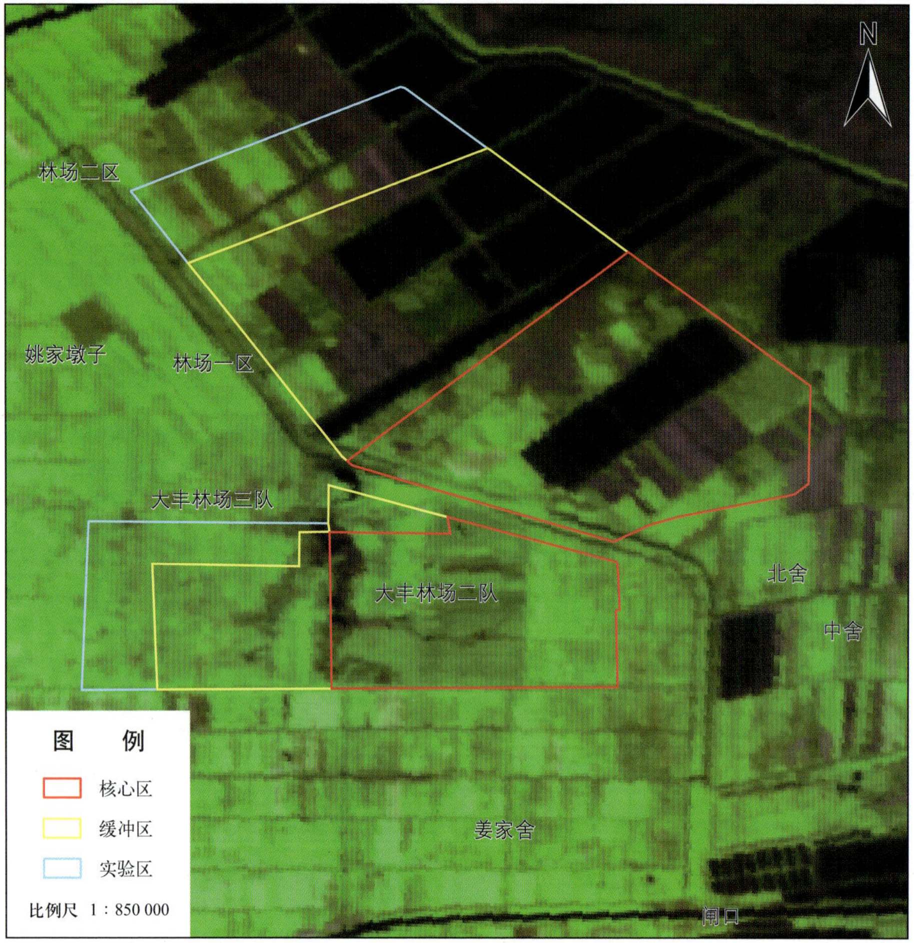
N
林场二区
姚家墩子
林场一区
大丰林场三队
大丰林场二队
北舍
中舍
姜家舍
闸口
图 例
核心区
缓冲区
实验区
比例尺 1：850 000

影像获取时间：2010 年

大丰麋鹿国家级自然保护区生态系统类型图

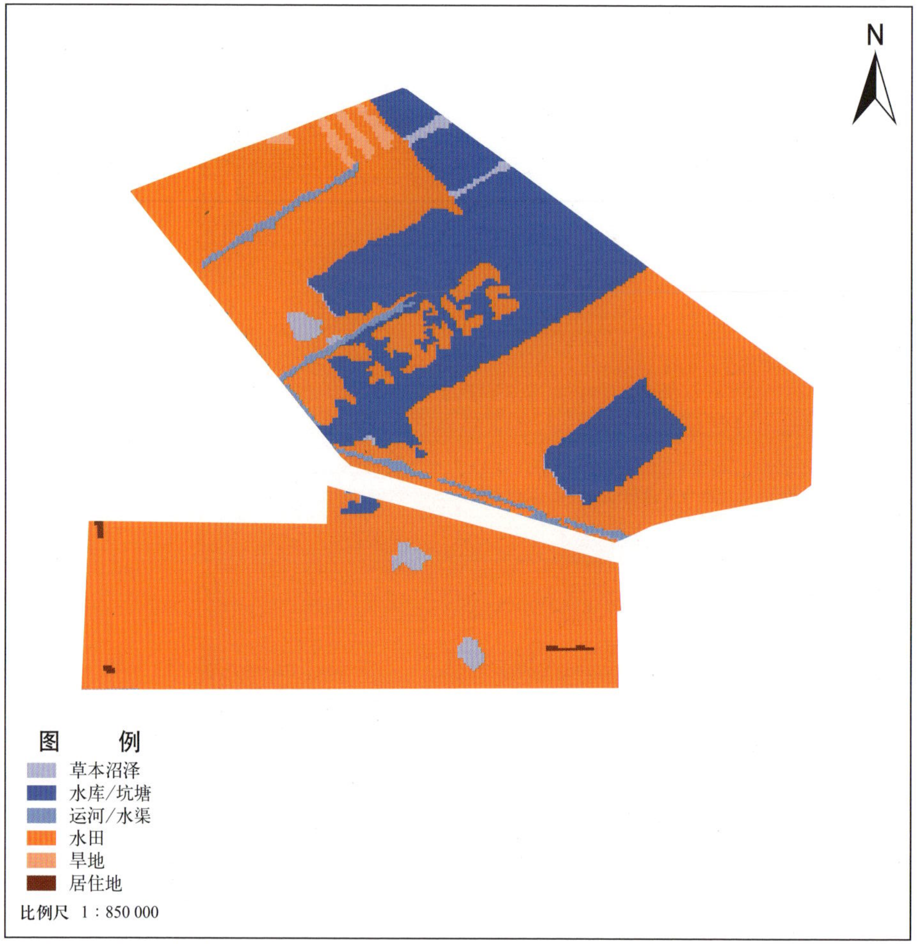
N
图 例
草本沼泽
水库/坑塘
运河/水渠
水田
旱地
居住地
比例尺 1：850 000

解译参考影像时间：2011 年

大丰麋鹿国家级自然保护区位于江苏省大丰市境内，总面积 2 667 公顷，建于 1986 年，1997 年晋升为国家级，主要保护对象为麋鹿、丹顶鹤及湿地生态系统，属于野生动物类型的自然保护区。该保护区是世界占地面积最大的麋鹿自然保护区，拥有世界最大的野生麋鹿种群，区内建立了世界最大的麋鹿基因库。

大丰麋鹿
国家级自然保护区
南京

泗洪洪泽湖湿地国家级自然保护区遥感影像图

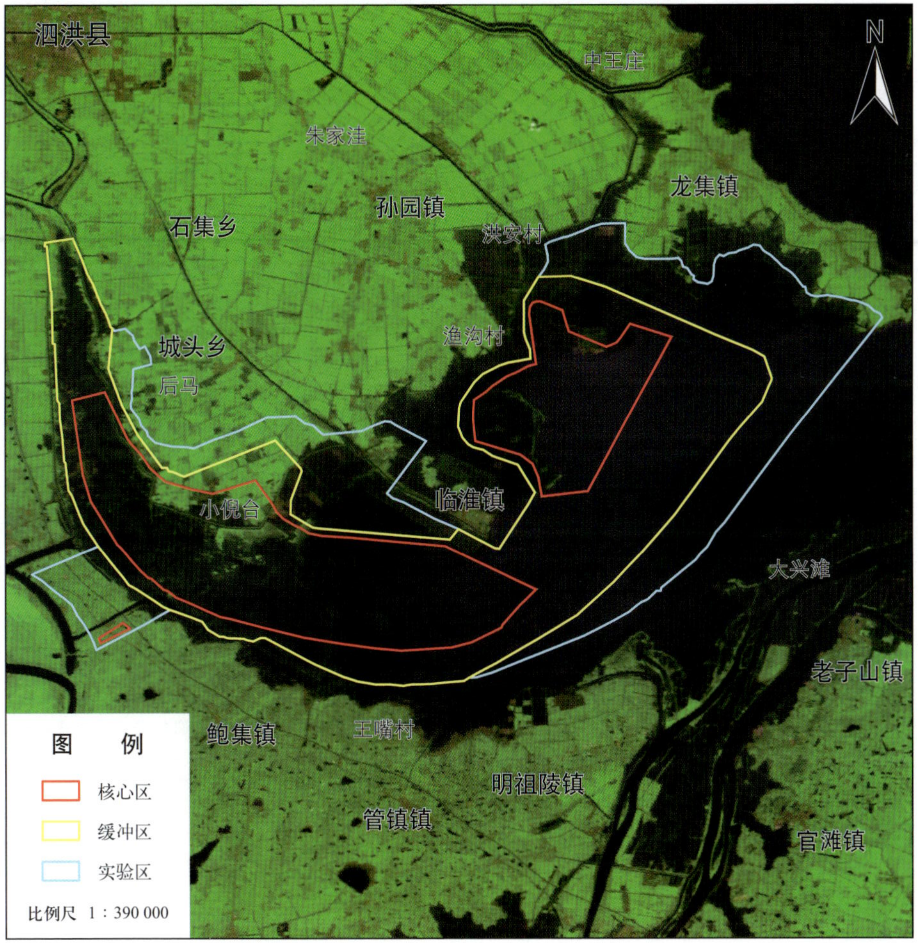

N
泗洪县
中王庄
朱家洼
龙集镇
孙园镇
石集乡
洪安村
城头乡
后马
渔沟村
临淮镇
小倪台
大兴滩
老子山镇
鲍集镇
王嘴村
明祖陵镇
管镇镇
官滩镇
图 例
核心区
缓冲区
实验区
比例尺 1：390 000

影像获取时间：2010 年

泗洪洪泽湖湿地国家级自然保护区生态系统类型图

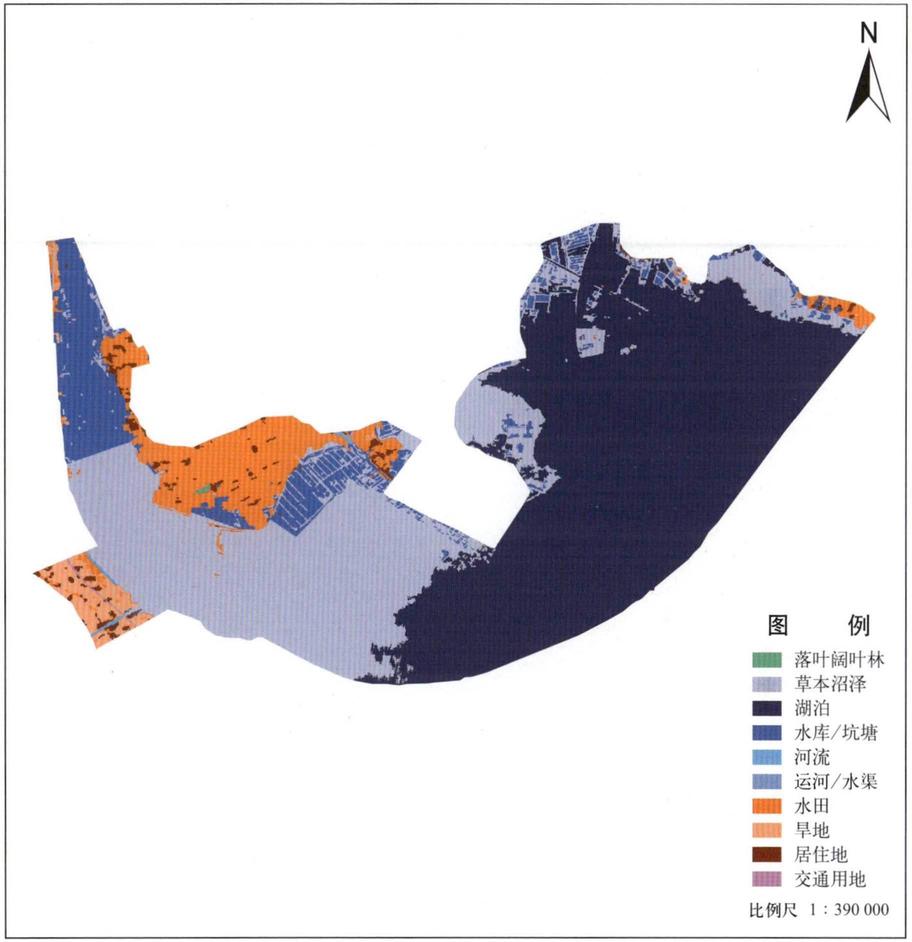

N
图 例
落叶阔叶林
草本沼泽
湖泊
水库/坑塘
河流
运河/水渠
水田
旱地
居住地
交通用地
比例尺 1：390 000

解译参考影像时间：2011 年

泗洪洪泽湖湿地国家级自然保护区位于江苏省宿迁市泗洪县境内，总面积 49 365 公顷，建于 1985 年，2006 年晋升为国家级，主要保护对象为湿地生态系统，大鸨等鸟类、鱼类产卵场及地质剖面，属于内陆湿地类型的自然保护区。该保护区有“地球之肾”的美誉，区内具有很高的科学价值、生态价值、社会价值和经济价值。

泗洪洪泽湖湿地
国家级自然保护区
南京

天目山国家级自然保护区

天目山国家级自然保护区遥感影像图

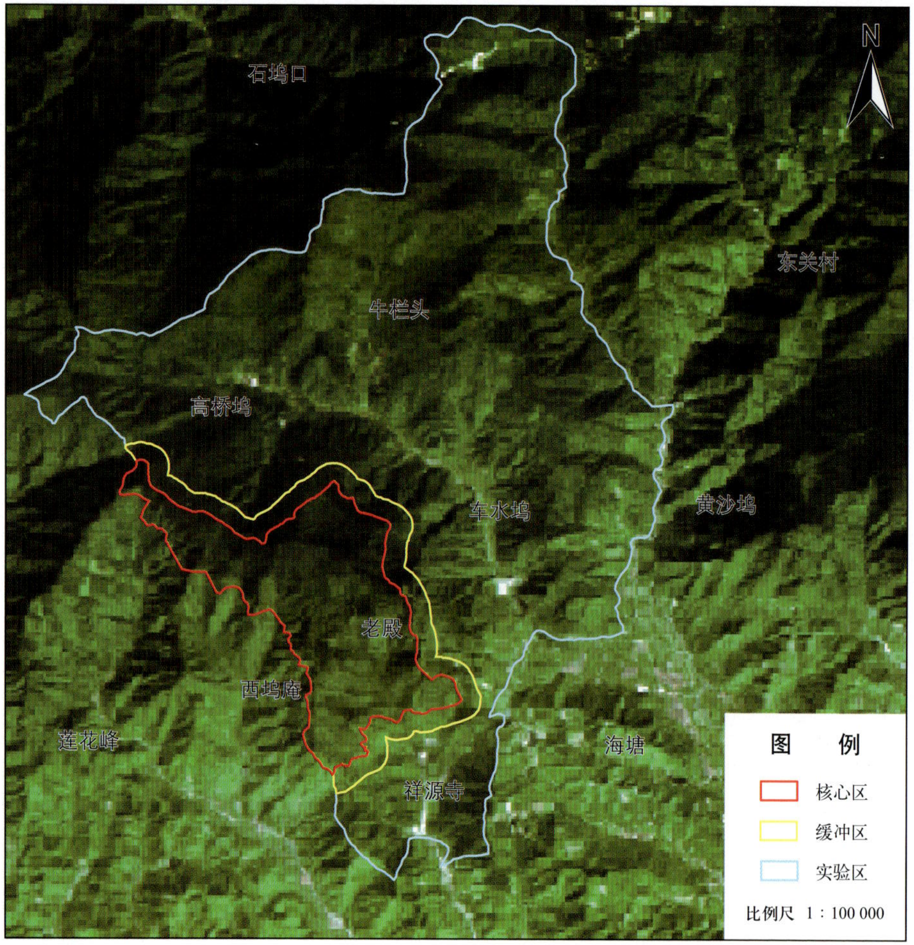
N
石坞口
东关村
牛栏头
高桥坞
车水坞
黄沙坞
老殿
西坞庵
莲花峰
海塘
祥源寺
图 例
核心区
缓冲区
实验区
比例尺 1：100 000

影像获取时间：2010 年

天目山国家级自然保护区生态系统类型图

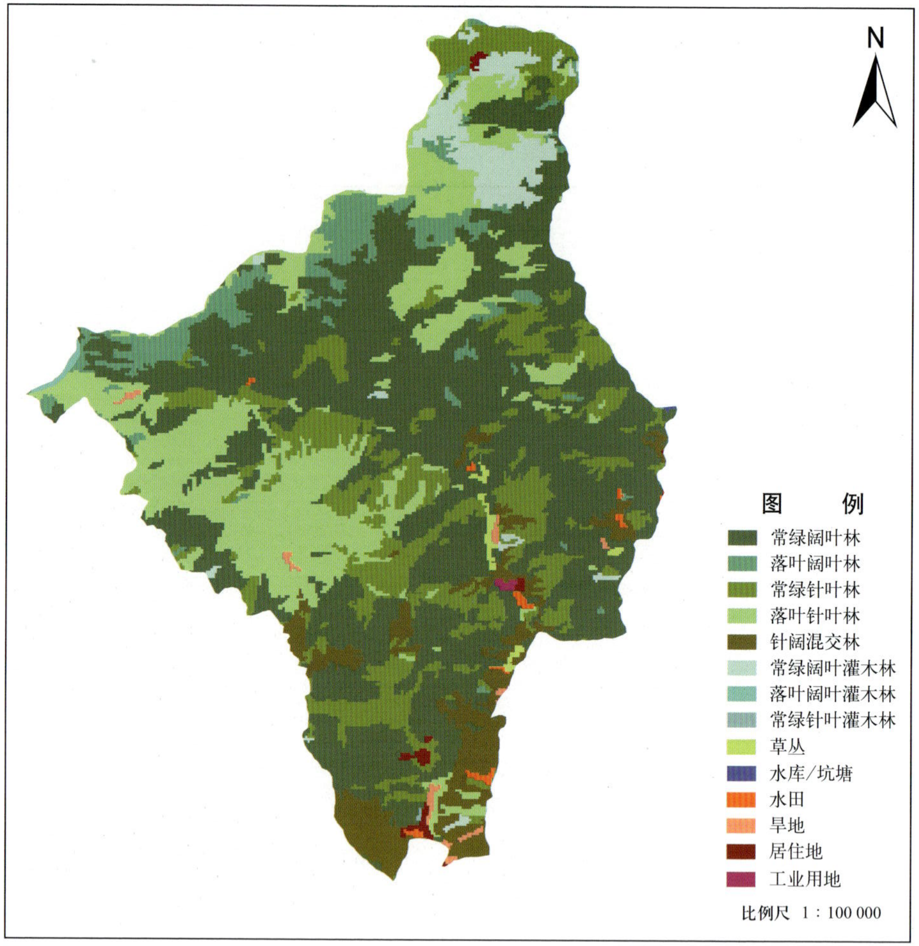
N
图 例
常绿阔叶林
落叶阔叶林
常绿针叶林
落叶针叶林
针阔混交林
常绿阔叶灌木林
落叶阔叶灌木林
常绿针叶灌木林
草丛
水库/坑塘
水田
旱地
居住地
工业用地
比例尺 1：100 000

解译参考影像时间：2011 年

天目山国家级自然保护区位于浙江省临安市境内，总面积 4 284 公顷，建于 1956 年，1986 年晋升为国家级，主要保护对象为银杏、连香树、鹅掌楸等珍稀濒危植物，属于野生植物类型的自然保护区。该保护区内植物为亚热带落叶常绿阔叶混交林，这里是中国中亚热带植物最丰富的地区之一。植物区系有古老性和多样性的特点。

天目山
国家级自然保护区
杭州

临安清凉峰国家级自然保护区遥感影像图

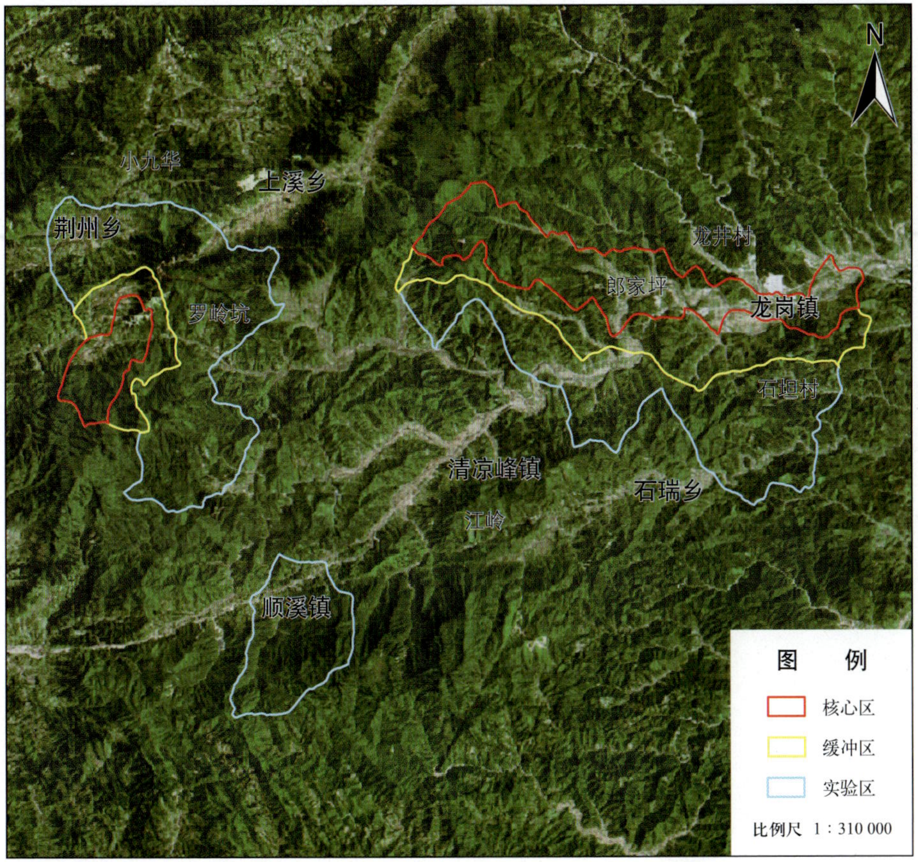
N
小九华
上溪乡
荆州乡
罗岭坑
龙井村
郎家坪
龙岗镇
石坦村
清凉峰镇
石瑞乡
江岭
顺溪镇
图例
核心区
缓冲区
实验区
比例尺 1 : 310 000

影像获取时间：2010 年

临安清凉峰国家级自然保护区生态系统类型图

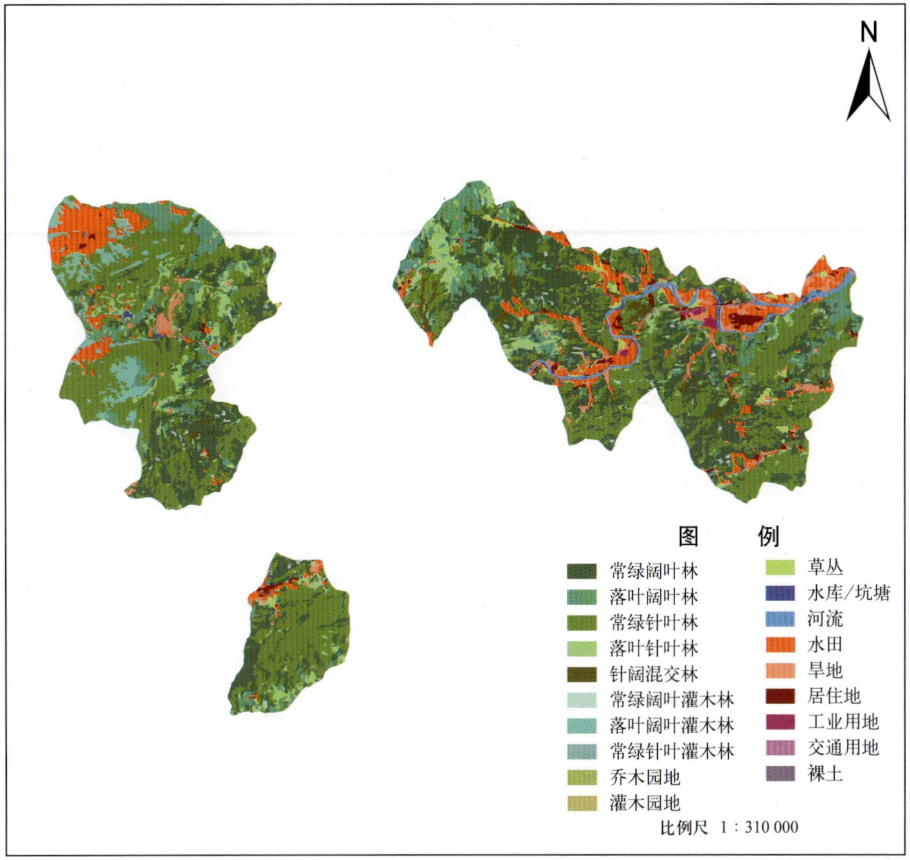
N
图例
常绿阔叶林
落叶阔叶林
常绿针叶林
落叶针叶林
针阔混交林
常绿阔叶灌木林
落叶阔叶灌木林
常绿针叶灌木林
乔木园地
灌木园地
草丛
水库/坑塘
河流
水田
旱地
居住地
工业用地
交通用地
裸土
比例尺 1 : 310 000

解译参考影像时间：2010 年

临安清凉峰国家级自然保护区位于浙江省临安市境内，保护区由龙塘山、千顷塘和顺溪坞三个部分组成，总面积 10 800 公顷，建于 1985 年，1998 年晋升为国家级，主要保护对象为梅花鹿、香果树等野生动植物及森林生态系统。该保护区内野生动植物资源非常丰富，这里也是南方铁杉群落、夏腊梅群落、巴山水青冈群落和野生梅花鹿南方亚种在华东地区极少数的主要分布区之一。

杭州
临安清凉峰
国家级自然保护区

象山韭山列岛国家级自然保护区

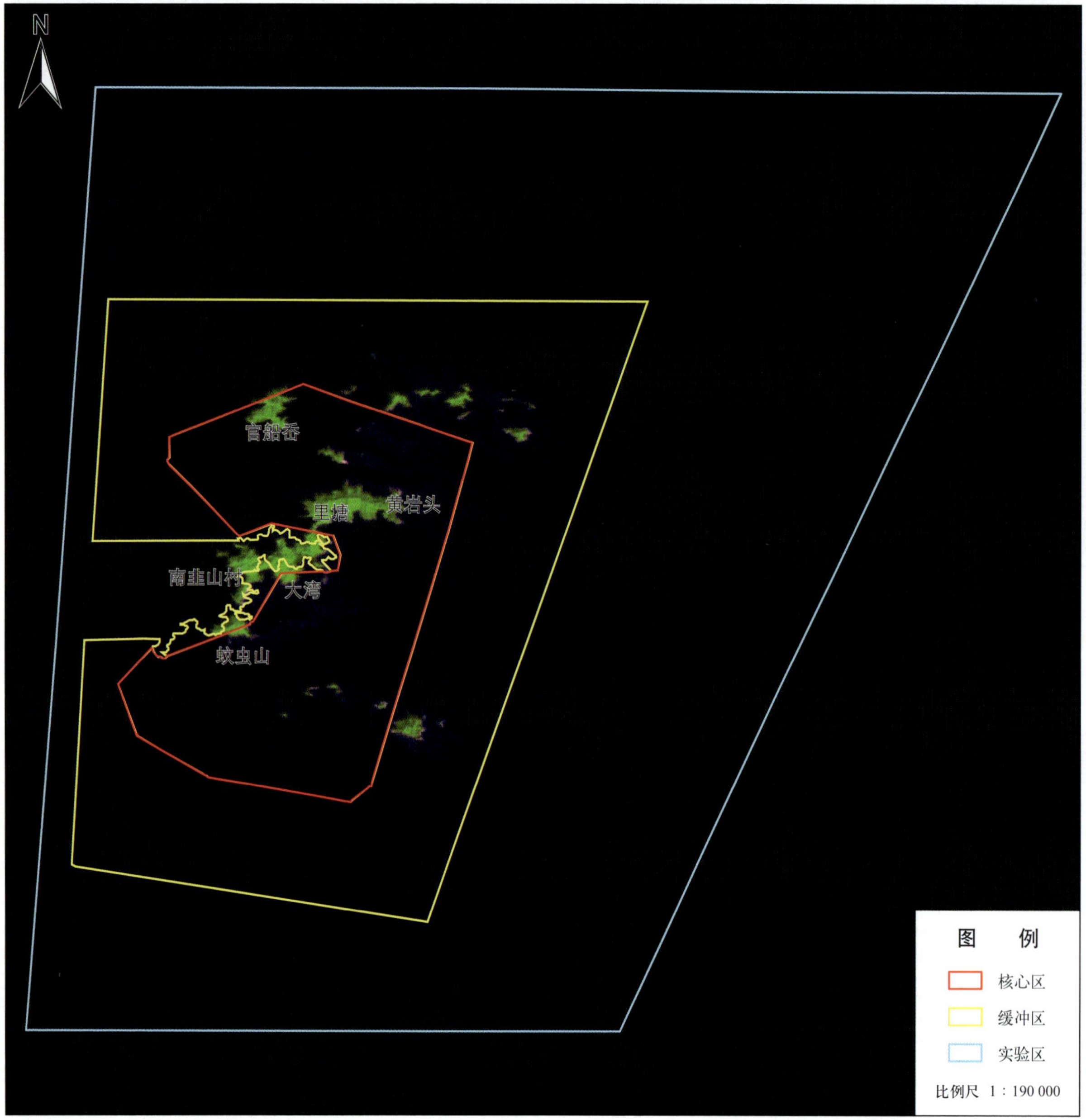
N
官船岙
里塘
黄岩头
南韭山村
大湾
蚊虫山
图 例
核心区
缓冲区
实验区
比例尺 1：190 000

象山韭山列岛国家级自然保护区遥感影像图

影像获取时间：2010 年

象山韭山列岛国家级自然保护区拥有76个岛屿，地处浙江省宁波市象山县境内，舟山群岛的最南端，总面积48 478公顷，建于2003年，2011年晋升为国家级，主要保护对象为大黄鱼、曼氏无针乌贼、江豚、鸟类及岛礁生态系统，属于海洋海岸类型的自然保护区。

杭州
象山韭山列岛
国家级自然保护区

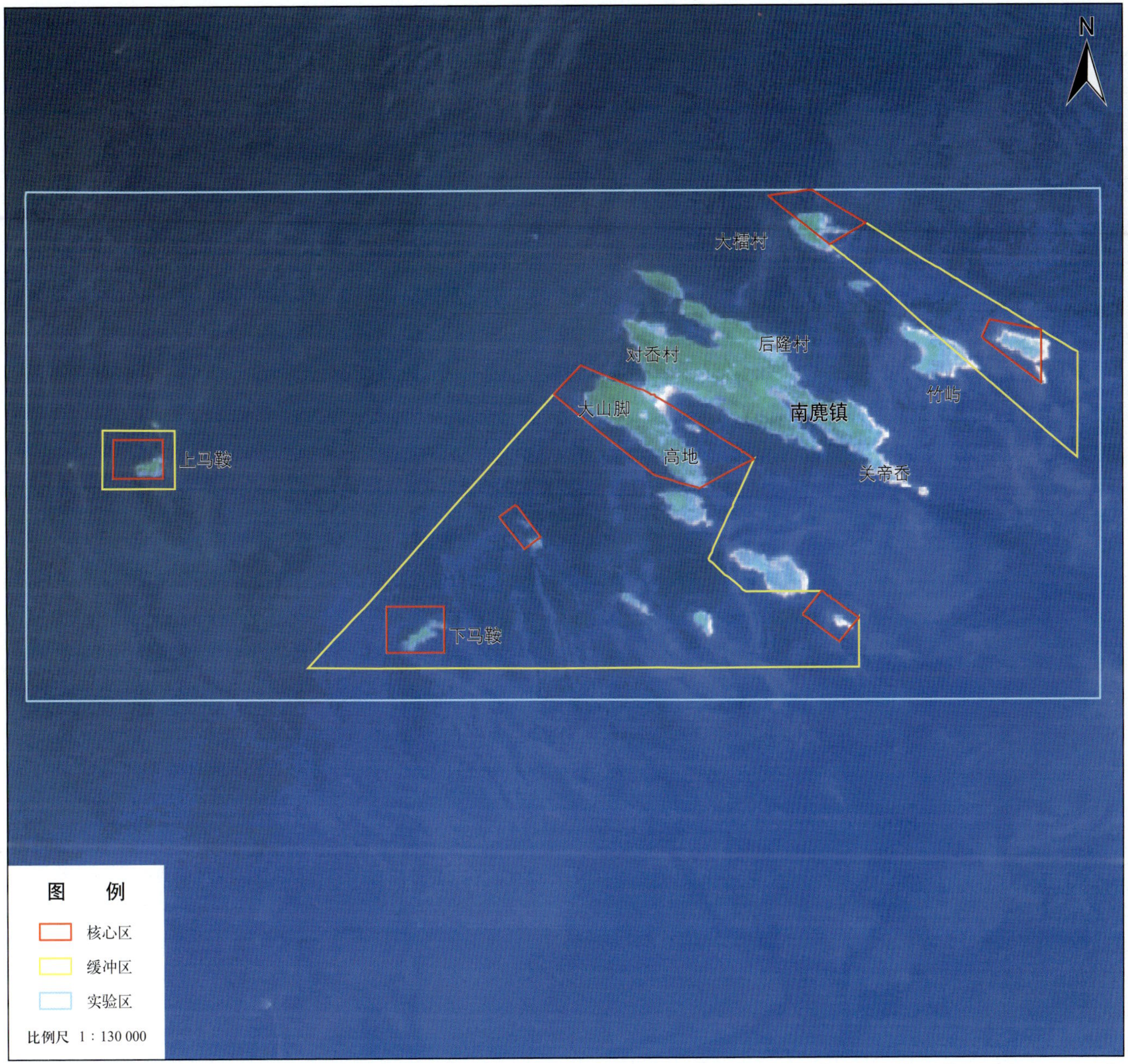
N
大檑村
后隆村
对岙村
竹屿
大山脚
南鹿镇
高地
关帝岙
上马鞍
下马鞍
图　例
核心区
缓冲区
实验区
比例尺 1：130 000

南鹿列岛国家级自然保护区遥感影像图

影像获取时间：2010 年

南鹿列岛国家级自然保护区位于浙江省温州市平阳县东南海域，由 52 个岛屿及周围海域所组成，总面积为 19 600 公顷，建于 1989 年，1990 年晋升为国家级，主要保护对象为海洋贝藻类、海洋性鸟类、野生水仙花及其生存环境，属于海洋海岸类型的自然保护区。该保护区因拥有丰富的贝藻类资源而被称做“贝藻王国”，包括贝类 403 种，底栖海藻 174 种，分别占全国该物种总数的 30% 和 20%。

杭州
南鹿列岛
国家级自然保护区

乌岩岭国家级自然保护区

乌岩岭国家级自然保护区遥感影像图

N
东坑镇
大白坑
联盟村
夏田
东山香
竹里畲族乡
黄家岱
碑排乡
山前村
后溪
南院乡
丘宅
图 例
保护区
比例尺 1 : 370 000

影像获取时间：2010 年

乌岩岭国家级自然保护区生态系统类型图

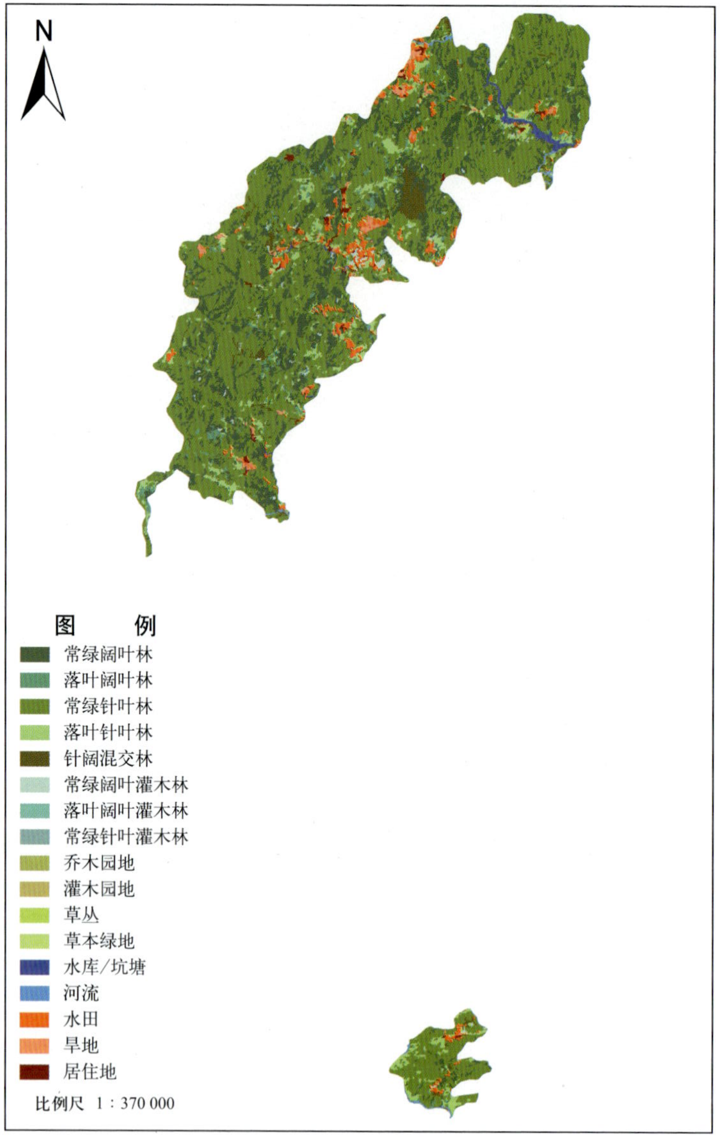
N
图 例
常绿阔叶林
落叶阔叶林
常绿针叶林
落叶针叶林
针阔混交林
常绿阔叶灌木林
落叶阔叶灌木林
常绿针叶灌木林
乔木园地
灌木园地
草丛
草本绿地
水库/坑塘
河流
水田
旱地
居住地
比例尺 1 : 370 000

解译参考影像时间：2010 年

杭州
乌岩岭
国家级自然保护区

乌岩岭国家级自然保护区位于浙江省温州市泰顺县西北部，总面积18 862公顷，建于1974年，1994年晋升为国家级，主要保护对象为中亚热带森林生态系统及黄腹角雉、猕猴等珍稀动植物，属于森林生态系统类型的自然保护区。该保护区是国家一级保护动物黄腹角雉的唯一国家级自然保护区和保种基地。

长兴地质遗迹国家级自然保护区遥感影像图

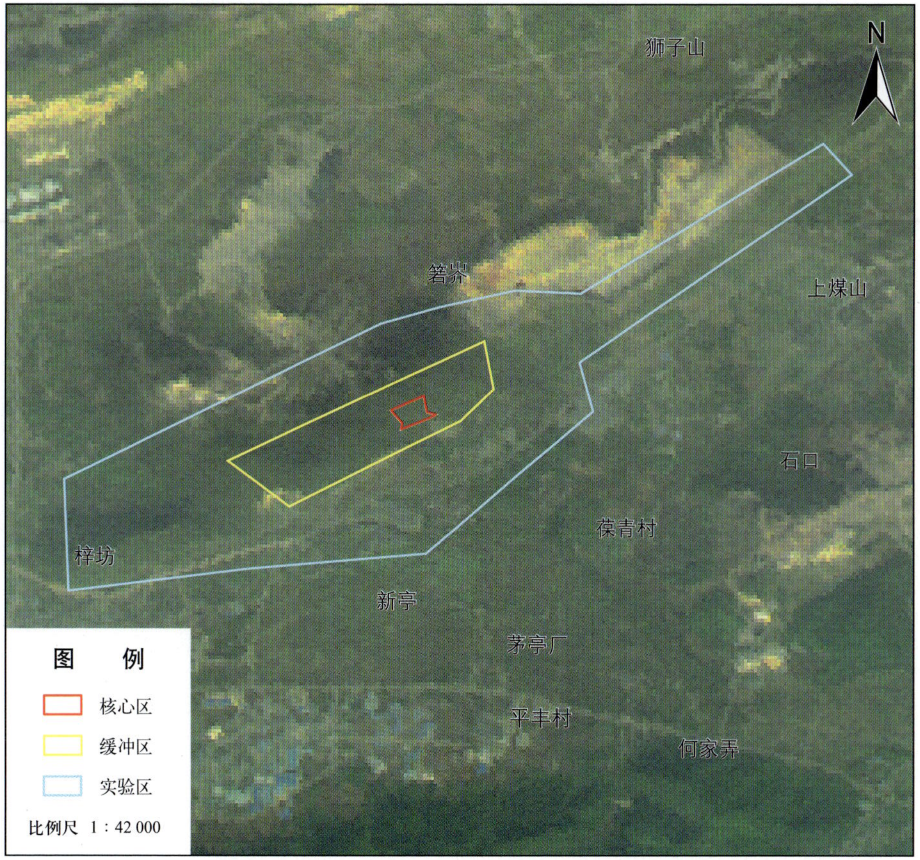
N
狮子山
笤岕
上煤山
石口
葆青村
梓坊
新亭
茅亭厂
平丰村
何家弄
图 例
核心区
缓冲区
实验区
比例尺 1 : 42 000

影像获取时间：2010 年

长兴地质遗迹国家级自然保护区生态系统类型图

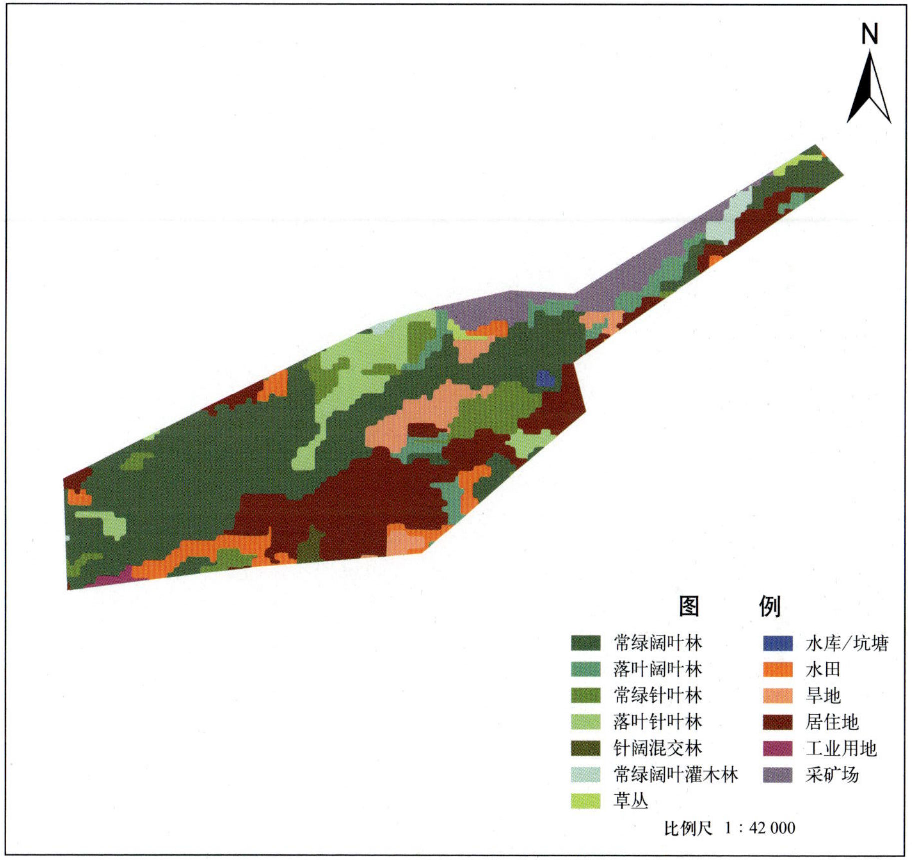
N
图 例
常绿阔叶林
落叶阔叶林
常绿针叶林
落叶针叶林
针阔混交林
常绿阔叶灌木林
草丛
水库/坑塘
水田
旱地
居住地
工业用地
采矿场
比例尺 1 : 42 000

解译参考影像时间：2011 年

长兴地质遗迹
国家级自然保护区
杭州

长兴地质遗迹国家级自然保护区位于浙江省湖州市长兴县境内，总面积 275 公顷，建于 1980 年，2005 年晋升为国家级，主要保护对象为全球二叠－三叠系界限层剖面和点、长兴阶标准底层剖面，属于地质遗迹类型的自然保护区。

大盘山国家级自然保护区

大盘山国家级自然保护区遥感影像图

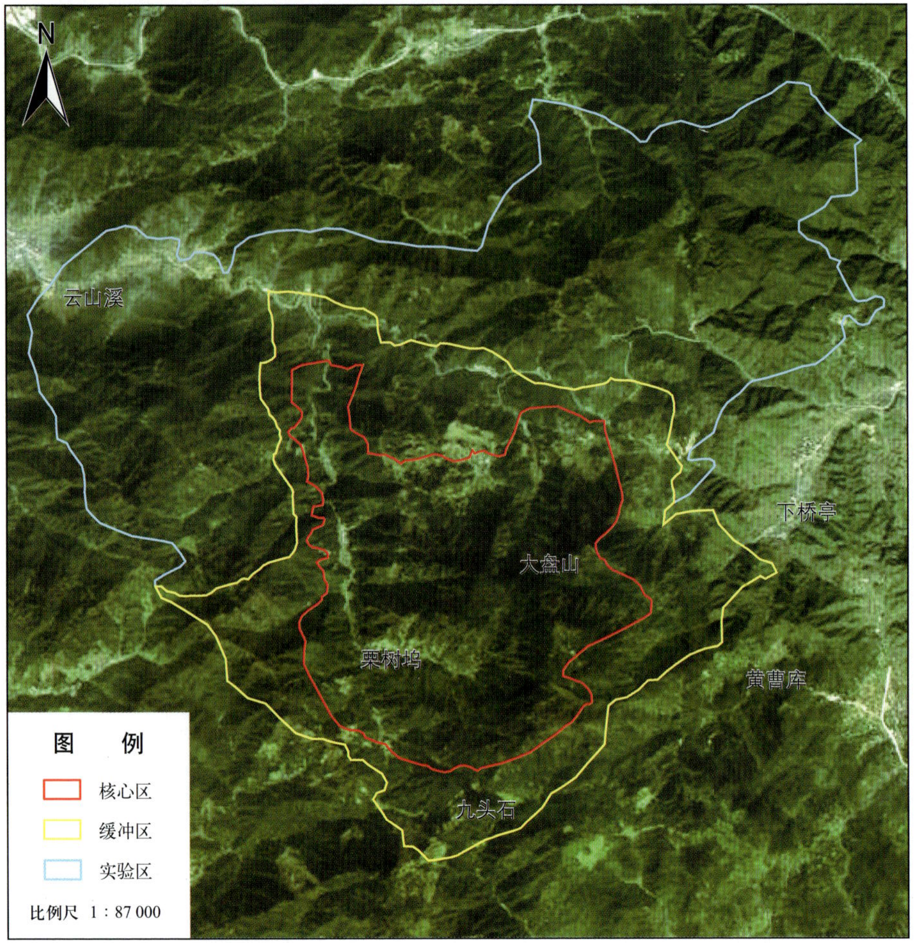
N
云山溪
下桥亭
大盘山
栗树坞
黄曹库
九头石
图例
核心区
缓冲区
实验区
比例尺 1：87 000

影像获取时间：2010 年

大盘山国家级自然保护区生态系统类型图

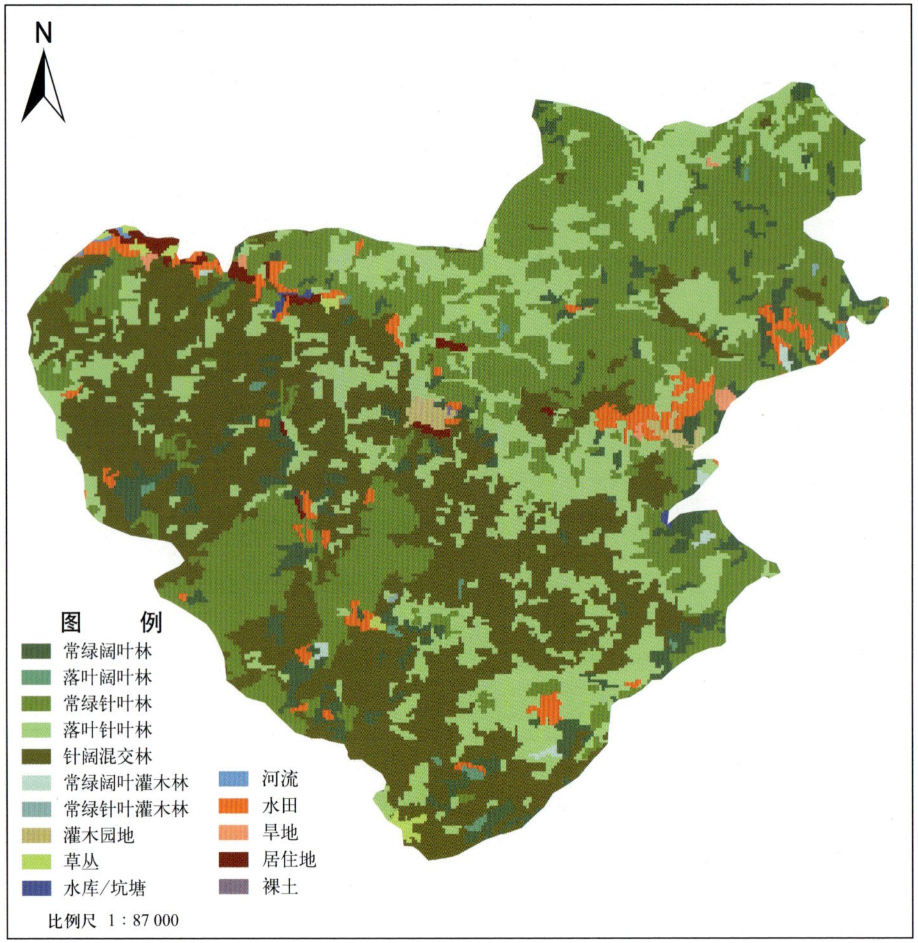
N
图例
常绿阔叶林
落叶阔叶林
常绿针叶林
落叶针叶林
针阔混交林
常绿阔叶灌木林
常绿针叶灌木林
灌木园地
草丛
水库/坑塘
河流
水田
旱地
居住地
裸土
比例尺 1：87 000

解译参考影像时间：2011 年

杭州
大盘山
国家级自然保护区

大盘山国家级自然保护区位于浙江省金华市磐安县安文镇东南 10 千米处，是天台山、会稽山、仙霞岭和括苍山的承接处，包括大盘山主峰及周边地区，总面积 4 558 公顷，建于 1993 年，2002 年晋升为国家级，主要保护对象为野生药用植物资源，属于野生植物类型的自然保护区。大盘山主峰海拔 1 245 米，素有“群山之祖，诸水之源”之称。

古田山国家级自然保护区遥感影像图

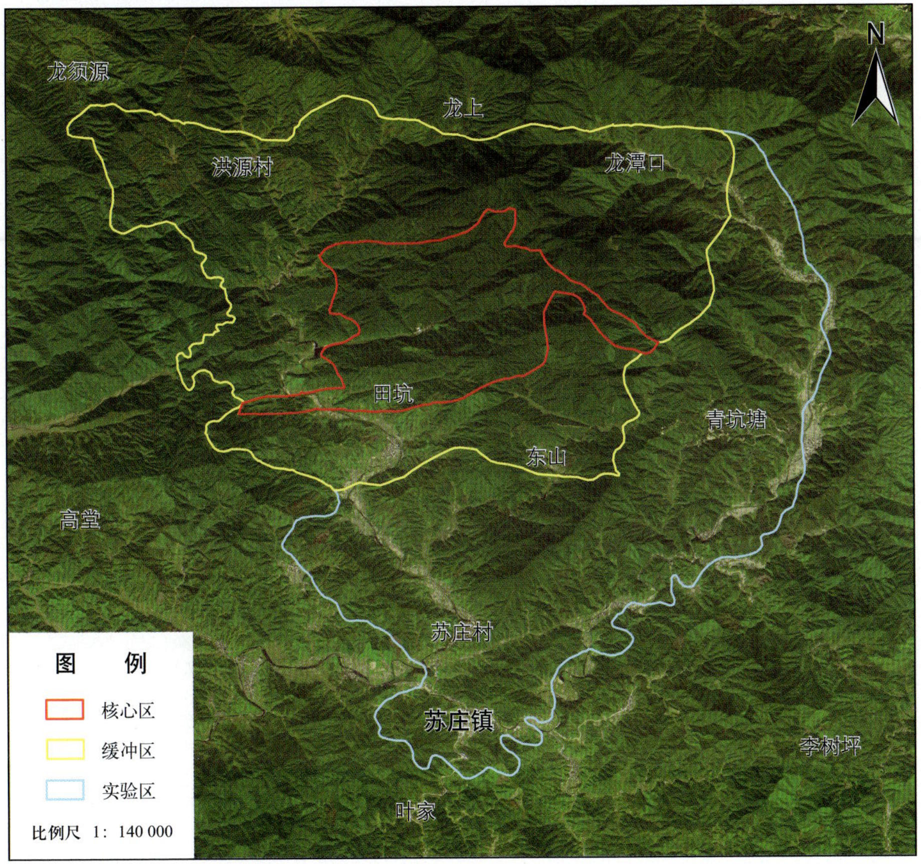
N
龙须源
龙上
洪源村
龙潭口
田坑
青坑塘
东山
高堂
苏庄村
苏庄镇
李树坪
叶家
图　例
核心区
缓冲区
实验区
比例尺　1：140 000

影像获取时间：2010 年

古田山国家级自然保护区生态系统类型图

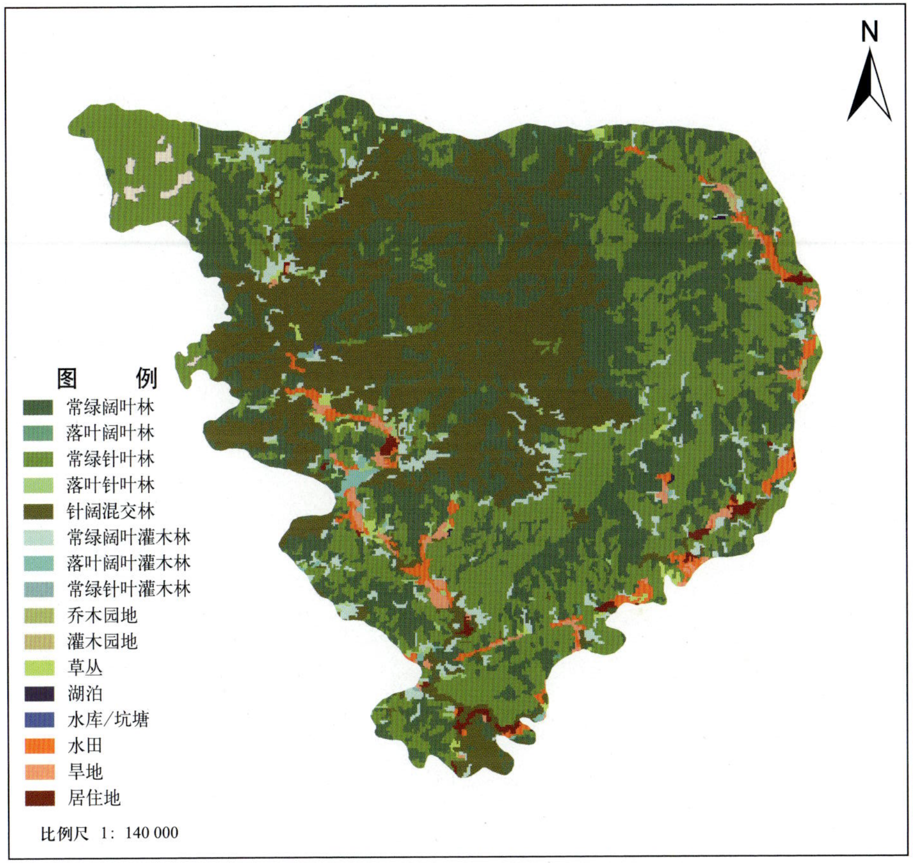
N
图　例
常绿阔叶林
落叶阔叶林
常绿针叶林
落叶针叶林
针阔混交林
常绿阔叶灌木林
落叶阔叶灌木林
常绿针叶灌木林
乔木园地
灌木园地
草丛
湖泊
水库/坑塘
水田
旱地
居住地
比例尺　1：140 000

解译参考影像时间：2010 年

古田山国家级自然保护区位于浙江省衢州市开化县西北部，总面积为 8 108 公顷，建于 1975 年，2001 年晋升为国家级，主要保护对象为白颈长尾雉、黑麂、南方红豆杉及常绿阔叶林森林生态系统，属于野生动物类型的自然保护区。该保护区内林木葱茏，遮天蔽日，天然次生林发育完好，这里被称为“浙西兴安岭”。

杭州
古田山
国家级自然保护区

九龙山国家级自然保护区

九龙山国家级自然保护区遥感影像图

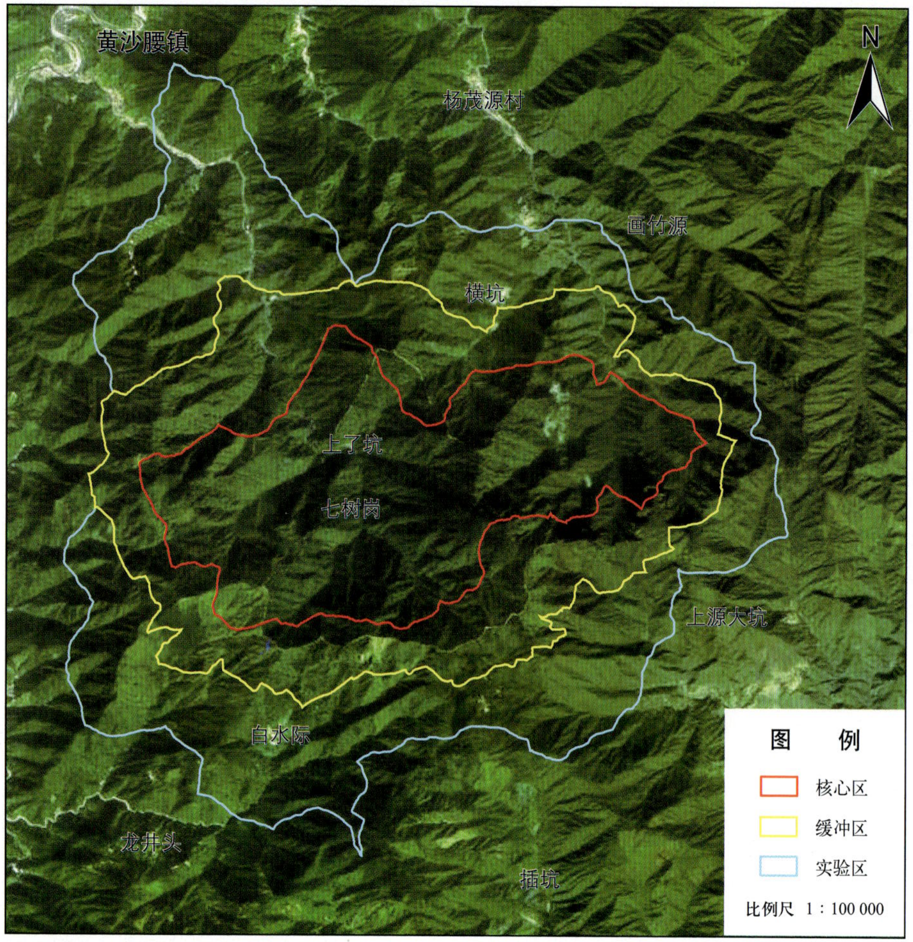
黄沙腰镇
杨茂源村
画竹源
横坑
上了坑
七树岗
上源大坑
白水际
龙井头
插坑
N
图例
核心区
缓冲区
实验区
比例尺 1：100 000

影像获取时间：2010 年

九龙山国家级自然保护区生态系统类型图

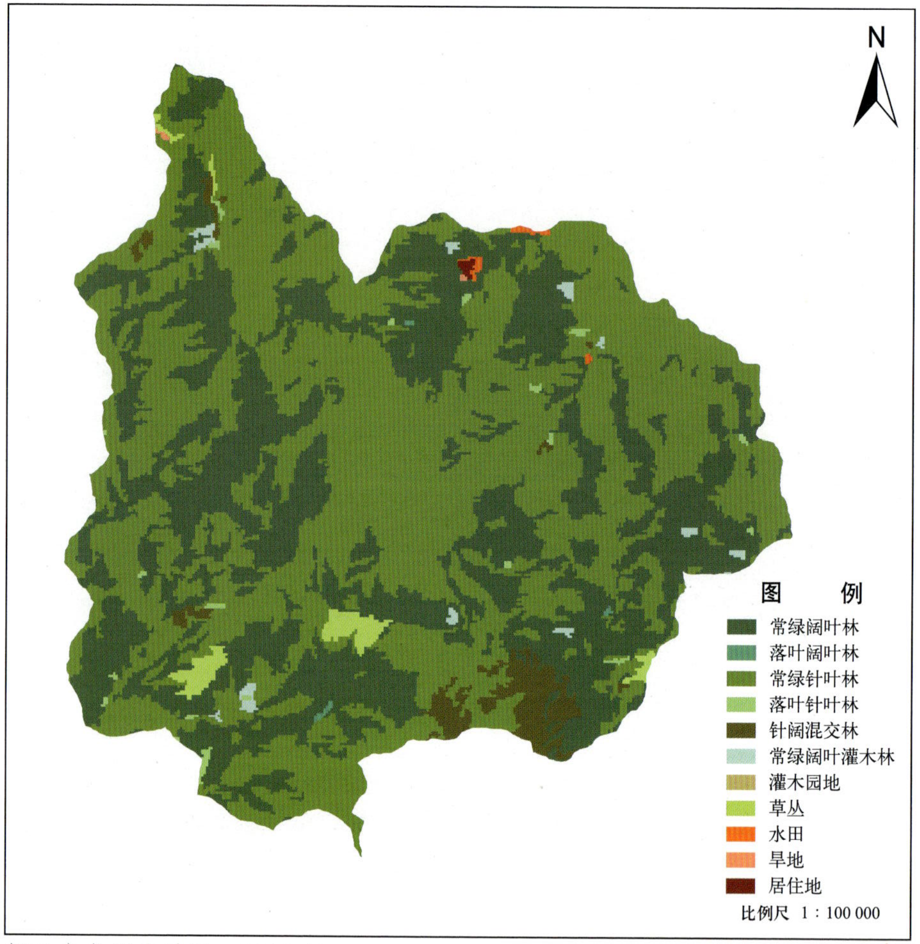
N
图例
常绿阔叶林
落叶阔叶林
常绿针叶林
落叶针叶林
针阔混交林
常绿阔叶灌木林
灌木园地
草丛
水田
旱地
居住地
比例尺 1：100 000

解译参考影像时间：2010 年

九龙山国家级自然保护区位于浙江省丽水市遂昌县境内，总面积 5 525 公顷，建于 1983 年，2003 年晋升为国家级，主要保护对象为黑鹿、黄腹角雉、伯乐树、南方红豆杉等野生动植物，属于森林生态系统类型的自然保护区。该保护区属武夷山系仙霞岭的一个分支，主峰海拔 1 724 米，为浙江第四高峰。

杭州
九龙山
国家级自然保护区

凤阳山－百山祖国家级自然保护区遥感影像图

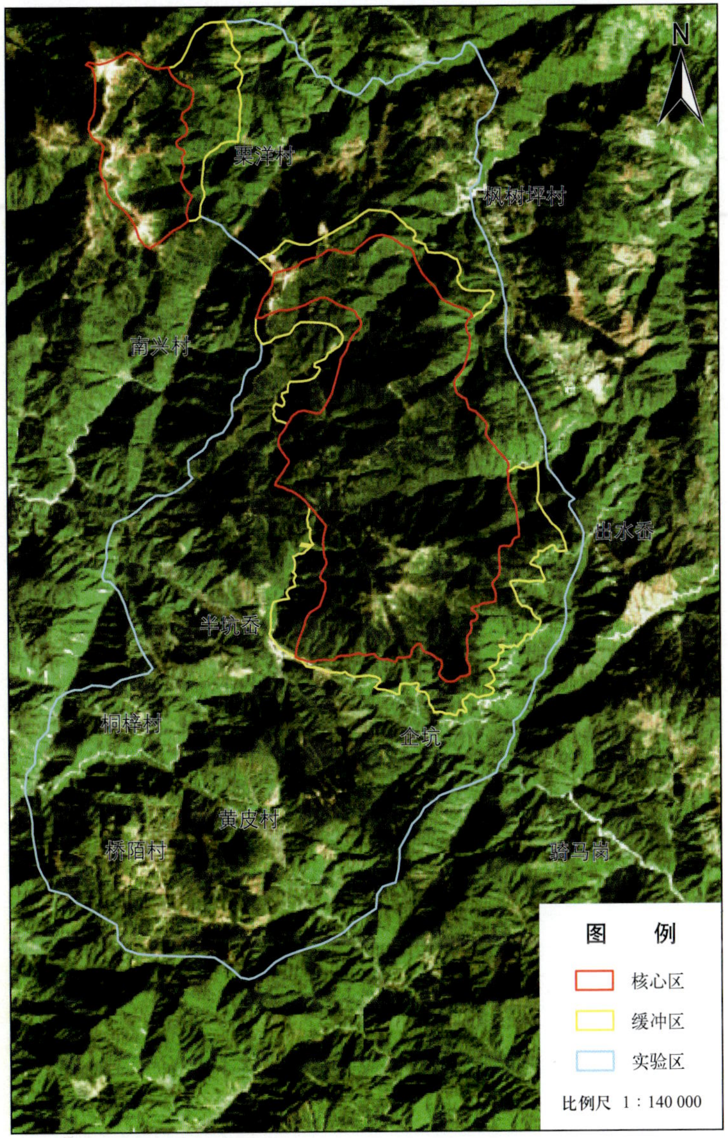
N
栗洋村
枫树坪村
南兴村
出水岙
半坑岙
桐梓村
企坑
黄皮村
椽阳村
骑马岗
图 例
核心区
缓冲区
实验区
比例尺 1：140 000

影像获取时间：2010 年

凤阳山－百山祖国家级自然保护区生态系统类型图

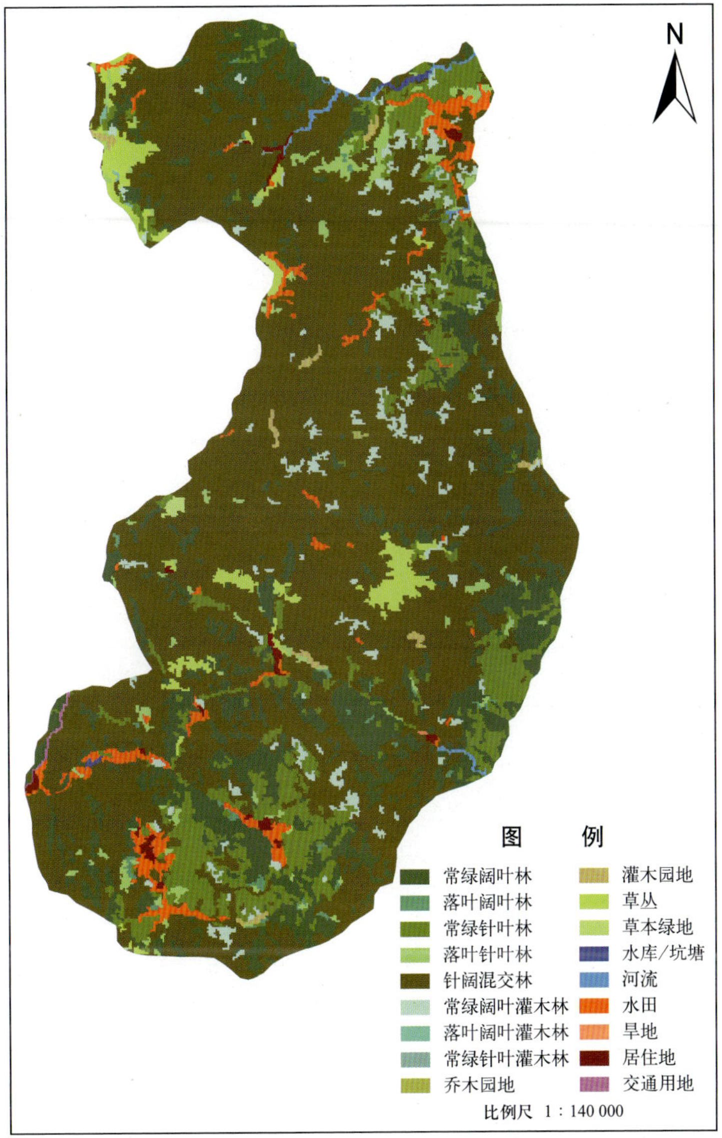
N
图 例
常绿阔叶林
落叶阔叶林
常绿针叶林
落叶针叶林
针阔混交林
常绿阔叶灌木林
落叶阔叶灌木林
常绿针叶灌木林
乔木园地
灌木园地
草丛
草本绿地
水库/坑塘
河流
水田
旱地
居住地
交通用地
比例尺 1：140 000

解译参考影像时间：2010 年

凤阳山－百山祖国家级自然保护区位于浙江省丽水市庆元县、龙泉市境内，总面积 26 052 公顷，建于 1975 年，1992 年晋升为国家级，主要保护对象为百山祖冷杉、华南虎等珍稀物种及森林生态系统。该保护区内林海氤氲，生机盎然，荟萃了大量珍稀动植物资源，生态植被类型极为丰富，这里被称为“天然珍稀动植物园”、“华东古老植物的摇篮”。

杭州
凤阳山－百山祖
国家级自然保护区

铜陵淡水豚国家级自然保护区

铜陵淡水豚国家级自然保护区遥感影像图

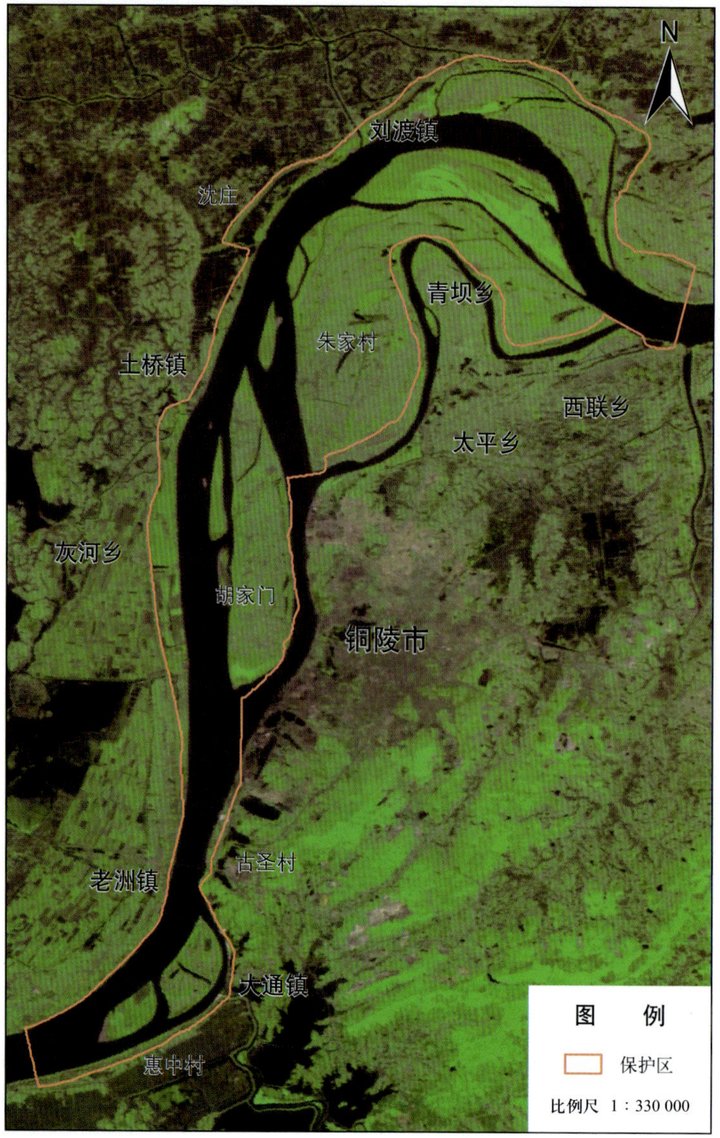
N
刘渡镇
沈庄
青坝乡
朱家村
土桥镇
西联乡
太平乡
灰河乡
胡家门
铜陵市
古圣村
老洲镇
大通镇
惠中村
图例
保护区
比例尺 1 : 330 000

影像获取时间：2010 年

铜陵淡水豚国家级自然保护区生态系统类型图

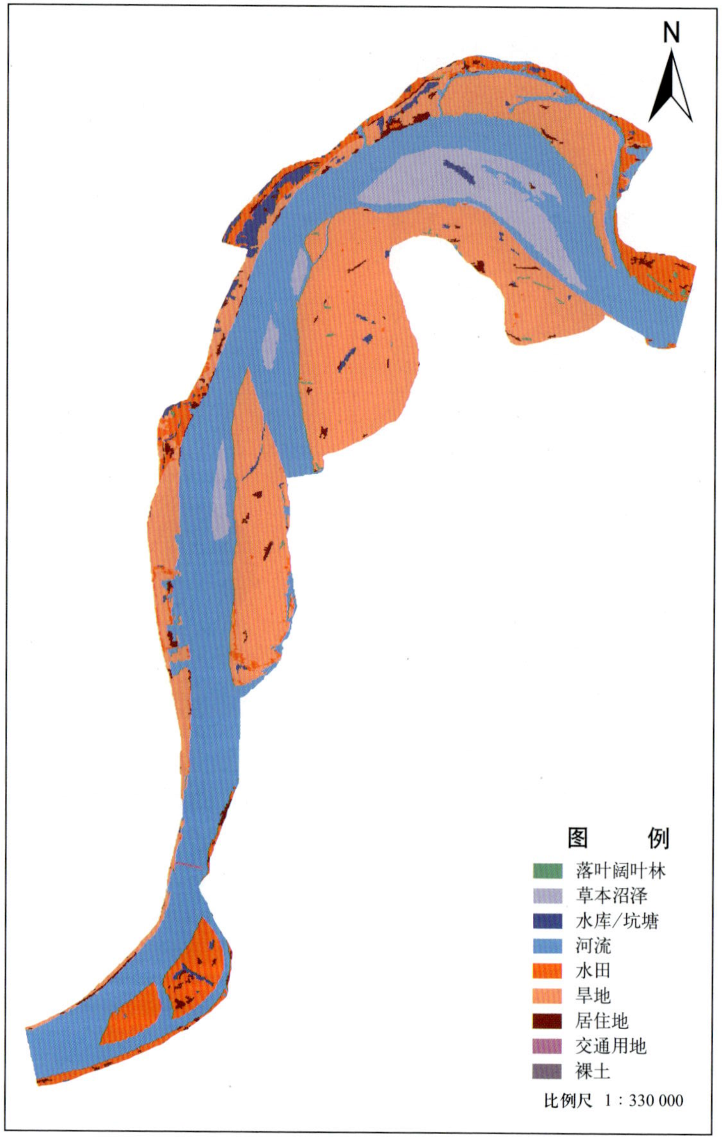
N
图例
落叶阔叶林
草本沼泽
水库/坑塘
河流
水田
旱地
居住地
交通用地
裸土
比例尺 1 : 330 000

解译参考影像时间：2011 年

铜陵淡水豚国家级自然保护区位于安徽省铜陵市、池州市贵池区、安庆市枞阳县、无为县等境内，总面积 31 518 公顷，建于 1985 年，2006 年晋升为国家级，主要保护对象为淡水豚类、珍稀鱼类，属于野生动物类型的自然保护区。该保护区是世界上首座利用半自然条件对白鳍豚、江豚等易地养护的场所。

合肥
铜陵淡水豚
国家级自然保护区

鹞落坪国家级自然保护区遥感影像图

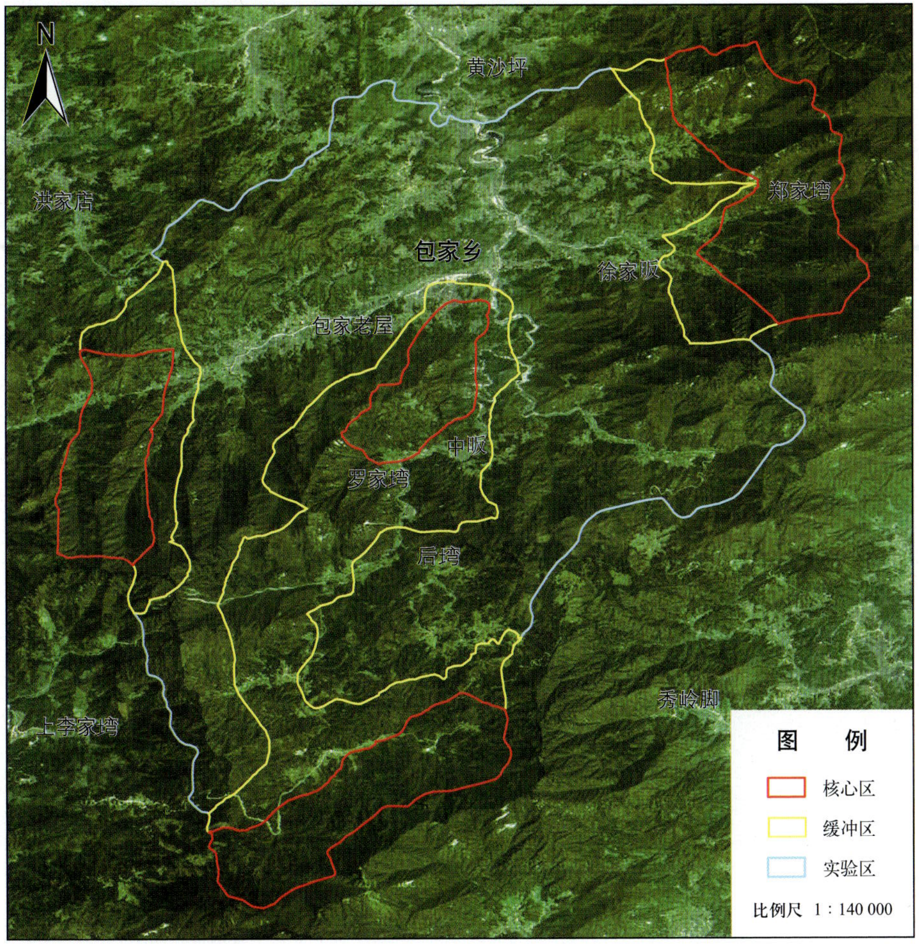

影像获取时间：2010 年

鹞落坪国家级自然保护区生态系统类型图

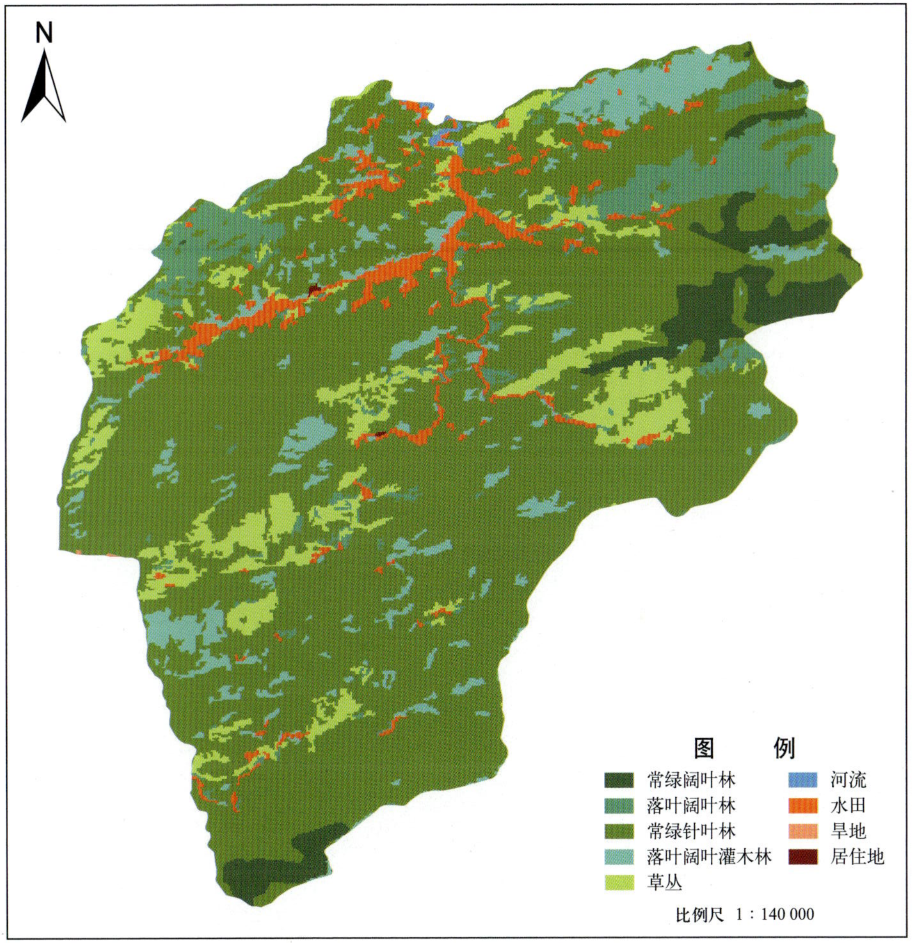

解译参考影像时间：2010 年

鹞落坪国家级自然保护区位于安徽省安庆市岳西县境内，总面积 12 300 公顷，建于 1991 年，1994 年晋升为国家级，主要保护对象为北亚热带常绿阔叶林及濒危动植物，属于森林生态系列类型的自然保护区。该保护区地跨北亚热带向暖温带过渡地带，“南北过渡，襟带东西”的地理位置、古老的地质历史和复杂的生态环境，形成这里独特多样的生物资源及自然景观。

古牛绛国家级自然保护区

古牛绛国家级自然保护区位于安徽省黄山市境内，总面积 6 713 公顷，1982 年建立，1988 年晋升为国家级，主要保护对象为森林生态系统及珍稀动植物，属于森林生态系统类型的自然保护区。该保护区内保存着较完整的中亚热带常绿阔叶林，是皖南山区亚热带常绿阔叶林类型代表，堪称华东地区的绿色明珠，这里是安徽省生物资源宝贵的基因库。

古牛绛国家级自然保护区遥感影像图

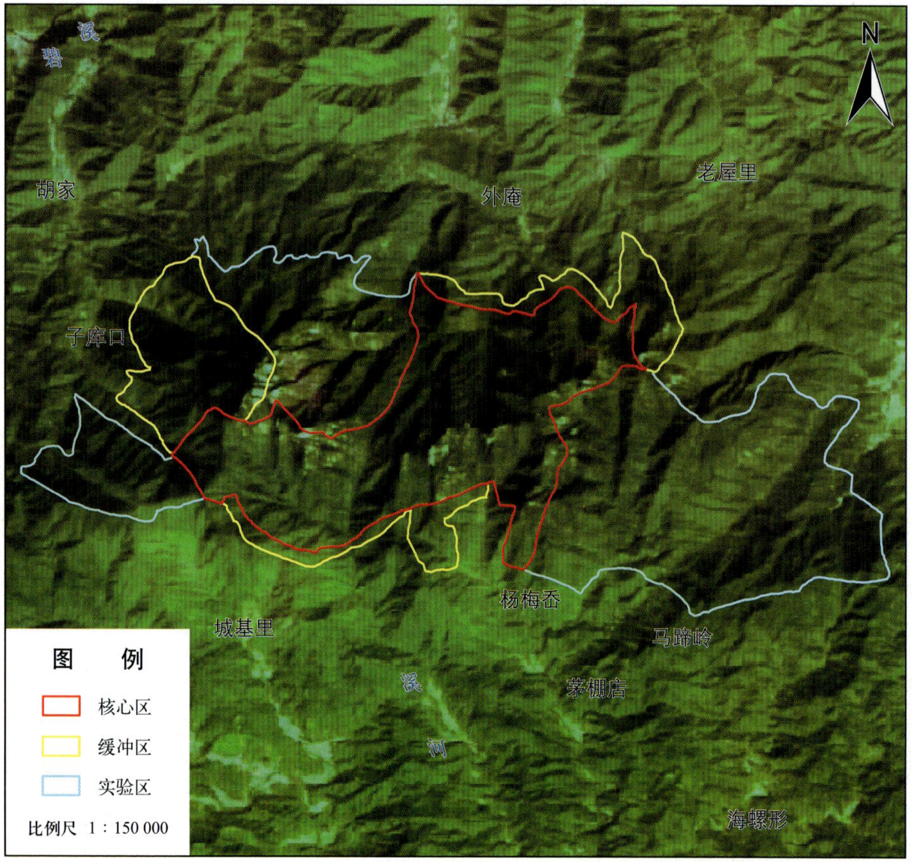

影像获取时间：2010 年

古牛绛国家级自然保护区生态系统类型图

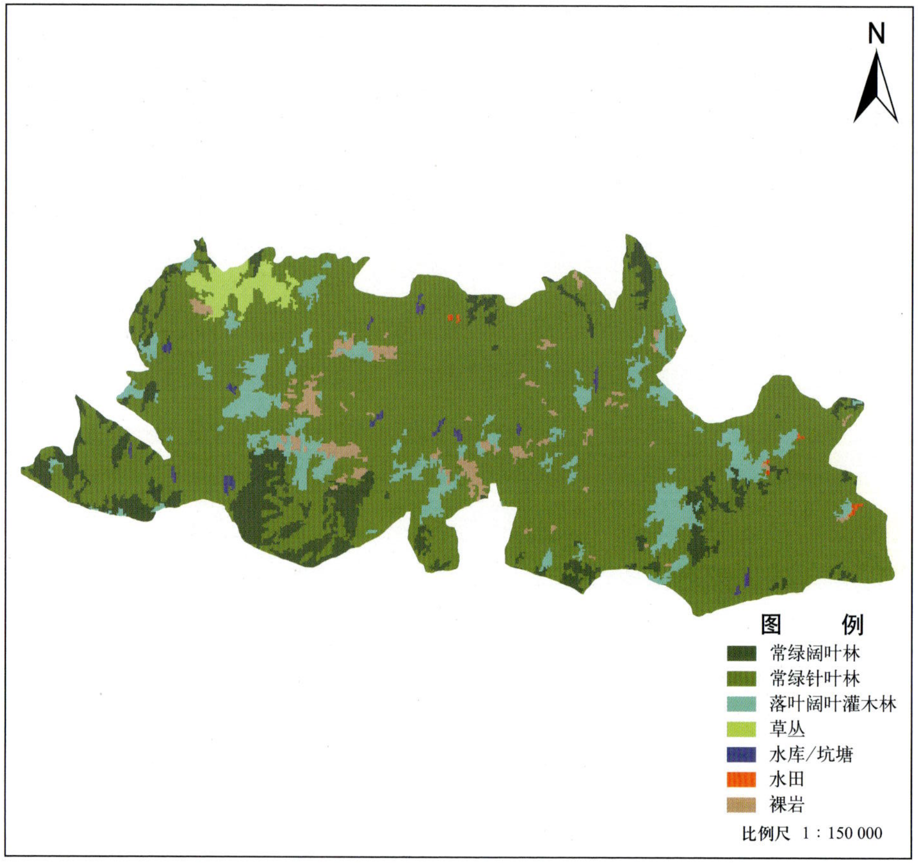

解译参考影像时间：2010 年

金寨天马国家级自然保护区遥感影像图

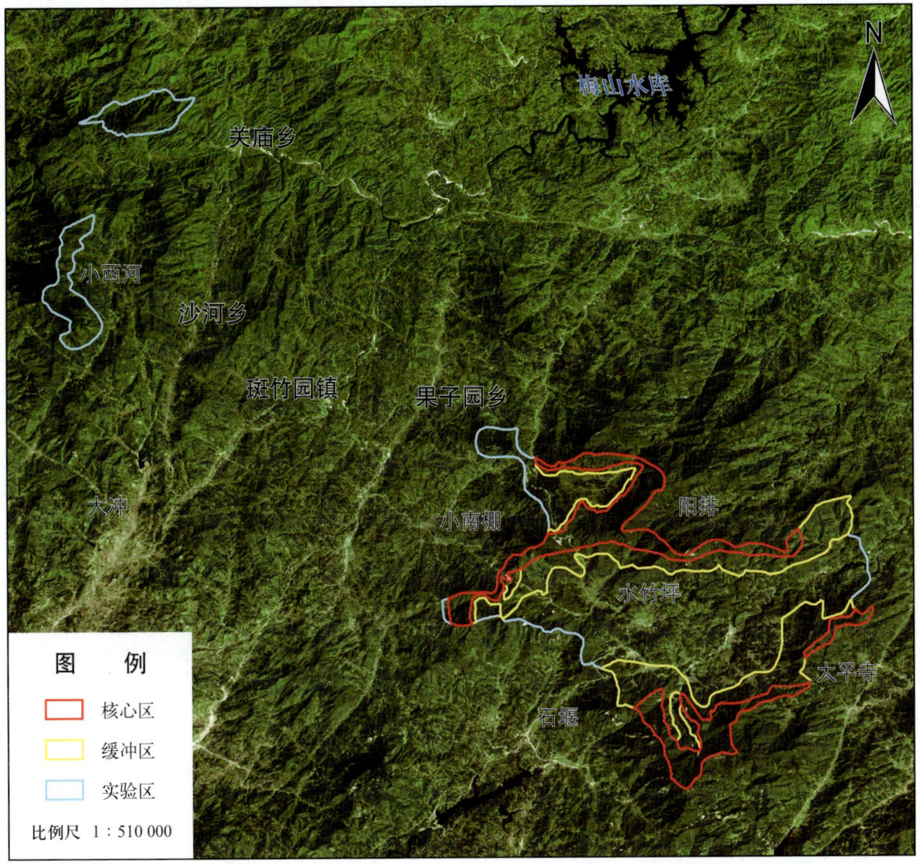
N
梅山水库
关庙乡
小西河
沙河乡
斑竹园镇
果子园乡
大冲
小南棚
阳排
水竹坪
太平寺
石堰
图　例
核心区
缓冲区
实验区
比例尺　1：510 000

影像获取时间：2010 年

金寨天马国家级自然保护区生态系统类型图

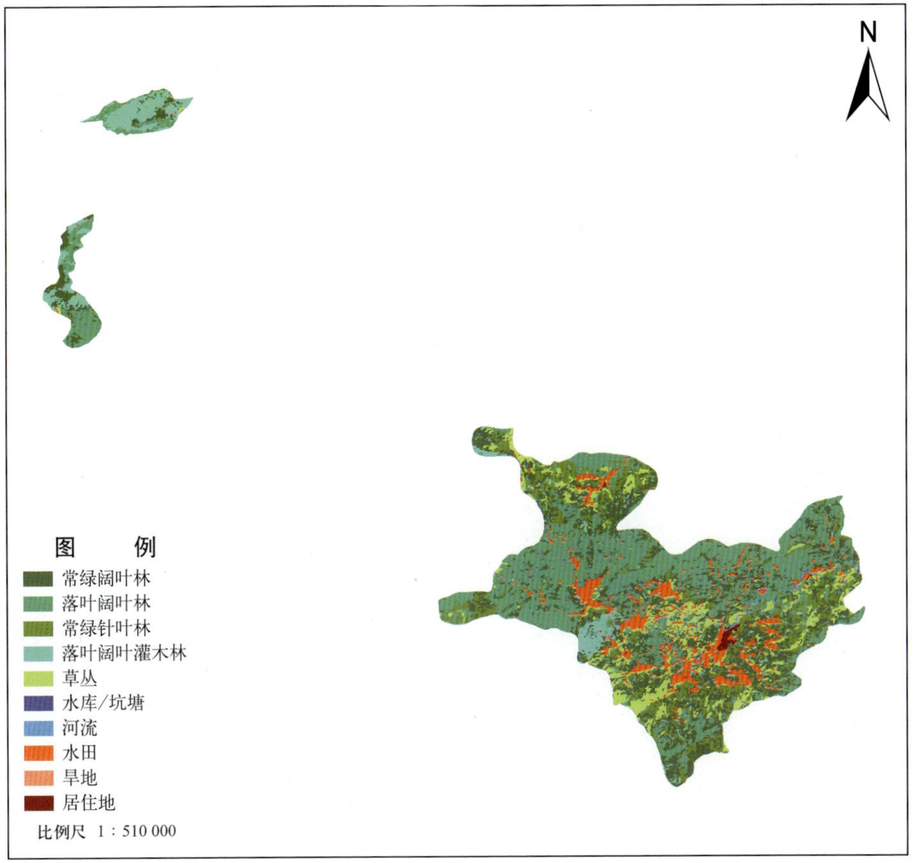
N
图　例
常绿阔叶林
落叶阔叶林
常绿针叶林
落叶阔叶灌木林
草丛
水库/坑塘
河流
水田
旱地
居住地
比例尺　1：510 000

解译参考影像时间：2010 年

金寨天马国家级自然保护区地处安徽省六安市金寨县，总面积 28 914 公顷，建于 1982 年，1988 年晋升为国家级，主要保护对象为北亚热带常绿落叶阔叶林及珍稀动植物原麝、白冠长尾雉、金钱松、香果树，属森林生态系统类型的自然保护区。该保护区是长江和淮河的分水岭，为我国南北生物物种的交汇地，地理位置优越，生态区位重要，区系成份复杂，生物资源丰富，是大别山区规模最大、保存天然阔叶林最完整的国家级自然保护区。

合肥
金寨天马
国家级自然保护区

升金湖国家级自然保护区

合肥
升金湖
国家级自然保护区

升金湖国家级自然保护区位于安徽省池州市贵池区和东至县境内，总面积33 400公顷，建于1986年，1997年晋升为国家级，主要保护对象为白鹳等珍稀鸟类及湿地生态系统，属于野生动物类型的自然保护区。升金湖湖区气候温和，自然植被繁茂，是珍稀候鸟越冬栖息的理想场所。

升金湖国家级自然保护区遥感影像图

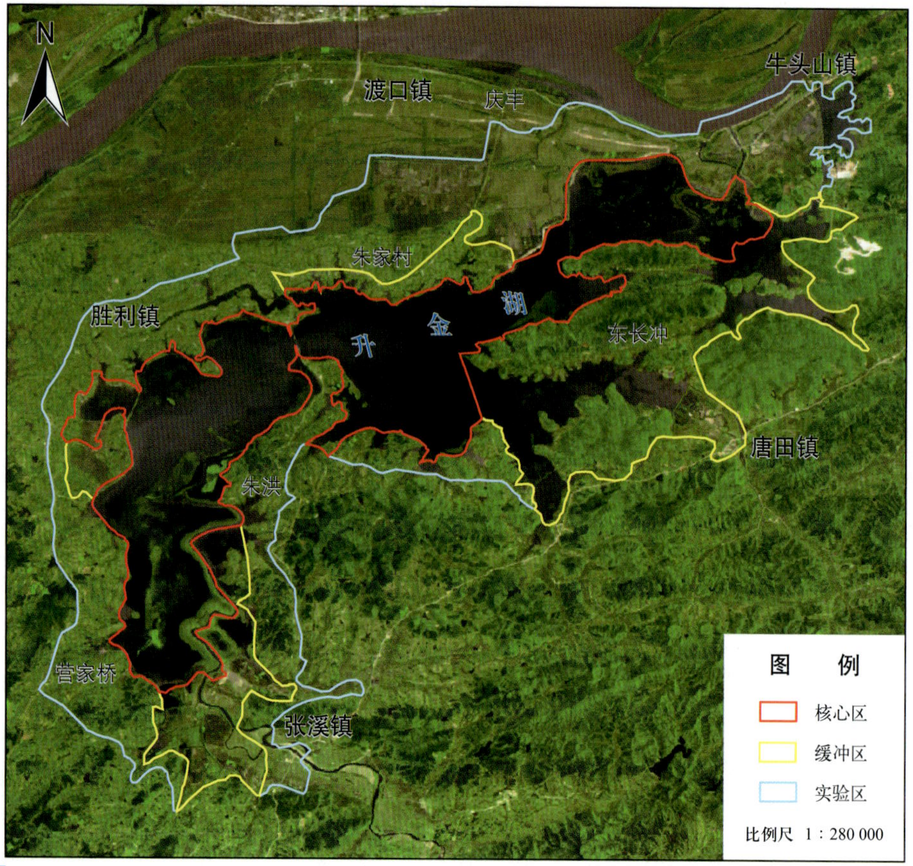
N
渡口镇
庆丰
牛头山镇
朱家村
胜利镇
升
金
湖
东长冲
唐田镇
朱洪
营家桥
张溪镇
图 例
核心区
缓冲区
实验区
比例尺 1：280 000

影像获取时间：2010年

升金湖国家级自然保护区生态系统类型图

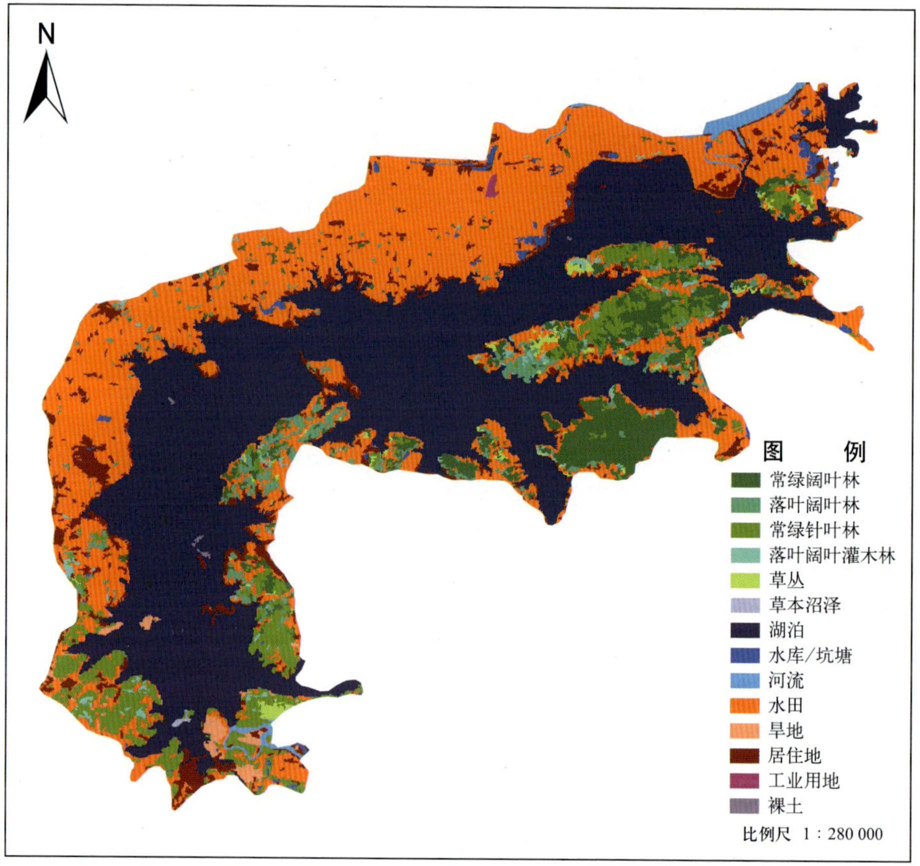
N
图 例
常绿阔叶林
落叶阔叶林
常绿针叶林
落叶阔叶灌木林
草丛
草本沼泽
湖泊
水库/坑塘
河流
水田
旱地
居住地
工业用地
裸土
比例尺 1：280 000

解译参考影像时间：2011年

扬子鳄国家级自然保护区遥感影像图

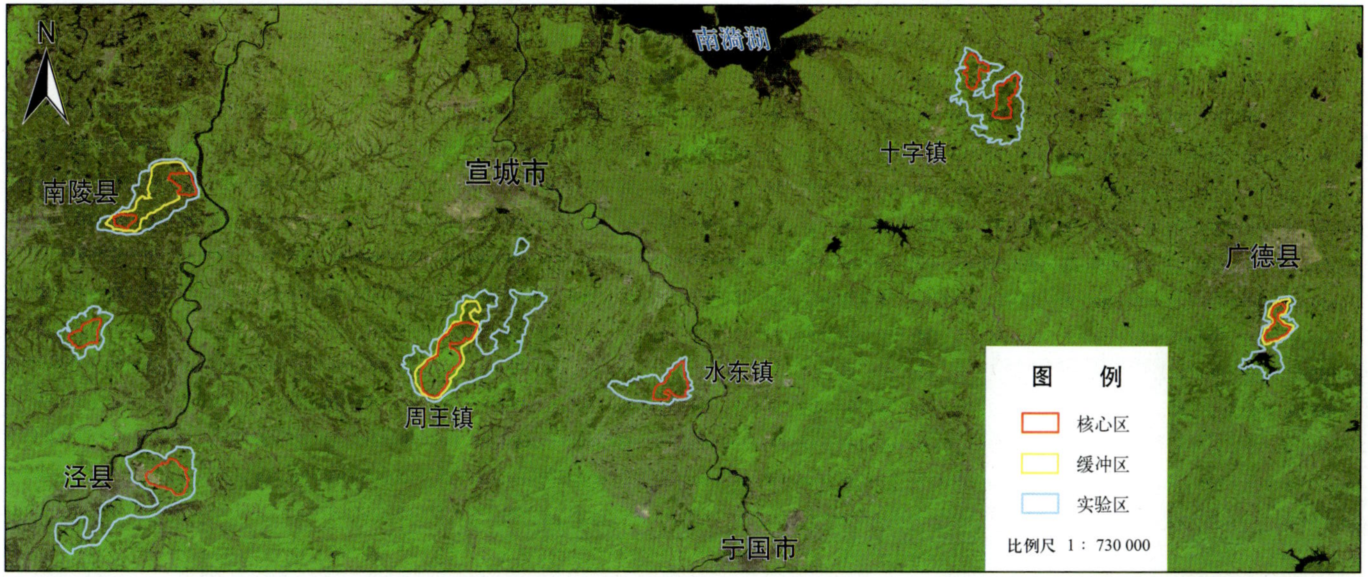
N
南漪湖
十字镇
南陵县
宣城市
广德县
水东镇
周王镇
泾县
宁国市
图例
核心区
缓冲区
实验区
比例尺 1：730 000

影像获取时间：2010 年

扬子鳄国家级自然保护区生态系统类型图

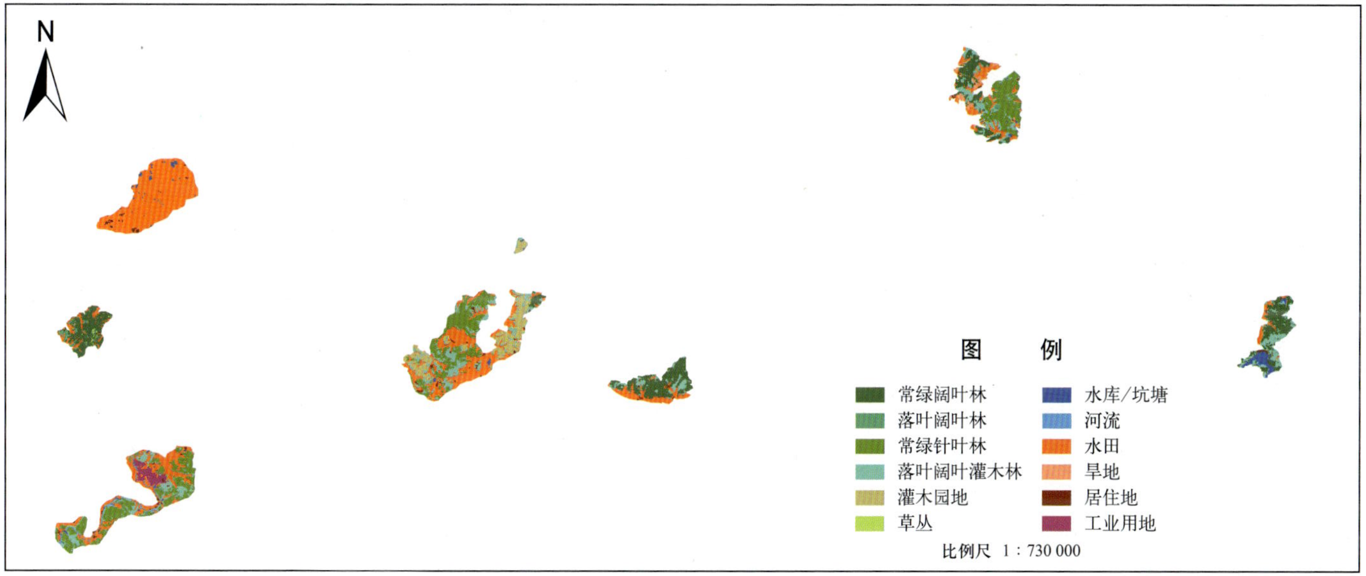
N
图例
常绿阔叶林
落叶阔叶林
常绿针叶林
落叶阔叶灌木林
灌木园地
草丛
水库/坑塘
河流
水田
旱地
居住地
工业用地
比例尺 1：730 000

解译参考影像时间：2010 年

扬子鳄国家级自然保护区位于安徽省宣城市宣州区、广德县、郎溪县、泾县，芜湖市南陵县等境内，总面积 18 565 公顷，建于 1975 年，1986 年晋升为国家级，主要保护对象为中国特有的爬行动物扬子鳄及其生存环境，属于野生动物类型的自然保护区。该保护区地处江南古陆与金陵凹陷的过渡地带，气候温和，四季分明，雨量充沛，水阳江、青弋江两条河流从保护区穿过，周围有百余条支流，这里沟、塘、渠、坝星罗棋布，是扬子鳄生存栖息的良好场所。

合肥
扬子鳄
国家级自然保护区

清凉峰国家级自然保护区

清凉峰国家级自然保护区位于安徽省宣城市绩溪县和黄山市歙县境内，总面积 7 811 公顷，建于 1979 年，2011 年晋升为国家级，主要保护对象为中亚热带常绿阔叶林及珍稀濒危动植物，属于森林生态系统类型的自然保护区。该保护区内现存有高等植物 1976 种，脊椎动物 283 种，国家级重点保护植物 32 种，国家重点保护动物 38 种。

合肥
清凉峰
国家级自然保护区

清凉峰国家级自然保护区遥感影像图

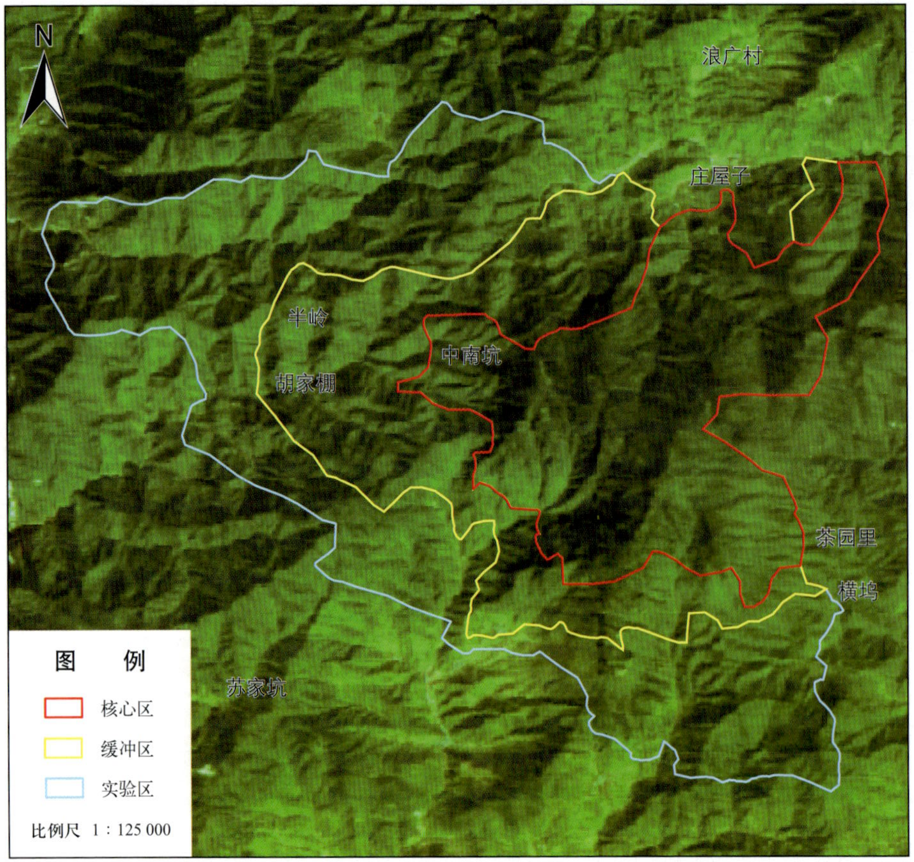
N
浪广村
庄屋子
半岭
中南坑
胡家棚
茶园里
横坞
苏家坑
图 例
核心区
缓冲区
实验区
比例尺 1：125 000

影像获取时间：2010 年

清凉峰国家级自然保护区生态系统类型图

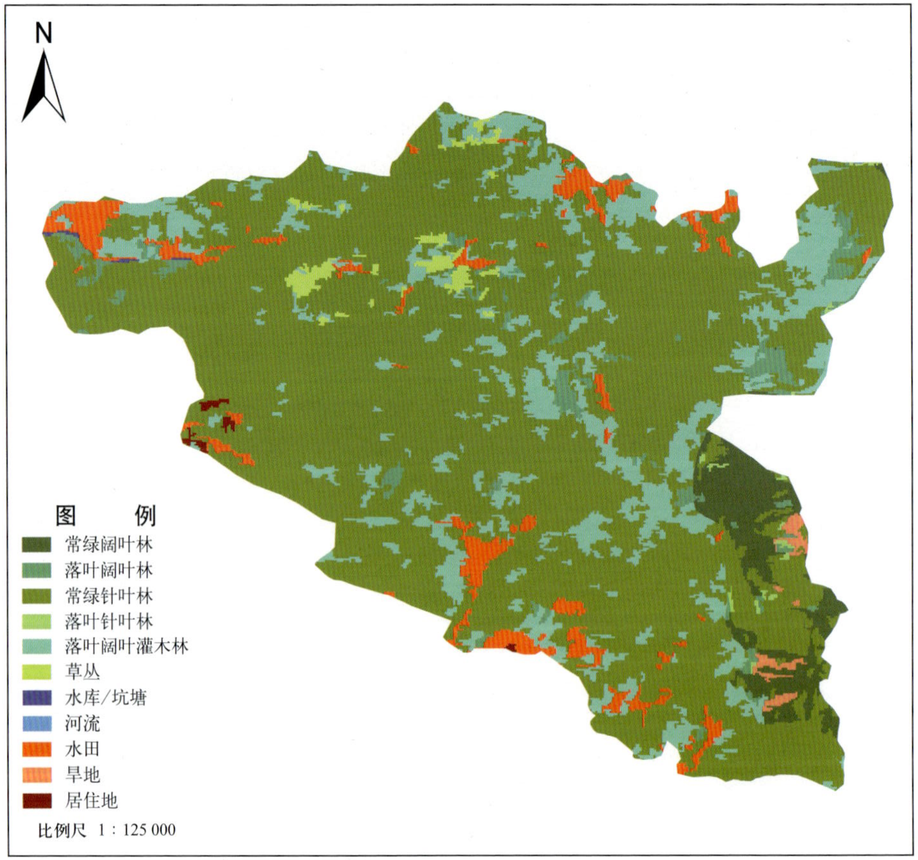
N
图 例
常绿阔叶林
落叶阔叶林
常绿针叶林
落叶针叶林
落叶阔叶灌木林
草丛
水库/坑塘
河流
水田
旱地
居住地
比例尺 1：125 000

解译参考影像时间：2011 年

雄江黄楮林国家级自然保护区遥感影像图

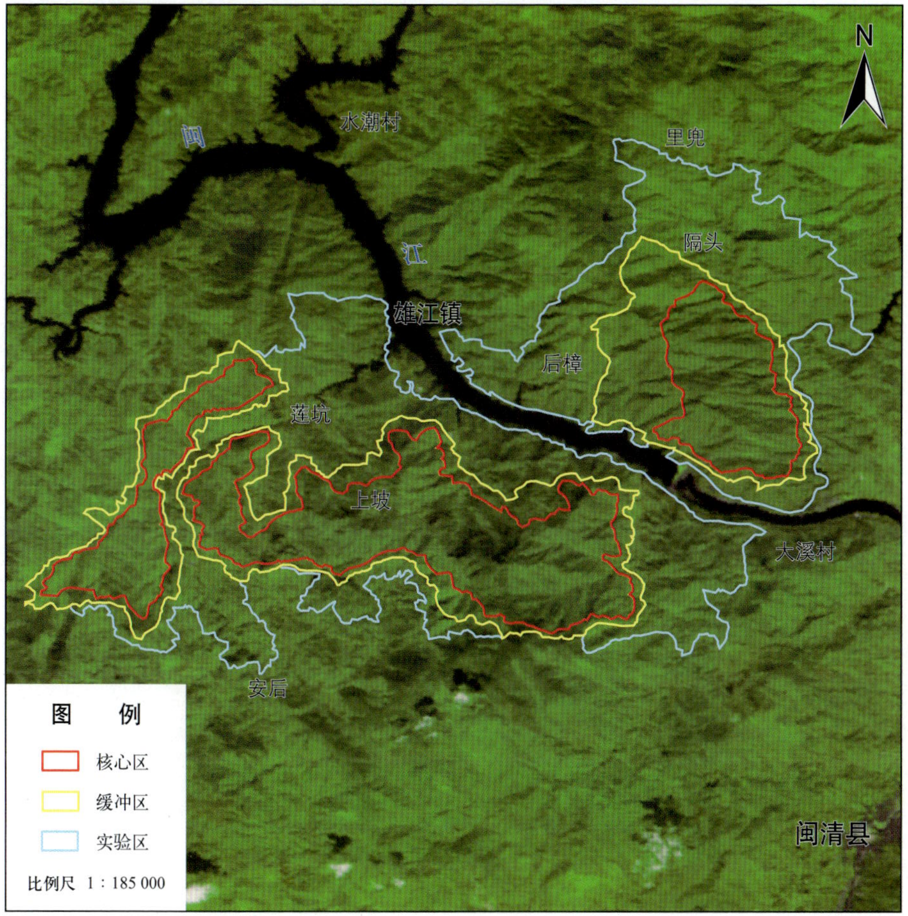
N
闽
水潮村
江
里兜
隔头
雄江镇
后樟
莲坑
上坡
大溪村
安后
闽清县
图 例
核心区
缓冲区
实验区
比例尺 1 : 185 000

影像获取时间：2010 年

雄江黄楮林国家级自然保护区生态系统类型图

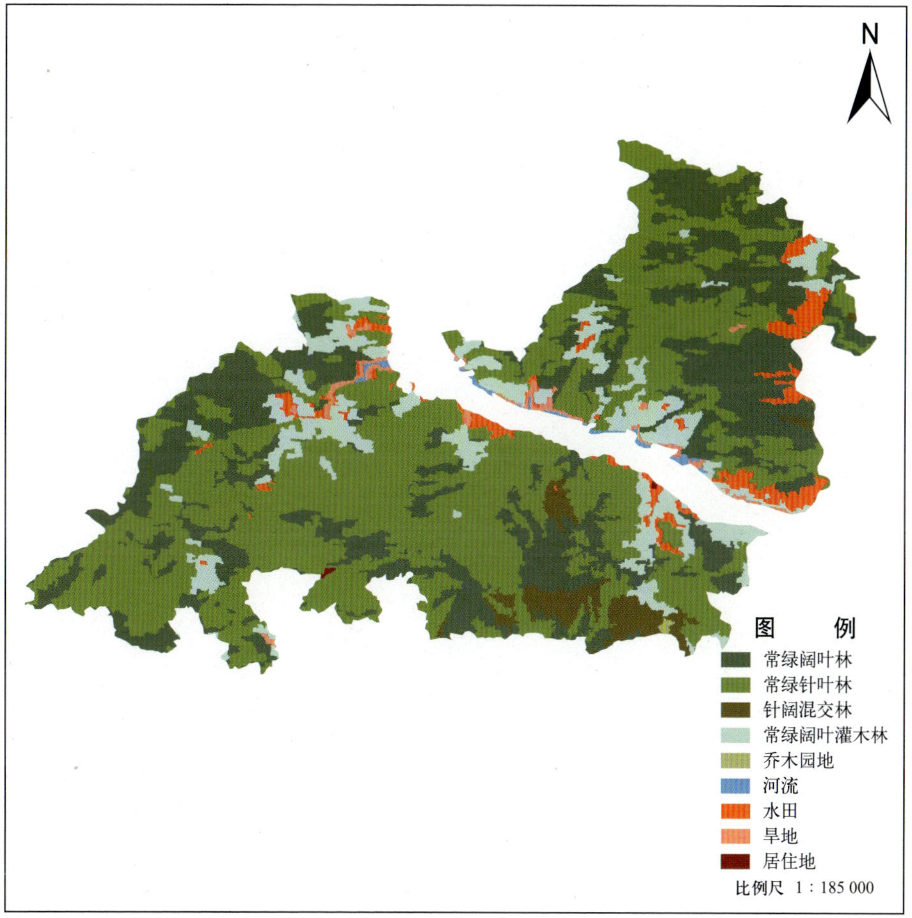
N
图 例
常绿阔叶林
常绿针叶林
针阔混交林
常绿阔叶灌木林
乔木园地
河流
水田
旱地
居住地
比例尺 1 : 185 000

解译参考影像时间：2011 年

雄江黄楮林
国家级自然保护区
福州

雄江黄楮林国家自然保护区位于福建省福州市闽清县西部，总面积 12 513 公顷，建于 1985 年，2012 年晋升为国家级，主要保护对象为福建青冈、中亚热带南缘常绿阔叶林及两栖爬行动物，属于森林生态系统类型自然保护区。该保护区的建立对保护生物多样性、闽江中下游生态安全起到了重要的生态屏障作用。

厦门珍稀海洋物种国家级自然保护区

厦门珍稀海洋物种国家级自然保护区遥感影像图

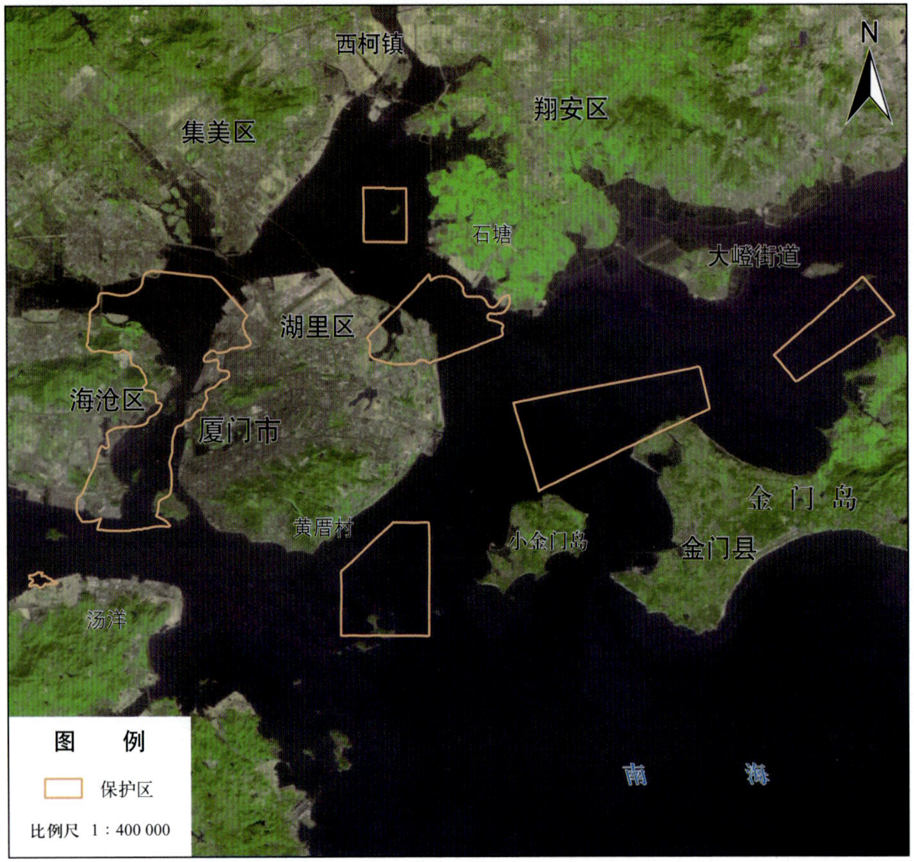
西柯镇
翔安区
集美区
石塘
大嶝街道
湖里区
海沧区
厦门市
黄厝村
小金门岛
金门岛
金门县
汤洋
南
海
N
图例
保护区
比例尺 1：400 000

影像获取时间：2010 年

厦门珍稀海洋物种国家级自然保护区生态系统类型图

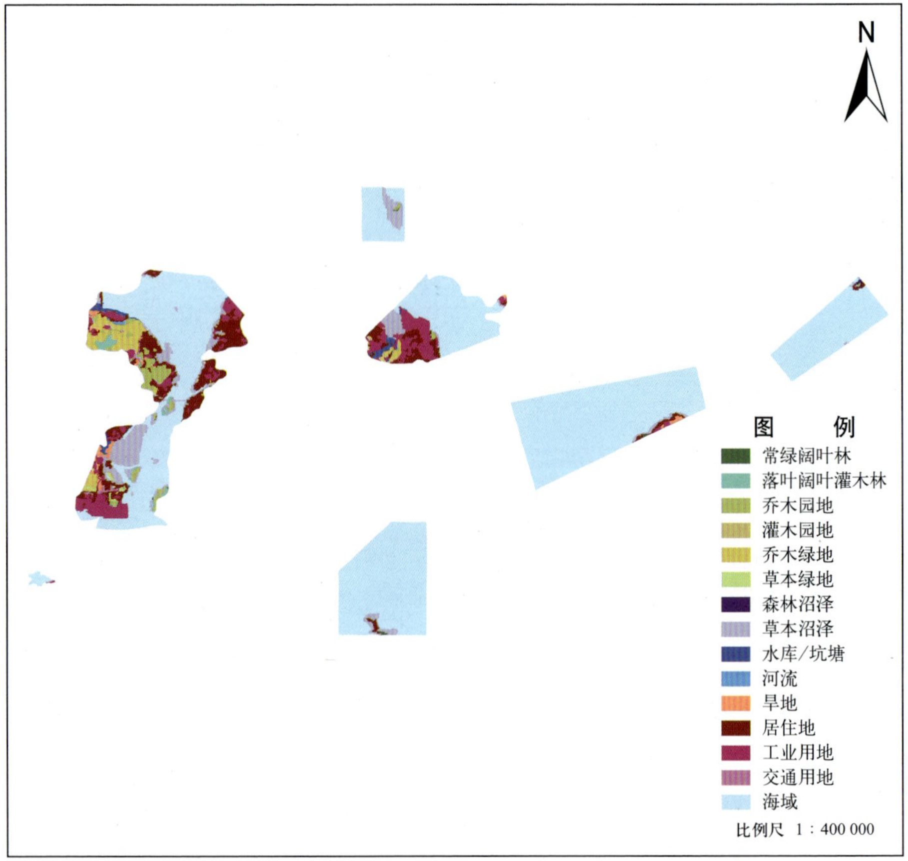
N
图例
常绿阔叶林
落叶阔叶灌木林
乔木园地
灌木园地
乔木绿地
草本绿地
森林沼泽
草本沼泽
水库/坑塘
河流
旱地
居住地
工业用地
交通用地
海域
比例尺 1：400 000

解译参考影像时间：2011 年

福州
厦门珍稀海洋物种
国家级自然保护区

厦门海洋珍稀物种国家级自然保护区位于福建省厦门市海域，总面积 33 088 公顷，建于 1998 年，2000 年晋升为国家级，主要保护对象为中华白海豚、白鹭、文昌鱼等珍稀动物，属于海洋海岸系统类型自然保护区。该保护区是国家一级重点保护野生动物中华白海豚的两个主要分布区之一，现有种群数量约 40 头左右，且种群结构尚能保证其繁衍后代，因此具有极为重要的保护价值和研究价值。

君子峰国家级自然保护区

君子峰国家级自然保护区遥感影像图

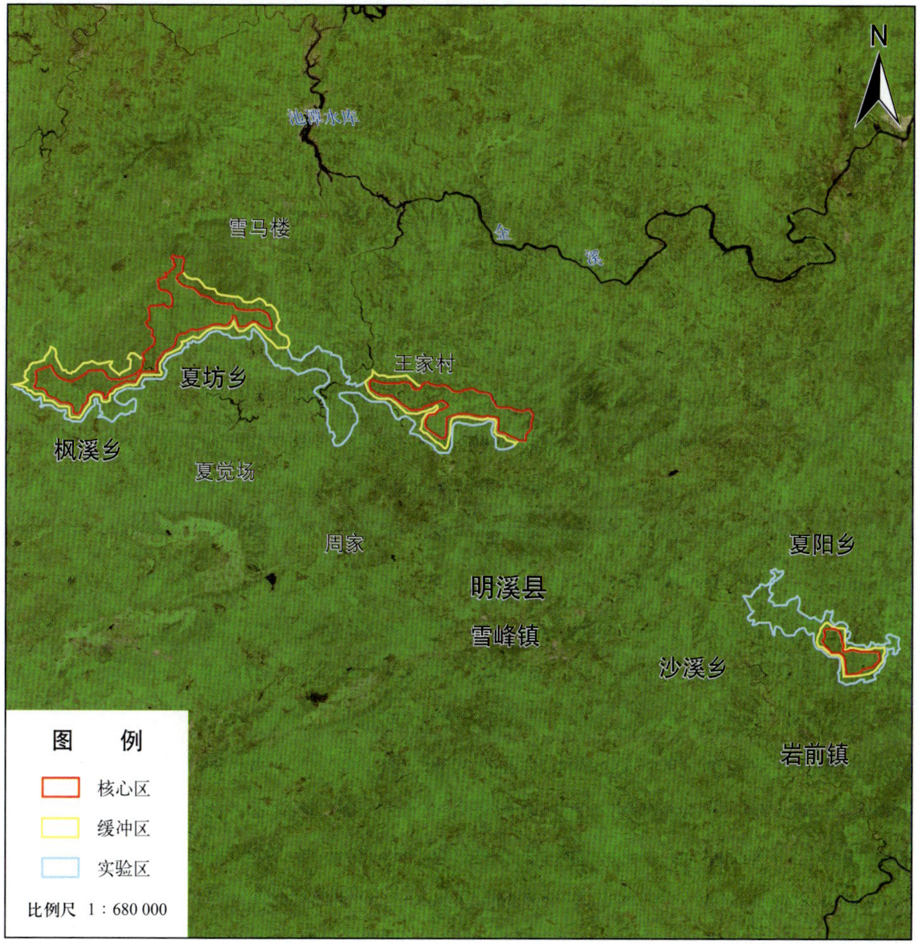
N
池潭水库
金
溪
雪马楼
王家村
夏坊乡
枫溪乡
夏党场
周家
明溪县
雪峰镇
夏阳乡
沙溪乡
岩前镇
图 例
核心区
缓冲区
实验区
比例尺 1：680 000

影像获取时间：2010 年

君子峰国家级自然保护区生态系统类型图

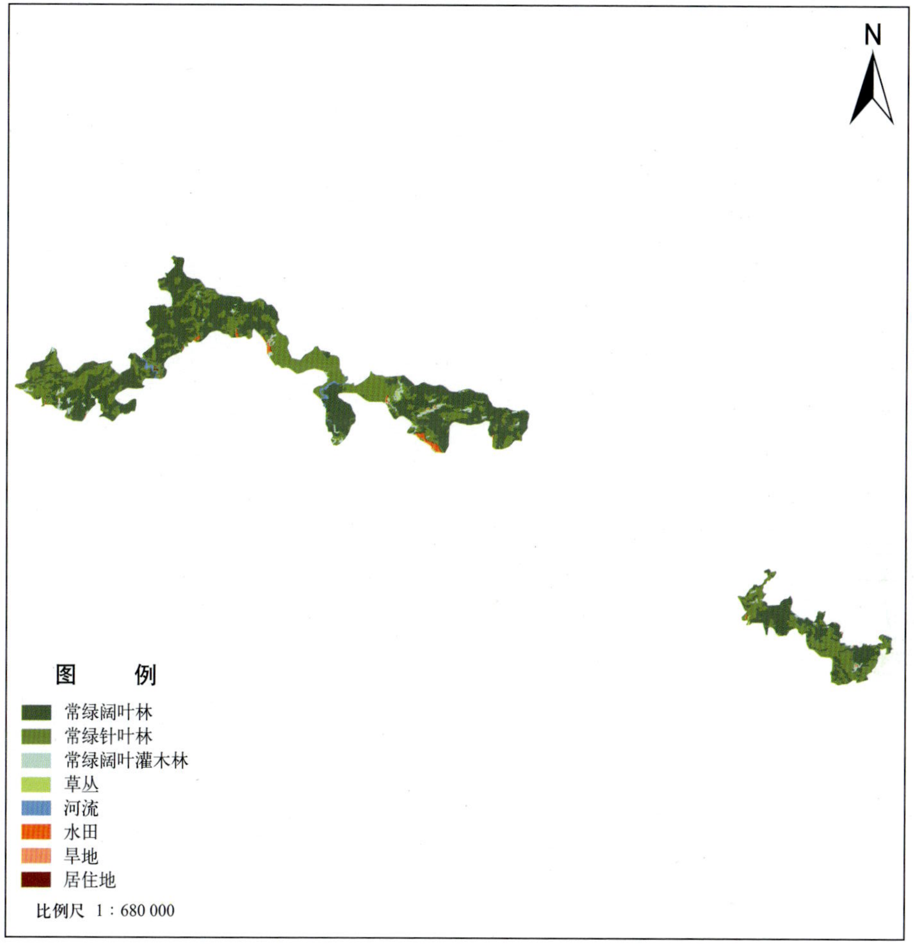
N
图 例
常绿阔叶林
常绿针叶林
常绿阔叶灌木林
草丛
河流
水田
旱地
居住地
比例尺 1：680 000

解译参考影像时间：2010 年

君子峰国家级自然保护区位于福建省三明市明溪县境内，面积 18 061 公顷，建于 1995 年，2007 年晋升为国家级，主要保护对象是中亚热带原生性常绿阔叶林、南方红豆杉，属于森林生态系统类型自然保护区。该保护区不仅是研究生物多样性的理想场所，也是开展自然保护、科普教育、培训自然保护人员的理想地区。

君子峰
国家级自然保护区
福州

龙栖山国家级自然保护区

龙栖山国家级自然保护区遥感影像图

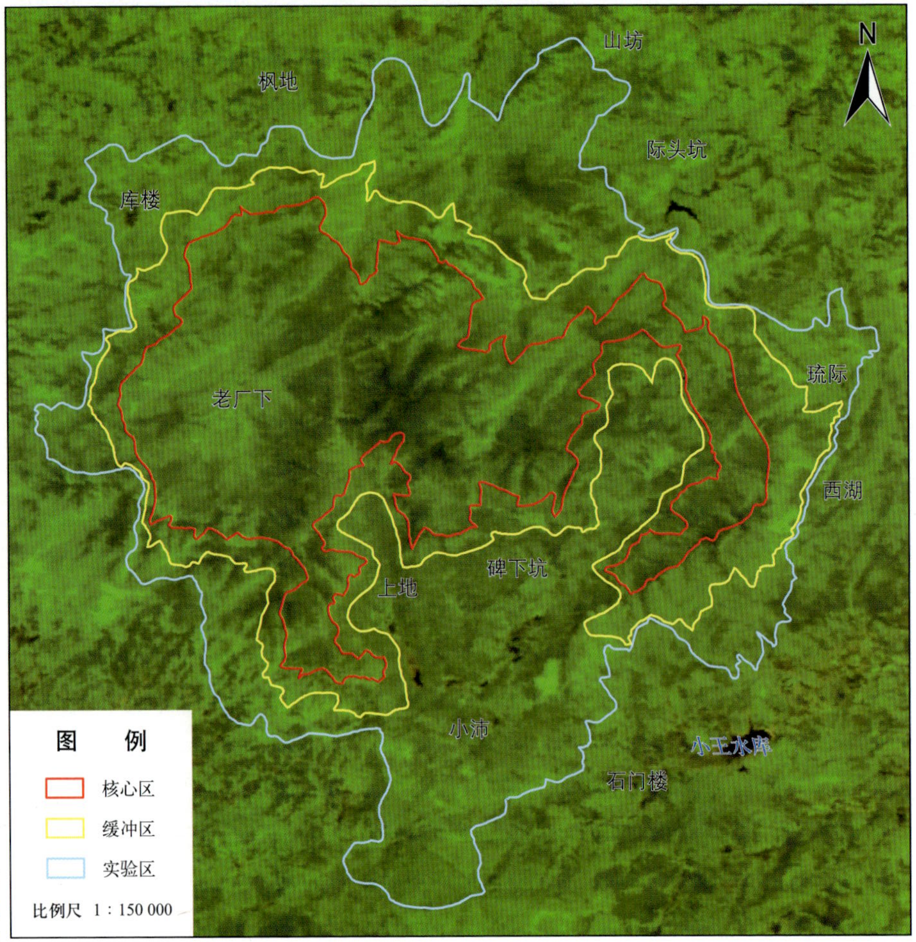
山坊
枫地
际头坑
库楼
老厂下
琉际
西湖
碑下坑
上地
小沛
小王水库
石门楼
N
图 例
核心区
缓冲区
实验区
比例尺 1：150 000

影像获取时间：2010 年

龙栖山国家级自然保护区生态系统类型图

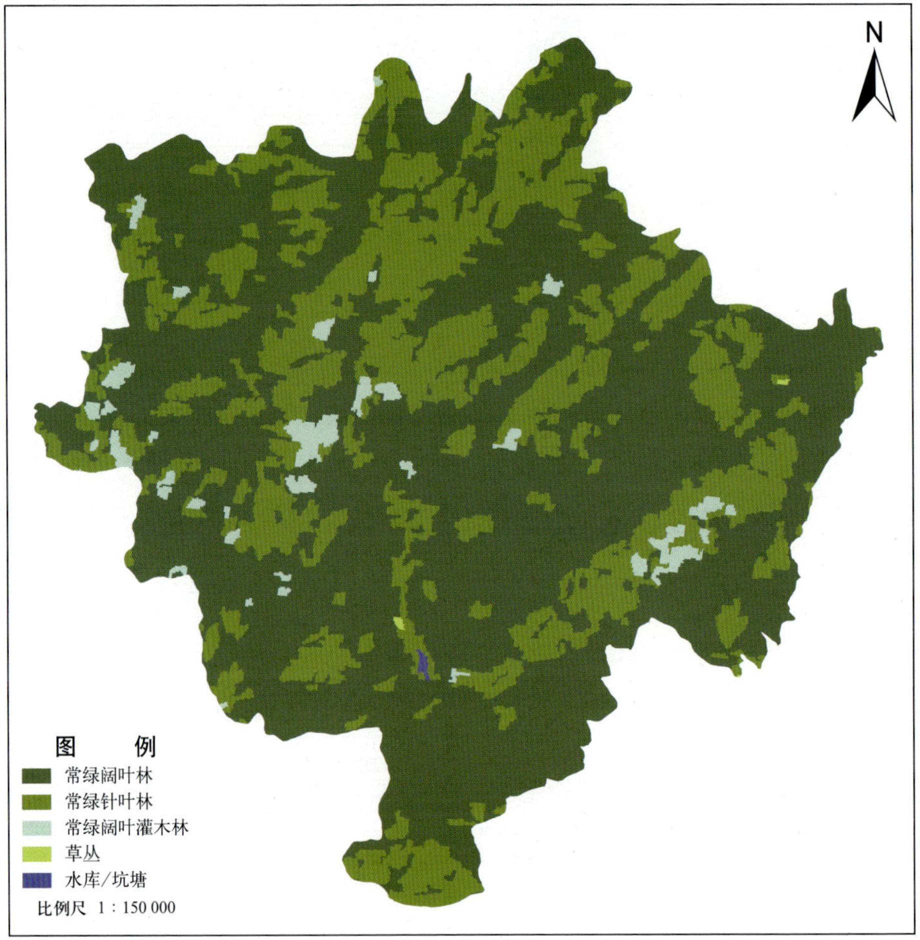
N
图 例
常绿阔叶林
常绿针叶林
常绿阔叶灌木林
草丛
水库/坑塘
比例尺 1：150 000

解译参考影像时间：2011 年

龙栖山国家级自然保护区位于福建省三明市将乐县西南部，总面积 15 693 公顷，建于 1984 年，1998 年晋升为国家级，主要保护对象为中亚热带森林生态系统，金钱豹、云豹、黄腹角雉、白颈长尾雉、南方红豆杉等珍稀物种，属于森林生态系统类型自然保护区。

龙栖山
国家级自然保护区
福州

闽江源国家级自然保护区遥感影像图

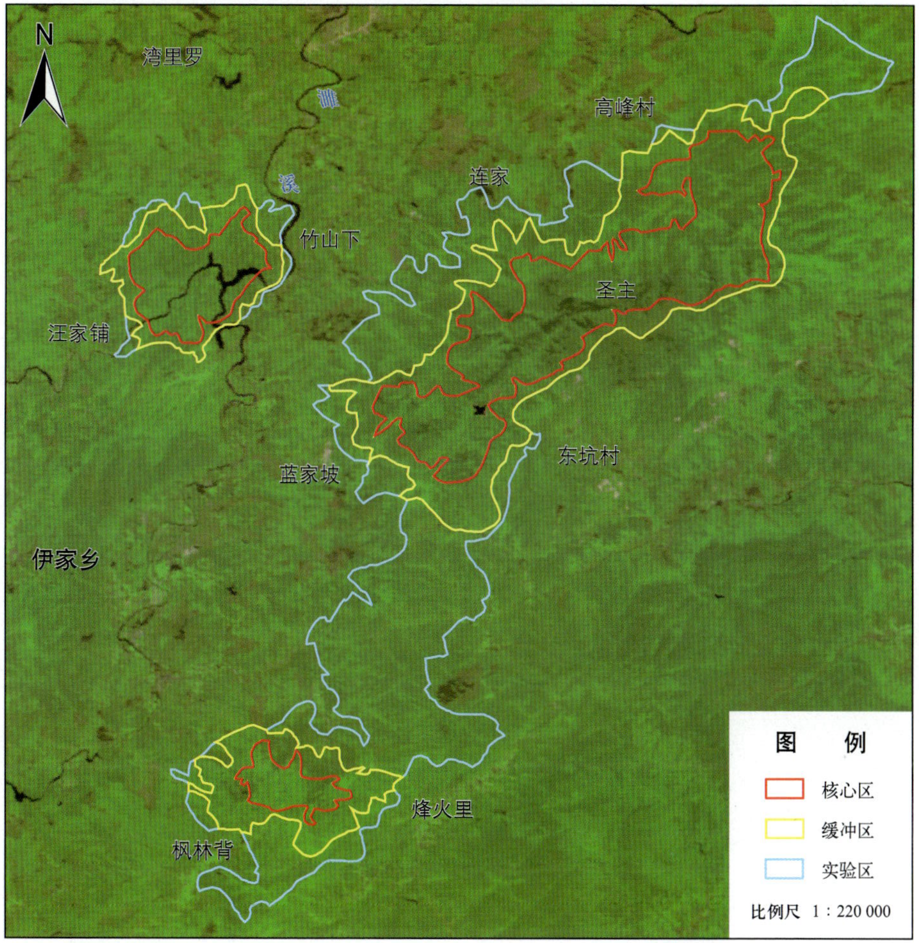
N
湾里罗
溪
高峰村
连家
竹山下
圣主
汪家铺
东坑村
蓝家坡
伊家乡
烽火里
枫林背
图 例
核心区
缓冲区
实验区
比例尺 1：220 000

影像获取时间：2010 年

闽江源国家级自然保护区生态系统类型图

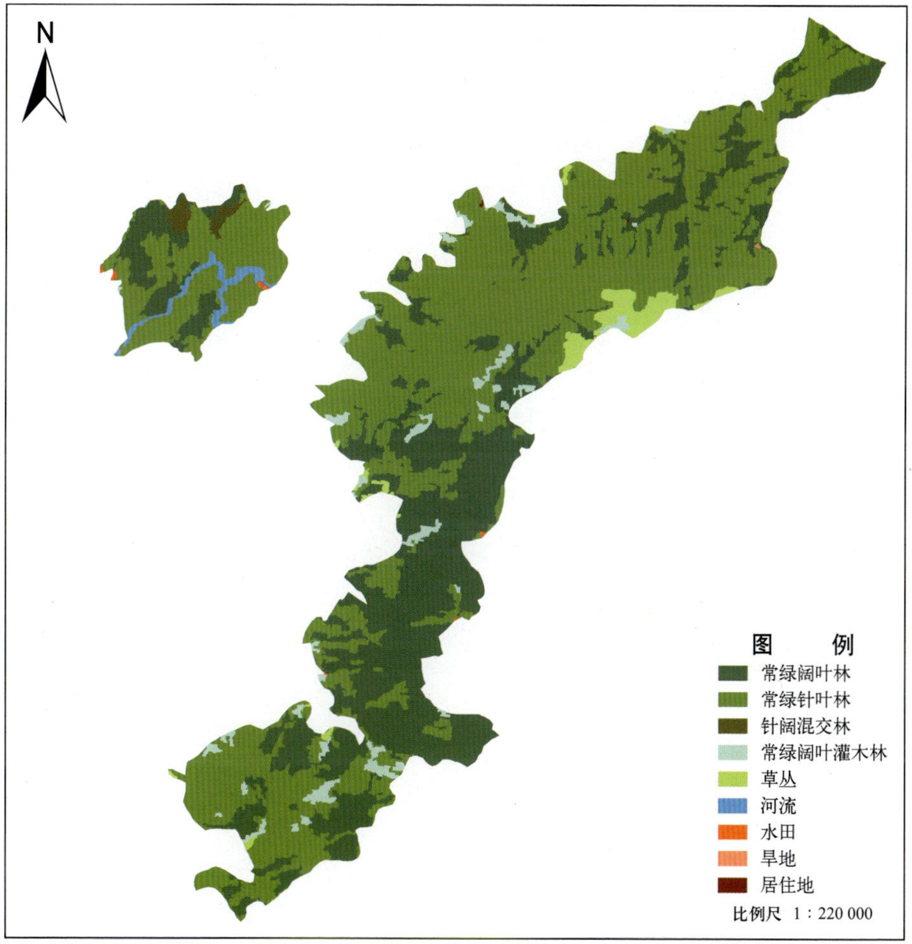
N
图 例
常绿阔叶林
常绿针叶林
针阔混交林
常绿阔叶灌木林
草丛
河流
水田
旱地
居住地
比例尺 1：220 000

解译参考影像时间：2010 年

闽江源国家级自然保护区地处福建省三明市建宁县境内东南部，总面积 13 022 公顷，建于 2001 年，2006 年晋升为国家级，主要保护对象为大面积的钟萼木和南方红豆杉原生种群、福建闽江源头森林，属于森林生态类型自然保护区。闽江源头森林生态系统稳定，森林覆盖率高达 91.2%。

闽江源
国家级自然保护区
福州

天宝岩国家级自然保护区遥感影像图

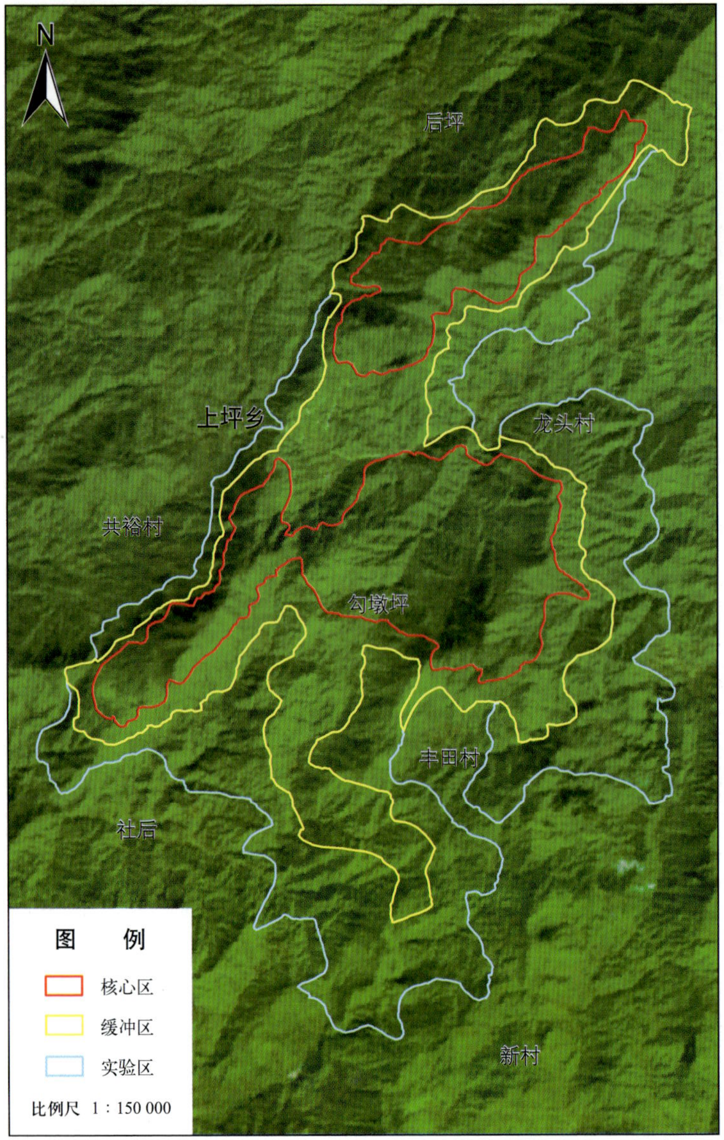
N
后坪
上坪乡
龙头村
共裕村
勾墩坪
丰田村
社后
新村
图 例
核心区
缓冲区
实验区
比例尺 1 : 150 000

影像获取时间：2010 年

天宝岩国家级自然保护区生态系统类型图

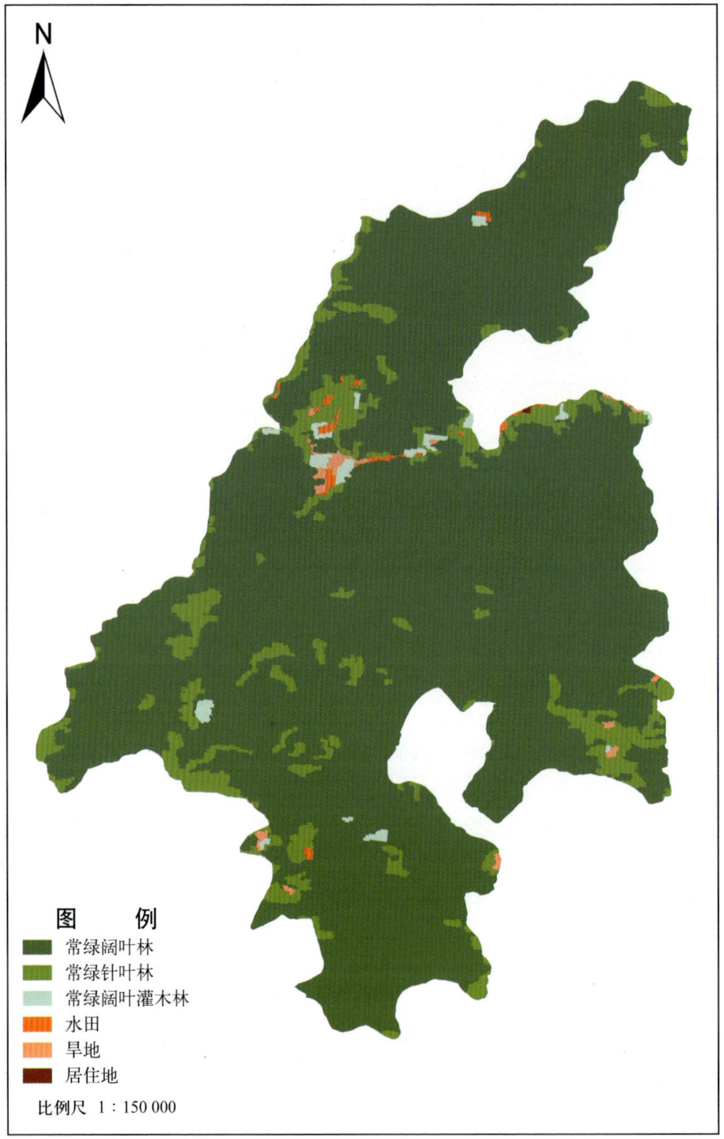
N
图 例
常绿阔叶林
常绿针叶林
常绿阔叶灌木林
水田
旱地
居住地
比例尺 1 : 150 000

解译参考影像时间：2011 年

天宝岩
国家级自然保护区
福州

天宝岩国家级自然保护区位于福建省永安市，总面积 11 015 公顷，建于 1991 年，2003 晋升为国家级，主要保护对象为长苞铁杉林、猴头杜鹃林、南方山间盆地泥炭藓沼泽、野生兰科植物及中亚热带常绿阔叶林生态系统，属于森林生态系统类型自然保护区。保护区内生物类型十分丰富，有 8 个植被类型 39 个群系，典型植被为常绿阔叶林。

戴云山国家级自然保护区遥感影像图

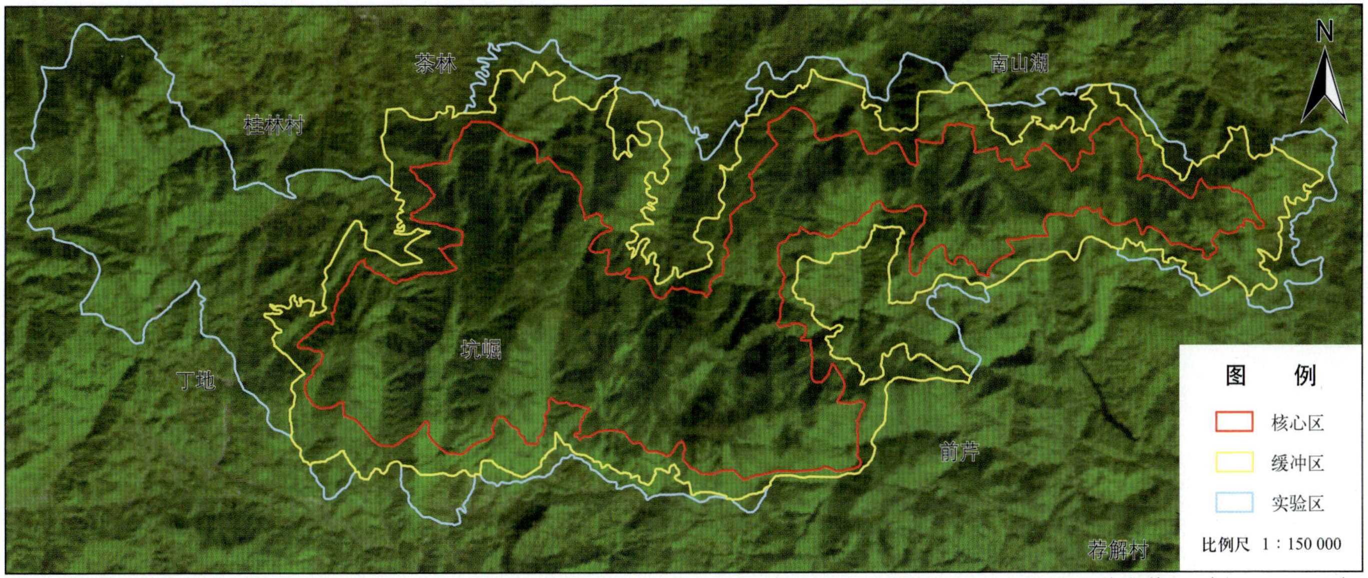
N
茶林
南山湖
桂林村
坑岬
丁地
前芹
荐解村
图 例
核心区
缓冲区
实验区
比例尺 1 : 150 000

影像获取时间：2010 年

戴云山国家级自然保护区生态系统类型图

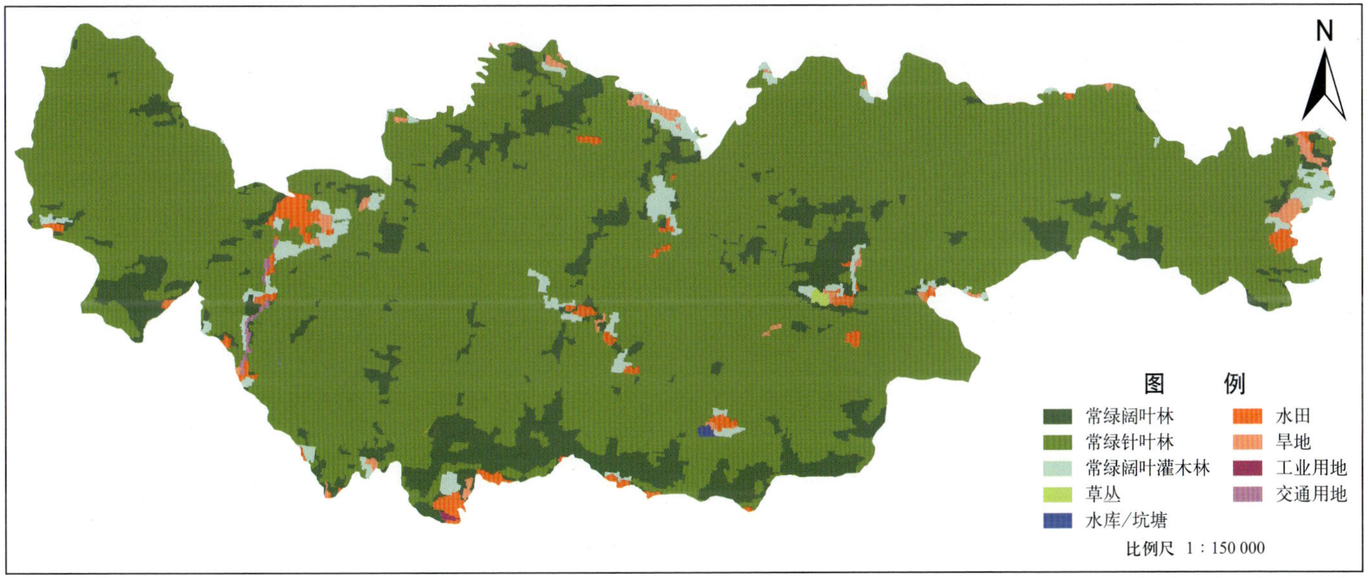
N
图 例
常绿阔叶林
常绿针叶林
常绿阔叶灌木林
草丛
水库/坑塘
水田
旱地
工业用地
交通用地
比例尺 1 : 150 000

解译参考影像时间：2011 年

戴云山国家级自然保护区位于福建省泉州市德化县境内，总面积 13 472 公顷，建于 1985 年，2005 年晋升为国家级，主要保护对象为南方红豆杉、长苞铁杉及东南沿海典型的山地森林生态系统。该保护区内生态系统组成成分复杂，类型丰富，物种繁多，是中国单位面积生物多样性程度最高的保护区之一，该保护区的建立对保护福建省乃至中国的生物多样性具有非常重要的意义。

戴云山
国家级自然保护区
福州

深沪湾海底古森林遗迹国家级自然保护区

深沪湾海底古森林遗迹国家级自然保护区遥感影像图

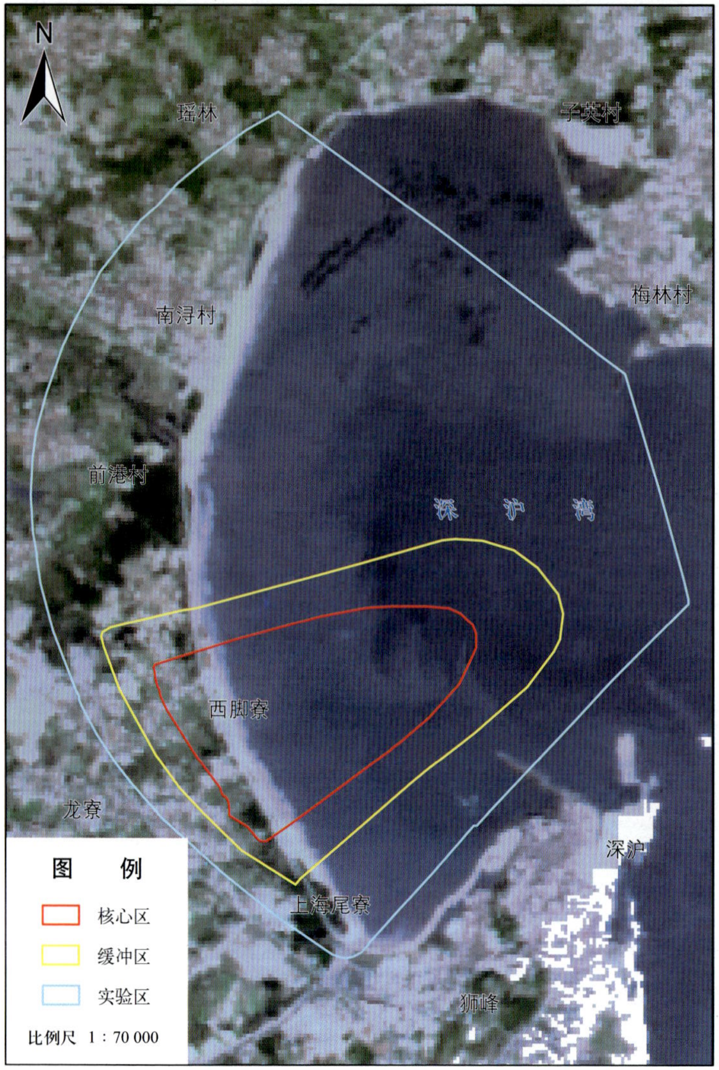
N
瑶林
子英村
梅林村
南浔村
前港村
深 沪 湾
西脚寮
龙寮
深沪
上海尾寮
狮峰
图 例
核心区
缓冲区
实验区
比例尺 1 : 70 000

影像获取时间：2010 年

深沪湾海底古森林遗迹国家级自然保护区生态系统类型图

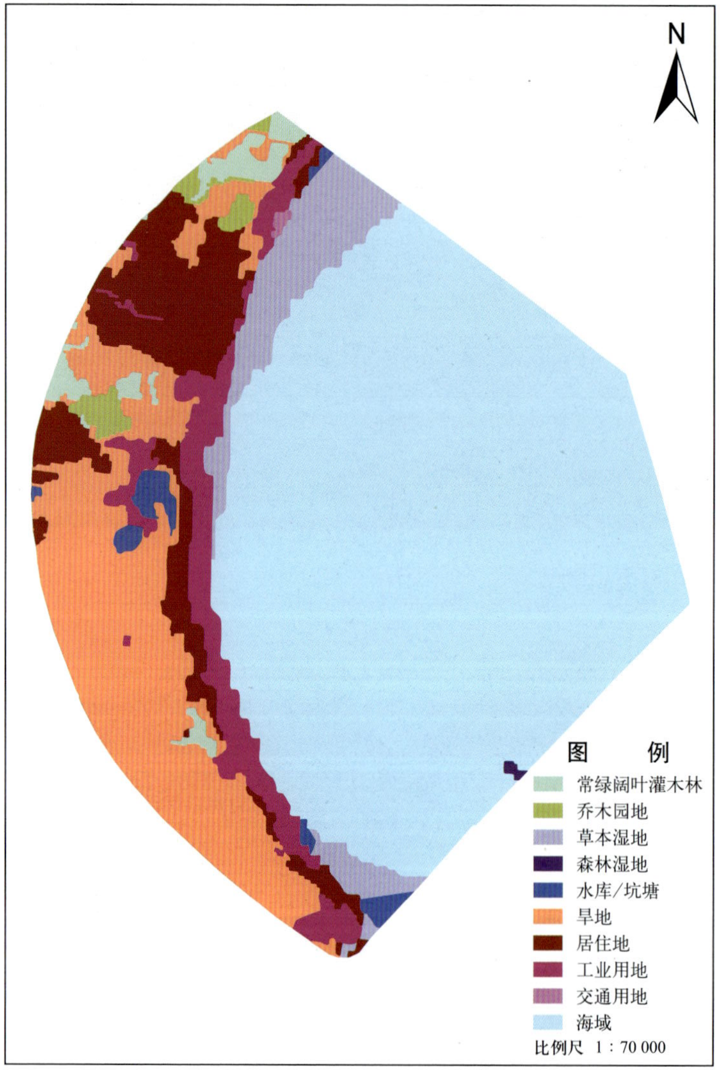
N
图 例
常绿阔叶灌木林
乔木园地
草本湿地
森林湿地
水库/坑塘
旱地
居住地
工业用地
交通用地
海域
比例尺 1 : 70 000

解译参考影像时间：2010 年

福州
深沪湾海底古森林遗迹
国家级自然保护区

深沪湾海底古森林遗迹国家级自然保护区位于福建省晋江市深沪镇，总面积 3 100 公顷，建于 1991 年，1992 年晋升为国家级，主要保护对象为海底古森林遗迹和古牡蛎海滩岩及地质地貌，属于古生物遗迹类型的自然保护区。该保护区的建立对研究 2 万年前的古地理、古植物、古气候及海陆变迁等具有十分重要的价值。

漳江口红树林国家级自然保护区遥感影像图

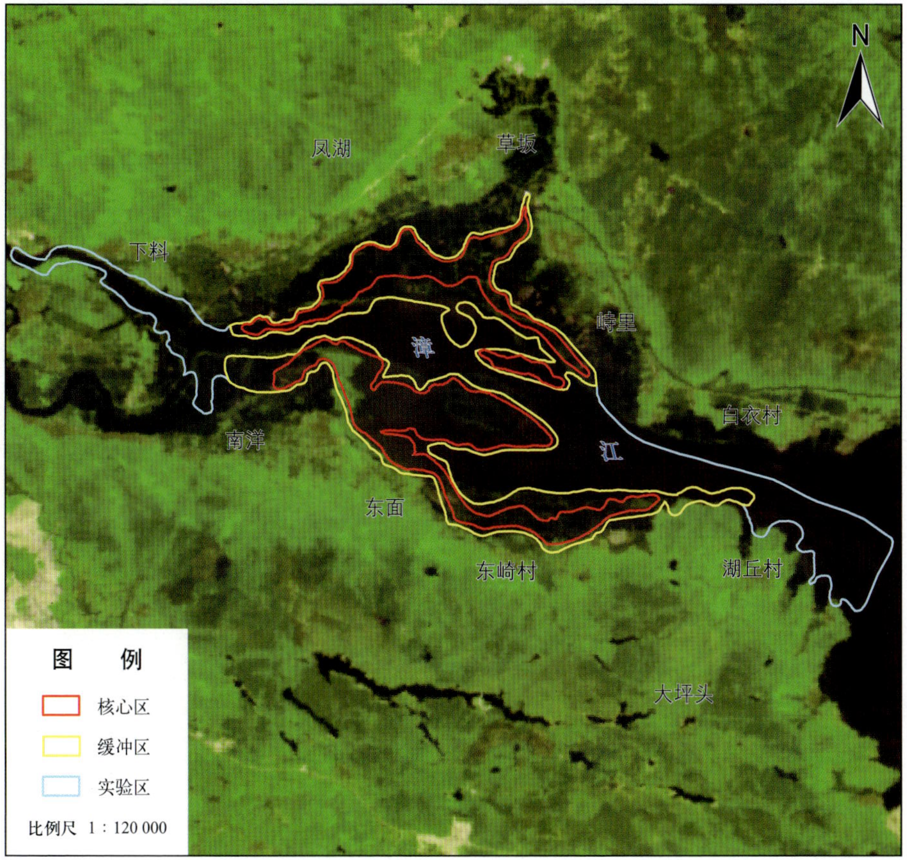
N
凤湖
草坂
下料
屿里
漳
江
白衣村
南洋
东面
东崎村
湖丘村
大坪头
图 例
核心区
缓冲区
实验区
比例尺 1：120 000

影像获取时间：2010 年

漳江口红树林国家级自然保护区生态系统类型图

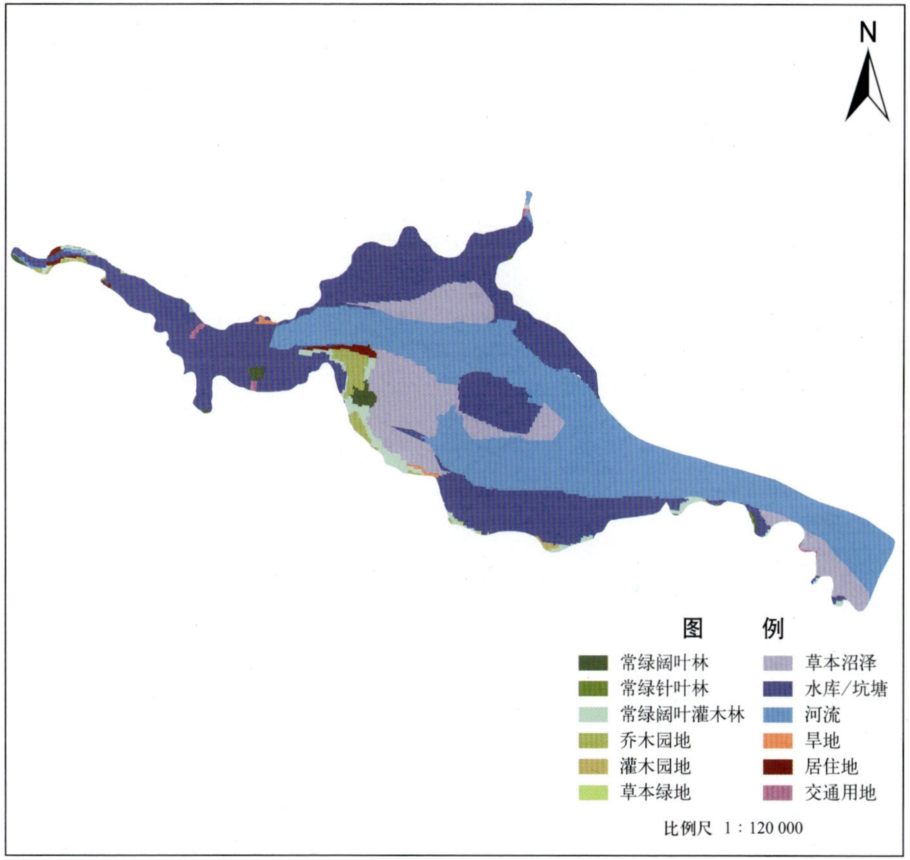
N
图 例
常绿阔叶林
常绿针叶林
常绿阔叶灌木林
乔木园地
灌木园地
草本绿地
草本沼泽
水库/坑塘
河流
旱地
居住地
交通用地
比例尺 1：120 000

解译参考影像时间：2011 年

福州
漳江口红树林
国家级自然保护区

漳江口红树林国家级自然保护区位于福建省漳州市云霄县境内，总面积 2 360 公顷，建于 1992 年，2003 年晋升为国家级，主要保护对象为红树林生态系统和东南沿海水产种质资源，属于海洋海岸类型自然保护区。该保护区内保存了福建省面积最大、中国天然分布面积最大的天然红树林，具有较高的自然属性和典型的红树林群落特征及保护研究价值。

虎伯寮国家级自然保护区

虎伯寮国家级自然保护区遥感影像图

N
和溪镇
东溪坂
高安镇
南炉底
小山丰
金山镇
船场镇
西岭
高栽
溪子编
图例
核心区
缓冲区
实验区
比例尺 1：330 000

影像获取时间：2010 年

虎伯寮国家级自然保护区生态系统类型图

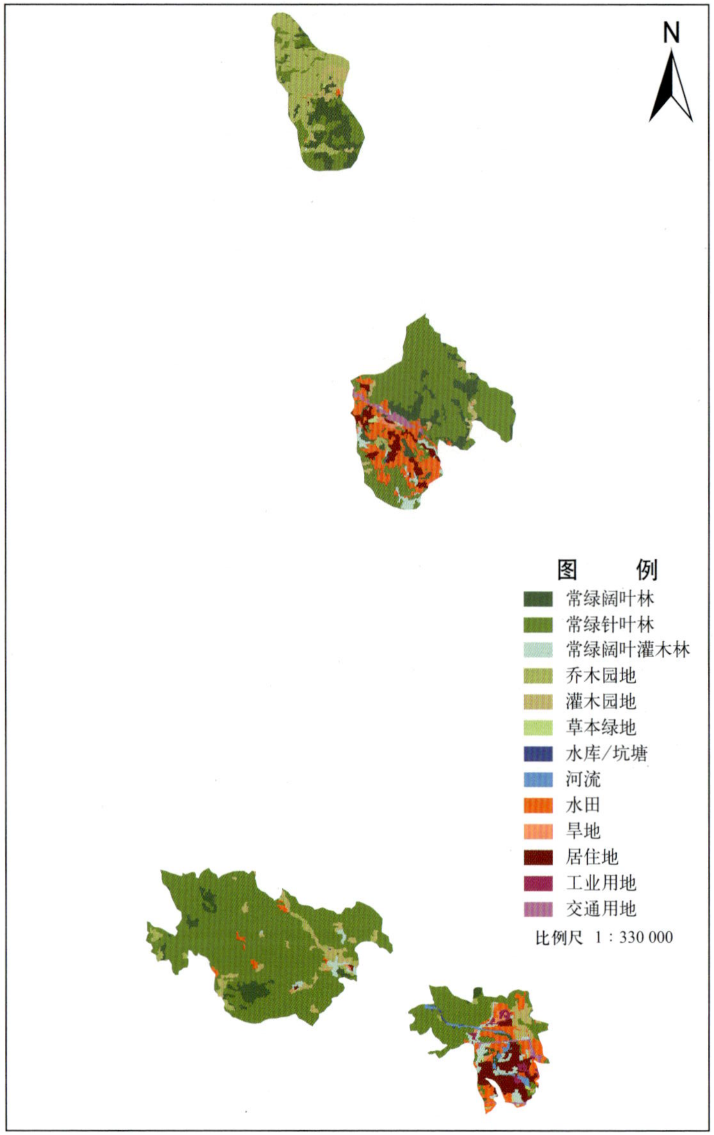
N
图例
常绿阔叶林
常绿针叶林
常绿阔叶灌木林
乔木园地
灌木园地
草本绿地
水库/坑塘
河流
水田
旱地
居住地
工业用地
交通用地
比例尺 1：330 000

解译参考影像时间：2011 年

虎伯寮国家级自然保护区位于福建省漳州市南靖县境内，总面积 2 650 公顷，2001 年经国务院批准成立，主要保护对象为南亚热带雨林森林生态系统。该保护区是福建东南部唯一保存完整的具有雨林特征的原始森林群落，是一座天然的绿色基因库，也是各种生物繁衍栖息的理想场所。

福州
虎伯寮
国家级自然保护区

武夷山国家级自然保护区遥感影像图

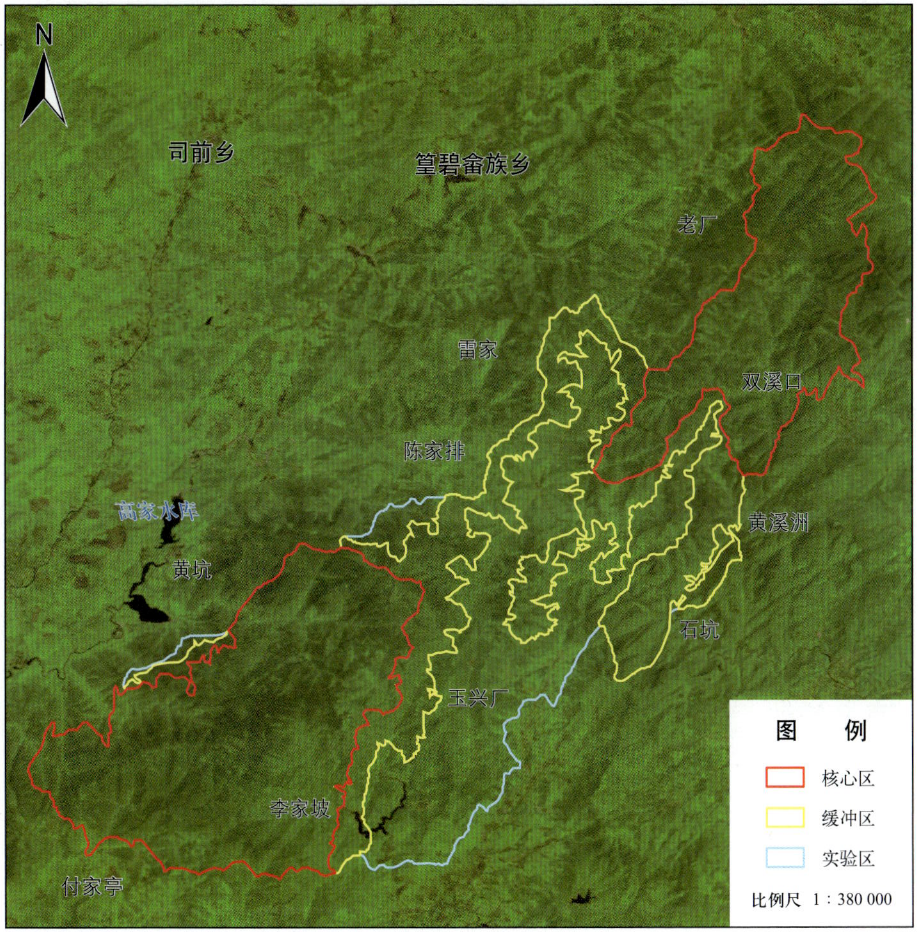
N
司前乡
篁碧畲族乡
老厂
雷家
双溪口
陈家排
高家水库
黄溪洲
黄坑
石坑
玉兴厂
李家坡
付家亭
图 例
核心区
缓冲区
实验区
比例尺 1：380 000

影像获取时间：2010 年

武夷山国家级自然保护区生态系统类型图

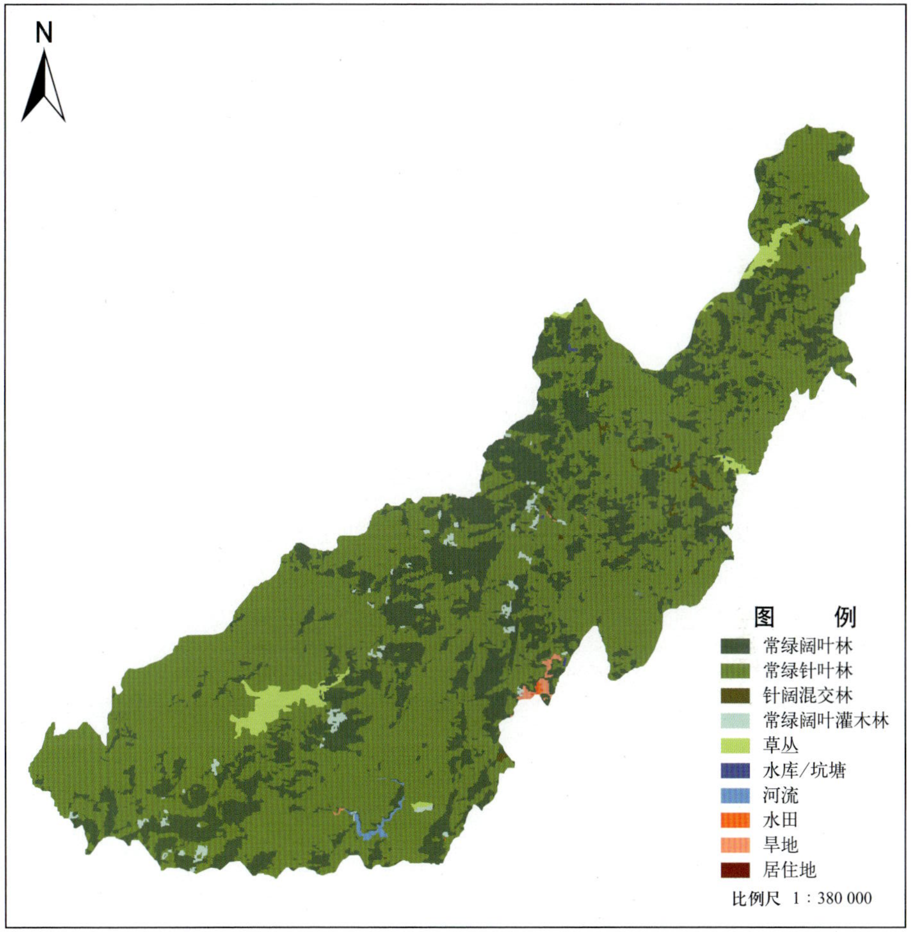
N
图 例
常绿阔叶林
常绿针叶林
针阔混交林
常绿阔叶灌木林
草丛
水库/坑塘
河流
水田
旱地
居住地
比例尺 1：380 000

解译参考影像时间：2011 年

武夷山国家级自然保护区位于福建省武夷山市、建阳市、光泽县、邵武市境内，总面积 56 527 公顷，1979 年经国务院批准成立，主要保护对象为中亚热带森林生态系统。该保护区是我国唯一既是国际生物圈保护区，也是世界双遗产保留地的自然保护区。

武夷山
国家级自然保护区
福州

梅花山国家级自然保护区

梅花山国家级自然保护区遥感影像图

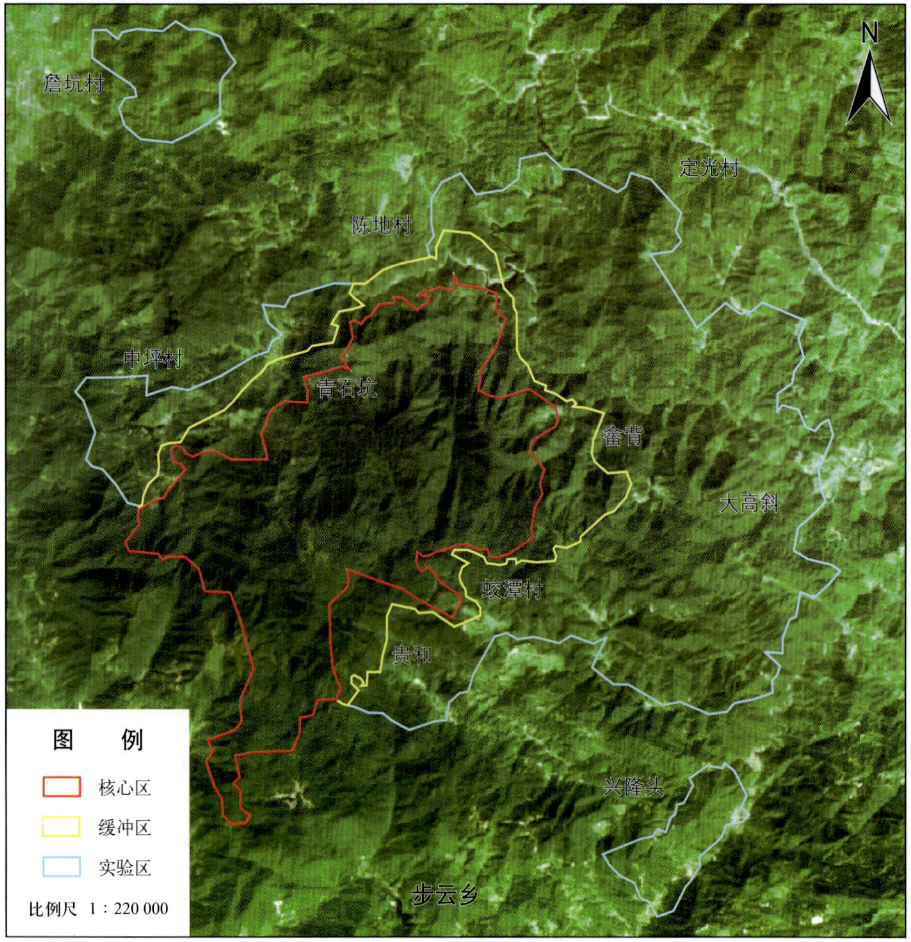
N
詹坑村
定光村
陈地村
中坪村
青石坑
畲背
大高斜
蛟潭村
贵和
兴隆头
步云乡
图 例
核心区
缓冲区
实验区
比例尺 1：220 000

影像获取时间：2010 年

梅花山国家级自然保护区生态系统类型图

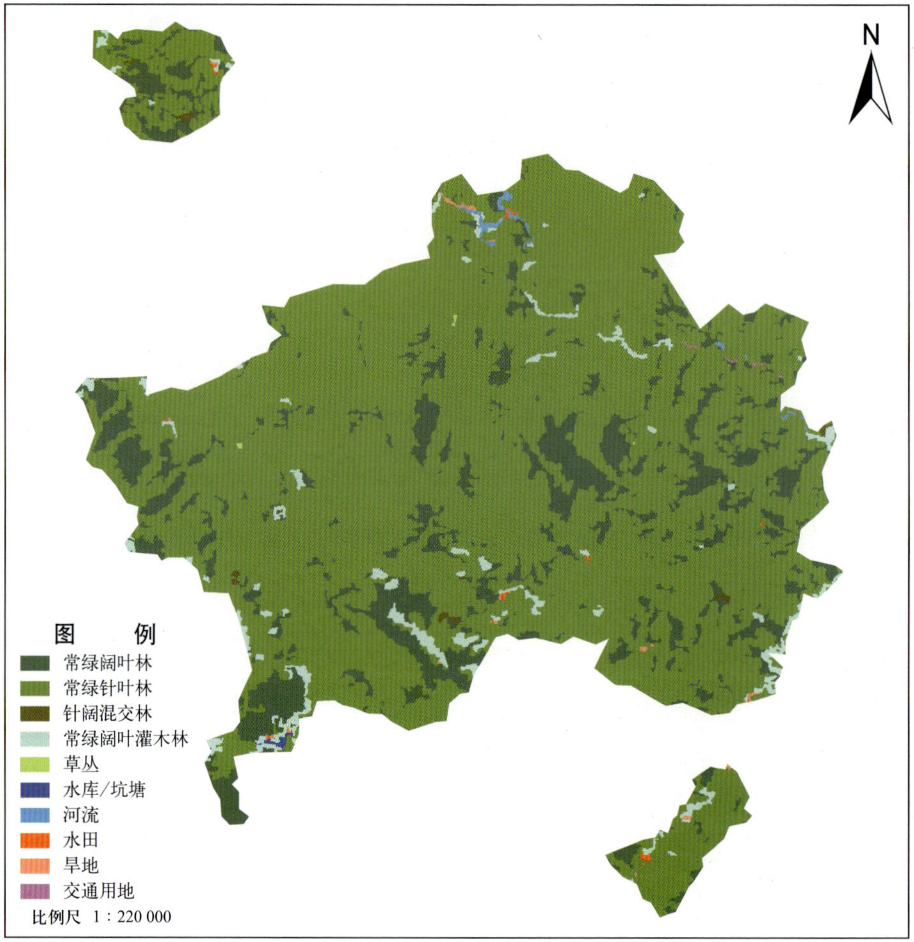
N
图 例
常绿阔叶林
常绿针叶林
针阔混交林
常绿阔叶灌木林
草丛
水库/坑塘
河流
水田
旱地
交通用地
比例尺 1：220 000

解译参考影像时间：2010 年

梅花山国家级自然保护区位于福建省龙岩市新罗区、上杭县和连城县交界处，总面积 22 168 公顷，建于 1985 年，1988 年晋升为国家级，主要保护对象为以华南虎为代表的珍稀动植物和典型森林生态系统，属森林和野生动物生态系统类型的保护区。梅花山保护区完整的山地生态系统，复杂多样的生境条件，层次分明的垂直景观，种类丰富、区系复杂的动植物资源，具有很高的生态、社会、经济效益，是从事科学研究和教学实践的理想基地。

福州
梅花山
国家级自然保护区

梁野山国家级自然保护区遥感影像图

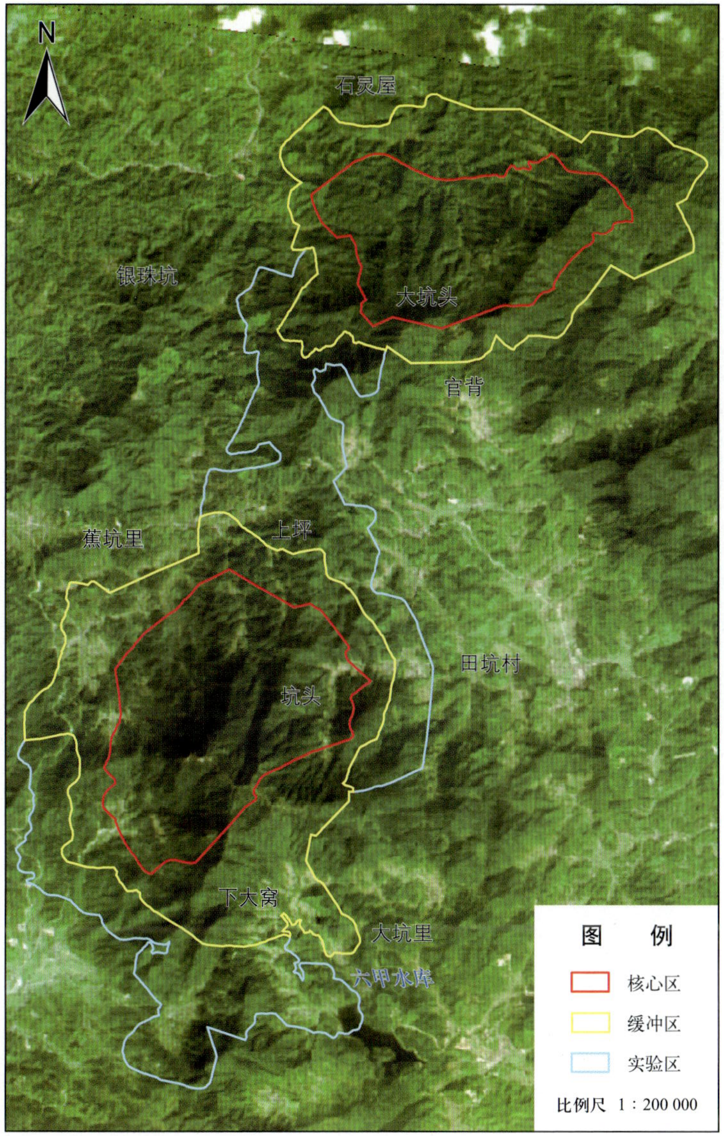
N
石灵屋
大坑头
银珠坑
官背
蕉坑里
上坪
田坑村
坑头
下大窝
大坑里
六甲水库
图 例
核心区
缓冲区
实验区
比例尺 1：200 000

影像获取时间：2010 年

梁野山国家级自然保护区生态系统类型图

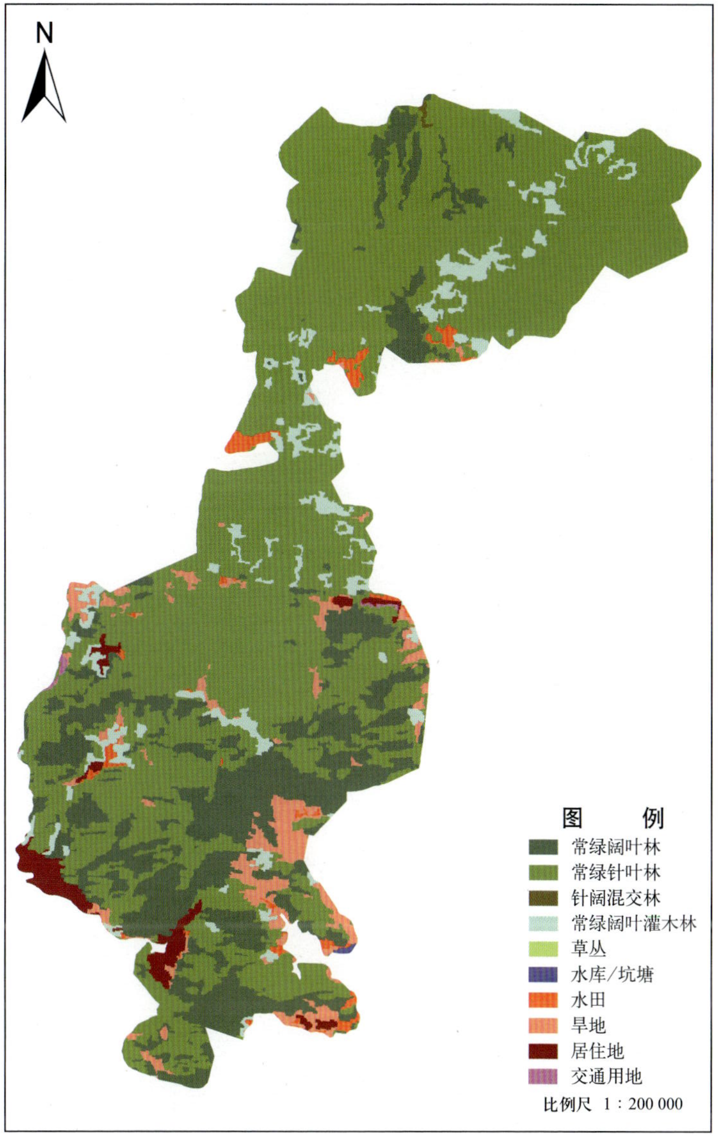
N
图 例
常绿阔叶林
常绿针叶林
针阔混交林
常绿阔叶灌木林
草丛
水库/坑塘
水田
旱地
居住地
交通用地
比例尺 1：200 000

解译参考影像时间：2010 年

梁野山国家级自然保护区位于福建省龙岩市武平县境内，总面积 14 365 公顷，建于 1979 年，2003 年晋升为国家级，主要保护对象为南方红豆杉林和钩栲林、观光木林生态系统及珍稀动植物，属于森林生态类型的保护区。该保护区被誉为“生物物种的基因库”和“野生动物的避难所”。

福州
梁野山
国家级自然保护区

鄱阳湖南矶湿地国家级自然保护区

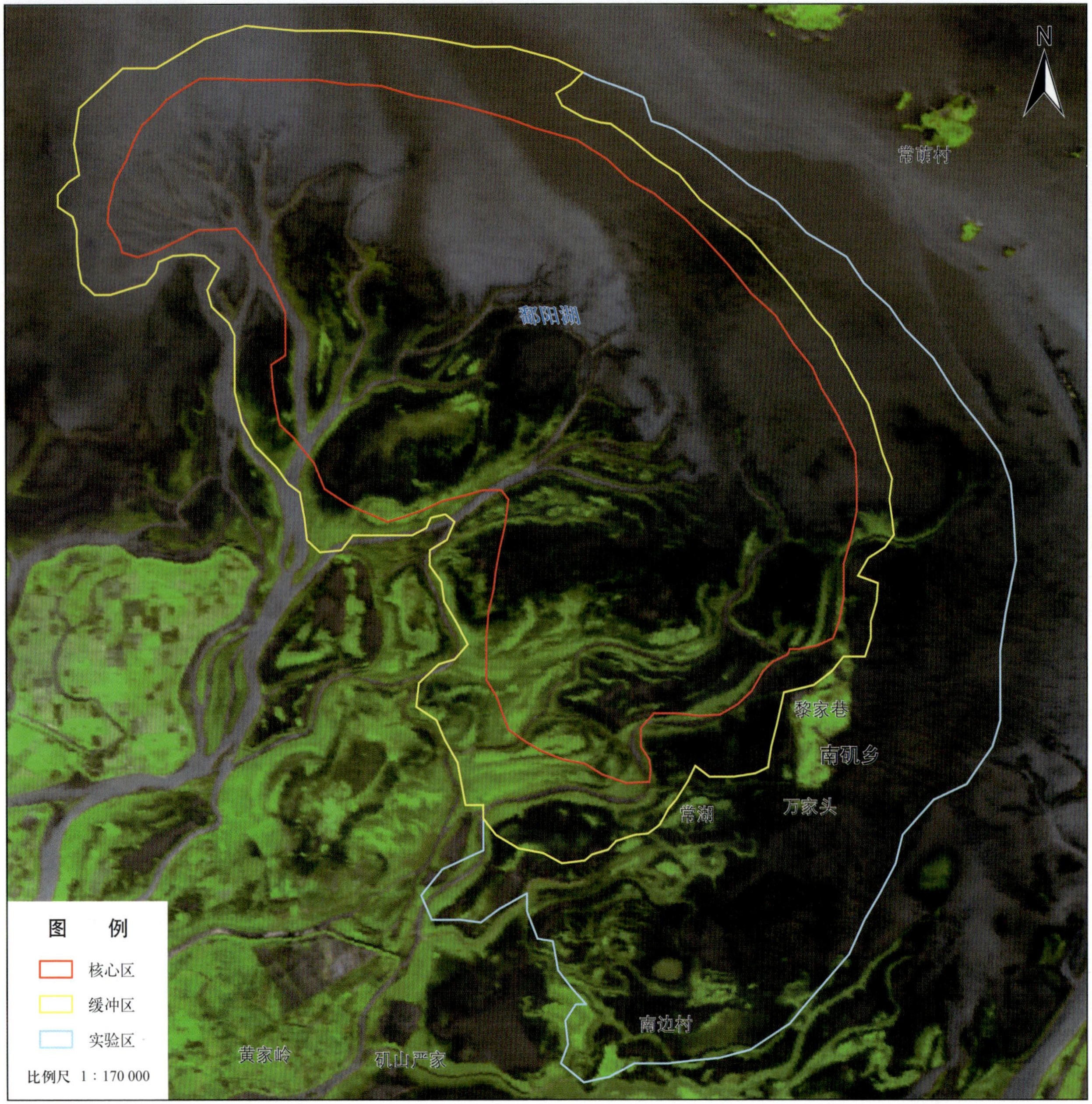
N
鄱阳湖
常湖
万家头
黎家巷
南矶乡
常湖村
南边村
黄家岭
矶山严家
图 例
核心区
缓冲区
实验区
比例尺 1：170 000

鄱阳湖南矶湿地国家级自然保护区遥感影像图

影像获取时间：2010 年

鄱阳湖南矶湿地
国家级自然保护区
南昌

鄱阳湖南矶湿地国家级自然保护区位于江西省南昌市新建县境内，总面积 33 300 公顷，建于 1997 年，2008 年晋升为国家级，主要保护对象为天鹅、大雁等越冬珍禽和湿地生境，属于内陆湿地类型自然保护区。该保护区内野生动植物资源十分丰富，是世界同纬度地区保存完好的湿地生态系统之一。

鄱阳湖候鸟国家级自然保护区遥感影像图

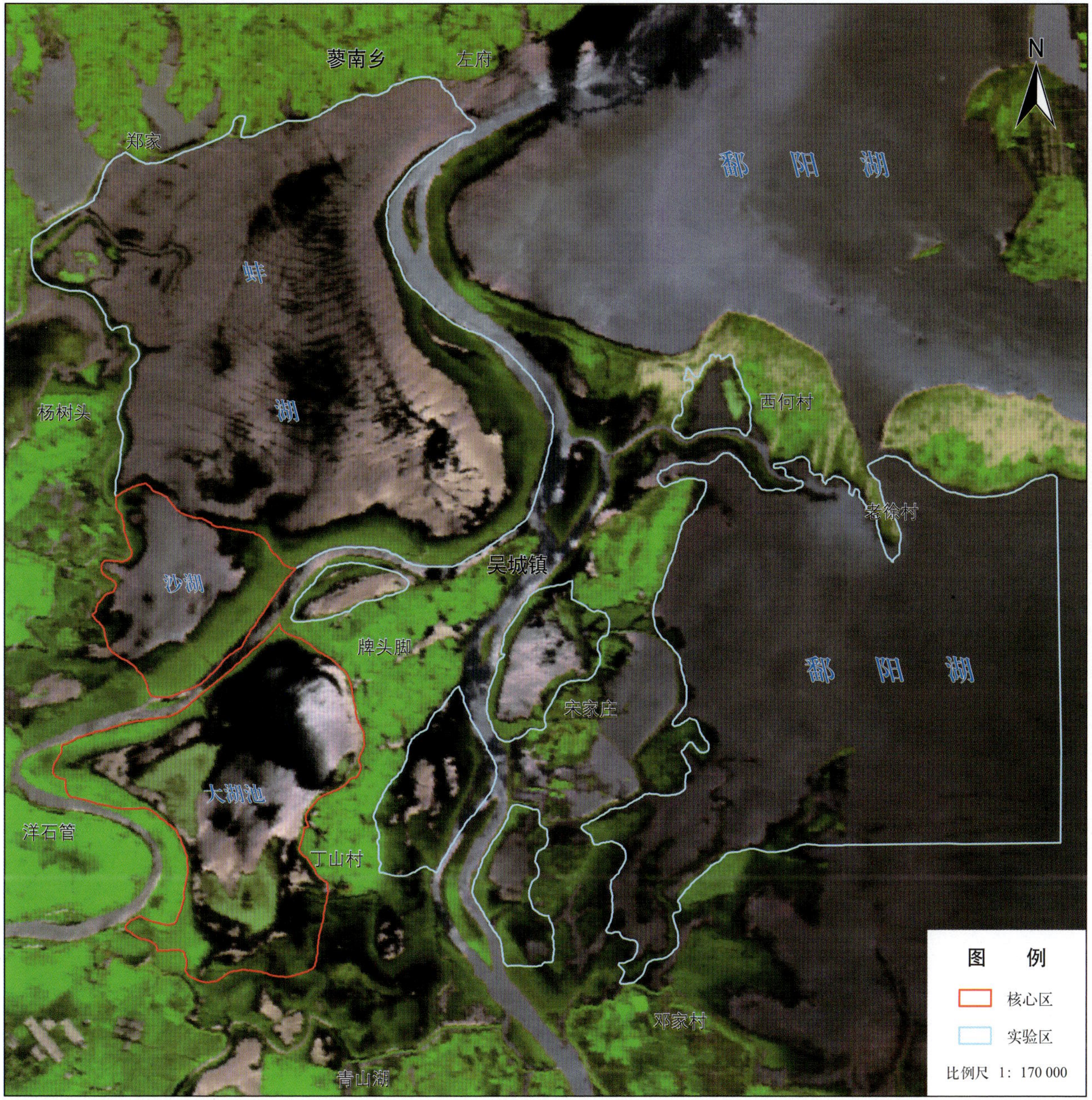

影像获取时间：2010 年

鄱阳湖候鸟国家级自然保护区位于江西省南昌市新建县和九江市永修县、星子县境内，总面积为 22 400 公顷，建于 1983 年，1988 年晋升为国家级，主要保护对象是白鹤等越冬珍禽及其栖息地，属于野生动物类型自然保护区。该保护区内约有鸟类 148 种，其中水禽 69 种，属国家保护的鸟类有 20 种，自从保护区建立以来，开展了鸟类环志、生态观察、饲养驯化等研究工作，保护管理珍贵鸟类，使各种候鸟的数量显著增加。

桃红岭梅花鹿国家级自然保护区遥感影像图

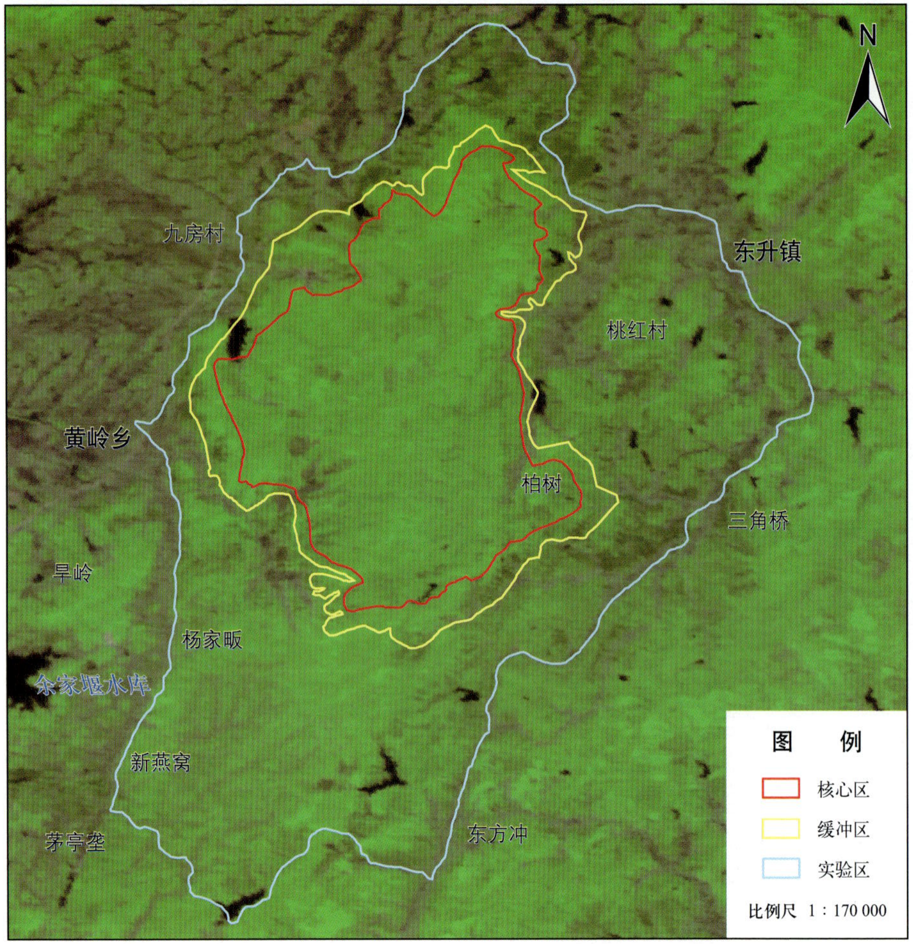
N
九房村
东升镇
桃红村
黄岭乡
柏树
三角桥
旱岭
杨家畈
余家堰水库
新燕窝
茅亭垄
东方冲
图例
核心区
缓冲区
实验区
比例尺 1∶170 000

影像获取时间：2010 年

桃红岭梅花鹿国家级自然保护区生态系统类型图

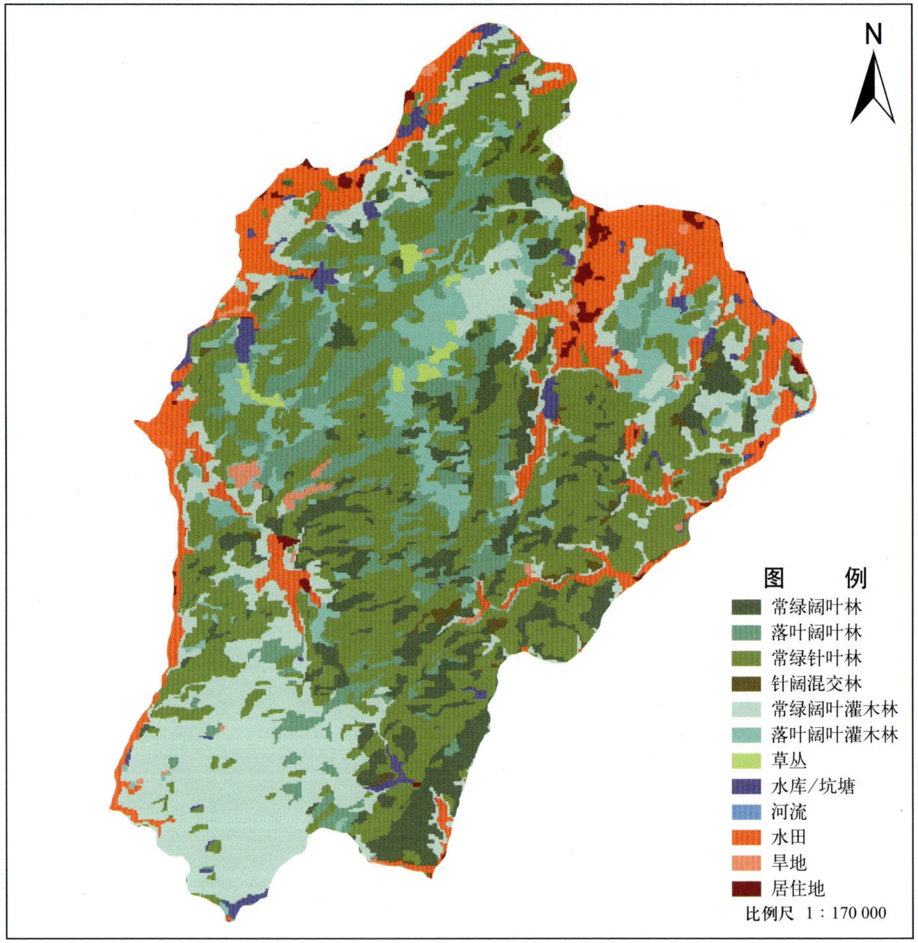
N
图例
常绿阔叶林
落叶阔叶林
常绿针叶林
针阔混交林
常绿阔叶灌木林
落叶阔叶灌木林
草丛
水库/坑塘
河流
水田
旱地
居住地
比例尺 1∶170 000

解译参考影像时间：2011 年

桃红岭梅花鹿
国家级自然保护区
南昌

桃红岭梅花鹿国家级自然保护区位于江西省九江市彭泽县境内，总面积 12 500 公顷，建于 1981 年，2001 年晋升为国家级，主要保护对象为野生梅花鹿南方亚种及其栖息地，属于野生动物类型自然保护区。保护区内除梅花鹿外，还有国家一、二级保护动物云豹、金钱豹、白颈长尾雉、苏门羚和豺等，这里不仅是南方亚种梅花鹿的故乡，还是众多珍稀野生动物资源的宝库。

阳际峰国家级自然保护区遥感影像图

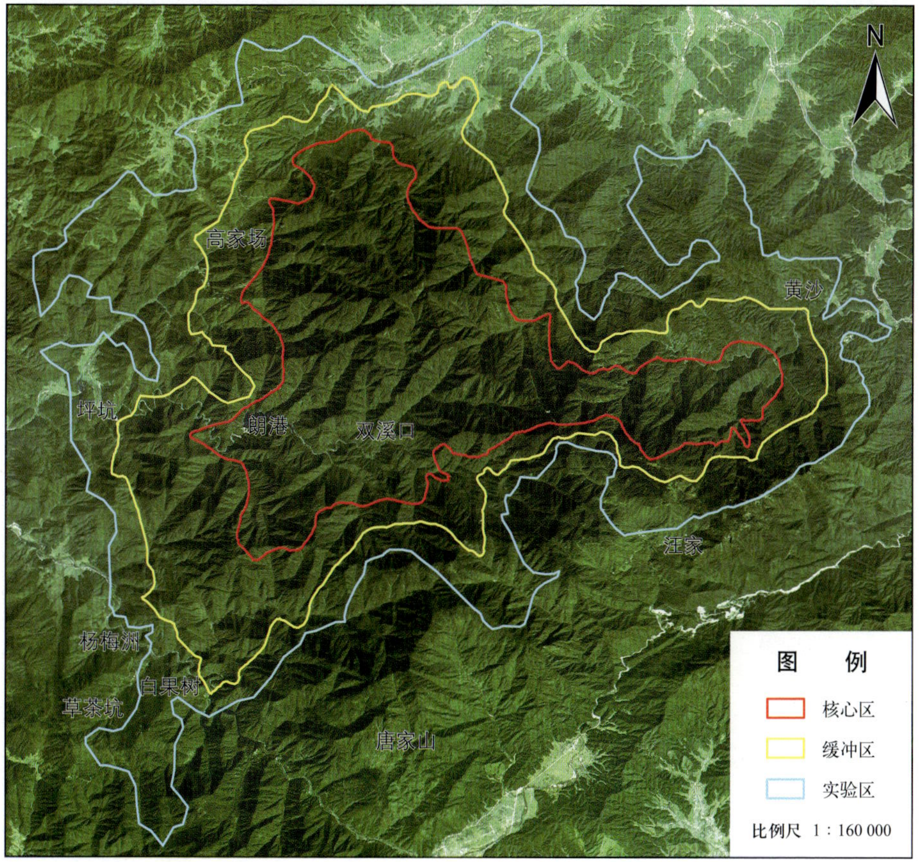
N
高家场
黄沙
坪坑
朗港
双溪口
汪家
杨梅洲
白果树
草茶坑
唐家山
图 例
核心区
缓冲区
实验区
比例尺 1 : 160 000

影像获取时间：2010 年

阳际峰国家级自然保护区生态系统类型图

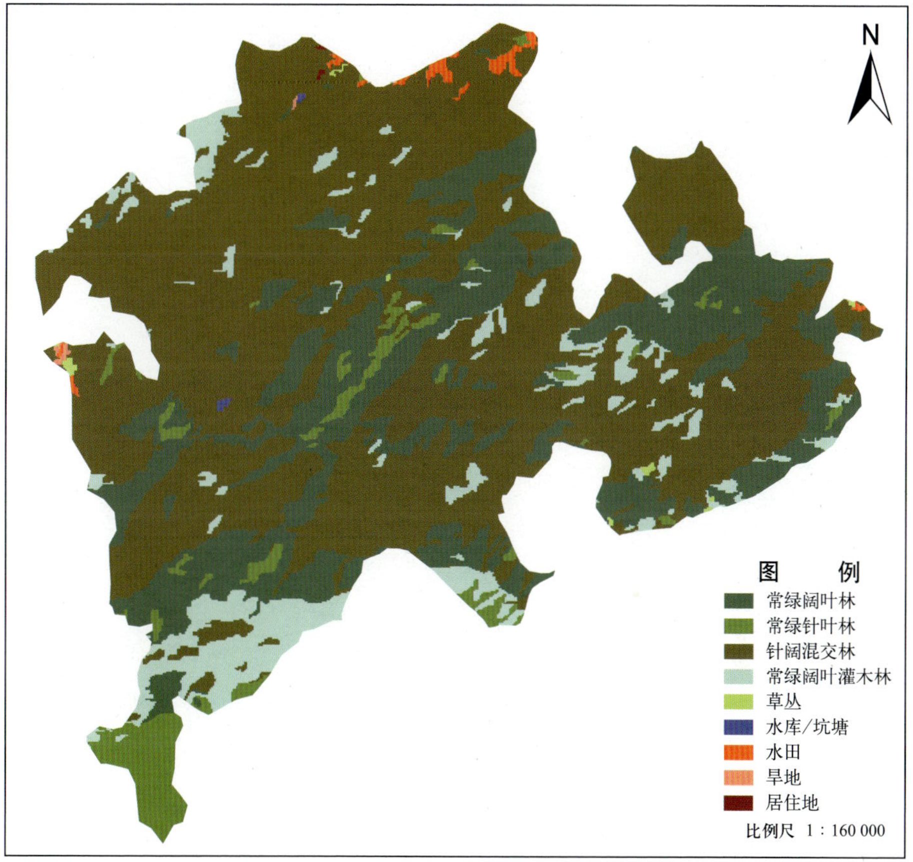
N
图 例
常绿阔叶林
常绿针叶林
针阔混交林
常绿阔叶灌木林
草丛
水库/坑塘
水田
旱地
居住地
比例尺 1 : 160 000

解译参考影像时间：2011 年

南昌
阳际峰
国家级自然保护区

阳际峰国家级自然保护区位于江西省贵溪市境内，总面积 10 946 公顷，建于 1996 年，2012 年晋升为国家级，主要保护对象为华南湍蛙组和棘胸蛙组等两栖纲动物及亚热带常绿阔叶林，属于野生动物类型自然保护区。保护区内有丰富的生物类型和众多的珍稀濒危物种，这里是武夷山地区唯一以两栖类为主要保护对象的自然保护区，是华东地区两栖动物资源宝库。

齐云山国家级自然保护区

齐云山国家级自然保护区遥感影像图

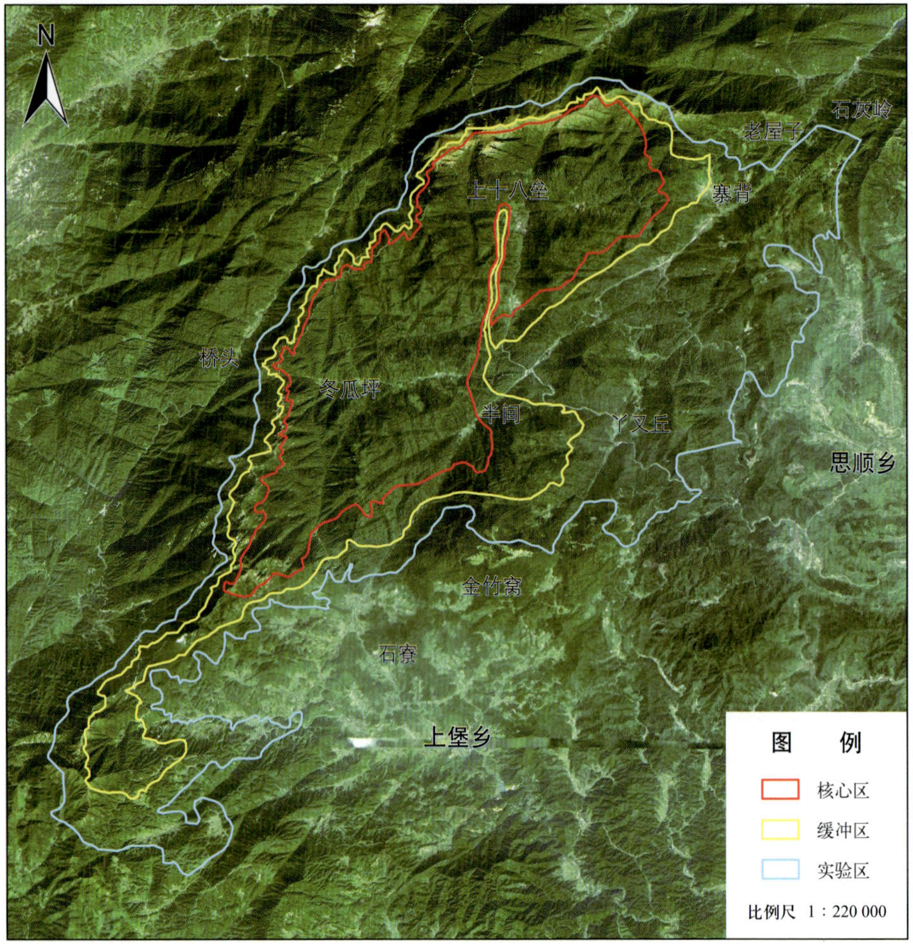
N
石灰岭
老屋子
寨背
上十八垒
桥头
冬瓜坪
半间
丫叉丘
思顺乡
金竹窝
石窝
上堡乡
图例
核心区
缓冲区
实验区
比例尺 1：220 000

影像获取时间：2010 年

齐云山国家级自然保护区生态系统类型图

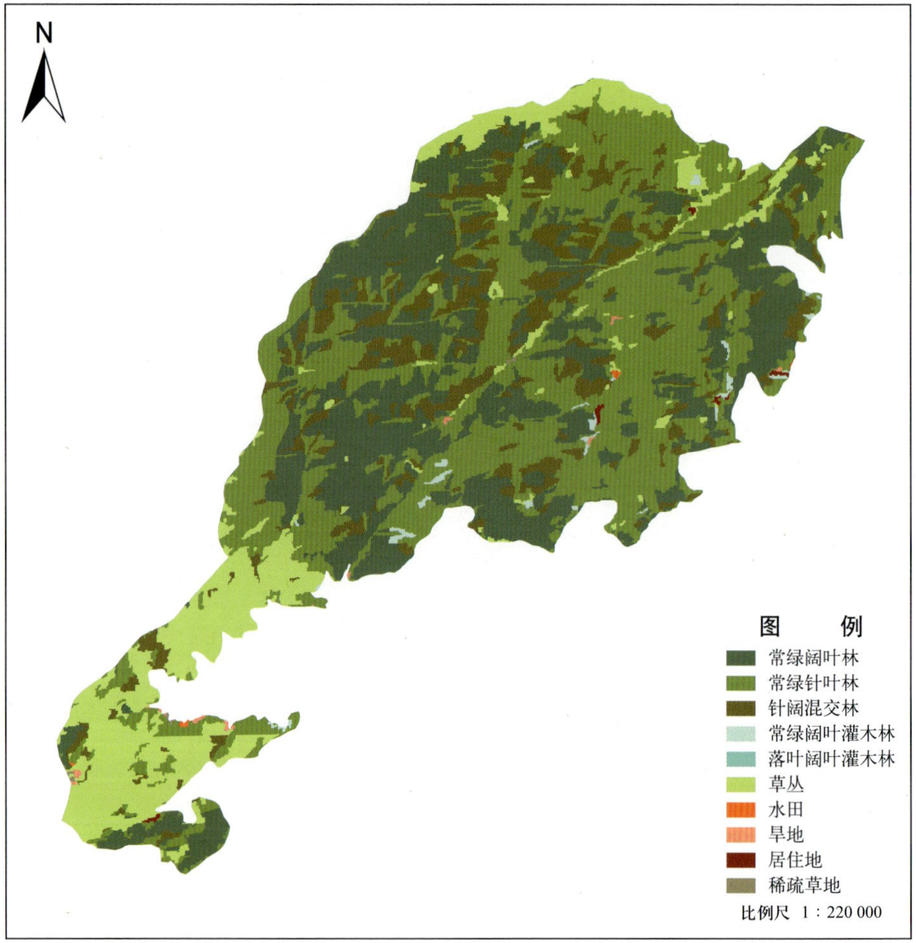
N
图例
常绿阔叶林
常绿针叶林
针阔混交林
常绿阔叶灌木林
落叶阔叶灌木林
草丛
水田
旱地
居住地
稀疏草地
比例尺 1：220 000

解译参考影像时间：2010 年

齐云山国家级自然保护区位于江西省赣州市崇义县境内，总面积 17 105 公顷，建于 1997 年，2012 年晋升为国家级，主要保护对象为亚热带常绿阔叶林及长苞铁杉、福建柏、五列木、天目紫茎、舟柄茶、伯乐树和兰科植物等，属于森林生态系统类型的自然保护区。保护区内生物种类繁多，保存了较完好的自然生态系统，孕育了独特的生物群落，是野生动植物理想的生长繁衍场所，也是我国生物多样性保护的关键地区。

南昌
齐云山
国家级自然保护区

九连山国家级自然保护区遥感影像图

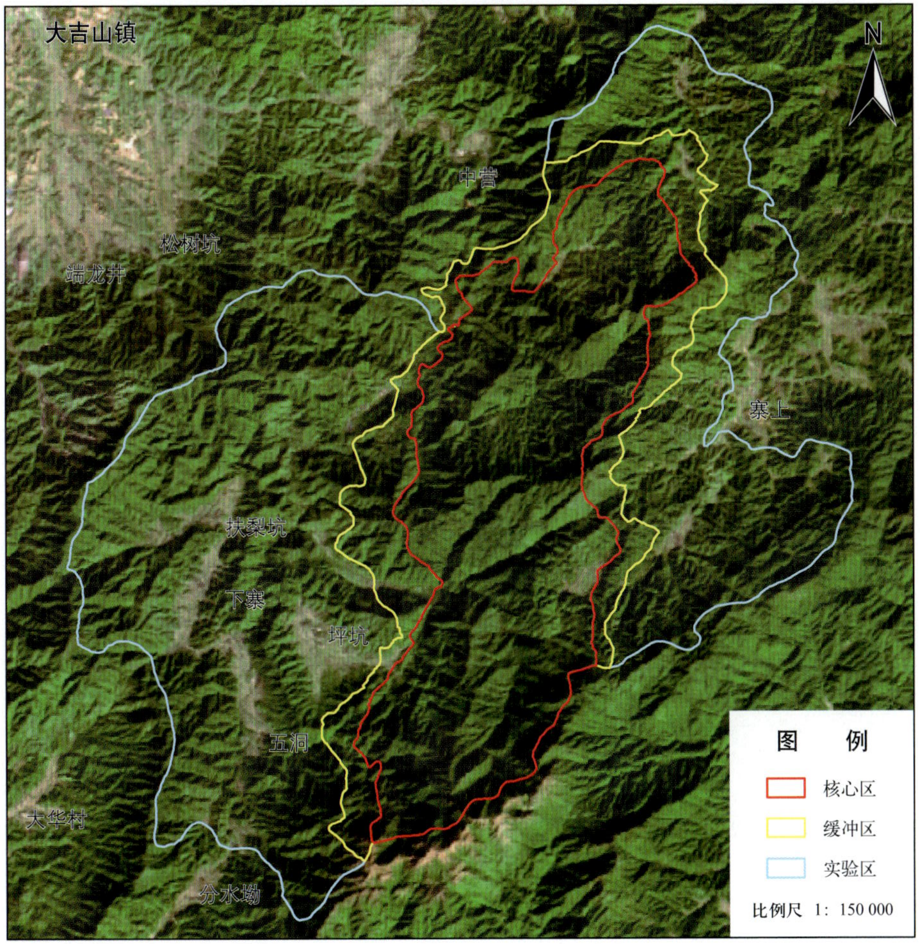
大吉山镇
N
中营
松树坑
端龙井
寨上
扶梨坑
下寨
坪坑
五洞
大华村
分水坳
图 例
核心区
缓冲区
实验区
比例尺 1：150 000

影像获取时间：2010 年

九连山国家级自然保护区生态系统类型图

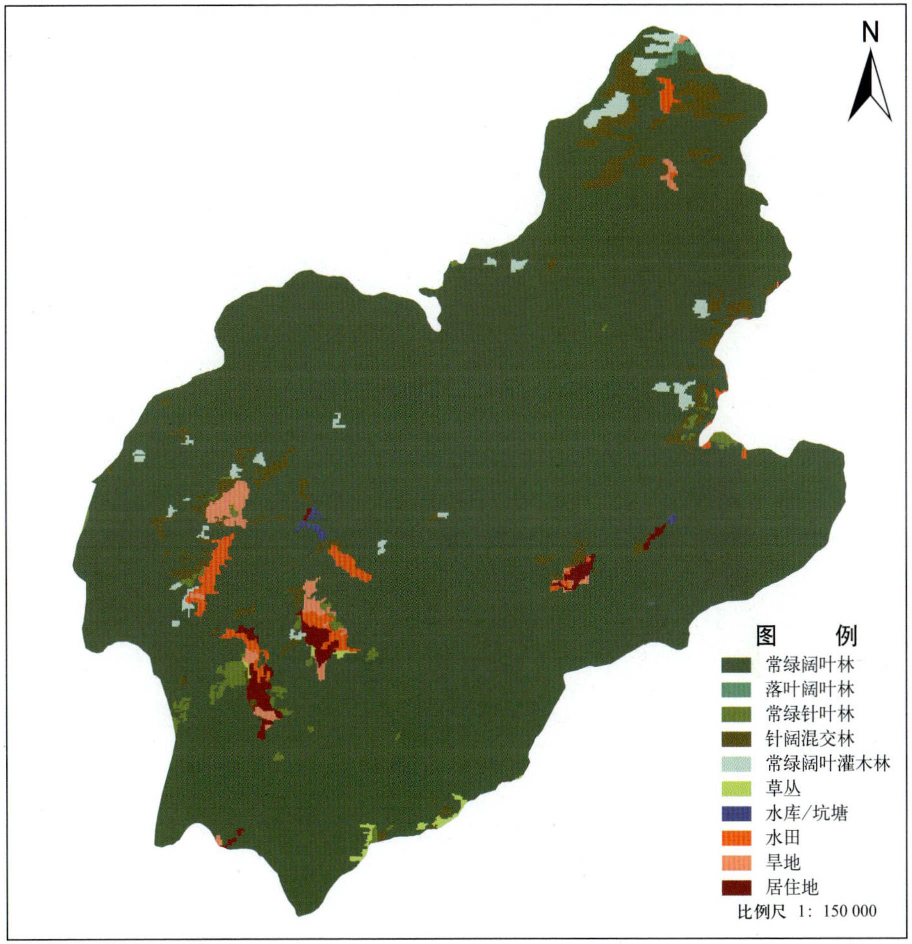
N
图 例
常绿阔叶林
落叶阔叶林
常绿针叶林
针阔混交林
常绿阔叶灌木林
草丛
水库/坑塘
水田
旱地
居住地
比例尺 1：150 000

解译参考影像时间：2010 年

南昌
九连山
国家级自然保护区

九连山国家级自然保护区位于江西省赣州市龙南县境内，总面积约 13 412 公顷，建于 1981 年，2003 年晋升为国家级，主要保护对象为亚热带常绿阔叶林，属于森林生态系统类型自然保护区。保护区内保存有较大面积的原生性常绿阔叶林，有“生物资源基因库”、“赣江源头”之称，这里是南岭东部的一座绿色宝库。

井冈山国家级自然保护区遥感影像图

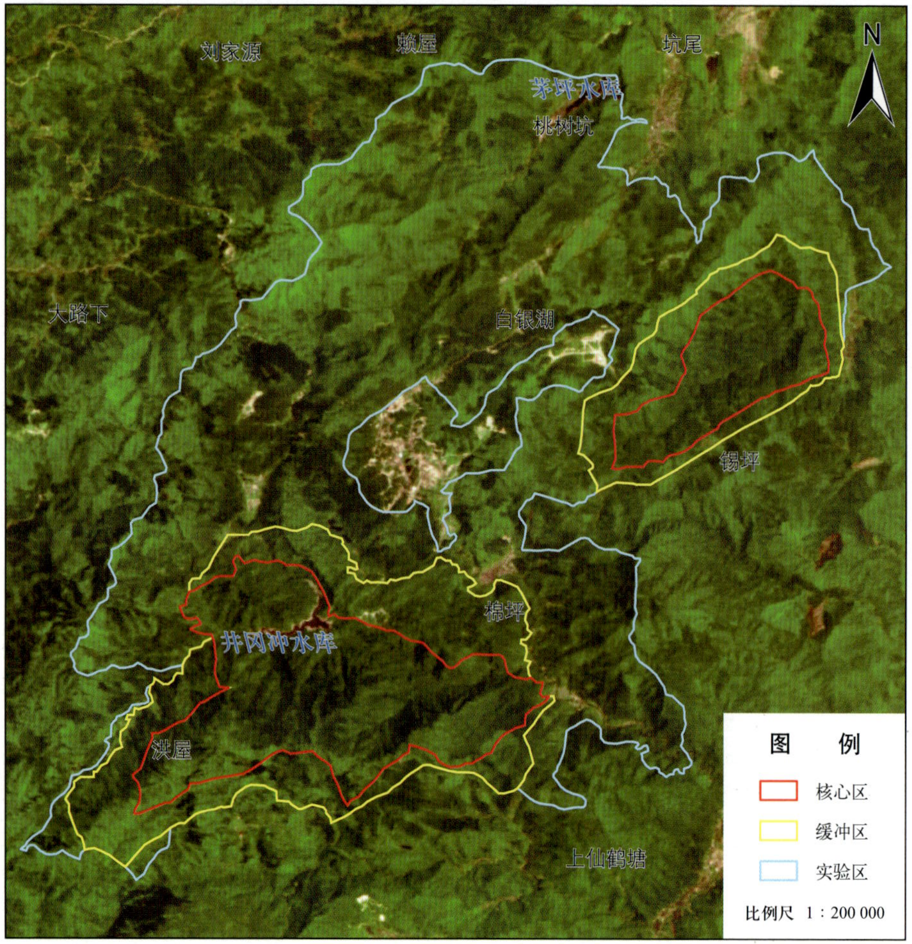
刘家源
赖屋
坑尾
茅坪水库
桃树坑
N
大路下
白银湖
锡坪
棉坪
井冈冲水库
洪屋
上仙鹤塘
图例
核心区
缓冲区
实验区
比例尺 1 : 200 000

影像获取时间：2010 年

井冈山国家级自然保护区生态系统类型图

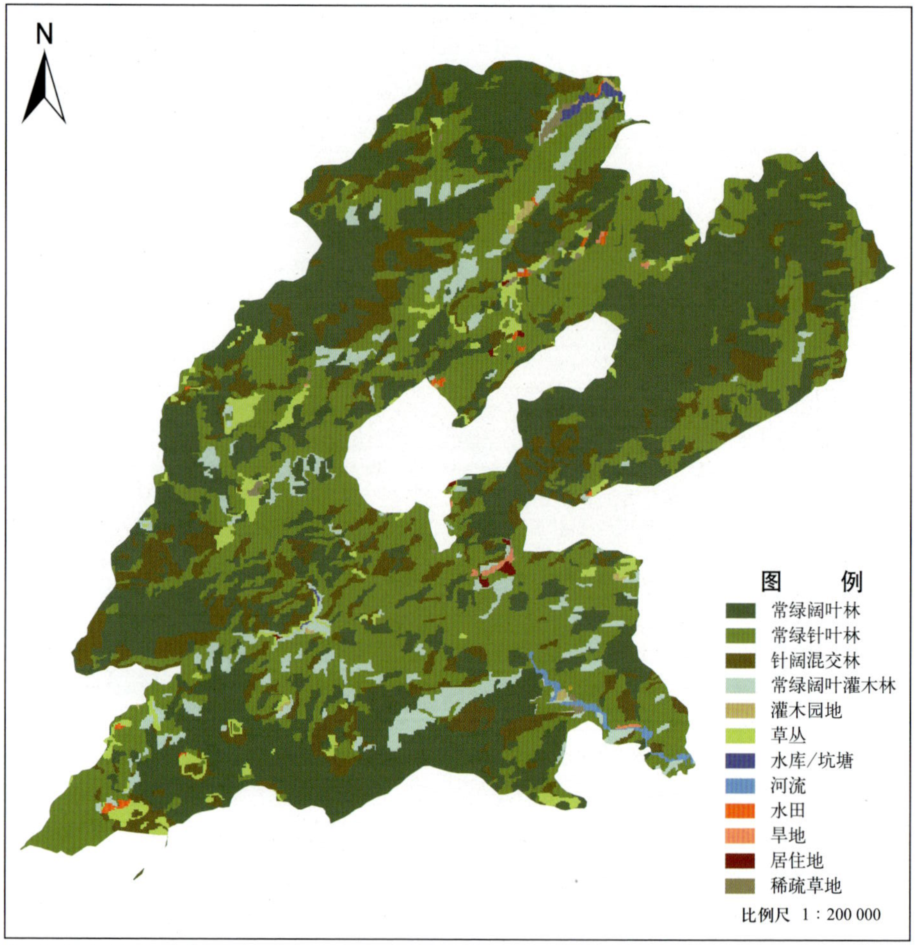
N
图例
常绿阔叶林
常绿针叶林
针阔混交林
常绿阔叶灌木林
灌木园地
草丛
水库/坑塘
河流
水田
旱地
居住地
稀疏草地
比例尺 1 : 200 000

解译参考影像时间：2011 年

井冈山国家级自然保护区位于江西省井冈山市境内，总面积 21 499 公顷，建于 1981 年，2000 年晋升为国家级，主要保护对象为亚热带常绿阔叶林及珍稀动物，属森林生态类型自然保护区。该保护区内植被起源古老，植被类型多样，生物资源十分丰富，素有“第三纪型森林”、“天然动植物园”和“亚热带绿色明珠”之称，这里是研究中国乃至全球中亚热带生物资源的重要基地。

南昌
井冈山
国家级自然保护区

官山国家级自然保护区遥感影像图

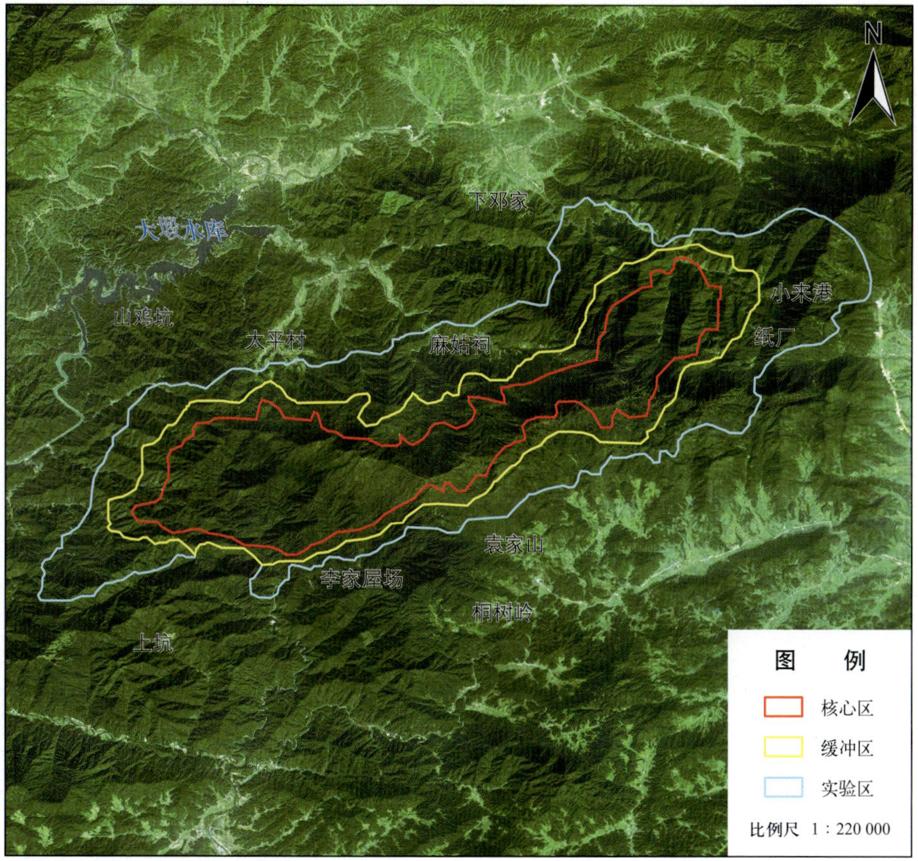
N
下邓家
大塅水库
山鸡坑
太平村
麻姑祠
小东港
纸厂
袁家山
李家屋场
桐树岭
上坑
图 例
核心区
缓冲区
实验区
比例尺 1 : 220 000

影像获取时间：2010 年

官山国家级自然保护区生态系统类型图

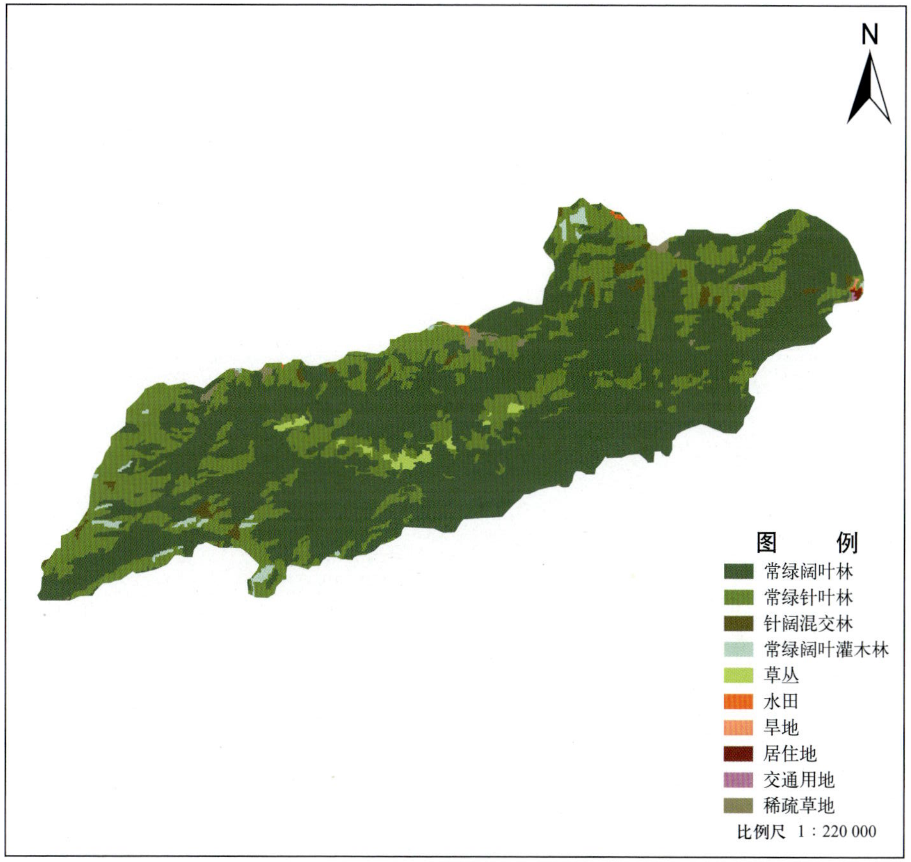
N
图 例
常绿阔叶林
常绿针叶林
针阔混交林
常绿阔叶灌木林
草丛
水田
旱地
居住地
交通用地
稀疏草地
比例尺 1 : 220 000

解译参考影像时间：2011 年

南昌
官山
国家级自然保护区

官山国家级自然保护区位于江西省宜春市宜丰县、铜鼓县境内，总面积 11 501 公顷，建于 1981 年，2007 年晋升为国家级，主要保护对象为中亚热带常绿阔叶林及白颈长尾雉等珍稀野生动植物，属于森林生态系统类型自然保护区。保护区内野生动植物资源十分丰富，有高等植物 2 344 种，脊椎动物 300 余种，昆虫 1 600 余种，这里是科学考察的理想场所。

江西省 九岭山国家级自然保护区

九岭山国家级自然保护区位于江西省宜春市靖安县内，总面积 11 541 公顷，建于 1994 年，2010 年晋升为国家级，主要保护对象为中亚热带常绿阔叶林及野生动植物，属森林生态系统类型自然保护区。保护区内生态系统至今保存着很好的原生性状态，是我国华东和华中交界处少有的原生性林区。

九岭山
国家级自然保护区
南昌

九岭山国家级自然保护区遥感影像图

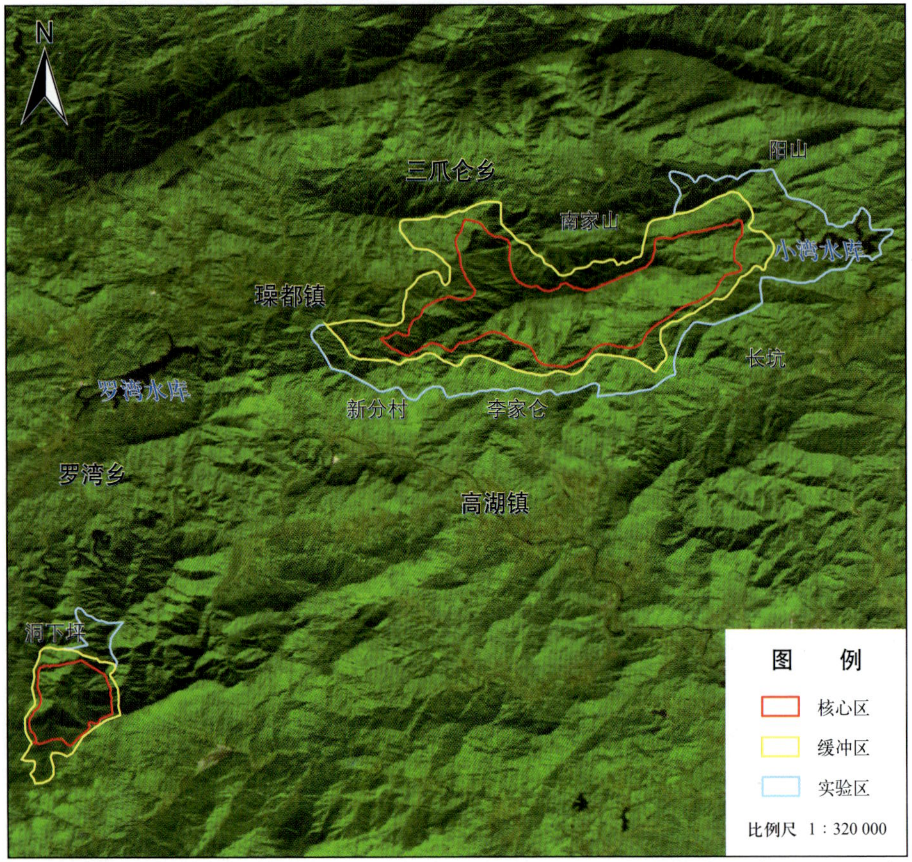
N
三爪仑乡
阳山
南家山
小湾水库
璪都镇
长坑
罗湾水库
新分村
李家仑
罗湾乡
高湖镇
洞下坪
图例
核心区
缓冲区
实验区
比例尺 1 : 320 000

影像获取时间：2010 年

九岭山国家级自然保护区生态系统类型图

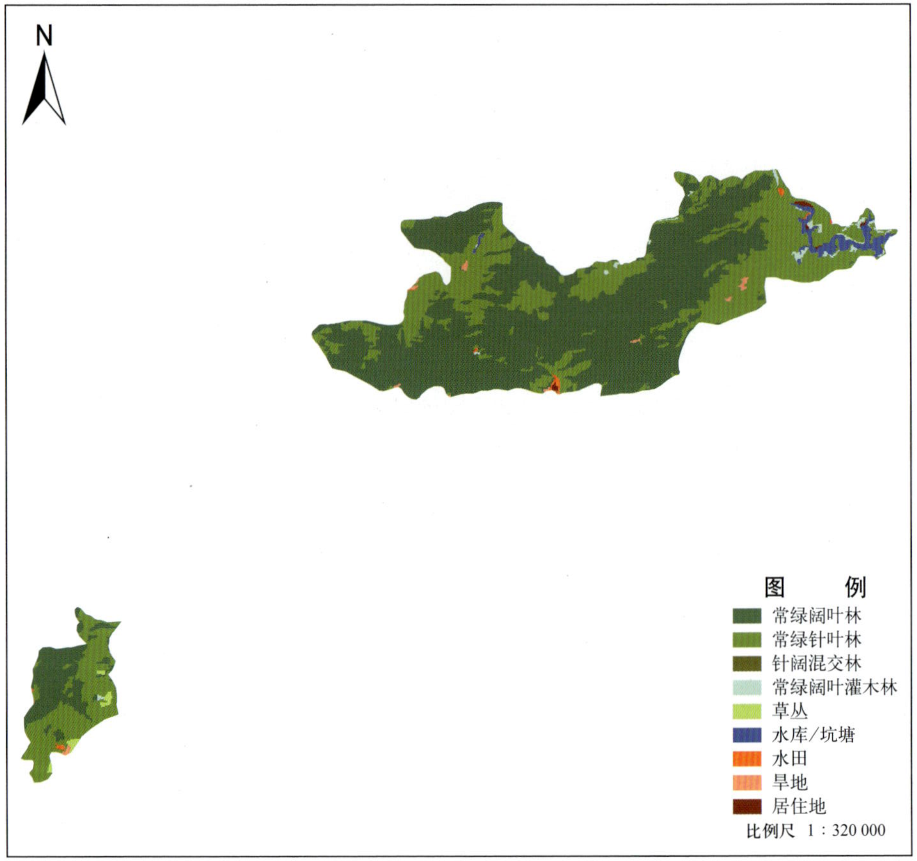
N
图例
常绿阔叶林
常绿针叶林
针阔混交林
常绿阔叶灌木林
草丛
水库/坑塘
水田
旱地
居住地
比例尺 1 : 320 000

解译参考影像时间：2010 年

马头山国家级自然保护区遥感影像图

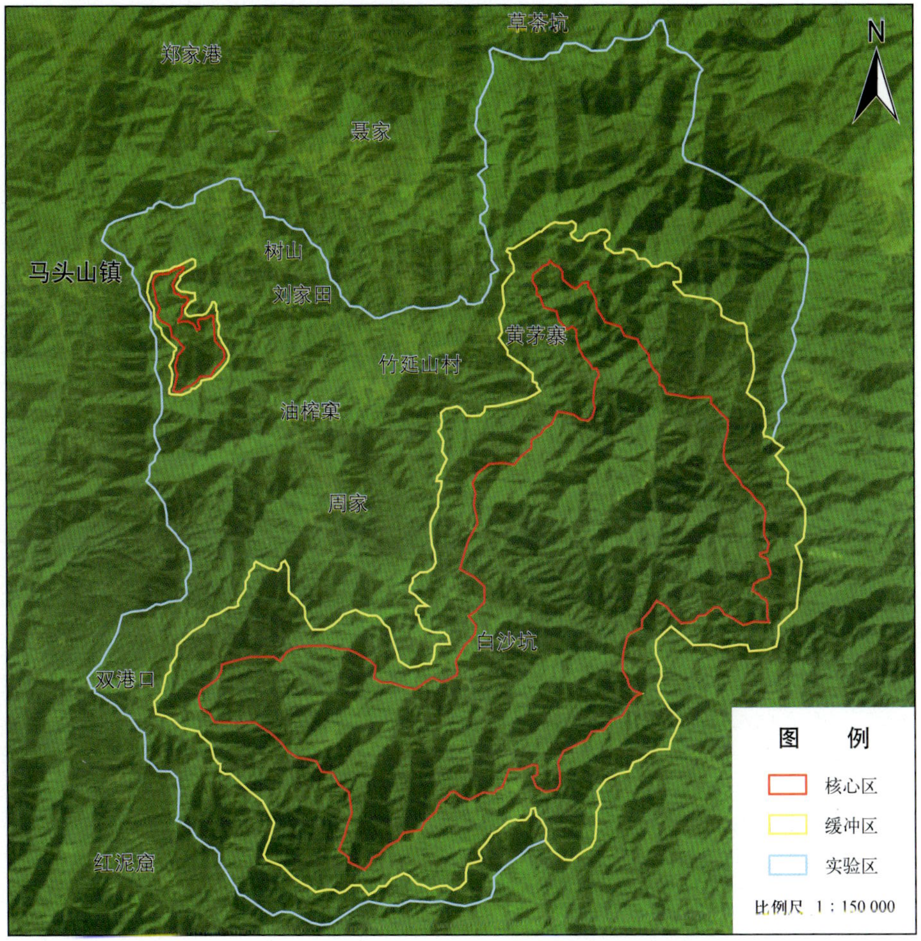
N
草茶坑
郑家港
聂家
马头山镇
树山
刘家田
黄茅寨
竹延山村
油榨窠
周家
白沙坑
双港口
红泥窟
图例
核心区
缓冲区
实验区
比例尺 1：150 000

影像获取时间：2010 年

马头山国家级自然保护区生态系统类型图

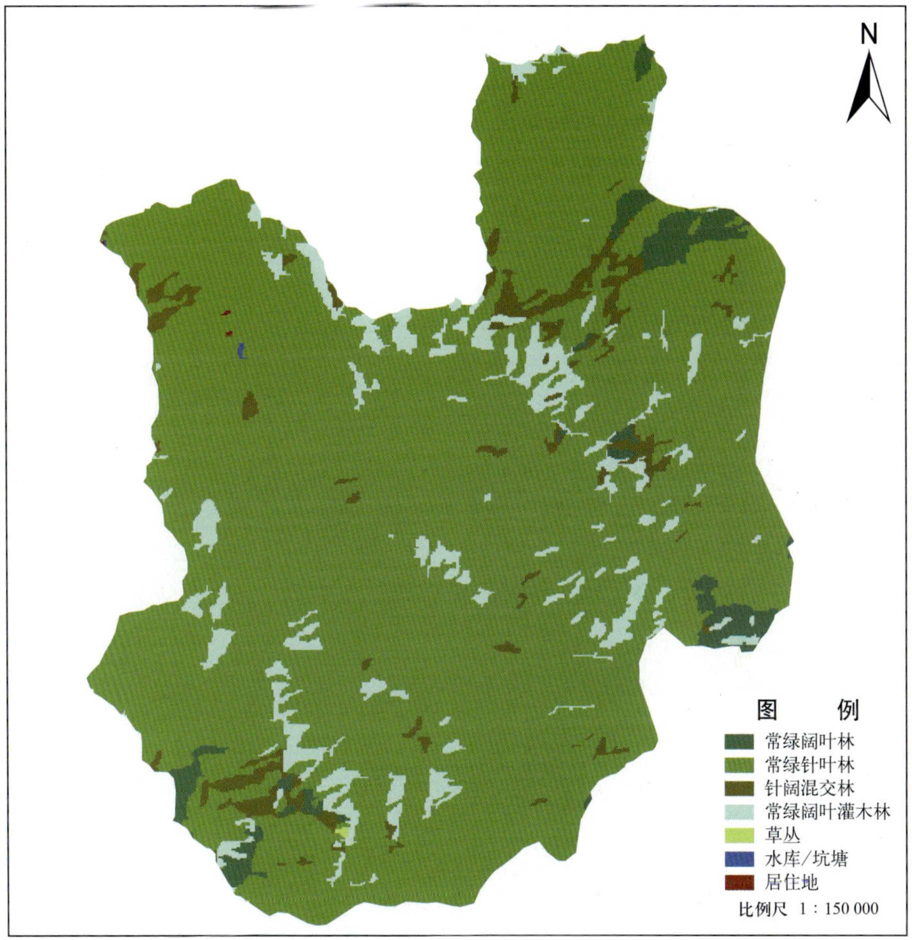
N
图例
常绿阔叶林
常绿针叶林
针阔混交林
常绿阔叶灌木林
草丛
水库/坑塘
居住地
比例尺 1：150 000

解译参考影像时间：2010 年

南昌
马头山
国家级自然保护区

马头山国家级自然保护区位于江西省抚州市资溪县境内，总面积 13 867 公顷，建于 1994 年，2008 年晋升为国家级，主要保护对象为亚热带常绿阔叶林及珍稀植物，属森林生态系统类型自然保护区。保护区保存了较为完整的自然森林生态类型和各种各样的自然景观，有众多国家级保护动植物和保存完好的原始森林，被誉为“天然氧吧”、“全国罕见的动植物基因库”。

武夷山国家级自然保护区

南昌
武夷山
国家级自然保护区

武夷山国家级自然保护区位于江西省上饶市铅山县，总面积16 007公顷，建于1981年，2002年晋升为国家级，主要保护对象为中亚热带常绿阔叶林及珍稀动植物，属森林生态系统类型自然保护区。是我国东南大陆乃至地球同纬度现有面积最大、保存最完整的中亚热带森林生态系统，也是我国生物多样性保护的11个陆地关键区域之一。

武夷山国家级自然保护区遥感影像图

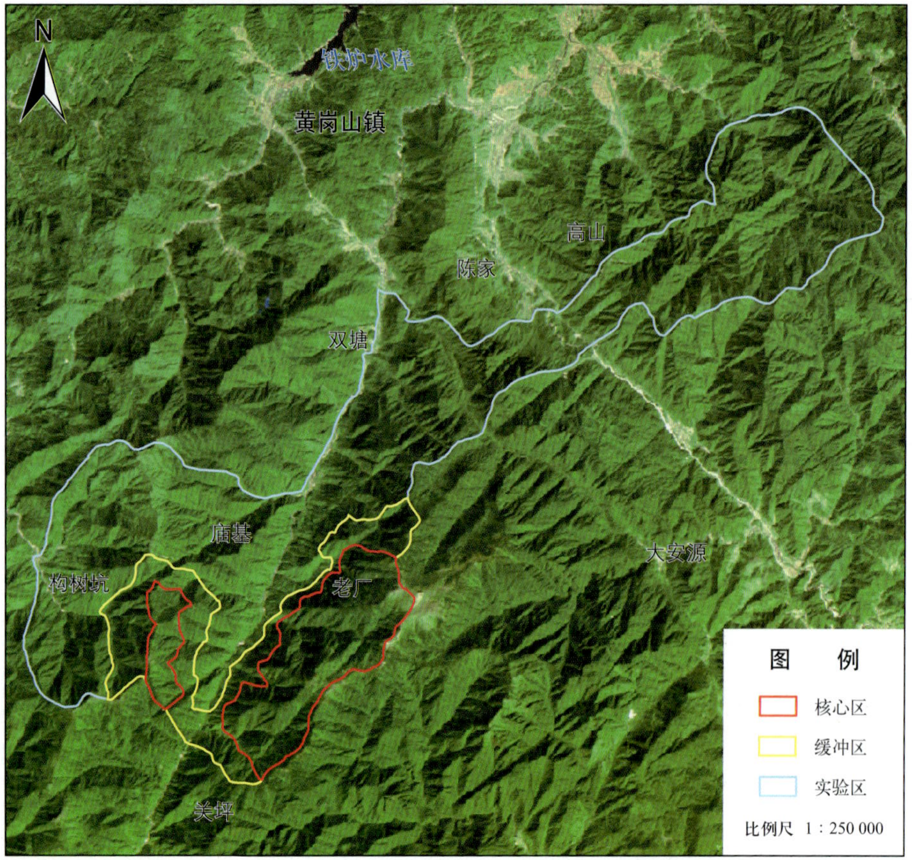
N
铁炉水库
黄岗山镇
高山
陈家
双塘
庙基
构树坑
老厂
大安源
关坪
图　例
核心区
缓冲区
实验区
比例尺　1 : 250 000

影像获取时间：2010年

武夷山国家级自然保护区生态系统类型图

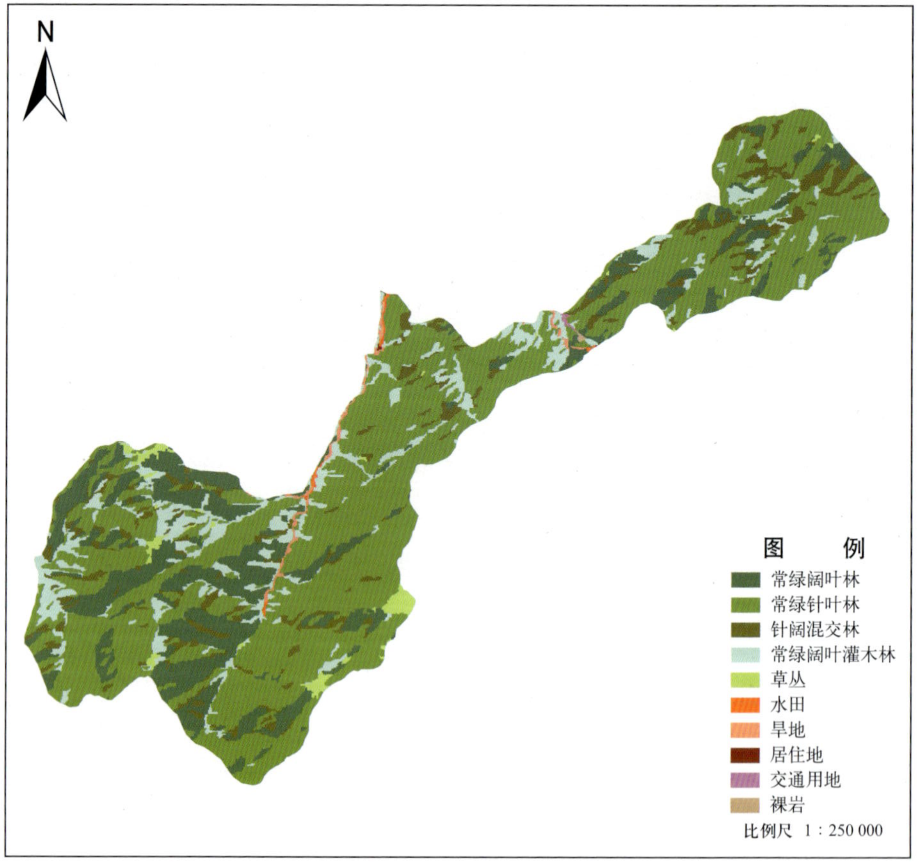
N
图　例
常绿阔叶林
常绿针叶林
针阔混交林
常绿阔叶灌木林
草丛
水田
旱地
居住地
交通用地
裸岩
比例尺　1 : 250 000

解译参考影像时间：2010年

马山国家级自然保护区遥感影像图

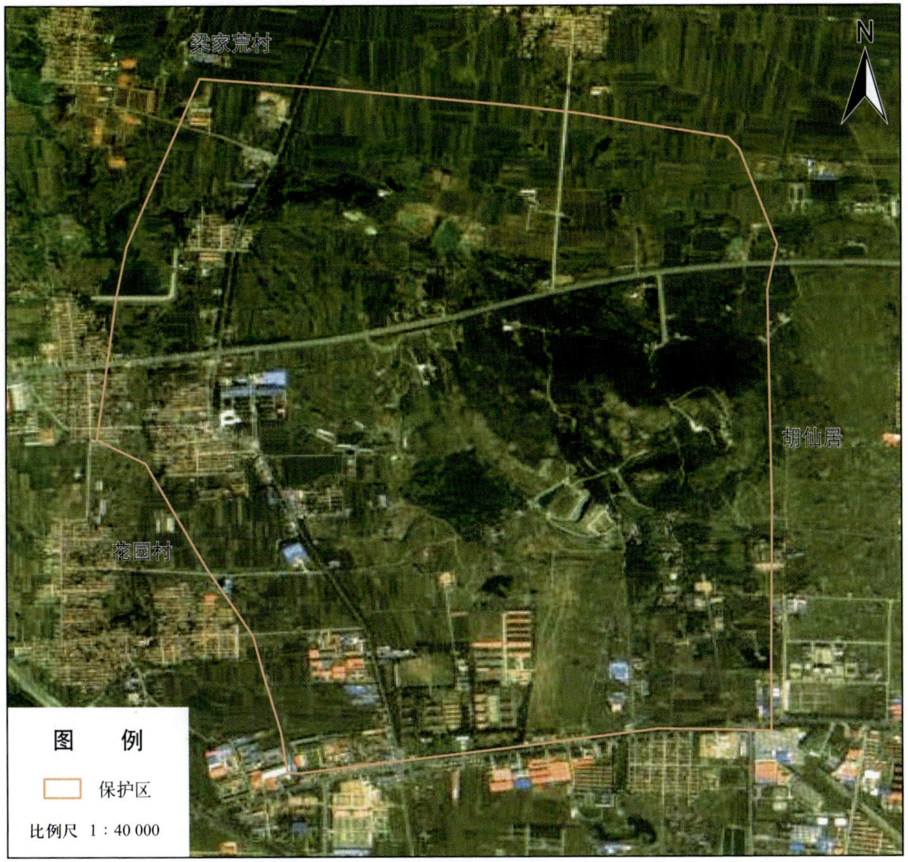
梁家荒村
胡仙居
花园村
N
图 例
保护区
比例尺 1 : 40 000

影像获取时间：2010 年

马山国家级自然保护区生态系统类型图

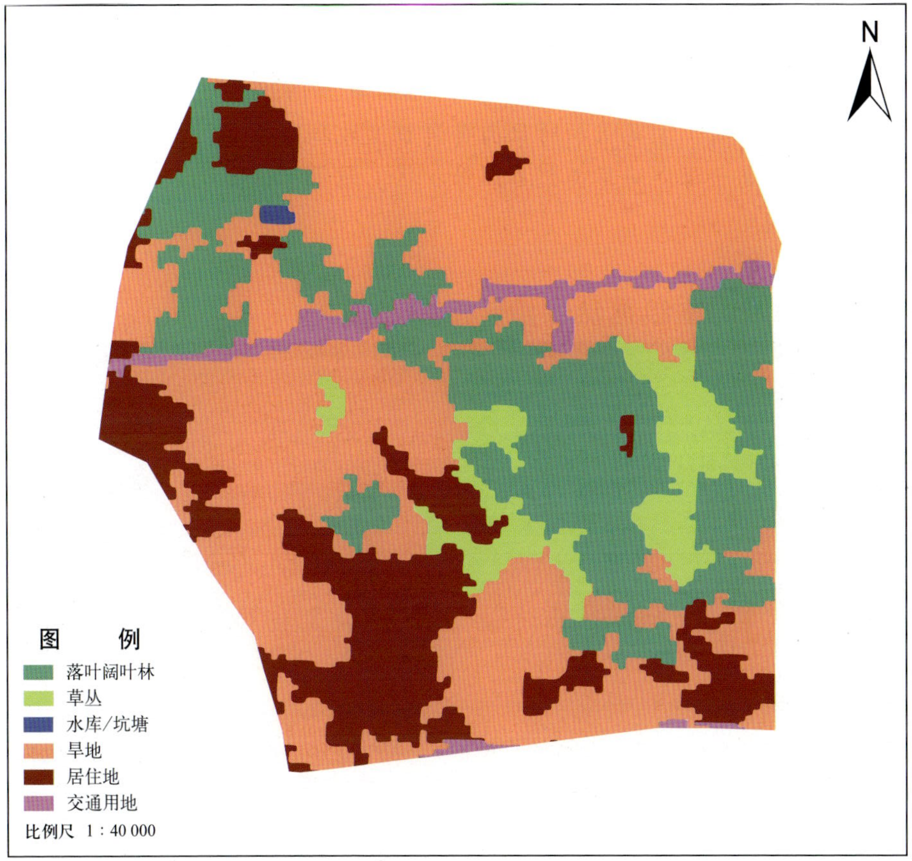
N
图 例
落叶阔叶林
草丛
水库/坑塘
旱地
居住地
交通用地
比例尺 1 : 40 000

解译参考影像时间：2011 年

马山国家级自然保护区位于山东省即墨市境内，总面积774公顷，建于1993年，1994年晋升为国家级，主要保护对象为柱状节理石柱、硅化木等地质遗迹，属于地质遗迹类型自然保护区。该保护区有柱状节理石柱群、硅化木群及古脊椎动物化石等丰富的地质遗迹，被地质界称为“袖珍式地质博物馆”。

济南
马山
国家级自然保护区

黄河三角洲国家级自然保护区

黄河三角洲国家级自然保护区位于山东省东营市境内，总面积 153 000 公顷，建于 1990 年，1992 年晋升为国家级，主要保护对象为黄河口湿地和珍稀濒危鸟类，属于海洋海岸类型自然保护区。该保护区是东北亚内陆和环太平洋鸟类迁徙的重要停歇地和越冬地，对保护和研究黄河三角洲湿地生态系统具有重要意义。

黄河三角洲
国家级自然保护区
济南

黄河三角洲国家级自然保护区遥感影像图

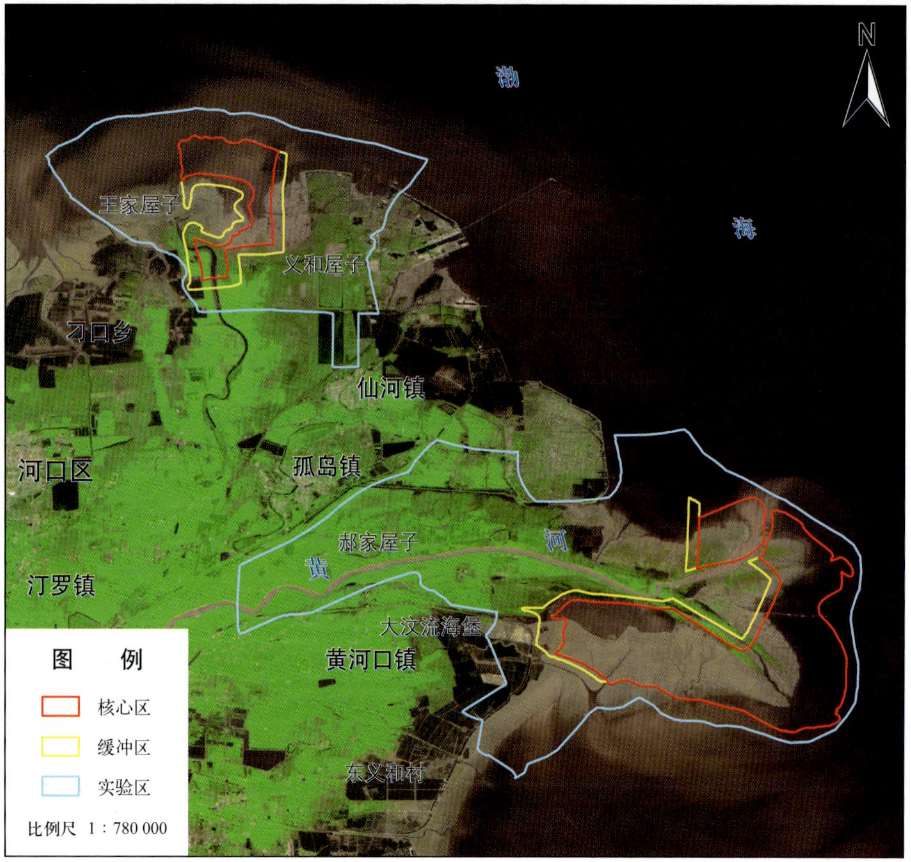
N
渤
海
王家屋子
义和屋子
刁口乡
仙河镇
河口区
孤岛镇
郝家屋子
黄
河
汀罗镇
大汶流海堡
黄河口镇
东义和村
图　例
核心区
缓冲区
实验区
比例尺　1：780 000

影像获取时间：2010 年

黄河三角洲国家级自然保护区生态系统类型图

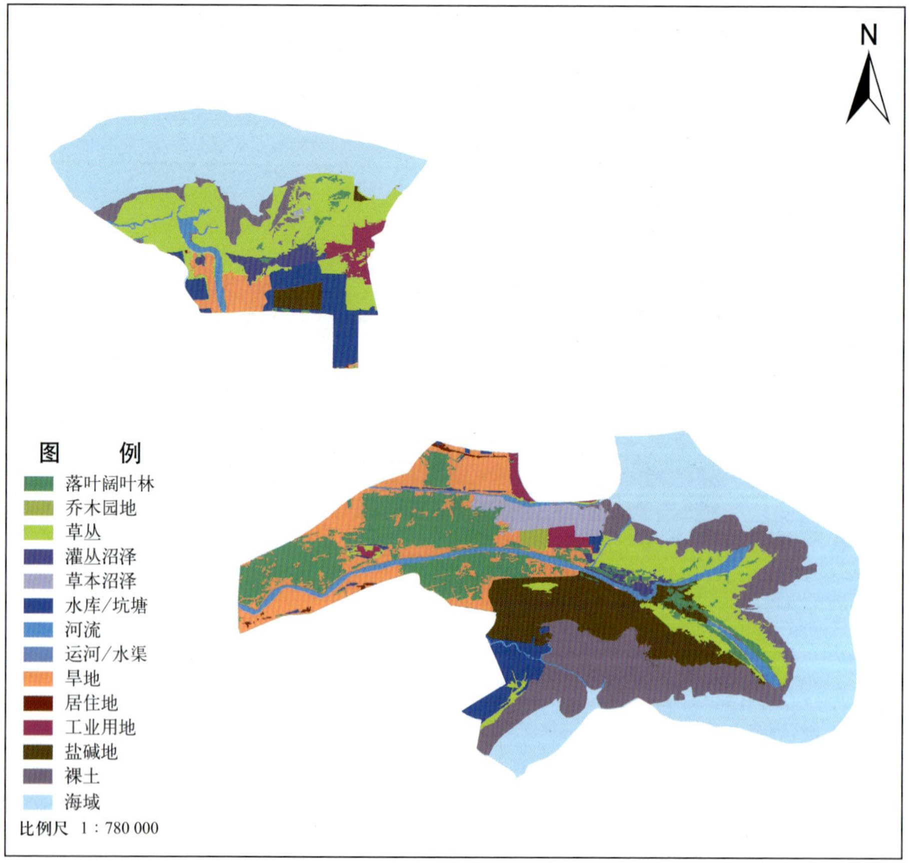
N
图　例
落叶阔叶林
乔木园地
草丛
灌丛沼泽
草本沼泽
水库/坑塘
河流
运河/水渠
旱地
居住地
工业用地
盐碱地
裸土
海域
比例尺　1：780 000

解译参考影像时间：2011 年

昆嵛山国家级自然保护区遥感影像图

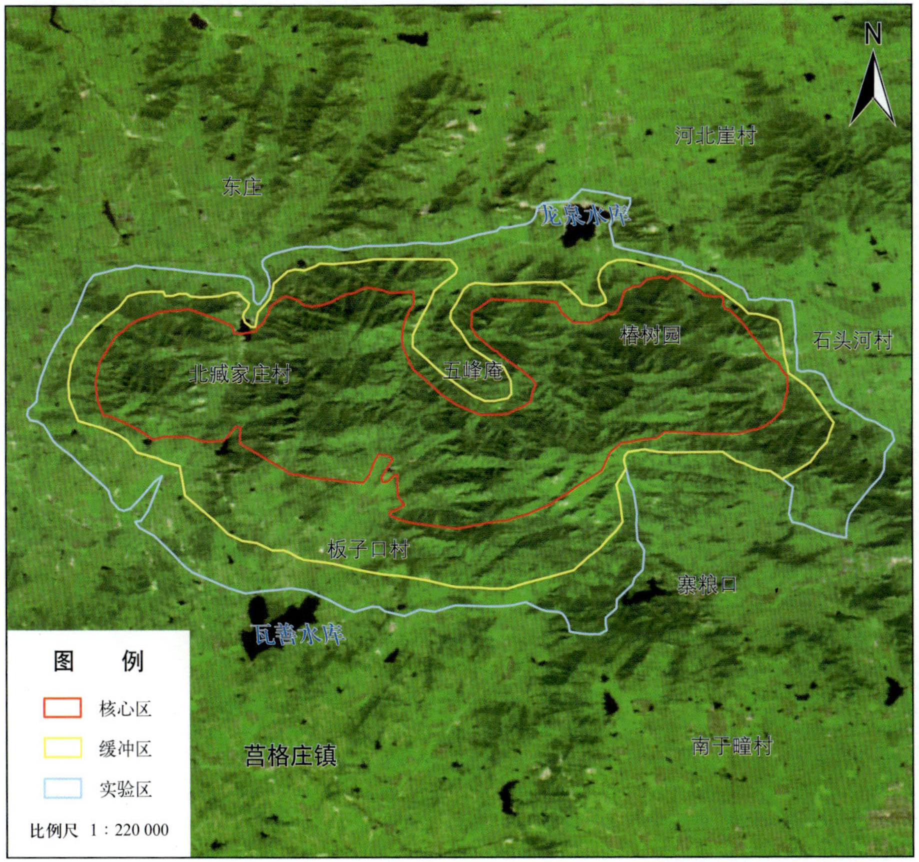
N
河北崖村
东庄
龙泉水库
石头河村
椿树园
五峰庵
北臧家庄村
板子口村
寨粮口
瓦善水库
莒格庄镇
南于疃村
图 例
核心区
缓冲区
实验区
比例尺 1：220 000

影像获取时间：2010 年

昆嵛山国家级自然保护区生态系统类型图

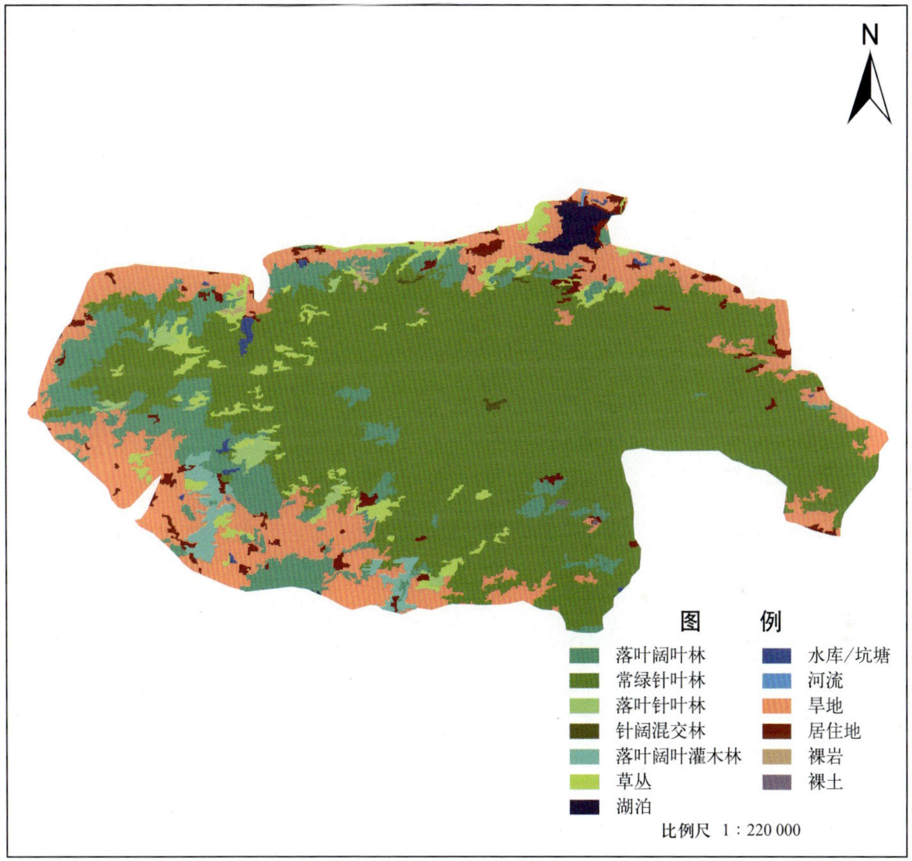
N
图 例
落叶阔叶林
常绿针叶林
落叶针叶林
针阔混交林
落叶阔叶灌木林
草丛
湖泊
水库/坑塘
河流
旱地
居住地
裸岩
裸土
比例尺 1：220 000

解译参考影像时间：2010 年

昆嵛山
国家级自然保护区
济南

昆嵛山国家级自然保护区位于山东省烟台市牟平区和文登市境内，总面积 15 417 公顷，建于 1999 年，2008 年晋升为国家级，主要保护对象为赤松天然林，属于森林生态系统类型自然保护区。该保护区拥有全世界保存最完好的赤松林，是中国赤松的原生地和天然分布中心，被誉为“胶东植物王国”。

山东省

长岛国家级自然保护区

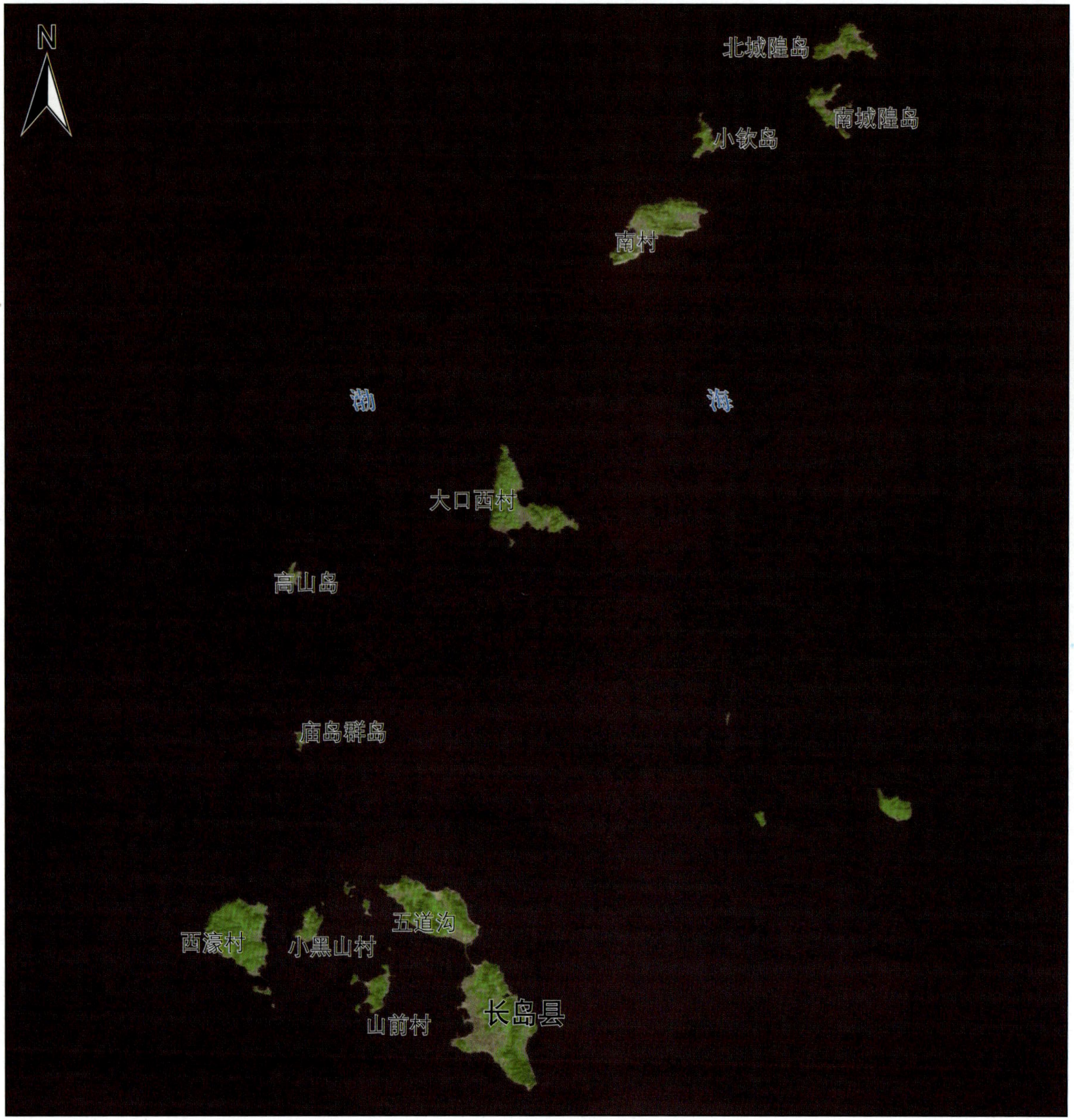

N
北城隍岛
南城隍岛
小钦岛
南村
渤
海
大口西村
高山岛
庙岛群岛
五道沟
西濠村
小黑山村
山前村
长岛县

影像获取时间：2010 年

长岛国家级自然保护区遥感影像图

长岛
国家级自然保护区
济南

长岛国家级自然保护区位于山东省烟台市长岛县境内，总面积 5 300 公顷，建于 1982 年，1988 年晋升为国家级，主要保护对象为鹰、隼等猛禽及候鸟栖息地，属于野生动物类型的保护区。该保护区内有鸟类 240 余种，其中属国家一级保护的有金雕、白肩雕等 9 种，属国家二级保护的有 42 种，在中日候鸟保护协定所列的 227 种鸟类中，这里就有 196 种，占 86%，是中国开展鸟类环志的主要基地。

山旺古生物化石国家级自然保护区遥感影像图

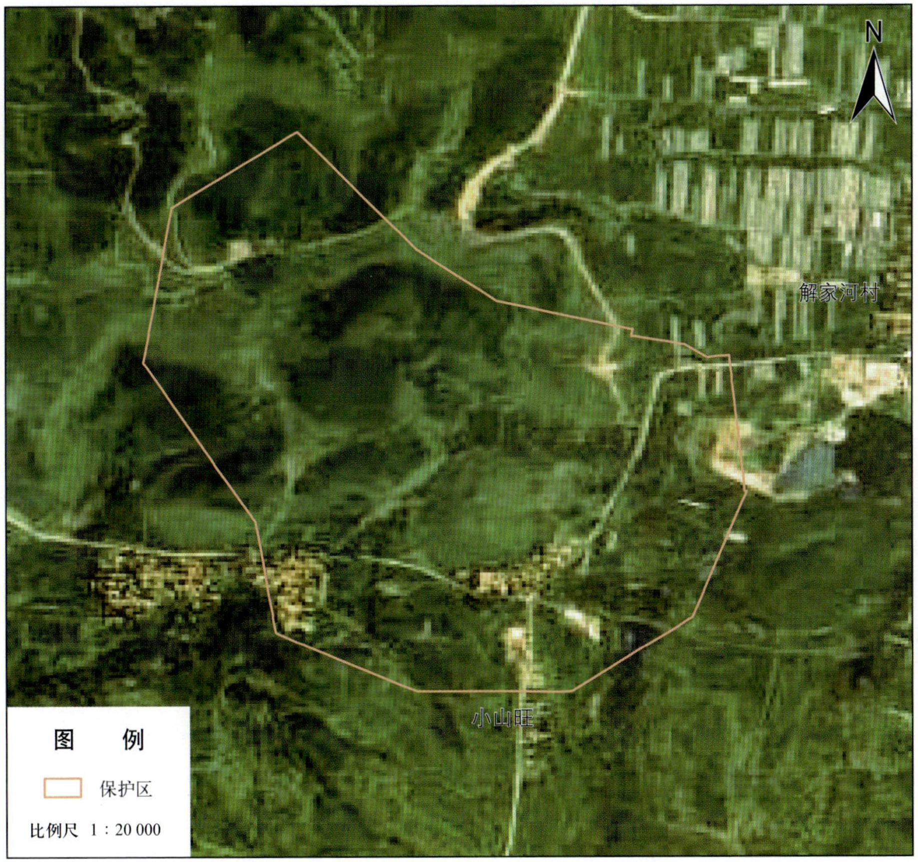
N
解家河村
小山旺
图 例
保护区
比例尺 1 : 20 000

影像获取时间：2010 年

山旺古生物化石国家级自然保护区生态系统类型图

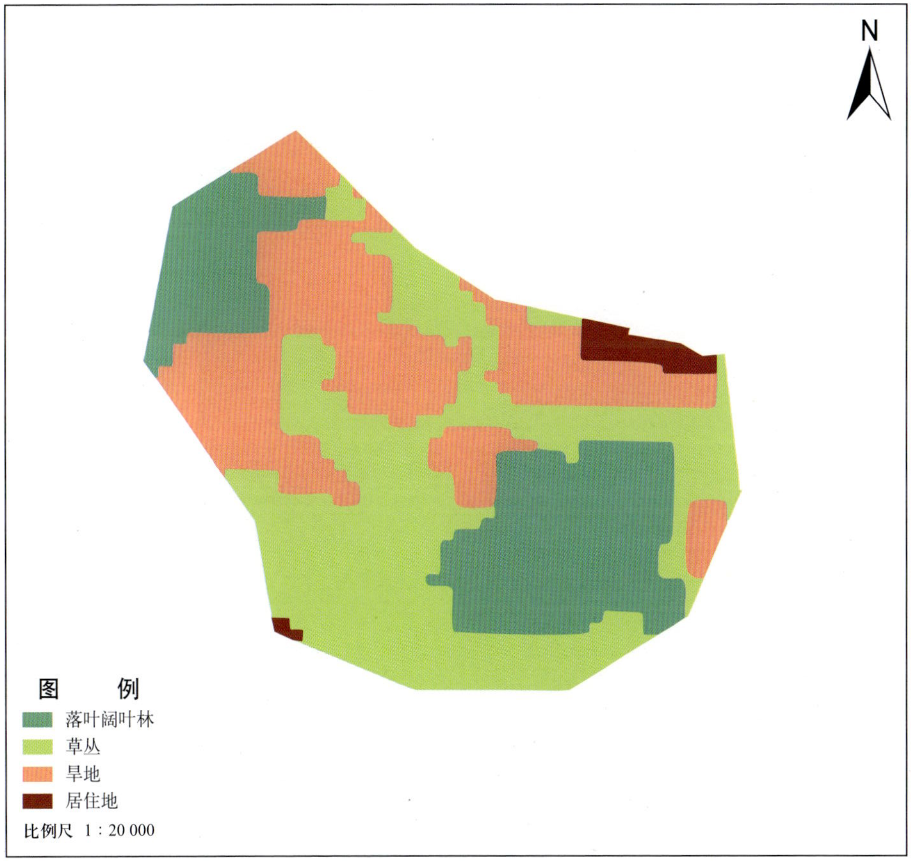
N
图 例
落叶阔叶林
草丛
旱地
居住地
比例尺 1 : 20 000

解译参考影像时间，2011 年

山旺古生物化石
国家级自然保护区
济南

山旺古生物化石国家级自然保护区位于山东省潍坊市临朐县境内，总面积 120 公顷，建于 1980 年，1999 年晋升为国家级，主要保护对象为古生物化石，属于古生物遗迹类型自然保护区。该保护区内保存着 1 800 万年前各种动植物化石，被誉为“化石宝库”、“万卷书”，是一座古生物化石天然博物馆。

荣成大天鹅国家级自然保护区

荣成大天鹅国家级自然保护区遥感影像图

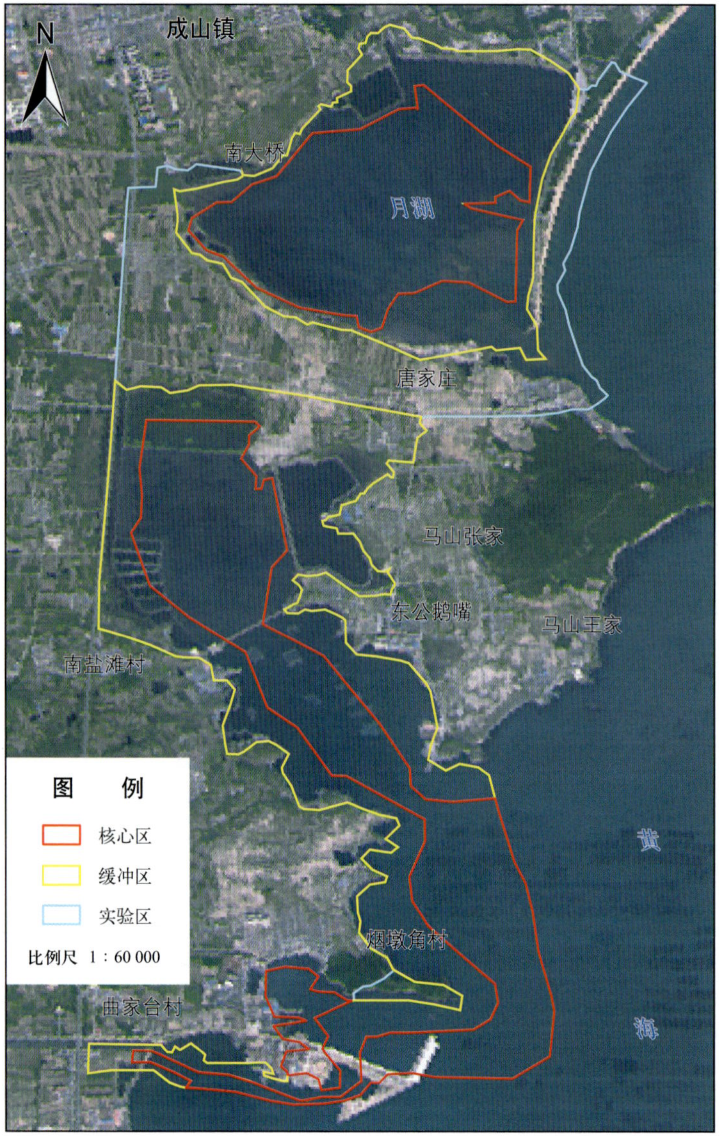
N
成山镇
南大桥
月湖
唐家庄
马山张家
东公鹅嘴
马山王家
南盐滩村
烟墩角村
曲家台村
黄
海
图例
核心区
缓冲区
实验区
比例尺 1 : 60 000

影像获取时间：2010 年

荣成大天鹅国家级自然保护区生态系统类型图

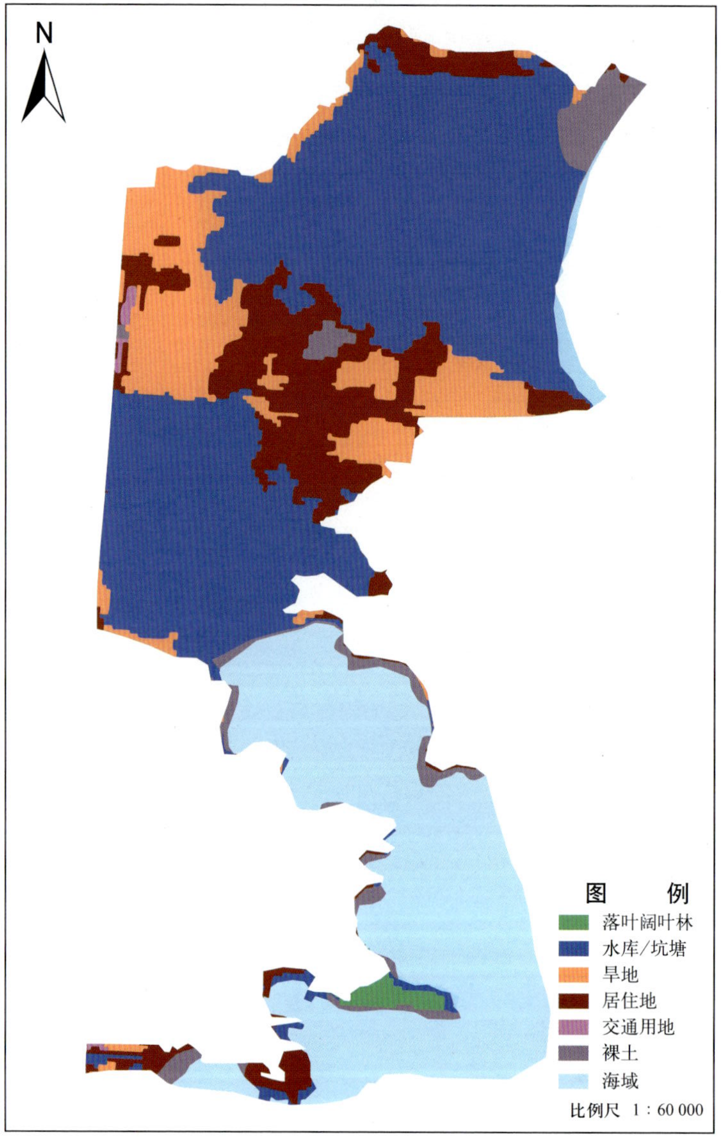
N
图例
落叶阔叶林
水库/坑塘
旱地
居住地
交通用地
裸土
海域
比例尺 1 : 60 000

解译参考影像时间：2011 年

济南
荣成大天鹅
国家级自然保护

荣成大天鹅国家级自然保护区位于山东省荣成市境内，总面积1 675公顷，建于1992年，2007年晋升为国家级，主要保护对象为大天鹅等珍禽和湿地生态系统，属于野生动物类型自然保护区。该保护区是世界上已知最大的大天鹅越冬种群栖息地，区内分布着芦苇沼泽、滩涂、浅海及泻湖四种湿地类型，沙坝－潟湖体系是保护区内典型的海岸地貌。

滨州贝壳堤岛与湿地国家级自然保护区遥感影像图

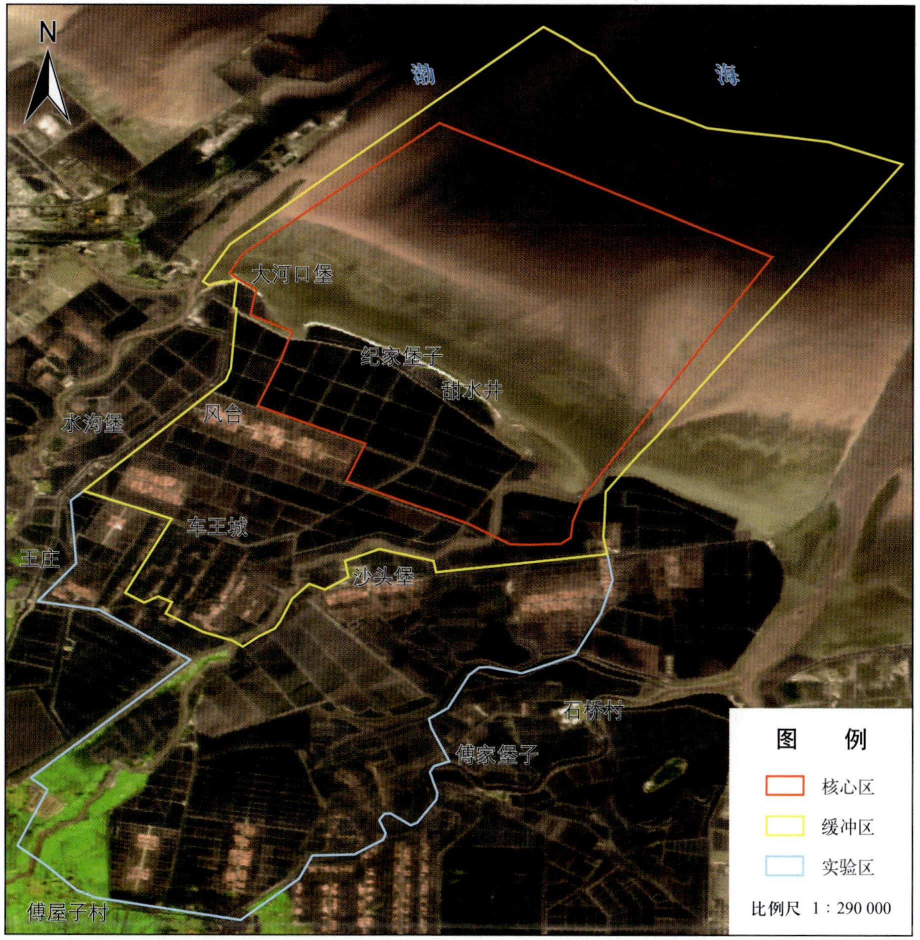
N
渤
海
大河口堡
纪家堡子
甜水井
风台
水沟堡
车王城
王庄
沙头堡
石桥村
傅家堡子
傅屋子村
图　例
核心区
缓冲区
实验区
比例尺　1：290 000

影像获取时间：2010 年

滨州贝壳堤岛与湿地国家级自然保护区生态系统类型图

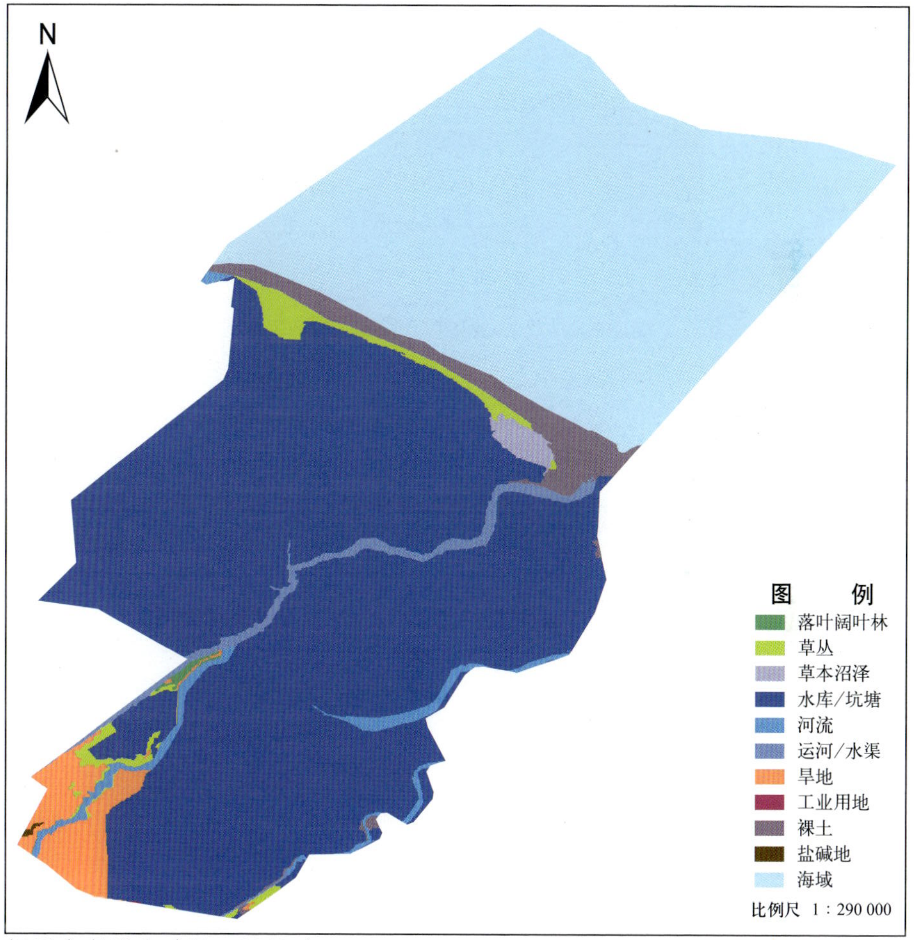
N
图　例
落叶阔叶林
草丛
草本沼泽
水库/坑塘
河流
运河/水渠
旱地
工业用地
裸土
盐碱地
海域
比例尺　1：290 000

解译参考影像时间：2011 年

滨州贝壳堤岛与湿地国家级自然保护区位于山东省滨州市无棣县境内，总面积 43 542 公顷，建于 2002 年，2004 年晋升为国家级，主要保护对象为贝壳堤岛、湿地、珍稀鸟类和海洋生物，属于海洋海岸类型自然保护区。该保护区贝壳堤内外的滨海湿地是东北亚内陆和环西太平洋鸟类迁徙的中转站以及越冬、栖息和繁衍场所，是研究黄河变迁、海岸线变化和贝壳堤岛的形成等环境演变以及湿地类型的重要基地，在中国海洋地质、生物多样性和湿地类型研究工作中有着极其重要的地位。

滨州贝壳堤岛与湿地
国家级自然保护区
济南

新乡黄河湿地鸟类国家级自然保护区

新乡黄河湿地鸟类国家级自然保护区遥感影像图

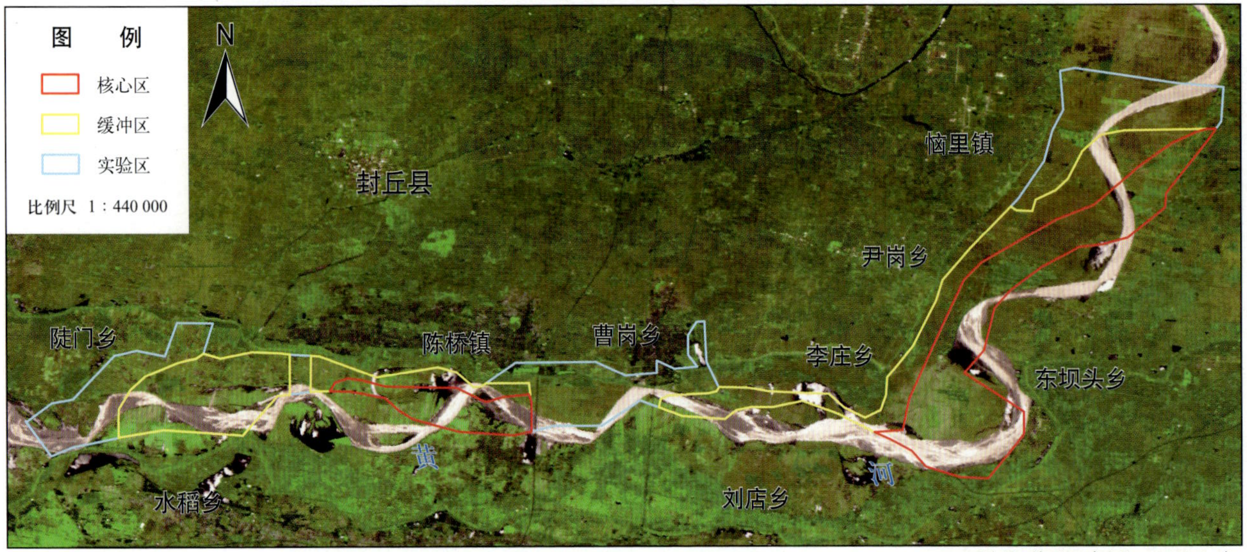
图 例
核心区
缓冲区
实验区
比例尺 1：440 000
N
封丘县
恼里镇
尹岗乡
陡门乡
陈桥镇
曹岗乡
李庄乡
东坝头乡
黄
河
水稻乡
刘店乡

影像获取时间：2010 年

新乡黄河湿地鸟类国家级自然保护区生态系统类型图

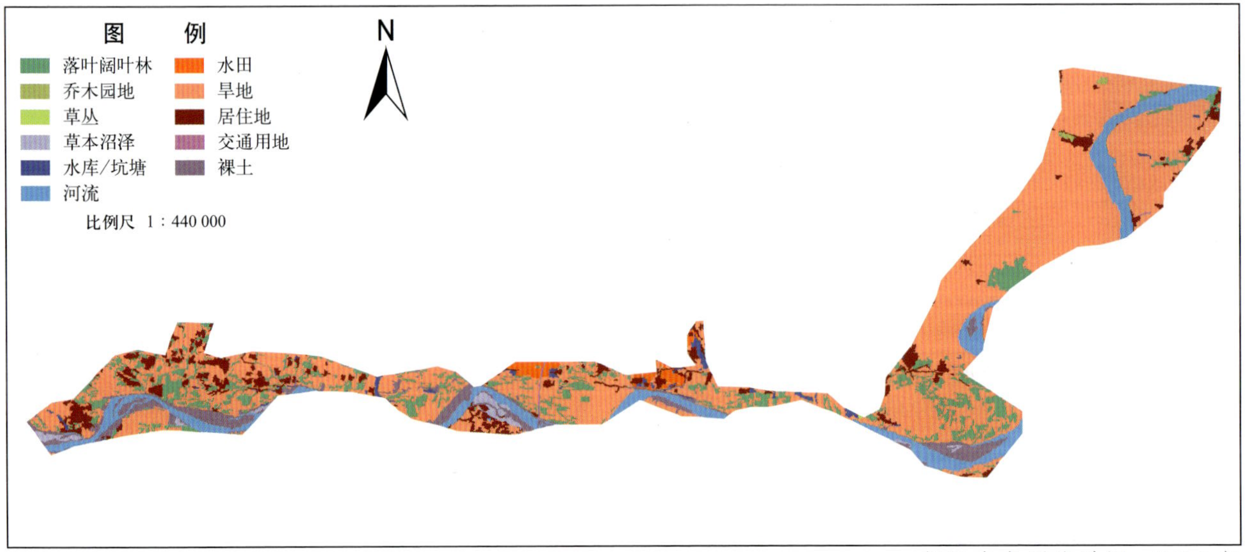
图 例
落叶阔叶林
乔木园地
草丛
草本沼泽
水库/坑塘
河流
水田
旱地
居住地
交通用地
裸土
比例尺 1：440 000
N

解译参考影像时间：2010 年

新乡黄河湿地鸟类
国家级自然保护区
郑州

新乡黄河湿地鸟类国家级自然保护区位于河南省新乡市封丘县和长垣县境内，总面积 22 780 公顷，建于 1988 年，1996 年晋升为国家级，主要保护对象为天鹅、鹤类等珍禽及湿地生态系统，属于内陆湿地类型自然保护区。该保护区生境多样，物种丰富，动植物区系成分复杂，这里是南北方动植物类群交汇处及通道，也是鸟类南北迁徙的主要途径和华北水禽越冬的北界。

黄河湿地国家级自然保护区遥感影像图

图 例
核心区
缓冲区
实验区
比例尺 1：1 470 000
N
临猗县
运城市
平陆县
黄
河
芮城县
三门峡市
渑池县
义马市
新安县
洛阳市
灵宝市
洛宁县

影像获取时间：2010 年

黄河湿地国家级自然保护区生态系统类型图

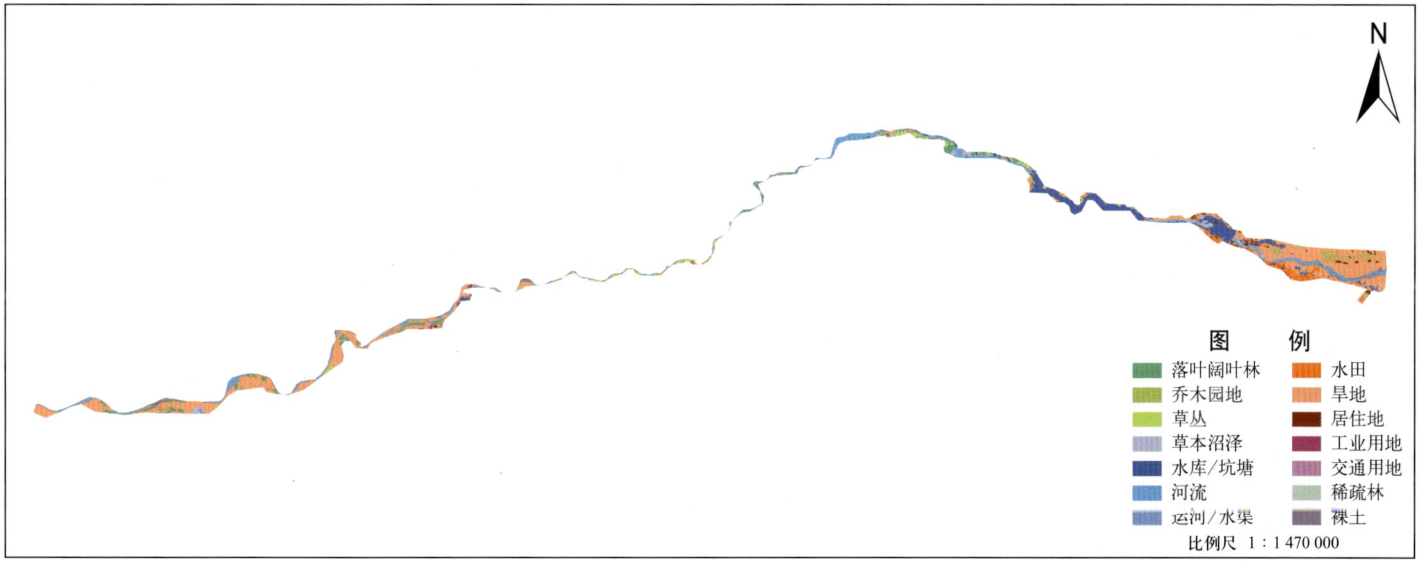
N
图 例
落叶阔叶林
乔木园地
草丛
草本沼泽
水库/坑塘
河流
运河/水渠
水田
旱地
居住地
工业用地
交通用地
稀疏林
裸土
比例尺 1：1 470 000

解译参考影像时间：2010 年

黄河湿地国家级自然保护区位于河南省三门峡市、洛阳市、焦作市和济源市境内，总面积 68 000 公顷，建于 1995 年，2003 年晋升为国家级，主要保护对象为湿地生态、珍稀鸟类，属内陆湿地类型自然保护区。该保护区内有丰富的生态系统多样性，不但具有河流湿地特征，同时还具有库塘湿地和沼泽湿地的特征。该保护区的建立对调节当地气候、涵养水源、防洪排涝、改善环境、维护生态安全以及国家重点水利枢纽工程的保护等起到了非常重要的作用。

郑州
黄河湿地
国家级自然保护区

小秦岭国家级自然保护区

小秦岭国家级自然保护区遥感影像图

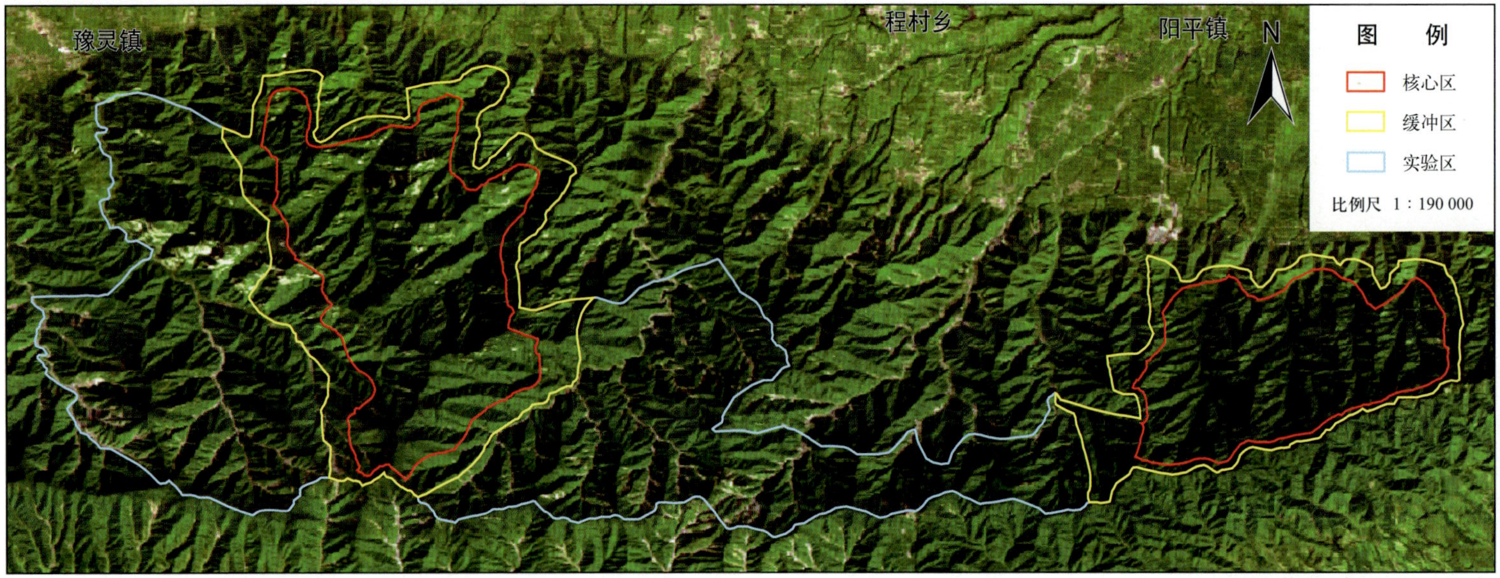
豫灵镇
程村乡
阳平镇
N
图 例
核心区
缓冲区
实验区
比例尺 1 : 190 000

影像获取时间：2010 年

小秦岭国家级自然保护区生态系统类型图

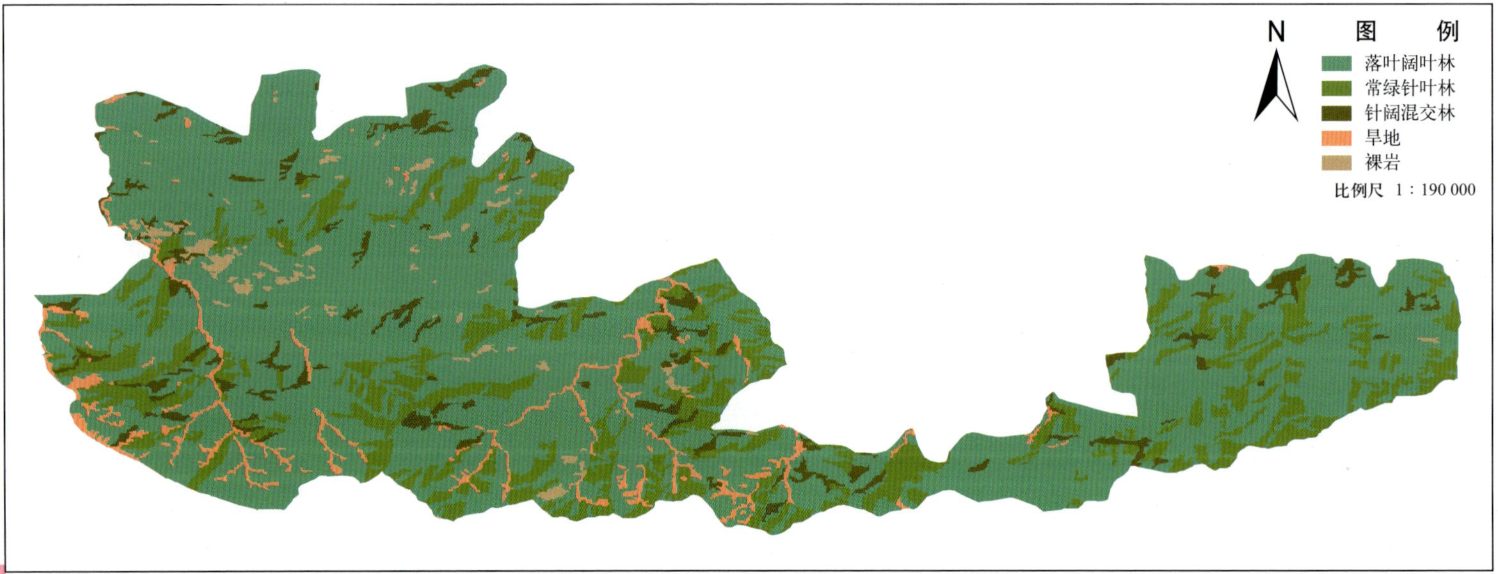
N
图 例
落叶阔叶林
常绿针叶林
针阔混交林
旱地
裸岩
比例尺 1 : 190 000

解译参考影像时间：2010 年

小秦岭国家级自然保护区位于河南省灵宝市西部，总面积 15 160 公顷，建于 1982 年，2006 年晋升为国家级，主要保护对象为暖温带森林生态系统及珍稀动植物，属于森林生态类型自然保护区。该保护区是河南特有植物种类最丰富的区域，分布有中国种子植物特有种 1 029 种，有灵宝杜鹃、河南卷瓣兰和河南石斛等，许多植物是以本区为南界或北界，因此具有极高的科研价值。

郑州
小秦岭
国家级自然保护区

鸡公山国家级自然保护区遥感影像图

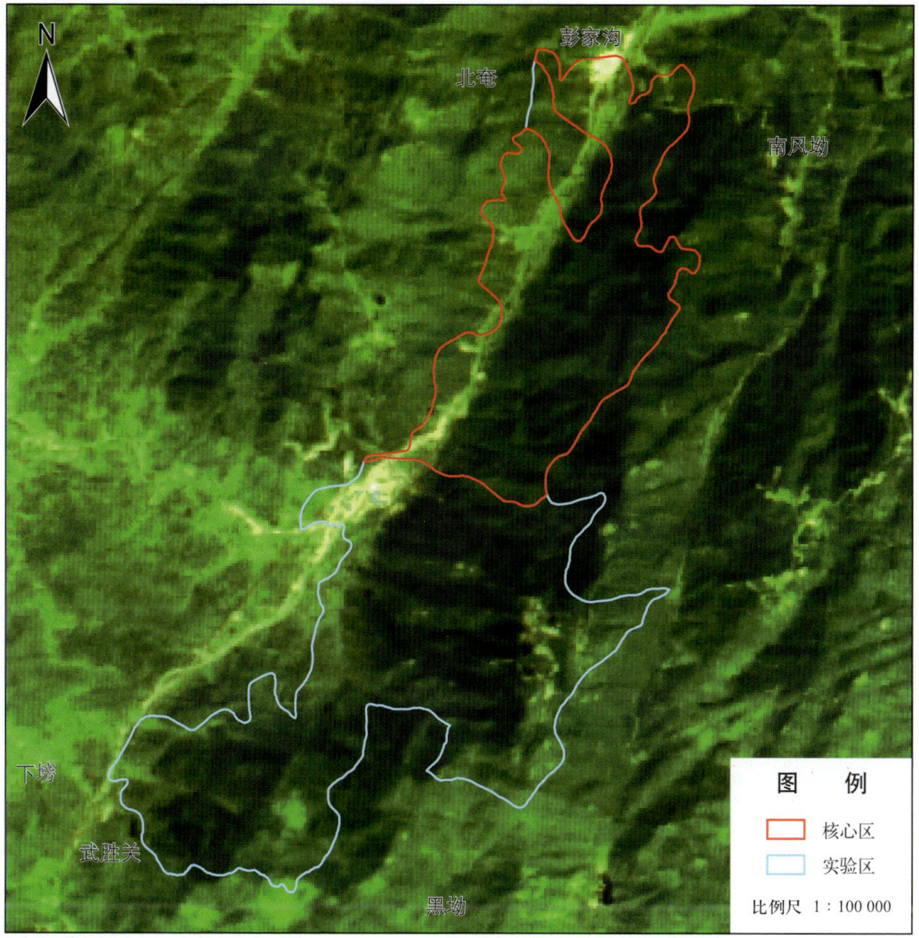
N
彭家沟
北奄
南风坳
下坊
武胜关
黑坳
图 例
核心区
实验区
比例尺 1 : 100 000

影像获取时间：2010 年

鸡公山国家级自然保护区生态系统类型图

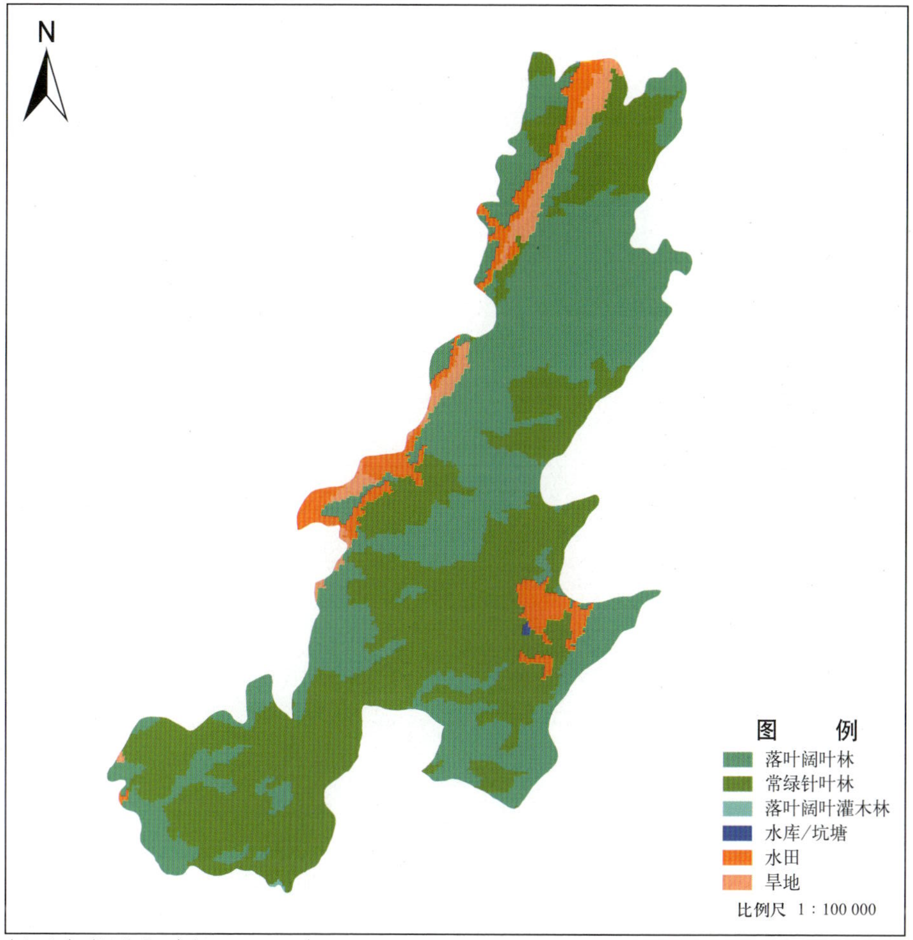
N
图 例
落叶阔叶林
常绿针叶林
落叶阔叶灌木林
水库/坑塘
水田
旱地
比例尺 1 : 100 000

解译参考影像时间：2010 年

鸡公山国家级自然保护区位于河南省信阳市境内，总面积 2 917 公顷，建于 1982 年，1988 年晋升为国家级，主要保护对象为森林生态系统、野生动物，属于森林生态类型自然保护区。该保护区内森林茂密、生物资源丰富，有国家重点保护动植物大鲵、长尾雉和香果树等，是河南农林、师范和医药等高校教学和科研基地。

郑州
鸡公山
国家级自然保护区

董寨国家级自然保护区

董寨国家级自然保护区遥感影像图

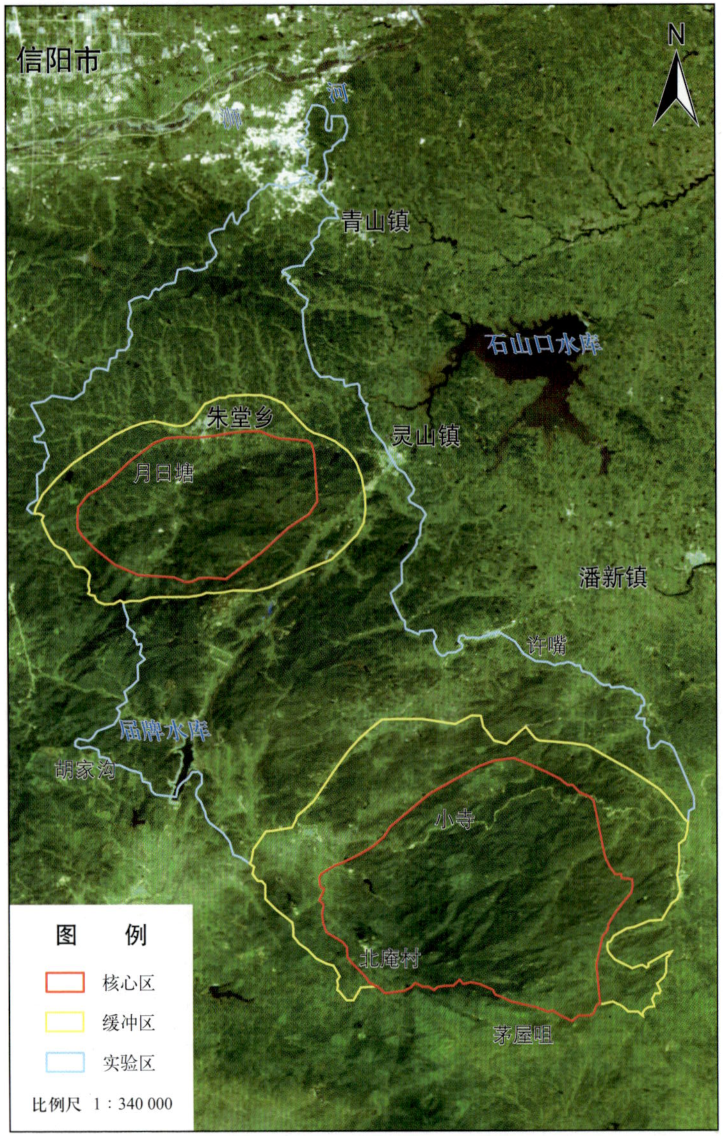
信阳市
N
河
青山镇
石山口水库
朱堂乡
灵山镇
月日塘
潘新镇
许嘴
居牌水库
胡家沟
小寺
北庵村
茅屋咀
图　例
核心区
缓冲区
实验区
比例尺　1 : 340 000

影像获取时间：2010 年

董寨国家级自然保护区生态系统类型图

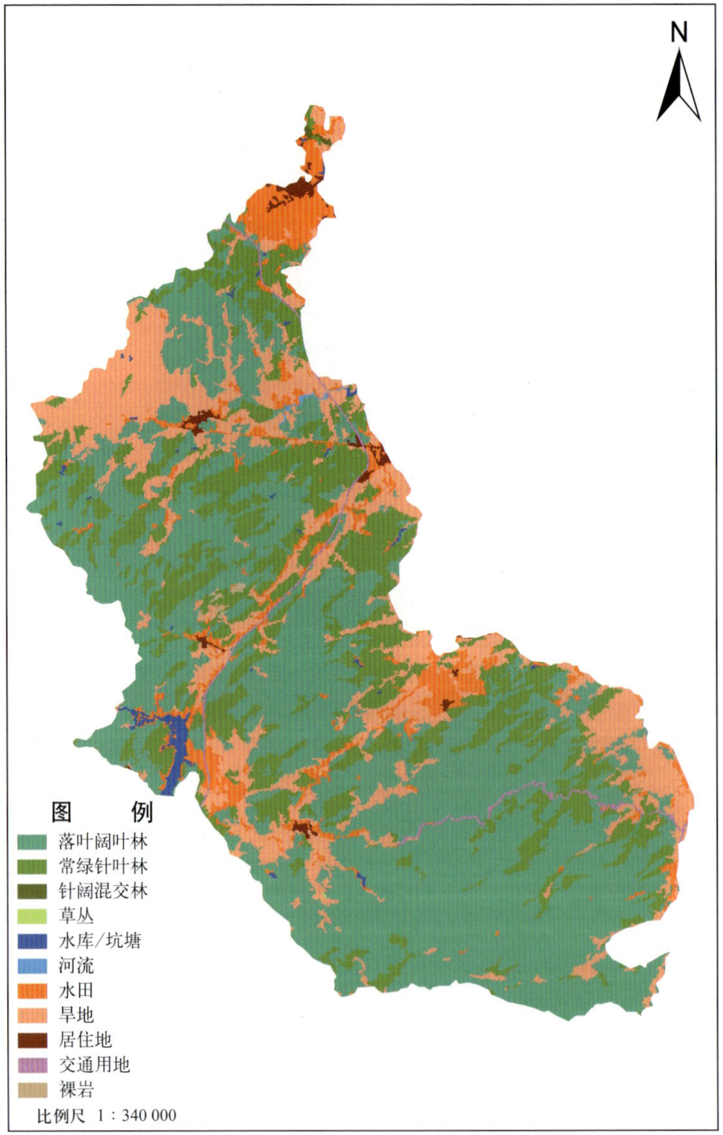
N
图　例
落叶阔叶林
常绿针叶林
针阔混交林
草丛
水库/坑塘
河流
水田
旱地
居住地
交通用地
裸岩
比例尺　1 : 340 000

解译参考影像时间：2011 年

郑州
董寨
国家级自然保护区

董寨国家级自然保护区位于河南省信阳市罗山县境内，总面积 46 800 公顷，建于 1982 年，2001 年晋升为国家级，主要保护对象为珍稀鸟类及其栖息地，属于野生动物类型自然保护区。该保护区内现分布有植物 1 879 种，兽类 37 种，两栖爬行类 44 种，鸟类 237 种，被誉为“鸟类乐园”，是一个集自然保护、生态旅游、鸟类观赏、科学考察、教学实习、休闲娱乐和避暑疗养于一体的多功能综合性自然保护区。

连康山国家级自然保护区

连康山国家级自然保护区遥感影像图

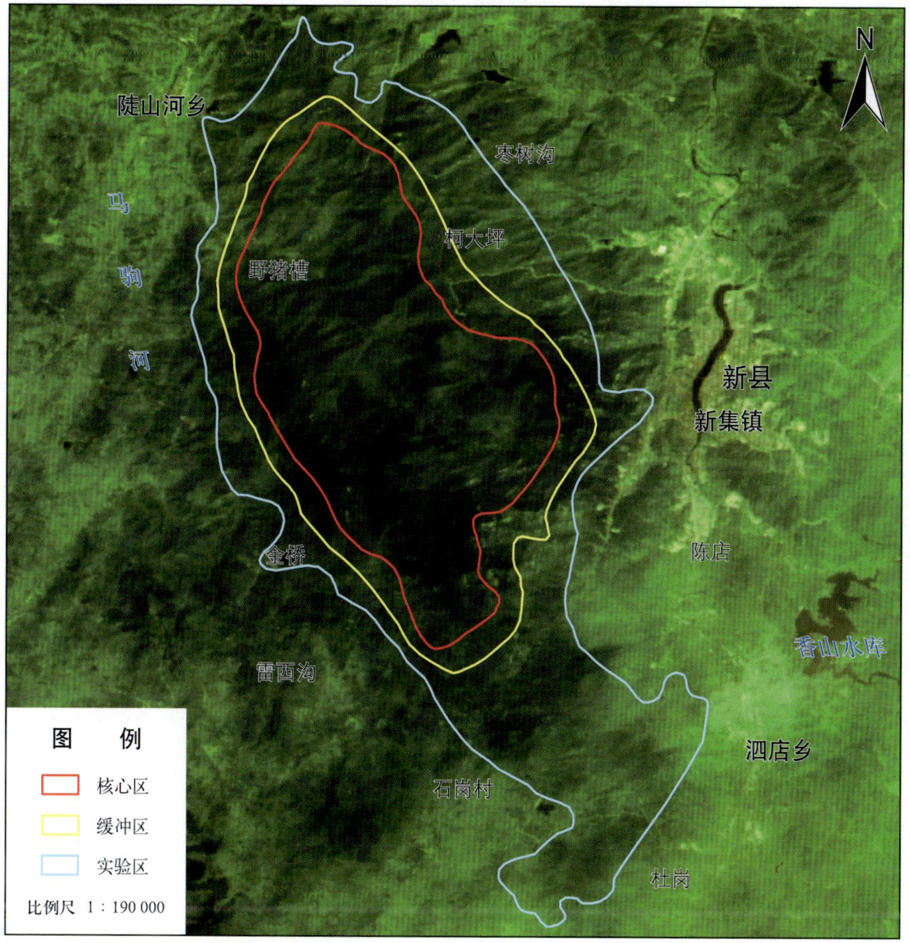
N
陡山河乡
马
驹
河
枣树沟
祠大坪
野猪槽
新县
新集镇
金桥
陈店
香山水库
雷西沟
泗店乡
石岗村
杜岗
图例
核心区
缓冲区
实验区
比例尺 1：190 000

影像获取时间：2010 年

连康山国家级自然保护区生态系统类型图

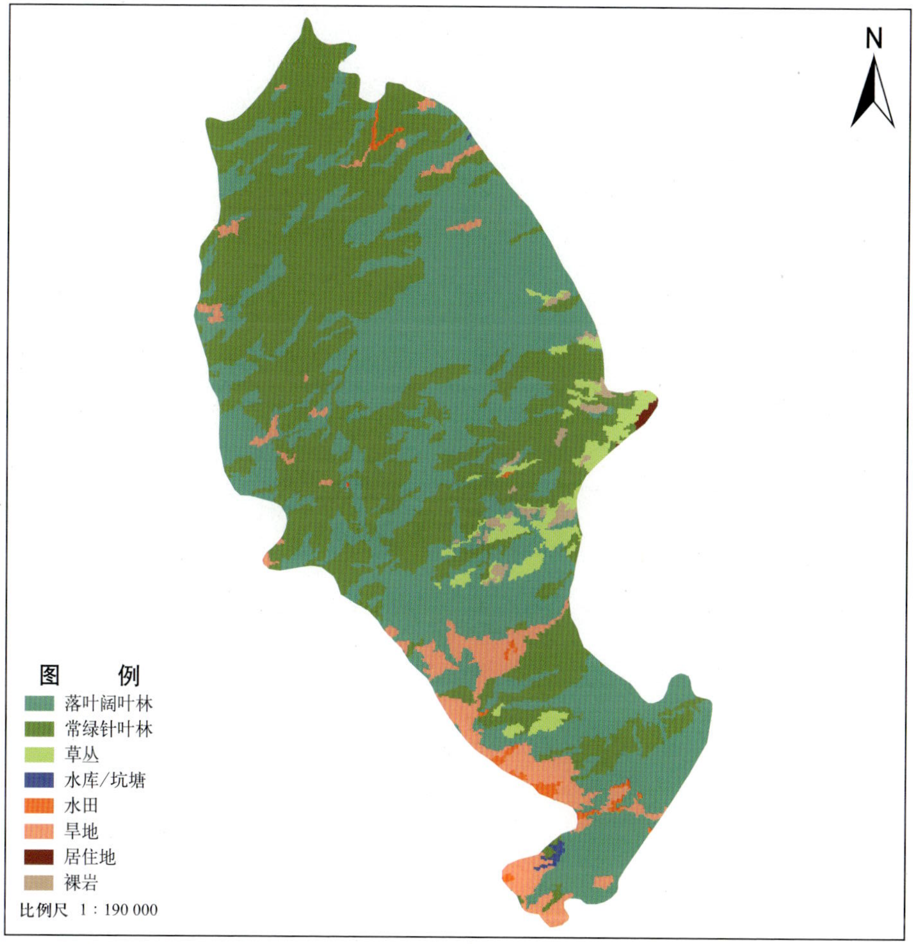
N
图例
落叶阔叶林
常绿针叶林
草丛
水库/坑塘
水田
旱地
居住地
裸岩
比例尺 1：190 000

解译参考影像时间：2011 年

连康山国家级自然保护区位于河南省信阳市新县境内，总面积 10 580 公顷，建于 1982 年，2005 年晋升为国家级，主要保护对象为常绿阔叶与落叶阔叶混交林，属于森林生态类型自然保护区。该保护区地处北亚热带，属湿润气候区，区内动物资源相当丰富，陆栖脊椎动物有 300 余种，其中哺乳动物 30 多种，爬行动物中仅蛇类就有 10 多种，国家重点保护的野生动物有金钱豹、白冠长尾雉、大鲵和金雕等。

郑州
连康山
国家级自然保护区

太行山猕猴国家级自然保护区

太行山猕猴国家级自然保护区遥感影像图

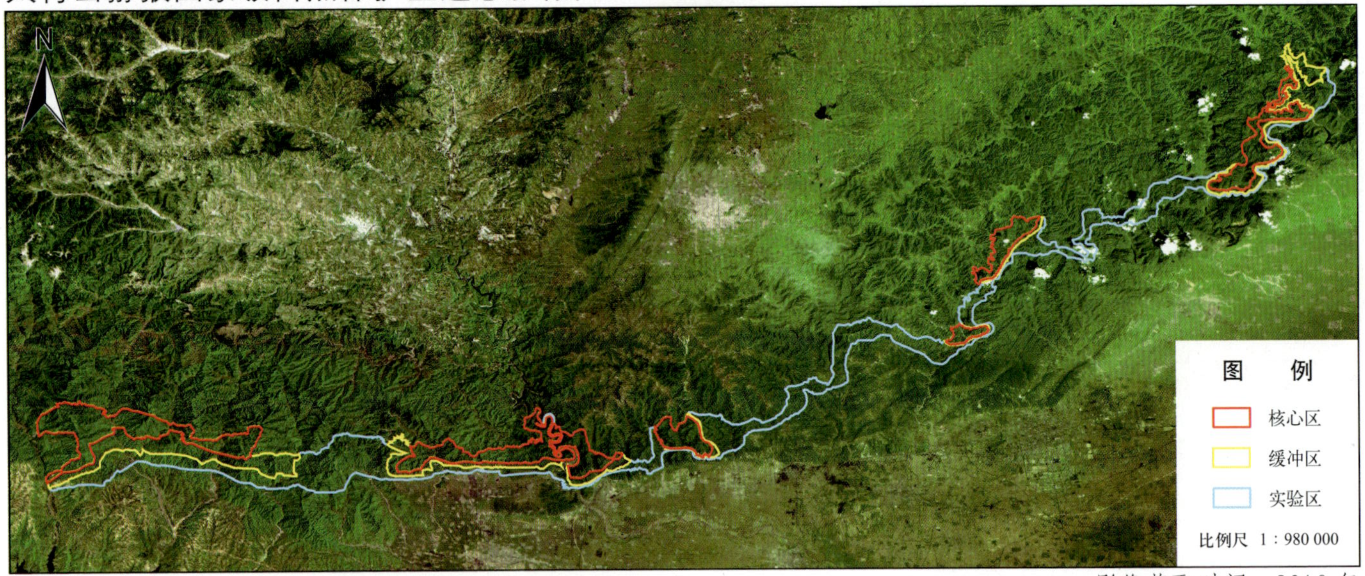
N
图 例
核心区
缓冲区
实验区
比例尺 1 : 980 000

影像获取时间：2010 年

太行山猕猴国家级自然保护区位于河南省济源市和焦作市、新乡市境内，总面积 56 600 公顷，建于 1982 年，1998 年晋升为国家级，主要保护对象为猕猴及森林生态系统，属于野生动物类型的自然保护区。该保护区内的太行猕猴为狒猴的华北亚种，现有 20 余群 2 000 多只，这里是目前中国狒猴数量最多、面积最大的保护区，具有十分重要的保护价值。

太行山猕猴国家级自然保护区生态系统类型图

N
图 例
落叶阔叶林
常绿针叶林
落叶阔叶灌木林
草丛
水库/坑塘
河流
运河/水渠
旱地
居住地
工业用地
稀疏林
裸土
比例尺 1 : 980 000

解译参考影像时间：2010 年

郑州
太行山猕猴
国家级自然保护区

赛武当国家级自然保护区遥感影像图

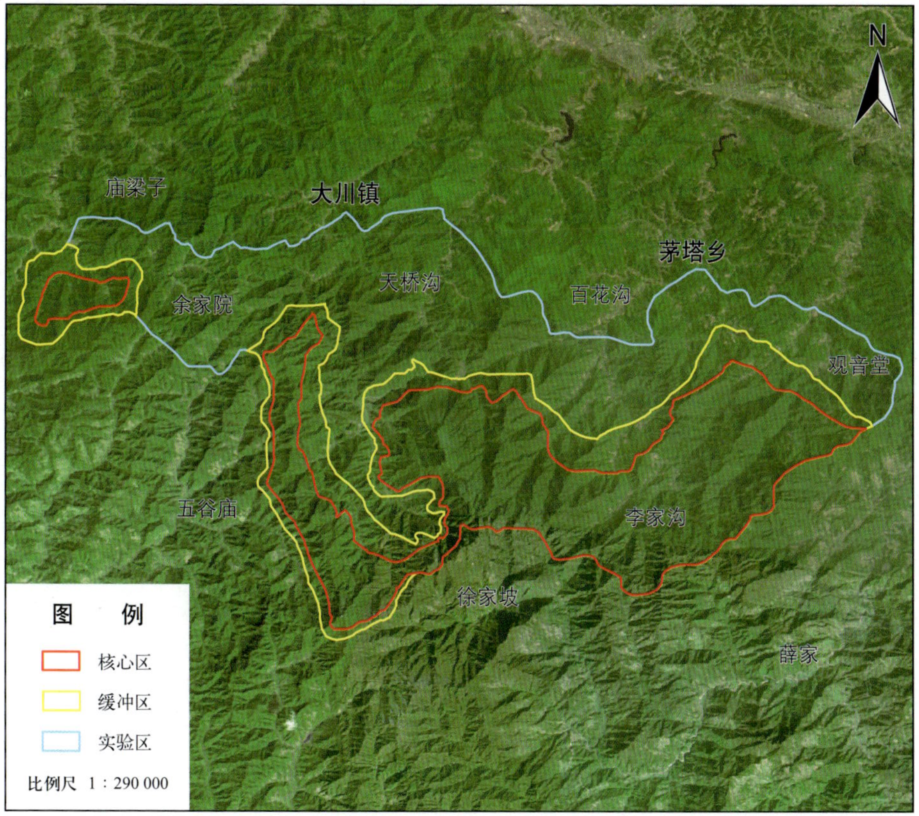
N
庙梁子
大川镇
茅塔乡
天桥沟
百花沟
余家院
观音堂
五谷庙
李家沟
徐家坡
薛家
图 例
核心区
缓冲区
实验区
比例尺 1：290 000

影像获取时间：2010 年

赛武当国家级自然保护区生态系统类型图

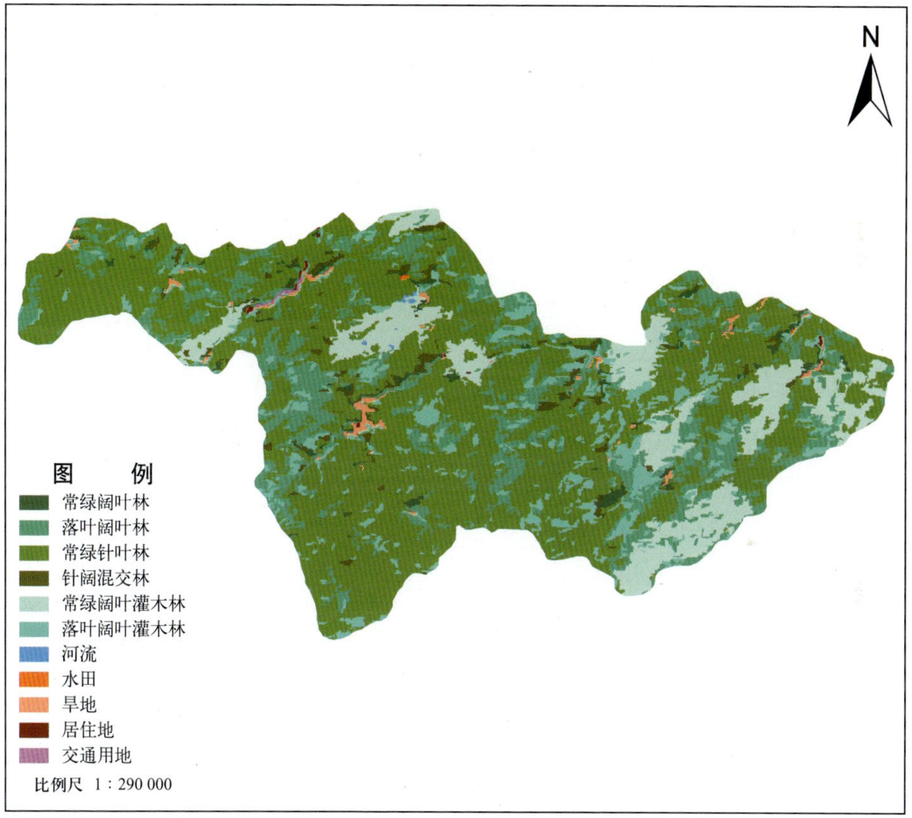
N
图 例
常绿阔叶林
落叶阔叶林
常绿针叶林
针阔混交林
常绿阔叶灌木林
落叶阔叶灌木林
河流
水田
旱地
居住地
交通用地
比例尺 1：290 000

解译参考影像时间：2011 年

赛武当国家级自然保护区位于湖北省十堰市茅箭区境内，总面积 21 203 公顷，建于 1987 年，2011 年晋升为国家级，主要保护对象为北亚热带森林生态系统及巴山松、铁杉群落，属于森林生态类型自然保护区。该保护区内群峰矗立、峡谷幽深、古木参天、森林茂密，蕴藏着丰富的珍稀濒危野生动植物资源，具有保存完好的原生森林植被，这里是我国非常重要的天然物种基因库。

赛武当
国家级自然保护区
武汉

青龙山恐龙蛋化石群国家级自然保护区

青龙山恐龙蛋化石群国家级自然保护区遥感影像图

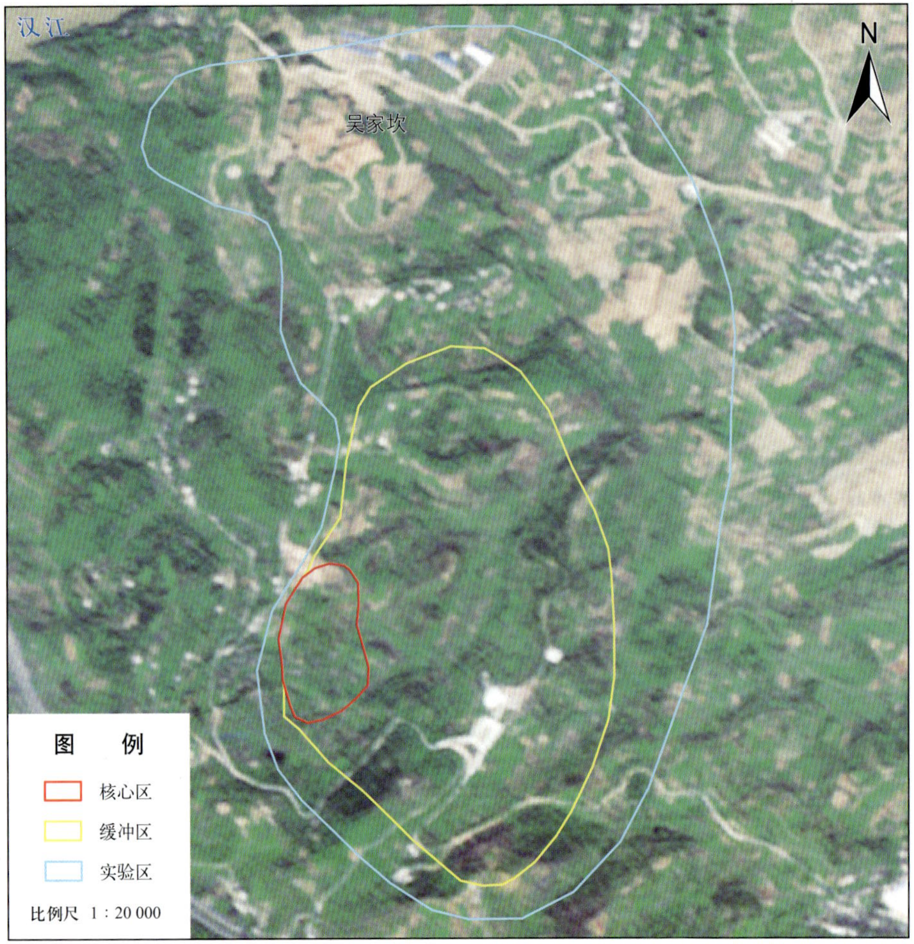
汉江
吴家坎
N
图 例
核心区
缓冲区
实验区
比例尺 1：20 000

影像获取时间：2010 年

青龙山恐龙蛋化石群国家级自然保护区生态系统类型图

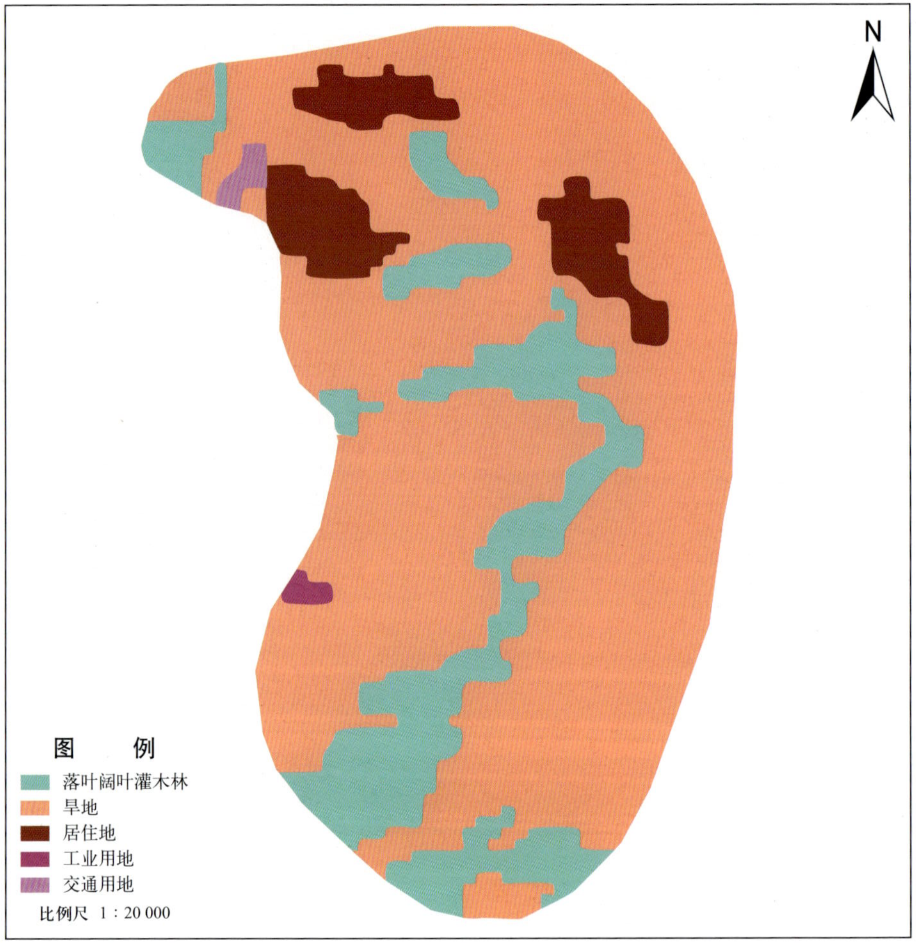
N
图 例
落叶阔叶灌木林
旱地
居住地
工业用地
交通用地
比例尺 1：20 000

解译参考影像时间：2011 年

青龙山恐龙蛋化石群国家级自然保护区位于湖北省十堰市郧县境内，总面积205公顷，建于1997年，2001年晋升为国家级，主要保护对象为恐龙蛋化石群，属于古生物遗迹类型保护区。该保护区内保留有18亿多年前沧海桑田变迁的纪录，具有许多内涵丰富、形态奇特、典型多样的地质遗迹，是久负盛名的“恐龙之乡”。

青龙山恐龙蛋化石群
国家级自然保护区
武汉

五峰后河国家级自然保护区遥感影像图

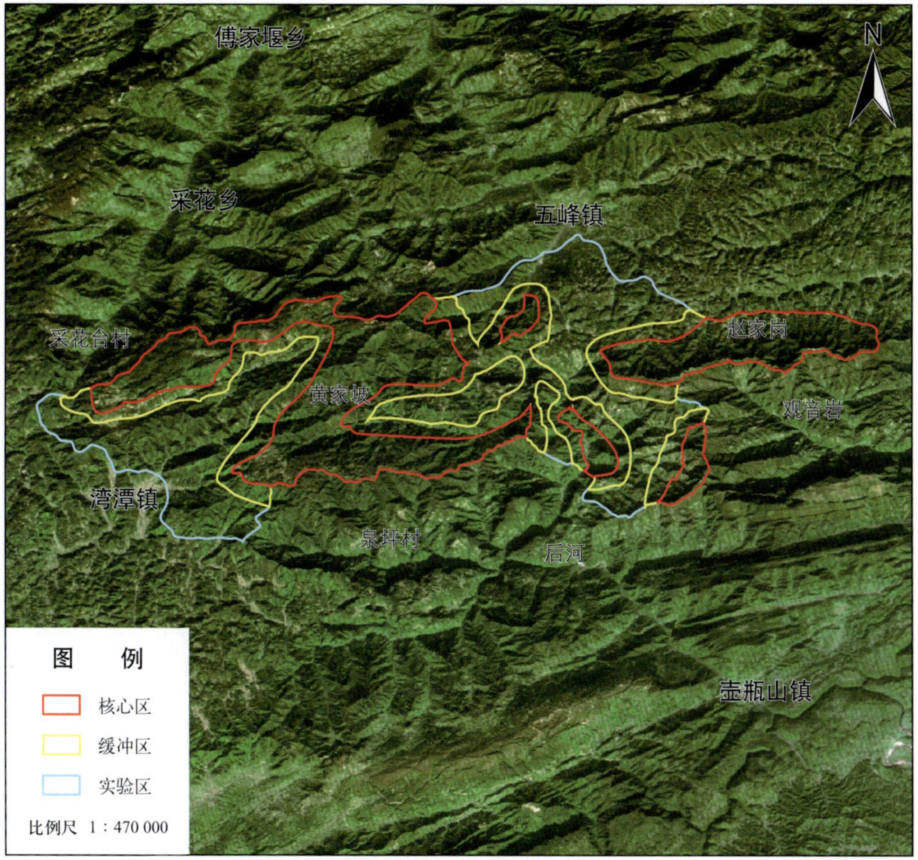
傅家堰乡
采花乡
五峰镇
采花台村
赵家岗
黄家坡
观音岩
湾潭镇
泉坪村
后河
壶瓶山镇
N
图 例
核心区
缓冲区
实验区
比例尺 1 : 470 000

影像获取时间：2010 年

五峰后河国家级自然保护区生态系统类型图

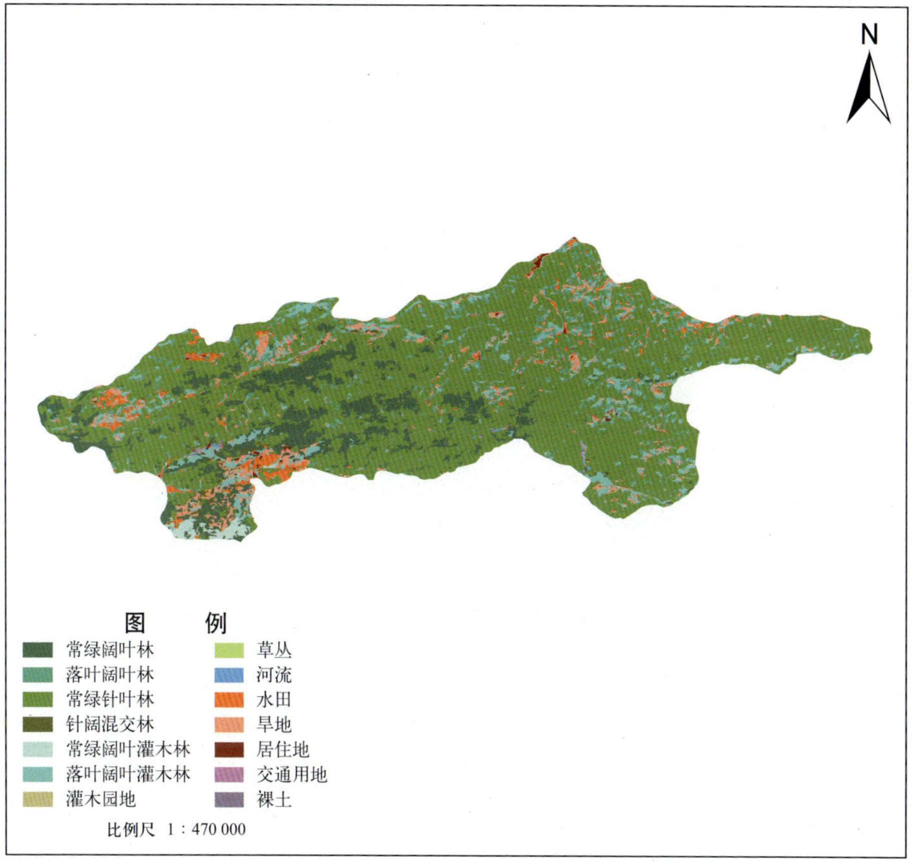
N
图 例
常绿阔叶林
落叶阔叶林
常绿针叶林
针阔混交林
常绿阔叶灌木林
落叶阔叶灌木林
灌木园地
草丛
河流
水田
旱地
居住地
交通用地
裸土
比例尺 1 : 470 000

解译参考影像时间：2010 年

五峰后河
国家级自然保护区
武汉

五峰后河国家级自然保护区位于湖北省宜昌市五峰土家族自治县境内，总面积 40 964 公顷，建于 1985 年，2000 年晋升为国家级，主要保护对象为中亚热带森林生态系统及珙桐等珍稀动植物，属于森林生态类型的自然保护区。该保护区内的生物多样性具有全球意义，后河的生物资源在这里完好地保存下来，该保护区的建立对展示华中地区生物多样性的丰富内涵有着十分重要的意义。

石首麋鹿国家级自然保护区

石首麋鹿国家级自然保护区位于湖北省石首市境内，总面积 1 567 公顷，建于 1991 年，1998 年晋升为国家级，主要保护对象为野生麋鹿及其生境，属于野生动物类型自然保护区。该保护区以其良好的湿地生态环境、丰富的生物多样性、成功的麋鹿野生繁育实践赢得了国内外专家学者的广泛赞誉和社会各界的高度关注。

石首麋鹿
国家级自然保护区
武汉

石首麋鹿国家级自然保护区遥感影像图

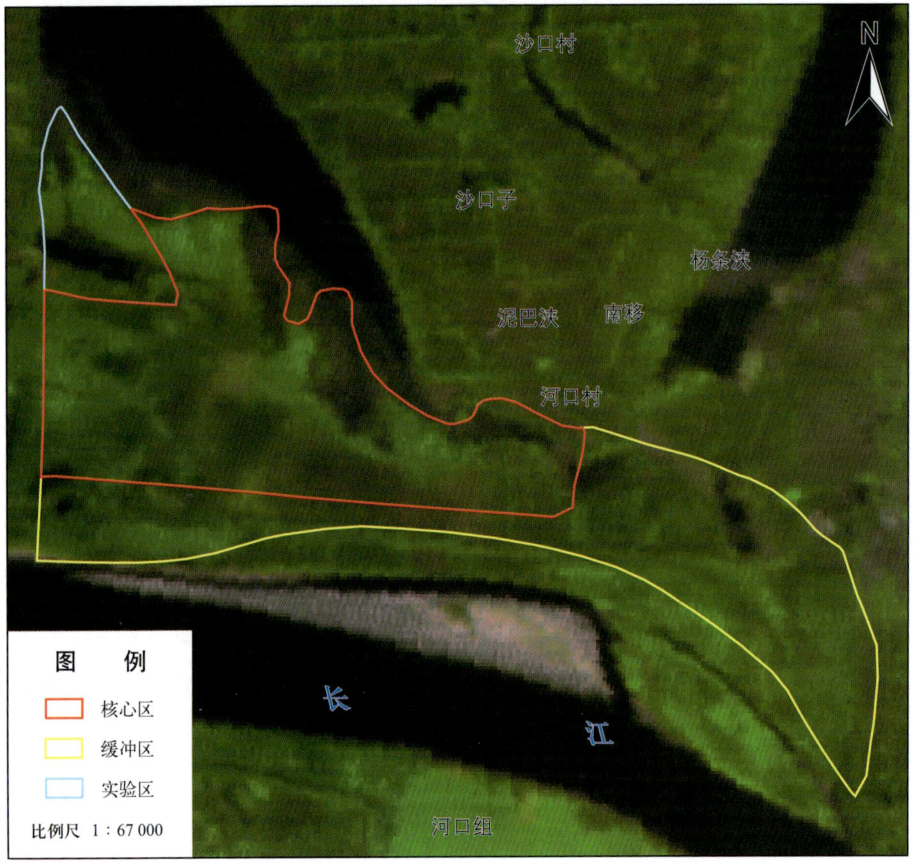
N
沙口村
沙口子
杨条洪
泥巴洪
南移
河口村
长
江
河口组
图 例
核心区
缓冲区
实验区
比例尺 1 : 67 000

影像获取时间：2010 年

石首麋鹿国家级自然保护区生态系统类型图

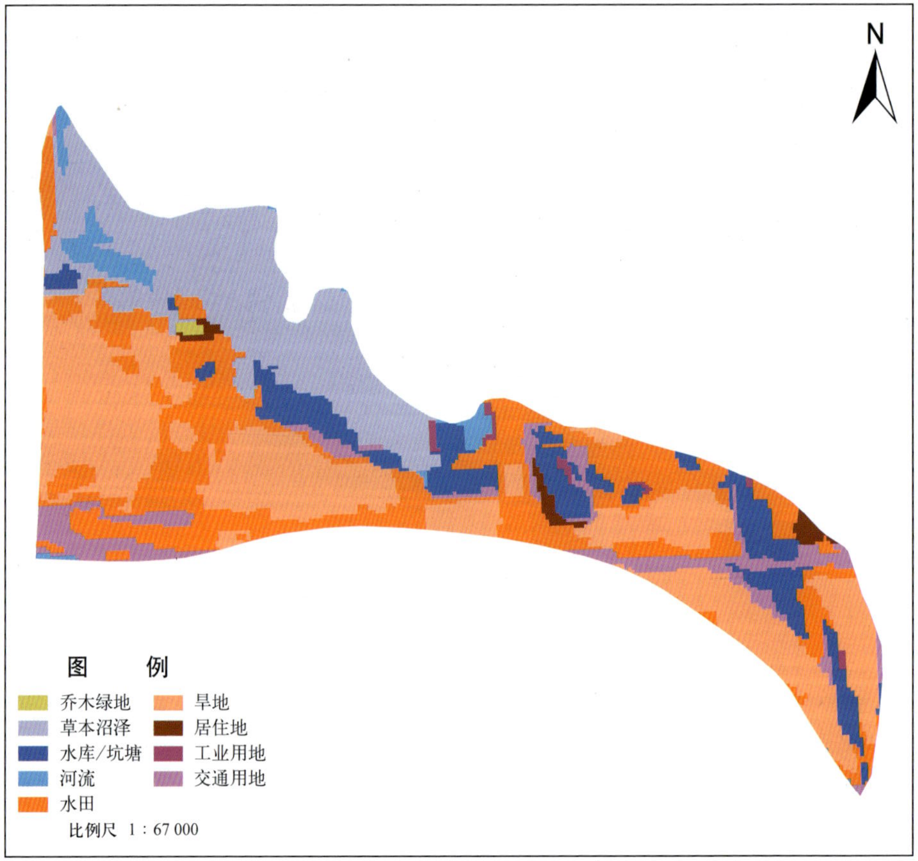
N
图 例
乔木绿地
草本沼泽
水库/坑塘
河流
水田
旱地
居住地
工业用地
交通用地
比例尺 1 : 67 000

解译参考影像时间：2011 年

长江天鹅洲白鱀豚国家级自然保护区遥感影像图

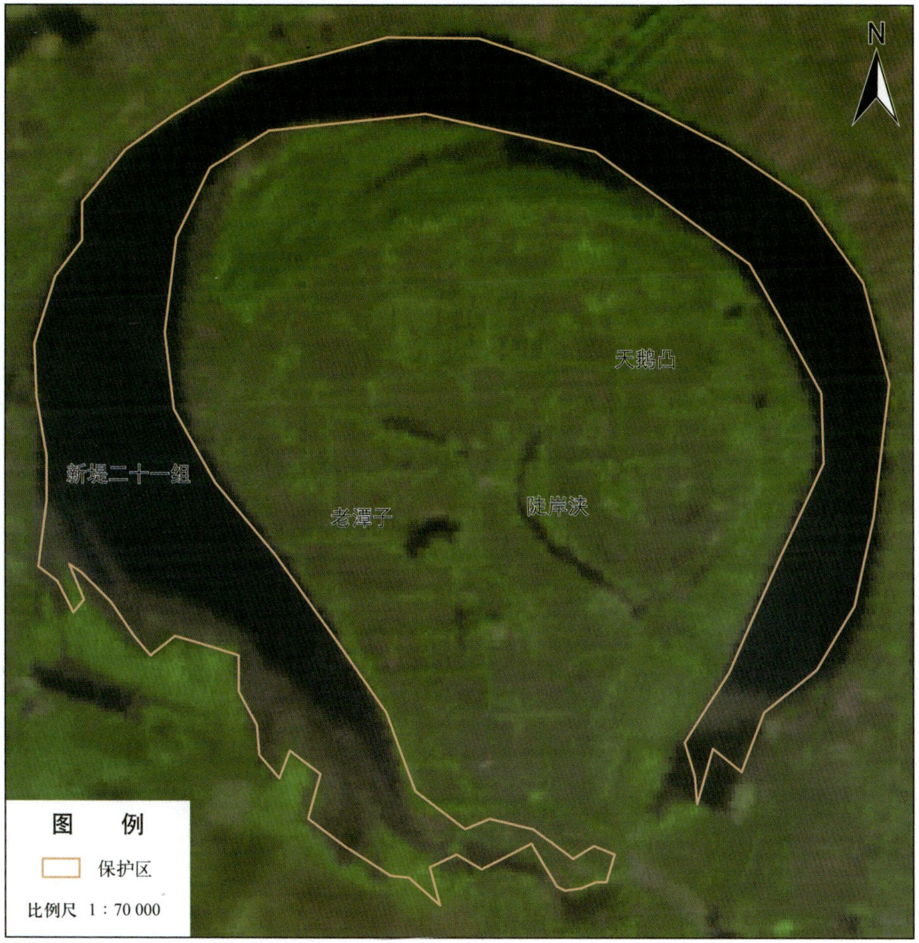
N
天鹅凸
新堤二十一组
老潭子
陡岸浃
图 例
保护区
比例尺 1：70 000

影像获取时间：2010 年

长江天鹅洲白鱀豚国家级自然保护区生态系统类型图

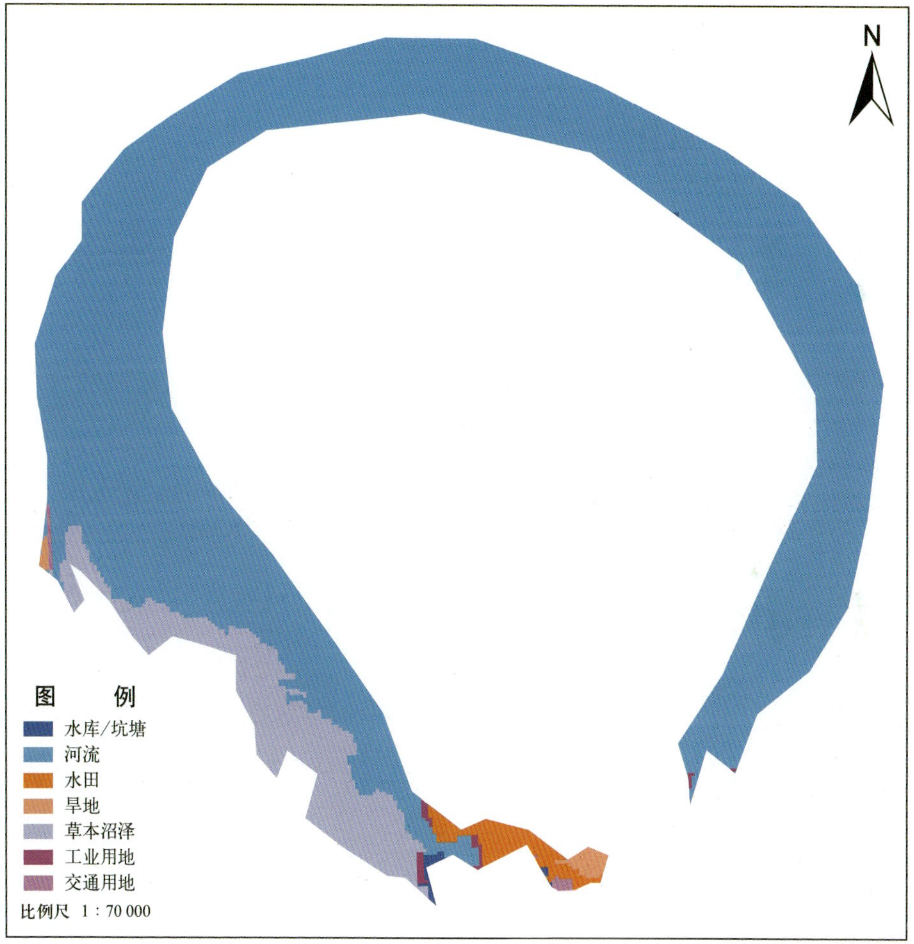
N
图 例
水库/坑塘
河流
水田
旱地
草本沼泽
工业用地
交通用地
比例尺 1：70 000

解译参考影像时间：2010 年

长江天鹅洲白鱀豚国家级自然保护区位于湖北省荆州市南部的石首市境内，总面积 2 000 公顷，建于 1990 年，1992 年晋升为国家级，主要保护对象为白鱀豚、江豚及其生态环境，属于野生动物类型自然保护区。该保护区内饵料丰富，水文条件优越，因此成为在半自然状态下保护和恢复白鳍豚种群的重要基地。

武汉
长江天鹅洲白鱀豚
国家级自然保护区

长江新螺段白鳖豚国家级自然保护区

长江新螺段白鳖豚国家级自然保护区位于湖北省洪湖市、赤壁市、嘉鱼县和湖南省临湘市四市县的交界处，总面积13 500公顷，建于1987年，1992年晋升为国家级，主要保护对象为白鳖豚、江豚、中华鲟及其生态环境，属于野生动物类型自然保护区。该保护区内生境良好，是白鳖豚最集中分布区之一，这里对保护和恢复白鳖豚种群具有重要作用。

武汉
长江新螺段白鳖豚
国家级自然保护区

长江新螺段白鳖豚国家级自然保护区遥感影像图

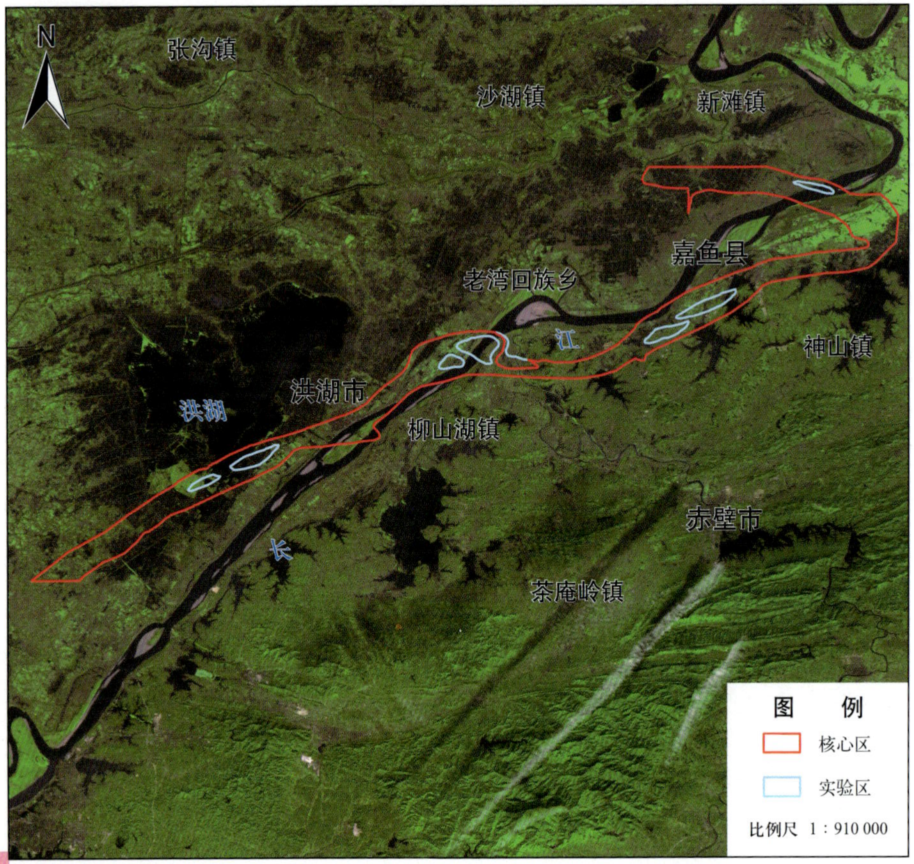
N
张沟镇
沙湖镇
新滩镇
嘉鱼县
老湾回族乡
江
神山镇
洪湖市
洪湖
柳山湖镇
赤壁市
长
茶庵岭镇
图 例
核心区
实验区
比例尺 1 : 910 000

影像获取时间：2010年

长江新螺段白鳖豚国家级自然保护区生态系统类型图

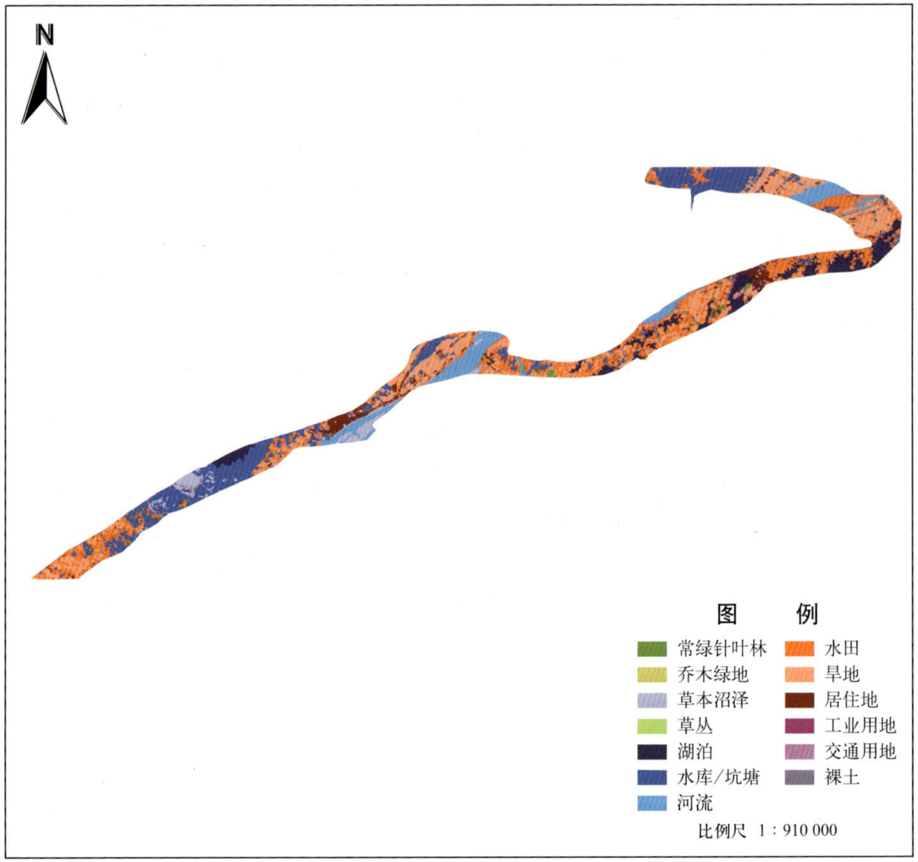
N
图 例
常绿针叶林
乔木绿地
草本沼泽
草丛
湖泊
水库/坑塘
河流
水田
旱地
居住地
工业用地
交通用地
裸土
比例尺 1 : 910 000

解译参考影像时间：2011年

龙感湖国家级自然保护区遥感影像图

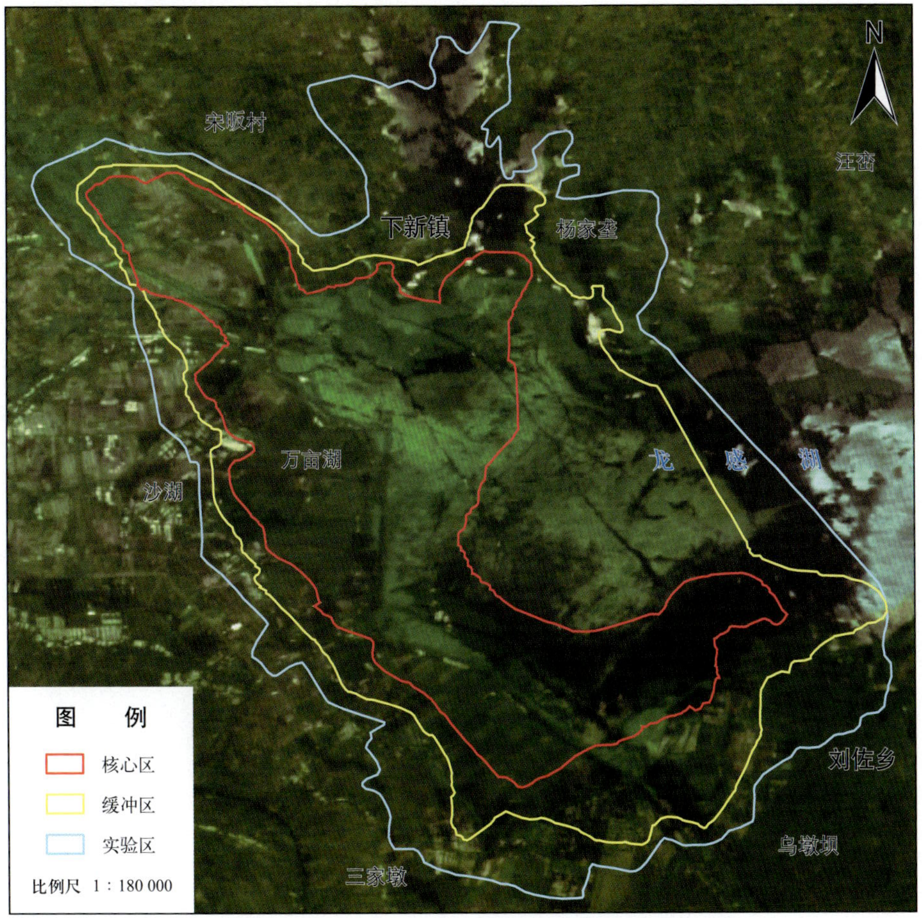
N
宋畈村
汪畲
下新镇
杨家垄
万亩湖
沙湖
龙 感 湖
刘佐乡
乌墩坝
三家墩
图 例
核心区
缓冲区
实验区
比例尺 1：180 000

影像获取时间：2010 年

龙感湖国家级自然保护区生态系统类型图

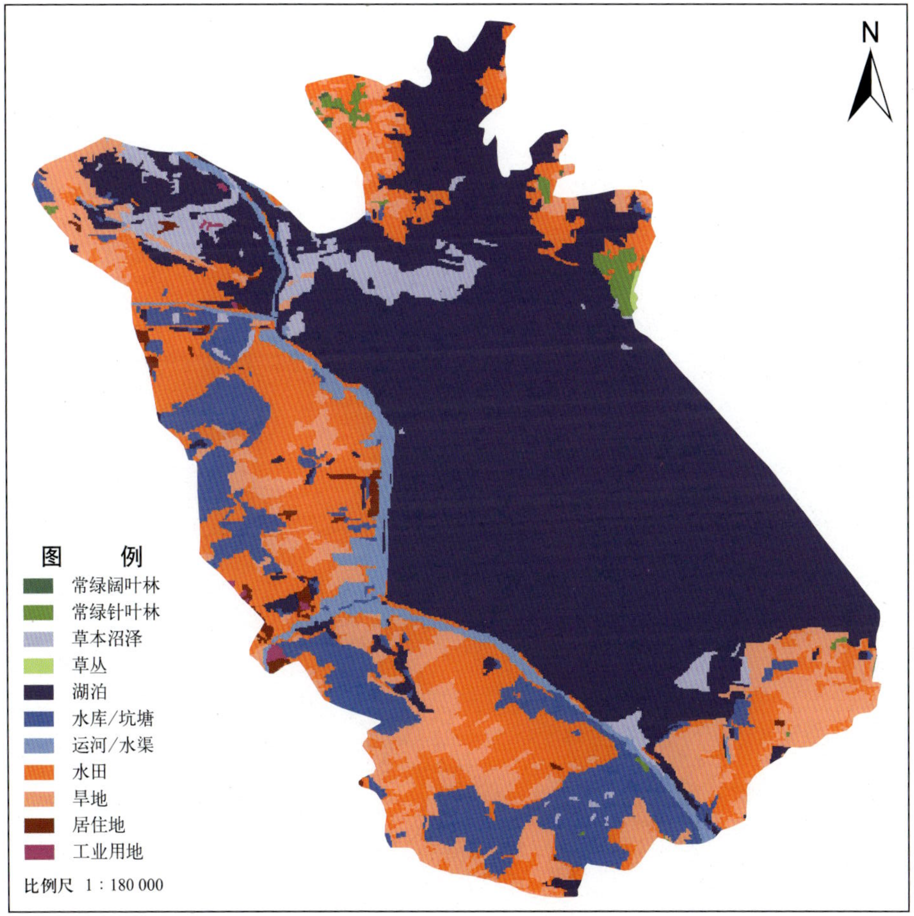
N
图 例
常绿阔叶林
常绿针叶林
草本沼泽
草丛
湖泊
水库/坑塘
运河/水渠
水田
旱地
居住地
工业用地
比例尺 1：180 000

解译参考影像时间：2011 年

武汉
龙感湖
国家级自然保护区

龙感湖国家级自然保护区位于湖北省黄冈市黄梅县境内，总面积 22 322 公顷，建于 1988 年，2009 年晋升为国家级，主要保护对象为淡水湖泊生态系统、湿地生态系统及白头鹤等珍禽，属于内陆湿地类型自然保护区。该保护区生态环境代表性强，生态类型独特，研究和保护该区域的白头鹤具有很高的科学价值。

湖北省 九宫山国家级自然保护区

九宫山国家级自然保护区位于湖北省咸宁市通山县境内，总面积 16 609 公顷，建于 1981 年，2007 年晋升为国家级，主要保护对象为中亚热带阔叶林生态系统及珍稀动植物，属森林生态系统类型自然保护区。该保护区是长江中下游植被保护最完整、珍稀动植物最丰富的自然保护区，是幕阜山系的生态系统核心和精华所在，在生物多样性保护和长江中下游生态环境建设中起到重要的作用。

武汉
九宫山
国家级自然保护区

九宫山国家级自然保护区遥感影像图

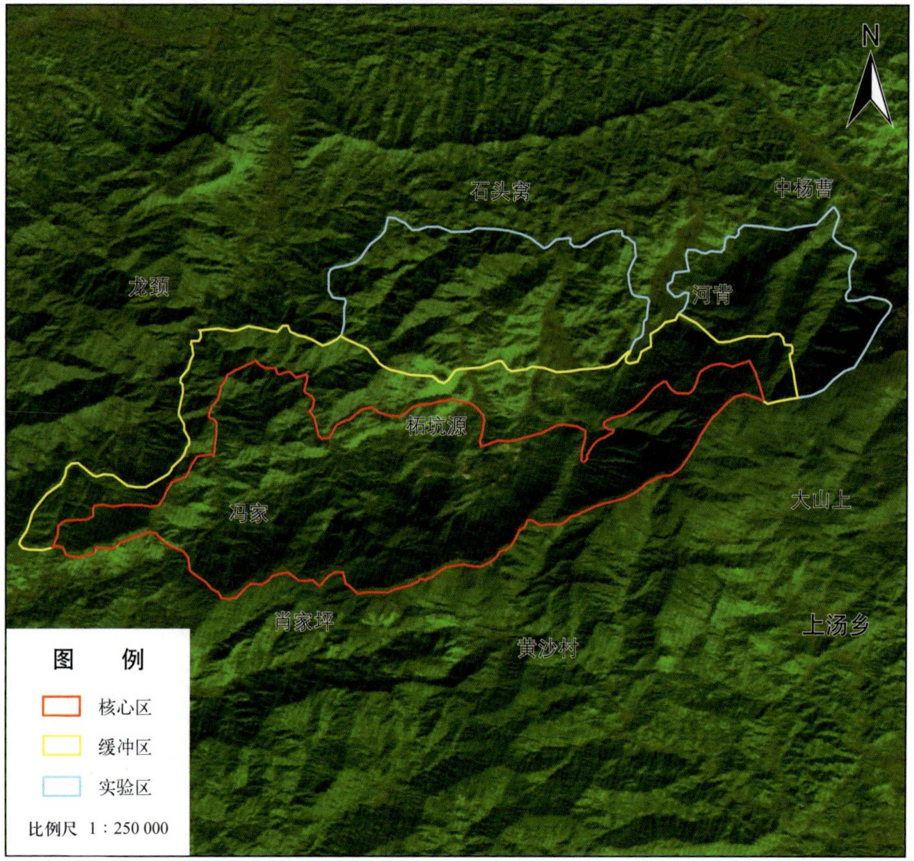
N
石头窝
中杨曹
龙须
河背
柘坑源
冯家
大山上
肖家坪
黄沙村
上汤乡
图例
核心区
缓冲区
实验区
比例尺 1：250 000

影像获取时间：2010 年

九宫山国家级自然保护区生态系统类型图

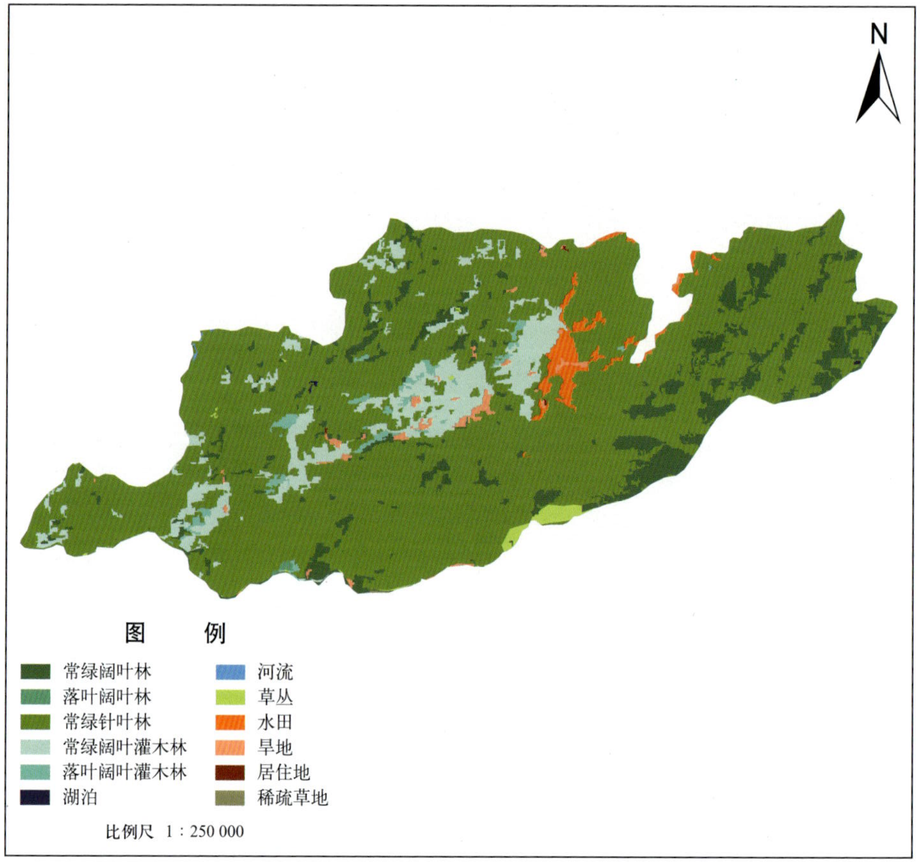
N
图例
常绿阔叶林
落叶阔叶林
常绿针叶林
常绿阔叶灌木林
落叶阔叶灌木林
湖泊
河流
草丛
水田
旱地
居住地
稀疏草地
比例尺 1：250 000

解译参考影像时间：2010 年

星斗山国家级自然保护区遥感影像图

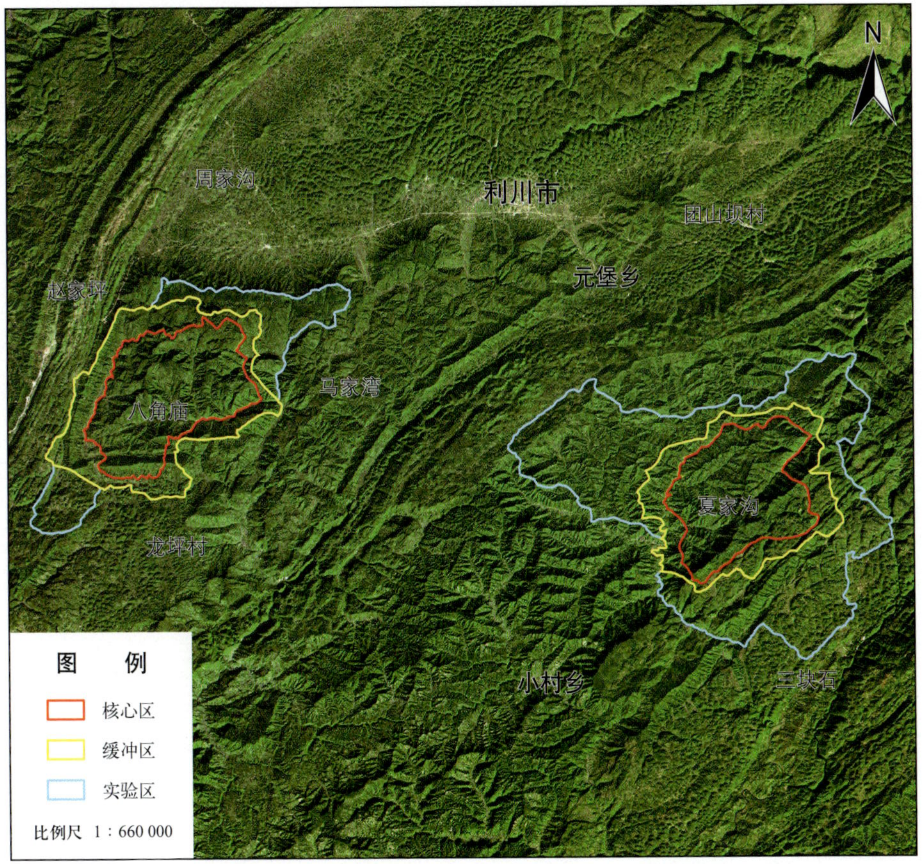
N
周家沟
利川市
团山坝村
元堡乡
赵家坪
马家湾
八角庙
夏家沟
龙坪村
小村乡
三块石
图例
核心区
缓冲区
实验区
比例尺 1：660 000

影像获取时间：2010 年

星斗山国家级自然保护区生态系统类型图

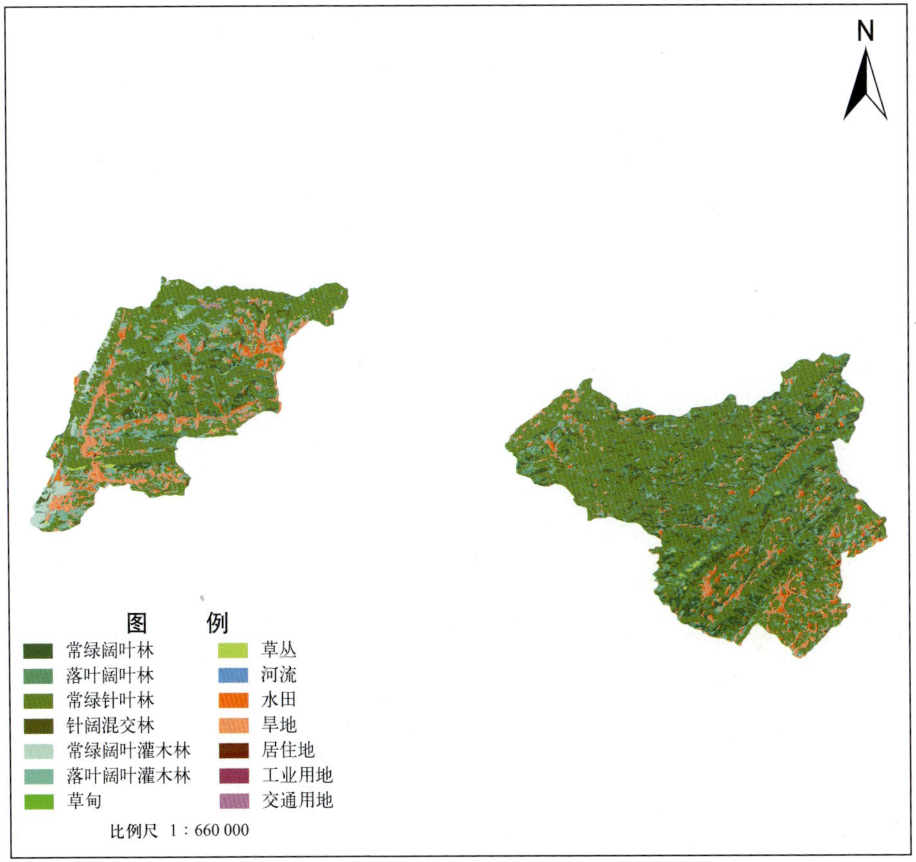
N
图例
常绿阔叶林
落叶阔叶林
常绿针叶林
针阔混交林
常绿阔叶灌木林
落叶阔叶灌木林
草甸
草丛
河流
水田
旱地
居住地
工业用地
交通用地
比例尺 1：660 000

解译参考影像时间：2010 年

星斗山国家级自然保护区位于湖北省恩施土家族苗族自治州恩施市、利川市、咸丰县三市县境内，总面积 68 339 公顷，建于 1981 年，2003 年晋升为国家级，主要保护对象为中亚热带森林生态系统及珙桐、水杉等珍稀植物，属于森林生态类型自然保护区。该保护区是孑遗植物水杉的模式标本产地，也是世界上唯一现存的水杉原生群落集中分布区，这里的生态系统具有极高的典型性，对研究古生物、古气候、古地理等均有着极为重要的科学价值。

星斗山
国家级自然保护区
武汉

七姊妹山国家级自然保护区

七姊妹山国家级自然保护区遥感影像图

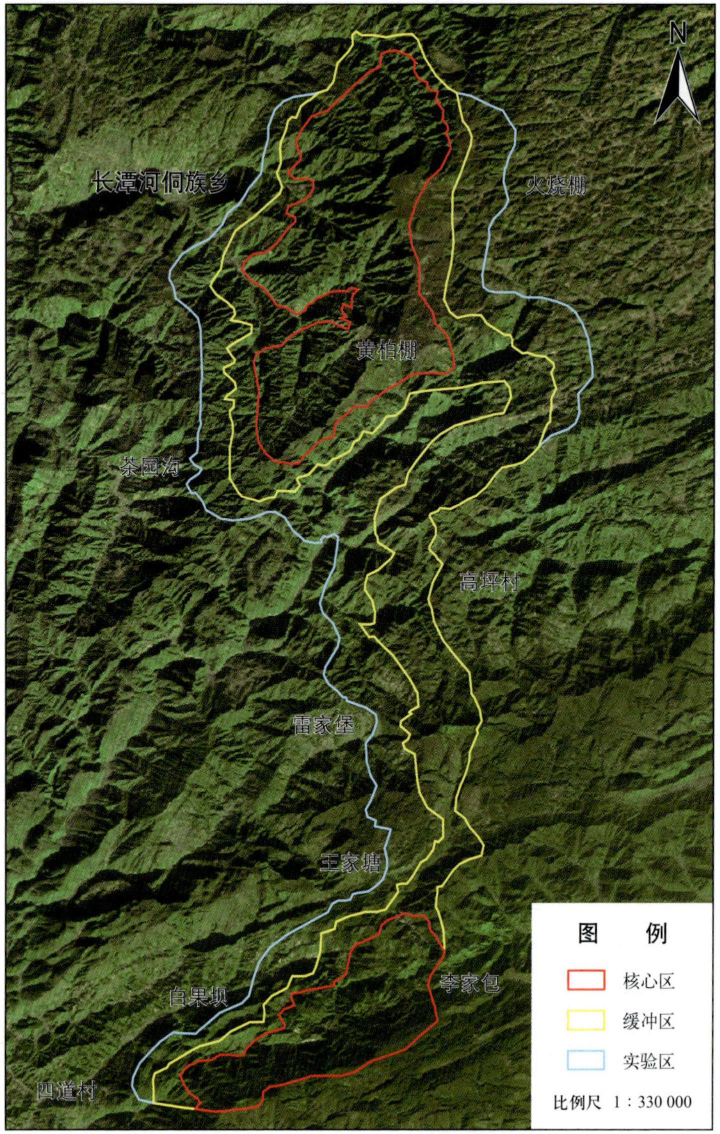
N
长潭河侗族乡
火烧棚
黄柏棚
茶园沟
高坪村
雷家堡
王家塘
李家包
白果坝
四道村
图例
核心区
缓冲区
实验区
比例尺 1∶330 000

影像获取时间：2010 年

七姊妹山国家级自然保护区生态系统类型图

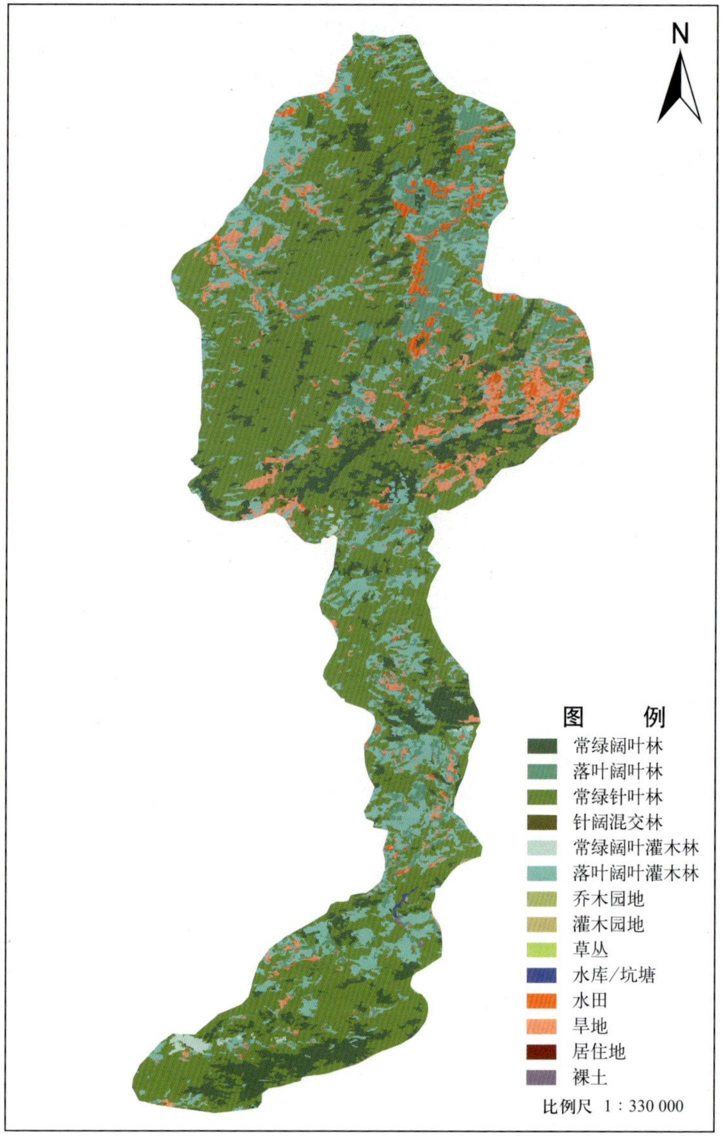
N
图例
常绿阔叶林
落叶阔叶林
常绿针叶林
针阔混交林
常绿阔叶灌木林
落叶阔叶灌木林
乔木园地
灌木园地
草丛
水库/坑塘
水田
旱地
居住地
裸土
比例尺 1∶330 000

解译参考影像时间：2010 年

七姊妹山
国家级自然保护区
武汉

七姊妹山国家级自然保护区位于湖北省恩施土家族苗族自治州宣恩县境内，总面积 34 550 公顷，建于 1990 年，2008 年晋升为国家级，主要保护对象为中亚热带森林生态系统、珙桐等珍稀植物及其生境，属于森林生态类型自然保护区。该保护区内自然环境独特，地貌类型多样，珍稀野生动植物资源丰富，属中国三大特有现象中心之一的“川东－鄂西特有现象中心”的核心地带，这里生物多样性十分丰富，被列为中国优先保护领域和具有全球意义的生物多样性关键地区。

咸丰忠建河大鲵国家级自然保护区遥感影像图

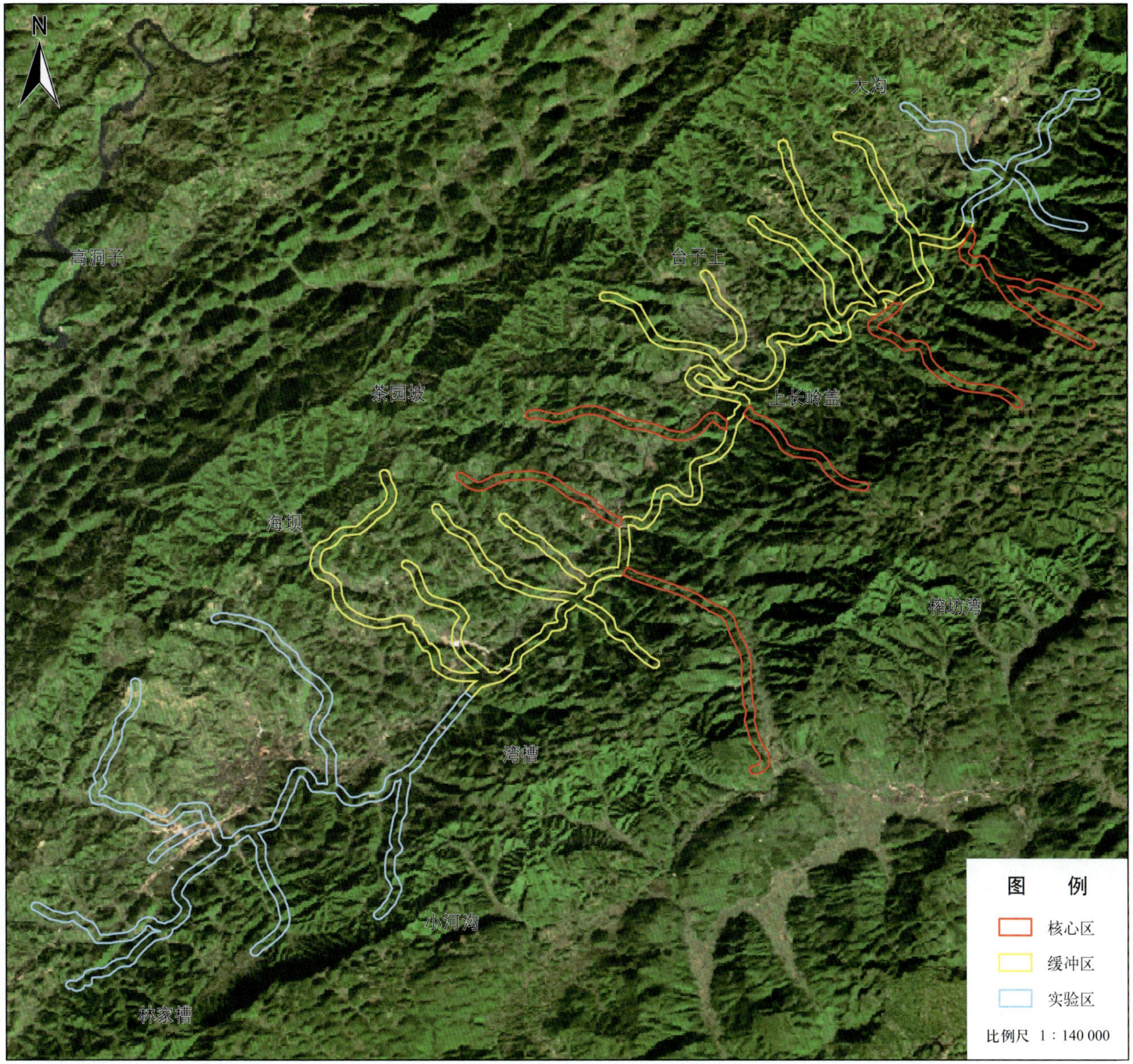
N
大沟
高洞子
台子上
上长岭盖
茶园坡
海坝
榨坊湾
湾槽
小河沟
林家槽
图 例
核心区
缓冲区
实验区
比例尺 1 : 140 000

影像获取时间：2010 年

咸丰忠建河大鲵国家级自然保护区位于湖北省恩施土家族苗族自治州咸丰县境内，总面积 1 043 公顷，建于 1990 年，2012 年晋升为国家级，主要保护对象为大鲵及其生态环境，属于野生动物类型自然保护区。该保护区内大鲵分布广泛，种群资源丰富，自然生态环境极为适合大鲵的生存和繁衍。

武汉
咸丰忠建河大鲵
国家级自然保护区

木林子国家级自然保护区

木林子国家级自然保护区位于湖北省恩施土家族苗族自治州鹤峰县境内，总面积 20 838 公顷，建于 1983 年，2012 年晋升为国家级，主要保护对象为中亚热带森林生态系统及珙桐、香果树等珍稀植物，属森林生态系统类型自然保护区。该保护区内保存了较多的珍稀濒危野生动植物物种，生物多样性十分丰富，这里有湖北省西南部典型的植被代表类型，是研究生物多样性、保存种质资源及教学实习的理想基地。

木林子
国家级自然保护区
武汉

木林子国家级自然保护区遥感影像图

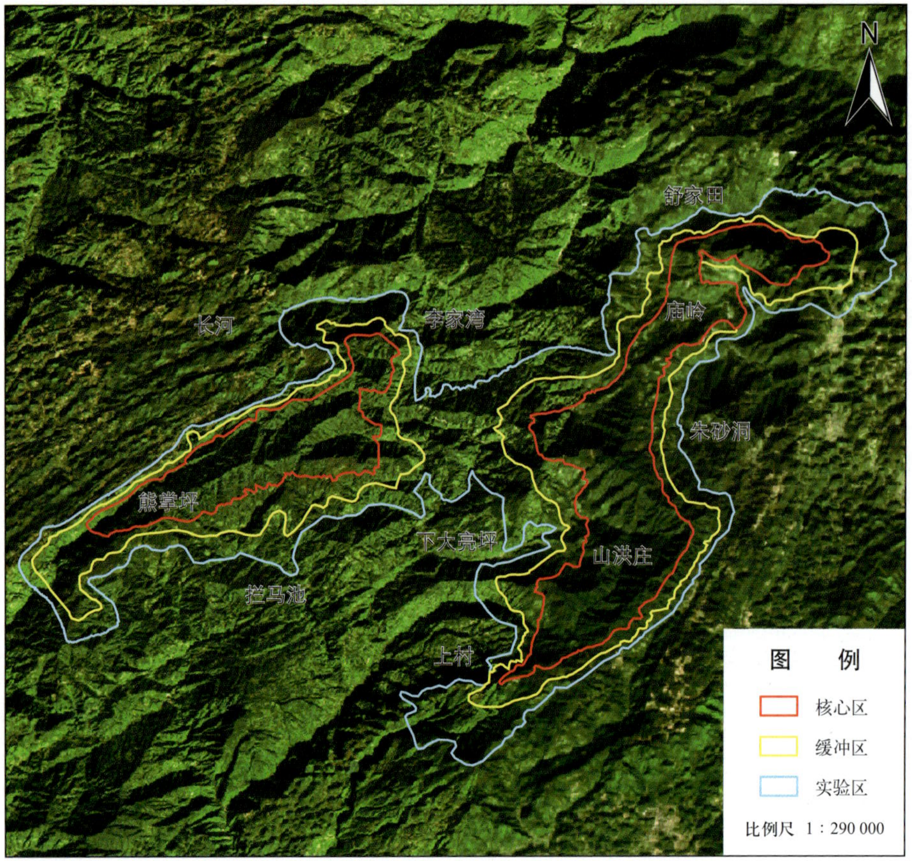

N
舒家田
长河
李家湾
庙岭
朱砂洞
熊掌坪
下大亮坪
山洪庄
拦马池
上村
图例
核心区
缓冲区
实验区
比例尺 1：290 000

影像获取时间：2010 年

木林子国家级自然保护区生态系统类型图

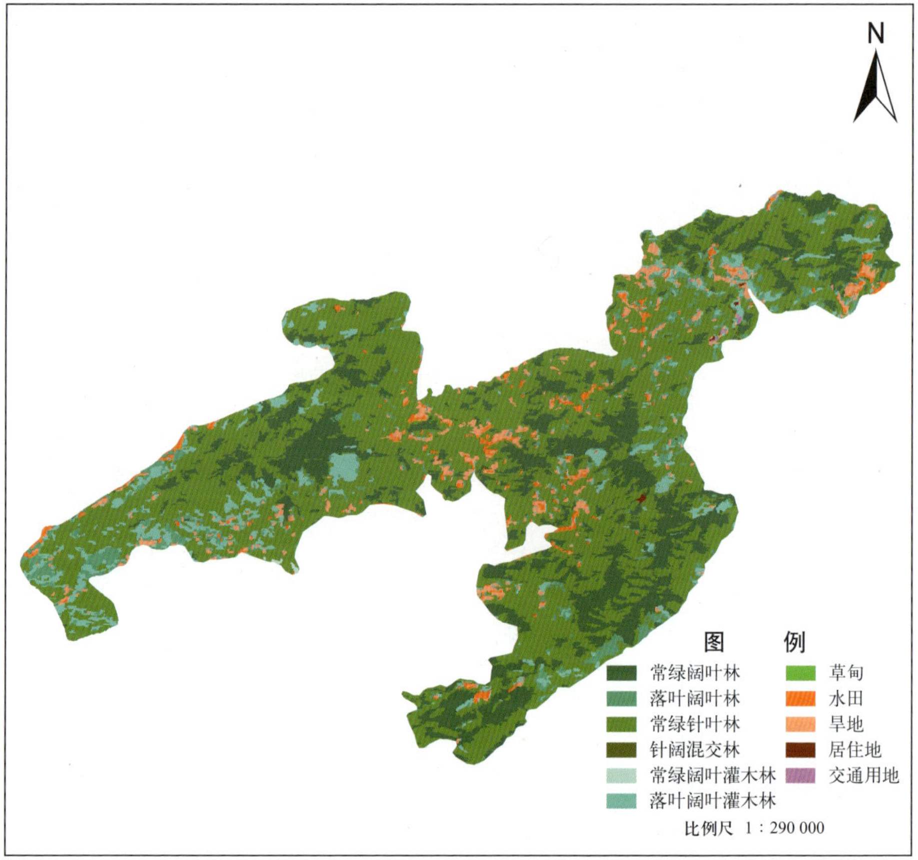

N
图例
常绿阔叶林
落叶阔叶林
常绿针叶林
针阔混交林
常绿阔叶灌木林
落叶阔叶灌木林
草甸
水田
旱地
居住地
交通用地
比例尺 1：290 000

解译参考影像时间：2010 年

神农架国家级自然保护区遥感影像图

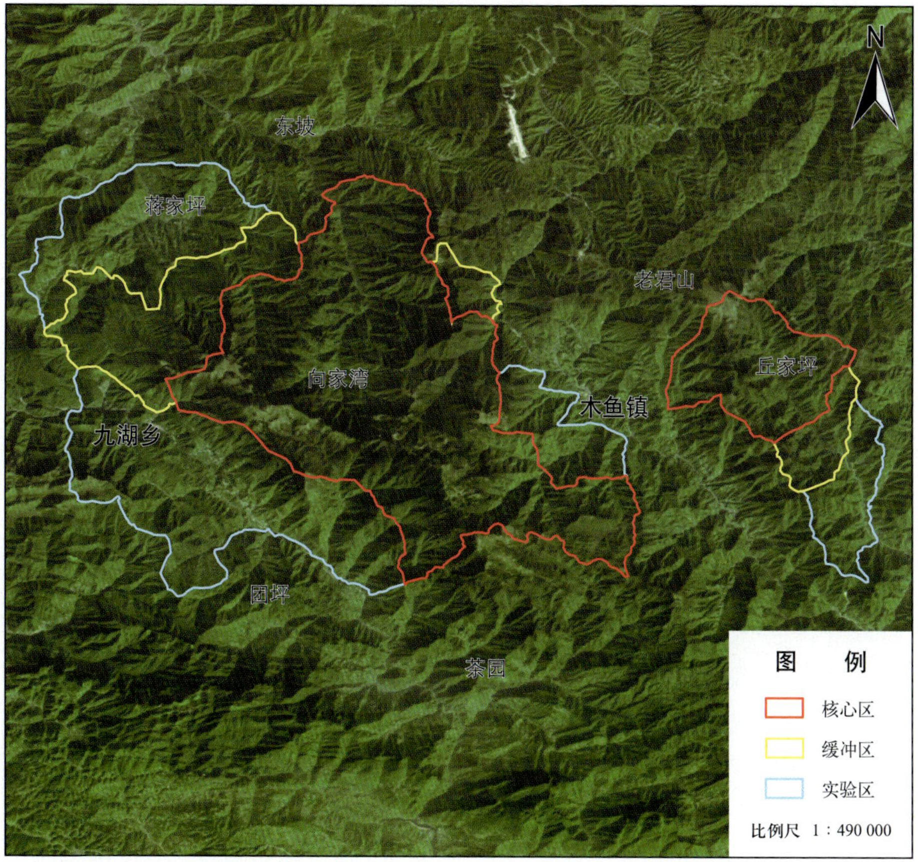
N
东坡
蒋家坪
老君山
向家湾
丘家坪
木鱼镇
九湖乡
团坪
茶园
图例
核心区
缓冲区
实验区
比例尺 1：490 000

影像获取时间：2010 年

神农架国家级自然保护区生态系统类型图

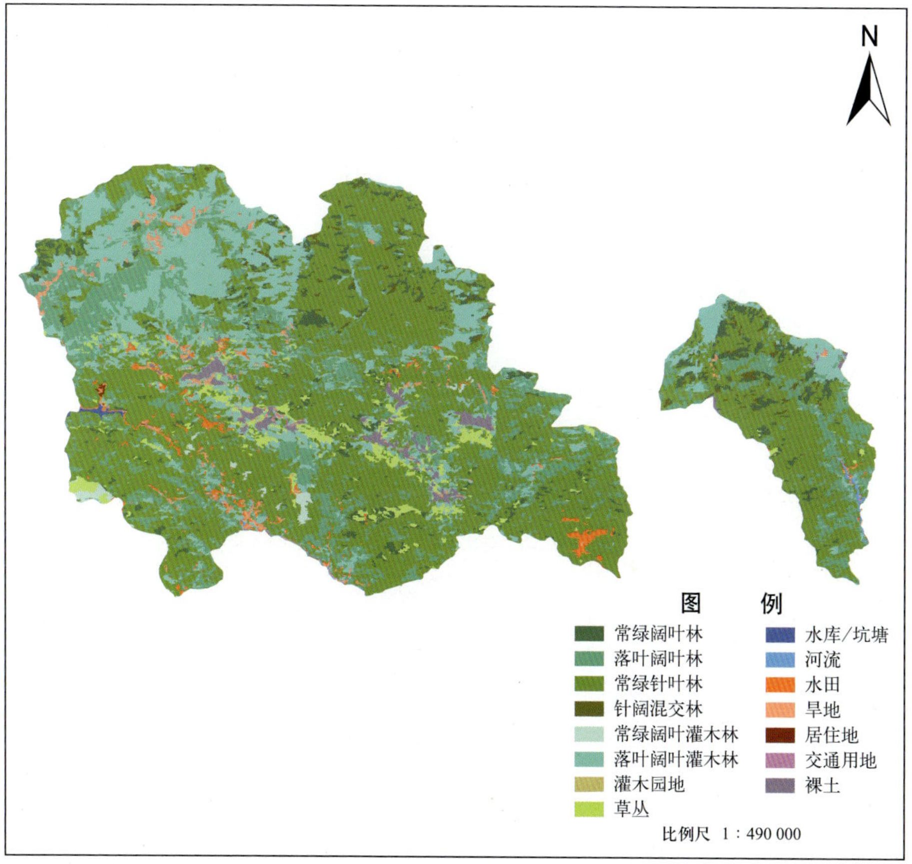
N
图例
常绿阔叶林
落叶阔叶林
常绿针叶林
针阔混交林
常绿阔叶灌木林
落叶阔叶灌木林
灌木园地
草丛
水库/坑塘
河流
水田
旱地
居住地
交通用地
裸土
比例尺 1：490 000

解译参考影像时间：2010 年

神农架国家级自然保护区位于湖北省神农架林区，总面积 70 467 公顷，建于 1978 年，1986 年晋升为国家级，主要保护对象为亚热带森林生态系统及金丝猴、珙桐等珍稀动植物，属森林生态系统类型自然保护区。该保护区于 1990 年加入联合国教科文组织“国际人与生物圈保护区网络”，区内植被以亚热带成分为主，兼有温带和热带成份，并具有明显的垂直地带性，是国内各动植物区系汇集的地区，同时也是我国植被特有属的分布中心之一。

神农架
国家级自然保护区
武汉

炎陵桃源洞国家级自然保护区

炎陵桃源洞国家级自然保护区遥感影像图

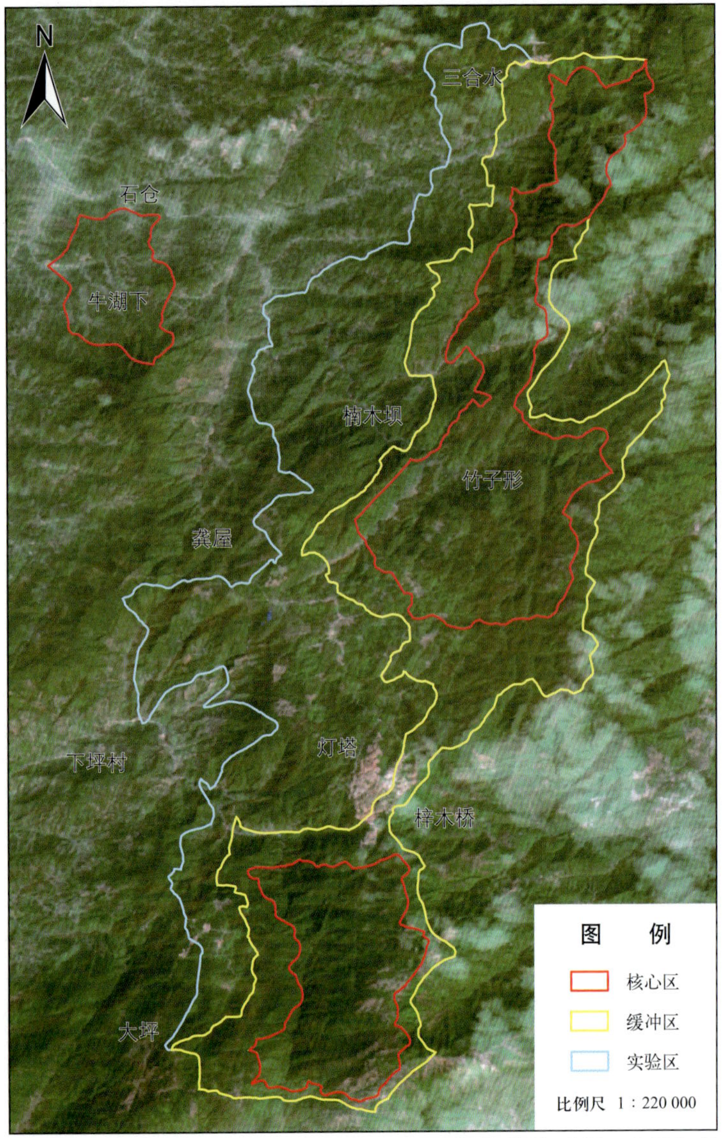
N
三合水
石仓
牛湖下
楠木坝
竹子形
龚屋
下坪村
灯塔
梓木桥
大坪
图 例
核心区
缓冲区
实验区
比例尺 1 : 220 000

影像获取时间：2010 年

炎陵桃源洞国家级自然保护区生态系统类型图

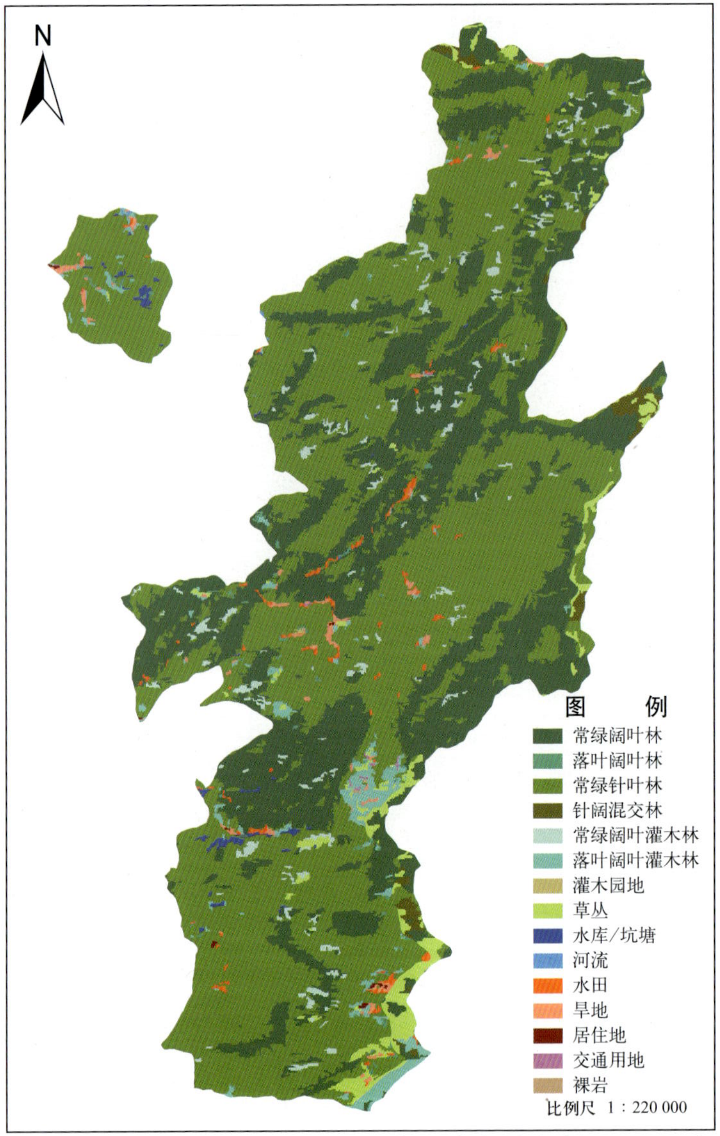
N
图 例
常绿阔叶林
落叶阔叶林
常绿针叶林
针阔混交林
常绿阔叶灌木林
落叶阔叶灌木林
灌木园地
草丛
水库/坑塘
河流
水田
旱地
居住地
交通用地
裸岩
比例尺 1 : 220 000

解译参考影像时间：2011 年

长沙
炎陵桃源洞
国家级自然保护区

炎陵桃源洞国家级自然保护区位于湖南省株洲市炎陵县境内，总面积 23 786 公顷，建于 1982 年，2002 年晋升为国家级，主要保护对象为资源冷杉、银杉、云豹、藏酋猴及森林生态系统。该保护区内国家重点保护的物种多达 130 种，其中植物 74 种，动物 29 种，珍稀动植物有华南虎、云豹、大院冷杉和银杉等，其中大院冷杉被专家誉为“植物界的熊猫”，这里还因为负氧离子含量高，被专家誉为“天然的动植物基因库”、“天然氧吧”。

南岳衡山国家级自然保护区遥感影像图

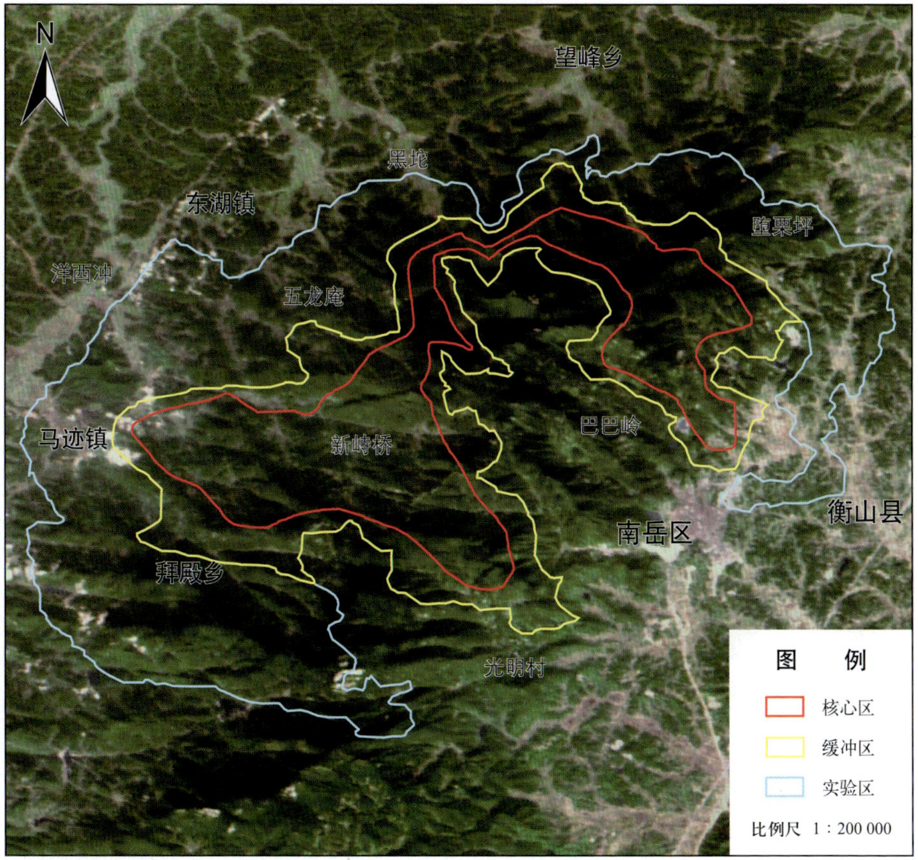
N
望峰乡
黑坨
东湖镇
洋西冲
五龙庵
马迹镇
新峙桥
巴巴岭
南岳区
衡山县
拜殿乡
光明村
图 例
核心区
缓冲区
实验区
比例尺 1：200 000

影像获取时间：2010 年

南岳衡山国家级自然保护区生态系统类型图

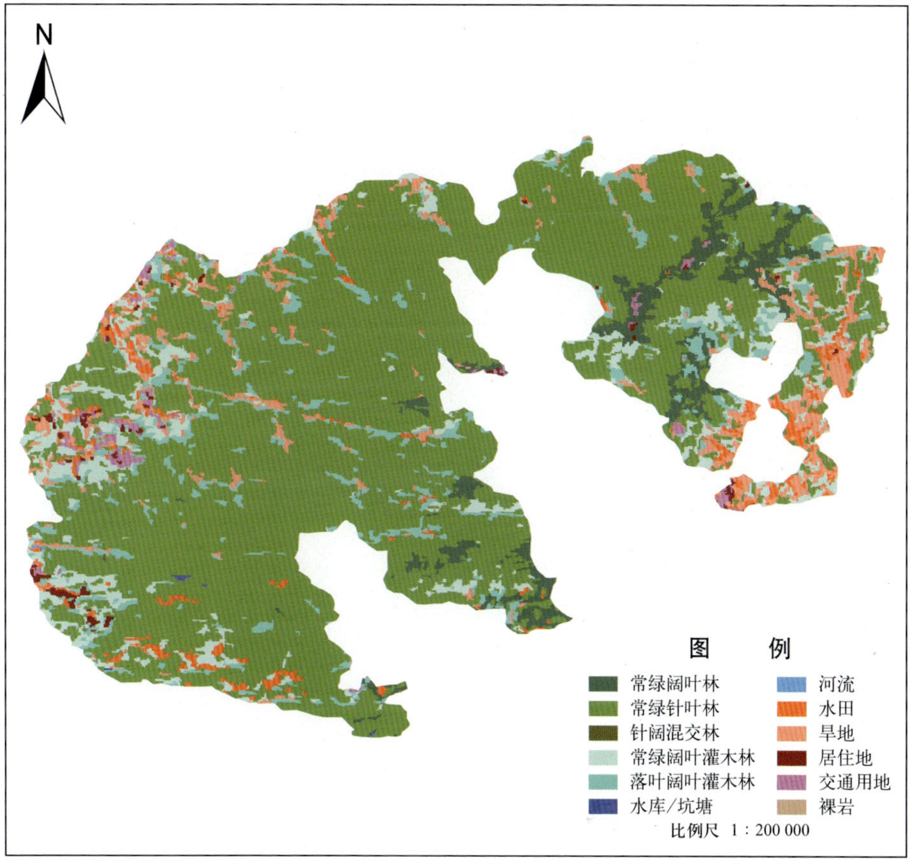
N
图 例
常绿阔叶林
常绿针叶林
针阔混交林
常绿阔叶灌木林
落叶阔叶灌木林
水库/坑塘
河流
水田
旱地
居住地
交通用地
裸岩
比例尺 1：200 000

解译参考影像时间：2010 年

长沙
南岳衡山
国家级自然保护区

南岳衡山国家级自然保护区位于湖南省衡阳市南岳区，总面积 11 992 公顷，建于 1984 年，2007 年晋升为国家级，主要保护对象为野生动植物、濒危动植物，属森林生态类型自然保护区。该保护区是华南地区保持完好的生物多样性基因库，区内有代表性植物科属 197 科 1443 种，其中绒毛皂荚为世界罕见，还有兽类 24 种，鸟类 21 种，两栖类、爬行类动物 32 种，昆虫、蝶类资源也非常丰富，这些生物都极具保护价值。

黄桑国家级自然保护区

黄桑国家级自然保护区遥感影像图

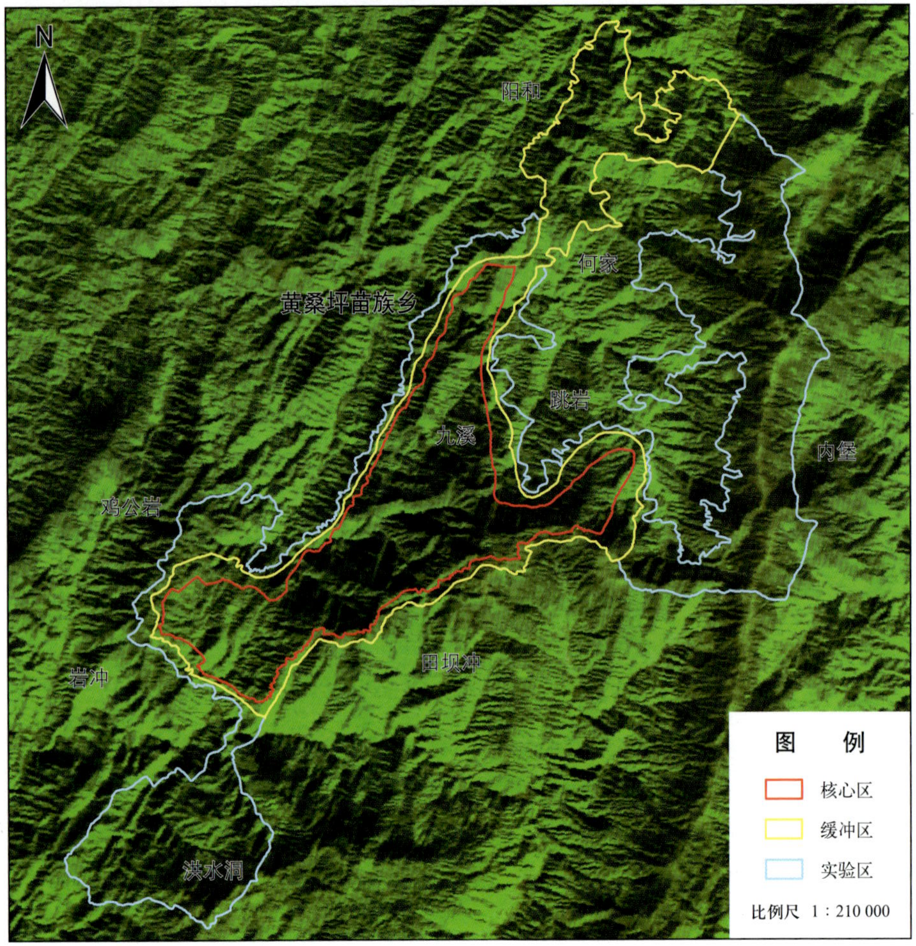
N
阳和
何家
黄桑坪苗族乡
跳岩
九溪
内堡
鸡公岩
岩冲
田坝冲
洪水洞
图　例
核心区
缓冲区
实验区
比例尺　1 : 210 000

影像获取时间：2010 年

黄桑国家级自然保护区生态系统类型图

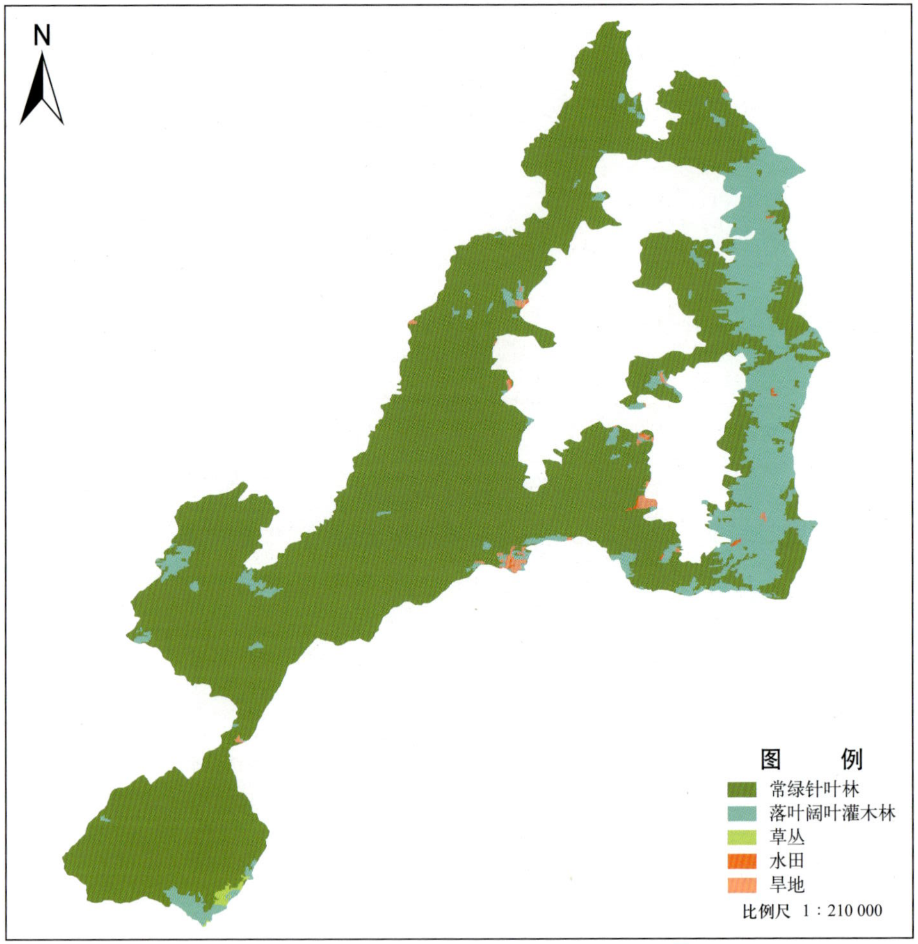
N
图　例
常绿针叶林
落叶阔叶灌木林
草丛
水田
旱地
比例尺　1 : 210 000

解译参考影像时间：2011 年

黄桑国家级自然保护区位于湖南省邵阳市绥宁县境内的西南部，总面积 12 590 公顷，建于 1982 年，2005 年晋升为国家级，主要保护对象为森林生态系统及红豆杉、伯乐树、铁杉、大鲵等珍稀动植物，属森林生态类型自然保护区。该保护区有我国保存最为完好的亚热带湿润气候区森林生态系统，具有极高的保护价值。

长沙
黄桑
国家级自然保护区

舜皇山国家级自然保护区遥感影像图

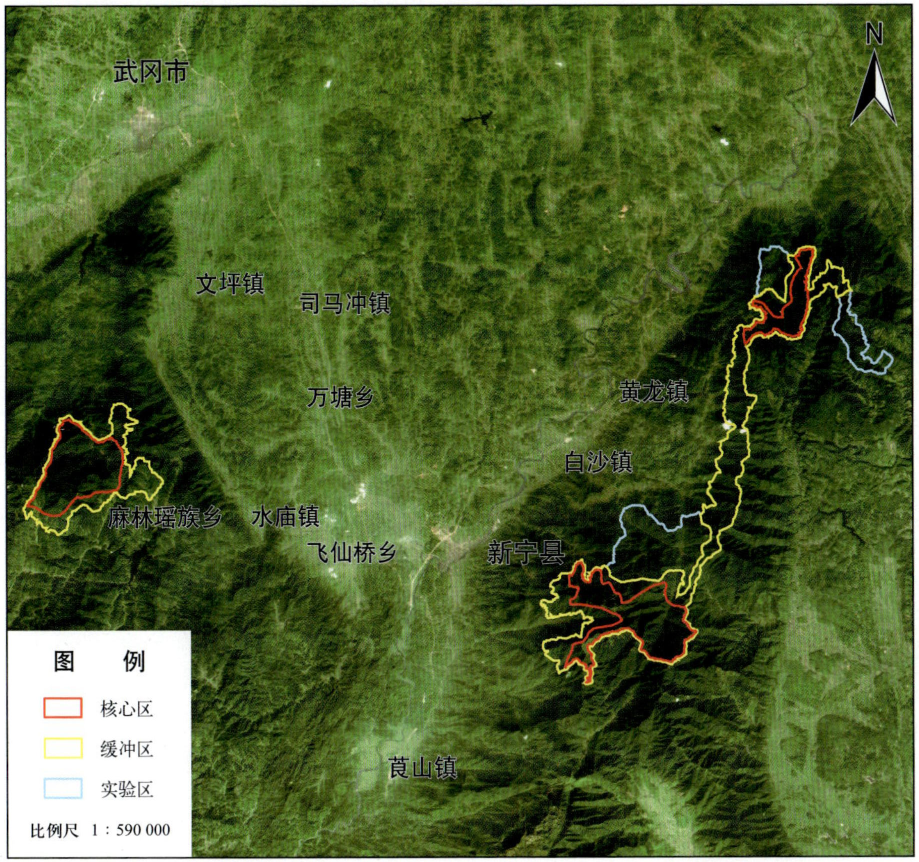
N
武冈市
文坪镇
司马冲镇
万塘乡
黄龙镇
白沙镇
麻林瑶族乡
水庙镇
飞仙桥乡
新宁县
莨山镇
图 例
核心区
缓冲区
实验区
比例尺 1：590 000

影像获取时间：2010 年

舜皇山国家级自然保护区生态系统类型图

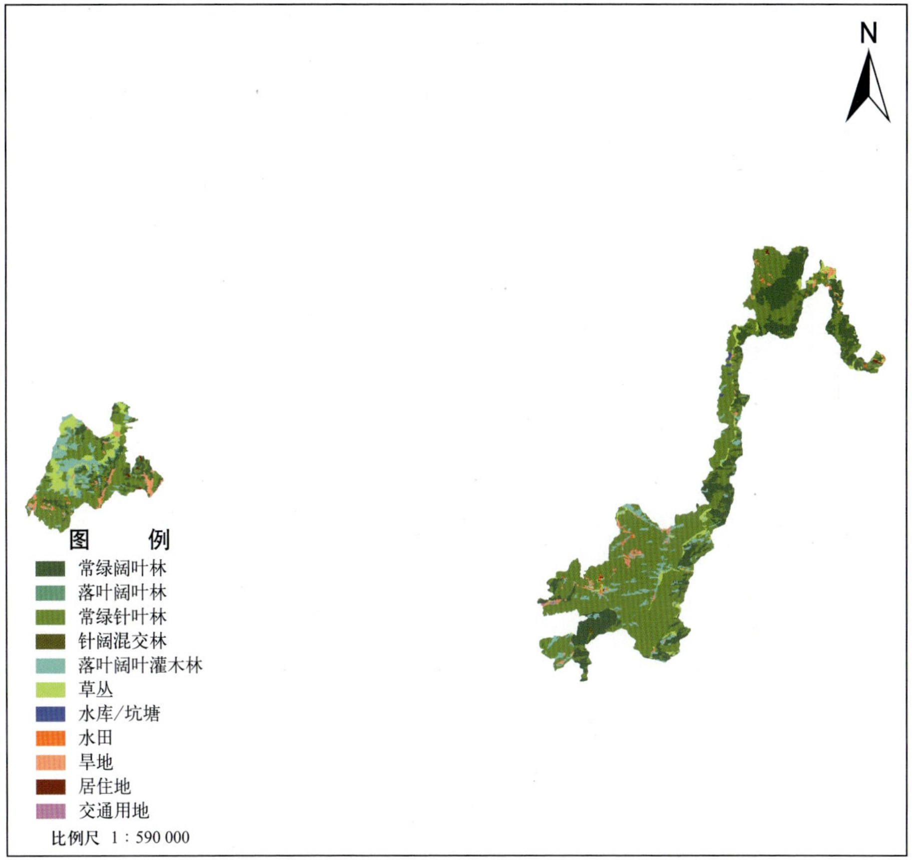
N
图 例
常绿阔叶林
落叶阔叶林
常绿针叶林
针阔混交林
落叶阔叶灌木林
草丛
水库/坑塘
水田
旱地
居住地
交通用地
比例尺 1：590 000

解译参考影像时间：2010 年

长沙
舜皇山
国家级自然保护区

舜皇山国家级自然保护区位于湖南省邵阳市新宁县境内，总面积 21 720 公顷，建于 1982 年，2009 年晋升为国家级，主要保护对象为亚热带常绿阔叶林及银杉、资源冷杉等动植物，属森林生态系统类型的自然保护区。该保护区是生物资源和遗传基因资源的天然宝库，具有生物资源的多样性、典型性、古老性、完整性等特点，区系优势十分明显。

东洞庭湖国家级自然保护区

东洞庭湖国家级自然保护区遥感影像图

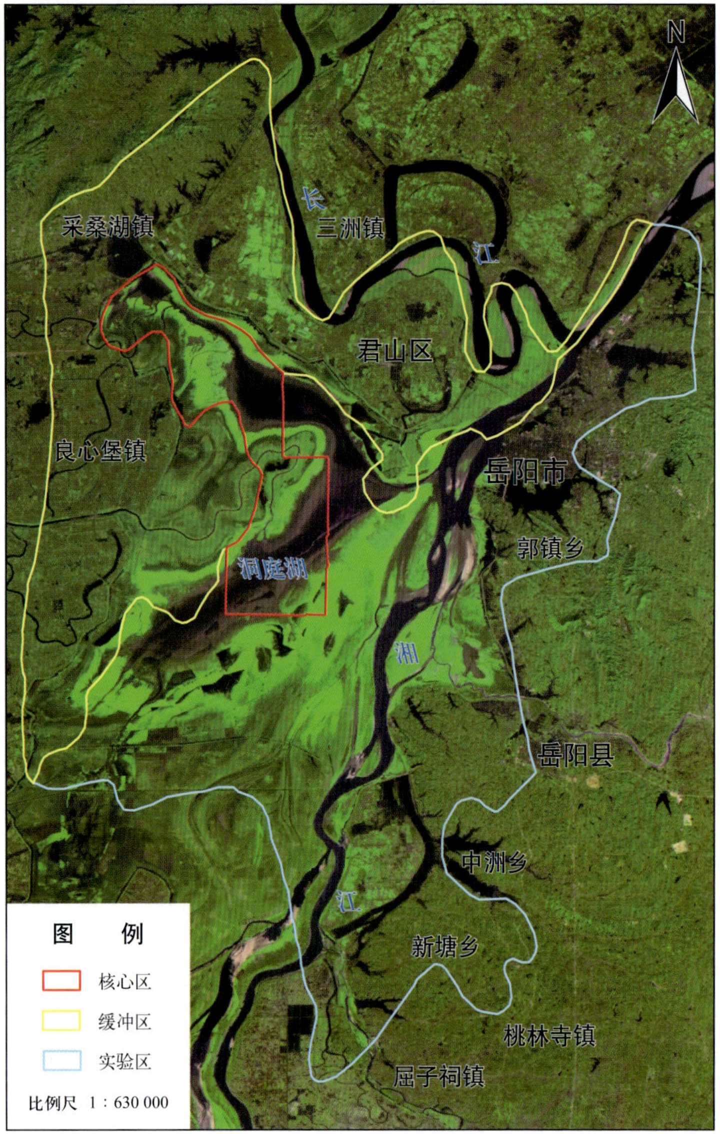
N
采桑湖镇
三洲镇
长
江
君山区
良心堡镇
岳阳市
洞庭湖
郭镇乡
湘
岳阳县
中洲乡
江
新塘乡
桃林寺镇
屈子祠镇
图　例
核心区
缓冲区
实验区
比例尺 1 : 630 000

影像获取时间：2010 年

东洞庭湖国家级自然保护区生态系统类型图

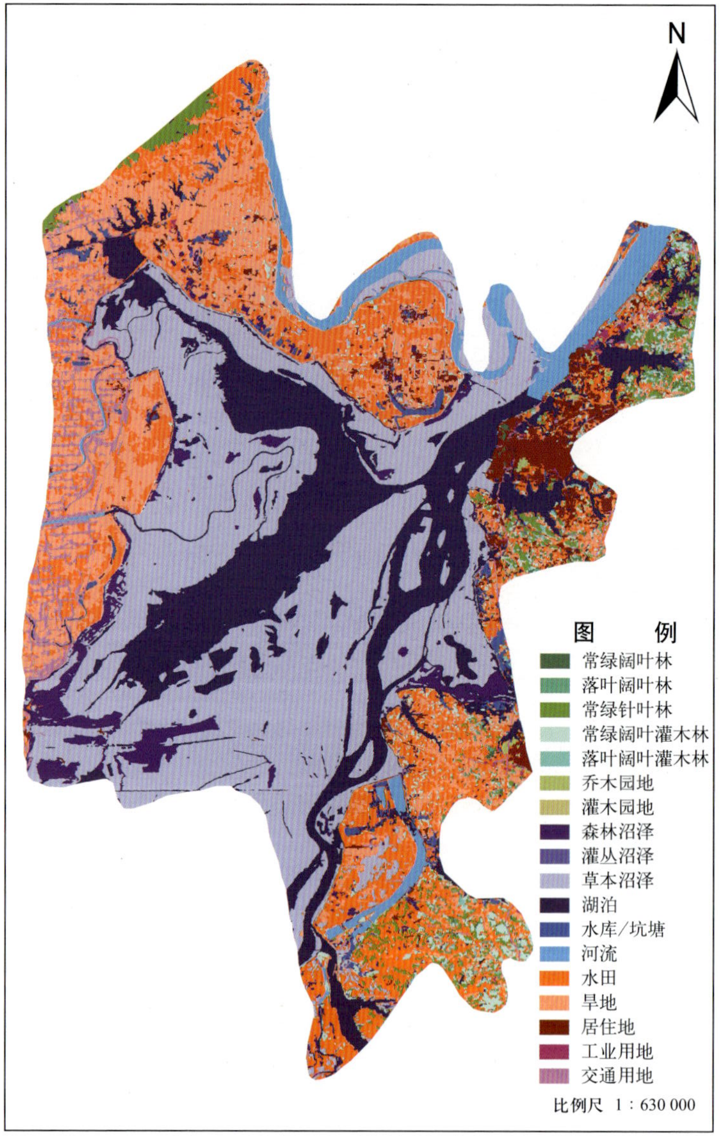
N
图　例
常绿阔叶林
落叶阔叶林
常绿针叶林
常绿阔叶灌木林
落叶阔叶灌木林
乔木园地
灌木园地
森林沼泽
灌丛沼泽
草本沼泽
湖泊
水库/坑塘
河流
水田
旱地
居住地
工业用地
交通用地
比例尺 1 : 630 000

解译参考影像时间：2011 年

东洞庭湖
国家级自然保护区
长沙

东洞庭湖国家级自然保护区位于湖南省岳阳市境内，总面积 190 000 公顷，建于 1984 年，1994 年晋升为国家级，主要保护对象为湿地生态系统及珍稀水禽，属内陆湿地类型自然保护区。该保护区内鸟类资源非常丰富，仅候鸟就有 158 种，其中有国家一级保护动物白鹤等 10 种，二级保护动物天鹅等 27 种，这里是我国乃至全球重要的湿地和候鸟保护区。

乌云界国家级自然保护区遥感影像图

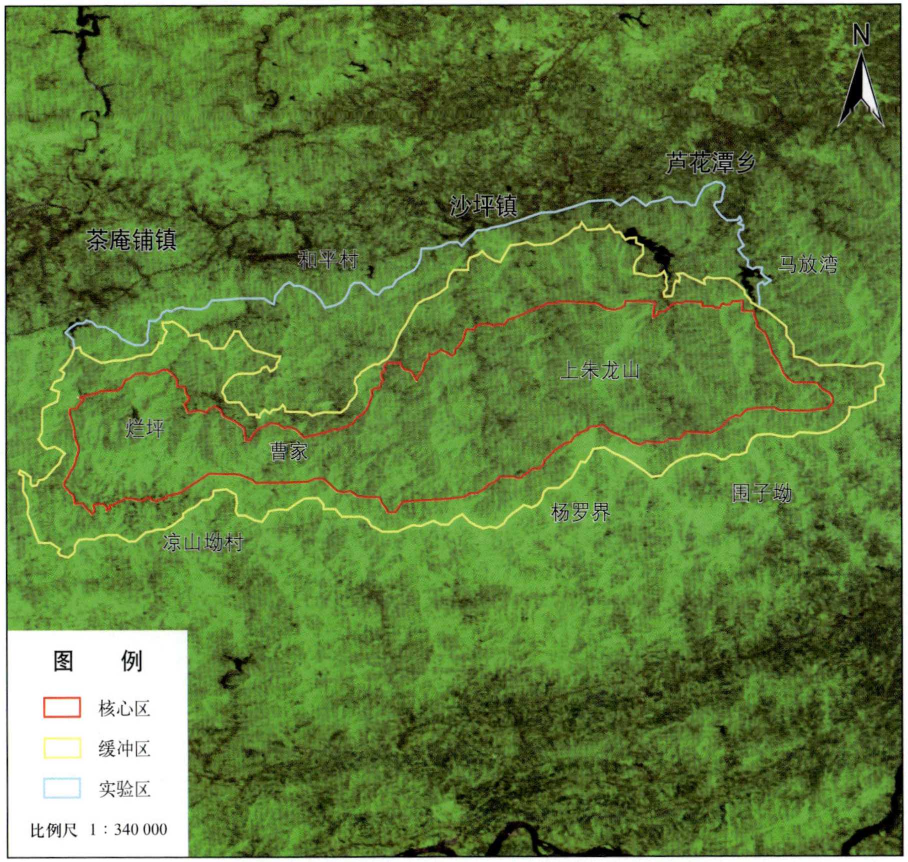
N
芦花潭乡
沙坪镇
茶庵铺镇
和平村
马放湾
上朱龙山
烂坪
曹家
围子坳
杨罗界
凉山坳村
图 例
核心区
缓冲区
实验区
比例尺 1：340 000

影像获取时间：2010 年

乌云界国家级自然保护区生态系统类型图

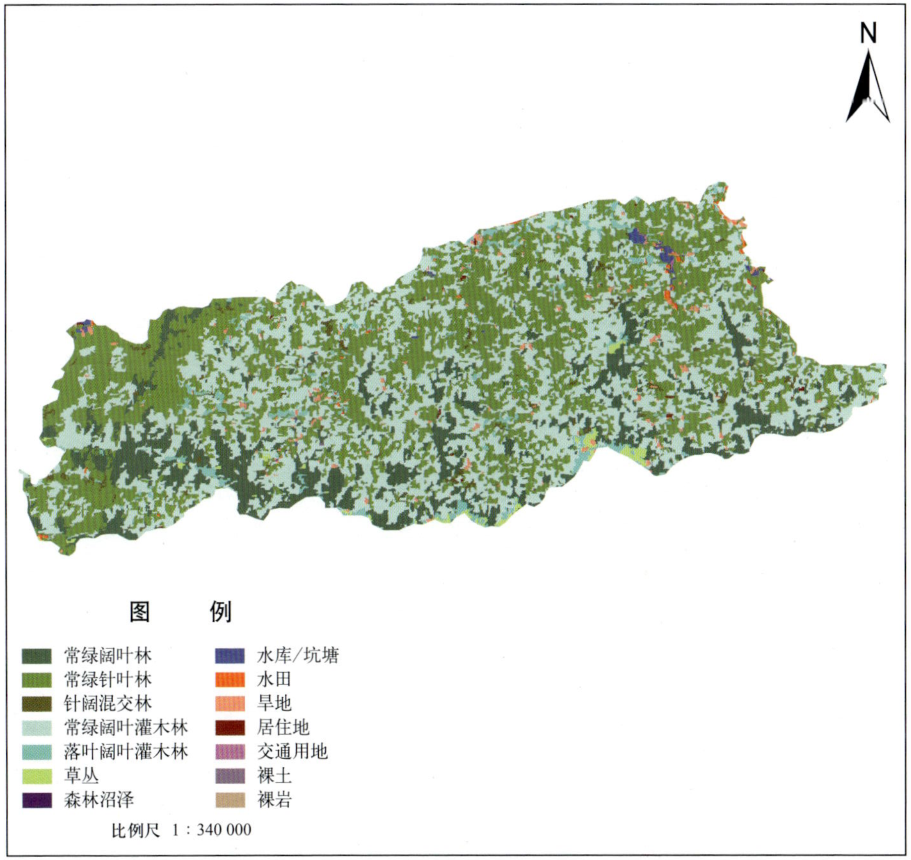
N
图 例
常绿阔叶林
常绿针叶林
针阔混交林
常绿阔叶灌木林
落叶阔叶灌木林
草丛
森林沼泽
水库/坑塘
水田
旱地
居住地
交通用地
裸土
裸岩
比例尺 1：340 000

解译参考影像时间：2010 年

乌云界
国家级自然保护区
长沙

乌云界国家级自然保护区位于湖南省常德市桃源县境内，总面积 33 818 公顷，建于 1998 年，2006 年晋升为国家级，主要保护对象为森林生态系统及大型猫科动物，属于森林生态类型的自然保护区。该保护区内植被茂密，保存着中亚热带较完整的大面积低海拔常绿阔叶原始次生林，其独具特色的典型自然生态体系，是野生动植物生存和繁衍生息的良好场所。

壶瓶山国家级自然保护区

壶瓶山
国家级自然保护区
长沙

壶瓶山国家级自然保护区位于湖南省常德市石门县境内，总面积66 568公顷，建于1982年，1994年晋升为国家级，主要保护对象为森林及云豹等珍稀动物，属森林生态系统类型自然保护区。该保护区内保存有大量的古老珍稀濒危物种，这里被国外专家学者誉为“华中地区弥足珍贵的物种基因库”、“欧亚大陆同纬度带中物种谱系最完整的一块宝地”，具有极重要的科学研究价值和全球性重要意义。

壶瓶山国家级自然保护区遥感影像图

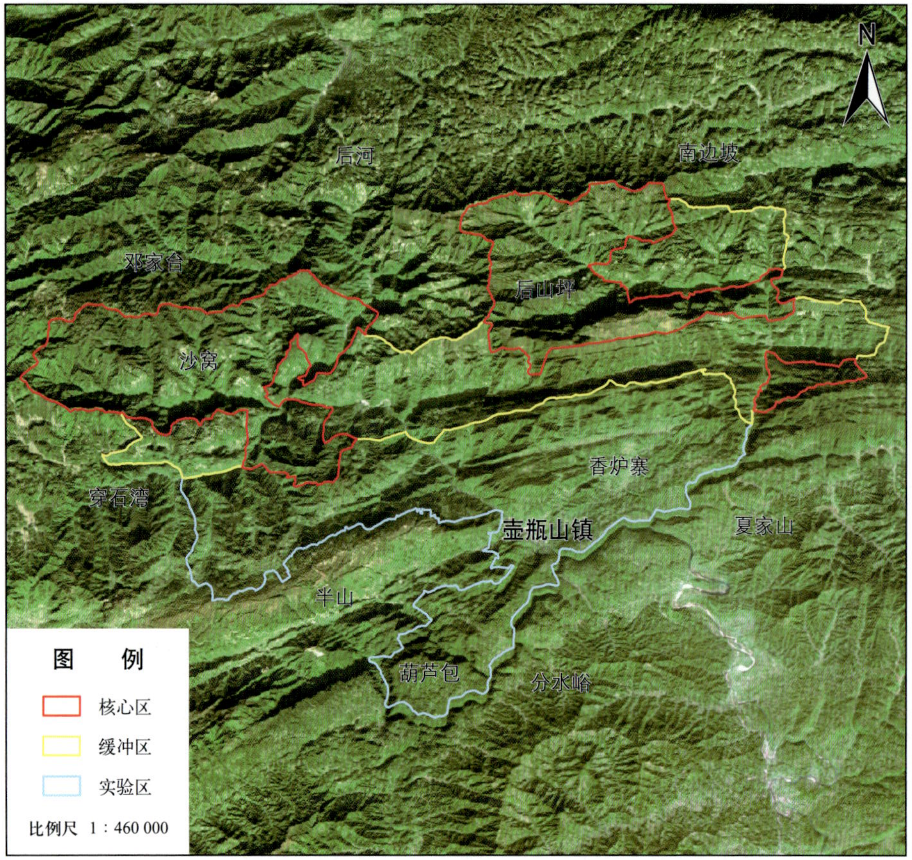
N
后河
南边坡
邓家台
后山坪
沙窝
香炉寨
穿石湾
壶瓶山镇
夏家山
半山
葫芦包
分水岭
图 例
核心区
缓冲区
实验区
比例尺 1 : 460 000

影像获取时间：2010年

壶瓶山国家级自然保护区生态系统类型图

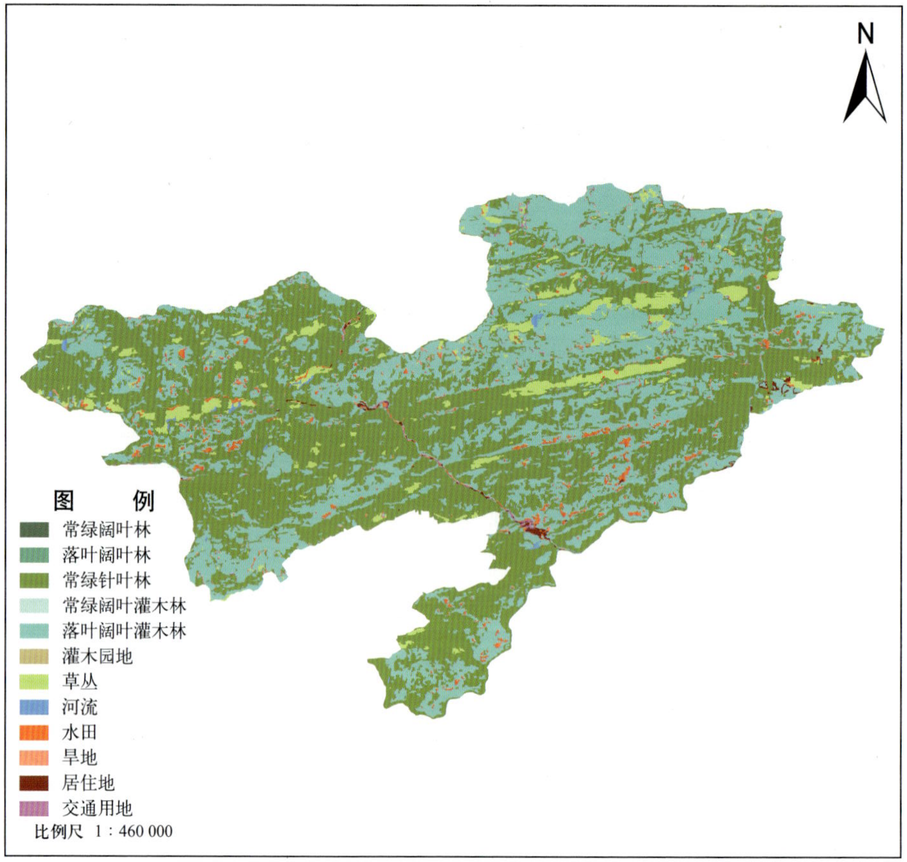
N
图 例
常绿阔叶林
落叶阔叶林
常绿针叶林
常绿阔叶灌木林
落叶阔叶灌木林
灌木园地
草丛
河流
水田
旱地
居住地
交通用地
比例尺 1 : 460 000

解译参考影像时间：2010年

张家界大鲵国家级自然保护区遥感影像图

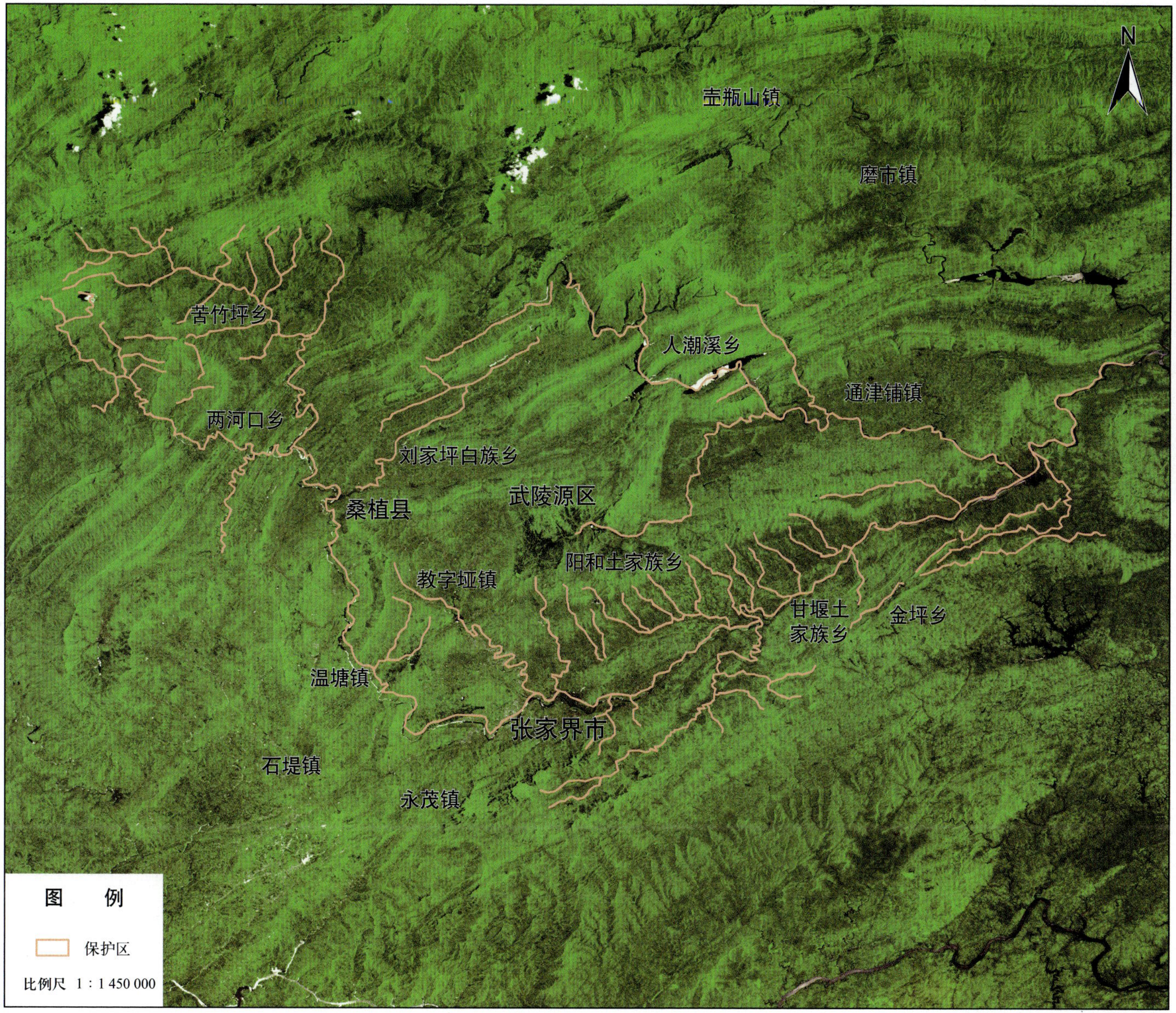

影像获取时间：2010 年

张家界大鲵国家级自然保护区位于湖南省张家界市，总面积 14 285 公顷，建于1995 年，1996 年晋升为国家级，主要保护对象为大鲵及其生态环境，属于野生动物类型自然保护区。除大鲵外，该保护区内的其他野生生物资源也非常丰富，已知区内高等植物达 3 000 余种，其中珙桐、水杉和鹅掌楸等被列为国家重点保护的珍稀濒危植物，区内的野生动物被列入国家一、二级保护的还有云豹、大灵猫、红腹角雉、穿山甲和水獭等，这些动植物均具有很高的保护价值。

八大公山国家级自然保护区

八大公山国家级自然保护区遥感影像图

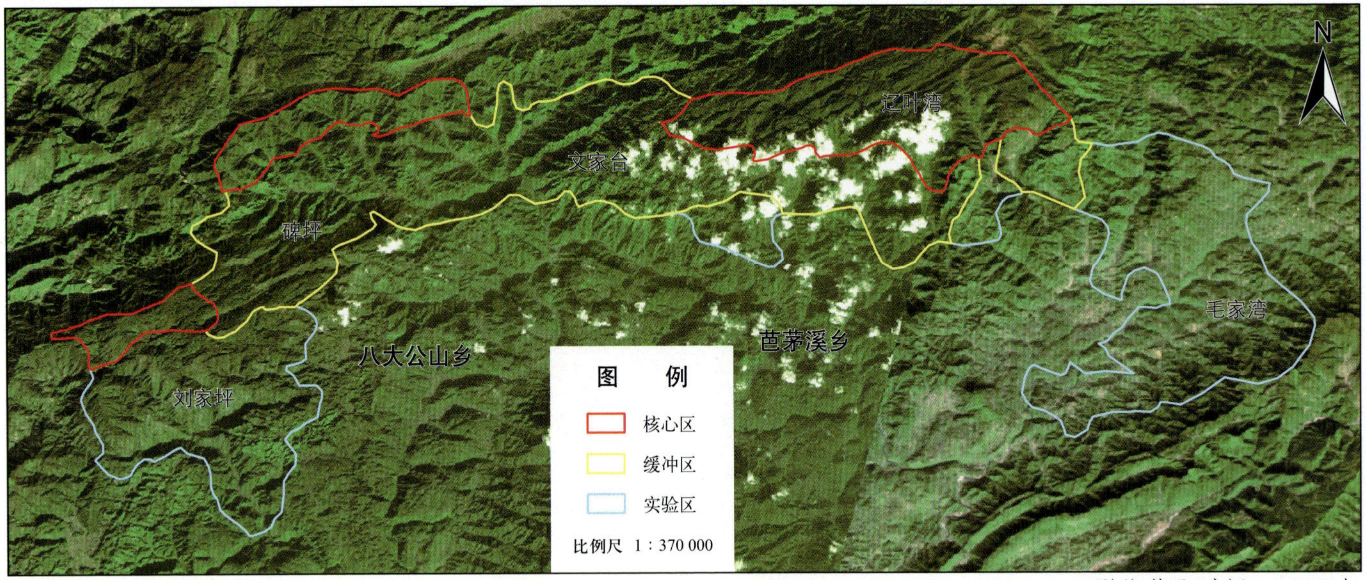
N
辽叶湾
文家台
碑坪
毛家湾
八大公山乡
芭茅溪乡
刘家坪
图　例
核心区
缓冲区
实验区
比例尺 1：370 000

影像获取时间：2010 年

八大公山国家级自然保护区位于湖南省张家界市桑植县境内，总面积20 000公顷，建于1982年，1986年晋升为国家级，主要保护对象为亚热带森林及南方红豆杉、伯乐树等珍稀濒危野生动植物，属森林生态系统类型自然保护区。该保护区内有保存完整的森林生态系统，动植物资源新老兼蓄，南北相承，极其丰富。

八大公山国家级自然保护区生态系统类型图

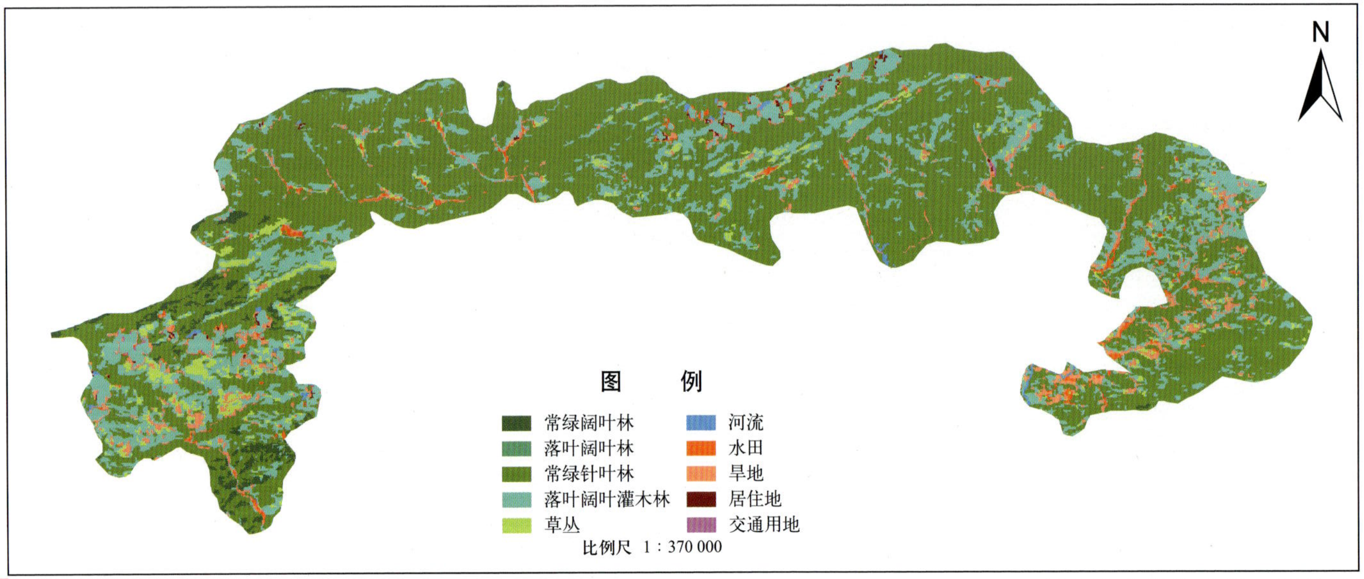
N
图　例
常绿阔叶林
落叶阔叶林
常绿针叶林
落叶阔叶灌木林
草丛
河流
水田
旱地
居住地
交通用地
比例尺 1：370 000

解译参考影像时间：2011 年

八大公山
国家级自然保护区
长沙

六步溪国家级自然保护区遥感影像图

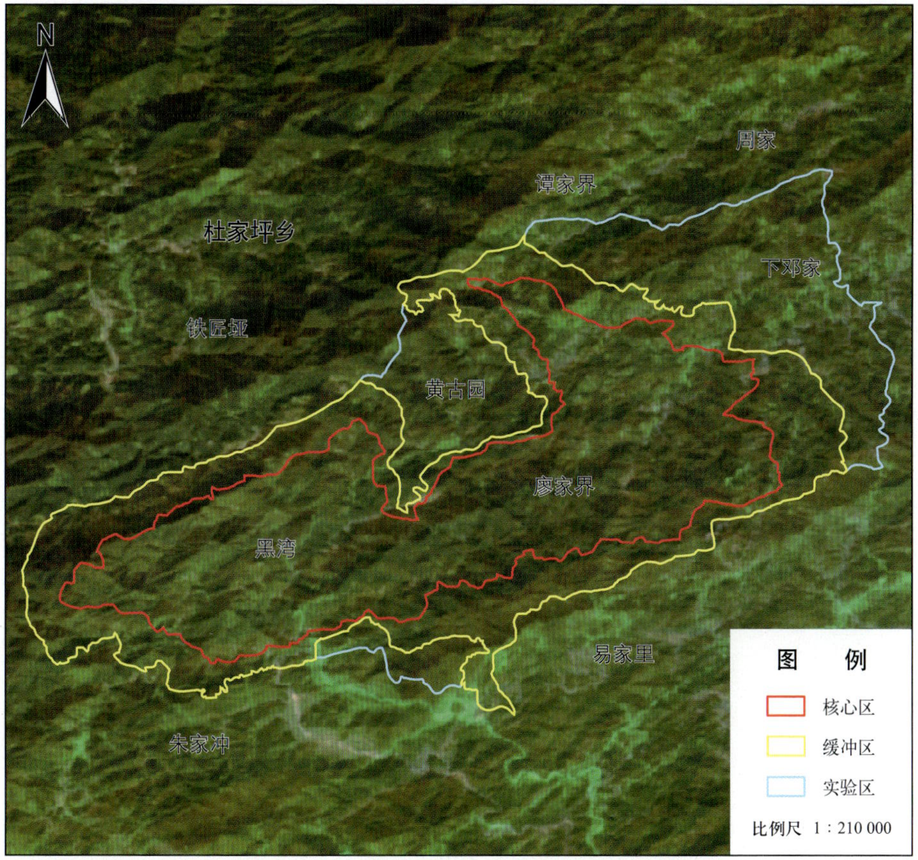
N
周家
谭家界
杜家坪乡
下邓家
铁匠垭
黄古园
廖家界
黑湾
易家里
朱家冲
图 例
核心区
缓冲区
实验区
比例尺 1 : 210 000

影像获取时间：2010 年

六步溪国家级自然保护区生态系统类型图

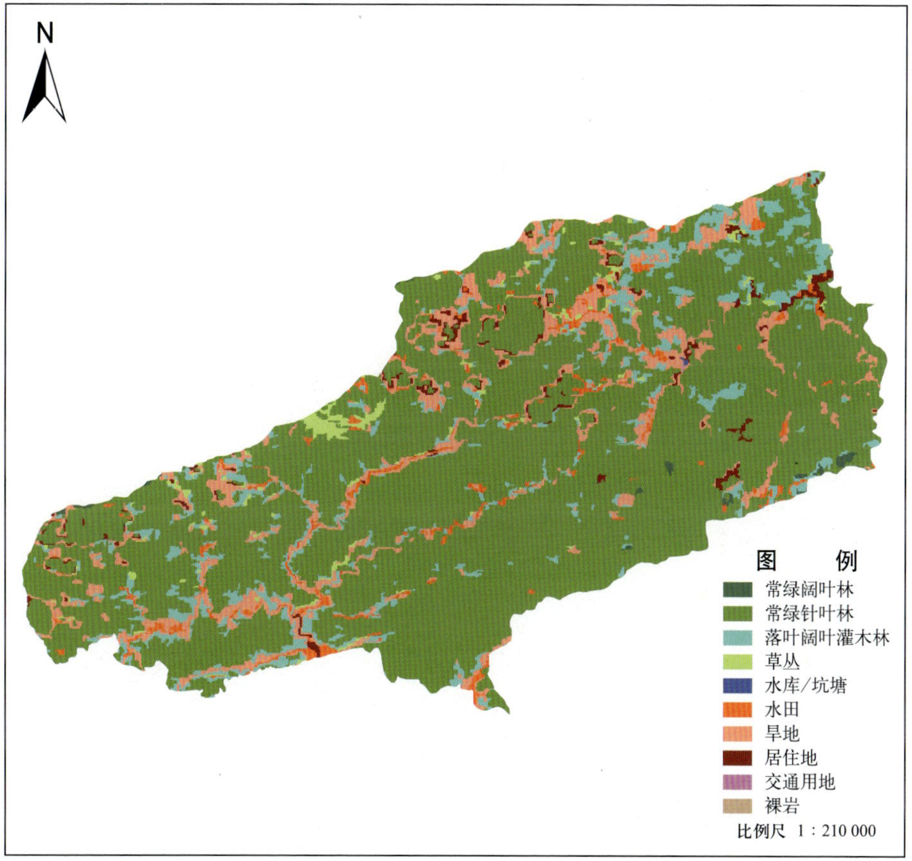
N
图 例
常绿阔叶林
常绿针叶林
落叶阔叶灌木林
草丛
水库/坑塘
水田
旱地
居住地
交通用地
裸岩
比例尺 1 : 210 000

解译参考影像时间：2010 年

六步溪
国家级自然保护区
长沙

六步溪国家级自然保护区位于湖南省益阳市安化县境内，总面积 14 239 公顷，建于 1999 年，2009 年晋升为国家级，主要保护对象为中亚热带中低山阔叶林、青檀、榉木及白颈长尾雉，属森林生态系统类型自然保护区。该保护区内植物成分复杂，种类繁多，是雪峰山山地植被小区的代表，也是同纬度地区动植物资源最为丰富和完整的区域，具有重要的科学研究价值和保护意义。

湖南省 莽山国家级自然保护区

长沙
莽山
国家级自然保护区

莽山国家级自然保护区位于湖南省郴州市宜章县境内，总面积 19 833 公顷，建于 1982 年，1994 年晋升为国家级，主要保护对象为南亚热带常绿阔叶林及珍稀动植物，属森林生态系统类型自然保护区。该保护区内有世界保存最完好、最具代表性的原生性亚热带常绿阔叶林。这里对研究古热带泛北极区系演化规律及世界湿润亚热带常绿阔叶林生态系统以及华南虎的保护方面具有独特和重要的意义。

莽山国家级自然保护区遥感影像图

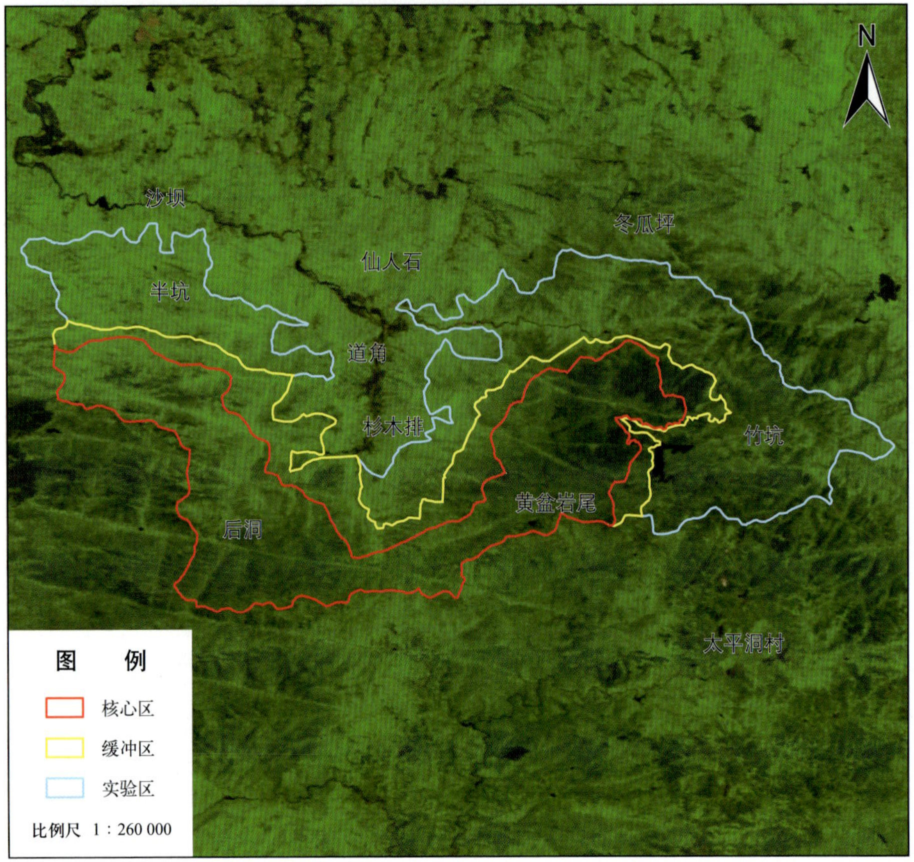
N
沙坝
半坑
仙人石
冬瓜坪
道角
杉木排
竹坑
黄盆岩尾
后洞
太平洞村
图 例
核心区
缓冲区
实验区
比例尺 1：260 000

影像获取时间：2010 年

莽山国家级自然保护区生态系统类型图

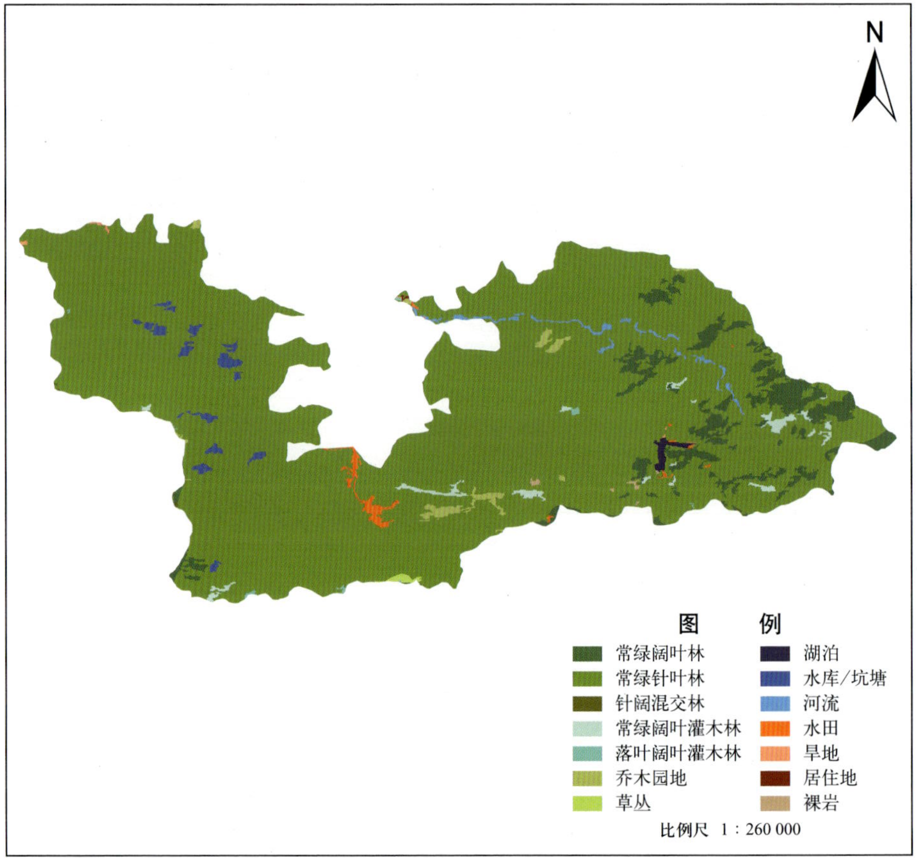
N
图 例
常绿阔叶林
常绿针叶林
针阔混交林
常绿阔叶灌木林
落叶阔叶灌木林
乔木园地
草丛
湖泊
水库/坑塘
河流
水田
旱地
居住地
裸岩
比例尺 1：260 000

解译参考影像时间：2011 年

八面山国家级自然保护区遥感影像图

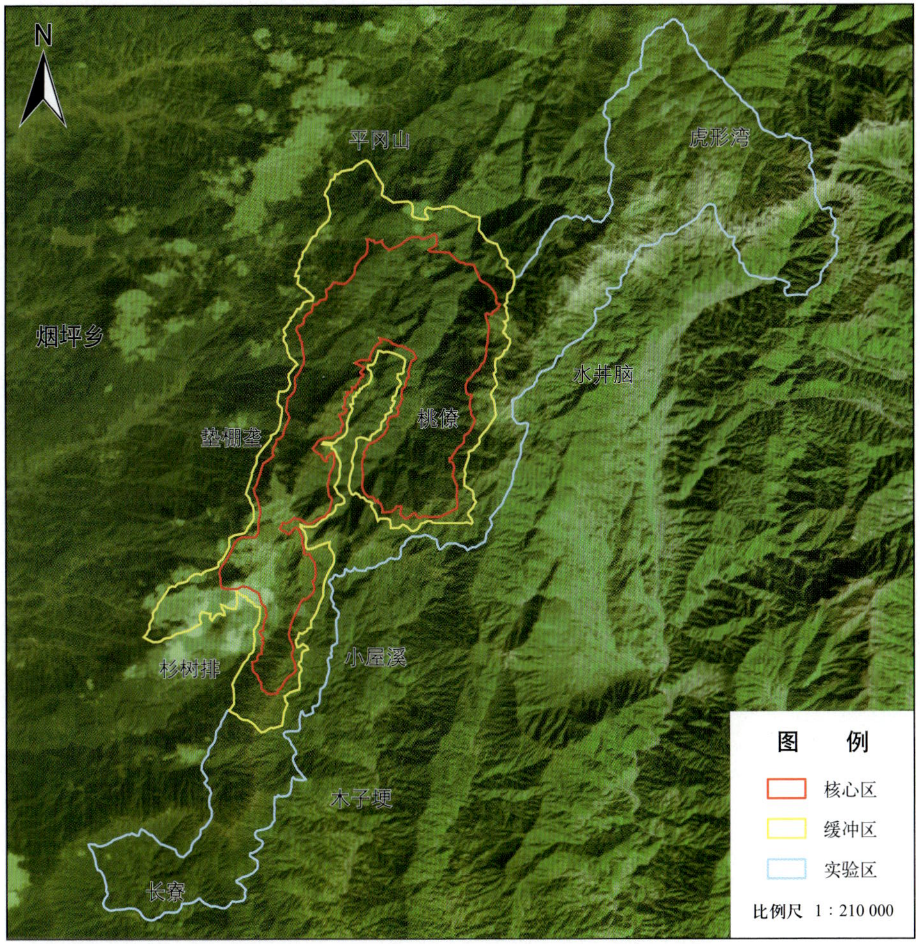
N
平冈山
虎形湾
烟坪乡
水井脑
桃傣
垫棚垄
杉树排
小屋溪
木子埂
长寮
图 例
核心区
缓冲区
实验区
比例尺 1：210 000

影像获取时间：2010 年

八面山国家级自然保护区生态系统类型图

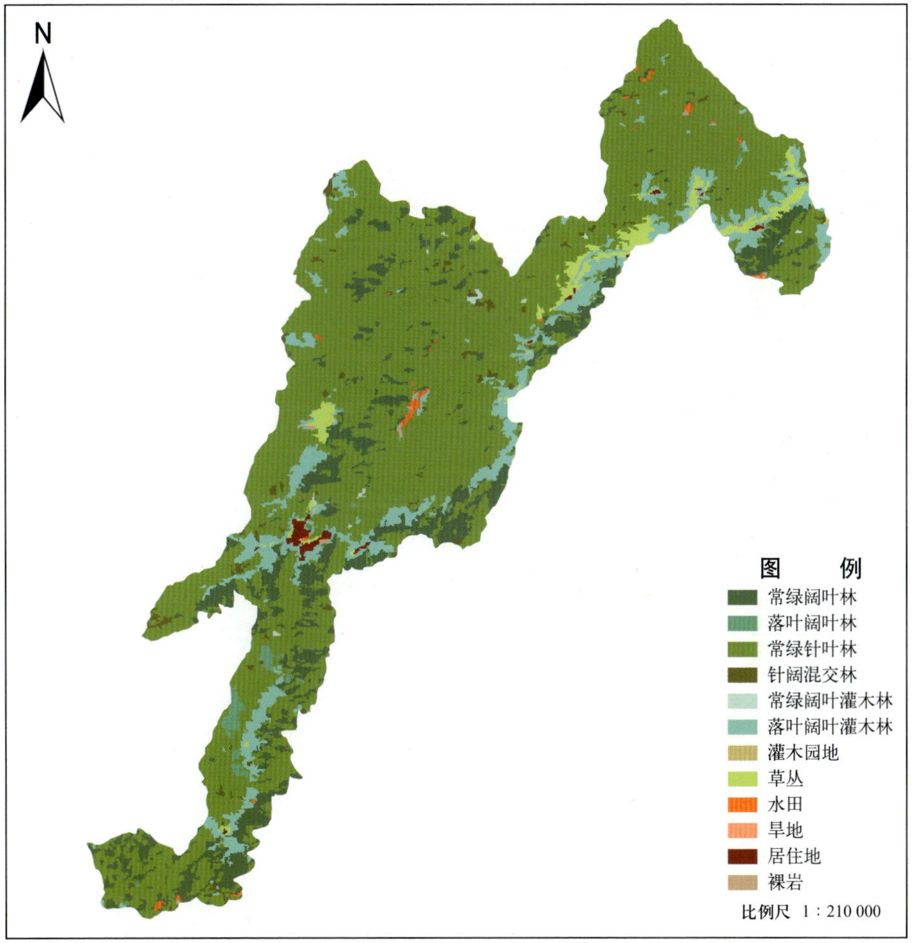
N
图 例
常绿阔叶林
落叶阔叶林
常绿针叶林
针阔混交林
常绿阔叶灌木林
落叶阔叶灌木林
灌木园地
草丛
水田
旱地
居住地
裸岩
比例尺 1：210 000

解译参考影像时间：2011 年

八面山国家级自然保护区位于湖南省郴州市桂东县西部境内，总面积 10 974 公顷，建于 1982 年，2008 年晋升为国家级，主要保护对象为森林及银杉、水鹿、黄腹角雉等珍稀动植物，属于森林生态系统类型自然保护区。该保护区内野生动植物资源丰富，是天然的物种基因库，珍稀濒危物种多，有全国最大的银杉群落，另有南方铁杉纯林、穗花杉林等珍贵树种群落，这里的银杉、南方铁杉和穗花杉对研究地史、植物进化具有重要的科学价值。

长沙
八面山
国家级自然保护区

阳明山国家级自然保护区

阳明山国家级自然保护区遥感影像图

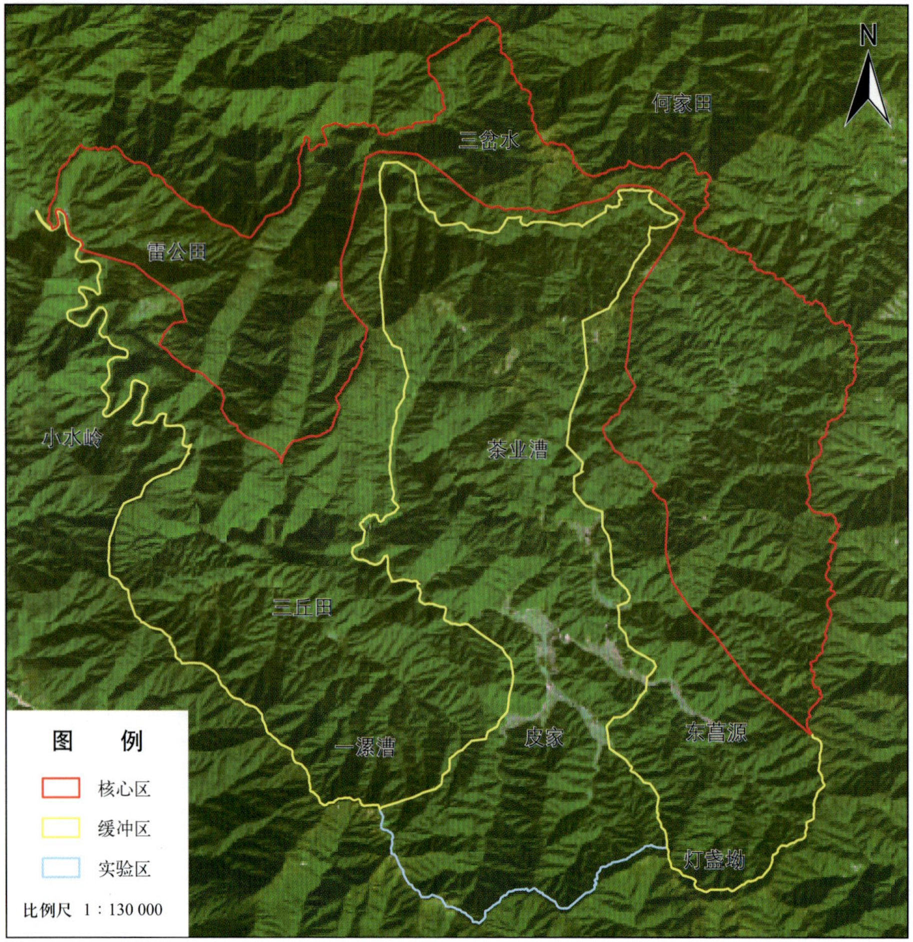
N
何家田
三岔水
雷公田
小水岭
茶业漕
三丘田
一漯漕
皮家
东营源
灯盏坳
图 例
核心区
缓冲区
实验区
比例尺 1 : 130 000

影像获取时间：2010 年

阳明山国家级自然保护区生态系统类型图

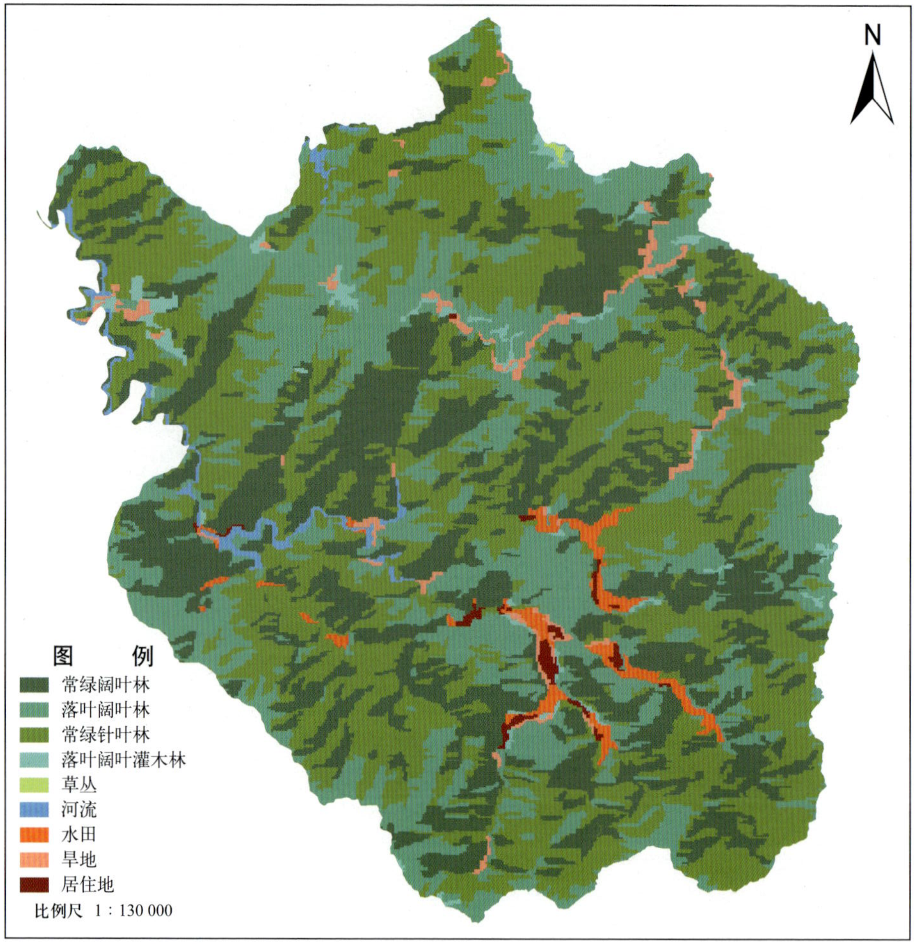
N
图 例
常绿阔叶林
落叶阔叶林
常绿针叶林
落叶阔叶灌木林
草丛
河流
水田
旱地
居住地
比例尺 1 : 130 000

解译参考影像时间：2011 年

阳明山国家级自然保护区位于湖南省永州市双牌县境内，总面积为 12 795 公顷，建于 1982 年，2009 年晋升为国家级，主要保护对象为森林及黄杉、红豆杉等珍贵植物，属于森林生态系统类型自然保护区。该保护区内珍稀野生动植物资源非常丰富，森林覆盖率达 98%，原始次生林分布数万亩，华南最大的华东黄杉和红豆杉群落分布其中，有云豹、白鹇、红腹锦鸡等国家一、二级保护动植物 101 种。

长沙
阳明山
国家级自然保护区

永州都庞岭国家级自然保护区遥感影像图

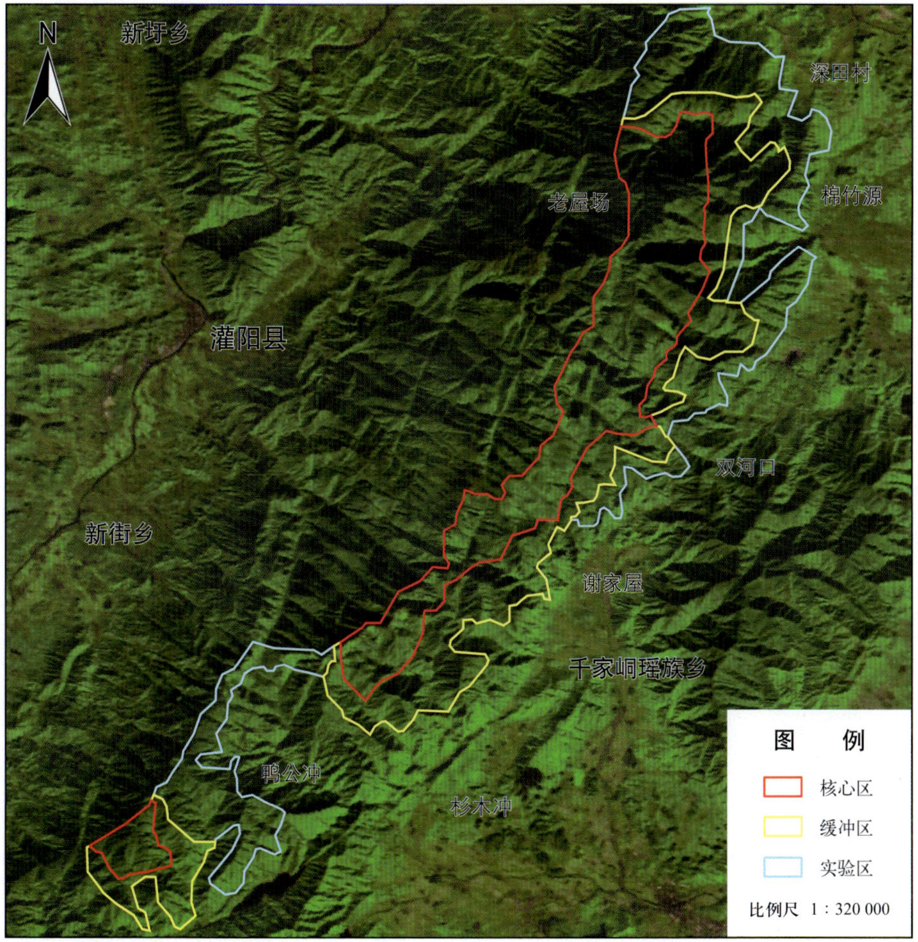
N
新圩乡
深田村
老屋场
棉竹源
灌阳县
双河口
新街乡
谢家屋
千家峒瑶族乡
鸭公冲
杉木冲
图 例
核心区
缓冲区
实验区
比例尺 1 : 320 000

影像获取时间：2010 年

永州都庞岭国家级自然保护区生态系统类型图

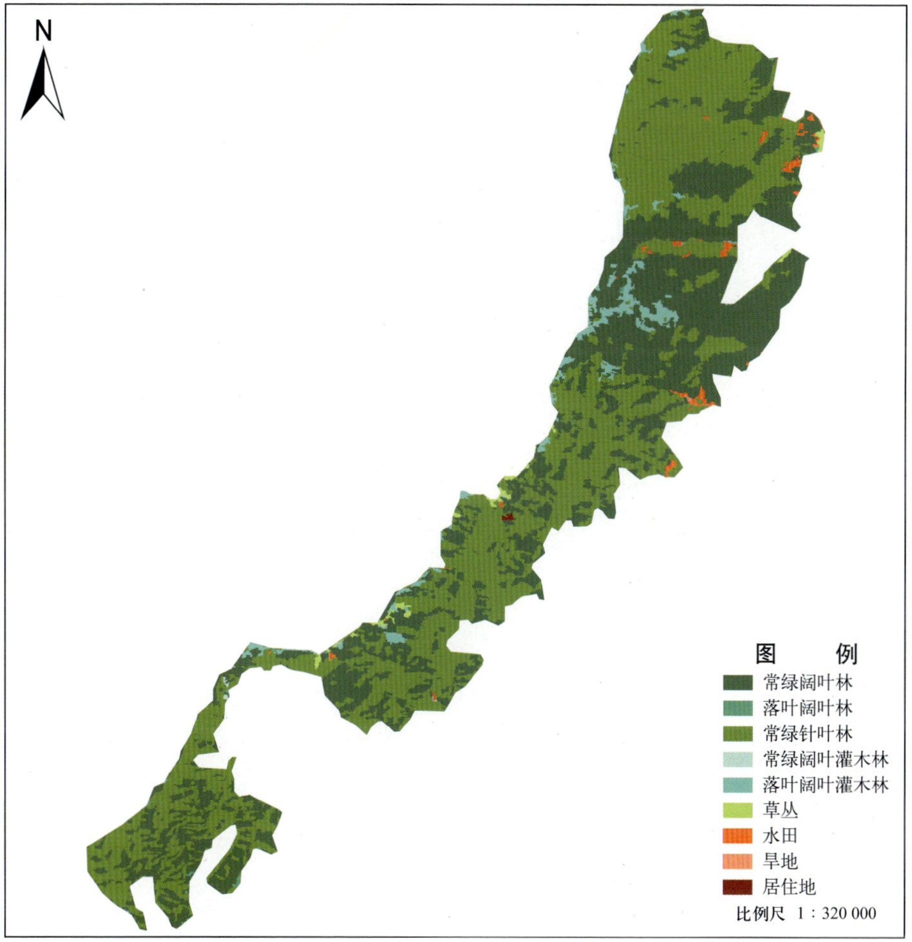
N
图 例
常绿阔叶林
落叶阔叶林
常绿针叶林
常绿阔叶灌木林
落叶阔叶灌木林
草丛
水田
旱地
居住地
比例尺 1 : 320 000

解译参考影像时间：2010 年

长沙
永州都庞岭
国家级自然保护区

永州都庞岭国家级自然保护区位于湖南省永州市道县和江永县境内，总面积20 066公顷，建于1982年，2000年晋升为国家级，主要保护对象为森林生态系统、林麝、白颈长尾雉等野生动植物，属森林生态系统类型自然保护区。该保护区地处我国中亚热带向南亚热带过渡地带，整个山体都有保存比较完整的常绿阔叶林生态系统。这里野生动植物资源丰富，区系成分过渡性明显，物种相对丰度极高，保护区内的高山湿地为我国南方所特有，具有十分重要的科研与保护价值。

借母溪国家级自然保护区

借母溪国家级自然保护区遥感影像图

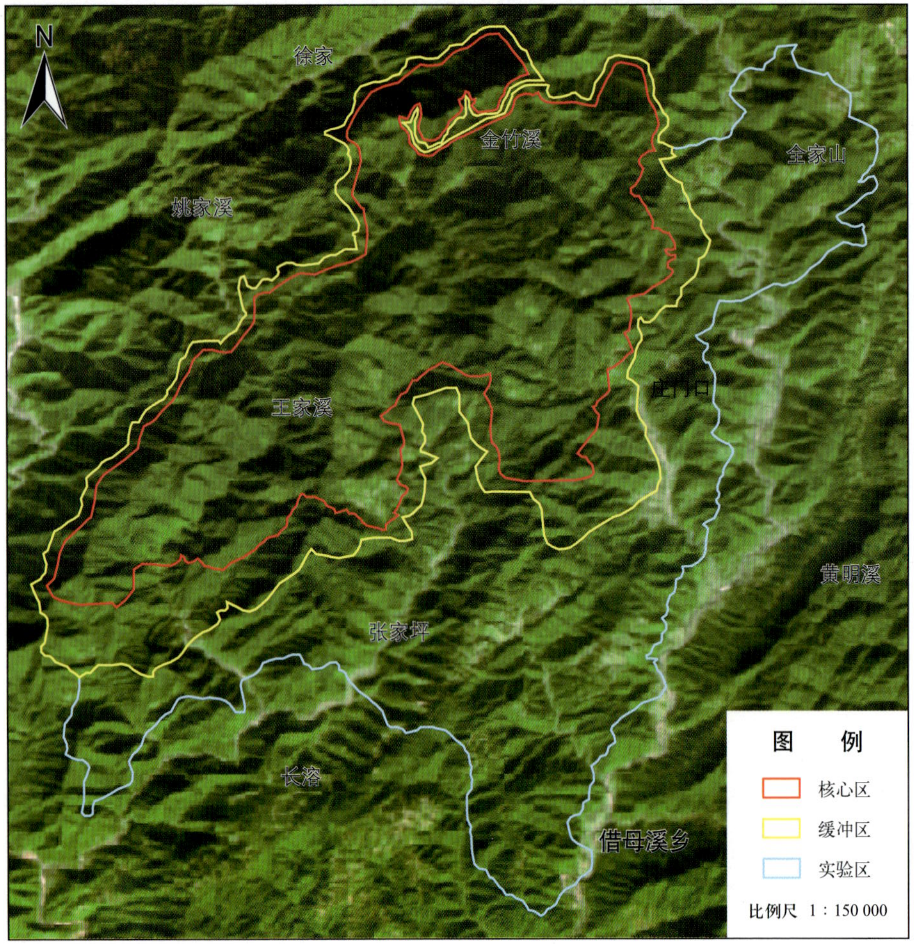
N
徐家
金竹溪
全家山
姚家溪
王家溪
庄门口
黄明溪
张家坪
长溶
借母溪乡
图 例
核心区
缓冲区
实验区
比例尺 1 : 150 000

影像获取时间：2010 年

借母溪国家级自然保护区生态系统类型图

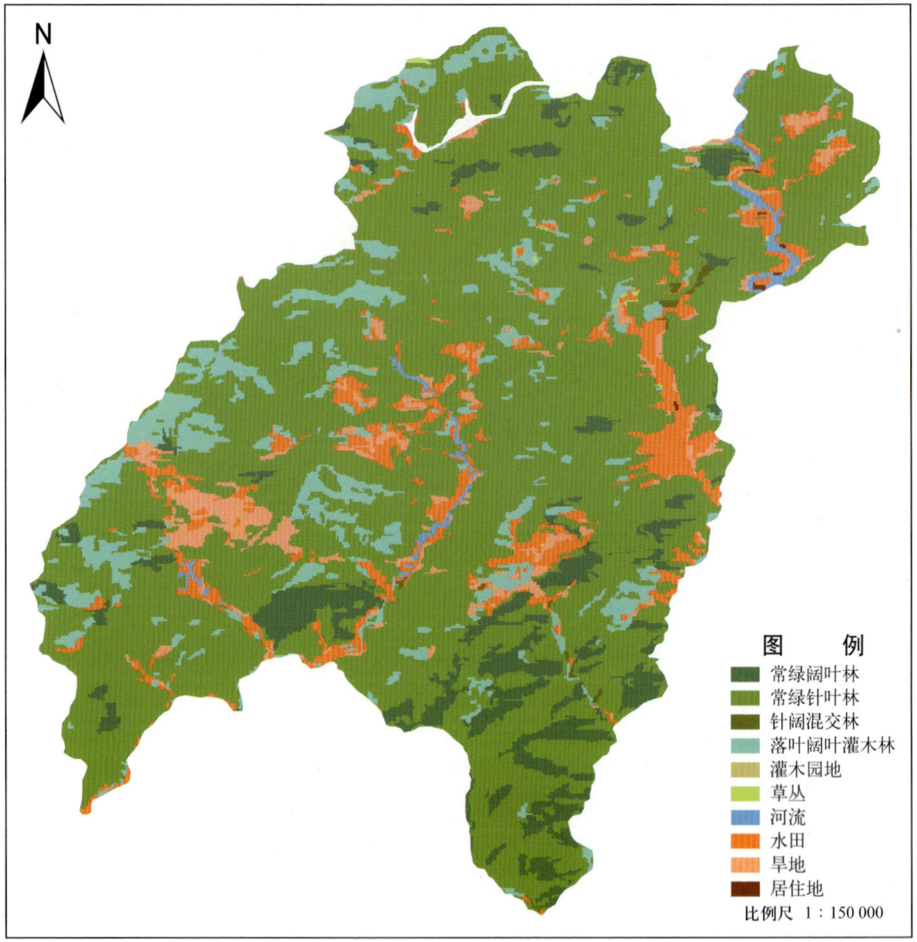
N
图 例
常绿阔叶林
常绿针叶林
针阔混交林
落叶阔叶灌木林
灌木园地
草丛
河流
水田
旱地
居住地
比例尺 1 : 150 000

解译参考影像时间：2011 年

借母溪
国家级自然保护区
长沙

借母溪国家级自然保护区位于湖南省怀化市沅陵县境内，总面积约 13 041 公顷，建于 1998 年，2008 年晋升为国家级，主要保护对象为森林生态系统及榉木、楠木等珍稀植物，属森林生态系统类型自然保护区。该保护区是湖南省“天然标本”最集中、最齐全的“动植物园”。

鹰嘴界国家级自然保护区遥感影像图

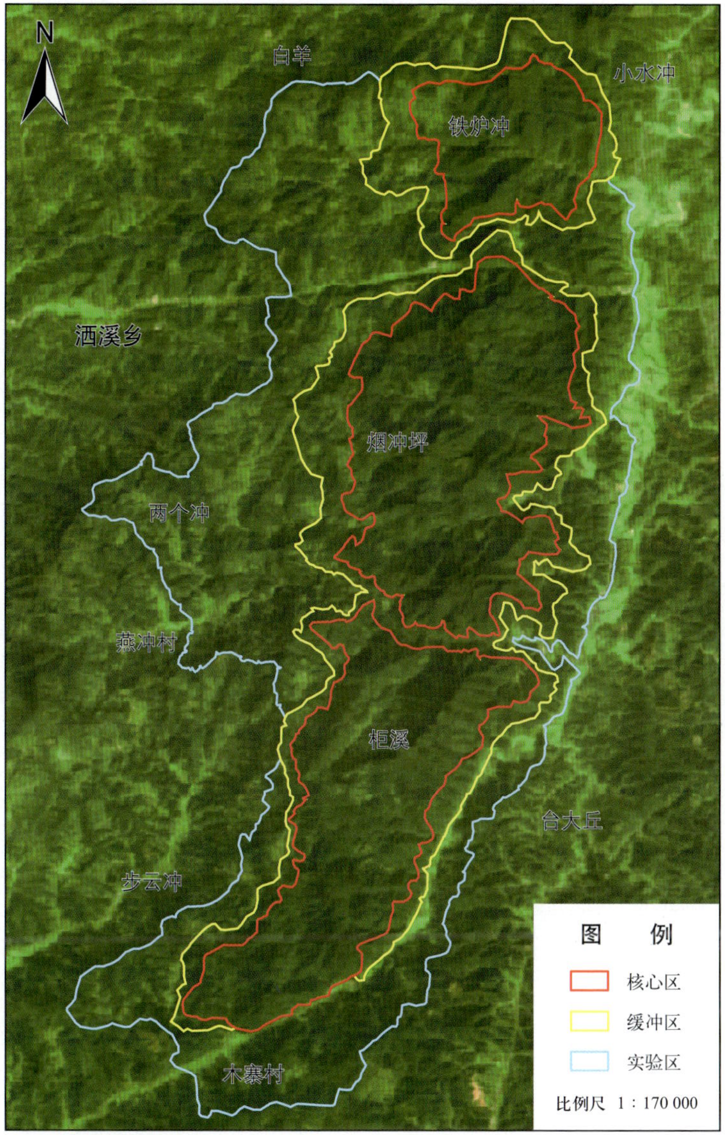
N
白羊
小水冲
铁炉冲
洒溪乡
烟冲坪
两个冲
燕冲村
枉溪
台大丘
步云冲
木寨村
图例
核心区
缓冲区
实验区
比例尺 1：170 000

影像获取时间：2010 年

鹰嘴界国家级自然保护区生态系统类型图

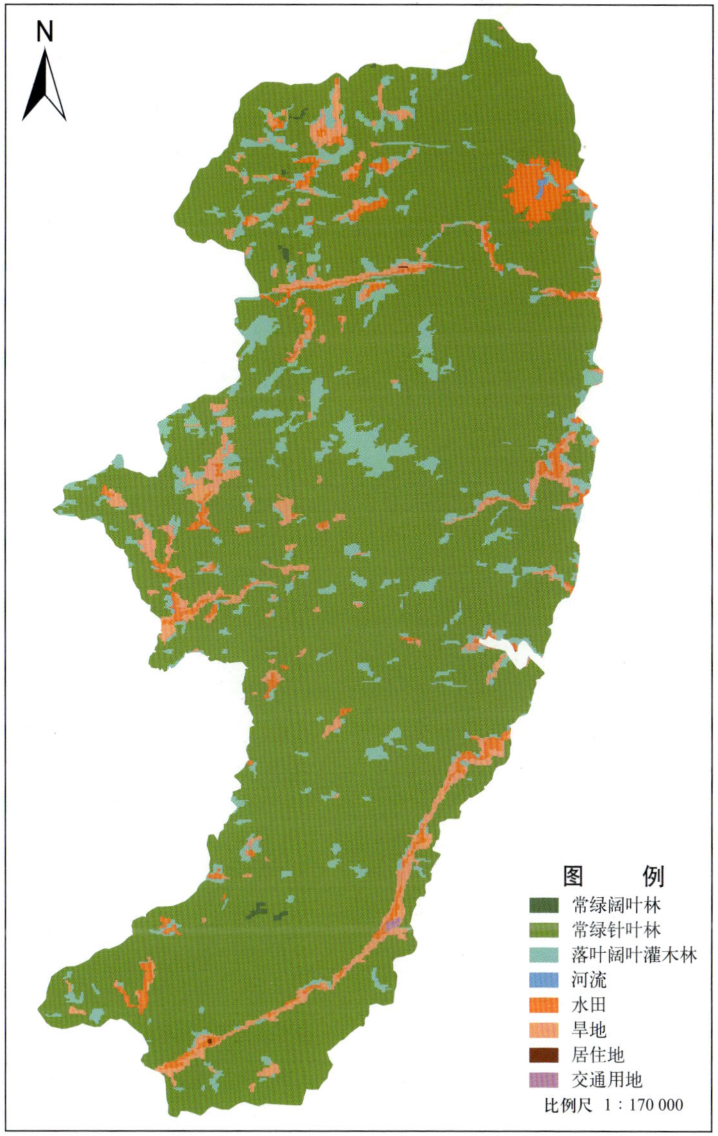
N
图例
常绿阔叶林
常绿针叶林
落叶阔叶灌木林
河流
水田
旱地
居住地
交通用地
比例尺 1：170 000

解译参考影像时间：2011 年

鹰嘴界国家级自然保护区位于湖南省怀化市会同县境内，总面积 15 900 公顷，建于 1998 年，2006 年晋升为国家级，主要保护对象为亚热带森林植被及南方红豆杉、野生动物，属森林生态系统类型自然保护区。该保护区内有良好的生态环境，保存了结构完整的中亚热带中部地带的典型常绿阔叶林，孕育了众多古老而又珍稀的动植物资源，这里是中国中亚热带地区生物多样性最为丰富的动植物王国之一。

长沙
鹰嘴界
国家级自然保护区

高望界国家级自然保护区

高望界
国家级自然保护区
长沙

高望界国家级自然保护区位于湖南省湘西土家族苗族自治州古丈县境内，总面积17 170公顷，建于1993年，2011年晋升为国家级，主要保护对象为常绿阔叶林生态系统，属森林生态系统类型自然保护区。该保护区内森林茂盛，物种多样，有植物211科2 440种，属国家保护的珍稀濒危树种有南方红豆杉、柏乐树等38种，区内珍贵野生动物有羚羊、锦鸡、猫头鹰等35种，是天然的“动植物基因库”。

高望界国家级自然保护区遥感影像图

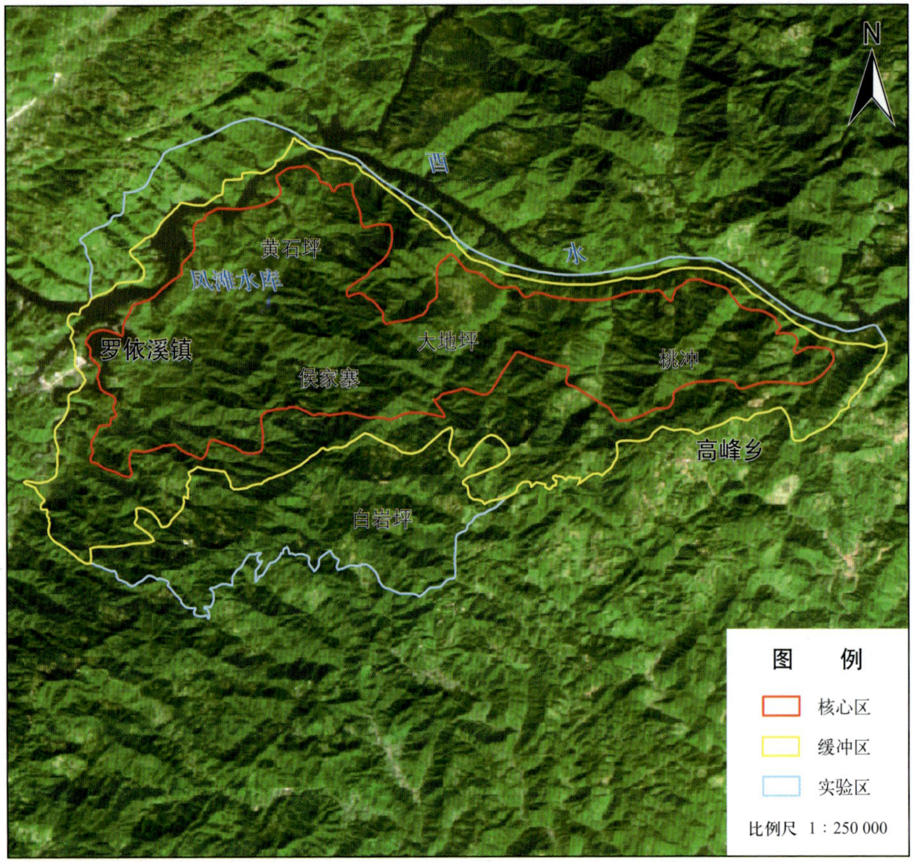
N
西
水
黄石坪
风滩水库
罗依溪镇
大地坪
侯家寨
桃冲
高峰乡
白岩坪
图 例
核心区
缓冲区
实验区
比例尺 1：250 000

影像获取时间：2010年

高望界国家级自然保护区生态系统类型图

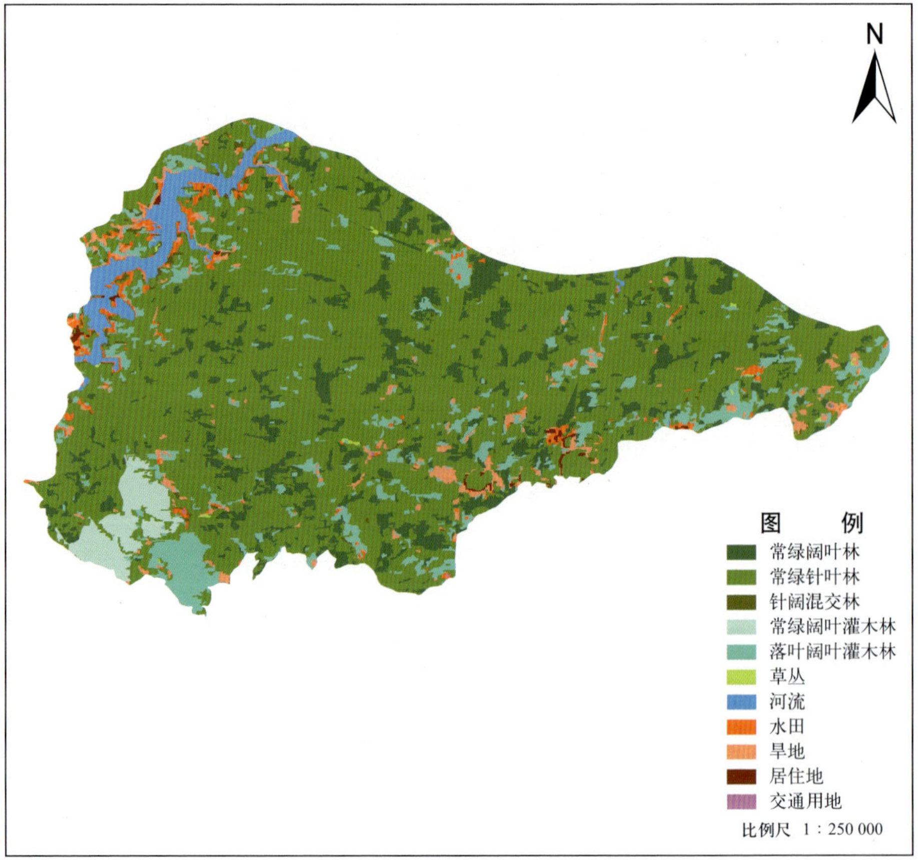
N
图 例
常绿阔叶林
常绿针叶林
针阔混交林
常绿阔叶灌木林
落叶阔叶灌木林
草丛
河流
水田
旱地
居住地
交通用地
比例尺 1：250 000

解译参考影像时间：2011年

小溪国家级自然保护区遥感影像图

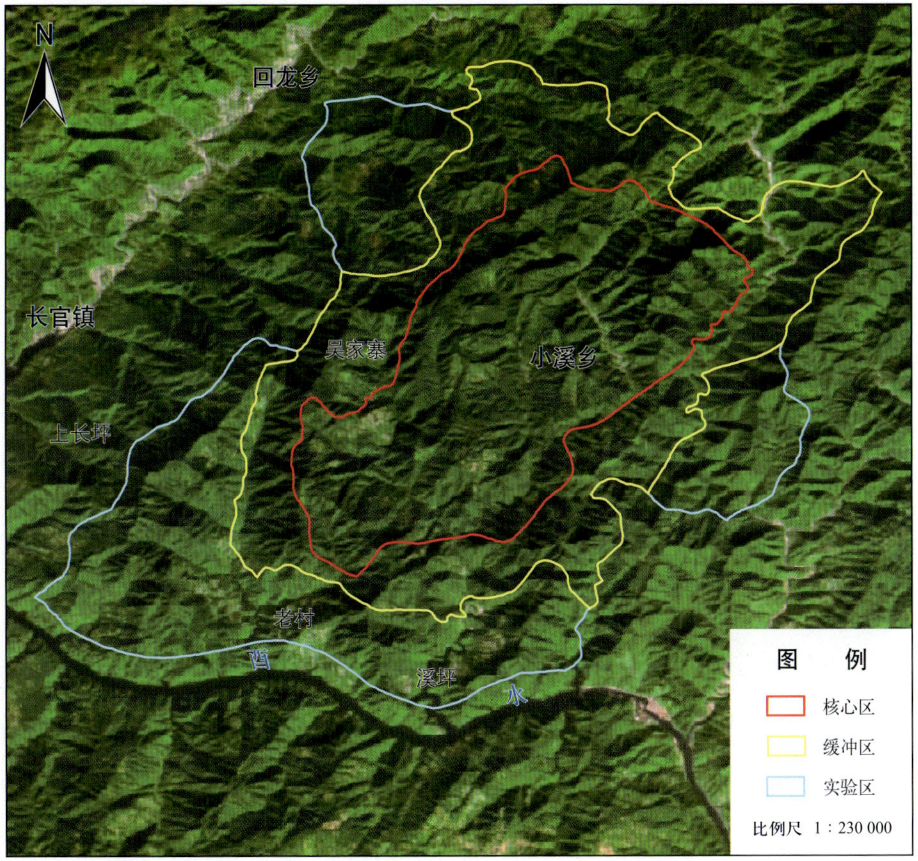
N
回龙乡
长官镇
吴家寨
小溪乡
上长坪
老村
西
溪坪
水
图 例
核心区
缓冲区
实验区
比例尺 1：230 000

影像获取时间：2010 年

小溪国家级自然保护区生态系统类型图

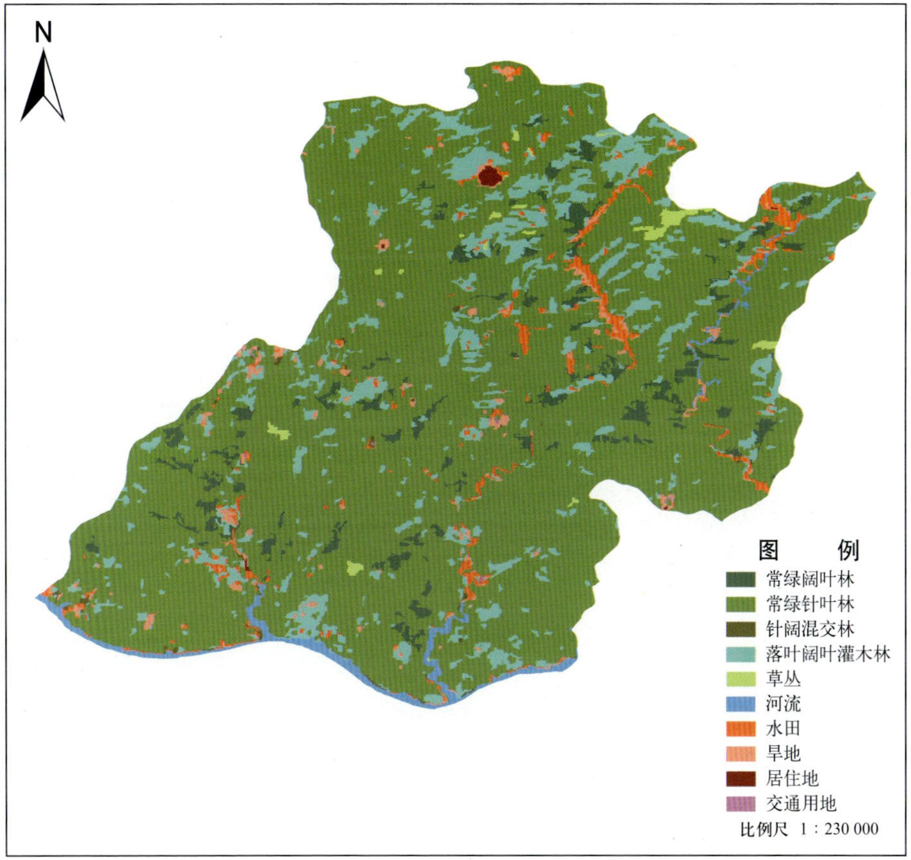
N
图 例
常绿阔叶林
常绿针叶林
针阔混交林
落叶阔叶灌木林
草丛
河流
水田
旱地
居住地
交通用地
比例尺 1：230 000

解译参考影像时间：2010 年

小溪
国家级自然保护区
长沙

小溪国家级自然保护区位于湖南省湘西土家族苗族自治州永顺县境内，总面积 24 800 公顷，建于 1982 年，2001 年晋升为国家级，主要保护对象为珙桐、南方红豆杉等珍稀植物，属森林生态系统类型自然保护区。该保护区具有很高的科学研究价值，经考察论证为中南十三省唯一免遭第四纪冰川侵袭的原始次生林天然资源宝库。

广东省 南岭国家级自然保护区

南岭
国家级自然保护区
广州

南岭国家级自然保护区位于广东省韶关市、清远市境内，总面积59 549公顷，建于1984年，1994年晋升为国家级，主要保护对象为中亚热带常绿阔叶林，属于森林生态系统类型自然保护区。该保护区内保存有较完整的亚热带常绿阔叶林、山顶矮林和针叶林等森林植被。这里丰富的物种资源和复杂的亚热带森林植被，是南岭森林生态系统的核心和精华，具有重要的保护价值和科研价值。

南岭国家级自然保护区遥感影像图

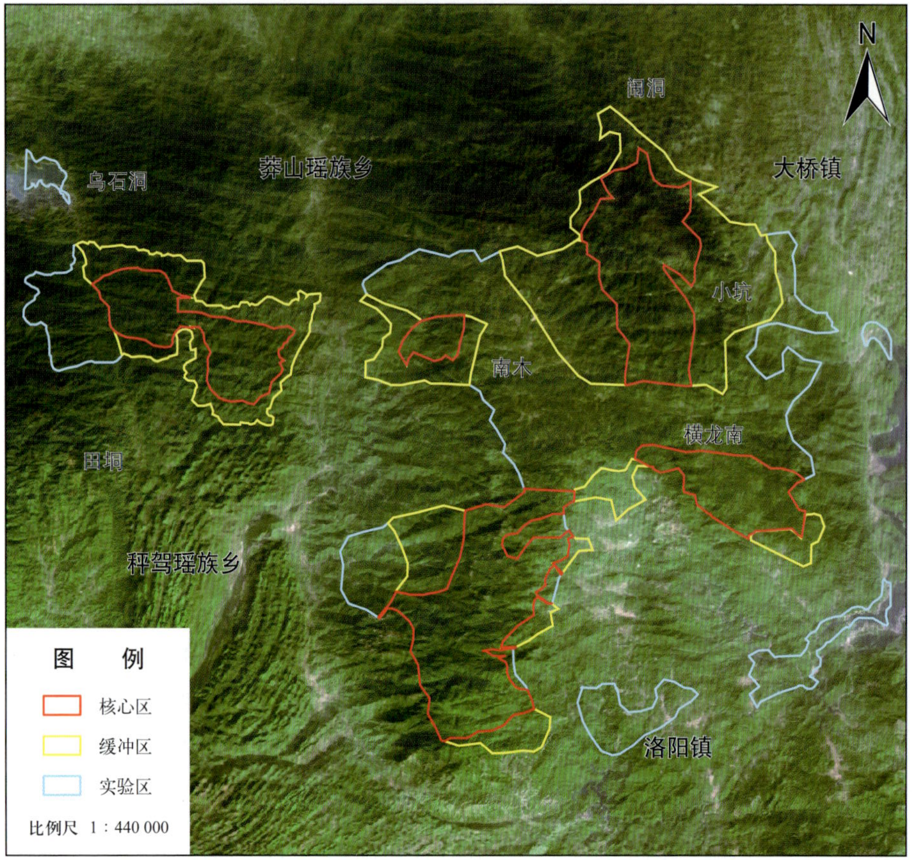
N
闽洞
乌石洞
莽山瑶族乡
大桥镇
小坑
南木
横龙南
田坝
秤驾瑶族乡
洛阳镇
图例
核心区
缓冲区
实验区
比例尺 1：440 000

影像获取时间：2010年

南岭国家级自然保护区生态系统类型图

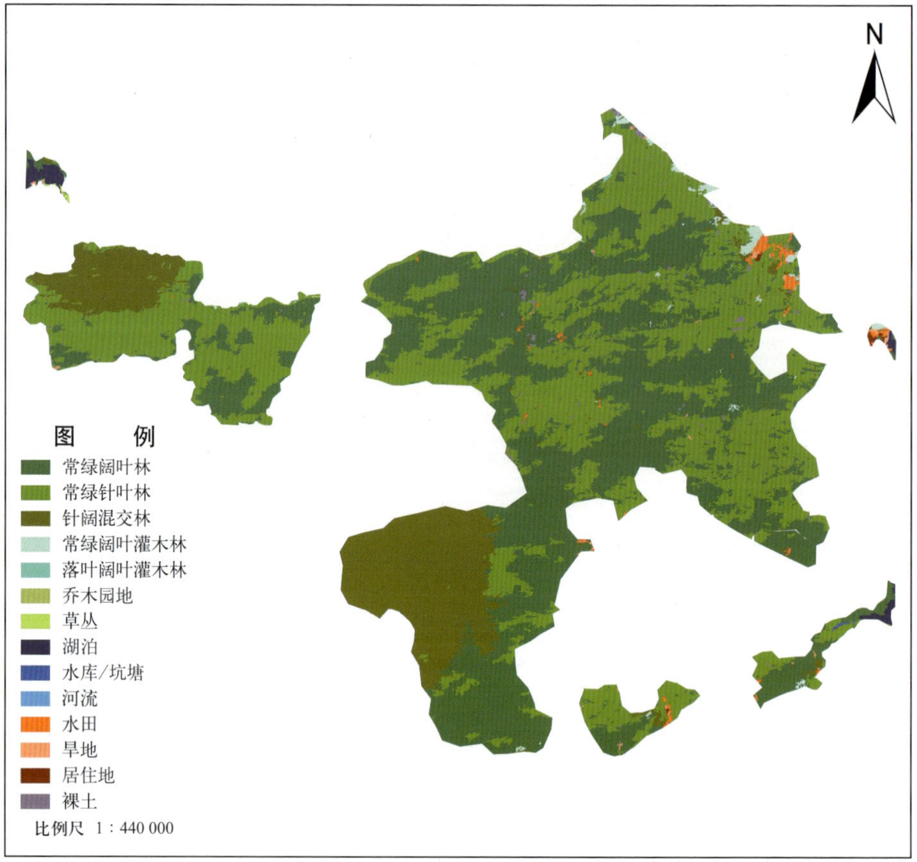
N
图例
常绿阔叶林
常绿针叶林
针阔混交林
常绿阔叶灌木林
落叶阔叶灌木林
乔木园地
草丛
湖泊
水库/坑塘
河流
水田
旱地
居住地
裸土
比例尺 1：440 000

解译参考影像时间：2011年

车八岭国家级自然保护区遥感影像图

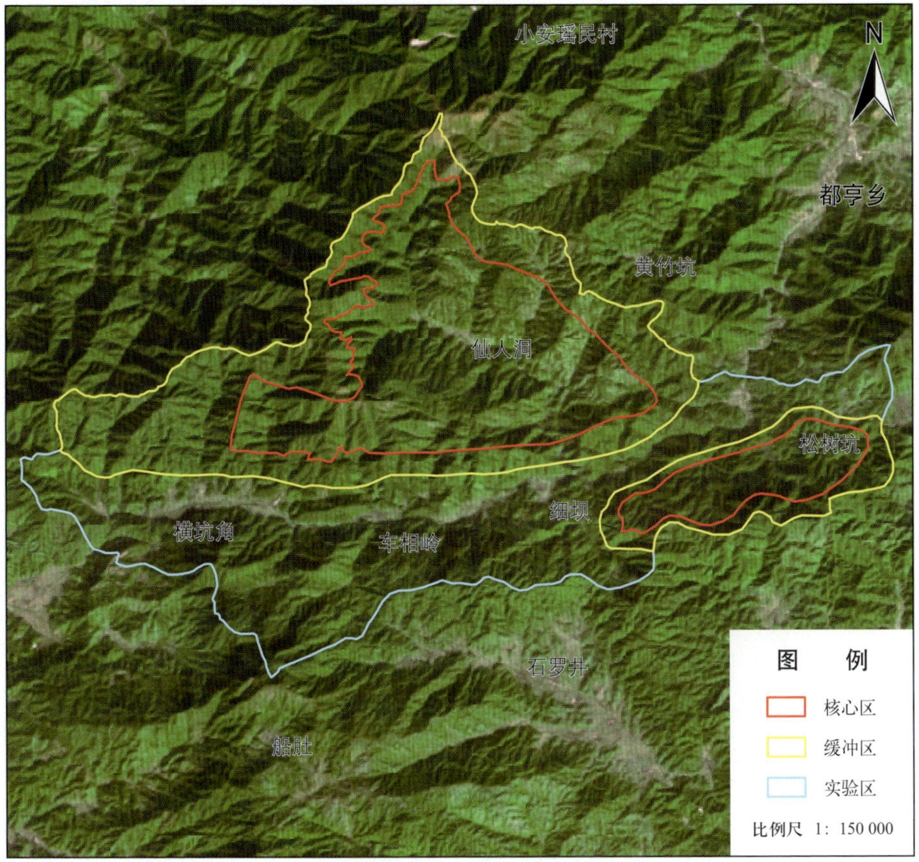
小安瑶民村
N
都亭乡
黄竹坑
仙人洞
松树坑
细坝
横坑角
车相岭
石罗井
船肚
图 例
核心区
缓冲区
实验区
比例尺 1：150 000

影像获取时间：2010 年

车八岭国家级自然保护区生态系统类型图

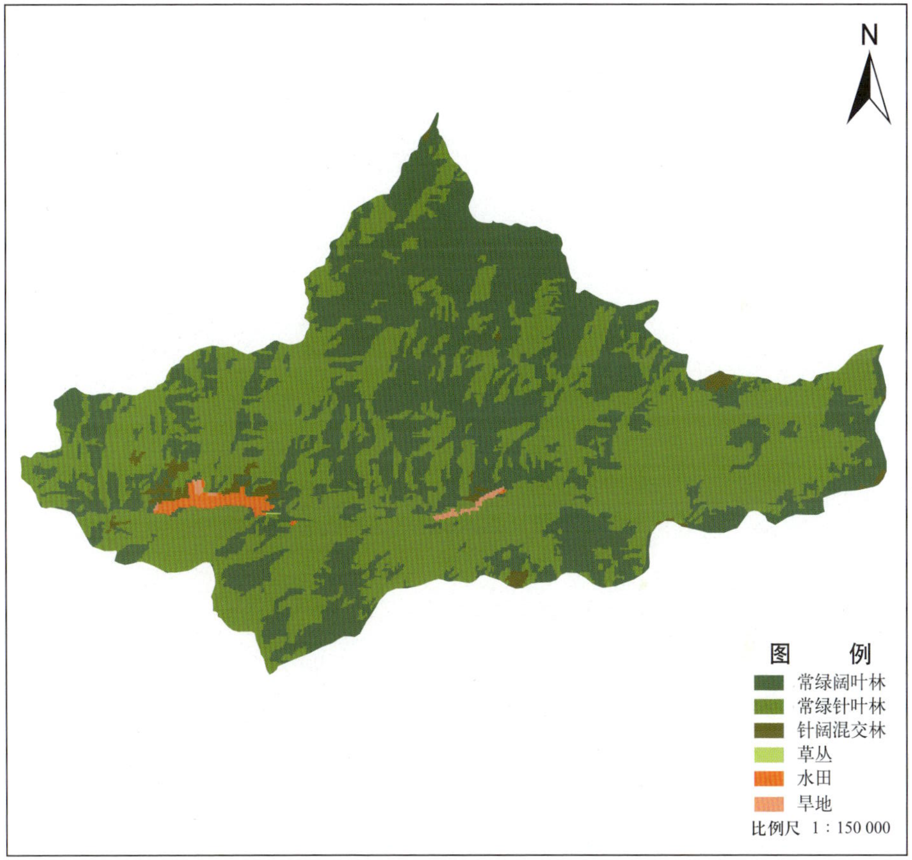
N
图 例
常绿阔叶林
常绿针叶林
针阔混交林
草丛
水田
旱地
比例尺 1：150 000

解译参考影像时间：2011 年

车八岭
国家级自然保护区
广州

车八岭国家级自然保护区位于广东省韶关市始兴县，总面积 7 545 公顷，建于 1981 年，1988 年晋升为国家级，主要保护对象为中亚热带常绿阔叶林及珍稀动植物，属于森林生态系统类型自然保护区。该保护区在生态系统和环境演变规律、南亚热带向中亚热带过渡的森林生态系统等领域有十分重要的科研价值。

丹霞山国家级自然保护区

丹霞山国家级自然保护区遥感影像图

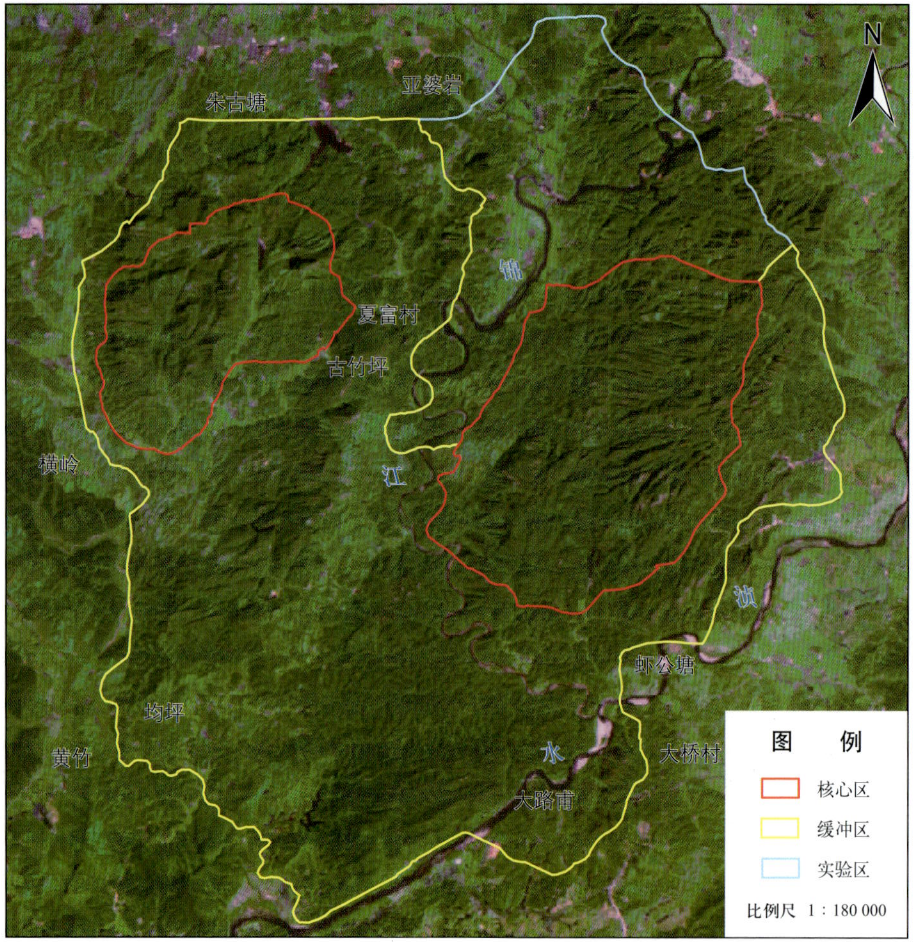
N
朱古塘
亚婆岩
夏富村
古竹坪
横岭
江
锦
浈
虾公塘
均坪
黄竹
水
大桥村
大路甫
图例
核心区
缓冲区
实验区
比例尺 1：180 000

影像获取时间：2010 年

丹霞山国家级自然保护区生态系统类型图

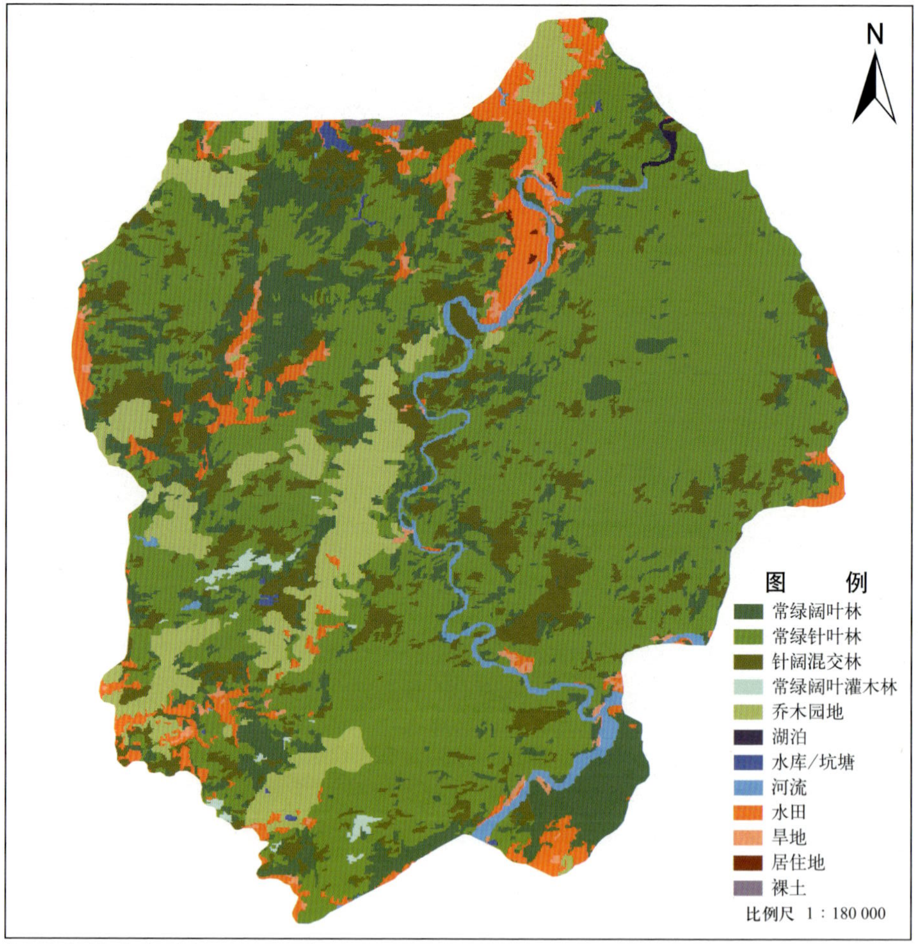
N
图例
常绿阔叶林
常绿针叶林
针阔混交林
常绿阔叶灌木林
乔木园地
湖泊
水库/坑塘
河流
水田
旱地
居住地
裸土
比例尺 1：180 000

解译参考影像时间：2011 年

丹霞山
国家级自然保护区
广州

丹霞山国家级自然保护区位于广东省韶关市仁化县境内，总面积 28 000 公顷，建于 1993 年，1995 年晋升为国家级。主要保护对象为丹霞地貌，属于地质遗迹类型自然保护区。该保护区内的丹霞地貌具有典型性、代表性、多样性和不可替代性，在目前我国已发现的 300 多处丹霞地貌中，丹霞山是其中分布面积最大、发育最典型、造型最丰富的丹霞地貌集中区。

内伶仃岛－福田国家级自然保护区

内伶仃岛－福田国家级自然保护区遥感影像图

N
茶光村
新塘
珠
粤海
湾下村
深圳湾
妈湾
江
元朗
厦村
东湾村
内伶仃岛
捕狗仔
口
屯门
图例
核心区
缓冲区
实验区
比例尺 1：230 000

影像获取时间：2010 年

内伶仃岛－福田国家级自然保护区生态系统类型图

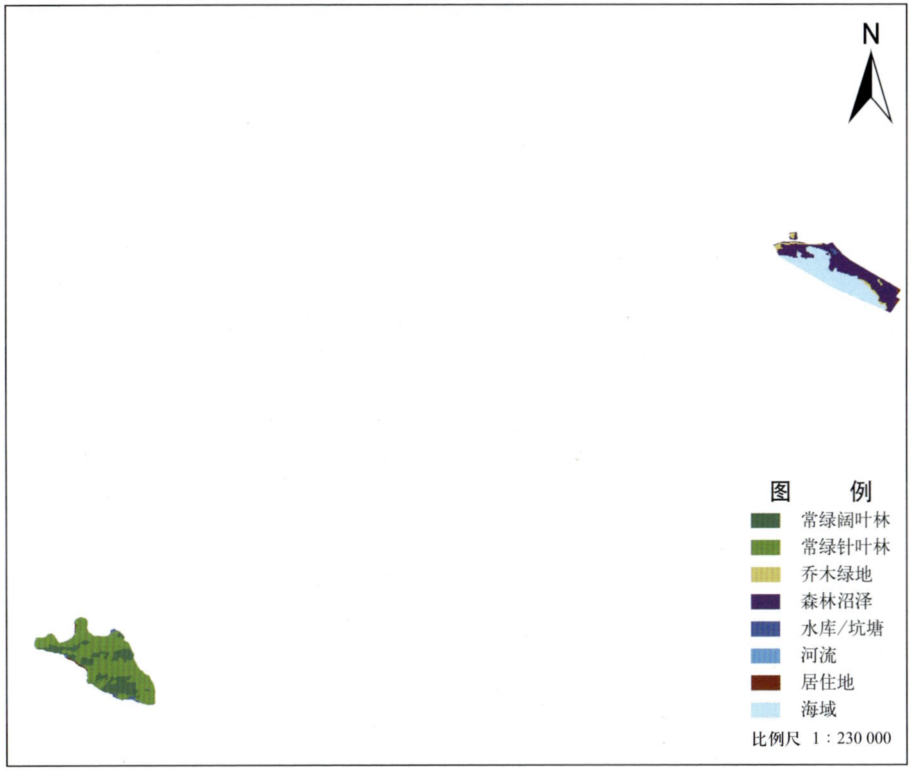
N
图例
常绿阔叶林
常绿针叶林
乔木绿地
森林沼泽
水库/坑塘
河流
居住地
海域
比例尺 1：230 000

解译参考影像时间：2010 年

内伶仃岛—福田国家级自然保护区位于广东省深圳市宝安区、福田区境内，总面积 815 公顷，建于 1984 年，1988 年晋升为国家级，主要保护对象为猕猴、鸟类和红树林湿地生态系统，该保护区由内伶仃岛和福田红树林两个区域组成，其中福田红树林区域是全国唯一一处位于城市腹地、面积最小的国家级森林和野生动物类型的自然保护区。

广州
内伶仃岛－福田
国家级自然保护区

珠江口中华白海豚国家级自然保护区

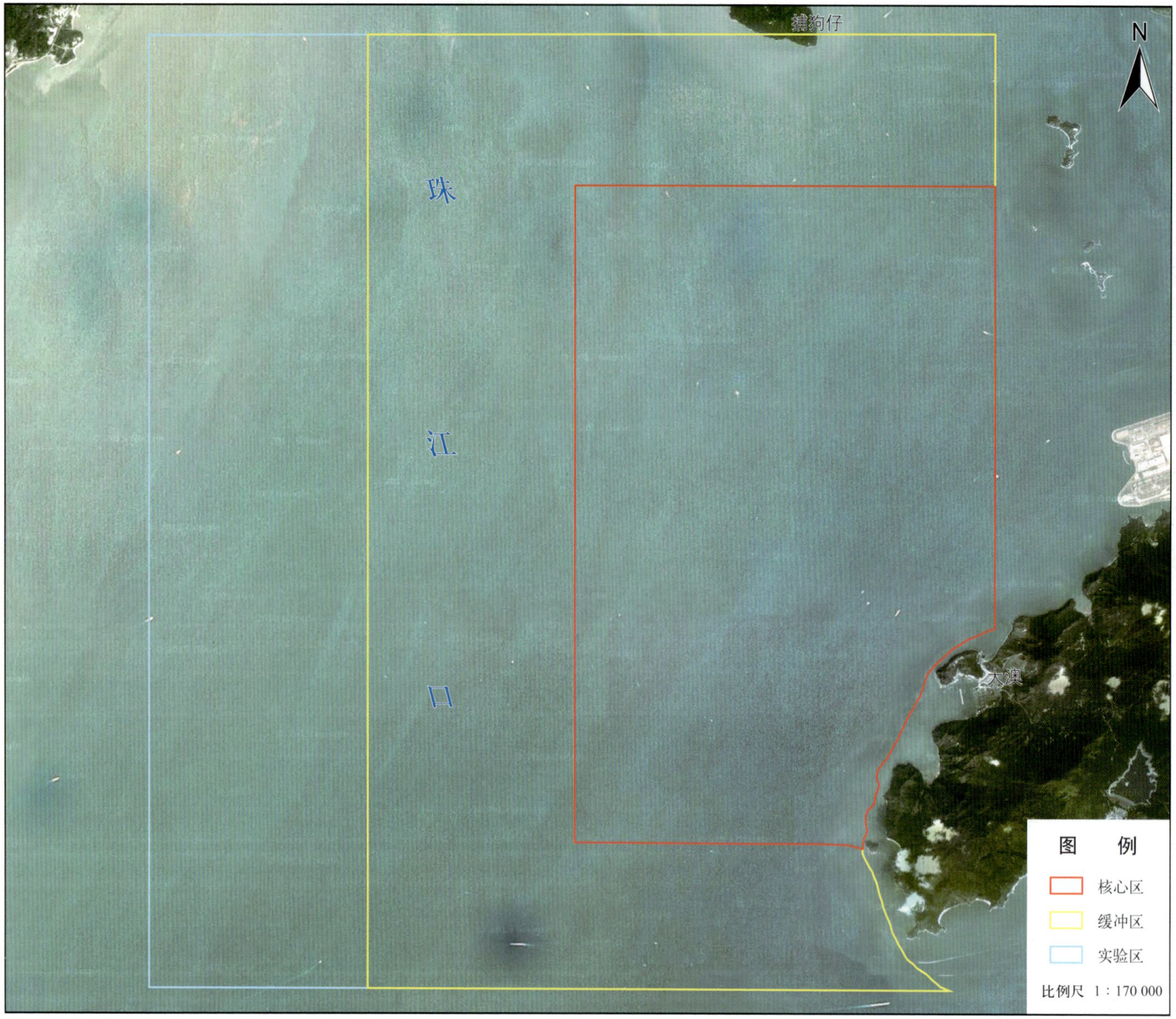
排狗仔
N
珠
江
口
大濠
图例
核心区
缓冲区
实验区
比例尺 1：170 000

影像获取时间：2010 年

珠江口中华白海豚国家级自然保护区遥感影像图

珠江口中华白海豚国家级自然保护区位于广东省珠海市境内，总面积约 46 000 公顷，建于 1991 年，2003 年晋升为国家级，主要保护对象为中华白海豚及其生态环境，属于野生动物类型自然保护区。该保护区于 2007 年 11 月加入中国生物圈保护区网络。保护区既挽救了濒危的中华白海豚种群，也保护了珠江口水域自然环境的生物多样性。

广州
珠江口中华白海豚
国家级自然保护区

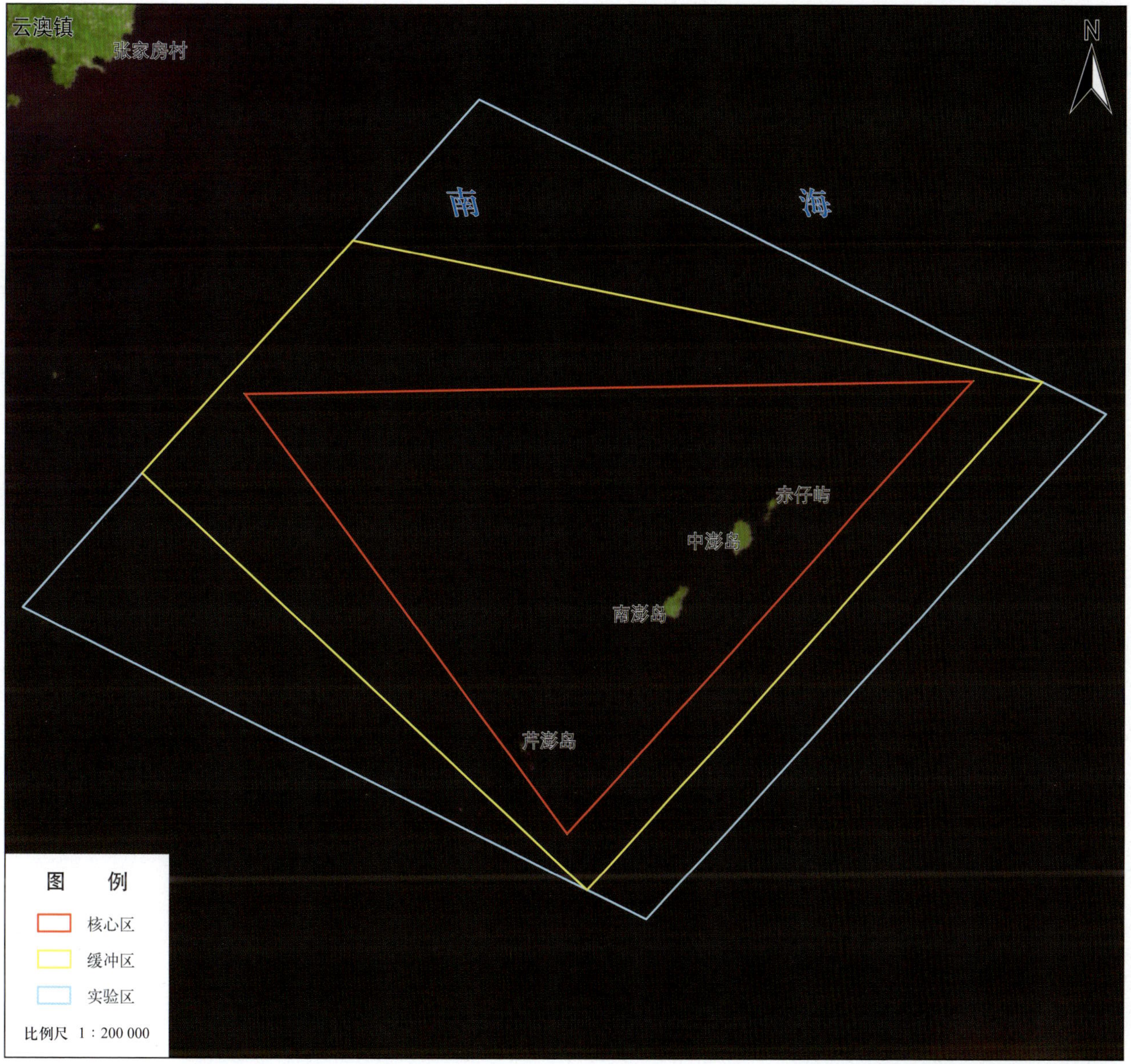
云澳镇
张家房村
N
南
海
赤仔屿
中澎岛
南澎岛
芹澎岛
图例
核心区
缓冲区
实验区
比例尺 1∶200 000

影像获取时间：2010 年

南澎列岛国家级自然保护区遥感影像图

南澎列岛国家级自然保护区位于广东省汕头市南澳县境内，海域总面积35 679公顷，建于1991年，2012年晋升为国家级，主要保护对象为海洋生态系统及海洋生物，属于海洋海岸类型的自然保护区。该保护区内海洋生物多达1 308种，其中海洋脊椎动物314种，区内有国家一、二级保护动物17种、广东省重点保护动物8种。该保护区及其附近海域被誉为“南海典型的海洋生物资源宝库”和“南海北部活的自然博物馆”。

广州
南澎列岛国家级自然保护区

湛江红树林国家级自然保护区

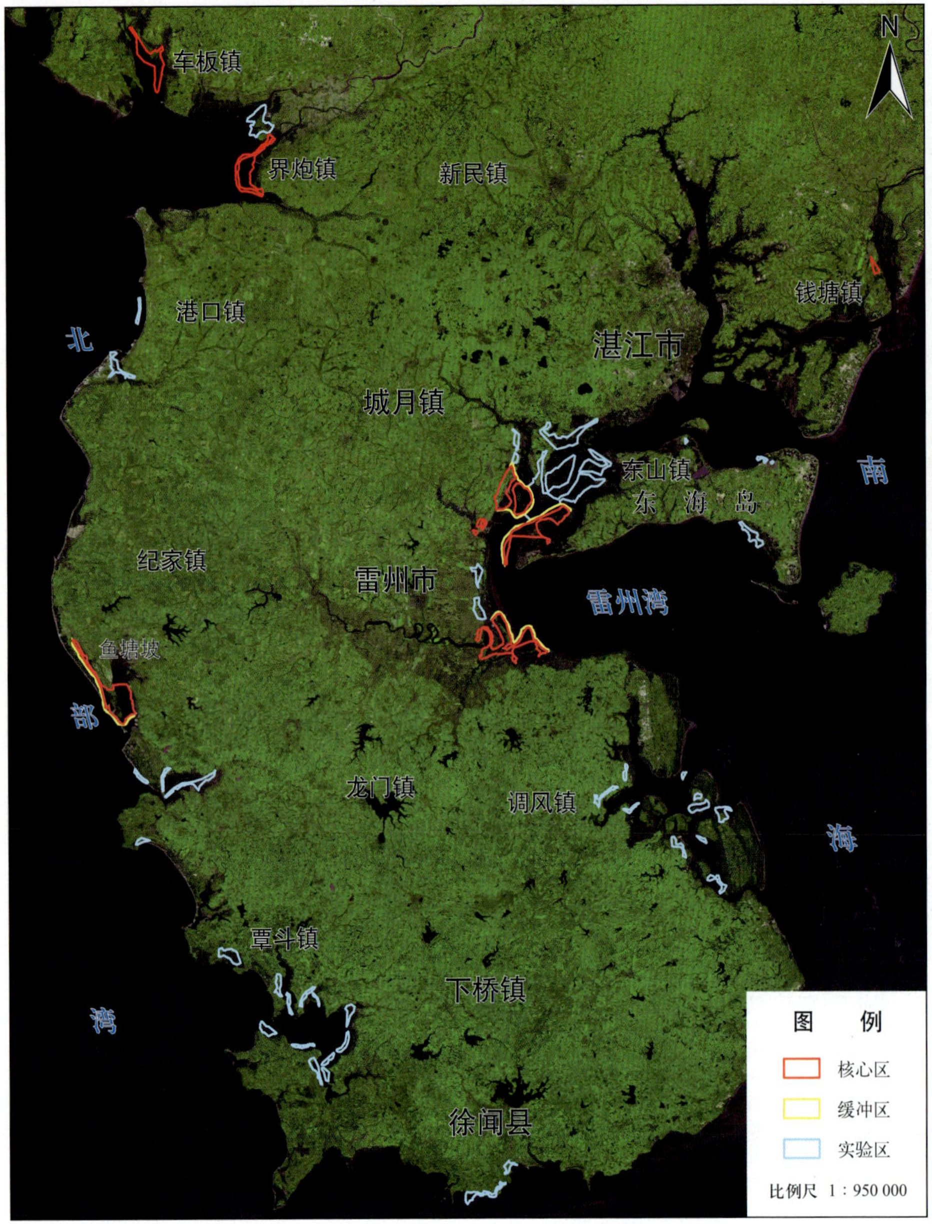

车板镇
界炮镇
新民镇
钱塘镇
港口镇
北
湛江市
城月镇
东山镇
东 海 岛
南
纪家镇
雷州市
雷州湾
鱼塘坡
部
龙门镇
调风镇
海
覃斗镇
下桥镇
湾
徐闻县
N
图 例
核心区
缓冲区
实验区
比例尺 1：950 000

湛江红树林国家级自然保护区遥感影像图

影像获取时间：2010 年

广州
湛江红树林
国家级自然保护区

湛江红树林国家级自然保护区位于广东省湛江市境内，总面积 19 300 公顷，建于 1990 年，1997 年晋升为国家级，主要保护对象为红树林生态系统，属于海洋海岸类型的自然保护区。该保护区作为我国现存红树林面积最大的一个自然保护区，在控制海岸侵蚀、保持水土和保护生物多样性等方面发挥着极其重要的作用。

徐闻珊瑚礁国家级自然保护区

徐闻珊瑚礁国家级自然保护区遥感影像图

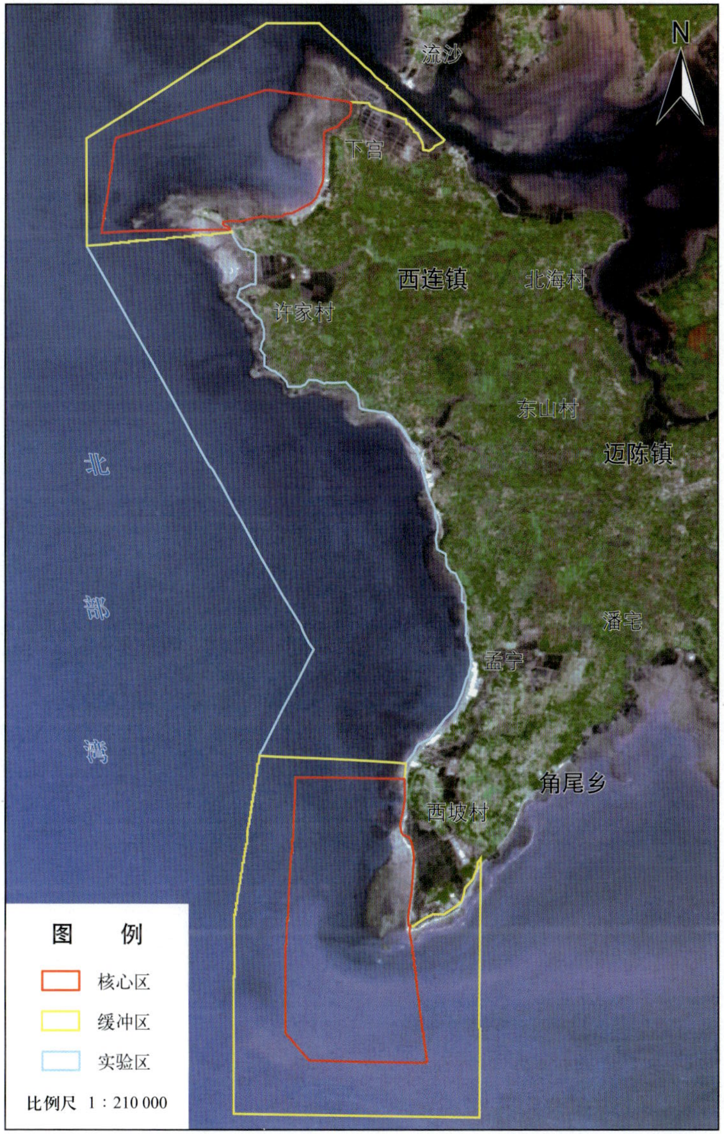
N
流沙
下宫
西连镇
北海村
许家村
东山村
迈陈镇
北
部
湾
潘宅
孟宁
角尾乡
西坡村
图 例
核心区
缓冲区
实验区
比例尺 1：210 000

影像获取时间：2010 年

徐闻珊瑚礁国家级自然保护区生态系统类型图

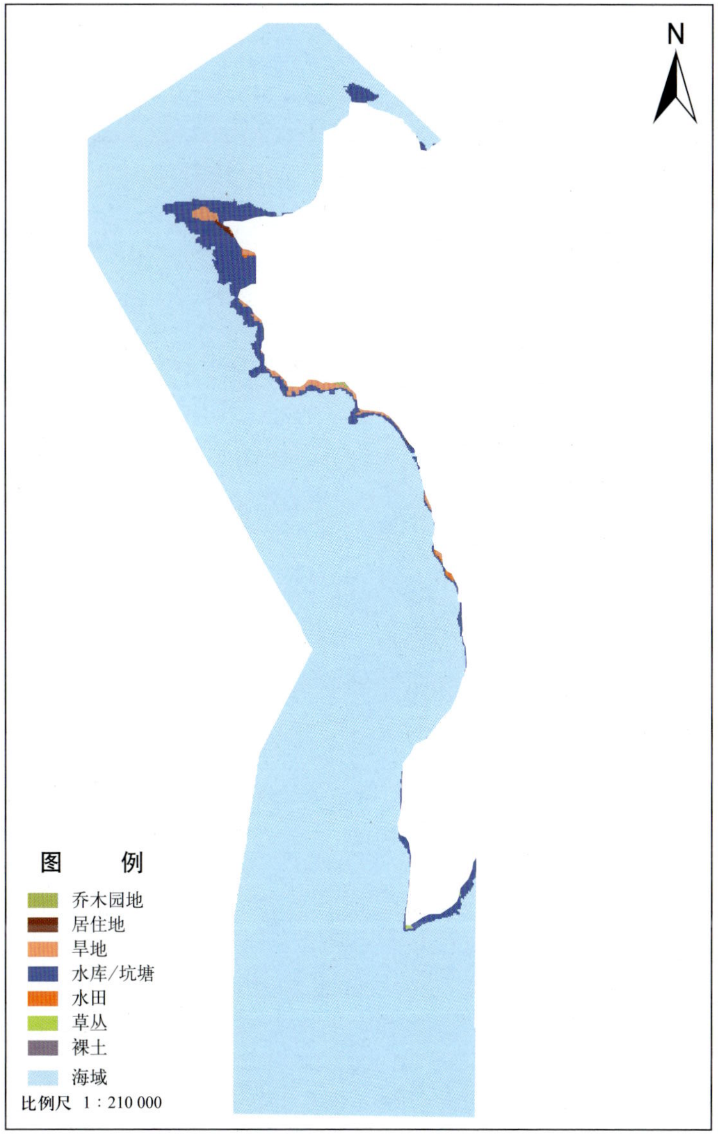
N
图 例
乔木园地
居住地
旱地
水库/坑塘
水田
草丛
裸土
海域
比例尺 1：210 000

解译参考影像时间：2011 年

徐闻珊瑚礁国家级自然保护区位于广东省湛江市徐闻县境内，总面积 14 379 公顷，建于 1999 年，2007 年晋升为国家级，主要保护对象为珊瑚礁及海洋生态系统，属于海洋海岸类型自然保护区。这里珊瑚礁区珊瑚物种多，渔业资源丰富，拥有丰富的经济生物资源，是中国大陆沿岸唯一发育和保存现代珊瑚岸礁的区域。目前区内已发现腔肠动物门珊瑚虫纲共 3 目 19 科 82 种。

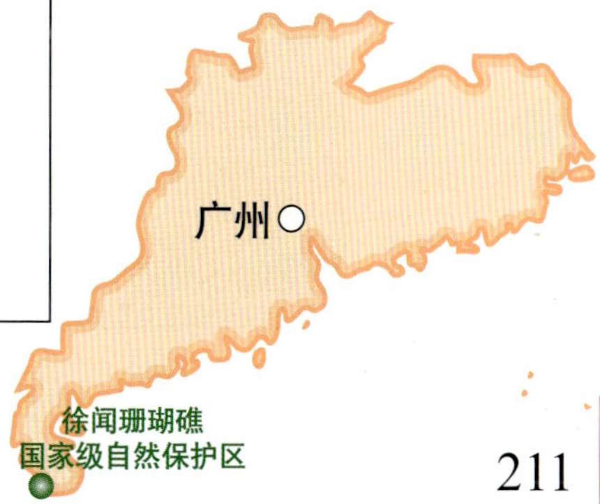
广州
徐闻珊瑚礁
国家级自然保护区

雷州珍稀海洋生物国家级自然保护区

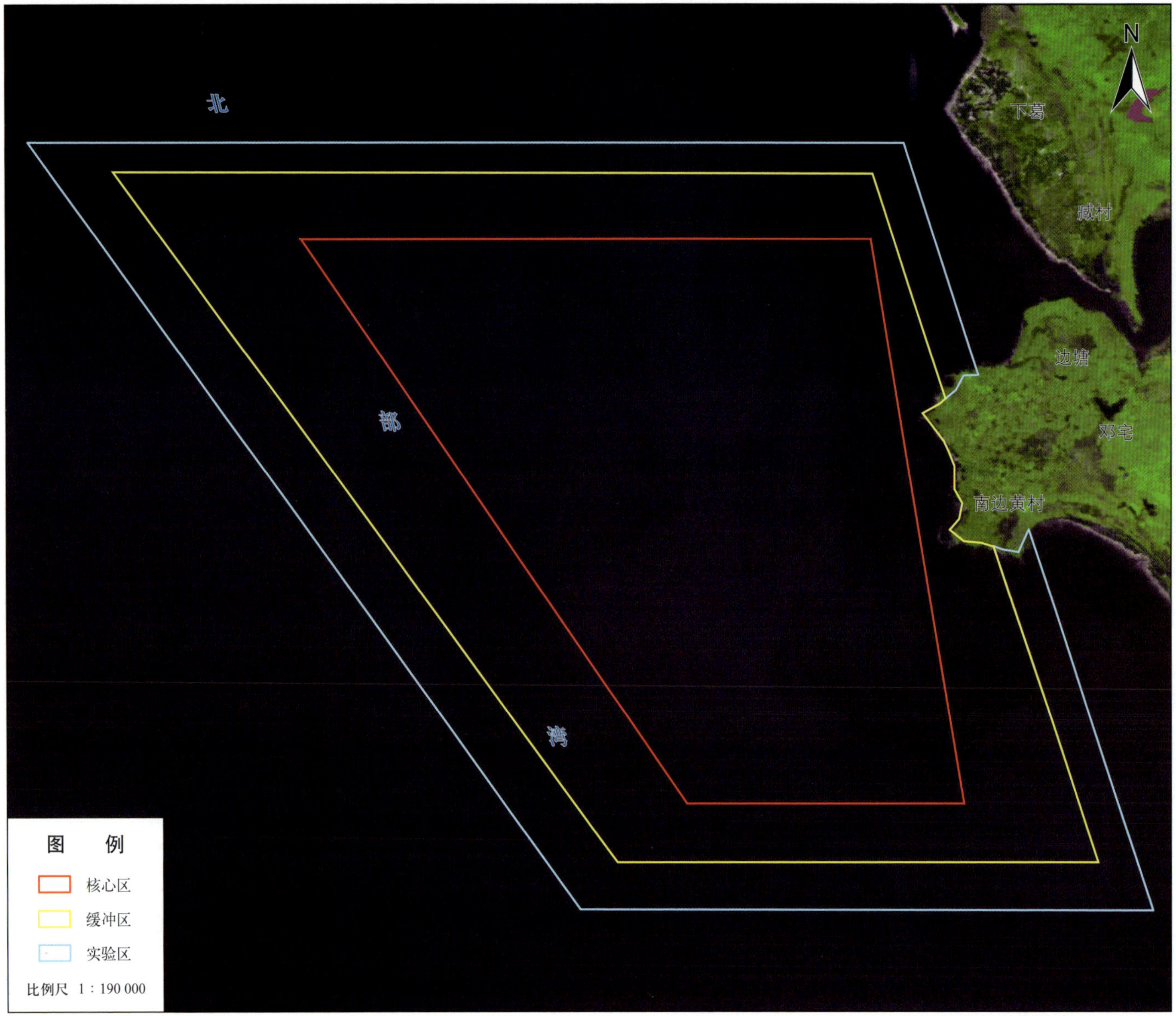
北
部
湾
N
下葛
戚村
边塘
邓宅
南边黄村
图例
核心区
缓冲区
实验区
比例尺 1：190 000

影像获取时间：2010 年

雷州珍稀海洋生物国家级自然保护区遥感影像图

雷州珍稀海洋生物国家级自然保护区位于广东省雷州市境内，海域总面积 46 865 公顷，建于 1983 年，2009 年晋升为国家级，主要保护对象为白蝶贝等珍稀海洋生物及其生态环境，属于野生动物类型自然保护区。该保护区有我国保护最完好、生态类型最丰富的热带典型生态系统。

广州
雷州珍稀海洋生物
国家级自然保护区

鼎湖山国家级自然保护区遥感影像图

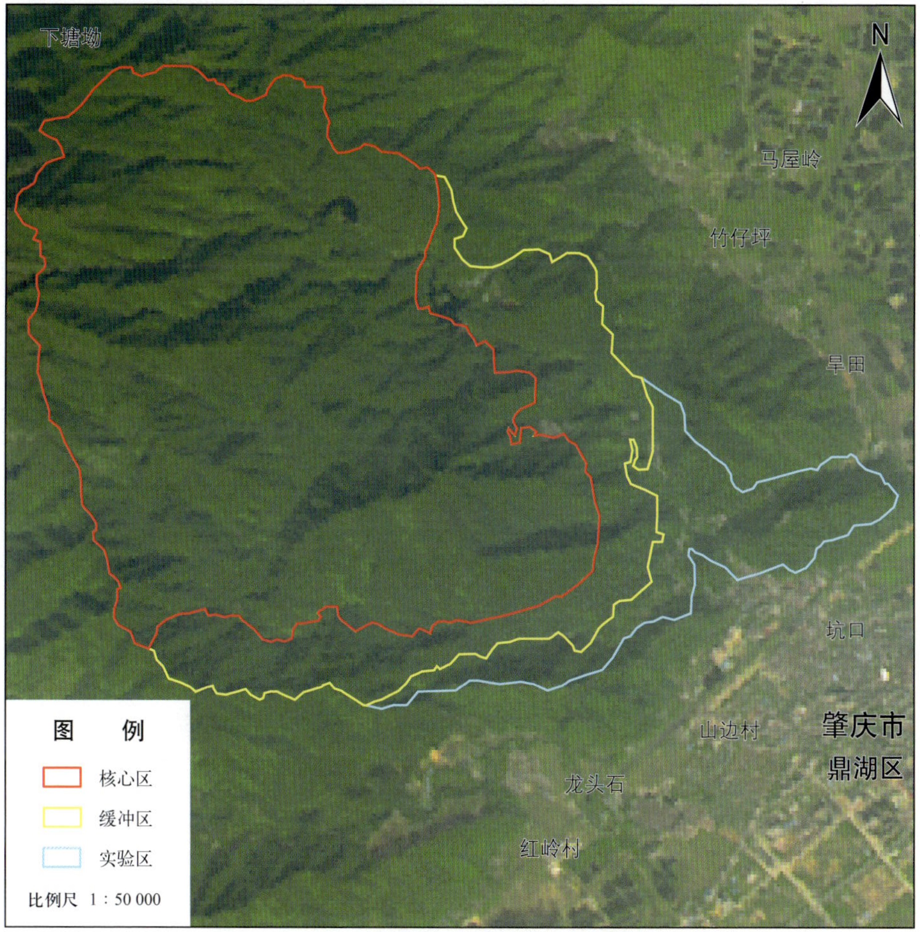
下塘坳
N
马屋岭
竹仔坪
旱田
坑口
山边村
肇庆市
鼎湖区
龙头石
红岭村
图　例
核心区
缓冲区
实验区
比例尺　1 : 50 000

影像获取时间：2010 年

鼎湖山国家级自然保护区生态系统类型图

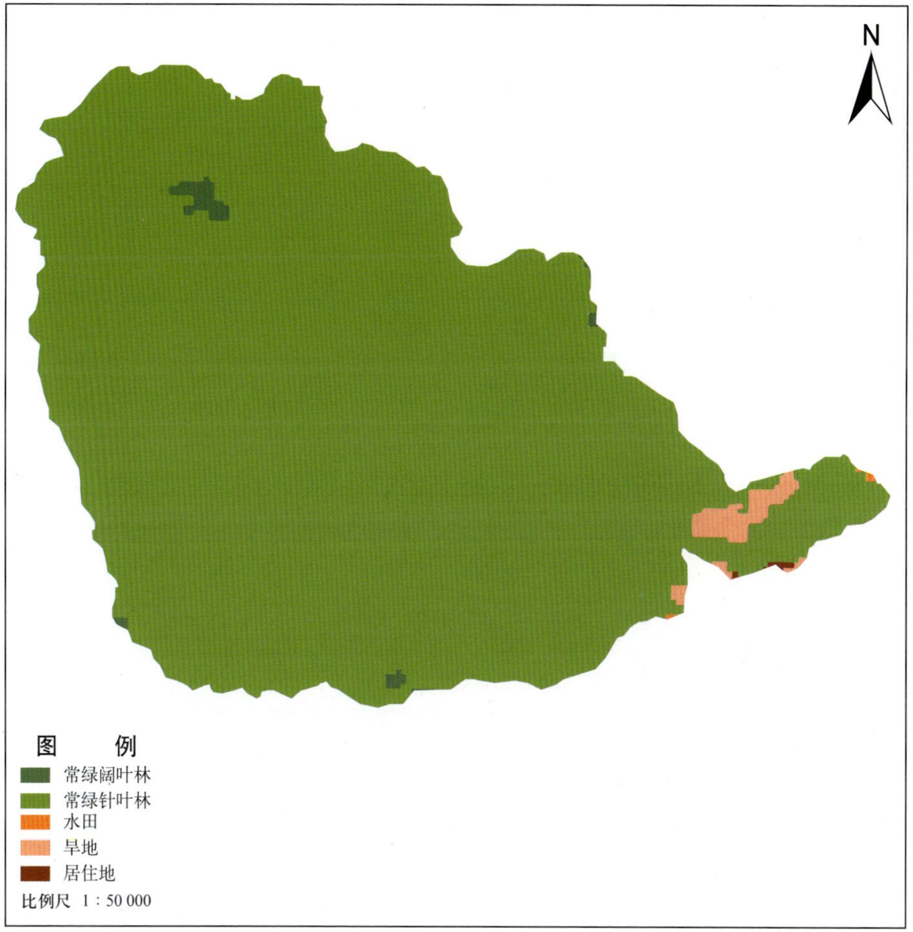
N
图　例
常绿阔叶林
常绿针叶林
水田
旱地
居住地
比例尺　1 : 50 000

解译参考影像时间：2011 年

广州
鼎湖山
国家级自然保护区

鼎湖山国家级自然保护区位于广东省肇庆市鼎湖区境内，总面积为 1 133 公顷，建于 1956 年，是中国第一个自然保护区，主要保护对象为南亚热带常绿阔叶林、珍稀动植物，属于森林生态系统类型的保护区。该保护区内生物多样性丰富，植物种类众多，是华南地区生物多样性最富集的地区之一，被生物学家称为“物种宝库”和“基因储存库”。

广东省 象头山国家级自然保护区

象头山
国家级自然保护区
广州

象头山国家级自然保护区位于广东省惠州市博罗县境内，总面积为 10 697 公顷，建于 1998 年，2002 年晋升为国家级，主要保护对象为南亚热带常绿阔叶林和野生动植物，属森林生态类型的自然保护区。该保护区内有植物种类 1 627 种，属于国家重点保护植物 56 种；陆生野生动物 305 种，属于国家一级重点保护动物 2 种，二级重点保护动物 32 种；鱼类 72 种，是我国南亚热带地区难得的物种基因库。

象头山国家级自然保护区遥感影像图

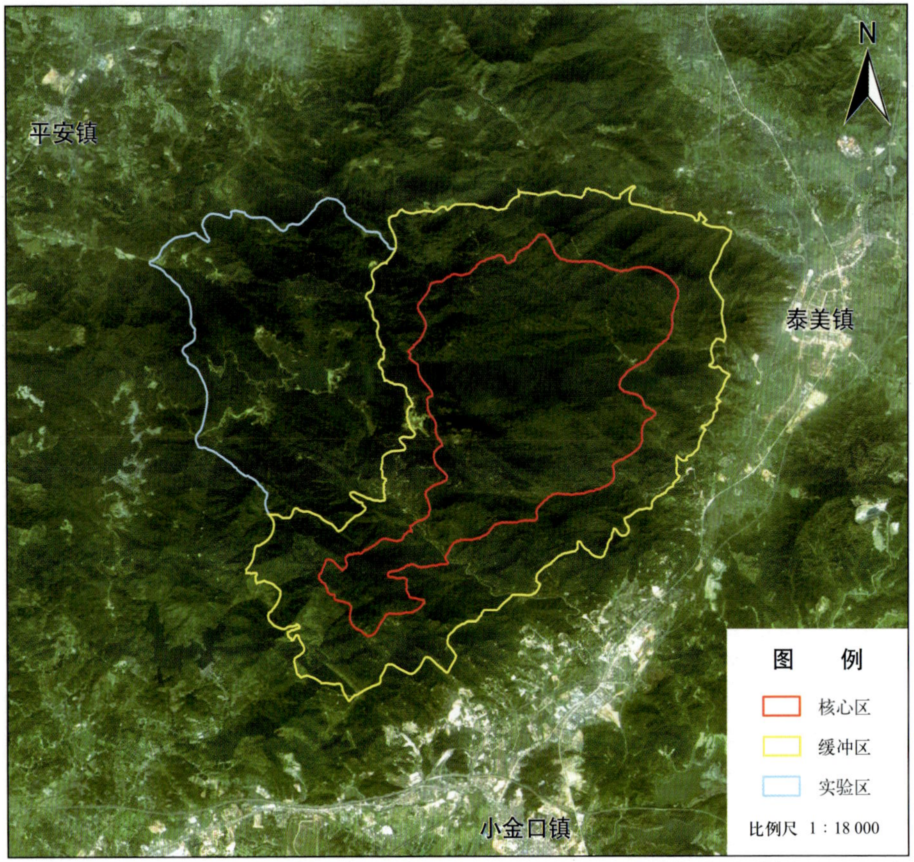
N
平安镇
泰美镇
小金口镇
图 例
核心区
缓冲区
实验区
比例尺 1 : 18 000

影像获取时间：2010 年

象头山国家级自然保护区生态系统类型图

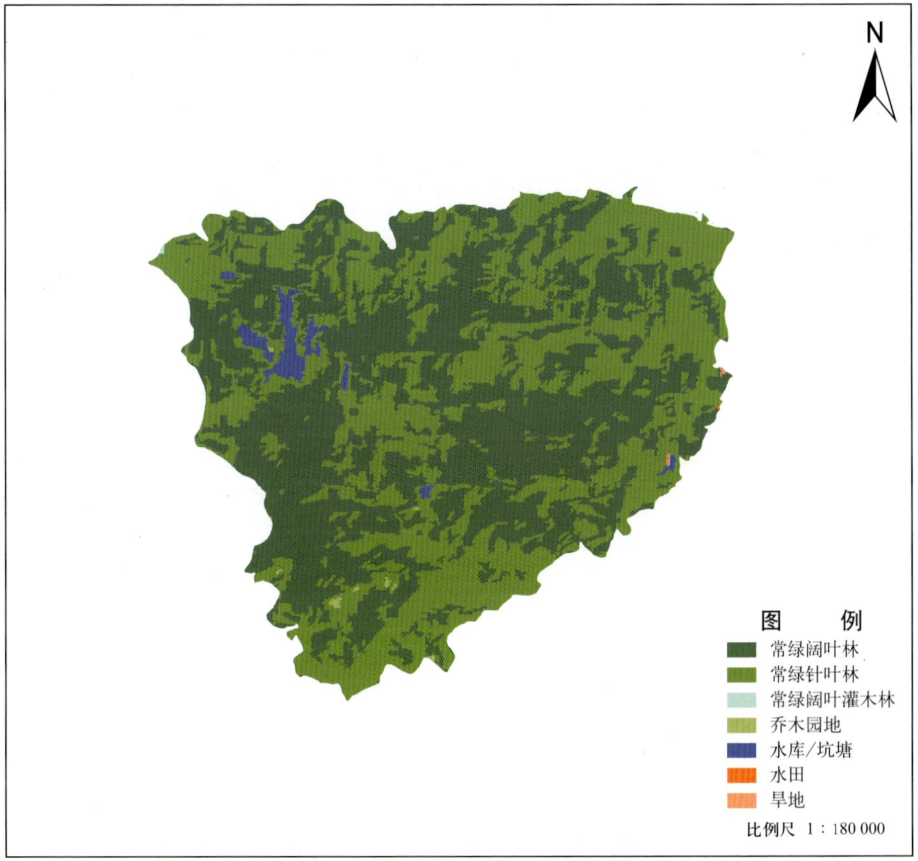
N
图 例
常绿阔叶林
常绿针叶林
常绿阔叶灌木林
乔木园地
水库/坑塘
水田
旱地
比例尺 1 : 180 000

解译参考影像时间：2011 年

惠东港口海龟国家级自然保护区遥感影像图

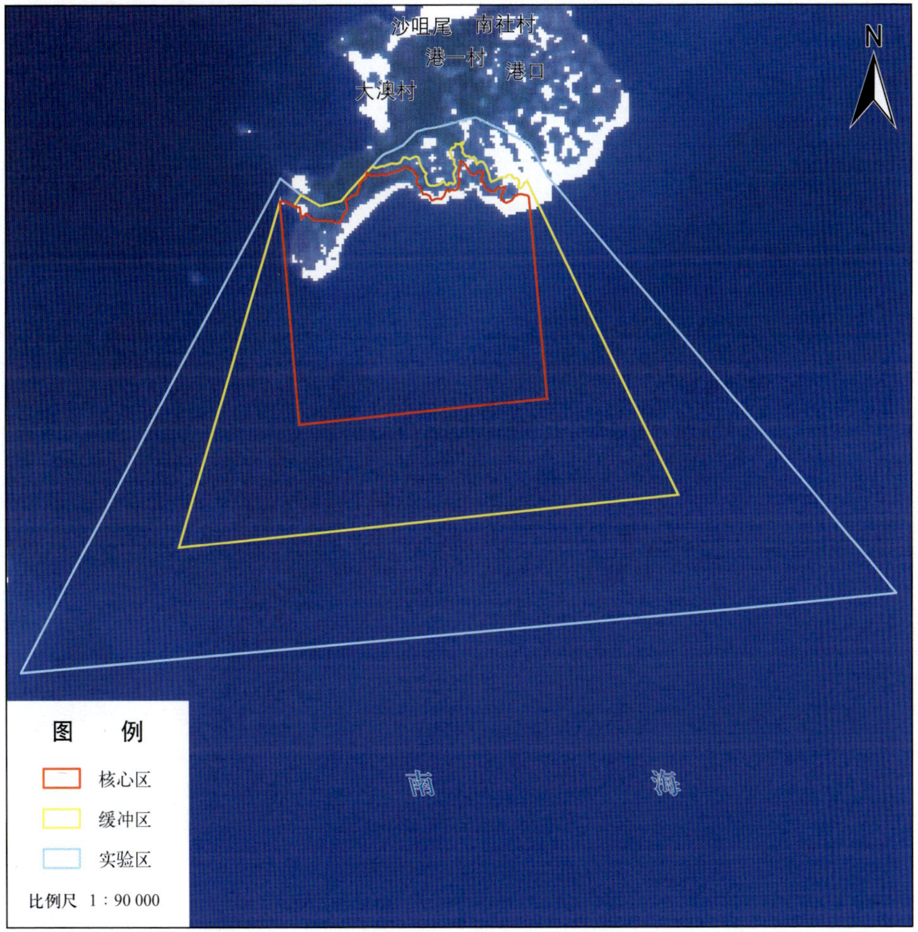
沙咀尾
南社村
港一村
港口
大澳村
N
南
海
图 例
核心区
缓冲区
实验区
比例尺 1 : 90 000

影像获取时间：2010 年

惠东港口海龟国家级自然保护区生态系统类型图

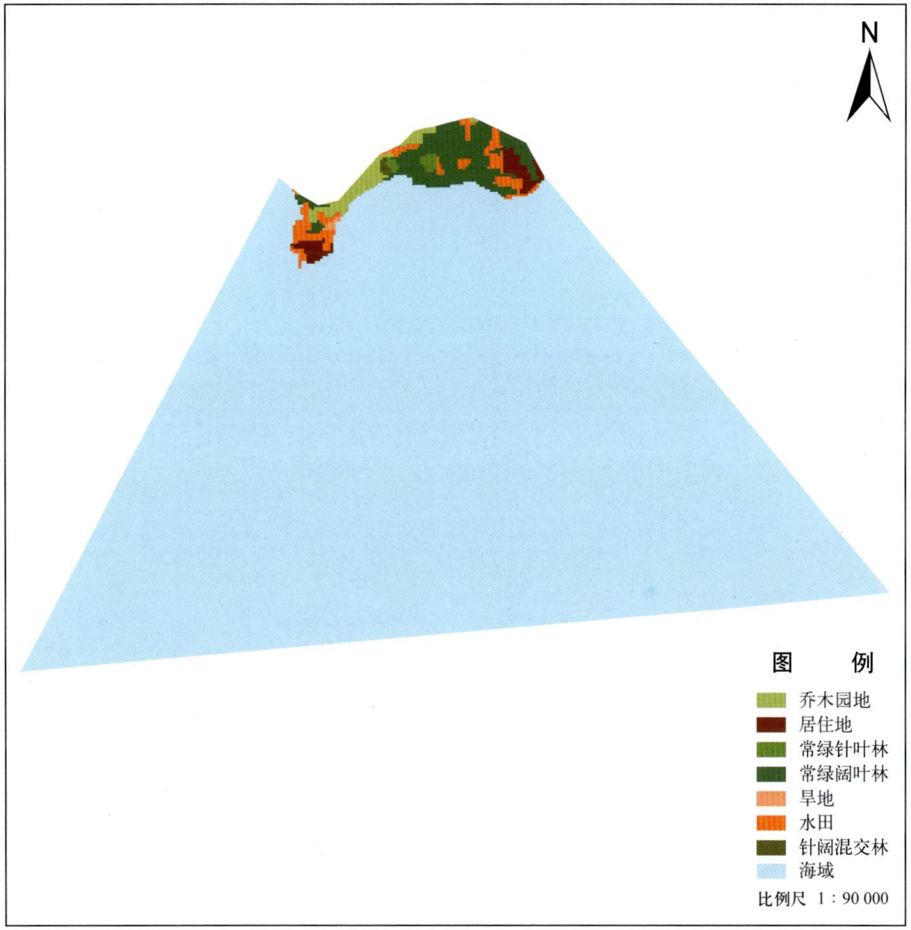
N
图 例
乔木园地
居住地
常绿针叶林
常绿阔叶林
旱地
水田
针阔混交林
海域
比例尺 1 : 90 000

解译参考影像时间：2010 年

广州
惠东港口海龟
国家级自然保护区

惠东港口海龟国家级自然保护区位于广东省惠州市沿海惠东县境内，总面积 400 公顷，建于 1985 年，1992 年晋升为国家级，主要保护对象为海龟及其产卵繁殖地，属于野生动物类型自然保护区。该保护区 1993 年 7 月加入中国生物圈保护网络，2002 年 2 月被列入《国际重要湿地名录》，也是亚洲大陆唯一的海龟自然保护区。

石门台国家级自然保护区

石门台
国家级自然保护区
广州

石门台国家级自然保护区位于广东省英德市境内，总面积 33 555 公顷，建于 1998 年，2012 年晋升为国家级，主要保护对象为天然阔叶林及珍稀濒危动植物，属于森林生态系统类型自然保护区。该保护区有丰富的野生动植物资源，被誉为“南岭绿色明珠”。

石门台国家级自然保护区遥感影像图

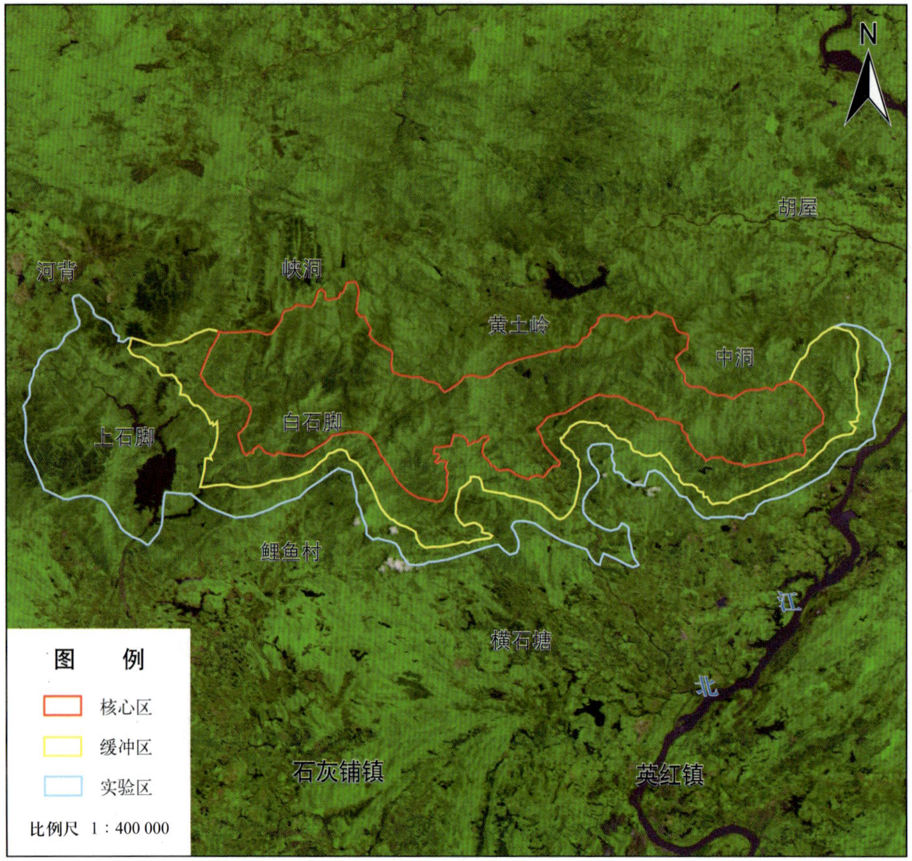

N
胡屋
河背
峡洞
黄土岭
中洞
上石脚
白石脚
鲤鱼村
江
横石塘
北
石灰铺镇
英红镇
图　例
核心区
缓冲区
实验区
比例尺　1：400 000

影像获取时间：2010 年

石门台国家级自然保护区生态系统类型图

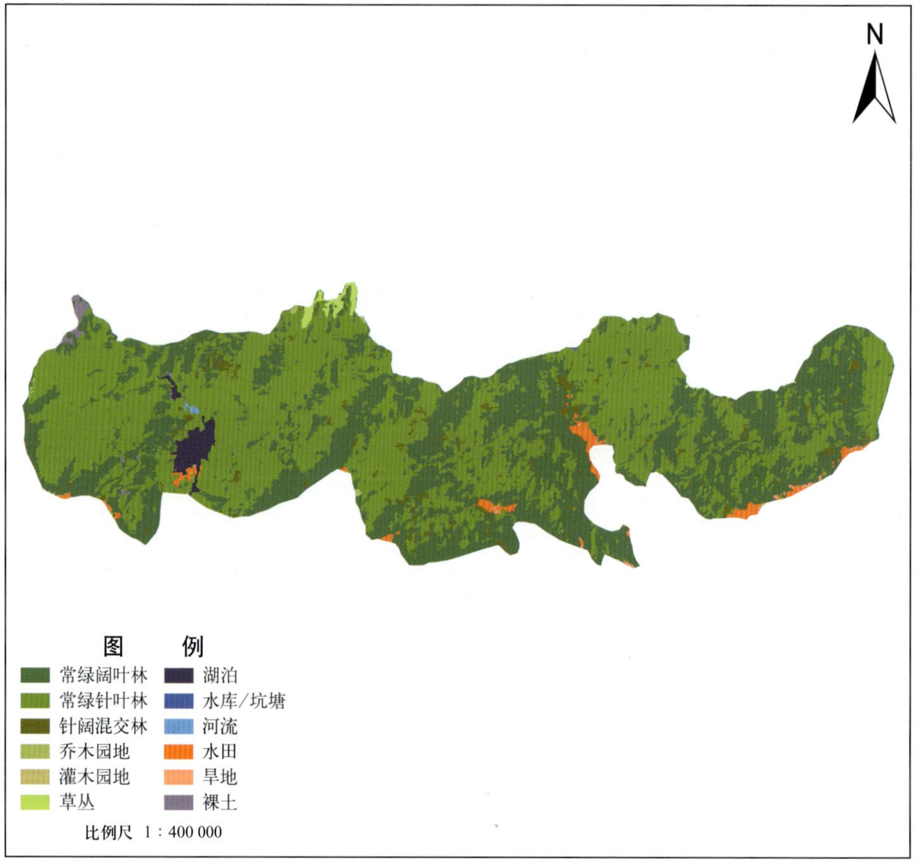

N
图　例
常绿阔叶林
常绿针叶林
针阔混交林
乔木园地
灌木园地
草丛
湖泊
水库/坑塘
河流
水田
旱地
裸土
比例尺　1：400 000

解译参考影像时间：2011 年

大明山国家级自然保护区遥感影像图

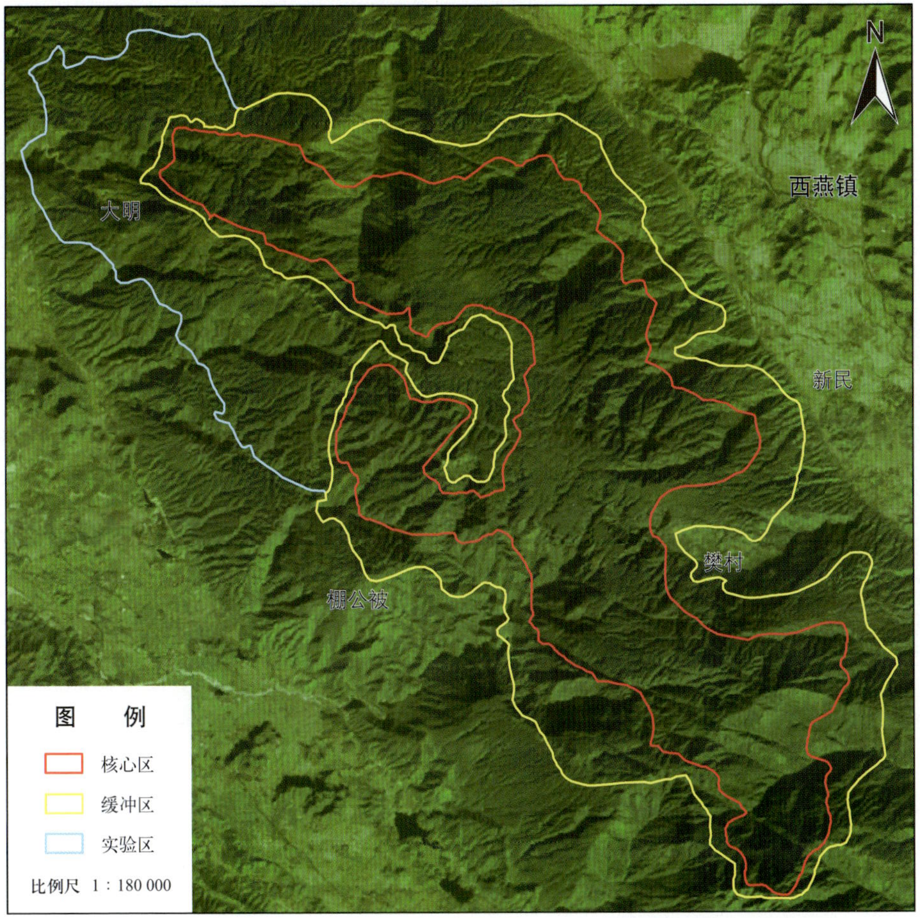
N
西燕镇
新民
大明
棚公被
樊村
图 例
核心区
缓冲区
实验区
比例尺 1：180 000

影像获取时间：2010 年

大明山国家级自然保护区生态系统类型图

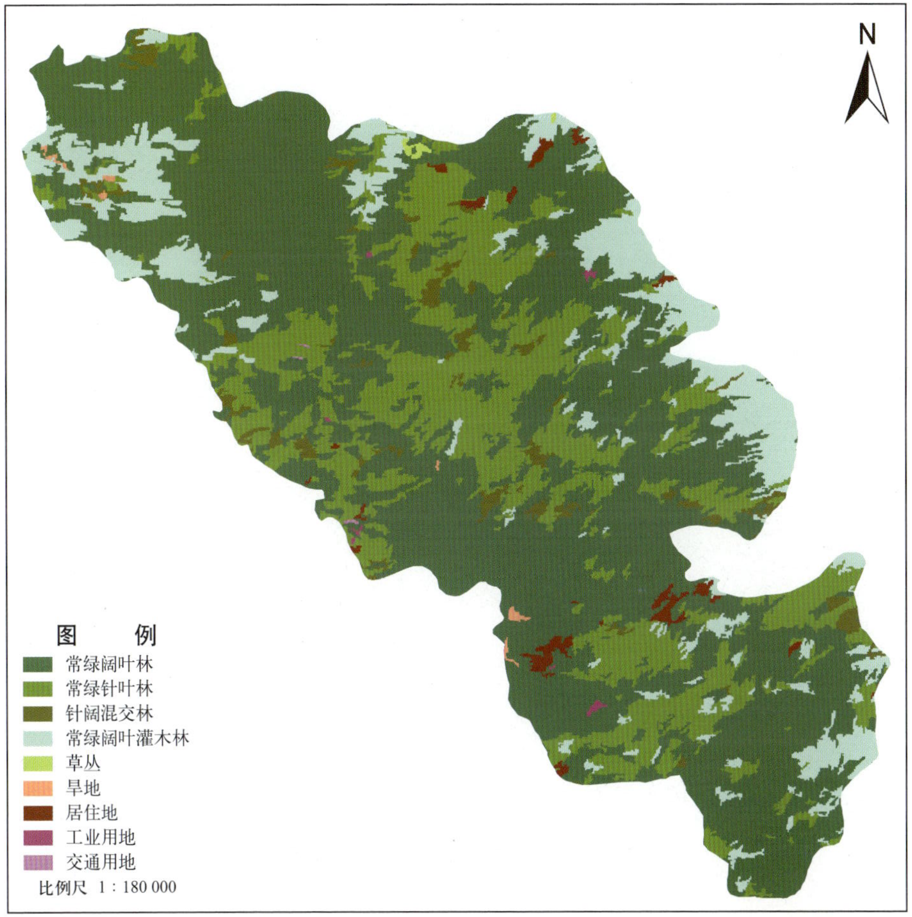
N
图 例
常绿阔叶林
常绿针叶林
针阔混交林
常绿阔叶灌木林
草丛
旱地
居住地
工业用地
交通用地
比例尺 1：180 000

解译参考影像时间：2011 年

大明山国家级自然保护区位于广西壮族自治区南宁市武鸣县、上林县、马山县、宾阳县四县交界处，总面积 16 994 公顷，建于 1981 年，2002 年晋升为国家级，主要保护对象为常绿阔叶林、水源涵养林及珍稀野生动植物。该保护区地处北回归线，动植物资源丰富，是一个巨大的自然生物宝库。

大明山
国家级自然保护区
南宁

九万山国家级自然保护区遥感影像图

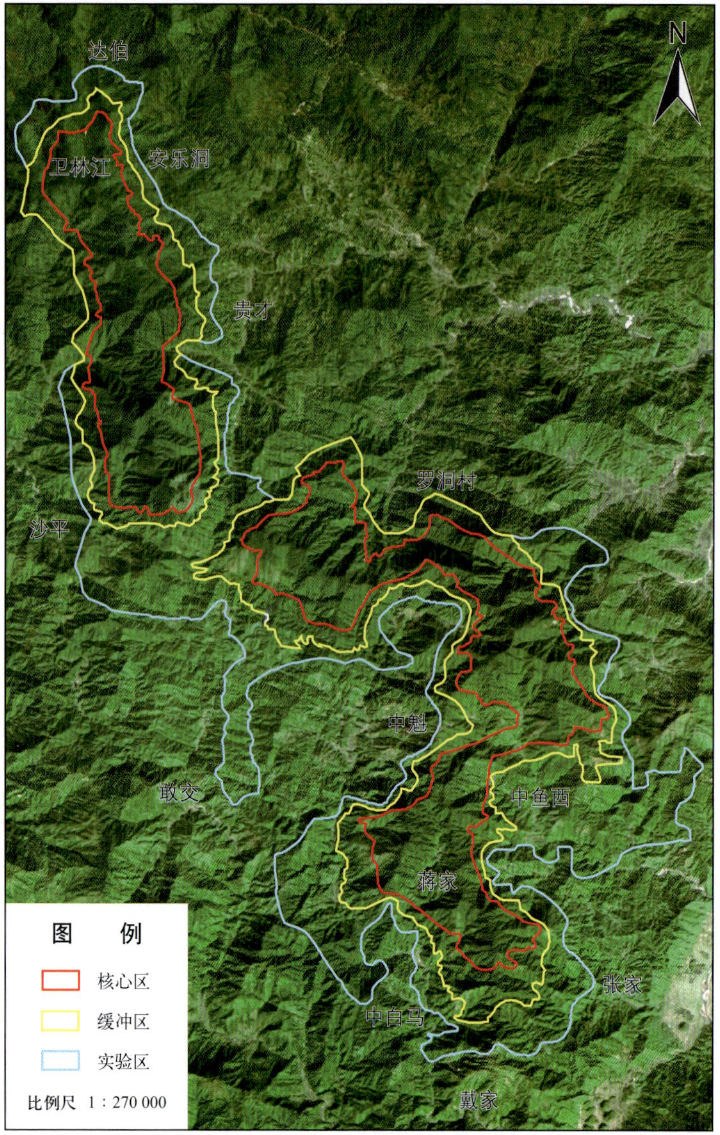
N
达伯
卫林江
安乐洞
贵才
罗洞村
沙平
中魁
敢交
中鱼西
蒋家
张家
中白马
戴家
图例
核心区
缓冲区
实验区
比例尺 1：270 000

影像获取时间：2010 年

九万山国家级自然保护区生态系统类型图

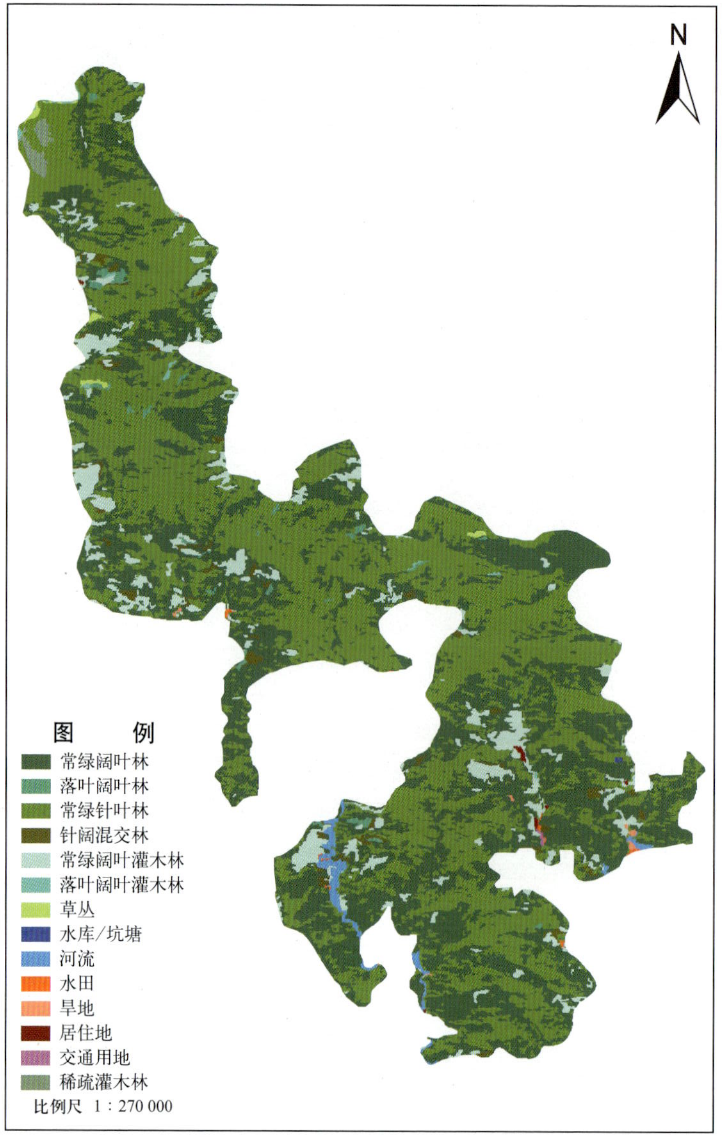
N
图例
常绿阔叶林
落叶阔叶林
常绿针叶林
针阔混交林
常绿阔叶灌木林
落叶阔叶灌木林
草丛
水库/坑塘
河流
水田
旱地
居住地
交通用地
稀疏灌木林
比例尺 1：270 000

解译参考影像时间：2010 年

九万山
国家级自然保护区
南宁

九万山国家级自然保护区位于广西壮族自治区柳州市融水苗族自治县、河池市罗城仫佬族自治县、环江毛南族自治县三个少数民族县境内，总面积 25 213 公顷，建于 1982 年，2007 年晋升为国家级，主要保护对象为伯乐树、合柱金莲木、南方红豆杉、蟒蛇和金钱豹等珍稀濒危动植物，属于森林生态系统类型自然保护区。该保护区生物资源丰富，特有种类繁多，是中国亚热带地区生物种类最丰富的地区之一。

猫儿山国家级自然保护区遥感影像图

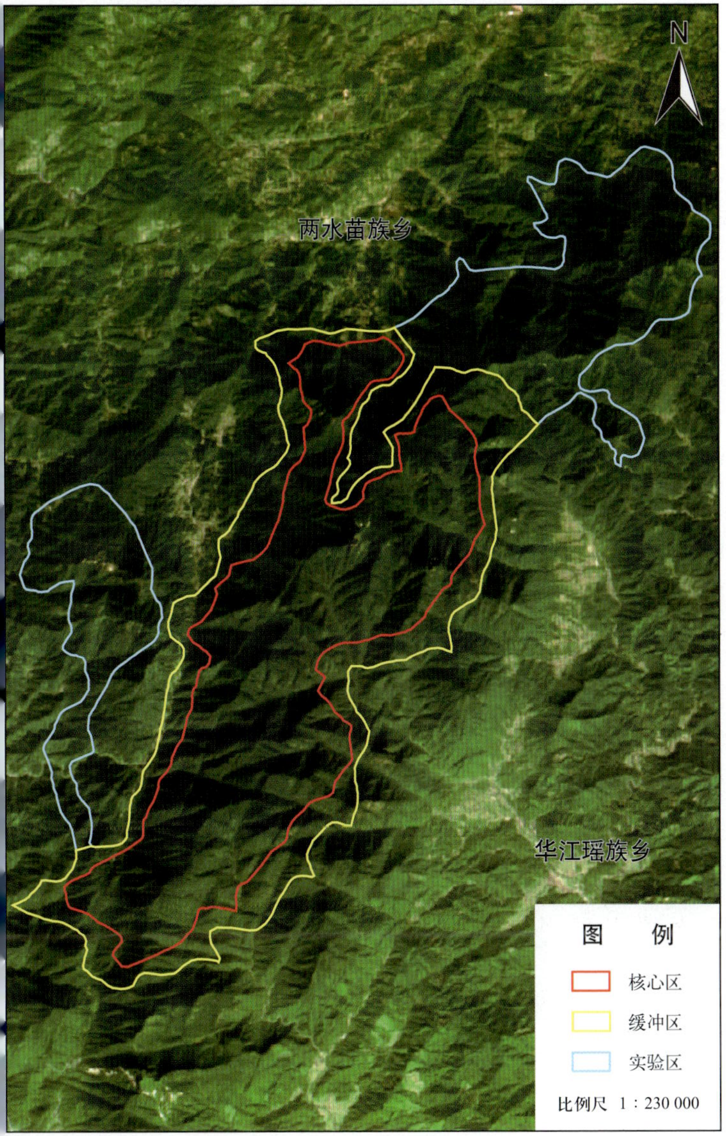
N
两水苗族乡
华江瑶族乡
图　例
核心区
缓冲区
实验区
比例尺　1 : 230 000

影像获取时间：2010 年

猫儿山国家级自然保护区生态系统类型图

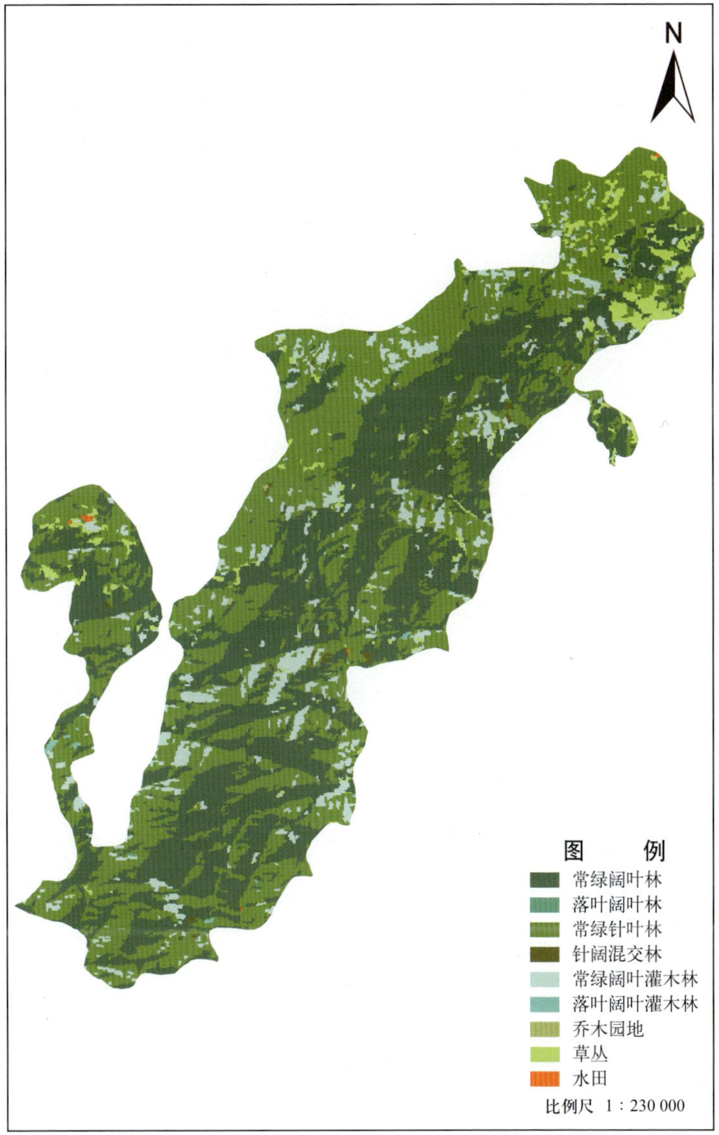
N
图　例
常绿阔叶林
落叶阔叶林
常绿针叶林
针阔混交林
常绿阔叶灌木林
落叶阔叶灌木林
乔木园地
草丛
水田
比例尺　1 : 230 000

解译参考影像时间：2010 年

猫儿山国家级自然保护区位于广西壮族自治区桂林市兴安县、资源县、龙胜各族自治县境内，总面积 17 009 公顷，建于 1976 年，2003 年晋升为国家级，主要保护对象为典型常绿阔叶林生态系统及珍稀野生动植物，属于森林生态系统类型自然保护区。该保护区森林覆盖率达 96.5%，是保存最完好的常绿阔叶林原生性植被地区之一。

猫儿山
国家级自然保护区
南宁

千家洞国家级自然保护区

千家洞国家级自然保护区位于广西壮族自治区桂林市灌阳县境内，总面积 12 231 公顷，建于 1982 年，2006 年晋升为国家级，主要保护对象为亚热带原生性常绿阔叶林森林生态系统及野生动植物，属森林生态系统类型保护区。该保护区森林植被类型多样，森林植被保存完好，是研究中国亚热带森林生态学、生物学的良好基地。

千家洞
国家级自然保护区
南宁

千家洞国家级自然保护区遥感影像图

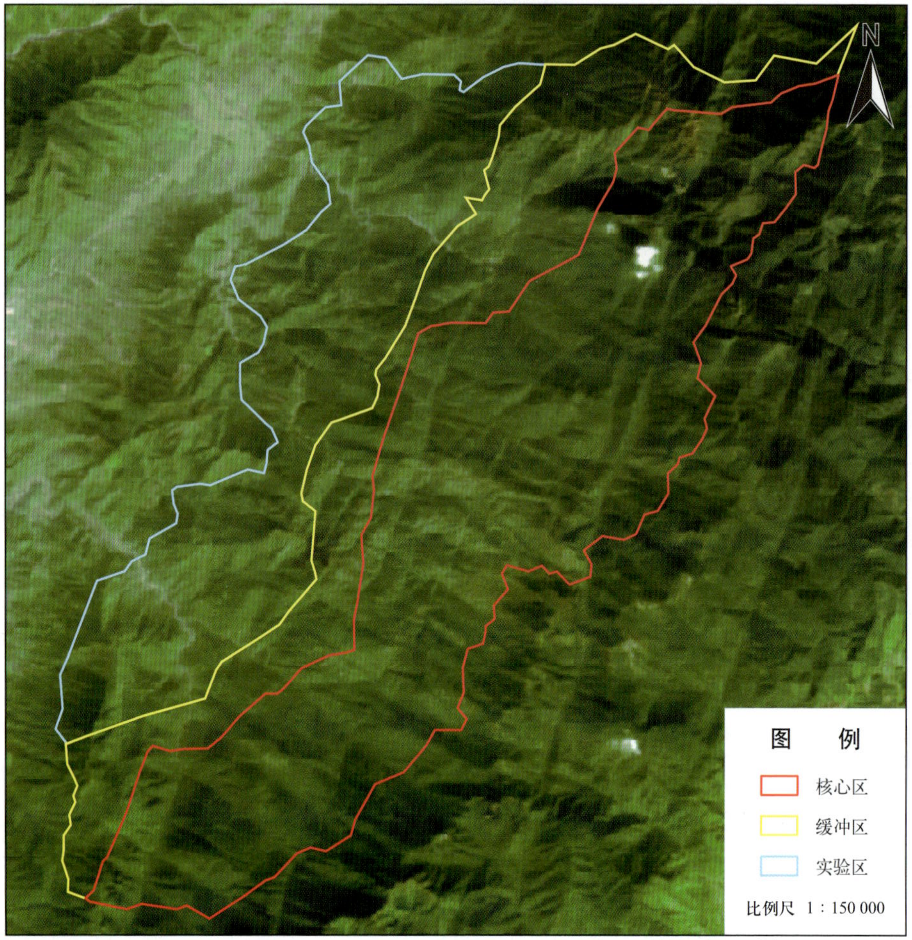
N
图 例
核心区
缓冲区
实验区
比例尺 1：150 000

影像获取时间：2010 年

千家洞国家级自然保护区生态系统类型图

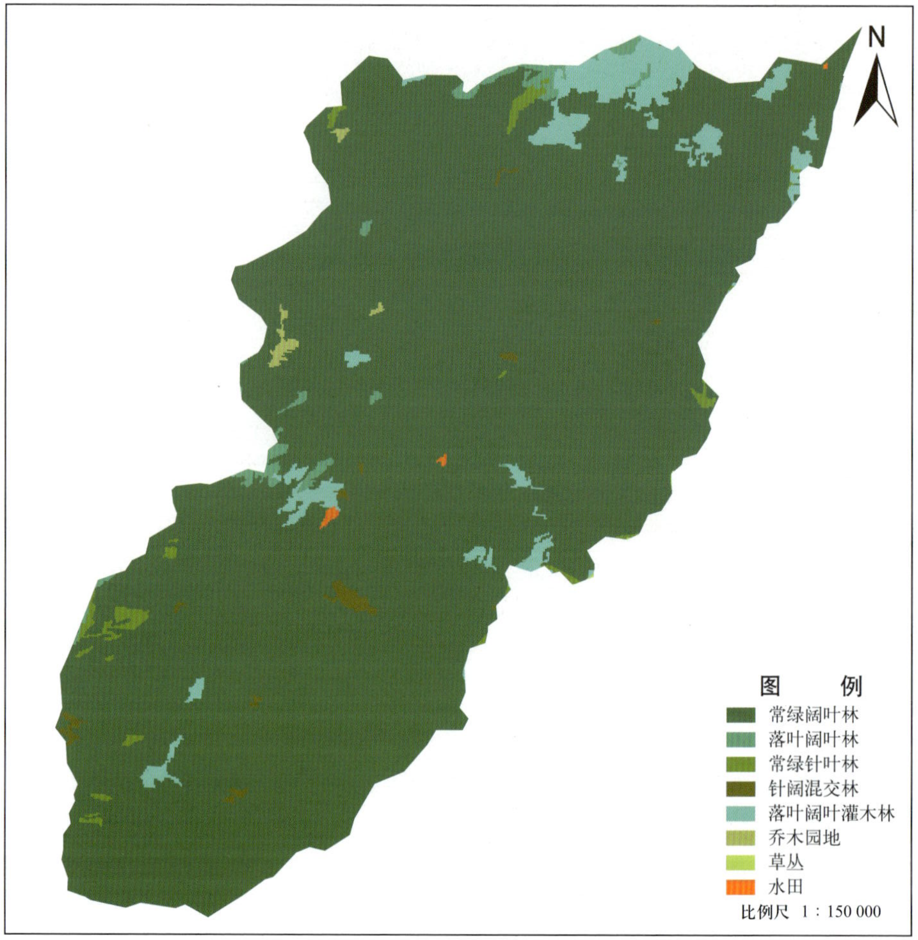
N
图 例
常绿阔叶林
落叶阔叶林
常绿针叶林
针阔混交林
落叶阔叶灌木林
乔木园地
草丛
水田
比例尺 1：150 000

解译参考影像时间：2011 年

花坪国家级自然保护区遥感影像图

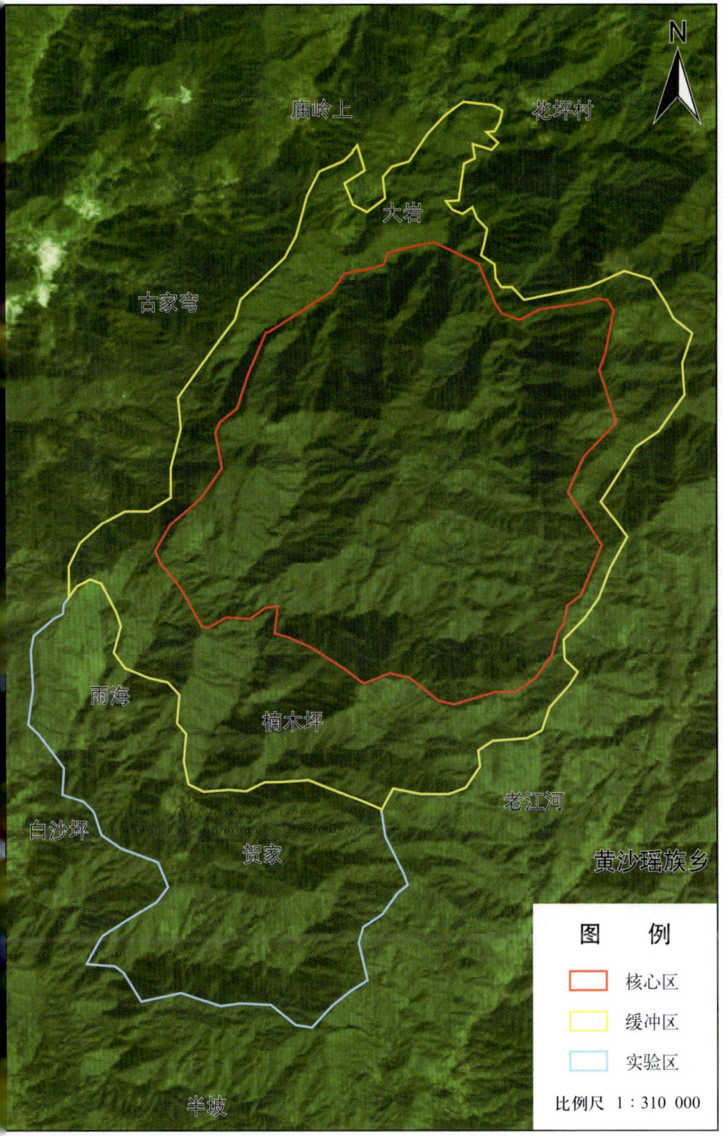
N
庙岭上
花坪村
大岩
古家弯
雨海
楠木坪
老江河
白沙坪
贺家
黄沙瑶族乡
半坡
图例
核心区
缓冲区
实验区
比例尺 1 : 310 000

影像获取时间：2010 年

花坪国家级自然保护区生态系统类型图

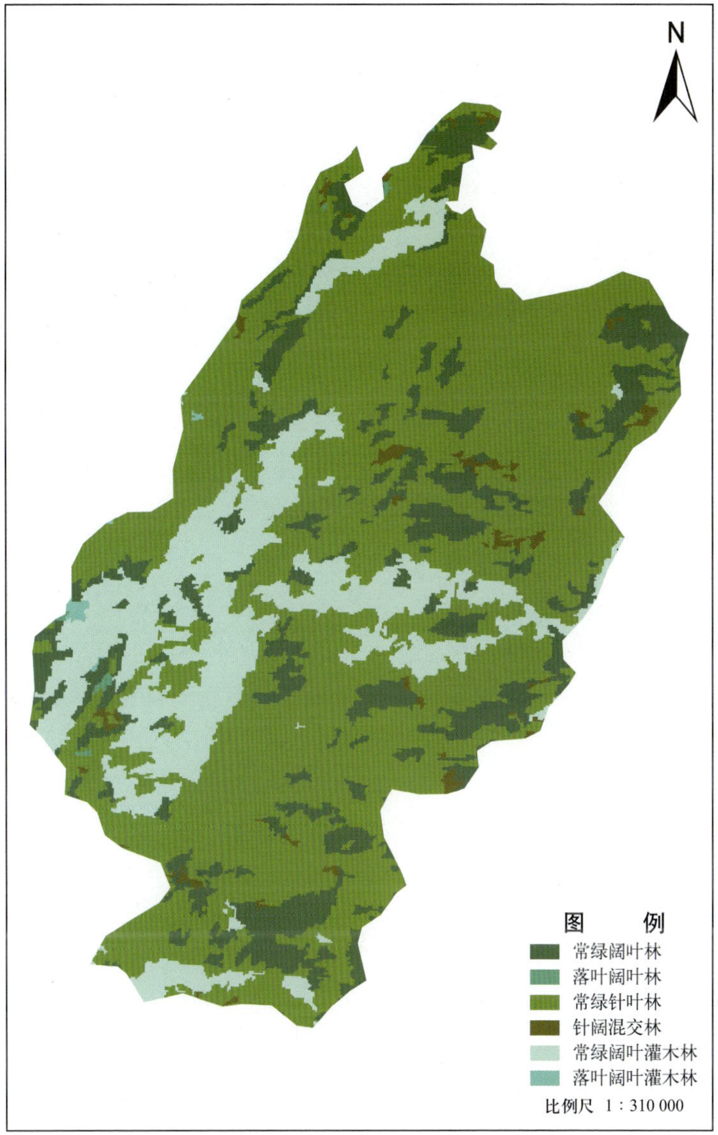
N
图例
常绿阔叶林
落叶阔叶林
常绿针叶林
针阔混交林
常绿阔叶灌木林
落叶阔叶灌木林
比例尺 1 : 310 000

解译参考影像时间：2011 年

花坪国家级自然保护区位于广西壮族自治区桂林市龙胜各族自治县、临桂县两县境内，总面积10 056公顷，建于1961年，1978年晋升为国家级，主要保护对象为银杉、典型常绿阔叶林生态系统及珍稀野生动植物，属森林生态系统类型保护区。该保护区地处珠江源头，是国家生态建设的重要组成部分，这里的银杉在世界上数量最多。

花坪
国家级自然保护区
南宁

合浦营盘港—英罗港儒艮国家级自然保护区

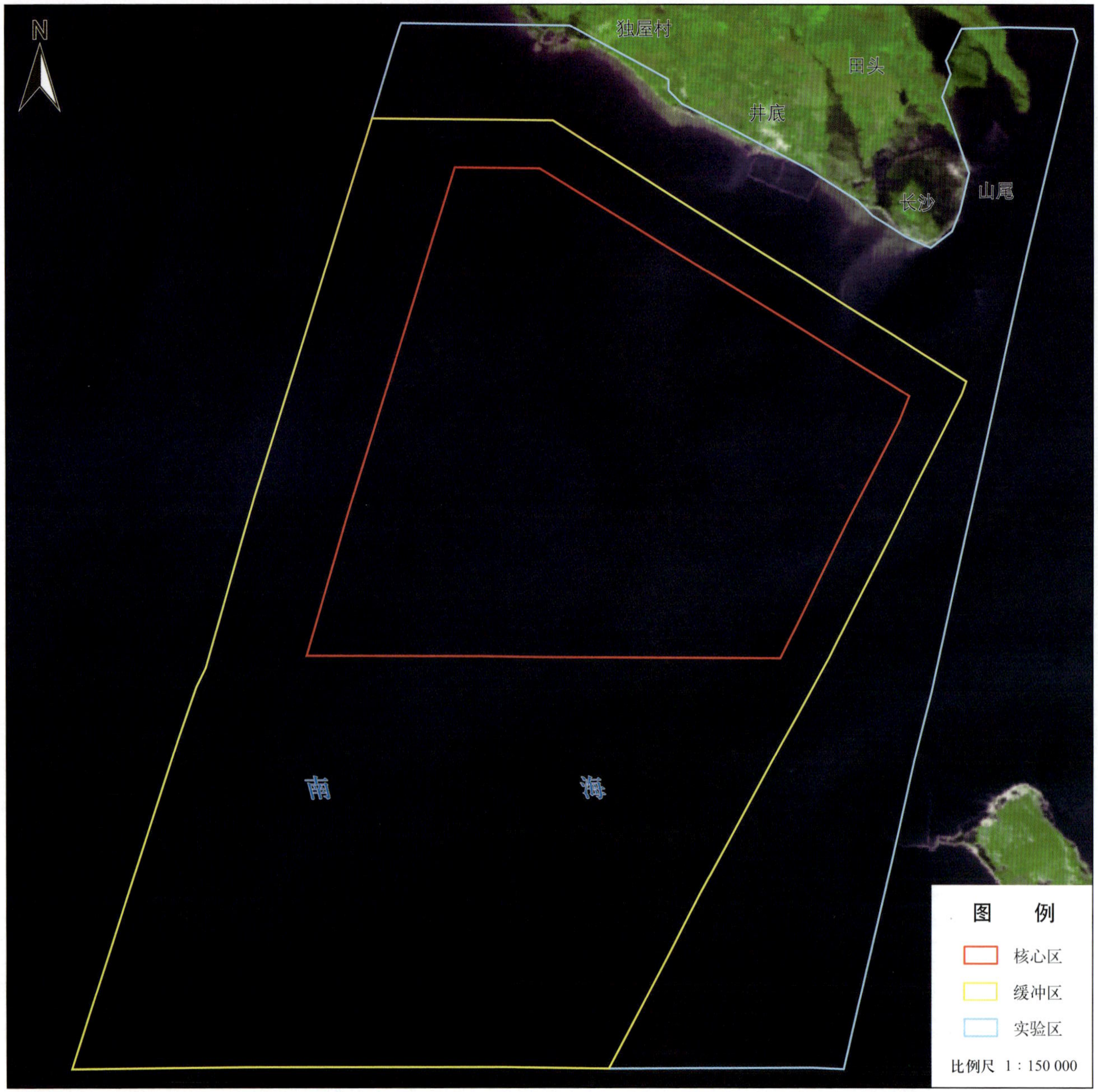
N
独屋村
田头
井底
长沙
山尾
南
海
图例
核心区
缓冲区
实验区
比例尺 1 : 150 000

合浦营盘港—英罗港儒艮国家级自然保护区遥感影像图

影像获取时间：2010 年

南宁
合浦营盘港—英罗港儒艮
国家级自然保护区

合浦营盘港—英罗港儒艮国家级自然保护区位于广西壮族自治区北海市合浦县境内，总面积 35 000 公顷，建于 1986 年，1992 年晋升为国家级，主要保护对象为儒艮、中华白海豚等珍稀水生动物和海草床等，属于野生动物类型自然保护区。该保护区内水质良好，海草蘩茂，生境适宜，是我国儒艮密集活动的区域。

山口红树林国家级自然保护区遥感影像图

N
高桥镇
山口镇
和荣村
莫屋
坡井
丹兜海
永安村
汤屋
陈屋
沙田镇
官寨海
大村
南
海
山尾
图例
核心区
缓冲区
实验区
比例尺 1 : 160 000

影像获取时间：2010 年

山口红树林国家级自然保护区生态系统类型图

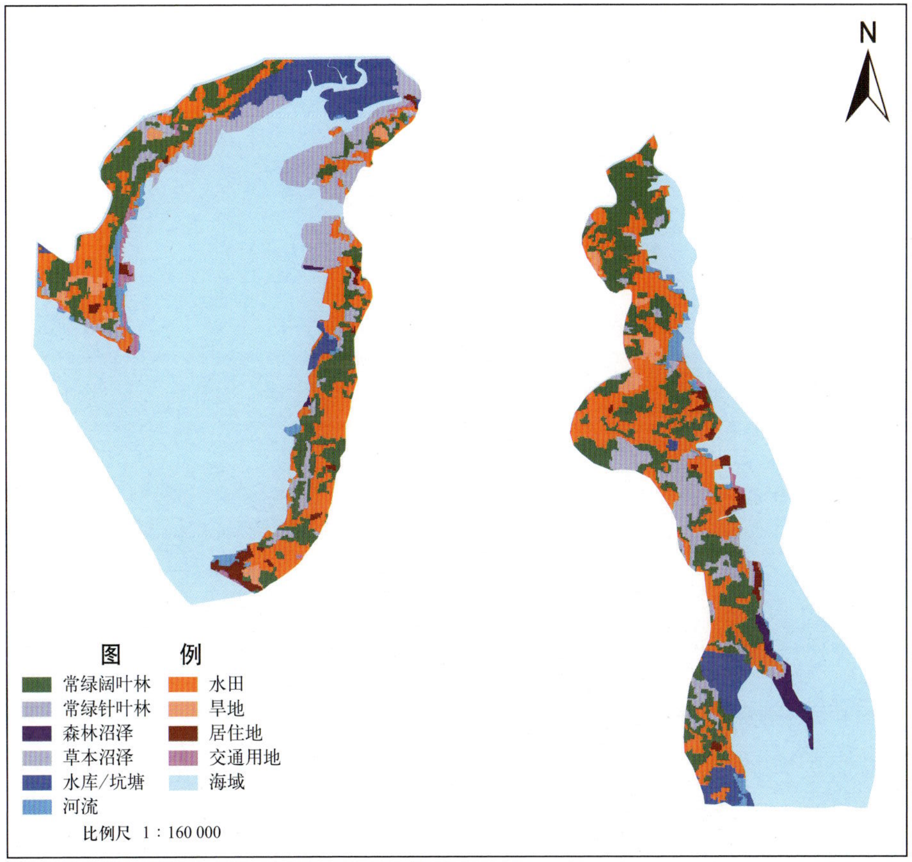
N
图例
常绿阔叶林
常绿针叶林
森林沼泽
草本沼泽
水库/坑塘
河流
水田
旱地
居住地
交通用地
海域
比例尺 1 : 160 000

解译参考影像时间：2011 年

山口红树林国家级自然保护区位于广西壮族自治区北海市合浦县境内，总面积 8 000 公顷，建于 1990 年，是中国首批五个国家级海洋类型保护区之一，主要保护对象为红树林生态系统，属海洋海岸类型自然保护区。该保护区具备典型的大陆红树林海岸生态系统特征，还栖息着多种海洋生物和鸟类，具有重要的科学价值。

南宁
山口红树林
国家级自然保护区

北仑河口国家级自然保护区

北仑河口国家级自然保护区位于广西壮族自治区防城港市防城区和东兴市境内，总面积 3 000 公顷，建于 1990 年，2000 年晋升为国家级，主要保护对象为红树林生态系统、滨海过渡带生态系统和海草床生态系统，属海洋海岸生态系统类型保护区。该保护区地理位置特殊，生长着我国大陆海岸连片面积最大的红树林。

南宁
北仑河口
国家级自然保护区

北仑河口国家级自然保护区遥感影像图

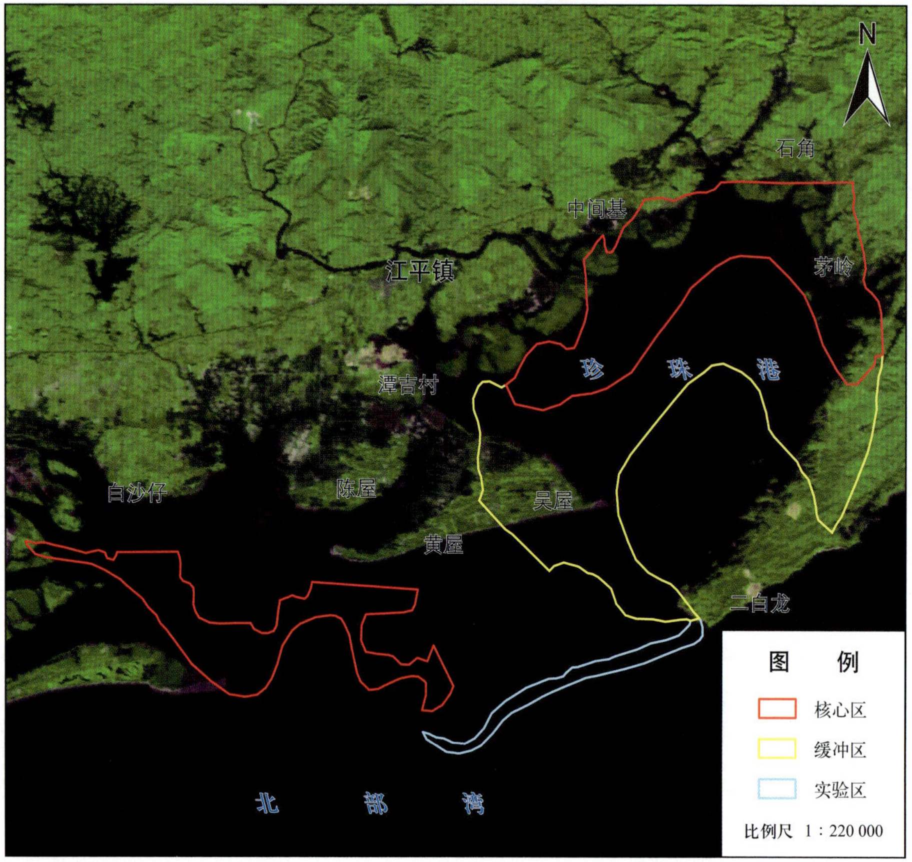
N
石角
中间基
江平镇
茅岭
珍
珠
港
潭吉村
白沙仔
陈屋
吴屋
黄屋
二启龙
北
部
湾
图 例
核心区
缓冲区
实验区
比例尺 1 : 220 000

影像获取时间：2010 年

北仑河口国家级自然保护区生态系统类型图

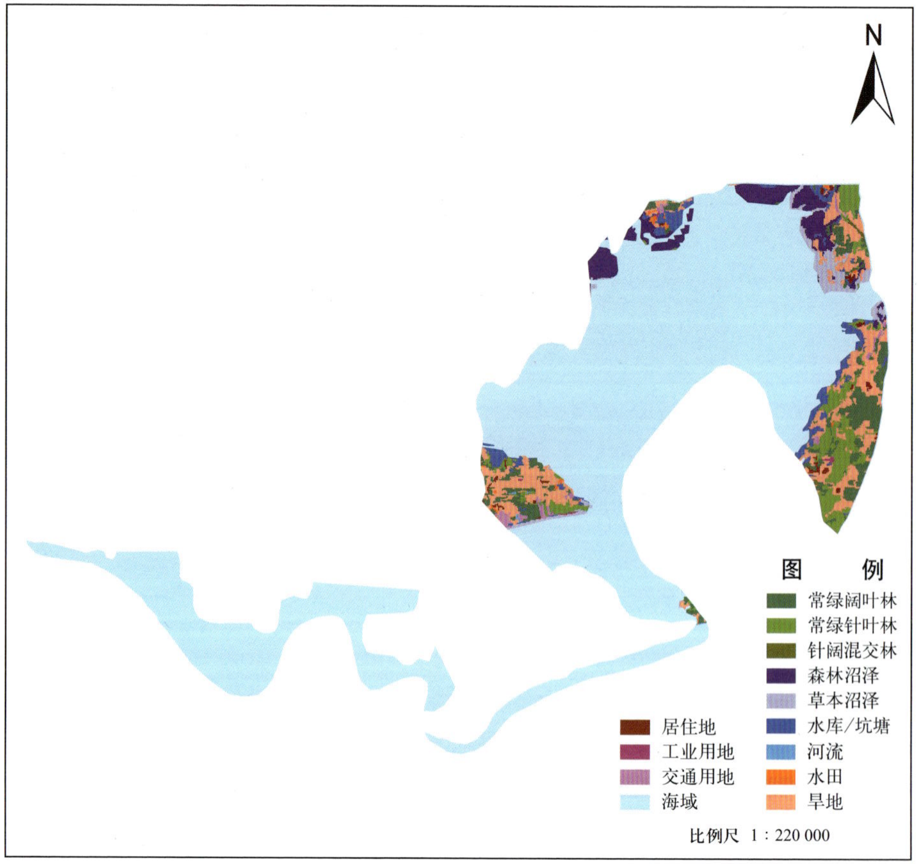
N
图 例
常绿阔叶林
常绿针叶林
针阔混交林
森林沼泽
草本沼泽
水库/坑塘
河流
水田
旱地
居住地
工业用地
交通用地
海域
比例尺 1 : 220 000

解译参考影像时间：2011 年

防城金花茶国家级自然保护区遥感影像图

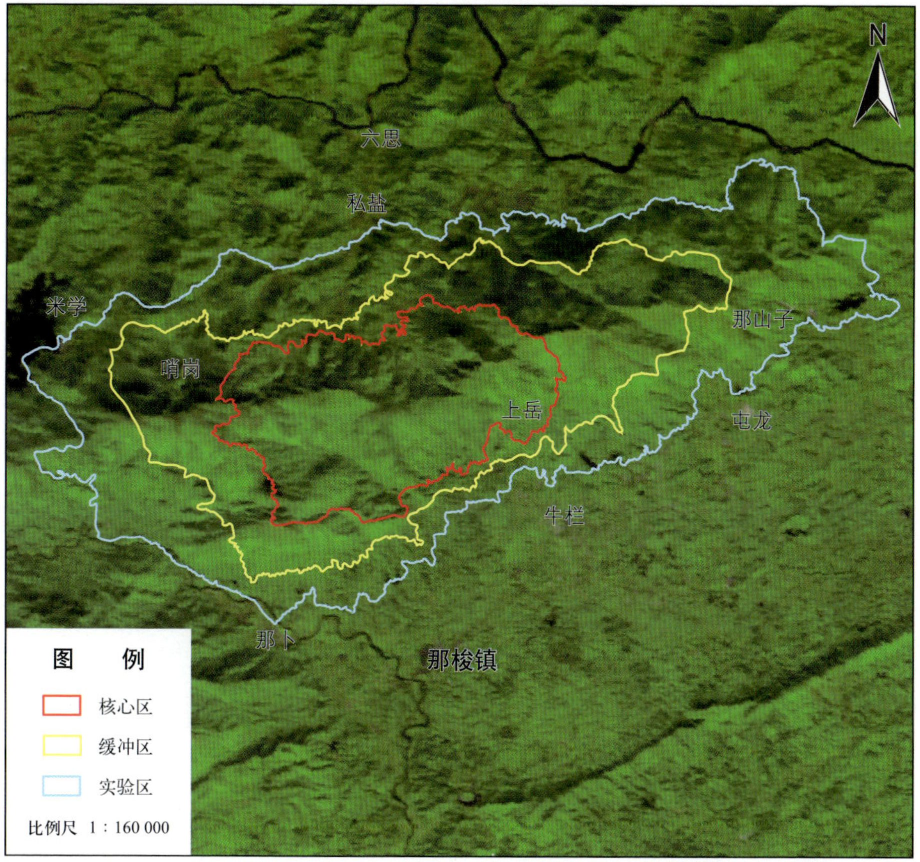
N
六思
私盐
米学
哨岗
上岳
那山子
屯龙
牛栏
那卜
那梭镇
图例
核心区
缓冲区
实验区
比例尺 1：160 000

影像获取时间：2010 年

防城金花茶国家级自然保护区生态系统类型图

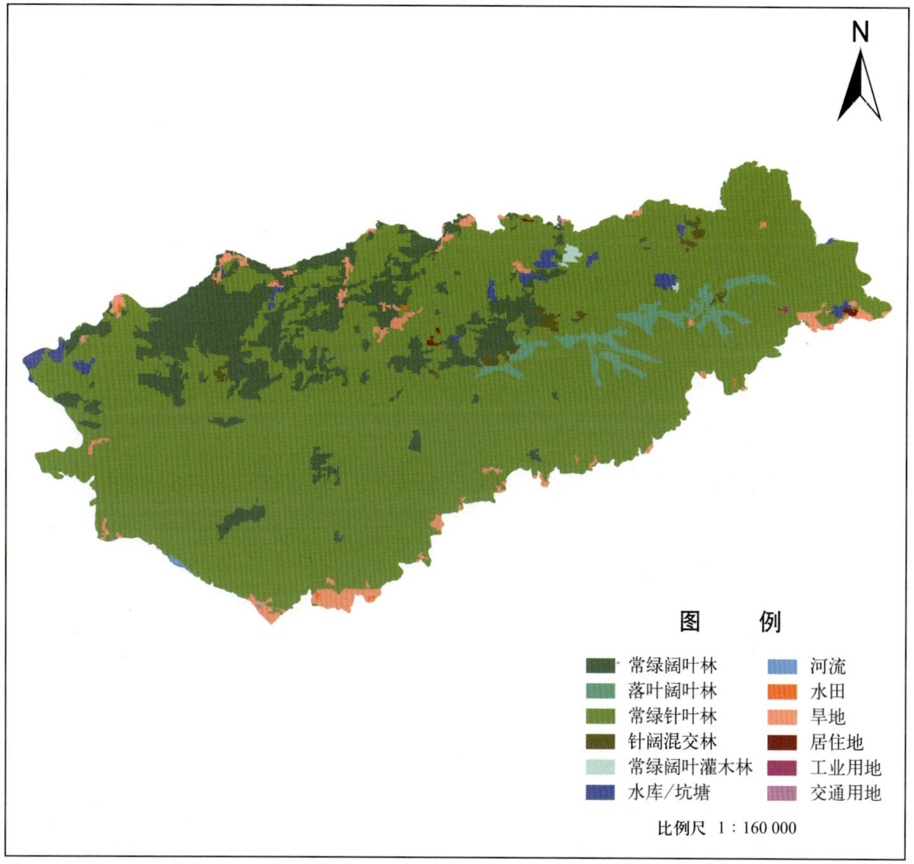
N
图例
常绿阔叶林
落叶阔叶林
常绿针叶林
针阔混交林
常绿阔叶灌木林
水库/坑塘
河流
水田
旱地
居住地
工业用地
交通用地
比例尺 1：160 000

解译参考影像时间：2011 年

南宁
防城金花茶
国家级自然保护区

防城金花茶国家级自然保护区位于广西壮族自治区防城港市防城区境内，总面积 9 195 公顷，建于 1986 年，1994 年晋升为国家级，主要保护对象为金花茶及森林生态系统，属于野生植物类型保护区。该保护区内分布有金花茶的 3 个种和 1 个变种，共 35 万多株，还分布有桫椤等 19 种国家重点保护植物、穿山甲等 6 种国家重点保护动物，具有重要的保护价值。

十万大山国家级自然保护区

○南宁
十万大山
国家级自然保护区

十万大山国家级自然保护区位于广西壮族自治区防城港市防城区、上思县和钦州市交界处，总面积58 277公顷，建于1982年，2003年晋升为国家级，主要保护对象为水源涵养林和季雨林，属森林生态系统类型自然保护区。该保护区分布的动植物物种具有很强的特有性、典型性和珍稀性。

十万大山国家级自然保护区遥感影像图

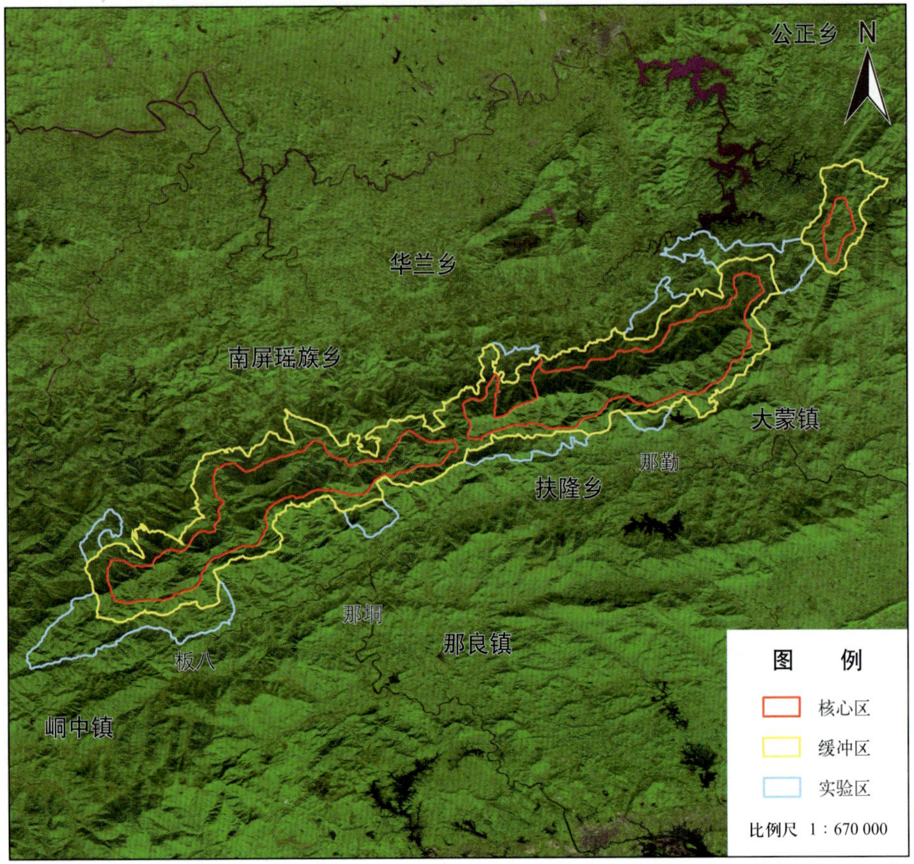

公正乡
N
华兰乡
南屏瑶族乡
大蒙镇
那勤
扶隆乡
那垌
那良镇
板八
峒中镇
图 例
核心区
缓冲区
实验区
比例尺 1：670 000

影像获取时间：2010年

十万大山国家级自然保护区生态系统类型图

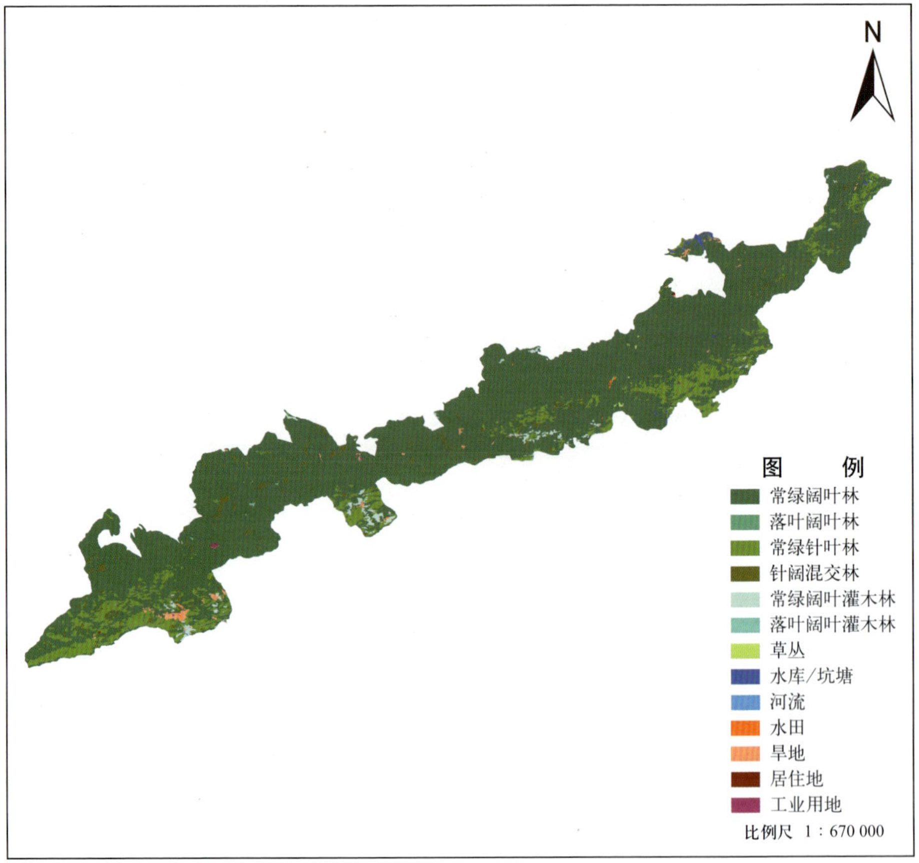

N
图 例
常绿阔叶林
落叶阔叶林
常绿针叶林
针阔混交林
常绿阔叶灌木林
落叶阔叶灌木林
草丛
水库/坑塘
河流
水田
旱地
居住地
工业用地
比例尺 1：670 000

解译参考影像时间：2010年

雅长兰科植物国家级自然保护区遥感影像图

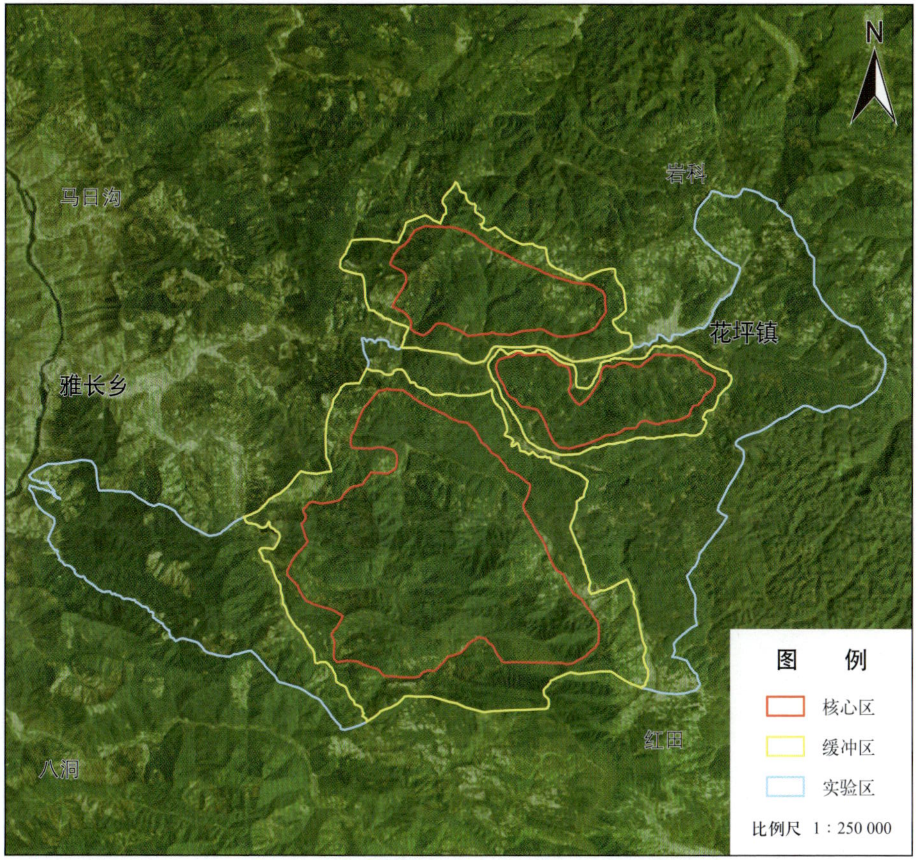
N
马日沟
岩科
花坪镇
雅长乡
红田
八洞
图 例
核心区
缓冲区
实验区
比例尺 1：250 000

影像获取时间：2010 年

雅长兰科植物国家级自然保护区生态系统类型图

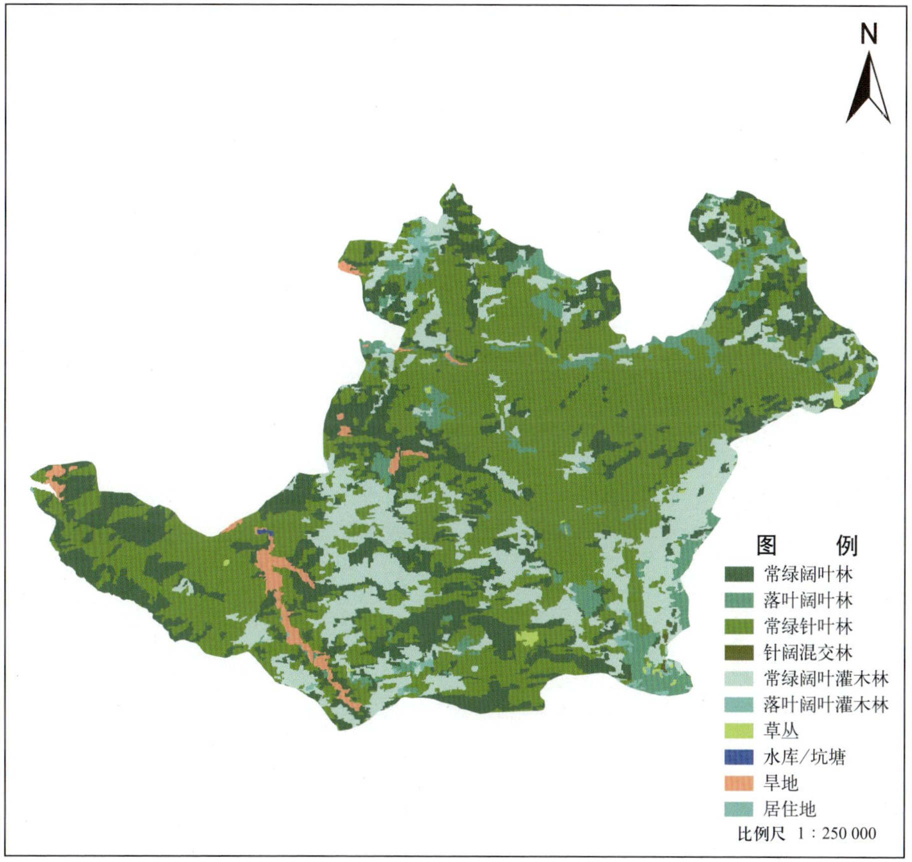
N
图 例
常绿阔叶林
落叶阔叶林
常绿针叶林
针阔混交林
常绿阔叶灌木林
落叶阔叶灌木林
草丛
水库/坑塘
旱地
居住地
比例尺 1：250 000

解译参考影像时间：2011 年

雅长兰科植物国家级自然保护区位于广西壮族自治区百色市乐业县境内，总面积 22 062 公顷，建于 2005 年，2009 年晋升为国家级，是中国第一个以兰科植物为保护对象的国家级自然保护区，主要保护对象为兰科植物，属野生植物类型自然保护区。2008 年，中国野生植物保护协会授予该自然保护区“中国兰花之乡”称号。

雅长兰科植物
国家级自然保护区
南宁

岑王老山国家级自然保护区

岑王老山国家级自然保护区位于广西壮族自治区百色市田林、凌云两县境内，总面积为 18 994 公顷，建于 1982 年，2005 年晋升为国家级，主要保护对象为季风常绿阔叶林及珍稀野生动植物，属于森林生态系统类型自然保护区。该保护区内有 67 种国家重点保护物种、50 种兰科植物、47 种珍稀濒危植物、33 种特有种，有国家一级保护植物伯乐树、苏铁、掌叶木 3 种，国家一级保护动物黑颈长尾雉、蟒蛇、云豹 3 种，这里是华南、西南地区乃至全国重要的生物资源宝库。

岑王老山
国家级自然保护区
南宁

岑王老山国家级自然保护区遥感影像图

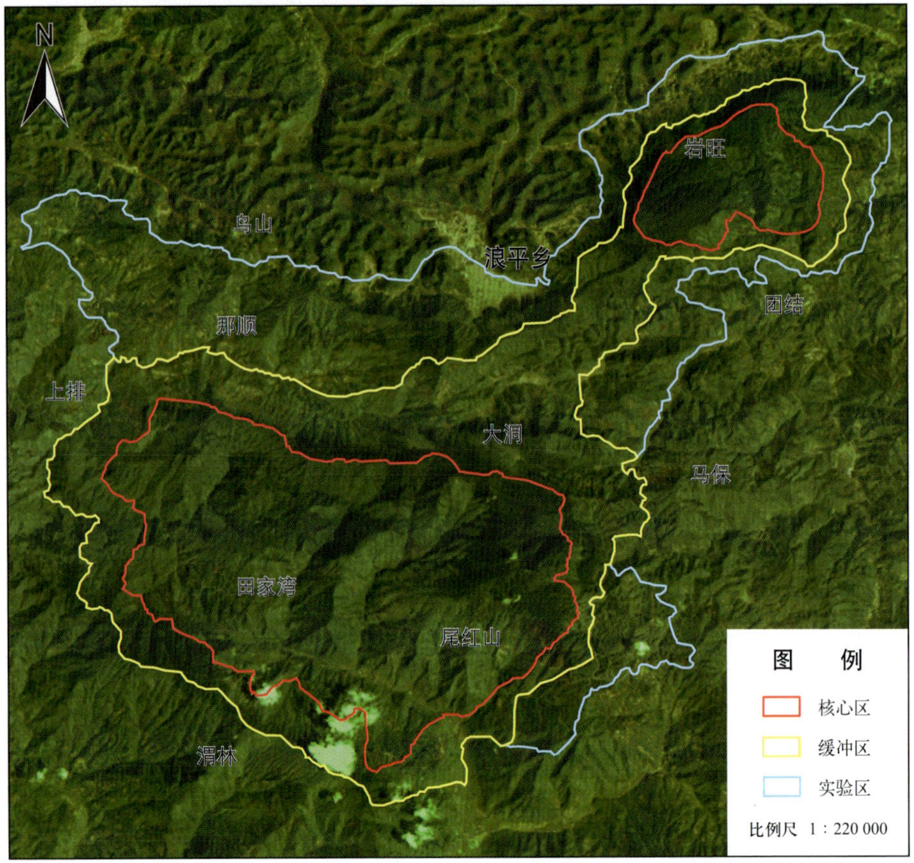
N
岩旺
乌山
浪平乡
团结
那顺
上排
大洞
马保
田家湾
尾红山
渭林
图　例
核心区
缓冲区
实验区
比例尺　1：220 000

影像获取时间：2010 年

岑王老山国家级自然保护区生态系统类型图

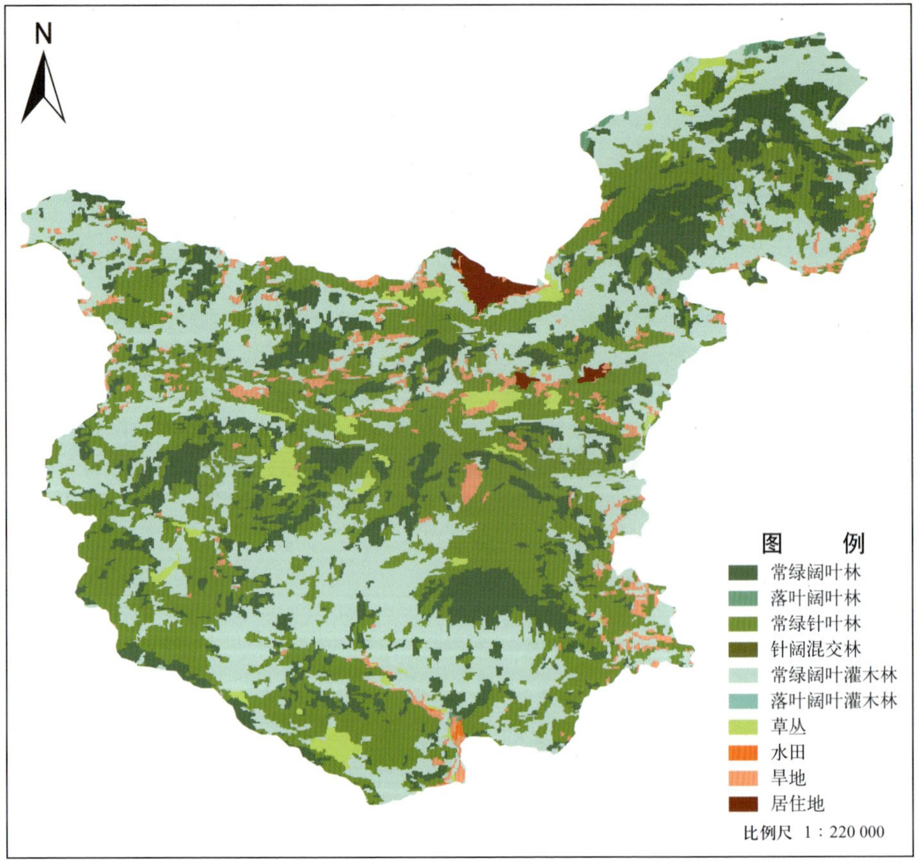
N
图　例
常绿阔叶林
落叶阔叶林
常绿针叶林
针阔混交林
常绿阔叶灌木林
落叶阔叶灌木林
草丛
水田
旱地
居住地
比例尺　1：220 000

解译参考影像时间：2011 年

金钟山黑颈长尾雉国家级自然保护区遥感影像图

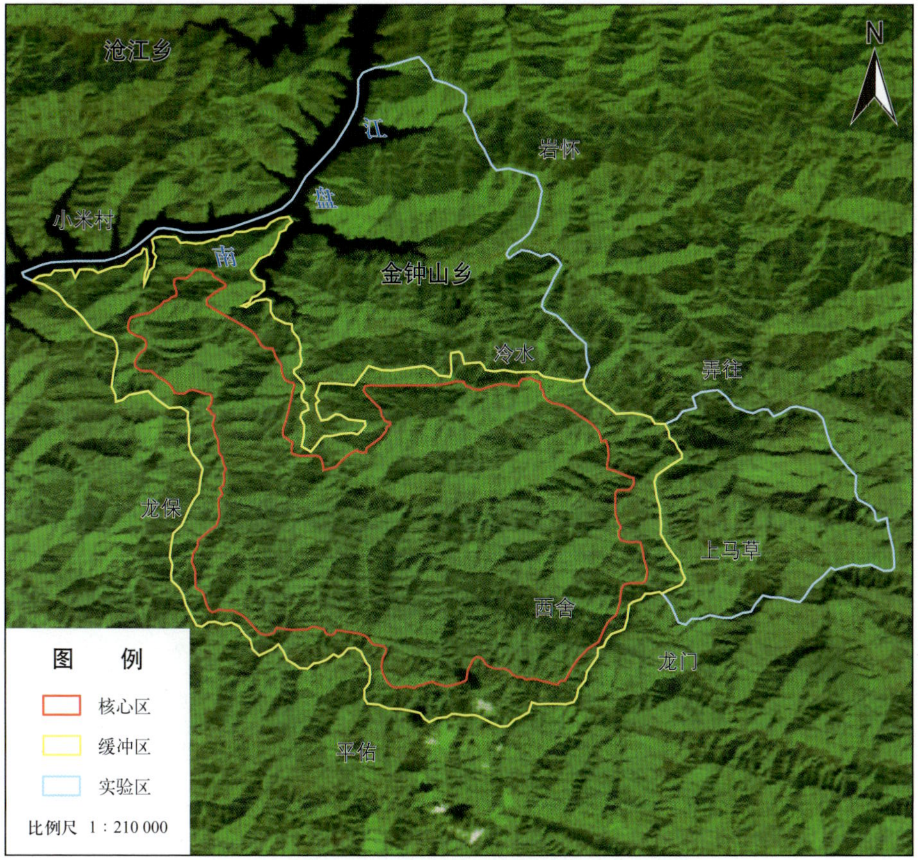
N
沧江乡
岩怀
江
盘
小米村
南
金钟山乡
冷水
弄往
龙保
上马草
西舍
龙门
平佑
图　例
核心区
缓冲区
实验区
比例尺　1：210 000

影像获取时间：2010 年

金钟山黑颈长尾雉国家级自然保护区生态系统类型图

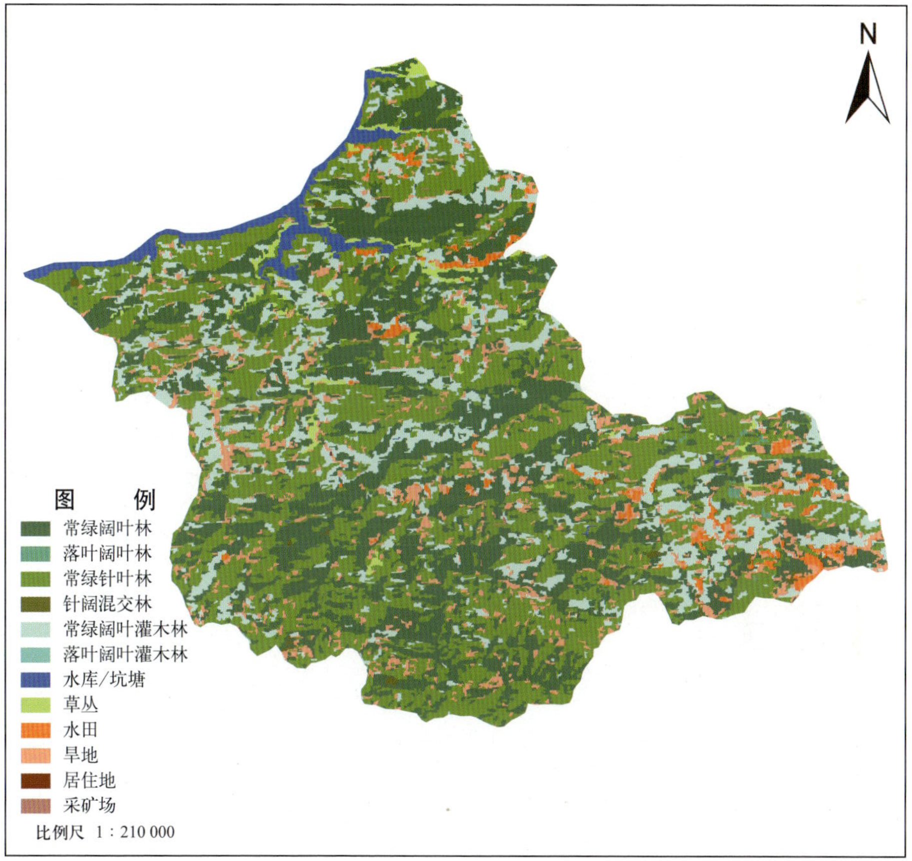
N
图　例
常绿阔叶林
落叶阔叶林
常绿针叶林
针阔混交林
常绿阔叶灌木林
落叶阔叶灌木林
水库/坑塘
草丛
水田
旱地
居住地
采矿场
比例尺　1：210 000

解译参考影像时间：2010 年

金钟山黑颈长尾雉
国家级自然保护区
南宁

金钟山黑颈长尾雉国家级自然保护区位于广西壮族自治区百色市隆林各族自治县与西林县境内，总面积 20 924 公顷，建于 1982 年，2008 年晋升为国家级，主要保护对象为黑颈长尾雉、隆林苏铁、贵州苏铁等野生动植物资源及其生境，属森林生态系统类型自然保护区。该保护区是黑颈长尾雉的重要栖息地。

木论国家级自然保护区

木论国家级自然保护区位于广西壮族自治区河池市环江毛南族自治县境内，总面积16 289公顷，建于1996年，1998年晋升为国家级，主要保护对象为中亚热带石灰岩常绿阔叶混交林生态系统及单行木兰，属森林生态系统类型自然保护区。该保护区保存着原生性很强的中亚热带石灰岩常绿、落叶阔叶混交林，林区内生长着丰富的兰科植物。

木论
国家级自然保护区
南宁

木论国家级自然保护区遥感影像图

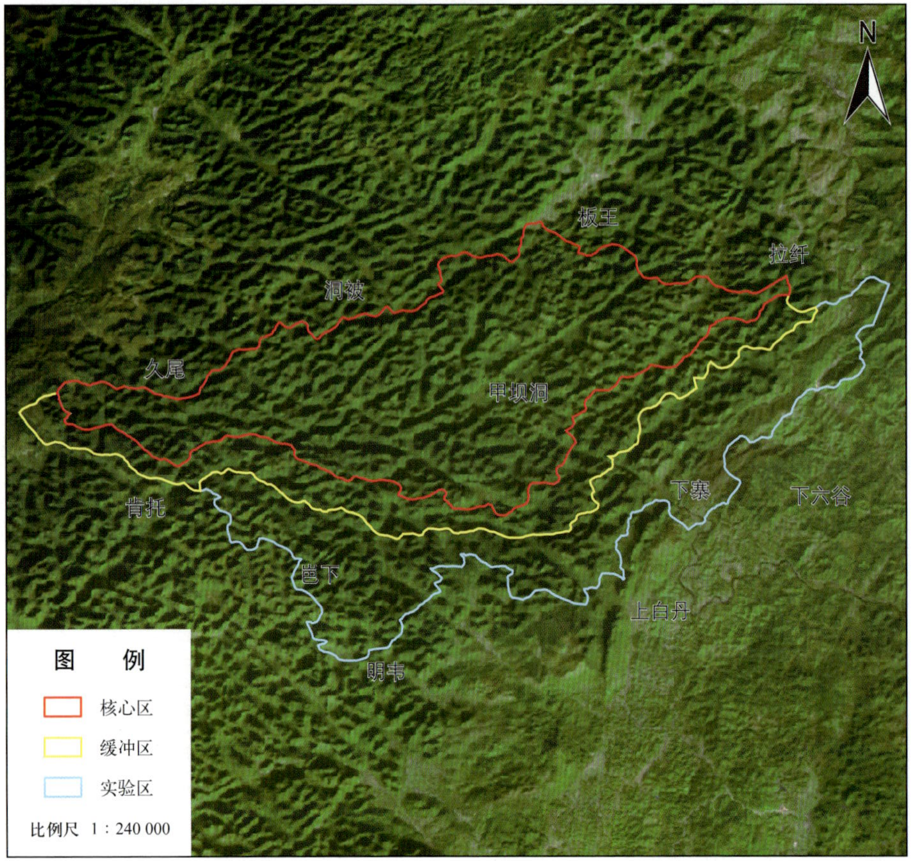
N
板王
拉纤
洞被
久尾
甲坝洞
肯托
下寨
下六谷
岜下
上白丹
明丰
图 例
核心区
缓冲区
实验区
比例尺 1∶240 000

影像获取时间：2010年

木论国家级自然保护区生态系统类型图

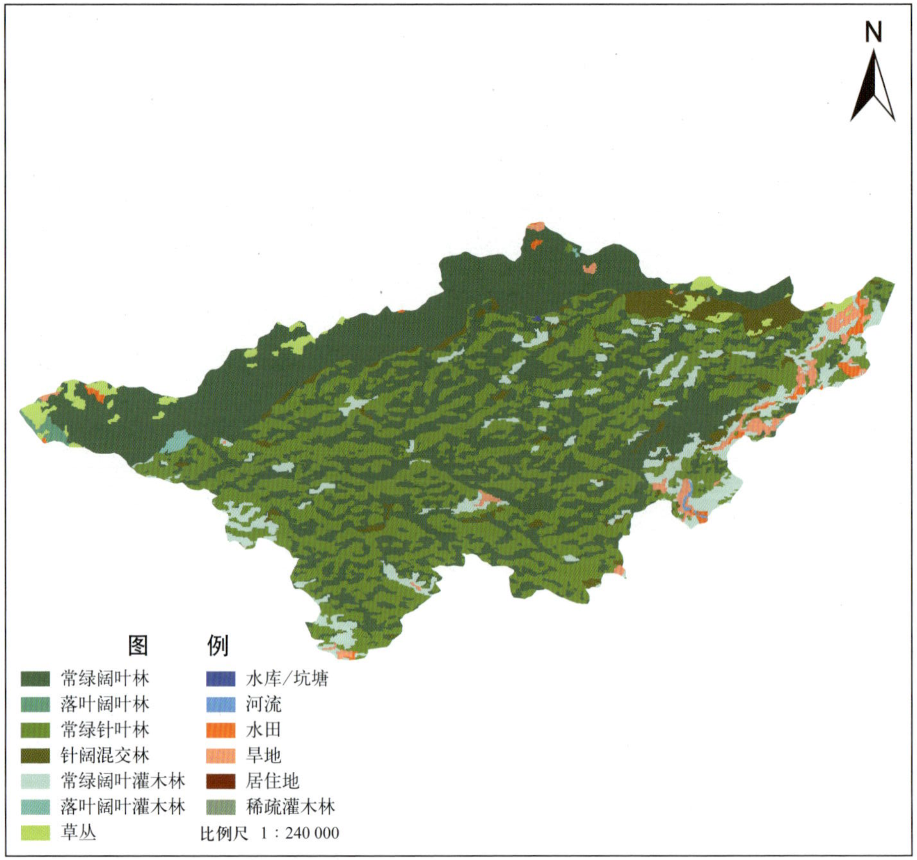
N
图 例
常绿阔叶林
落叶阔叶林
常绿针叶林
针阔混交林
常绿阔叶灌木林
落叶阔叶灌木林
草丛
水库/坑塘
河流
水田
旱地
居住地
稀疏灌木林
比例尺 1∶240 000

解译参考影像时间：2011年

大瑶山国家级自然保护区遥感影像图

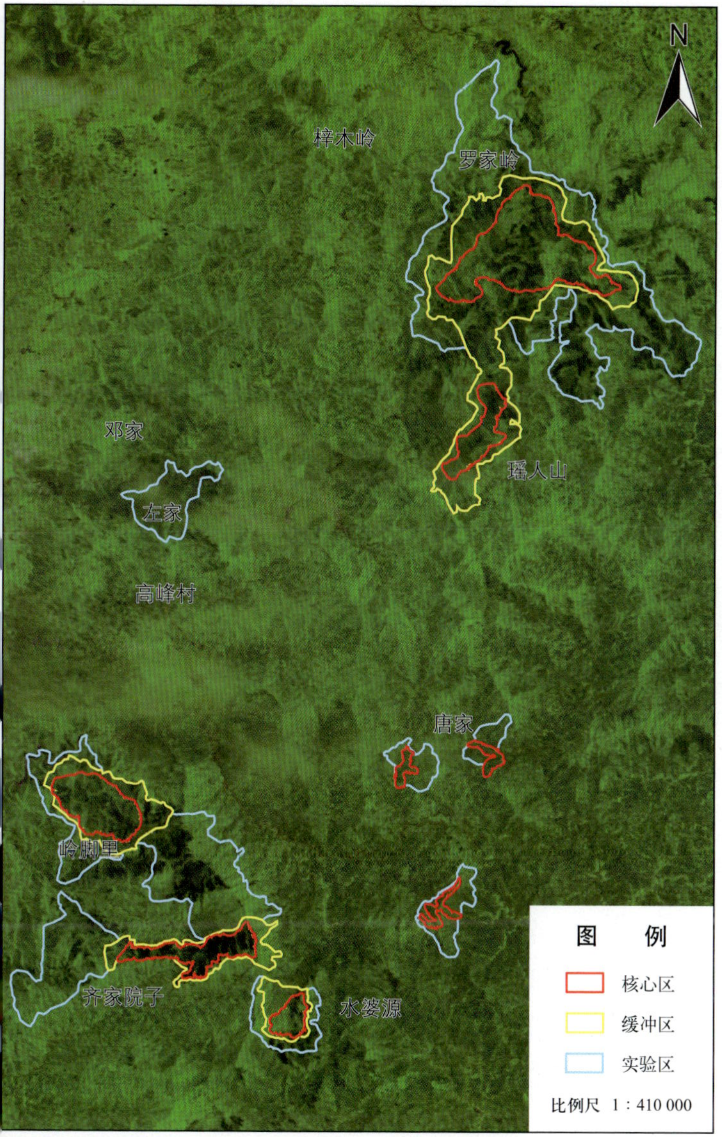
N
梓木岭
罗家岭
邓家
左家
瑶人山
高峰村
唐家
岭脚里
齐家院子
水婆源
图例
核心区
缓冲区
实验区
比例尺 1 : 410 000

影像获取时间：2010 年

大瑶山国家级自然保护区生态系统类型图

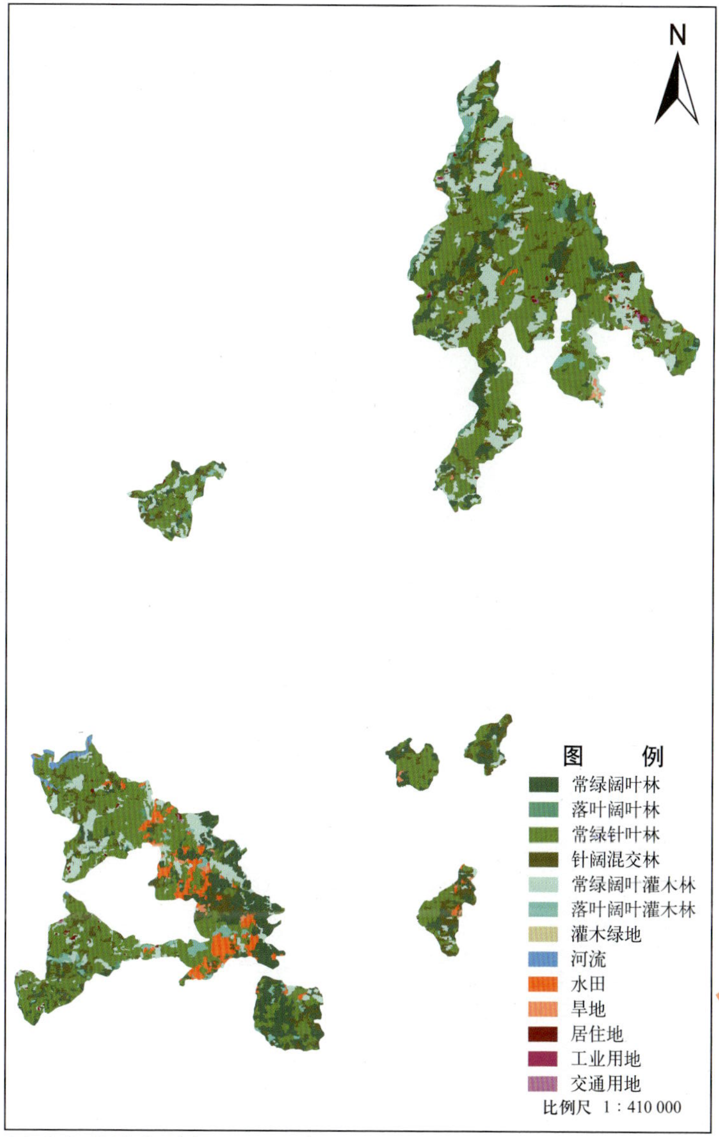
N
图例
常绿阔叶林
落叶阔叶林
常绿针叶林
针阔混交林
常绿阔叶灌木林
落叶阔叶灌木林
灌木绿地
河流
水田
旱地
居住地
工业用地
交通用地
比例尺 1 : 410 000

解译参考影像时间：2011 年

大瑶山国家级自然保护区位于广西壮族自治区来宾市金秀瑶族自治县、桂林市荔浦县、梧州市蒙山县境内，总面积24 907公顷，建于1982年，2008年晋升为国家级，主要保护对象为中亚热带向南亚热带过渡的常绿阔叶林生态系统及瑶山鳄蜥、银杉等珍稀动植物，属森林生态系统类型自然保护区。该保护区生物多样性丰富，生物种类繁多，具有重要的科研价值，是物种的“基因库”。

大瑶山
国家级自然保护区
南宁

崇左白头叶猴国家级自然保护区

崇左白头叶猴国家级自然保护区位于广西壮族自治区崇左市江州区和扶绥县境内，总面积25 578公顷，建于1980年，2012年晋升为国家级，主要保护对象为白头叶猴、黑叶猴和猕猴等野生动物及喀斯特石山森林生态系统，属野生动物类型自然保护区。该保护区物种丰富而独特，有典型的桂西南喀斯特地貌及丰富独特的生物景观。

南宁
崇左白头叶猴
国家级自然保护区

崇左白头叶猴国家级自然保护区遥感影像图

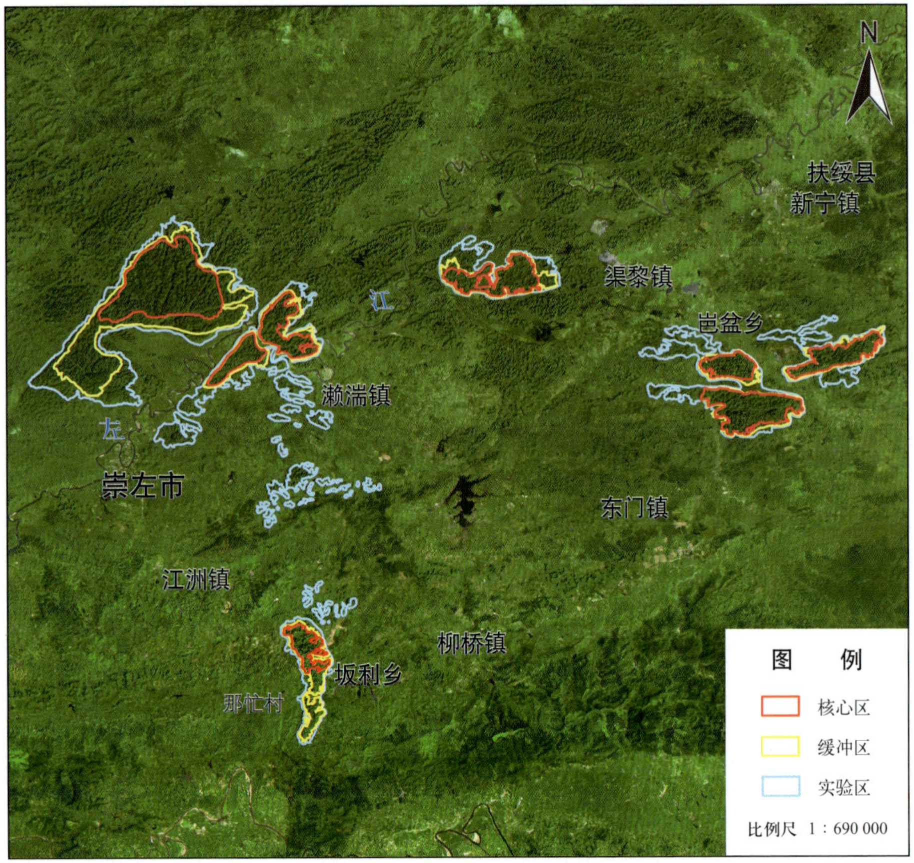
N
扶绥县
新宁镇
渠黎镇
江
岜盆乡
瀚湍镇
左
崇左市
东门镇
江州镇
柳桥镇
坂利乡
那忙村
图 例
核心区
缓冲区
实验区
比例尺 1 : 690 000

影像获取时间：2010年

崇左白头叶猴国家级自然保护区生态系统类型图

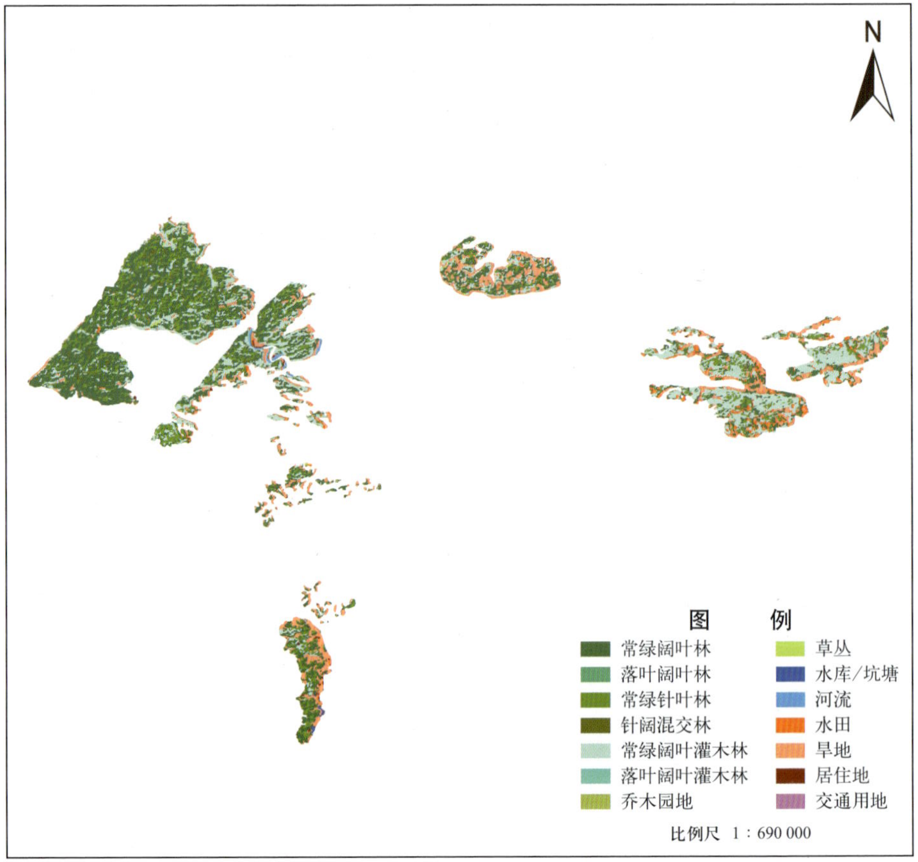
N
图 例
常绿阔叶林
落叶阔叶林
常绿针叶林
针阔混交林
常绿阔叶灌木林
落叶阔叶灌木林
乔木园地
草丛
水库/坑塘
河流
水田
旱地
居住地
交通用地
比例尺 1 : 690 000

解译参考影像时间：2010年

弄岗国家级自然保护区遥感影像图

N
长塘
外埂
坡那
陇念
空关
上龙乡
江
龙州县
丽
上金乡
陇曲
灰窑
红坡
图例
核心区
缓冲区
实验区
比例尺 1：380 000

影像获取时间：2010 年

弄岗国家级自然保护区生态系统类型图

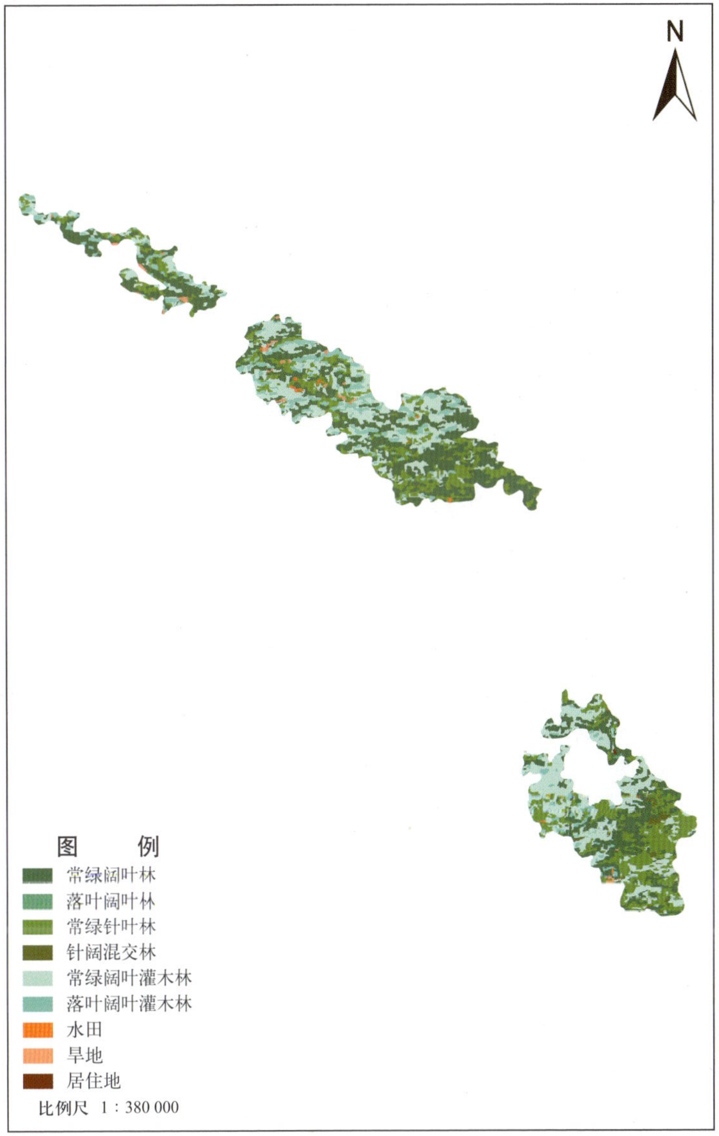
N
图例
常绿阔叶林
落叶阔叶林
常绿针叶林
针阔混交林
常绿阔叶灌木林
落叶阔叶灌木林
水田
旱地
居住地
比例尺 1：380 000

解译参考影像时间：2010 年

弄岗国家级自然保护区位于广西壮族自治区崇左市龙州县、宁明县境内，总面积10 080公顷，建于1978年，1980年晋升为国家级，主要保护对象为北热带石灰岩季雨林和白头叶猴、黑叶猴等珍稀野生动植物，属森林生态系统类型自然保护区。该保护区是我国具有国际意义的陆地生物多样性14个关键地区之一，也是林业部与世界自然基金会共同选定的40个A级保护区之一。

南宁
弄岗
国家级自然保护区

东寨港国家级自然保护区遥感影像图

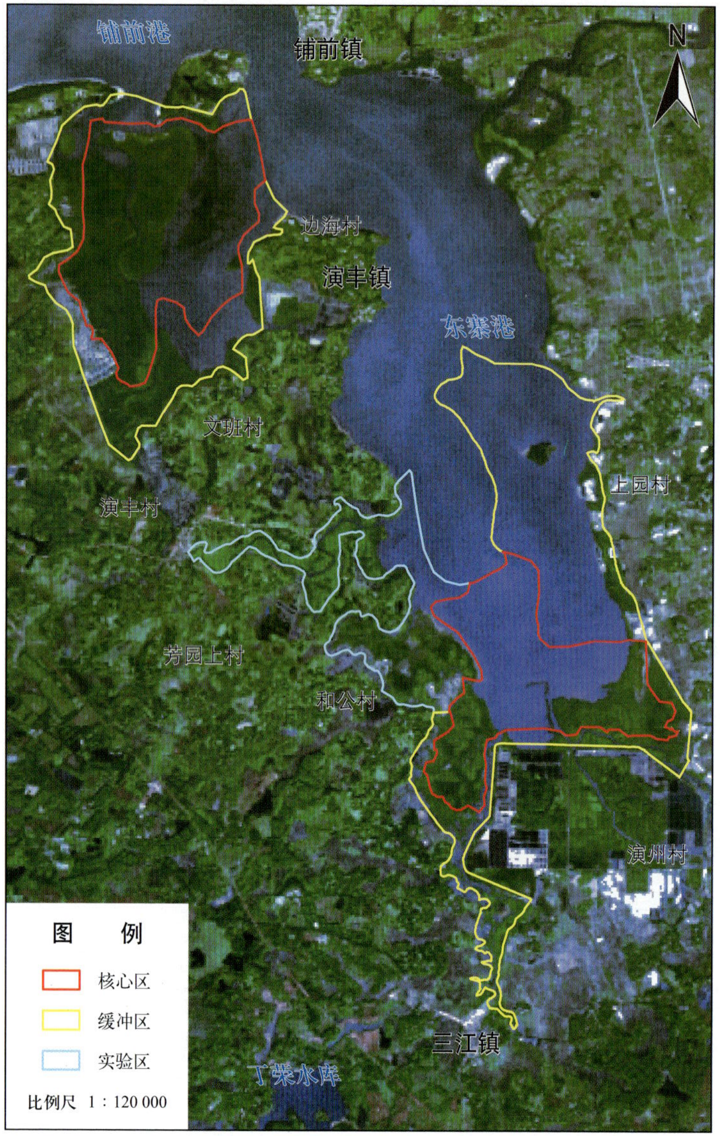
铺前港
铺前镇
N
边海村
演丰镇
东寨港
文昌村
上园村
演丰村
芳园上村
和公村
演州村
三江镇
丁荣水库
图例
核心区
缓冲区
实验区
比例尺 1：120 000

影像获取时间：2010 年

东寨港国家级自然保护区生态系统类型图

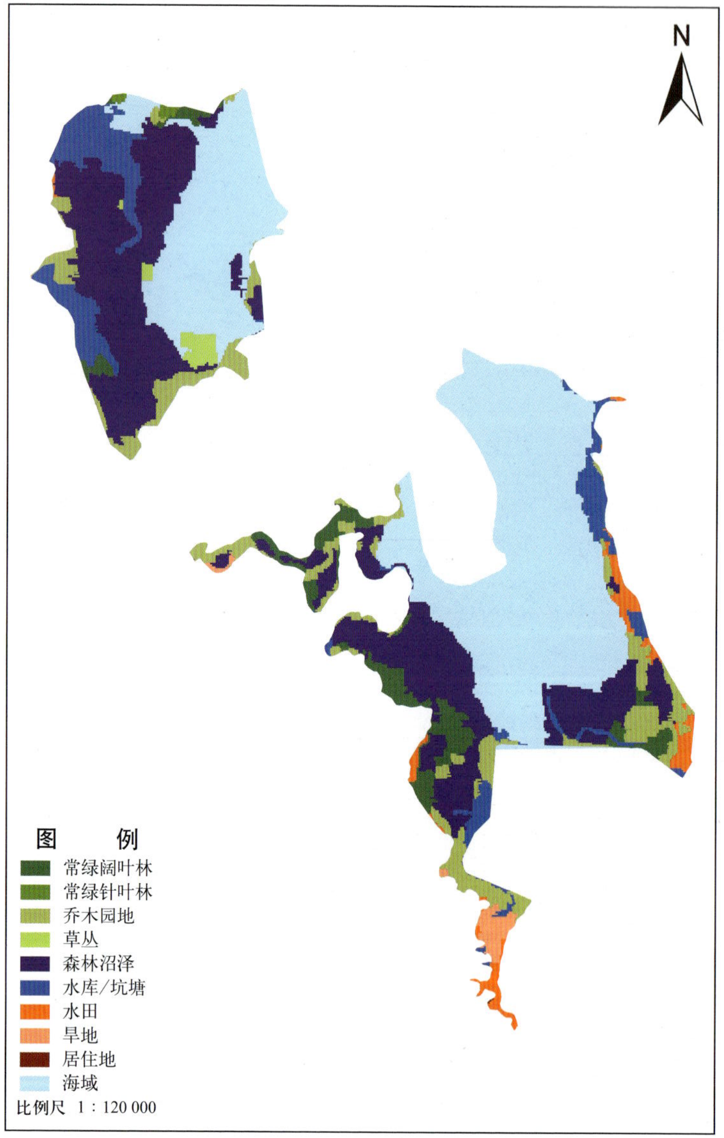
N
图例
常绿阔叶林
常绿针叶林
乔木园地
草丛
森林沼泽
水库/坑塘
水田
旱地
居住地
海域
比例尺 1：120 000

解译参考影像时间：2011 年

东寨港国家级自然保护区位于海南省海口市和文昌市境内，总面积 3 337 公顷，建于 1980 年，1986 年晋升为国家级，主要保护对象为红树林生态系统及珍稀水禽，属海洋海岸类型自然保护区。东寨港及其附近的海滩上尚保存有面积较大、生长良好的红树林，数量在全国为最。1992 年被列入《世界重要湿地名录》。

海口
东寨港
国家级自然保护区
海南岛
海口
海南省
西沙群岛
黄岩岛
中沙群岛
南沙群岛
曾母暗沙

三亚珊瑚礁国家级自然保护区遥感影像图

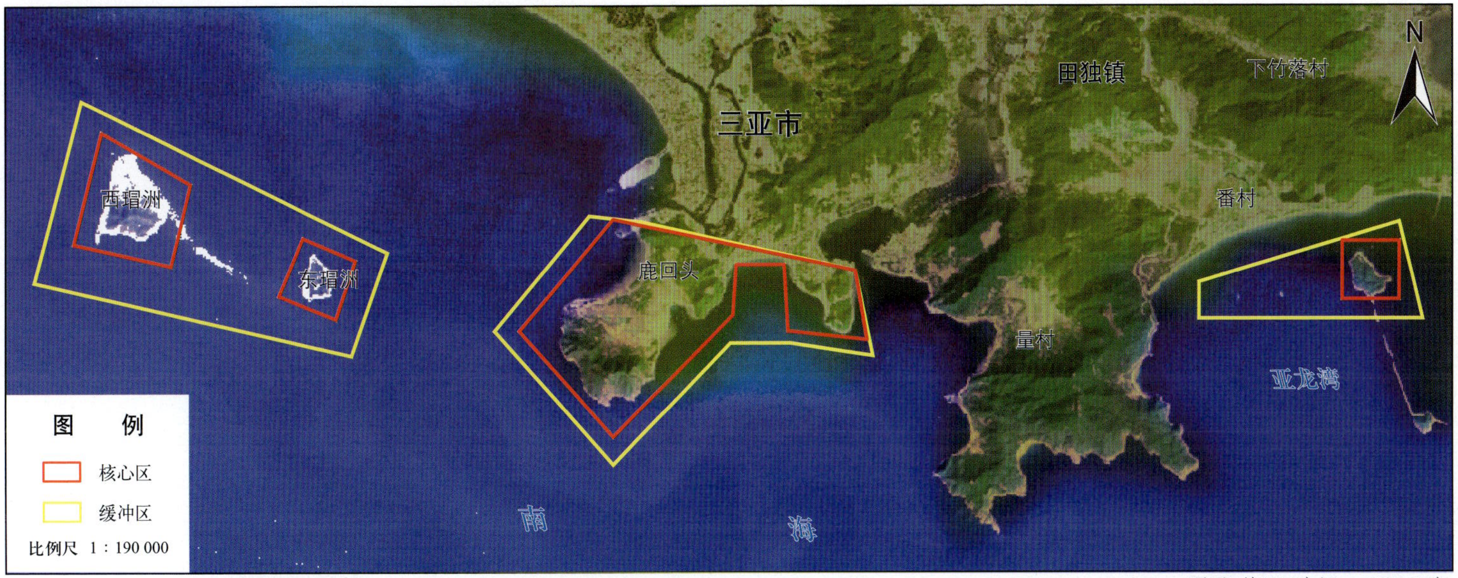
N
三亚市
田独镇
下竹落村
番村
鹿回头
西瑁洲
东瑁洲
量村
亚龙湾
南
海
图例
核心区
缓冲区
比例尺 1：190 000

影像获取时间：2010 年

三亚珊瑚礁国家级自然保护区生态系统类型图

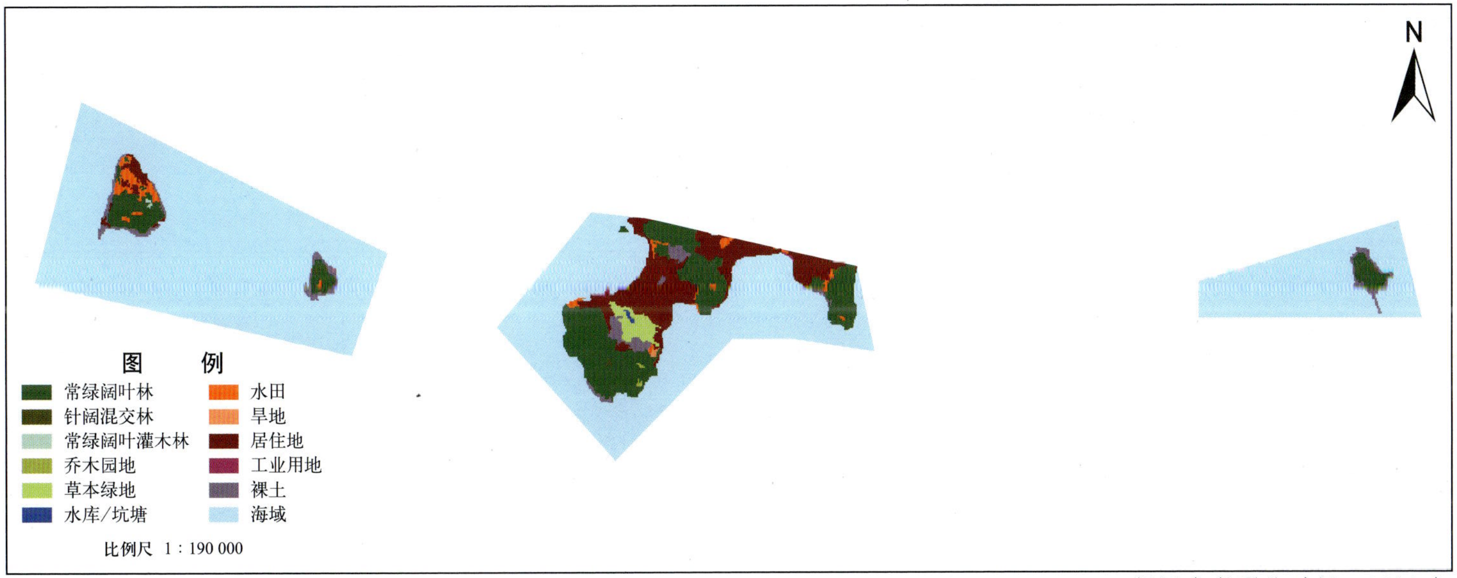
N
图例
常绿阔叶林
针阔混交林
常绿阔叶灌木林
乔木园地
草本绿地
水库/坑塘
水田
旱地
居住地
工业用地
裸土
海域
比例尺 1：190 000

解译参考影像时间：2011 年

海口
三亚珊瑚礁
国家级自然保护区
海南岛
海口
海南省
西沙群岛
黄岩岛
中沙群岛
南沙群岛
曾母暗沙
海南省全图

三亚珊瑚礁国家级自然保护区位于海南省三亚市鹿回头半岛沿岸、东西瑁洲、亚龙湾海域，总面积 8 500 公顷，建于 1989 年，1990 年升为国家级，主要保护对象为珊瑚礁及其生态系统，属海洋海岸类型自然保护区。该保护区内海浪破坏作用小，海水交换充分，浅水区大，污染小，有机质含量丰富，基质坚硬，是珊瑚生长的良好场所，是保护海洋生物多样性的重要海区。

铜鼓岭国家级自然保护区

铜鼓岭国家级自然保护区遥感影像图

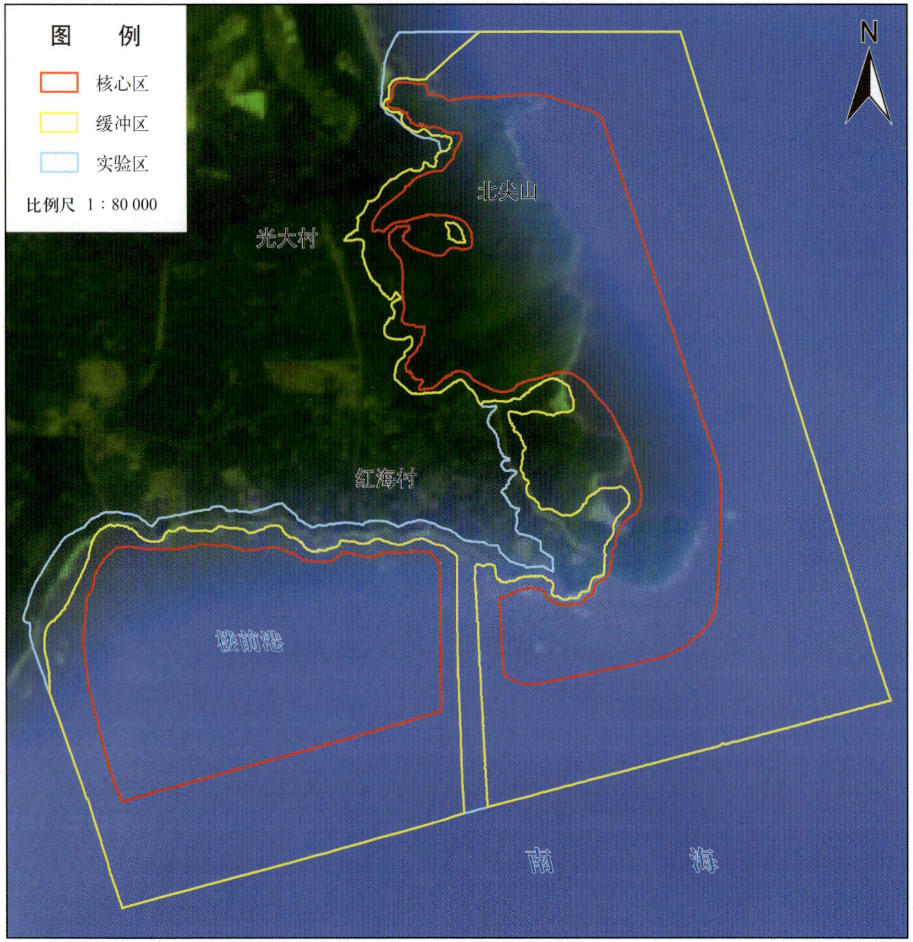
图 例
核心区
缓冲区
实验区
比例尺 1∶80 000
N
北尖山
光大村
红海村
楼前港
南
海

影像获取时间：2010 年

铜鼓岭国家级自然保护区生态系统类型图

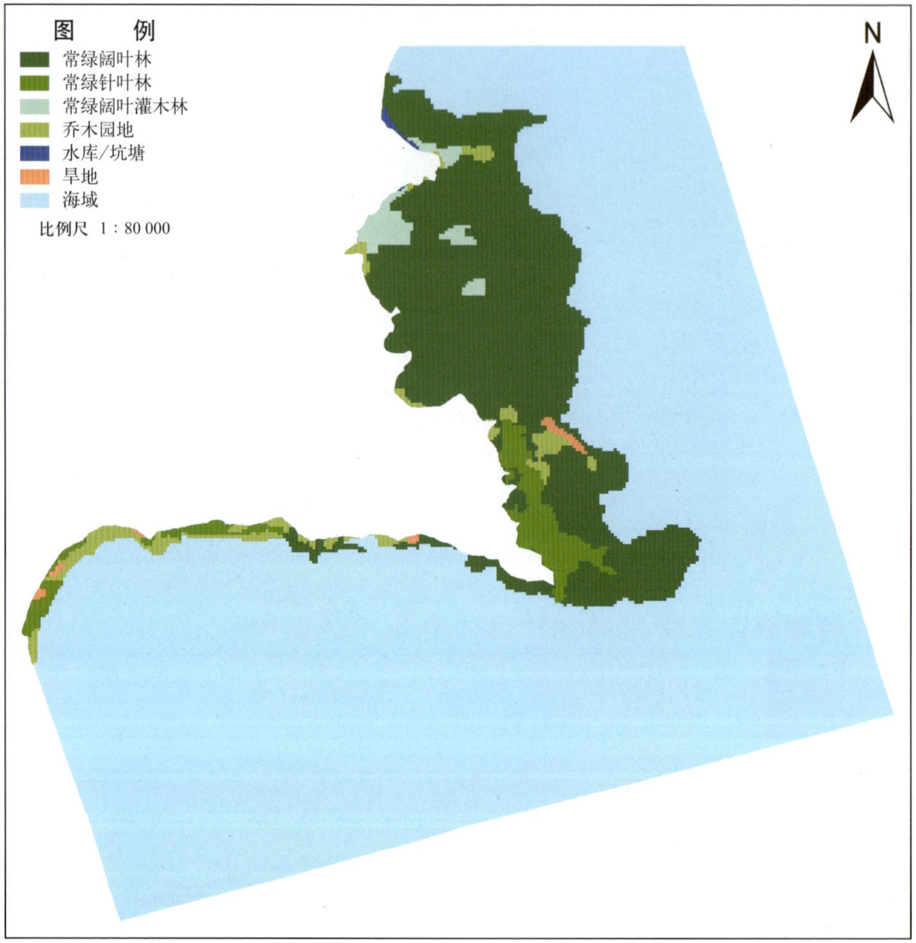
图 例
常绿阔叶林
常绿针叶林
常绿阔叶灌木林
乔木园地
水库/坑塘
旱地
海域
比例尺 1∶80 000
N

解译参考影像时间：2011 年

铜鼓岭国家级自然保护区位于海南省文昌市境内，总面积 4 400 公顷，建于 1983 年，2003 年晋升为国家级，主要保护对象为珊瑚礁、热带季雨矮林及野生动物，属海洋海岸类型自然保护区。该保护区内珊瑚礁资源尤为丰富，这里的浅海珊瑚礁为典型的岸礁类型，主要有造礁石珊瑚、珊瑚藻、软体动物及其他造礁生物，优势种为各种鹿角珊瑚。

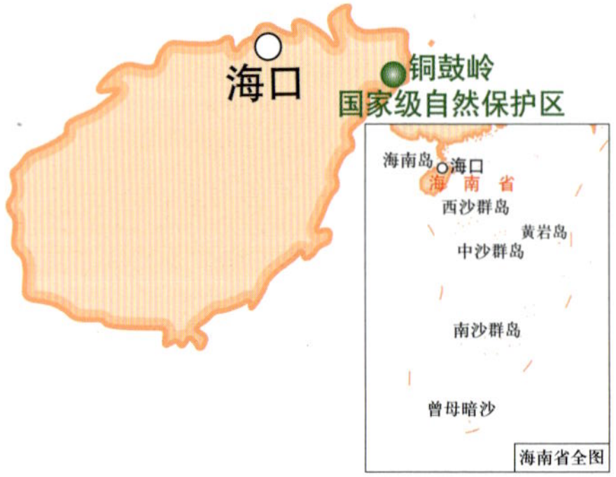
海口
铜鼓岭
国家级自然保护区
海南岛
海口
海 南 省
西沙群岛
黄岩岛
中沙群岛
南沙群岛
曾母暗沙
海南省全图

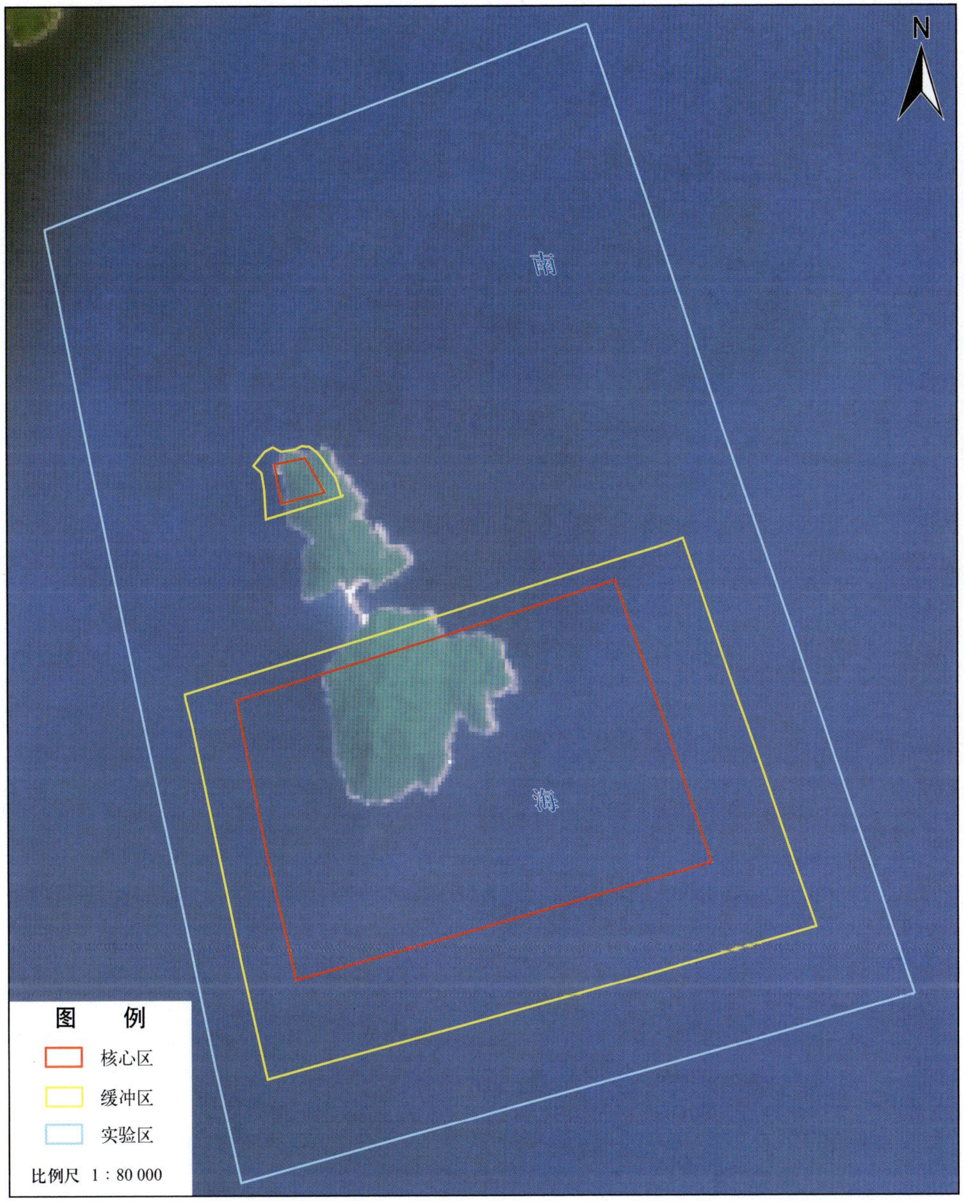
N
南
海
图例
核心区
缓冲区
实验区
比例尺 1 : 80 000

大洲岛国家级自然保护区遥感影像图

影像获取时间：2010 年

大洲岛国家级自然保护区位于海南省万宁市境内，总面积为 7 000 公顷，建于 1987 年，1990 年晋升为国家级，主要保护对象为金丝燕及其生境、海洋生态系统，属野生动物类型自然保护区。大洲岛及周围海域奇特的环境构成了一个完整的、平衡的海岛海洋生态系统，为生物多样性显著地区。这种基本保持着原始状态的热带海岛海洋生态系统在我国极为稀少，具有很高的保护价值。

海口
大洲岛
国家级自然保护区
海南岛
海口
海南省
西沙群岛
黄岩岛
中沙群岛
南沙群岛
曾母暗沙
海南省全图

海南省 大田国家级自然保护区

大田国家级自然保护区遥感影像图

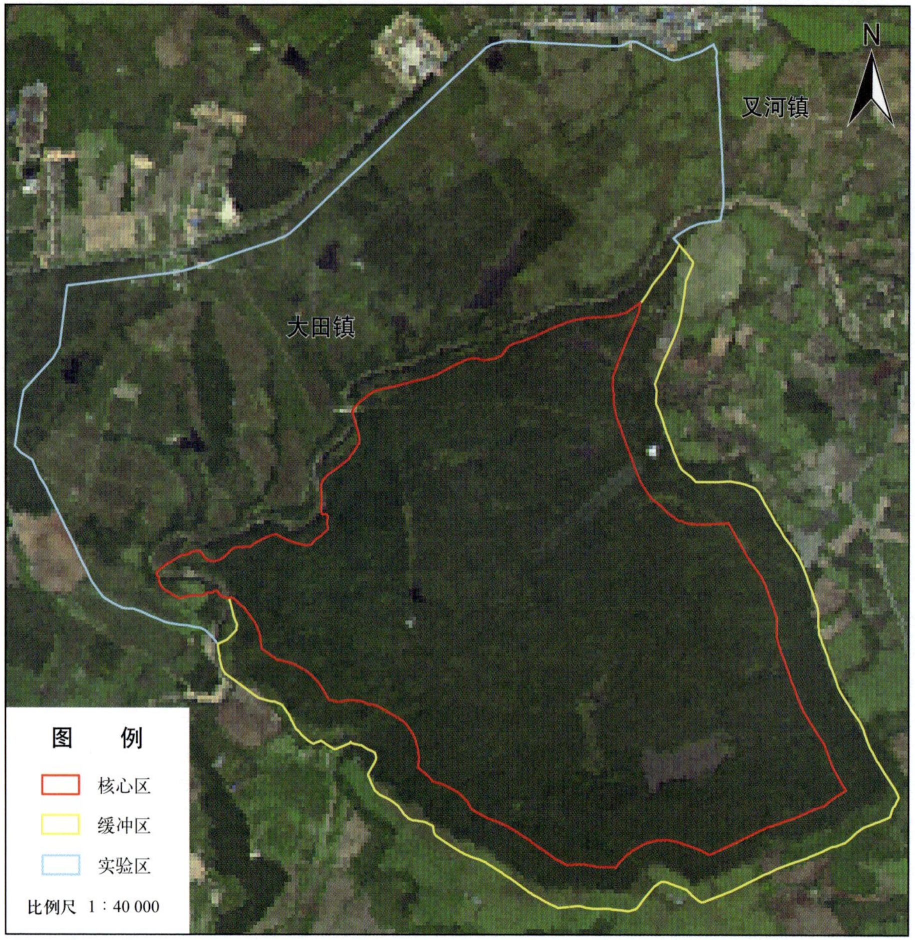
N
叉河镇
大田镇
图 例
核心区
缓冲区
实验区
比例尺 1∶40 000

影像获取时间：2010 年

大田国家级自然保护区生态系统类型图

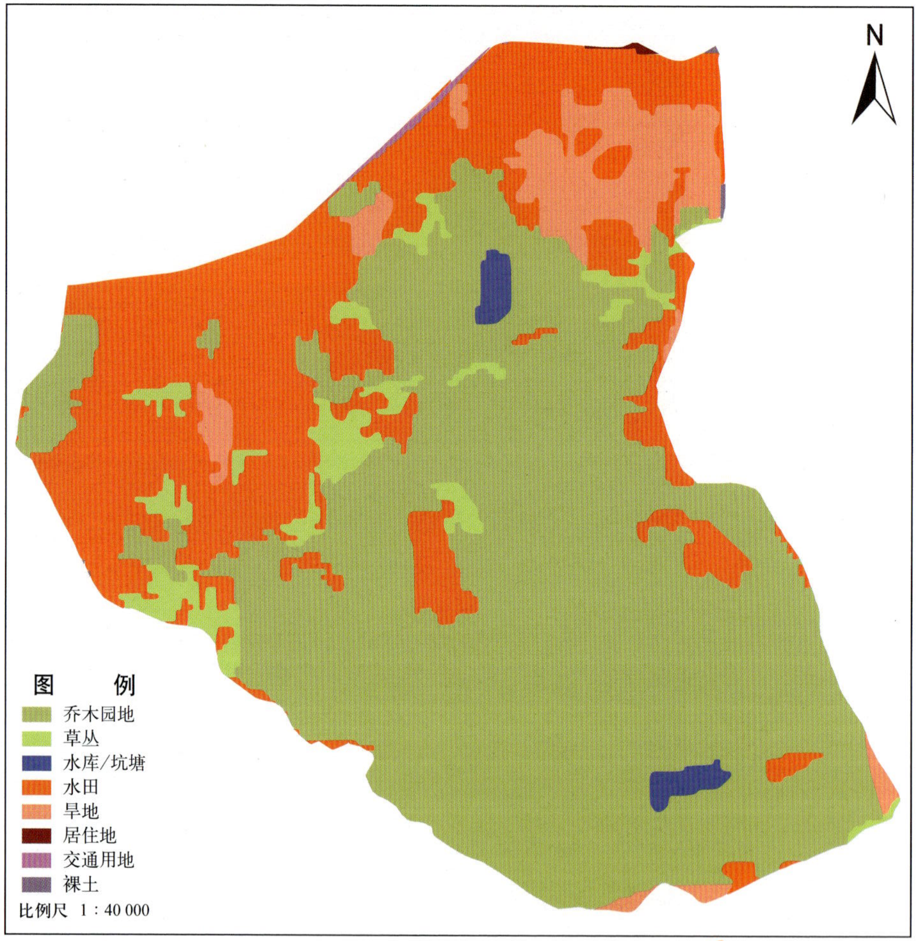
N
图 例
乔木园地
草丛
水库/坑塘
水田
旱地
居住地
交通用地
裸土
比例尺 1∶40 000

解译参考影像时间：2011 年

大田国家级自然保护区位于海南省东方市境内，总面积为 1 314 公顷，建于 1976 年，1986 年晋升为国家级，主要保护对象为海南坡鹿及其生境，属野生动物类型自然保护区。海南坡鹿是泽鹿的一个亚种，与“国宝”大熊猫同属国家一级保护动物，目前仅见分布于海南省大田保护区及其周边地带。

海口
大田
国家级自然保护区
海南岛
海口
海 南 省
西沙群岛
黄岩岛
中沙群岛
南沙群岛
曾母暗沙
海南省全图

霸王岭国家级自然保护区遥感影像图

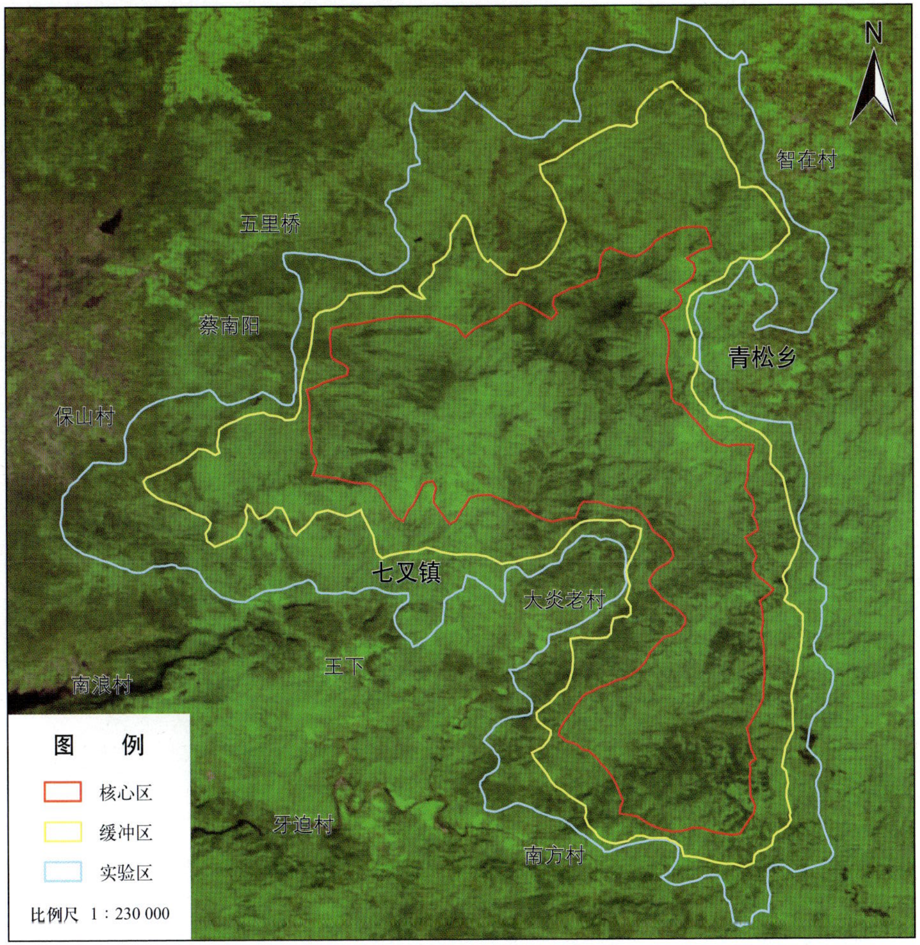
N
智在村
五里桥
蔡南阳
青松乡
保山村
七叉镇
大炎老村
王下
南浪村
牙迫村
南方村
图 例
核心区
缓冲区
实验区
比例尺 1：230 000

影像获取时间：2010 年

霸王岭国家级自然保护区生态系统类型图

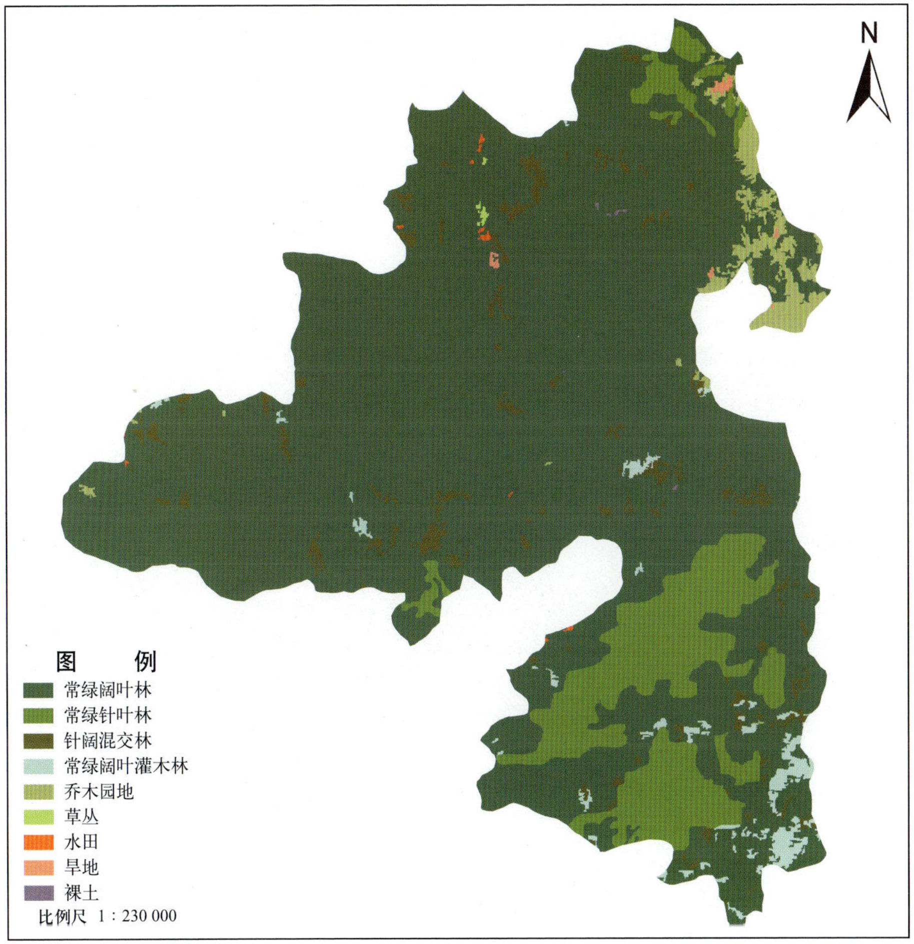
N
图 例
常绿阔叶林
常绿针叶林
针阔混交林
常绿阔叶灌木林
乔木园地
草丛
水田
旱地
裸土
比例尺 1：230 000

解译参考影像时间：2011 年

霸王岭国家级自然保护区位于海南省昌江黎族自治县、白沙黎族自治县境内，总面积 29 980 公顷，建于 1980 年，1988 年晋升为国家级，主要保护对象为黑冠长臂猿及其生境，属野生动物类型自然保护区。该保护区是中国唯一保护长臂猿及其生存环境的国家级自然保护区。区内有国家一级保护动物 6 种，二级保护动物 42 种。

海口
霸王岭
国家级自然保护区
海南岛
海口
海 南 省
西沙群岛
黄岩岛
中沙群岛
南沙群岛
曾母暗沙
海南省全图

尖峰岭国家级自然保护区

尖峰岭国家级自然保护区位于海南省乐东黎族自治县、东方市境内，总面积20 170公顷，建于1960年，2002年晋升为国家级，是海南省第一个自然保护区。主要保护对象为热带雨林和珍稀野生动植物，属森林生态系统类型自然保护区。该保护区内热带雨林是中国现存纬度最低、垂直系统最完整、保护最完好的保护区，也是中国生物多样性最高的地区之一，故有“热带北缘物种基因库”之称。

海口
尖峰岭
国家级自然保护区
海南岛
海口
海南省
西沙群岛
黄岩岛
中沙群岛
南沙群岛
曾母暗沙
海南省全图

尖峰岭国家级自然保护区遥感影像图

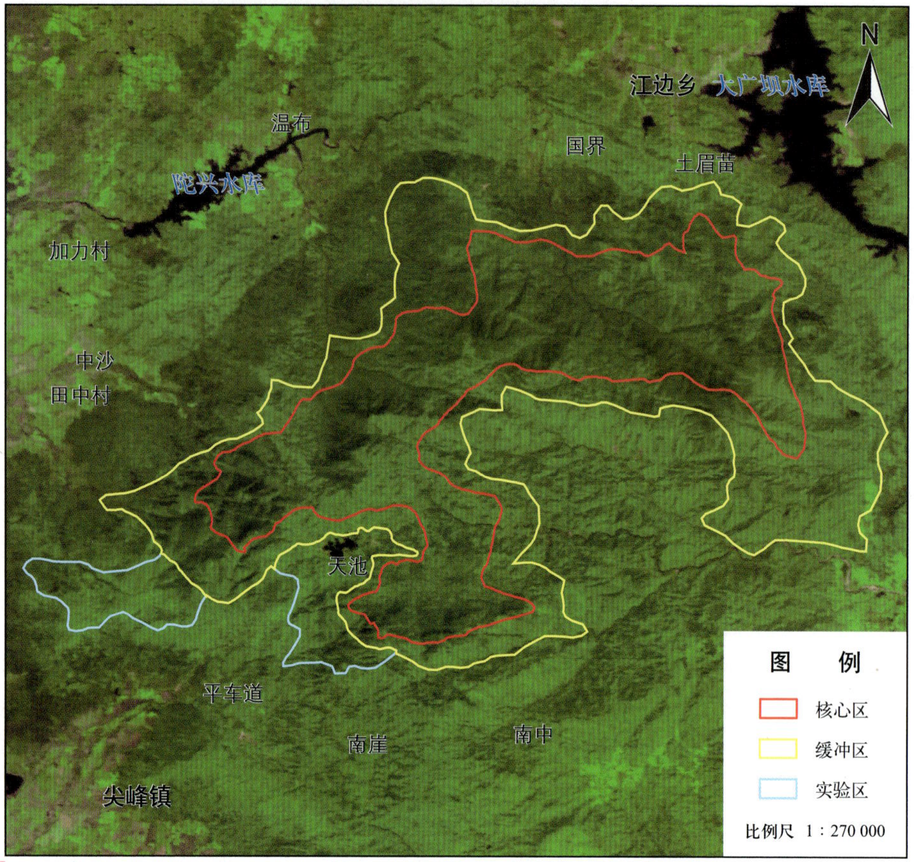
N
江边乡
大广坝水库
温布
国界
土眉苗
陀兴水库
加力村
中沙
田中村
天池
平车道
南崖
南中
尖峰镇
图例
核心区
缓冲区
实验区
比例尺 1 : 270 000

影像获取时间：2010年

尖峰岭国家级自然保护区生态系统类型图

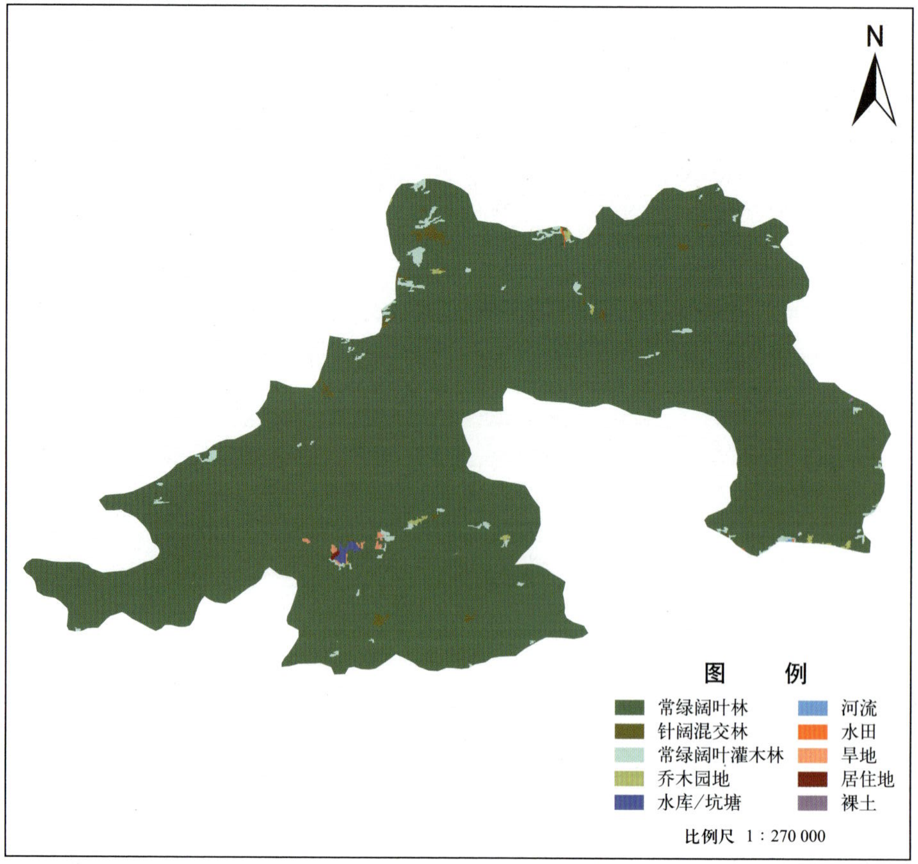
N
图例
常绿阔叶林
针阔混交林
常绿阔叶灌木林
乔木园地
水库/坑塘
河流
水田
旱地
居住地
裸土
比例尺 1 : 270 000

解译参考影像时间：2010年

吊罗山国家级自然保护区遥感影像图

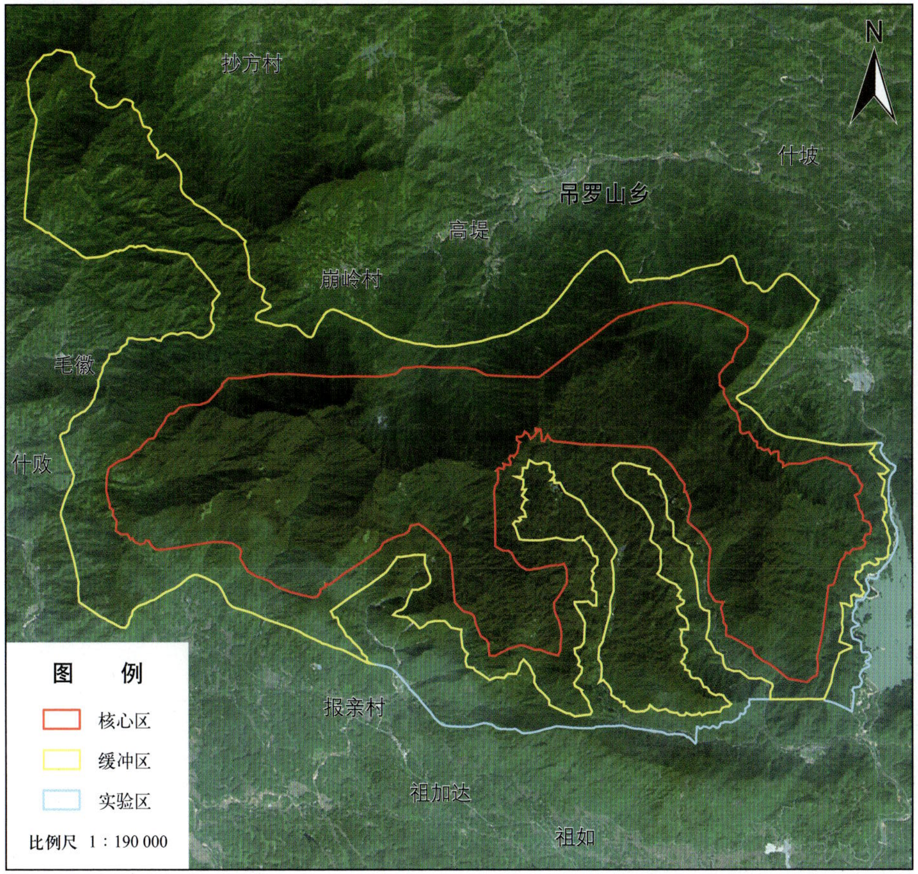
N
抄方村
什坡
吊罗山乡
高堤
崩岭村
毛徽
什败
报亲村
祖加达
祖如
图 例
核心区
缓冲区
实验区
比例尺 1：190 000

影像获取时间：2010 年

吊罗山国家级自然保护区生态系统类型图

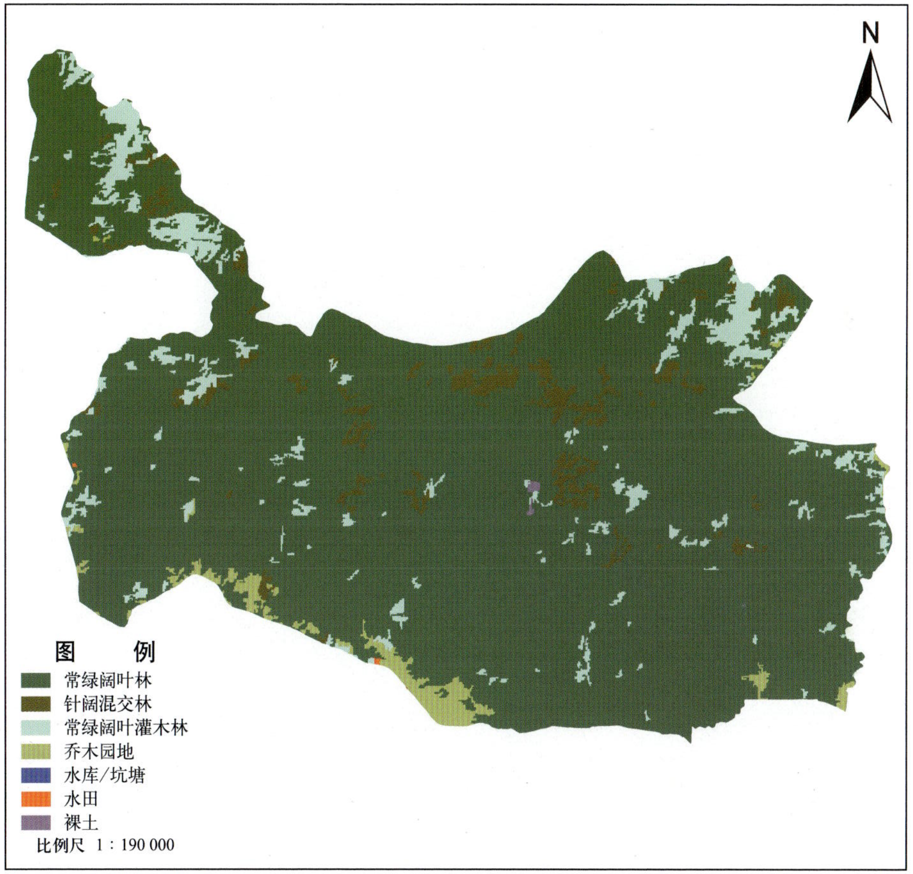
N
图 例
常绿阔叶林
针阔混交林
常绿阔叶灌木林
乔木园地
水库/坑塘
水田
裸土
比例尺 1：190 000

解译参考影像时间：2011 年

海口
吊罗山
国家级自然保护区
海南岛
海口
海 南 省
西沙群岛
黄岩岛
中沙群岛
南沙群岛
曾母暗沙
海南省全图

吊罗山国家级自然保护区位于海南省陵水黎族自治县、保亭黎族苗族自治县、琼中黎族苗族自治县境内，总面积 18 389 公顷，建于 1984 年，2008 年晋升为国家级，主要保护对象为热带雨林，属于森林生态系统自然保护区。该保护区内生物多样性十分丰富，堪称“热带生物基因库”，这里的低地雨林在我国热带地区发育最盛，是最接近“赤道热带雨林”的植被类型和我国稀有的热带森林生态系统类型之一，也是我国热带雨林的典型代表。

五指山国家级自然保护区

五指山国家级自然保护区遥感影像图

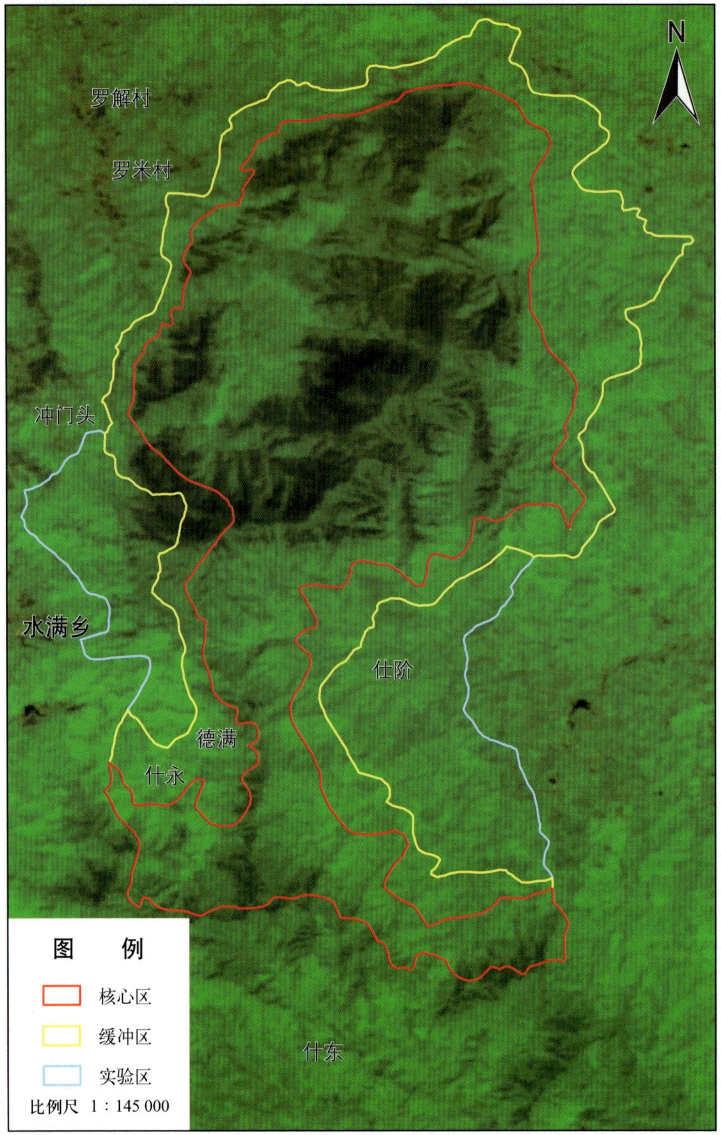
N
罗解村
罗米村
冲门头
水满乡
仕阶
德满
什永
什东
图 例
核心区
缓冲区
实验区
比例尺 1：145 000

影像获取时间：2010 年

五指山国家级自然保护区生态系统类型图

N
图 例
常绿阔叶林
针阔混交林
常绿阔叶灌木林
乔木园地
裸土
比例尺 1：145 000

解译参考影像时间：2011 年

五指山国家级自然保护区位于海南省琼中黎族苗族自治县、保亭黎族苗族自治县和五指山市境内，总面积 13 436 公顷，建于 1985 年，2003 年晋升为国家级，主要保护对象为热带原始森林，属于森林生态系统自然保护区。该保护区的森林具有典型的热带雨林特征，是我国热带地区面积最大的原始森林之一。

海口
五指山
国家级自然保护区
海南岛
海口
海 南 省
西沙群岛
黄岩岛
中沙群岛
南沙群岛
曾母暗沙

缙云山国家级自然保护区遥感影像图

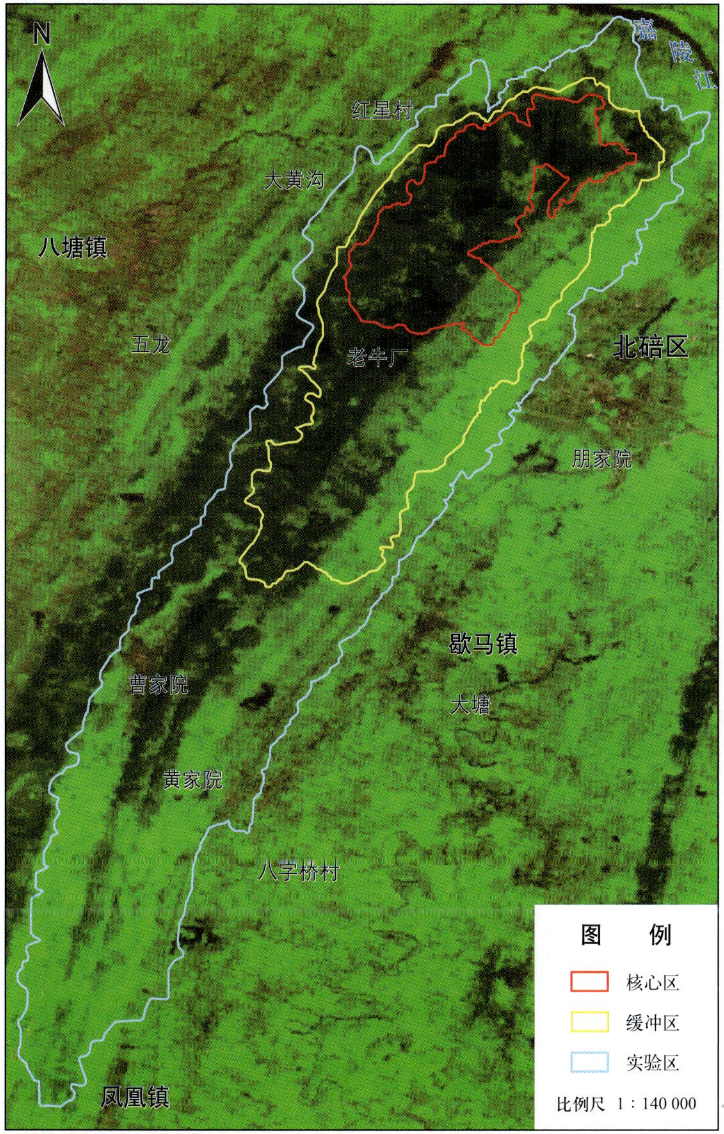
N
嘉
陵
江
红星村
大黄沟
八塘镇
五龙
老牛厂
北碚区
朋家院
歇马镇
曹家院
大塘
黄家院
八字桥村
凤凰镇
图 例
核心区
缓冲区
实验区
比例尺 1：140 000

影像获取时间：2010 年

缙云山国家级自然保护区生态系统类型图

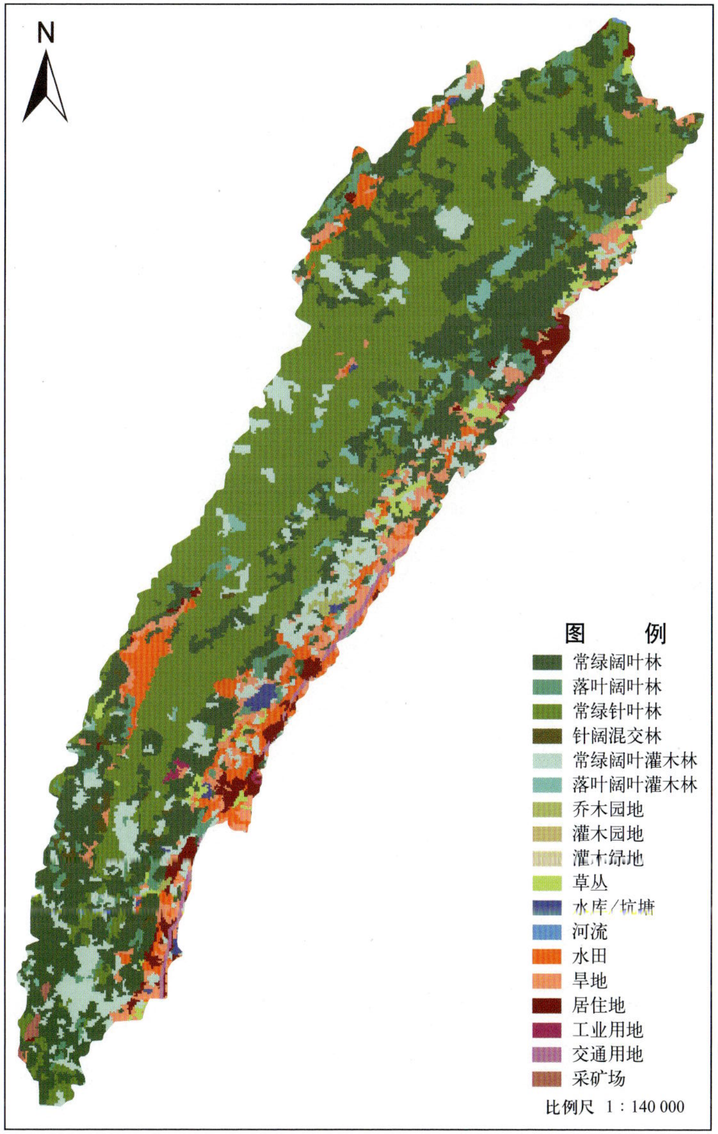
N
图 例
常绿阔叶林
落叶阔叶林
常绿针叶林
针阔混交林
常绿阔叶灌木林
落叶阔叶灌木林
乔木园地
灌木园地
灌木绿地
草丛
水库/坑塘
河流
水田
旱地
居住地
工业用地
交通用地
采矿场
比例尺 1：140 000

解译参考影像时间：2011 年

缙云山国家级自然保护区位于重庆市北碚区、沙坪坝区和璧山县境内，总面积 7 600 公顷，建于 1979 年，2001 年晋升为国家级，主要保护对象为亚热带常绿阔叶林，属于森林生态系统类型自然保护区。该保护区具有十分重要的保护价值，是重庆市北大门的天然绿色屏障，也是重庆的肺叶和主城区的天然氧吧。

缙云山
国家级自然保护区
重庆

重庆市 金佛山国家级自然保护区

重庆
金佛山
国家级自然保护区

金佛山国家级自然保护区位于重庆市南川区境内，总面积41 850公顷，建于1979年，2000年晋升为国家级，主要保护对象为银杉、珙桐、黑叶猴等珍稀野生动植物及森林生态系统，属于野生植物类型自然保护区。该保护区内分布有许多重要的珍稀濒危植物，在植物分类学与地理学研究中也具有重要价值。

金佛山国家级自然保护区遥感影像图

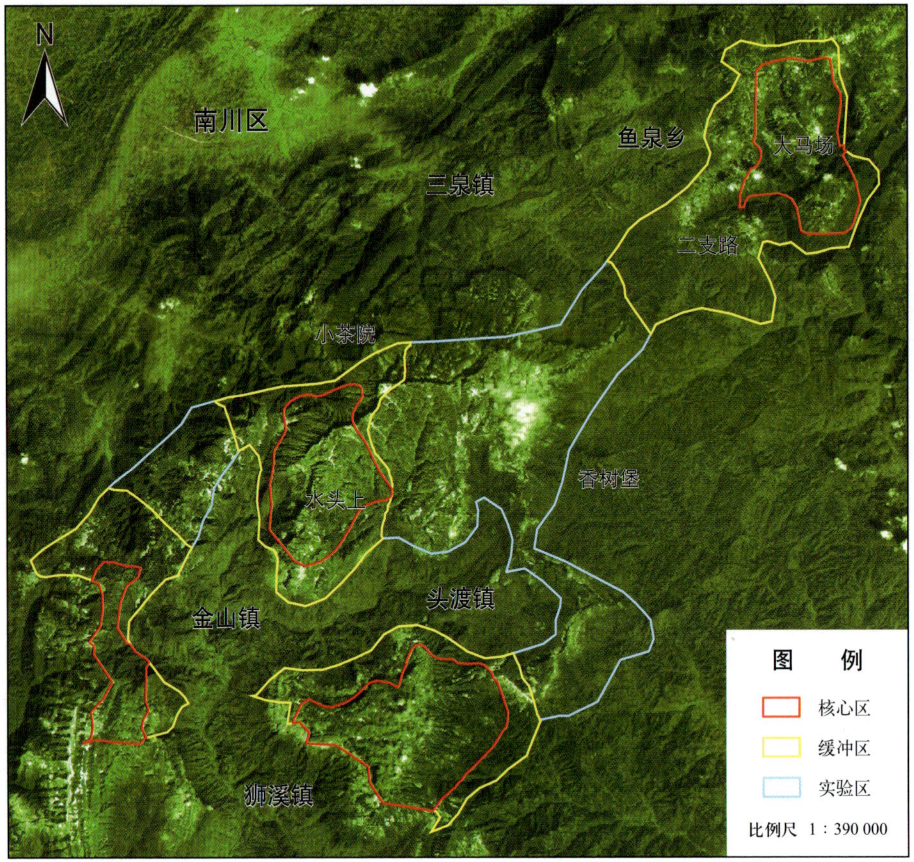
N
南川区
鱼泉乡
大马场
三泉镇
二支路
小茶院
水头上
香树堡
头渡镇
金山镇
狮溪镇
图 例
核心区
缓冲区
实验区
比例尺 1 : 390 000

影像获取时间：2010年

金佛山国家级自然保护区生态系统类型图

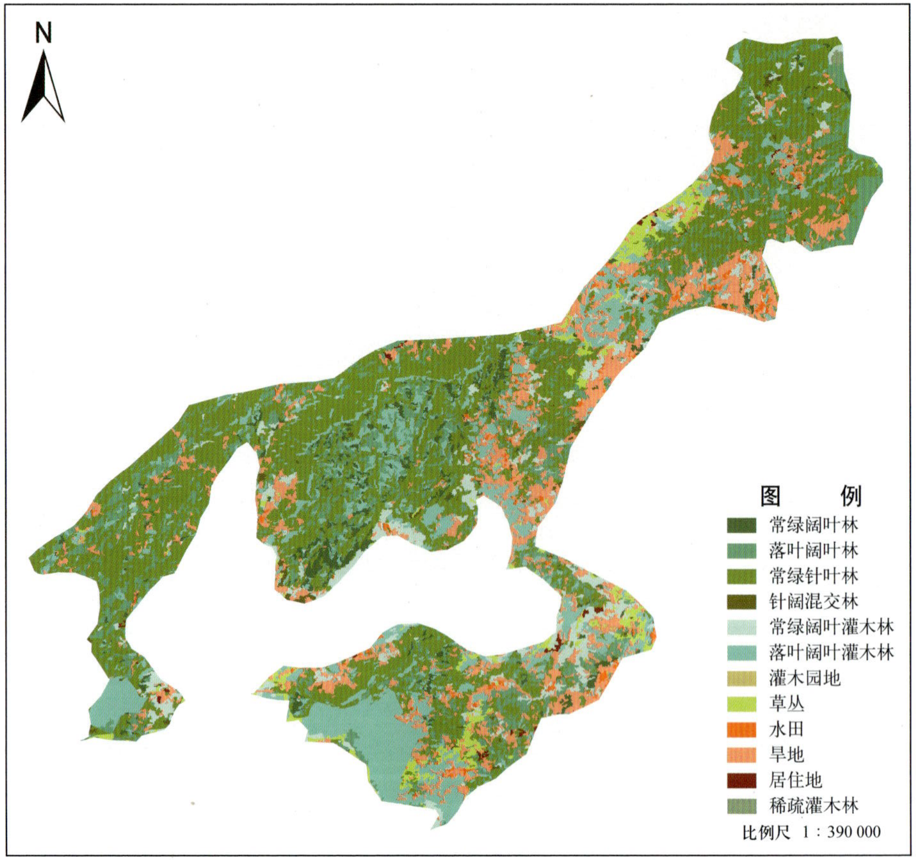
N
图 例
常绿阔叶林
落叶阔叶林
常绿针叶林
针阔混交林
常绿阔叶灌木林
落叶阔叶灌木林
灌木园地
草丛
水田
旱地
居住地
稀疏灌木林
比例尺 1 : 390 000

解译参考影像时间：2011年

大巴山国家级自然保护区遥感影像图

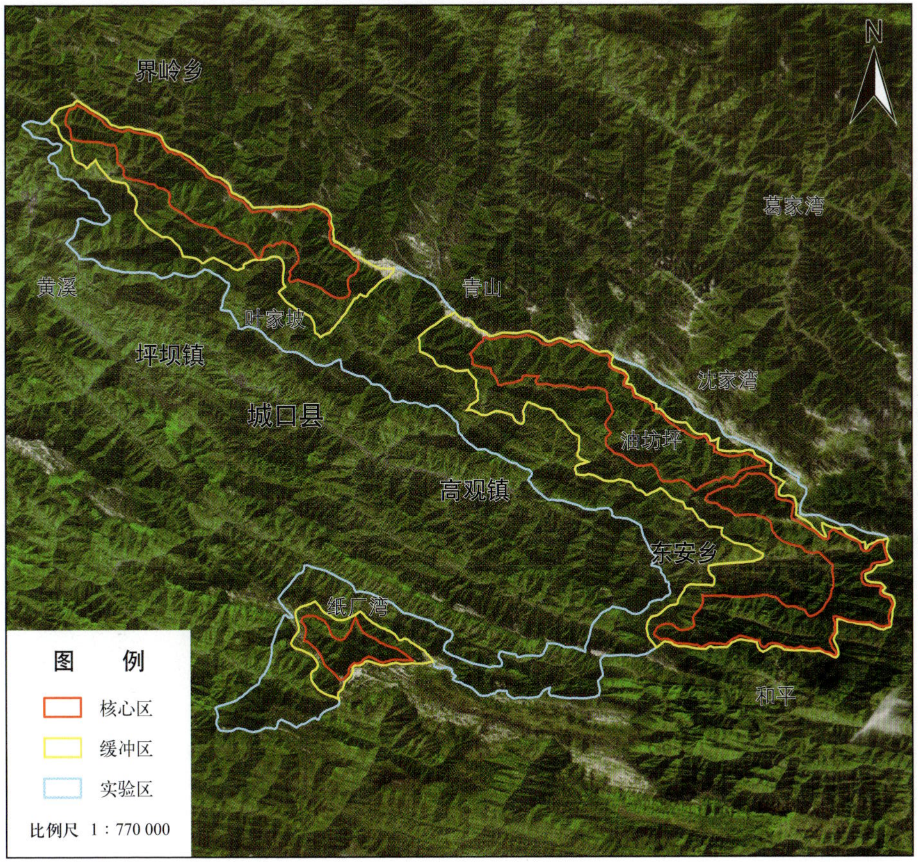
N
界岭乡
葛家湾
黄溪
青山
叶家坡
坪坝镇
沱家湾
城口县
油坊坪
高观镇
东安乡
纸厂湾
和平
图　例
核心区
缓冲区
实验区
比例尺　1：770 000

影像获取时间：2010 年

大巴山国家级自然保护区生态系统类型图

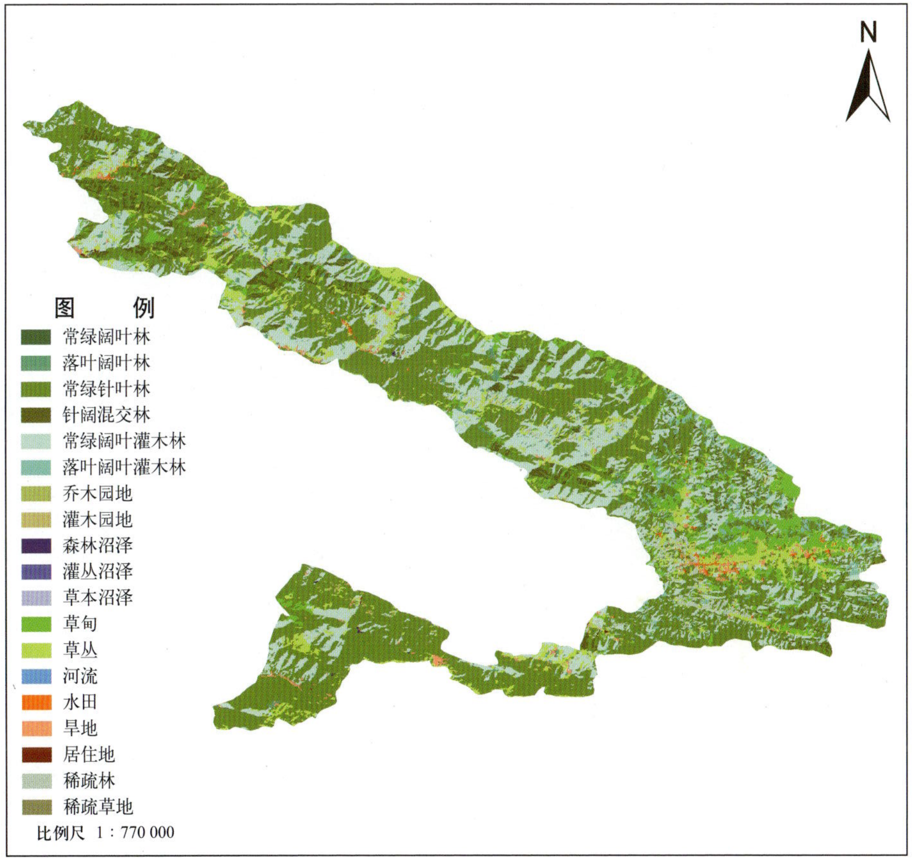
N
图　例
常绿阔叶林
落叶阔叶林
常绿针叶林
针阔混交林
常绿阔叶灌木林
落叶阔叶灌木林
乔木园地
灌木园地
森林沼泽
灌丛沼泽
草本沼泽
草甸
草丛
河流
水田
旱地
居住地
稀疏林
稀疏草地
比例尺　1：770 000

解译参考影像时间：2010 年

大巴山
国家级自然保护区
重庆

大巴山国家级自然保护区位于重庆市城口县境内，总面积 136 017 公顷，建于 1979 年，2003 年晋升为国家级，主要保护对象为森林生态系统及崖柏等珍稀野生植物，属于森林生态系统类型自然保护区。该保护区内不仅有珍贵的植物活化石崖柏、众多的野生特有动植物资源和保持完好的原始植被，还有类型多样的自然景观，这些都有很高的科学意义和保护价值。

雪宝山国家级自然保护区

雪宝山国家级自然保护区遥感影像图

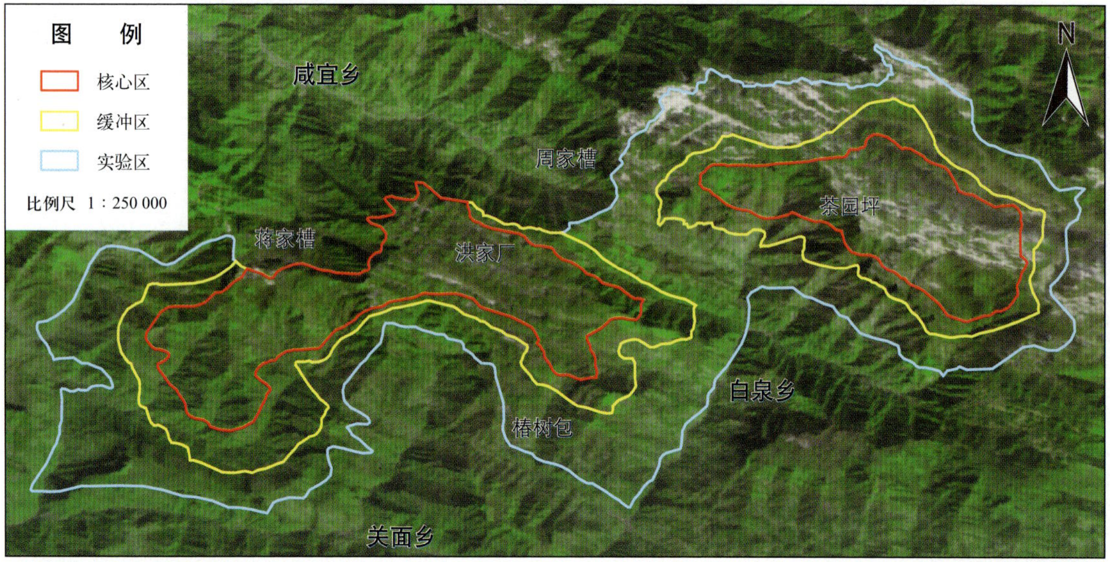
图 例
核心区
缓冲区
实验区
比例尺 1：250 000
咸宜乡
周家槽
蒋家槽
洪家厂
茶园坪
白泉乡
椿树包
关面乡
N

影像获取时间：2010 年

雪宝山国家级自然保护区生态系统类型图

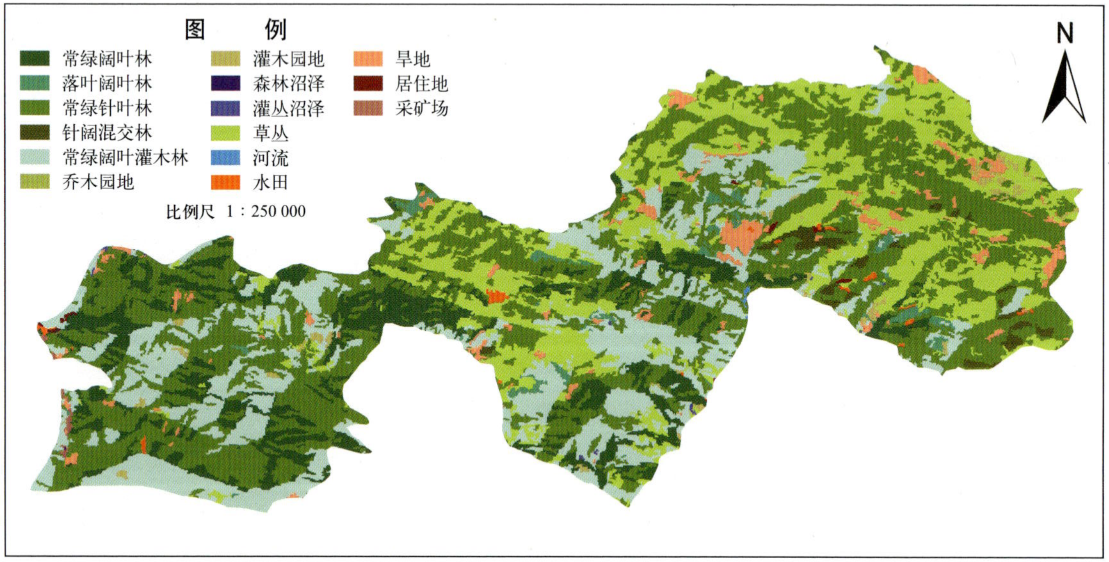
图 例
常绿阔叶林
落叶阔叶林
常绿针叶林
针阔混交林
常绿阔叶灌木林
乔木园地
灌木园地
森林沼泽
灌丛沼泽
草丛
河流
水田
旱地
居住地
采矿场
比例尺 1：250 000
N

解译参考影像时间：2010 年

雪宝山
国家级自然保护区
重庆

雪宝山国家级自然保护区位于重庆市开县境内，总面积 23 452 公顷，建于 2000 年，2011 年晋升为国家级，主要保护对象为森林及珍稀动植物，属于森林生态系统类型自然保护区。该保护区内野生动物资源极为丰富，是华中区西部山地高原亚区的一个保育很好的陆生野生动物天然基因库，是目前三峡库区具有蹄类动物和食肉类动物最多、最全的一个区域。

阴条岭国家级自然保护区遥感影像图

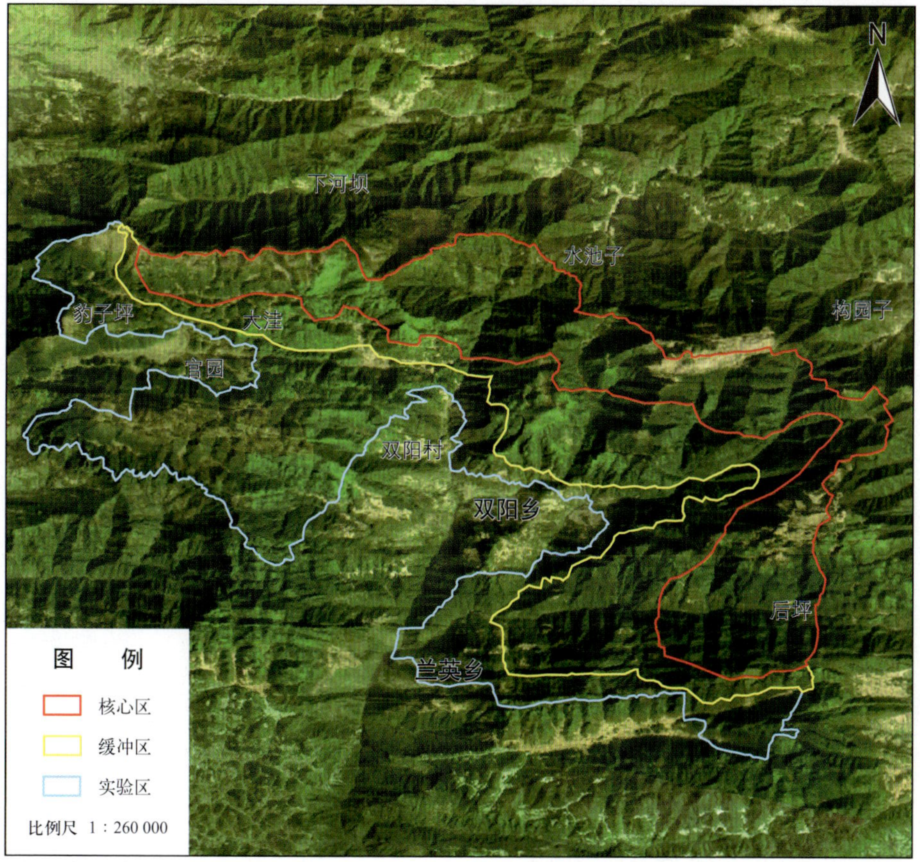
N
下河坝
水池子
枸园子
豹子坪
大洼
官园
双阳村
双阳乡
后坪
兰英乡
图 例
核心区
缓冲区
实验区
比例尺 1 : 260 000

影像获取时间：2010 年

阴条岭国家级自然保护区生态系统类型图

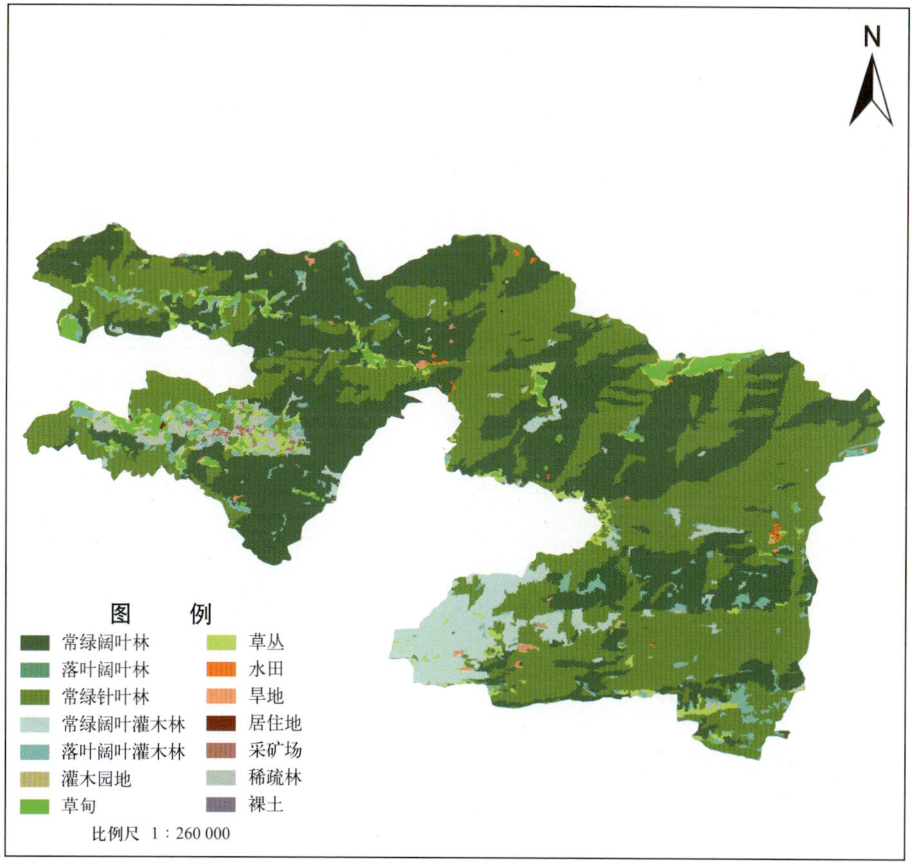
N
图 例
常绿阔叶林
落叶阔叶林
常绿针叶林
常绿阔叶灌木林
落叶阔叶灌木林
灌木园地
草甸
草丛
水田
旱地
居住地
采矿场
稀疏林
裸土
比例尺 1 : 260 000

解译参考影像时间：2010 年

阴条岭
国家级自然保护区
重庆

阴条岭国家级自然保护区位于重庆市巫溪县境内，总面积 22 423 公顷，建于 2000 年，2012 年晋升为国家级，主要保护对象为珙桐等珍稀植物，属于野生植物类型自然保护区。该保护区内植物种类达 1 500 多种，有多种具有代表性的生态系统，且含有大量珍稀濒危物种，常见的有银杏、珙桐、腊梅、崖柏和红豆杉等国家一级保护植物 15 种，被誉为“天然物种基因库”。

长江上游珍稀、特有鱼类国家级自然保护区

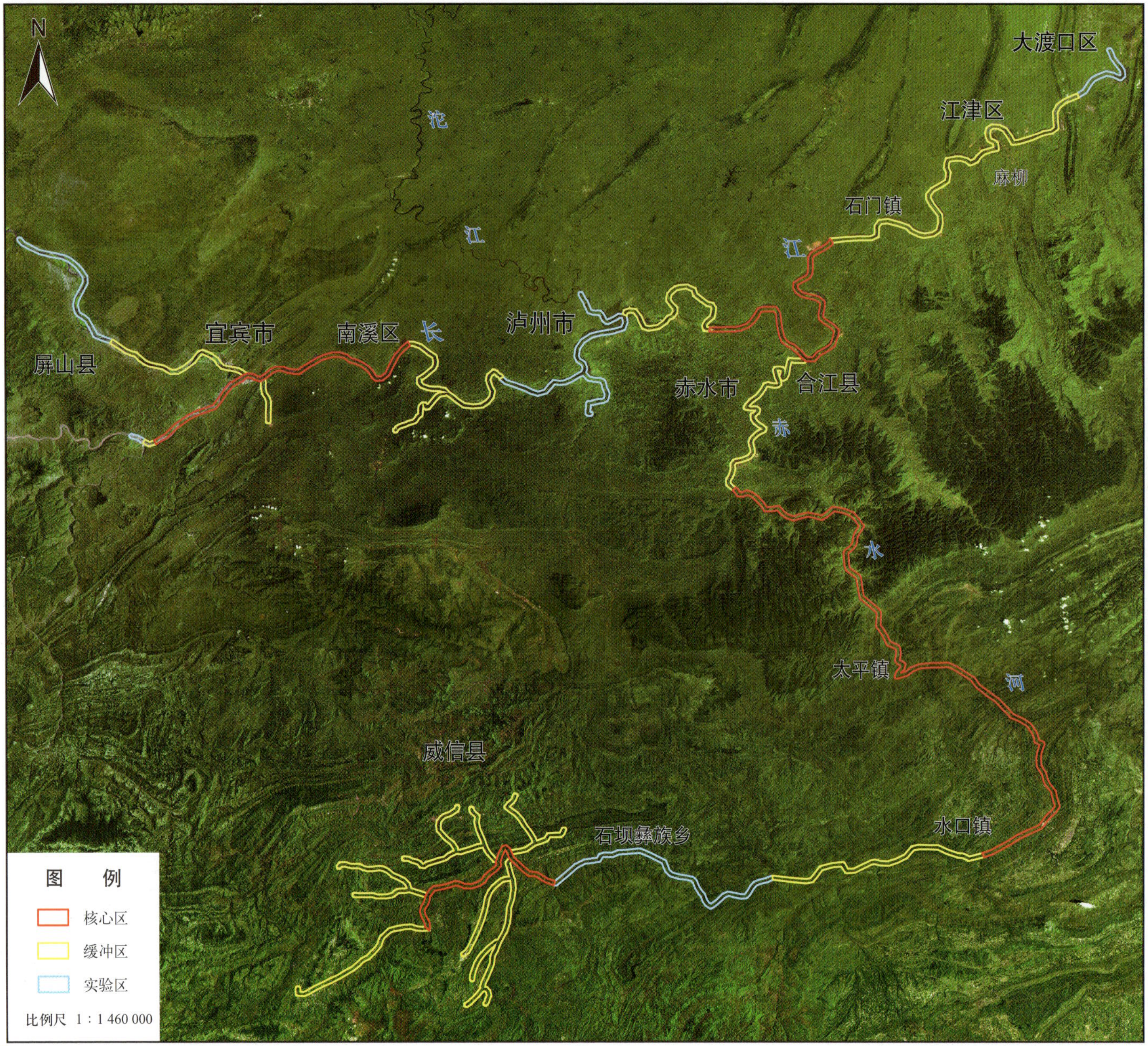
N
大渡口区
江津区
麻柳
石门镇
沱
江
江
宜宾市
南溪区
长
泸州市
屏山县
赤水市
合江县
赤
水
太平镇
河
威信县
石坝彝族乡
水口镇
图 例
核心区
缓冲区
实验区
比例尺 1：1 460 000

影像获取时间：2010 年

长江上游珍稀、特有鱼类国家级自然保护区遥感影像图

成都
长江上游珍稀、特有鱼类国家级自然保护区

长江上游珍稀、特有鱼类国家级自然保护区位于四川省、贵州省、云南省、重庆市境内，总面积33 174公顷，建于1997年，2000年晋升为国家级，主要保护对象为珍稀鱼类及河流生态系统，属于野生动物类型自然保护区。该保护区保护了长江上游鱼类种群多样性和长江上游自然生态环境，合理持续利用了渔业资源，及时拯救了长江上游濒危鱼类。

龙溪—虹口国家级自然保护区遥感影像图

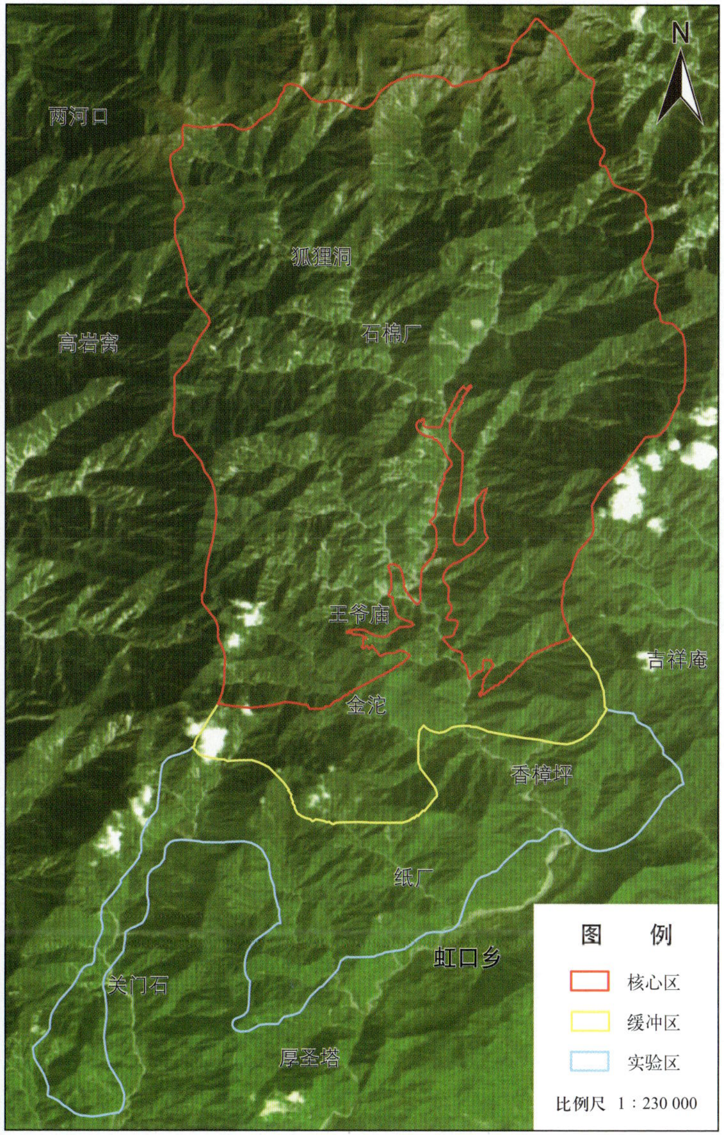
N
两河口
狐狸洞
高岩窝
石棉厂
王爷庙
吉祥庵
金沱
香樟坪
纸厂
虹口乡
关门石
厚圣塔
图 例
核心区
缓冲区
实验区
比例尺 1：230 000

影像获取时间：2010 年

龙溪—虹口国家级自然保护区生态系统类型图

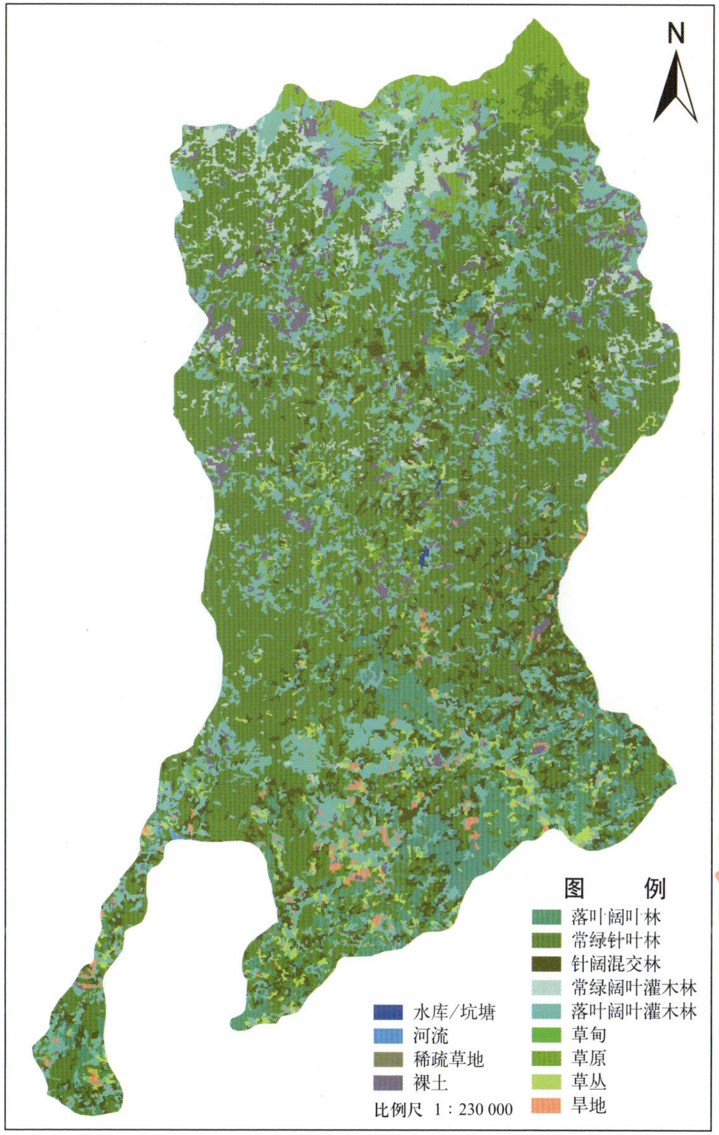
N
图 例
落叶阔叶林
常绿针叶林
针阔混交林
常绿阔叶灌木林
落叶阔叶灌木林
草甸
草原
草丛
旱地
水库/坑塘
河流
稀疏草地
裸土
比例尺 1：230 000

解译参考影像时间：2011 年

龙溪—虹口国家级自然保护区位于四川省都江堰市境内，总面积 31 000 公顷，建于 1993 年，1997 年晋升为国家级，主要保护对象为亚热带山地森林生态系统、大熊猫、珙桐等珍稀动植物，属于森林生态系统类型自然保护区。该保护区的建立不仅在生物多样性的保护方面具有非常重要的意义，同时对于开展国际交流、科学研究、生态与环境保护教育和开展生态旅游等都具有独特的优势和意义。

龙溪—虹口
国家级自然保护区
成都

白水河国家级自然保护区

白水河国家级自然保护区遥感影像图

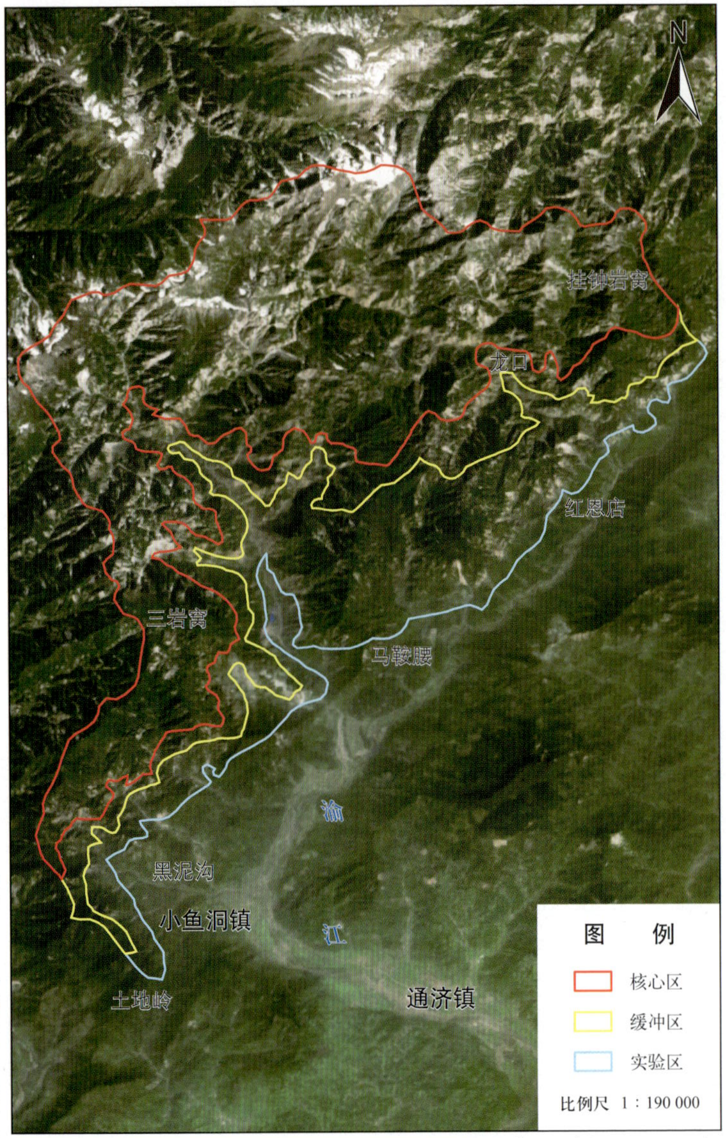
N
挂钟岩窝
龙口
红恩店
三岩窝
马鞍腰
渝
黑泥沟
小鱼洞镇
江
土地岭
通济镇
图 例
核心区
缓冲区
实验区
比例尺 1 : 190 000

影像获取时间：2010 年

白水河国家级自然保护区生态系统类型图

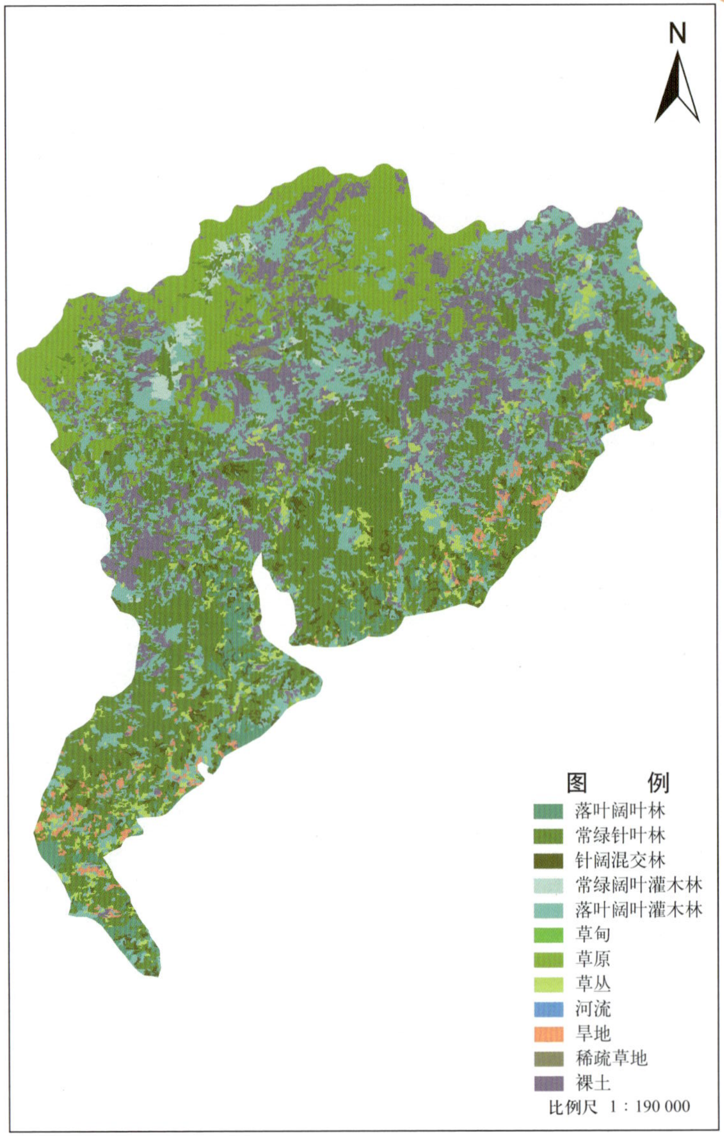
N
图 例
落叶阔叶林
常绿针叶林
针阔混交林
常绿阔叶灌木林
落叶阔叶灌木林
草甸
草原
草丛
河流
旱地
稀疏草地
裸土
比例尺 1 : 190 000

解译参考影像时间：2011 年

白水河
国家级自然保护区
成都

白水河国家级自然保护区位于四川省彭州市境内，总面积 30 150 公顷，建于 1996 年，2002 年晋升为国家级，主要保护对象为森林生态系统、大熊猫和金丝猴等珍稀野生动植物，属于森林生态系统类型自然保护区。该保护区是长江重要支流沱江的发源地之一，在涵养水源、保持水土、保护生物多样性、维护生态平衡、促进成都平原及中下游地区生态安全等方面具有极其重要的意义。

攀枝花苏铁国家级自然保护区遥感影像图

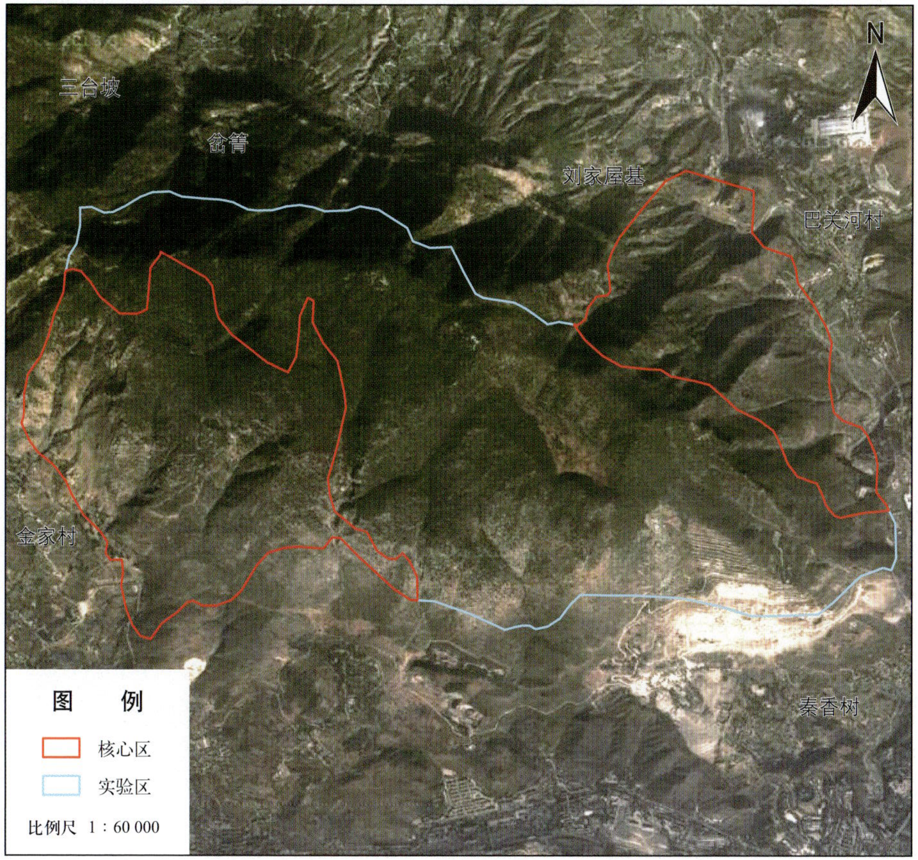
N
三台坡
岔箐
刘家屋基
巴关河村
金家村
秦香树
图 例
核心区
实验区
比例尺 1∶60 000

影像获取时间：2010 年

攀枝花苏铁国家级自然保护区生态系统类型图

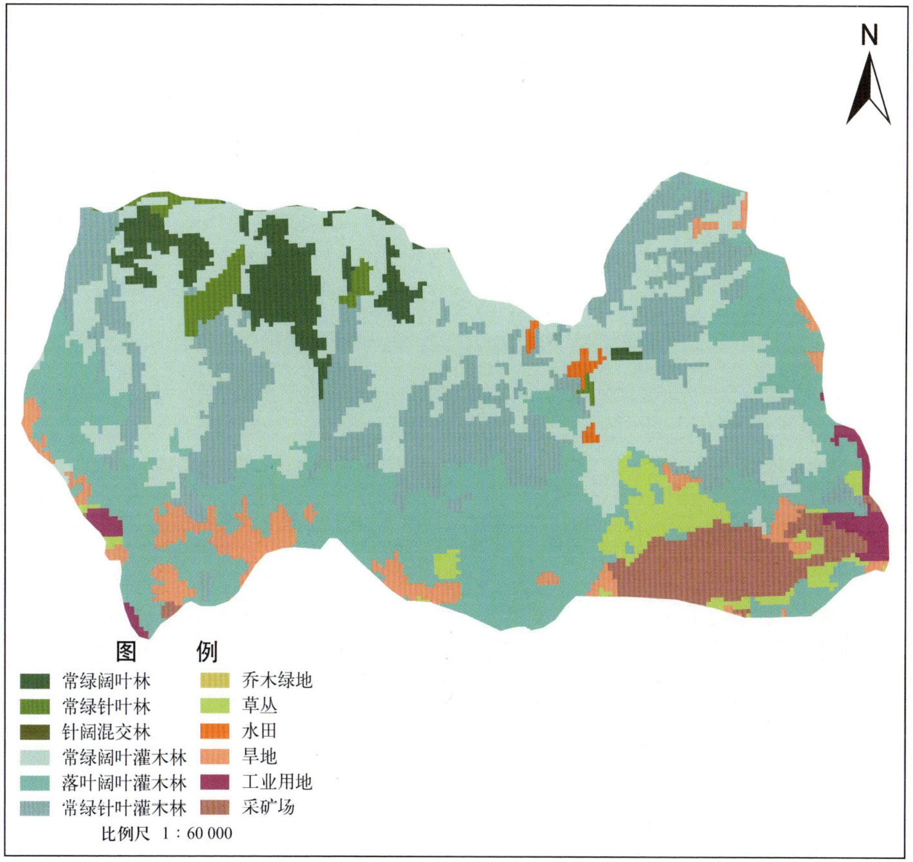
N
图 例
常绿阔叶林
常绿针叶林
针阔混交林
常绿阔叶灌木林
落叶阔叶灌木林
常绿针叶灌木林
乔木绿地
草丛
水田
旱地
工业用地
采矿场
比例尺 1∶60 000

解译参考影像时间：2011 年

成都
攀枝花苏铁
国家级自然保护区

攀枝花苏铁国家级自然保护区位于四川省攀枝花市西区，总面积 1 400 公顷，建于 1983 年，1996 年晋升为国家级，主要保护对象为攀枝花苏铁等珍稀濒危动植物及其生境，属于野生植物类型的自然保护区。该保护区是我国乃至亚洲天然苏铁林分布纬度最北、面积最大、最集中、株数最多的地区，也是中国苏铁类植物唯一的国家级自然保护区。

画稿溪国家级自然保护区

成都
画稿溪
国家级自然保护区

画稿溪国家级自然保护区位于四川省泸州市叙永县境内，总面积23 827公顷，建于1998年，2003年晋升为国家级，主要保护对象为桫椤等珍稀植物及地质遗迹，属于野生植物类型自然保护区。该保护区境内有迄今为止国内发现的分布最集中、种群量最大、单株植株最高、保护最好的国家一级保护植物桫椤树，这里保存的大面积亚热带原始常绿阔叶林是北半球重要的生物物种基因库，对研究亚热带物种起源和演化具有重要的科学价值。

画稿溪国家级自然保护区遥感影像图

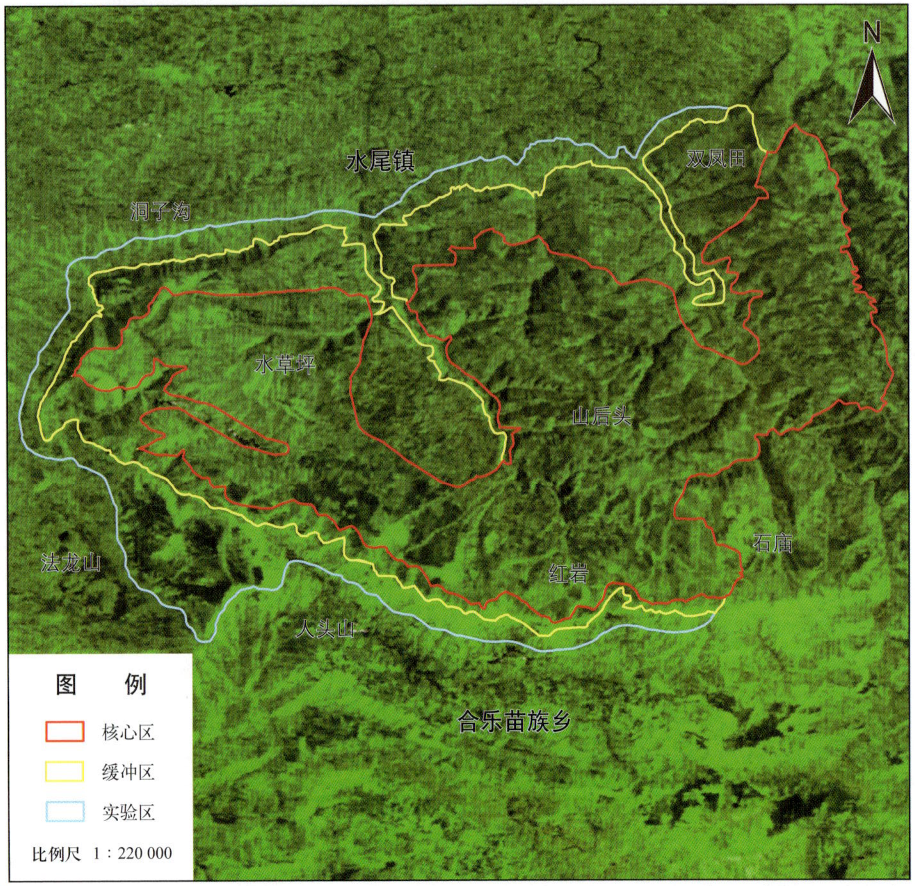
N
水尾镇
双凤田
洞子沟
水草坪
山后头
石庙
法龙山
红岩
大头山
合乐苗族乡
图 例
核心区
缓冲区
实验区
比例尺 1：220 000

影像获取时间：2010 年

画稿溪国家级自然保护区生态系统类型图

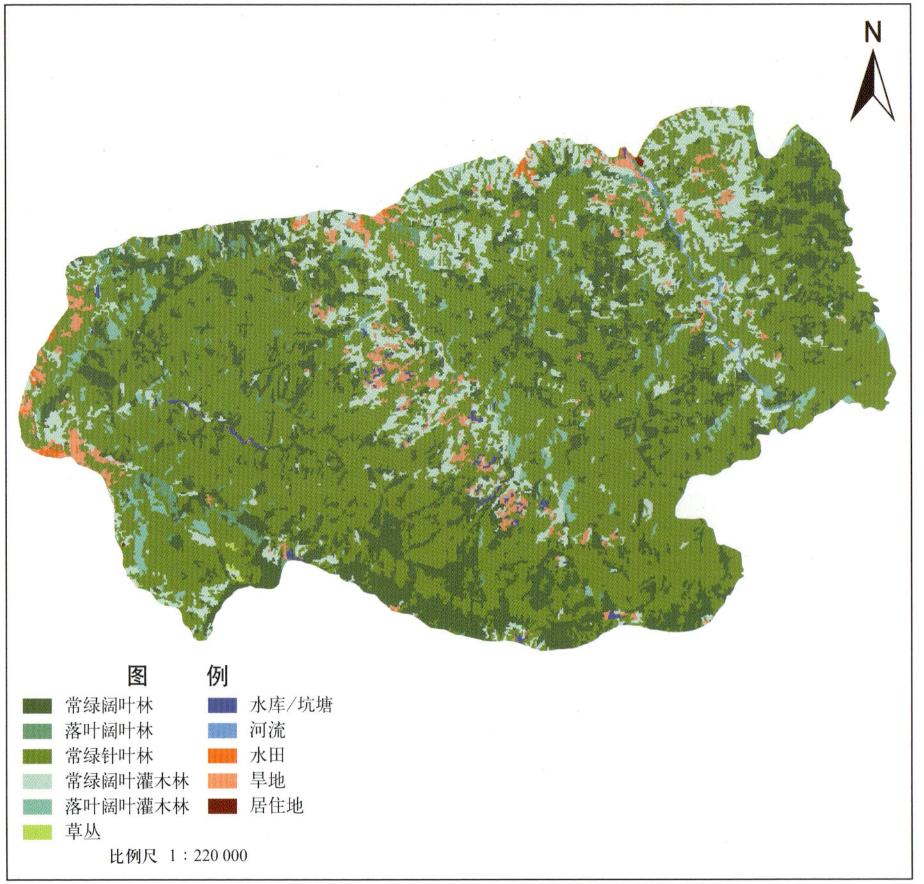
N
图 例
常绿阔叶林
落叶阔叶林
常绿针叶林
常绿阔叶灌木林
落叶阔叶灌木林
草丛
水库/坑塘
河流
水田
旱地
居住地
比例尺 1：220 000

解译参考影像时间：2011 年

王朗国家级自然保护区遥感影像图

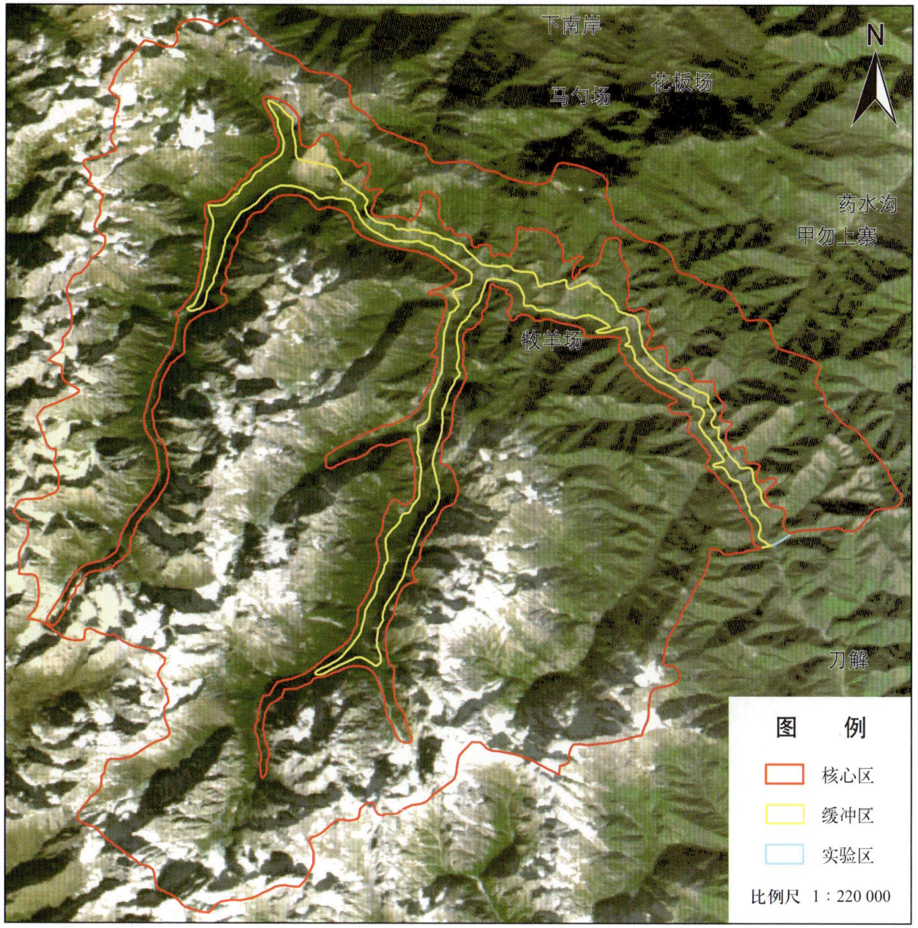
下南岸
马勺场
花板场
药水沟
甲勿上寨
牧羊场
刀解
N
图 例
核心区
缓冲区
实验区
比例尺 1：220 000

影像获取时间：2010 年

王朗国家级自然保护区生态系统类型图

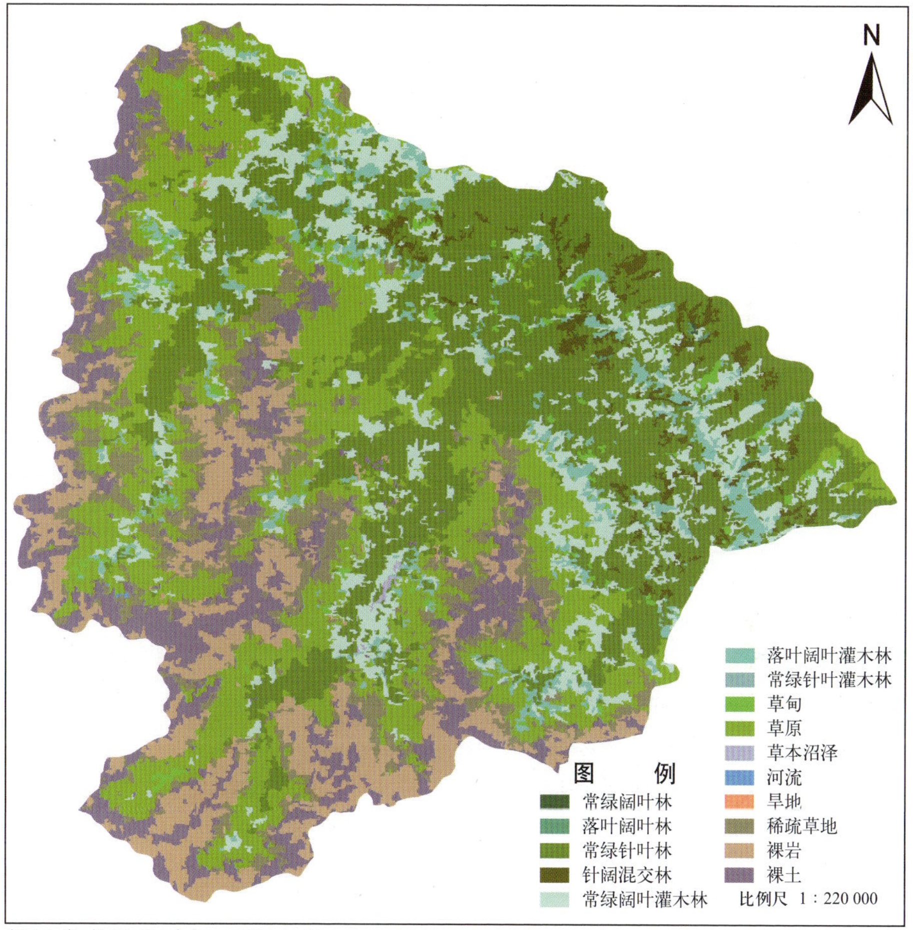
N
图 例
常绿阔叶林
落叶阔叶林
常绿针叶林
针阔混交林
常绿阔叶灌木林
落叶阔叶灌木林
常绿针叶灌木林
草甸
草原
草本沼泽
河流
旱地
稀疏草地
裸岩
裸土
比例尺 1：220 000

解译参考影像时间：2010 年

王朗
国家级自然保护区
成都

王朗国家级自然保护区位于四川省绵阳市平武县境内，总面积 32 297 公顷，建于 1963 年，2002 年晋升为国家级，主要保护对象为大熊猫、金丝猴等珍稀动物及森林生态系统，属于野生动物类型的自然保护区。该保护区地处全球生物多样性核心地区之一的喜马拉雅—横断山区，保存了完整的自然生态系统，其原始性、多样性、稀有性、代表性名扬中外。

雪宝顶国家级自然保护区

雪宝顶国家级自然保护区位于四川省绵阳市平武县境内，总面积63 615公顷，建于1993年，2006年晋升为国家级，主要保护对象为大熊猫、川金丝猴、扭角羚及其生境，属于野生动物类型自然保护区。该保护区被列入“中国生物多样性保护行动计划”中应优先保护的森林生态系统保护区，在“中国生物多样性保护综述”中被列为“A”级，为具有全球意义的保护区。

雪宝顶
国家级自然保护区
成都

雪宝顶国家级自然保护区遥感影像图

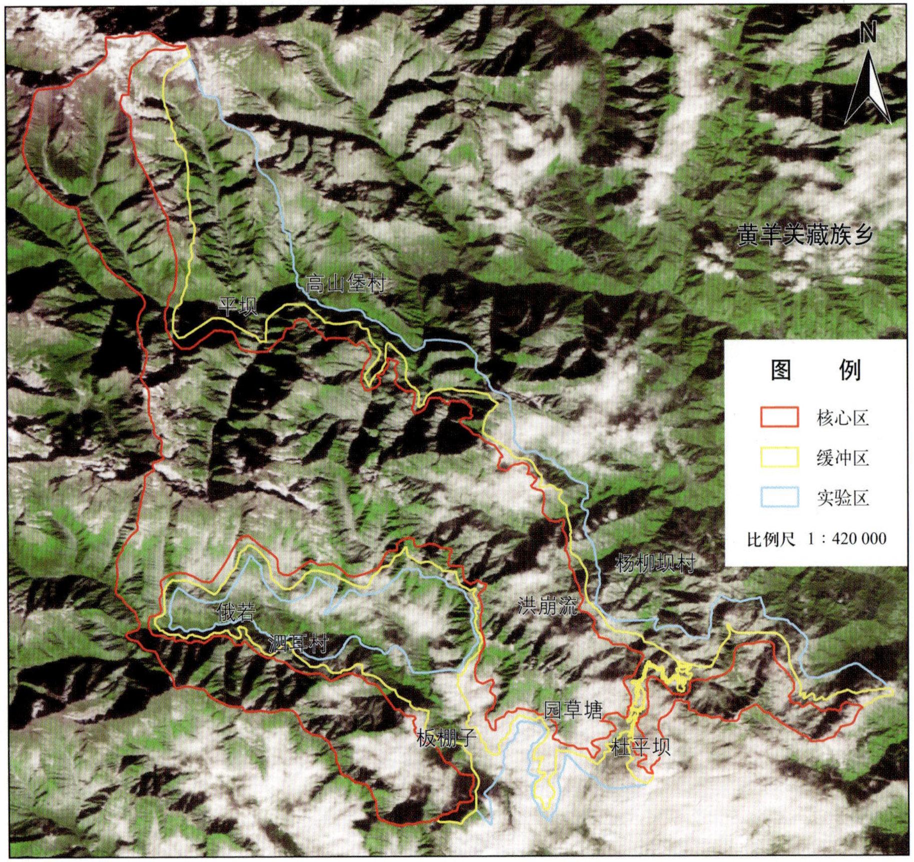
N
黄羊关藏族乡
高山堡村
平坝
杨机坝村
洪崩流
俄若
泗耳村
园草塘
板棚子
桂平坝
图例
核心区
缓冲区
实验区
比例尺 1 : 420 000

影像获取时间：2010年

雪宝顶国家级自然保护区生态系统类型图

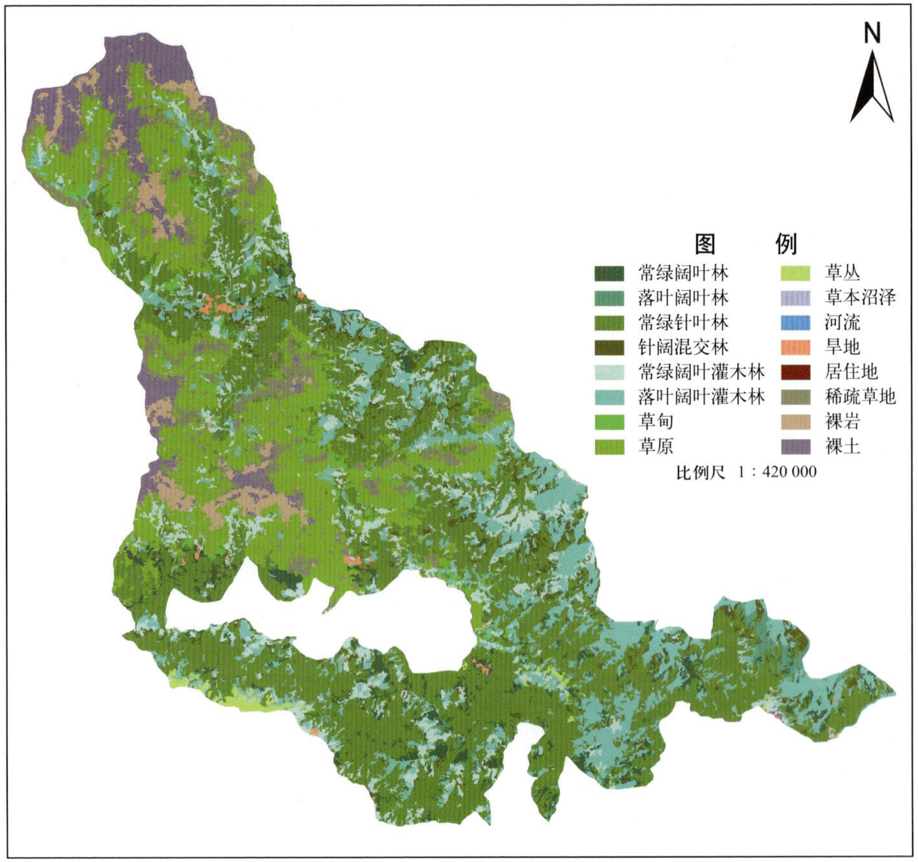
N
图例
常绿阔叶林
落叶阔叶林
常绿针叶林
针阔混交林
常绿阔叶灌木林
落叶阔叶灌木林
草甸
草原
草丛
草本沼泽
河流
旱地
居住地
稀疏草地
裸岩
裸土
比例尺 1 : 420 000

解译参考影像时间：2011年

米仓山国家级自然保护区遥感影像图

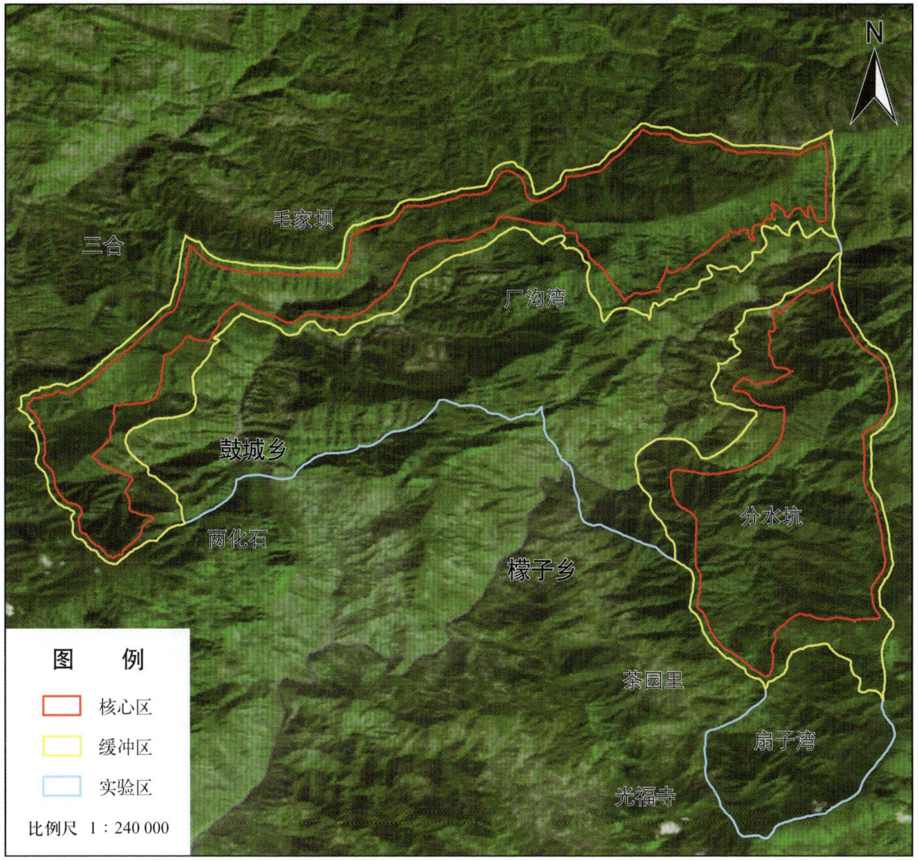
三合
毛家坝
厂沟湾
鼓城乡
两化石
檬子乡
分水坑
茶园里
扇子湾
光福寺
图 例
核心区
缓冲区
实验区
比例尺 1：240 000
N

影像获取时间：2010 年

米仓山国家级自然保护区生态系统类型图

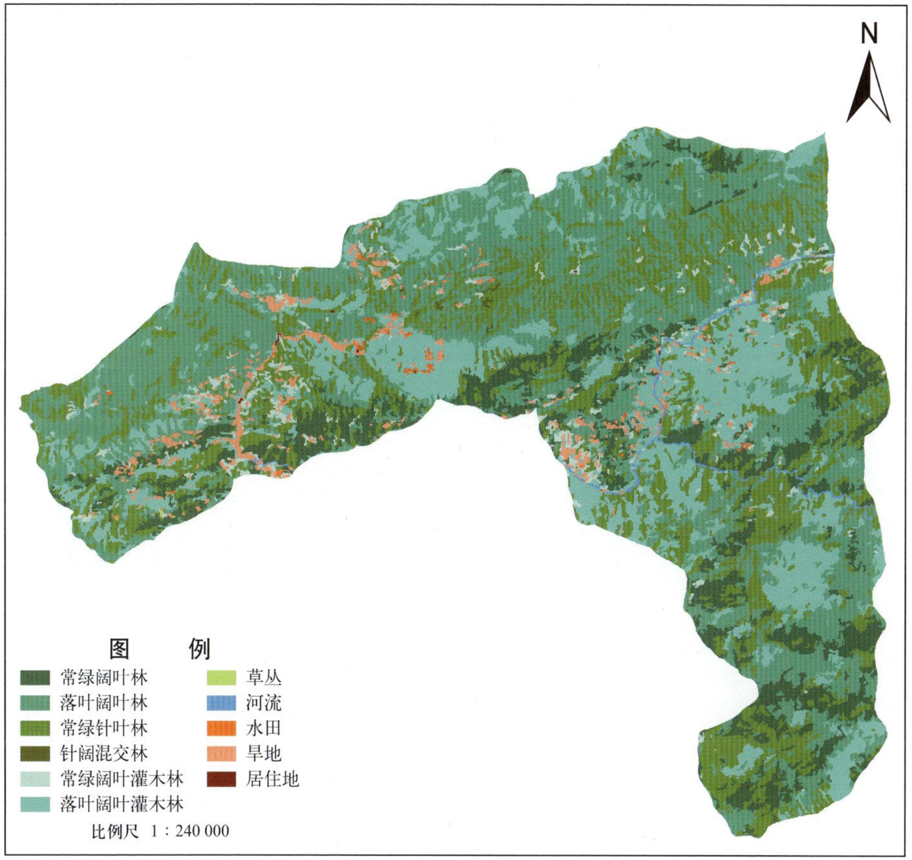
N
图 例
常绿阔叶林
落叶阔叶林
常绿针叶林
针阔混交林
常绿阔叶灌木林
落叶阔叶灌木林
草丛
河流
水田
旱地
居住地
比例尺 1：240 000

解译参考影像时间：2010 年

米仓山
国家级自然保护区
成都

米仓山国家级自然保护区位于四川省广元市旺苍县境内，总面积 23 400 公顷，建于 1997 年，2006 年晋升为国家级，主要保护对象为森林及野生动物，属于森林生态系统类型自然保护区。该保护区内独特的地形地貌、优越的自然生境条件、大面积保存完好的原始森林，为野生动物提供了良好的栖息环境，孕育了丰富的野生动物资源。

唐家河国家级自然保护区

唐家河
国家级自然保护区
成都

唐家河国家级自然保护区位于四川省广元市青川县境内，总面积 40 000 公顷，建于 1978 年，1986 年晋升为国家级，主要保护对象为大熊猫等珍稀野生动物及森林生态系统，属于野生动物类型自然保护区。该保护区是岷山山系大熊猫主要栖息地的重要组成部分，被世界自然基金会划定为 A 级自然保护区，也是全球生物多样性保护的热点地区之一，被誉为“天然基因库”、“生命家园”和岷山山系的“绿色明珠”。

唐家河国家级自然保护区遥感影像图

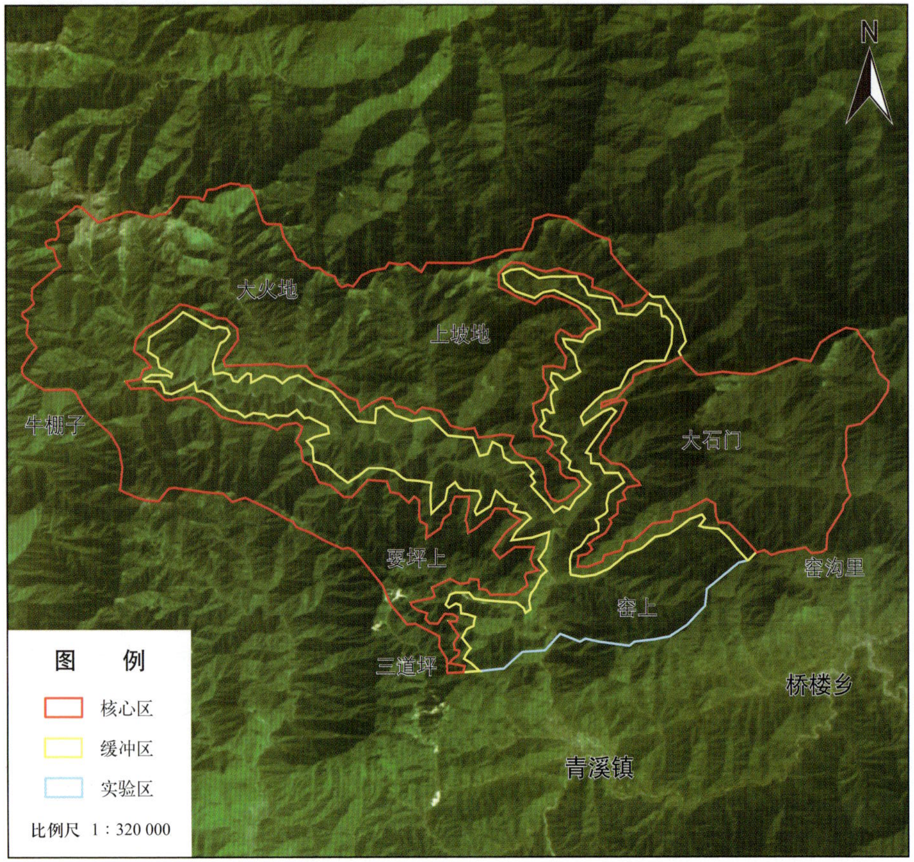
N
大火地
上坡地
牛棚子
大石门
耍坪上
窖沟里
窖上
三道坪
桥楼乡
青溪镇
图 例
核心区
缓冲区
实验区
比例尺 1：320 000

影像获取时间：2010 年

唐家河国家级自然保护区生态系统类型图

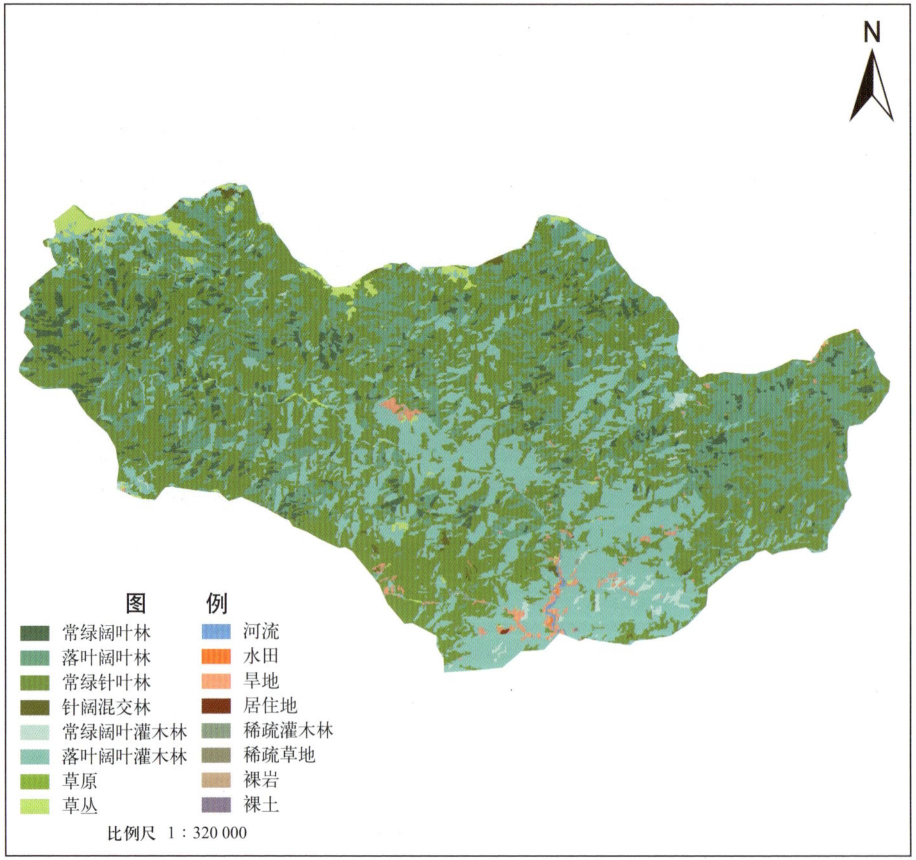
N
图 例
常绿阔叶林
落叶阔叶林
常绿针叶林
针阔混交林
常绿阔叶灌木林
落叶阔叶灌木林
草原
草丛
河流
水田
旱地
居住地
稀疏灌木林
稀疏草地
裸岩
裸土
比例尺 1：320 000

解译参考影像时间：2011 年

黑竹沟国家级自然保护区遥感影像图

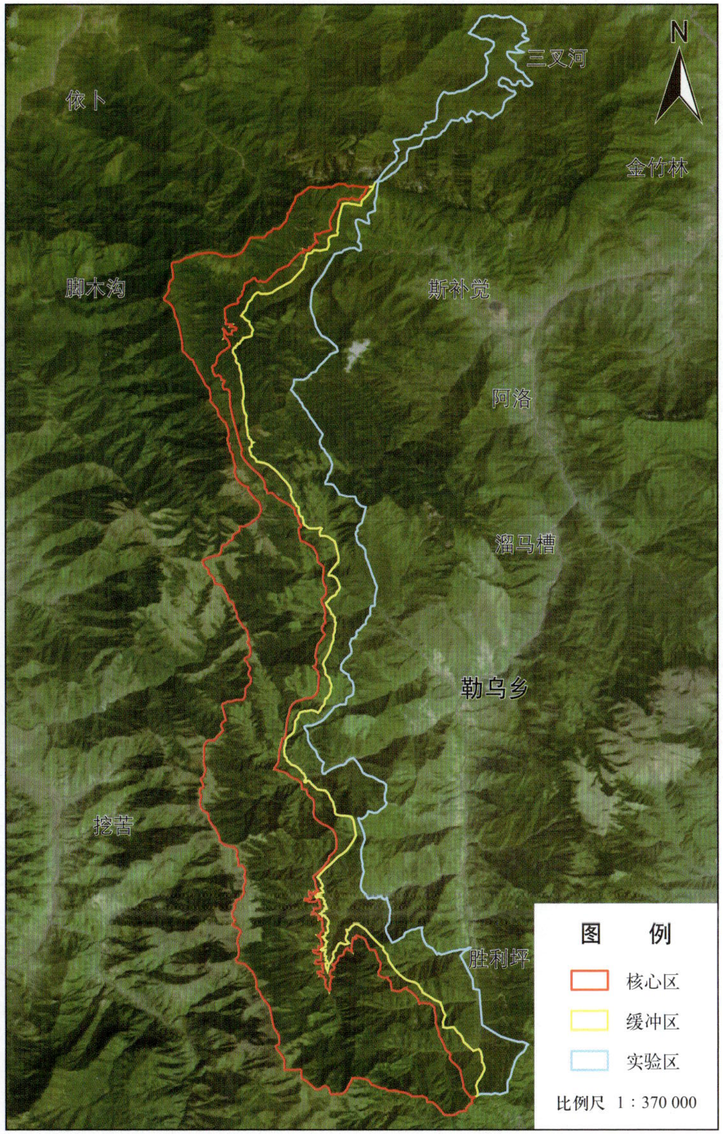
N
三叉河
依卜
金竹林
脚木沟
斯补觉
阿洛
溜马槽
勒乌乡
挖苦
胜利坪
图 例
核心区
缓冲区
实验区
比例尺 1：370 000

影像获取时间：2010 年

黑竹沟国家级自然保护区生态系统类型图

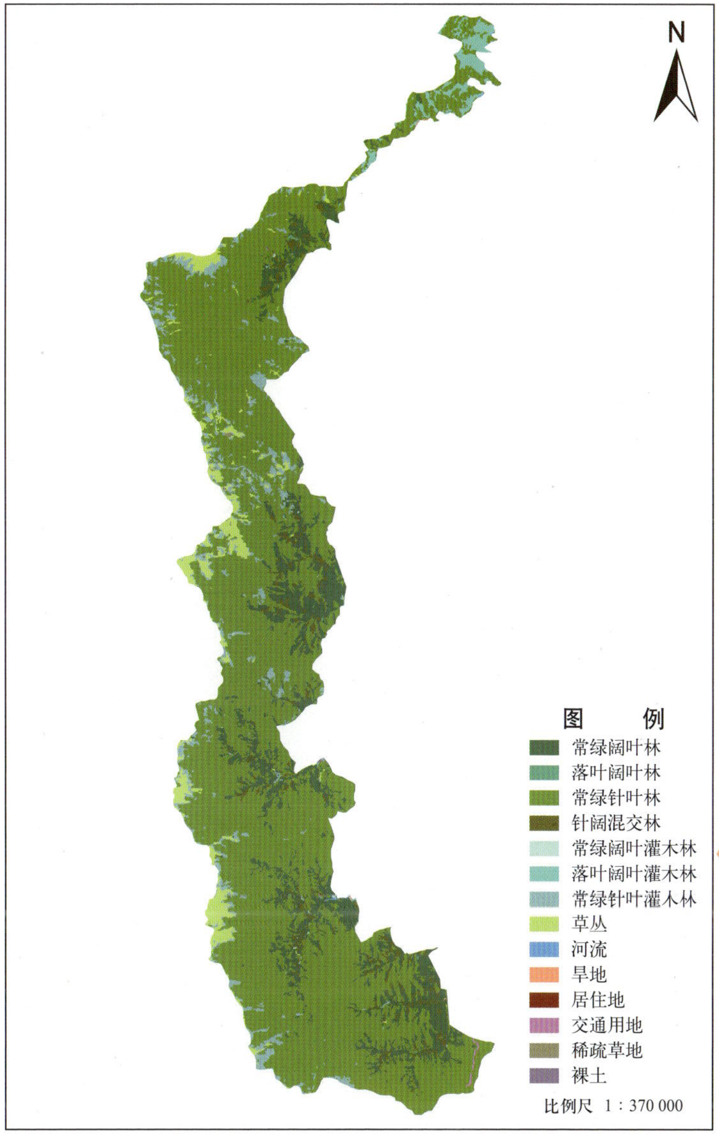
N
图 例
常绿阔叶林
落叶阔叶林
常绿针叶林
针阔混交林
常绿阔叶灌木林
落叶阔叶灌木林
常绿针叶灌木林
草丛
河流
旱地
居住地
交通用地
稀疏草地
裸土
比例尺 1：370 000

解译参考影像时间：2010 年

黑竹沟国家级自然保护区位于四川省乐山市峨边彝族自治县境内，总面积 29 643 公顷，建于 1997 年，2012 年晋升为国家级，主要保护对象为水源涵养林，属于森林生态系统类型自然保护区。该保护区内自然生态系统独特且基本保存完好，野生动植物资源丰富，对区域生态安全和水安全具有重要意义。

成都
黑竹沟
国家级自然保护区

马边大风顶国家级自然保护区

马边大风顶国家级自然保护区遥感影像图

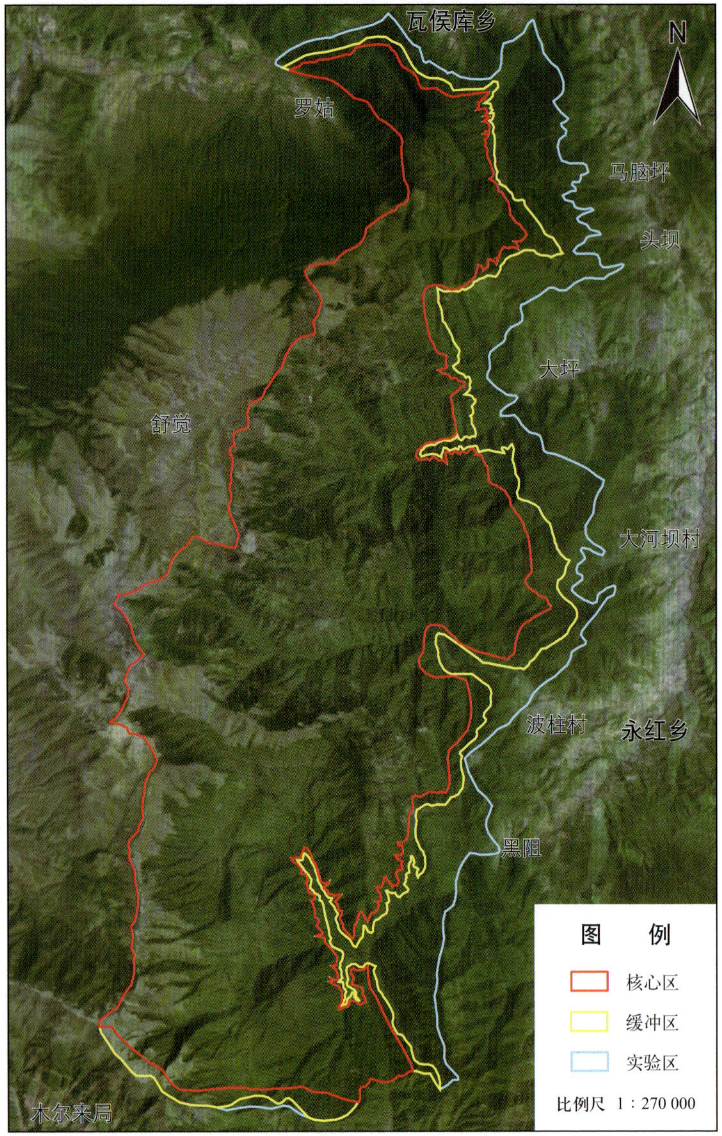
瓦侯库乡
N
罗姑
马脑坪
头坝
大坪
舒觉
大河坝村
波柱村
永红乡
黑阻
木尔来局
图 例
核心区
缓冲区
实验区
比例尺 1：270 000

影像获取时间：2010 年

马边大风顶国家级自然保护区生态系统类型图

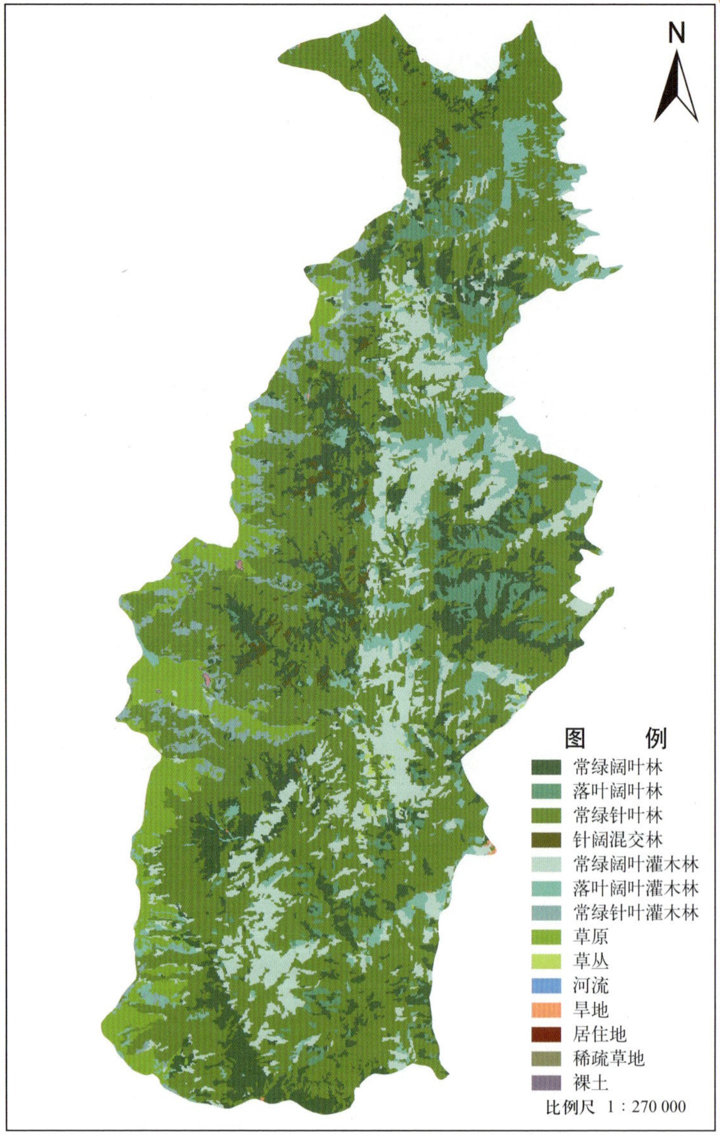
N
图 例
常绿阔叶林
落叶阔叶林
常绿针叶林
针阔混交林
常绿阔叶灌木林
落叶阔叶灌木林
常绿针叶灌木林
草原
草丛
河流
旱地
居住地
稀疏草地
裸土
比例尺 1：270 000

解译参考影像时间：2011 年

成都
马边大风顶
国家级自然保护区

马边大风顶国家级自然保护区位于四川省乐山市马边彝族自治县境内，总面积30 164公顷，建于1978年，1994年晋升为国家级，主要保护对象为大熊猫等珍稀野生动物及森林生态系统。该保护区是集物种与生态保护、水源涵养、科普宣传、科学研究、对外交流与合作、生态旅游、持续利用等多功能于一体的综合性国家级自然保护区，具有极高的保护价值和科学研究价值。

长宁竹海国家级自然保护区遥感影像图

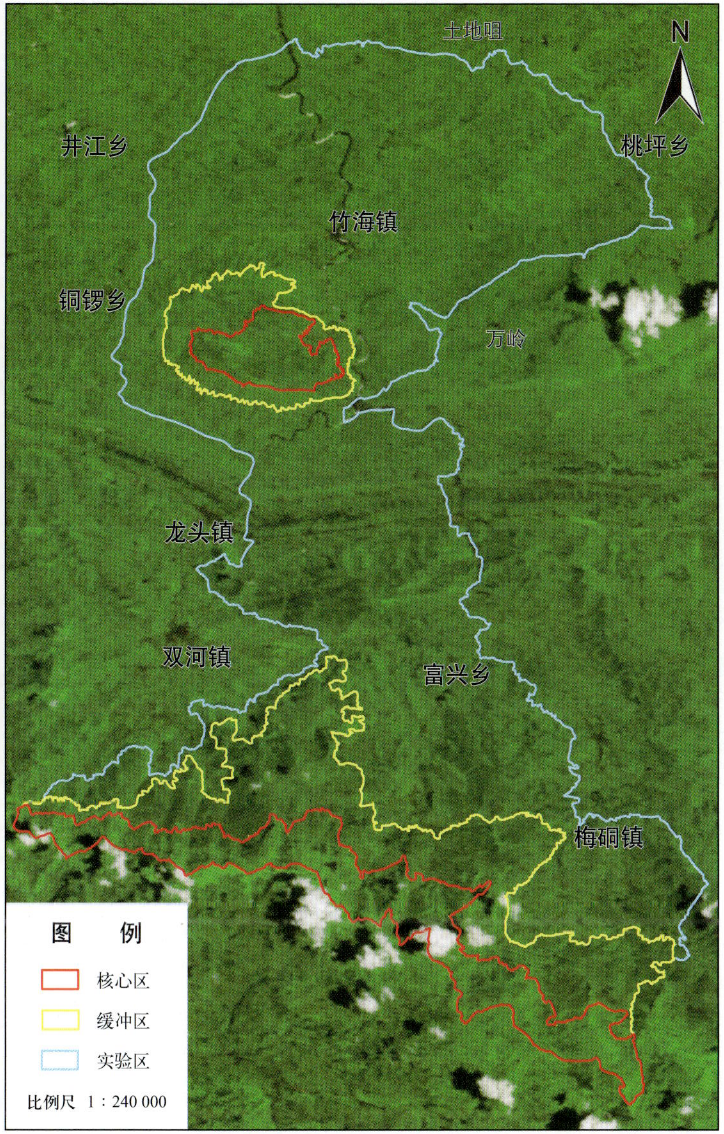
土地咀
N
井江乡
桃坪乡
竹海镇
铜锣乡
万岭
龙头镇
双河镇
富兴乡
梅硐镇
图　例
核心区
缓冲区
实验区
比例尺　1：240 000

影像获取时间：2010 年

长宁竹海国家级自然保护区生态系统类型图

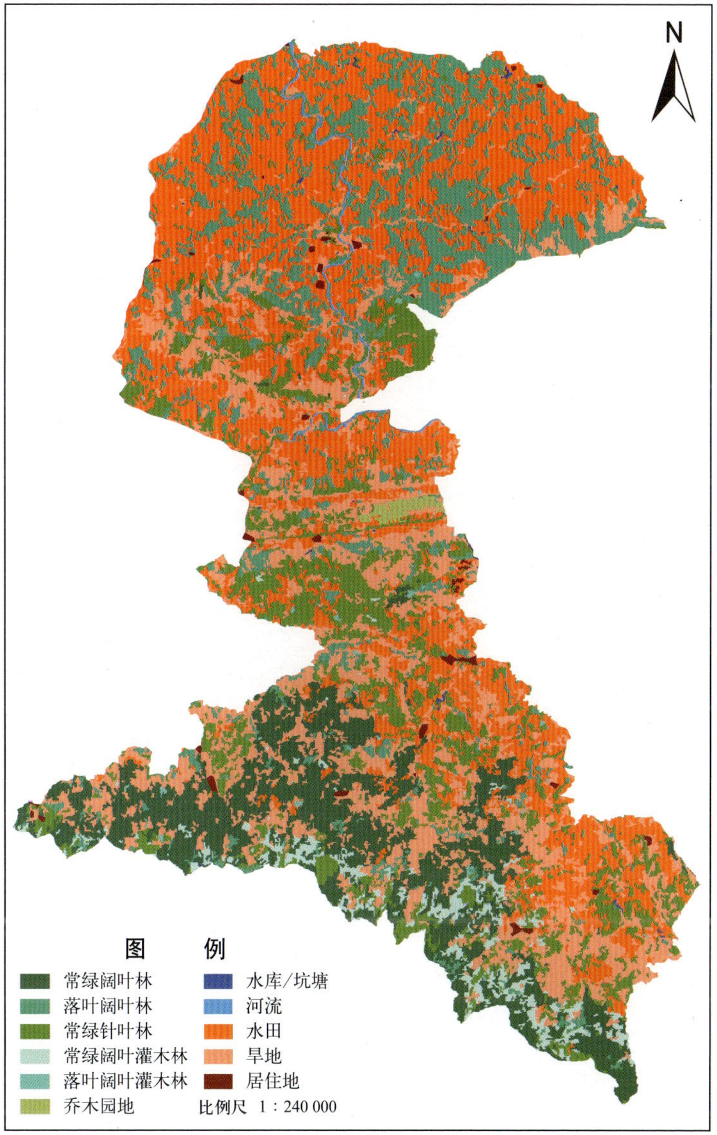
N
图　例
常绿阔叶林
落叶阔叶林
常绿针叶林
常绿阔叶灌木林
落叶阔叶灌木林
乔木园地
水库/坑塘
河流
水田
旱地
居住地
比例尺　1：240 000

解译参考影像时间：2011 年

长宁竹海国家级自然保护区位于四川省宜宾市长宁县境内，总面积28 719公顷，建于1996年，2003年晋升为国家级，主要保护对象为竹类生态系统，属于森林生态系统类型自然保护区。该保护区内分布有高等植物1 345种，脊椎动物369种，陆生无脊椎动物260多种，水生生物240多种，其中有云豹、金雕等国家一、二级保护动物32种，桫椤、红豆等国家重点保护植物20多种，是同时具有生物物种多样性和地质地貌多样性的自然保护区。

成都
长宁竹海
国家级自然保护区

老君山国家级自然保护区

成都
老君山
国家级自然保护区

老君山国家级自然保护区位于四川省宜宾市屏山县境内，总面积 3 500 公顷，建于 2000 年，2011 年晋升为国家级，主要保护对象为四川山鹧鸪及森林生态系统，属于野生动物类型自然保护区。该保护区是我国第一个以国家一级重点保护野生动物四川山鹧鸪等雉科鸟类为主要保护对象的自然保护区。

老君山国家级自然保护区遥感影像图

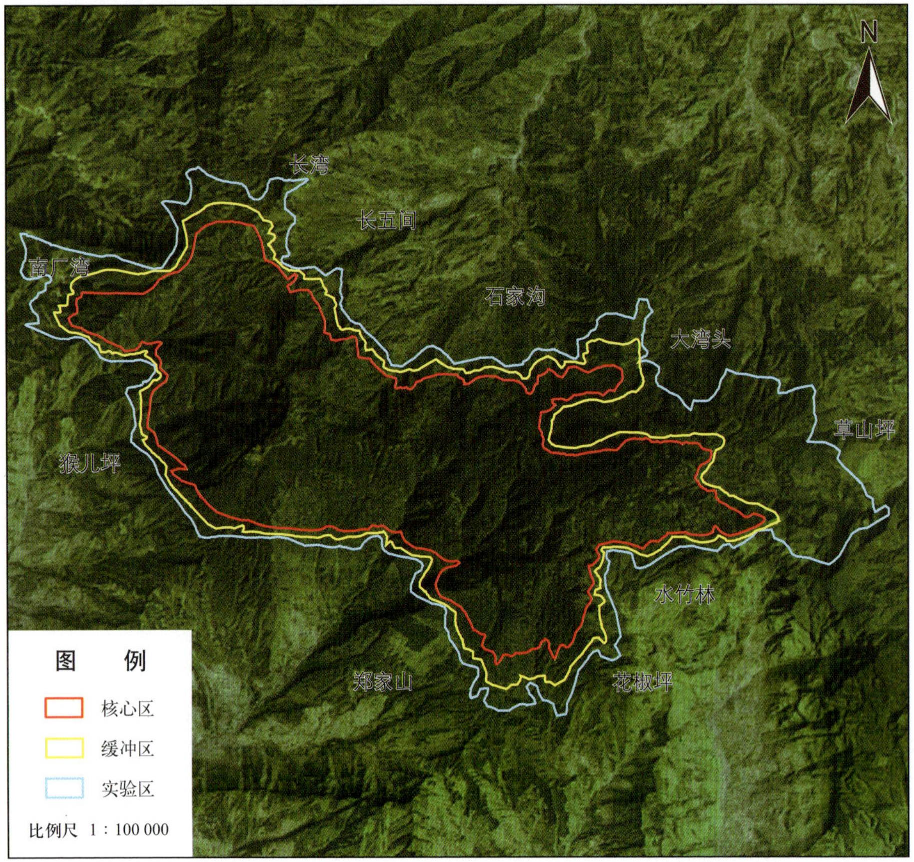
N
长湾
长五间
南广湾
石家沟
大湾头
草山坪
猴儿坪
水竹林
郑家山
花椒坪
图　例
核心区
缓冲区
实验区
比例尺　1：100 000

影像获取时间：2010 年

老君山国家级自然保护区生态系统类型图

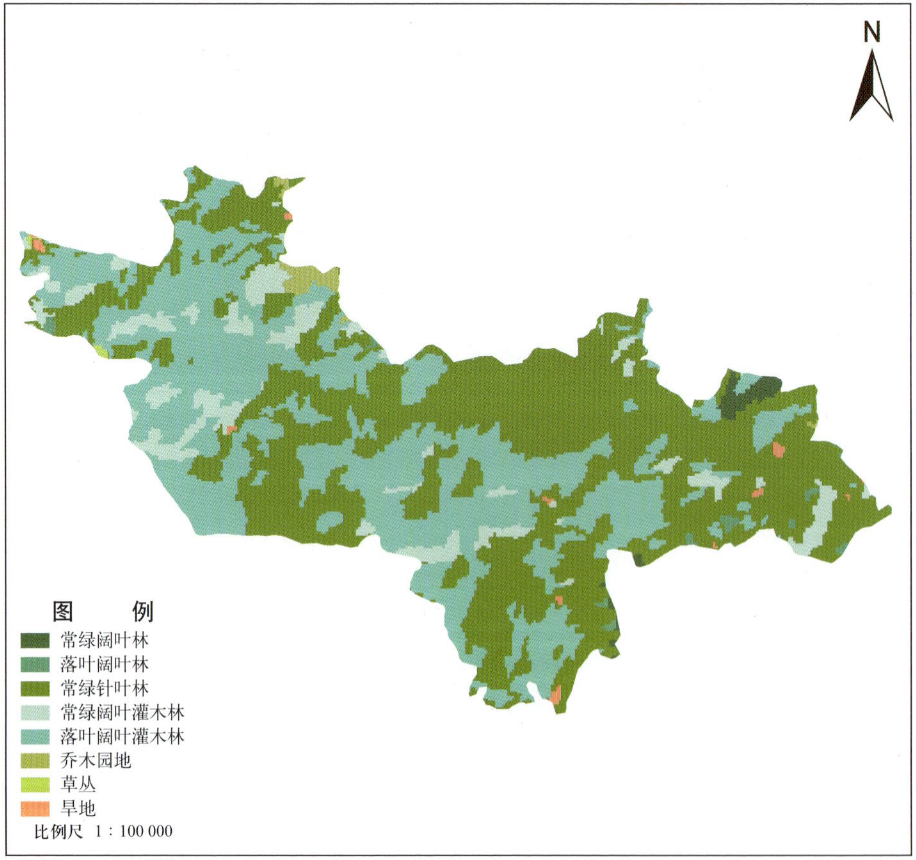
N
图　例
常绿阔叶林
落叶阔叶林
常绿针叶林
常绿阔叶灌木林
落叶阔叶灌木林
乔木园地
草丛
旱地
比例尺　1：100 000

解译参考影像时间：2011 年

花萼山国家级自然保护区遥感影像图

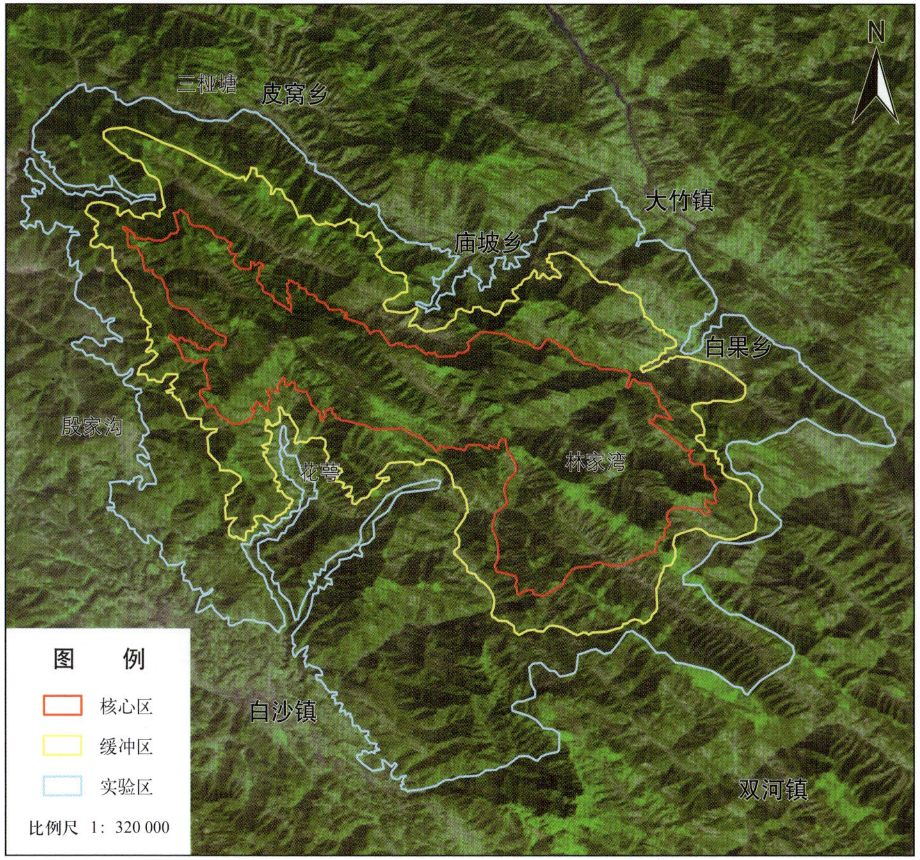
N
三桠塘
皮窝乡
大竹镇
庙坡乡
白果乡
段家沟
花萼
林家湾
白沙镇
双河镇
图 例
核心区
缓冲区
实验区
比例尺 1: 320 000

影像获取时间：2010 年

花萼山国家级自然保护区生态系统类型图

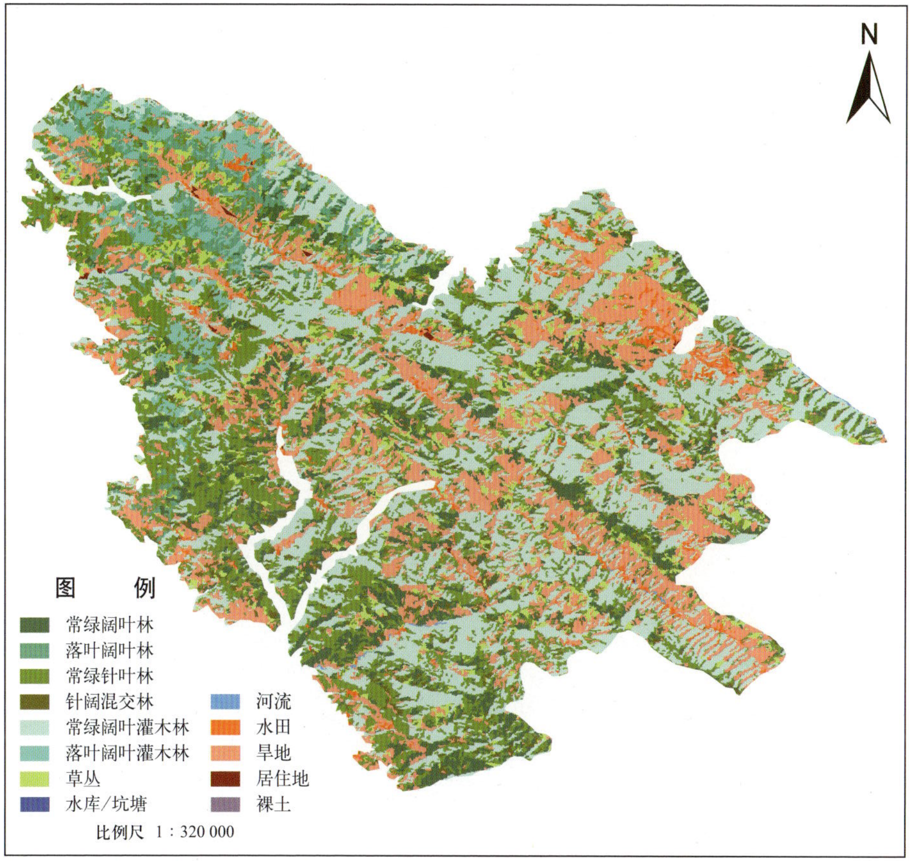
N
图 例
常绿阔叶林
落叶阔叶林
常绿针叶林
针阔混交林
常绿阔叶灌木林
落叶阔叶灌木林
草丛
水库/坑塘
河流
水田
旱地
居住地
裸土
比例尺 1：320 000

解译参考影像时间：2010 年

花萼山
国家级自然保护区
成都

花萼山国家级自然保护区位于四川省万源市境内，总面积 48 203 公顷，建于 1996 年，2005 年晋升为国家级，主要保护对象为森林生态系统及野生动物，属于森林生态系统类型自然保护区。该保护区内现保存有成片完整的北亚热带常绿阔叶林和百年以上罕见的北亚热带高山原始灌丛生态系统，这里生物丰富，地层发育完整，野生动物种类繁多。

四川省 蜂桶寨国家级自然保护区

蜂桶寨国家级自然保护区遥感影像图

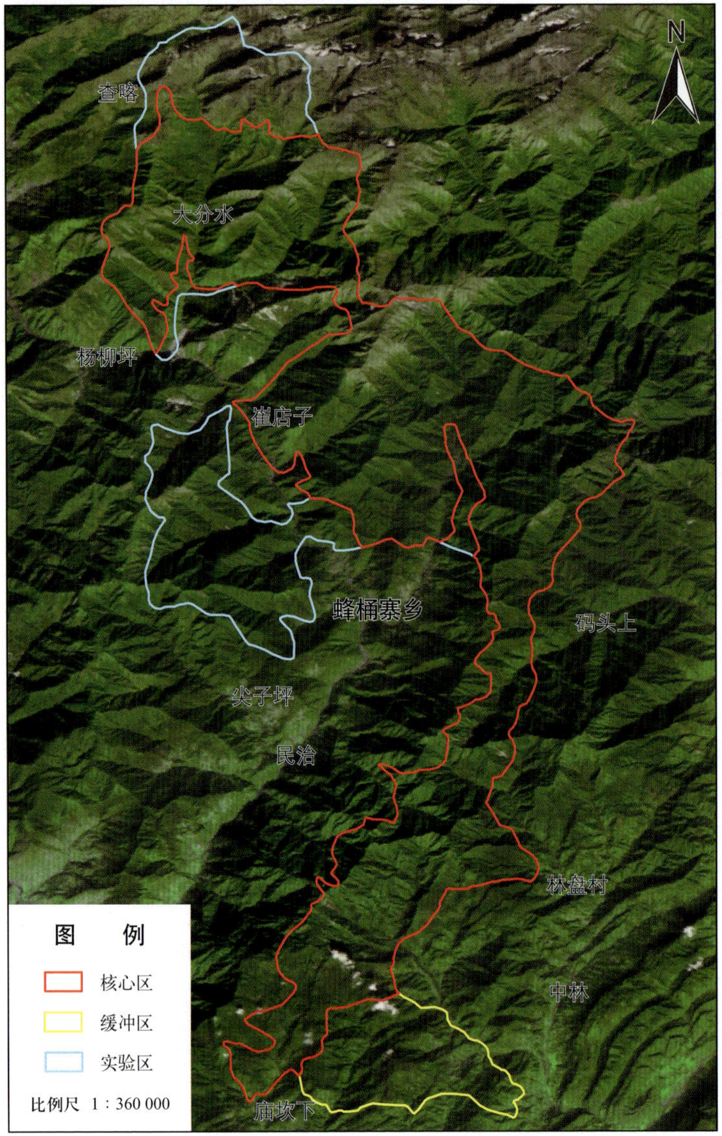
N
查略
大分水
杨柳坪
崔店子
蜂桶寨乡
码头上
尖子坪
民治
林盘村
中林
庙坎下
图 例
核心区
缓冲区
实验区
比例尺 1：360 000

影像获取时间：2010 年

蜂桶寨国家级自然保护区生态系统类型图

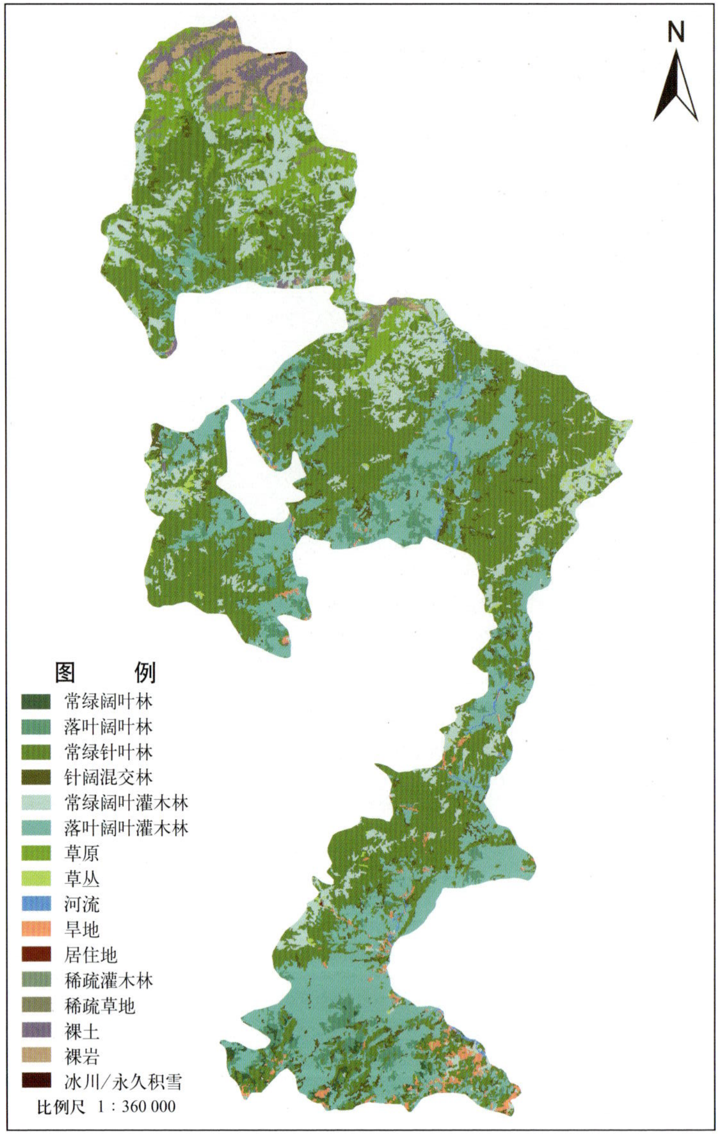
N
图 例
常绿阔叶林
落叶阔叶林
常绿针叶林
针阔混交林
常绿阔叶灌木林
落叶阔叶灌木林
草原
草丛
河流
旱地
居住地
稀疏灌木林
稀疏草地
裸土
裸岩
冰川/永久积雪
比例尺 1：360 000

解译参考影像时间：2010 年

蜂桶寨
国家级自然保护区
成都

蜂桶寨国家级自然保护区位于四川省雅安市宝兴县境内，总面积 39 039 公顷，建于 1975 年，1994 年晋升为国家级，主要保护对象为大熊猫等珍稀野生动物及森林生态系统，属于野生动物类型自然保护区。这里是大熊猫的发现地，保护区内动植物资源丰富，国家一级保护植物有珙桐，二级保护植物有水青树和连香树、四川红杉等，国家一级保护动物有大熊猫、扭角羚、白唇鹿、白臀鹿和川金丝猴等，二级保护动物有猕猴、短尾猴和小熊猫等，该保护区可以作为遗传资源的原地保护点。

诺水河珍稀水生动物国家级自然保护区遥感影像图

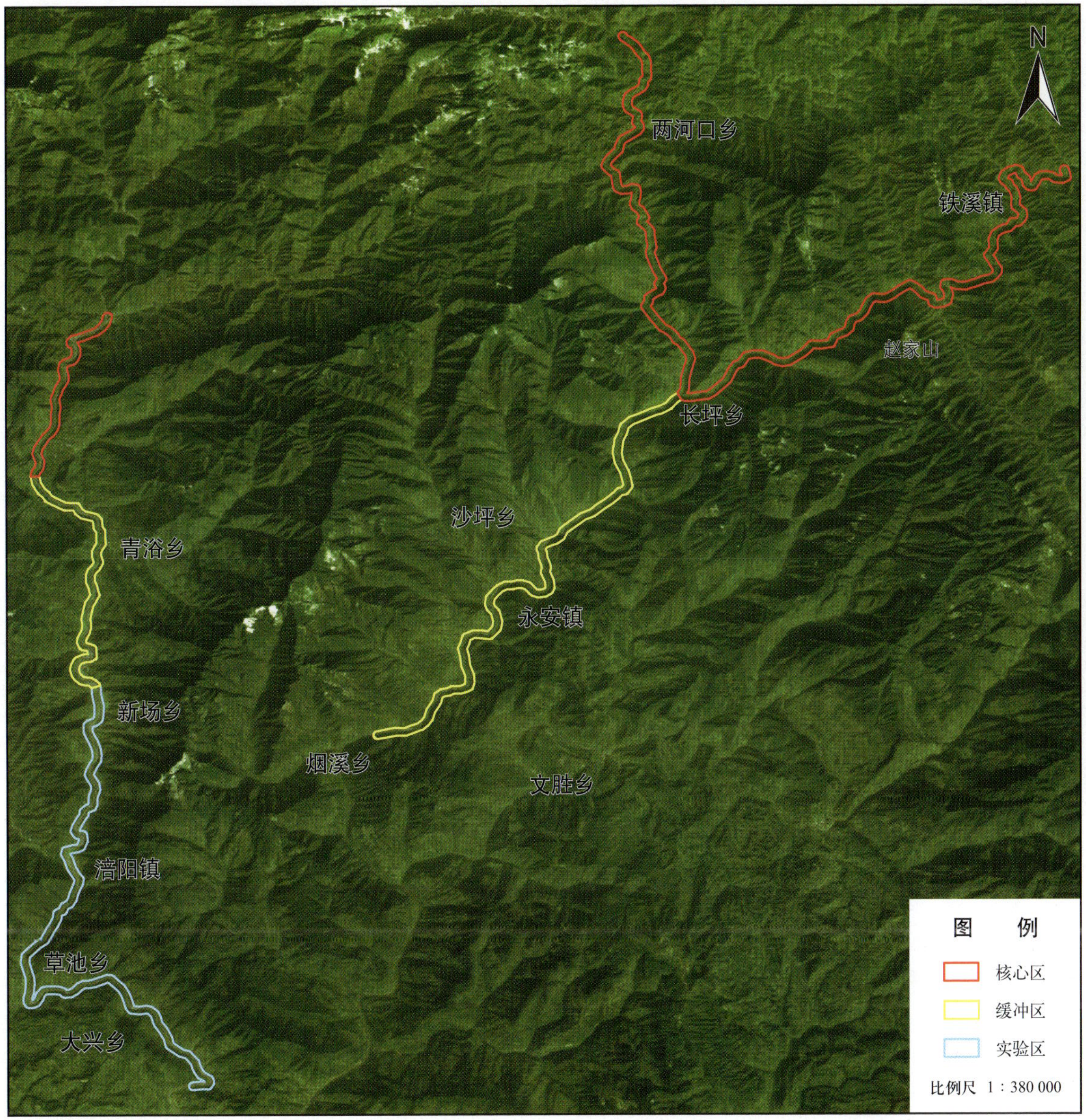
N
两河口乡
铁溪镇
赵家山
长坪乡
沙坪乡
青浴乡
永安镇
新场乡
烟溪乡
文胜乡
涪阳镇
草池乡
大兴乡
图例
核心区
缓冲区
实验区
比例尺 1：380 000

影像获取时间：2010 年

诺水河珍稀水生动物国家级自然保护区位于四川省巴中市通江县内，总面积 9 220 公顷，建于 2002 年，2012 年晋升为国家级，主要保护对象为大鲵及其生境，属于野生动物类型自然保护区。该保护区是我国长江上游大鲵的重要分布区，区内有大鲵、中华倒刺鲃等水生动物共 87 种，以及猕猴、鹿、银杏等国家珍稀动植物 20 余种，该保护区的建立对于保护我国西南生物多样性热点地区的水生动物多样性具有十分重要的意义。

诺水河珍稀水生动物
国家级自然保护区
成都

卧龙国家级自然保护区

卧龙国家级自然保护区遥感影像图

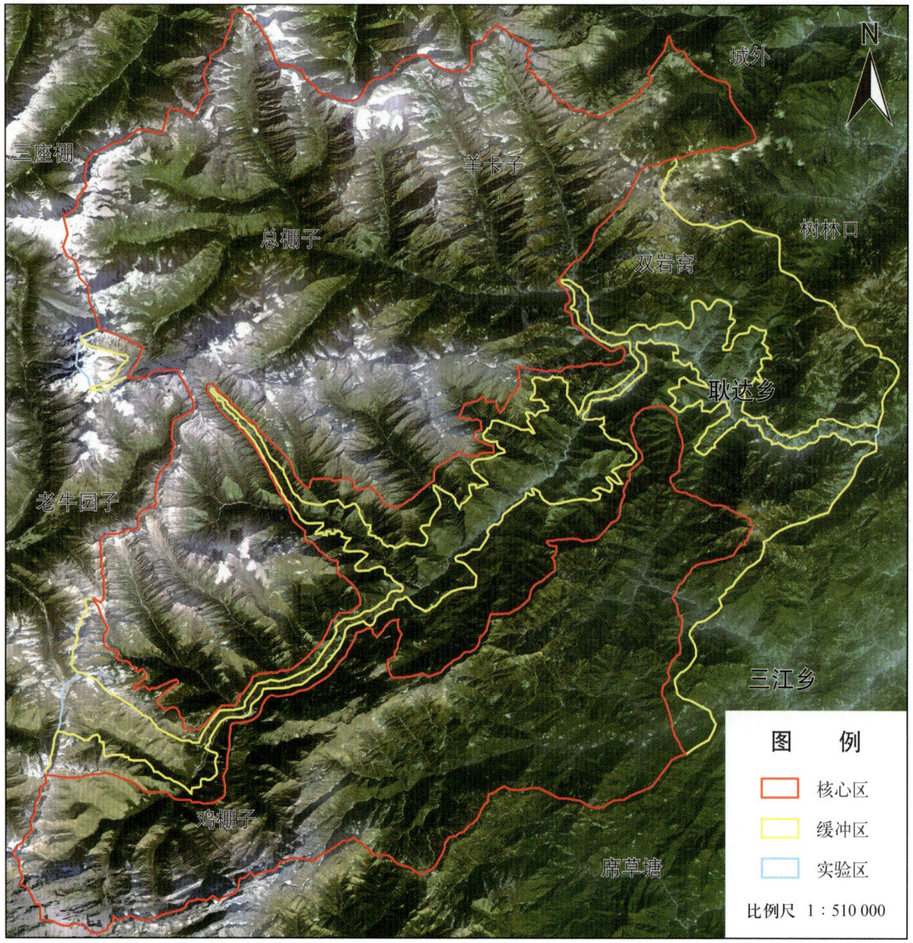
N
城外
三座棚
羊卡子
总棚子
树林口
双岩窝
耿达乡
老牛园子
三江乡
鸡棚子
席草塘
图例
核心区
缓冲区
实验区
比例尺 1 : 510 000

影像获取时间：2010 年

卧龙国家级自然保护区生态系统类型图

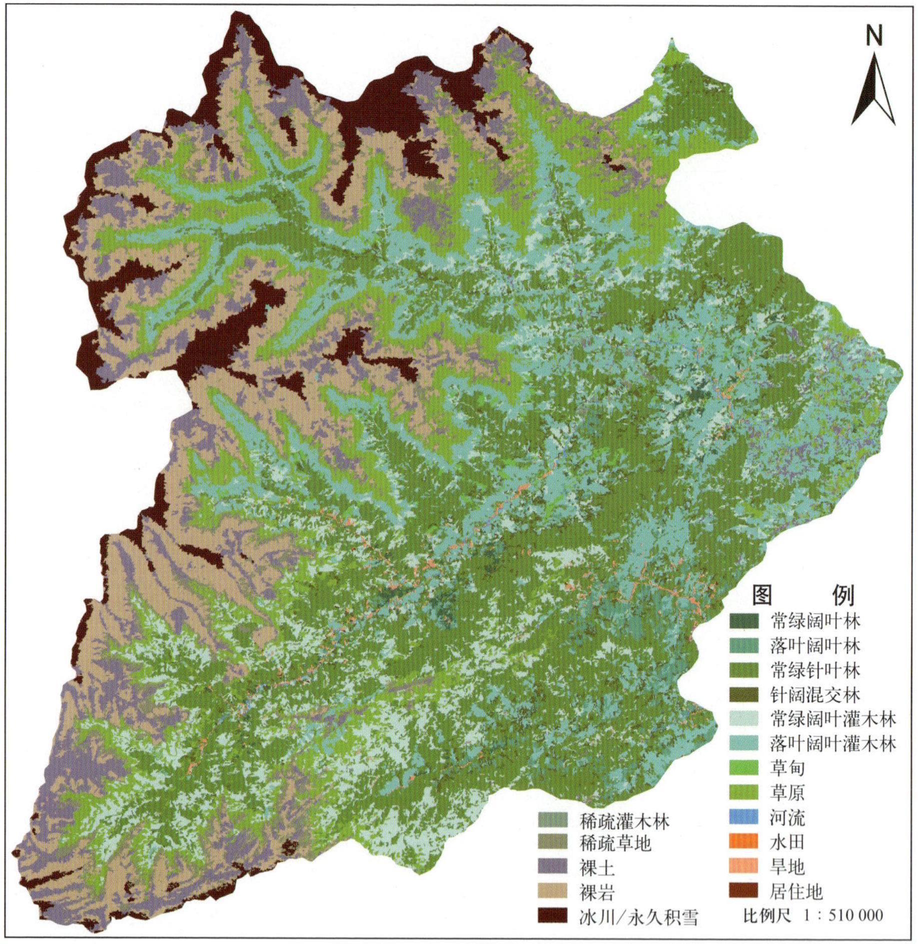
N
图例
常绿阔叶林
落叶阔叶林
常绿针叶林
针阔混交林
常绿阔叶灌木林
落叶阔叶灌木林
草甸
草原
河流
水田
旱地
居住地
稀疏灌木林
稀疏草地
裸土
裸岩
冰川/永久积雪
比例尺 1 : 510 000

解译参考影像时间：2010 年

卧龙
国家级自然保护区
成都

卧龙国家级自然保护区位于四川省阿坝藏族羌族自治州汶川县境内，邛崃山脉东南坡，总面积 200 000 公顷，建于 1963 年，1975 年晋升为国家级，主要保护对象为大熊猫等珍稀野生动物及森林生态系统，属于野生动物类型自然保护区。该保护区是“活化石”大熊猫生存和繁衍后代理想的地区，这里地势较高而湿润，十分适宜大熊猫的主要食物的生长，1980 年，保护区加入联合国教科文组织“人与生物圈”保护区网，并与世界野生生物基金会合作建立中国保护大熊猫研究中心，被国家和四川省命名为“科普教育基地”、“爱国主义教育基地”。

九寨沟国家级自然保护区遥感影像图

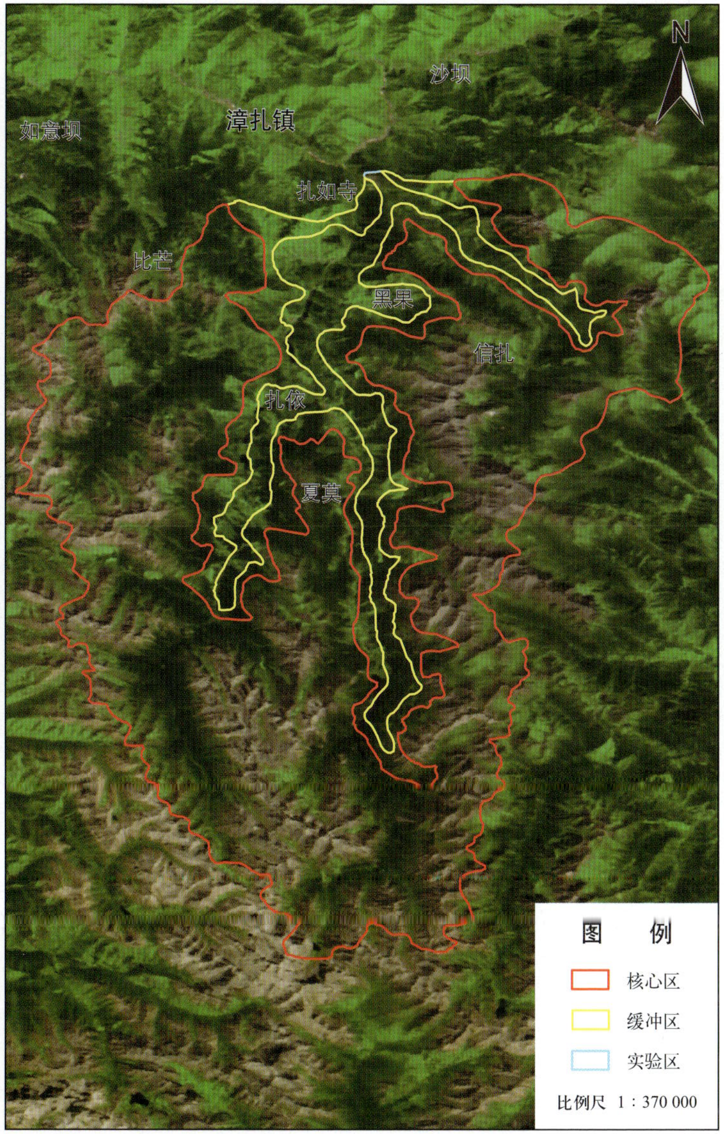
N
沙坝
漳扎镇
如意坝
扎如寺
比芒
黒果
信扎
扎依
夏莫
图 例
核心区
缓冲区
实验区
比例尺 1 : 370 000

影像获取时间：2010 年

九寨沟国家级自然保护区生态系统类型图

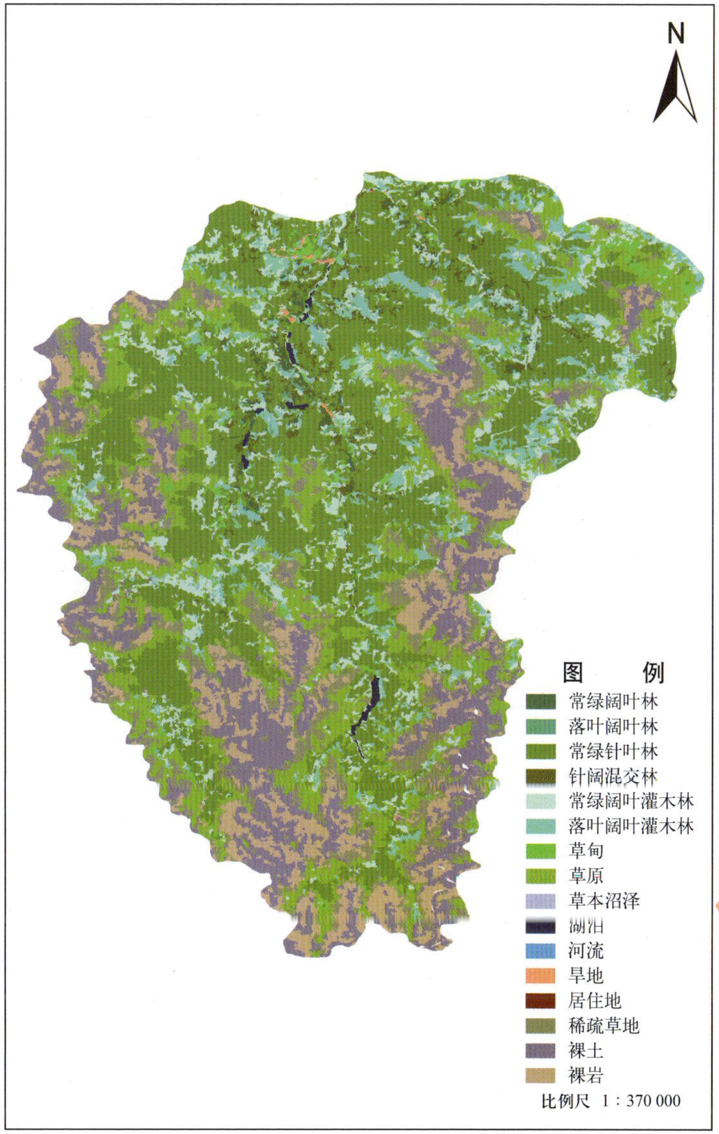
N
图 例
常绿阔叶林
落叶阔叶林
常绿针叶林
针阔混交林
常绿阔叶灌木林
落叶阔叶灌木林
草甸
草原
草本沼泽
湖泊
河流
旱地
居住地
稀疏草地
裸土
裸岩
比例尺 1 : 370 000

解译参考影像时间：2010 年

九寨沟国家级自然保护区位于四川省阿坝藏族羌族自治州九寨沟县境内，总面积 64 297 公顷，建于 1978 年，1988 年晋升为国家级，主要保护对象为大熊猫等珍稀野生动物及森林生态系统，属于野生动物类型自然保护区。该保护区自然植被垂直分布比较明显，动植物资源比较丰富，1992 年被联合国教科文组织批准列入《世界文化与自然遗产名录》，1997 年被联合国纳入“世界生物圈保护区网络”。

九寨沟
国家级自然保护区
成都

小金四姑娘山国家级自然保护区

小金四姑娘山国家级自然保护区遥感影像图

N
图 例
核心区
缓冲区
实验区
比例尺 1 : 320 000
红杉林
大坪
三座棚
水大坝
房新喜
周家山
老牛园子
日隆镇
双桥村
松林口

影像获取时间：2010 年

小金四姑娘山国家级自然保护区生态系统类型图

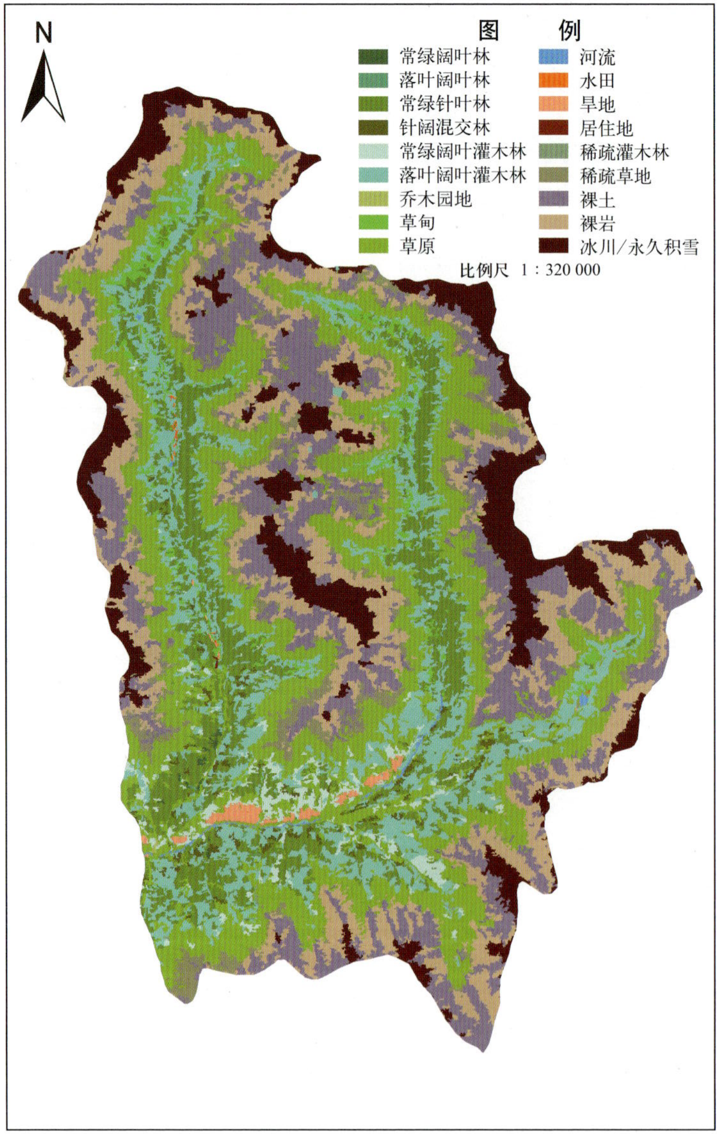
N
图 例
常绿阔叶林
落叶阔叶林
常绿针叶林
针阔混交林
常绿阔叶灌木林
落叶阔叶灌木林
乔木园地
草甸
草原
河流
水田
旱地
居住地
稀疏灌木林
稀疏草地
裸土
裸岩
冰川/永久积雪
比例尺 1 : 320 000

解译参考影像时间：2010 年

小金四姑娘山
国家级自然保护区
成都

小金四姑娘山国家级自然保护区位于四川省阿坝藏族羌族自治州小金县境内，总面积 56 000 公顷，建于 1995 年，1996 年晋升为国家级，主要保护对象为野生动物及高山生态系统，属于野生动物类型自然保护区。该保护区生态条件复杂，生物群落类型多样，植被垂直带谱明显。该保护区的建立，对保护中国西部地区的生物多样性和景观多样性，研究我国特有珍稀动植物种群的进化分类与繁殖等方面都有着重要的意义。

若尔盖湿地国家级自然保护区遥感影像图

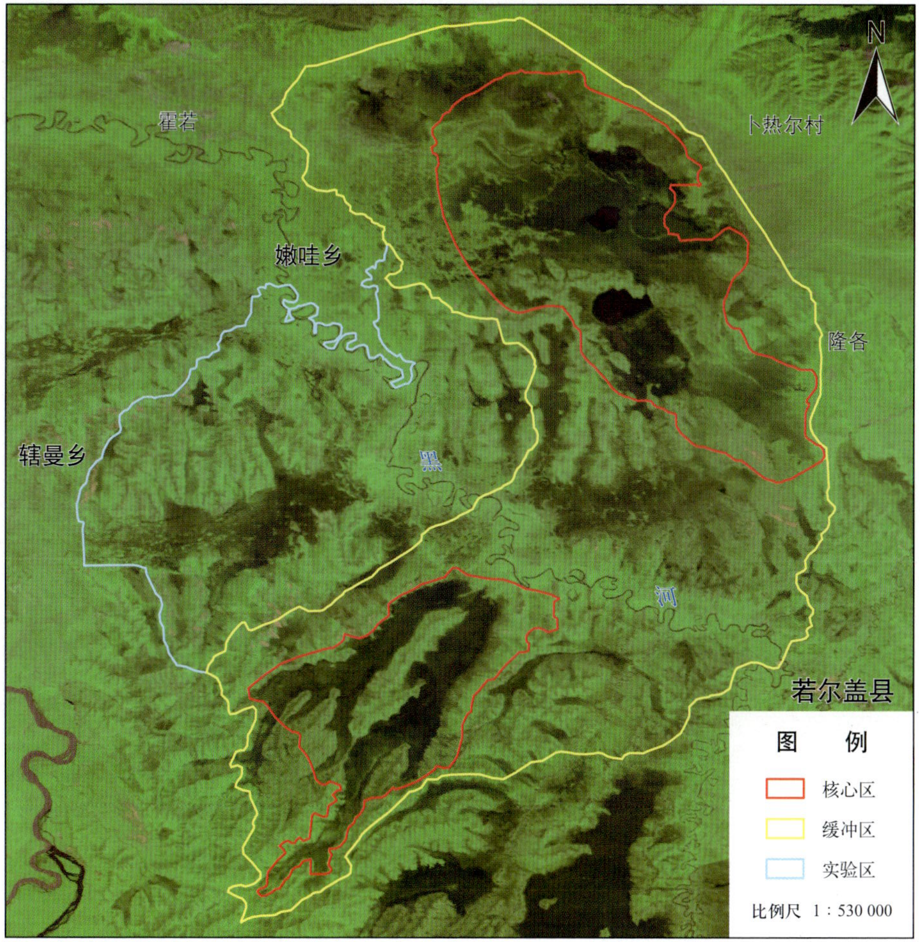
N
霍若
卜热尔村
嫩哇乡
隆各
辖曼乡
黑
河
若尔盖县
图 例
核心区
缓冲区
实验区
比例尺 1 : 530 000

影像获取时间：2010 年

若尔盖湿地国家级自然保护区生态系统类型图

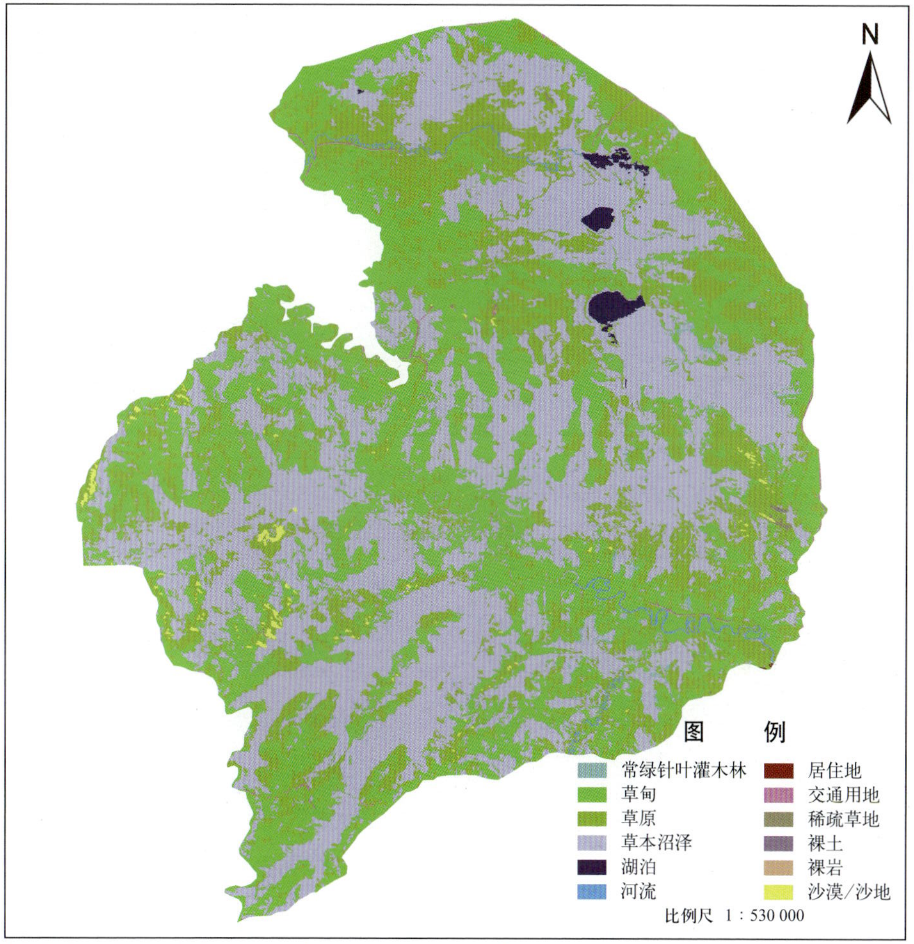
N
图 例
常绿针叶灌木林
草甸
草原
草本沼泽
湖泊
河流
居住地
交通用地
稀疏草地
裸土
裸岩
沙漠/沙地
比例尺 1 : 530 000

解译参考影像时间：2011 年

若尔盖湿地国家级自然保护区位于四川省阿坝藏族羌族自治州若尔盖县境内，总面积 166 571 公顷，建于 1994 年，1998 年晋升为国家级，主要保护对象为高寒沼泽湿地及黑颈鹤等野生动物，属于内陆湿地类型自然保护区。该保护区地处若尔盖湿地腹心部位，区内湿地属高原浅丘沼泽地貌，生物多样性极为丰富，保护区独特的地理环境，为水鸟提供了理想的栖息、繁殖场所，是中国西部最重要的鸟类栖息与繁殖地，是高原鹤类黑颈鹤在中国最集中的分布区和最主要的繁殖地之一，被誉为“中国黑颈鹤之乡”。

若尔盖湿地
国家级自然保护区
成都

贡嘎山国家级自然保护区遥感影像图

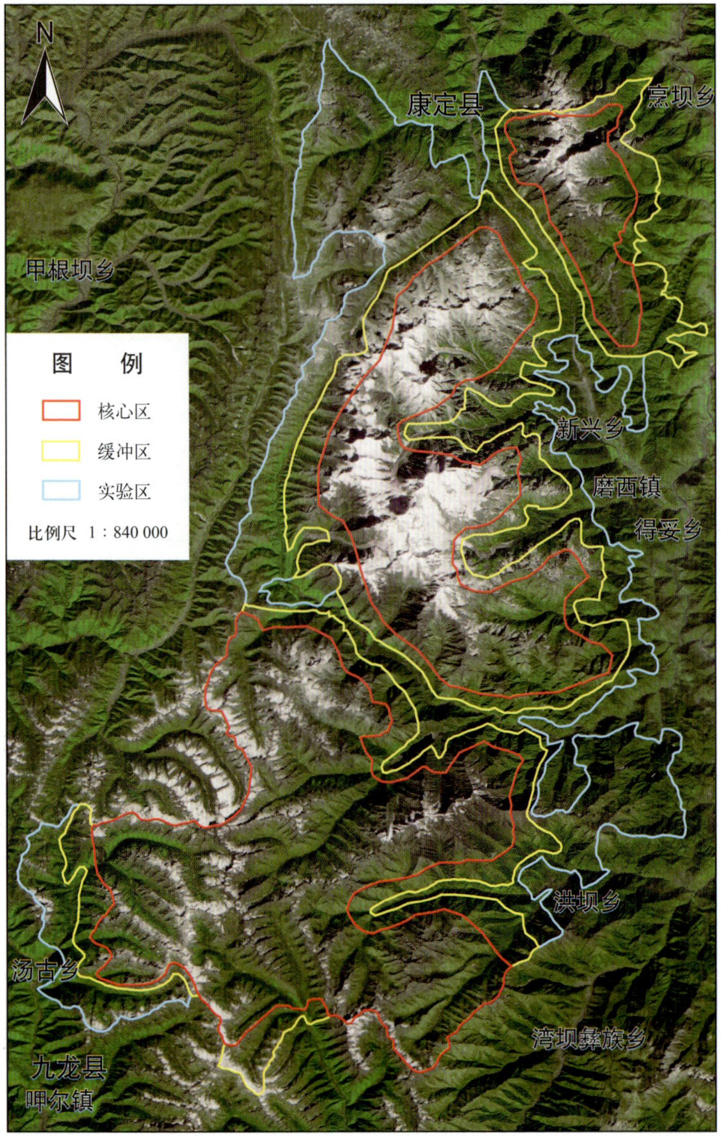
N
康定县
京坝乡
甲根坝乡
新兴乡
磨西镇
得妥乡
洪坝乡
汤古乡
湾坝彝族乡
九龙县
呷尔镇
图例
核心区
缓冲区
实验区
比例尺 1：840 000

影像获取时间：2010 年

贡嘎山国家级自然保护区生态系统类型图

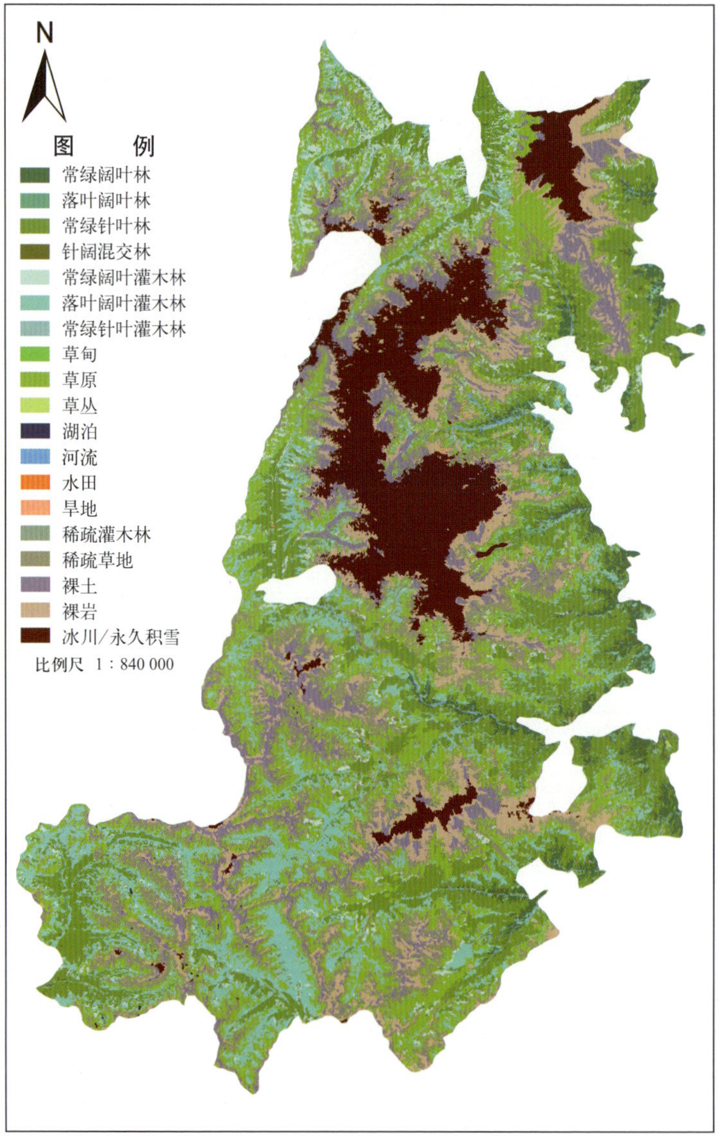
N
图例
常绿阔叶林
落叶阔叶林
常绿针叶林
针阔混交林
常绿阔叶灌木林
落叶阔叶灌木林
常绿针叶灌木林
草甸
草原
草丛
湖泊
河流
水田
旱地
稀疏灌木林
稀疏草地
裸土
裸岩
冰川/永久积雪
比例尺 1：840 000

解译参考影像时间：2010 年

成都
贡嘎山
国家级自然保护区

贡嘎山国家级自然保护区位于四川省甘孜藏族自治州泸定县、康定县、九龙县和雅安市的石棉县境内，总面积 400 000 公顷，建于 1996 年，1997 年晋升为国家级，主要保护对象为高山森林生态系统及珍稀动物，属于森林生态系统类型自然保护区。该保护区植被完整，生态环境原始，动植物区系复杂，具有极为重要的保护价值和科学研究价值。

格西沟国家级自然保护区遥感影像图

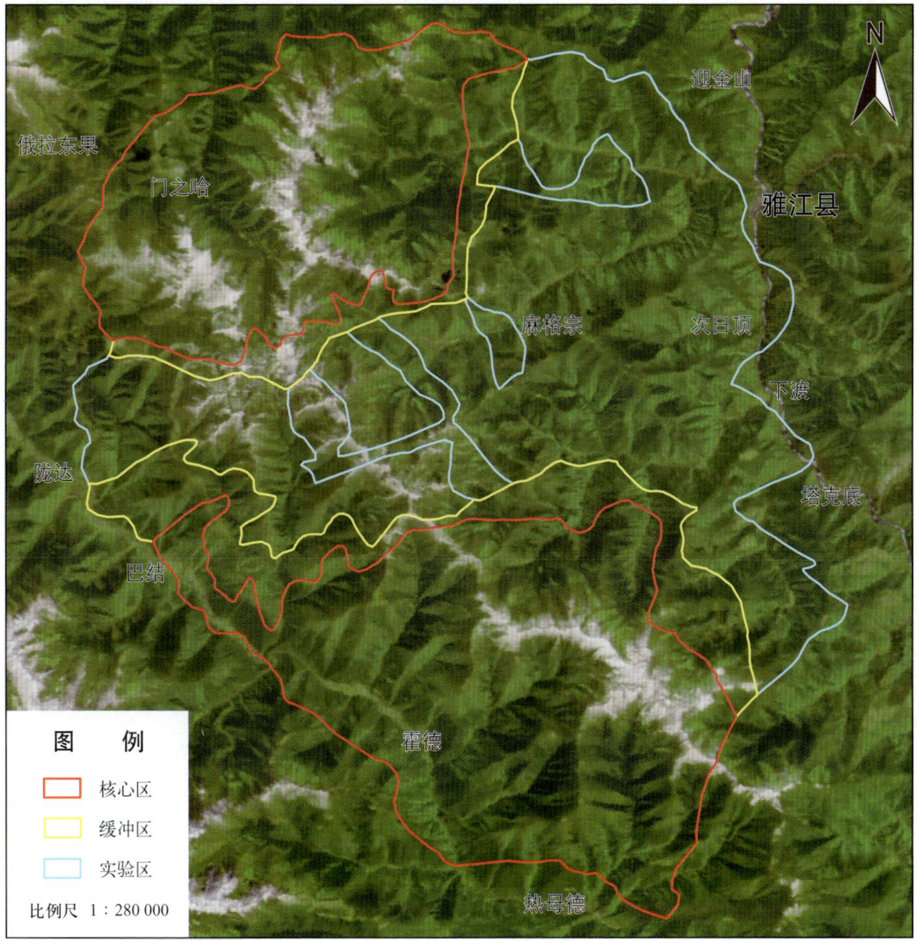
N
迎金山
俄拉东果
门之哈
雅江县
麻格宗
次日顶
下渡
陇达
塔克底
巴结
霍德
热母德
图 例
核心区
缓冲区
实验区
比例尺 1：280 000

影像获取时间：2010 年

格西沟国家级自然保护区生态系统类型图

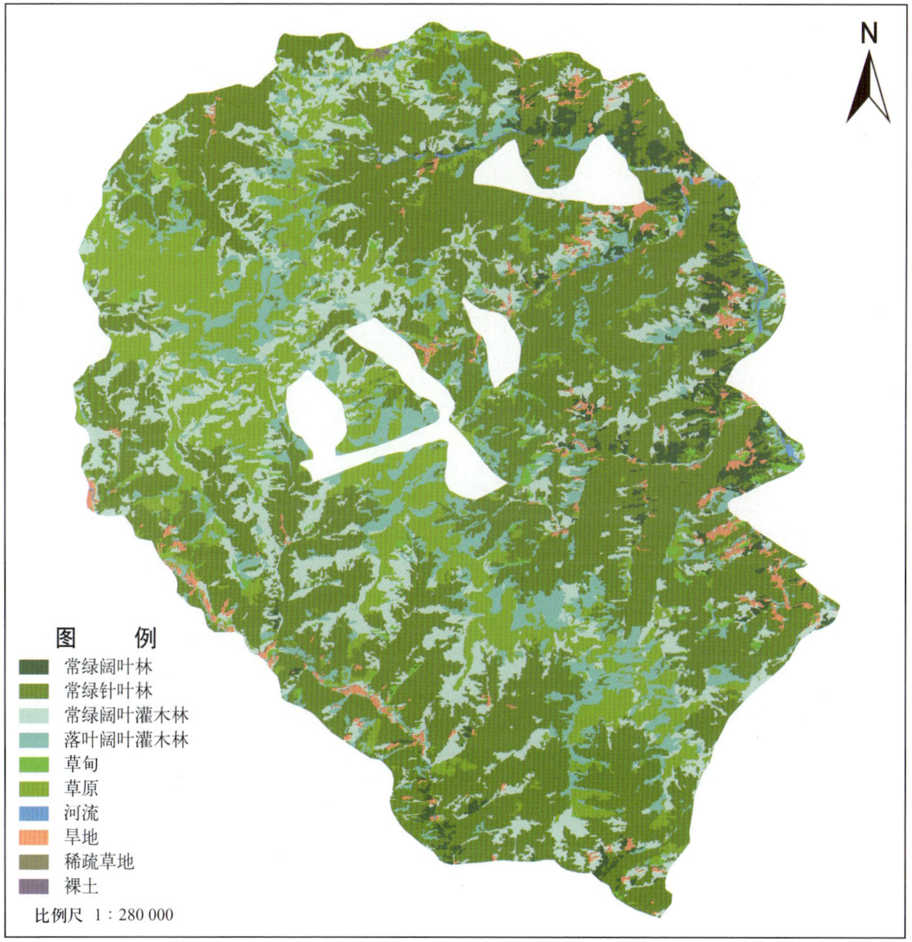
N
图 例
常绿阔叶林
常绿针叶林
常绿阔叶灌木林
落叶阔叶灌木林
草甸
草原
河流
旱地
稀疏草地
裸土
比例尺 1：280 000

解译参考影像时间：2011 年

格西沟国家级自然保护区位于四川省甘孜藏族自治州雅江县境内，总面积 22 897 公顷，建于 1993 年，2012 年晋升为国家级，主要保护对象为四川雉鹑、绿尾虹雉及大绯胸鹦鹉等珍稀鸟类，属于野生动物类型自然保护区。该保护区有国家一类重点保护动物 3 种，二类重点保护动物 22 种，省重点保护动物 2 种，在动植物群落、生态环境多样性方面具有代表性。

成都
格西沟
国家级自然保护区

察青松多白唇鹿国家级自然保护区遥感影像图

N
麻绒乡
阿察乡
日通坝
错拉
然钦玛
纳塔乡
热绒
喀柯
路日坎多
图 例
核心区
缓冲区
实验区
比例尺 1 : 490 000

影像获取时间：2010 年

察青松多白唇鹿国家级自然保护区生态系统类型图

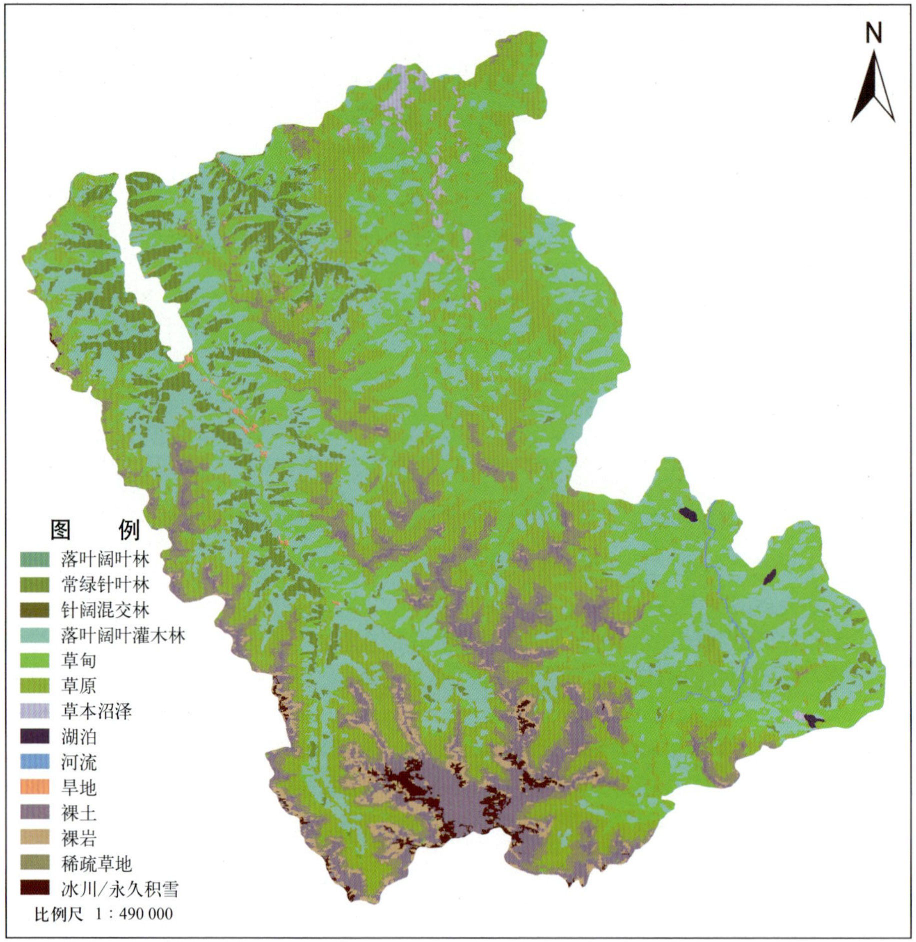
N
图 例
落叶阔叶林
常绿针叶林
针阔混交林
落叶阔叶灌木林
草甸
草原
草本沼泽
湖泊
河流
旱地
裸土
裸岩
稀疏草地
冰川/永久积雪
比例尺 1 : 490 000

解译参考影像时间：2010 年

察青松多白唇鹿国家级自然保护区位于四川省甘孜藏族自治州白玉县境内，总面积 143 683 公顷，建于 1995 年，2003 年晋升为国家级，主要保护对象为白唇鹿、雪豹等野生动物，属于野生动物类型自然保护区。该保护区内珍稀动物种类繁多，全国少有，被视为珍稀动物的乐园，区内的生物多样性保存完好，有许多地段完全是保存完好的原始森林、灌丛或草甸生态系统。

成都
察青松多白唇鹿
国家级自然保护区

长沙贡玛国家级自然保护区遥感影像图

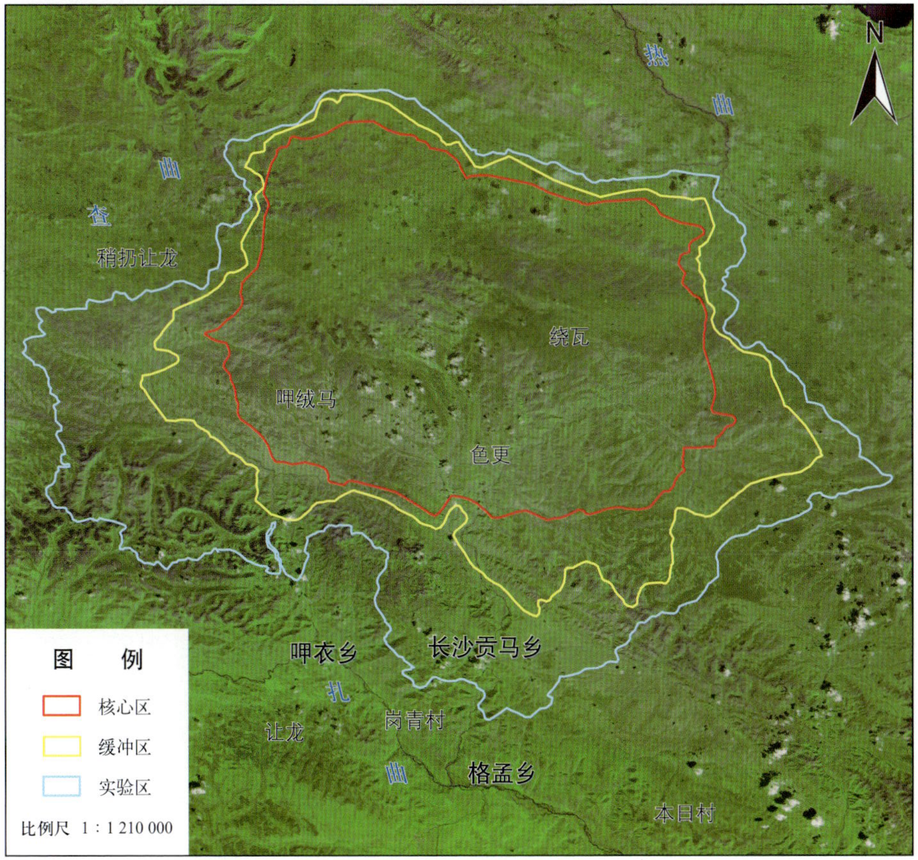
N
热
曲
曲
查
稍扔让龙
缭瓦
呷绒马
色更
呷衣乡
长沙贡马乡
扎
岗青村
让龙
曲
格孟乡
本日村
图 例
核心区
缓冲区
实验区
比例尺 1：1 210 000

影像获取时间：2010 年

长沙贡玛国家级自然保护区生态系统类型图

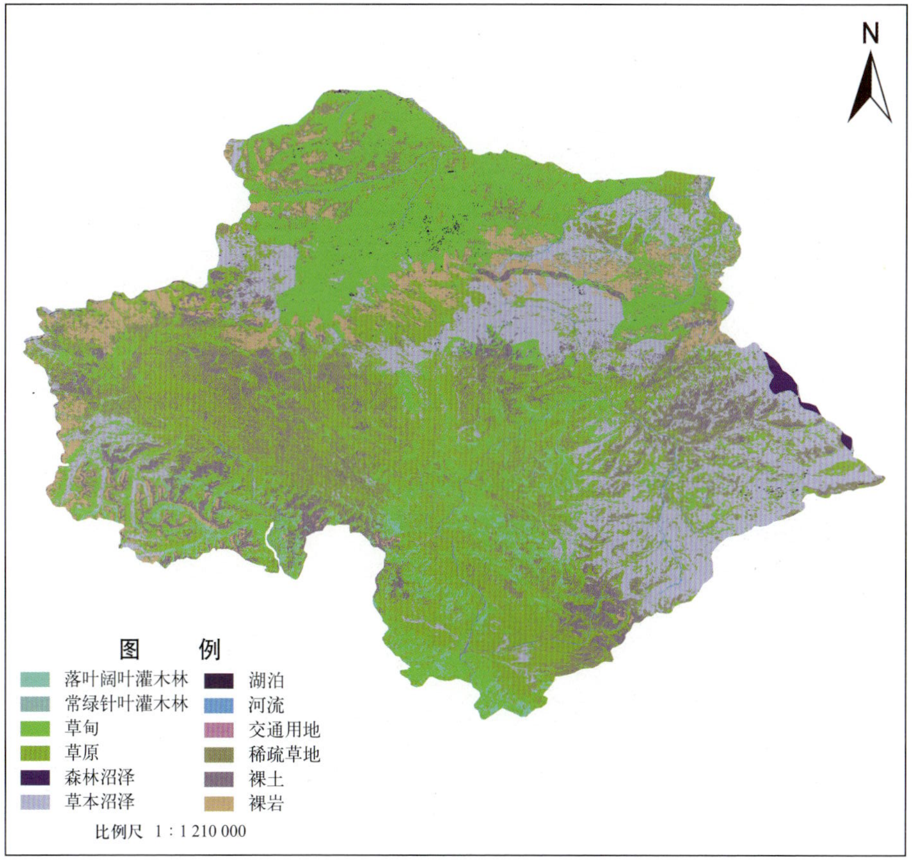
N
图 例
落叶阔叶灌木林
常绿针叶灌木林
草甸
草原
森林沼泽
草本沼泽
湖泊
河流
交通用地
稀疏草地
裸土
裸岩
比例尺 1：1 210 000

解译参考影像时间：2011 年

长沙贡玛
国家级自然保护区
成都

长沙贡玛国家级自然保护区位于四川省甘孜藏族自治州石渠县境内，总面积 669 800 公顷，建于 1995 年，2009 年晋升为国家级，主要保护对象为高寒湿地生态系统和藏野驴、雪豹、野牦牛等珍稀动物，属于野生动物类型自然保护区。该保护区是西藏野驴在四川的最后庇护所，种群数量超过四川省该物种个体总数的一半，除此以外，长沙贡玛还拥有丰富的生物多样性，区内分布的动物有 44 种兽类、155 种鸟类、3 种两栖类、6 种鱼类，包括 16 种国家一级重点保护野生动物和 32 种国家二级保护野生动物。

海子山国家级自然保护区

海子山国家级自然保护区遥感影像图

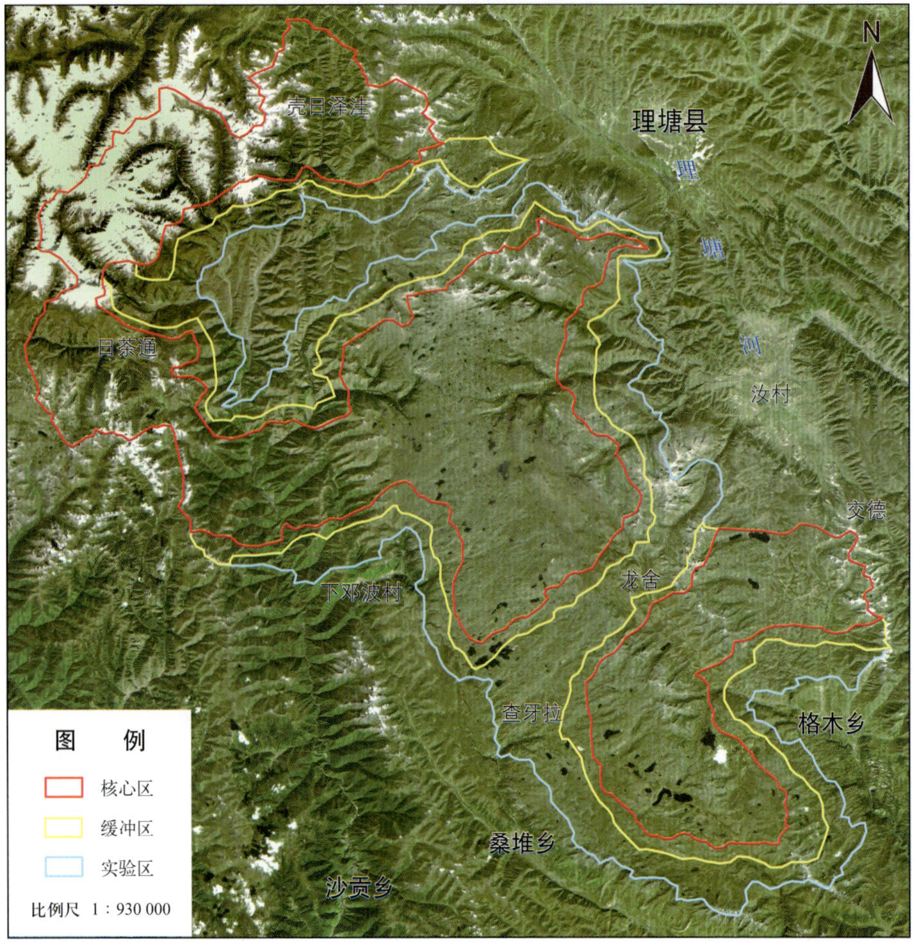
N
亮日泽洼
理塘县
理
塘
河
汝村
日茶通
交德
下邓波村
龙舍
查牙拉
格木乡
桑堆乡
沙贡乡
图例
核心区
缓冲区
实验区
比例尺 1：930 000

影像获取时间：2010 年

海子山国家级自然保护区生态系统类型图

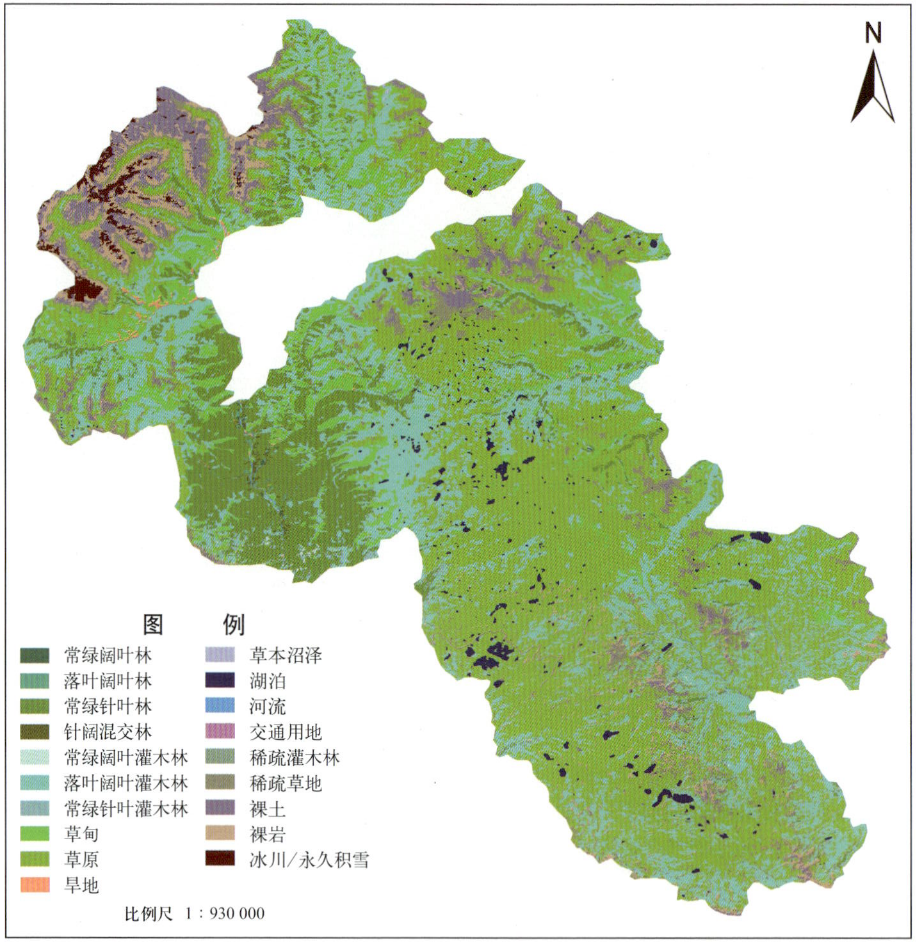
N
图例
常绿阔叶林
落叶阔叶林
常绿针叶林
针阔混交林
常绿阔叶灌木林
落叶阔叶灌木林
常绿针叶灌木林
草甸
草原
旱地
草本沼泽
湖泊
河流
交通用地
稀疏灌木林
稀疏草地
裸土
裸岩
冰川/永久积雪
比例尺 1：930 000

解译参考影像时间：2010 年

海子山国家级自然保护区位于四川省甘孜藏族自治州理塘县、稻城县境内，总面积 459 161 公顷，建于 1995 年，2008 年晋升为国家级，主要保护对象为高寒湿地生态系统及白唇鹿、马麝、藏马鸡等珍稀动物，属于内陆湿地类型自然保护区。该保护区是四川省平均海拔最高、高山湖泊最多、密度最大的湿地，也是青藏高原古冰川地貌发育最典型、保存最好、面积最大的区域。

成都
海子山
国家级自然保护区

亚丁国家级自然保护区遥感影像图

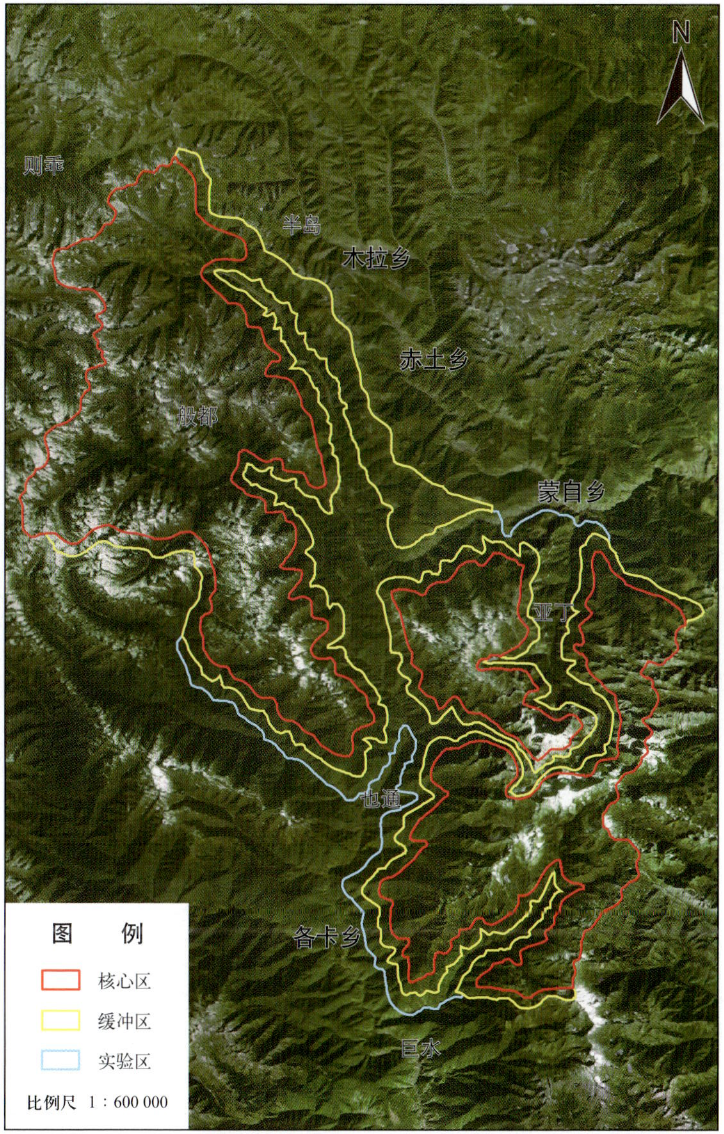
N
则乖
半岛
木拉乡
赤土乡
波都
蒙自乡
亚丁
也通
各卡乡
巨水
图　例
核心区
缓冲区
实验区
比例尺　1：600 000

影像获取时间：2010 年

亚丁国家级自然保护区生态系统类型图

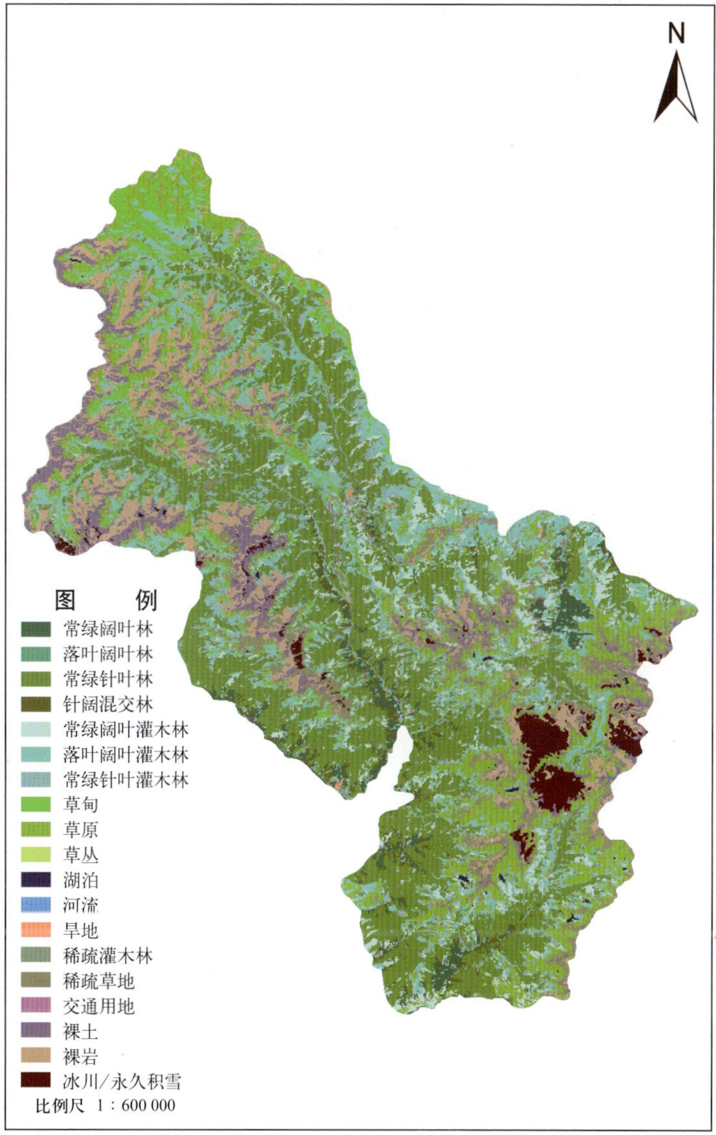
N
图　例
常绿阔叶林
落叶阔叶林
常绿针叶林
针阔混交林
常绿阔叶灌木林
落叶阔叶灌木林
常绿针叶灌木林
草甸
草原
草丛
湖泊
河流
旱地
稀疏灌木林
稀疏草地
交通用地
裸土
裸岩
冰川/永久积雪
比例尺　1：600 000

解译参考影像时间：2010 年

亚丁国家级自然保护区位于四川省甘孜藏族自治州稻城县南部，总面积 145 750 公顷，建于 1996 年，2001 年晋升为国家级，主要保护对象为森林生态系统、野生动植物和冰川，属于森林生态系统类型自然保护区。该保护区地处青藏高原横断山脉的东南部，高大山体密集，具有我国横断山区最独特的雪山景观，被称为“蓝色星球最后一片净土”。

成都
亚丁
国家级自然保护区

美姑大风顶国家级自然保护区

美姑大风顶国家级自然保护区遥感影像图

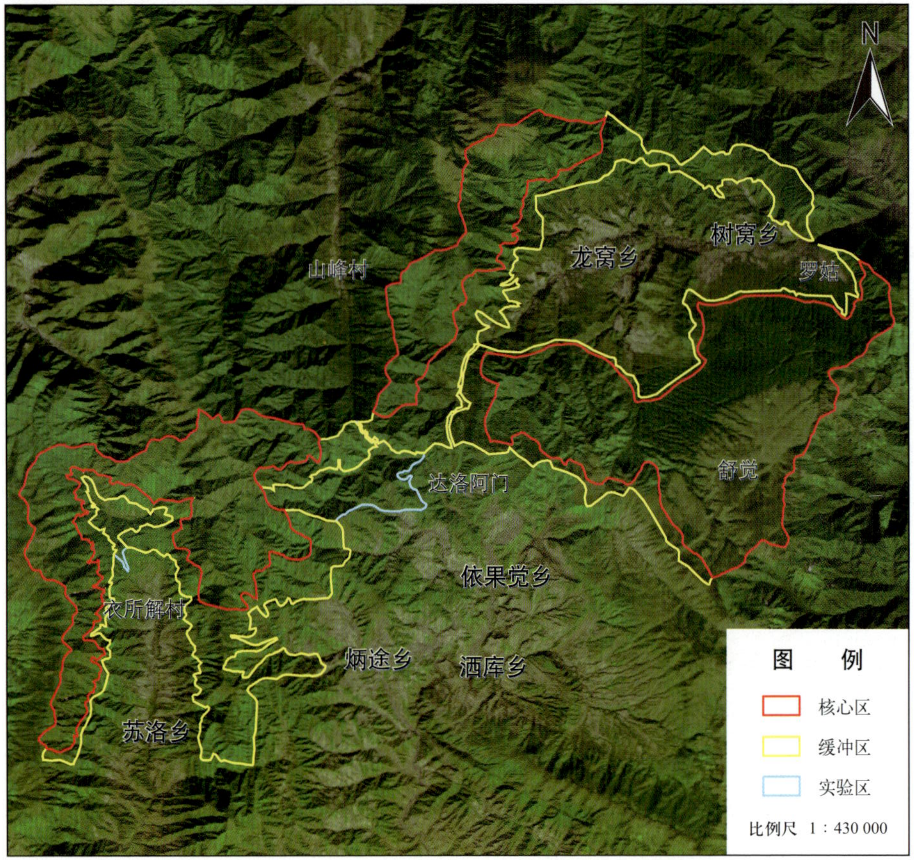
N
山峰村
龙窝乡
树窝乡
罗姑
舒觉
达洛阿门
依果觉乡
衣所解村
炳途乡
洒库乡
苏洛乡
图例
核心区
缓冲区
实验区
比例尺 1∶430 000

影像获取时间：2010 年

美姑大风顶国家级自然保护区生态系统类型图

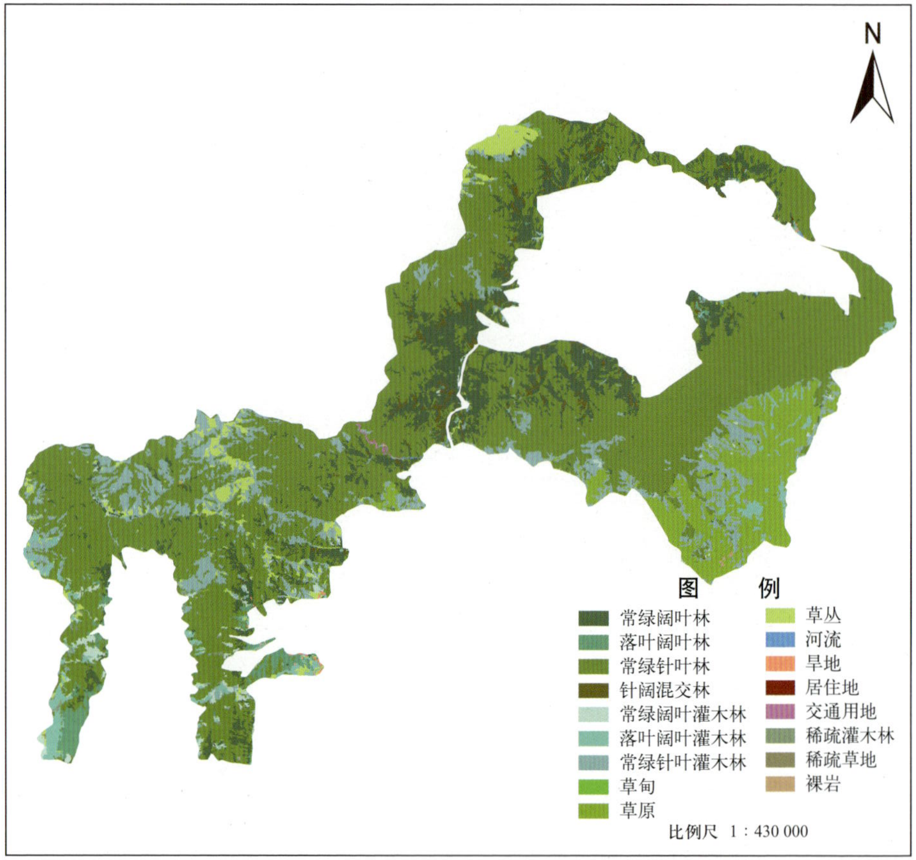
N
图例
常绿阔叶林
落叶阔叶林
常绿针叶林
针阔混交林
常绿阔叶灌木林
落叶阔叶灌木林
常绿针叶灌木林
草甸
草原
草丛
河流
旱地
居住地
交通用地
稀疏灌木林
稀疏草地
裸岩
比例尺 1∶430 000

解译参考影像时间：2010 年

成都
美姑大风顶
国家级自然保护区

美姑大风顶国家级自然保护区位于四川省凉山彝族自治州美姑县境内，总面积 50 655 公顷，建于 1978 年，1994 年晋升为国家级，主要保护对象为大熊猫等珍稀野生动物及森林生态系统，属于野生动物类型自然保护区。该保护区内动植物种类繁多，原生植被保存完好，有大熊猫、小熊猫和水鹿等 30 多种国家保护的珍禽异兽，有连香树、珙桐和银鹊树等珍贵树种，还盛产天麻、贝母等名贵药物，被誉为“研究价值颇高的基因库”。

宽阔水国家级自然保护区遥感影像图

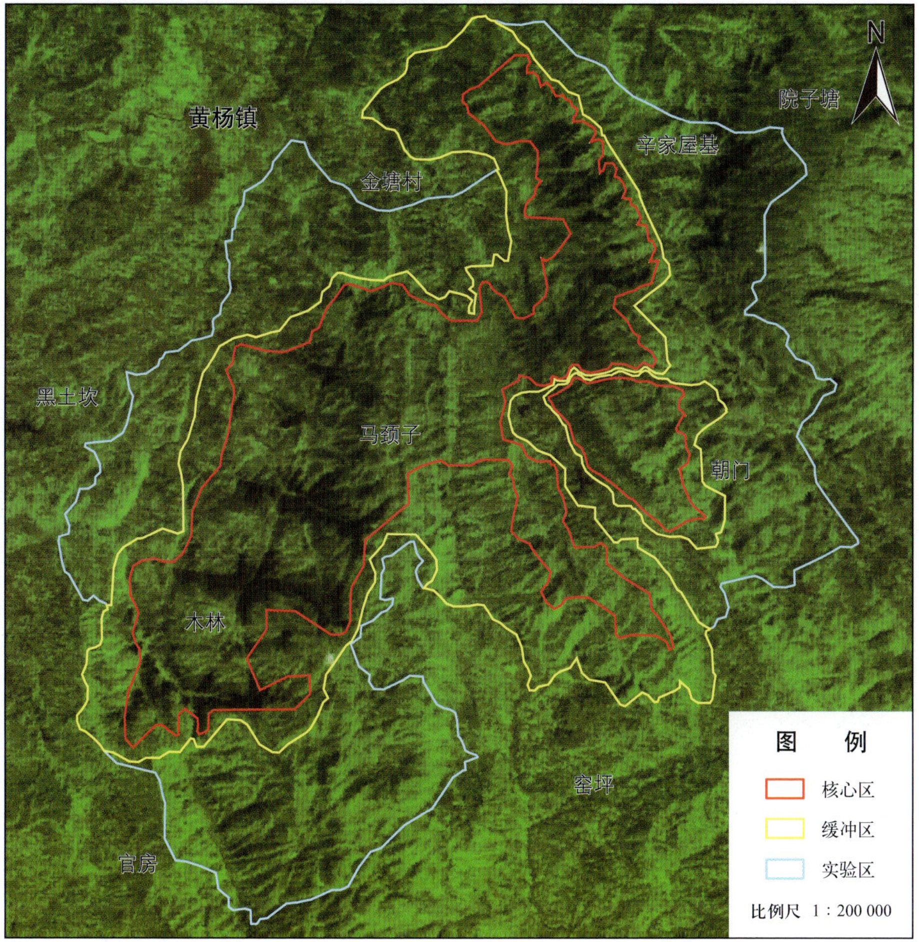
N
黄杨镇
院子塘
辛家屋基
金塘村
黑土坎
马颈子
朝门
木林
窑坪
官房
图例
核心区
缓冲区
实验区
比例尺 1：200 000

影像获取时间：2010 年

宽阔水国家级自然保护区生态系统类型图

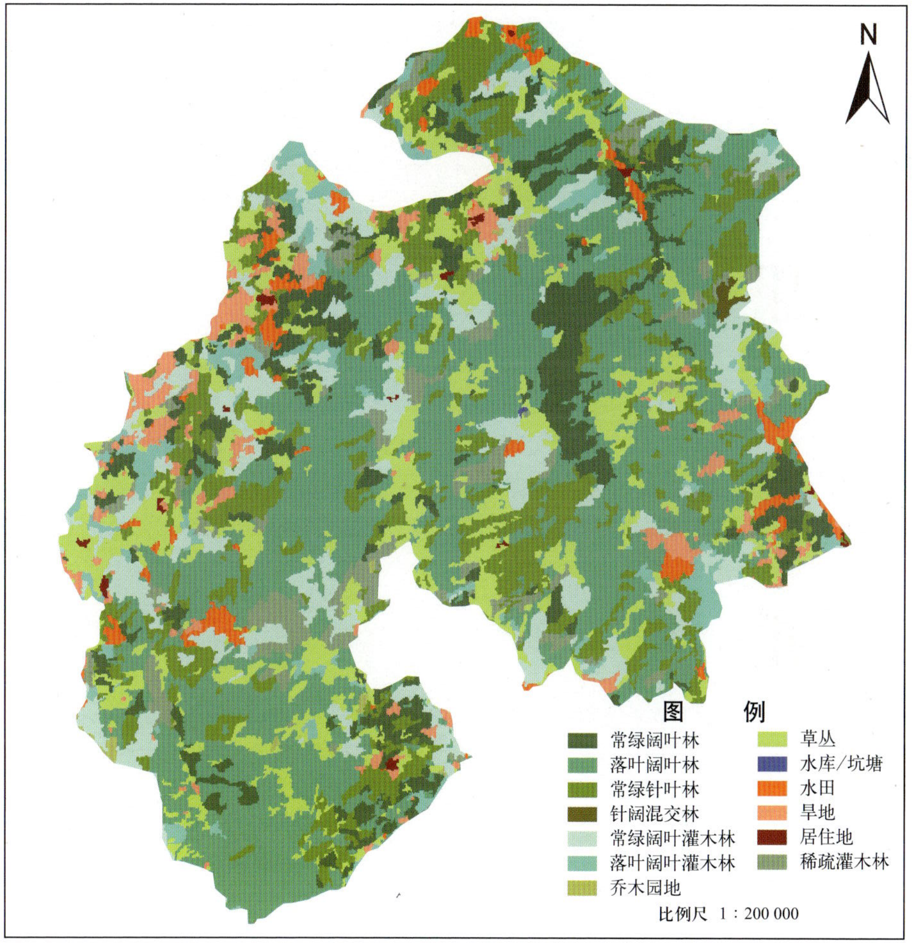
N
图例
常绿阔叶林
落叶阔叶林
常绿针叶林
针阔混交林
常绿阔叶灌木林
落叶阔叶灌木林
乔木园地
草丛
水库/坑塘
水田
旱地
居住地
稀疏灌木林
比例尺 1：200 000

解译参考影像时间：2011 年

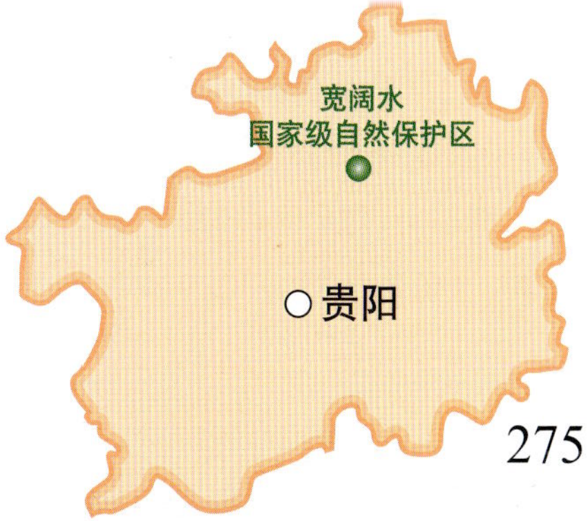
宽阔水
国家级自然保护区
贵阳

宽阔水国家级自然保护区位于贵州省遵义市绥阳县境内，总面积 26 231 公顷，建于 1989 年，2007 年晋升为国家级，主要保护对象为中亚热带常绿阔叶林，属森林生态系统类型的自然保护区。该保护区内的原生性亮叶水青冈为主体的典型中亚热带常绿落叶阔叶林、国家重点保护动物黑叶猴、红腹锦鸡种群等均具有重要保护价值。

习水中亚热带常绿阔叶林国家级自然保护区

习水中亚热带常绿阔叶林国家级自然保护区遥感影像图

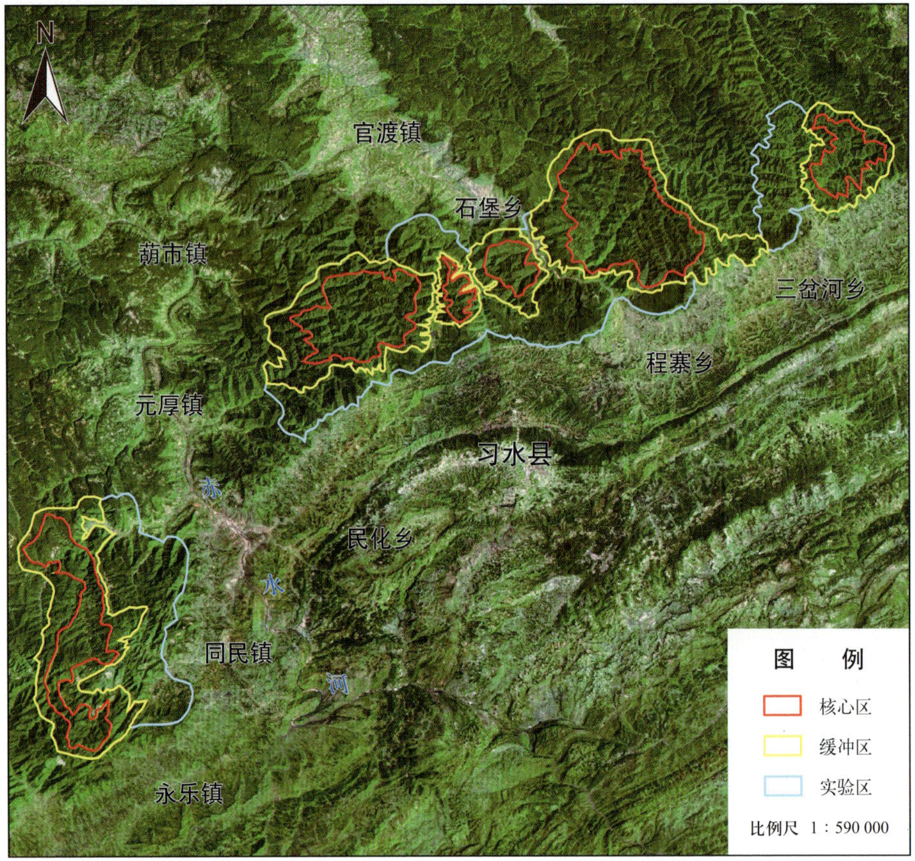
N
官渡镇
石堡乡
葫市镇
三岔河乡
程寨乡
元厚镇
习水县
赤
民化乡
水
同民镇
河
永乐镇
图 例
核心区
缓冲区
实验区
比例尺 1：590 000

影像获取时间：2010 年

习水中亚热带常绿阔叶林国家级自然保护区生态系统类型图

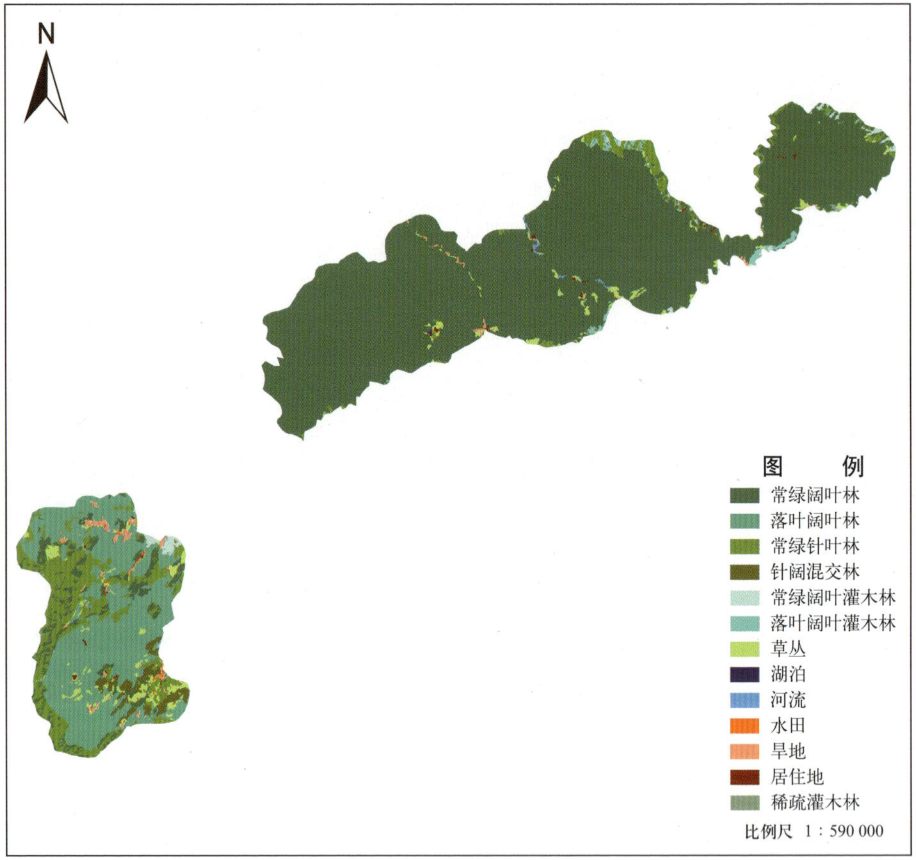
N
图 例
常绿阔叶林
落叶阔叶林
常绿针叶林
针阔混交林
常绿阔叶灌木林
落叶阔叶灌木林
草丛
湖泊
河流
水田
旱地
居住地
稀疏灌木林
比例尺 1：590 000

解译参考影像时间：2011 年

习水中亚热带常绿阔叶林
国家级自然保护区
贵阳

习水中亚热带常绿阔叶林国家级自然保护区位于贵州省遵义市习水县境内，总面积 48 666 公顷，建于 1992 年，1994 年晋升为国家级，主要保护对象为中亚热带常绿阔叶林及野生动植物，属森林生态系统类型的自然保护区。该保护区保存了大面积的亚热带常绿阔叶林，且林相保存完好，原生性强，森林覆盖率达 89.6%。

赤水桫椤国家级自然保护区遥感影像图

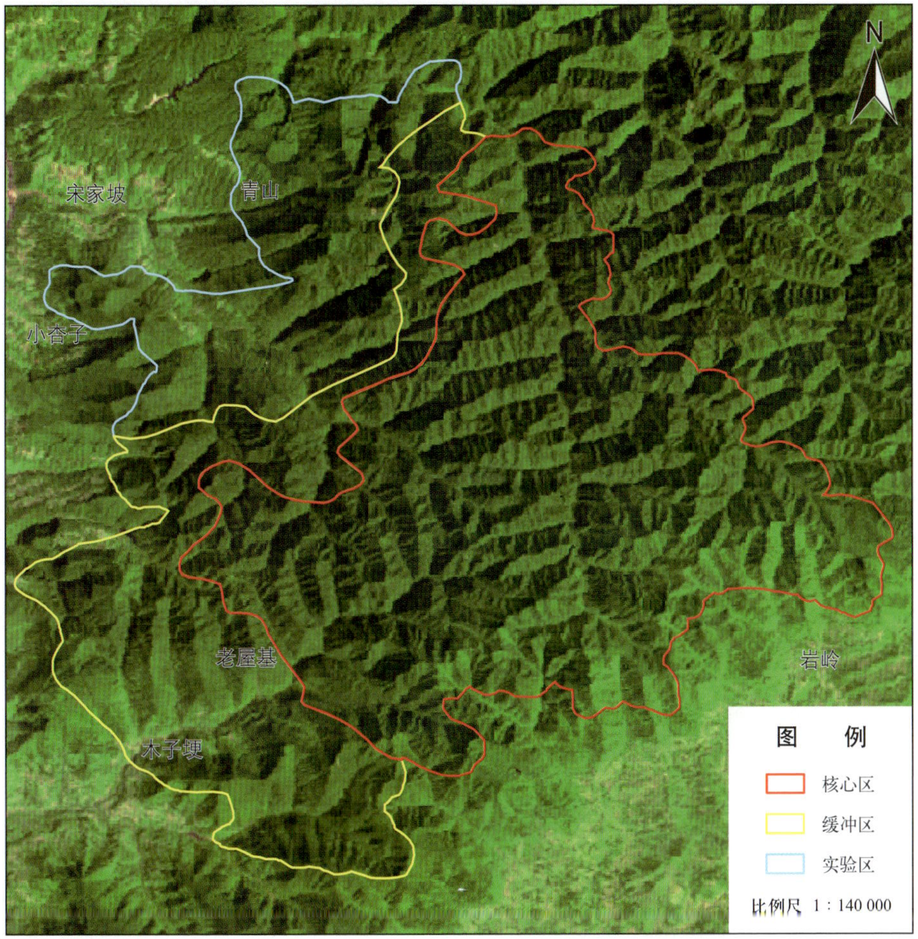
N
宋家坡
青山
小沓子
老屋基
岩岭
木子埂
图 例
核心区
缓冲区
实验区
比例尺 1：140 000

影像获取时间：2010 年

赤水桫椤国家级自然保护区生态系统类型图

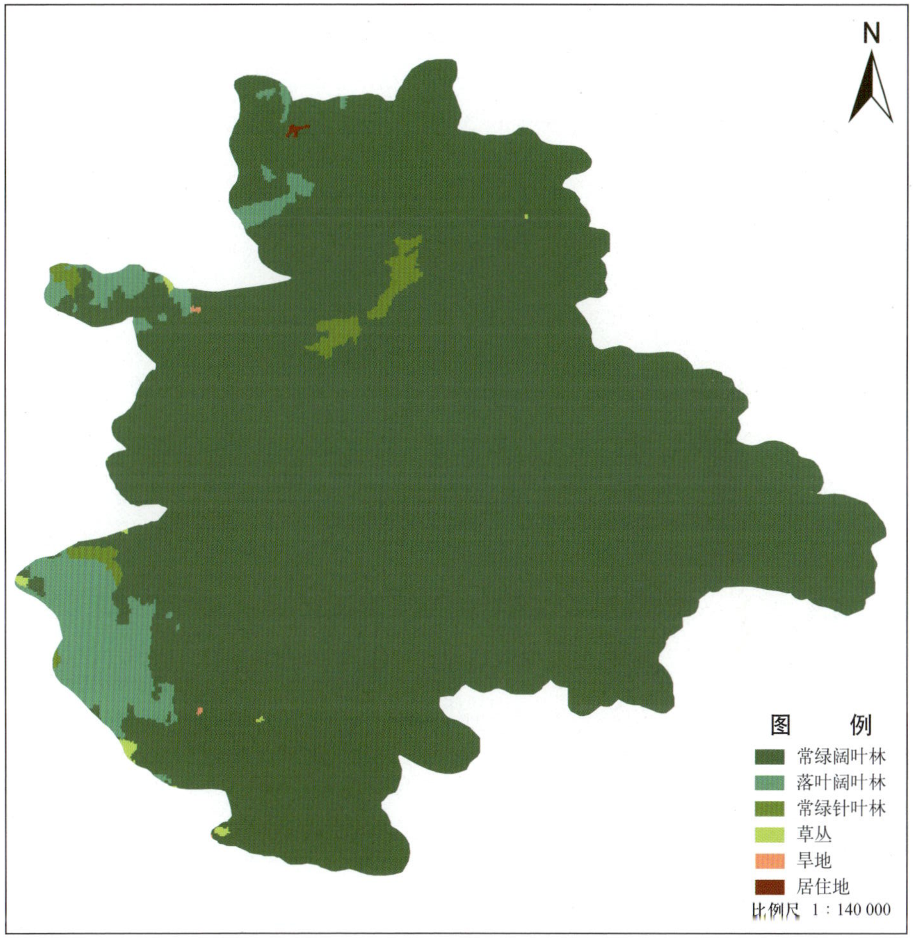
N
图 例
常绿阔叶林
落叶阔叶林
常绿针叶林
草丛
旱地
居住地
比例尺 1：140 000

解译参考影像时间：2011 年

赤水桫椤国家级自然保护区位于贵州省遵义市习水县境内，总面积 13 300 公顷，建于 1984 年，1992 年晋升为国家级，主要保护对象为桫椤、小黄花茶等野生植物，属野生植物类型的自然保护区。该保护区是我国第一个以桫椤及其生态环境为保护对象的国家级自然保护区。保护区内具有桫椤数量多、生长好、分布集中、生态原始的突出特点，是目前国内十分少见的桫椤天然集中分布区之一。

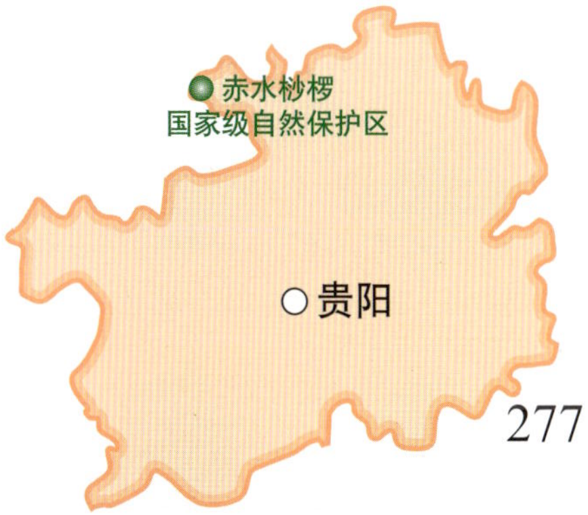
赤水桫椤
国家级自然保护区
贵阳

梵净山国家级自然保护区

梵净山国家级自然保护区遥感影像图

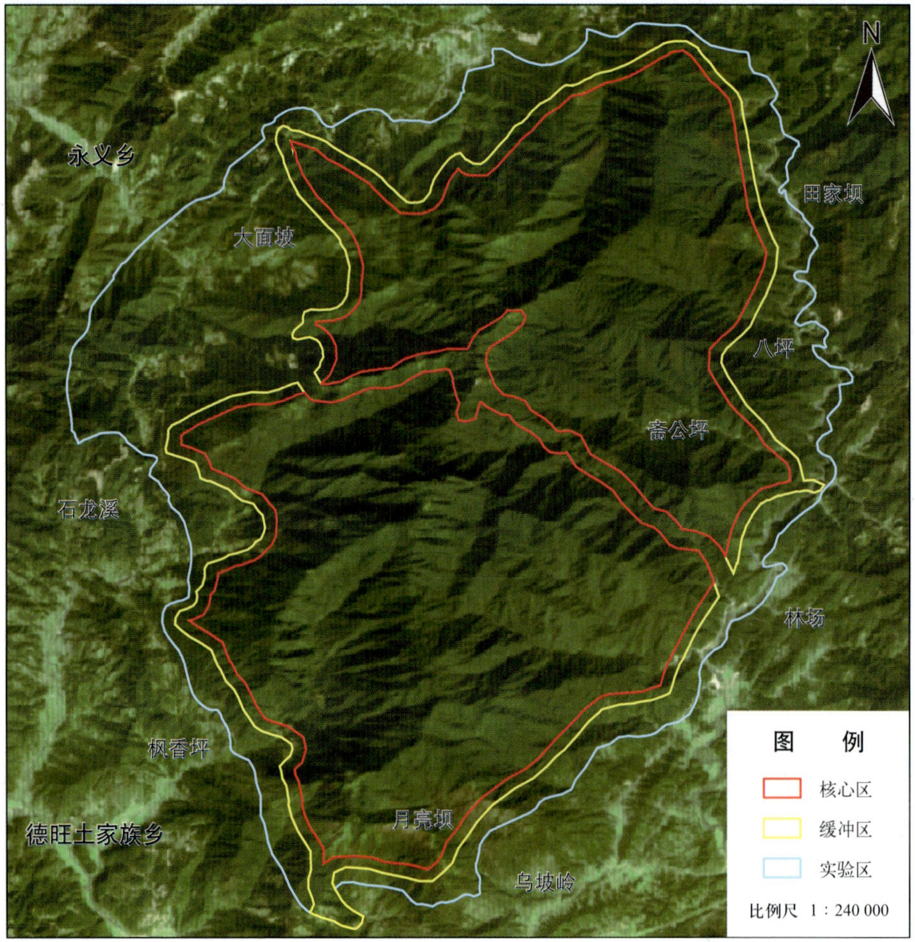
永义乡
田家坝
大面坡
八坪
斋公坪
石龙溪
林场
枫香坪
德旺土家族乡
月亮坝
乌坡岭
N
图例
核心区
缓冲区
实验区
比例尺 1：240 000

影像获取时间：2010 年

梵净山国家级自然保护区生态系统类型图

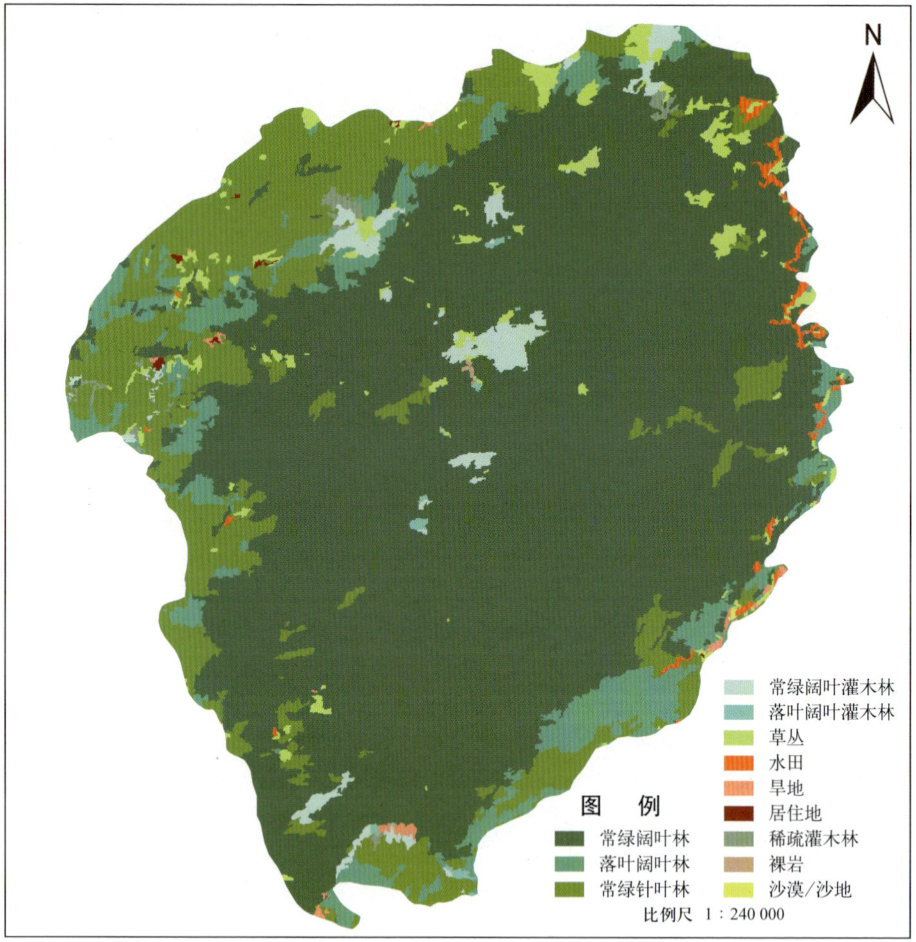
N
图例
常绿阔叶林
落叶阔叶林
常绿针叶林
常绿阔叶灌木林
落叶阔叶灌木林
草丛
水田
旱地
居住地
稀疏灌木林
裸岩
沙漠/沙地
比例尺 1：240 000

解译参考影像时间：2011 年

梵净山国家级自然保护区位于贵州省铜仁市江口县、印江土家族苗族自治县、松桃苗族自治县交界处，总面积 41 900 公顷，建于 1978 年，1986 年晋升为国家级，主要保护对象为森林生态系统及黔金丝猴珍稀动植物，属野生植物森林生态系统类型的自然保护区。该保护区内物种资源十分丰富，分布于该保护区内的国家一级保护动物黔金丝猴，是中国特有的三种金丝猴中数量最少、分布范围最小、濒危度最高的一种，在世界上非常珍稀。

梵净山
国家级自然保护区
贵阳

麻阳河国家级自然保护区遥感影像图

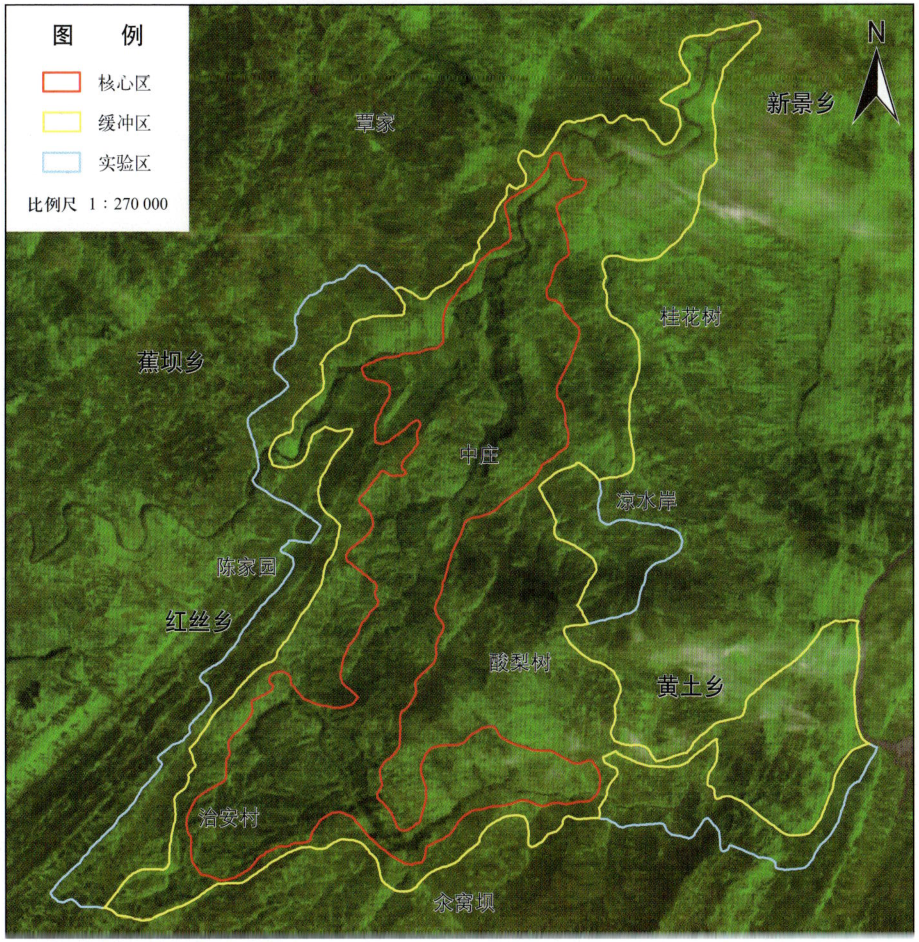
图 例
核心区
缓冲区
实验区
比例尺 1：270 000
N
新景乡
草家
桂花村
蕉坝乡
中庄
凉水岸
陈家园
红丝乡
酸梨树
黄土乡
治安村
佘窝坝

影像获取时间：2010 年

麻阳河国家级自然保护区生态系统类型图

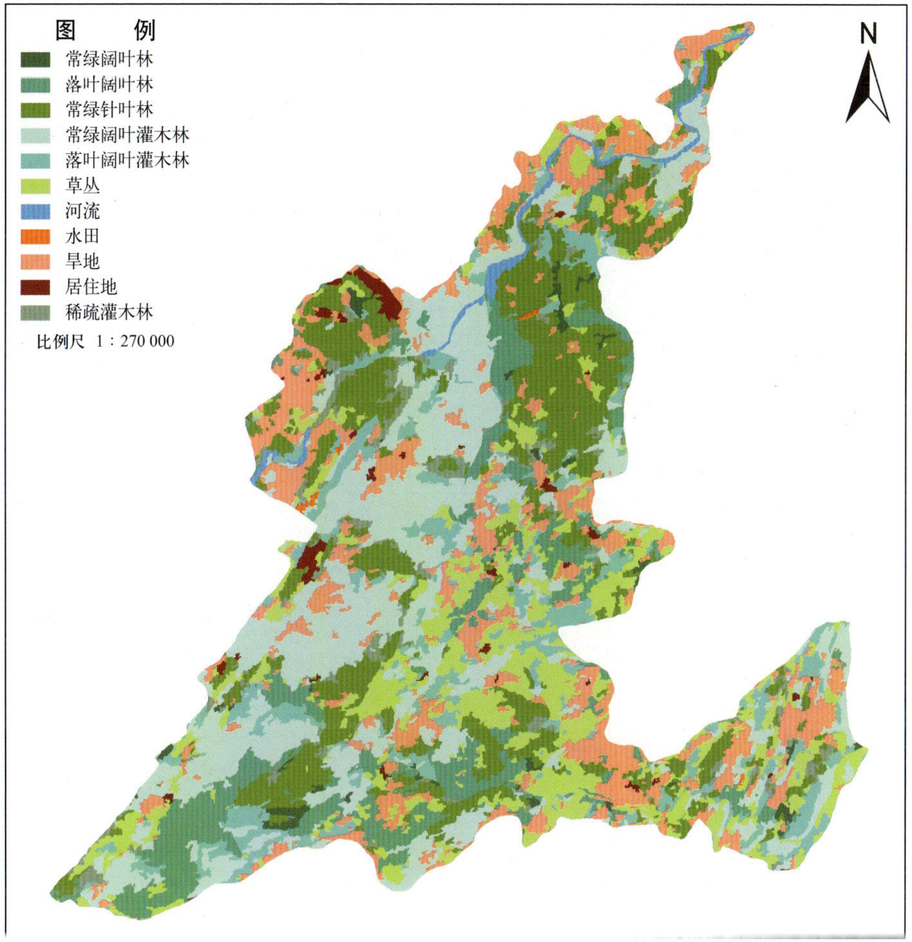
图 例
常绿阔叶林
落叶阔叶林
常绿针叶林
常绿阔叶灌木林
落叶阔叶灌木林
草丛
河流
水田
旱地
居住地
稀疏灌木林
比例尺 1：270 000
N

解译参考影像时间：2011 年

麻阳河国家级自然保护区位于贵州省铜仁市沿河土家族自治县及遵义市务川仡佬族苗族自治县境内，总面积 31 113 公顷，建于 1987 年，2003 年晋升为国家级，主要保护对象为黑叶猴等珍稀动物及其生境，属野生动物类型的自然保护区。该保护区内分布有黑叶猴 76 群 730 只左右，这里是目前我国黑叶猴分布最密集、数量最多的地区，亦是全球最大的黑叶猴种群分布地。

麻阳河
国家级自然保护区
贵阳

威宁草海国家级自然保护区遥感影像图

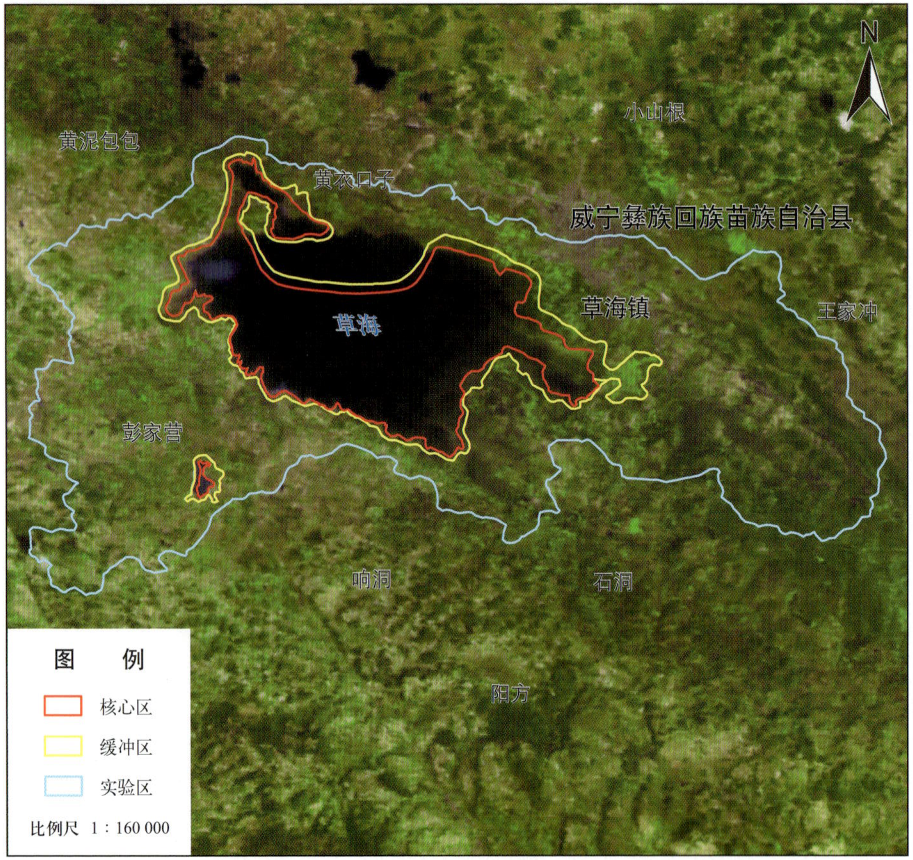
N
黄泥包包
小山根
黄衣口子
威宁彝族回族苗族自治县
草海镇
草海
王家冲
彭家营
响洞
石洞
阳方
图 例
核心区
缓冲区
实验区
比例尺 1 : 160 000

影像获取时间：2010 年

威宁草海国家级自然保护区生态系统类型图

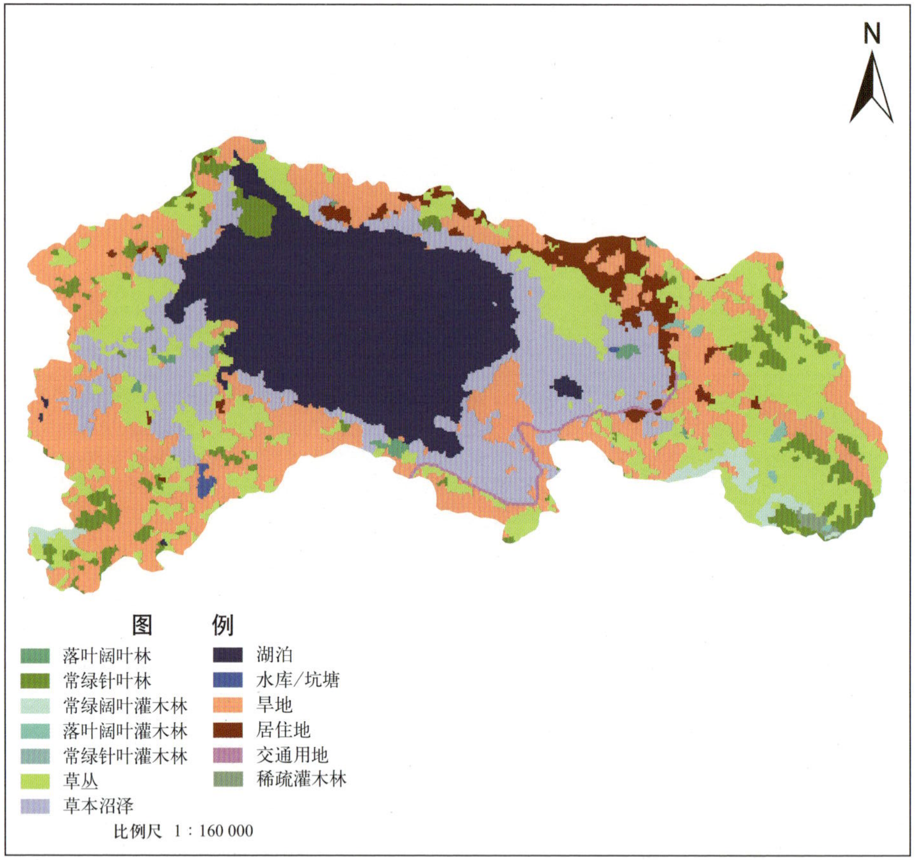
N
图 例
落叶阔叶林
常绿针叶林
常绿阔叶灌木林
落叶阔叶灌木林
常绿针叶灌木林
草丛
草本沼泽
湖泊
水库/坑塘
旱地
居住地
交通用地
稀疏灌木林
比例尺 1 : 160 000

解译参考影像时间：2011 年

威宁草海
国家级自然保护区
贵阳

威宁草海国家级自然保护区位于贵州省毕节市威宁彝族回族苗族自治县境内，总面积 12 000 公顷，建于 1985 年，1992 年晋升为国家级，主要保护对象为高原湿地生态系统及黑颈鹤等，属内陆湿地类型的自然保护区。该保护区四面青山环抱，林木茂密。湖中盛产鱼虾、蒲草等水生动植物，栖息着 100 多种珍奇水鸟，素有“鸟的王国”之称。

雷公山国家级自然保护区遥感影像图

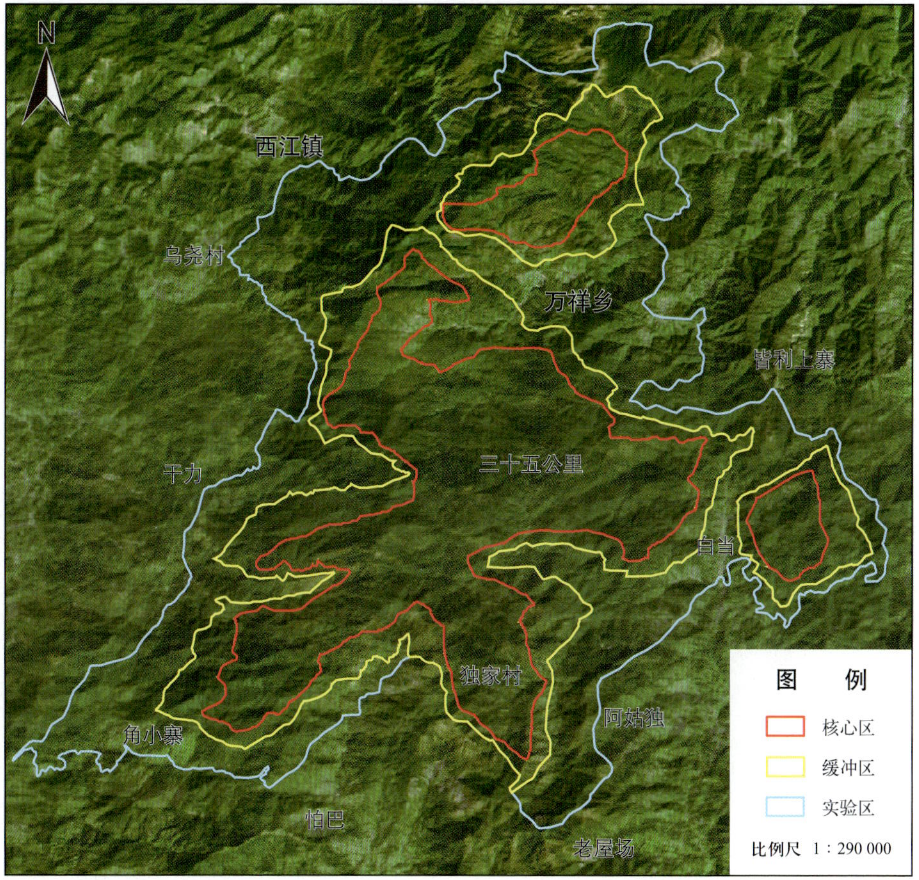
N
西江镇
乌尧村
万祥乡
背刹上寨
干力
三十五公里
白岩
独家村
角小寨
阿姑独
怕巴
老屋场
图 例
核心区
缓冲区
实验区
比例尺 1：290 000

影像获取时间：2010 年

雷公山国家级自然保护区生态系统类型图

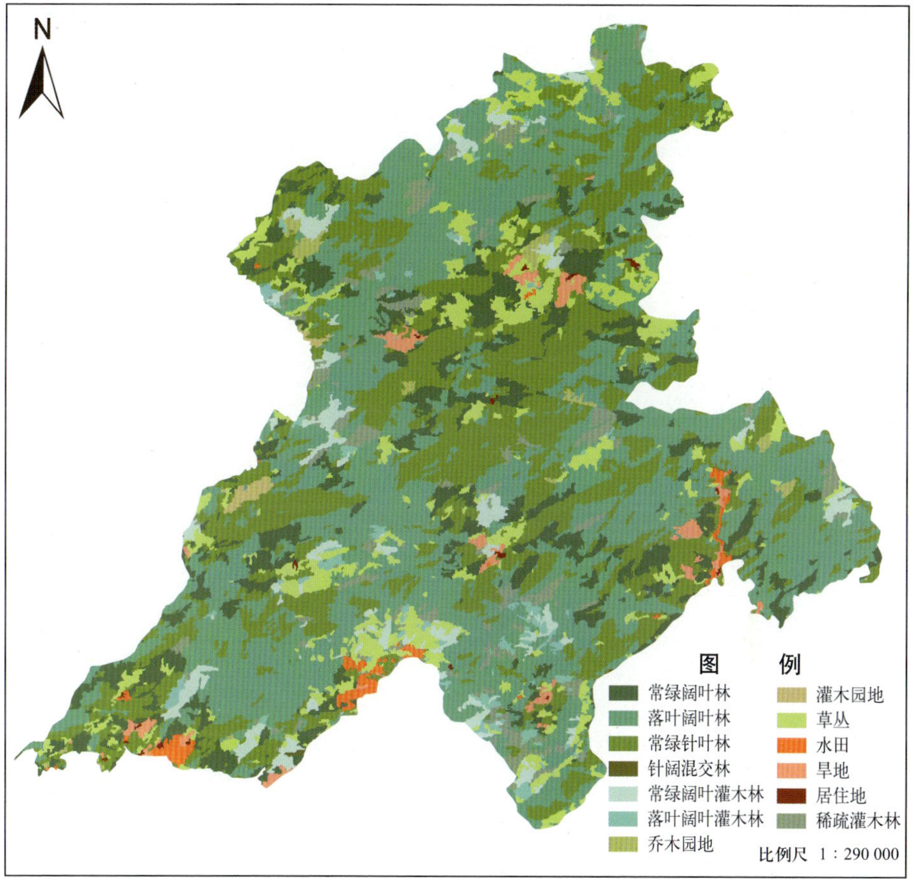
N
图 例
常绿阔叶林
落叶阔叶林
常绿针叶林
针阔混交林
常绿阔叶灌木林
落叶阔叶灌木林
乔木园地
灌木园地
草丛
水田
旱地
居住地
稀疏灌木林
比例尺 1：290 000

解译参考影像时间：2011 年

雷公山国家级自然保护区位于贵州省黔东南苗族侗族自治州的雷山县、台江县、剑河县、榕江县境内，是长江水系与珠江水系的分水岭，保护区总面积 47 300 公顷，建于 1982 年，2001 年晋升为国家级，主要保护对象为中亚热带森林及秃杉等珍稀植物，属森林生态系统类型的自然保护区。该保护区内森林植物、野生动物资源非常丰富，已鉴定的植物类型共有 1 390 种，野生动物类型共有 518 种。

贵阳
雷公山
国家级自然保护区

贵州省 茂兰国家级自然保护区

茂兰国家级自然保护区遥感影像图

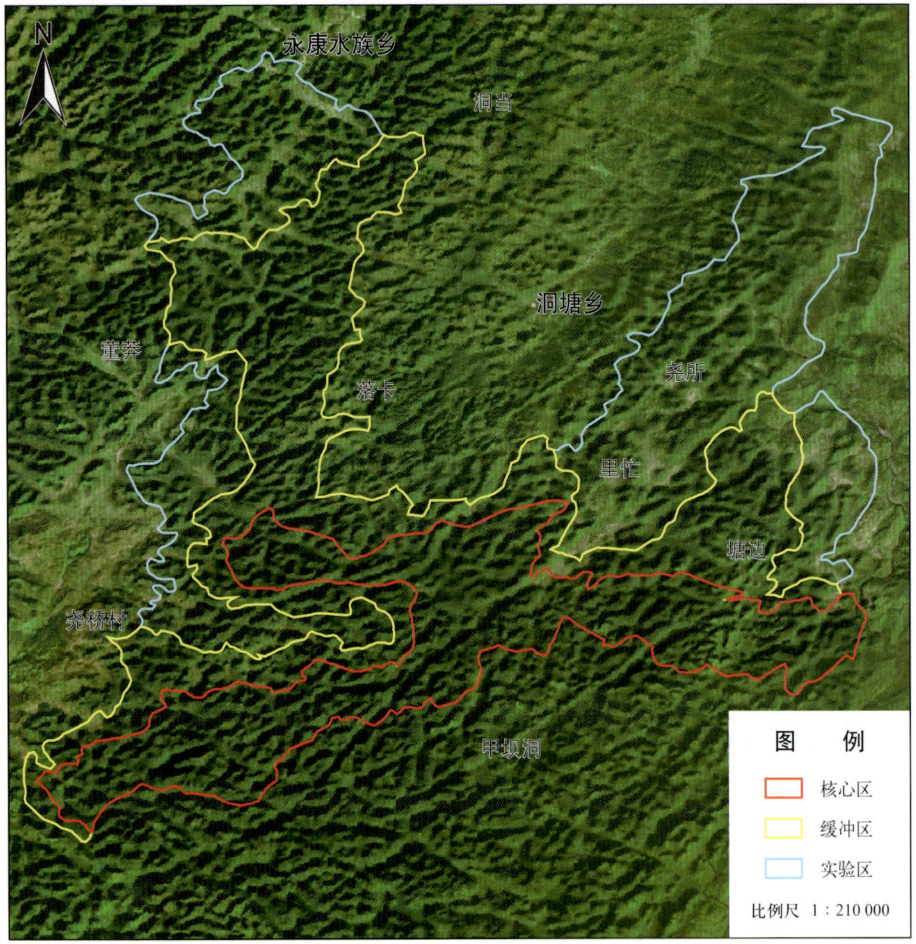
N
永康水族乡
洞当
洞塘乡
董蒋
落卡
尧所
里仁
塘边
尧桥村
甲坝洞
图例
核心区
缓冲区
实验区
比例尺 1∶210 000

影像获取时间：2010 年

茂兰国家级自然保护区生态系统类型图

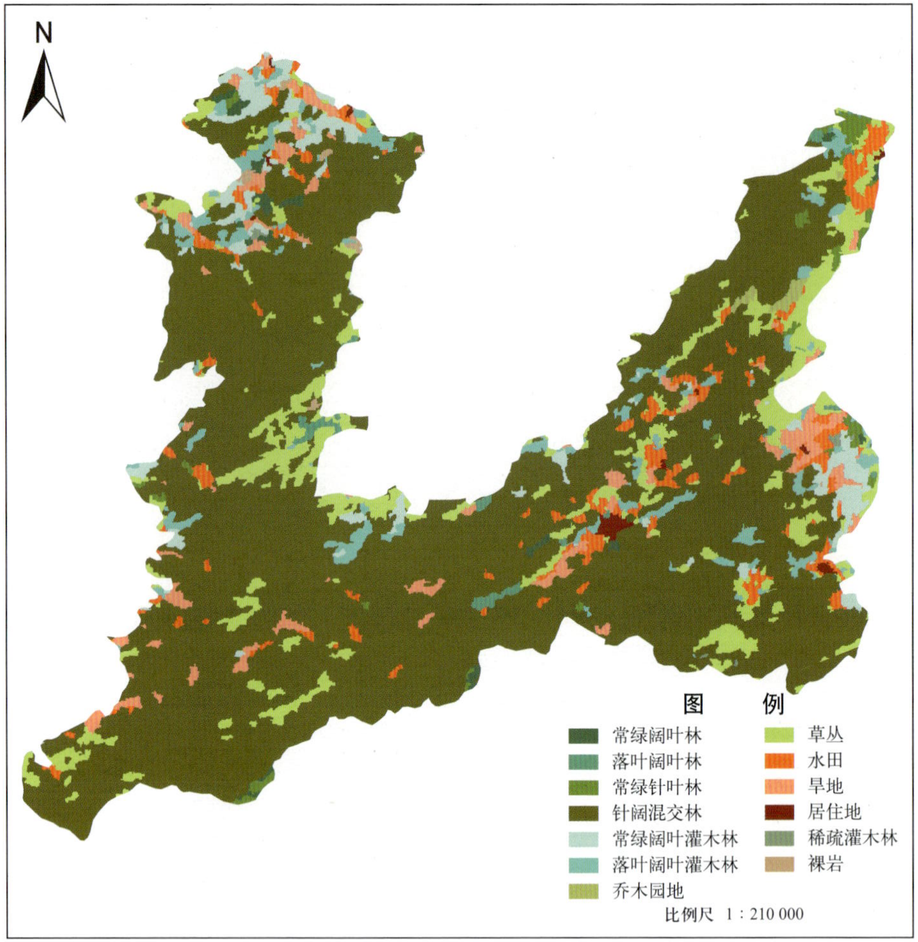
N
图例
常绿阔叶林
落叶阔叶林
常绿针叶林
针阔混交林
常绿阔叶灌木林
落叶阔叶灌木林
乔木园地
草丛
水田
旱地
居住地
稀疏灌木林
裸岩
比例尺 1∶210 000

解译参考影像时间：2010 年

茂兰国家级自然保护区位于贵州省黔南布依族苗族自治州荔波县境内，总面积 20 000 公顷，建于 1986 年，1988 年晋升为国家级，主要保护对象为喀斯特森林生态系统，属森林生态系统类型的自然保护区。该保护区地处云贵高原南缘，属中亚热带季风湿润气候，区内峰峦叠嶂，溪流纵横，原生森林茂密，喀斯特地貌形成的山、水、林、洞、瀑和石融为一体，呈现出喀斯特森林生态环境的完美统一和神奇的特色。

贵阳
茂兰
国家级自然保护区

轿子山国家级自然保护区遥感影像图

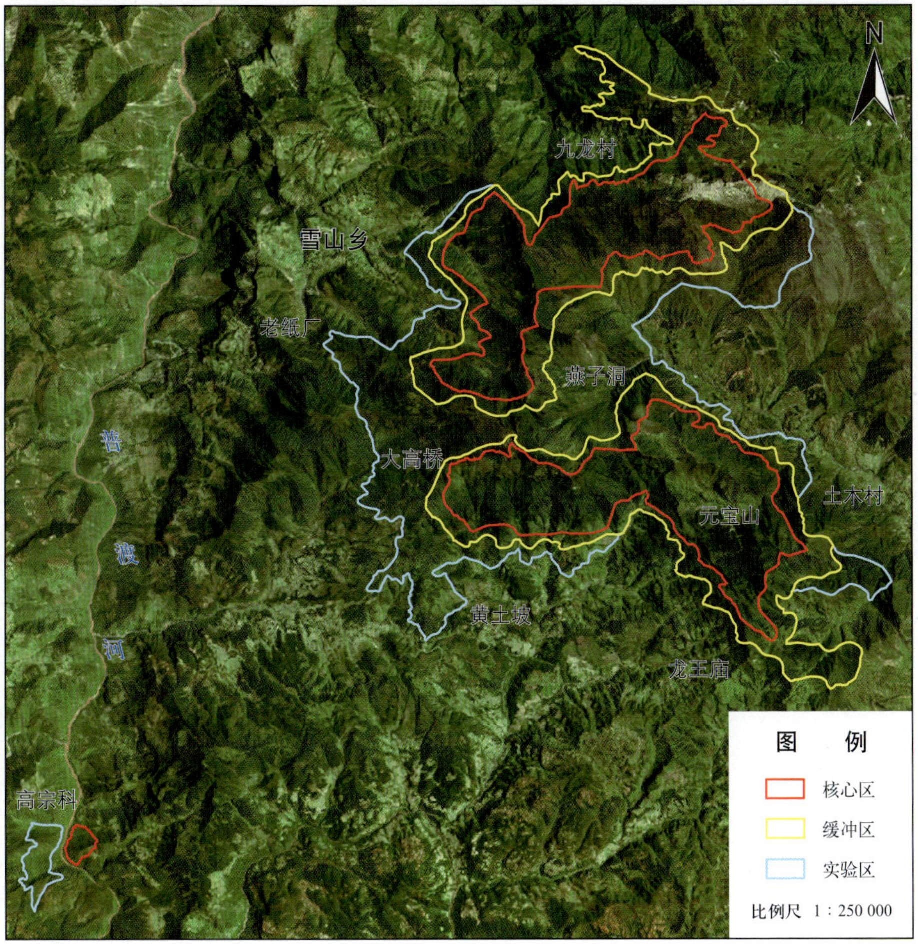
N
九龙村
雪山乡
老纸厂
燕子洞
大高桥
土木村
元宝山
黄土坡
龙王庙
普
渡
河
高宗科
图 例
核心区
缓冲区
实验区
比例尺 1：250 000

影像获取时间：2010 年

轿子山国家级自然保护区生态系统类型图

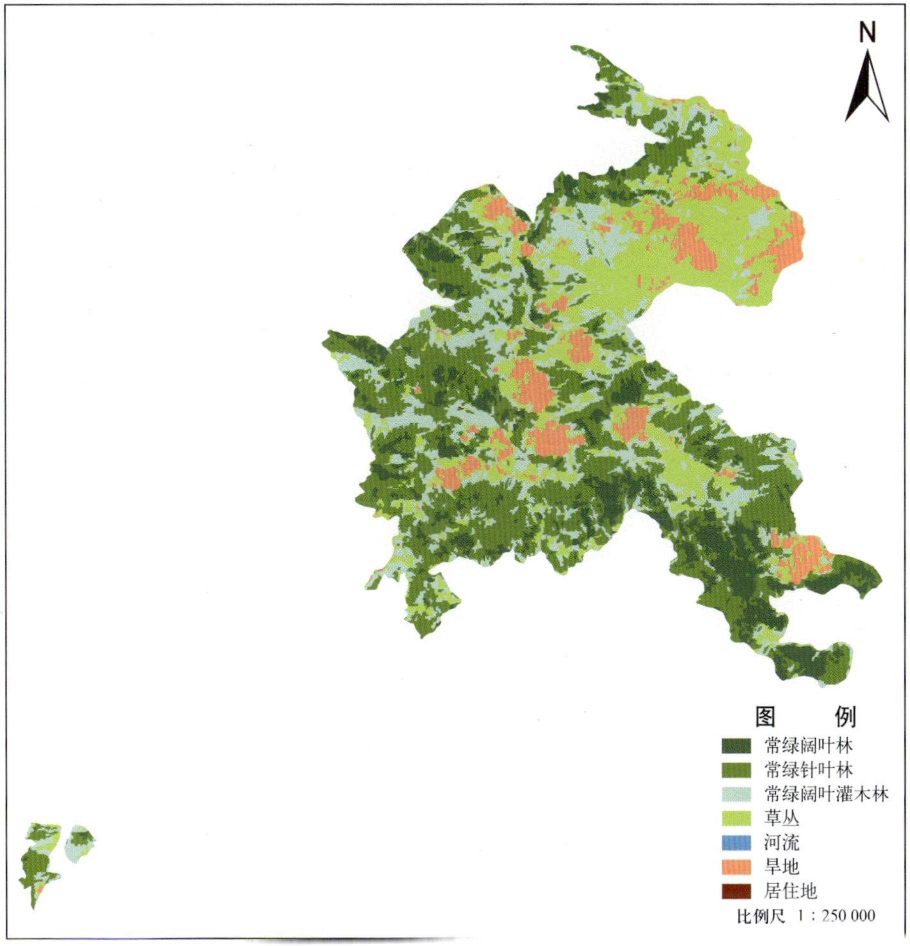
N
图 例
常绿阔叶林
常绿针叶林
常绿阔叶灌木林
草丛
河流
旱地
居住地
比例尺 1：250 000

解译参考影像时间：2011 年

轿子山国家级自然保护区位于云南省昆明市东川区，总面积 16 456 公顷，建于 1994 年，2011 年晋升为国家级，主要保护对象为针叶林、中山湿性常绿阔叶林及珍稀动植物，属于森林生态系统类型的自然保护区。该保护区内动植物资源丰富，保存着野生维管植物 154 科 507 属 1 600 余种，陆生脊椎动物 293 种。

轿子山
国家级自然保护区
昆明

会泽黑颈鹤国家级自然保护区

会泽黑颈鹤国家级自然保护区遥感影像图

N
铁匠村
跃进水库
大桥乡
下河沟
背风湾
木格多
小坡上
大水沟
小水井
图例
核心区
缓冲区
实验区
比例尺 1：270 000

影像获取时间：2010 年

会泽黑颈鹤国家级自然保护区生态系统类型图

N
图例
常绿阔叶林
常绿针叶林
常绿阔叶灌木林
草丛
水库/坑塘
水田
旱地
居住地
比例尺 1：270 000

解译参考影像时间：2010 年

会泽黑颈鹤
国家级自然保护区
昆明

会泽黑颈鹤国家级自然保护区位于云南省曲靖市会泽县境内，东北乌蒙山区中部，总面积 12 911 公顷，建于 1990 年，2006 年晋升为国家级，主要保护对象为黑颈鹤及湿地生态系统，属于野生动物类型的自然保护区。该保护区内水草茂盛，沼泽生态保持完好，是黑颈鹤及其他越冬水禽最理想的栖息环境，也是黑颈鹤赖以生存的最佳环境，保护区内还栖息着国家二级保护动物－灰鹤、赤麻鸭、斑头雁、绿翅鸭、红嘴鸥、苍鹭等近 20 000 只水鸟。

哀牢山国家级自然保护区遥感影像图

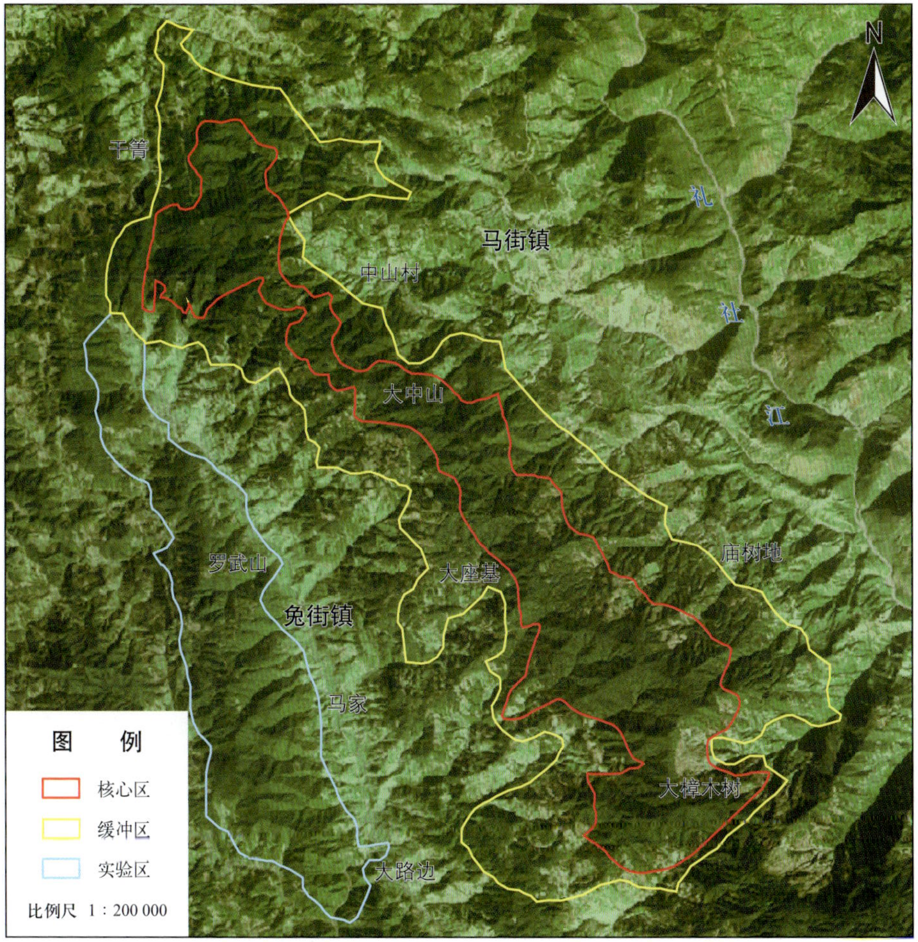
N
千箐
马街镇
中山村
礼
社
江
大中山
罗武山
大座基
庙树地
免街镇
马家
大樟木树
大路边
图 例
核心区
缓冲区
实验区
比例尺 1：200 000

影像获取时间：2010 年

哀牢山国家级自然保护区生态系统类型图

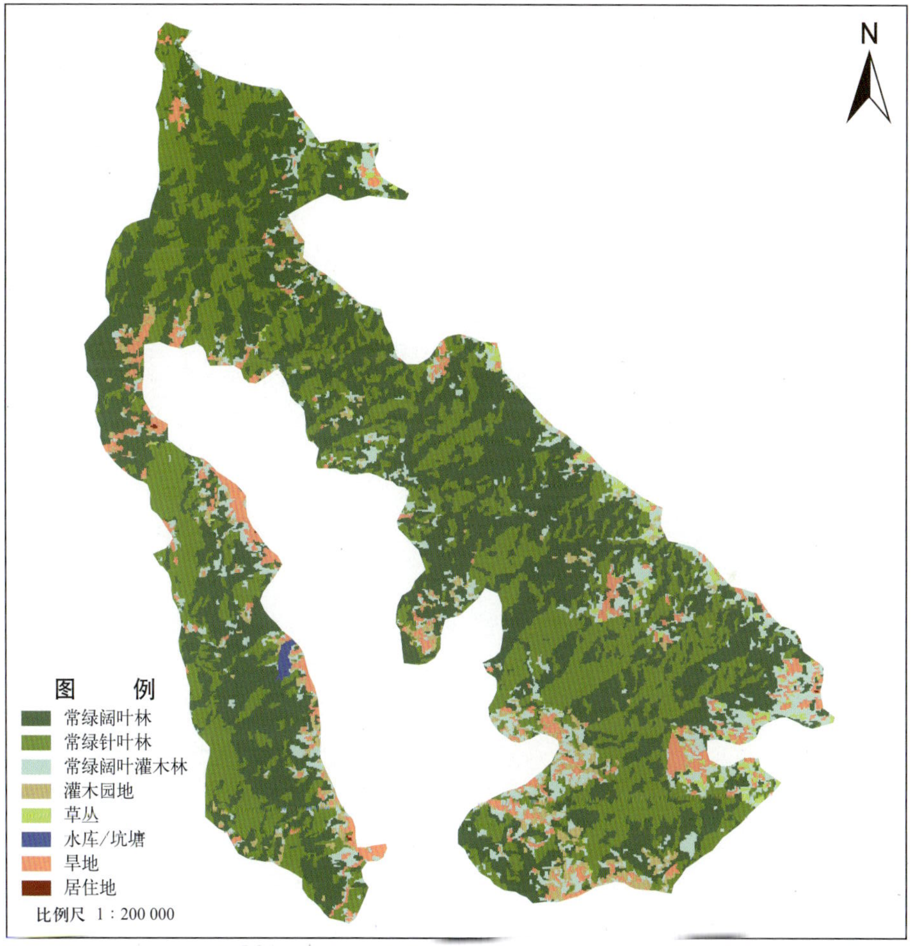
N
图 例
常绿阔叶林
常绿针叶林
常绿阔叶灌木林
灌木园地
草丛
水库/坑塘
旱地
居住地
比例尺 1：200 000

解译参考影像时间：2010 年

哀牢山国家级自然保护区位于云南省楚雄彝族自治州，总面积 67 700 公顷，建于 1986 年，1988 年晋升为国家级，主要保护对象为中山湿性常绿阔叶林及黑冠长臂猿等野生动植物，属于森林生态系统类型的自然保护区。该保护区内植被具有明显的垂直带谱，山顶部的森林是目前中国保存面积最大的中山常绿阔叶林，这里有高等植物约 1 500 种，高等动物 435 种。

昆明
哀牢山
国家级自然保护区

云南省 元江国家级自然保护区

昆明
元江
国家级自然保护区

元江国家级自然保护区位于云南省中南部玉溪市元江哈尼族彝族傣族自治县境内，总面积22 379公顷，建于1989年，2012年晋升为国家级，主要保护对象为干热河谷稀树灌木草丛、亚热带森林及野生动物，属于森林生态系统类型的自然保护区。该保护区内天然森林覆盖率达92.43%，野生植物物种分布密度达每平方千米7.32种，有我国西南山地红河中上游至华中生物地理区具有代表性的天然森林植被类型。

元江国家级自然保护区遥感影像图

N
红岩脚
黑模底
东峨镇
元江哈尼族彝族傣族自治县
二台坡
那塘
都堵
何租垤
青木里
白石岩
余家
龙潭
那诺乡
图 例
核心区
缓冲区
实验区
比例尺 1：490 000

影像获取时间：2010 年

元江国家级自然保护区生态系统类型图

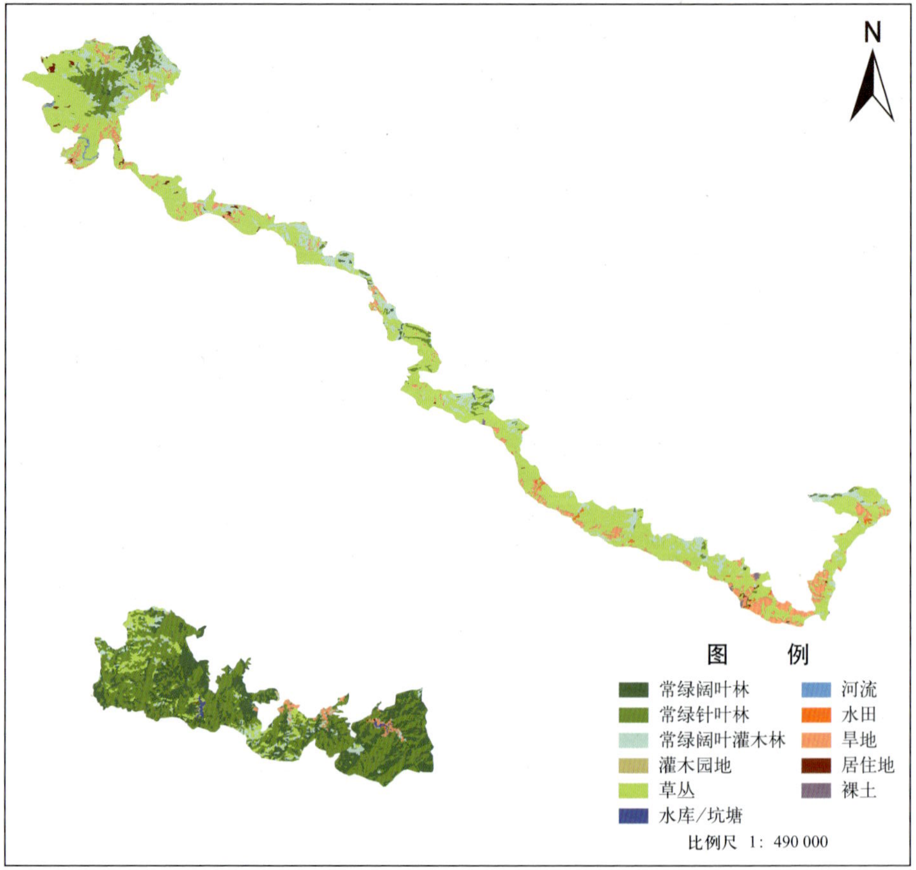
N
图 例
常绿阔叶林
常绿针叶林
常绿阔叶灌木林
灌木园地
草丛
水库/坑塘
河流
水田
旱地
居住地
裸土
比例尺 1：490 000

解译参考影像时间：2010 年

大山包黑颈鹤国家级自然保护区遥感影像图

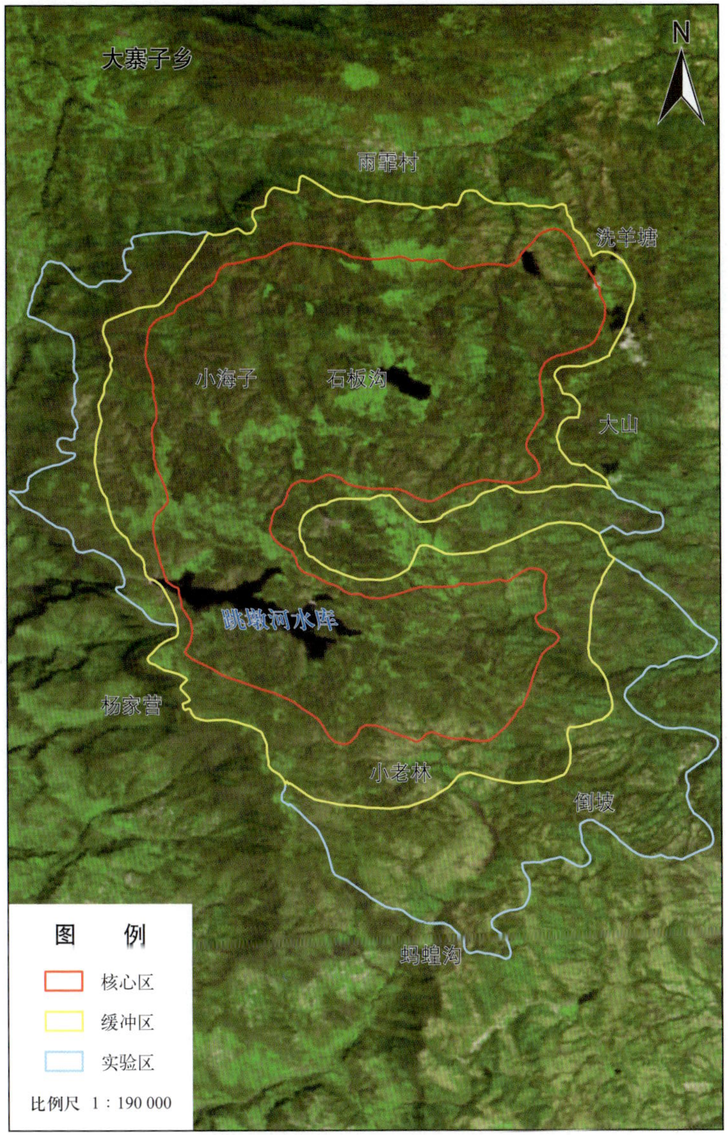
N
大寨子乡
雨霏村
洗羊塘
小海子
石板沟
大山
跳墩河水库
杨家营
小老林
倒坡
蚂蝗沟
图 例
核心区
缓冲区
实验区
比例尺 1：190 000

影像获取时间：2010 年

大山包黑颈鹤国家级自然保护区生态系统类型图

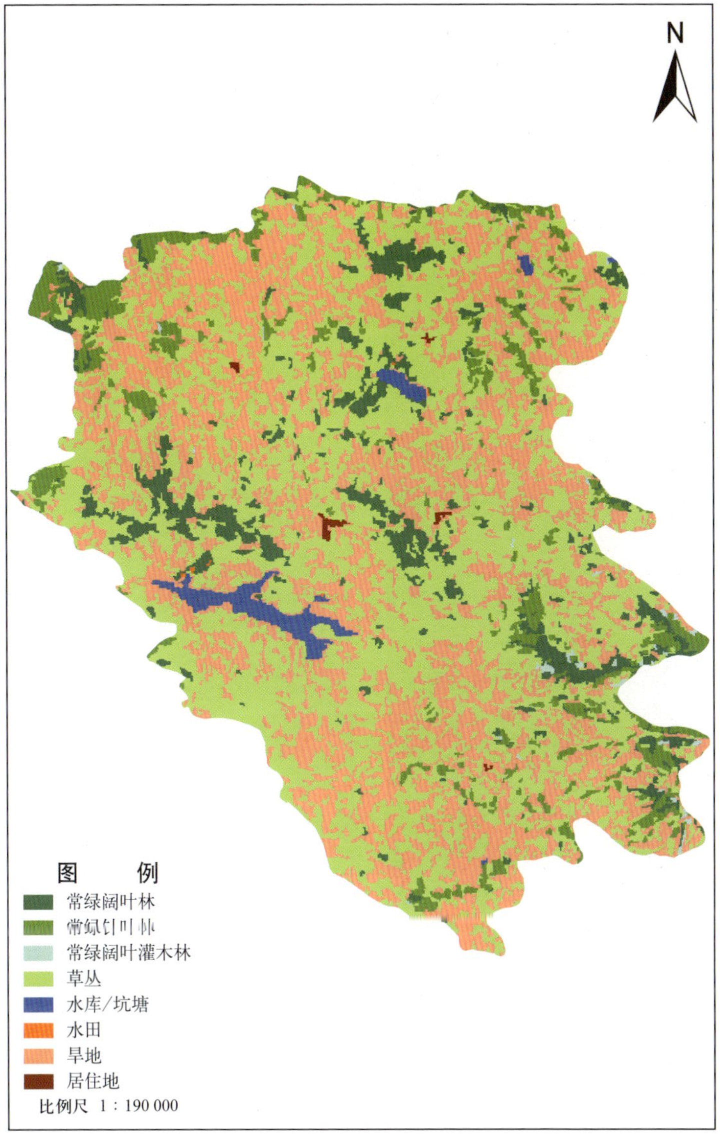
N
图 例
常绿阔叶林
常绿阔叶灌木林
草丛
水库/坑塘
水田
旱地
居住地
比例尺 1：190 000

解译参考影像时间：2011 年

大山包黑颈鹤国家级自然保护区位于云南省昭通市昭阳区境内，总面积 19 200 公顷，建于 1990 年，2003 年晋升为国家级，主要保护对象为黑颈鹤等珍禽及其生境，属于野生动物类型的自然保护区。该保护区内有维管束植物 56 科，131 属 181 种，动物 10 目 28 科 68 种，其中国家一级保护动物黑颈鹤 1 131 只，还有国家一级保护动物白尾海雕 1 只。

大山包黑颈鹤
国家级自然保护区
昆明

云南省 药山国家级自然保护区

药山国家级自然保护区遥感影像图

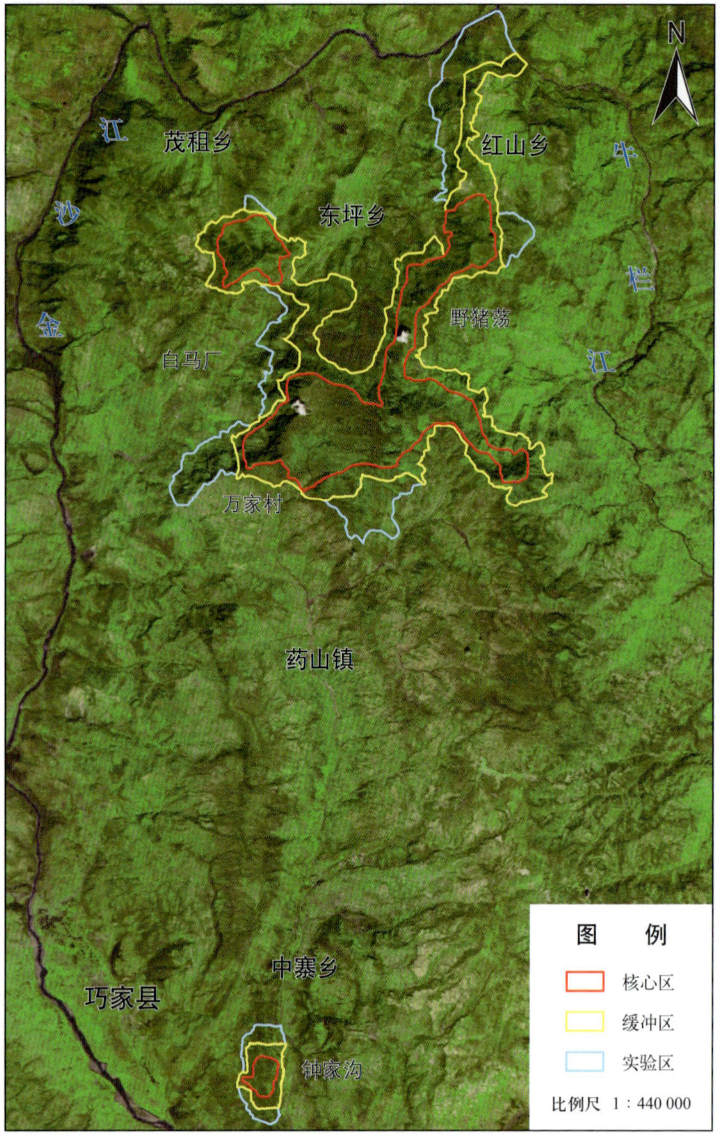

N
茂租乡
红山乡
东坪乡
野猪荡
自马厂
万家村
药山镇
中寨乡
巧家县
钟家沟
金
沙
江
牛
栏
江
图 例
核心区
缓冲区
实验区
比例尺 1：440 000

影像获取时间：2010 年

药山国家级自然保护区生态系统类型图

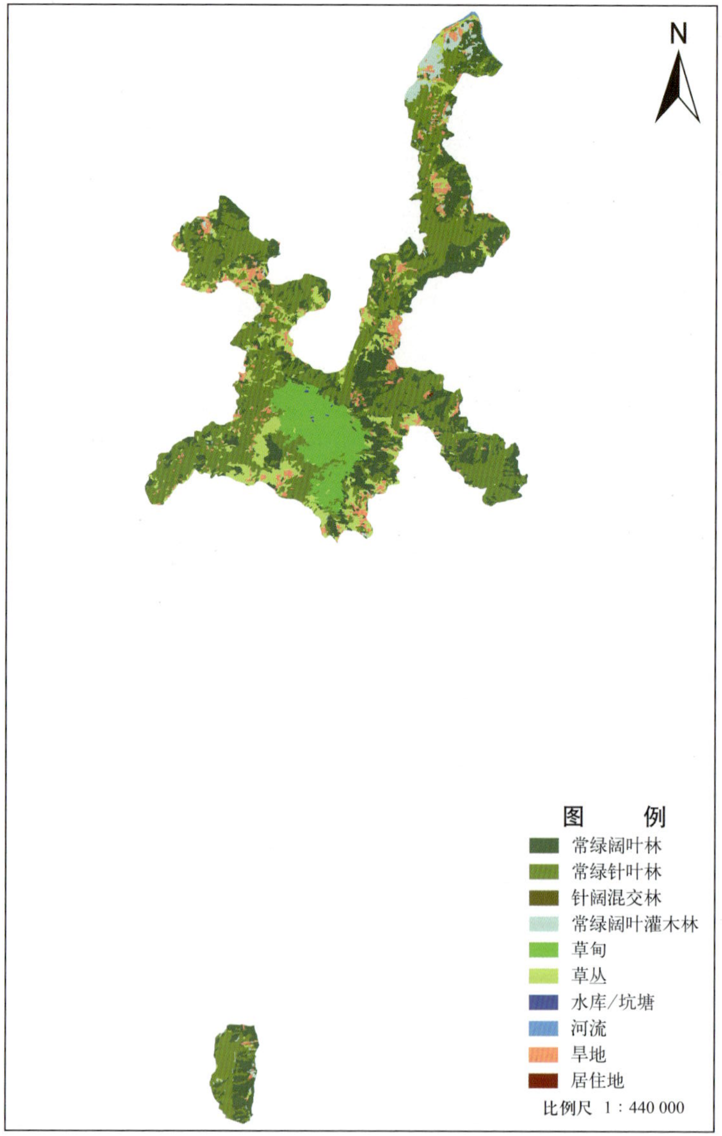

N
图 例
常绿阔叶林
常绿针叶林
针阔混交林
常绿阔叶灌木林
草甸
草丛
水库/坑塘
河流
旱地
居住地
比例尺 1：440 000

解译参考影像时间：2011 年

药山国家级自然保护区位于云南省昭通市巧家县境内，由南北互不相连的两片组成，总面积 20 141 公顷，建于 1984 年，2005 年晋升为国家级，主要保护对象为高山水源林及多种药用植物，属于森林生态系统类型的自然保护区。该保护区被以乌蒙冷杉为主的针叶林和以高山栎为主的常绿阔叶林构成的原始森林覆盖，为野生药材、珍稀植物生长和野生动物生息繁衍创造了良好的条件，这里大面积的珙桐种群更是国内外罕见的奇观。

药山
国家级自然保护区
昆明

无量山国家级自然保护区遥感影像图

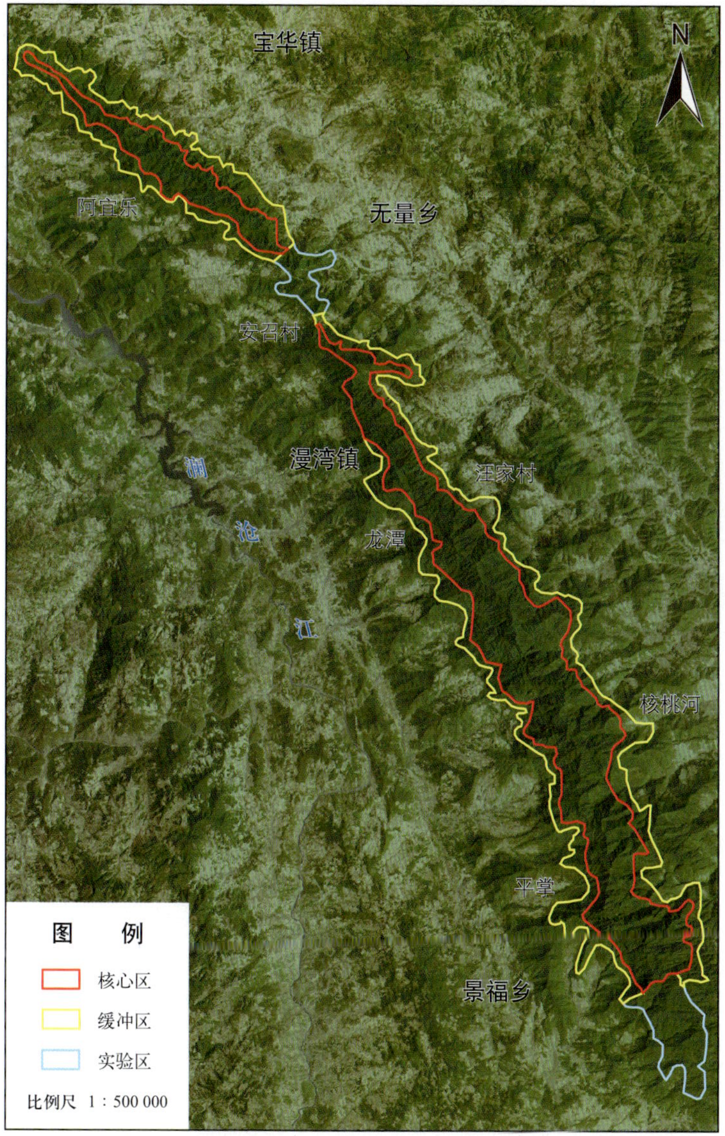
宝华镇
无量乡
阿宜乐
安召村
漫湾镇
汪家村
龙潭
澜
沧
江
核桃河
平掌
景福乡
N
图 例
核心区
缓冲区
实验区
比例尺 1 : 500 000

影像获取时间：2010 年

无量山国家级自然保护区生态系统类型图

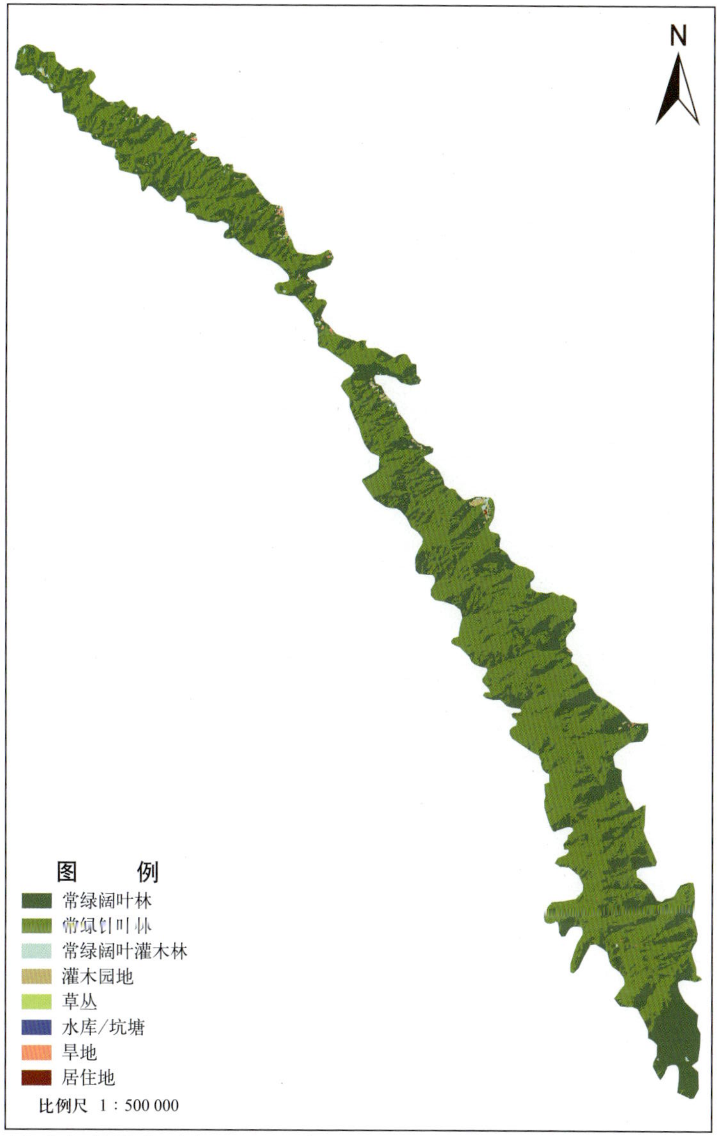
N
图 例
常绿阔叶林
常绿针叶林
常绿阔叶灌木林
灌木园地
草丛
水库/坑塘
旱地
居住地
比例尺 1 : 500 000

解译参考影像时间：2010 年

无量山国家级自然保护区位于云南省普洱市景东彝族自治县和大理白族自治州南涧彝族自治县境内，总面积 30 938 公顷，建于 1986 年，2000 年晋升为国家级，主要保护对象为亚热带常绿阔叶林、黑冠长臂猿等珍稀动物及其栖息地，属于森林生态系统类型的自然保护区。该保护区内有各种树木 45 科 151 种，这里是我国黑长臂猿种群分布最多、最集中的地区，可以说是黑长臂猿的王国。

昆明
无量山
国家级自然保护区

永德大雪山国家级自然保护区遥感影像图

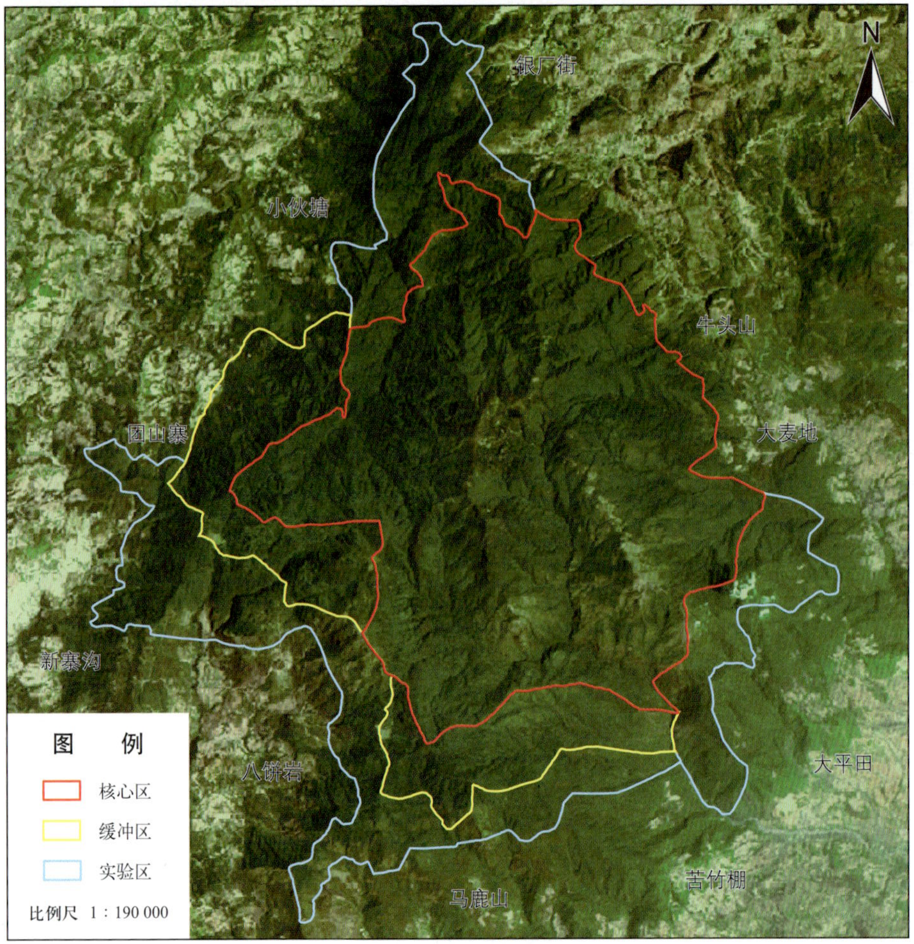
N
银厂街
小伙塘
牛头山
大麦地
团山寨
新寨沟
八饼岩
大平田
马鹿山
苦竹棚
图 例
核心区
缓冲区
实验区
比例尺 1：190 000

影像获取时间：2010 年

永德大雪山国家级自然保护区生态系统类型图

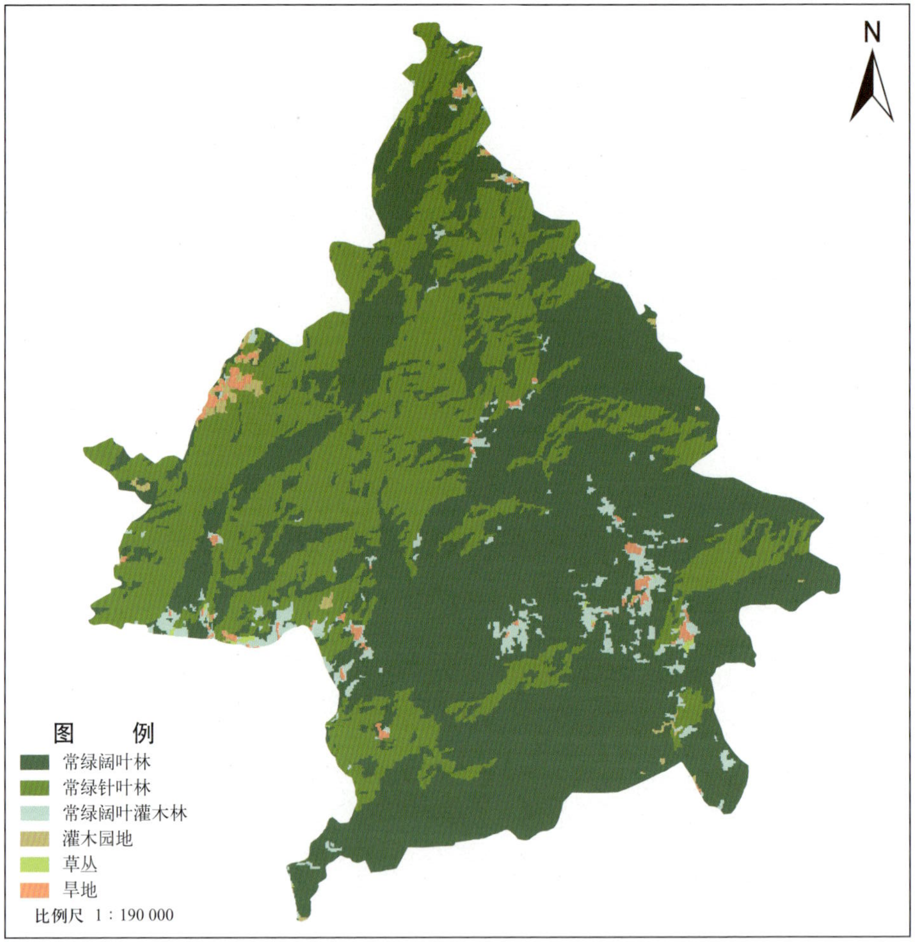
N
图 例
常绿阔叶林
常绿针叶林
常绿阔叶灌木林
灌木园地
草丛
旱地
比例尺 1：190 000

解译参考影像时间：2011 年

昆明
永德大雪山
国家级自然保护区

永德大雪山国家级自然保护区位于云南省临沧市永德县境内，总面积 17 541 公顷，建于 1986 年，2006 年晋升为国家级，主要保护对象为亚热带常绿阔叶林及野生动物，属于森林生态系统类型的自然保护区。该保护区自然地理的生态过渡性，形成了保护区的生物多样性，成为珍稀物种的荟萃之地，是研究物种适应和进化的重要区域，具有重要的保护价值。

南滚河国家级自然保护区遥感影像图

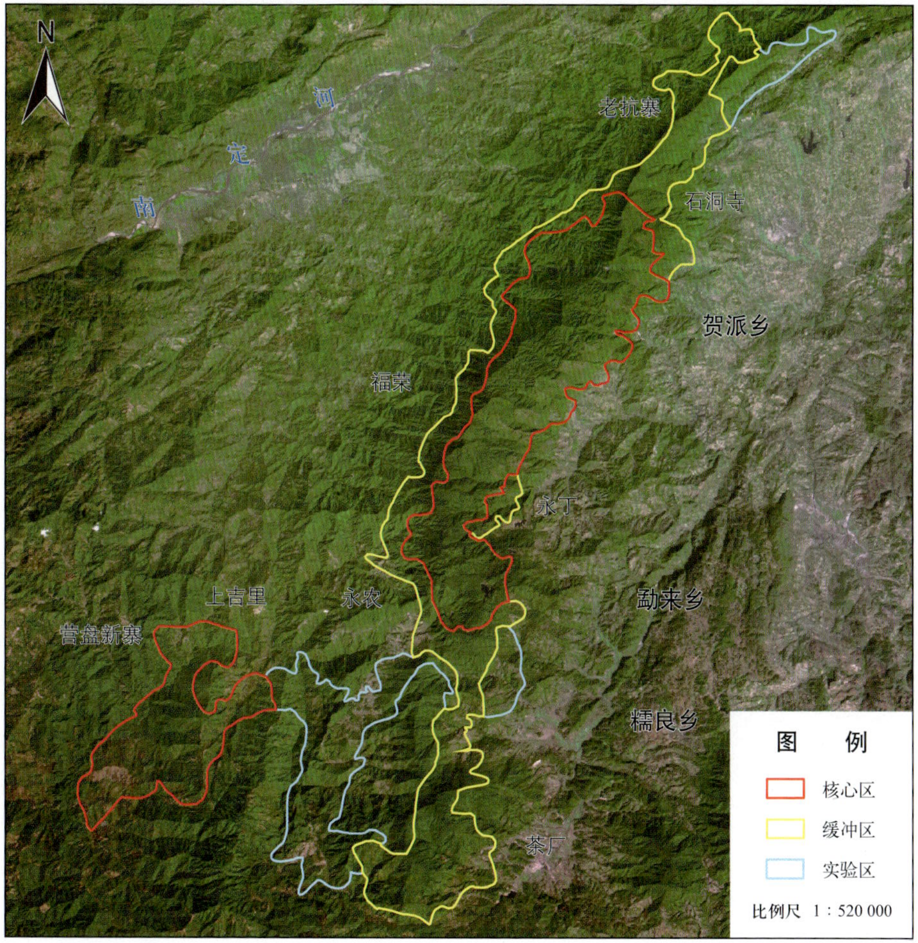
N
南
定
河
老抗寨
石洞寺
贺派乡
福荣
永丁
上吉里
永农
勐来乡
营盘新寨
糯良乡
茶厂
图 例
核心区
缓冲区
实验区
比例尺 1 : 520 000

影像获取时间：2010 年

南滚河国家级自然保护区生态系统类型图

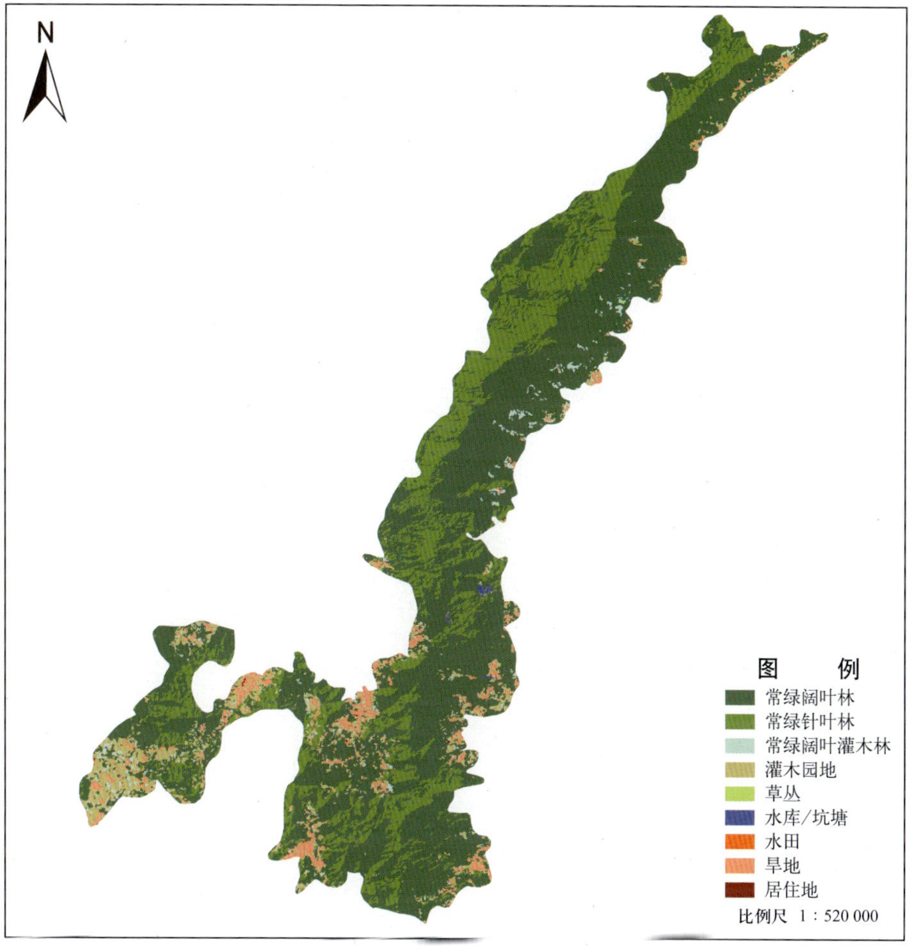
N
图 例
常绿阔叶林
常绿针叶林
常绿阔叶灌木林
灌木园地
草丛
水库/坑塘
水田
旱地
居住地
比例尺 1 : 520 000

解译参考影像时间：2011 年

南滚河国家级自然保护区位于云南省临沧市沧源佤族自治县和耿马傣族佤族自治县境内，总面积 50 887 公顷，建于 1980 年，1994 年晋升为国家级，主要保护对象为亚洲象、孟加拉虎及森林生态系统，属于野生动物类型的自然保护区。该保护区是我国热带生物多样性丰富、具有世界关键意义的国家级自然保护区。

昆明
南滚河
国家级自然保护区

大围山国家级自然保护区

昆明
大围山
国家级自然保护区

大围山国家级自然保护区位于云南省红河哈尼族彝族自治州屏边苗族自治县、河口瑶族自治县、蒙自市和个旧市境内，总面积 43 993 公顷，建于 1986 年，2001 年晋升为国家级，主要保护对象为南亚热带常绿阔叶林及珍稀动物，属于森林生态系统类型的自然保护区。该保护区是中国唯一以云南龙脑香为标志的热带湿润雨林、垂直带上的季风常绿阔叶林和山地苔藓常绿阔叶林的地区，这些都是特殊的森林植被类型，具有重要的保护价值。

大围山国家级自然保护区遥感影像图

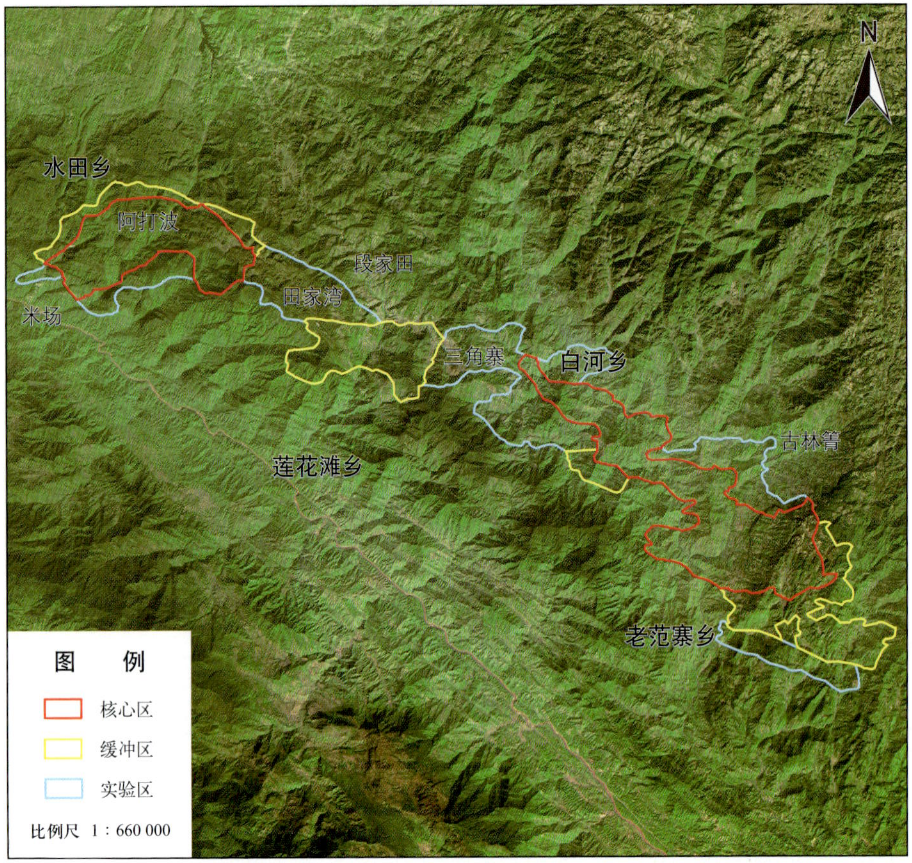
N
水田乡
阿打波
段家田
田家湾
米场
三角寨
白河乡
吉林箐
莲花滩乡
老范寨乡
图 例
核心区
缓冲区
实验区
比例尺 1：660 000

影像获取时间：2010 年

大围山国家级自然保护区生态系统类型图

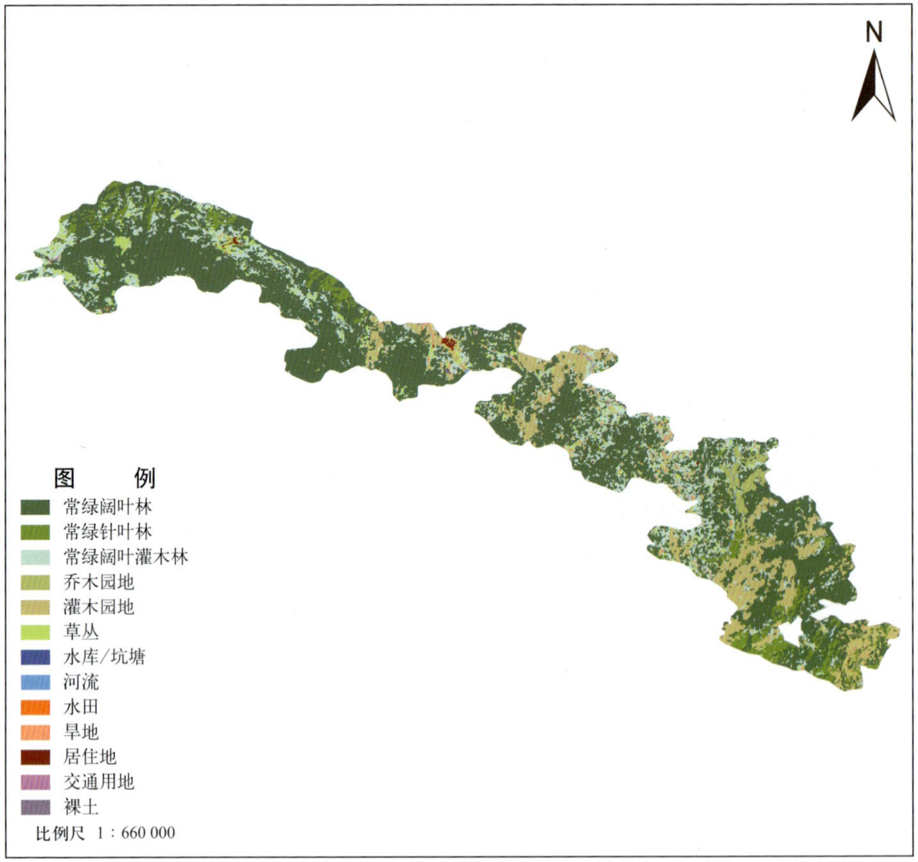
N
图 例
常绿阔叶林
常绿针叶林
常绿阔叶灌木林
乔木园地
灌木园地
草丛
水库/坑塘
河流
水田
旱地
居住地
交通用地
裸土
比例尺 1：660 000

解译参考影像时间：2010 年

金平分水岭国家级自然保护区遥感影像图

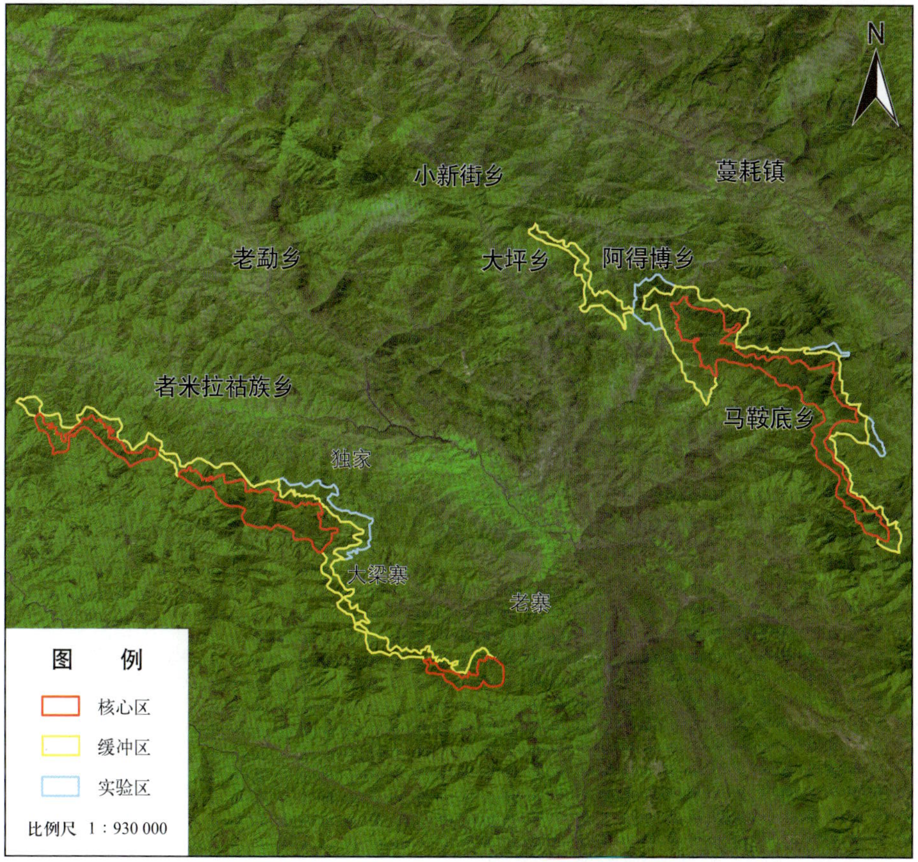
N
小新街乡
蔓耗镇
老勐乡
大坪乡
阿得博乡
者米拉祜族乡
马鞍底乡
独家
大梁寨
老寨
图 例
核心区
缓冲区
实验区
比例尺 1 : 930 000

影像获取时间：2010 年

金平分水岭国家级自然保护区生态系统类型图

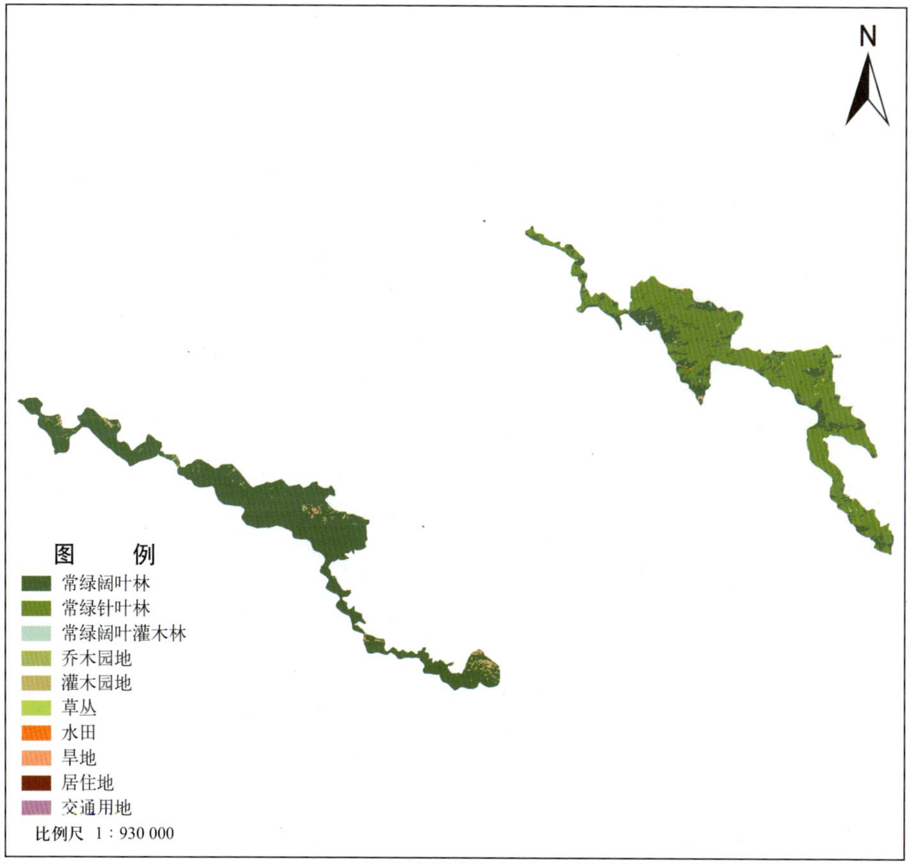
N
图 例
常绿阔叶林
常绿针叶林
常绿阔叶灌木林
乔木园地
灌木园地
草丛
水田
旱地
居住地
交通用地
比例尺 1 : 930 000

解译参考影像时间：2010 年

金平分水岭国家级自然保护区位于云南省红河哈尼族彝族自治州金平苗族瑶族傣族自治县境内，总面积 42 027 公顷，建于 1986 年，2001 年晋升为国家级，主要保护对象为南亚热带山地苔藓常绿阔叶林及珍稀动植物，属于森林生态系统类型的自然保护区。该保护区内有国内面积最大且保持完整的原始状态山地苔藓常绿阔叶林，有国家重点保护植物 37 科 72 属 105 种，动物有兽类 9 目 29 科 120 种，两栖爬行类 91 种，鸟类 338 种。

昆明
金平分水岭
国家级自然保护区

黄连山国家级自然保护区

黄连山国家级自然保护区遥感影像图

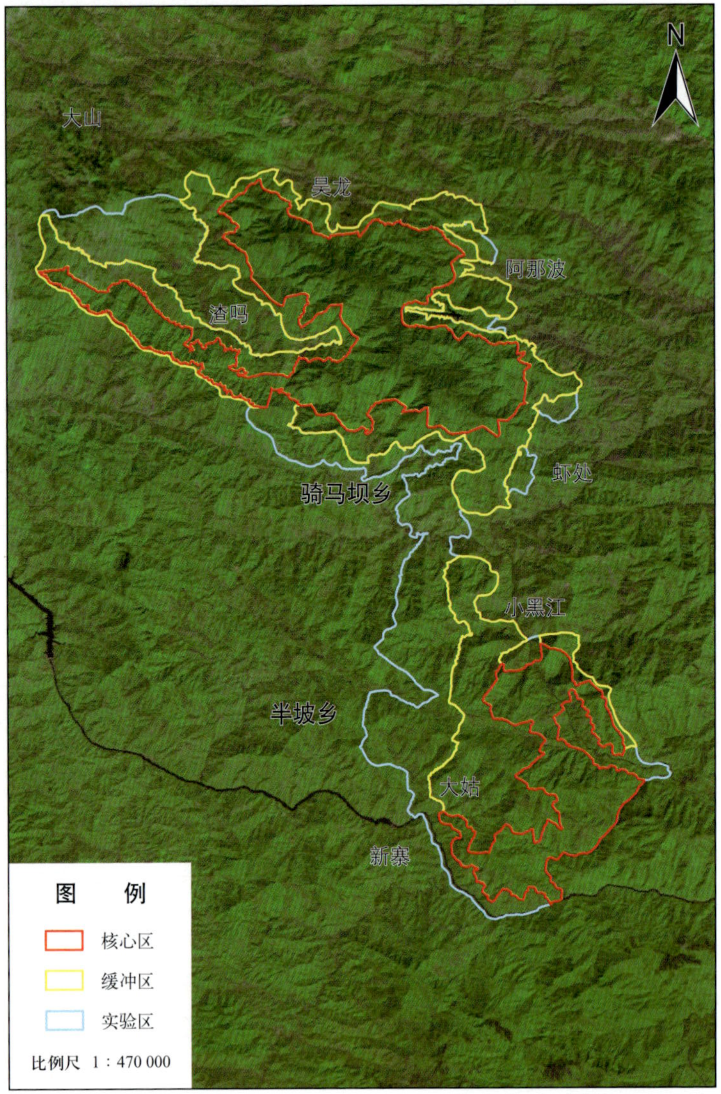
N
大山
昊龙
阿那波
渣吗
虾处
骑马坝乡
小黑江
半坡乡
大姑
新寨
图例
核心区
缓冲区
实验区
比例尺 1：470 000

影像获取时间：2010 年

黄连山国家级自然保护区生态系统类型图

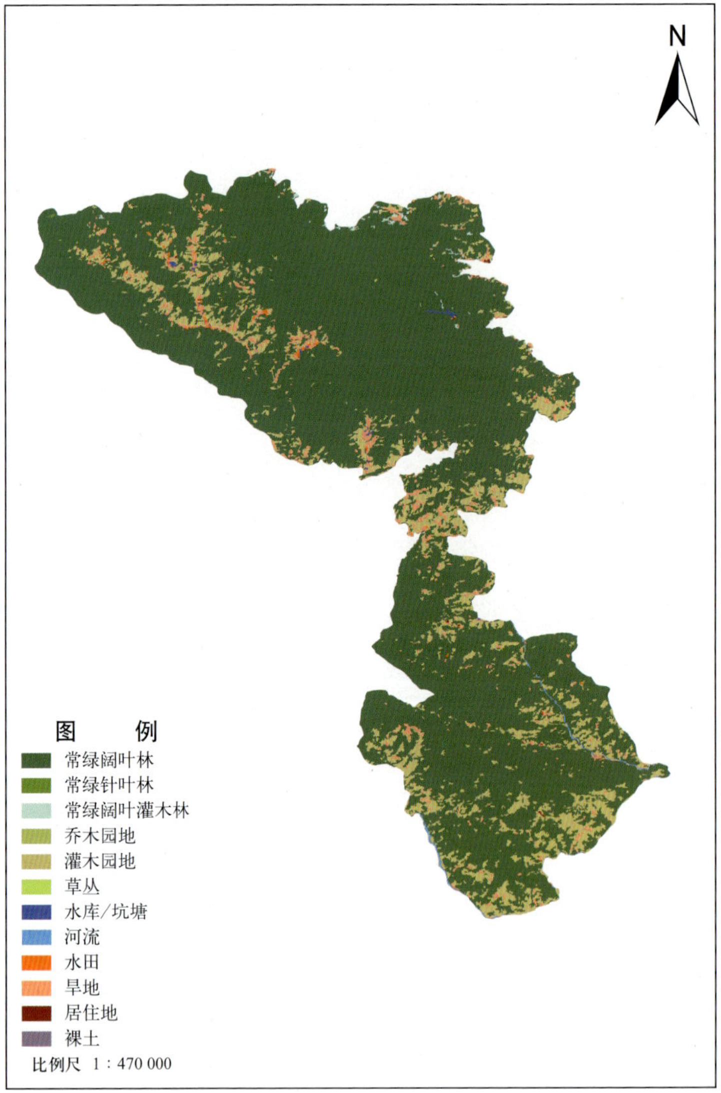
N
图例
常绿阔叶林
常绿针叶林
常绿阔叶灌木林
乔木园地
灌木园地
草丛
水库/坑塘
河流
水田
旱地
居住地
裸土
比例尺 1：470 000

解译参考影像时间：2010 年

昆明
黄连山
国家级自然保护区

黄连山国家级自然保护区位于云南省红河哈尼族彝族自治州绿春县境内，属哀牢山南延余脉，总面积 65 058 公顷，建于 1983 年，2003 年晋升为国家级，主要保护对象为亚热带常绿阔叶林和野生动植物，属于森林生态系统类型的自然保护区。该保护区内森林覆盖率达 75.3%，是世界上生物多样性最丰富的“绿色三角洲”之一。

文山国家级自然保护区遥感影像图

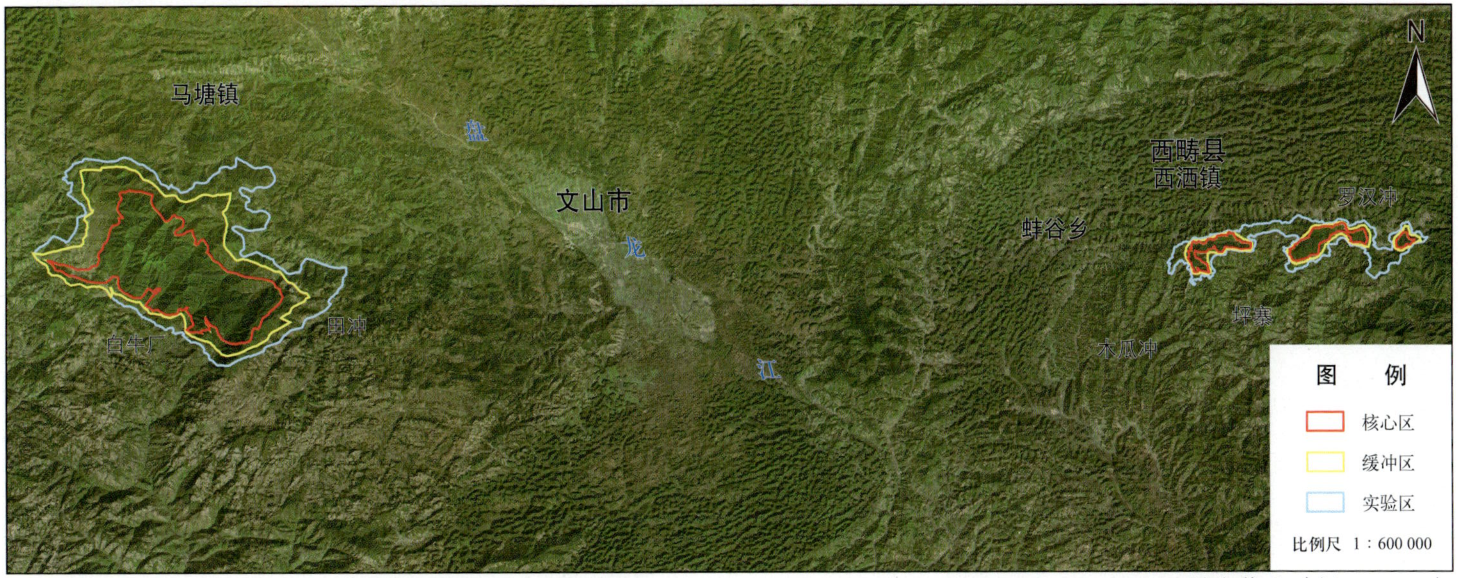
N
马塘镇
盘
文山市
龙
江
西畴县
西洒镇
蚌谷乡
罗汉冲
坪寨
木瓜冲
田冲
白牛厂
图例
核心区
缓冲区
实验区
比例尺 1 : 600 000

影像获取时间：2010 年

文山国家级自然保护区生态系统类型图

N
图例
常绿阔叶林
常绿针叶林
常绿阔叶灌木林
草丛
河流
旱地
居住地
裸土
比例尺 1 : 600 000

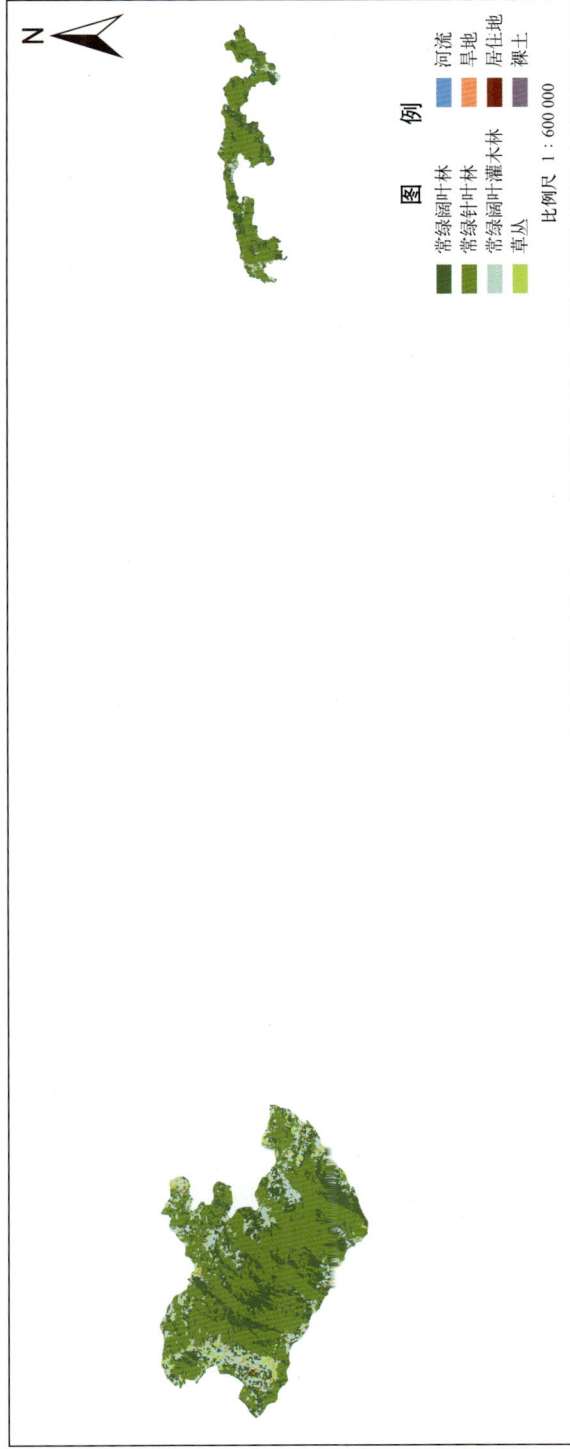

解译参考影像时间：2010 年

文山国家级自然保护区位于云南省文山壮族苗族自治州的文山市和西畴县境内，总面积 26 867 公顷，建于 1980 年，2003 年晋升为国家级，主要保护对象为岩溶中山南亚热带季风常绿阔叶林、亚热带山地苔藓常绿阔叶林及野生动植物，属于森林生态系统类型的自然保护区。该保护区内生物古老而丰富，植被类型和动物种群多样，被称为“北回归线的绿洲”。

昆明
文山
国家级自然保护区

西双版纳国家级自然保护区

西双版纳国家级自然保护区位于云南省西双版纳傣族自治州景洪市、勐海县和勐腊县境内，总面积241 776公顷，建于1958年，1986年晋升为国家级，主要保护对象为热带森林生态系统及珍稀野生动植物，属于森林生态系统类型的自然保护区。该保护区是中国除海南省以外热带原始林保存最好的地区，以“动植物王国”闻名中外。

昆明
西双版纳
国家级自然保护区

西双版纳国家级自然保护区遥感影像图

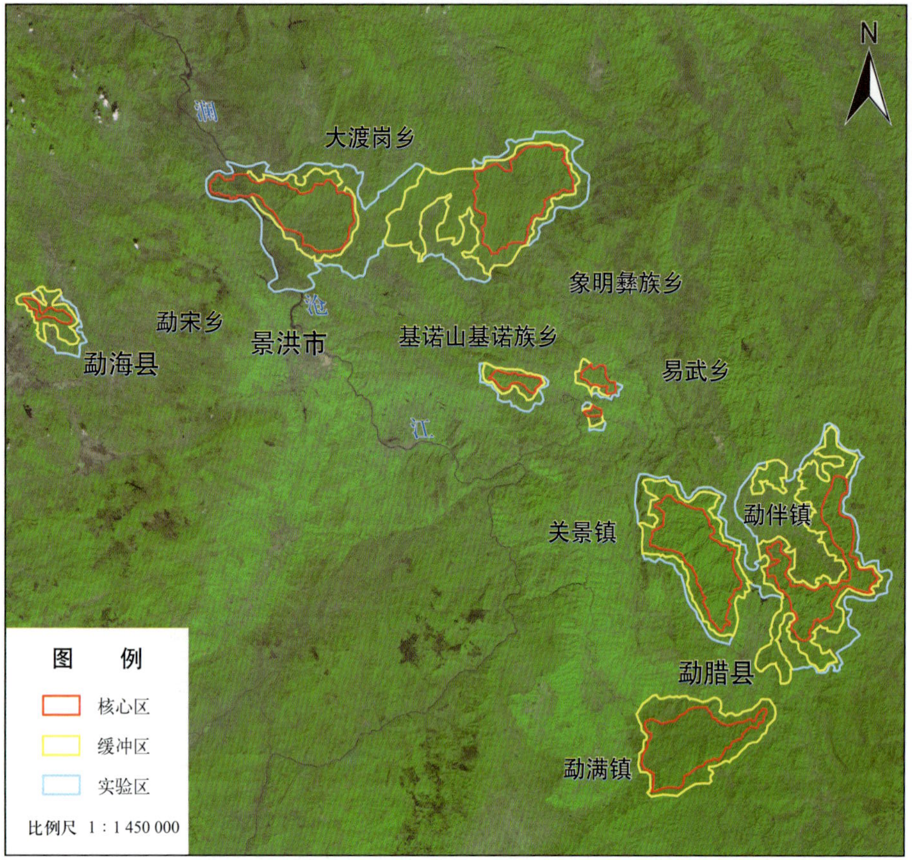
N
大渡岗乡
澜
沧
江
象明彝族乡
勐宋乡
景洪市
基诺山基诺族乡
勐海县
易武乡
关景镇
勐伴镇
勐腊县
勐满镇
图例
核心区
缓冲区
实验区
比例尺 1：1 450 000

影像获取时间：2010年

西双版纳国家级自然保护区生态系统类型图

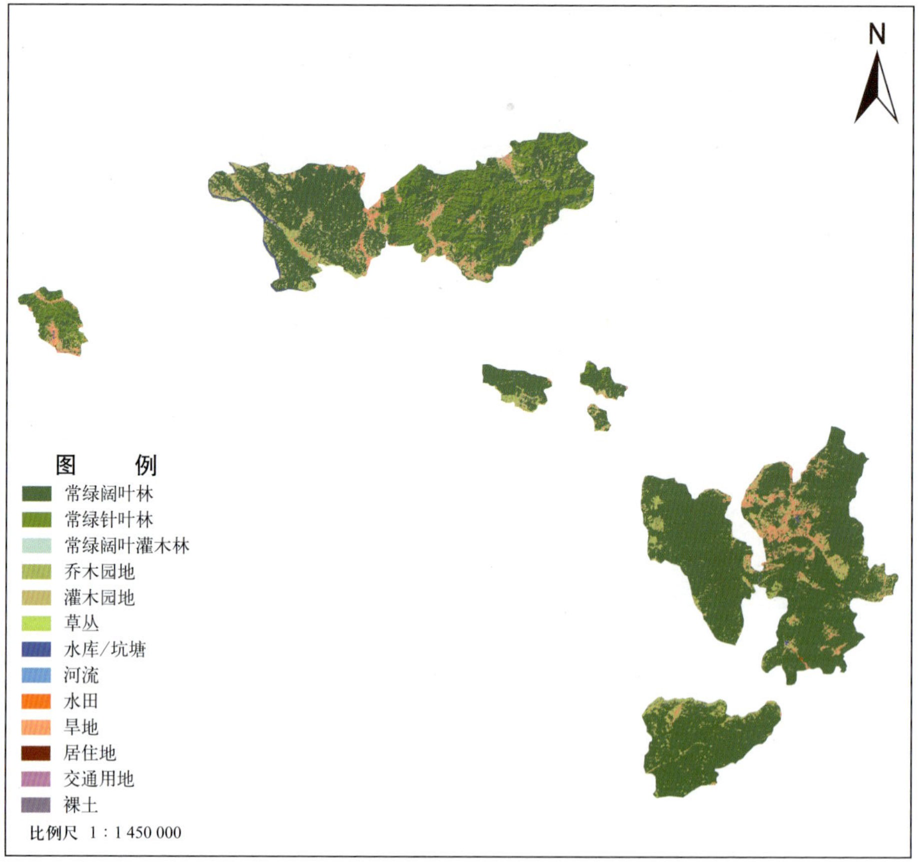
N
图例
常绿阔叶林
常绿针叶林
常绿阔叶灌木林
乔木园地
灌木园地
草丛
水库/坑塘
河流
水田
旱地
居住地
交通用地
裸土
比例尺 1：1 450 000

解译参考影像时间：2010年

纳板河流域国家级自然保护区遥感影像图

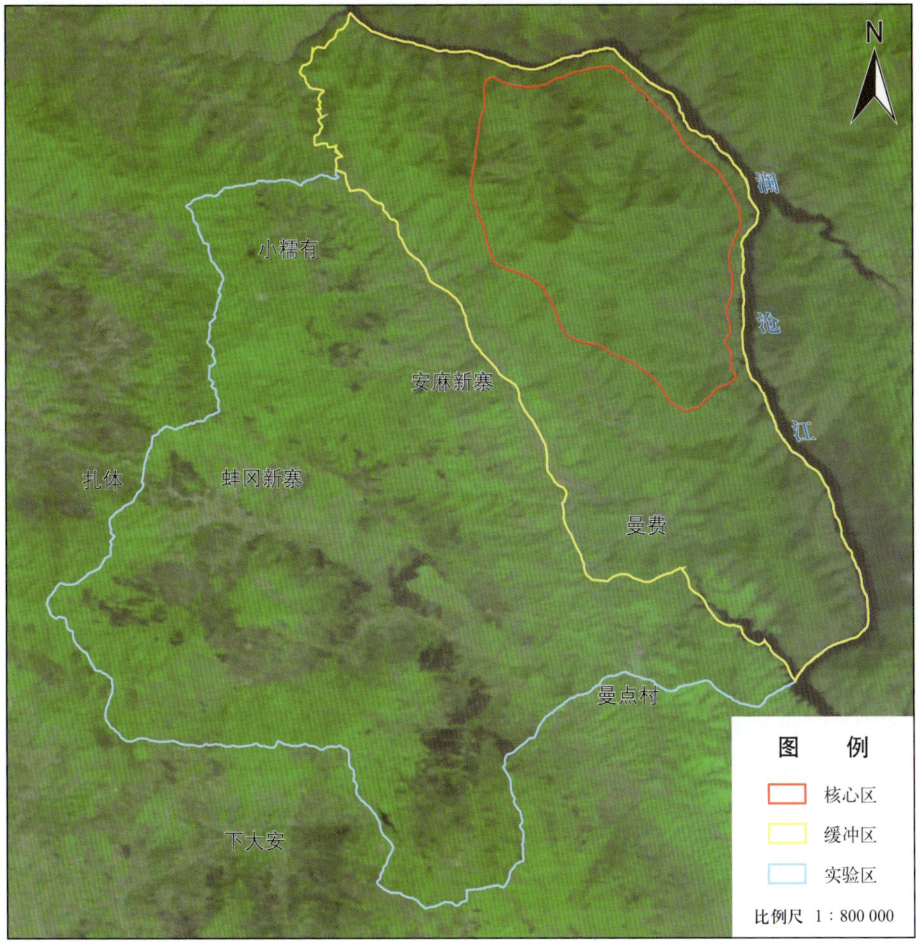
N
澜
沧
江
小糯有
安麻新寨
扎体
蚌冈新寨
曼费
曼点村
下大安
图 例
核心区
缓冲区
实验区
比例尺 1：800 000

影像获取时间：2010 年

纳板河流域国家级自然保护区生态系统类型图

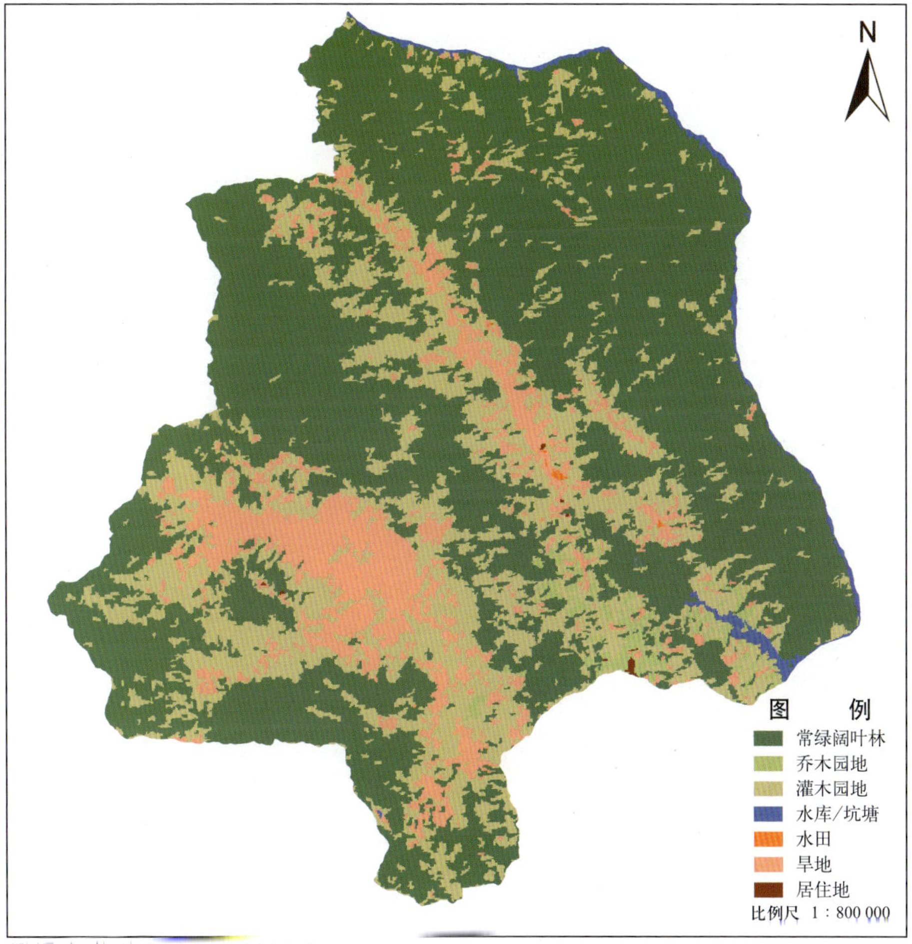
N
图 例
常绿阔叶林
乔木园地
灌木园地
水库/坑塘
水田
旱地
居住地
比例尺 1：800 000

解译参考影像时间：2011 年

昆明
纳板河流域
国家级自然保护区

纳板河流域国家级自然保护区位于云南省西双版纳傣族自治州境内，总面积 26 600 公顷，建于 1991 年，2000 年晋升为国家级，主要保护对象为热带季雨林及野生动植物，属于森林生态系统类型的自然保护区。该保护区是中国第一个按小流域生物圈保护理念规划建设的多功能、综合型自然保护区。

苍山洱海国家级自然保护区

苍山洱海国家级自然保护区遥感影像图

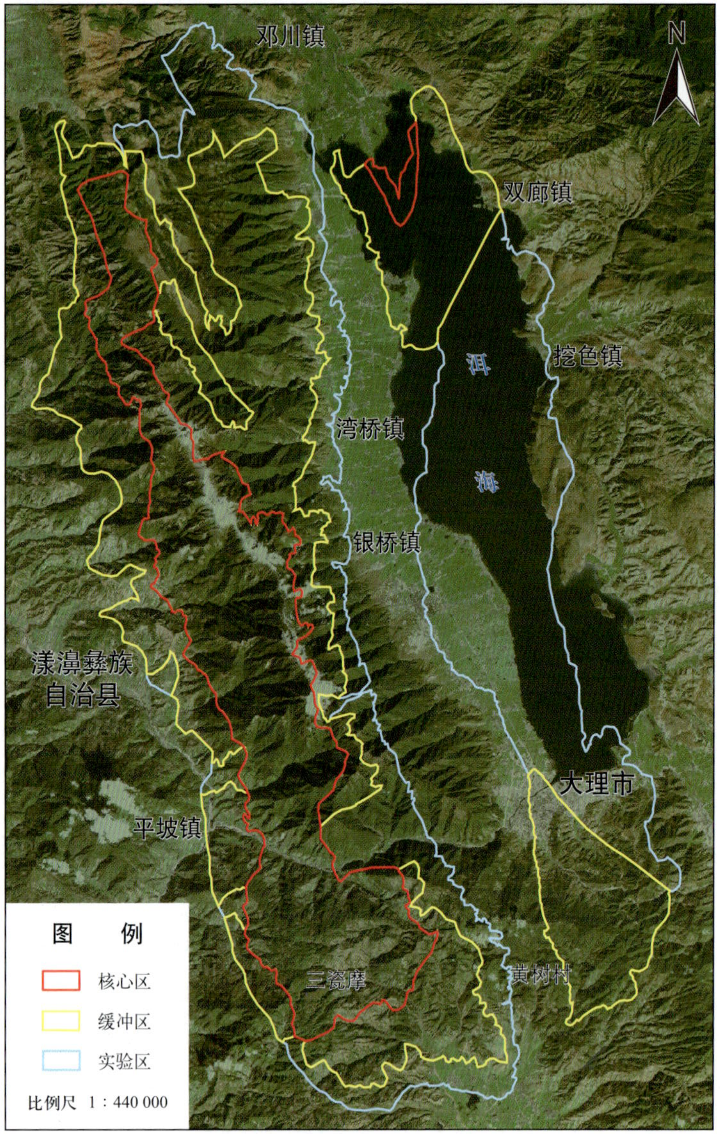
N
邓川镇
双廊镇
挖色镇
洱
海
湾桥镇
银桥镇
漾濞彝族
自治县
大理市
平坡镇
三盆摩
黄村村
图 例
核心区
缓冲区
实验区
比例尺 1：440 000

影像获取时间：2010 年

苍山洱海国家级自然保护区生态系统类型图

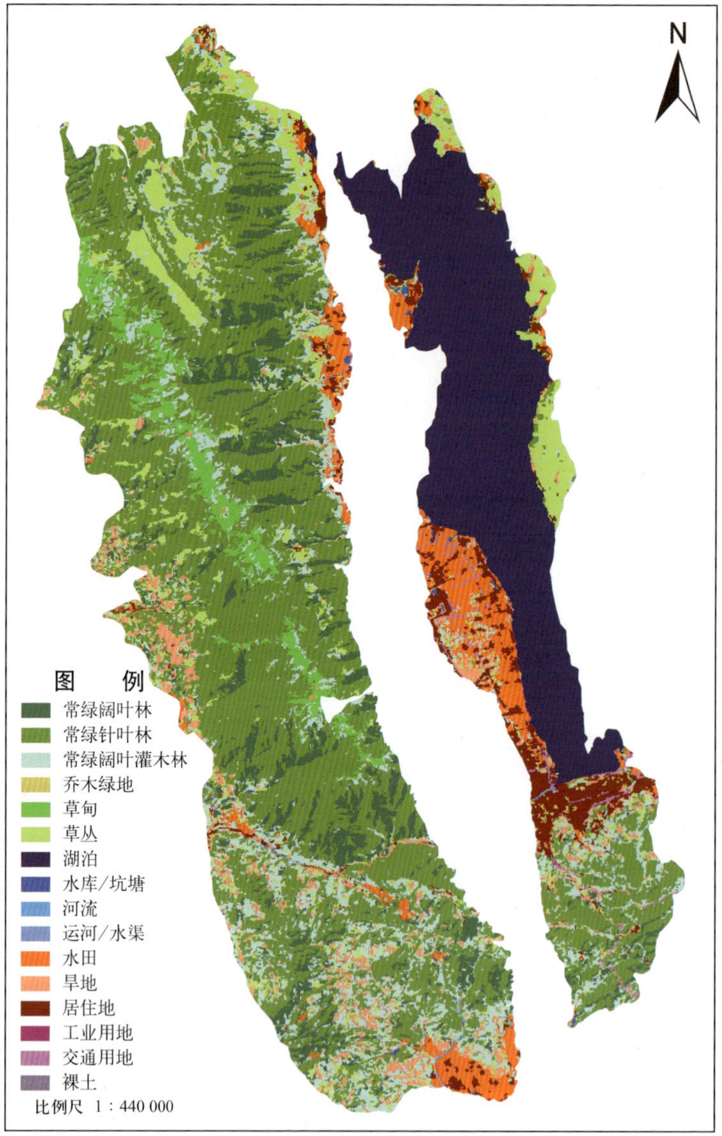
N
图 例
常绿阔叶林
常绿针叶林
常绿阔叶灌木林
乔木绿地
草甸
草丛
湖泊
水库/坑塘
河流
运河/水渠
水田
旱地
居住地
工业用地
交通用地
裸土
比例尺 1：440 000

解译参考影像时间：2010 年

苍山洱海国家级自然保护区位于云南省大理市境内，总面积 79 700 公顷，建于 1981 年，1994 年晋升为国家级，主要保护对象为断层湖泊、古代冰川遗迹、苍山冷杉和杜鹃林，属于内陆湿地类型的自然保护区。该保护区地处滇中高原西部与横断山脉南端交汇处，主峰点苍山位于横断山脉与青藏高原的结合部，顶端保存着完整的典型冰融地貌，洱海为云南第二大淡水湖泊，湖中水生动植物资源丰富。

苍山洱海
国家级自然保护区
昆明

云龙天池国家级自然保护区遥感影像图

N
清明场
老仙场
大坪子
文兴村
金海登
检槽乡
澜
沧
江
红岩场
白汉登
云龙县
图 例
核心区
缓冲区
实验区
比例尺 1：320 000

影像获取时间：2010 年

云龙天池国家级自然保护区生态系统类型图

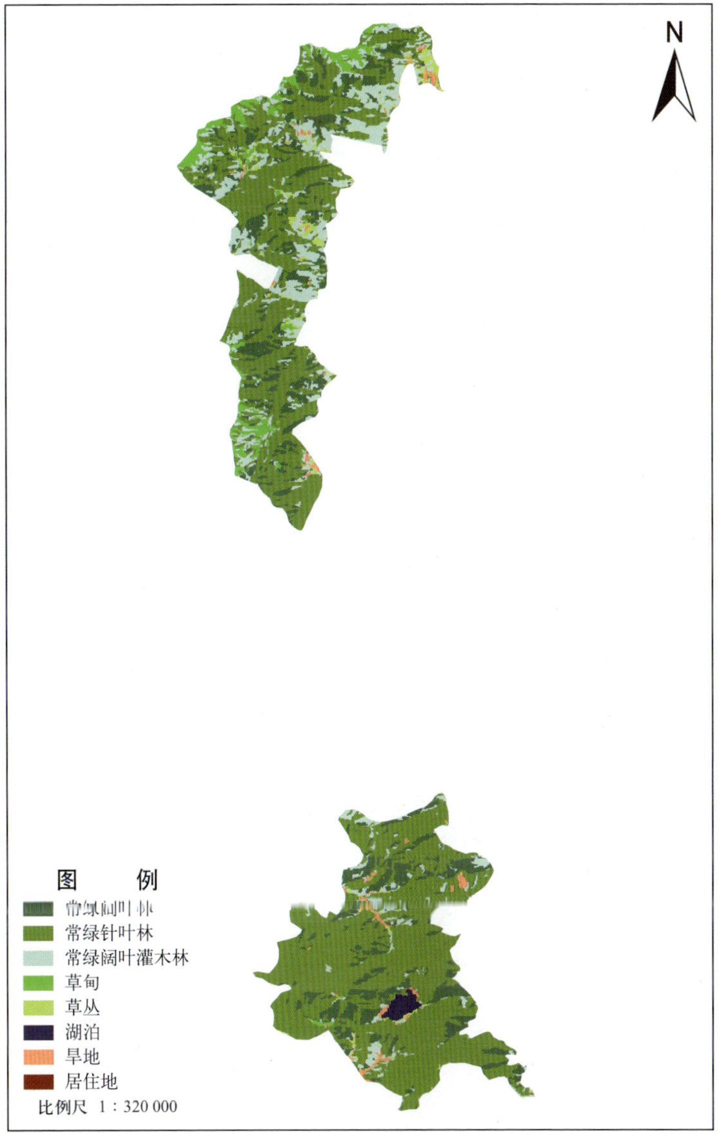
N
图 例
常绿阔叶林
常绿针叶林
常绿阔叶灌木林
草甸
草丛
湖泊
旱地
居住地
比例尺 1：320 000

解译参考影像时间：2010 年

云龙天池国家级自然保护区位于云南省大理白族自治州云龙县境内，总面积 14 475 公顷，建于 1983 年，2012 年晋升为国家级，主要保护对象为云南松林、高原湖泊及珍稀动物，属于森林生态系统类型的自然保护区。该保护区内动植物资源丰富，有世界珍稀、特有野生动物滇金丝猴、金钱豹、云豹、金雕、红瘰疣螈，还有云南红豆杉和云南榧树等国家一、二级重点保护野生植物 40 种。

云龙天池
国家级自然保护区
昆明

高黎贡山国家级自然保护区

高黎贡山国家级自然保护区遥感影像图

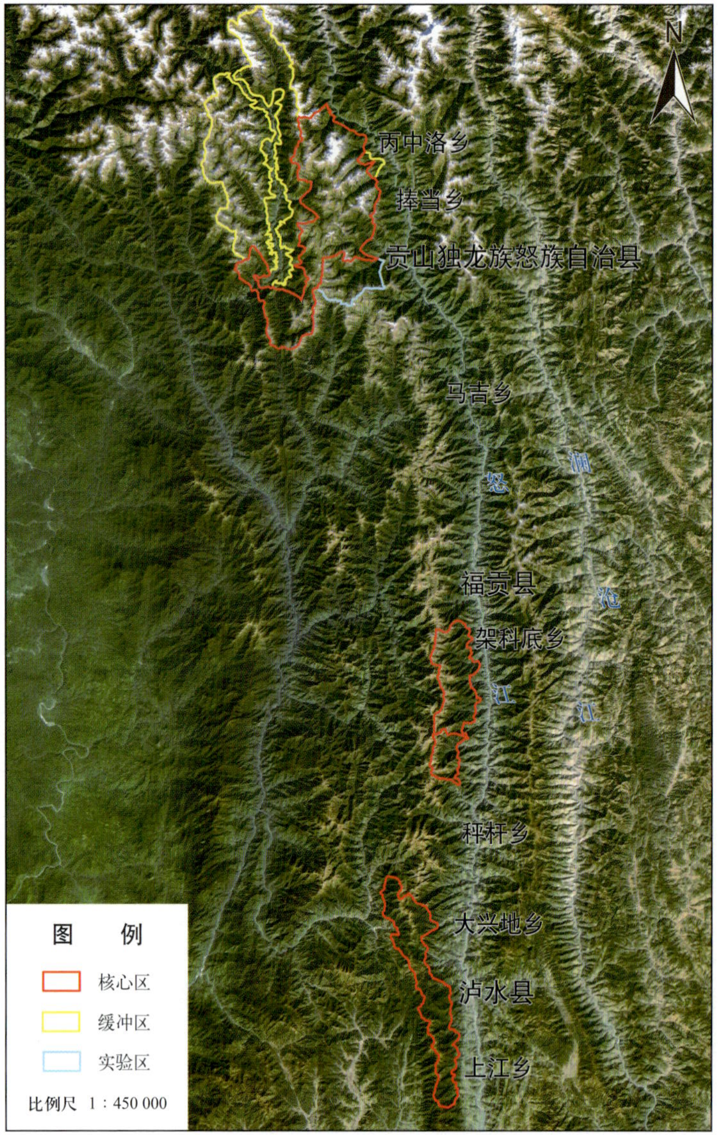
N
丙中洛乡
捧当乡
贡山独龙族怒族自治县
马吉乡
怒
澜
福贡县
沧
架科底乡
江
江
称杆乡
大兴地乡
泸水县
上江乡
图 例
核心区
缓冲区
实验区
比例尺 1：450 000

影像获取时间：2010 年

高黎贡山国家级自然保护区生态系统类型图

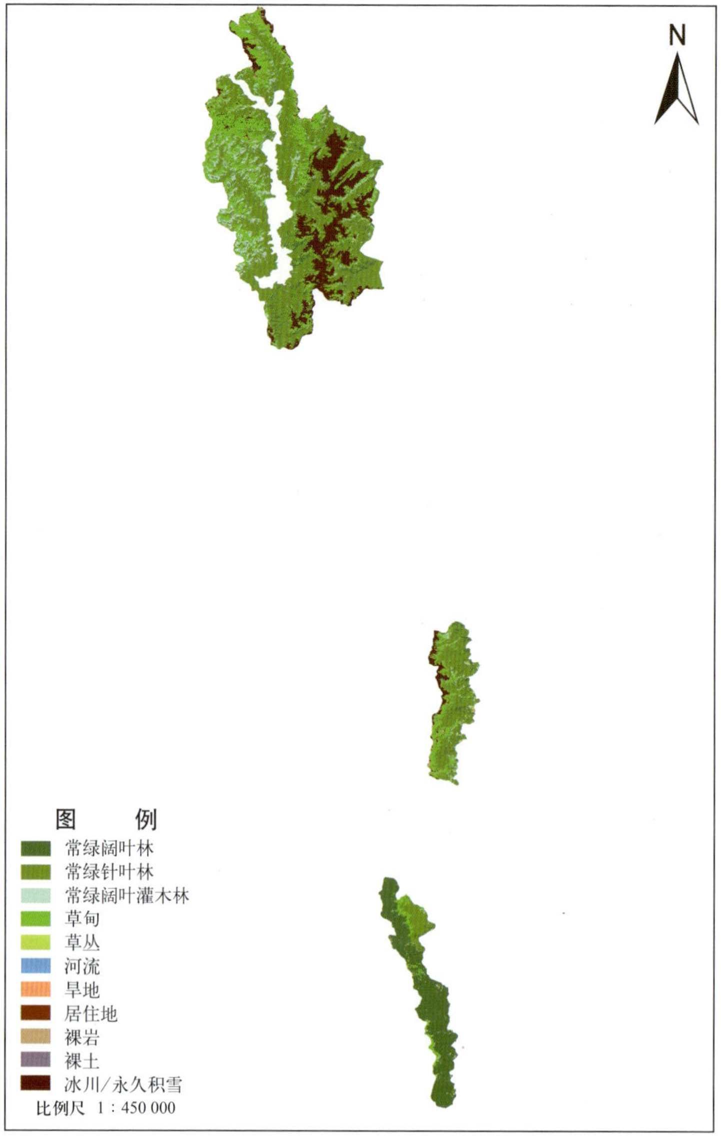
N
图 例
常绿阔叶林
常绿针叶林
常绿阔叶灌木林
草甸
草丛
河流
旱地
居住地
裸岩
裸土
冰川/永久积雪
比例尺 1：450 000

解译参考影像时间：2010 年

高黎贡山国家级自然保护区位于云南省保山市隆阳区、腾冲县、怒江傈僳族自治州贡山独龙族怒族自治县、福贡县和泸水县境内，总面积 405 200 公顷，建于 1983 年，1986 年晋升为国家级，主要保护对象为森林植被垂直带谱、珍稀动植物，属于森林生态系统类型的自然保护区。该保护区内共有 1 400 多种高等植物，仅珍稀树种就有 80 余种，动物有鸟类 250 多种，兽类 40 多种，珍贵的有虎、黑叶猴、金丝猴等。

高黎贡山
国家级自然保护区
昆明

白马雪山国家级自然保护区遥感影像图

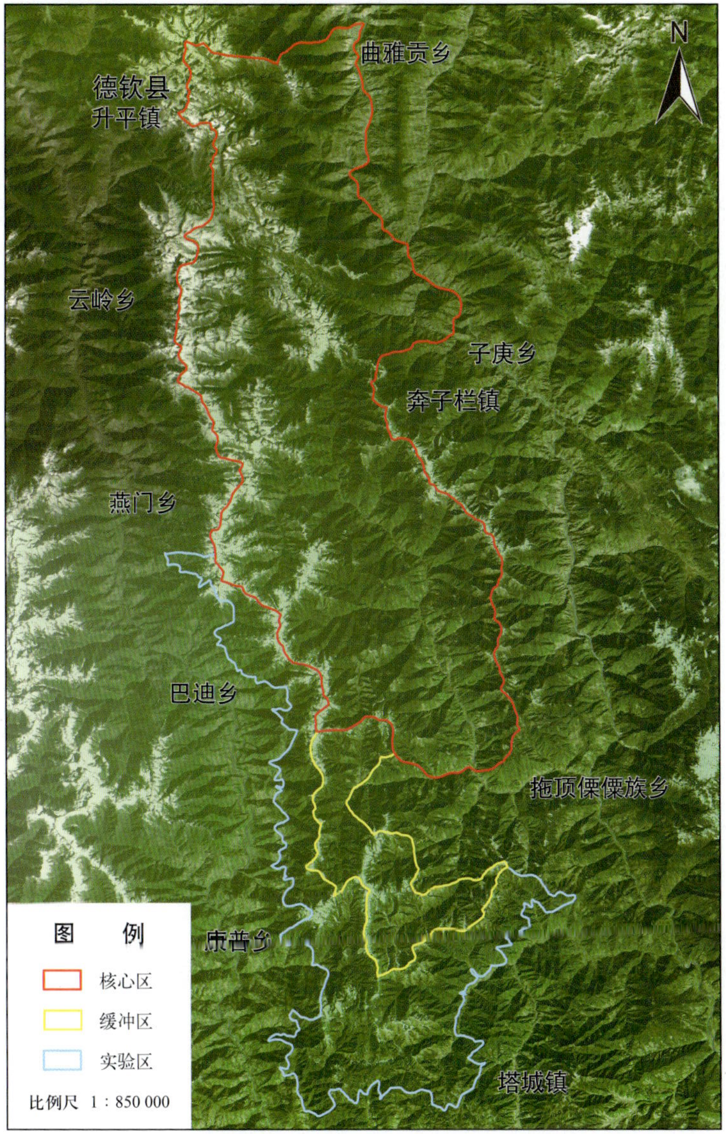
N
德钦县
升平镇
曲雅贡乡
云岭乡
子庚乡
奔子栏镇
燕门乡
巴迪乡
拖顶傈僳族乡
康普乡
塔城镇
图 例
核心区
缓冲区
实验区
比例尺 1：850 000

影像获取时间：2010 年

白马雪山国家级自然保护区生态系统类型图

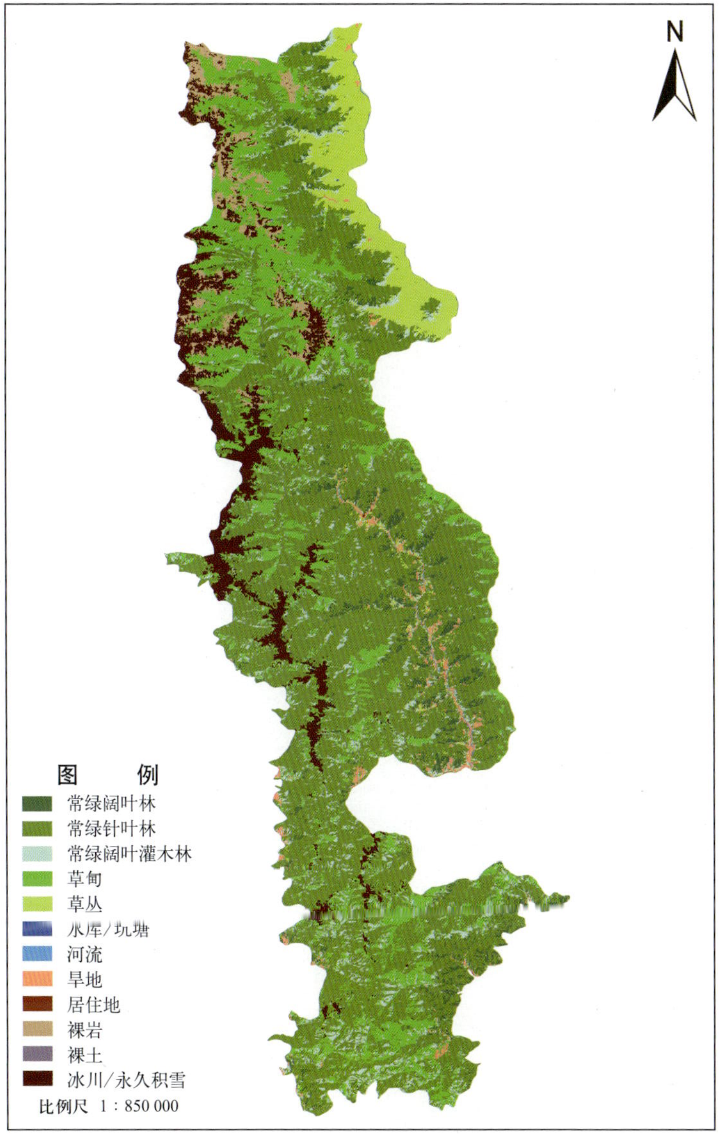
N
图 例
常绿阔叶林
常绿针叶林
常绿阔叶灌木林
草甸
草丛
水库/坑塘
河流
旱地
居住地
裸岩
裸土
冰川/永久积雪
比例尺 1：850 000

解译参考影像时间：2010 年

白马雪山国家级自然保护区位于云南省迪庆藏族自治州德钦县、维西傈僳族自治县境内，总面积 276 400 公顷，建于 1983 年，1988 年晋升为国家级，主要保护对象为高山针叶林和滇金丝猴，属于森林生态系统类型的自然保护区。该保护区地势北高南低，处在青藏高原向云贵高原过渡接触地带，这里的自然地理环境及生物资源十分丰富，过渡现象非常明显，是中国现有面积最大的滇金丝猴国家级自然保护区。

白马雪山
国家级自然保护区
昆明

拉鲁湿地国家级自然保护区

拉鲁湿地国家级自然保护区位于西藏自治区拉萨市境内，总面积 1 220 公顷，建于 1999 年，2005 年晋升为国家级，主要保护对象为湿地生态系统，属于内陆湿地类型的自然保护区。该保护区是国内最大的城市湿地自然保护区，有世界上海拔最高、面积最大的城市天然湿地，被誉为拉萨的“大氧吧”。

拉鲁湿地
国家级自然保护区
拉萨

拉鲁湿地国家级自然保护区遥感影像图

N
巴热珍
棍巴沙
坝日森康
博里古
拉萨市
罗布林卡
图例
核心区
缓冲区
实验区
比例尺 1 : 50 000

影像获取时间：2010 年

拉鲁湿地国家级自然保护区生态系统类型图

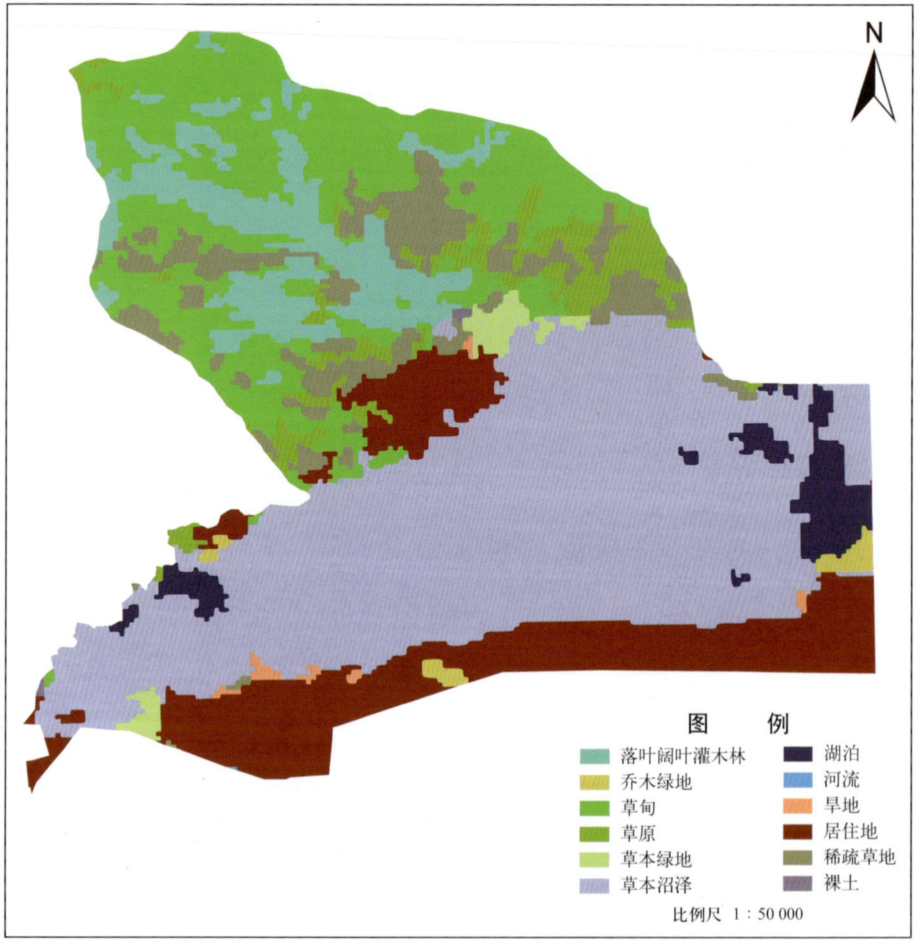
N
图例
落叶阔叶灌木林
乔木绿地
草甸
草原
草本绿地
草本沼泽
湖泊
河流
旱地
居住地
稀疏草地
裸土
比例尺 1 : 50 000

解译参考影像时间：2011 年

雅鲁藏布江中游河谷黑颈鹤国家级自然保护区遥感影像图

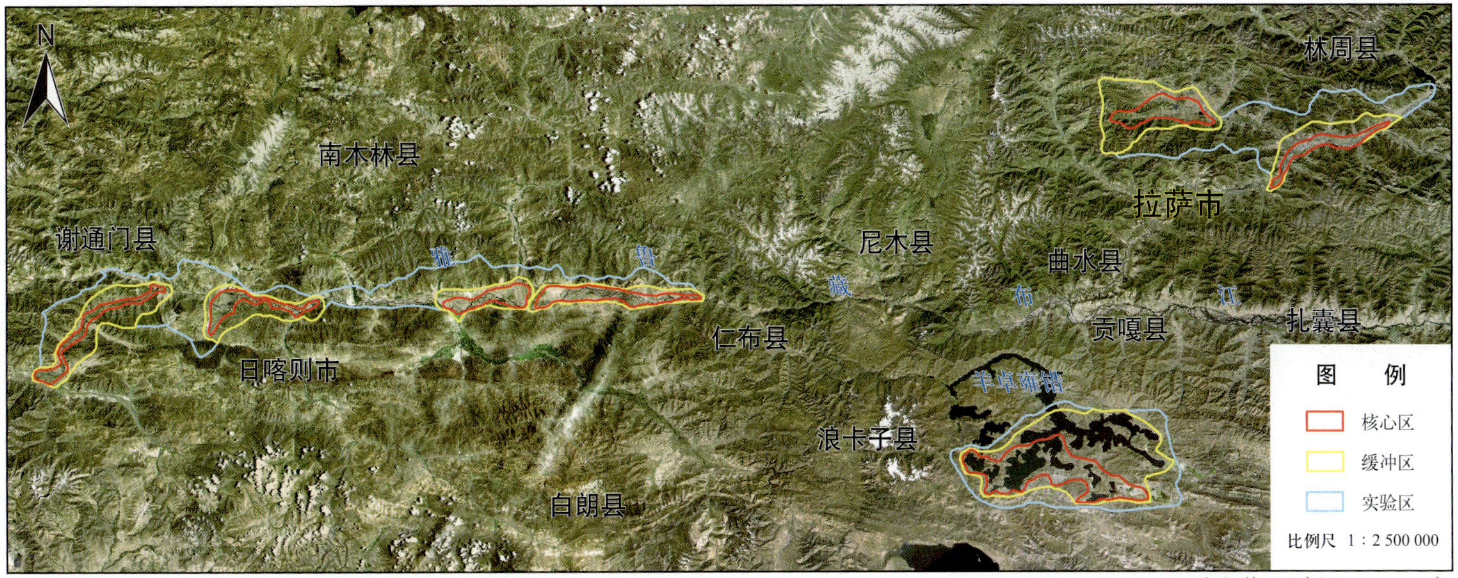
N
南木林县
谢通门县
日喀则市
尼木县
仁布县
曲水县
拉萨市
林周县
贡嘎县
扎囊县
浪卡子县
羊卓雍错
白朗县
雅
鲁
藏
布
江
图例
核心区
缓冲区
实验区
比例尺 1∶2 500 000

影像获取时间：2010 年

雅鲁藏布江中游河谷黑颈鹤国家级自然保护区
拉萨

雅鲁藏布江中游河谷黑颈鹤国家级自然保护区生态系统类型图

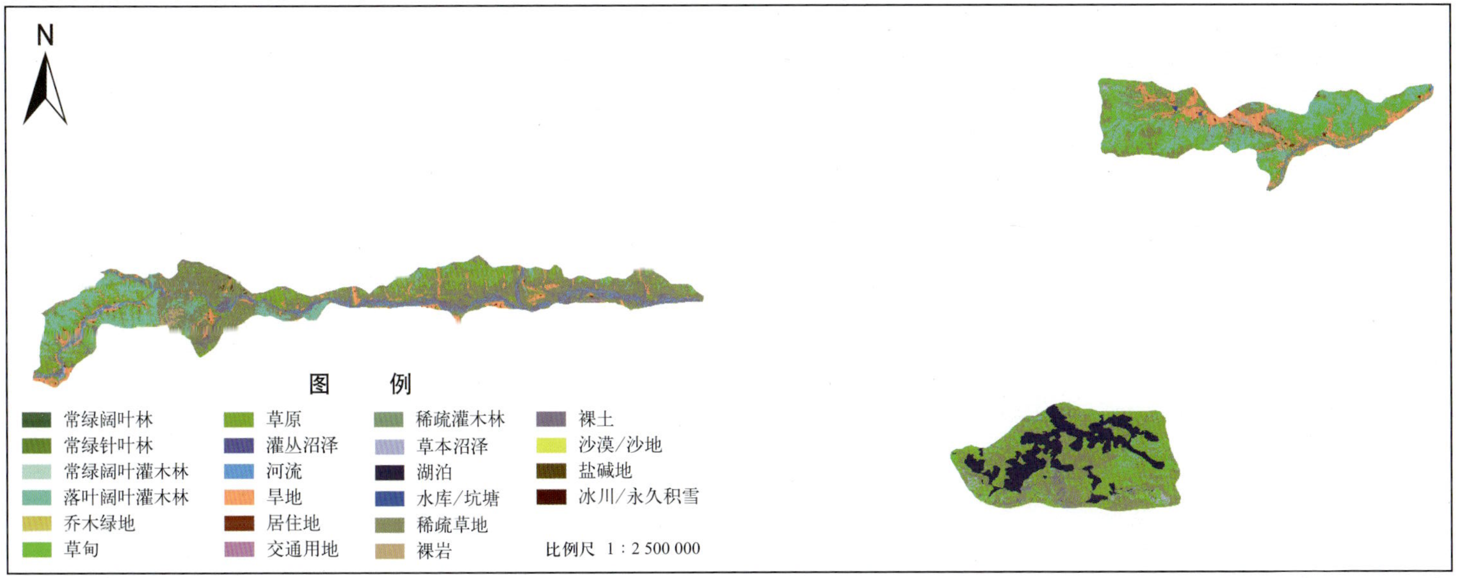
N
图例
常绿阔叶林
常绿针叶林
常绿阔叶灌木林
落叶阔叶灌木林
乔木绿地
草甸
草原
灌丛沼泽
河流
旱地
居住地
交通用地
稀疏灌木林
草本沼泽
湖泊
水库/坑塘
稀疏草地
裸岩
裸土
沙漠/沙地
盐碱地
冰川/永久积雪
比例尺 1∶2 500 000

解译参考影像时间：2010 年

雅鲁藏布江中游河谷黑颈鹤国家级自然保护区位于西藏自治区林芝地区，总面积 614 350 公顷，建于 1993 年，2003 年晋升为国家级，主要保护对象为黑颈鹤及其生境，属于野生动物类型的自然保护区。该保护区有着较为完整的湿地生态系统，具备黑颈鹤越冬的必要条件，具有极为重要的保护价值。

类乌齐马鹿国家级自然保护区

类乌齐马鹿
国家级自然保护区
拉萨

类乌齐马鹿国家级自然保护区位于西藏自治区昌都地区类乌齐县境内，总面积 120 615 公顷，建于 1993 年，2005 年晋升为国家级，主要保护对象为马鹿、白唇鹿等野生动物及其栖息地，属于野生动物类型的自然保护区。该保护区处在生态脆弱的青藏高原亚高山森林与高山草甸过渡地带，这里分布有多种珍稀濒危物种，具有极强的典型性、自然性、感染力和科研潜力，在生态环境和生物多样性方面都具有极高的保护价值。

类乌齐马鹿国家级自然保护区遥感影像图

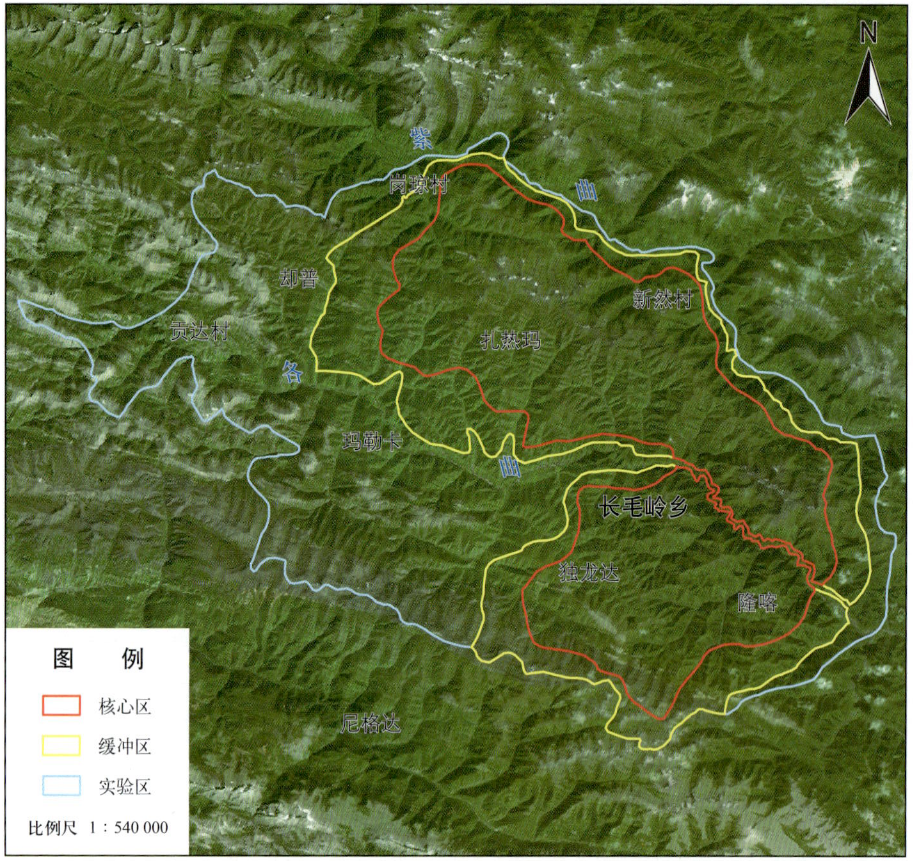
N
紫
曲
岗琼村
却普
新然村
贡达村
各
扎热玛
玛勒卡
曲
长毛岭乡
独龙达
隆喀
尼格达
图 例
核心区
缓冲区
实验区
比例尺 1 : 540 000

影像获取时间：2010 年

类乌齐马鹿国家级自然保护区生态系统类型图

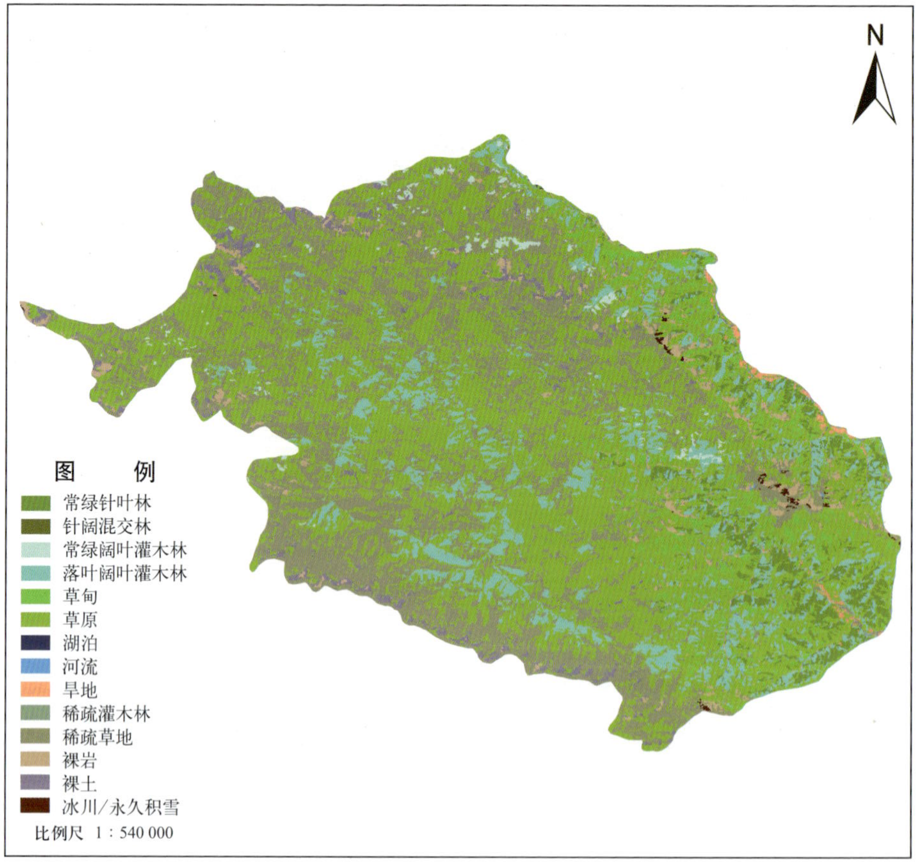
N
图 例
常绿针叶林
针阔混交林
常绿阔叶灌木林
落叶阔叶灌木林
草甸
草原
湖泊
河流
旱地
稀疏灌木林
稀疏草地
裸岩
裸土
冰川/永久积雪
比例尺 1 : 540 000

解译参考影像时间：2011 年

芒康滇金丝猴国家级自然保护区遥感影像图

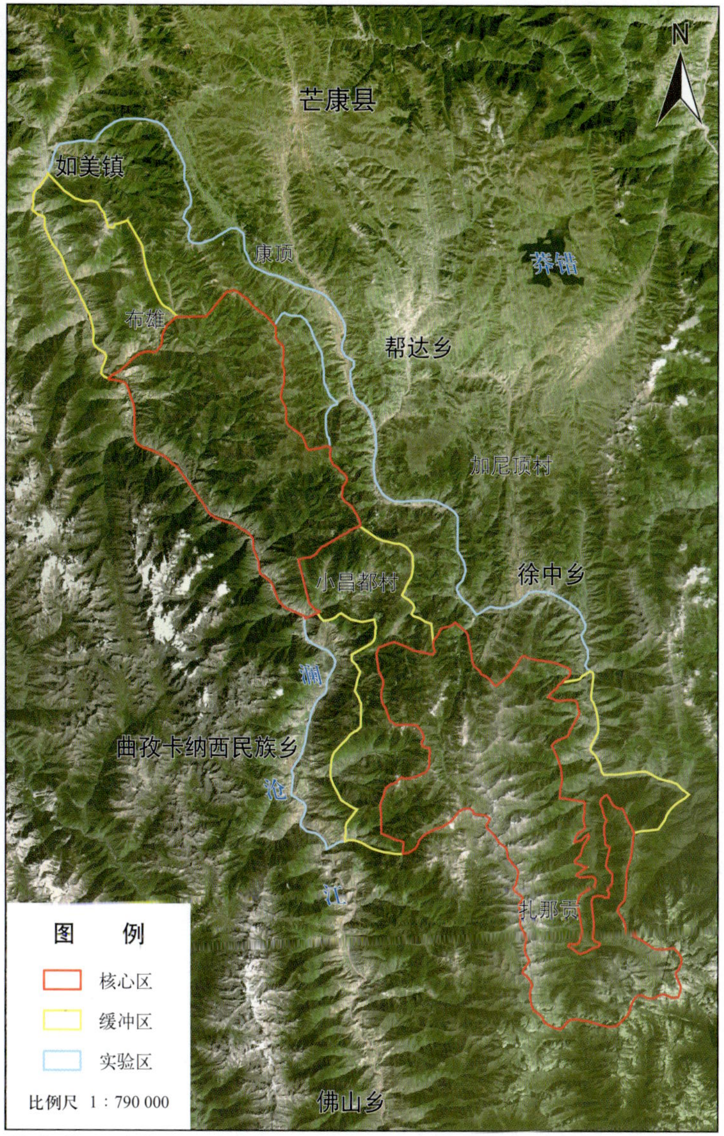
芒康县
如美镇
康顶
莽错
布雄
帮达乡
加尼顶村
徐中乡
小昌都村
澜
曲孜卡纳西民族乡
沧
江
扎那贡
佛山乡
N
图 例
核心区
缓冲区
实验区
比例尺 1：790 000

影像获取时间：2010 年

芒康滇金丝猴国家级自然保护区生态系统类型图

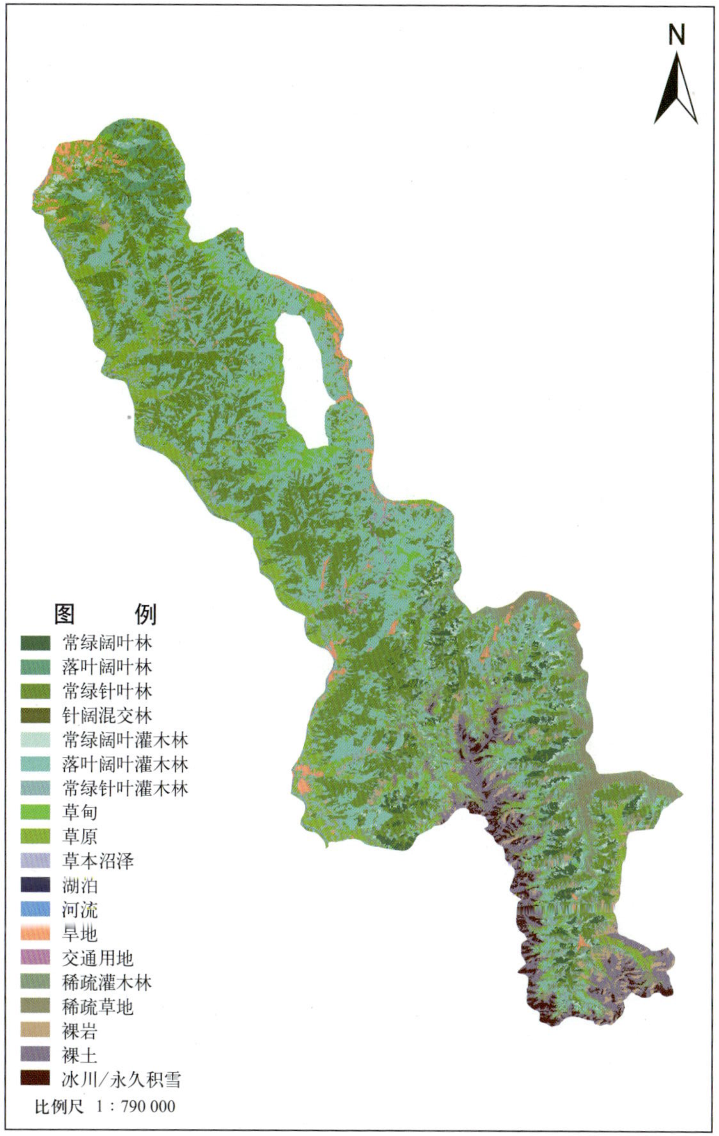
N
图 例
常绿阔叶林
落叶阔叶林
常绿针叶林
针阔混交林
常绿阔叶灌木林
落叶阔叶灌木林
常绿针叶灌木林
草甸
草原
草本沼泽
湖泊
河流
旱地
交通用地
稀疏灌木林
稀疏草地
裸岩
裸土
冰川/永久积雪
比例尺 1：790 000

解译参考影像时间：2010 年

芒康滇金丝猴
国家级自然保护区
拉萨

芒康滇金丝猴国家级自然保护区位于西藏自治区昌都地区芒康县境内，总面积 185 300 公顷，建于 1985 年，2002 年晋升为国家级，主要保护对象是滇金丝猴及其生态系统，属于野生动物类型的自然保护区。该保护区是中国第二个滇金丝猴国家级自然保护区。

珠穆朗玛峰国家级自然保护区

珠穆朗玛峰国家级自然保护区遥感影像图

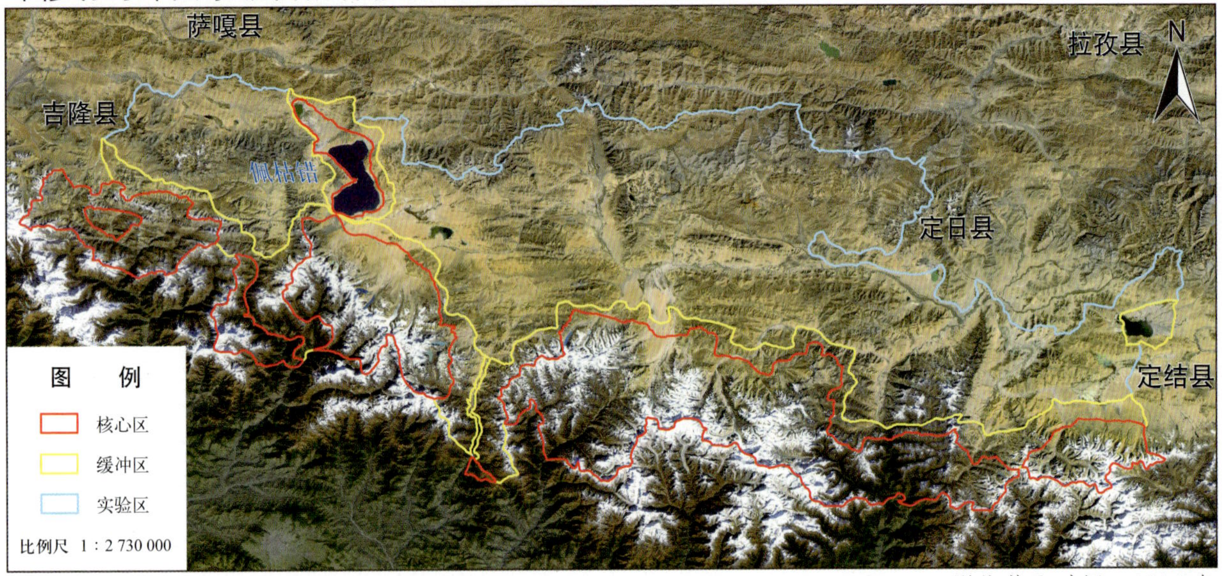
萨嘎县
拉孜县
吉隆县
佩枯错
定日县
定结县
N
图例
核心区
缓冲区
实验区
比例尺 1：2 730 000

影像获取时间：2010 年

珠穆朗玛峰
国家级自然保护区
拉萨

珠穆朗玛峰国家级自然保护区生态系统类型图

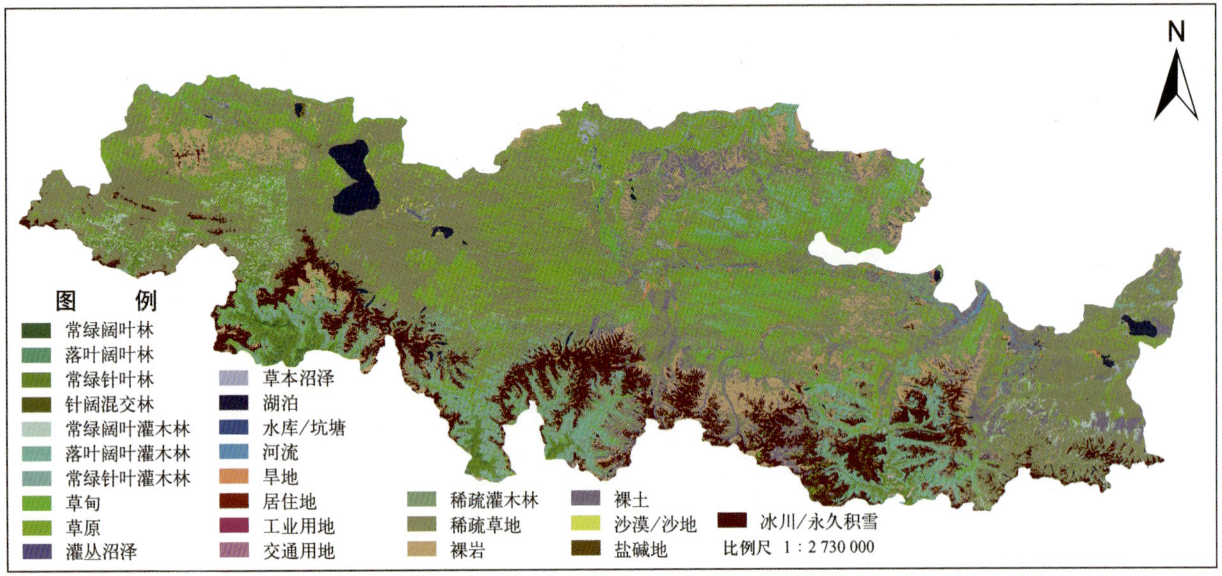
N
图例
常绿阔叶林
落叶阔叶林
常绿针叶林
针阔混交林
常绿阔叶灌木林
落叶阔叶灌木林
常绿针叶灌木林
草甸
草原
灌丛沼泽
草本沼泽
湖泊
水库/坑塘
河流
旱地
居住地
工业用地
交通用地
稀疏灌木林
稀疏草地
裸岩
裸土
沙漠/沙地
盐碱地
冰川/永久积雪
比例尺 1：2 730 000

解译参考影像时间：2010 年

珠穆朗玛峰国家级自然保护区位于西藏自治区日喀则地区的定日县、聂拉木县、吉隆县和定结县境内，总面积 3 381 000 公顷，建于1988年，1994年晋升为国家级，主要保护对象为高山森林、荒漠生态系统及雪豹等野生动物，属于森林生态系统类型的自然保护区。该保护区内生态系统类型多样，生物资源丰富，珍稀濒危物种较多，还具有丰富的水能、光能和风能资源，是研究高原生态地理、板块运动和高原隆起等学科宝贵的研究基地。

羌塘国家级自然保护区遥感影像图

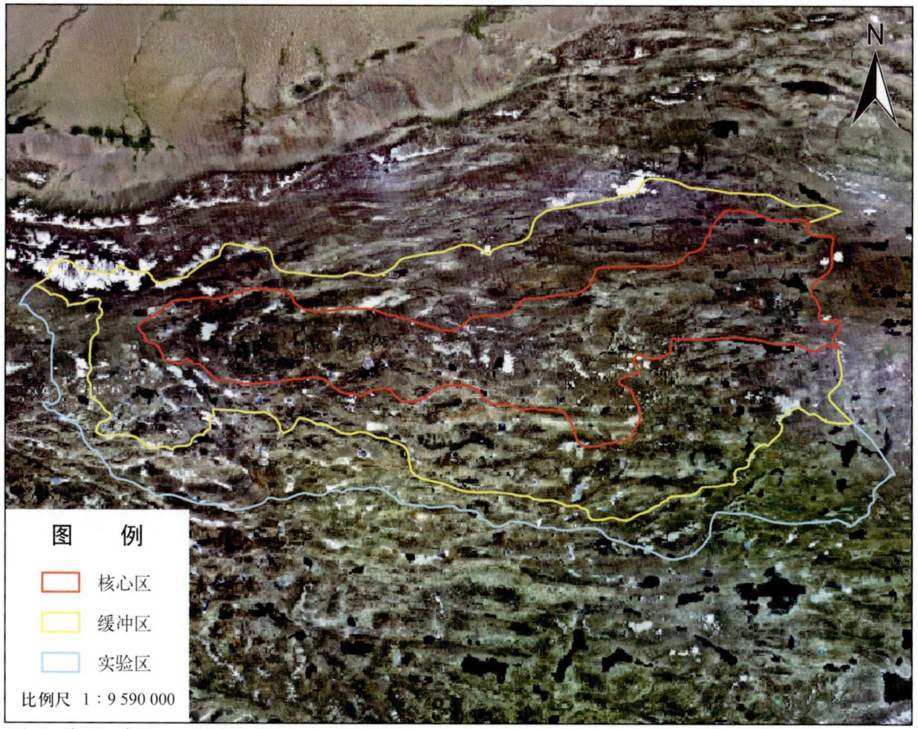
N
图 例
核心区
缓冲区
实验区
比例尺 1 : 9 590 000

影像获取时间：2010 年

羌塘国家级自然保护区生态系统类型图

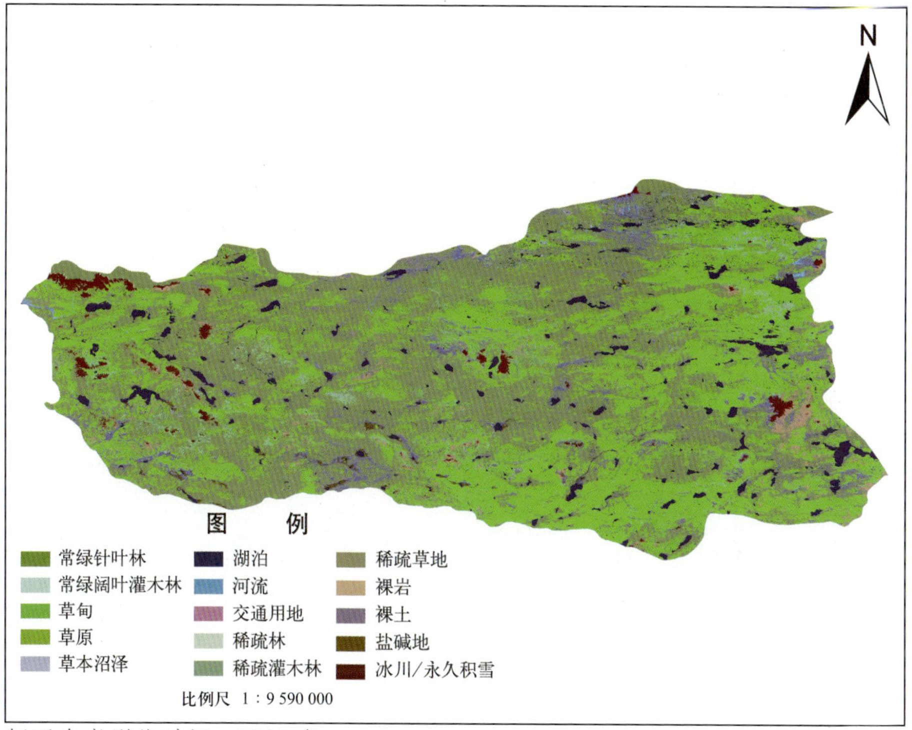
N
图 例
常绿针叶林
常绿阔叶灌木林
草甸
草原
草本沼泽
湖泊
河流
交通用地
稀疏林
稀疏灌木林
稀疏草地
裸岩
裸土
盐碱地
冰川/永久积雪
比例尺 1 : 9 590 000

解译参考影像时间：2010 年

羌塘国家级自然保护区位于西藏自治区的那曲地区和阿里地区，总面积29 800 000公顷，建于1993年，2000年晋升为国家级，主要保护对象为藏羚羊等有蹄类动物及高原荒漠生态系统，属于荒漠生态系统类型的自然保护区。该保护区是我国平均海拔最高的自然保护区。

羌塘
国家级自然保护区
拉萨

色林错国家级自然保护区

色林错国家级自然保护区位于西藏自治区那曲地区班戈县、申扎县境内，总面积 2 032 380 公顷，建于 1993 年，2003 年晋升为国家级，主要保护对象是黑颈鹤繁殖地和高原湿地生态系统，属于野生动物类型的自然保护区。该保护区是高原高寒草原生态系统中珍稀濒危生物物种最多的地区，是世界上最大的黑颈鹤自然保护区。

色林错
国家级自然保护区
拉萨

色林错国家级自然保护区遥感影像图

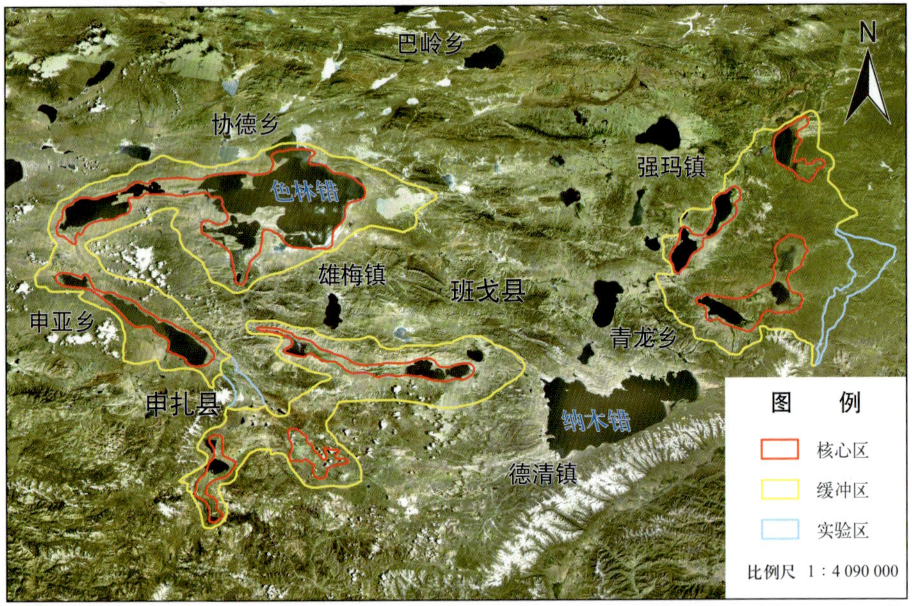

N
巴岭乡
协德乡
色林错
强玛镇
雄梅镇
班戈县
申亚乡
青龙乡
申扎县
纳木错
德清镇
图例
核心区
缓冲区
实验区
比例尺 1：4 090 000

影像获取时间：2010 年

色林错国家级自然保护区生态系统类型图

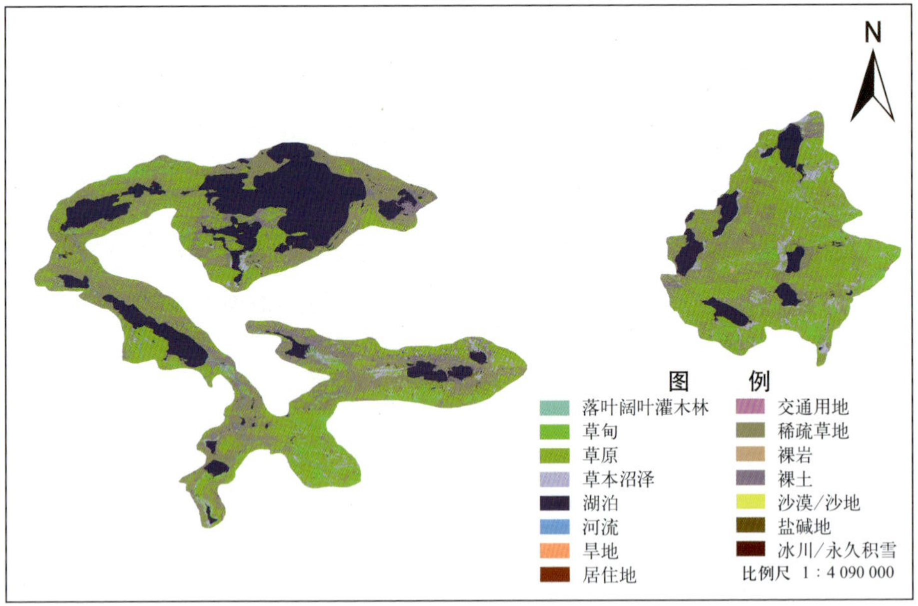

N
图例
落叶阔叶灌木林
草甸
草原
草本沼泽
湖泊
河流
旱地
居住地
交通用地
稀疏草地
裸岩
裸土
沙漠/沙地
盐碱地
冰川/永久积雪
比例尺 1：4 090 000

解译参考影像时间：2010 年

雅鲁藏布大峡谷国家级自然保护区遥感影像图

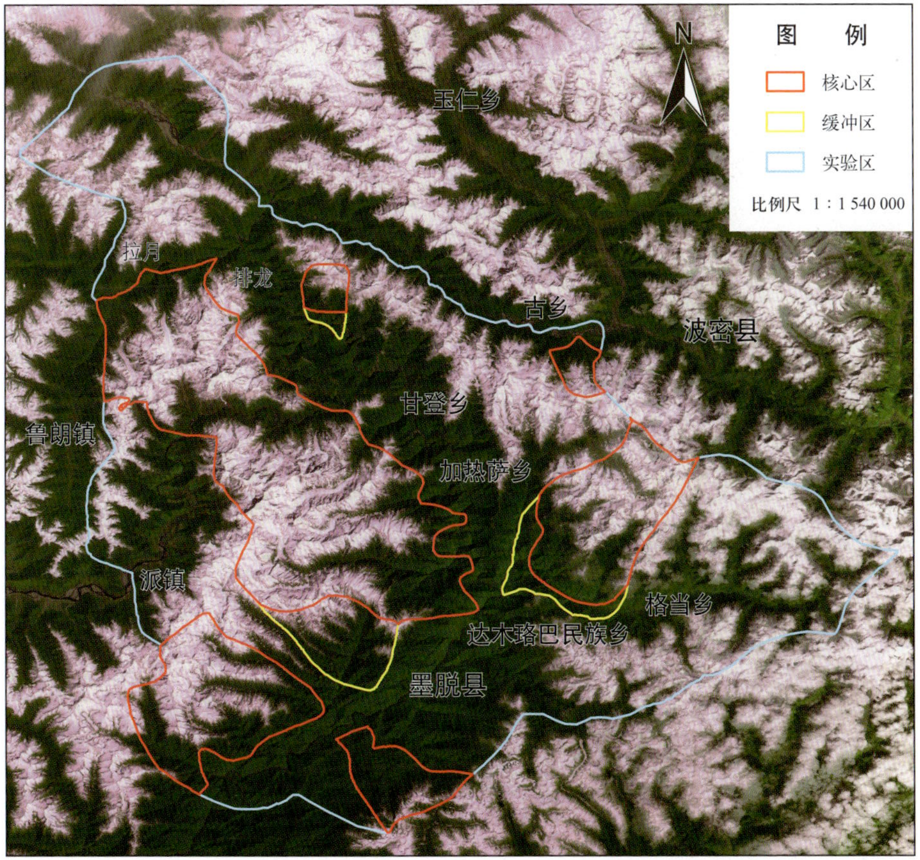
图例
核心区
缓冲区
实验区
比例尺 1 : 1 540 000
N
玉仁乡
拉月
排龙
古乡
波密县
甘登乡
鲁朗镇
加热萨乡
派镇
格当乡
达木珞巴民族乡
墨脱县

影像获取时间：2010 年

雅鲁藏布大峡谷国家级自然保护区生态系统类型图

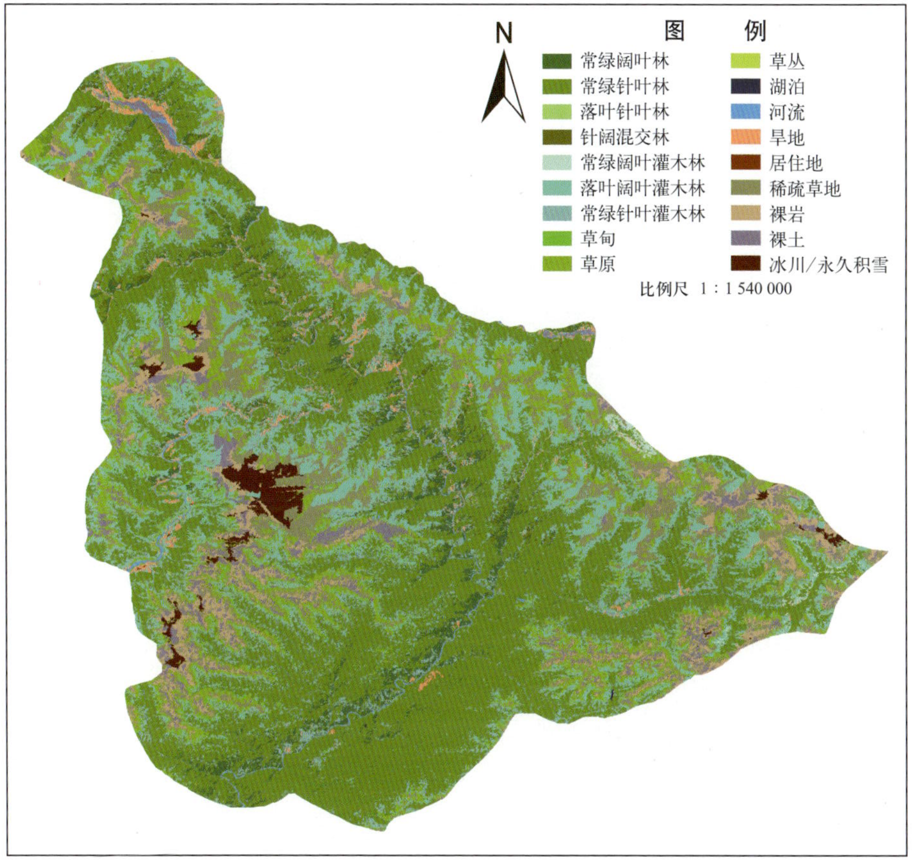
N
图例
常绿阔叶林
常绿针叶林
落叶针叶林
针阔混交林
常绿阔叶灌木林
落叶阔叶灌木林
常绿针叶灌木林
草甸
草原
草丛
湖泊
河流
旱地
居住地
稀疏草地
裸岩
裸土
冰川/永久积雪
比例尺 1 : 1 540 000

解译参考影像时间：2010 年

雅鲁藏布大峡谷国家级自然保护区位于西藏自治区林芝地区的墨脱县、林芝县、米林县、波密县境内，总面积 916 800 公顷，建于 1985 年，2000 年晋升为国家级，主要保护对象为山地垂直带带谱及野生动植物，属于森林生态系统类型的自然保护区。该保护区内的马蹄形大拐弯，不仅在地貌景观上异常奇特，而且是世界上具有独特水汽通道作用的大峡谷，造就了青藏高原东南部奇特的森林生态景观，是世界第一大峡谷，整个峡谷地区冰川、绝壁、陡坡、泥石流和巨浪滔天的大河交错在一起，堪称“地球上最后的秘境”。

拉萨
雅鲁藏布大峡谷
国家级自然保护区

察隅慈巴沟国家级自然保护区

察隅慈巴沟国家级自然保护区遥感影像图

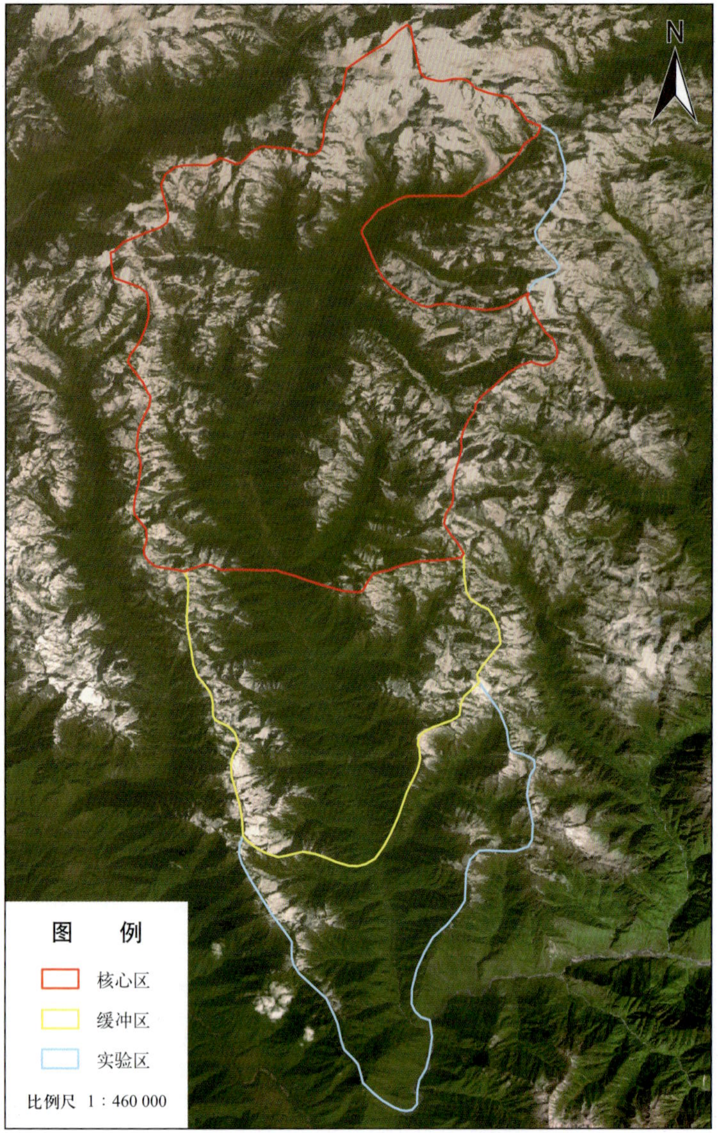
N
图 例
核心区
缓冲区
实验区
比例尺 1：460 000

影像获取时间：2010 年

察隅慈巴沟国家级自然保护区生态系统类型图

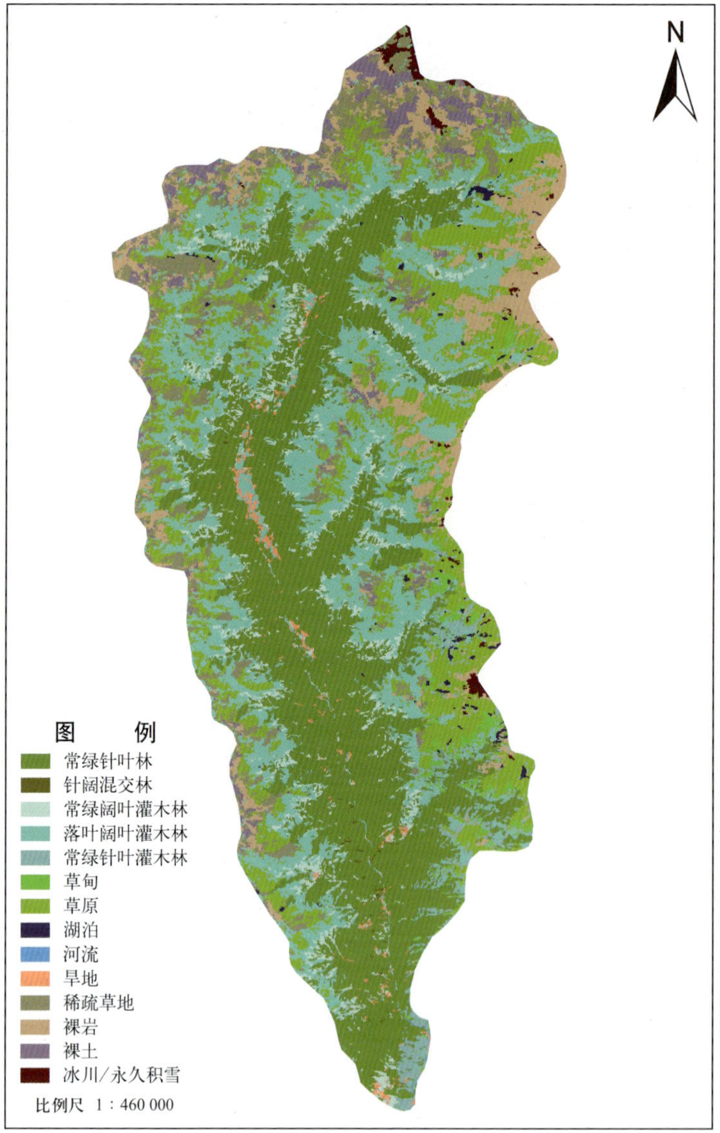
N
图 例
常绿针叶林
针阔混交林
常绿阔叶灌木林
落叶阔叶灌木林
常绿针叶灌木林
草甸
草原
湖泊
河流
旱地
稀疏草地
裸岩
裸土
冰川/永久积雪
比例尺 1：460 000

解译参考影像时间：2011 年

察隅慈巴沟国家级自然保护区位于西藏自治区林芝地区察隅县中部，总面积101 400公顷，建于1985年，2002年晋升为国家级，主要保护对象为山地亚热带森林生态系统及扭角羚、孟加拉虎等濒危动物，属于森林生态系统类型的自然保护区。该保护区内气候温暖湿润，森林原始景观十分完整。珍稀野生动物有孟加拉虎、熊、豹、穿山甲、金雕、绯胸鹦鹉和蟒等。

拉萨
察隅慈巴沟国家级自然保护区

周至国家级自然保护区遥感影像图

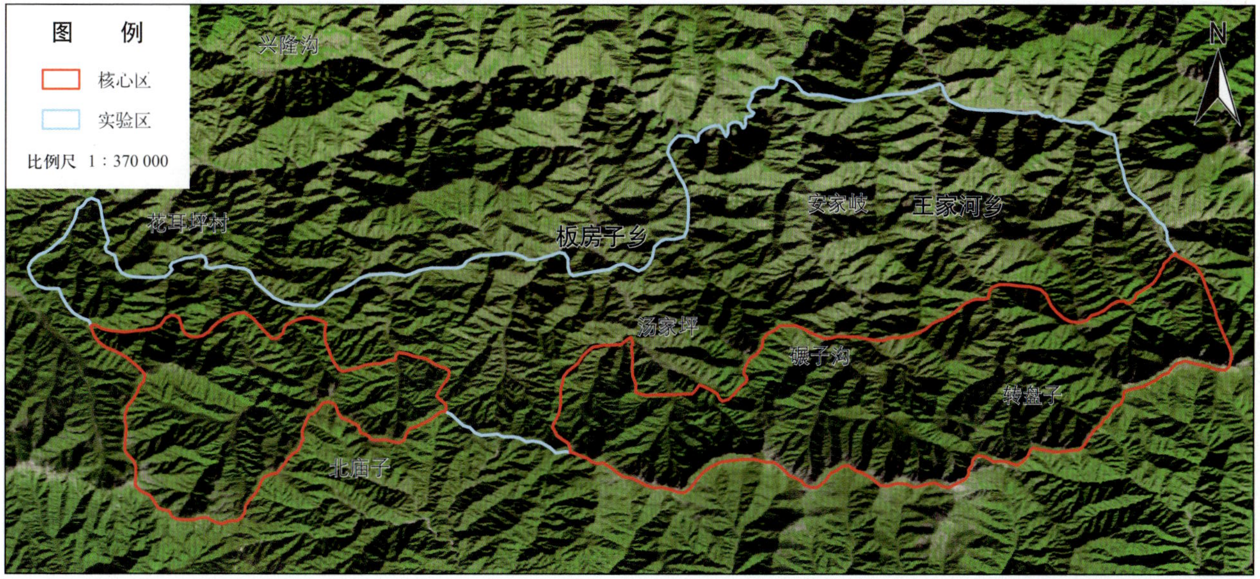
图 例
核心区
实验区
比例尺 1：370 000
N
兴隆沟
花耳坪村
板房子乡
安家岐
王家河乡
汤家坪
碾子沟
转盘子
北庙子

影像获取时间：2010 年

周至国家级自然保护区生态系统类型图

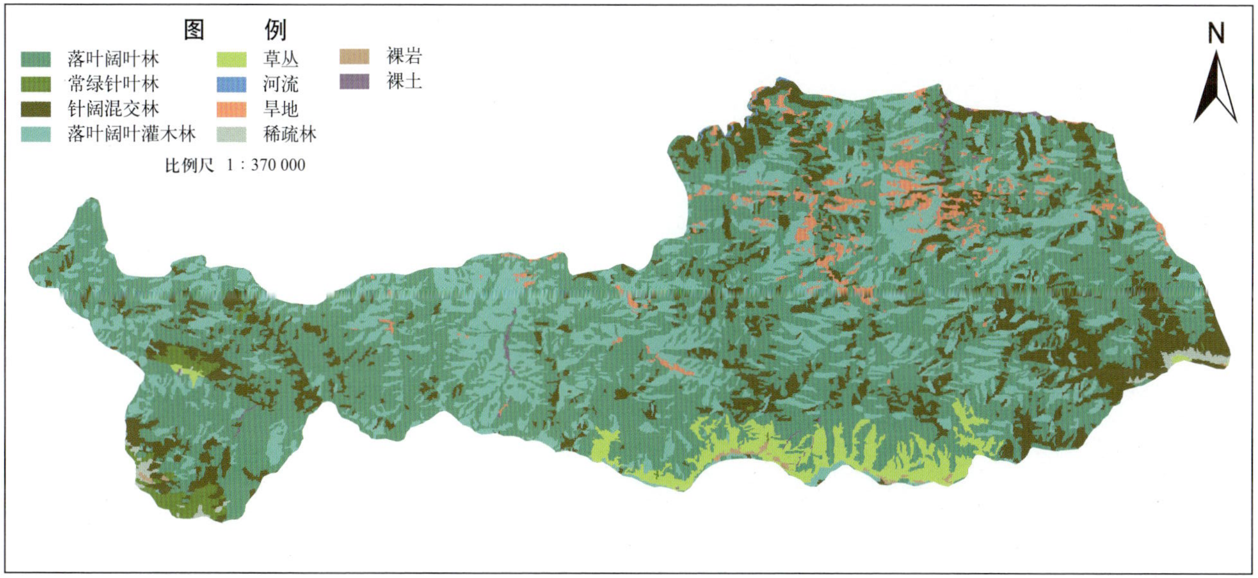
图 例
落叶阔叶林
常绿针叶林
针阔混交林
落叶阔叶灌木林
草丛
河流
旱地
稀疏林
裸岩
裸土
比例尺 1：370 000
N

解译参考影像时间：2011 年

周至国家级自然保护区位于陕西省西安市周至县境内，总面积 56 393 公顷，建于 1984 年，1988 年晋升为国家级，主要保护对象为金丝猴等野生动物及其生境，属于野生动物类型的自然保护区。该保护区地处秦岭主脊北侧，区内植物种类复杂、资源丰富，高等植物有 622 种，其中属于国家重点保护植物与省级保护植物 20 多种。

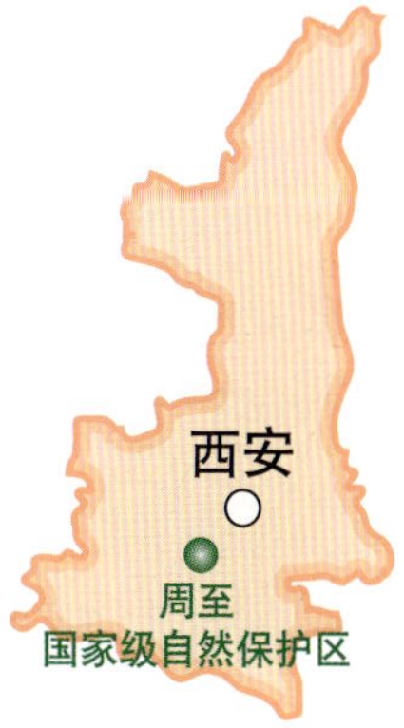
西安
周至
国家级自然保护区

陇县秦岭细鳞鲑国家级自然保护区

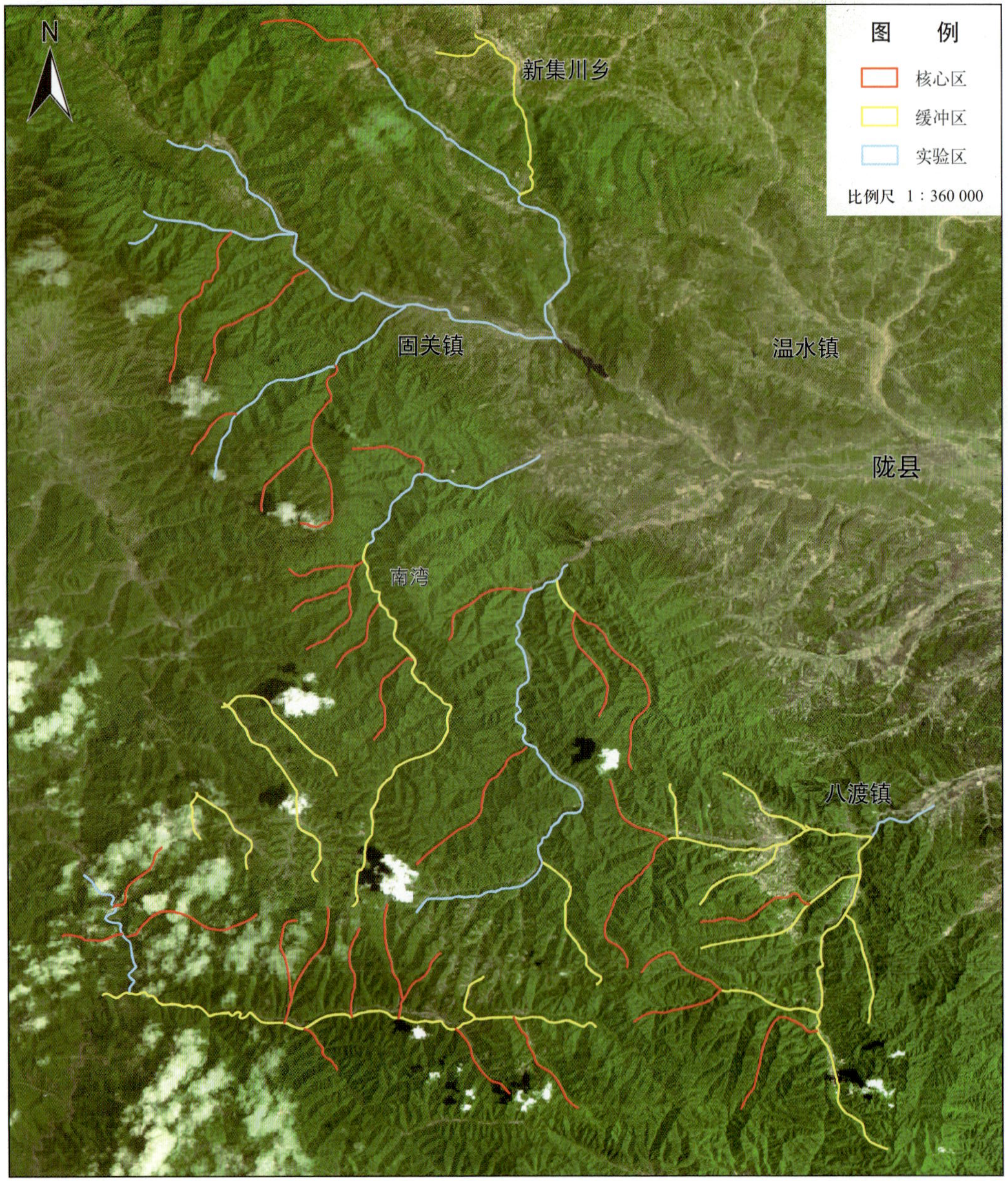
N
图 例
核心区
缓冲区
实验区
比例尺 1 : 360 000
新集川乡
固关镇
温水镇
陇县
南湾
八渡镇

影像获取时间：2010 年

陇县秦岭细鳞鲑国家级自然保护区遥感影像图

陇县秦岭细鳞鲑
国家级自然保护区
西安

陇县秦岭细鳞鲑国家级自然保护区位于陕西省宝鸡市陇县境内，总面积 6 559 公顷，建于 2001 年，2009 年晋升为国家级，主要保护对象为细鳞鲑及其生境，属于野生动物类型的自然保护区。该保护区是目前我国第一个以秦岭细鳞鲑为主要保护对象的国家级自然保护区，也是西部地区第一个水生野生动物国家级自然保护区。

紫柏山国家级自然保护区遥感影像图

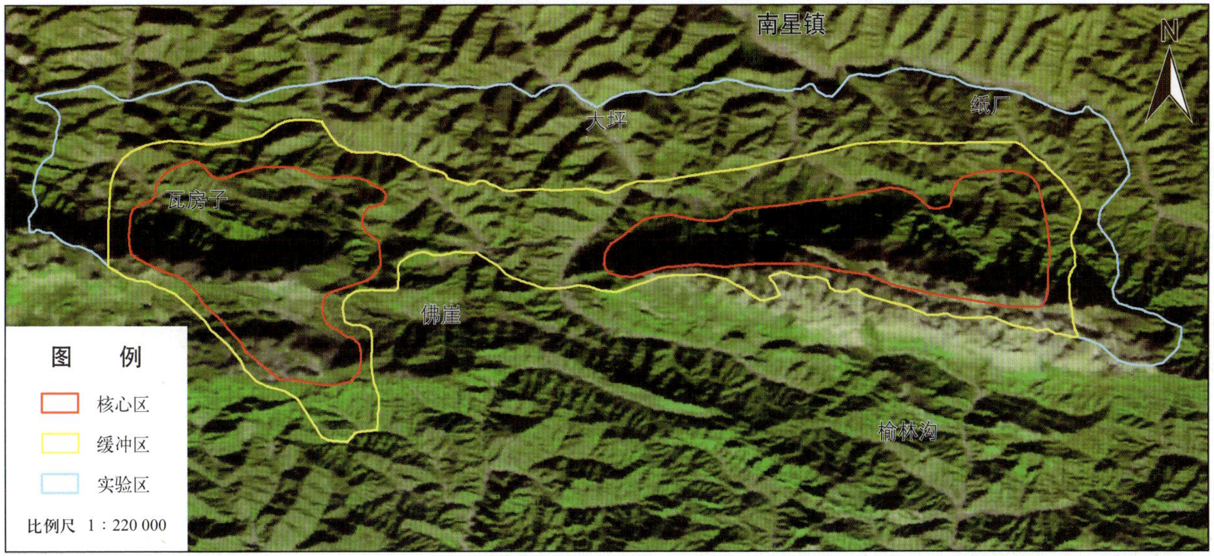
南星镇
N
大坪
纸厂
瓦房子
佛崖
榆林沟
图 例
核心区
缓冲区
实验区
比例尺 1：220 000

影像获取时间：2010 年

紫柏山国家级自然保护区生态系统类型图

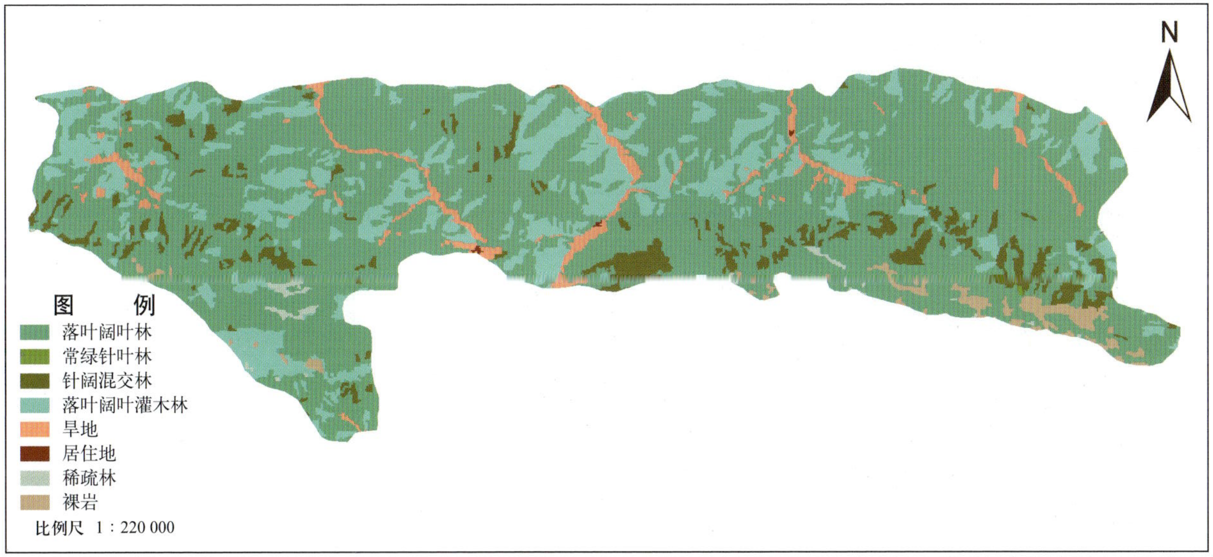
N
图 例
落叶阔叶林
常绿针叶林
针阔混交林
落叶阔叶灌木林
旱地
居住地
稀疏林
裸岩
比例尺 1：220 000

解译参考影像时间：2011 年

紫柏山国家级自然保护区位于陕西省宝鸡市的凤县境内，北邻凤县南星镇、温江寺乡，西与甘肃两当县交界，东南与汉中市的勉县和留坝县接壤，总面积 17 472 公顷，建于 2003 年，2012 年晋升为国家级，主要保护对象为扭角羚、云豹等珍稀动物，属于野生动物类型的自然保护区。该保护区是目前全国林麝野外种群密度很高的地区之一。

西安
紫柏山
国家级自然保护区

太白湑水河国家级自然保护区

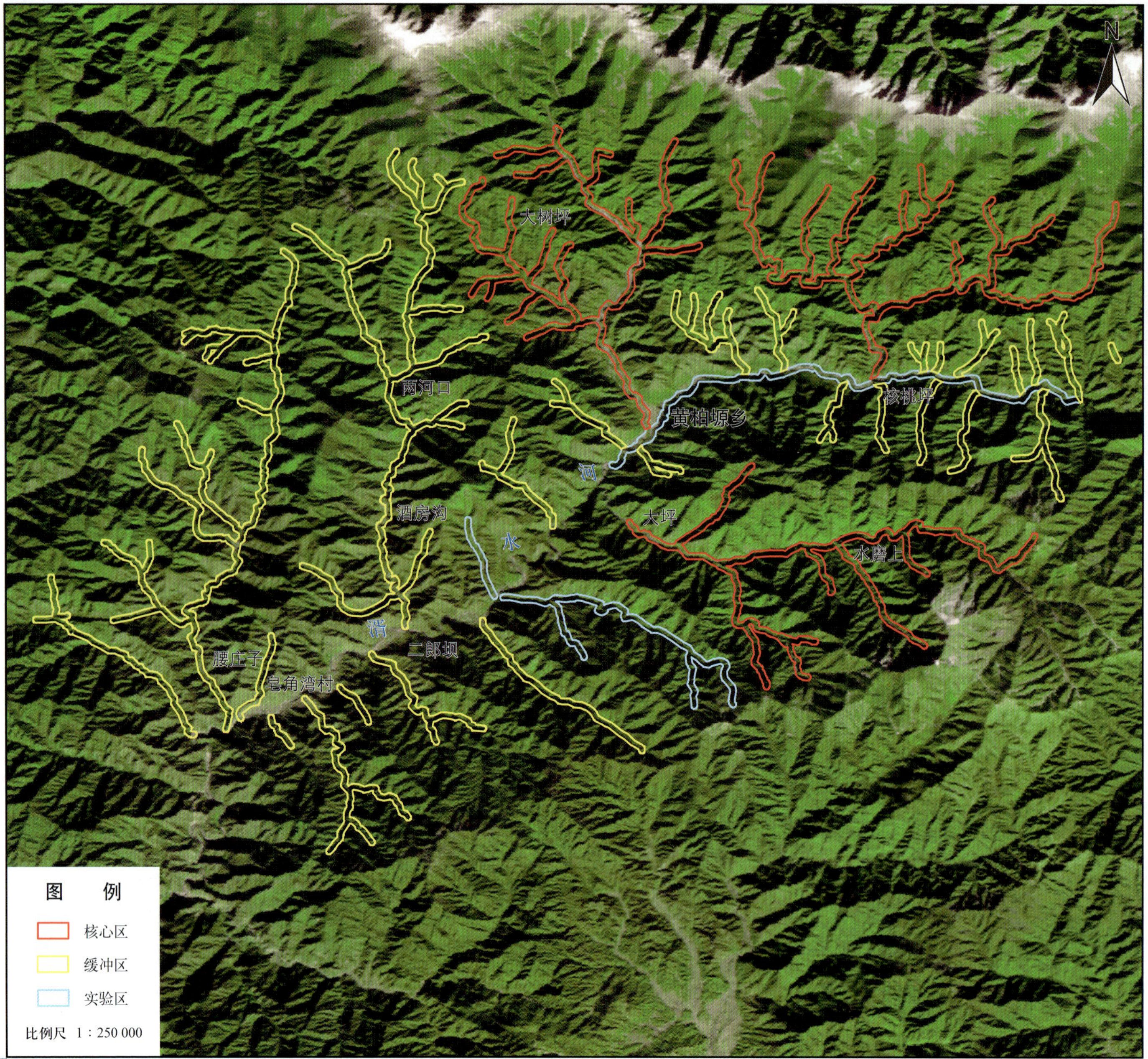
大树坪
两河口
黄柏塬乡
核桃坪
河
酒房沟
水
大坪
水磨上
湑
二郎坝
腰庄子
皂角湾村
N
图　例
核心区
缓冲区
实验区
比例尺 1：250 000

影像获取时间：2010 年

太白湑水河国家级自然保护区遥感影像图

西安
太白湑水河
国家级自然保护区

太白湑水河国家级自然保护区位于陕西省宝鸡市太白县境内，总面积 5 343 公顷，建于 1990 年，2012 年晋升为国家级，主要保护对象为大鲵、细鳞鲑和哲罗鲑等水生动物，属于野生动物类型的自然保护区。该保护区内有我国独特的亚高山溪流生态系统，孕育着独特的水生动物，即国家二级保护动物秦岭细鳞鲑、川陕哲罗鲑、大鲵以及省级重点保护水生动物多鳞铲颌鱼、秦巴北鲵等，是这些珍稀濒危物种的集中分布区。

太白山国家级自然保护区

太白山国家级自然保护区遥感影像图

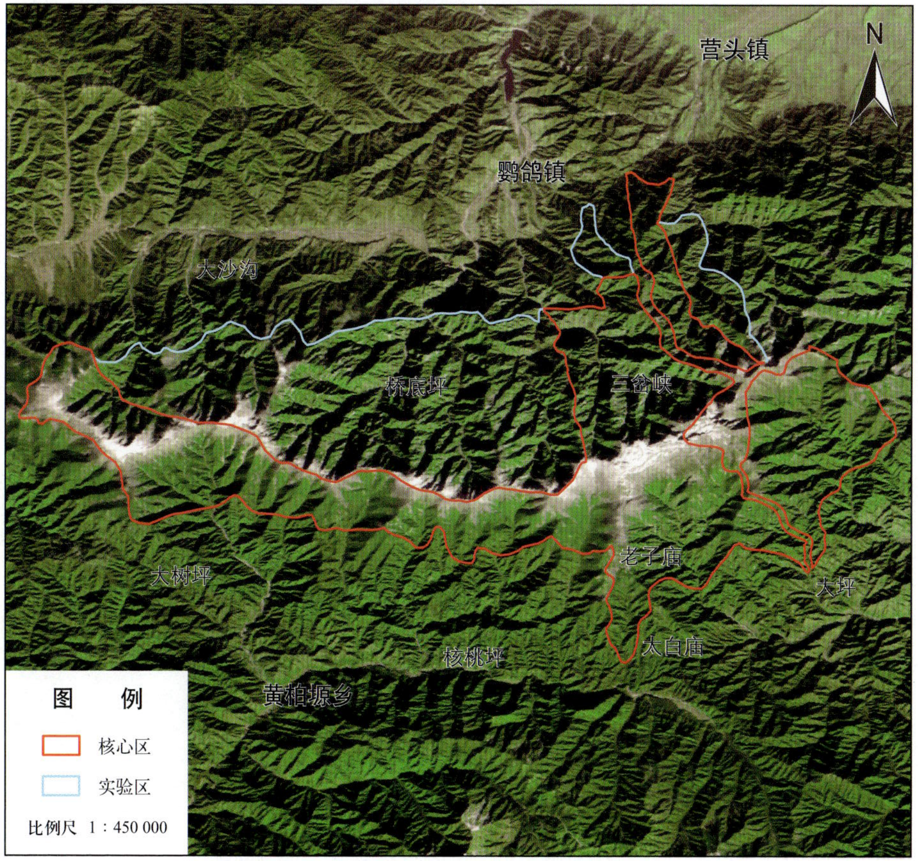
N
营头镇
鹦鸽镇
大沙沟
桥底坪
三岔峡
老子庙
大坪
太白庙
大树坪
核桃坪
黄柏塬乡
图　例
核心区
实验区
比例尺　1：450 000

影像获取时间：2010 年

太白山国家级自然保护区生态系统类型图

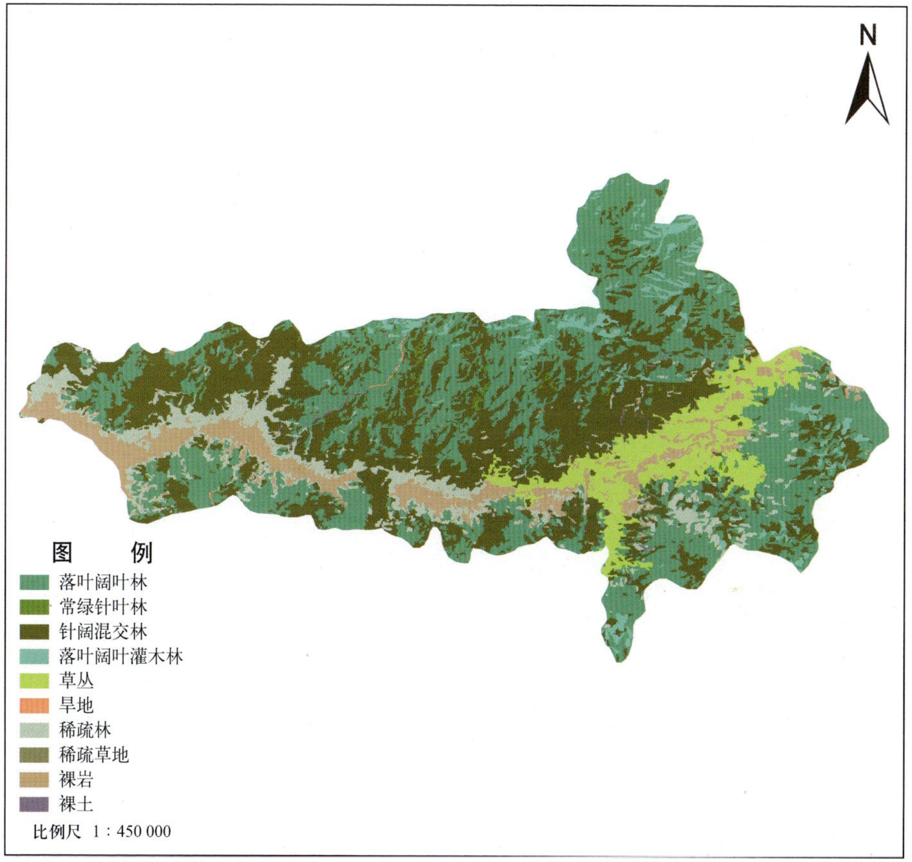
N
图　例
落叶阔叶林
常绿针叶林
针阔混交林
落叶阔叶灌木林
草丛
旱地
稀疏林
稀疏草地
裸岩
裸土
比例尺　1：450 000

解译参考影像时间：2010 年

太白山国家级自然保护区位于陕西省宝鸡市太白县、眉县和西安市周至县三县境内，总面积 56 325 公顷，建于 1965 年，1986 年晋升为国家级，主要保护对象为森林生态系统、大熊猫、金丝猴和扭角羚等濒危动物，属于森林生态系统类型的自然保护区。该保护区内有高等植物 2 000 余种，其中国家重点保护植物有连香树、水青树、星叶草和太白红杉等 21 种；高等动物有 270 多种，其中国家保护动物有大熊猫、羚牛和豹等 20 多种。

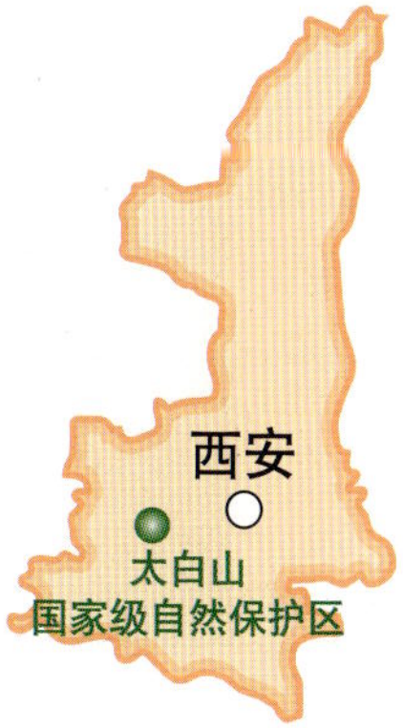
西安
太白山
国家级自然保护区

韩城黄龙山褐马鸡国家级自然保护区

韩城黄龙山褐马鸡国家级自然保护区
西安

韩城黄龙山褐马鸡国家级自然保护区位于陕西省韩城市境内，地处关中盆地的东北边缘和陕北黄土高原的南缘，总面积37 756公顷，建于2003年，2012年晋升为国家级，主要保护对象为褐马鸡及其生境，属于野生动物类型的自然保护区。该保护区内地形复杂、山势陡峻、沟壑纵横、生境多样、自然资源丰富，森林覆盖率79%，是黄土高原上唯一保存比较完整的、具有原始性的一片天然林区。

韩城黄龙山褐马鸡国家级自然保护区遥感影像图

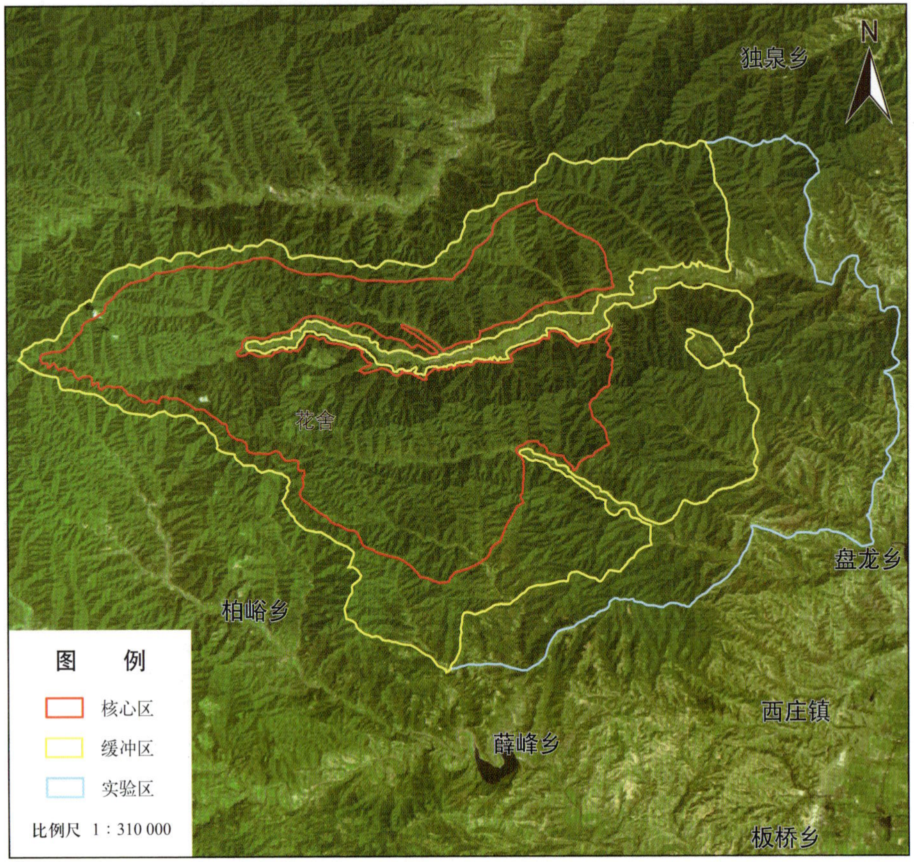
N
独泉乡
花舍
盘龙乡
柏峪乡
西庄镇
薛峰乡
板桥乡
图 例
核心区
缓冲区
实验区
比例尺 1：310 000

影像获取时间：2010年

韩城黄龙山褐马鸡国家级自然保护区生态系统类型图

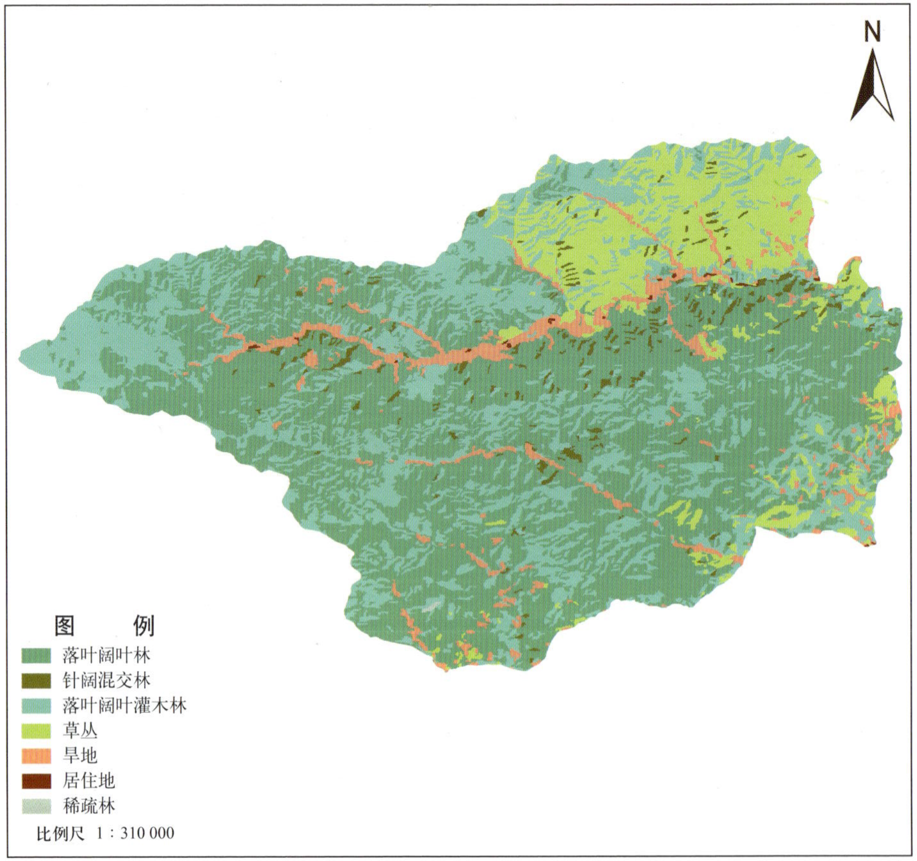
N
图 例
落叶阔叶林
针阔混交林
落叶阔叶灌木林
草丛
旱地
居住地
稀疏林
比例尺 1：310 000

解译参考影像时间：2011年

子午岭国家级自然保护区遥感影像图

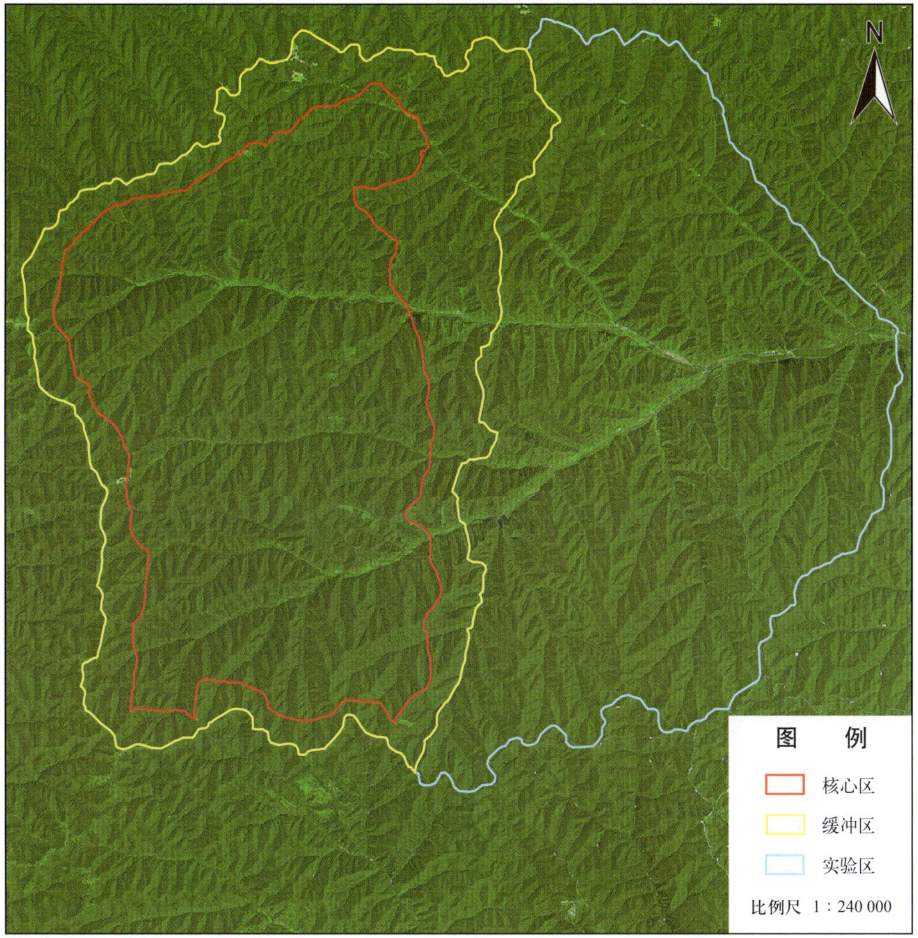
图 例
核心区
缓冲区
实验区
比例尺 1 : 240 000
N

影像获取时间：2010 年

子午岭国家级自然保护区生态系统类型图

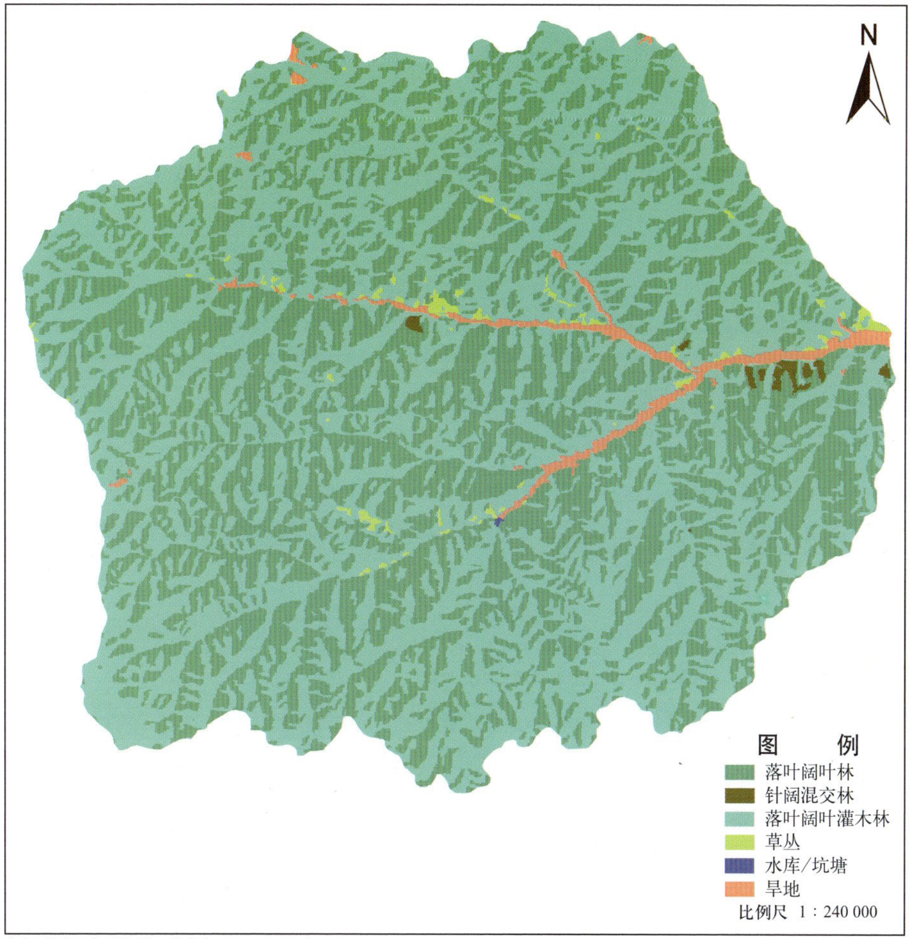
图 例
落叶阔叶林
针阔混交林
落叶阔叶灌木林
草丛
水库/坑塘
旱地
比例尺 1 : 240 000
N

解译参考影像时间：2010 年

子午岭国家级自然保护区位于陕西省延安市南部的富县境内，西靠子午岭主脊，北临毛乌素沙漠边缘，南界渭北大平原，总面积 40 621 公顷，建于 1999 年，2006 年晋升为国家级，主要保护对象为森林生态系统及豹、黑鹳和金雕等濒危动物，属于森林生态系统类型的自然保护区。该保护区处于中国暖温带落叶阔叶林的西端，森林覆盖率为 88.3%。这里是关中平原的天然屏障，既缓解了西北季风的入侵，又阻挡了风沙南移。

子午岭
国家级自然保护区
西安

延安黄龙山褐马鸡国家级自然保护区

延安黄龙山褐马鸡国家级自然保护区
西安

延安黄龙山褐马鸡国家级自然保护区位于陕西省东部，陕北黄土高原的南缘，延安市黄龙、宜川两县交界处的黄龙山林区，总面积 81 753 公顷，建于 2001 年，2011 年晋升为国家级，主要保护对象为褐马鸡及其生境，属于野生动物类型的自然保护区。该保护区是关中盆地与陕北黄土高原的过渡地带，是陕北黄土高原和关中平原之间重要的生态屏障。

延安黄龙山褐马鸡国家级自然保护区遥感影像图

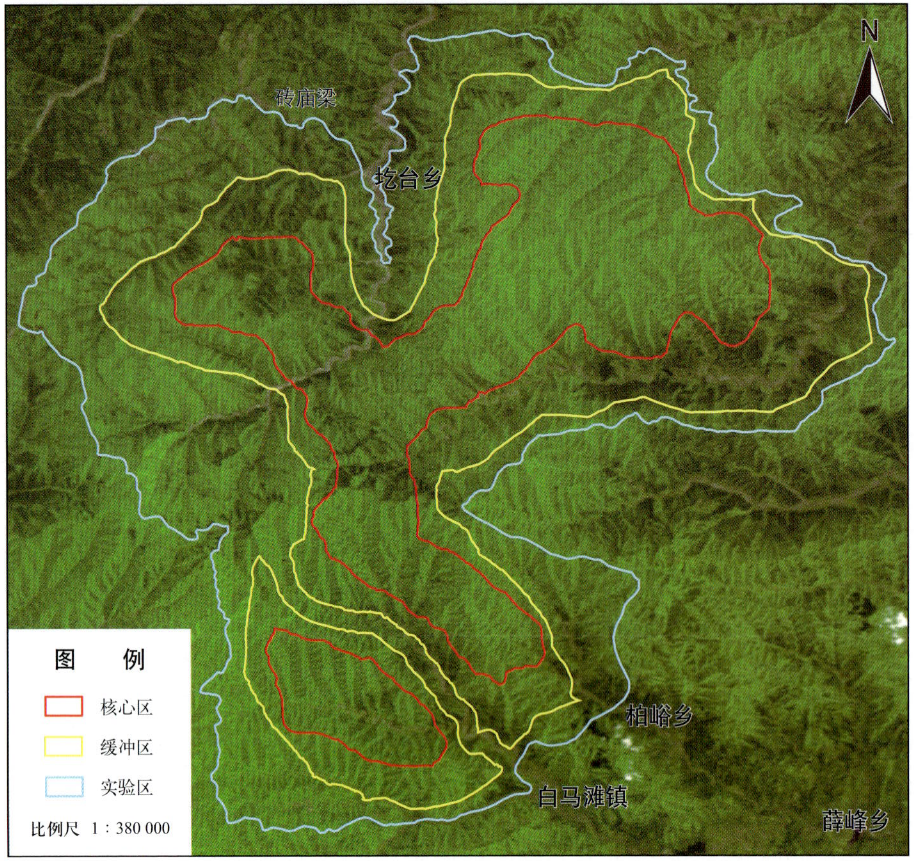
N
砖庙梁
圪台乡
柏峪乡
白马滩镇
薛峰乡
图 例
核心区
缓冲区
实验区
比例尺 1 : 380 000

影像获取时间：2010 年

延安黄龙山褐马鸡国家级自然保护区生态系统类型图

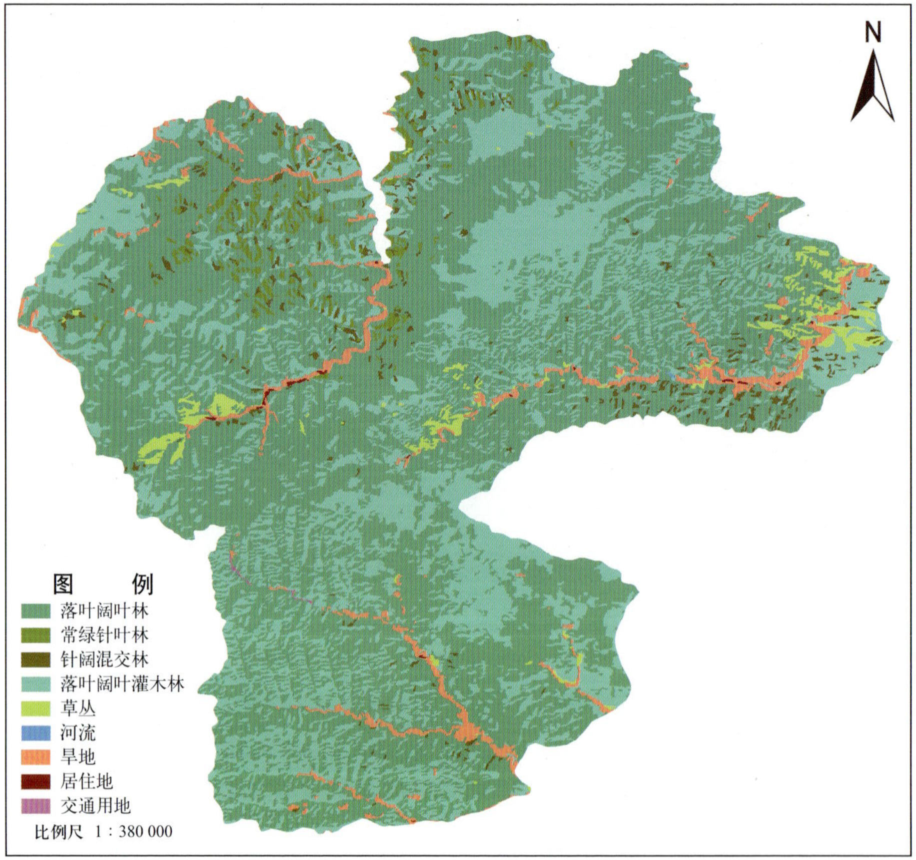
N
图 例
落叶阔叶林
常绿针叶林
针阔混交林
落叶阔叶灌木林
草丛
河流
旱地
居住地
交通用地
比例尺 1 : 380 000

解译参考影像时间：2010 年

长青国家级自然保护区遥感影像图

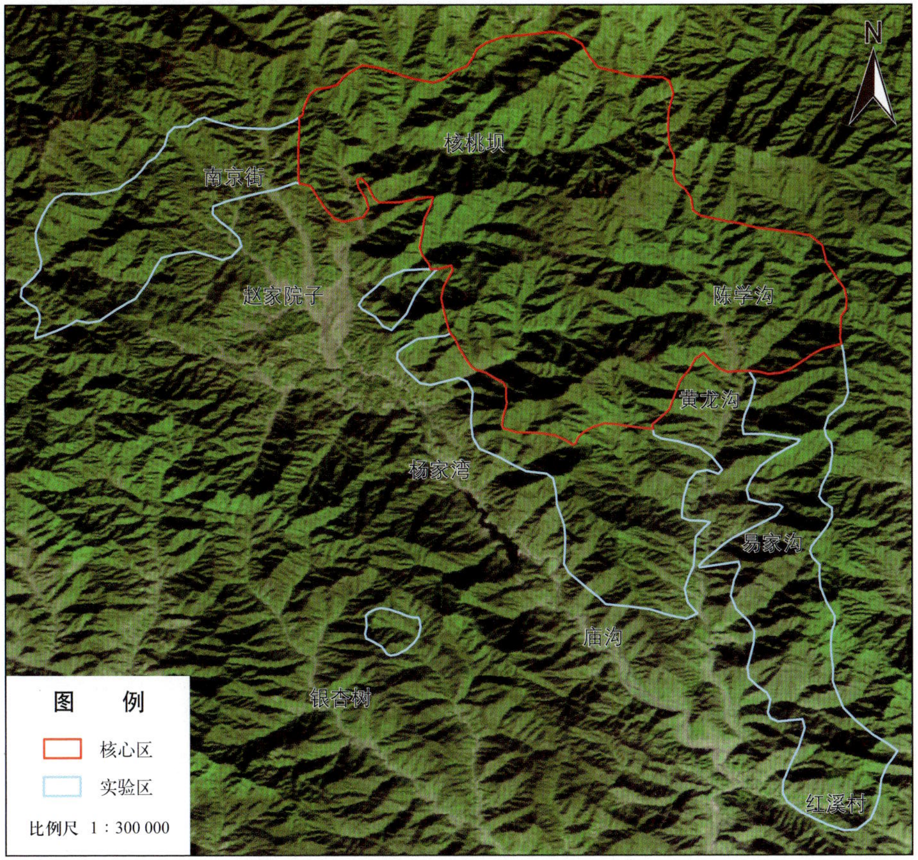
N
核桃坝
南京街
赵家院子
陈学沟
黄龙沟
杨家湾
易家沟
庙沟
银杏树
红溪村
图 例
核心区
实验区
比例尺 1 : 300 000

影像获取时间：2010 年

长青国家级自然保护区生态系统类型图

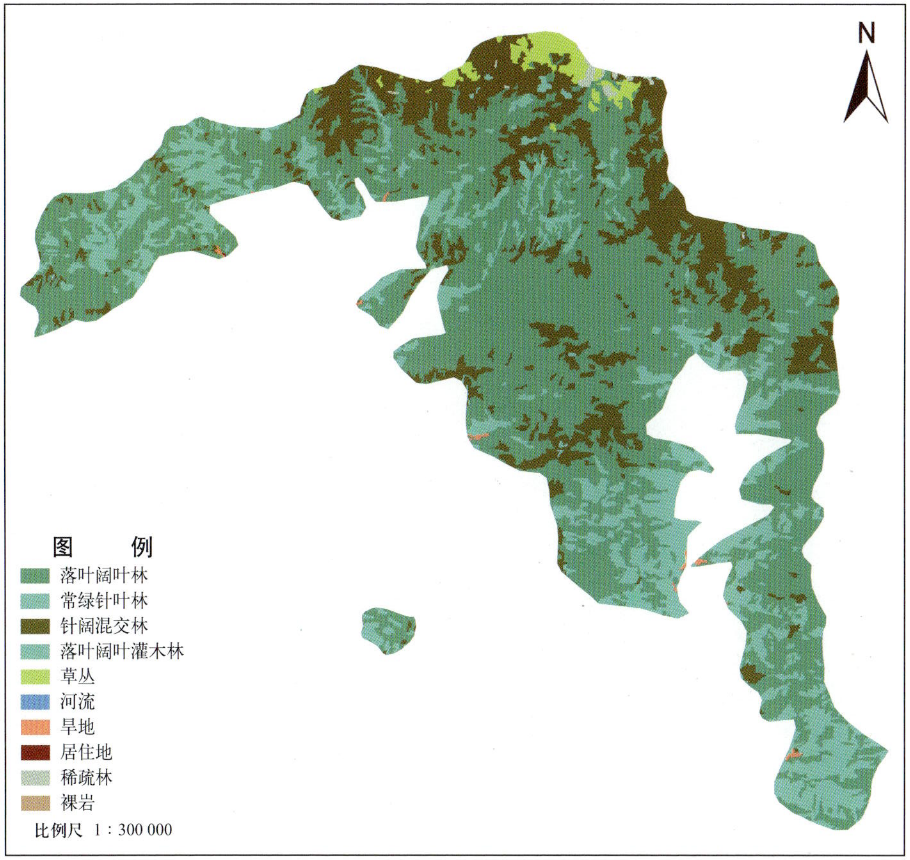
N
图 例
落叶阔叶林
常绿针叶林
针阔混交林
落叶阔叶灌木林
草丛
河流
旱地
居住地
稀疏林
裸岩
比例尺 1 : 300 000

解译参考影像时间：2011 年

长青国家级自然保护区位于陕西省汉中市洋县境内，总面积 29 906 公顷，建于 1994 年，1995 年晋升为国家级，主要保护对象为大熊猫、扭角羚、林麝等珍稀动物及其生境，属于野生动物类型的自然保护区。被誉为“活化石”的大熊猫在该保护区广泛分布，是当今中国最有保护价值的大熊猫密集分布区，受到国内外科学界的关注和重视。

西安
长青
国家级自然保护区

汉中朱鹮国家级自然保护区

西安
汉中朱鹮
国家级自然保护区

汉中朱鹮国家级自然保护区位于陕西省汉中市的洋县、城固县境内，总面积37 549公顷，建于1983年，2005年晋升为国家级，主要保护对象为濒危珍禽及其生境，属于野生动物类型的自然保护区。该保护区内动植物种类繁多，其中有动物534种，分属29目96科，包括国家一级保护动物7种，二级保护动物62种。

汉中朱鹮国家级自然保护区遥感影像图

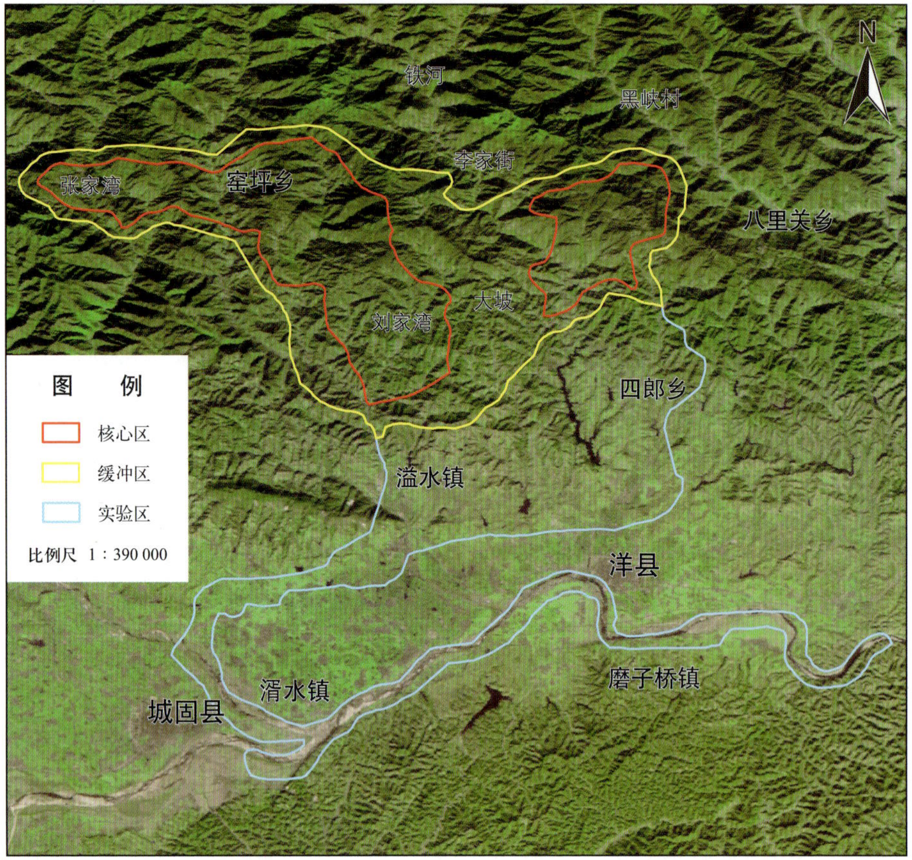
N
铁河
黑峡村
李家街
张家湾
窑坪乡
八里关乡
大坡
刘家湾
四郎乡
溢水镇
洋县
渭水镇
磨子桥镇
城固县
图 例
核心区
缓冲区
实验区
比例尺 1∶390 000

影像获取时间：2010年

汉中朱鹮国家级自然保护区生态系统类型图

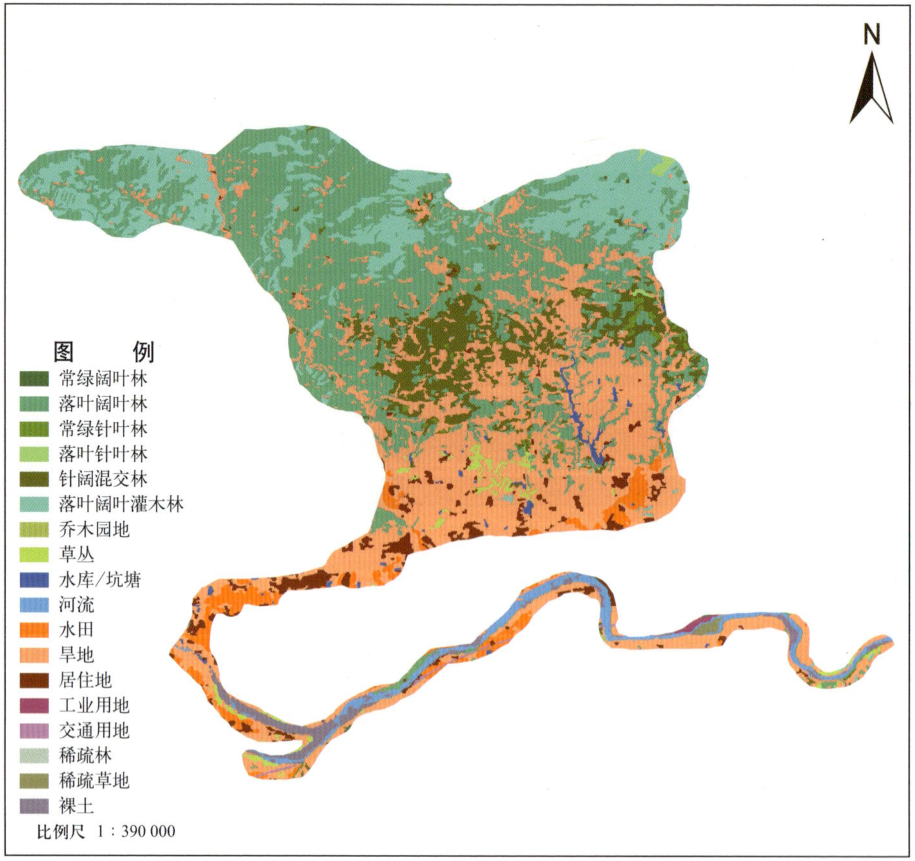
N
图 例
常绿阔叶林
落叶阔叶林
常绿针叶林
落叶针叶林
针阔混交林
落叶阔叶灌木林
乔木园地
草丛
水库/坑塘
河流
水田
旱地
居住地
工业用地
交通用地
稀疏林
稀疏草地
裸土
比例尺 1∶390 000

解译参考影像时间：2011年

米仓山国家级自然保护区遥感影像图

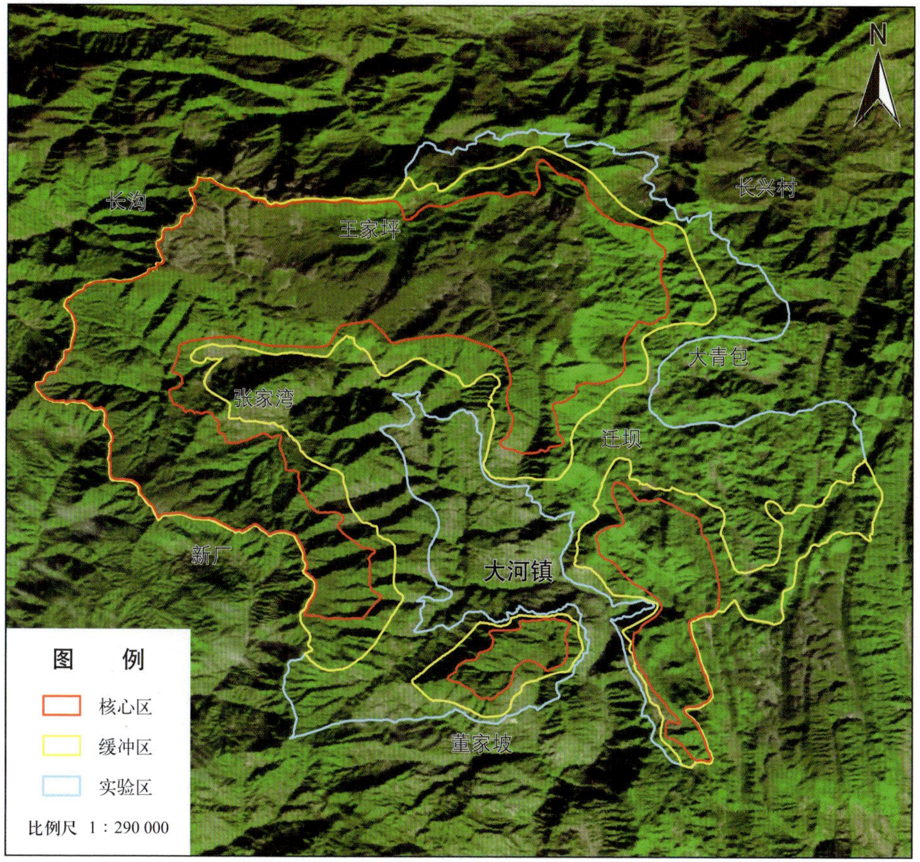
N
长沟
王家坪
长兴村
大青包
张家湾
迁坝
新厂
大河镇
董家坡
图 例
核心区
缓冲区
实验区
比例尺 1：290 000

影像获取时间：2010 年

米仓山国家级自然保护区生态系统类型图

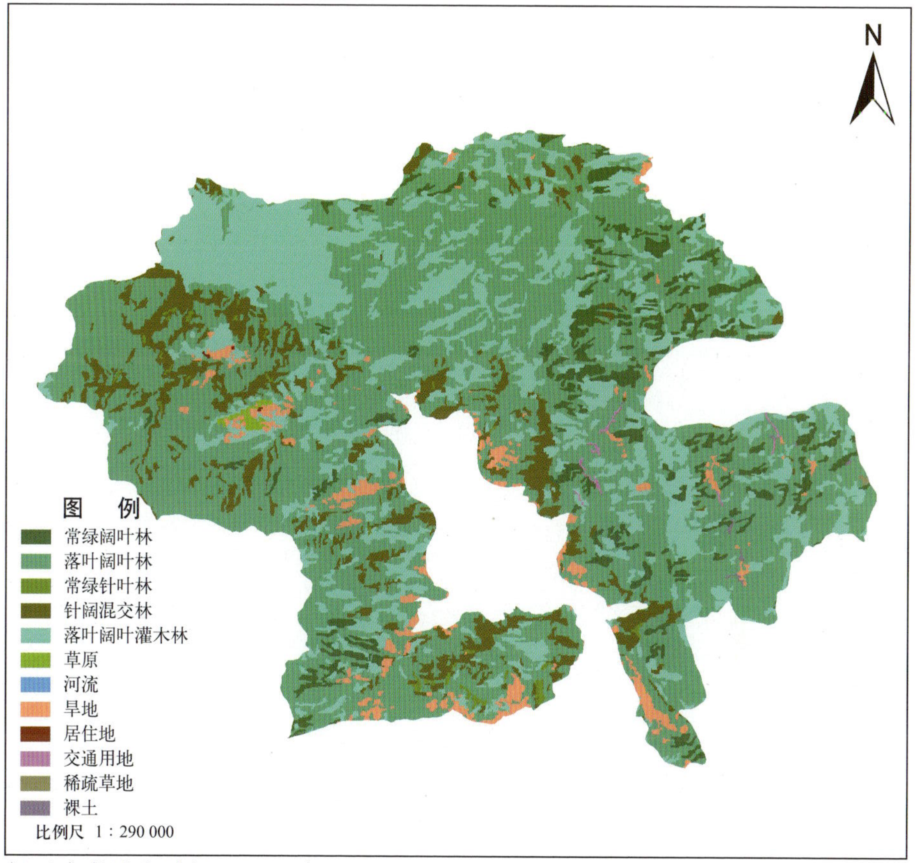
N
图 例
常绿阔叶林
落叶阔叶林
常绿针叶林
针阔混交林
落叶阔叶灌木林
草原
河流
旱地
居住地
交通用地
稀疏草地
裸土
比例尺 1：290 000

解译参考影像时间：2011 年

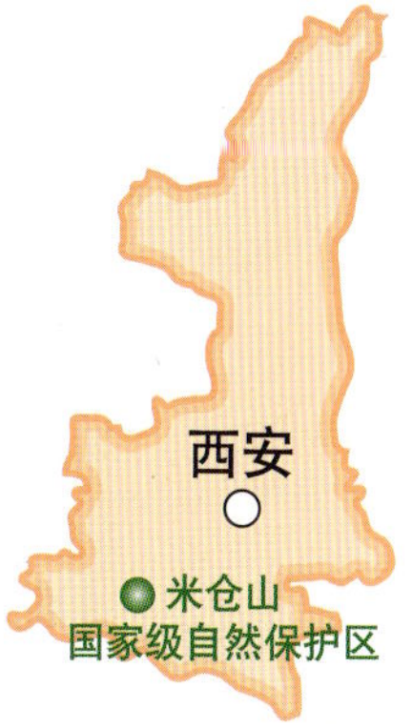
西安
米仓山
国家级自然保护区

米仓山国家级自然保护区位于陕西省汉中市西乡县境内，总面积 34 192 公顷，建于 2002 年，2011 年晋升为国家级，主要保护对象为森林生态系统及珍稀动植物，属于森林生态系统类型的自然保护区。该保护区的地形有典型的大巴山北坡及米仓山地形地貌特征。这里是嘉陵江支流巴水河的发源地和汉江支流牧马河的上游集水区，气候是典型的北亚热带半湿润季风气候区山坡气候，具有很高的生态、科研和经济等价值。

青木川国家级自然保护区

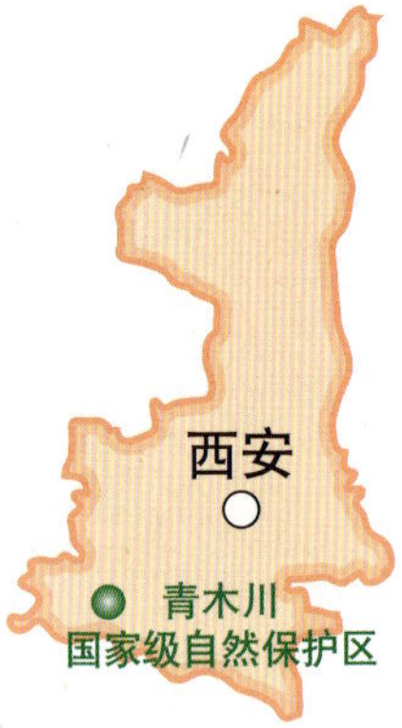
西安
青木川
国家级自然保护区

青木川国家级自然保护区位于陕西省汉中市宁强县境内，总面积 10 200 公顷，建于 2003 年，2009 年晋升为国家级，主要保护对象为金丝猴、扭角羚和大熊猫等珍稀动物，属于野生动物类型的自然保护区。该保护区内有维管束植物 173 科 732 属 1598 种，珍稀濒危植物 82 种，国家重点保护植物 14 种。

青木川国家级自然保护区遥感影像图

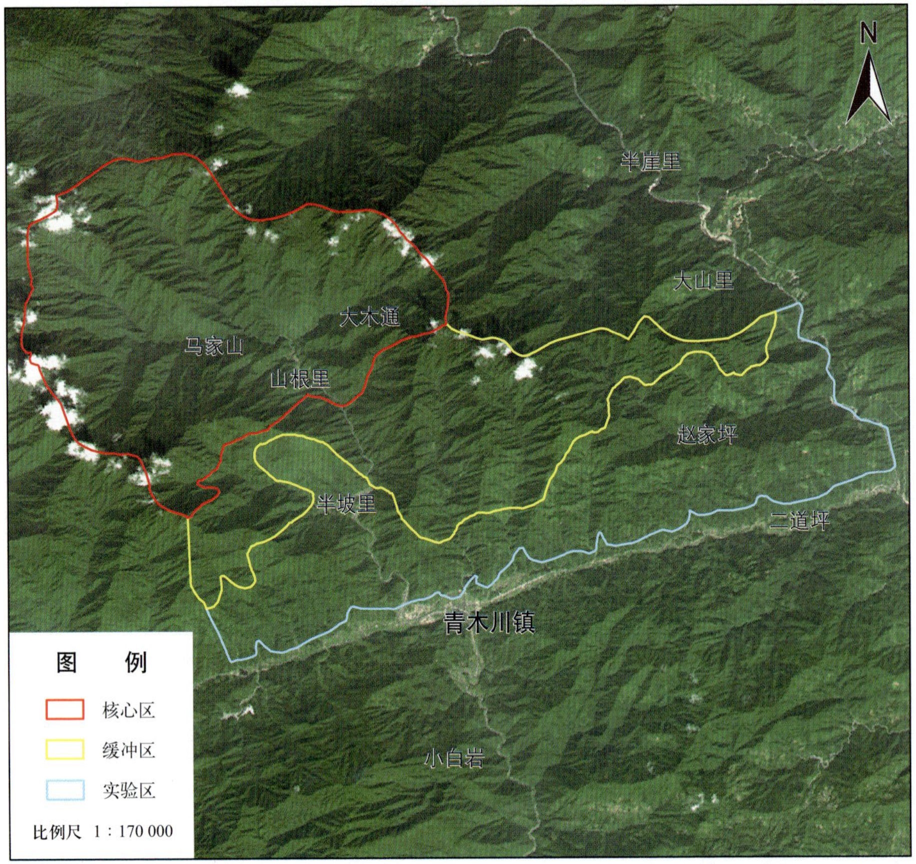
N
半崖里
大山里
大木通
马家山
山根里
赵家坪
半坡里
二道坪
青木川镇
小白岩
图　例
核心区
缓冲区
实验区
比例尺　1：170 000

影像获取时间：2010 年

青木川国家级自然保护区生态系统类型图

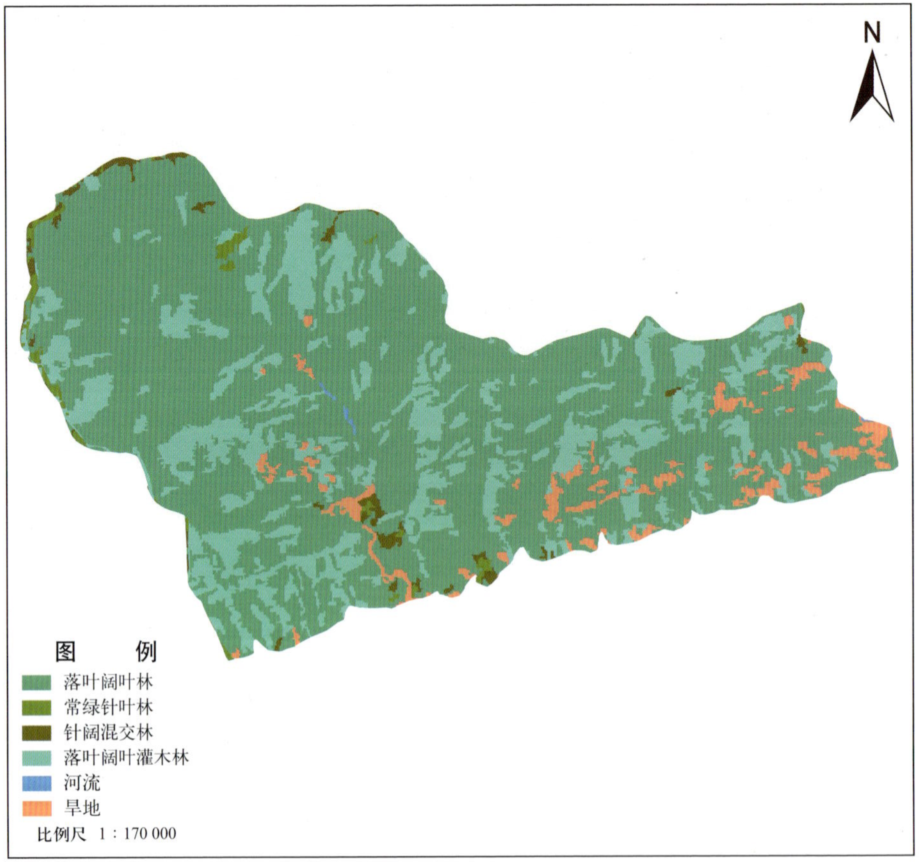
N
图　例
落叶阔叶林
常绿针叶林
针阔混交林
落叶阔叶灌木林
河流
旱地
比例尺　1：170 000

解译参考影像时间：2011 年

桑园国家级自然保护区遥感影像图

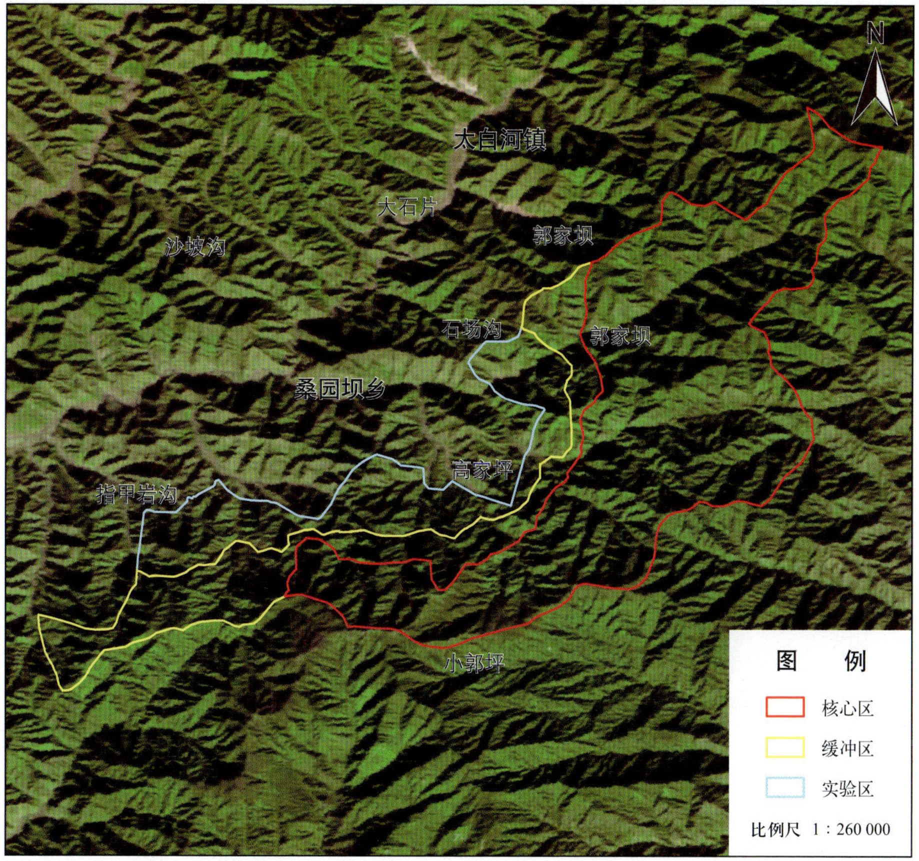
N
太白河镇
大石片
沙坡沟
郭家坝
石场沟
郭家坝
桑园坝乡
高家坪
指甲岩沟
小郭坪
图 例
核心区
缓冲区
实验区
比例尺 1：260 000

影像获取时间：2010 年

桑园国家级自然保护区生态系统类型图

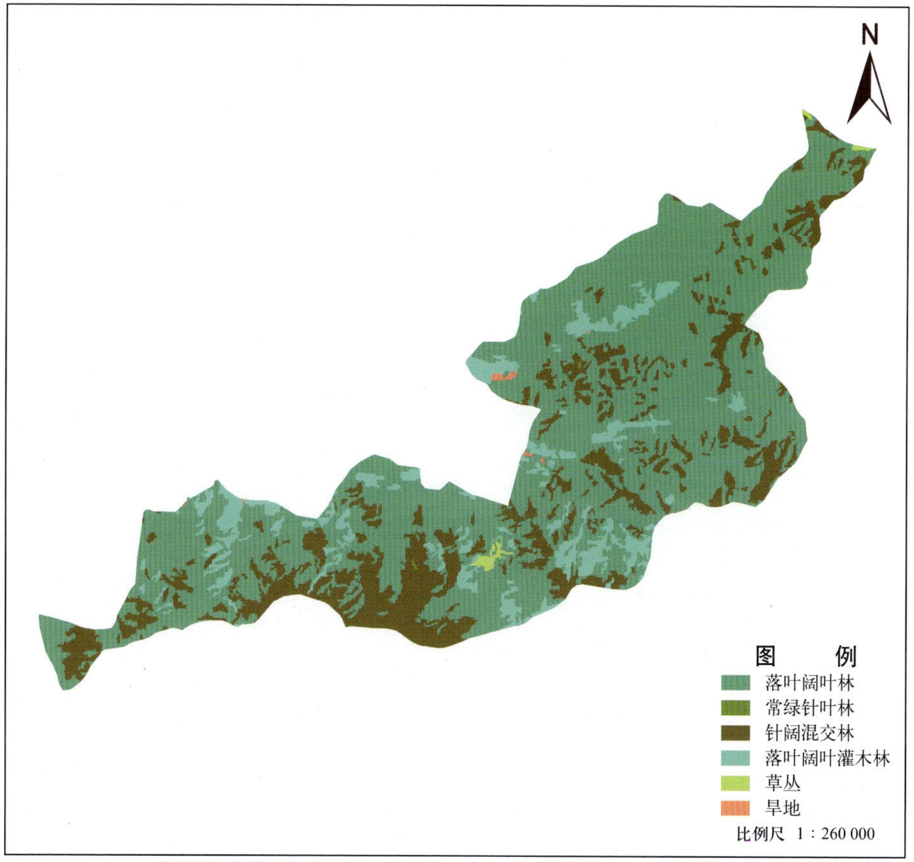
N
图 例
落叶阔叶林
常绿针叶林
针阔混交林
落叶阔叶灌木林
草丛
旱地
比例尺 1：260 000

解译参考影像时间：2010 年

桑园国家级自然保护区位于陕西省汉中市留坝县境内，总面积 13 806 公顷，建于 2002 年，2009 年晋升为国家级，主要保护对象为大熊猫及其栖息生境，属于野生动物类型的自然保护区。该保护区是未来秦岭中段大熊猫秦岭亚种局域种群向西扩散的必经之地，对整个秦岭大熊猫种群的保护具有十分重要的意义。

西安
桑园
国家级自然保护区

佛坪国家级自然保护区

西安
佛坪
国家级自然保护区

佛坪国家级自然保护区位于陕西省汉中市佛坪县境内，总面积 29 240 公顷，建于 1978 年，主要保护对象为大熊猫、金丝猴和扭角羚等野生动物及森林生态系统，属于野生动物类型的自然保护区。该保护区内山清水秀，自然风光雄奇秀美，物种资源丰富，有“天然动植物基因库”之称。

佛坪国家级自然保护区遥感影像图

N
火地坝
三官庙
左家坪
纸厂
三星桥
大古坪
秧田沟
尼姑坪
图 例
保护区
比例尺 1 : 240 000

影像获取时间：2010 年

佛坪国家级自然保护区生态系统类型图

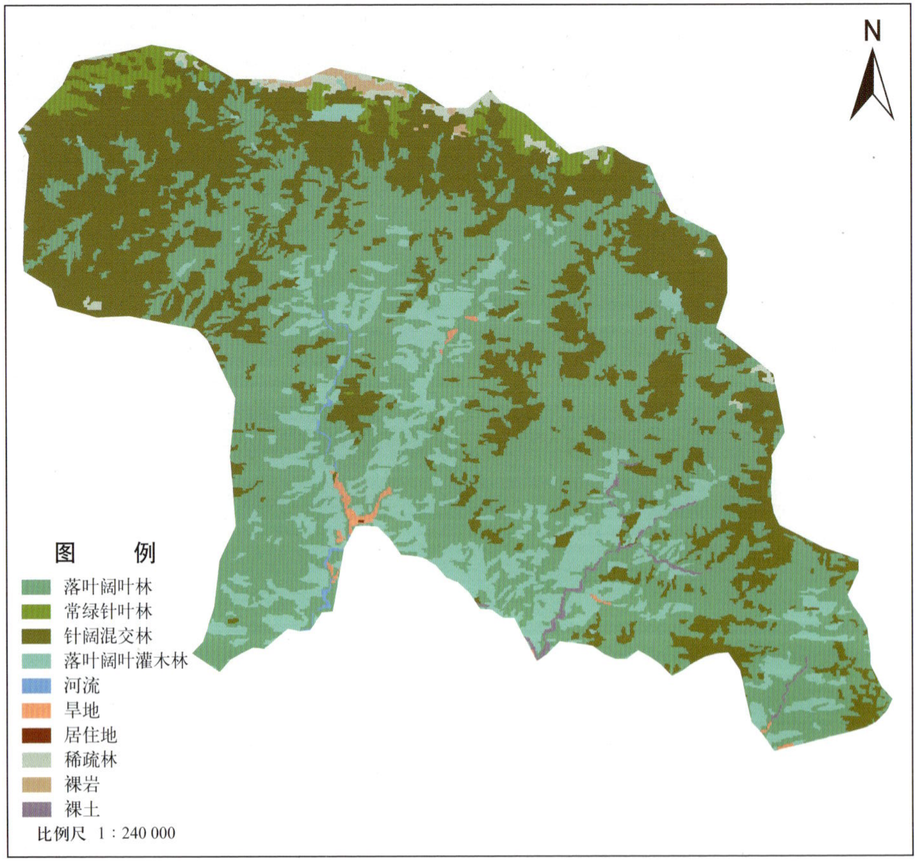
N
图 例
落叶阔叶林
常绿针叶林
针阔混交林
落叶阔叶灌木林
河流
旱地
居住地
稀疏林
裸岩
裸土
比例尺 1 : 240 000

解译参考影像时间：2011 年

天华山国家级自然保护区遥感影像图

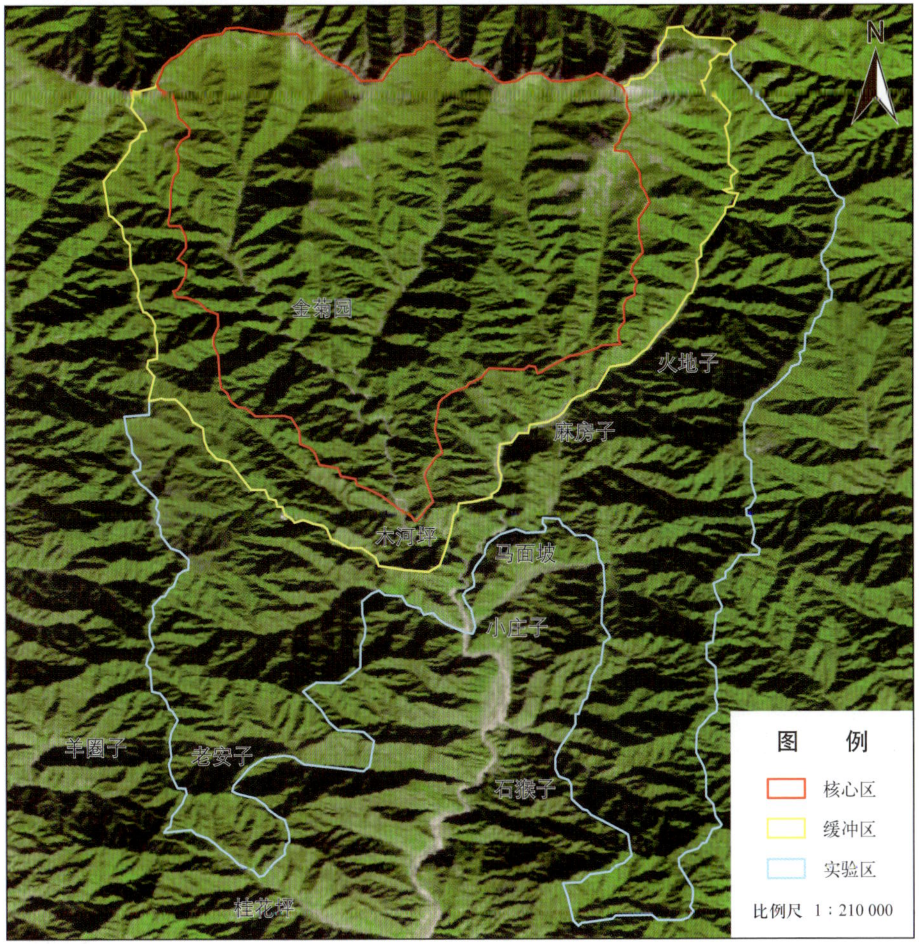
N
金菊园
火地子
麻房子
木河坪
马面坡
小庄子
羊圈子
老安子
石猴子
桂花坪
图 例
核心区
缓冲区
实验区
比例尺 1 : 210 000

影像获取时间：2010 年

天华山国家级自然保护区生态系统类型图

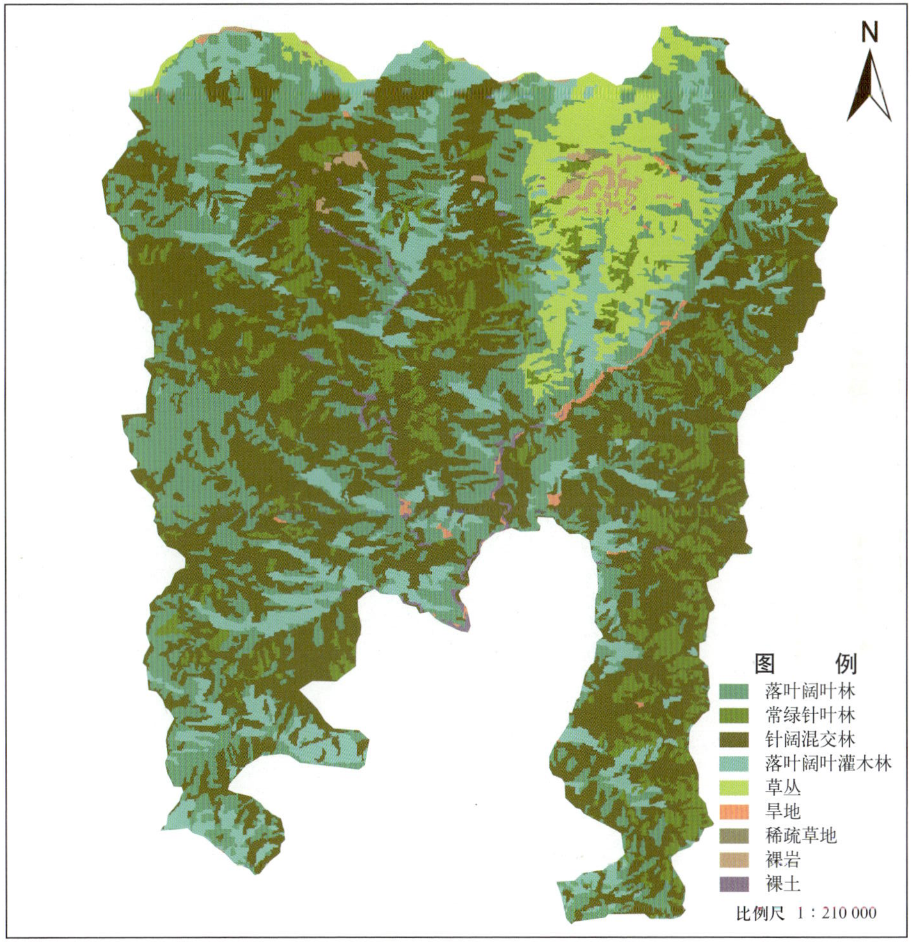
N
图 例
落叶阔叶林
常绿针叶林
针阔混交林
落叶阔叶灌木林
草丛
旱地
稀疏草地
裸岩
裸土
比例尺 1 : 210 000

解译参考影像时间：2011 年

天华山国家级自然保护区位于陕西省安康市宁陕县境内，总面积 25 485 公顷，建于 2002 年，2007 年晋升为国家级，主要保护对象为大熊猫、金丝猴和扭角羚等野生动物及其生境，属于野生动物类型的自然保护区。该保护区内物种资源丰富，现已调查的植物种类 1 819 余种，野生动物 260 种。

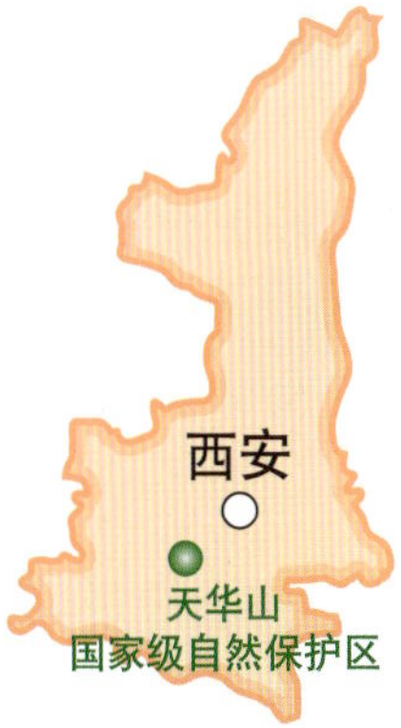
西安
天华山
国家级自然保护区

化龙山国家级自然保护区

化龙山国家级自然保护区遥感影像图

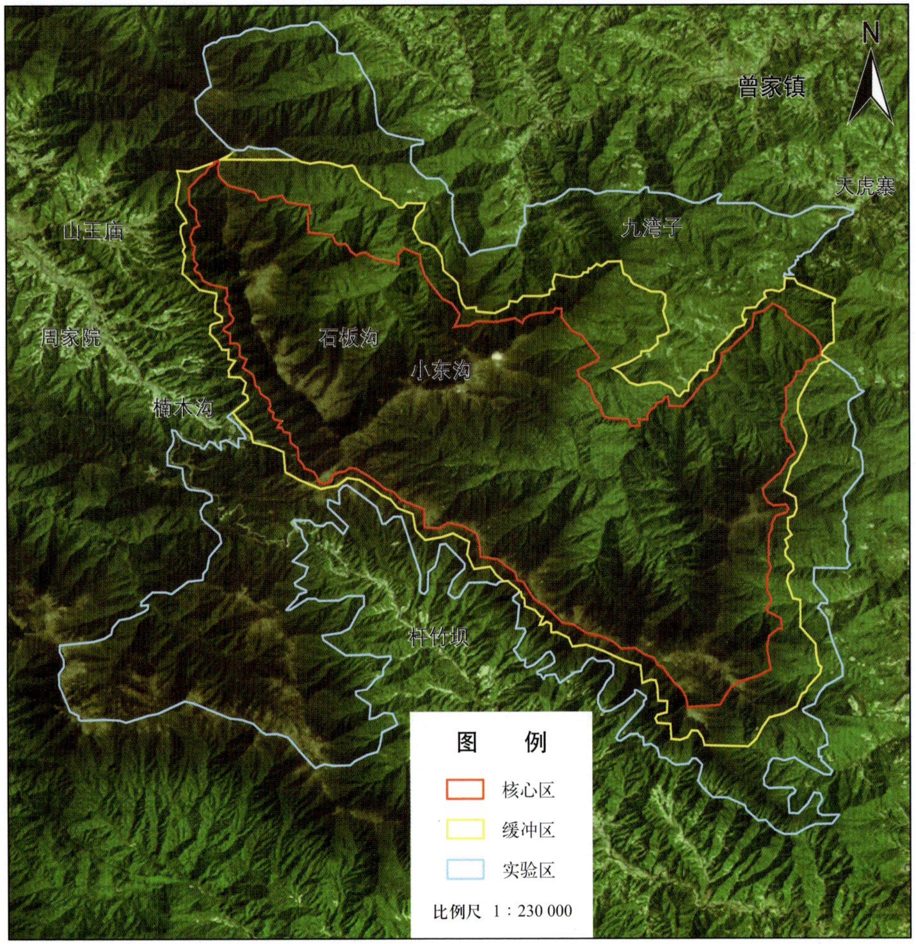
N
曾家镇
天虎寨
九湾子
山王庙
周家院
石板沟
小东沟
椿木沟
杆竹坝
图例
核心区
缓冲区
实验区
比例尺 1：230 000

影像获取时间：2010 年

化龙山国家级自然保护区生态系统类型图

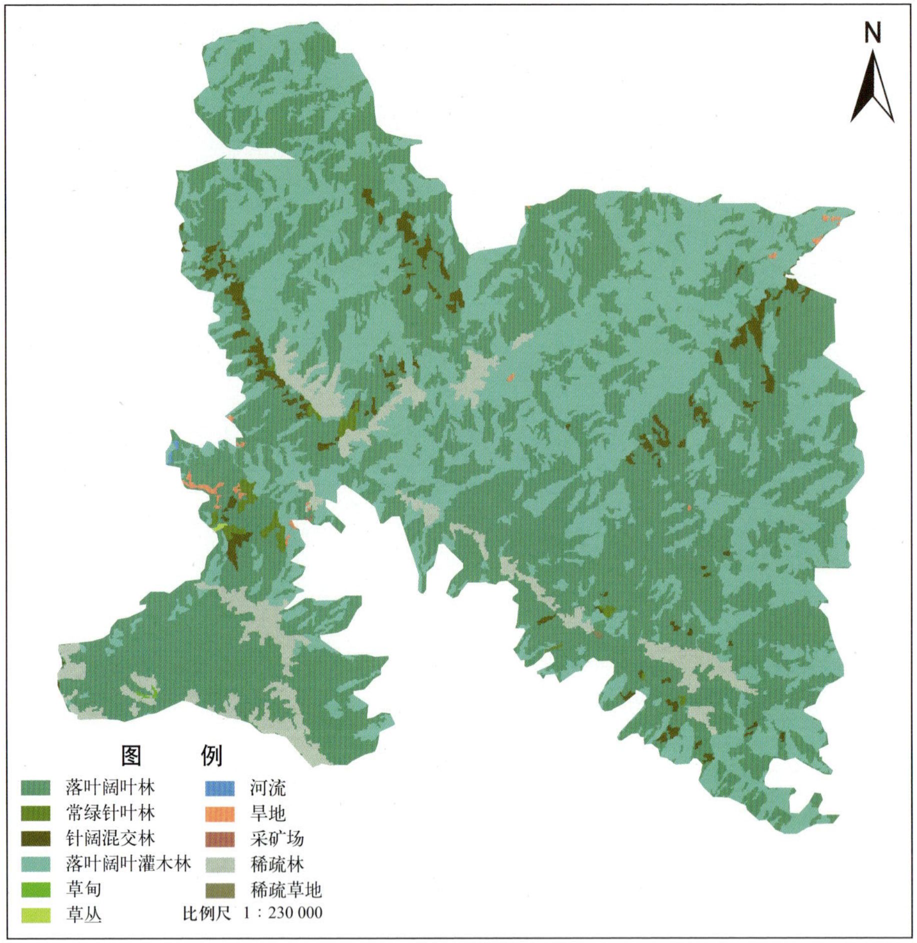
N
图例
落叶阔叶林
常绿针叶林
针阔混交林
落叶阔叶灌木林
草甸
草丛
河流
旱地
采矿场
稀疏林
稀疏草地
比例尺 1：230 000

解译参考影像时间：2011 年

化龙山国家级自然保护区位于陕西省安康市镇坪县和平利县境内，总面积 28 103 公顷，建于 2000 年，2007 年晋升为国家级，主要保护对象为森林植物和野生动物，属于森林生态系统类型的自然保护区。该保护区内森林覆盖率 76.4%，这里是中国巴山北部地区重要的野生动植物物种资源库，也是中国巴山地区少有的原始自然历史本底。

西安
化龙山
国家级自然保护区

牛背梁国家级自然保护区遥感影像图

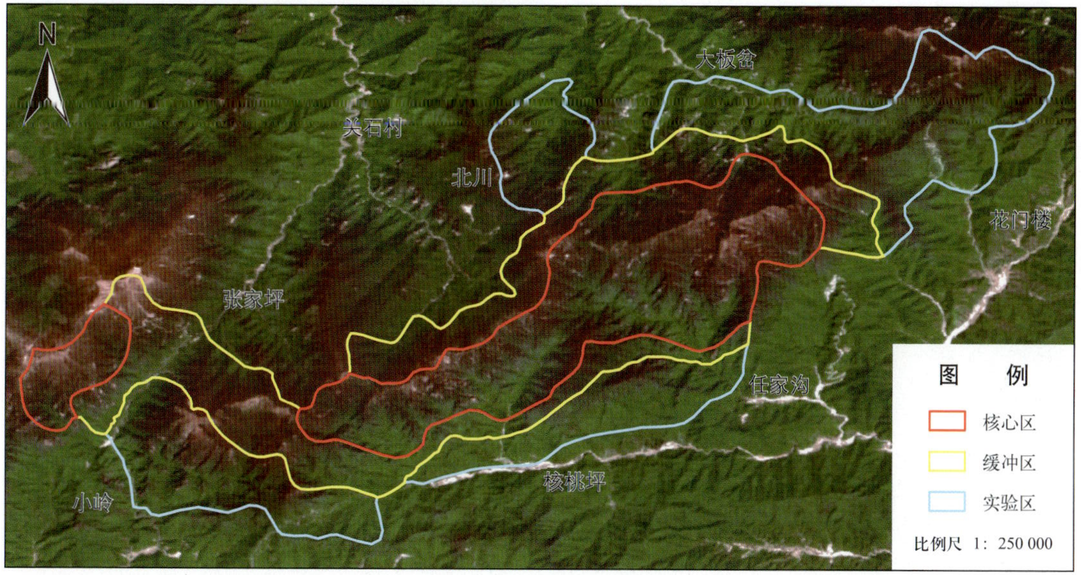
N
大板仓
关石村
北川
花门楼
张家坪
任家沟
核桃坪
小岭
图例
核心区
缓冲区
实验区
比例尺 1：250 000

影像获取时间：2010 年

牛背梁国家级自然保护区生态系统类型图

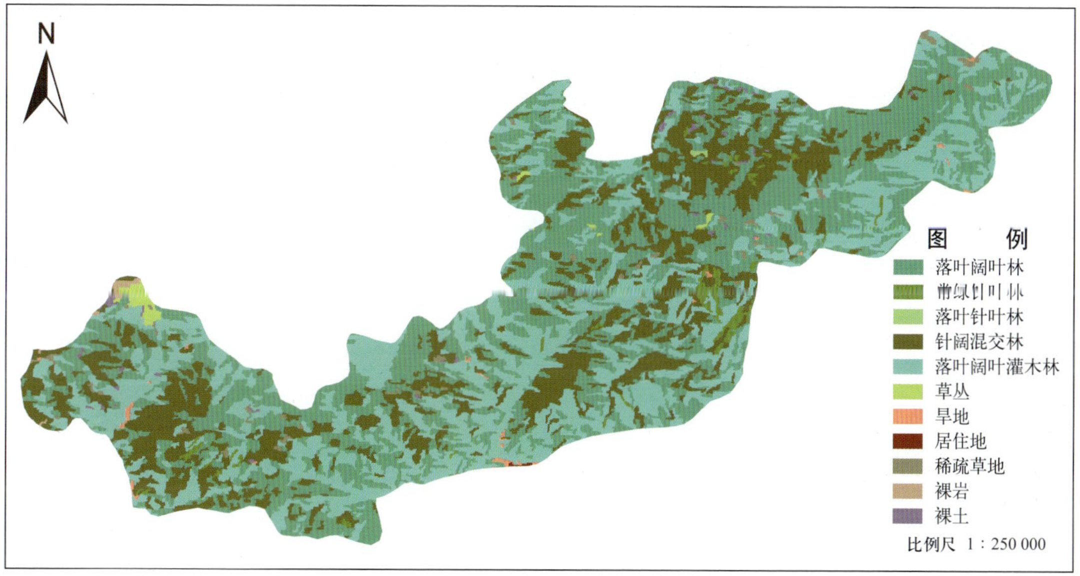
N
图例
落叶阔叶林
落叶针叶林
针阔混交林
落叶阔叶灌木林
草丛
旱地
居住地
稀疏草地
裸岩
裸土
比例尺 1：250 000

解译参考影像时间：2011 年

牛背梁国家级自然保护区位于陕西省西安市境内，总面积16 418公顷，建于1980年，1988年晋升为国家级，主要保护对象为扭角羚等珍稀动物及其栖息地，属于野生动物类型的自然保护区。该保护区是西安市和陕南地区的重要水源涵养地，是中国唯一以保护国家一级保护动物羚牛及其栖息地为主的森林和野生动物类型的国家级自然保护区。

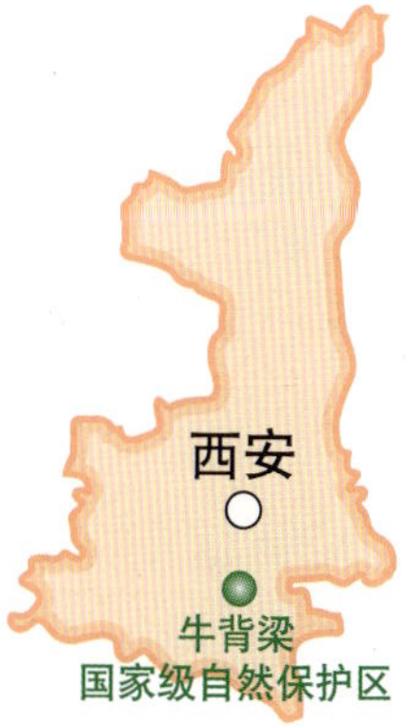
西安
牛背梁
国家级自然保护区

连城国家级自然保护区

连城
国家级自然保护区
兰州

连城国家级自然保护区位于甘肃省兰州市永登县境内，总面积 47 930 公顷，建于 2001 年，2005 年晋升为国家级，主要保护对象为天然青杄及其森林生态系统、天然祁连圆柏及其森林生态系统，属于森林生态系统类型自然保护区。该保护区位于祁连山脉向黄土高原过渡带，具有特殊的地理位置，这里保存着完整的森林生态系统，以及青杄和祁连圆柏等物种资源，是生态学、生物多样性、地质地理等学科研究的天然实验室，具有较高的科研价值。

连城国家级自然保护区遥感影像图

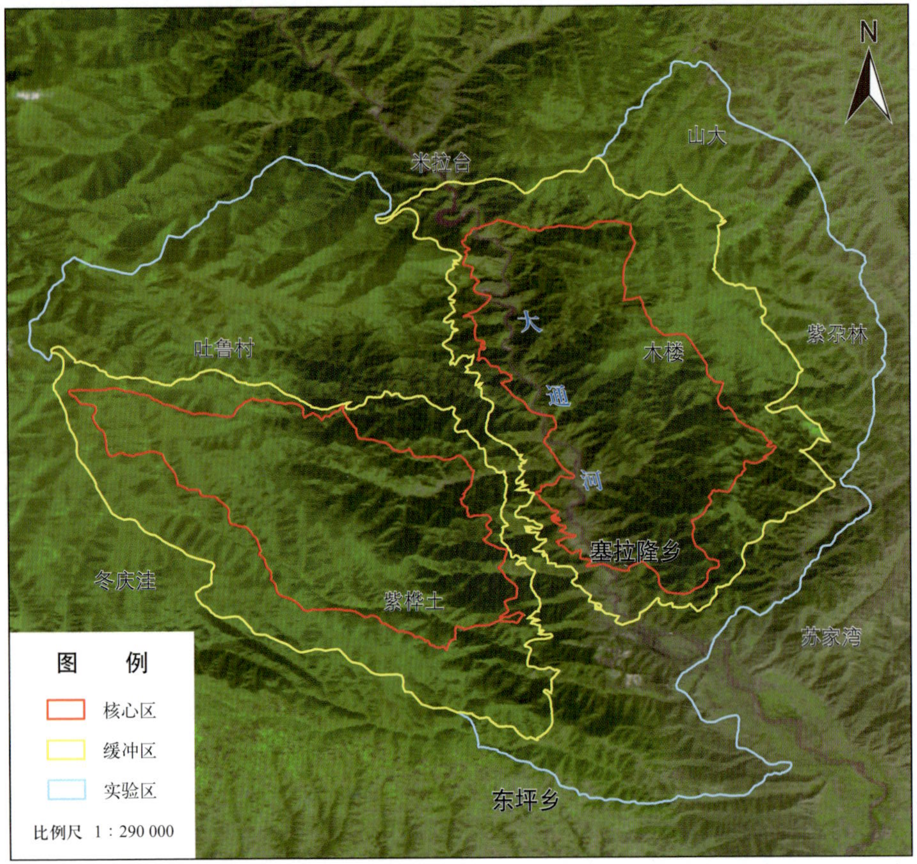
N
米拉台
山大
大
通
河
吐鲁村
木楼
紫泥林
塞拉隆乡
冬庆洼
紫桦土
苏家湾
东坪乡
图 例
核心区
缓冲区
实验区
比例尺 1 : 290 000

影像获取时间：2010 年

连城国家级自然保护区生态系统类型图

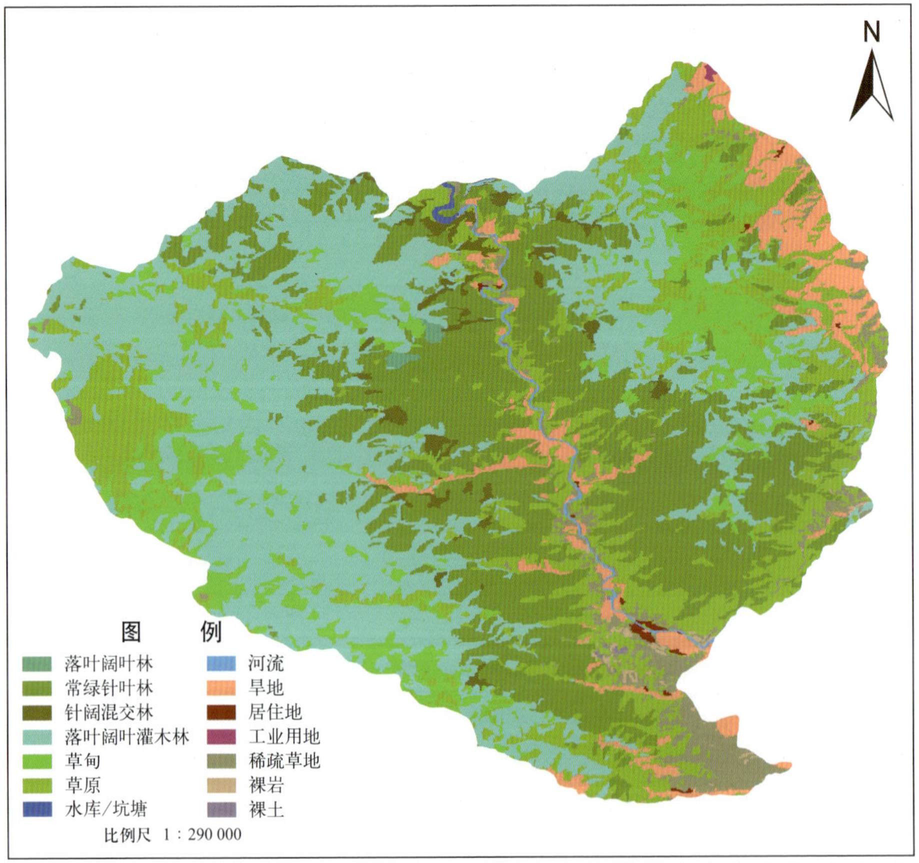
N
图 例
落叶阔叶林
常绿针叶林
针阔混交林
落叶阔叶灌木林
草甸
草原
水库/坑塘
河流
旱地
居住地
工业用地
稀疏草地
裸岩
裸土
比例尺 1 : 290 000

解译参考影像时间：2010 年

兴隆山国家级自然保护区遥感影像图

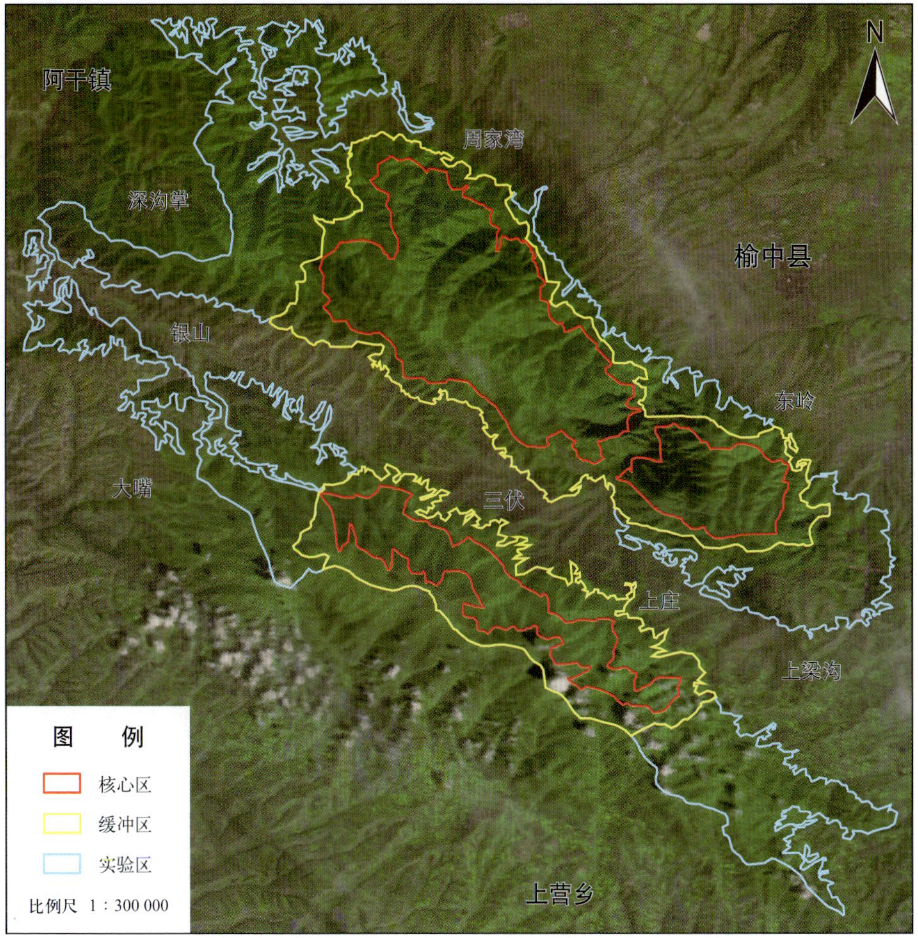
N
阿干镇
周家湾
深沟掌
榆中县
银山
东岭
大嘴
三伏
上庄
上梁沟
上营乡
图 例
核心区
缓冲区
实验区
比例尺 1：300 000

影像获取时间：2010 年

兴隆山国家级自然保护区生态系统类型图

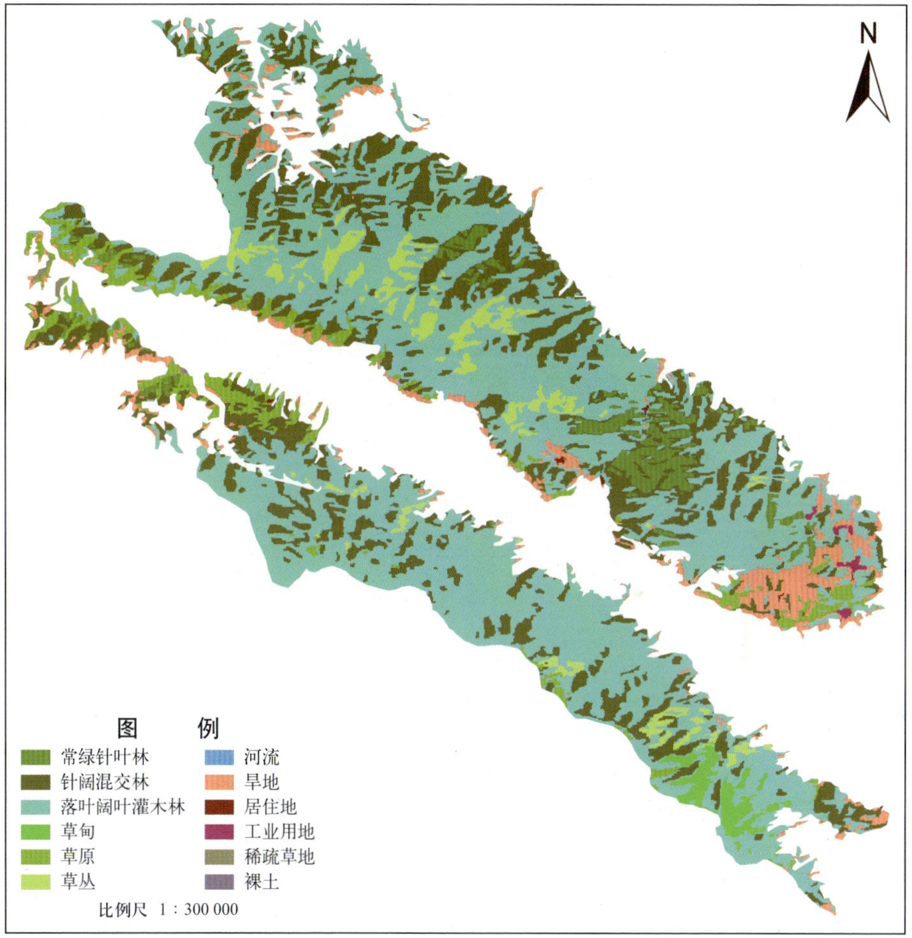
N
图 例
常绿针叶林
针阔混交林
落叶阔叶灌木林
草甸
草原
草丛
河流
旱地
居住地
工业用地
稀疏草地
裸土
比例尺 1：300 000

解译参考影像时间：2010 年

兰州
兴隆山
国家级自然保护区

兴隆山国家级自然保护区位于甘肃省兰州市榆中县境内，总面积 33 301 公顷，建于 1986 年，1988 年晋升为国家级，主要保护对象为森林生态系统及马麝等野生动物，属于森林生态系统类型自然保护区。该保护区不仅是调节兰州气候、生态环境的天然空调，也是甘肃中部干旱地区和榆中南部地区的绿色屏障。

民勤连古城国家级自然保护区

民勤连古城
国家级自然保护区
兰州

民勤连古城国家级自然保护区位于甘肃省武威市民勤县境内，总面积 389 882.5 公顷，建于 1982 年，2002 年晋升为国家级，主要保护对象为荒漠生态系统及黄羊等野生动物，属于荒漠生态类型自然保护区。该保护区是重要荒漠生态系统和典型荒漠野生动植物分布区，这里的动植物具有地带典型性、生物多样性、稀有物种的特殊性、自然生态的完整性等特征，具有较高的学术和科研价值。

民勤连古城国家级自然保护区遥感影像图

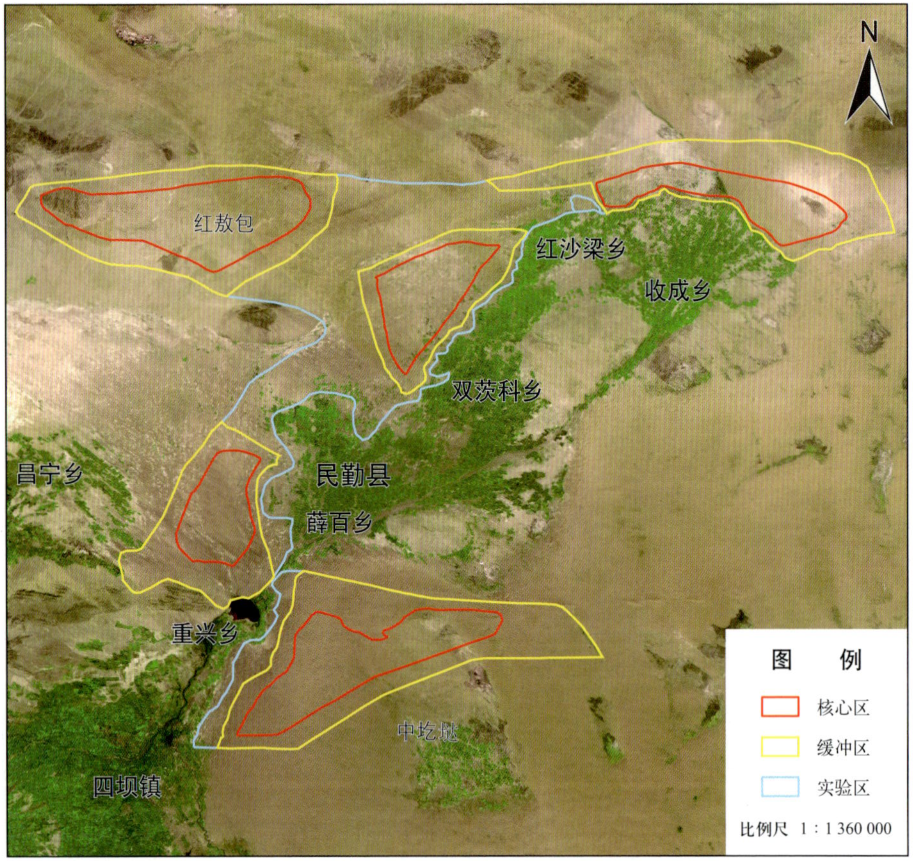
N
红敖包
红沙梁乡
收成乡
双茨科乡
民勤县
昌宁乡
薛百乡
重兴乡
中坨坨
四坝镇
图例
核心区
缓冲区
实验区
比例尺 1 : 1 360 000

影像获取时间：2010 年

民勤连古城国家级自然保护区生态系统类型图

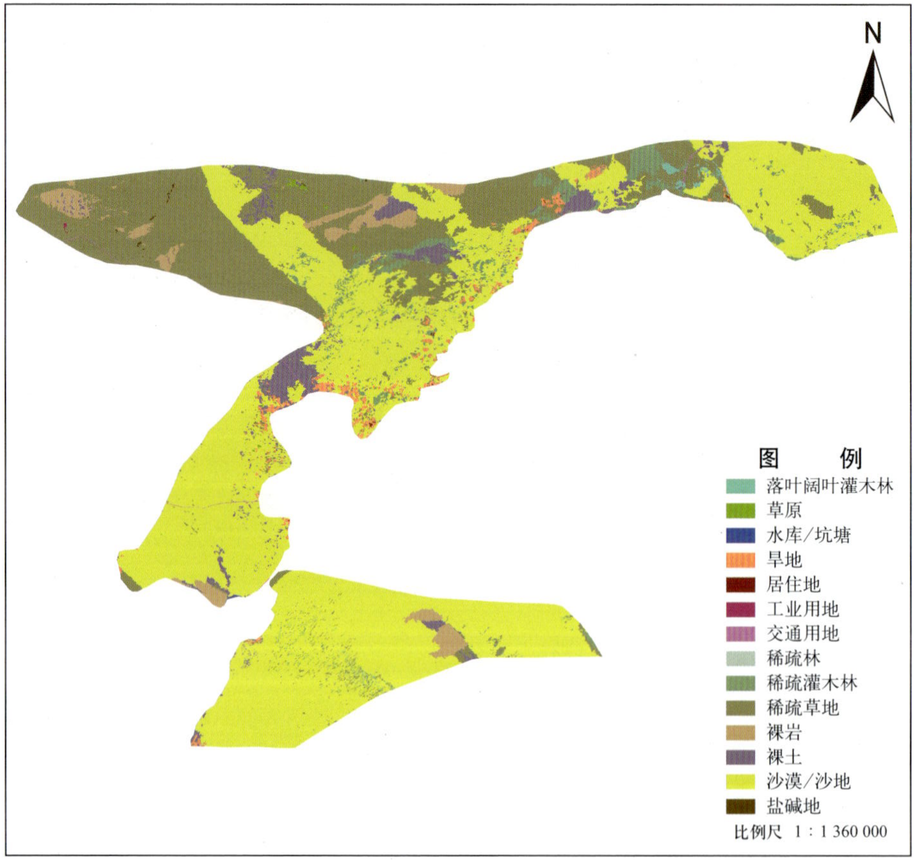
N
图例
落叶阔叶灌木林
草原
水库/坑塘
旱地
居住地
工业用地
交通用地
稀疏林
稀疏灌木林
稀疏草地
裸岩
裸土
沙漠/沙地
盐碱地
比例尺 1 : 1 360 000

解译参考影像时间：2011 年

张掖黑河湿地国家级自然保护区遥感影像图

N
罗城乡
黑泉乡
宣化镇
黑
合黎乡
平川镇
板桥镇
河
临泽县
靖安乡
乌江镇
张掖市
图 例
核心区
缓冲区
实验区
比例尺 1∶1 190 000

影像获取时间：2010 年

张掖黑河湿地国家级自然保护区生态系统类型图

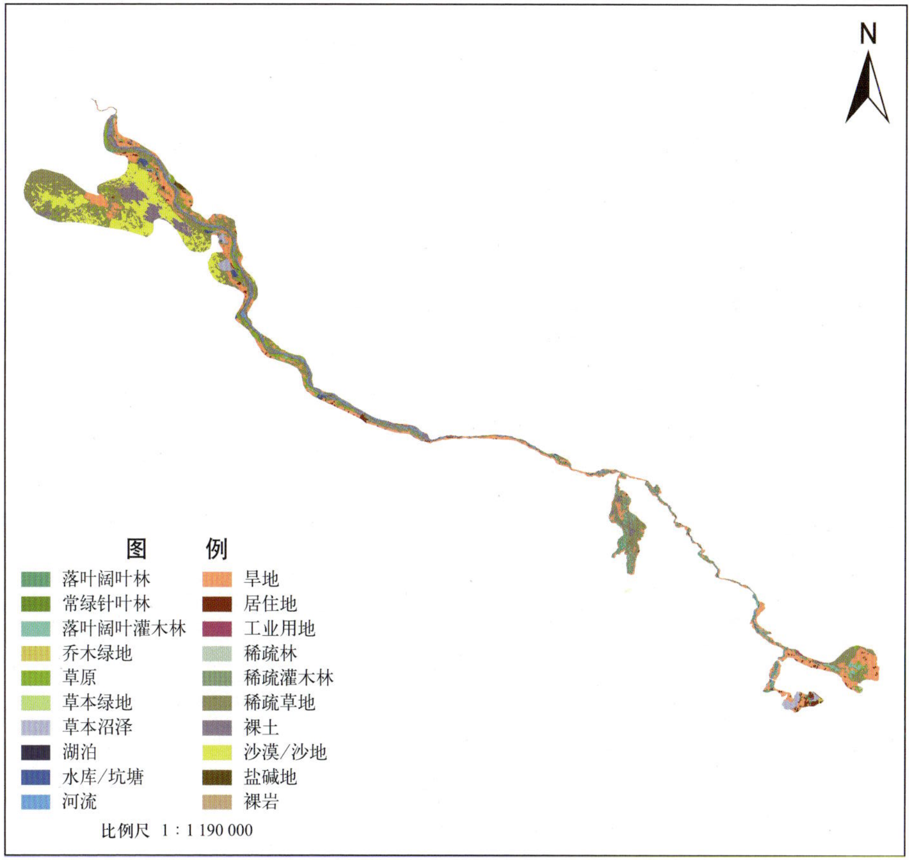
N
图 例
落叶阔叶林
常绿针叶林
落叶阔叶灌木林
乔木绿地
草原
草本绿地
草本沼泽
湖泊
水库/坑塘
河流
旱地
居住地
工业用地
稀疏林
稀疏灌木林
稀疏草地
裸土
沙漠/沙地
盐碱地
裸岩
比例尺 1∶1 190 000

解译参考影像时间：2010 年

张掖黑河湿地国家级自然保护区位于甘肃省张掖市甘州区、高台县和临泽县三区县境内，总面积 41 164 公顷，建于 1992 年，2011 年晋升为国家级，主要保护对象为湿地及珍稀鸟类，属于野生动物类型自然保护区。该保护区是以黑鹳为代表的湿地珍禽及鸟类迁徙重要通道和栖息地，具有西北荒漠区的绿洲植被及典型的内陆河流自然景观。

张掖黑河湿地
国家级自然保护区
兰州

太统－崆峒山国家级自然保护区

太统－崆峒山国家级自然保护区遥感影像图

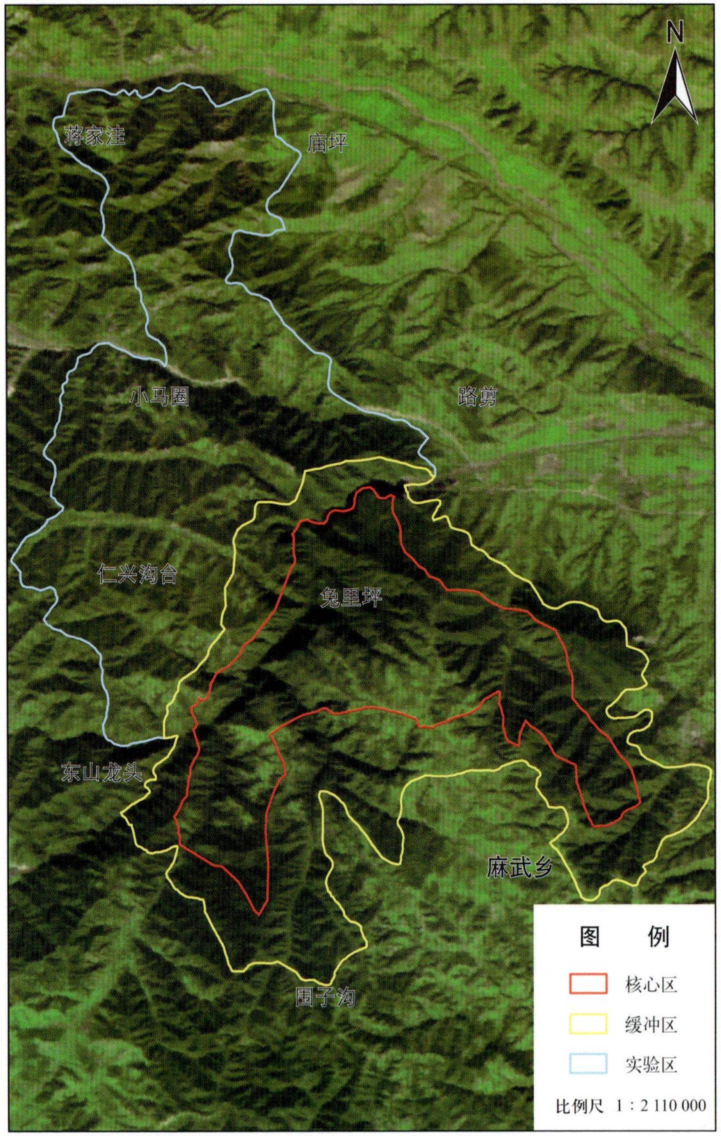
N
蒋家洼
庙坪
小马圈
路莠
仁兴沟台
兔里坪
东山龙头
麻武乡
国子沟
图例
核心区
缓冲区
实验区
比例尺 1：2 110 000

影像获取时间：2010 年

太统－崆峒山国家级自然保护区生态系统类型图

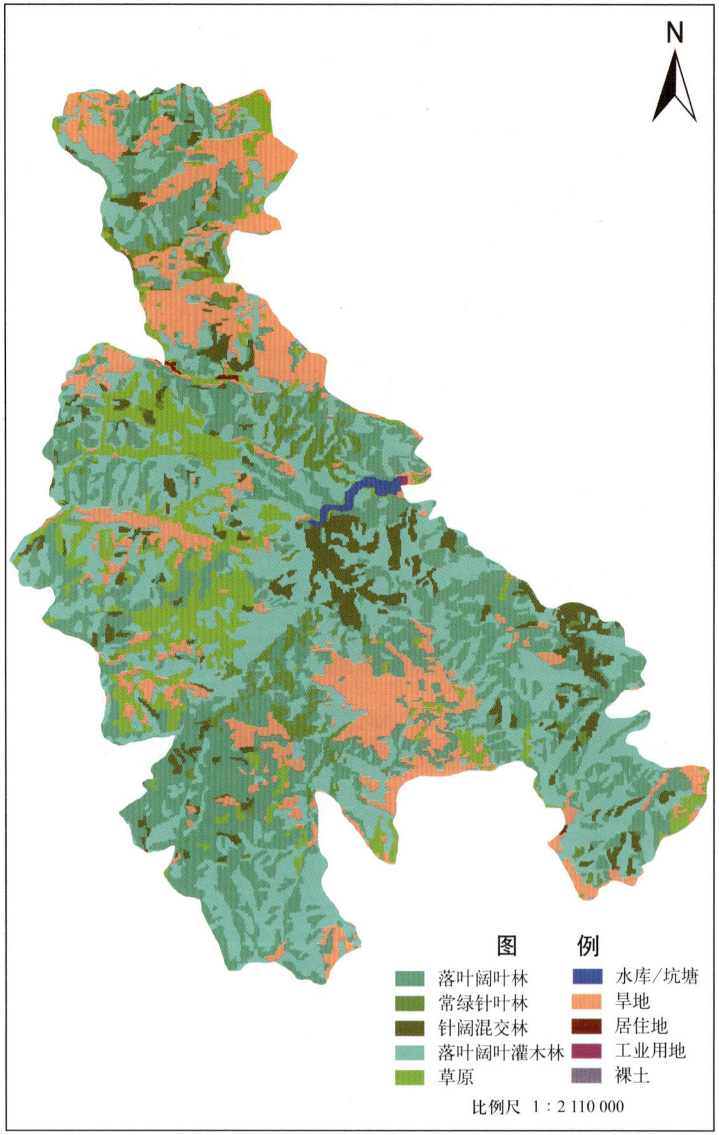
N
图例
落叶阔叶林
常绿针叶林
针阔混交林
落叶阔叶灌木林
草原
水库/坑塘
旱地
居住地
工业用地
裸土
比例尺 1：2 110 000

解译参考影像时间：2011 年

太统－崆峒山国家级自然保护区位于甘肃省平凉市崆峒区，总面积16 283公顷，建于1982年，2005年晋升为国家级，主要保护对象为温带落叶阔叶林及野生动植物，属于森林生态类型自然保护区。

太统–崆峒山
国家级自然保护区
兰州

祁连山国家级自然保护区遥感影像图

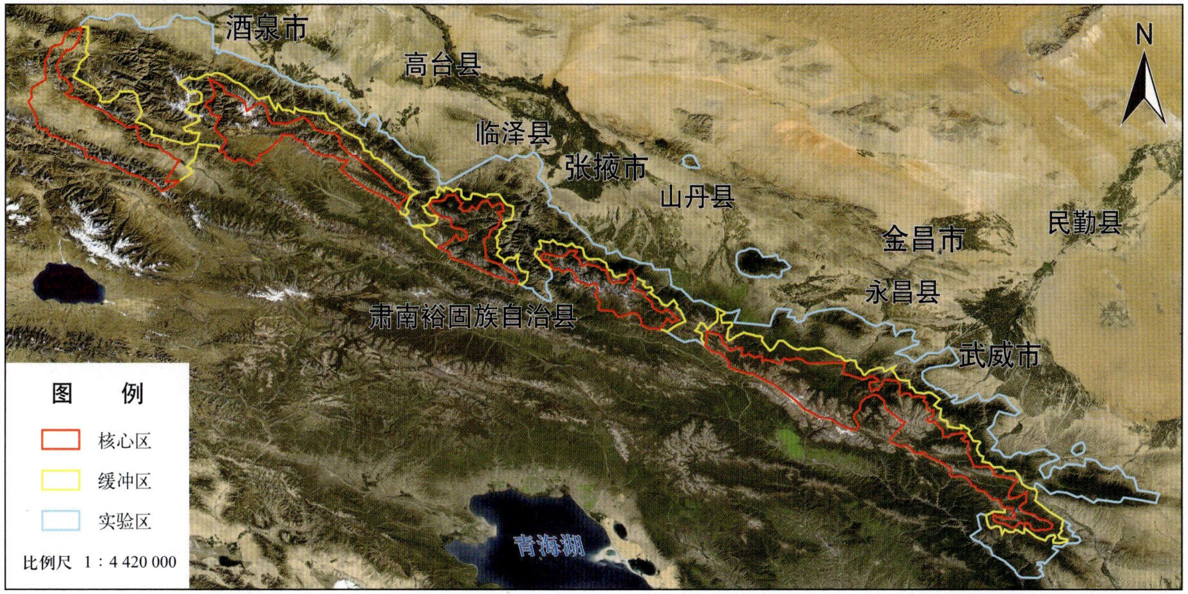
酒泉市
高台县
临泽县
张掖市
山丹县
金昌市
民勤县
永昌县
武威市
肃南裕固族自治县
青海湖
N
图例
核心区
缓冲区
实验区
比例尺 1：4 420 000

影像获取时间：2010 年

祁连山国家级自然保护区生态系统类型图

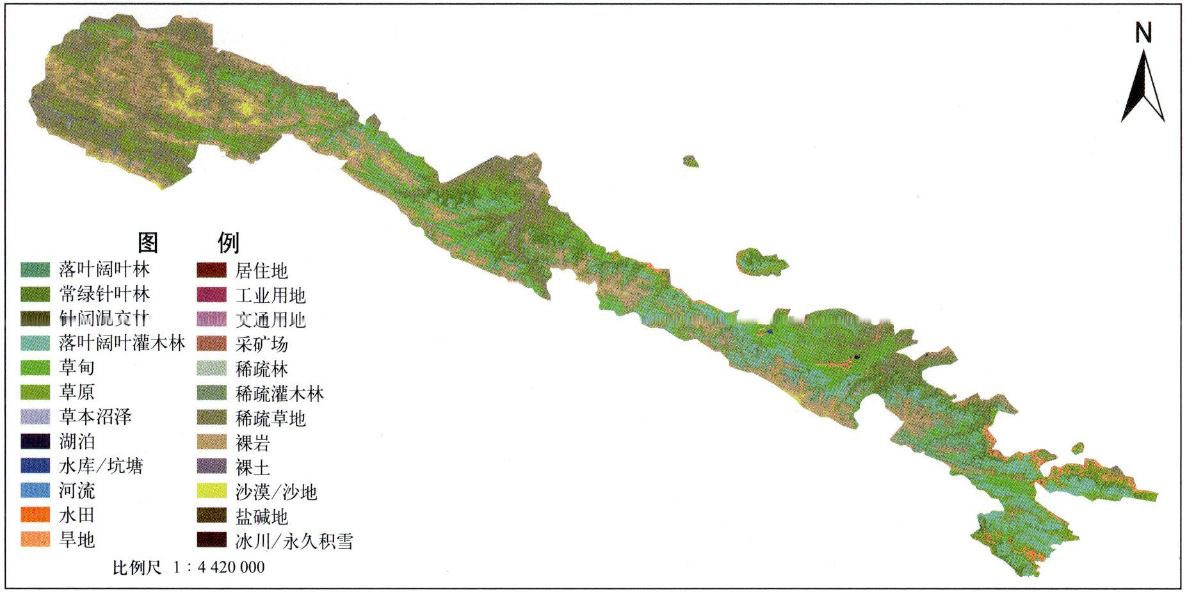
N
图例
落叶阔叶林
常绿针叶林
针阔混交林
落叶阔叶灌木林
草甸
草原
草本沼泽
湖泊
水库/坑塘
河流
水田
旱地
居住地
工业用地
交通用地
采矿场
稀疏林
稀疏灌木林
稀疏草地
裸岩
裸土
沙漠/沙地
盐碱地
冰川/永久积雪
比例尺 1：4 420 000

解译参考影像时间：2010 年

祁连山国家级自然保护区位于甘肃省武威市、张掖市和酒泉市境内，总面积 230 000 公顷，建于 1987 年，1988 年晋升为国家级，主要保护对象为祁连山水源涵养林和草原植被，属于森林生态系统类型自然保护区。该保护区分布有高等植物 1 044 种、脊椎动物 229 种，森林覆盖率 21.3%，是我国西北地区重要的水源涵养林区。

祁连山
国家级自然保护区
兰州

安西极旱荒漠国家级自然保护区

安西极旱荒漠国家级自然保护区遥感影像图

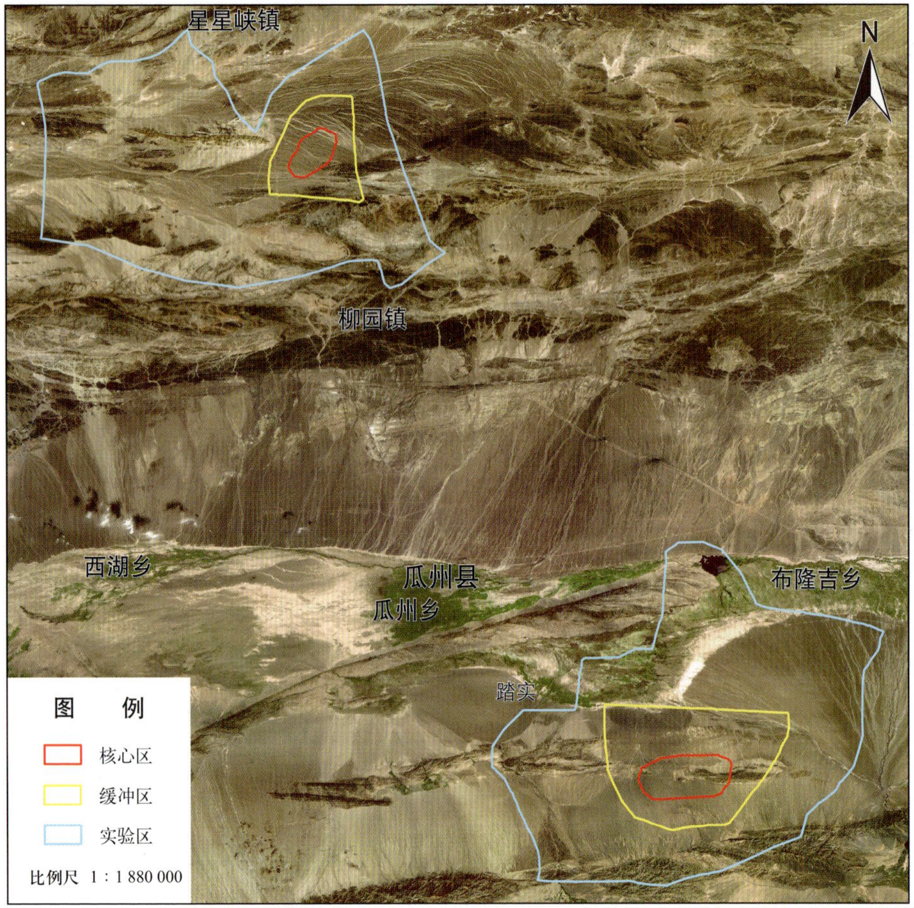
星星峡镇
柳园镇
西湖乡
瓜州县
瓜州乡
布隆吉乡
踏实
N
图例
核心区
缓冲区
实验区
比例尺 1 : 1 880 000

影像获取时间：2010 年

安西极旱荒漠国家级自然保护区生态系统类型图

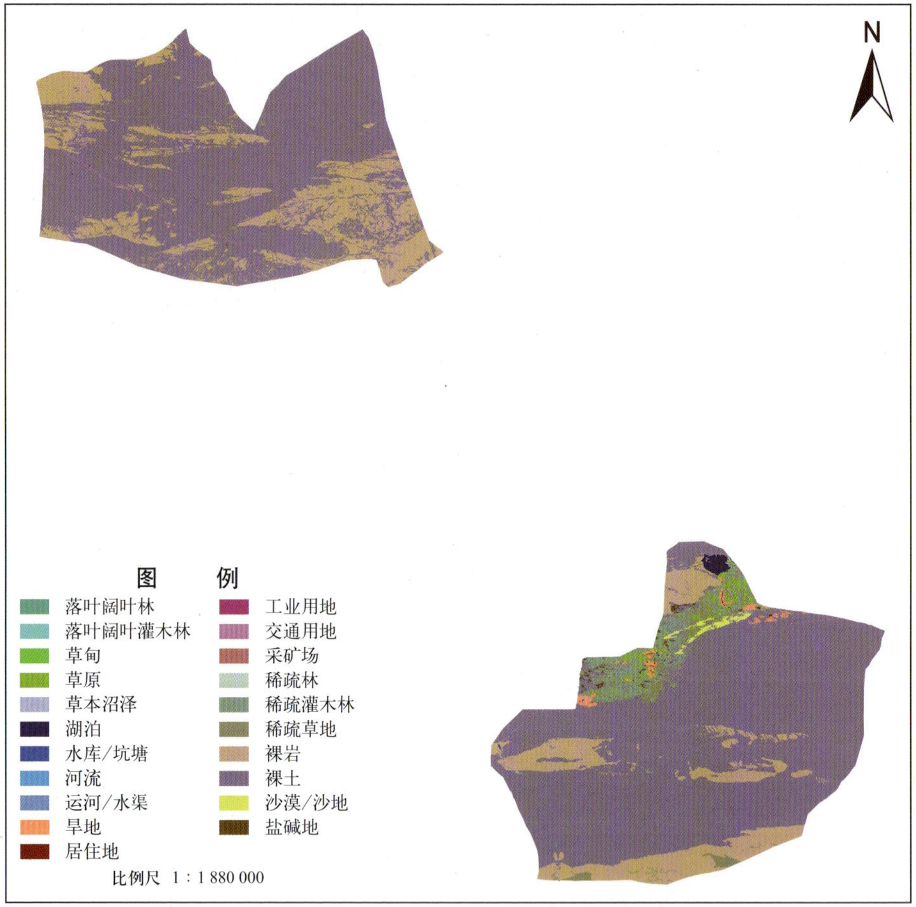
N
图例
落叶阔叶林
落叶阔叶灌木林
草甸
草原
草本沼泽
湖泊
水库/坑塘
河流
运河/水渠
旱地
居住地
工业用地
交通用地
采矿场
稀疏林
稀疏灌木林
稀疏草地
裸岩
裸土
沙漠/沙地
盐碱地
比例尺 1 : 1 880 000

解译参考影像时间：2011 年

安西极旱荒漠国家级自然保护区
兰州

安西极旱荒漠国家级自然保护区位于甘肃省酒泉市瓜州县境内，总面积 80 000 公顷，建于 1987 年，1992 年晋升为国家级，主要保护对象为荒漠生态系统及珍稀动植物，属于荒漠生态类型自然保护区。该保护区地处暖温带与中温带的过渡区，位居亚洲中部荒漠的腹地，区内的生态系统和物种具有典型性、独特性、珍稀性和多样性，植被主要有红沙、珍珠、泡泡刺和合头草四大荒漠植被类型。

盐池湾国家级自然保护区遥感影像图

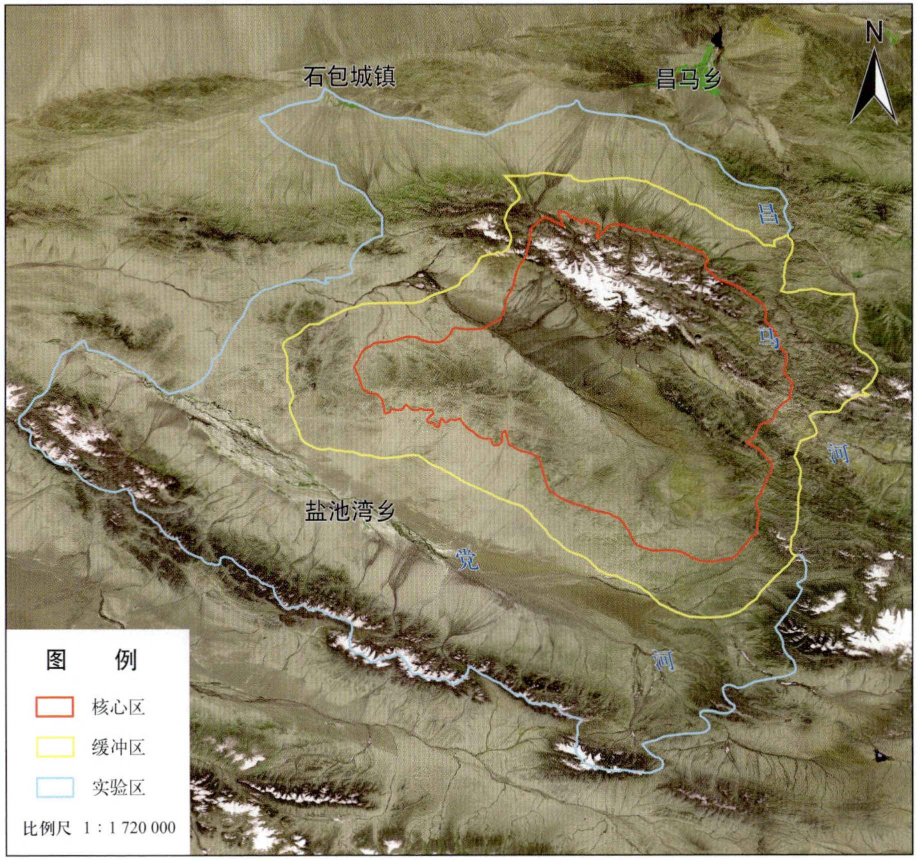
N
石包城镇
昌马乡
昌
马
河
盐池湾乡
党
河
图 例
核心区
缓冲区
实验区
比例尺 1:1 720 000

影像获取时间：2010 年

盐池湾国家级自然保护区生态系统类型图

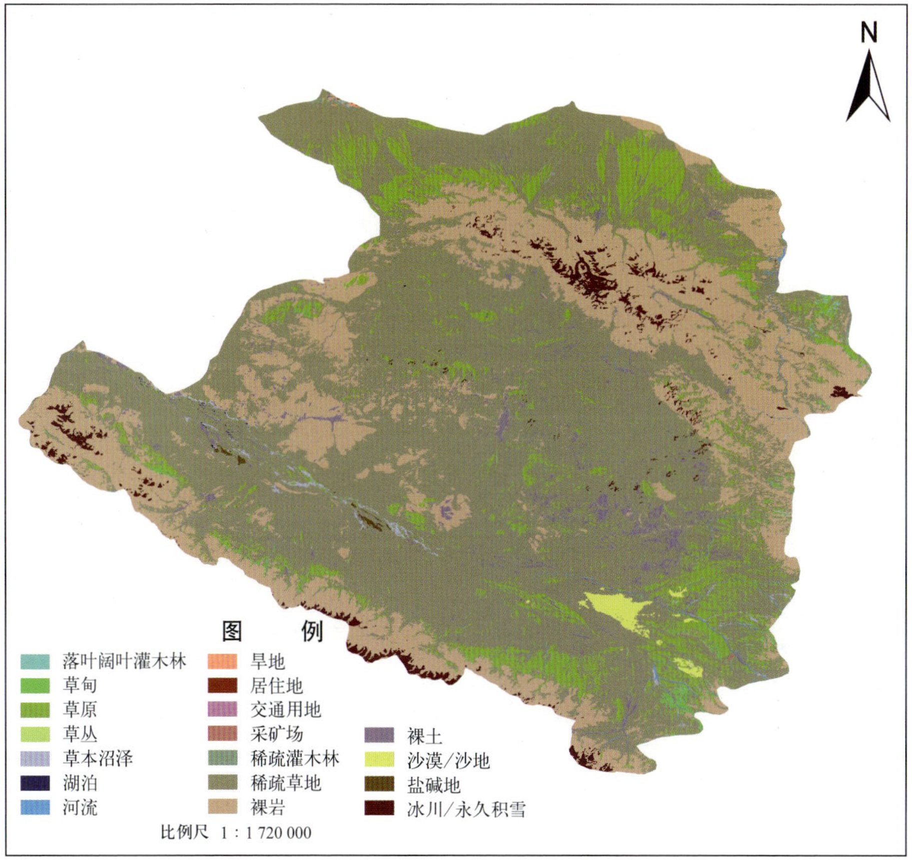
N
图 例
落叶阔叶灌木林
草甸
草原
草丛
草本沼泽
湖泊
河流
旱地
居住地
交通用地
采矿场
稀疏灌木林
稀疏草地
裸岩
裸土
沙漠/沙地
盐碱地
冰川/永久积雪
比例尺 1:1 720 000

解译参考影像时间：2011 年

盐池湾
国家级自然保护区
兰州

盐池湾国家级自然保护区位于甘肃省酒泉市肃北蒙古族自治县境内，总面积 1 360 000 公顷，建于 1982 年，2006 年晋升为国家级，主要保护对象为白唇鹿、野牦牛、野驴等珍稀动物及其生境，属于野生动物类型自然保护区。保护区独特的生态系统由高山寒漠生态系统、高山草甸草原生态系统、温带－暖温带荒漠生态系统和湿地生态系统组成。

安南坝野骆驼国家级自然保护区

安南坝野骆驼
国家级自然保护区
兰州

安南坝野骆驼国家级自然保护区位于甘肃省酒泉市阿克塞哈萨克族自治县境内，总面积 396 000 公顷，建于 1982 年，2006 年晋升为国家级，主要保护对象为野骆驼、野驴等野生动物及荒漠草原，属于野生动物类型自然保护区。在安南坝自然保护区经常出没的野骆驼共有 7 群，近 200 峰，约占我国野骆驼总数的 1/3，阿尔金山北麓种群的 1/2。

安南坝野骆驼国家级自然保护区遥感影像图

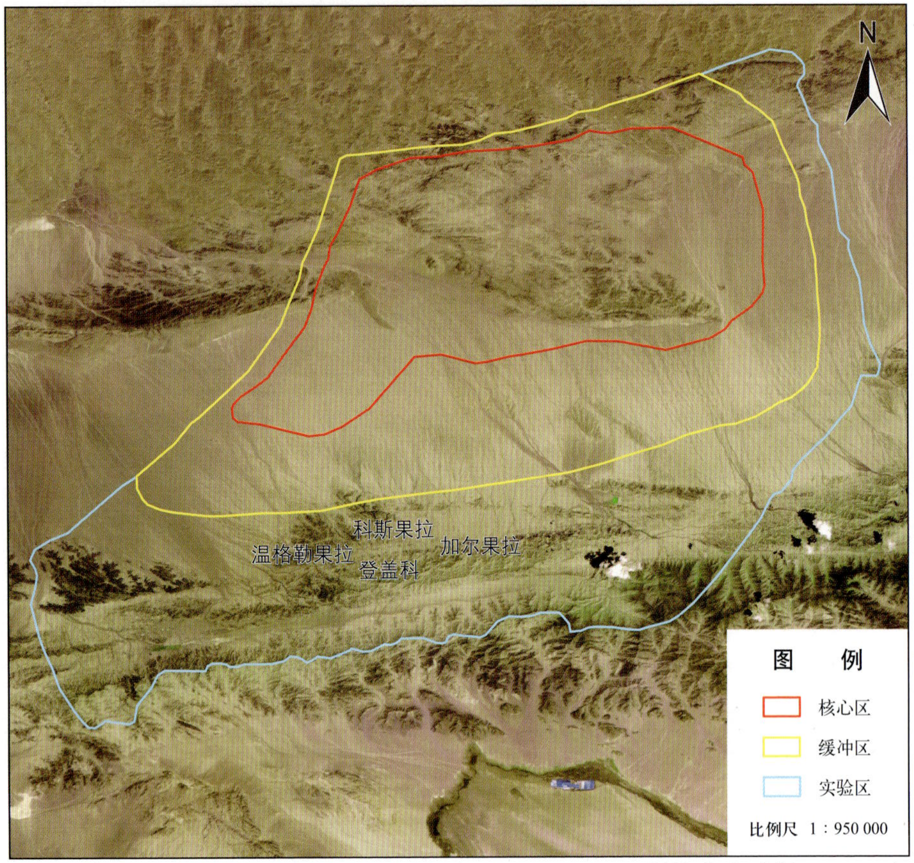
N
科斯果拉
温格勒果拉
登盖科
加尔果拉
图例
核心区
缓冲区
实验区
比例尺 1：950 000

影像获取时间：2010 年

安南坝野骆驼国家级自然保护区生态系统类型图

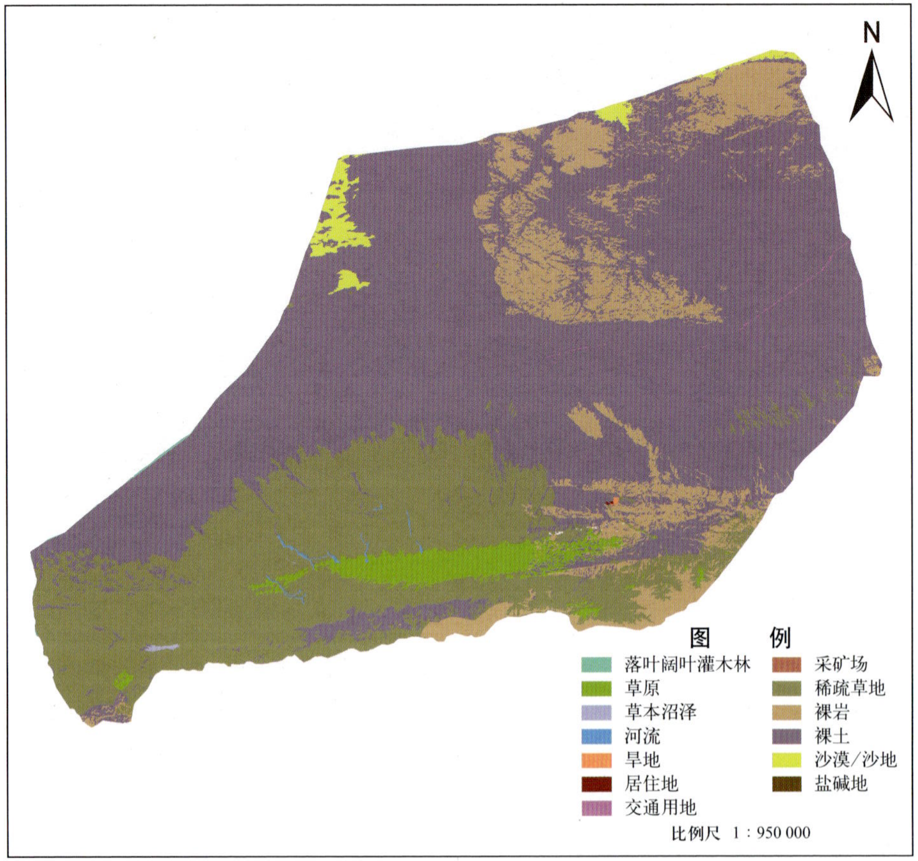
N
图例
落叶阔叶灌木林
草原
草本沼泽
河流
旱地
居住地
交通用地
采矿场
稀疏草地
裸岩
裸土
沙漠/沙地
盐碱地
比例尺 1：950 000

解译参考影像时间：2011 年

敦煌西湖国家级自然保护区遥感影像图

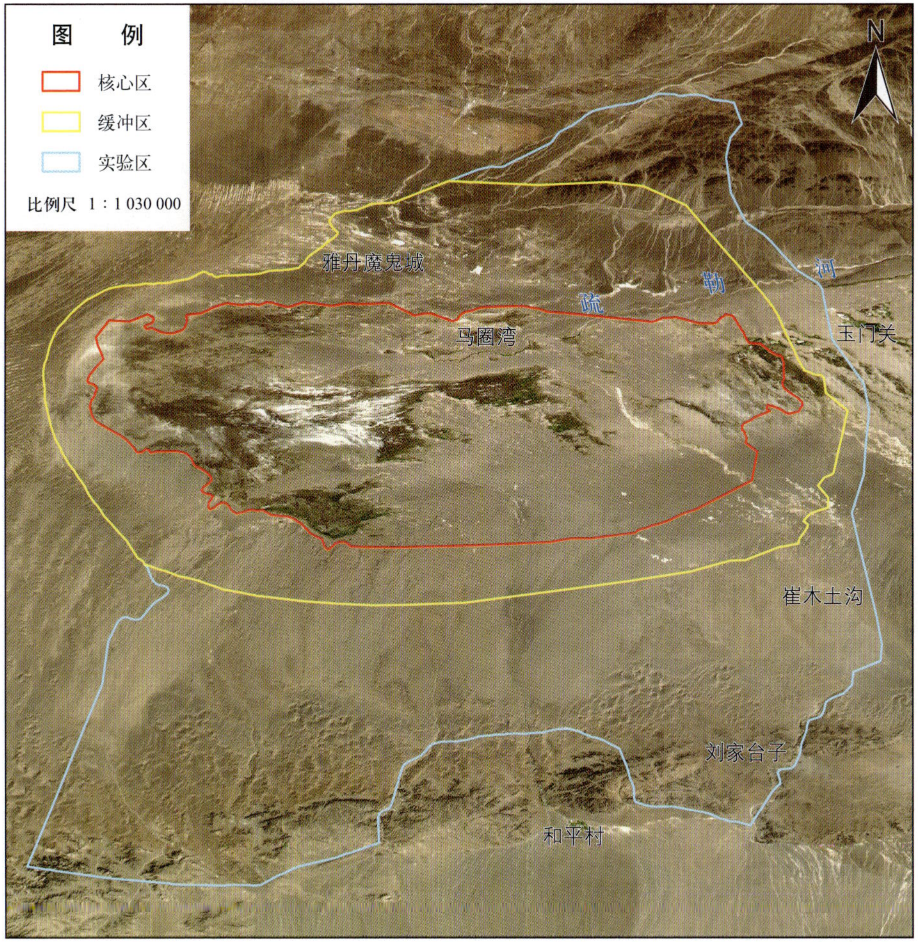
图　例
核心区
缓冲区
实验区
比例尺　1：1 030 000
N
雅丹魔鬼城
疏
勒
河
马圈湾
玉门关
崔木土沟
刘家台子
和平村

影像获取时间：2010 年

敦煌西湖国家级自然保护区生态系统类型图

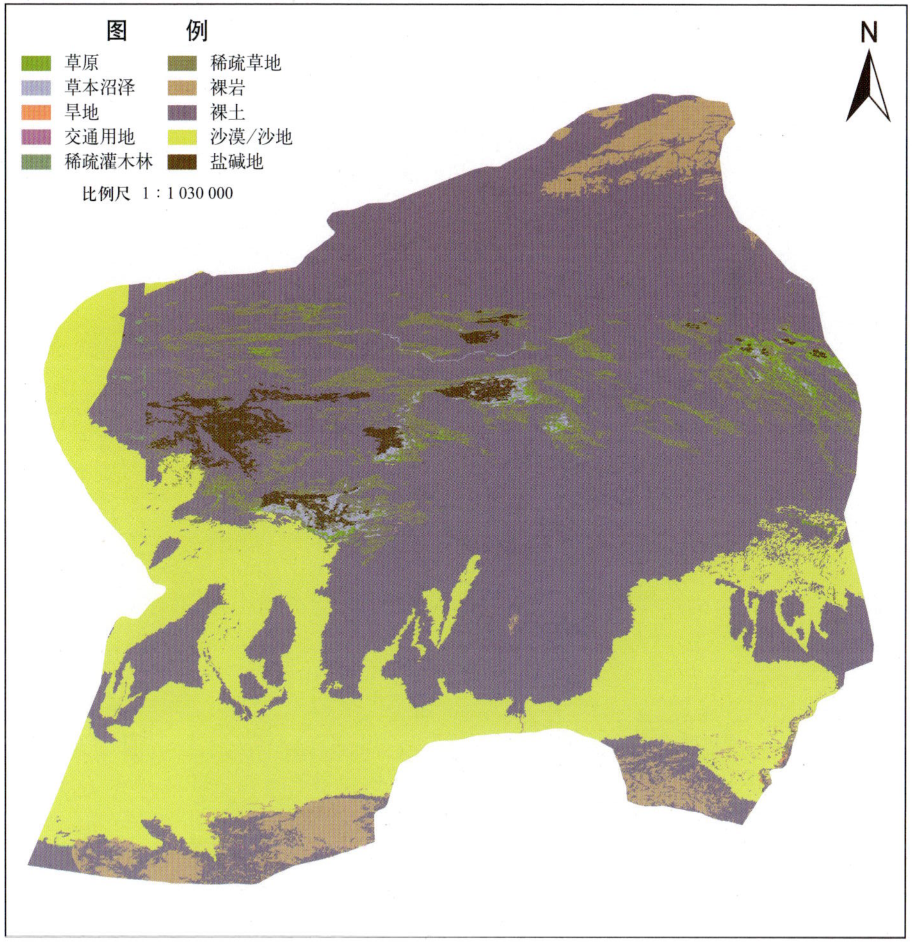
图　例
草原
草本沼泽
旱地
交通用地
稀疏灌木林
稀疏草地
裸岩
裸土
沙漠/沙地
盐碱地
比例尺　1：1 030 000
N

解译参考影像时间：2010 年

敦煌西湖国家级自然保护区位于甘肃省敦煌市境内，总面积 660 000 公顷，建于 1992 年，2003 年晋升为国家级，主要保护对象为湿地生态系统、荒漠生态系统和珍稀野生动植物及其生境，属于野生动物类型自然保护区。该保护区以保护湿地生态系统及国际濒危物种－野骆驼种群为宗旨，是集资源保护、科学研究和生态旅游为一体的自然保护区。

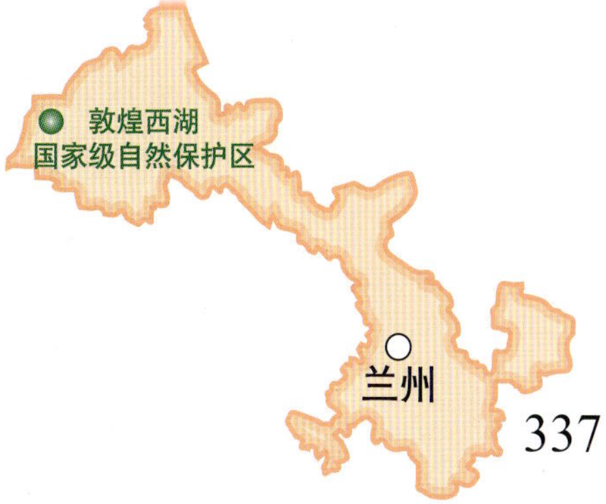
敦煌西湖
国家级自然保护区
兰州

敦煌阳关国家级自然保护区

敦煌阳关国家级自然保护区遥感影像图

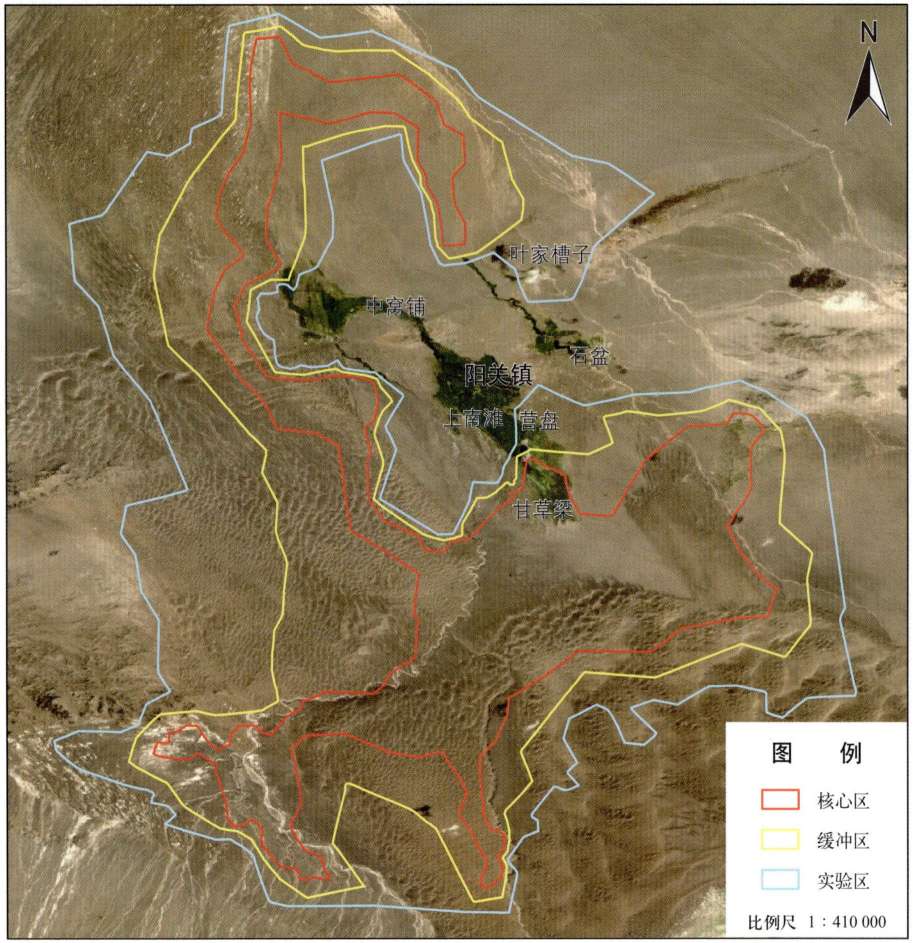
N
叶家槽子
中窝铺
石盆
阳关镇
上南滩
营盘
甘草梁
图 例
核心区
缓冲区
实验区
比例尺 1 : 410 000

影像获取时间：2010 年

敦煌阳关国家级自然保护区生态系统类型图

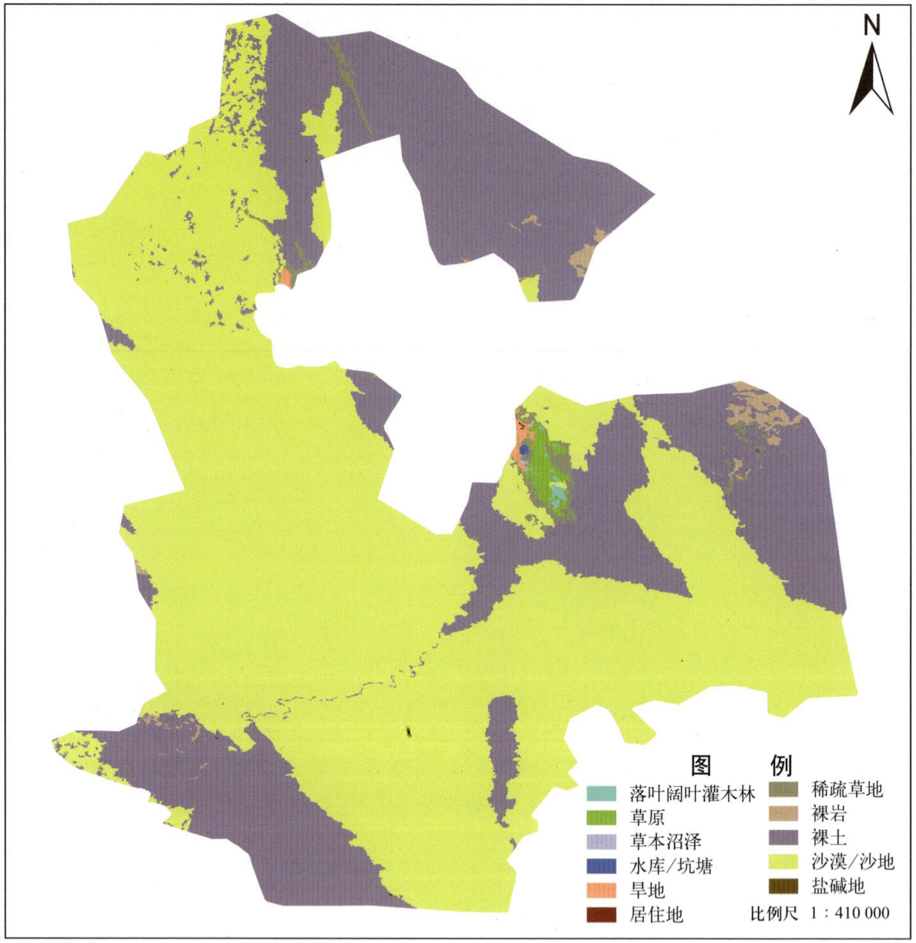
N
图 例
落叶阔叶灌木林
草原
草本沼泽
水库/坑塘
旱地
居住地
稀疏草地
裸岩
裸土
沙漠/沙地
盐碱地
比例尺 1 : 410 000

解译参考影像时间：2011 年

敦煌阳关国家级自然保护区位于甘肃省敦煌市阳关镇境内，总面积 88 178 公顷，建于 1992 年，2009 年晋升为国家级，主要保护对象为湿地生态系统及候鸟，属于内陆湿地类型自然保护区。该保护区主要由戈壁、湿地、沙地、林地和水域组成，包括中国西部荒漠区中较为罕见的特殊成因内陆河流生态系统，具有极高的保护价值和科研价值。

敦煌阳关
国家级自然保护区
兰州

白水江国家级自然保护区遥感影像图

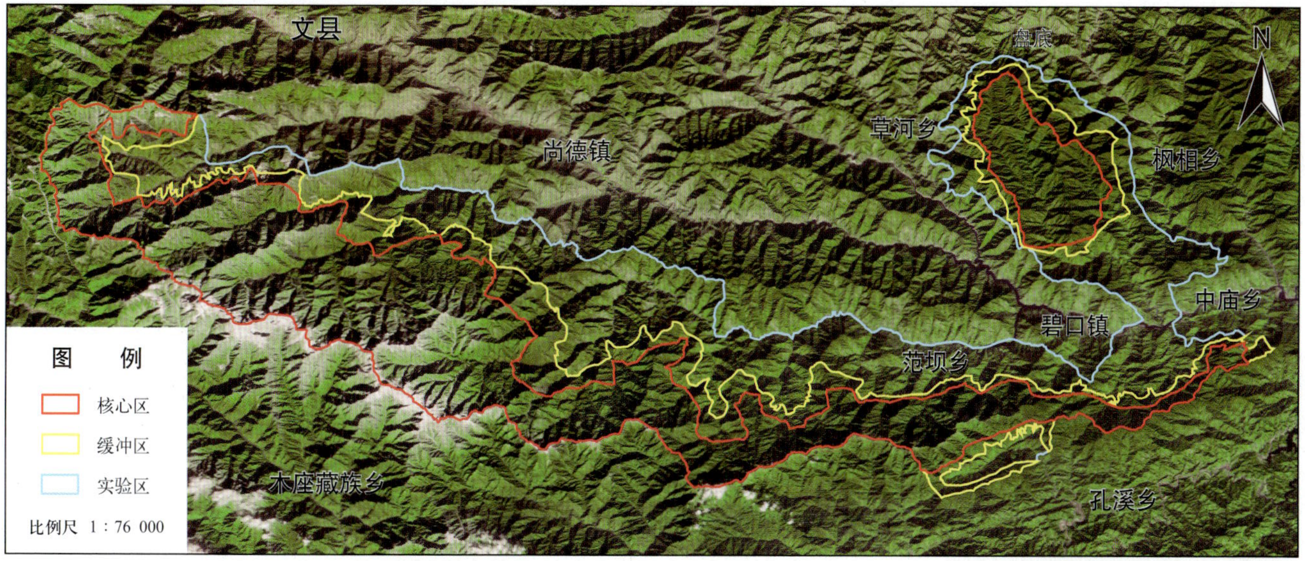
文县
草河乡
尚德镇
枫相乡
中庙乡
碧口镇
范坝乡
木座藏族乡
孔溪乡
N
图 例
核心区
缓冲区
实验区
比例尺 1∶76 000

影像获取时间：2010 年

白水江国家级自然保护区位于甘肃省陇南市武都区和文县境内，总面积 183 799 公顷，建于 1963 年，1990 年晋升为国家级，主要保护对象为大熊猫、金丝猴、扭角羚等野生动物。属于野生动物类型保护区。该保护区位于亚热带和暖温带的交汇地带，北亚热带北缘的湿润气候和侵蚀的高中山地貌为植物的发育创造了良好条件，是甘肃省植物类型最丰富的地区。

白水江国家级自然保护区生态系统类型图

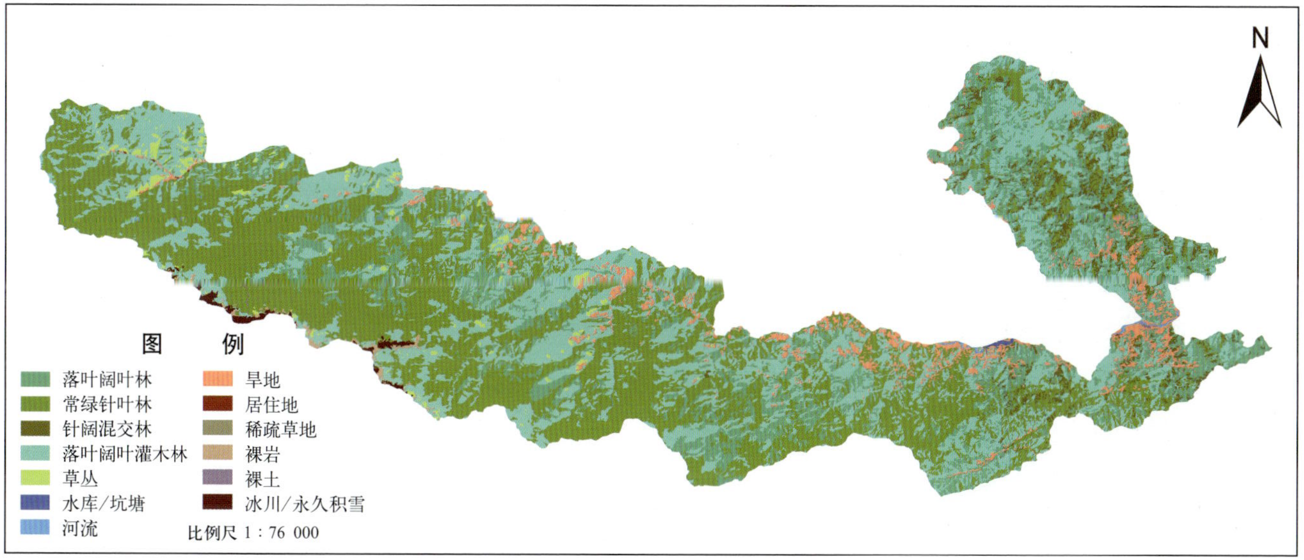
N
图 例
落叶阔叶林
常绿针叶林
针阔混交林
落叶阔叶灌木林
草丛
水库/坑塘
河流
旱地
居住地
稀疏草地
裸岩
裸土
冰川/永久积雪
比例尺 1∶76 000

解译参考影像时间：2010 年

兰州
白水江
国家级自然保护区

甘肃省 小陇山国家级自然保护区

小陇山国家级自然保护区位于甘肃省陇南市徽县、两当县境内，总面积 31 938 公顷，建于 1982 年，2006 年晋升为国家级，主要保护对象有扭角羚、红腹锦鸡等野生珍稀动植物，属于野生动物类型自然保护区。该保护区处于长江支流嘉陵江上游，对加强长江上游的水源涵养、建设长江上游生态屏障具有深远意义。

兰州
小陇山
国家级自然保护区

小陇山国家级自然保护区遥感影像图

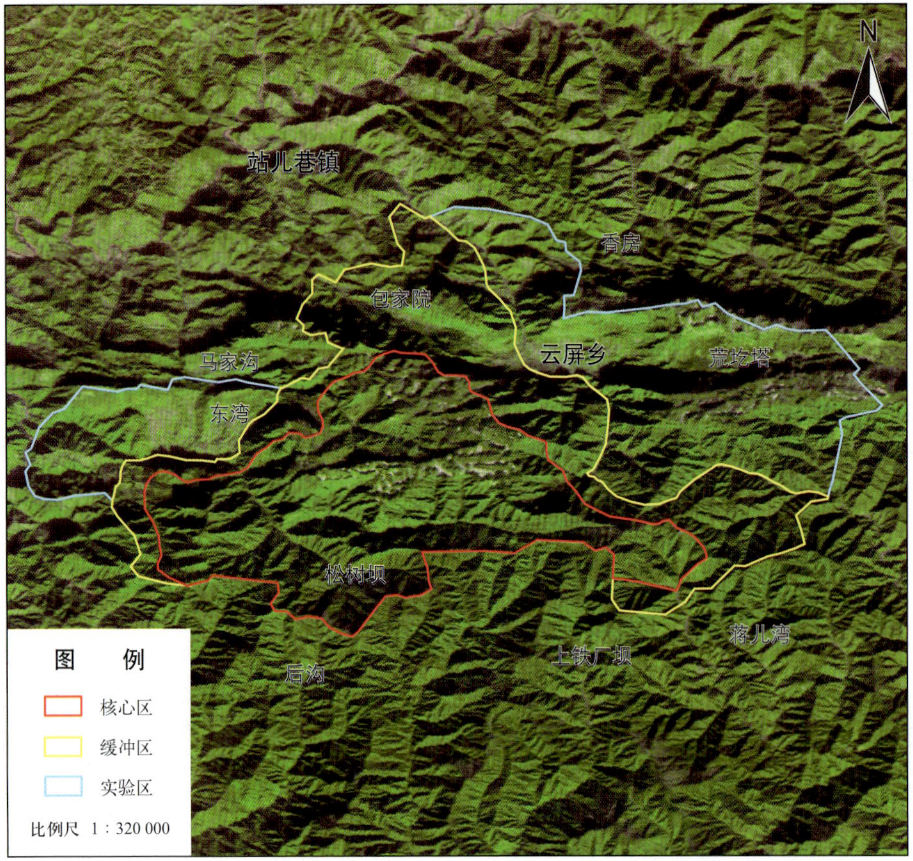

N
站儿巷镇
香房
包家院
云屏乡
苛垅塔
马家沟
东湾
松树坝
蒋儿湾
上铁厂坝
后沟
图例
核心区
缓冲区
实验区
比例尺 1 : 320 000

影像获取时间：2010 年

小陇山国家级自然保护区生态系统类型图

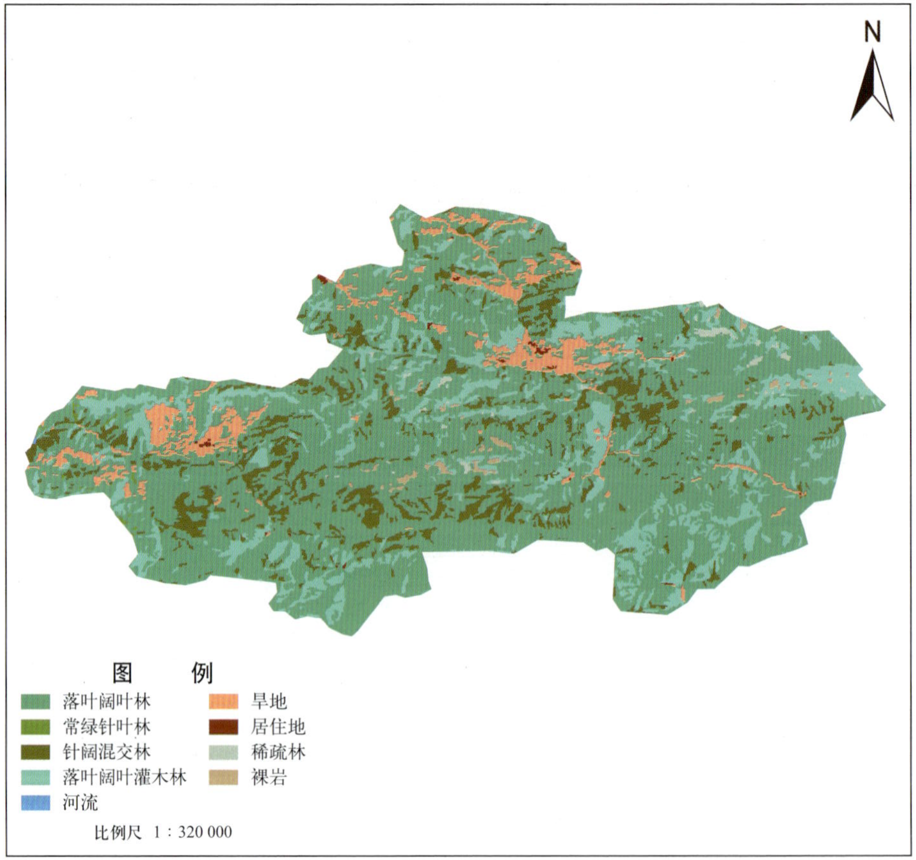

N
图例
落叶阔叶林
常绿针叶林
针阔混交林
落叶阔叶灌木林
河流
旱地
居住地
稀疏林
裸岩
比例尺 1 : 320 000

解译参考影像时间：2011 年

太子山国家级自然保护区遥感影像图

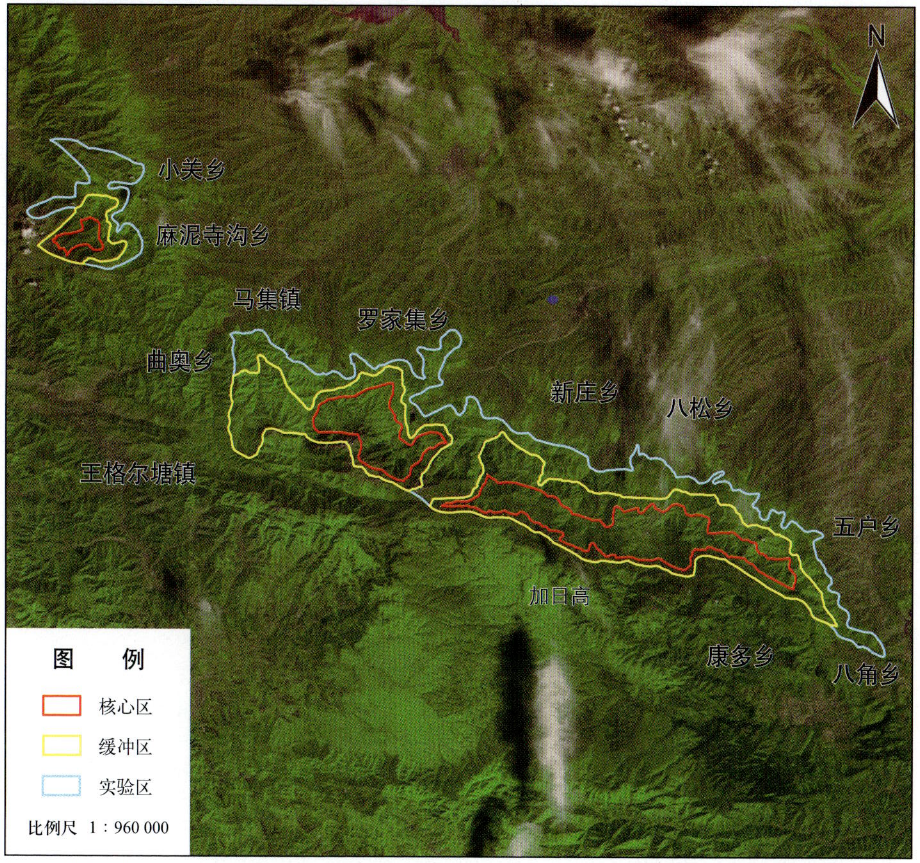
N
小关乡
麻泥寺沟乡
马集镇
罗家集乡
曲奥乡
新庄乡
八松乡
王格尔塘镇
五户乡
加日高
康多乡
八角乡
图 例
核心区
缓冲区
实验区
比例尺 1 : 960 000

影像获取时间：2010 年

太子山国家级自然保护区生态系统类型图

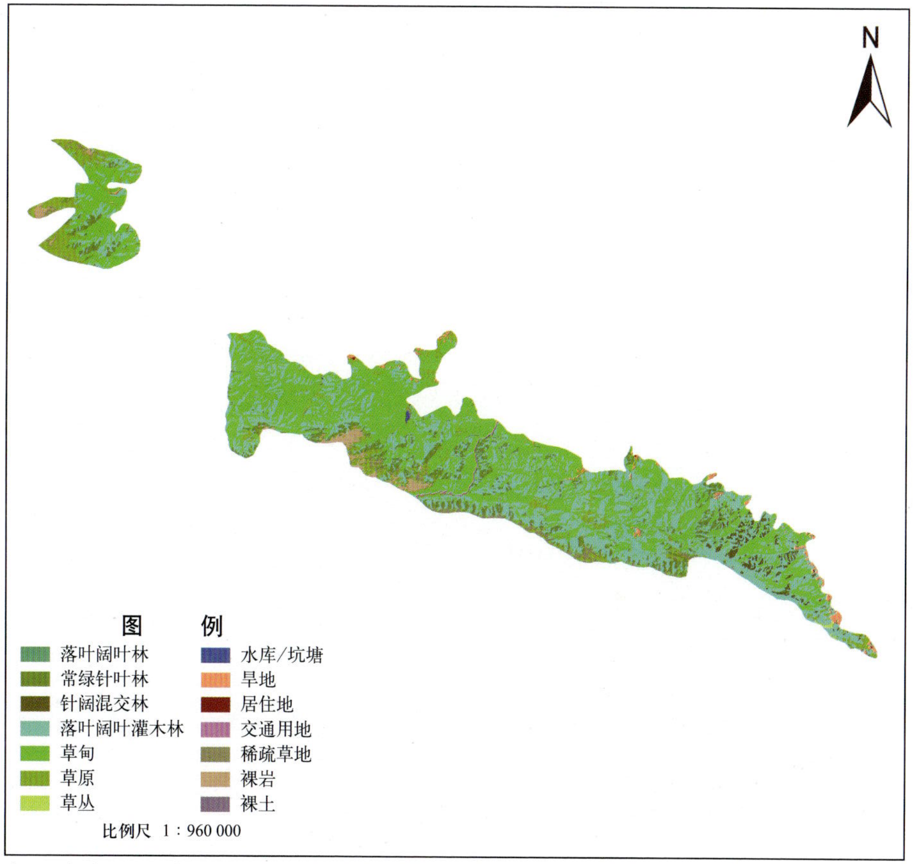
N
图 例
落叶阔叶林
常绿针叶林
针阔混交林
落叶阔叶灌木林
草甸
草原
草丛
水库/坑塘
旱地
居住地
交通用地
稀疏草地
裸岩
裸土
比例尺 1 : 960 000

解译参考影像时间：2010 年

兰州
太子山
国家级自然保护区

太子山国家级自然保护区位于甘肃省临夏回族自治州与甘南藏族自治州境内，总面积 84 700 公顷，建于 2005 年，2012 年晋升为国家级，主要保护对象为水源涵养林及野生动植物，属于森林生态系统类型自然保护区。该保护区被称为临夏州乃至甘肃省中部地区的绿色屏障。

莲花山国家级自然保护区

兰州
莲花山
国家级自然保护区

莲花山国家级自然保护区位于甘肃省临夏回族自治州康乐县，定西市临洮县、渭源县，甘南藏族自治州临潭县、卓尼县境内，总面积 11 691 公顷，建于 1982 年，2003 年晋升为国家级，主要保护对象为森林生态系统，属于森林生态系统类型自然保护区。该保护区内有以白桦、粗枝云杉、紫果云杉为主的水源涵养林和不同自然地带的典型自然景观。

莲花山国家级自然保护区遥感影像图

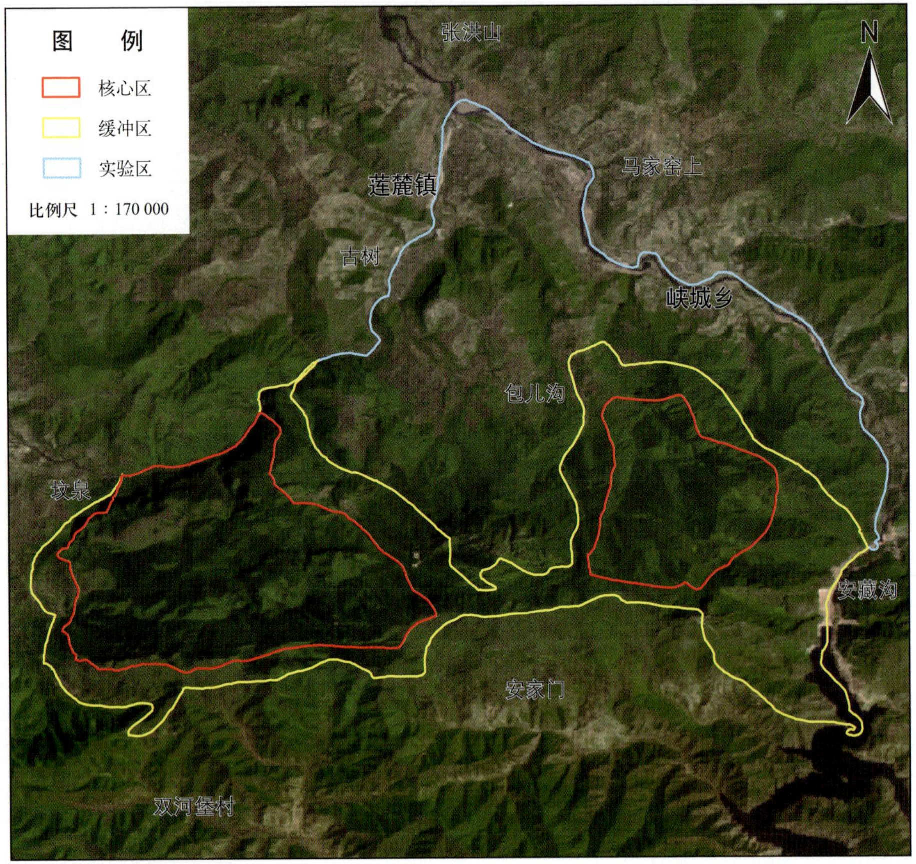
图 例
核心区
缓冲区
实验区
比例尺 1：170 000
N
张洪山
莲麓镇
马家窑上
古树
峡城乡
包儿沟
玟泉
安藏沟
安家门
双河堡村

影像获取时间：2010 年

莲花山国家级自然保护区生态系统类型图

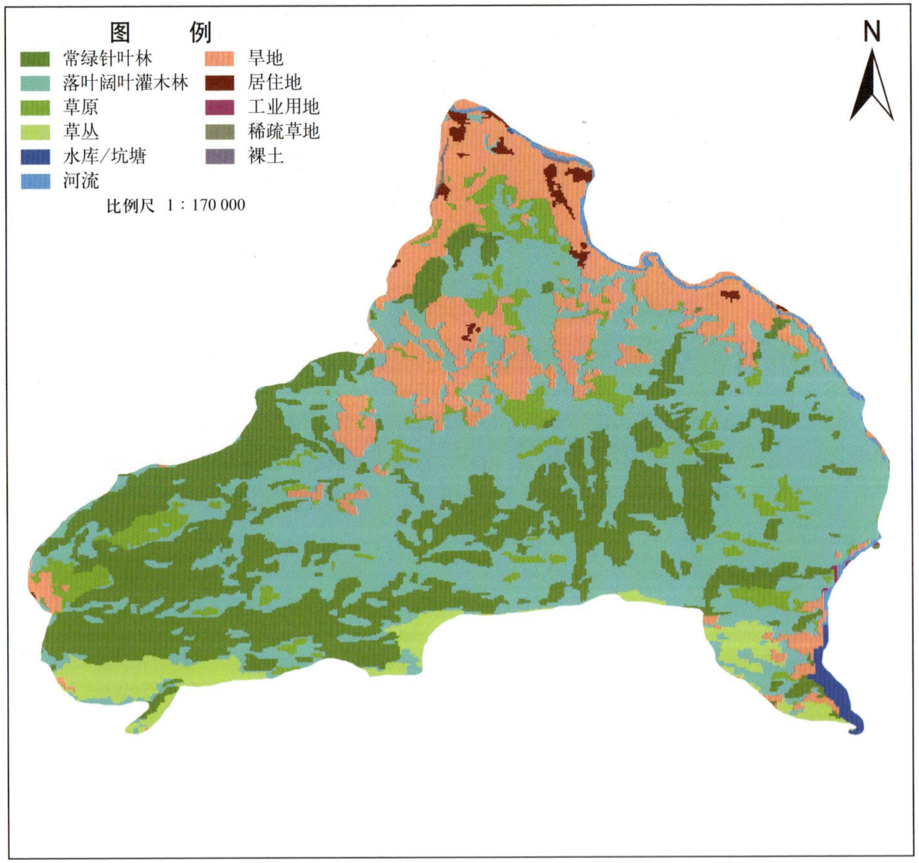
图 例
常绿针叶林
落叶阔叶灌木林
草原
草丛
水库/坑塘
河流
旱地
居住地
工业用地
稀疏草地
裸土
比例尺 1：170 000
N

解译参考影像时间：2010 年

洮河国家级自然保护区遥感影像图

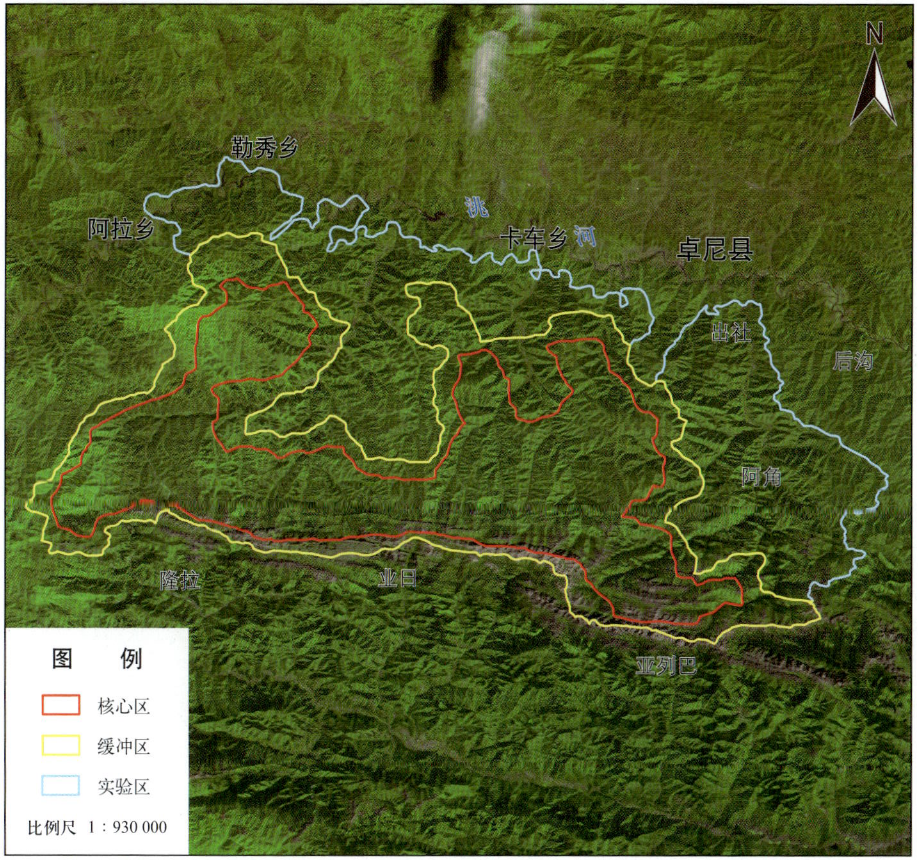
N
勒秀乡
阿拉乡
洮
卡车乡
河
卓尼县
出社
后沟
阿角
隆拉
业日
亚列巴
图例
核心区
缓冲区
实验区
比例尺 1 : 930 000

影像获取时间：2010 年

洮河国家级自然保护区生态系统类型图

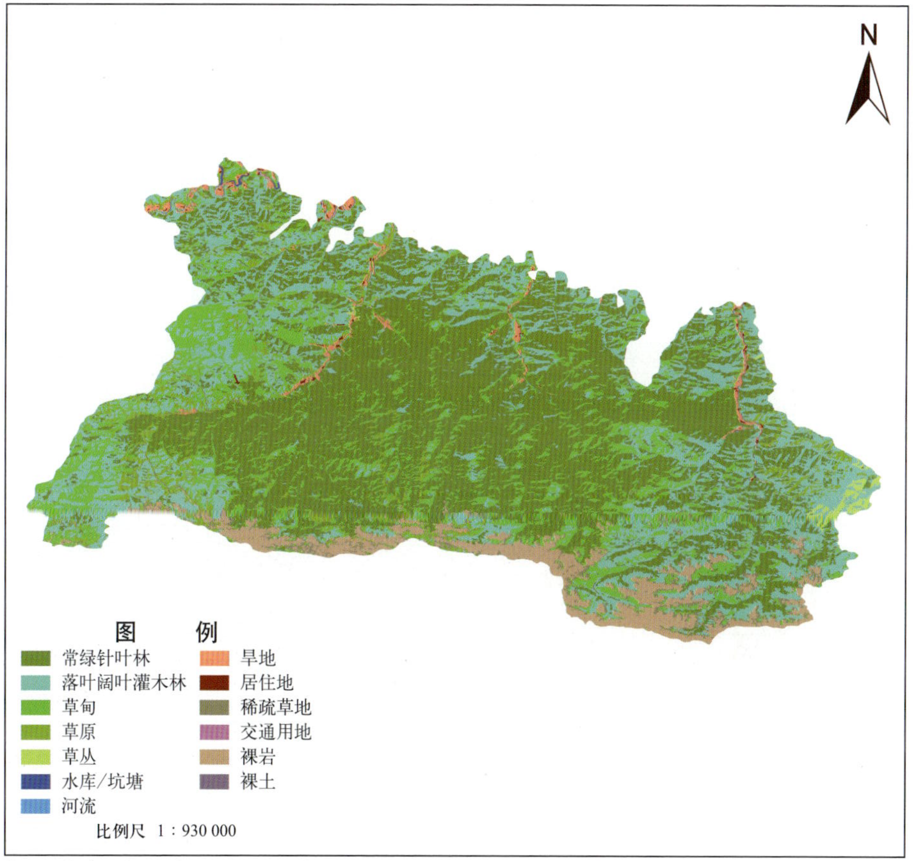
N
图例
常绿针叶林
落叶阔叶灌木林
草甸
草原
草丛
水库/坑塘
河流
旱地
居住地
稀疏草地
交通用地
裸岩
裸土
比例尺 1 : 930 000

解译参考影像时间：2010 年

兰州
洮河
国家级自然保护区

洮河国家级自然保护区位于甘肃省甘南藏族自治州合作市、卓尼县、临潭县和迭部县境内，总面积 287 759 公顷，建于2005 年，2009 年晋升为国家级，主要保护对象为森林生态系统，属于森林生态系统类型自然保护区。该保护区在甘肃南部生态保护体系中起到了承东启西、连接南北的纽带作用。

尕海－则岔国家级自然保护区

兰州
尕海－则岔
国家级自然保护区

尕海－则岔国家级自然保护区位于甘肃省甘南藏族自治州碌曲县境内，面积247 431公顷，建于1982年，1998年晋升为国家级，主要保护对象为黑颈鹤等野生动物、高寒沼泽湿地森林生态系统，属于森林生态系统类型自然保护区。该保护区是中国少见的集森林和野生动物型、高原湿地型、高原草甸型多重功能为一体的自然保护区。

尕海－则岔国家级自然保护区遥感影像图

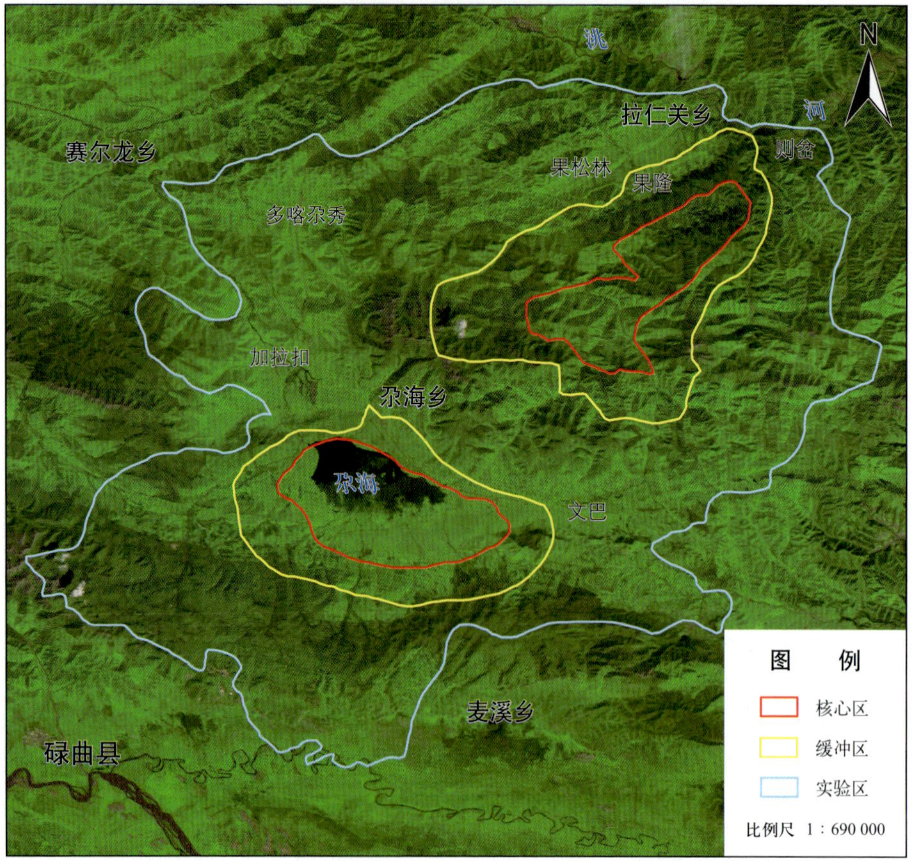

N
洮
河
拉仁关乡
则岔
赛尔龙乡
果松林
果隆
多咯尕秀
加拉扣
尕海乡
尕海
文巴
麦溪乡
碌曲县
图例
核心区
缓冲区
实验区
比例尺 1 : 690 000

影像获取时间：2010年

尕海－则岔国家级自然保护区生态系统类型图

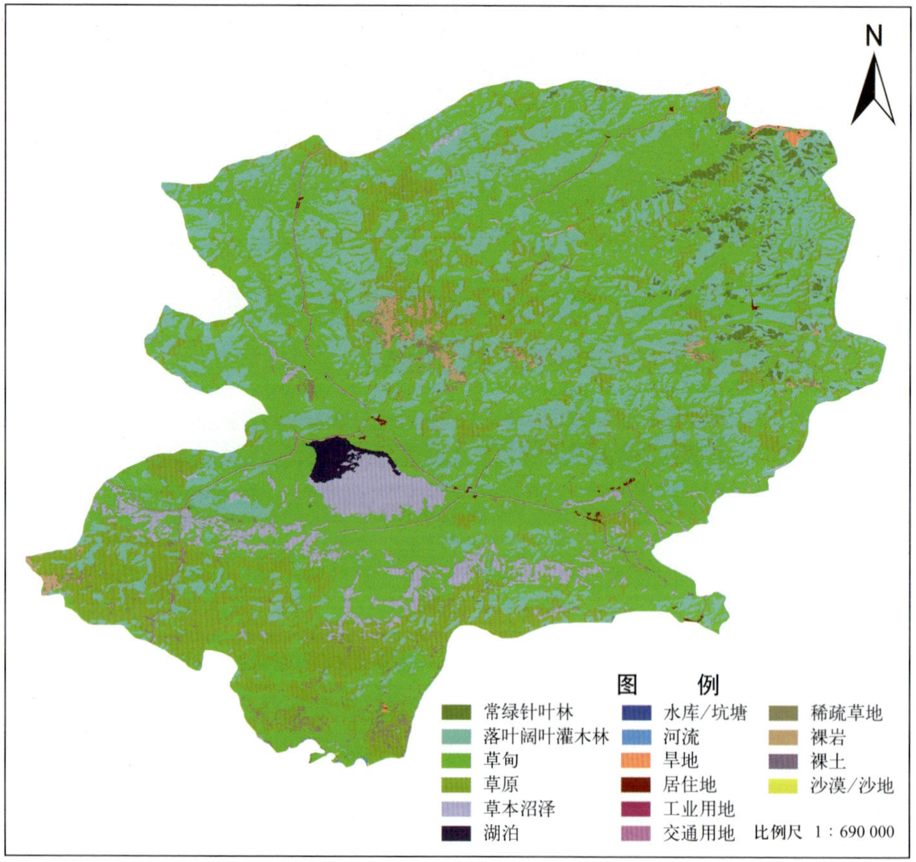

N
图例
常绿针叶林
落叶阔叶灌木林
草甸
草原
草本沼泽
湖泊
水库/坑塘
河流
旱地
居住地
工业用地
交通用地
稀疏草地
裸岩
裸土
沙漠/沙地
比例尺 1 : 690 000

解译参考影像时间：2011年

循化孟达国家级自然保护区遥感影像图

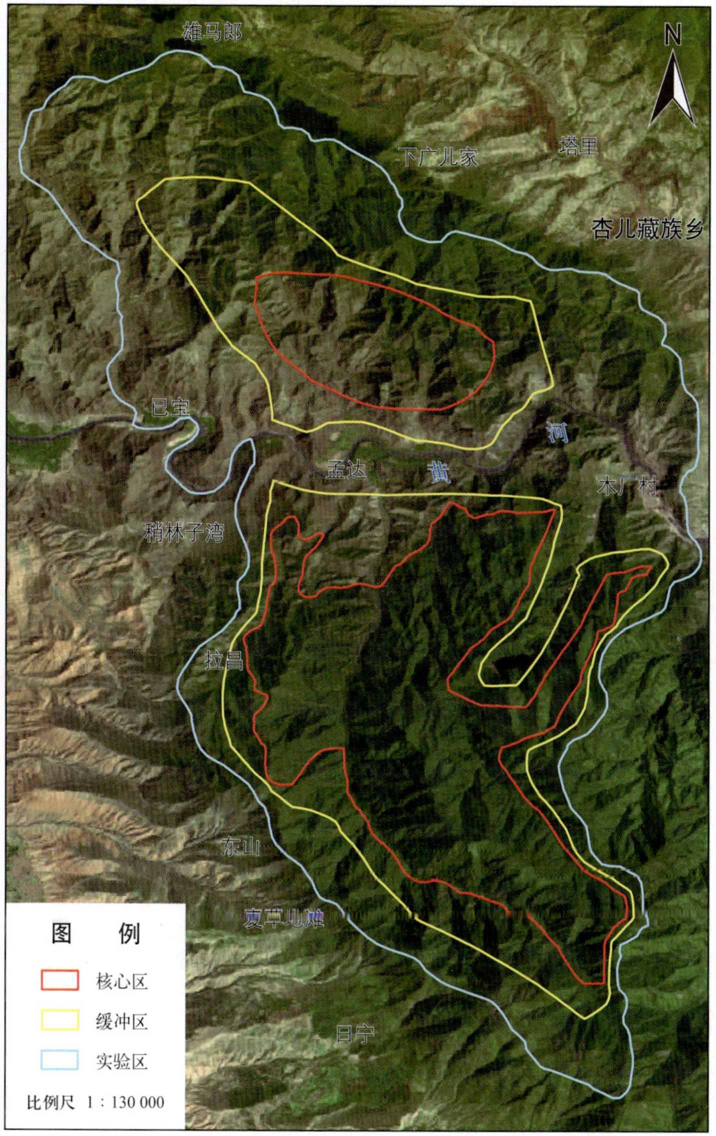
雄马郎
下广儿家
塔里
杏儿藏族乡
巳宝
孟达
黄
河
木厂村
稍林子湾
拉昌
东山
夏草儿滩
日宁
N
图 例
核心区
缓冲区
实验区
比例尺 1：130 000

影像获取时间：2010 年

循化孟达国家级自然保护区生态系统类型图

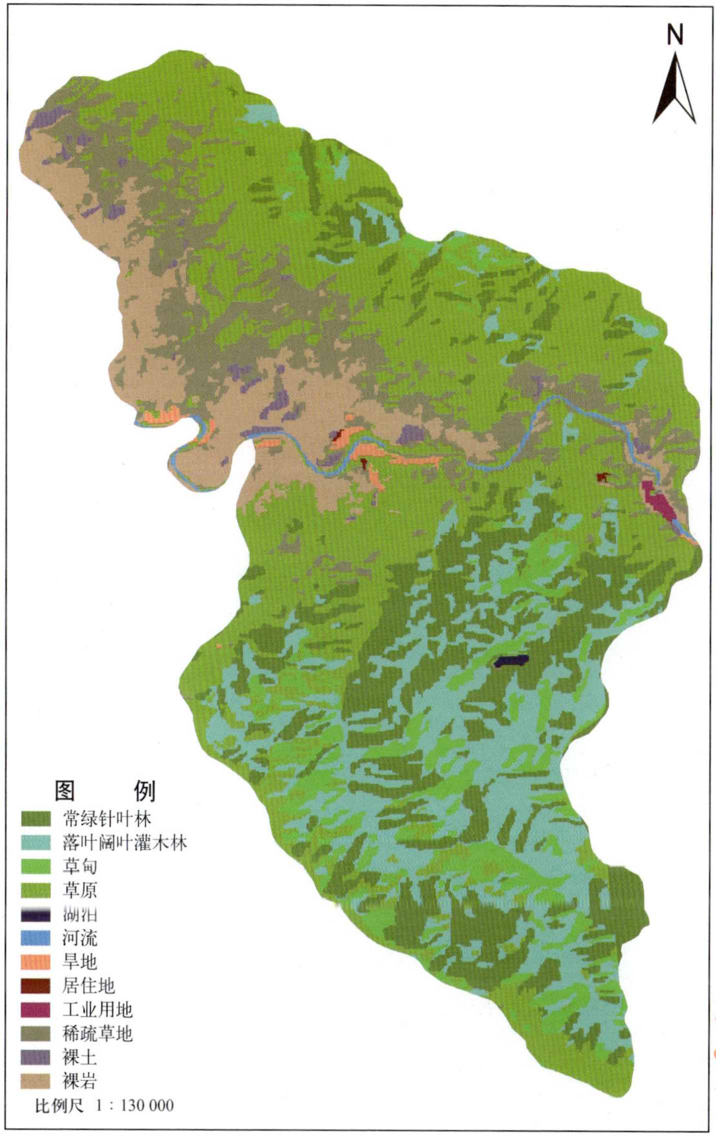
N
图 例
常绿针叶林
落叶阔叶灌木林
草甸
草原
湖泊
河流
旱地
居住地
工业用地
稀疏草地
裸土
裸岩
比例尺 1：130 000

解译参考影像时间：2011 年

循化孟达国家级自然保护区位于青海省海东市循化撒拉族自治县，总面积 17 290 公顷，1980 年建立，2000 年晋升为国家级，主要保护对象为森林生态系统及珍稀生物物种，属于森林生态系统类型保护区。该保护区植物种类繁多，成分复杂。对于研究植物的进化、群落的演替有着非常重要的意义，同时对黄河上游的水源涵养也具有重要作用。

西宁
循化孟达
国家级自然保护区

青海湖国家级自然保护区

青海湖
国家级自然保护区
西宁

青海湖国家级自然保护区位于青海省海北藏族自治州刚察县、海晏县与海南藏族自治州共和县境内，总面积495 200公顷，建于1975年，1997年晋升为国家级，主要保护对象为黑颈鹤、斑头雁、棕头鸥等水禽及湿地生态系统，属于野生动物类型自然保护区。该保护区是中国八大鸟类自然保护区和七大国际重要湿地之一，集资源保护、科学研究、生态旅游于一体。

青海湖国家级自然保护区遥感影像图

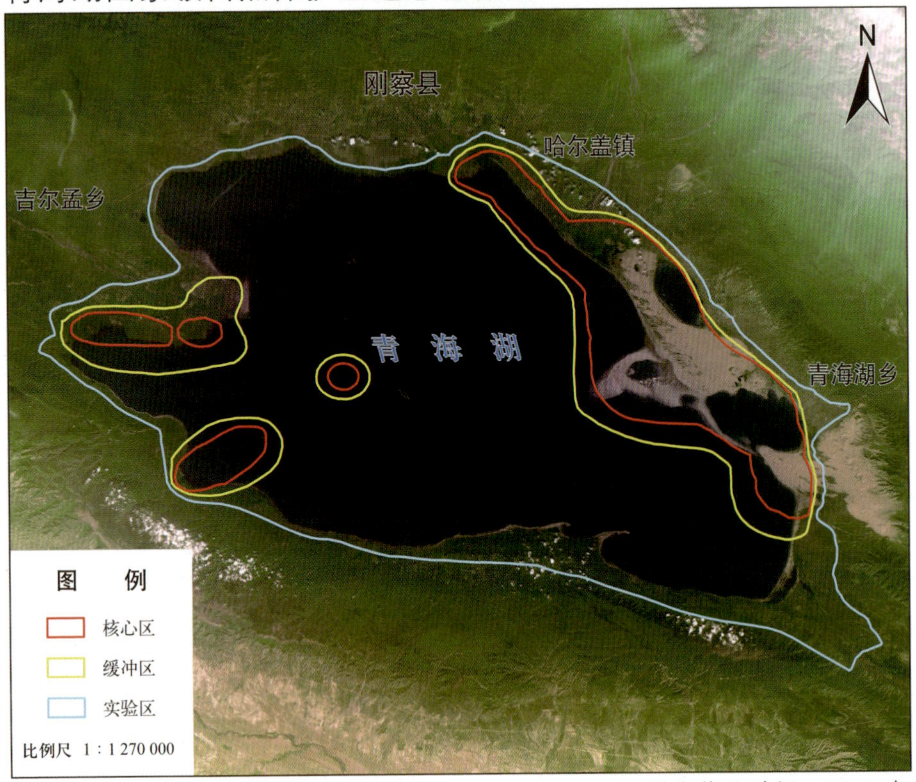
N
刚察县
哈尔盖镇
吉尔孟乡
青海湖
青海湖乡
图例
核心区
缓冲区
实验区
比例尺 1∶1 270 000

影像获取时间：2010年

青海湖国家级自然保护区生态系统类型图

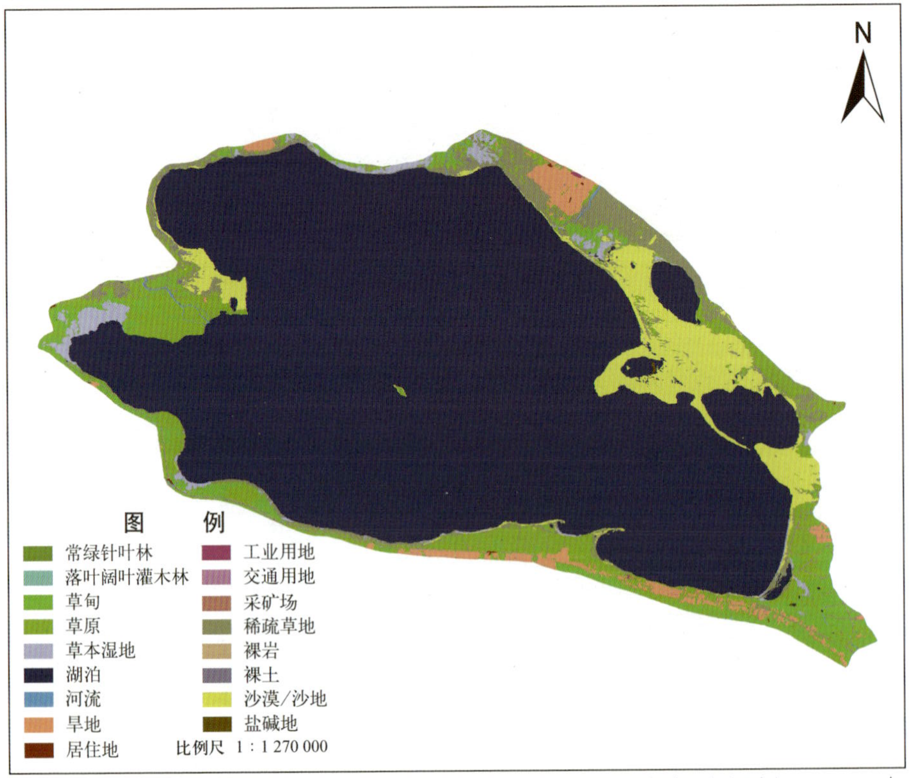
N
图例
常绿针叶林
落叶阔叶灌木林
草甸
草原
草本湿地
湖泊
河流
旱地
居住地
工业用地
交通用地
采矿场
稀疏草地
裸岩
裸土
沙漠/沙地
盐碱地
比例尺 1∶1 270 000

解译参考影像时间：2011年

三江源国家级自然保护区遥感影像图

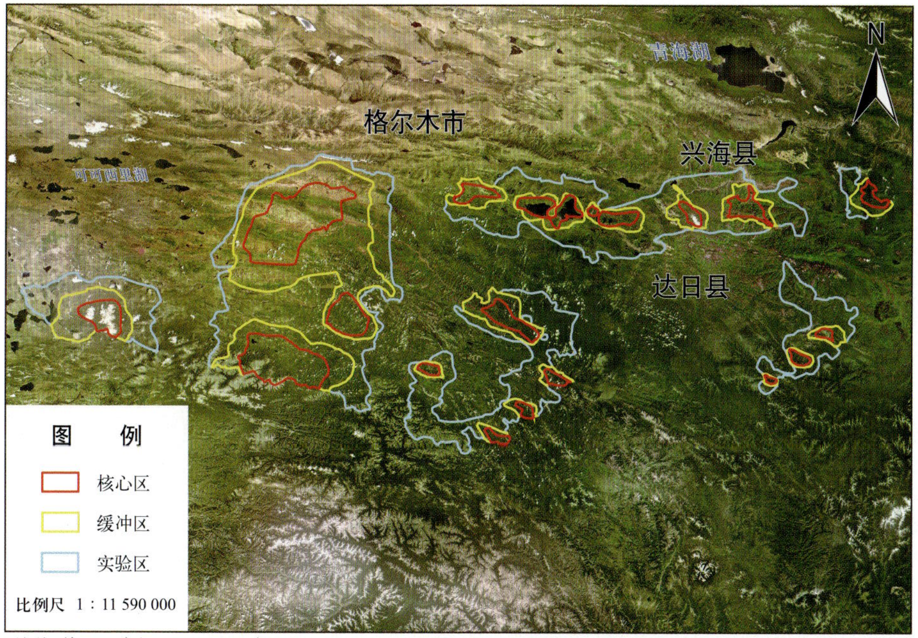
N
青海湖
格尔木市
兴海县
可可西里湖
达日县
图 例
核心区
缓冲区
实验区
比例尺 1 : 11 590 000

影像获取时间：2010 年

三江源国家级自然保护区生态系统类型图

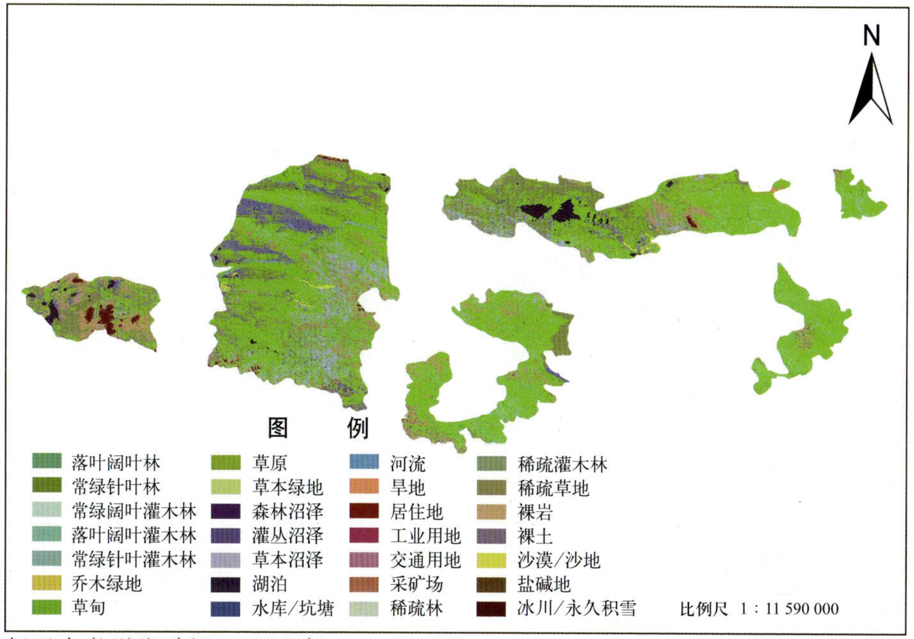
N
图 例
落叶阔叶林
常绿针叶林
常绿阔叶灌木林
落叶阔叶灌木林
常绿针叶灌木林
乔木绿地
草甸
草原
草本绿地
森林沼泽
灌丛沼泽
草本沼泽
湖泊
水库/坑塘
河流
旱地
居住地
工业用地
交通用地
采矿场
稀疏林
稀疏灌木林
稀疏草地
裸岩
裸土
沙漠/沙地
盐碱地
冰川/永久积雪
比例尺 1 : 11 590 000

解译参考影像时间：2010 年

三江源国家级自然保护区横跨青海省玉树藏族自治州、果洛藏族自治州、海南藏族自治州、海西蒙古族藏族自治州和黄南藏族自治州，总面积 15 230 000 公顷，建于 2000 年，为我国最早的一批自然保护区之一，2003 年晋升为国家级，主要保护对象为高原湿地生态系统和森林生态系统。保护区内有国家重点保护的藏羚、牦牛、雪豹、岩羊、藏原羚、冬虫夏草、兰科植物等珍稀野生动植物物种。是我国海拔最高的天然湿地，也是世界高海拔地区生物多样性最集中的自然保护区。

西宁
三江源
国家级自然保护区

隆宝国家级自然保护区

隆宝国家级自然保护区位于青海省玉树藏族自治州玉树县境内，总面积 10 000 公顷，建于 1984 年，1986 年晋升为国家级，主要保护对象为黑颈鹤、天鹅等水禽及草甸生态系统，属于野生动物类型自然保护区。该保护区平均海拔在 4 300 米以上，是世界上海拔最高的保护区之一，是典型的高原湿地，也是中国地域海拔最高的黑颈鹤栖息繁衍地。

西宁
隆宝
国家级自然保护区

隆宝国家级自然保护区遥感影像图

N
结隆乡
杂九
隆纳喀
自杂锐
斯同
隆宝错
札嘎
纳帕果
洛隆普
厄日次插
童庆香
图例
核心区
缓冲区
实验区
比例尺 1 : 290 000

影像获取时间：2010 年

隆宝国家级自然保护区生态系统类型图

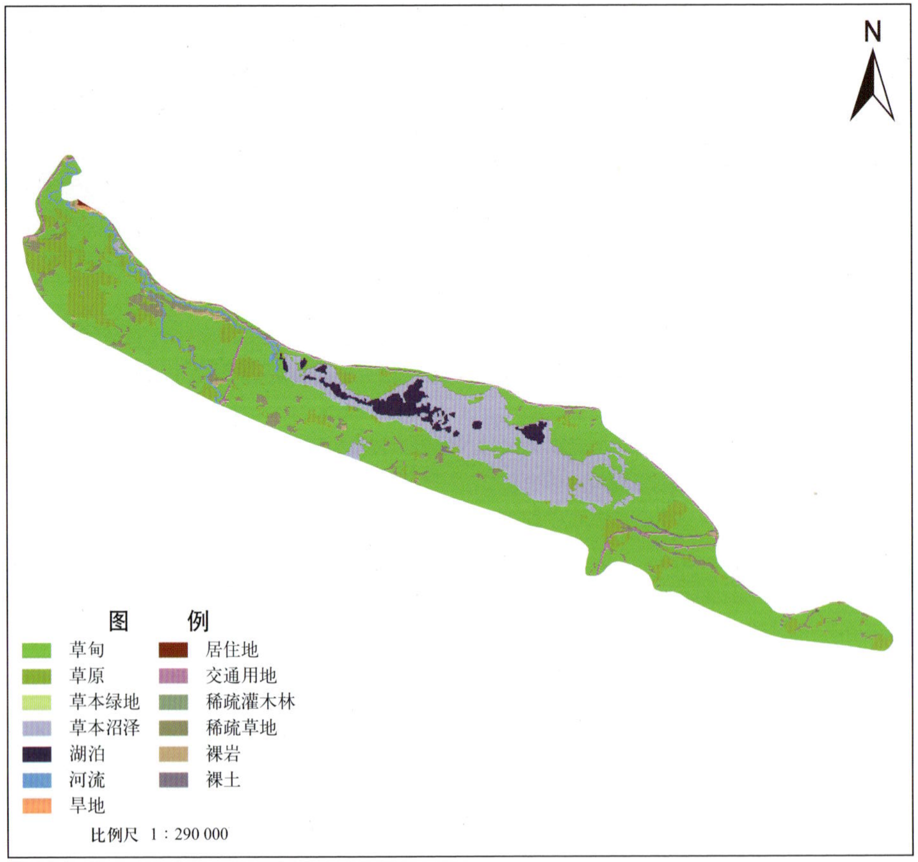
N
图例
草甸
草原
草本绿地
草本沼泽
湖泊
河流
旱地
居住地
交通用地
稀疏灌木林
稀疏草地
裸岩
裸土
比例尺 1 : 290 000

解译参考影像时间：2010 年

可可西里国家级自然保护区遥感影像图

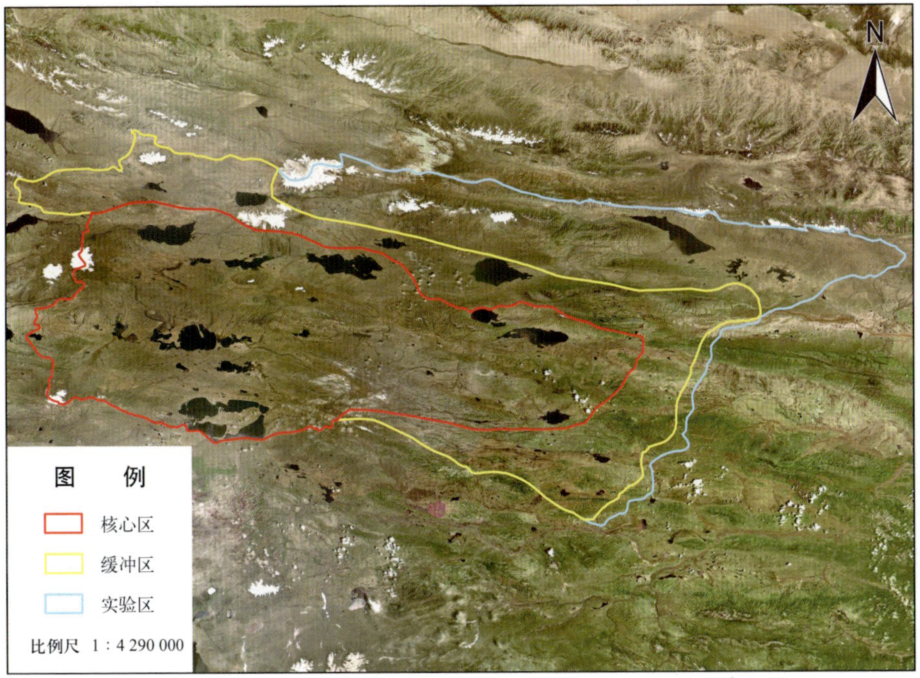
N
图 例
核心区
缓冲区
实验区
比例尺 1：4 290 000

影像获取时间：2010 年

可可西里国家级自然保护区生态系统类型图

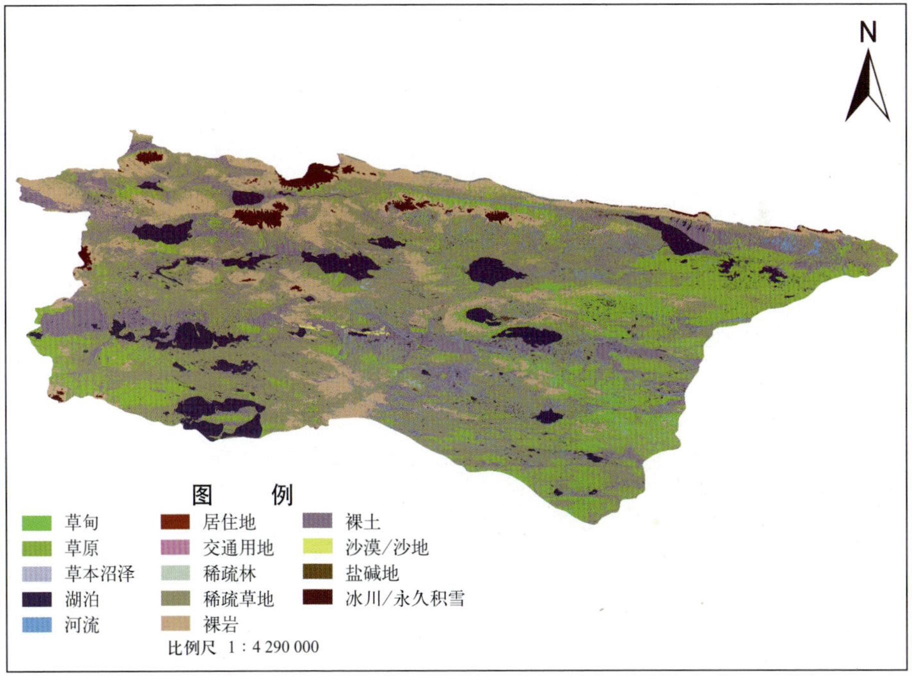
N
图 例
草甸
草原
草本沼泽
湖泊
河流
居住地
交通用地
稀疏林
稀疏草地
裸岩
裸土
沙漠/沙地
盐碱地
冰川/永久积雪
比例尺 1：4 290 000

解译参考影像时间：2010 年

可可西里国家级自然保护区位于青海省玉树藏族自治州治多县和曲麻莱县境内，总面积 4 500 000 公顷，建于 1995 年，1997 年晋升为国家级，主要保护对象为藏羚羊、野牦牛等动物及高原生态系统，属于野生动物类型自然保护区。该保护区处在青藏高原高寒草甸高寒荒漠的过渡区，是目前世界上原始生态环境保存最完美的地区之一。

可可西里
国家级自然保护区
西宁

贺兰山国家级自然保护区

贺兰山国家级自然保护区遥感影像图

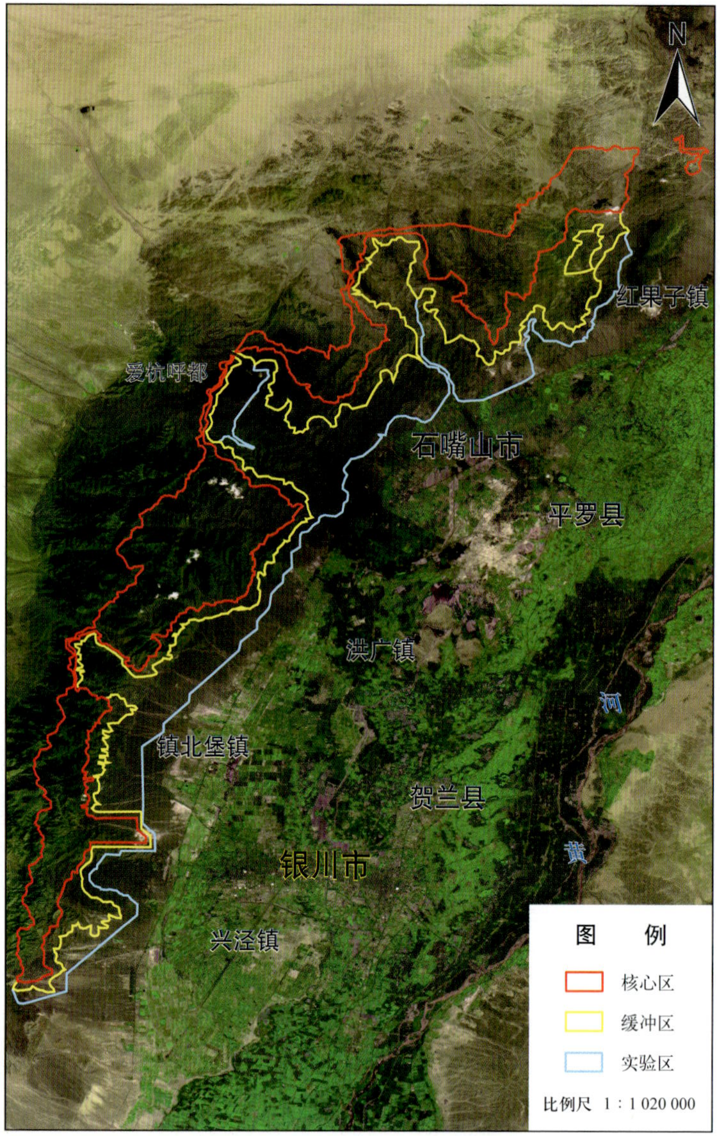
N
红果子镇
爱杭呼都
石嘴山市
平罗县
洪广镇
河
镇北堡镇
贺兰县
黄
银川市
兴泾镇
图　例
核心区
缓冲区
实验区
比例尺　1 : 1 020 000

影像获取时间：2010 年

贺兰山国家级自然保护区生态系统类型图

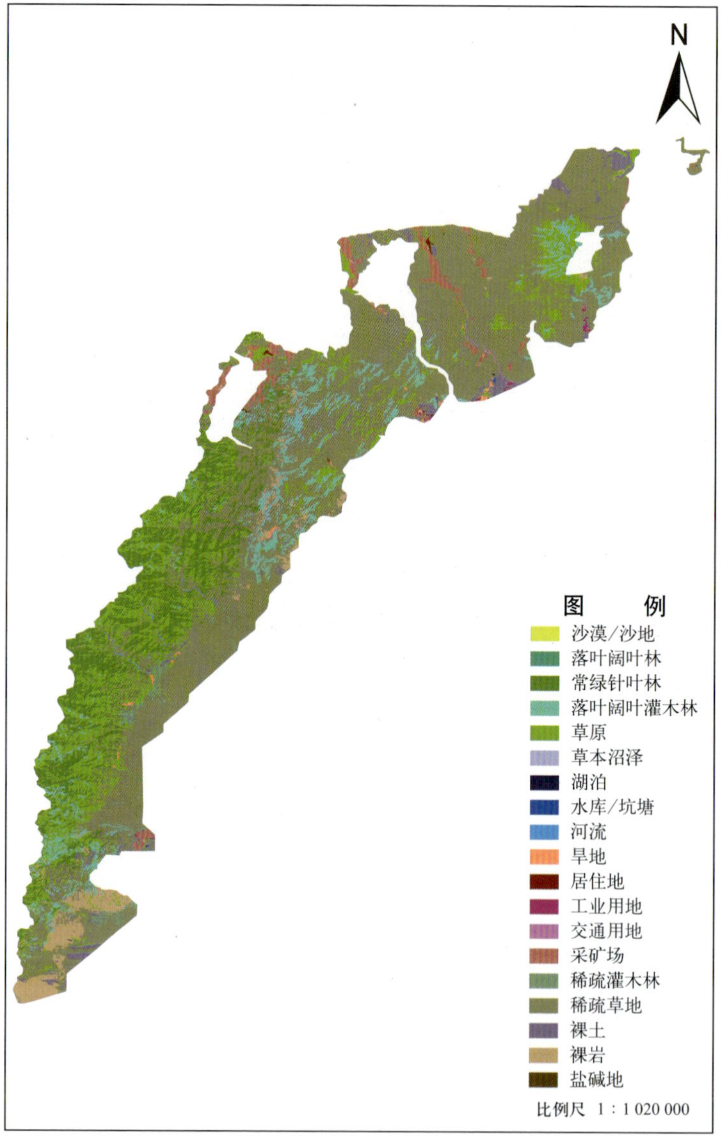
N
图　例
沙漠/沙地
落叶阔叶林
常绿针叶林
落叶阔叶灌木林
草原
草本沼泽
湖泊
水库/坑塘
河流
旱地
居住地
工业用地
交通用地
采矿场
稀疏灌木林
稀疏草地
裸土
裸岩
盐碱地
比例尺　1 : 1 020 000

解译参考影像时间：2010 年

贺兰山
国家级自然保护区
银川

贺兰山国家级自然保护区位于宁夏回族自治区平原西北边缘贺兰山的中段，总面积 193 536 公顷，建于 1982 年，1988 年晋升为国家级，主要保护对象为森林生态系统、野生动植物资源，属于森林生态系统类型自然保护区。该保护区的建立对研究半干旱地区植被发展、演替具有重要意义。

灵武白芨滩国家级自然保护区遥感影像图

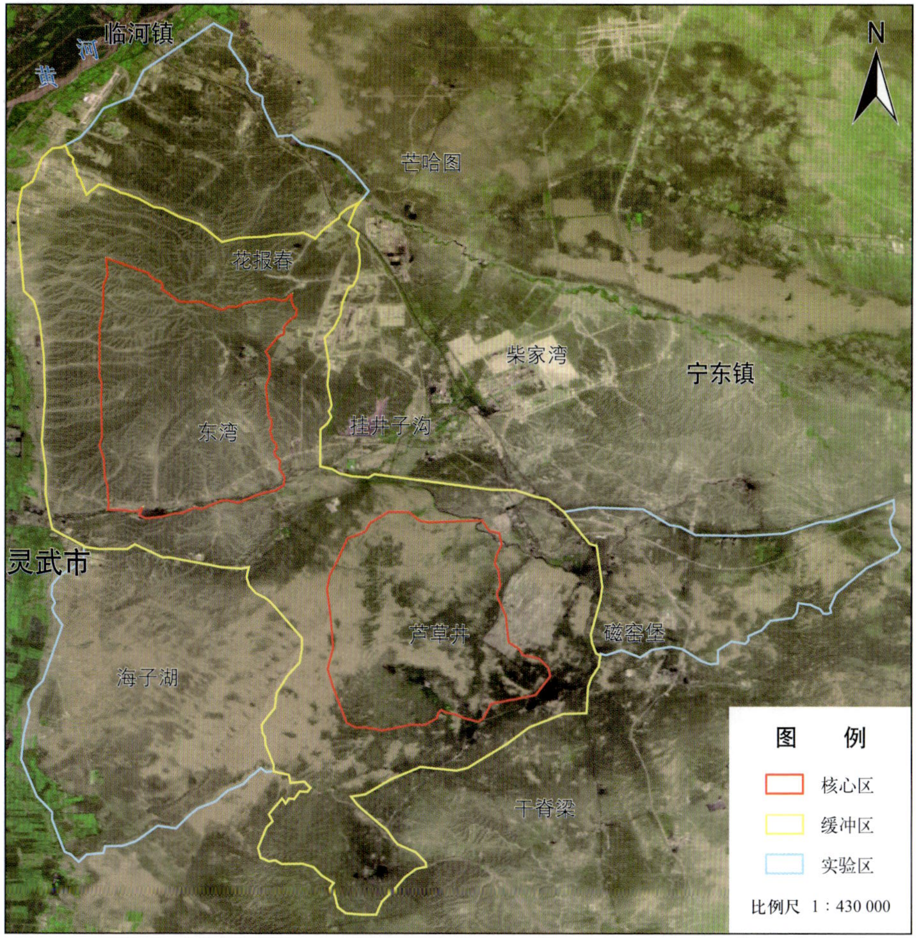
临河镇
黄河
芒哈图
花报春
柴家湾
宁东镇
东湾
拄井子沟
灵武市
芦草井
磁窑堡
海子湖
干脊梁
N
图　例
核心区
缓冲区
实验区
比例尺　1：430 000

影像获取时间：2010 年

灵武白芨滩国家级自然保护区生态系统类型图

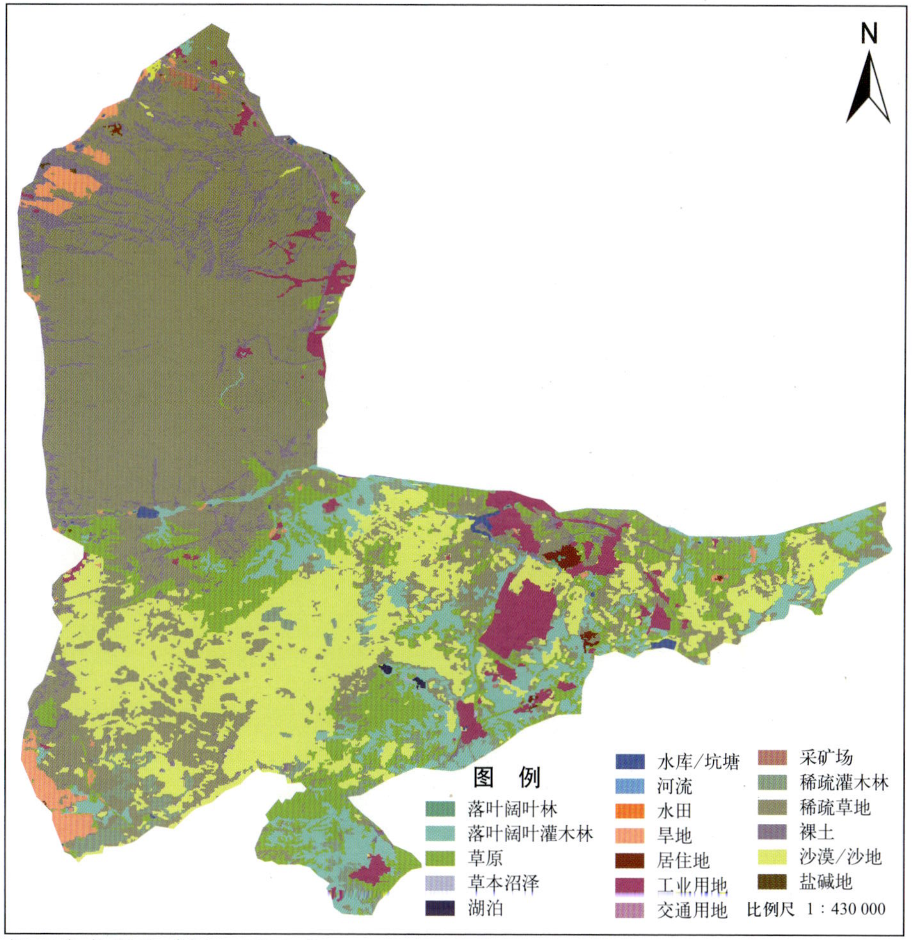
N
图　例
落叶阔叶林
落叶阔叶灌木林
草原
草本沼泽
湖泊
水库/坑塘
河流
水田
旱地
居住地
工业用地
交通用地
采矿场
稀疏灌木林
稀疏草地
裸土
沙漠/沙地
盐碱地
比例尺　1：430 000

解译参考影像时间：2010 年

灵武白芨滩国家级自然保护区位于毛乌素沙地边缘，宁夏回族自治区灵武市境内引黄灌区东部的荒漠区域，总面积 74 843 公顷，建于 1985 年，2000 年晋升为国家级，主要保护对象为天然柠条母树林及沙生植被，属于荒漠生态类型自然保护区。该保护区内有第三纪荒漠植物区系的残遗种古地中海孑遗植物沙冬青，是中国荒漠植被类型中唯一的常绿灌木，属二级保护植物，具有极高的科研价值。

银川
灵武白芨滩
国家级自然保护区

哈巴湖国家级自然保护区

银川
哈巴湖
国家级自然保护区

哈巴湖国家级自然保护区位于宁夏回族自治区吴忠市盐池县境内，总面积 84 000 公顷，建于 1998 年，2006 年晋升为国家级，主要保护对象为荒漠生态系统、湿地生态系统，属于荒漠生态系统类型自然保护区。

该保护区内有野生维管束植物 315 种，其中国家重点保护植物中麻黄、甘草、沙冬青、沙棘和沙芦草等 6 种，这里中草药资源极为丰富，是驰名中外的“甘草之乡”。

哈巴湖国家级自然保护区遥感影像图

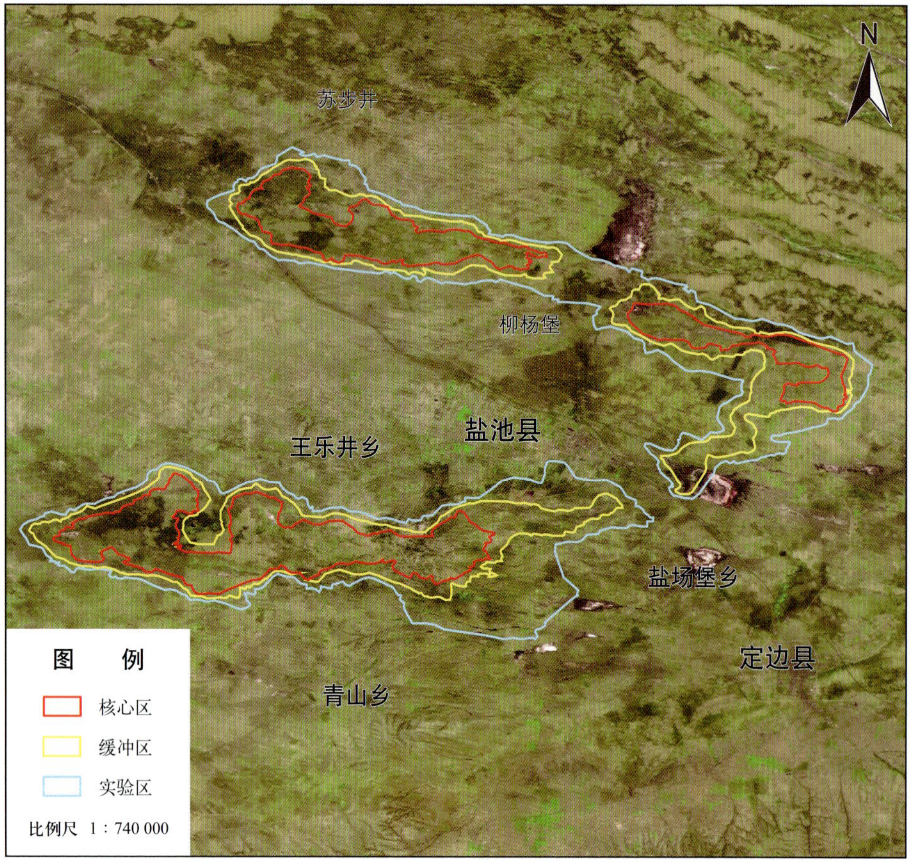
N
苏步井
柳杨堡
王乐井乡
盐池县
盐场堡乡
定边县
青山乡
图 例
核心区
缓冲区
实验区
比例尺 1 : 740 000

影像获取时间：2010 年

哈巴湖国家级自然保护区生态系统类型图

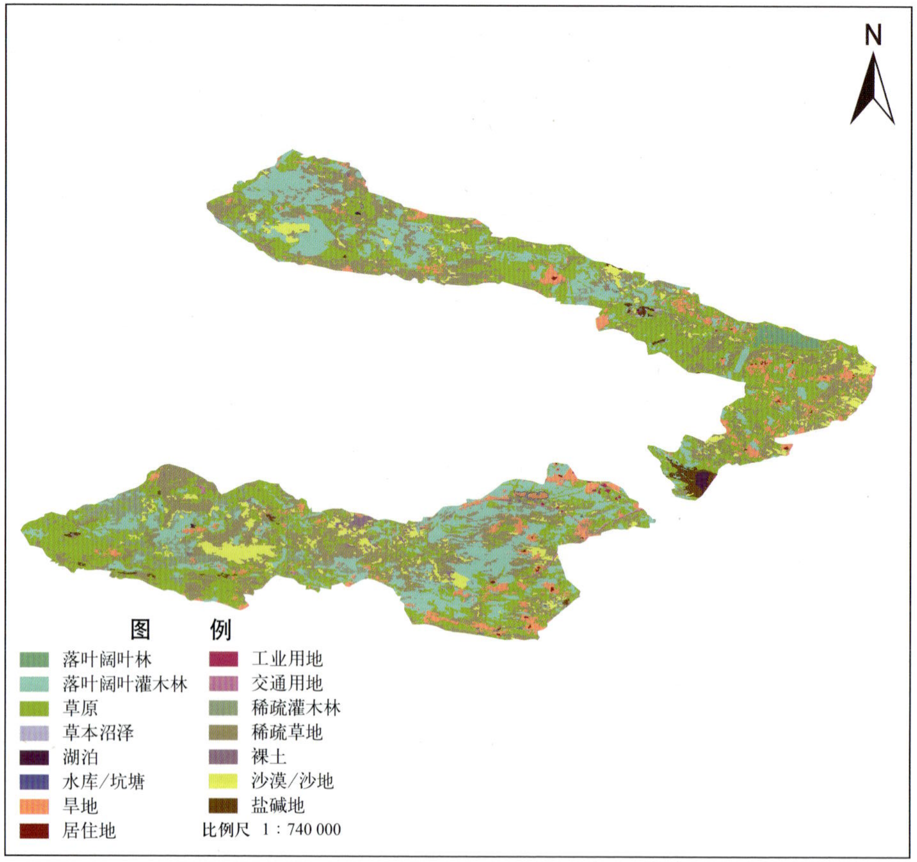
N
图 例
落叶阔叶林
落叶阔叶灌木林
草原
草本沼泽
湖泊
水库/坑塘
旱地
居住地
工业用地
交通用地
稀疏灌木林
稀疏草地
裸土
沙漠/沙地
盐碱地
比例尺 1 : 740 000

解译参考影像时间：2010 年

罗山国家级自然保护区遥感影像图

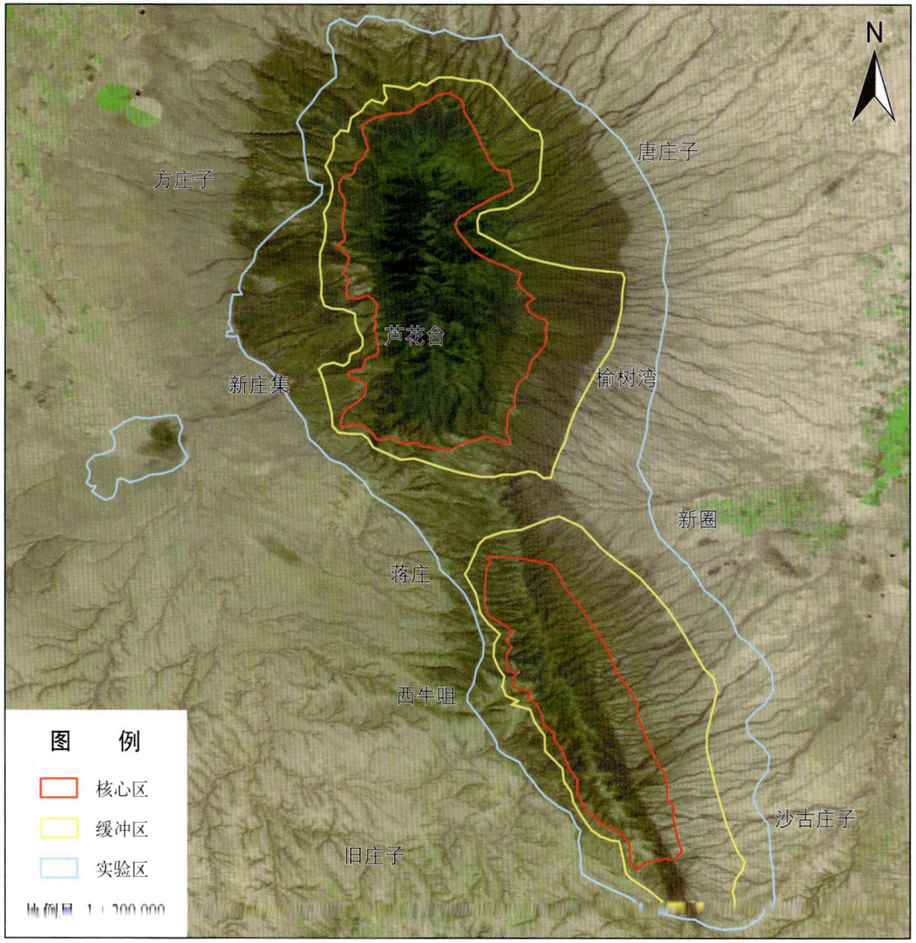
N
方庄子
唐庄子
芦花台
新庄集
榆树湾
新圈
落庄
西牛咀
沙古庄子
旧庄子
图 例
核心区
缓冲区
实验区

影像获取时间：2010 年

罗山国家级自然保护区生态系统类型图

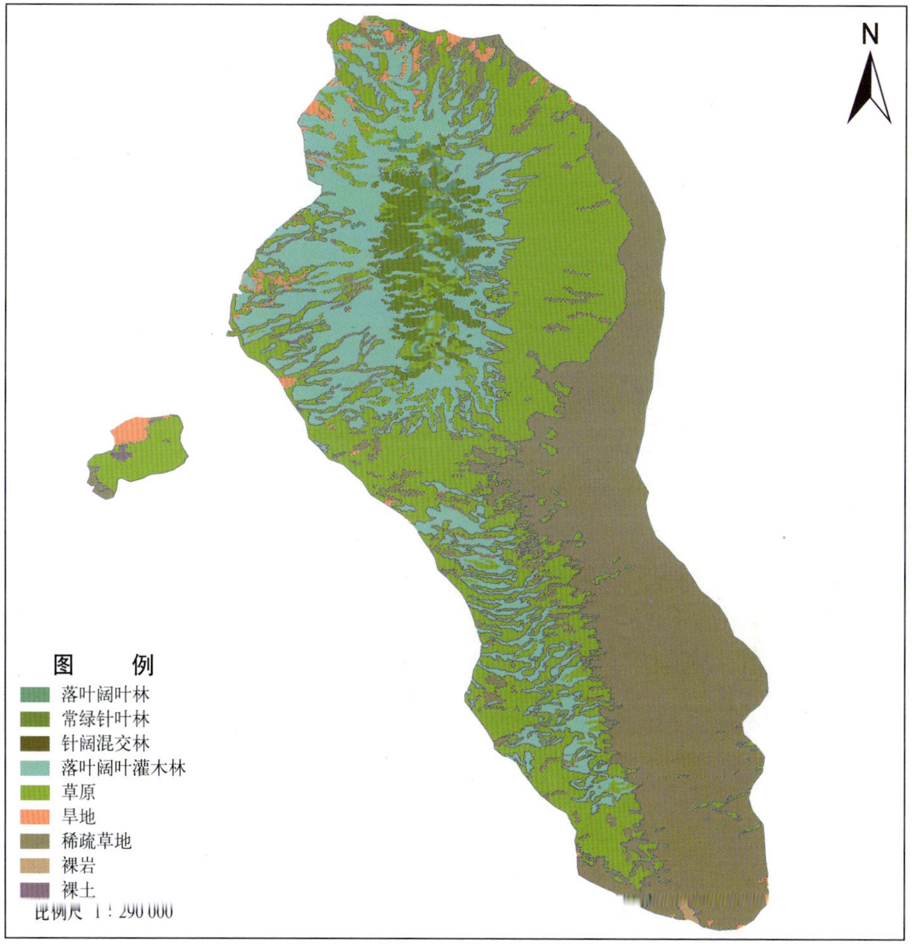
N
图 例
落叶阔叶林
常绿针叶林
针阔混交林
落叶阔叶灌木林
草原
旱地
稀疏草地
裸岩
裸土
比例尺 1：290 000

解译参考影像时间：2011 年

银川
罗山
国家级自然保护区

罗山国家级自然保护区位于宁夏回族自治区吴忠市同心县境内，面积 33 710 公顷，建于 1982 年，2002 年晋升为国家级，主要保护对象为珍稀野生动植物及森林生态系统，属于森林生态系统类型自然保护区。该保护区是宁夏回族自治区仅有的三大天然林区之一，也是宁夏回族自治区中部的水源涵养林区。

六盘山国家级自然保护区遥感影像图

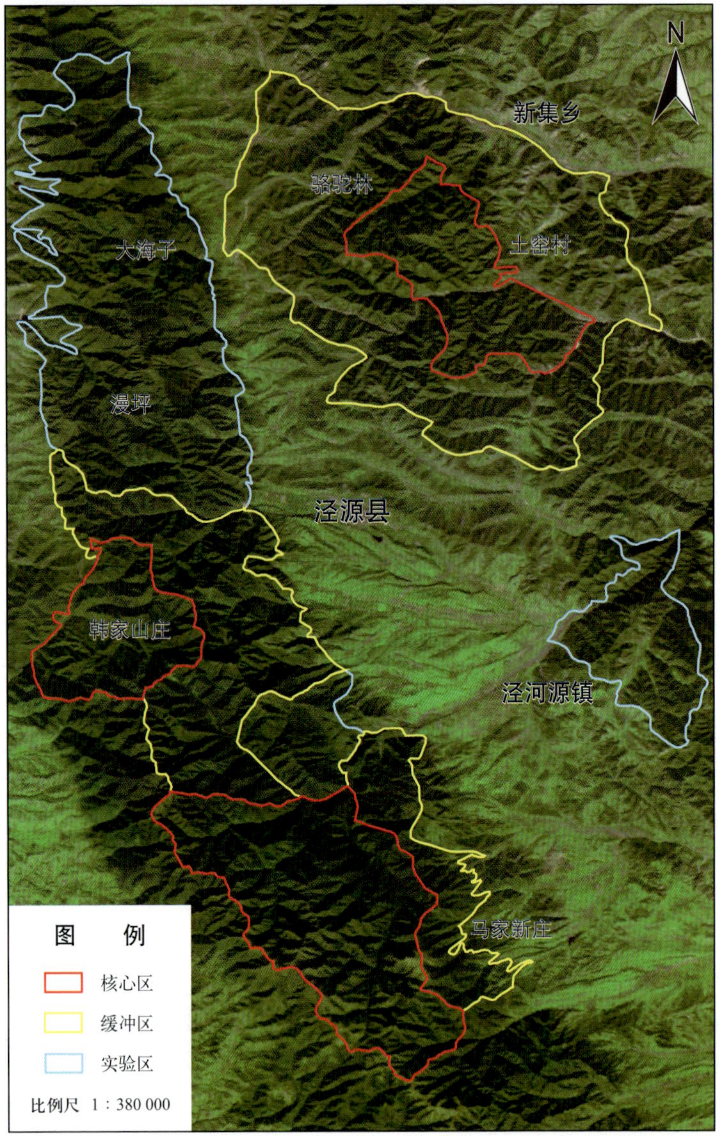
N
新集乡
骆驼林
土窑村
大海子
漫坪
泾源县
韩家山庄
泾河源镇
马家新庄
图 例
核心区
缓冲区
实验区
比例尺 1 : 380 000

影像获取时间：2010 年

六盘山国家级自然保护区生态系统类型图

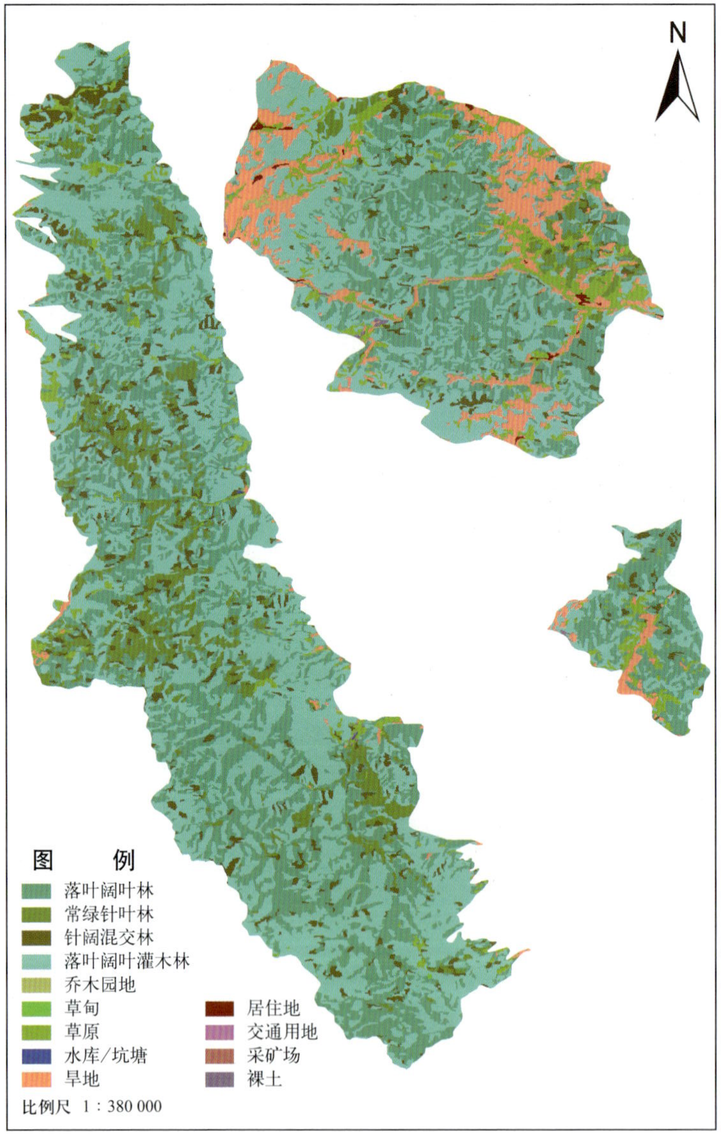
N
图 例
落叶阔叶林
常绿针叶林
针阔混交林
落叶阔叶灌木林
乔木园地
草甸
草原
水库/坑塘
旱地
居住地
交通用地
采矿场
裸土
比例尺 1 : 380 000

解译参考影像时间：2010 年

银川
六盘山
国家级自然保护区

六盘山国家级自然保护区位于宁夏回族自治区固原市原州区、隆德县和泾源县境内，总面积 67 800 公顷，建于 1982 年，1988 年晋升为国家级，主要保护对象为水源涵养林及野生动物，属于森林生态系统类型自然保护区。该保护区被誉为黄土高原上的“绿岛”和“湿岛”、生物资源的“基因库”和“天然动植物园”，是宁夏回族自治区重要的天然林区。

沙坡头国家级自然保护区遥感影像图

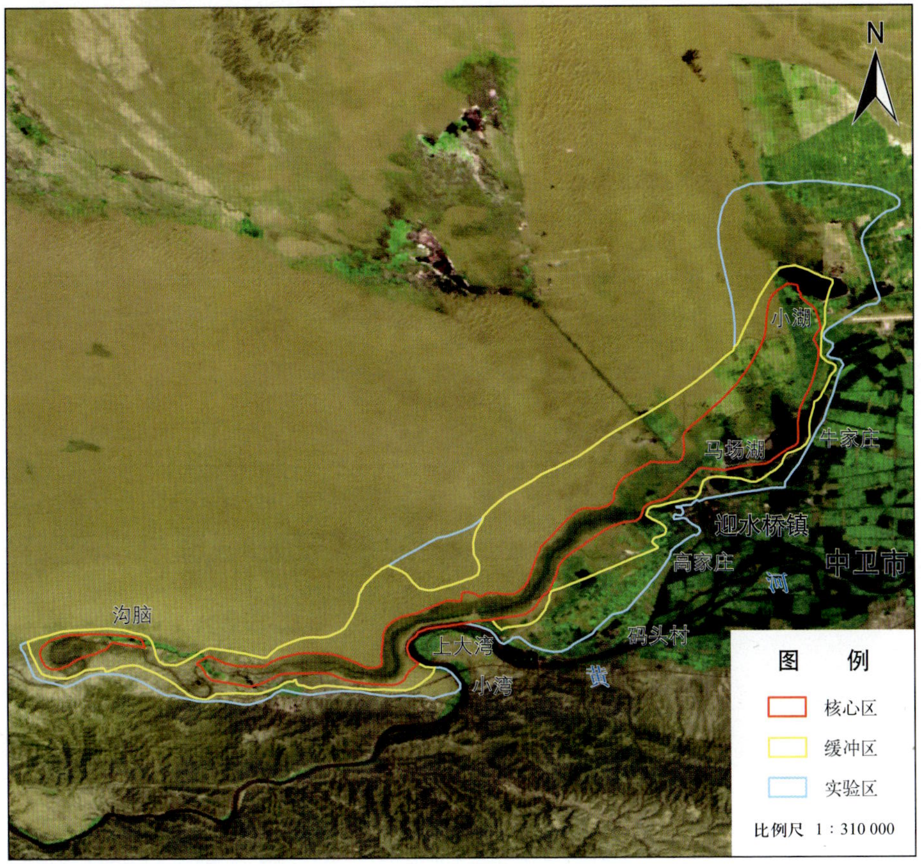
N
小湖
马场湖
牛家庄
迎水桥镇
高家庄
中卫市
河
沟脑
上大湾
码头村
小湾
黄
图 例
核心区
缓冲区
实验区
比例尺 1：310 000

影像获取时间：2010 年

沙坡头国家级自然保护区生态系统类型图

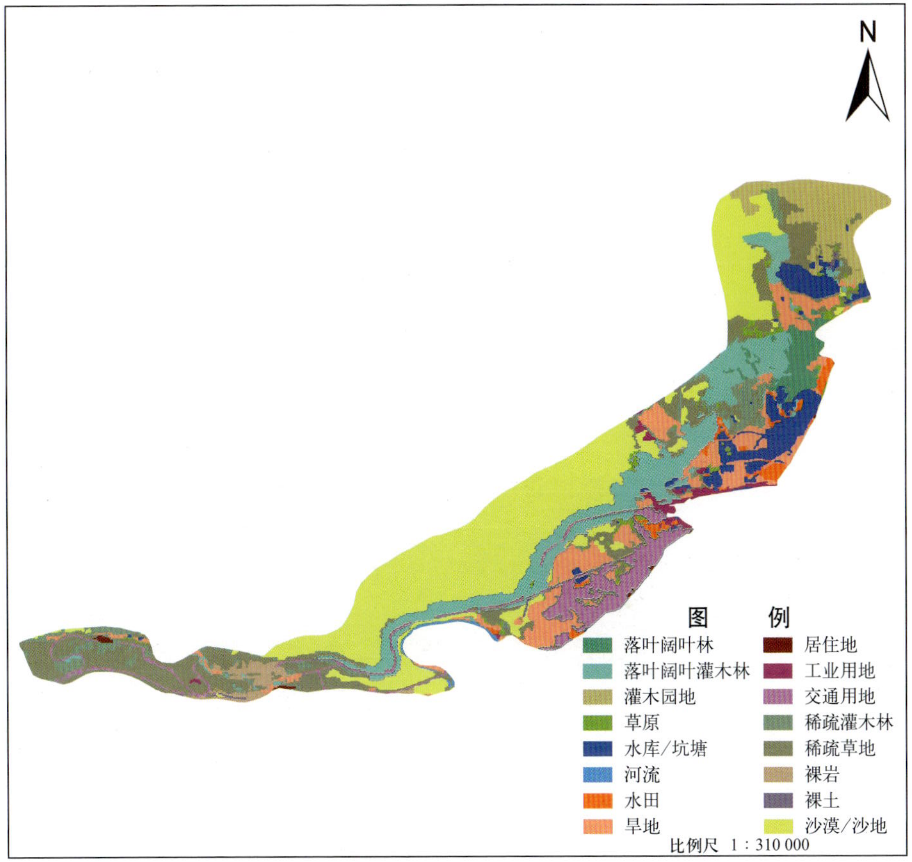
N
图 例
落叶阔叶林
落叶阔叶灌木林
灌木园地
草原
水库/坑塘
河流
水田
旱地
居住地
工业用地
交通用地
稀疏灌木林
稀疏草地
裸岩
裸土
沙漠/沙地
比例尺 1：310 000

解译参考影像时间：2011 年

银川
沙坡头
国家级自然保护区

沙坡头国家级自然保护区位于宁夏回族自治区中卫市城区西部腾格里沙漠的东南缘，总面积 14 043 公顷，建于 1984 年，1994 年晋升为国家级，主要保护对象为自然沙生植被及人工治沙植被，属于荒漠生态系统类型自然保护区。该保护区是亚洲中部和华北黄土高原植物区系的交汇地带，为荒漠和草原间的过渡，这里的生物种类及生态过程具有明显的过渡特点。

艾比湖湿地国家级自然保护区

艾比湖湿地
国家级自然保护区
乌鲁木齐

艾比湖湿地国家级自然保护区位于新疆维吾尔自治区博尔塔拉蒙古自治州精河县境内，总面积267 085公顷，建于2000年，2007年晋升为国家级，主要保护对象为湿地及珍稀野生动植物，属于内陆湿地类型自然保护区。该保护区海拔189米，是准噶尔盆地最低点，是各种荒漠野生动物的主要繁殖地、越冬地和停歇地。

艾比湖湿地国家级自然保护区遥感影像图

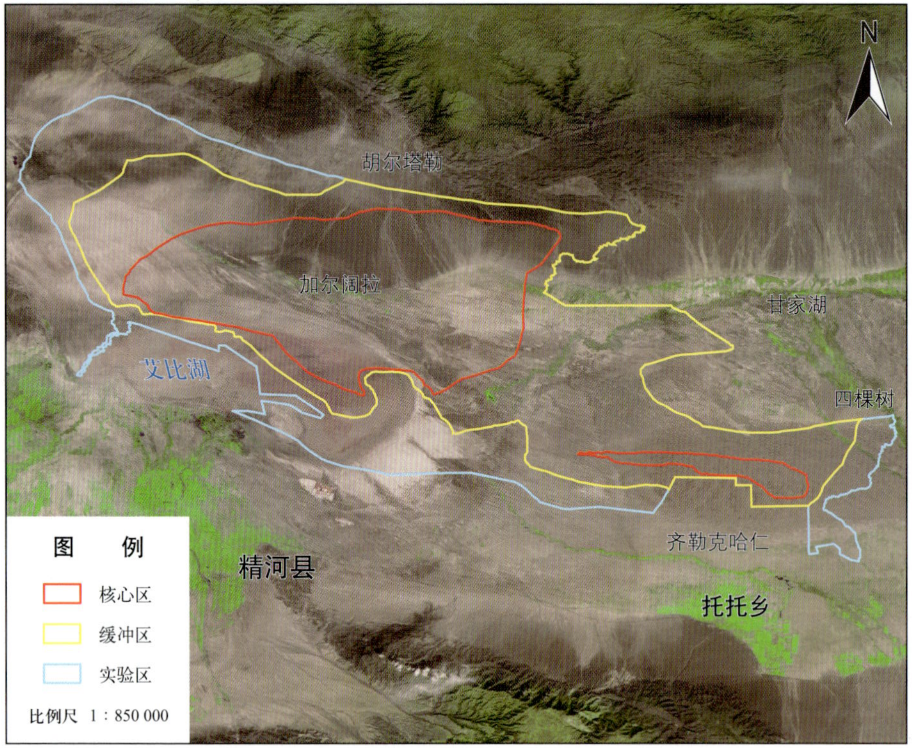
N
胡尔塔勒
加尔阔拉
甘家湖
艾比湖
四棵树
齐勒克哈仁
精河县
托托乡
图例
核心区
缓冲区
实验区
比例尺 1：850 000

影像获取时间：2010年

艾比湖湿地国家级自然保护区生态系统类型图

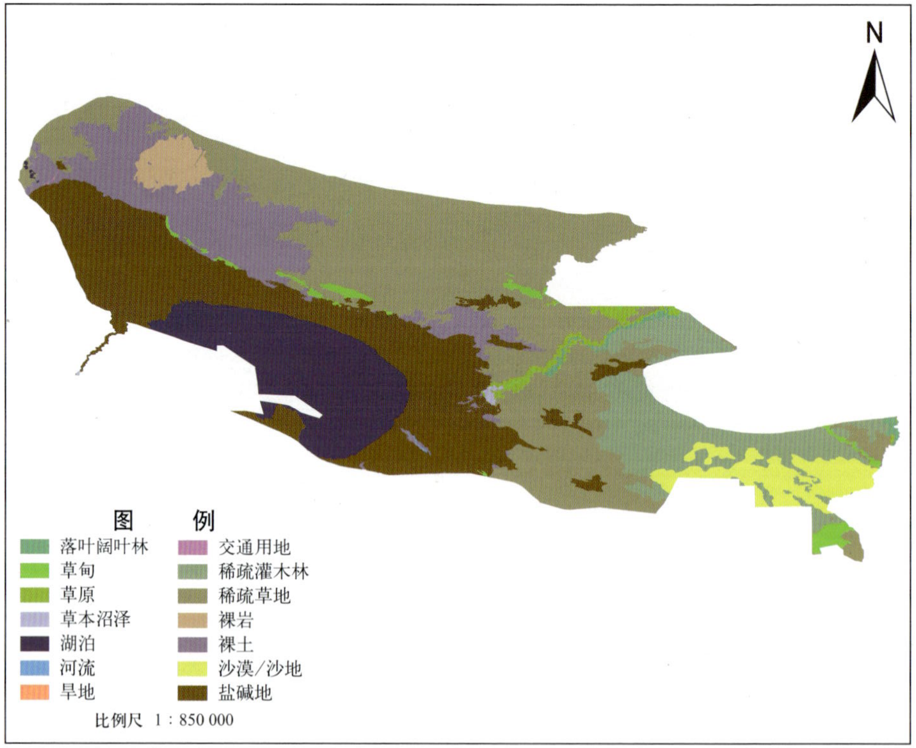
N
图例
落叶阔叶林
草甸
草原
草本沼泽
湖泊
河流
旱地
交通用地
稀疏灌木林
稀疏草地
裸岩
裸土
沙漠/沙地
盐碱地
比例尺 1：850 000

解译参考影像时间：2011年

罗布泊野骆驼国家级自然保护区遥感影像图

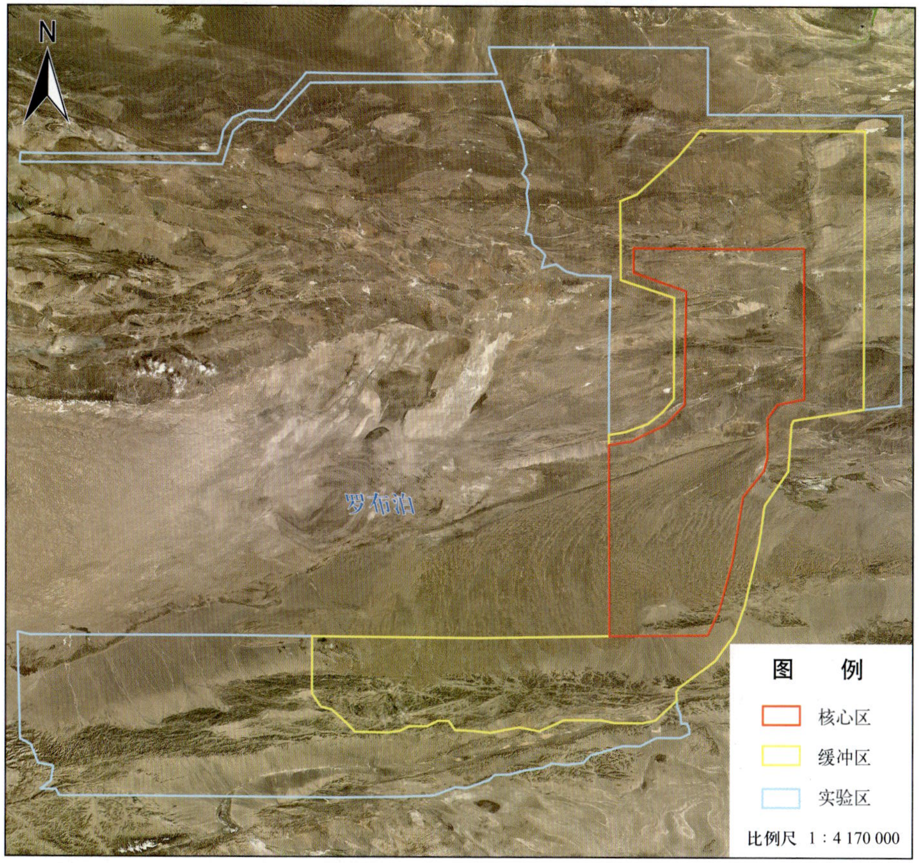
N
罗布泊
图 例
核心区
缓冲区
实验区
比例尺 1∶4 170 000

影像获取时间：2010 年

罗布泊野骆驼国家级自然保护区生态系统类型图

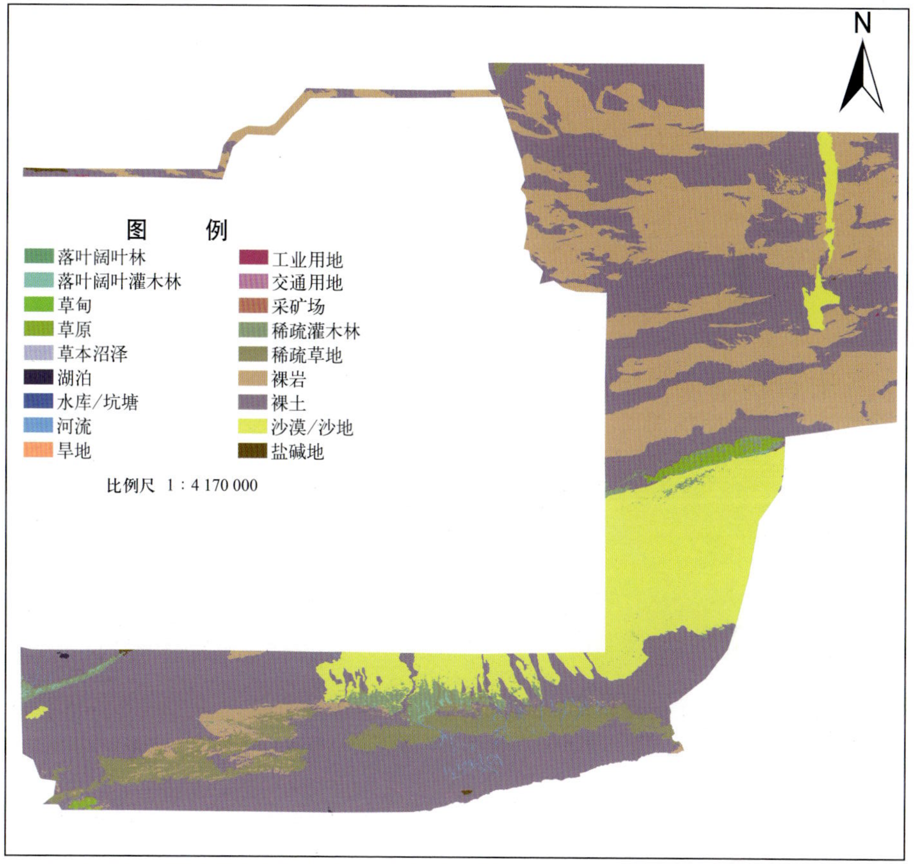
N
图 例
落叶阔叶林
落叶阔叶灌木林
草甸
草原
草本沼泽
湖泊
水库/坑塘
河流
旱地
工业用地
交通用地
采矿场
稀疏灌木林
稀疏草地
裸岩
裸土
沙漠/沙地
盐碱地
比例尺 1∶4 170 000

解译参考影像时间：2011 年

罗布泊野骆驼国家级自然保护区位于新疆维吾尔自治区巴音郭楞蒙古自治州、吐鲁番地区和哈密地区，总面积 7 800 000 公顷，建于 1986 年，2003 年晋升为国家级，主要保护对象为野骆驼及其生境，属于野生动物类型自然保护区。该保护区是世界极度濒危物种—野骆驼的模式产地。

乌鲁木齐
罗布泊野骆驼
国家级自然保护区

塔里木胡杨国家级自然保护区

塔里木胡杨国家级自然保护区位于新疆维吾尔自治区巴音郭楞蒙古自治州尉犁县、轮台县境内，总面积395 420公顷，建于1984年，2006年晋升为国家级，主要保护对象为胡杨、灰杨林，属于荒漠生态系统类型自然保护区。该保护区是目前世界上原始胡杨林分布最集中、保存最完整、最具代表性的地区。

塔里木胡杨
国家级自然保护区
乌鲁木齐

塔里木胡杨国家级自然保护区遥感影像图

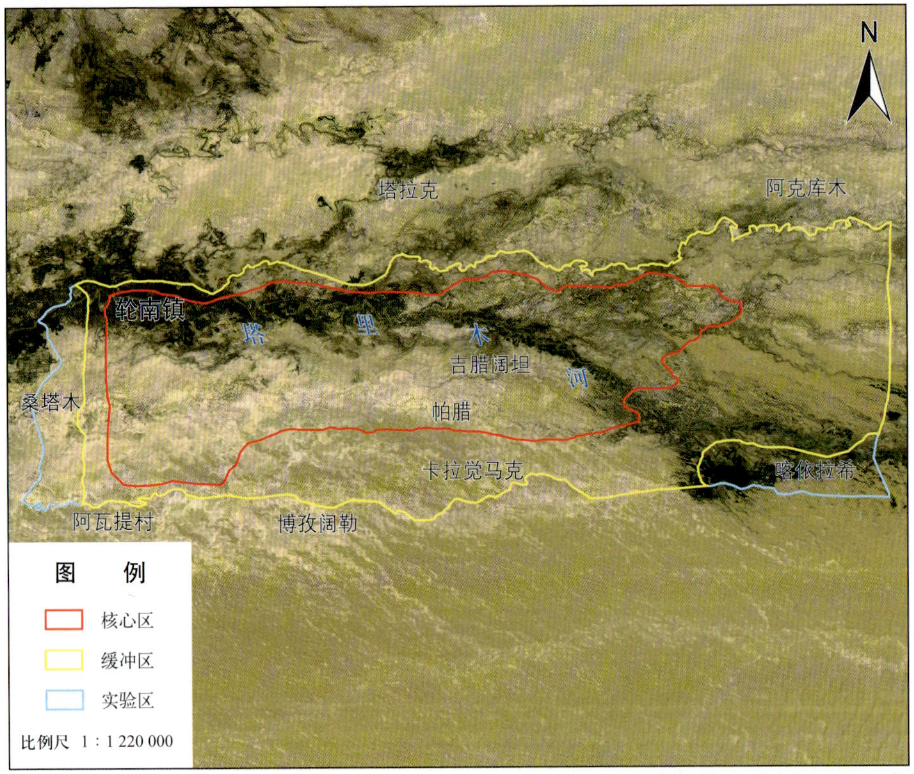
N
塔拉克
阿克库木
轮南镇
塔
里
木
河
吉腊阔坦
帕腊
桑塔木
卡拉觉马克
喀依拉希
阿瓦提村
博孜阔勒
图例
核心区
缓冲区
实验区
比例尺 1：1 220 000

影像获取时间：2010年

塔里木胡杨国家级自然保护区生态系统类型图

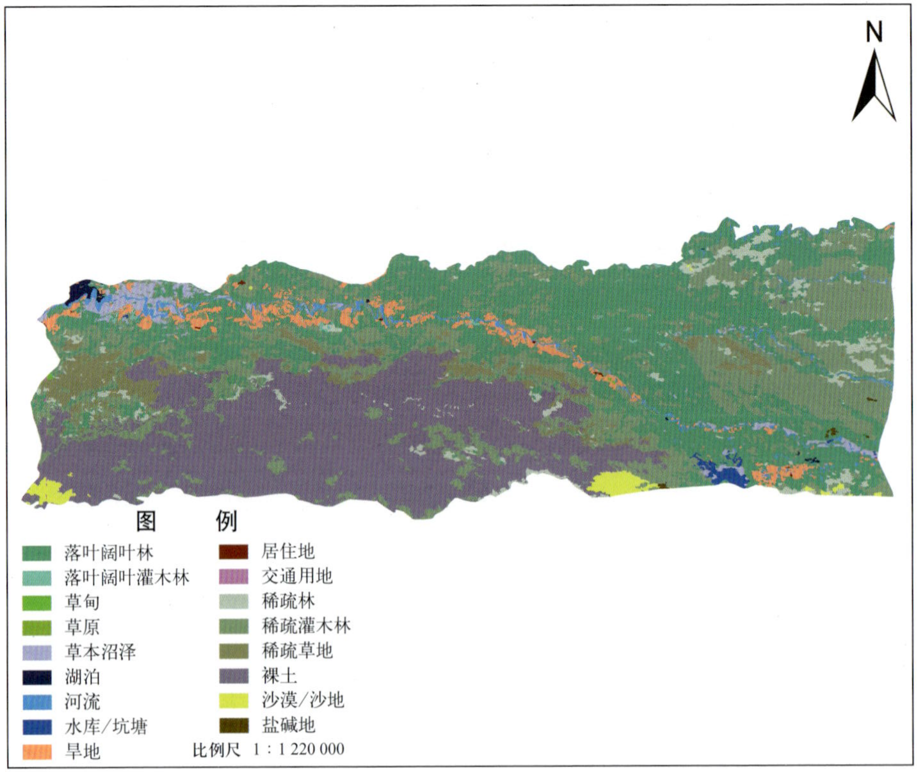
N
图例
落叶阔叶林
落叶阔叶灌木林
草甸
草原
草本沼泽
湖泊
河流
水库/坑塘
旱地
居住地
交通用地
稀疏林
稀疏灌木林
稀疏草地
裸土
沙漠/沙地
盐碱地
比例尺 1：1 220 000

解译参考影像时间：2010年

阿尔金山国家级自然保护区遥感影像图

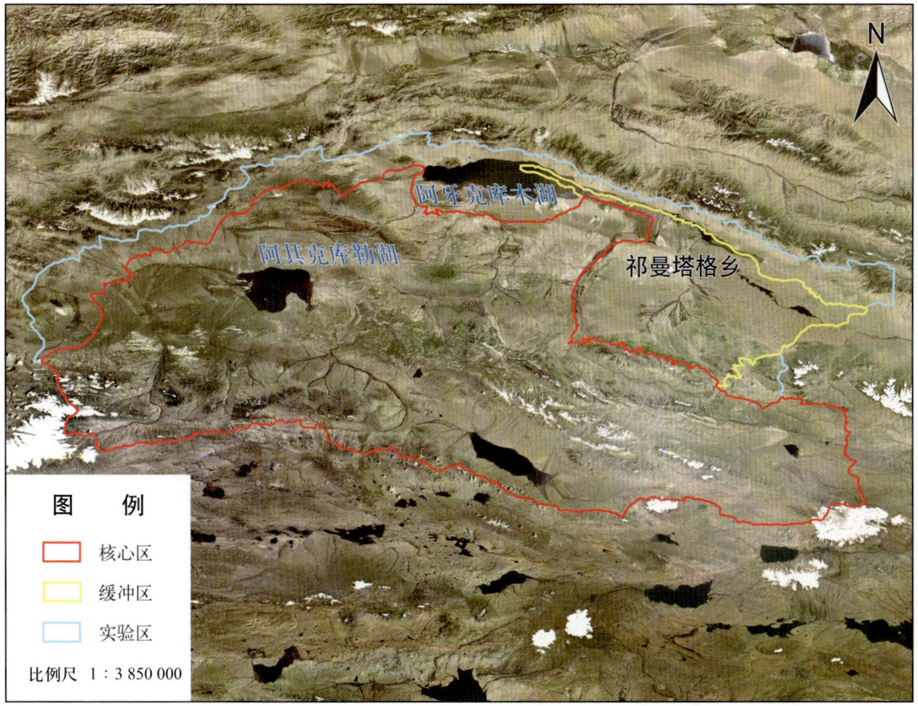
N
阿牙克库木湖
阿其克库勒湖
祁曼塔格乡
图 例
核心区
缓冲区
实验区
比例尺 1 : 3 850 000

影像获取时间：2010 年

阿尔金山国家级自然保护区生态系统类型图

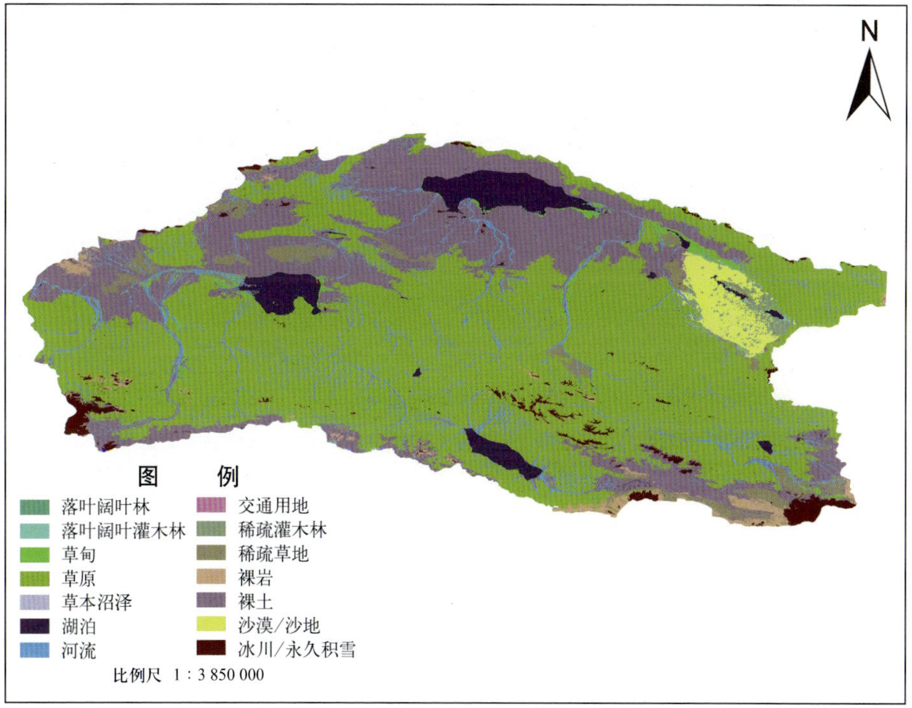
N
图 例
落叶阔叶林
落叶阔叶灌木林
草甸
草原
草本沼泽
湖泊
河流
交通用地
稀疏灌木林
稀疏草地
裸岩
裸土
沙漠/沙地
冰川/永久积雪
比例尺 1 : 3 850 000

解译参考影像时间：2011 年

阿尔金山国家级自然保护区位于新疆维吾尔自治区巴音郭楞蒙古自治州若羌县境内，青藏高原北部，总面积 4 500 000 公顷，建于 1983 年，1986 年晋升为国家级，主要保护对象为有蹄类野生动物及高原生态系统，属于荒漠生态系统类型自然保护区。该保护区已被我国列入《中国生物多样性保护行动计划》优先保护名录。

乌鲁木齐
阿尔金山
国家级自然保护区

巴音布鲁克国家级自然保护区

巴音布鲁克国家级自然保护区遥感影像图

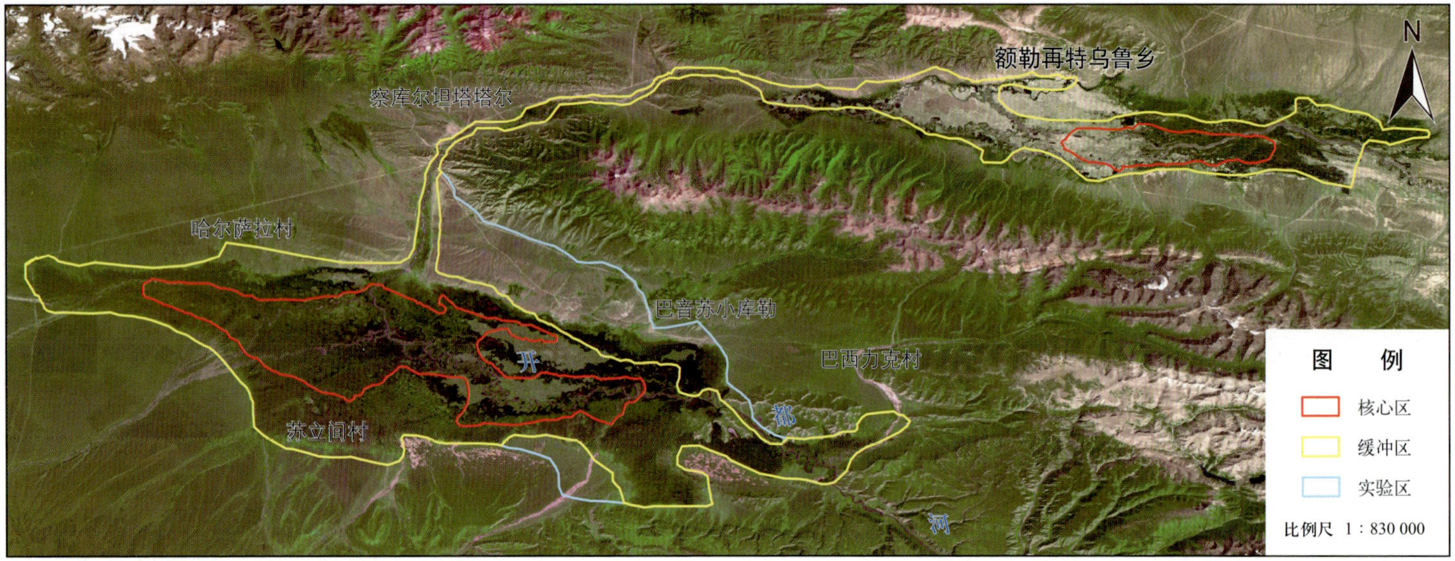
额勒再特乌鲁乡
察库尔坦塔塔尔
哈尔萨拉村
巴音苏小库勒
巴西力克村
苏立间村
开
都
河
N
图 例
核心区
缓冲区
实验区
比例尺 1：830 000

影像获取时间：2010 年

巴音布鲁克国家级自然保护区生态系统类型图

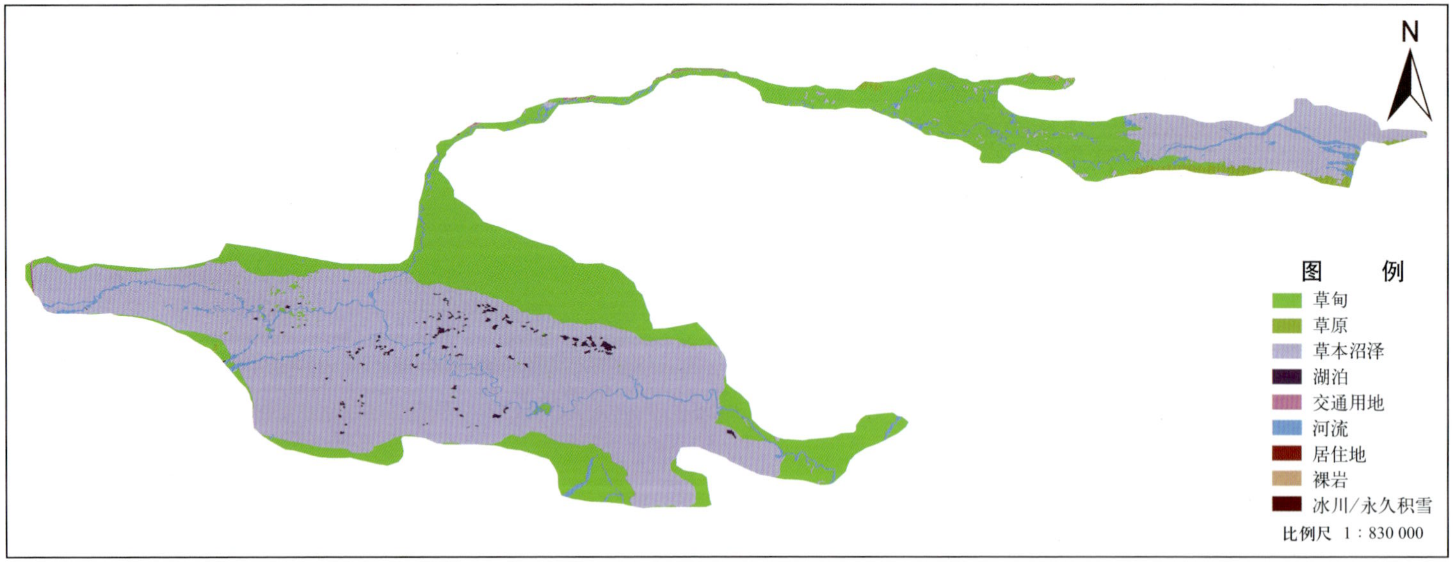
N
图 例
草甸
草原
草本沼泽
湖泊
交通用地
河流
居住地
裸岩
冰川/永久积雪
比例尺 1：830 000

解译参考影像时间：2011 年

巴音布鲁克国家级自然保护区位于新疆维吾尔自治区巴音郭楞蒙古自治州和静县境内，总面积 100 000 公顷，建于 1980 年，1988 年晋升为国家级，主要保护对象为天鹅等珍稀水禽和沼泽湿地，属于野生动物类型自然保护区。该保护区 2006 年被列为首批 51 个全国林业示范保护区之一。

巴音布鲁克
国家级自然保护区
乌鲁木齐

托木尔峰国家级自然保护区遥感影像图

N
亚阔坦
萨孜
夏勒翁阔坦
亚甫玛
古勒曼
库恰
艾木洛依
博孜墩柯尔克孜族乡
夏玛勒克尔
琼苏日木克
图 例
核心区
缓冲区
实验区
比例尺 1 : 780 000

影像获取时间：2010 年

托木尔峰国家级自然保护区生态系统类型图

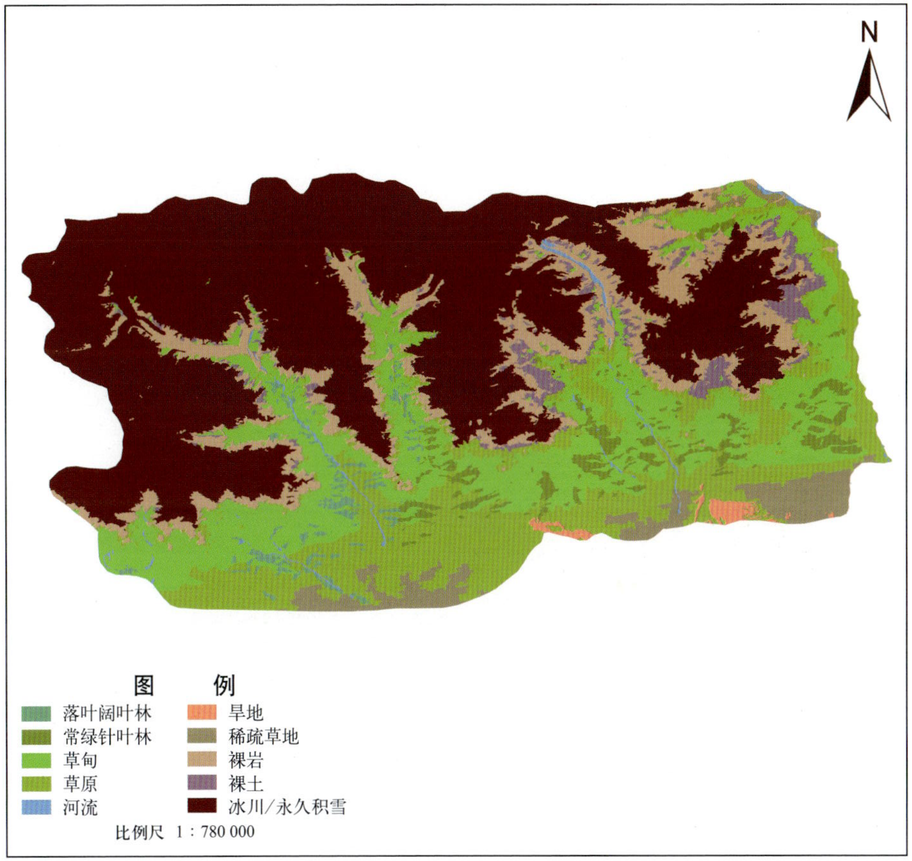
N
图 例
落叶阔叶林
常绿针叶林
草甸
草原
河流
旱地
稀疏草地
裸岩
裸土
冰川/永久积雪
比例尺 1 : 780 000

解译参考影像时间：2010 年

托木尔峰
国家级自然保护区
乌鲁木齐

托木尔峰国家级自然保护区位于新疆维吾尔自治区阿克苏地区温宿县境内，总面积 237 600 公顷，建于 1980 年，2003 年晋升为国家级，主要保护对象为森林及野生动植物，属于森林生态系统类型自然保护区。该保护区内的冰雪资源是我国天山西部绿洲农业得以存在的不可或缺的条件，保护区内动植物种类丰富，是一个良好的物种基因库。

西天山国家级自然保护区

西天山国家级自然保护区位于新疆维吾尔自治区伊犁哈萨克自治州巩留县境内，总面积31 217公顷，建于1983年，2000年晋升国家级，主要保护对象为雪岭云杉林，属于森林生态系统类型自然保护区。该保护区被誉为“天然基因库”。

西天山
国家级自然保护区
乌鲁木齐

西天山国家级自然保护区遥感影像图

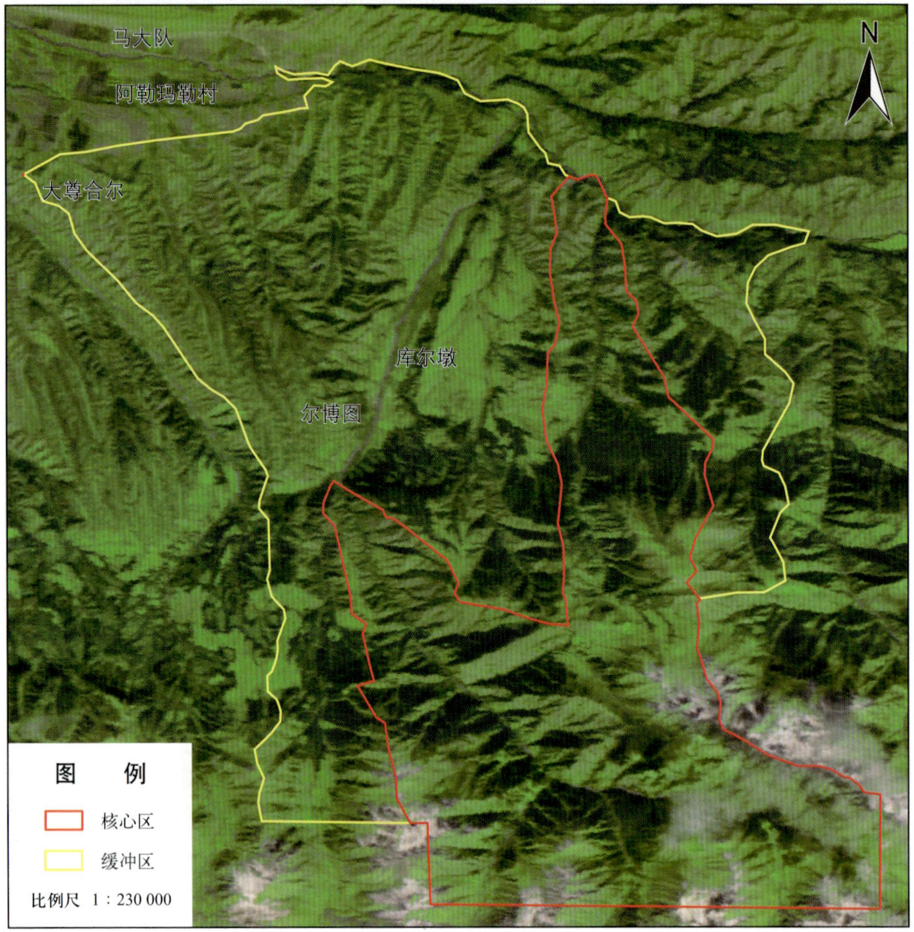
马大队
阿勒玛勒村
大尊合尔
库尔墩
尔博图
N
图 例
核心区
缓冲区
比例尺 1：230 000

影像获取时间：2010年

西天山国家级自然保护区生态系统类型图

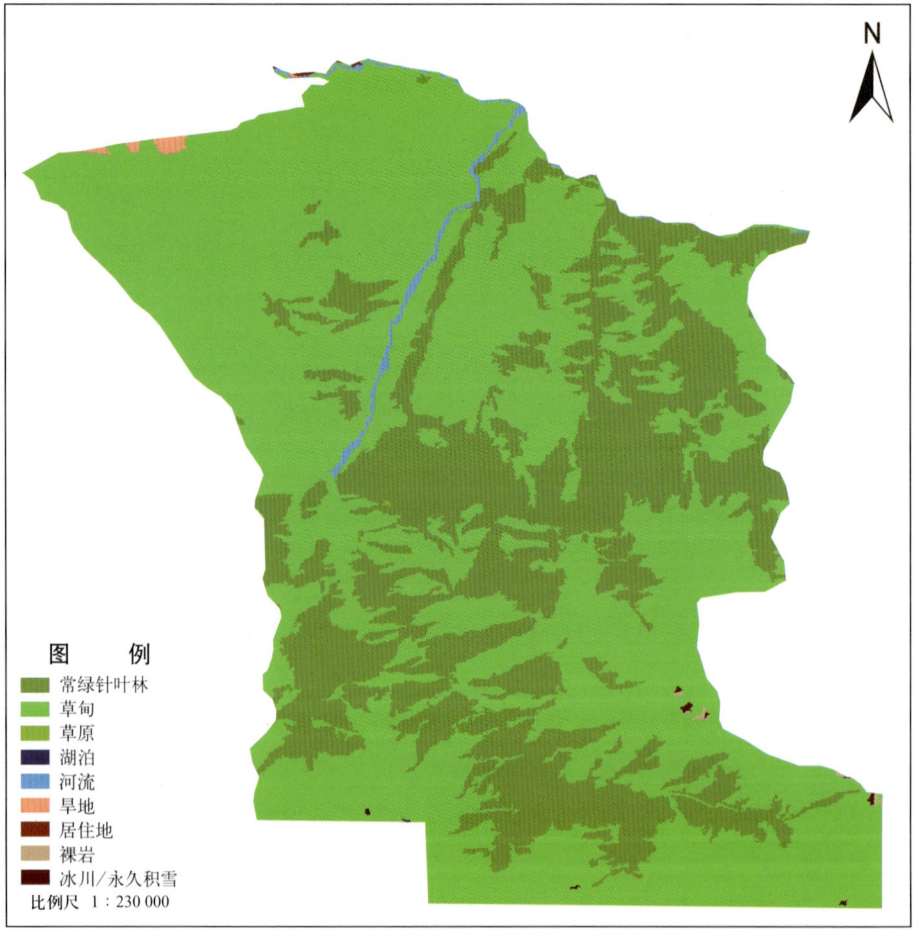
N
图 例
常绿针叶林
草甸
草原
湖泊
河流
旱地
居住地
裸岩
冰川/永久积雪
比例尺 1：230 000

解译参考影像时间：2011年

甘家湖梭梭林国家级自然保护区遥感影像图

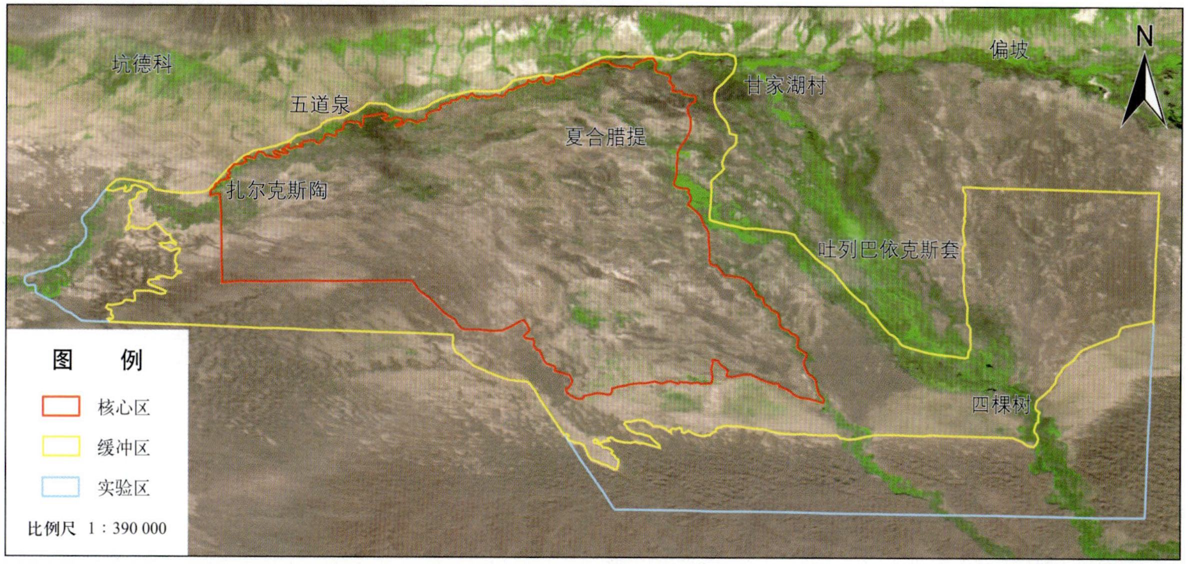
坑德科
五道泉
夏合腊提
甘家湖村
偏坡
扎尔克斯陶
吐列巴依克斯套
四棵树
N
图 例
核心区
缓冲区
实验区
比例尺 1：390 000

影像获取时间：2010 年

甘家湖梭梭林国家级自然保护区生态系统类型图

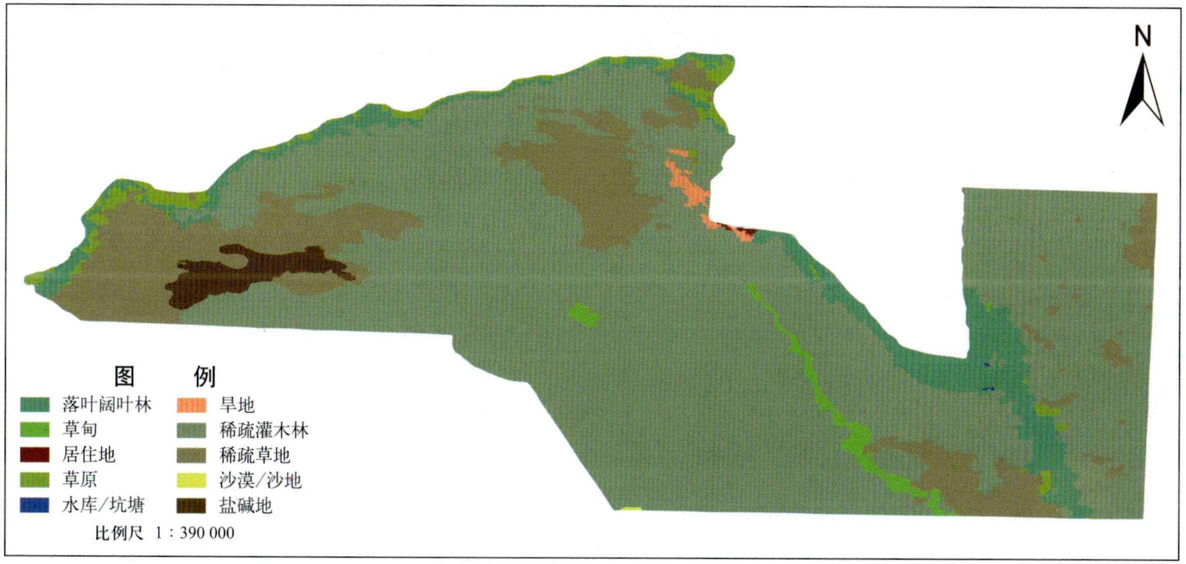
N
图 例
落叶阔叶林
草甸
居住地
草原
水库/坑塘
旱地
稀疏灌木林
稀疏草地
沙漠/沙地
盐碱地
比例尺 1：390 000

解译参考影像时间：2011 年

甘家湖梭梭林国家级自然保护区地跨新疆维吾尔自治区塔城地区乌苏市和博尔塔拉蒙古自治州精河县，总面积 54 667 公顷，建于 1983 年，2001 年晋升为国家级，主要保护对象为梭梭林及其生境，属于荒漠生态系统类型自然保护区。该保护区内有白梭梭、梭梭、柽柳、胡杨、铃铛刺和沙拐枣等植物资源及具有较高药用价值的肉苁蓉、锁阳、甘草、罗布麻和苏枸杞等，保护区内还有国家一级保护动物黑鹳、波斑鸨，二级保护动物马鹿、鹅喉羚、水獭、大天鹅、灰鹤、猎隼和红隼等。

甘家湖梭梭林
国家级自然保护区
乌鲁木齐

哈纳斯国家级自然保护区

哈纳斯国家级自然保护区位于新疆维吾尔自治区阿勒泰地区布尔津县境内，总面积 220 162 公顷，建于 1980 年，1986 年晋升为国家级，主要保护森林生态系统及自然景观，属于森林生态系统类型自然保护区。该保护区内自然生态保存完整，动植物种群是我国唯一的欧洲－西伯利亚生物区系的代表，具有重要的保护价值和科研价值。

哈纳斯
国家级自然保护区
乌鲁木齐

哈纳斯国家级自然保护区遥感影像图

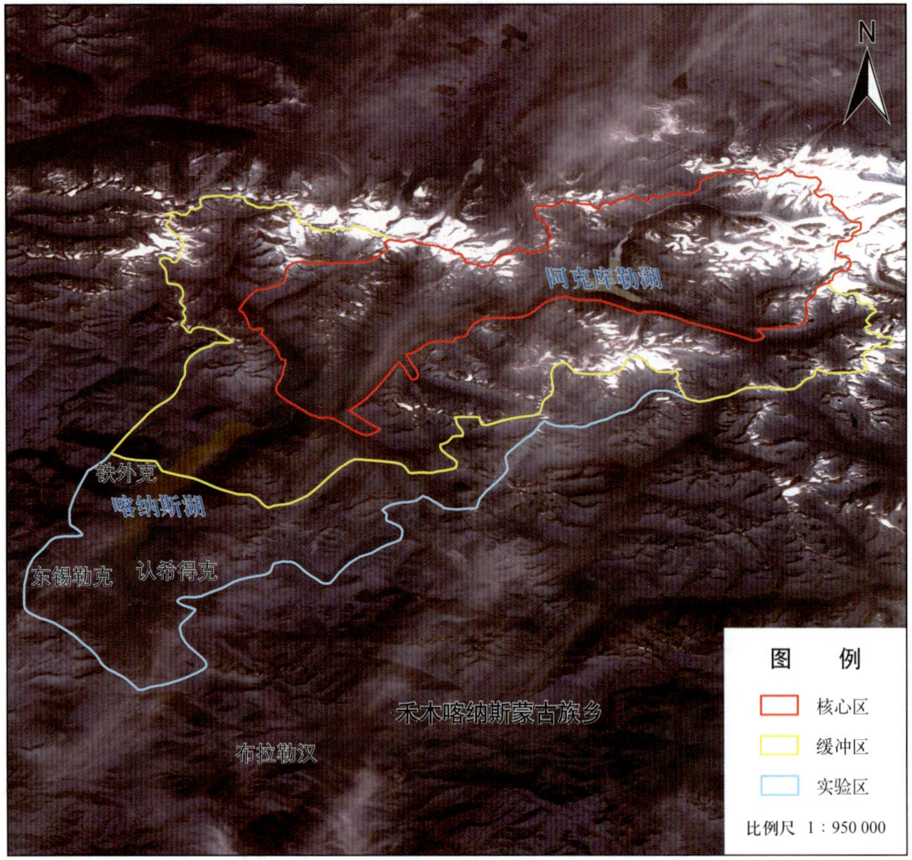
N
阿克库勒湖
喀纳斯湖
东锡勒克
认希得克
禾木喀纳斯蒙古族乡
布拉勒汉
图　例
核心区
缓冲区
实验区
比例尺　1 : 950 000

影像获取时间：2010 年

哈纳斯国家级自然保护区生态系统类型图

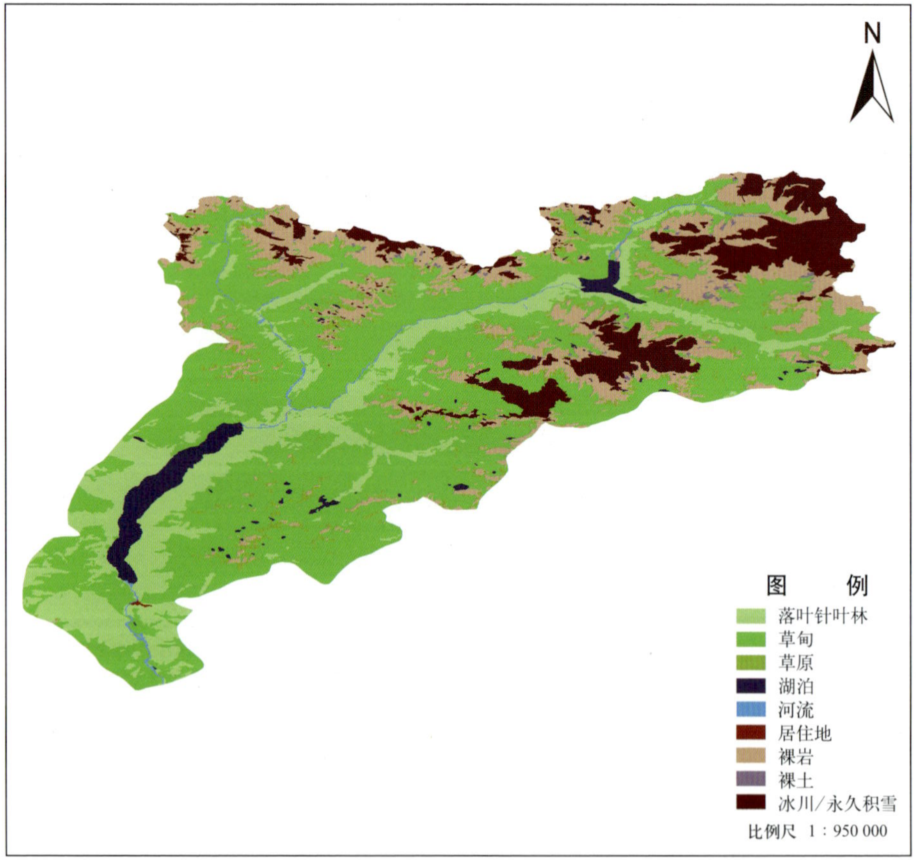
N
图　例
落叶针叶林
草甸
草原
湖泊
河流
居住地
裸岩
裸土
冰川/永久积雪
比例尺　1 : 950 000

解译参考影像时间：2011 年